2022年1月12日，中国农业科学院2022年工作会议在北京召开

2022年1月12日，举行“数字农科院3.0”系统启动仪式。中国农业科学院院长吴孔明、书记张合成共同按下启动键

2022年1月15日，国家农业农村碳达峰碳中和科技创新联盟成立大会在北京召开。国家农业科技创新联盟秘书长、中国农业科学院副院长冯忠武，农业农村部科技教育司副司长孙法军等出席会议

2022年6月17日，中国农业科学院和国际食物政策研究所（IFPRI）在北京联合举办“2022中国和全球农业政策论坛暨《中国农业产业发展报告2022》《2022全球食物政策报告》发布会”

2022年6月28日，农业农村部副部长邓小刚到中国农业科学院调研

2022年6月29日，吉林省委副书记、省长韩俊就推进“千亿斤粮食工程”和“千万头肉牛工程”建设到中国农业科学院特产研究所调研

2022年7月25—28日，中国农业科学院在北京举办人事干部能力建设培训班

2022年10月12日，中国农业科学院召开小麦产业专家团启动会

2022年12月2—5日，中国农业科学院与四川省农业农村厅、成都市人民政府在四川省成都市共同举办第二届全国农业科技成果转化大会

为迎接党的二十大胜利召开，中国农业科学院于2022年10月16日起举办“农科这十年”主题展

2022年2月20日，中国农业科学院院长吴孔明在江苏省调研科技小分队夺夏粮丰收工作

2022年8月22—23日，中国农业科学院专家科技助力甘肃省甘南藏族自治州舟曲县中藏药材等特色产业发展

2022年8月20—21日，中国农业科学院调研甘肃省甘南藏族自治州临潭县乡村振兴示范县建设工作座谈会

2022年4月19日，中国农业科学院积极推进高产高效技术集成与示范推广工作

2022年6月26日，中国农业科学院副院长刘现武出席湖南省永州市祁阳市乡村振兴示范县建设规划论证会

2022年3月12日，中国农业科学院科技小分队在新疆调研指导小麦生产

2022年9月5日，中国农业科学院召开花生项目现场观摩会

2022年6月20日，中国农业科学院郑州果树研究所召开西瓜项目现场观摩会

2022年6月21日，中国农业科学院举办肉羊项目田间课堂

2022年7月30日，中国农业科学院召开马铃薯高产高效技术集成示范研讨会

2022年9月12—15日，中国农业科学院与国际农业研究磋商组织（CGIAR）共同主办第二届国际小麦大会

2022年12月12日，中国农业科学院与联合国粮食及农业组织（FAO）签署共建创新平台备忘录

2022年7月5日，中国农业科学院2022届研究生毕业典礼暨学位授予仪式在北京举行

2022年9月5日，中国农业科学院2022级研究生开学典礼在北京举行

2022年7月5日，中国农业科学院2022年届部分毕业留学生合影留念

2022年2月4日，中国农业科学院留学生参与2022年北京冬奥会

2022年1月14日，中国农业科学院召开党史学习教育总结会议

2022年2月25日，中国农业科学院召开纪念陈凤桐院士诞辰125周年暨学术思想研讨会

2022年3月8日，中国农业科学院妇工委和北京市妇联联合举办“巾帼心向党　科技报国志”首都巾帼最美宣讲活动

2022年5月30日，中国农业科学院新乡精神展馆入选由中国科学技术协会、教育部、科技部等7部门联合发布的首批科学家精神教育基地

2022年6月8日，中国农业科学院组织召开加强思想政治和意识形态工作交流会

2022年7月1日，在庆祝中国共产党成立101周年主题活动上，中国农业科学院举办我国著名红色农学家陈凤桐院士塑像揭幕仪式

2022年7月1日，中国农业科学院隆重召开庆祝中国共产党成立101周年主题活动

2022年7月21日至8月26日，中国农业科学院举办第四届“创新杯”乒乓球团体赛

2022年7月22日，中国农业科学院召开“感悟习近平总书记的农科牵挂——学习贯彻《论‘三农’工作》交流会”

2022年8月2日，中国农业科学院举办首届“自强杯”羽毛球团体赛（京区选拔赛）

2022年8月17日，民盟北京市委“民盟先贤肖像巡回展”活动在中国农业科学院举办

2022年11月1日，中国农业科学院领导集体到全国农业展览馆参观“三农这十年——新时代农业农村发展成就展”

2022年11月9—11日，中国农业科学院直属机关党委举办全院党支部书记示范培训班

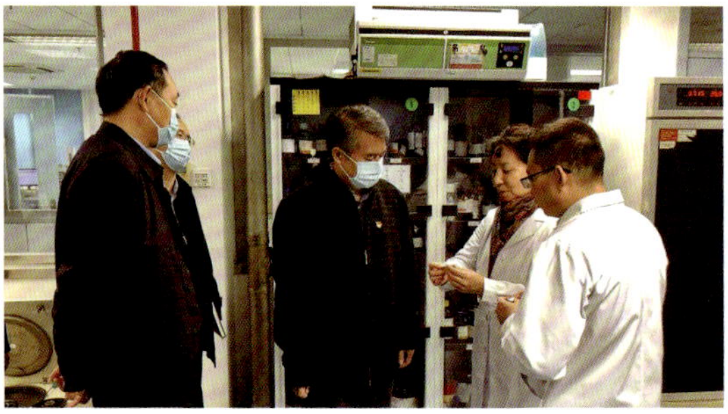

2022年11月14日，中国农业科学院院长吴孔明到农业质量标准与检测技术研究所科研第二党支部工作联系点调研

2022年11月15日，全国妇联书记处书记、党组成员杜芮到中国农业科学院调研

2022年11月23日，中国农业科学院在家院领导赴北京展览馆参观“奋进新时代”主题成就展

周卫　全国五一劳动奖章获得者

高利　全国三八红旗手

李秀波　全国三八红旗手

姜慧芳　全国三八红旗手

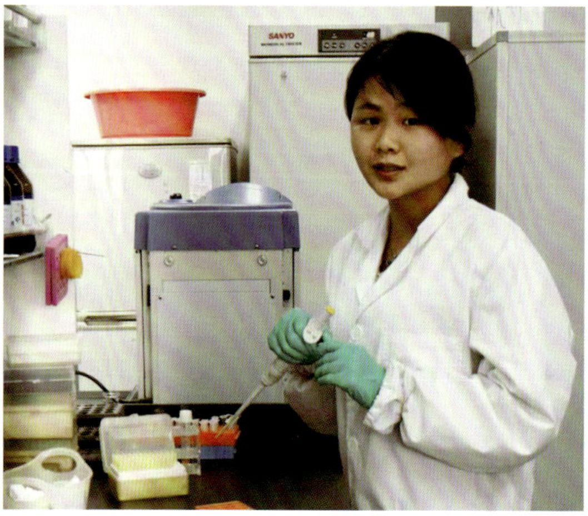

李方方　全国青年岗位能手标兵

中国农业科学院年鉴

2022

中国农业科学院办公室　编

中国农业科学技术出版社

图书在版编目(CIP)数据

中国农业科学院年鉴.2022 / 中国农业科学院办公室编. -- 北京：中国农业科学技术出版社，2024. 8. -- ISBN 978-7-5116-6979-7

Ⅰ. S-242

中国国家版本馆 CIP 数据核字第 2024V70P57 号

责任编辑 史咏竹
责任校对 马广洋
责任印制 姜义伟 王思文

出 版 者 中国农业科学技术出版社
北京市中关村南大街 12 号　　邮编：100081
电　　话 (010) 82105169 (编辑室)　　(010) 82106624 (发行部)
(010) 82109709 (读者服务部)
网　　址 https://castp.caas.cn
经 销 者 各地新华书店
印 刷 者 北京地大彩印有限公司
开　　本 185 mm×260 mm　1/16
印　　张 62　　彩插　16 面
字　　数 1 418 千字
版　　次 2024 年 8 月第 1 版　2024 年 8 月第 1 次印刷
定　　价 268.00 元

《中国农业科学院年鉴 2022》
编 辑 委 员 会

目　录

一、总　　类

二、科研创新与创新工程

三、科技支撑乡村振兴

四、国际合作与交流

五、人事管理与人才建设

六、计划财务管理与条件建设

七、研究生教育与管理

八、综合政务管理

九、党的建设、思想政治和党风廉政工作

十、人物介绍

十一、大事记

十二、附　　录

一、总　　类

履行国家战略科技力量使命
加快推动高水平农业科技自立自强

——中国农业科学院2022年工作会议报告

农业农村部党组成员、中国农业科学院院长　吴孔明

2022年1月12日

同志们：

今天，我们召开中国农业科学院2022年工作会议，主要任务是，以习近平新时代中国特色社会主义思想为指导，以习近平总书记致我院贺信精神为指引，全面贯彻党的十九大和十九届历次全会精神，贯彻落实中央经济工作会议、中央农村工作会议和全国农业农村厅局长会议精神，总结2021年工作，分析当前形势任务，研究部署2022年重点工作。

以习近平同志为核心的党中央高度重视农业科技工作。2021年，习近平总书记多次听取种业振兴、农业关键核心技术攻关、生物安全建设等工作汇报并强调，要把种源安全提升到关系国家安全的战略高度，集中力量破难题、补短板、强优势、控风险，实现种业科技自立自强、种源自主可控；要坚持农业科技自立自强，加快推进农业关键核心技术攻关；要加快推进生物科技创新和产业化应用，推进生物安全领域科技自立自强。胡春华副总理专程到我院考察指导畜禽种源保护与利用工作，强调要大力开展种业“卡脖子”技术攻关，坚决打好种业翻身仗。中共中央、国务院以及农业农村部[①]党组对我院寄予厚望，我们要深刻认识加快推动高水平农业科技自立自强的极端重要性，自觉履行国家战略科技力量使命，为全面推进乡村振兴、加快农业农村现代化提供强有力的科技支撑。

下面，我讲3点意见。

一、全院“十四五”创新发展实现良好开局

2021年是乘势而上开启新征程的第一年，我们隆重庆祝中国共产党百年华诞，扎实开展党史学习教育，认真推进中央巡视整改，胸怀“国之大者”，坚持“四个面向”，

① 中华人民共和国农业农村部，全书简称农业农村部。

着力强化国家战略科技力量，全力以赴“保供给、破要害、开新局”，制定发布“十四五”规划，实施使命清单制度，启动“强种”“沃田”科技行动，成立生物安全研究机构，推动创新布局由“一农”向“三农”拓展，创新工程全面推进期顺利收官，各项工作均取得积极成效。

（一）科技支撑乡村振兴更加全面深入

一是选育良种支撑种业振兴。广明2号白羽肉鸡打破国外种源长期垄断。11个粮、棉、油新品种推广面积排名全国前十，中麦895累计推广5 100万亩①、灌浆速率和耐热性居黄淮麦区主栽品种首位，中豆63创南方大豆高产新纪录，中油杂19含油量育种水平世界领先，中甘21成为“高原夏菜”重大品牌。转基因大豆玉米试种效果显著。二是“七块地”联合攻关支撑耕地保护和质量提升。黑土地根系改良、有机肥阻控红壤酸化机理、水稻土壤氮肥施用、滨海滩涂盐渍土保护利用等技术攻关取得重要进展。“天上看、网上查、地上管”技术模式全力保障高标准农田用途监测。三是支撑稳产保供再立新功。3项技术集成模式入选全国主推技术，3名专家入选全国粮食生产先进个人。面对河南特大暴雨，14个所70多位专家奔赴一线提供抗灾技术服务。为确保“三秋”生产顺利开展，17个所100多位专家奔赴5省69个受灾县开展抢收抢种技术服务。四是支撑乡村振兴成效显著。推广“田间课堂”科技助农新模式，“桦川案例”获全国党建创新成果“十佳案例”银奖。助力婺源、寿光入选全国农业科技现代化先行县。五是支撑农村环境治理广受好评。主办发布《中国农村人居环境发展报告》绿皮书。自主研发的改厕产品和技术模式得到国务院领导同志肯定，在26个省（区、市）推广应用。六是支撑国家决策的影响力进一步提升。47份战略咨询报告获党和国家领导人批示，其中28篇获中央常委批示。首次向中共中央办公厅直接报送8期信息，向部领导报送专报15期。接续发布“农业展望”“农业产业发展”“农业绿色发展”和“农业科技前沿热点与竞争力”四大智库报告。

（二）科技创新取得重要进展

一是国家科技计划立项势头良好。牵头承担国家科技计划393项。其中，重点研发计划32项，农业领域数量占发布总数的1/3；“新一代人工智能”重大专项年度项目1项；自然科学基金353项，其中重大项目28项，“农作物种质创新与创制”基础科学中心项目是我院首次获得综合类重大项目立项；社会科学基金项目7项，其中重大项目2项。二是取得系列重大原创科学发现。发表科技论文6 700余篇，在*Nature*、*Science*、*Cell*三大顶尖期刊发表6篇。蔬菜所揭示烟粉虱为害600多种植物的奥秘，沼科所首次

---

① 1亩≈667平方米，全书同。

发现产甲烷古菌碳代谢新途径，基因组所培育了第一代高纯合度二倍体自交系和概念性杂交组合，棉花所率先揭示了栽培陆地棉地理分化和纤维品质改良的基因组学基础。三是突破关键技术诸多卡点。获省部级奖励 58 项，其中，神农中华农业科技奖一等奖 15 项。植保所升级草地贪夜蛾防控技术，被联合国粮食及农业组织（FAO）向全球推荐；都市所与水稻所在植物工厂实现矮秆水稻 63 天收获的重大突破；兰兽研的猪、牛口蹄疫 O 型疫苗，上兽研的鸭坦布苏病毒抗体检测试剂盒，特产所的水貂阿留申病毒抗体检测试纸条等 4 个一类新兽药填补国内空白；哈兽研完成非洲猪瘟基因缺失疫苗第二阶段临床试验及转基因生物安全生产性试验，兰兽研顺利完成亚单位疫苗实验室研究。

（三）产学研深度融合成效明显

一是与地方政府合作全面加强。与苏州合作推进华东中心建设发展，与淄博、葫芦岛达成共建新型研发机构协议，与 10 多个地方政府新建战略合作关系。二是科企科产合作深入拓展。全院成果转化收入突破 13 亿元，再创历史新高。7 项知识产权转让单价超千万，中油杂 39 转让价创单个油菜品种纪录。与中国农业发展集团有限公司、北京大北农科技集团有限公司等龙头企业合作设立“三创协同奖”“杰出人才奖”等。借助中国移动等企业信息技术优势，共建智慧育种公共平台。与中粮集团有限公司、先正达集团、北京首农股份有限公司等百余家知名企业组建科企联合体。三是创新联盟建设持续推进。牵头组织近千家单位、两万余名科技人员开展协同攻关，累计构建 11 家联盟实体。奶业联盟的“优工联”标识、棉花联盟的“CCIA”国棉品牌广泛应用。

（四）人才队伍质量结构持续优化

一是高层次人才队伍不断壮大。侯水生、周卫当选工程院院士，29 人入选国家人才计划，引进高层次人才 37 人。新增 43 名农科英才，总数达 373 人。二是高素质专业化干部队伍进一步建强。完善制度和培训体系，全面开展民主集中制学习活动，领导干部政治能力、战略眼光和专业水平大大提升。提拔 50 岁左右正所级干部 5 名、45 岁左右副所级干部 16 名，领导干部年龄结构大大优化。三是博士后队伍量质双升。在站人数突破 700 人，位居农业高校与科研机构首位。博士后获国家自然科学基金青年项目 52 项、面上项目 6 项，青年基金项目占全院的 36%。四是研究生教育能力水平持续提升。申请海南专项，加强联合培养，持续扩大招生规模。招收研究生 1 813人，同比增长 9%，“双一流”高校生源占比 35%。授予学位 1 413人，同比增长 13%。成立乡村振兴学院和南繁学院，建成使用马连洼新公寓楼，办学条件持续改善。

（五）平台条件再上新台阶

一是重大科研设施建设进展顺利。国家作物种质库新库建成试运行，兰兽研建成我国体量最大的动物生物安全高级别实验室设施集群，北方水稻中心基本完工，海外中心完成主体结构，南繁表型设施开工，畜禽库、种业创新中心获立项批复。二是条件保障能力大幅提升。争取建设资金 14.97 亿元，农业农村部投资同比增长 17%，首次获得海南专项支持。与北京市昌平区签署协议，争取到 35 万平方米建设指标。三是科研平台持续强化。作物分子育种等 4 个国家工程中心通过考核转建，寿阳和大理国家野外台站获批新建，设施仪器开放共享考核优良率达 83.9%。四是基础性长期观测网络更加健全。组织全国 400 余家农业科研单位，围绕土壤质量、产地环境、种质资源、生物灾害防控等开展长期定位监测。

（六）国际交流合作保持良好态势

一是全力服务国家外交。参与联合国粮食峰会和三个领域技术磋商，承办“国家粮食安全与可持续发展对话会”，主办“产中粮食减损”分论坛，为《联合国气候变化框架公约》农业谈判提供技术支撑。二是积极对接国际创新资源。国际农业科学计划稳步实施，拓展与哈佛大学、牛津大学、海德堡大学等一流大学合作，聘用高层次外国专家。“中国—乌拉圭大豆联合实验室”列入国家“一带一路”联合实验室建设清单。拓展国际合作项目资助渠道，新增经费超过6 500万元。三是国际化人才队伍建设取得新突破。获批 88 项留学基金项目，引进 30 名高水平人才来院从事中长期研究。派驻 3 名外交官，310 名专家在国际机构、期刊兼职，国际影响力持续提升。

（七）院所管理机制持续优化

一是加大“放管服”力度。下放正高级职称评审权，扩大首席经费审批权，简化预算编制，为科研人员“松绑减负”。二是试点全员聘用制改革。探索预聘—长聘制，推动实现能进能出、能上能下。三是试点全成本核算改革。初步建立全成本核算体系，优化科研资源配置，提高效益。四是建立院所运行监测体系。及时掌握运行发展状况，防范化解风险，督促推动工作落实。五是提升规范化管理水平。制定发布《中国农业科学院章程（试行）》，制修订系列规章制度，初步构建法务工作体系。抓细抓实常态化疫情防控，保持“四个零”感染。建立公安、社区与院所联合工作机制，突出信息安全、科研废弃物规范处置、实验室危化品管理等，建设平安院区。

（八）党的全面领导不断强化

一是不折不扣推进中央巡视整改。突出 8 个方面重点，制定 48 项整改任务、161 项措施。坚持立行立改、全面整改和长效机制相结合，如期完成所有集中整改任务，制定出台 43 项重点工作长期行动方案，实现巡视整改与高质量发展互融互促。二是认真开展党史学习教育。围绕“学党史、悟思想、办实事、开新局”，深入学习领会习近平总书记重要讲话精神，组织好庆祝中国共产党成立 100 周年系列学习庆祝活动，开展好农业科技促增收等五大行动，各级党组织为群众办实事 470 余件。三是全面加强基层党组织建设。深入推进支部建在创新团队上，大力在科研骨干和优秀青年中发展党员。支部结对帮扶成效显著，4 名专家获评“乡村振兴青年先锋”，15 个党组织和个人获“全国优秀共产党员”等荣誉称号。四是夯实全面从严治党“两个责任”。强化政治监督，突出职责使命，高标准开展巡察。压实院所团队三级责任，构建“五位一体”监督格局、“四责协同”监督责任体系。紧盯“关键少数”和科研经费等重点领域，抓早抓小、加强教育，做实日常监督。五是大力弘扬新时代农科精神。传承老一辈科学家精神，加强院所史教育，建成院展厅和新乡展览馆，举办袁隆平事迹报告会，为丁颖、金善宝塑像揭幕，设立院士画像墙，举办邱式邦诞辰纪念活动。六是加强宣传阵地建设。组织召开 12 场新闻发布会，在中央媒体报道1 300余篇，同比增长 25%，7 次被《新闻联播》报道，社会影响力进一步提升。

同志们，2021 年的成绩来之不易，这主要得益于坚持以习近平总书记贺信精神为指引，得益于农业农村部党组的正确领导，得益于各有关部委和社会各界的大力支持。这一年，我们坚持党的全面领导，坚持“国之大者”定责，坚持国家队定位，坚持“三创一体”定向，坚持“两个一流”定标，全院职工携手努力、共同奋斗，实现了“十四五”良好开局。在此，我代表中国农业科学院，向长期关心支持我院发展的各级领导、各界朋友、新闻媒体，以及付出辛勤汗水的全院职工，表示衷心的感谢和崇高的敬意！

二、农业科技创新面临新形势新任务新要求

当前，农业科技发展环境正在发生深刻变化，我们要深刻领会党中央对稳产保供形势的科学判断、对全面推进乡村振兴的战略部署、对科技创新的任务要求，进一步聚焦国家战略科技力量的使命定位，更加积极主动地适应新形势、展现新作为、作出新贡献。

第一，稳住“三农”压舱石关系经济社会发展全局，农业科技创新责任更加重大。中央农村工作会议强调，做好“三农”工作、稳定“三农”基本盘，对于保持平稳健康的经济环境、国泰民安的社会环境具有特殊重要意义。2022 年“三农”工作面临的

风险挑战多重叠加、前所未有。一是自然风险。拉尼娜事件已经形成，阶段性强降温、强降雪对蔬菜生产运输影响大，对1.1亿亩晚播麦更是雪上加霜。全年气候年景总体偏差、旱涝并存，夏粮丰收也是难上加难。二是经济风险。国内经济下行压力大，做好“三农”工作对于“六稳”“六保”作用关键。三是市场风险。2021年1—11月，我国农产品进口量相当于总产量的22.1%，大豆、玉米进口量大且严重依赖美国等少数国家。此外，美国、加拿大等主产国小麦大幅减产，一些国家再次收紧“米袋子”，确保农产品供给安全必须要有充足备手。四是社会风险。全球新冠疫情仍在高位流行，国内防控形势依然严峻复杂，农产品生产、运输、供给可能受到阶段性、区域性冲击。五是资源环境风险。农产品需求刚性增长与粮食面积增加潜力有限的矛盾突出，碳达峰碳中和目标也对农业绿色发展提出更高要求。有效应对这些风险挑战，必须强化农业科技支撑。

第二，乡村振兴进入全面推进期，科技创新支撑作用更加重要。2022年，全面推进乡村振兴进入具体施工阶段。农业农村部党组围绕守住保障国家粮食安全和不发生规模性返贫两条底线以及推进乡村发展、乡村建设、乡村治理，明确了10项重点工作，亟须全方位强化科技支撑。粮食安全方面，要稳“米袋子”、增“油瓶子”、保“菜篮子”，耕地就那么多，亟须提单产、减损耗，根本出路在科技。巩固脱贫攻坚成果方面，发展富民产业需要先进适用技术和特色优质品种支撑。乡村发展方面，种业振兴、耕地保护利用、农机装备补短板都需要科技攻关实现重大突破。乡村建设方面，农村改厕、生活污水和垃圾治理等重点难点迫切需要科学有效的技术和产品。乡村治理方面，数字化管理、农村改革等都需要高水平的技术支撑和高质量的决策咨询。

第三，国际科技竞争空前激烈，加快实现高水平农业科技自立自强更加紧迫。科技创新成为国际战略博弈的主战场，围绕科技制高点的竞争空前激烈，全球创新格局面临深度重构。我们只有坚定不移做好自己的事情，切实增强科技创新能力，才能牢牢掌握发展主动权。总体上讲，我国农业科技基本可以自立，但是与最发达国家还有较大差距，实现高水平自立自强任务十分艰巨。一是部分前沿和交叉领域原创性引领性创新能力不足。在全基因组选择、基因编辑、合成生物等现代生物技术，物联网、大数据、区块链、人工智能等新兴信息技术，及其交叉融合和农业应用方面，缺乏“从0到1”的重大原创成果。二是粮食作物单产水平仍然偏低。四大粮食作物单产与高水平国家都有不小差距，水稻比最高的澳大利亚低逾110千克/亩，小麦比最高的新西兰低近300千克/亩，玉米只有美国的60%，大豆还不到美国的60%，迫切需要聚焦单产提高开展技术攻关和集成。三是部分重要种源和农机装备自主可控能力不强。自主培育白羽肉鸡新品种的市场占有率亟待提升，白羽肉鸡、肉牛等主要畜禽的主导品种仍然严重依赖进口。蔬菜是我国种子进口额最大的作物，一些品种几乎完全依赖进口。农机装备短板突出，部分高端农机、智能装备或核心部件严重依赖进口，适合大豆玉米带状复合种植、轻简化作业、丘陵山地作业等专用农机研发亟待破题。四是绿色发展技术储备不足。我国灌溉水有效利用系数仅为0.56，化肥、农药利用率只有40%，近50%的抗生素用在养殖业上，均与发达国家有较大差距。中低等级耕地占比 2/3 以上，部分地区农业生态系统退化严重。节水装备、缓控释肥、精准施药、健康养殖、耕地保护利用、污染治理等关键技术亟待突破。

以上 3 个方面的国家战略需求，是全体农业科技人员面对的重大课题。作为农业科研国家队，中国农业科学院必须走在前、作表率，加快提升科技创新能力，补短板、锻长板，持续打造“农业科技自主创新主阵地、关键核心技术供给主渠道、现代农业科技主力军”。

在研究“十四五”发展规划过程中，大家认为，对标习近平总书记贺信精神和党中央决策部署，我院强化国家战略科技力量、引领高水平农业科技自立自强的任务非常艰巨，还存在学科、科研力量等发展布局不适应，创新、转化、人才、平台等发展能力不适应，人财物管理和资源配置等发展机制不适应，研究所协同、现代院所制度等治理体系不适应，不同研究所发展水平不平衡的矛盾突出等不足和差距。这“四个不适应一个不平衡”，现阶段突出表现为 6 个方面：一是使命清单制度还没有完全落地。我院发布了 10 大使命，明确了 78 项重点任务，但是聚焦使命优化学科布局、任务体系、力量配置还没有完全到位。有的所还没有对标使命清单建立任务清单，职责定位模糊不清；有的所学科老化，脱离主战场的问题依然突出。二是力量布局还不完全适应国家对农业科技的新要求。学科布局上，乡村振兴学科不系统、不健全，新兴交叉学科谋划不足、推进不力；科研力量上，宏观战略研究还没有形成体系，支撑农业农村发展和农业科技战略的政策研究力量薄弱；区域布局上，还存在京内外资源协同不力、研究所与主产区脱节等现象；平台基地上，还没有实现全院系统布局、统筹利用。三是科技资源全链条一体化配置机制还有待完善。围绕产业链布局创新链、围绕创新链配置资源链的有效方式还有待探索；统筹配置稳定性和竞争性项目资源、统一调配跨研究所优势力量，聚焦重大科技问题开展集智攻关的大协同、大会战、大贯通机制还未形成。四是人才队伍建设仍需加强。战略科学家数量少、作用也没有充分发挥；创新团队首席和骨干人员结构需要进一步优化、能力需要加快提升；博士后和研究生作为后备人才力量，储备还不足、质量还不高，亟须探索从本科生到研究生一体、从学院到研究所贯通的培养模式。五是充分激发活力的管理体制机制还需探索创新。院所团队三级在落实“放管服”上都还有差距，院里针对共性问题做好管理服务、研究所和团队接住自主权、用好各项政策等都亟待破题解题。六是充分保障创新发展的条件基础还有薄弱环节。职工住房是困扰多年的大难题，需要院所共同努力，想方设法尽快取得突破；有的所长期赤字运行问题还未足够重视。这些问题不同程度影响着全院的创新发展和能力提升，需要下大力气加以解决。

前不久，我们发布了《中国农业科学院章程（试行）》，刚才，合成书记发布了《中国农业科学院“十四五”总体规划》。这是全院的共识，是我们在客观分析形势挑战、系统梳理使命任务的基础上，深入研究、反复论证形成的，是破解“四个不适应一个不平衡”、推动高质量发展的基本制度和行动纲领。“十四五”期间，我们要坚定不移实行章程管理，毫不动摇落实规划确定的目标任务，着力打造“四中心一智库”。

一是打造国家农业科技创新中心。强化原始创新和自主创新，不断开拓新兴前沿领域，力争取得全球领先的前瞻性科学发现、引领性原创技术和关键核心技术重大突破，夯实农业强国和科技强国根基。二是打造国家农业技术转移中心。推动研究所和团队实现创新创造创业“三创”协同发展，加速科技成果转化应用和示范推广。三是打造国家农业科技人才中心。纵向汇聚战略、领军、青年、后备四类人才，横向建设科研、管理、支撑、转化四支队伍，营造识才、爱才、敬才、用才的创新生态，全方位培养、引进、用好人才。四是打造国家农业科技合作交流中心。融入全球农业科技创新网络，参与国际农业科技治理；组织全国农业科技力量协同攻关，推动我国农业科技整体跃升。五是打造国家农业高端智库。聚焦“三农”重大战略问题，研究形成有重大价值和影响力的智库成果，为农业农村和科技政策创设提供决策咨询。

三、为全面推进乡村振兴提供强有力的科技支撑

2022 年的总体工作思路是，紧紧围绕“国之大者”，坚决贯彻“四个面向”，全面落实“保供固安全、振兴畅循环”的“三农”工作定位，以建设“四中心一智库”为主线，以完善学科、人才、平台和项目资源“四个体系”为重点，围绕“今天”的现实需要加强技术集成应用，围绕“明天”的竞争需求加强高新技术研究和关键核心技术攻关，围绕“后天”的引领目标加强基础研究和原始创新，不断强化党建和改革引领，夯实人才和条件基础，着力提升综合实力和影响力，加快推动高水平农业科技自立自强。

在工作要求上，要重点围绕“四优八提升”展开。一是优机制，提升资源配置和科研组织效率。以国家战略和使命责任为导向，配置项目、人才、平台资源，统筹学科、区域力量布局，建立跨所、跨团队协同创新的有效机制。二是优体系，提升人才和平台条件水平。以“四纵四横”人才体系建设为重点打造国家战略人才力量，以建设全国和部重点实验室、重大科学设施、试验基地和野外台站为重点强化国家战略科技力量。三是优环境，提升“三创”活力和文化软实力。深化科研放权松绑减负，落实法人自主权和科研人员自主权，持续弘扬新时代科学家精神和农科精神，充分激发活力释放潜能。四是优服务，提升支撑一线和为职工群众办实事能力。牢固树立“一线为本、科学家为本”的服务理念，完善工作机制、支撑农业生产，回应群众关切、解除科研人员后顾之忧。

关于工作任务，关键是在科研转化上突出“扩学科、抓基础、强支撑”，在条件平台上突出“优布局、强统筹、重保障”，在组织管理上突出“抓协同、提效率、扩影响”。这里，着重强调 10 项重点工作。

（一）强化原创性、引领性、基础性科技创新

立足当前，着眼长远，统筹稳定性和竞争性项目资源，系统组织开展重大基础研究、前沿技术攻关和基础性长期性工作，努力取得更大突破。一是启动实施创新工程“跃升计划”。围绕使命清单，凝练科学中心任务，强化建设单位法人和领域总首席职权，赋予充分的人财物支配权，探索建立以科学中心为实施主体的使命履职攻关机制，促进革命性颠覆性重大科技产出。二是主动谋划重大科研项目。积极争取生物育种专项、关键核心技术专项以及国家重点研发计划、自然科学基金、社会科学基金等，加强院内统筹协调，重点谋划好战略必争领域和杰青、创新群体等重大类项目。同时，完善创新工程、基本科研业务费等稳定支持机制，形成与国家科技计划等竞争性经费协调互补的配置格局。三是加强基础研究。谋划设立新兴交叉学科，以基本科研业务费和争取国家自然科学基金资助为主，聚焦多组学、育种理论、重大病虫害成灾机理、预防兽医学等基础领域，强化原始创新，争取提出原创理论、作出原创发现。四是突破前沿技术。以国家重点研发计划和部委项目资助为主，加快补齐高效基因编辑、全基因组选择、合成生物、人工智能设计、智能农机装备等关键核心技术突出短板，力争在一些领域尽快实现弯道或者换道超车。五是构建农业长期因子观测体系。用好稳定性项目资源，争取部委立项支持，持续开展种质资源、自然资源、实验动物、科研数据、经济信息、乡村变迁等长期因子观测、材料收集和跟踪研究。

（二）强化稳产保供科技供给

围绕种子、耕地、农机装备、农业生物安全等领域，加大攻关力度，深入推进转基因产业化试点，以高质量科技供给支撑高质量发展。一是攻关粮食单产提升技术。推进实施“强种”“增粮”科技行动，培育重大品种，研发良种良法一体化高效技术，探索不同生态区粮食高产创建的整体解决方案，推动试验单产尽快转化为生产单产。二是攻关大豆油料增产增效技术。谋划实施专项科技行动，加强种质资源精准鉴定与创制，挖掘有自主知识产权、有重大育种价值的功能基因，培育优异新品种，助力支撑玉米大豆带状复合种植、油菜籽收获机械化作业，加快培育短生育期油料品种，为扩面积、增单产、提效益提供科技支撑。三是攻关耕地保护利用技术。实施“沃田”科技行动，加快建设国家耕地科学中心，聚力突破“七块地”保护利用与质量提升关键技术，重点开展盐碱地农业综合利用与产能提升行动，提供系统解决方案和示范样板。四是提升农机装备研发应用水平。实施“智机”科技行动，聚焦粮食装备智能化、棉油装备关键核心技术自主化、薄弱环节和区域生产装备全面化，推动构建适应国情农情的农机装备体系。五是强化“菜篮子”产品生产技术支撑。研发蔬菜、畜禽育种关键技术，加快实现重要品种种源自主可控。加强自然、市场等各类风险的综合防控应急研究，及时为

菜果茶和肉蛋奶的安全优质生产提供技术方案和服务。六是加强生物安全研究。按照系统治理、全链条防控的要求，建立生物安全研究体系，系统开展外来物种入侵、植物病虫草害、畜禽疫病、微生物耐药性、生物技术环境安全等风险因素的监测预警、快速检测、综合防控以及生物安全战略研究。

（三）强化乡村振兴科技支撑

坚持公益性定位，满足市场化需求，“答好”保障国家安全、促进产业发展、提高企业竞争力等不同“试卷”。一是全覆盖构建乡村振兴学科体系。全面对接乡村振兴战略需求，调整老旧学科，新增乡村发展、乡村建设、乡村治理相关学科领域和团队，构建适应新时代乡村振兴需求、覆盖“三农”的学科体系。二是全方位加强战略研究。聚焦解决“三农”以及农业科技重大战略问题，优化战略研究工作机制，构建全院战略研究协作网。建立健全重大智库报告发布机制，提升农经观察、农业科技高峰论坛、农业政策论坛、农业展望大会、农业绿色发展论坛等战略咨询平台影响力。三是全链条支撑乡村产业振兴。聚焦种子、耕地、双碳、大豆油料等重点，推进创新联盟实体化。大力提升 14 个农业产业绿色高产高效技术集成应用效果，启动肉鸡、肉牛、农村人居环境整治 3 个集成专项，储备更多实用技术和模式。四是全天候开展常态化科技服务。密切关注农时需要，制定工作方案和技术清单，开展科技支撑保夏粮保丰收专项行动。开展晚播麦冬春田管指导和田间培训，小麦一返青，我们的专家就要到一线去，指导落实增施返青肥、“一喷三防”等促弱转壮技术。设在地方的研究所要主动联合院内相关科技力量，根据当地需求及时提供有效科技服务。五是全力打造乡村振兴科技支撑示范县。持续推进共建 11 个示范县，重点加强婺源、寿光农业科技先行县科技支撑，做好对舟曲、台江的科技帮扶。建立一批科技成果示范应用基地，培训一批“一懂两爱”实用技术人才，大力推广“田间课堂”，打造整县制科技支撑的农科模式。

（四）强化科企科产融合发展

以新型研发机构建设、科企科产融合、科技推广和知识产权转化能力提升、服务所办企业等为重点，加强机制和能力建设，构建成果转化的四梁八柱。一是拓展院地院企合作。务实推进与地方政府合作，规范建设新型研发机构。持续抓好现有企业合作项目落地，抓紧推进与其他大型企业对接，助力我院科研能力和科技成果实现有效转化应用。二是打造农业科技转化的全国品牌。加强全国农业科技成果转移服务中心建设，组织全国农业科技成果转化大会，完善“以需求为导向”的一站式成果转化服务模式，加快构建全国互联互通的成果转化网络体系。三是提升研究所转化平台水平。以服务和规范所办企业为重点，加强政策指导和运行监测，培优做强所办企业，打造研究所成果转化的高质量平台。

（五）强化人才精准引育

打造适应国家农业科技人才中心建设目标的“四纵四横”人才体系。一是加强高水平人才供给体系建设。深入实施“农科英才”工程，健全人才引育新机制，开展首批农科英才期满考核，实现动态管理。深化职称和岗位聘用制度改革，完善人才分类评价机制，为培育领军人才、引进“急需紧缺”人才、发掘青年骨干人才建立专门通道。启动“青 10 条”专项计划，为青年人挑大梁、当主角创造条件。二是加强高素质干部队伍建设。提拔重用敢负责、有担当、善作为、业绩好、群众认的优秀干部。加快推年轻步伐，持续优化班子结构，进一步增强整体功能。加强干部管理监督，建立健全“一把手”和领导班子监督管理长效机制，建设政治过硬、业务精通、爱岗敬业、甘于奉献的管理队伍。三是加强后备人才力量建设。着力提升博士后培养质量，开展博士后奖助行动、优农计划、国际交流计划和优秀博士后评选。大力提升研究生教育水平和质量，推进“学院制”改革，实体化建设国际教育学院；积极争取生物育种专项指标，扩大博士招生规模，提高推免生及直博生招收比例；推进核心课程建设，优化教学学科体系，结合第五轮学科评估结果，推动学科内涵式发展；办好留学生教育和中外合作办学项目；加强研究生院与研究所培养有机衔接，统筹办学空间，改善办学条件，打造有农科特色、体现国家队水平的教育体系。

（六）强化科研设施平台布局建设

统筹京内外资源，推动设施平台系统化、实体化、集约化建设，推进资源库圃、野外台站、监测网络、实验室等标准化、专业化、开放化运行。一是完善科技平台体系。推进国家重点实验室重组，稳住存量，争取增量。瞄准生物技术、信息与智能技术等前沿领域，力争新增建设一批部学科群重点实验室。二是加快建设重大科学设施。围绕种子、耕地和生物安全等，推动国家作物种质库和北方水稻中心尽快启用，基因组学中心、畜禽种质库和南繁表型设施加快建设，以及国家农业微生物库抓紧立项。三是布局建设区域重大项目。启动昌平院区建设，整体规划安阳试验基地，完成成都中心一期交付。推进南繁研究院实体化建设，推动设施平台和科研项目等落地。

（七）强化农业科技国际合作

以平台建设为抓手，以人才交流为重点，以合作项目为支撑，全力推动农业科技走出去和引进来取得新成效。一是优化国际合作布局。推动 FAO 区域创新中心落地，推动设立驻法代表处，推进国外机构驻华办事处和联合实验室等平台提质增效。统筹谋划“一带一路”农业科技合作，助力保障国家粮食安全。二是加强国际人才培养和引进。

以实施留学基金委项目为重点，丰富选派优秀人才出国交流学习渠道，着力培养国际化人才。搭建合作平台，吸引国外高水平专家来华工作。三是提升联合攻关水平。吸引更多国际一流机构参与国际农业科学计划，拓展创新协作网络。积极参与和支撑国家级合作项目以及国际农业研究磋商组织（CGIAR）科学倡议等国际项目。加快推进农业关键种质资源引进，提升动植物疫病防控、生物技术等领域合作研发水平。四是打造国际合作品牌。组织召开国际农科院院长高层研讨会、国际小麦大会、国际旱农大会等高端国际会议，进一步提升我院国际影响力。

（八）强化管理体制机制创新

以激发释放创新活力为重点，加快推进院所改革创新发展。一是深化科研“放管服”。持续放权松绑，向院属单位下放人才引进权和公开招聘权，保障法人自主权。建立科研工作时间保障机制，简化综合政务和科研任务过程管理，优化人才团队和科研经费管理。探索构建基于信任和信用的管理机制，研究实行基础研究类和人才类科研项目经费“包干制”。管好用好从基本科研业务费和创新工程经费中提取的奖励经费，建立健全科研经费使用动态监管机制，盯紧风险点，确保“放得下、接得住、管得好”。二是探索总首席挂帅制。充分发挥战略科学家领军作用，赋予充分的人财物调控权，立足国家重大战略需求，凝练重大科学问题，布局重大科研任务和攻关突破点，组织实施大规模联合科技攻关。三是优化科技评价。持续完善项目、成果、人才和研究所评价机制，建立健全基础研究看原创水平、应用研究看产业贡献、成果转化看市场认可的分类评价体系。四是完善薪酬激励。健全领导班子工资分配制度，合理调控班子成员与其他人员的收入分配关系，加强对领导班子收入分配的管理监督。争取纳入绩效工资动态调整试点和部系统高层次人才绩效工资总量单列实施范围。五是加强信息化建设。打造基于科学家个人应用场景的科技财务人事管理一体化的“数字农科院 3.0”，实现人员在线管理、业务在线运行、数据在线共享。优化改进院所运行监测工作，切实发挥掌握实情、预警风险、规范管理、推动发展的积极作用。

（九）强化创新文化和环境建设

一是进一步弘扬传承新时代科学家精神和农科精神。开展“灯塔”“谱系”“铸魂”“强基”系列行动，梳理凝练新时代农科精神典型代表，发挥院展厅和新乡展览馆作用，建设主题突出、特色鲜明、实用管用的教育实践基地，打造坚定理想信念、传承科学家精神的平台载体。二是营造良好创新文化氛围。举办“优化科技创新生态　形成扎实科研作风”系列活动，引导广大科技人员树立敢闯无人区、做人民科学家的价值理念，持续打造学风优良、宽容失败、环境和谐的创新生态。三是提升院区综合治理能力。融合创新文化元素，打造农科特色景观。持续提升餐饮、医疗、幼教等服务水平，持续抓好常态化疫情防控，持续建设平安院区。通过把农民大学改成英才公寓、争取北京各区公租房等多种渠道筹措房源，着力改善住房条件，解决群众急难愁盼，提高满意度和幸福感。

（十）强化党的全面领导

一是突出加强政治建设。全面贯彻习近平新时代中国特色社会主义思想，深入学习贯彻党的十九大和十九届历次全会精神，组织好迎接党的二十大召开和会议精神学习贯彻。着力增强各级党组织的政治功能，建强战斗堡垒。着力提升理论学习中心组等学习成效，推动理论武装走深走实。着力加强意识形态工作，压紧压实意识形态责任制。着力夯实组织基础，深入开展红旗党支部创建，深化标准化规范化建设，充分发挥支部建在团队上的组织优势。建立为群众办实事长效机制，巩固党史学习教育成果。持续推进党建与科研深度融合，打造“一团队一课堂、一所一样板”。二是持续推进全面从严治党。深化中央巡视整改，建立长效机制，防止问题反弹回潮，巩固扩展整改成果。加强政治监督，保障党中央决策部署和农业农村部、中国农业科学院党组重大任务落实落地。完善农业科研特色监督，提升监督的主动性、前瞻性、针对性。紧盯重点人群、重要节点和重大风险领域，加强纪律教育，强化风险意识，建立健全风险防控常态化工作机制，做实做细日常监督。坚持不敢腐、不能腐、不想腐一体推进，惩治震慑、制度约束、提高觉悟一体发力，发挥好监督保障执行、完善促进发展的作用。坚持办案、整改、治理贯通，惩处、监督、教育融合，营造宽严相济的创新生态。

同志们，实现高水平农业科技自立自强、支撑全面推进乡村振兴，任务艰巨、使命光荣，让我们更加紧密地团结在以习近平同志为核心的党中央周围，坚定信心、勇毅前行、扎实工作、勇攀高峰，努力以实际成效和优异成绩迎接党的二十大胜利召开！还有20天就是虎年新春佳节，在此，我代表院领导班子向参会的各位代表并通过你们向全院干部职工和离退休老同志拜个早年，祝大家新春快乐、家庭幸福、万事如意！

中国农业科学院党组书记张合成在 2022 年中国农业科学院工作会议上的总结讲话

2022 年 1 月 13 日

同志们：

我们已经顺利完成了 2022 年院工作会议的各项任务。孔明院长的工作报告，全面总结了我院“十四五”开局成效，深入分析了农业科技新形势新任务新要求，进一步明确了发展定位、工作思路、工作要求，对全年重点工作从 10 个方面作出了部署安排。会议发布了《中国农业科学院“十四五”总体规划》，表彰了先进单位、先进个人和优秀成果，颁发了邵根伙博士捐赠资金和大北农奖励，聘任全球顶尖生物学家朱健康院士加盟我院，启动了“数字农科院 3.0”。6 个研究所作了大会交流，2 位总首席科学家讲解了战略谋划和工作思路。参会同志开展了认真讨论。这次会议主题突出、任务明确、安排紧凑，认识更加深刻、信心更加坚定、目标更加明确、任务更加清晰。要坚决履行好国家战略科技力量的职责使命，为加快实现高水平农业科技自立自强、全面推进乡村振兴、加快农业农村现代化作出国家队应有贡献。

下面，就贯彻落实院工作会议精神提 5 点要求。

第一，弘扬伟大建党精神，加强党的全面领导。中央政治局前不久召开党史学习教育专题民主生活会，主题就是弘扬伟大建党精神，坚持党的百年奋斗历史经验，坚定历史自信，不忘初心使命，勇于担当作为，走好新的赶考之路。“坚持真理、坚守理想，践行初心、担当使命，不怕牺牲、英勇斗争，对党忠诚、不负人民”的伟大建党精神，是我党的精神原点、思想基点，也是全体中国共产党人的精神源泉。一要持续落实习近平总书记给我院贺信精神。认真学习习近平总书记“三农”工作论述、科技创新重要论述以及对我院的重要指示精神，要把第一时间传达学习、第一议题学习贯彻的好做法坚持下去，学懂弄通做实习近平总书记系列重要讲话精神，切实提高政治判断力、政治领悟力、政治执行力。二要突出抓好政治建设这个根本性建设。旗帜鲜明讲政治，坚持用党的科学理论武装头脑，坚定广大党员干部的理想信念和宗旨意识。进一步增强党组织政治功能，持续深化“支部建在团队上”的政治优势。深入细致做好思想政治工作，把优秀的科学家团结在党的周围，吸引到党内来。注重对科学家的教育引导和谈心交流，帮助他们解开思想疙瘩、解除后顾之忧。三要夯实全面从严治党“两个责任”。聚焦“国之大者”，突出“关键少数”，加强对“一把手”和领导班子监督。加强各级纪检组织能力建设，不断完善中国农业科学院有特色、监督无禁区的管党治党制度体系，努力营造良好的政治生态和创新生态。四要立足“培养造就大批堪当时代重任的接班人”加强人事人才工作。从“抓好后继有人这个根本大计”出发，充分发挥战略科学家作用，培养更多优秀的青年科学家，让青年人挑大梁、当主角。加快推年轻步伐，进一步优化领导班子结构。五要抓好党的二十大精神学习贯彻。下半年将召开党的二十大，我们既要努力以优异成绩迎接党的二十大召开，更要及时全面、深入系统地抓好党的二十大精神学习贯彻，自觉增强“四个意识”、坚定“四个自信”、坚决捍卫“两个确立”，坚决做到“两个维护”。

第二，聚焦主责主业，围绕“国之大者”抓主抓重。我院已经建立了使命清单制度，要以此为依据抓紧落实任务目标和资源配置，把使命清单落实到全院各个研究所的创新工作上。农业农村部党组 2022 年部署了 10 件重点工作，件件需要科技支撑。孔明院长工作报告提出了 10 项重点任务，突出安排种子、耕地、农机、大豆油菜、生物安全研发任务，要求以提单产、提效率、提自给率为奋斗目标，尽快抢占制高点、攻克“卡脖子”、提高转化率、服务主战场。一要在种子耕地农机大豆油菜尽快取得新突破。我院已经启动了“强种”“沃田”行动，正在谋划启动“增粮”“智机”科技行动，要出实招、真行动、见实效，决不能停留在口号上、满足于纸面上！在技术支撑大豆油料增产、支撑“菜篮子”保供上也要作出具体安排，确保有抓手、有目标、有资源、有机制、有考核，决不能“脚踩西瓜皮、滑到哪儿算哪儿”！二要在生物安全科技创新上尽快取得新突破。孔明院长去年应邀给中央政治局现场讲解加强我国生物安全建设，这既是中共中央对孔明同志、对中国农业科学院的信任，也体现了中共中央对中国农业科学院的重视和期待。我院已经建立了“1+4”的生物安全研究机构，要建立健全机制，尽快开始运行，在外来物种入侵、植物病虫草害、重大动物疫病、微生物耐药性、生物技术环境安全风险的监测预警、快速检测、综合防控以及生物安全战略研究方面尽快产出新成果。三要在生物育种技术研发上尽快取得新突破。生物育种是中国农业科学院生存发展的生命线。目前的问题是前沿交叉布局不足、科研力量分散、项目资源碎片化，关键是要统筹优势力量，系统部署基础研究、前沿技术和品种培育全创新链科研任务，在功能基因挖掘、育种技术突破、重大品种创制、安全评价技术等方面尽快取得突破。四要在转基因产业化上尽快取得新突破。我们转基因技术研究起步早，始终与国际保持并行，但产业化应用整体滞后 20 多年，“起了个大早赶了个晚集”，主要原因就是舆论误导，一些组织和个人刻意制造和传播谣言，妖魔化转基因技术和转基因研究人员，甚至一些领导干部也跟风怀疑，这些错误怀疑的影响恶劣、杀伤力大。现在国家已经试点了，增产增效和生态效果非常好。下一步，我院要全力投入，根据农业农村部的统一部署，深入推进试点工作，发挥引领带动作用。

第三，谋划结构布局，强化国家战略科技力量。孔明院长在工作报告中总结了我院当前存在“四个不适应一个不平衡六方面有差距”的问题。解决这些问题，一要强化基础科研。加强新兴交叉学科建设，聚焦多组学、育种理论、重大病虫害成灾机理、动物营养与饲料转化、预防兽医学等基础领域，强化原始创新，争取提出原创理论、作出原创发现。二要强化“一农”向“三农”的学科体系。全面对接乡村振兴战略需求，新增设立“农村发展”学科群，按照迁移、纳入、拓展和新建组成团队集群，建成“一农”向“三农”拓展的学科架构。三要强化从“一产”到“三产”的学科建设。目前的学科设置主要集中在生产环节，加工流通、休闲观光和消费环节的研究力量非常薄弱。要按照围绕产业链部署创新链的要求，加快构建种养加、产供销全链条布局的新型学科体系，助力拓展农业产业链价值链。四要强化机构布局研究。有的研究所学科范围偏窄、有的研究所远离主产区主战场、有的研究所难以满足当地全面推进乡村振兴的科技需求，这些问题由来已久，但是由于机构编制管理、拟转企改革等诸多限制，一直没有得到有效解决。要抓紧研究形成工作思路，探索实施更名、分类、重建等切实可行的调整方案。五要强化平台体系建设。在进一步加强已有的资源库圃体系、生物安全实验室体系、野外台站体系建设的基础上，重点打造体现国家队水平的试验基地体系和实验种群系统。统筹建设和用好新乡、安阳、海南、呼和浩特等地的试验基地，依托基地建设发展高水平的实验种群，打造大动物育种领域的“国之重器”。

第四，紧盯一流目标，深化改革创新。工作会开幕式上，我院聘任了全球顶尖科学家加盟我院工作，深化了与一流创新型企业的合作关系，发布了“十四五”创新发展时间表路线图，启动了“数字农科院 3.0”，这些都是建设“两个一流”的实际举措。中国农业科学院建设“两个一流”的主要目标包括科学研究、成果产出、人才培养、平台设施、国际化水平、创新文化以及院所管理体制机制 7 个方面。今天重点讲管理体制机制方面，我认为主要有 3 点要求。一要有一流学风。科学问题来不得半点虚假，必须有一说一，坚决反对夸大其词。学术也要接地气，老百姓看不懂、听不懂的学术不是好学术。二要有一流作风。要有严谨的作风，管理工作出现任何麻痹松懈、偏差纰漏，都可能影响工作运转，甚至影响大局，要恪尽职守、认真负责。三要有一流服务。要打造“以科学家为本、以一线为本”的服务型院所机关，每个部门、每位同志、每项工作都要做到是为研究所和科研人员服务的，对于研究所和科研人员遇到的问题，主动关心、积极上心、开动脑筋用心帮助解决。四要有一流机制。就是要建立健全聚焦职责使命、突出目标导向的任务牵引机制，创新创业创造“三创一体”的团队作战机制，科企协同创新的双链融合制，稳定支持为主、政府市场共同发力的多元投入制以及突出产业应用导向的考评激励制，打造充分激发活力、释放潜能的创新制度体系。

第五，抢抓发展机遇，推进高质量发展。发展是硬道理。这两天我查阅了 4 个数据：一是我院国家自然科学基金立项支持经费，近 3 年来有明显增长，2021 年增长率达 61.6%（水稻所连续 3 年增长，从 655 万元、1 176万元到6 466万元，增加最多；兰兽研连续 3 年减少，从 698 万元、420 万元到 244 万元，下降最快）；二是我院来自企业的研发经费，近 3 年实现平稳增长，2021 年增长了3 200万元，增长率 3%（牧医所连续 3 年增长，从2 704.5万元、4 288.57万元到5 278.9万元，增加最多；麻类所连续 3 年减少，从4 038万元、2 508万元到1 666万元，下降最快）；三是我院财政拨款经费数，2020 年因为过紧日子大幅压减预算，减了不少，不过 2021 年增长了 1.89 亿元，增长率5%（信息所连续3年增长，从1.94亿元、2.30亿元到2.92亿元，增加最多；哈兽研连续3年减少，从2.65亿元、2.10亿元到1.77亿元，减少最多）；四是我院承接政府购买服务的经费，2021年减少了5 300万元（作科所增加最多，从1 676.62万元增加到4 627.25万元；资划所减少最多，从5 487.28万元减少到2 942.16万元）。同时，从2021年12月的运行监测数据来看，2021年留所的竞争性经费有22亿元，比2020年的24亿元少了2亿元。这些数据体现的是各研究所争取支持的情况，总体上有喜有忧，但各所之间不平衡的问题十分严重。此外，2021年成果转化收入相比2020年的12.2亿元增长率仅为6.9%。在经济下行的压力下，能够保持增长按理应该是表扬的，但按照"十四五"转化收入翻两番、至少翻一番的既定目标，这个增长率是远远不够的。现在"十四五"刚刚开局，党中央高度重视农业、重视科技，企业等社会力量也都有极强的意愿投资农业、投身农业科技创新，我们要珍惜大好局面，抢抓发展机遇，积极争取各方支持，所长书记要带头跑项目、跑企业、谈合作、争资源，机关的局长们也要积极沟通协调，主动给予指导，做好保障服务。从工作来讲，要做到8个紧盯。一是紧盯国家重视基础前沿研究的重大机遇。基础研究十年规划已经实施，明确要加大基础研究投入，研究内容上要更加强调从经济社会发展和国家安全中凝练科学问题，强化应用导向的基础研究，我院的科学家要抓住这个千载难逢的好机遇。二是紧盯国家重视企业科技能力提升的重大机遇。主动适应国家科技计划更加突出企业创新主体地位、创新资源更加向企业聚集这个导向，支持科学家与企业开展合作研究。三是紧盯地方增加农业科技投入的重大机遇，积极争取地方各级政府的研发经费，积极与地方政府开展战略合作。四是紧盯企业自身加大研发投入的重大机遇，面向企业实施资源、平台、专利、人才"四个开放"，加快建立"企业出题阅卷"的研发机制。五是紧盯技术推广服务重大机遇。全院70%的转化收入来自技术推广服务，目前除拟转企所外，其他单位都可以承接政府购买服务，大家要积极争取，努力实现稳定增长，想方设法增加转化收入。六是紧盯党中央重视优秀青年人才的重大机遇，采取有力举措，推出青年人才，让青年人才尽快成长起来。七是紧盯适度超前开展基础设施投资的重大机遇，谋划设计符合国家战略需求的重大项目，主动争取投资支持，进一步加强科技平台设施建设。八是紧盯新冠疫情环境下国际合作交流的新机遇，充分发挥科研国家队优势，广泛开展农业科技国际合作。

最后，再强调5件具体事。一是迅速传达会议精神。各单位各部门要抓紧传达贯彻，春节前务必传达到每一名干部职工，节后上班第一周就要研究形成本部门本单位2022年工作计划。二是抓紧做好夏粮保丰收的技术服务准备。春节过后，要随时准备好奔赴夏粮主战场，为1.1亿亩晚播麦促弱转壮提供技术指导和培训。农业农村部党组一声令下，我们就立即出发，前往主战场。三是严抓疫情防控不懈怠。最近新冠疫情形势很严峻，大家一定要绷紧弦、不放松，严格落实防控措施。四是有序做好岁末年初各项工作。工作会后紧接着还有好几个重要的会议，大家要认真参与，后面还有民主生活会、组织生活会、全面从严治党会、机关工作会等，都要统筹安排好。五是及时安排好节前走访慰问工作。要抓紧时间安排走访慰问老同志和一线职工，特别是在新冠疫情防控一线和春节值班值守的职工，要关心他们、慰问他们，让他们感受到组织的温暖。

还有不到 20 天就是新春佳节，我代表院党组，向全院干部职工和离退休老同志拜个早年，祝大家新春快乐、万事如意。同志们，让我们更加紧密地团结在以习近平同志为核心的党中央周围，锐意进取、真抓实干，扎实做好 2022 年各项工作，为实现高水平农业科技自立自强、全面推进乡村振兴作出新的更大贡献，以优异成绩迎接党的二十大胜利召开！

中国农业科学院关于印发《中国农业科学院“十四五”发展总体规划》的通知

农科院办〔2022〕3号

院机关各部门、院属各单位：

《中国农业科学院“十四五”发展总体规划》已经2021年第18次院常务会议审定，现印发给你们，请认真贯彻执行。

各部门各单位要切实提高思想认识，坚持以习近平新时代中国特色社会主义思想为指导，全面贯彻党的十九大和十九届历次全会精神，落实党中央关于农业科技重大决策部署和习近平总书记致我院贺信重要指示精神，根据“十四五”发展思路、总体目标和重点任务等，结合实际细化措施，确保任务落实落地、目标如期完成。各研究所要根据院“十四五”总体规划和9项专题规划，进一步修改完善研究所有关规划，形成实施合力，不断强化国家战略科技力量，努力实现高水平农业科技自立自强。

中国农业科学院

2022年1月6日

中国农业科学院“十四五”发展总体规划

为深入贯彻落实党中央“三农”工作重大决策部署和习近平总书记致中国农业科学院建院 60 周年贺信精神，履行农业科研国家队职责使命，统筹推进各项工作，强化国家农业战略科技力量，根据《中华人民共和国国民经济和社会发展第十四个五年规划和 2035 年远景目标纲要》《“十四五”推进农业农村现代化规划》，以及相关部委科技发展规划，制定本规划。

一、发展形势与任务

（一）整体实力跻身世界前列

党的十八大以来，中国农业科学院始终坚守农业科研国家队使命，坚持面向世界农业科技前沿、面向国家重大需求、面向现代农业建设主战场、面向人民生命健康，启动实施了科技创新工程，持续推进科技创新和体制机制创新，各项工作取得显著进展，整体实力跻身世界前列。发展布局不断完善，建立了 316 个院级创新团队，初步形成了符合农业科研规律和中国农业科学院特点的学科、团队、任务、平台等一体化布局和创新组织体系，区域性创新中心不断发展和完善。发展基础更加稳固，拥有“两院”院士 17 人，高层次人才 342 人，从业人员近 2 万人；建成国家动物疫病防控高级别生物安全实验室、国家作物种质库、国家畜禽改良研究中心、农作物基因资源与基因改良国家重大科学工程、国家农业生物安全科学中心等一批重大科技基础设施，形成较为完善的科研条件平台体系。创新水平整体跃升，获国家奖成果占全国农口的 1/4，主要学科领域重大科学发现、论文专利等科技产出位居世界前列，作物、植保、兽医、资环等学科集群进入世界第一方阵。支撑发展更加有力，大批新品种、新技术、新产品成为国家主推技术、主导品种和重点推广产品，系列重大宏观战略发展智库报告成为政府决策的重要参考，成果转化、示范和推广为打赢脱贫攻坚战和全面建成小康做出重大科技贡献，为国家粮食安全、生物安全、生态安全提供了强有力科技支撑。引领能力明显增强，牵头成立国家农业科技创新联盟和 27 个专业性、产业性创新联盟，建立了广泛的国际合作网络体系，国际合作主导力和影响力全面提升。发展动力更加强劲，党的领导不断加强，党的建设和全面从严治党不断推进，构建了良好的政治生态和创新生态，积淀了深厚的文化底蕴，成为农科人奋斗不息的精神动力。

（二）进入实现高水平科技自立自强新阶段

我国进入新发展阶段，开启了全面建设社会主义现代化国家新征程，必须坚持创新在现代化建设全局中的核心地位，坚持农业农村优先发展，依靠科技创新引领支撑乡村振兴和农业农村现代化。“十四五”及今后一个时期，中国农业科学院要着眼于中华民族伟大复兴战略全局和世界百年未有之大变局，直面新一轮科技革命和产业变革带来的重大机遇和诸多挑战，把加快实现高水平农业科技自立自强作为农业科研国家队重大使命，充分发挥国家农业战略科技力量作用，加快建设农业科技强国。要抢占制高点，加强基础研究，挑战最前沿农业科学问题，积极抢占世界农业科技竞争制高点，在战略必争的农业基础科学和前沿技术领域占有一席之地。要掌握主动权，强化原始创新，打好农业关键核心技术攻坚战，牢牢掌握我国农业科技发展主动权，确保关键核心技术自主可控。要引领现代化，强化集成创新和产学研用协同创新，勇闯科技“无人区”，创新技术综合解决方案和一体化应用场景，扛稳粮食安全和农业高质量发展重任，创新驱动乡村振兴和引领农业农村现代化。

面对新形势和新任务，对标对表“四个面向”“两个一流”要求，中国农业科学院发展还存在四个不适应，即学科、科研力量等发展布局不适应，创新、转化、人才、平台等发展能力不适应，科技评价、绩效管理等发展机制不适应，院所协同、现代院所制度等治理体系不适应，同时发展不平衡、不充分的矛盾突出。中国农业科学院作为农业科研国家队，勇于面对挑战，主动破解难题，持续深化改革，在改革、创新、发展中凸显国家战略科技力量作用，为乡村振兴和农业农村现代化提供源源不断的核心动能，为推动我国农业科技走向世界舞台中央作出积极贡献。

二、发展思路与目标

（一）战略定位

中国农业科学院是农业科研国家队和国家农业战略科技力量，担负着抢占农业科技竞争制高点、掌握农业科技发展主动权、引领农业农村现代化的国家使命，肩负着农业科技自主创新主阵地、关键核心技术主渠道、现代农业科技主力军的历史重任，必须按照《中国农业科学院章程（试行）》确定的职责，坚持“四中心一智库”发展定位，为我国从农业大国走向农业强国提供坚实的科技支撑。

国家农业科技创新中心。致力于解决我国农业及农村经济发展中公益性、基础性、全局性、战略性、前瞻性重大科学与技术问题，强化原始创新和关键核心技术攻关，开拓新兴前沿交叉领域，取得一批具有世界影响的前瞻性基础研究、引领性原创前沿技术和核心关键技术成果重大突破，夯实农业强国和科技强国的根基。

国家农业技术转移中心。致力于农业科技成果转移、转化、熟化、迭代升级和系统集成，形成一批创新创造创业协同的团队和研究所、科企科产科教融合的创新联合体和区域性现代农业工程与技术科学集成示范基地，提升科技成果转移和知识产权交易服务能力，促进科技成果转化应用和示范推广，支撑乡村全面振兴和农业农村现代化。

国家农业科技创新人才中心。坚持人才第一资源和人才优先发展战略，汇聚战略、领军、青年、后备四类人才，建设科研、管理、支撑、转化四支队伍，打造卓越创新团队，营造识才、爱才、敬才、用才的环境和创新生态，形成“四纵四横”雁阵式人才发展体系，成为国家农业战略人才力量和世界重要农业科技人才中心。

国家农业科技合作交流中心。坚持开放办院，强化国内外科技合作与交流，建设国际一流科研院所，积极参与国际农业科技治理，融入全球农业科技创新网络，牵头国家农业科技创新联盟建设，组织全国农业科技力量开展重大任务协同攻关，成为国内外农业科技合作与交流的战略中坚力量。

国家农业高端智库。汇聚一批高水平战略研究人才队伍，牵头建设国家农业智库联盟，引领和带动全国农业农村战略研究，形成具有重要影响力的智库平台和系列智库报告，成为国家倚重、国际知名的农业高端智库，为农业农村经济发展、政策创设和科技进步提供科学咨询和决策参考。

（二）指导思想

以习近平新时代中国特色社会主义思想为指导，深入贯彻党的十九大和十九届历次全会精神，全面落实党中央重大决策部署和习近平致中国农业科学院建院 60 周年的贺信重要指示，立足新发展阶段，完整、准确、全面贯彻新发展理念，主动融入新发展格局，坚定不移落实科教兴国战略、人才强国战略、创新驱动发展战略以及乡村振兴战略，坚持“四个面向”，以科技体制改革和机制创新为动力，以实现高水平农业科技自立自强为目标，按照“顶天立地、率先跨越、引领发展、追求卓越”的指导方针，胸怀“国之大者”，紧扣“两个要害”，优化创新布局，强化自主创新，优化创新生态，建设“两个一流”，进一步增强科技创新能力、综合发展实力和国际影响力，推动我国农业科技整体跃升，支撑国家粮食安全、生物安全、生态安全，引领乡村振兴和农业农村现代化。

顶天立地。既要登高望远勇攀世界农业科学高峰，挑战最前沿农业科学问题，又要脚踏实地突破农业农村发展关键核心技术，强化集成创新。既要为国家农业农村和农业科技发展决策提供科学依据，也要为农业生产和区域发展提供技术支撑。

率先跨越。深入实施创新驱动发展战略，强化从 0 到 1 的原始创新和突破，积极抢占农业科技竞争制高点，打好关键核心技术攻坚战，努力实现关键核心技术自主可控，推动我国农业科技整体跃升。

引领发展。强化科技创新催生新发展动能，努力在科技体制机制改革创新中走在前，在高水平农业科技自立自强中走在前，在科技引领支撑农业农村现代化发展中走在前，在支撑国家重大决策与智库建设中走在前，成为创新驱动发展的重要引擎。

追求卓越。强化科技创新和制度创新“双轮驱动”，加快一流学科、卓越团队、重大平台和重大任务一体化推进，加速一流现代科研院所建设，进一步强化国家倚重、社会信任、国际知名的国家战略科技力量作用。

（三）发展原则

坚持党的领导。用习近平新时代中国特色社会主义思想武装头脑、指导实践、推动工作，增强“四个意识”，坚定“四个自信”，做到“两个维护”，切实把党的领导落实到全院发展的各领域、各方面、各环节。

坚持四个面向。面向世界农业科技前沿、面向国家重大需求、面向现代农业建设主战场、面向人民生命健康，强化国家队使命担当，统筹全院科技创新，组织开展重大任务联合攻关，加快建设“两个一流”，推动科技整体跃升。

坚持人才优先。牢固树立“人才是第一资源”理念，持续深化人才发展体制机制改革，激发人才创新活力，实行更加积极、更加开放、更加有效的人才政策，形成具有吸引力和国际竞争力的人才制度体系，聚天下英才而用之。

坚持遵循规律。坚持农业科研公共性、基础性、社会性定位，突出农业科研长周期性、区域性和不确定性影响大的特点，按照使命任务组织开展长期稳定的科学研究，提高创新体系的整体效能和应急应变能力。

坚持深化改革。深化院所科技体制改革和机制创新，优化科技创新布局，探索重大使命任务联合攻关机制，完善创新评价体系，营造潜心研究的创新生态，激发创新活力，推进院所治理体系和治理能力现代化。

（四）发展目标

到 2025 年，基本建成中国农业科学院现代农业科技创新体系，创新布局更加科学、创新能力更加突出、创新供给更加精准、创新生态更加优化，1/3 以上学科和研究所达到世界一流水准，成为引领支撑乡村振兴、农业强国、科技强国的战略科技力量。

创新布局更加科学。基本建成相对完善的“三农”学科体系，形成一支引领支撑农业农村现代化的战略科学家、科技领军人才、青年科技人才、后备人才队伍。学科科学中心和区域技术中心建设取得明显进展，科技平台体系和试验基地网络更加完善，一批重点学科、重点研究所跻身世界一流。研究生院—学院—研究所“三位一体”的研究生教育体系日趋完善，在校研究生数量进一步扩大，研究生教育国际化水平不断提高。

创新能力更加突出。牵头承担的国家级重大科技计划任务占位显著，产出一批具有重大国际影响的科学发现，在若干战略必争的基础前沿领域形成独特优势，为农业强国和科技强国建设提供战略储备、拓展战略空间。突破一批农业农村发展的重大瓶颈科技问题，在核心关键技术领域努力实现自主可控。创新形成一批有效支撑和引领农业农村现代化的科技综合解决方案和有影响力的智库报告，有效提升农业产业和农村发展的科技支撑能力。

创新供给更加有效。创新、创造、创业“三创”协同的创新团队具有一定规模，产业链创新链价值链有机衔接的技术创新与转化应用体系基本形成。科企科产深度融合，科技成果转化能力、高价值发明专利数量、创新转化效率明显提升，新品种、新技术、新产品在农业农村现代化主战场影响力显著提升。技术集成与示范应用不断加强，国家农业区域技术中心建设与布局趋于完善，乡村振兴科技示范作用更加凸显。

创新生态更加优化。现代科研院所制度体系相对完善，汇聚人才、激励创新、强化应用的政策体系基本健全，开放创新、紧密合作、高效协同的国内外合作网络基本建成，科技治理体系和治理能力现代化水平有效提升。铸造新时代农科精神，不断营造鼓励大胆创新、勇于创新、包容创新的良好氛围，创新生态更加宽松、更加自主、更加活跃。

中国农业科学院“十四五”发展目标

发展重点	核心指标	预期目标
国家农业科技创新中心	学科科学中心	≥10 个
	重大科学发现	增长 40%
	重大技术突破	增长 20%
	国家重点实验室	新增 1~2 个
	重大科研设施装备	新增 5~7 个
国家农业技术转移中心	区域技术中心	≥7 个
	重大科技产品	增长 20%
	科技成果转化率	达到 50%
	乡村振兴科技支撑示范县	15 个

（续表）

发展重点	核心指标	预期目标
国家农业科技创新人才中心	顶端人才	25 人
	领军人才	275 人
	青年英才	300 人
	在站博士后	1 000 人
	在校研究生	7 500 人
国家农业科技合作交流中心	多双边重点合作平台	新增 5~8 个
	“走出去”技术产品	5~10 项
国家农业高端智库	整体实力	力争入选国家高端智库建设试点单位
	高水平智库报告	翻一番
综合性指标	世界一流学科	1/3 学科
	世界一流研究所	1/3 研究所

展望 2035 年，基本实现建设世界一流学科和世界一流科研院所的战略目标，初步成为世界主要农业科学中心、重要人才中心和创新高地，真正成为国家倚重、国际一流、社会信任的农业领域国家战略科技力量，为跻身世界农业科技强国和基本实现农业农村现代化发挥领军作用。

三、发展布局和重点

（一）优化学科布局

强化新兴前沿。以引领现代农业新生长点为目标，准确把握现代生物技术、现代信息技术、现代工程技术、新材料技术、新能源技术等前沿趋势，重点围绕现代种养殖业、智慧农业、都市农业、太空农业、未来农业等新业态、新模式，加快催生和培育一批新兴学科和前沿学科方向。

拓展“三农”学科。以促进乡村全面振兴和实现农业农村现代化为目标，推动学科布局向“三农”拓展，重点布局和建设一批农村资源高效利用、乡村规划、农村生态建设、数字乡村、乡村治理、农村经营制度与集体经济、农民收入与消费等学科团队，支撑乡村建设行动。

促进交叉融合。深刻把握科技发展态势，以解决重大农业科学和技术问题为导向，推动创立一批交叉学科研究中心，促进多学科交叉融合创新，构建基础研究—技术研发—产品创制—应用推广的完整创新链，带动学科整体发展。

（二）调整力量布局

打造学科科学中心。紧盯世界农业科学前沿领域发展和国家战略需求，聚焦“种子和耕地”两个要害、主要畜禽良种国产化、生物安全和重大疫病防控、绿色低碳、数字农业、前沿交叉、农业农村发展战略和高水平开放合作等重大任务，优化科研机构布局，推动形成十大领域学科科学中心，努力实现基础研究和前沿技术重大突破。

建设区域技术中心。立足自身优势，系统整合全院创新资源，联合协同重点区域地方政府、研究机构及高校、科技创新型企业，围绕东北粮食生产、京津冀主要农产品有效供给、长江经济带农业高质量发展、西部地区农业战略储备、西南地区丘陵山地特色农业与都市农业发展、长江三角洲高科技与数字农业发展、大湾区国际食品谷建设等农业农村高质量发展重点，推进形成 7 个区域技术创新中心。紧盯影响国计民生的粮棉油、肉蛋奶、菜篮子等重点品种，充分发挥产业研究中心全链条、一体化的技术支撑作用，瞄准推动区域农业农村高质量发展的新兴产业技术，充分发挥区域技术中心组织开展联合攻关，形成综合解决方案，更加精准有效支撑各地全面推进乡村振兴和加快农业农村现代化。

创建农业高端智库。构建战略研究举院体制，推动建设农业产业、区域发展、乡村治理等宏观战略研究团队，形成全院农业农村宏观战略研究专业队伍。加强战略研究中心、海外农业研究中心等院级联合研究中心的条件和能力建设，稳定一支高水平、精干高效的战略研究骨干队伍。完善中国农业发展战略研究院体制机制，建设农业农村智库联盟，形成农业农村宏观战略开放研究平台，力争入选国家高端智库建设试点单位。

（三）统筹任务布局

突破基础前沿。围绕农业动植物和微生物重大新品种创制、耕地地力提升、农业生物安全防控等重大需求，瞄准农业生物组学、光合作用机理、植物逆境响应和动物免疫调控机制、农业人工智能等基础和前沿科学问题，突出理论和方法创新，提出原创思想、做出原创发现、突破原创技术，抢占农业科技竞争制高点。

攻克核心关键。重点攻关基因编辑技术、合成生物技术、智能设计育种技术、农业可再生资源高效利用技术、新型农业投入品创制、农业智能化关键装备技术，加大投入力度，实现重大突破和自主可控，牢牢掌握农业发展主动权。

集成综合方案。开展全产业链技术集成，建立科研成果中试熟化平台，加速技术迭代升级，提高科技成果的成熟性、配套性，为破解区域性农业复杂问题提供综合技术解决方案。健全成果转移转化体系，深化市场分析、成果评估、技术交易等专业增值服务，推动农业现代化示范区和乡村振兴科技支撑示范县建设。

强化营养健康。瞄准生命健康、生物育种等前沿领域，集中资源优势加强种质资源、育种技术、现代栽培等技术创新，培育优质高产经济作物，加快农产品储运保鲜、精深加工、质量安全等技术研发，提升农产品营养品质，保障人民生命健康。

加强战略研究。聚焦保障国家粮食安全、农业高质量发展、乡村全面振兴、农业农村科技自立自强、农业农村绿色发展等方面的战略性、应急性和热点难点重点问题，组织开展全院性宏观战略研究，产出具有广泛社会影响力的重大智库研究成果，支撑政府决策，引导公众舆论。

（四）优化平台布局

谋划建设重大科技设施。围绕现代农业发展和学科基础前沿创新需求，整合院内外资源，积极参与生物种业、生物安全等国家实验室谋划，推动作物基因资源、蔬菜生物学、油料作物生物学、农业资源高效利用等国家重点实验室立项建设。系统布局种质资源鉴定、高效育种、耕地保育、绿色生产、智能农业装备等领域学科群重点实验室，重点在粮食安全、生物安全、生命健康等领域谋划国家重大科技基础设施，持续强化现有国家重大科技基础设施的能力提升。

完善三级三类平台体系。巩固国家级、部级及院级平台在功能上的相互补充作用，链式布局科学研究类平台、技术创新类平台、基础支撑类平台。发挥院所两级协同治理机制优势，推进重大科研设施和学科平台的系统化、实体化、集约化建设布局，完善研究类平台体系化建设。统筹布局创新条件能力平台的建设，打造全院设施实验室一张图、基地台站一张网、基建修购一张表，构建全院创新条件能力平台一盘棋。推进资源库圃、监测网络、实验室等基础支撑类平台标准化、专业化、开放化运行发展，提高平台管理能力和服务水平。

构建“三农”基础观测网络。完善国家农业科学观测试验站、国家野外科学观测研究站布局，满足农业科技长期性基础性工作需求。构建作物种质资源、农业土壤、水资源、环境、农业病虫害、天敌昆虫、畜禽核心种质、畜禽疫情、农用微生物、农产品安全品质等国家农业科学观测网络体系。拓展乡村振兴基础数据观察基点网络，构建乡村振兴基础数据库。夯实科学研究、产业发展和科学决策基础网络支撑。

深化国际合作平台建设。立足中国农业科学院农业科技创新和“走出去”需求，建设一批资源共享、优势互补的国际创新合作平台，持续完善国际农业联合研究中心、海内外联合实验室、国际组织参考实验室、海外联络办公室等合作平台体系布局，形成长效合作机制，实现合作网络提档升级。

四、主要任务和重大举措

（一）提升自主创新能力，培育重大科技成果

全面推行使命任务清单制度。围绕保障国家粮食安全与重要农产品有效供给、支撑优质安全与营养健康的农产品供给、强化耕地保护与质量提升、保障农业生物安全、推动农业绿色发展、加快农业机械装备高质化与智能化、加强原创性农业基础研究、孕育农业新兴前沿交叉技术、夯实农业基础性科研、推动乡村全面振兴十大使命，落实 78 项重点任务，促进重大突破性科研成果产出。

启动创新工程跃升计划。在稳定支持创新团队的基础上，组织开展重大任务联合攻关，打造学科科学中心和区域技术中心，探索建立团队稳定支持基础上的重大任务联合攻关机制，实施基础科研强化、前沿技术赶超、长期因子观测、重大品种培育、粮食单产跃升、耕地质量提升、生物安全保障、农业农村减碳、乡村学科振兴、国际科技合作等重大行动，以革命性、颠覆性、原创性重大科技成果推动农业农村科技整体跃升。

积极承担国家重大科技任务。围绕国家重点研发计划项目、农业生物育种重大项目，农业关键核心技术攻关，现代农业产业技术体系，国家自然科学基金基础科学中心、创新研究群体、杰青、优青、重点等重大类项目，国家社会科学基金重大项目等国家重大科技任务，积极谋划重大选题，组织院内外相关科技力量，牵头申报实施。

着力强化重大成果培育。聚焦农业高质量发展和乡村全面振兴关键环节，强化实施重大成果培育，取得原创性基础理论发现和突破性技术成果，构建整体性解决方案。建立以职责使命和重大任务为核心内容的评价机制，构建分类多层多维评价体系，形成多部门联动多举措并行评价方式。谋划国家重大奖励成果，提高成果竞争力。

（二）提高成果转化能力，支撑乡村全面振兴

推进“三创”协同发展。建立政策支撑体系，培育一批创新、创造、创业协同发展的“三创”团队，打造“三创”研究所。筹措成果转化专项资金，支持“三创”团队开展中试熟化、集成示范、孵化企业。打造“三创”基地，建立“三创”团队与农业高科技企业联合实验室，提高科技成果转化能力。发展壮大所办企业，强化所办企业成果转化功能，推进“三创”研究所发展。

加强绿色高产高效技术集成示范与推广应用。设立多区域多地点示范基地，开展符合区域特点的品种、技术、产品的集成示范和迭代升级。构建覆盖全国的集研究、示范、推广于一体的合作体系，形成“集团式”高效协同攻关网络。汇聚“政产学研金服用”创新资源，打造科技与产业深度融合的产学研一体化平台。

共建乡村振兴科技支撑示范县。在全国粮食生产功能区、重要农产品生产保护区、

特色农产品优势区等地，建设乡村振兴科技支撑示范县，围绕保障粮食安全和主要农产品有效供给、生态宜居、有效衔接脱贫攻坚与乡村振兴，开展“派专家、送技术、出主意、做示范”农科式帮扶，创办“田间课堂”，打造中国农业科学院科技支撑乡村振兴战略的农科品牌。

（三）加强人才队伍建设，打造创新人才中心

构建“四纵四横”人才体系。抓好后继有人这个根本大计，建立以战略科学家为核心、领军人才为中坚、青年人才为支撑、博士后/研究生为后备的“四纵”体系。优化内设机构设置与编制管理，发现培养和选拔优秀年轻干部。构建支撑人才队伍发展体系，打造技术精湛、服务高效的支撑人才队伍。吸引培养一批具有较高技术成果转移转化能力的复合型、专业化转化人才。协同推进科研、管理、支撑、转化四支队伍建设“四横”布局。

打造卓越创新团队。改进团队首席遴选机制，落实团队岗位聘用制，统筹实施三级任务制，探索实行科研进展报告制，完善符合现代农业科技创新规律的团队运行模式。统筹配置科技资源，分学科、分梯次推进团队建设，打造一批国际知名团队、一批国内领先团队、一批行业特色团队。

建设高质量研究生教育体系。统筹优质科教资源，优化学科专业，转变培养模式，提升研究生教育质量。推进“中国农业科学院大学”建设，扩大研究生招生规模，有序推进学院建设，完善研究生教育校区布局，打造农科特色的校园文化。增强研究生创新能力、实践能力，培养一大批德才兼备、“一懂两爱”的青年后备人才。

优化人才发展环境。实施“高层次人才精准引进行动”，构筑集聚国内外优秀人才的创新高地。推行多元化、多渠道人才评价模式，优化薪酬待遇分配机制。建立团队首席科学家和干部队伍的定期研修制度，强化干部人才能力素质培养。完善试错容错纠错机制，倡导敬业、精益、专注、宽容失败的创新生态。

（四）建设一流设施条件，夯实跨越发展基础

建设一批重大科研设施。立项建设国家畜禽种质资源库、国家农业微生物资源库、植物生物安全资源保藏利用、小麦设计、大豆等油料种质定向创制、农作物表型与基因型鉴定等一批重大科研设施，巩固强化作物、植保、畜牧学科平台优势，打造“国之重器”。

完善实验试验基础条件。统筹多方投资渠道，支持国家、省部、院三级平台建设，推动实验室建设有序升级。完善试验示范基地（观测实验站、资源圃、保种场）布局和条件建设，夯实长期性基础性工作基础。

提升院所科研保障能力。改造建设科研用房、研究生教育用房、人才保障房和院所

区基础设施，解决业务用房不足、人才居住及研究生教育保障水平不够、信息化设备与基础设施升级等突出问题。拓展京区发展空间，整体提高公共保障和基础支撑能力。

推进信息化提档升级。建设连接重大科技基础设施集群、野外观测台站、基地、实验室和存储中心等科研单元的高速网络设施。构建农业科研大数据中心，研制新一代数字农业协同创新平台，推动农业科研大数据持续积累、资产化管理、长期保存和开放共享。建成“数字农科院 3.0”，研发科学家一站式服务门户，提升数智化科研管理与决策水平。

（五）统筹国内国际合作，汇聚创新发展合力

推进科企科产科教融合发展。加强与农业龙头企业合作共建研发中心、中试基地、示范园区，开展技术创新、成果孵化、产业支撑，加快“研学产”向“产学研”转变。强化与地方政府合作，辐射带动地方产业发展。深化与国内顶尖高校及科研单位合作，构建人才、学科、平台等创新要素融合的协同创新中心。探索建立具有独立法人资格的新型研发机构，打造多方协同、科技创新与成果转化联动的一体化平台。

做强国家农业科技创新联盟。做大做强 50 个产业性、专业性和区域性联盟，构建一批全国相关领域优势单位协同的创新集团军，提供科学“一体化”解决方案。构建实体型创新联合体，提供技术“一揽子”服务方案。集聚全院创新资源，完善农业科技信息、农作物种质资源、农业基因组大数据等领域共享平台和共享机制，提供“一站式”共享服务。

推动高水平开放合作。深度融入全球创新网络，提升重点领域的国际协同创新能力，推进优势农业科技“走出去”。推进牵头实施的国际科学计划，积极参与他国发起的科学计划。培育一批国际化的科研与科研管理、国际合作和成果转化人才，引进国内紧缺的海外一流人才。积极参与国际农业科技治理，提升农业科技国际影响力和话语权。

（六）深化体制机制改革，推动一流院所建设

完善科技创新体制机制。进一步明确研究所改革发展定位，完善以质量、绩效、贡献为核心的科技创新分类评价体系。深化学术委员会改革，提升地位，发挥作用，强化学术民主。健全重大任务联合攻关的举院体制，探索建立以创新团队为组织单元的重大任务联合攻关机制和揭榜挂帅、赛马打擂的任务承担机制。强化科企科产融合发展，加大成果转化激励力度，激发科技创新活力。

优化人才发展体制机制。破除体制障碍，探索构建以岗位聘用、绩效管理为核心的新型用人机制。破除“四唯”，建立以创新价值、能力、贡献为导向的人才评价体系。加快机制创新，形成有利于人才成长的培养机制、有利于人尽其才的使用机制、有利于

竞相成长各展其能的激励机制、有利于人才脱颖而出的竞争机制。

深化科研“放管服”改革。向研究所授权，建立权力、责任和服务事项清单制度，构建“放管服”一体化推进体系。为人才松绑，赋予科学家更大技术路线决定权、更大经费支配权、更大资源调度权，完善责任制和军令状制度。深化科研经费管理改革，健全科研绩效管理机制。加强科研诚信与伦理道德建设，营造良好的科技创新生态。

（七）打造农业高端智库，提升决策支持水平

优化智库体系建设。构建以中国农业发展战略研究院、战略研究中心、海外研究中心、农业经济与政策顾问、乡村振兴学院为骨干，软科学创新团队为支撑，专业研究所为补充的组织体系。强化中国农业发展战略联盟建设，构建开放式、大网络的协同研究体系。建立长期与应急相结合的数据收集体系，搭建数据共享平台，构筑战略研究的方法体系和模型系统。

强化智库制度建设。完善以解决“三农”及农业农村科技重大战略问题为导向，领导小组、学术委员会和研究团队互动的动态选题机制。构建院—所—团队任务统领、适合智库科技创新的考核评价指标体系和评价方法。加强研究所考核、创新工程绩效考核与战略研究考核的有机有效融合。加大战略研究专项经费稳定支持力度，强化跨所、跨学科协同创新研究，整合全院科研力量，形成兼容并蓄、开放创新的运行机制。

加强智库品牌建设。建设和发展好农经观察、农科讲坛等高端学术交流平台，提高学术影响力。组织好中国农业农村科技发展高峰论坛、中国和全球农业政策论坛、中国农业展望大会、农业绿色发展论坛等年度智库报告发布会，扩大社会影响力。持续积累数据和开发分析模型，提高《咨询报告》《判断与思考》及年度智库报告质量和时效性，提升政策影响力。完善智库报告审查制度，拓展智库报告推送渠道，稳步提高智库品牌影响力。

（八）坚持党的全面领导，引领保障改革发展

加强党对农业科研工作的领导。认真学习习近平总书记最新指示批示精神和贯彻落实党中央重大决策部署，持续落实习近平总书记对中国农业科学院重要指示精神，把政治标准和政治要求贯穿改革发展全过程，确保农业科研国家队正确的政治方向。坚持以政治建设为统领，各级党组织落实政治把关责任，不断提高政治判断力、政治领悟力、政治执行力，深刻把握“国之大者”，团结带领广大党员干部群众，大力推动高水平科技自立自强，有力支撑乡村振兴和农业农村现代化。

推动党建和科研工作深度融合。以支部建在创新团队为抓手，在科研工作中充分发挥基层党组织战斗堡垒作用和党员先锋模范作用，完善党建和科研工作深度融合工作机制。扎实推进“红旗党支部”创建，加强企业、社团（学/协会）等领域党组织建设，

实现党的组织和党的工作全覆盖。大力弘扬科学家精神，锻造新时代农科精神，发挥中国农业科学院科学技术协会的团结汇聚作用、群团组织的桥梁纽带作用，引领激励广大科研人员聚焦核心使命、承担重大任务，持续推进农业科技创新出理论、出人才、出成果。

一以贯之全面从严治党。以永远在路上的清醒和坚定，坚持严的主基调，突出抓住“关键少数”，落实主体责任、监督责任、“第一责任人”和“一岗双责”，把全面从严治党贯穿于党的建设各方面。着力构建农业科研特色监督体系，聚焦“国之大者”强化政治监督，突出重点领域做实日常监督，严肃执纪问责，持之以恒纠治“四风”，一体推进不敢腐、不能腐、不想腐，以全面从严治党引领保障“十四五”目标任务的顺利完成。

五、保障措施

（一）强化组织领导

加强规划的统一领导和组织实施，切实提高政治站位，强化对规划落实工作的指导。编制规划实施方案，构建规划实施的统筹协同机制和任务落实责任，将规划提出的目标任务细化落实到院所各项具体工作中。加强规划实施督导，确保规划任务的顺利实施。

（二）争取多方支持

积极争取中央财政支持，加大对科技创新工程、基本科研业务费、改善科研条件专项等稳定支持经费的投入强度。积极争取国家科技计划、地方科技计划等项目支持，大力增加各类竞争性项目经费投入力度。创设激励政策，支持各研究所加大成果转化力度，提高转化收入水平，增强自有资金统筹能力。积极创造条件，争取产业资本、社会资本和金融资本投入农业科研。

（三）加强宣传推介

充分发挥规划的引领指导作用，组织干部职工学习领会规划提出的战略定位、发展思路和目标任务，提升规划实施的自觉性和协调性。积极向上级部门推送规划，争取纳入国家、行业、部门的规划和实施计划。建立规划宣传考核与激励机制，加大规划实施中的成效宣传力度，提高规划及规划实施结果的显示度和影响力。

（四）做好监测评估

构建规划实施动态监测机制，重点对规划目标任务的工作进程、实现进度及成效等进行监测，结合国内外发展形势，提出规划内容调整建议。引入第三方评估机制，重点做好规划实施中期（第三年）和实施期结束后的规划总结和评估工作，总结规划成效和取得经验，提出今后发展建议，为下一轮发展规划编制提供重要依据。

附件：重大工程、重大使命和重大行动目录

附件

重大工程、重大使命和重大行动目录

一、重大工程

（1）中国农业科学院科技创新工程
（2）中国农业科学院“三创”协同推进工程
（3）中国农业科学院“农科英才”工程
（4）中国农业科学院研究生教育提质工程
（5）中国农业科学院重大科技设施建设工程
（6）中国农业科学院农业科研大数据工程

二、重大使命

（1）保障国家粮食安全与重要农产品有效供给
（2）支撑优质安全与营养健康的农产品供给
（3）强化耕地保护与质量提升
（4）保障农业生物安全
（5）推动农业绿色发展
（6）加快农业机械装备高质化与智能化
（7）加强原创性农业基础研究
（8）孕育农业新兴前沿交叉技术
（9）夯实农业基础性科研
（10）推动乡村全面振兴

三、重大行动

（1）中国农业科学院基础科研强化行动
（2）中国农业科学院前沿技术赶超行动
（3）中国农业科学院长期因子观测行动
（4）中国农业科学院重大品种培育行动
（5）中国农业科学院粮食单产跃升行动
（6）中国农业科学院耕地质量提升行动

（7）中国农业科学院生物安全保障行动
（8）中国农业科学院农业农村减碳行动
（9）中国农业科学院乡村学科振兴行动
（10）中国农业科学院国际科技合作行动
（11）中国农业科学院大豆油料保障行动
（12）中国农业科学院农机装备升级行动

中国农业科学院关于印发《中国农业科学院关于“四中心一智库”建设的实施意见》的通知

农科院办〔2022〕152号

院机关各部门、院属各单位：

《中国农业科学院关于“四中心一智库”建设的实施意见》已经2022年第15次院常务会议审定，现印发给你们，请认真贯彻执行。

中国农业科学院

2022年11月17日

中国农业科学院关于“四中心一智库”建设的实施意见

为深入贯彻党的二十大精神和习近平总书记致中国农业科学院建院60周年贺信精神，全面落实中央推进农业科技创新的重大决策部署，有效实施中国农业科学院“十四五”发展总体规划，着力把我院打造成为国家农业科技创新中心、国家农业技术转移中心、国家农业科技创新人才中心、国家农业科技合作交流中心和国家农业高端智库，现提出如下意见。

一、充分认识加强“四中心一智库”建设的重要意义

“四中心一智库”是中国农业科学院确立的“十四五”及今后一个时期发展战略定位，是实现“两个一流”发展目标的重要抓手，是健全举院抓大事管理体制机制、推动院所治理能力现代化的统领措施。我院作为农业科研国家队，肩负着强化战略科技力量、引领实现高水平农业科技自立自强、支撑乡村全面振兴和农业强国建设的重大职责，担负着抢占农业科技竞争制高点、把握农业科技发展主动权、引领农业农村现代化的历史使命，必须在推进实施科教兴国战略、人才强国战略和创新驱动发展战略中走在前、作表率，必须推动高水平高质量高效率高层次的农业科技创新、农业科技转移、农业科技人才队伍建设、农业科技交流和高端智库服务工作。

二、建设国家农业科技创新中心

强化原始创新和关键核心技术攻关，开拓新兴前沿交叉领域，努力成为集聚先进创新资源、带动农业技术创新、引领农业基础研究的重要创新高地和先导技术中心。

（一）优化学科布局。围绕国家重大需求，做强传统优势学科，补齐乡村短板学科，强化基础前沿和战略研究。坚持需求导向、目标导向，坚持扶优扶强，既鼓励适度竞争，又避免低水平交叉重复，调整优化学科布局。（科技局）

（二）组织协同攻关。落实使命任务清单制度，优化协同创新机制，围绕十大使命开展科技创新，确保78项重点任务落地见效。落实“藏粮于地、藏粮于技”战略，聚焦种子与耕地“两个要害”，部署推进“强种”“沃田”“增粮”“智机”系列科技行动。（科技局）

（三）打造科学中心。围绕种子、耕地、生物安全、农机装备、绿色低碳、乡村发展等重大任务，建设农作物育种、畜禽育种、耕地、农作物生物安全、畜禽疫病防控、

农业绿色发展、智慧农业与装备、食物营养健康、国际农业前沿、农业农村发展战略等科学中心。科学中心按照“严格甄选、择优支持、成熟一个启动一个”的原则布局建设，实行理事会管理，对接、依托全国重点实验室，围绕共同性、突出基础性、着眼前沿性，建设公共创新平台，聚焦本领域源头理论和原创技术需求开展研究和探索，为农业强国建设提供支撑服务。建立以创新质量与贡献为重点的绩效考评制度，根据考评结果对科学中心进行滚动支持或调整。(科技局)

（四）强化稳定支持。坚持“使命牵引、兜底支持、链式布局、团队作战”原则，围绕使命任务清单配置创新资源。明确支持事项、支持机制和退出机制，实施创新工程跃升计划，统筹创新工程和基本科研业务费，协同基本建设投资、改善科研条件专项等，引导全院科技力量向重点任务聚焦。(科技局)

（五）积极承担国家重大科技任务。积极争取国家科技计划项目、现代农业产业技术体系、国家自然科学基金、国家社会科学基金等重大项目，主动承担国家定向委托任务，争取“十四五”国家竞争性科研经费较“十三五”增长15%以上，科企联合攻关项目经费较“十三五”增长一倍以上，国家自然科学基金立项数量较“十三五”增长8%以上。探索建立稳定性科研经费按比例匹配竞争性经费的奖励机制。(科技局)

（六）培育重大科技成果。力争“十四五”重大科学发现比“十三五”增长40%、重大技术突破比“十三五”增长20%、重大科技产品比“十三五”增长20%、重大咨询报告比“十三五”增长20%、有效发明专利数量比“十三五”增长10%。(科技局)

三、建设国家农业技术转移中心

加强农业科技成果转移、转化、熟化、迭代升级和系统集成，提升科技成果转移和知识产权交易服务能力，促进科技成果转化应用和示范推广，形成一批创新创造创业协同的团队和研究所、科企科产科教融合的创新联合体和区域性现代农业工程技术集成示范基地。

（七）科技助力稳产保供。强化粮食生产和主要农产品供给全产业链科技保障，整合全院力量，在主产区统筹部署粮、棉、油、肉、蛋、奶、果、菜、茶和特色产业专家团，覆盖选种、栽培、营养、灌溉、气象、农机、加工、质量安全等专业领域，通过专家工作站，协调各方面资源和力量，开展关键共性产业问题联合攻关、高产高效技术集成和转移服务。增强防灾减灾能力，在农业灾害等关键时间节点，向重点区域派遣科技小分队，研究制定技术减灾方案，不断完善常态化全天候科技应急服务机制。加强产业技术人才培养，做好“一懂两爱”技术骨干和新型职业农民培训，为稳产保供、技术转移提供人才储备。(转化局)

（八）科技支撑乡村振兴。构建科技支撑乡村振兴和农业农村现代化的新机制、新模式，坚持“3+*N*”工作机制和“派专家、送技术、出主意、做示范”帮扶方式，创造良好的氛围条件，大幅度提升技术集成与示范推广的效率。充分利用“田间课堂”

开展技术咨询与服务，做强功能，做靓品牌，打造在产业一线实现技术转移的中坚力量。协同共建阜平、兰考等11个院乡村振兴科技支撑示范县，做好农业农村部等有关部委定点帮扶县科技帮扶，支撑寿光、婺源2个全国农业科技现代化先行县（市）共建工作，对接国家乡村振兴重点帮扶县，做好科技特派员选派工作。凝练科技赋能乡村振兴的新模式，建设乡村振兴示范样板。（转化局）

（九）打造形成技术转移合力。推动我院与高新技术企业、地方政府、农业生产经营组织深度合作，实现科企科产融合发展，以高水平农业科技自立自强，赋能乡村振兴和农业农村现代化。共建科企融合发展联合体，健全科企交流对接机制，与10~15家大中型企业建立稳定战略合作伙伴关系，开展重大任务联合攻关，促进技术成果转移转化应用，构建政产学研紧密结合新模式。积极探索与地方政府共建新型研发机构，健全管理制度与运行机制，助力院所区域布局，促进科技成果向产业转移转化。（转化局）

（十）做大做强技术转移平台。统筹全国农业科技成果转移服务中心、国家种业科技成果产权交易中心、中国农业科学院技术转移中心平台资源，重点建设10个左右地方分中心，构建专业化转移转化服务网络，促进科技成果快速高效转移应用。发挥好所办企业成果转移转化平台作用，鼓励科技成果入股与企业孵化，强化企业法人治理，建设现代企业制度，加强监督管理，提升服务企业能力，力争每个研究所打造1个优秀企业。办好全国农业科技成果转化大会，举办和参与全国性、区域性、行业性的技术转移转化活动，搭建专业性转移转化研讨、交流平台，打造科技成果转化的重要品牌。（转化局）

（十一）促进知识产权转移转化。加大高价值知识产权培育，在关键核心技术领域和知识产权密集型产业，加强创新成果的价值评估和申请布局。完善知识产权市场化运营机制，加强高价值知识产权营销，健全以增加知识价值为导向的分配制度，知识产权转化收入占成果转化总收入的比例提升至50%。开展知识产权贯标试点，推动研究所建立规范的知识产权管理体系。积极维护专利权、植物新品种权、版权、商标等合法权益。开通知识产权服务热线，培养300名左右知识产权专员，提高为创新团队和科研人员提供高质量点对点知识产权服务的水平。（转化局）

四、建设国家农业科技创新人才中心

以实施“农科英才”工程为“战略支点”，协同推进科研、管理、支撑、转化四支队伍建设的“四横”布局，构建以战略科学家为核心、领军人才为中坚、青年人才为支撑、博士后/研究生为后备的“四纵”体系，营造识才、爱才、敬才、用才的良好创新生态。

（十二）汇聚培养战略科学家。坚持全球视野，在推进重点领域发展、重大平台建设、重大任务攻关中，发现、培养、引进战略科学家，力争“十四五”期间拥有20位左右的战略科学家。统筹人员、项目、平台、经费等资源，落实好战略科学家支持政策，着力支持和保障战略科学家及预备队。聘任战略科学家担任总首席，赋予更为充分的技术路线决策权、人财物自主调配权，统筹协调开展跨所、跨学科、跨团队的联合攻关。（人事局、科技局、财务局、基建局）

（十三）建强一流领军人才及其创新团队。健全“资深首席—首席—执行首席”接续机制，优化首席科学家年龄结构，力争“十四五”末，45 岁以下首席科学家数量不低于首席科学家总量的 1/3，40 岁以下首席科学家和执行首席数量不低于首席科学家总量的 1/5。培育打造一批领军人才和卓越科研团队，培育 80 个左右具有全球影响力和学科引领能力的国际知名科研团队，培育 140 个左右在国内具有绝对优势、强力支撑农业农村现代化发展的国内领先科研团队，新建 20 个左右前沿交叉学科团队。依托“农科英才”工程，对领军人才给予每年 100 万～150 万元的稳定支持，鼓励持续开展科学研究。（科技局、人事局）

（十四）造就高素质青年科技人才队伍。继续实施青年英才计划，每年遴选一批 40 岁以下、有潜质成长为领军人才的青年人才，每人每年给予 60 万元科研经费和 10 万元岗位补助。实施青年创新计划，每年遴选 30 名左右 35 岁以下的青年科研人员，支持开展前沿性、原创性、颠覆性、非共识性研究。实施青年启航计划，为新入职博士连续 3 年给予 5 万元科研经费，支持自主选题开展原创研究。实施青年绿色通道行动，优秀青年人才可直接晋升高级职称。引进的急需紧缺人才可特聘高级专业技术岗位。实施青年引航行动，组建由院士、资深首席等 100 名专家组成的导师库，帮助 300 名左右青年人才快速成长。实施国际人才培养行动，每年选派不少于 30 名优秀青年人才，赴国外一流高校或机构访学交流。继续实施青年人才薪酬保障计划，对新入职的青年人才，进行为期 5 年的普惠性薪酬待遇保障。成立青年人才联合会，开展学术交流，促进交叉融合研究。（人事局、科技局、国合局）

（十五）夯实青年后备人才储备。实施博士后奖助计划，每年遴选 20%左右的新进站优秀博士后，分别给予每年 10 万元、8 万元和 6 万元的院级专项资助；与人力资源社会保障部①、全国博士后管理委员会办公室共同实施博士后国际交流计划引进项目联合资助，资助每人每年 30 万元；择优评选 10%左右的优秀在站博士后，给予博士后和合作导师一次性奖励。实施研究生培养提升计划，统筹全院科教资源优势，构建农科特色核心课程体系，开展教材专项建设，打造高质量研究生培养体系。强化导师队伍建设，严格遴选标准、加强岗位培训、健全考核评价，牢固树立良好师德师风，完善教学奖励制度，提高导师参与教学的积极性，提升教师教学能力。推进国际教育学院实体化建设，创新中外合作办学和联合培养模式，完善来华留学生招生“申请—审核制”，优化留学生国别结构、学缘结构和层次结构，培养知华友华和具有农科情怀的高层次国际化人才。（人事局、研究生院）

（十六）打造讲政治、善作为管理人才队伍。深入贯彻落实新时代好干部标准，坚

---

① 中华人民共和国人力资源和社会保障部，全书简称人力资源社会保障部。

持德才兼备、以德为先、任人唯贤，把政治标准放在首位，突出忠诚干净担当，大力培养选拔德才兼备、忠诚干净担当的高素质专业化干部特别是优秀年轻干部。加强所局级年轻干部选拔配备，重点抓好50岁以下党政正职和45岁以下班子副职选配。坚持选配预审制度，加快推进全院处级干部队伍年轻化。系统持续提升年轻干部能力素养，鼓励在乡村振兴一线经受锻炼、练就本领；完善干部人才教育培训体系，坚持开展分类培训，促进提升政治能力、战略眼光和专业水平。从严从实加强“一把手”和领导班子监督管理，确保想干事、能干事、干成事、不出事。(人事局)

（十七）培养卓越支撑和转化人才队伍。建立“技能大师—技能工匠”支撑英才培育体系，在知识技能提升、职称岗位晋升、薪酬激励保障、工作项目等方面给予特殊支持。培育100名左右的大型仪器设备运维、质量安全检测、种质资源保护利用等技术型支撑英才；培育50名左右的编辑出版、文献信息、科普宣传等服务型支撑人才。建立“转化帅才—转化精英”转化英才培育体系，在知识技能提升、职称岗位晋升、项目成果孵化、一线实践锻炼等方面给予特殊支持，培育100名左右的技术型转化英才，200名左右的推广型转化英才，50名左右的经营型转化英才。(人事局、科技局、转化局)

（十八）强化国际化人才的培养和引进。引进国际化人才，邀请一批活跃在科研一线的国际顶级专家来华开展交流，引进高水平外国专家来华参与重点科技创新任务，“十四五”期间引进国外优秀科研人才100~150名。培养国际化人才，加快培养一批既掌握国内外科技发展态势和政策，又熟悉国际科技创新合作规则的青年人才，培养国际化科研领军人才20~30人。加强“农业外交官”等外派人员培养力度，推荐优秀人才到驻外使馆和国际组织任职，“十四五”期间派驻农业外交官15~20名，新增20~30人在联合国粮食及农业组织（FAO）等重点国际组织、国际知名学术期刊中任职。(国合局、人事局)

五、建设国家农业科技合作交流中心

强化国内外科技交流合作，积极融入全球农业科技创新网络，参与国际农业科技治理，牵头国家农业科技创新联盟建设，组织全国农业科技力量开展重大任务协同攻关。

（十九）推进实施国际大科学计划。培育国际大科学计划项目，聚焦国家粮食安全和重要农产品供给，全力推进“G2P：农作物基因资源阐析”成为中国政府支持我院牵头发起的国际大科学计划。启动3~5项院级国际农业科学计划项目，储备5~10项所级培育项目。创新管理模式，建立“信息官”制度，扎实推进国际农业科学计划任务实施。积极对接国际优势创新资源，吸引更多国际合作伙伴踊跃参与，着力在国际农业科技前沿关键技术领域孵化培育重大合作成果。(国合局)

（二十）牵头成立全球农业科技创新联盟。办好“全球农科院院长高层研讨会（GLAST）”，持续巩固这一全球性农业科技对话机制，推动建设“全球农业科技创新联盟”实体化国际组织。构建联盟合作与对话机制，围绕全球农业粮食领域的重大科

学挑战，开展对话，发起联合行动，制定研究议题，交流知识和信息，开展能力建设与培训，积极参与全球治理。(国合局)

(二十一) 打造国际科技合作前沿阵地。优化农业科技国际合作网络，突出合作重点，精准布局与发达国家、新兴经济体、“一带一路”合作伙伴的科技合作。深化与联合国粮食及农业组织（FAO)、国际农业研究磋商组织（CGIAR)、国际应用生物科学中心（CABI)、欧盟等国际组织和区域组织的合作。面向周边国家和毗邻区域，依托西部中心、南繁院国际种业创新中心、黑龙江大豆育种中心、沿边地区农业野外观测台（站）等平台，突出重点和区域特色，强化辐射带动能力，建设我国周边科技合作前沿阵地，打造境内外合作平台 3~5 个，在周边国家推广适用农业技术或产品，举办农业技术国际培训班 50~60 个。(国合局)

(二十二) 建强海外农业研究中心。服务国家粮食安全战略，开展主要农产品海外供给保障策略研究，发布年度海外农业战略研究报告，举办年度海外农业大会。开展系统性调查研究，打造支撑海外农业布局与战略决策的智库产品。整合全院、全国农业科技资源，用好农业走出去公共信息服务平台，全方位支持农业技术产品引进来、走出去，提升援外农业科技培训的影响力，深化对发展中国家农业科技人才培养。依托海外中心大楼、交流中心大楼一流硬件设施设备条件，推动双多边机构、跨国农业企业等入驻。(国合局)

(二十三) 建强国家农业科技创新联盟。加强与全国省级、地市级农业科学院、高等学校的科技合作，组建 50 个左右联合创新团队，创建一批支撑区域农业可持续发展的综合技术方案，服务农业农村高质量发展。围绕种子、耕地、生物安全、农机装备、绿色低碳、乡村发展等重大任务，牵头组建一批专业性、产业性联盟，整合科研院校、企业等各类创新主体力量，打造 10 个以上标杆联盟，创新全产业链、全要素、全过程融合机制，带动全国农业科技创新实现整体跃升。(科技局)

六、建设国家农业高端智库

加强智库体系建设、制度建设、品牌建设，汇聚一批高水平战略研究人才队伍，打造一系列具有重要影响力的智库平台，出台一系列高质量的智库报告，成为国家倚重、国际知名的农业高端智库。

(二十四) 强化院战略中心建设。推动战略中心实体化运行，依托各研究所建立专业战略研究团队，选育战略科学家，强化项目支持，围绕“三农”发展、农业科技发展、科研机构改革发展等重大问题开展战略研究，服务行政决策、服务产业发展、服务农村农民。完善智库产品报告审查制度，构建符合智库研究的评价制度、考核制度、激励制度。(战略中心)

(二十五) 构建战略研究协作网。充分发挥院战略研究中心牵头作用，加强院属各研究所、农业绿色发展研究中心、海外农业研究中心等机构平台的协同协作，构建软科学与硬科学结合、宏观与微观结合的研究体系。统筹院内外和国内外战略研究力量，推动建设国家农业智库联盟，形成定位明晰、特色鲜明、规模适度、布局合理的协同研究体系。（战略中心、院办公室）

（二十六）打造高影响力智库平台和成果。统筹智库成果发布渠道，建立完善成果发布体系，提升《中国农业科学院信息》《专报》《判断与思考》等信息报送质量，建设好农经观察、农科讲坛等高端学术交流平台，组织好农业农村科技高峰论坛、中国和全球农业政策论坛、中国农业展望大会、农业绿色发展论坛等年度智库报告发布会，扩大社会影响力。统筹拓展智库平台和发布渠道，提高精准服务能力，打造中国农业科学院智库品牌。（战略中心、院办公室）

七、强化平台条件支撑

围绕现代农业发展和学科基础前沿创新需求，谋划建设重大科技设施，链式布局科学研究类平台、技术创新类平台、基础支撑类平台，推进信息化提档升级，夯实跨越发展基础。

（二十七）优化科研机构区域布局。立足国家重大战略、农业产业发展需求、我院发展实际，加强科研机构区域布局顶层设计。推动西部中心、南繁院、成都中心、华东中心、北方水稻中心、北方农牧业中心等区域中心建设，引导科研力量向农业主产区和功能区聚焦。支持有条件的研究所立足发展需要，设立所级新型研发机构。按照“立足当地、服务地方、带动区域”的建设思路，创新体制机制，开展农业科技创新、转移转化与示范推广，支撑国家区域发展战略和乡村振兴战略实施。（科技局、基建局、人事局、转化局）

（二十八）强化科技平台体系建设。按照“使命牵引、统筹布局、开放共享、效能提升”的原则，积极参与种业国家实验室的筹备建设，优化全国重点实验室、部学科群实验室、国家野外观测站等科技平台布局，做好28个农业农村部重点实验室的新增建设工作。建立管理办法、绩效评估机制，聚焦动植物种质资源、水土资源、气候变化、市场经济信息等农业科研要素，整合建强资源收集与长期观测体系，科学推进基地布局建设，打造院试验基地建设运行一张网，多渠道争取运行费，建设信息管理平台，建立开放共享机制，逐步实现试验基地组网运行。（科技局）

（二十九）加强重大科研设施建设。强化顶层设计，系统谋划全院重大科研设施条件中长期建设。紧紧围绕种子、耕地和生物安全等重大需求，布局建设一批重大科研设施建设项目，打造农业“国之重器”。推进国家作物种质库、基因组学研究中心、南繁作物表型研究设施等建成使用；全力争取国家禽畜种质资源库、国家农业微生物种质资源库、西部农业研究中心等立项和建设；谋划植物生物安全资源保藏利用、未来小麦生物学智能仿真等国家重大科学研究设施立项。（基建局）

（三十）谋划推进中国农业科学院大学建设。坚持农科教、产学研深度融合，按照教育部①关于高等学校设置工作的有关法律制度和程序要求，加强协调对接，广开渠道，想方设法创办中国农业科学院大学，构建从本科生到博士研究生层次完备、类别完整的培养体系。(研究生院)

（三十一）高质量加快院部所部建设。系统谋划院部所部建设，提高事业发展的公共保障和基础支撑能力。拓展京区发展空间，高质量编制国家未来农业中心（昌平院区)、安阳试验基地和北方农牧业中心等总体规划。打造美丽和谐院区，有序推进中关村院区、马连洼院区基础设施改造、老旧小区改造、信息化提升工程。贯彻全院“一盘棋”要求，加强土地、房屋等主要基础条件统筹配置，推动院所房产资源回归科研属性。积极争取地方政府人才公租房、集租房等资源，推动自建房、存量房屋改造，加快改善京区人才住房保障条件。(基建局)

（三十二）推动数字农科院建设。加快建设“数字农科院”，打造集科技计划、成果、人力、资金、基础条件、研究所评价、运行监测、个人应用等一体化高水平信息系统。构建中国农业科学院应急管理指挥平台，逐步构建全院野外台站和试验基地一体化监测物联网。升级绿色节能、管理智能化的院一体化信息机房，建设院所网络 IT 基础设施，利用云网络，建设全院一体化安全承载网络。(信息化办、院办公室)

（三十三）强化文献服务与出版建设。聚焦重大农业科技问题，挖掘全院优势科技资源，策划出版一系列图书精品。以建设世界一流科技期刊为目标，加大重点期刊建设力度，加快全院期刊资源整合，分类推进期刊改革创新，着力增强科技期刊的专业管理能力、市场运营能力和国际竞争能力，推进期刊的数字化、集团化、国际化进程，全面提升全院科技期刊办刊水平。汇集全球农业科技文献、科研数据、海外数据、专业领域特色资源，强化农业数据资源服务和决策支撑能力。(院办公室、出版社、信息所)

八、加强体制机制创新

完善科技创新、人才发展体制机制，深化科研“放管服”改革，优化创新生态，进一步释放、激发科技创新活力，构建与“四中心一智库”相匹配的农业科技创新组织体系和运行机制。

（三十四）加强党的建设。全面加强党的领导，把党的路线方针政策贯彻到科技创新实践中。突出政治建设，着力增强各级党组织的政治功能，建强战斗堡垒；压紧压实意识形态工作责任制；着力夯实组织基础，深入开展红旗党支部创建，持续推进党建与业务深度融合，打造“一团队一课堂、一所一样板”。不断健全完善农科特色的监督体系，夯实“两个责任”，提升队伍能力，精准监督，营造干事创业、风清气正的政治生态和学术生态。(机关党委、监察局)

（三十五）深化落实“放管服”。下放人才引进权和公开招聘权，保障法人单位科

① 中华人民共和国教育部，全书简称教育部。

技创新自主权，赋予科学家更大技术路线决定权、更大经费支配权、更大资源调度权。建立科研工作时间保障机制，简化综合政务和科研任务过程管理。优化科研经费管理，简化预算编制科目和内容，下放预算调剂权，项目结余资金留归项目单位统筹，改进经费报销管理。探索构建基于信任和信用的管理机制，研究实行基础研究类和人才类科研项目经费“包干制”。深入落实国办发〔2021〕32号文件精神，管好用好从基本科研业务费和创新工程经费中提取的奖励经费，建立健全科研经费使用动态监管机制。（财务局、科技局、人事局）

（三十六）创新人才发展体制机制。建立健全精准引育机制，围绕重大平台建设以及院所重大科研任务，研判人才缺口和引育需求，明确重点岗位、职责任务、配套条件等。建立人才影响力持续提升机制，推介科学家及科研成果，讲好农科故事。遵循农业科研规律，科学设置评价周期，适当延长基础研究人才、青年人才考评周期。建立党组织常态化联系制度，院领导负责联系分管研究所“农科英才”顶端人才、领军人才。建立健全院所两级分级负责的培训体系，对创新团队首席科学家、“农科英才”等进行定期专题培训。（人事局、科技局、机关党委）

（三十七）优化绩效管理与考核评价。优化创新工程绩效评价，建立分类分层的评价体系，完善以职责使命和重大任务为主要内容的评价机制，基础研究以同行评议为主，应用研究以市场评价为主，公益性研究以产业、行业评价为主。坚持“大稳定、小调整”原则，突出质量、绩效和贡献，突出国家队使命导向，优化研究所评价、完善人才分类评价机制，按照不同科研工作类型，健全以创新能力、质量、实效、贡献为导向的人才分类评价体系，推行代表性成果评价。重视结果运用，与人财物等资源配置挂钩，强化绩效奖励，以方向引领、正向激励促进院所“两个一流”建设。（院办公室、科技局、人事局）

（三十八）强化院所治理。加强干部培训，强化作风建设，提升管理能力、管理水平和服务意识，打造政治机关、学术机关和服务机关。强化院部抓战略、抓改革、抓规划、抓服务、抓统筹功能，推动院部管理从“管所为主”向“管大事与管所并重”转变。落实章程治理，建立职责明确、法人治理、评价科学、开放合作、管理规范的现代院所治理体系。（院办公室、人事局）

（三十九）加强创新文化建设。大力弘扬新时代农科精神，深化科研作风学风建设，实施“灯塔行动”“谱系行动”“铸魂行动”“强基行动”，突出科学理念、行为规范、制度建设，打造院所特色文化，引导广大科技人员，牢固树立科学家精神，塑造创新创造、引领发展、服务“三农”、造福人民的行为规范，不断激发科技人员的创新创造活力。（机关党委）

九、加强组织实施

加强组织领导。院党组发挥“四中心一智库”建设牵头抓总、统筹协调的领导作用。建立健全抓大事、管大事的领导体制机制。压实“四中心一智库”建设工作责任，牵头部门负责组织实施，参与部门积极配合，形成分工负责、协作有力的工作格局。

加强统筹保障。用好机构编制、经费管理、成果转化等各类科技创新支持政策。统筹全院人财物各类资源，围绕“四中心一智库”建设集中力量办大事。积极争取外部支持，盘活存量、争取增量，提高发展保障能力。严守安全底线，防范化解各类风险，推动院所各项事业持续健康发展。

加强督查督办考核。认真落实督查督办机制，分解细化年度重点任务，结合院“十四五”发展规划中期和期末评估，跟踪本实施意见落实进展，总结经验，发现问题，提出建议，推动各项工作取得实效。

中国农业科学院关于发布
2022 年研究所评价结果的通知

农科院办〔2023〕8 号

院机关各部门、院属各单位：

2022 年研究所评价结果已经中国农业科学院 2023 年第 1 次常务会议审议通过。2022 年全院发展实力进一步增强，总分同比增长 23.73%；发展速度进一步加快，研究所平均发展速度同比增长 5.46%；人均实力进一步提升，研究所人均实力平均得分同比提高 1.22 分。

各部门要强化评价结果运用，提升科技资源配置效能。各研究所要埋头苦干，奋勇前进，努力为实现高水平农业科技自立自强、加快建设农业强国作出更大贡献。

附件：1. 中国农业科学院 2022 年研究所评价结果

2. 中国农业科学院 2022 年研究所评价奖扣附加排名

中国农业科学院

2023 年 1 月 11 日

附件 1

中国农业科学院 2022 年研究所评价结果

发展实力排名		得分	发展速度排名		比前三年增长率（%）	人均实力排名		得分	总体排名		总体得分
1	作科所	3 593.72	1	灌溉所	267.38%	1	植保所	11.99	1	作科所	3 698.72
2	植保所	3 053.35	2	都市所	160.31%	1	营养所	11.99	2	植保所	3 163.35
3	资划所	2 338.42	3	营养所	106.30%	3	蔬菜所	9.72	3	资划所	2 418.42
4	水稻所	2 302.98	4	上兽研	104.33%	4	作科所	9.46	4	水稻所	2 337.98
5	蔬菜所	2 089.76	5	水稻所	97.06%	5	牧医所	8.00	5	蔬菜所	2 144.76
6	牧医所	1 870.45	6	环保所	92.90%	6	资划所	7.80	6	牧医所	1 975.45
7	哈兽研	1 736.41	7	基因组所	85.21%	7	都市所	7.79	7	哈兽研	1 766.41
8	基因组所	1 526.09	8	蔬菜所	79.12%	8	质标所	7.46	8	基因组所	1 591.09
9	环发所	1 471.07	9	茶叶所	73.13%	9	水稻所	7.21	9	环发所	1 516.07
10	油料所	1 361.80	10	哈兽研	72.71%	10	环发所	7.20	10	油料所	1 371.80
11	茶叶所	1 197.40	11	环发所	59.06%	11	农经所	6.79	11	茶叶所	1 227.40
12	加工所	1 158.33	12	信息所	57.38%	12	环保所	6.58	12	加工所	1 153.33
13	棉花所	983.72	13	烟草所	53.93%	13	上兽研	5.89	13	棉花所	983.72
14	环保所	967.04	14	草原所	51.39%	14	茶叶所	5.78	14	环保所	952.04
15	农经所	940.13	15	加工所	50.48%	15	加工所	5.69	15	兰兽研	934.79
16	兰兽研	934.79	16	蜜蜂所	50.38%	16	基因组所	5.55	16	农经所	930.13
17	信息所	933.40	17	质标所	50.37%	17	饲料所	5.40	17	烟草所	846.30
18	烟草所	821.30	18	作科所	48.96%	18	哈兽研	5.36	18	信息所	838.40
19	生物所	817.91	19	牧医所	42.51%	19	蜜蜂所	5.14	19	生物所	817.91
20	郑果所	732.07	20	植保所	42.15%	20	油料所	5.12	20	质标所	751.58
21	质标所	716.58	21	资划所	40.27%	21	生物所	4.93	21	郑果所	732.07

（续表）

发展实力排名		得分	发展速度排名		比前三年增长率（%）	人均实力排名		得分	总体排名		总体得分
22	麻类所	706.17	22	农经所	38.46%	22	兰兽研	4.68	22	上兽研	712.92
23	都市所	692.35	23	兰牧药	36.34%	23	麻类所	4.04	23	蜜蜂所	668.86
24	蜜蜂所	668.86	24	兰兽研	35.51%	24	烟草所	3.71	24	麻类所	666.17
25	上兽研	662.92	25	饲料所	34.56%	25	信息所	3.57	25	饲料所	658.89
26	饲料所	658.89	26	生物所	31.97%	26	郑果所	3.39	26	都市所	657.35
27	农机化所	656.97	27	麻类所	31.39%	27	灌溉所	3.05	27	农机化所	631.97
28	灌溉所	586.00	28	油料所	30.62%	28	沼科所	2.73	28	草原所	509.31
29	营养所	519.08	29	农机化所	29.22%	29	果树所	2.52	29	灌溉所	466.00
30	果树所	495.88	30	沼科所	25.91%	30	草原所	2.36	30	营养所	429.08
31	草原所	489.31	31	郑果所	3.06%	31	农机化所	2.28	31	果树所	400.88
32	兰牧药	418.64	32	特产所	2.04%	32	棉花所	2.22	32	兰牧药	343.64
33	沼科所	385.81	33	果树所	-3.41%	32	兰牧药	2.22	33	沼科所	295.81
34	特产所	369.36	34	棉花所	-10.86%	34	特产所	1.00	34	特产所	264.36

附件 2

中国农业科学院 2022 年研究所评价奖扣附加排名

竞争性项目附加排名		人才工作附加排名		成果转化附加排名	
1	上兽研	1	基因组所	1	植保所
2	资划所	2	作科所	2	牧医所
3	作科所	3	植保所	3	环发所
4	牧医所	4	资划所	4	水稻所
5	质标所	5	蔬菜所	5	哈兽研
6	蔬菜所	6	牧医所	6	烟草所
7	植保所	7	草原所	7	作科所
8	基因组所	8	茶叶所	8	茶叶所
9	都市所	9	加工所	9	油料所
10	油料所	10	环发所	10	质标所
11	环发所	11	水稻所	11	兰兽研
12	哈兽研	12	兰兽研	12	资划所
13	加工所	13	棉花所	13	环保所
14	农经所	14	郑果所	14	饲料所
15	生物所	15	上兽研	15	都市所
16	草原所	16	烟草所	16	蔬菜所
17	饲料所	17	麻类所	17	蜜蜂所
18	茶叶所	18	哈兽研	18	农机化所
19	烟草所	19	生物所	19	生物所
20	水稻所	20	饲料所	20	基因组所
21	兰兽研	21	农经所	21	棉花所
22	蜜蜂所	22	质标所	22	草原所

（续表）

竞争性项目附加排名		人才工作附加排名		成果转化附加排名	
23	郑果所	23	蜜蜂所	23	上兽研
24	棉花所	24	农机化所	24	郑果所
25	环保所	25	油料所	25	特产所
26	兰牧药	26	环保所	26	农经所
27	营养所	27	兰牧药	27	加工所
28	麻类所	28	沼科所	28	麻类所
29	农机化所	29	信息所	29	果树所
30	沼科所	30	营养所	30	信息所
31	果树所	31	果树所	31	灌溉所
32	信息所	32	灌溉所	32	沼科所
33	灌溉所	33	都市所	33	营养所
34	特产所	34	特产所	34	兰牧药

二、科研创新与创新工程

中国农业科学院
2022 年科研进展情况

2022 年，中国农业科学院坚持以习近平新时代中国特色社会主义思想为指导，认真学习贯彻党的二十大精神，在农业农村部党组和院党组的坚强领导下，在财政部、科技部①、国家自然科学基金委员会等部委的大力支持下，全体科技人员坚持“四个面向”，围绕“国之大者”，以发挥国家战略科技力量为主要定位，以高度政治责任感坚决贯彻落实党中央、国务院和农业农村部的各项决策部署，求实奋进、勤勉工作，加快推进农业科技创新，高质量完成了承担的各级各类科技计划任务，科研立项与重大成果产出再获丰收，对农业产业发展的支撑能力进一步凸显。

2022 年，全院共主持各级各类科技计划项目（课题）5 843项，年度合同经费达 69. 7 亿元，留所经费 21. 6 亿元。国家科技计划立项再创佳绩。全院新增国家科技计划项目 629 项，同比增加 34%，其中，国家重点研发计划项目 51 项，同比增加 60%。牵头承担 11 项关键核心技术攻关项目和 3 项生物育种重大专项。新增国家自然科学基金 346 项、社会科学基金 8 项，直接经费 1. 79 亿元，同比增长 5. 4%。其中，创新研究群体项目 1 项、重点项目 4 项、优青项目 7 项。全院共获省部级及以上科技奖励 35 项，其中，获得 2019—2021 年度全国农牧渔业丰收奖共 11 项（一等奖 5 项、农业技术推广贡献奖 2 项、农业技术推广合作奖 2 项、二等奖 1 项、三等奖 1 项），获 2021 年度北京市科学技术进步奖二等奖 2 项；评选出院科学技术成果奖 15 项。全年共发表科技论文 7 734篇，在 *Nature*、*Science* 主刊上发表论文 4 篇。获新兽药证书 16 项，其中一类新兽药 1 项。审定（登记）品种 352 个，其中国审 59 个。制定各类标准 158 项。获中央常委级批示的战略咨询报告 27 篇。

一、基础研究与基础性工作

围绕主要农作物产量、品质、抗逆等重要功能性状基因挖掘和调控机理，重要畜禽基因图谱以及遗传机制，农业重要动植物病虫害致病机制，重要畜禽营养代谢和重要性状形成调控规律等开展基础研究、前沿探索和科技基础性工作，取得了重要突破，为实现种源自主可控、农业高质量发展以及农业科技高水平自立自强提供理论支撑和源头创

① 中华人民共和国财政部，全书简称财政部；中华人民共和国科学技术部，全书简称科技部。

新能力。

（一）作物学科

围绕水稻、玉米、棉花、油菜、豌豆等主要农作物，持续开展作物种质资源普查收集与安全保存、精准鉴定与创新利用，以及高产、抗病、耐逆等相关性状的遗传机理解析、分子设计和功能基因组研究等，为后续作物生长发育、产量和抗逆相关性状的遗传改良，以及种质资源的高效利用提供重要支撑。

完成第三次全国农作物种质资源普查与麻类资源收集。累计接收各省移交给国家种质库圃各类农作物种质资源 11.6 万份。抢救性收集了一大批珍贵资源。挖掘优异基因 172 份次，创制新种质 915 份次，培育新品种/品系 411 份次，申请新品种保护权 69 份次。接收麻类资源 893 份，完成新收集资源 86 份，构建了黄麻种质资源分子身份证 150 份；评价出优特资源 5 份。为保障我国种质资源战略安全，为保持种业全球领先地位奠定了重要基础。

持续发力烟草及耐盐碱生物资源精准鉴定与创新利用。国家烟草种质资源中期库资源保存数量达到6 233份，保存量位居世界第一。建立了油葵、野大豆、糜子、籽粒苋等特色植物中重度耐盐快速鉴定评价体系，筛选到耐盐野大豆、大豆等油料作物资源 32 份。从中重度盐碱地、深海、极地和盐湖等环境及生物样品中分离菌株3 000余株，鉴定和保藏2 041株，具有耐盐碱、杀菌、除草和杀虫活性的菌株 300 余株，构建了农业微生物资源库。

克隆水稻高产基因 *OsDREB1C*。鉴定到一个同时受光和低氮诱导表达的转录因子 *OsDREB1C*。增强该基因表达可使水稻和小麦产量分别提高 68.3%和 22.6%，水稻氮肥利用效率提高 56.6%，水稻和小麦生育期分别缩短 17 天和 6 天。

完成高质量豌豆参考基因组和泛基因组构建。研究揭示了 118 个栽培和野生豌豆种质的基因组变异式样，证明埃塞俄比亚豌豆是与野生豌豆和栽培豌豆不同的独立物种，为豌豆起源驯化提供了新的见解。构建了包含 116 个栽培和野生豌豆种质的泛基因组。

构建高质量水稻泛基因组。利用 111 份代表性水稻资源的二代和三代全基因组测序数据，构建了高质量水稻泛基因组，获得了 9 个代表性水稻群体的高质量参考基因组。

揭示水稻株型调控新机制。研究揭示了通过调控独脚金内酯受体基因的转录和剪接来调控水稻分蘖的新通路，为水稻株型改良提供了新启示。

表观遗传全新协同模式调控植物营养生长。发现植物特异 PcG 蛋白在植物营养生长阶段可同时作为抑制子和激活子调控特定的开花、种子发育以及叶绿体发育和光合作用等，为植物表观遗传/基因组学相关研究提供了重要数据资源。

转录组大数据揭示玉米株高发育新模式。分别鉴定了分生阶段和延长阶段的关键转录因子，构建了首个玉米全节间时空特异基因表达调控网络，鉴定了一批与表型高度相关的基因，验证了关键候选基因的功能，揭示了调控玉米节间发育的基因表达新模式，拓展了对玉米茎秆发育机理的认识，为玉米株型分子改良提供了基因资源。

揭示乙烯和赤霉素介导的水稻根系发育调控新机制。发现乙烯信号核心转录因子能直接结合到赤霉素代谢基因的启动子上来激活它们的表达，降低根中活性赤霉素含量，从而抑制根尖分生区的细胞增殖和水稻根生长。

发现联合固氮施氏假单胞菌层级利用根际碳源并高效固氮。解析了 A1501 层级利用根际碳源并实现最佳固氮的调控网络，为解析根际固氮菌—宿主互作机制、人工设计能量合成模块和高效固氮模块，大幅度增强田间固氮效率并实现节肥增产增效奠定了重要的理论基础。

表型组技术和智能预测模型突破作物“表型鉴定瓶颈”。解析了玉米株高形成的动态遗传基础和调控网络，并通过机器学习构建了株高的智能预测模型，为玉米表型精准鉴定、重要基因克隆和株型改良提供了有效策略。

提出合成表观技术育种新思路。提出了用于设计具有高产、优质、高效和多抗任两种或多种性状聚合的智能作物的具体策略和实现路线图，建立了一个染色质开放性智能预测模型 SMOC，为染色质开放性区域鉴定和信息挖掘提供新的研究思路，初步形成链条式智能算法开发和模型构建，为作物智能设计育种提供新的数据资源和工具。

单细胞表观技术助力高温胁迫下水稻特异基因发掘。揭示了不同细胞类型的特异性染色质可及性差异（ACR），并描绘了 ACR 和组蛋白修饰、转录因子以及基因表达的相关性，描绘了根毛细胞类型分化过程中的染色质和基因表达动态变化，发现了热胁迫下细胞类型特异性的染色质可及性及相关基因的表达变化，对挖掘新的基因及调控网络，以及智能设计育种具有重要意义。

建立 CRISPR/Cas12a 可视化检测技术。建立了生物技术产品的实验室及现场快检的生物传感平台，可实现实验室条件下及现场快速检测突变体，具有较高灵敏度和准确率，为生物技术产品现场快检提供可靠解决方案。

创制高效玉米单倍体诱导系 MAGIC。在 MAGIC1 基础上发展出可利用胚、胚根、胚芽鞘、叶片、叶鞘等多个组织全生育期鉴别单倍体的升级版诱导系 MAGIC2，识别效率和发芽率更高，进一步提升了玉米单倍体育种技术的简便性和适用性。

揭示了玉米茎木质部“肠道菌群”在生物固氮的关键作用。发现了定殖于玉米茎木质部伤流液内、具有固氮能力且高度保守的核心细菌微生物组，为玉米提供了氮素营养并促进根系生长。

揭示作物磷—铁养分拮抗的信号转导调控机制。发现磷养分信号中心调控因子 PHRs 和铁养分信号核心调控因子 HRZs 共同介导了磷—铁信号的互作过程，为通过分子育种的手段解决我国黄红壤耕地磷—铁养分不均衡问题提供新思路。

阐述植物茎尖分生组织发育调控机制。系统阐述了通过精准调控分生组织大小来提高作物产量的新策略，提出了作物分生组织发育领域尚未解决的科学问题。

揭示“植物胰岛素”6-磷酸-海藻糖调控水稻碳源分配与产量的新机制。研究发现 OsNAC23-Tre6P-SnRK1a 三者形成一条正向调节回路来维持水稻碳源分配和籽粒产量，研究结果对其他禾本科作物的高产遗传改良具有重要借鉴意义。

揭示温度调节水稻对稻瘟病发生的抗性机制。揭示了温度调节植物对真菌病害的抗性机制，加深了对环境—植物—病原真菌三者互作机制的理解，为科学应对全球气候变暖，开发新的稻瘟病防治策略及保障粮食安全提供了重要理论依据。

揭示常规稻主栽品种遗传演化规律。构建了水稻高密度基因组变异图谱，系统研究了地方种和引进种质对我国常规稻主栽品种演化的贡献，以及主栽品种在遗传改良中的变化规律，并探索主栽品种区别于小面积种植品种的潜在原因。

发现棉花天然产物——棉酚广谱抑制冠状病毒的新功能。发现从棉花中筛选的次生代谢物——棉酚可以靶向结合到 RNA 聚合酶（RdRp）的活性口袋区域，高效抑制 RdRp 活性，为棉花副产品的综合利用开辟新途径。

阐明棉花异源四倍体重复基因组的进化分歧。解析了棉花在多倍化及适应性进化过程中广泛存在的基因组结构变异，阐述了棉花生物多样性和棉花驯化的遗传基础。研究结果弥补了多倍体棉花系统发育研究的缺失。

多组学数据揭示动态调控棉花纤维伸长的分子机理。构建了纤维伸长相关动态表达调控网络，鉴定了时空特异调控表达基因簇并筛选了候选基因，为培育长纤维棉花新种质提供理论基础。

系统解析海岛棉遗传多样性特征和重要性状的遗传基础。利用重测序对我国现存海岛棉种质资源遗传多样性和重要性状的遗传基础进行了系统解析，为海岛棉纤维品质和适应性分子育种提供了重要的基因资源。

解析了棉花 *GhTULP30* 通过调控气孔运动提高植物对干旱胁迫的耐受性。通过基因沉默技术沉默棉花中的 *GhTULP*30，减缓了干旱胁迫下气孔的关闭速度，降低了气孔的长度和宽度，为进一步探索棉花植株中的 TULP 功能提供了参考和方向。

阐明了我国特有“半冬性”甘蓝型油菜形成的基因组与遗传学机制。发掘出一批调控株型、产量和品质的候选基因，揭示了油菜育种过程中产量提升和适应性改良的分子基础，为进一步提升油菜产量提供了重要的理论基础和丰富的基因资源。

提出油菜高产株型的实现途径。系统阐述制约油菜高产的关键因素，提出了以改良株型为基础，结合杂种优势利用，兼顾栽培措施和环境适应性开展油菜株型基因组设计育种的创新理论，为实现油菜高产提供了新的研究思路和理论依据。

探明了调控 EPA 生物合成的关键基因。发掘出调控 EPA 含量的关键因子——溶血磷脂酰胆碱酰基转移酶，研究破解了 EPA 生物合成中的代谢瓶颈问题，为产油微生物和油料作物中利用合成生物学生产超长链多不饱和脂肪酸提供了重要的基因资源。

黄曲霉毒素源头绿色阻控与诱导花生超级结瘤固氮耦合研究取得重大原创性突破。创制了 ARC-BBBE 生物菌剂，在全国大豆、花生主产区高、中、低产田及盐碱地等试验示范点应用，普遍大面积出现花生超级结瘤固氮现象，实现了在不使用根瘤菌肥条件下，黄曲霉毒素源头绿色阻控与诱导花生超级结瘤固氮耦合的重大原创性突破。

揭示麻类逆境响应生理与分子机制。揭示了黄红麻耐盐适应机制和驯化历史，生理生化及次生代谢。证实了红麻通过增强叶提取物的抗氧化性提高植株耐盐性。发现了纳米羟基磷灰石、植物生长调节剂联合有机酸、亚麻等在重金属污染土壤钝化修复过程中应用潜力，建立了盐碱地亚麻、红麻高产高效种植技术。

挖掘工业大麻高产基因 *CsMIKC1*。挖掘到工业大麻高产性状基因，组装获得苎麻基因组，鉴定了多个纤维品质关键基因。

系统揭示大蒜种群进化历史。发现大蒜种质主要存在 4 个类群。四六瓣蒜种群和多瓣蒜种群在数十万年前就已发生分化，之后各自独立进化和驯化，导致了有害突变积累、转录组结构呈现明显差异。

研究揭示活性肽 lunasin 的抗癌机制。证实 lunasin 可通过溶酶体-线粒体轴抑制其 DNA 复制相关基因和蛋白的表达，并高度激活半胱天冬酶介导的线粒体凋亡，诱导癌细胞凋亡，从而发挥抗癌功能，为植物源活性肽 lunasin 在抗癌产品方面的开发应用提供理论支撑。

揭示果胶对纤维素纳米纤维综合性能的影响机制。发现果胶提高了纤维素纳米纤维的电位值和储能模量，增加了纤维素纳米纤维悬浮液的分散稳定性，为生物质的全组分高值化利用提供新思路与新方法。

揭示植物发育精细调控新机制。揭示了植物衰老调控中小分子多肽与植物激素间的协同作用，解析了糖诱导的烟草叶片衰老起始的机制。发现转录抑制因子通过抑制细胞周期蛋白编码基因对植物细胞周期进行调控。

解析抗病抗逆功能基因和盐碱地土壤质量提升机制。研究了大豆、花生、油葵、野大豆和罗布麻盐胁迫分子调控机制，解析了耐盐豆科植物对盐碱地的修复作用机制。建立了生物质炭化还田改良滨海盐碱地和固碳减排的技术体系，为利用废弃生物质资源改良滨海盐碱地等提供了重要的理论依据和技术支撑。

提升泛基因组在作物育种的应用。组装了多个高质量马铃薯参考基因组，鉴定得到多个高质量的结构变异，构建了栽培和近缘野生马铃薯的大片段倒位图谱，为马铃薯杂交改良提供了重要指导。

揭示真叶植物起源和茉莉素进化等分子机制。绘制了染色体级别的铁线蕨基因组，揭示了同型孢子囊从初生期到成熟期的调控机制，为蕨类植物孢子发育、真叶植物起源和种子演化、茉莉素信号通路进化等提供了新见解。

超级泛基因组助力水稻种质资源遗传变异挖掘和利用。组装了 251 份高质量的水稻基因组，构建了植物群体规模最大的、基因组充分注释的、稻属中最为系统的超级泛基因组，有助于从群体水平上精准解析复杂 QTL 定位区间序列的单倍型，加快功能基因挖掘的进程。

提出作物“减毒增效”新策略。提出了抗营养代谢物质清除的生物技术策略，有助于提高作物收获指数、食用价值、营养价值、经济价值并丰富栽培作物种类。

构建用于作物育种与环境评价的代谢调控网络新模型。构建了“环境因子—信号途径—代谢物”的全局调控网络模型，模拟并解析环境要素对基因表达、蛋白质水平和代谢物含量的影响机制，为有效预测未来气候变化、短期极端天气条件和稀有地点的气候动态对植物生长发育和代谢调控的影响提供了有力支撑。

（二）园艺学科

围绕黄瓜、白菜、萝卜、桃、茶树、西瓜等园艺作物开展基础研究，完成了相关园艺作物的泛基因组构建、基因组测序组装，解析了相关基因起源进化和功能，为园艺作物分子育种提供重要基础。

蔬菜和花卉种质资源保护和利用提质增效显著。累计收集和接收各类资源近 2 万份，繁殖入库（圃）资源 1 000多份，研制了葱韭类短命性种质的长久安全保存技术，完成花卉种质资源保存编目 545 份，有力支撑蔬菜和花卉种质资源保护与创新利用。

解析黄瓜性别和果刺重要农艺性状的分子机理。首次构建了高质量黄瓜图形结构泛基因组，鉴定了黄瓜性别和果刺发育相关重要基因变异，揭示了重要性状在驯化和育种改良过程中演化的基因组学基础，为黄瓜重要基因挖掘、野生基因资源利用和分子设计育种奠定了理论基础。

破解转座子插入变异在不同类型白菜驯化中的重要作用。证实了转座子插入变异与大白菜叶球以及白菜开花性状驯化密切相关，丰富了白菜物种变异库，为推动白菜分子标记辅助育种奠定了重要基础。

首次定位辣椒果形和辣味等性状的遗传调控位点。构建了辣椒栽培种群体的变异组数据集，揭示了辣椒果实驯化和多样化过程中基因组选择特征和关键基因位点，解析了果形、辣度及果实朝向等重要性状遗传位点及其调控机制，为辣椒分子育种与遗传改良提供了重要理论依据。

揭示小菜蛾 Bt 抗药性的关键分子开关及其调控机制。发现在小菜蛾中肠 MAPK 信号途径中，可通过改变单一转录因子 FTZ-F1 磷酸化水平来调控不同中肠基因的差异表达，促进小菜蛾对 Bt 产生高抗性。成果对于害虫 Bt 抗性监测治理意义重大。

揭示大蒜素抗氧化功效机制。创新设计基于 DNA 纳米结构的双通道荧光探针，消除了由于多荧光团间不良交互作用引起的假阳性信号，提高了探针的灵敏度和特异性，通过体外和体内成像阐释了大蒜素调控氧化还原水平的作用机制。

解析转座子插入调控等位基因特异性表达和苹果花色变异。分析发现两个 MYB 基因上游区域的 TE 插入与等位基因特异表达和花青苷积累呈正相关，揭示了苹果花色演化的基础，为在全基因组范围内快速鉴定植物种 ASE 基因及其调控元件提供了新方法。

揭示自然和人工选择对桃果实代谢组的影响。揭示了类黄酮及核苷酸类物质对人体营养和植物抗性中的作用，鉴定了槲皮素 3-氧葡萄糖苷、缬氨酸以及有机酸含量的关键基因，为功能性果品和抗性育种奠定基础。

四倍体软枣猕猴桃遗传模式研究取得新进展。开发猕猴桃高密度 SNP 基因分型芯片，开展了猕猴桃种质资源的评价和四倍体软枣猕猴桃的遗传特性研究，为猕猴桃分子标记辅助育种和重要性状遗传机制研究提供了参考。

发现了西瓜驯化过程中代谢组的分步选择与调控。构建了西瓜果实代谢组数据库，发现了西瓜进化和驯化过程中主要口感风味品质性状的逐步选择和调控机制，找到了调控西瓜口感风味物质的关键候选基因，对西瓜种质资源的高效利用和品质育种具有重要意义。

发掘茶树嘌呤生物碱合成相关优异基因。鉴定了1个苦茶碱合成酶基因新的等位变异，明确其能形成高苦茶碱、低咖啡碱性状，开发了1个功能标记能准确鉴定“乳源苦茶”子代中的高苦茶碱单株，提出了新的低咖啡碱育种思路和创制低咖啡碱新种质可能的技术路径。

揭示葫芦素的转运分子机制。揭示了葫芦素的转运分子机制，阐明了葫芦素调节根际菌群的互作模式提高植物抗病性的新机制，为培育出可分泌高浓度葫芦素的优质抗病新品种提供了理论支撑。

构建高效异源生物合成类胡萝卜素的细胞工厂。构建了高效异源生物合成类胡萝卜素的细胞工厂，为在细胞工厂消除底物抑制生产高价值化合物研究提供参考。

（三）畜牧学科

围绕反刍动物、鸭、蜂、生猪健康养殖、羊胃肠道发育、蛋鸡先天免疫和抗炎性等主要畜禽开展基础研究，在基因组图谱绘制、性状遗传机制和生长发育作用机制解析，以及反刍动物胃肠道菌群调节、代谢机制与生产发育特性揭示等方面取得重要进展，为培育重要畜禽品种、实现健康高效养殖、突破我国在畜牧领域的“卡脖子”关键问题提供理论支撑。

研究了蜂王产卵大小可塑性的分子调控机制。发现蜂王具有动态调控生殖投资的能力，阐明了蜂王产卵大小可塑性的分子调控机制，证明了蜂群的社会环境能转化为特定的细胞过程以调节蜂王的生殖投资。

研究了中国红色蜂胶的抗耐甲氧西林金黄色葡萄球菌活性。揭示了中国红色蜂胶具有良好的抑制耐甲氧西林金黄色葡萄球菌效果，探明了其抑菌活性作用机制，为全面了解中国红色蜂胶对耐药菌的抑制作用及抑菌机制提供了新的思路。

揭示油菜蜂花粉致敏原及其发酵降敏机制。发现酵母菌发酵可以潜在地缓解甘蓝型油菜蜂花粉的过敏性，为提高蜂花粉产品的安全性，促进其更广泛的应用提供科学依据。

解析了双酚A替代污染物毒性机制。发现双酚F可诱导斑马鱼认知障碍，探明了双酚F通过激活小胶质细胞的吞噬功能，引起神经元损失的细胞异质性调节。

基于靶标动物阐明了有机磷酸酯类污染物的迁移和转化规律。阐明氯代烷基类、烷基类、芳香基类等有机磷酸酯自“污染饲料—蛋鸡—鸡蛋”的迁移和转化规律，发现暴露环境浓度水平的有机磷酸酯，可导致鸡蛋中有机磷酸酯和转化产物有机磷酸二酯的显著提高。

获得了犏牛骨骼肌发育中的转录组范围 m6A 甲基化图谱。获得了第一个犏牛骨骼肌发育中的转录组范围 m6A 甲基化图谱，阐明了 m6A 修饰在犏牛肌肉发育中的特征，鉴定了参与调控牦牛骨骼肌能量代谢和肌纤维类型转换的关键候选基因和调控因子。结果为解析牦牛肉品质性状形成的调控机制奠定基础。

阐明荨麻对反刍动物胃肠道菌群的调节作用。发现含荨麻饲粮使绵羊瘤胃拟杆菌门雷沃氏属菌丰度显著上调而厚壁菌门瘤胃球菌属丰度下调，显著提高生产性能；荨麻饲粮能够平衡奶牛瘤胃 pH 值，降低致病菌比例但提高与代谢能力相关的有益菌群数量，对于解决草原畜牧业生产系统长期缺乏优质饲草的瓶颈问题具有重要意义。

解析了黏蛋白 O–型糖—微生物轴维持猪肠道稳态。系统解析了黏蛋白 O–型糖在腹泻仔猪肠道中的变化特征，建立了猪肠道黏蛋白 O–糖基化分析方法，阐明了 O–型糖链和微生物的互作机制，对保护肠道屏障功能发挥了重要作用，为预防和缓解仔猪腹泻提供新的理论依据。

阐明了低聚木糖通过优化肠道菌群改善仔猪肠道屏障与免疫功能。发现低聚木糖通过改变断奶仔猪肠道菌群和衍生代谢物来增强肠道屏障功能，调节肠道免疫，为低聚木糖作为肠道健康增强剂提高断奶仔猪抗病力提供理论基础。

建立抗菌肽小分子药代动力学方法。建立了满足不同给药途径的抗菌肽体内药代示踪检测体系，建立了极性小分子肽体内示踪和纳克级检测方法，解决了抗菌肽的药代检测示踪技术瓶颈，扫清了极性小肽体内表征评价许可的拦路虎。

新型饲用蛋白功能和作用机制取得新进展。揭示了一碳气体蛋白作为优质蛋白源在饲料领域的应用价值，发现棉籽浓缩蛋白替代 40% 鱼粉蛋白显著增加大口黑鲈的生长性能，提高肠道屏障和肽转运能力，证实了棉籽浓缩蛋白可作为优质蛋白源在肉食性鱼类饲料中部分替代鱼粉，完全替代豆粕的可行性。

日龄与日粮影响山羊羔羊胃肠道发育的机制研究取得进展。探讨了不同日龄和日粮变化对山羊羔羊生长性能、器官和胃肠道形态发育的影响，胃肠道的组织形态随日龄逐渐发育成熟，尤其是在固体饲料饲喂期间得到增强。

研究揭示植物乳杆菌缓解动物脂质代谢异常的机制。发现植物乳杆菌 FRT4 与 FRT10 缓解脂质代谢异常的机制主要在于调节甘油磷脂代谢路径，为植物乳杆菌在缓解肥胖及脂质代谢异常疾病中的应用提供理论依据。

解析了酵母细胞壁多糖调控蛋鸡先天免疫和抗炎性应激。分析了酵母细胞壁多糖的形貌、组成和结构，初步构建结构—功能对应关系，探讨了酵母细胞壁多糖对正常和应激生理状态下蛋鸡免疫性能、炎症反应和肠道微生物组的影响，提高了蛋鸡先天免疫水平，缓解了脂多糖诱导的炎性反应。

挖掘了鱼类营养及免疫与肠道菌群互作研究及微生物功能。建立了基于益生菌和后生元的鱼类生长与抗病调控体系，发现肠道菌群对斑马鱼抗病毒免疫起重要作用。证实肠道菌群的抗病毒作用由 I 型干扰素信号通路介导，发现索氏鲸杆菌是发挥抗病毒功能的重要菌种，且鲸杆菌的抗病毒功能成分是荚膜多糖。

研究了基于深度学习和多源遥感数据的草原蝗虫智能识别和宜生区划定。对比分析6种神经网络对6种蝗虫的种类识别效果，发现识别准确率达92%的分类模型。筛选出影响草原蝗虫生长发育的主要生境因子体系，对实现蝗虫的精准识别与草原蝗灾的监测预警具有重要意义。

解析草地螟滞育调控的分子机制。发现在诱导草地螟滞育的光周期条件下，组蛋白去乙酰化酶活性有显著升高，且保幼激素含量也随之升高。发现组蛋白去乙酰化酶通过调控草地螟的保幼激素含量而影响其滞育。

开展重度放牧诱导大针茅生长矮小的多组学研究。发现黄酮和黄酮醇生物合成、色氨酸代谢和苯丙类生物合成3种途径在调控大针茅的生长和放牧相关的胁迫适应中起着重要作用，为退化草地生产力恢复提供了有价值的信息。

（四）兽医学科

围绕仔猪腹泻、禽流感、猪瘟、新冠病毒、埃博拉病毒等开展基础研究，在病毒致病性分子机制、与宿主互作机制、免疫调节机制等方面取得重要进展，为主要畜禽病毒的防治奠定基础，极大促进了我国兽医学科发展。

中国免疫策略应对全球暴发的H5禽流感成效显著。创制了新型H5/H7三价灭活疫苗，对鸡、鸭、鹅均具有良好免疫原性。

解析*PA*基因影响欧亚类禽H1N1猪流感病毒致病性和传播能力的机制。揭示了EA H1N1 SIV致病性和传播能力增强的分子机制，明确了*PA*的多个氨基酸以不同机制在mRNA转录过程中发挥重要作用，为评估新型流感病毒的潜在公共卫生威胁及其感染的防控提供了科学依据。

揭示宿主细胞对抗新冠病毒的新机制。揭示了α-SNAP独立于囊泡转运的新功能，丰富了宿主针对病毒感染的防御机制。揭示了埃博拉病毒GP通过劫持宿主的CANX-CALR循环、内质网相关降解通路和内质网—自噬通路来增强对感染细胞的适应性，发现内质网相关调控蛋白质稳态并不是传统上被认为的独立发挥作用。

阐明了弓形虫磷酸化酶PP2A调控虫体淀粉代谢和缓殖子转化的机制。表明蛋白磷酸酶2A介导的去磷酸化在弓形虫生长、淀粉代谢和缓殖子转化中起着重要作用，为研究弓形虫碳水化合物的代谢及缓殖子转化的调节提供了重要的新机制。

发现了HIV蛋白酶抑制剂药物可以靶向Ddi1蛋白高效治疗包虫感染。发现了艾滋病“鸡尾酒疗法”的一线治疗药物奈非那韦在免疫正常和免疫缺陷宿主上均可有效地渗透进入包虫包囊，杀死虫体以治疗包虫病。证明了该基因在蠕虫上的功能和奈非那韦的药物作用机理，为包虫病提供了一种高效的新型治疗方法。

揭示了宿主接触蛋白CNTN1抑制宿主天然免疫信号通路的机制。揭示了CNTN1促进流感病毒复制的新功能，阐明了CNTN1抑制流感病毒介导的天然免疫反应的分子机制，拓展了对宿主抗病毒天然免疫调控机制的认知。

阐明口蹄疫病毒的分子流行病学与传播机制。解析了口蹄疫病毒感染致病的多种机制，建立了 FMDV 持续感染细胞模型和动物模型，证实了隐性感染带毒牛与未接种疫苗的健康牛接触极易引起健康牛感染并发病，成为牛群的“隐性传染源”。

揭示黄芩苷、连翘脂素等中兽药抗菌抗感染药理学作用机制。揭示了抑制血管内皮细胞与肠道组织过度炎症反应，进而发挥治疗阳明热证、湿热泄泻的作用机制；明确了黄芩苷、连翘脂素抑制病毒复制的药理学作用机理，发现积雪草酸可通过上调 lncRNA TVX1 的表达来减轻沙门氏菌诱导的小胶质细胞炎症反应。

解析了药物 AEE 的药理作用机制。发现 AEE 通过调控 PPAR 抑制胆固醇摄取、增强胆固醇外排，并通过 PPARγ/NFκB 调控巨噬细胞极化而抑制巨噬细胞泡沫化，从而发挥其防治动脉粥样硬化的作用；AEE 的降血脂作用，与其可以上调胆固醇代谢酶 CYP7A1 的转录与表达有关，AEE 通过改善机体的氧化应激与能量代谢等，改善脂多糖诱导的大鼠急性肺损伤。

揭示宿主蛋白 FUBP3、TARDBP 和 RALY 抑制猪流行性腹泻病毒复制的分子机制。首次揭示了宿主蛋白 FUBP3、TARDBP 和 RALY 通过激活蛋白降解途径及干扰素信号通路抑制病毒增殖的分子机制，为探究宿主与病毒间的相互作用提供了新思路。

研究了氯硝柳胺抗金黄色葡萄球菌作用靶标 α-溶血素的机理。发现氯硝柳胺作用 *S. aureus* 后导致细菌表面发生明显皱缩，分裂面出现严重不对称现象，随着药物浓度的升高细菌细胞内出现管状结构。氯硝柳胺对菌体内的 ATP 具有明显抑制作用，并通过抑制 *S. aureus* α-溶血素的表达从而影响了 *S. aureus* 的溶血活性。

发现 H9N2 禽流感病毒流行株主要呈现 2 个抗原亚群。发现 H9N2 AIV 抗原亚群的分布与 HA 基因遗传进化分析结果一致。HA 基因未发生明显的抗原变异，研究结果为 H9N2 疫苗的毒株选择提供理论依据。

研究了基因 V 型 JEV E 蛋白特性。利用前期构建的基因 I 型 JEV 弱毒株 SD12-F120 感染性克隆，构建系列 GI-GV 型 JEV 替换或突变毒株，明确 E 蛋白相关位点在协同影响 GV 型 JEV 的神经毒力和神经侵袭力中的作用。

建立 SADS-CoV 小鼠感染模型用于疫苗评价及治疗性抗体评价。证实甲基胞嘧啶双加氧酶参与 SADS-CoV 病毒复制调控，I 型干扰素通过甲基胞嘧啶双加氧酶与 STAT1/2 分子激活下游 ISG 效应分子表达，从而对 SADS-CoV 复制发生抑制作用，可原创性指导抗病毒药物开发。

（五）植物保护学科

围绕绿色农药开发、稻瘟病、鳞翅目害虫、草莓白粉病等开展基础研究。在害虫抗药性、病原细菌操控植物不同激素抑制植物免疫、新型绿色农药精准设计等研究中取得重要进展，为植物保护工作提供了更加多样化的防治新方法。

揭示几丁质生物合成的完整过程。揭示了几丁质合成酶的三维空间结构，阐明了从寒武纪开始就已经存在的几丁质生物合成机制，为针对几丁质合成酶的新型绿色农药精准设计奠定了基础。

揭示稻瘟病抗性新机制。创制了植物中首个 E3 泛素连接酶文库用于泛素化互作组鉴定，并利用该文库鉴定了苯丙氨酶家族蛋白 PALs 的核心 E3 泛素连接酶 OsFBK16，揭示 OsFBK16 通过降解 OsPALs 负调控稻瘟病抗性的分子机制。

阐明 Bt 抗虫玉米能减少化学杀虫剂用量的机制。与不施用化学杀虫剂的常规玉米相比，抗虫品种对草地贪夜蛾和玉米螟等鳞翅目害虫有 61. 9%~97. 3%的控制效果，可减少 16. 4%~21. 3%的玉米产量损失，为发展基于靶标害虫生物学行为和区域性发生特点的抗性治理策略提供了科学依据。

研发高效防治多靶标害虫的智能农药纳米递送系统。研发了一系列具有高度形变能力的温度依赖型纳米凝胶载体，构筑了负载拟除虫菊酯类杀虫剂的皮克林乳液体系，实现了农药活性成分的智能响应释放和多靶标害虫的低剂量高效防治，揭示了纳米载体对药物稳定和功效提升的作用机制，为多种虫害的绿色、高效防控提供新思路。

揭示酶处理油菜蜂花粉的降敏机制。发现复合酶处理可以显著降低油菜蜂花粉的致敏性，同时酶处理后的蜂花粉对小鼠代谢和肠道菌群有调控作用，可为低致敏性蜂花粉产品的进一步开发利用提供科学依据。

研究了手性戊菌唑的绝对构型、生物活性、生态毒性及其环境降解行为。利用圆二色谱法确认了戊菌唑对映体绝对构型，建立了戊菌唑对映体快速分离检测方法，为手性农药准确的风险评估提供了依据。

研究了草莓白粉病发生及流行精准预测。将中心组合试验设计和分布滞后回归模型相结合，对草莓白粉菌培养条件进行了优化，并为草莓白粉病的预测预报提供了新的方法和思路。

揭示蚜虫的报警信息素调控其天敌大灰优蚜蝇精准定位蚜虫的分子机制。揭示了在植物—蚜虫—天敌昆虫互作关系中 EBF 的来源、生态学功能及其介导的天敌昆虫嗅觉识别的分子机制，解析不同来源的 EBF 对天敌昆虫的调控作用，打破了蚜虫来源的 EBF 作为利它素远距离吸引天敌昆虫的认知，为实现蚜虫的绿色防控提供新思路。

（六）农业资源与环境学科

围绕畜禽养殖业氮素污染、土壤普查、保护性耕作、重金属污染修复、土壤抗生素等农业资源与环境问题开展基础研究，在土壤修复、农业水资源高效利用、微生物群落演替、土壤碳氮转化、抗生素等农业面源污染与防治、农田重金属污染控制与修复机理等研究中取得重要突破，为我国耕地、水资源的高效利用，及农业生态环境保护提供重要支撑。

研究了畜禽养殖业氮素污染评估方法构建与减排效果评估。构建了我国畜禽养殖业环境污染评估数学模型，评估了我国畜禽养殖污染产生和排放的时间和空间变化特征，阐明了种植业和养殖业的空间布局优化可驱动区域农业养分循环，有效减少了我国畜禽养殖对水体污染，科学评估合理改善居民饮食结构、提高畜牧业系统氮素利用效率和提高畜禽废弃物循环利用率 3 种减排情景，通过改善生态环境和人的健康，实现正的经济效益。

构建食药同源物质基础数据库。研发了石斛酚、毛兰素、柚皮素、龙血素、麻繁愫等多酚类功能成分非靶向筛查和含量测定方法 20 余项，构建了 4 个食药同源酚类成分数据库。明确了龙血竭抗缺血性脑损伤、石斛胃黏膜保护、大麻酚类化合物抗抑郁活性成分及其作用机制。

编制《第三次全国土壤普查暂行土壤分类系统（试行）》。制定了基层分类土属、土种的划分依据和划分指标，初步实现了全国土壤分类名称的规范化，初步完成2 300余个县级矢量图土壤图的地理和数据结构标准化，完成了1 200个县国家标准2 000坐标系投影转换和三调边界统一，以及土壤图土壤类型的修正。

建立了农田水热关键参数遥感反演新方法。建立了农田土壤水分、蒸散发、地表温度遥感反演新方法，提出了基于水分的新三角形方法、基于地表温度年变化模型重建云下地表温度的方法和遥感地表参数时间序列变化检测的改进 BEAST 方法，显著提高突变检测的精度。

揭示了长期保护性耕作促进作物生长的微生物学机制。发现免耕覆盖和深松覆盖显著提高冬小麦生物量和产量；微生物主要通过改变土壤 DOC、SOC 和 MBC 含量，影响冬小麦的生长，对深入认识长期保护性耕作下土壤微生物在作物生长中的调控机制具有重要意义。

解析了农田土壤镉污染原位钝化的长效稳定性及其再释放机制。发现生物炭联合氮肥可降低土壤 Cd 有效态含量，减少水稻植株对 Cd 的吸收与富集；揭示了水稻可食部位 Cd 富集的主要影响因子，阐明不同生物炭介导重金属土壤生物群落时间分布规律及生物群落演变规律。

研究了聚合物/纳米黏土材料对重金属钝化修复机制及其生态环境效应。研制了基于两步法合成 SDBS/Absep、巯基功能化 Mt 材料、功能生物炭材料等 7 种材料，实现了对 Cd、Hg、Cr、As 高效钝化，揭示了可视化表征和钝化作用机理，明确了其生态环境影响机制。

解析了土壤抗生素及其抗性基因的蚓触圈耦合消减作用与机制。针对设施土壤中检出浓度较高的四环素类抗生素，研究了两种生态型蚯蚓对金霉素污染土壤中金霉素及其抗性基因的消减作用与机制。

解析了铁介导石油烃污染土壤生物电化学修复机理。解析了铁离子、不同提取态铁、不同结合态铁以及铁的晶型在微生物电流刺激下的转变规律，揭示了土壤微生物电流对土壤氮磷钾和矿质元素含量以及微生物群落结构等土壤自身质量的干扰过程与机制，为土壤电化学技术安全应用提供支撑。

研究了黄淮海北部集约化农区氮素面源污染过程与调控机制。研究了玉米季氮限量控制对农田土壤氮素累积消减与气液相氮素损失的阻控作用，以及设施蔬菜在推荐施肥条件下水氮耦合对土壤氮素累积消减与气液相氮素损失的阻控作用；揭示了小麦季增施有机肥对氨挥发和氮素在土壤分层的转化及残留特征，为减控北方集约化农区氮素面源污染提供理论支持。

研究了氮沉降增加背景下贝加尔针茅草原土壤碳氮转化特征及其与微生物群落演替耦合关系。研究发现植物多样性显著增加了土壤有机碳贮量和稳定性，植物—土壤—微生物交互作用决定了土壤碳代谢和周转的强度，为生物多样性保护和退化土壤修复提供了科学依据。

阐明了蚯蚓转化牛粪过程中耐药基因消长的机制及驱动因素。明确了耐药基因在蚯蚓体内的空间分布特征，揭示了蚯蚓不同肠段在耐药基因迁移和外排规律中所起的作用，发现牛粪可同时重塑蚯蚓肠道中的抗生素和重金属抗性基因组，为蚯蚓肠道中抗生素和重金属抗性基因组对牛粪基料的响应提供了新见解。

解析N–十二烷酰基–L–高丝氨酸内酯介导的藻菌间信号交流机制。发现了来自活性污泥菌群的革兰氏阴性细菌分泌的群体感应信号分子介导了藻菌之间的细胞交流，诱导微藻细胞产生芳香族蛋白，促进藻菌絮凝颗粒的形成，提升系统的絮凝效率，为畜禽养殖污水处理与资源化利用、固碳减污奠定了基础。

（七）农业机械与工程学科

围绕大豆收获机械、秸秆还田免耕机械开展系列研究，并在柔性接触大豆低破碎自适应机械化收获方法、全量秸秆地免耕机播碎秸均匀抛撒等方面的机制理论研究中取得一系列重要成果，为农业机械与工程学科的发展奠定理论基础，也为作物高效生产与技术集成示范提供支撑。

开展基于柔性接触的大豆低破碎自适应机械化收获方法研究。探明机收过程中破碎形式与主要因素，创制柔性拨禾轮、柔性输送器、柔性脱粒滚筒，研发大豆收获含水率、柔性作业部件、自适应控制系统，形成基于柔性接触的大豆低破碎自适应机械化收获方法。

开展全量秸秆地免耕机播碎秸均匀抛撒机理研究与机构优化。构建碎秸秆—均匀抛撒机构刚柔耦合动力学仿真模型，探明了作业质量与抛撒机构特征参数的内在关系，揭示作业质量影响机理和控制策略；构建仿真系统数字化模型和作业质量预测数学模型，实现碎秸均匀抛撒机构结构组配、结构参数和作业参数的最佳组合，为解决碎秸抛撒有效幅宽合格率低、覆秸不均匀度高等问题提供理论基础与数据支撑。

（八）农产品质量与加工学科

围绕农产品质量安全、农产品加工相关领域开展基础研究，在牛乳和乳制品的质量安全、食品品质功能精准调控与高效制造、冷鲜肉精准保鲜技术等研究中取得重要进展，为我国农产品加工与质量安全提供基础保障。

构建了食品加工全过程组分结构与品质功能调控理论技术体系。系统构建了食品加工全过程组分结构与品质功能调控理论技术体系，实现了“食品原料加工适宜性科学评价”“食品加工全过程品质功能精准调控与预测”“特征组分多尺度结构变化与品质功能深度关联”，助推了食品品质功能精准调控与高效制造。

利用 CRISPR 系统开发副干酪乳杆菌自靶向基因编辑系统。构建了自靶向的打靶质粒，成功敲除了副干酪乳杆菌 LC2W 菌株基因组上长度为1 731 bp的噬菌体末端酶基因，首次在副干酪乳杆菌中利用其内源 CRISPR 系统完成了大片段基因敲除。

解析了蛋白质磷酸化和乙酰化修饰对宰后糖酵解限速酶活性的协同调控机制。解析了不同糖酵解速率肉中糖酵解酶活性、磷酸化和乙酰化水平，阐明了糖酵解酶磷酸化和乙酰化对其活性及肉品质的共同调控作用。明确了糖酵解限速酶磷酸化和乙酰化修饰通过不同互作模式调控糖酵解进程和肉品质，为研发冷鲜肉精准保鲜技术提供了理论依据。

（九）农业信息与经济学科

围绕乡村治理、农业农村现代化、国际农业经贸合作等研究内容，在脱贫地区资产管理和劳动密集型产业升级、农村地区互联网基础设施建设、“十四五”中国农业对外开放策略等研究中取得重要突破，为我国农业信息与经济学科发展创造新动能。

乡村治理发展评价研究。在 29 个省（区、市）开展基层实地访谈和案例研究，对指标设计科学性、合理性、可操作性进行验证评估。该指标体系已被农业农村部、乡村振兴局采纳并用于指导乡村治理示范村镇建设。

新发展阶段金融支农创新与实践系列研究。重点围绕农村金融与农业保险、农村宅基地改革、农业农村 PPP（政府与社会资本合作）投资模式，以及脱贫地区资产管理和劳动密集型产业升级等方面开展系统研究，形成了系列报告成果。

研究中国涉农企业创新能力评价。建立了包括创新投入能力、创新产出能力和创新环境的 3 个一级指标、8 个二级指标和 18 个三级指标的中国涉农企业创新能力评价指标体系，持续跟踪监测我国涉农企业创新能力及其变化。

研究农业绿色技术推广机制。围绕互联网技术和农技培训对绿色技术推广的作用机制进行分析，提出加大农业绿色技术培训的普及力度、加快推进农村地区互联网基础设施建设的对策建议。

研究中国式农业农村现代化。基于我国推进农业农村现代化的基本原则和指导思想，对中国式农业农村现代化的共性和特性开展研究，分析提出中国式农业农村现代化的共性和特性。

研究国际农业经济与贸易。综合应用实证研究、案例分析、实地调研等科学方法，科学测算中国与典型国家、重点区域在投资、贸易等领域的潜力空间，借鉴典型国家的农业国际合作经验，研究提出了“十四五”中国农业对外开放策略。

分析研究动物身份识别及表型。提出多尺度对比图卷积神经网络模型，解决了非限定条件下的生猪面部识别问题；提出图卷积细粒度生猪背膘厚度估计模型，通过挖掘生猪表型与膘情属性的内在映射关系，实现了非接触式生猪背膘厚度自动估计，进一步配合生猪身份智能识别，可形成具备生猪身份的背膘实时估测体系。

二、核心关键技术研发

围绕基因编辑、主要作物精准育种、高效栽培与性状改良、重大农业害虫防治、重要畜禽疾病防控、耕地质量提升、信息识别、装备研发等，突破一批核心共性关键技术，创制一批先进适用装备产品，为确保国家粮食安全、农产品有效供给和农业绿色发展提供了重要技术支撑。

（一）作物学科

围绕水稻、小麦、玉米、大豆、油菜、棉花、烟草等主要作物的育种、栽培和田间管理等技术开展研究，克服小麦遗传转化中基因型依赖性障碍、缩短育种和转化周期、突破玉米密植滴灌和烟草多基因高效编辑等技术，构建表型精准预测模型，实现作物的植物工厂快速繁育，为高效、精准育种与栽培等提供技术支撑。

克服小麦遗传转化中基因型依赖性障碍。克隆了与再生相关基因，小麦的遗传转化效率高达95%以上，并成功大幅度提高了30多个商业化品种的转化效率，是我国拥有自主知识产权的具有重大应用价值的基因。

创新研发玉米密植滴灌技术。该技术密植高质量群体调控的栽培学理论与滴灌水肥一体化的农业工程技术相结合，以密植为产量提升核心，滴灌为密植增产保障，协调增产与资源高效利用的关系并实现绿色高产。

调控水稻遗传重组频率。利用基因编辑技术对水稻重组关键基因HEI10的转录调控区域进行编辑，通过对单个重组关键基因转录调控区域的编辑，可以实现对遗传重组的正向和负向调控，为加速新品种培育，缩短育种周期提供重要理论基础和技术支撑。

建立SAMT转化体系。建立了跨越种间/种内、无基因型限制的棉花高效遗传转化体系，破解了品种改良的“卡脖子”难题，建立的SAMT转化体系，成功打破了遗传转化基因型限制。

超高密超高产技术有望催生新的绿色革命。提出超高密超高产技术及其两条关键技术路线。选育的耐密植高产高油优质多抗适机收油菜新品种已获得品种登记。

创制南方大豆免耕密植飞防化控高产高效生产技术。建立了大豆高产高效生产技术，包括免耕覆秸精量播种、植保无人机飞防病虫害、化学调控等。利用该技术创南方地区大豆实收高产新纪录。

建立了基于编辑酶突变的转基因快速可视化、单碱基高特异鉴定技术平台。研究 dCas9 与转基因核酸靶标高特异亲和规律及关键性分析体系，建立配套的酶联传感新方法，构建一体化分析新方法，实现鉴定全程 26 分钟的核酸快速分析。

突破烟草多基因高效编辑技术。建立了一套适应于烟草的高效多基因编辑系统，构建了新型基因编辑体系，实现栽培烟草稳定转化株系中高达 43. 8%的编辑效率。解决了基因编辑技术禁止在烟草商业化育种中“卡脖子”难题。

搭建烟草生物合成技术平台。构建了“即插即用”的植物功能元件库，创制了异源合成异戊二烯类天然活性物质的专用烟草底盘材料，已实现高效生产动物疫苗，建立了蛋白纯化工艺；首次探索了表达小分子多肽的技术方法。

构建烟草智慧育苗移栽技术模式。建立了烟草育苗生长监测和环境监控分析模型，创建了基于物联网的精准化、智能化烟草育苗技术体系；形成了烤烟育苗营养基质等产品和技术规程。

开发低成本全基因组基因分型技术 FBI-seq。开发出低成本全基因组基因分型技术，该技术可同时检测育种材料的前景基因和遗传背景，有望在作物品种鉴别、种质资源鉴定、遗传图谱构建、亲缘关系推测等方面发挥重要作用。

研发小麦、大豆等旱地主粮作物的植物工厂快速繁育技术。研发植物工厂粮食作物快速育种技术，优化环境与养分智能化调控，构建小麦和大豆水培快速繁育体系，实现每年 5~6 代的加速改良，突破主粮作物工厂化生产瓶颈，为国家粮食安全、种业自立提供新途径。

研制无人化植物工厂超级食物生产系统。解析了植物工厂叶菜全生育期光生物学机制；绘制设备工业图纸并实现样机开发，实现生产流程自动化、流水线化作业，大幅提升叶类蔬菜生产效率。

（二）园艺学科

开展蔬菜、果树等园艺作物新品种培育、高质高效种植、农药减施增效关键技术研究，提出生物降解地膜应用新思路，研发了作物基因设计新工具，突破了单细胞转录组方法等技术，创造瓜类蔬菜新性状和首个甘蓝单倍体诱导系，分离纯化番茄过氧化酶的绿色技术，建成茶树种质资源基因组变异数据库，开发出首款茶树全基因组专用芯片等产品，解决了茶园病虫害智能识别与监测预警等技术，为园艺作物高质量发展提供技术支撑。

研发了基因定点转换技术等作物基因设计新工具。建立了高效基因编辑技术，诱导了能使配子迅速降倍的次级减数分裂，创制了目标位点嵌合新基因，为作物基因设计提供了重要工具。

突破单细胞转录组方法学。在白菜叶片中首次建立了“胶带三明治”法，利用单细胞转录组成功突破了白菜不同叶肉细胞身份识别的世界性研究难题，为十字花科作物叶球形成遗传机理研究提供了重要方法学支撑。

创造瓜类蔬菜新性状。提出了通过筛选近缘种南瓜显性矮生稀有变异，并在其他瓜类作物中人工定向产生紧凑株型新性状的育种策略，可大幅提高瓜类蔬菜作物的单产效率，显著降低劳动力成本。

创制出首个甘蓝单倍体诱导系。创制了首个甘蓝单倍体诱导系，解决了单倍体诱导受基因型限制的难题，对加速甘蓝育种具有重要意义，也为其他作物单倍体诱导系的创制提供借鉴。

揭示生物降解地膜应用新思路。日光温室覆盖新材料木质素改性聚酯生物降解地膜，可增加土壤温度，提高叶片净光合速率，提高甜瓜单果重、中心糖含量和可溶性糖含量且使用后降解性能好，为推进生物降解地膜提供新思路。

研发农业化学污染物高效识别与精准检测技术。发现离子交换和配位作用介导污染物识别吸附的作用规律，结合荧光传感，成功研发了果蔬中 Fe^{3+} 的精准快速检测技术，为开发蔬菜重金属吸附控制和快速检测技术提供新思路。

研发一种分离纯化番茄过氧化酶的绿色技术。有研究表明番茄过氧化物酶类似于辣根过氧化物酶，因此番茄可以作为过氧化物酶的良好来源。研究构建了三相分离体系，高效分离纯化番茄过氧化物酶。

开发茶树种质资源基因组变异数据库。开发茶树基因组变异数据库 TeaGVD，整合茶树资源的基因组变异、基因型、表型和关联位点数据，实现茶树种质资源的数字化鉴定与管理，提供在线检索、分析、挖掘和工具功能。

开发出首款茶树全基因组 200K 专用 SNP 芯片。开发出茶树首款高密度全基因组 SNP 芯片，基于该芯片加密了茶树 SNP 遗传图谱，将平均图距缩小到 0. 39 cM。该芯片还可以有效定位关键 QTL 位点，发掘茶树重要功能基因。

开发出白叶茶 1 号地理标志产品产区区分技术。通过关联分析土壤元素组成等区域生产环境特征与产品品质之间的关联规律，发现白叶 1 号茶树品种在不同产地会形成各自的产地特征，并可进行精准区分。

研制出茶园病虫害智能识别与监测预警技术。研发了茶园病虫害智能识别与监测预警技术，可识别 70 种茶园常见病虫害、生理性病害以及天敌，有效识别率高达 93. 58%，为茶树病虫害诊断提供了全新的智能化识别方式。

研发玫瑰品种改良与抗逆优质高产配套栽培技术。以本土品种为砧木，以引进品种为接穗，筛选出 6 个适于寒旱脆弱生态类型地区的优良玫瑰品种，集成优化关键技术，建立试验示范和推广应用区，3 年累计收获面积 24. 66 万亩。

（三）畜牧学科

围绕畜禽优质品种选育、饲料高效利用与研发、智能养殖等开展研究，突破饲料原料理化特性与加工性能多维关联效应，实现生物转化关键技术和非粮蛋白资源提质增效，构建饲用燕麦品种区域适应性评价及生产模式，为畜禽高效育种与现代化养殖提供技术支撑。

饲料原料理化特性与加工性能多维关联效应取得进展。研究鸡肉粉等饲料原料的理化特性，分析比较了不同原料的区别，研究了调质温度等对原料特性等影响，构建了制粒成型特性预测模型，为配方优化和加工工艺提供支持和依据。

生物转化关键技术和非粮蛋白资源提质增效研究。分离筛选获得针对玉米浆中玉米赤霉烯酮高效降解的饲用菌种，同时经优化参数形成玉米浆麸皮固体发酵的中试工艺，最终获得提质增效的功能性生物饲料产品。

建立高效制备基因编辑猪技术体系。建立了一种名为报告 RNA 富集的双引导 RNA 核蛋白高效编辑技术体系，可用于快速制备无外源 DNA 基因编辑克隆猪，并利用该体系成功获得了 *WIP1* 基因编辑的雄性繁殖障碍模型猪。

碱基编辑器介导的猪高效基因敲除改良猪的经济性状。用碱基编辑技术同时编辑猪 *CD163*、*IGF2* 和 *MSTN* 基因，获得三基因碱基编辑巴马猪，其体重、臀围和 IGF2 表达量增高，CD163 和 MSTN 蛋白消失，具有双肌臀表型和抗蓝耳病毒能力，为培育优秀种猪提供种质材料。

研究与应用牦牛全基因组选择技术。利用多组学技术，鉴定了生长发育、繁殖和低氧适应等性状的功能基因和 SNP，研发基因组选择育种芯片，优化基因组遗传评估技术，开展特色种质创制，构建了 15 个牦牛品种 DNA 特征图谱，正在优化牦牛专属液相芯片。

功能活性添加剂调控犊牛肠道健康方法取得突破。联合使用黄酮类化合物等形成复合制剂，旨在通过其发挥肠道炎症抑制和黏膜修复等多种方式的协同作用，调控犊牛免疫系统、黏膜屏障功能和肠道微生物系统缓解犊牛腹泻。

创新饲用燕麦品种区域适应性评价及生产模式。鄂尔多斯达拉特旗试验区，春播饲用燕麦品种选用白燕 7 号、青引 2 号、领袖、贝勒 2 和黄燕麦。内蒙古①中西部地区一年两季种植模式，第一季春播领袖，第二季复种青燕 1 号，二者均具有良好的生产特性和区域适应性，可作为主推品种和模式推广。

① 内蒙古自治区，全书简称内蒙古。

（四）兽医学科

围绕动物疫病、兽用药物、病原学与免疫学等研究内容，建立高效制备基因编辑猪技术体系，攻克了禽白血病净化技术等难题，突破功能活性添加剂调控犊牛肠道健康等方法，创制动物专用新型药物，自主研发国产“猪芯片”和非洲猪瘟亚单位疫苗等产品，构建猪气管上皮类器官等模型，研发了非洲猪瘟亚单位疫苗，分离鉴定蜱血淋巴细胞外囊泡，为我国畜禽疫病防控提供技术支撑。

抗菌肽绿色高产制备技术提质升级。构建抗菌肽高产制备关键元件P1′位点资源库，选淘高产菌株F39，突破信号肽切割不完全和产物聚集的技术瓶颈，非特异切割减少50%，发酵罐表达产量提高95.39%，目标肽产率提高3.13倍，降低畜禽减替抗产品生产成本和提高性价比。

攻克了禽白血病净化技术难题。研制了禽白血病病毒ELISA群特异抗原检测试剂盒、快速检测胶体金试纸条等检测技术与产品，打破进口垄断，建立了净化技术体系，为我国首批白羽肉鸡新品种培育提供技术支持。

自主研发生物安全型换笼工作台。突破了重要设备国产化关键技术，研发出通过国家认可资质的第三方机构性能验证，技术指标达到相关标准的生物安全型换笼工作台，达到了实用化和国产化水平。

建立猪气管上皮类器官模型并实现应用。在体外建立了猪的气道上皮类器官模型，其重现了猪体内复杂的气道上皮细胞系统。研究数据表明，猪AOs为研究猪的呼吸道感染提供了一个有价值的工具。

研发非洲猪瘟亚单位疫苗。筛选出调控宿主免疫和引起中和抗体的病毒蛋白，分离检验用毒，筛选出9组分亚单位疫苗，建立表达系统，完成中试疫苗试生产。实现紧急免疫和复养，评价佐剂配比和免疫增强剂，为非洲猪瘟疫苗研制提供理论基础和关键解决方案。

研究牛结节性皮肤病应急防控关键技术。确定优势流行毒株，揭示内质网应激和UPR对LSDV复制的影响，完成灭活疫苗试验并申请临床研究，制定和发布标准，主编专著和线上培训，为LSD防控提供技术支撑和指导。

研发牛病毒性腹泻病毒快速诊断技术。以牛病毒性腹泻病毒特异性保守蛋白为靶抗原，采用胶体金免疫层析技术，研制出了牛病毒性腹泻病毒抗体检测试纸条。该试纸条与ELISA试剂盒和病毒中和试验的符合率均超过90%。

研究绵羊睾丸精原干细胞移植受体制备及生殖细胞移植效果。发明了应用美国食品药品监督管理局（FDA）批准的无毒的苯扎氯铵（BC）溶液制备精原干细胞移植受体的方法，下一步进行精原干细胞的分离纯化，为精原干细胞的体外移植打下坚实基础。

创制动物专用新型药物。开发了2-炔基苯甲醛与酚类的无金属串联环化反应，通过电子效应和温度控制的2-炔基苯甲醛和酚类之间的两种不同反应模式，生成“重排”

茚酮。两种工艺绿色环保且具有优异的选择性。

分离鉴定蜱血淋巴细胞外囊泡。分离纯化血淋巴 EVs，并解析其蛋白组分，鉴定了 EVs 的大小、标志物和生物活性，发现其可能参与蜱体铁转运和发育繁殖调节，表明蜱血淋巴中 EVs 在调节发育、新陈代谢等相关行为方面发挥重要作用。

研究新型分子模块化快速检测技术在牛源病原菌感染和耐药性方面的诊断。开展新型分子模块化快速检测技术在诊断中的应用研究。完成病原菌流行病学调查，筛选诊断生物标志物，建立快速诊断技术，构建预警模型，研制穿戴式传感器原型机，为牛源病原菌防控提供技术支撑。

解决肉牛重要疫病关键防控技术。分离鉴定了肉牛赤羽病病毒等流行毒株，建立了赤羽病 PCR 和胶体金检测方法，研制了防控赤羽病等中药复方制剂，建立了肉牛布病智能预警系统。

研发国产“猪芯片”助力生猪育种发展。开发出用于检测猪肉质品质相关的基因表达量的生物芯片，且涵盖了多个特有的变异和位点，可大幅提升育种效率，精准把控育种方向，有助于培育出高瘦肉率等优质性状的猪品种。

（五）植物保护学科

围绕农作物病害、虫害、生物防治等研究内容，建立了适应不同区域的绿色防控模式，研发了飞防助剂，构建了纳米抗体制备等技术体系，突破了农药抗体制备及农药多残留免疫分析技术，解决了基于 *TaqMan* 探针法对苜蓿轮枝菌的检测技术，为植物重大病虫害的高效防治提供技术支撑。

开发麦田杂草“两监测三精准”综合防治。调研了 8 个小麦主产省的杂草危害及抗性情况，针对节节麦等 7 种重要杂草开展了除草剂筛选和配方研发，并实施了“两监测三精准”综合防控技术。结合化学和非化学措施，构建了适应不同区域的绿色防控模式。

研发了重大有害生物“一加两提”飞防施药技术。研发飞防助剂是无人机施药时添加的功能性药剂，“一加两提”飞防施药技术，提高农药利用率和防治效果。该技术已在多种作物病虫害防治中推广应用，取得了显著效果。

研发出新型高效生物农药 Bt 工程菌 G033A 防治粮油作物重要害虫技术。在化学农药零增长的前提下，以微生物农药苏云金芽孢杆菌为核心的绿色防控技术为有效控制粮油作物害虫的危害提供了有效的手段。

构建了纳米抗体制备技术体系。首次发现芳香环基团对人工抗原刺激机体产生免疫应答有正相关作用，合成了 10 种农药的 18 个半抗原，筛选得到 30 余株阳性细胞株，制备得到单克隆抗体，构建了噬菌体展示技术平台和纳米抗体制备体系，建立了多残留免疫分析方法和免疫层析方法体系。

获得苜蓿轮枝菌检测技术。通过实时荧光定量 PCR 检测技术，获得一种检测苜蓿轮枝菌的方法，实现了PCR扩增与探针检测同时进行，完全闭管，避免了PCR产物的污染，减少了检测步骤，解决了以往检测方法的不足。

（六）农业资源与环境学科

围绕土壤修复与治理、生态环境综合治理等开展相关研究，突破寒地水稻秸秆还田缓释多效综合等技术，研发了土壤硝态氮快速现场检测传感器，创制车用麻纤维基复合材料，促进稻田土壤健康监测与修复，推动烟草生物质及微生物高值化利用，突破植物源废弃物基料化利用和秸秆肥料化利用提质增效关键技术，实现了畜禽粪污厌氧—好氧组合处理工艺能量自给，为高标准农田建设、土壤修复与利用、农业生态环境保护等提供重要技术支撑。

突破北方旱地农业智慧抗旱节水关键技术。研发了节水提质减排增效机理与技术模式、水分—养分—产量—品质—温室气体排放定量关系与水肥理想阈值与最优制度以及灌溉施肥智能控制模型和设备，提出了合理配比模式和优化组合，保障沼液滴灌系统的稳定运行和抗堵塞性能。

推动秸秆等农业废弃物厌氧气肥联产高值。探明了干湿耦合厌氧发酵微生物群落关键稀有种对富集乙酸的响应机制，创新代谢路径调控和菌群构建，强化了湿法厌氧发酵体系产甲烷效率，探明了改性炭强化机理，实现秸秆等农业废弃物的高效转化。

林果水旱灾害监测预警与风险防范取得进展。系统揭示了林果水旱灾害致灾机理、演变规律及区域分异特征；创建了水旱灾害监测预警指标体系与模型算法；探明了苹果、葡萄水旱灾害风险；提出了水旱灾害防灾减灾的最佳介入期和技术手段；设计了林果水旱灾害保险机制与产品；集成创新了林果综合减损保产提质增效技术；形成了水旱灾害多维监测预警与技术体系，创建了“全链条式”监测预警与风险防范决策支持平台。

解决设施作物高效生产LED关键技术。明确了微剂量信号光谱对设施作物生长发育的影响机理，创制了多种符合作物光需求的LED器件与类太阳光作物照明灯具系统，研发出作物照明LED光环境智能管控技术，实现光环境动态精准调控。

研发光质调控棚膜产品。揭示光质调控功能棚膜提升设施农业光能利用率及促产提质的作用机理，完成了具备长寿命、高转光效率、宜于多种气候条件的光谱调控棚膜配方及产品的开发，构建设施农业光调制新材料应用技术模式，实现光调制功能棚膜部分替代太阳能被动利用型传统棚膜，为设施农业适应气候变化提供技术支撑。

研发了砷超标农田风险调控与安全利用技术。系统阐明了土壤砷有效性的影响因素和变化规律；建立了半机理模型表征土壤砷生物有效性；创新了土壤砷降活系列技术和产品；发明了砷低吸收作物筛选方法和阻控技术；集成10套土壤砷活性调控、作物吸收阻控技术和产品；创新出轻简化、实用化的系统解决方案并建立了配套技术模式。

突破土壤侵蚀碳源碳汇定量评价技术。系统确定了环境散落核素与SOC按照同一物理机理运移，建立了基于 FRN 评价土壤侵蚀与碳循环关系的新技术体系；定量解析了近百年来黄土高原侵蚀对碳循环的贡献；揭示了土地利用变化影响黄土高原土壤侵蚀的强度和机理；创新出轻简化、实用化的系统解决方案并建立了配套技术模式；土壤侵蚀与土壤质量及碳循环的理论及技术被 IAEA 采纳。

集成我国水稻主产区氮磷流失防控关键技术。发展了稻田氮磷源汇功能理论，首次界定三大主产区稻田氮磷源汇功能并阐明了调控路径，创新了稻田氮磷源汇功能调控关键核心技术，集成了三大主产区稻田氮磷源汇功能综合调控技术体系并进行了示范应用。

盐碱地产能提升关键技术与集成示范取得重要进展。构建盐碱地粮油作物等综合产能提升技术体系，建立了水稻等作物的三级耐盐碱鉴定技术体系，筛选出适合在盐碱地种植的粮食作物和饲草作物品种，构建了生物强化技术体系和高效阻盐与扩容增效技术体系。

研发了黄淮海小麦玉米绿色肥料减排减碳增产技术。发明了微量高效生物活性有机增效载体与肥料科学配伍创制绿色高效肥料技术新途径，实现综合调控，突破了大宗化肥“减肥增产”重大技术，为推动化肥产品绿色转型升级和农业高产高效绿色发展提供支撑。

研制了秸秆颗粒田间就地原位快速制作与黑土地快速培肥技术。研制出秸秆田间就地原位快速制作颗粒机，通过变秆为粒，使作物秸秆体积大幅缩小、密度大幅增加，解决了传统秸秆原位还田、离田工厂化加工还田“卡脖子”难题。

研发了寒地水稻秸秆全量原位还田缓释多效综合技术。研发了寒地水稻秸秆全量原位还田缓释多效综合技术，解决了寒地水稻秸秆还田难的问题，改善土壤结构功能并提升土壤肥力，保障寒地稻区稻米质量安全，对黑土地保护性耕作、肥料减施增效有巨大的推动作用。

创制车用麻纤维基复合材料技术。研究了一种生物法制作麻纤维生物基汽车部件的产品创制技术。麻纤维用量达到 65%，重量减轻 40%以上，强力增加 15%以上，已获得批量试制品。

突破稻田土壤健康监测与修复技术。研究通过开发高效 PCR 模板制备技术和特异性扩增片段 PCR 等方法，建立病原菌快速检测标准，建立了一套相关的土壤修复和保持技术，使得杂交水稻制种产量提高约 10%。

研究苜蓿和秸秆资源高效利用关键技术。创制向日葵秸秆与苜蓿混贮的加工工艺流程，初步探明向日葵秸秆与苜蓿较优混贮比例。该技术对向日葵秸秆的高效利用及饲料资源的开发具有重要意义。

构建洱海流域面源污染数据集及流域模型。探明了洱海流域面源污染物主要数据源，进行田间定位试验，获取氮磷排放系数；创制智能监测系统，节省了人工现场测算的时间和经济成本。

研制土壤硝态氮快速现场检测传感器。解决了硝态氮提取材料自主开发问题，解决了碳量子点制备及抗干扰问题，搭建了液芯波导基础平台，开创了土壤硝态氮原位快检的新思路。

探明两种好氧工艺处理猪场废水厌氧消化液性能差异及其机制。序批式反应器工艺污泥的氨氧化活性和厌氧氧化活性高，而缺氧好氧工艺污泥的反硝化活性高。该研究成果为猪场废水处理工艺选择提供了科学依据。

建立畜禽粪污厌氧—好氧组合处理工艺。建立了能量平衡模型，基于不确定性分析模型，模拟了3代厌氧—好氧组合处理工艺实现能量自给的可能性，能显著改善畜禽废水冬季厌氧消化效率。

研发秸秆肥料化利用提质增效关键技术。研发了高效秸秆发酵菌剂，形成了以降解微生物发酵为核心的秸秆肥料化关键技术；建立示范基地，提升了秸秆降解效率，也缩短秸秆堆肥进入高温期时间。

创新烟草生物质及微生物高值化利用新技术。提出了烟草生物质废弃物全面高值化利用技术和策略，研制了作物秸秆颗粒肥、光能转光膜和秸秆掩埋翻耕配套机具，形成了科技成果转化链。

突破植物源废弃物基料化利用关键技术。研发了植物源废弃物零能耗快速去毒技术，优化了园林废弃物等典型植物源废弃物的好氧发酵工艺和技术参数，建立了“过热蒸汽浅裂解技术体系”，引领产业高质量发展。

（七）农业机械与工程学科

围绕作物收获技术与装备、农用航空作业、智能精细化栽培等开展研究。推动特色农产品太阳能联合干燥装备开发，集成研发柑橘采摘机器人、畜禽智能养殖、农业污染气体智能感知和粮油复合种植等关键核心技术及装备，蔬菜轻简化生产技术装备获得应用，优化了杂粮全程机械化生产关键技术，为作物高效生产与技术集成示范提供技术支撑。

开发特色农产品太阳能联合干燥装备。创制了真空管太阳能—电力联合智能干燥装备，热力学性能良好，减少温室气体排放，为农产品产地初加工新能源利用和绿色智能干燥提供了新的科技途径。

研发柑橘采摘机器人关键核心技术及装备。构建了柑橘多模态数据集合，突破了柑橘关键点检测及树上果实自动测产的系列核心视觉算法，开展核心技术的组装与系统集成研究，形成了柑橘自动采摘机器人原型机。

研发了畜禽智能养殖关键技术。生猪健康状态的智能感知，平均精度均值达到了99.1%，实现生猪健康状态特征的智能感知新技术手段。奶牛步态时相识别算法峰值检测法和动态时间规整算法准确率分别提高了4.23%和1.1%，为跛行判别提供了基础数据。

研究农业污染气体智能感知关键技术。构建了改进的深度BP与深度双向循环神经网络算法，提升农业传感器的准确性至 98%以上；研制出低成本、高性能的便携式农业氨损失检测仪，提供智能化实时动态监测手段。

研制了机插水稻智能高效育秧技术。研制机插产品、精准播种器，研发自动供叠盘、基质提升等装备，集成码垛机器人及秧盘自动转运系统。入选农业农村部 2022 年农业主推技术。

集成与应用蔬菜轻简化生产技术装备。构建了结球甘蓝、花椰菜、青花菜等标准化系列化机械化作业规范，研发移栽机和收获平台，作业机械化水平综合机械化率达 75.96%，规模效应与劳动力生产效益提高 60.79%。

研发优化杂粮全程机械化生产关键技术。研发仿形挠动割台，研制柔性脱粒装置和低损风力输送装置，适用于籽粒较大易碎、秸秆含水率较高、田间杂草较多的作业场景，目前进行产业化应用。

研发与示范粮油复合种植机械化生产关键技术。构建典型区域粮油复合种植适宜机械化生产的农艺规范、机械化作业模式，在黄淮海、西北、西南典型粮油产区开展试验示范与推广应用，为粮油复合种植提供装备体系支撑。

（八）农产品质量与加工学科

围绕农产品质量安全、农产品营养与健康、农产品绿色加工关键技术开展研究。探明了蜂花粉真空脉动干燥特性及其品质变化规律，提升戈壁设施番茄产量和风味品质，建立了花生加工适宜性评价等关键技术方法，突破了青稞粉体灭酶减菌等关键技术和装备，创建了甘薯渣纤维素纳米晶绿色高效制备及品质提升等关键技术，发明了绿陈茶生物催化加工高茶黄素红茶浓缩汁工艺，搭建特色农产品风味化学分析技术平台，为保障农产品质量安全、推动农产品加工产业发展提供技术支撑。

利用罗尔斯通氏菌工程菌株直接将二氧化碳转化为葡萄糖。构建了将二氧化碳转化为葡萄糖的罗尔斯通氏菌工程菌株。实现人工将二氧化碳转化为葡萄糖的技术手段，可作为基于微生物代谢工程技术的新一代农业革命的开端。

研究蜂花粉真空脉动干燥特性及其品质变化规律。研究探明了不同真空脉动干燥温度对蜂花粉干燥的影响，蜂花粉干燥温度不宜超过 55℃。研究结果为蜂花粉干燥加工和产品品质提升提供理论依据和科学指导。

研究表明熊蜂传粉能够提升戈壁设施番茄产量和风味品质。与人工振动授粉和激素喷花相比，熊蜂传粉番茄坐果率分别提高了 14.1%和 45.1%，为推广熊蜂传粉技术、助力戈壁农业提档升级提供了有力的科技支撑。

建立了花生加工适宜性评价关键技术方法。自主创制了高通量快速检测新技术新设备，创建了花生加工适宜性评价模型、技术方法与指标体系，被评选为农业农村部 2022 年粮油生产主导品种主推技术。

建立了稻米半干法磨粉技术方法。解决了干法磨粉破损淀粉含量高无法用于米制食品生产的核心技术瓶颈。技术成果在多家米粉和大米磨粉企业进行了推广应用。该技术被评选为农业农村部2022年粮油生产主导品种主推技术。

建立了镰刀菌污染玉米籽粒的快速评估体系。开发了镰刀菌可视化等温快速检测技术，40℃下25分钟内检测到20飞克的镰刀菌基因组，分析了镰刀菌污染玉米籽粒后对淀粉大分子结构和理化品质的影响，为仓储玉米快速检测和评估提供依据和技术支撑。

首创青稞粉体灭酶减菌关键技术和装备。国内首创粉体连续式蒸汽压差灭酶减菌核心技术和设备。8秒内完成青稞粉体原料瞬时无损灭菌处理，解决了高营养粉体原料杀菌难的突出产业问题。

创建了甘薯渣纤维素纳米晶绿色高效制备及品质提升关键技术。优化了超声辅助马来酸法制备CNCs的工艺参数，创建了CNCs绿色高效制备及品质提升关键技术，初步完成了CNCs骨组织工程支架制备，具有高度致密的多孔结构。

构建了基于微针的动植物组织DNA快速提取技术。动植物组织DNA快速提取技术，30秒内DNA快速提取；核酸侧流层析试纸条技术，成本降低70%以上；微流控芯片，实现了优质农产品种属现场快速鉴别。

创建串联连续流酶法脱酸与功能酯同步制备技术。采用模板法制备出有序介孔SiO_2脂肪酶微阵列，实现了高酸价油脂脱酸和功能酯的同步制备，延长酶使用周期、减少分离纯化工序，为油脂工业化加工提供了一种新途径。

创建了工夫红茶定向精准加工技术。发明控光富氧萎凋、动态变温发酵、热对流耦合热传导毛火干燥等靶向加工新技术，实现色香味关键成分的精准调控。创建了工夫红茶成套高质加工技术，为红茶产业高质量发展提供强劲的技术支撑。

发明了绿陈茶生物催化加工高茶黄素红茶浓缩汁工艺。发明了基于单宁酶—多酚氧化酶耦合酶解的茶鲜叶液态发酵工艺，创建了绿陈茶生物催化加工高茶黄素红茶浓缩汁工艺，为高值化利用绿陈茶和夏秋茶资源提供了新途径。

助力营养健康食品产业发展。首次系统提出了运动发酵单胞菌在食品健康领域方面的十大应用路径。丰富了食品微生物资源来源，为食品工业中的开发和应用提供了理论和技术依据。

搭建特色农产品风味化学分析技术平台。构建了痕量/超痕量关键气味的高效鉴定技术体系，研制了芳樟醇、乙酸芳樟酯、葫芦巴碱标准样品，以制备液相为纯化手段，制备纯度高于99%，具备申请国家标准物质的基础。

（九）农业信息与经济学科

围绕农业科技精准服务、农业气象灾害监测等关键技术开展研究。农村防返贫致贫监测响应技术获得应用，推动农业智能知识服务平台关键技术研发与应用示范，实现了面向融合科学场景的应用，为高质量服务农业科技提供技术与平台支撑。

研发农村防返贫致贫监测响应技术。构建防返贫监测预警管理系统，实现数据精准化、服务便捷化、管理智能化。在山东省淄博市全面推广应用，有望被列入山东省大数据创新优秀应用场景案例。

研发农业智能知识服务平台关键技术。初步构建八大品种农作物和畜禽农业智能知识服务云平台，为农业生产经营主体提供多场景的农业智能知识服务，面向1 200多个县进行特色标识，近百县初步达成合作意向。

面向融合科学场景的应用示范取得成效。实现了多个国内外科学资源的动态汇聚，整理了农业科学灌溉相关数据集，开发了乡村振兴科技政策分析平台，为乡村振兴发展提供坚实的数据和平台支撑。

三、重大产品创制

选育了小麦、水稻、大豆、马铃薯、甘蓝、油菜、棉花、烟草、苹果、梨、西瓜、烟草等一批主要粮食作物和经济作物新品种，培育了中畜长白半番鸭等多个畜禽新品种，创制了一批畜禽疫苗、检测试剂盒、营养功能食品、农业机械装备等重大新产品，对于加快实现种源自主可控、农业高水平自立自强和绿色可持续发展具有重要意义。

（一）作物新品种

围绕水稻、小麦、玉米、油菜、大豆、马铃薯、棉花、烟草、燕麦等主要农作物，甘蓝、青花菜、胡萝卜、菠菜、黄瓜、苹果、梨、毛木耳等园艺作物，选育超级稻华浙优 261，强筋小麦中麦 578，多个抗虫耐除草剂玉米新品种，中油杂 501 油菜新品种，进口替代越冬甘蓝主栽品种中甘 1305，早熟高淀粉马铃薯新品种中薯早 39，苹果、红皮梨等作物新品种，极大地保障了我国粮食安全，缓解了我国高端蔬菜种子依赖进口的局面，逐步解决农业领域的“卡脖子”问题。

解决了优质强筋品种产量偏低、适应性不广的难题。中麦 578 是 2022 年农业农村部推荐的主导品种，解决了优质强筋品种产量偏低、适应性不广的难题，面包加工品质达到进口加麦水平，大面积产量与高产品种持平，抗病、抗热、抗穗发芽，适应性广，已通过国家黄淮南片、黄淮北片和新疆[①]南疆审定。

创制小麦 *TILLING* 外显子突变体库。构建了接近饱和的六倍体小麦 *TILLING* 外显子组突变体库，已独家转让博瑞迪公司并在国内外发放。

培育出早熟高淀粉马铃薯新品种。育成早熟高淀粉品种中薯早 39，突破了早熟马铃薯淀粉含量低的瓶颈，对于延长马铃薯加工期、增加种植加工效益具有重要意义。品种已授权北大荒薯业集团使用许可。

创制抗虫耐除草剂转基因玉米。获得对草地贪夜蛾有高抗虫性和对草甘膦有高耐受

① 新疆维吾尔自治区，全书简称新疆。

性的玉米转化体，分别进入环境释放和生产性试验阶段。转化体GG2分子特征清晰，遗传稳定，高耐受草甘膦，农艺性状与亲本材料无显著差异，目前正在申请转基因生物安全证书。

育成富含微量营养素的鲜食玉米新品种。开展了高微量营养元素鲜食玉米新品种的分子育种，培育叶酸含量较高，玉米黄质和叶黄素含量较高，活性叶酸和活性维生素 E 含量较高的 4 个甜玉米新材料，并通过国审。

华浙优 261 通过超级稻田间产量验收。华浙优 261 示范方折合标准产量 700.4 千克/亩，最高产量 716.2 千克/亩，达到超级稻产量标准。

培育出“清莲丝苗”等高产优质低镉水稻新品种。创制了镉超低积累水稻优异种质资源，培育了安两优 2 号、安优 2 号、“清莲丝苗”“青莲丝占”等系列高产、优质和镉超低积累的水稻品种，在中度镉污染稻田生产的稻谷镉含量均小于 0.1 毫克/千克，降镉幅度达 90%以上。

中棉 113、“宽早优”等入选农业农村部 2022 年棉花主推品种和技术模式。中棉 113、中棉 425、中棉所 63 和西北内陆棉区“宽早优”绿色高质高效生产技术入选农业农村部 2022 年棉花主推品种和技术模式。截至 2022 年累计推广 3 600万亩以上，为解决新疆棉区产量徘徊、品质下降等问题，实现机采棉花优质高产高效提供技术支撑。

麦（油）后直播棉和强优势杂交棉花品种培育取得新进展。培育出优质、丰产、早熟棉花品种中棉所 9B02、适宜长江流域麦（油）后直播和机械化采收的早熟高产棉花新品种中棉早 183、适宜黄河流域麦（蒜）后直播的早熟优质高产棉花新品种中棉所 EM1704。审定中棉所 9701、中棉所 150 等强优势杂交棉花品种，突破了品质、产量、抗性等优良性状遗传负相关的自然限制，全面提升了植棉效益。

高产高油优质多抗适机收油料作物新品种选育取得较大突破。共有 73 新品种通过省级以上审定或登记，其中油菜新品种 43 个，大豆品种 13 个，玉米品种 1 个，花生品种 5 个，芝麻品种 13 个。其中，中油杂 501 油菜籽亩产达 419.95 千克，亩产油量达 211.57 千克，双双刷新了我国冬油菜高产纪录。

选育出一批特色茶树新品种。选育出中茶 308、中黄 4 号、中茗 6 号、望海茶 1 号等特色茶树新品种，并完成了登记，将为支撑我国茶产业品种结构调整提供品种基础。

选育了系列烟草新品种和可食/饲用超低烟碱烟草。创制了烟碱含量低于 0.05%的系列超低烟碱烟草材料，选育了 8 个烤烟新品种，通过了田间鉴评，基于航天诱变突变体选育的烟草优质新品系 SHT1-5A 通过了国家烟草专卖局科技司组织的田间鉴评。自主选育的雪茄烟新品种受到卷烟工业企业和产区广泛认可，形成了面向全国的雪茄烟品种布局。

5 个杂交水稻新品种通过国审。研发系列适用于在长江中下游、华南稻区播种的耐热耐盐抗病性强的籼型两系、三系杂交水稻新品种——春 9 两优 0822、春 9 两优粤新油占、春两优 5121、春两优 220、春 9 两优 70，并通过国审。

育成进口替代越冬甘蓝主栽品种中甘 1305。育成露地越冬甘蓝一代杂种中甘 1305，实现了进口替代，已成为我国越冬甘蓝推广面积最大的品种，占晚熟圆球越冬甘蓝市场 70%。

进口替代优质青花菜、胡萝卜、菠菜新种源培育取得新进展。耐抽薹高产中青 16 号青花菜对比进口品种“耐寒优秀”产量提升 5%~10%；早熟高品质中誉 1749 胡萝卜比常规品种早熟 15~20 天，每亩增产 500 千克，每亩种子成本比进口品种节省 300~500 元；蔬菠 29 号菠菜、高抗霜霉病、耐抽薹、产量高，具有广泛的市场应用前景。

育成抗病毒水果黄瓜新品种中农 59 号。利用来源于欧洲和中东地区的水果黄瓜种质资源，突破了水果黄瓜不抗病毒病的育种瓶颈，育成抗病毒水果黄瓜新品种中农 59 号，并在土耳其获得品种登记和外贸出口。

选育出苹果新品种“华淼”。该品种属中晚熟品种，果实近圆形，平均单果重 180 克，突出优点汁液极其丰富，口感脆，已经在山东、河北以及辽宁营口开展区域试验。

选育出果皮全红、优质梨新品种“华彤”。该品种属中熟品种，果实椭圆形或卵圆形，平均单果重 138 克，果面鲜红色，着色面积大，果肉白色，肉质脆，汁液多，已开始在河北等梨主产区开展区域试验。

中桃抗砧 1 号新品种在全国农业高新技术成果交易会签约授权。中桃抗砧 1 号为历时近 40 年培育的桃无性系多抗砧木新品种，建立该砧木规模化无性繁殖技术，为其生产应用奠定了技术基础。

创制果树高光效轻简化宜机化树形。明确了不同树形对果树光能利用、果实品质发育、省力化和宜机化的影响，成功研发出了系列高光效、轻简化、宜机化树形，使果树树体的光能截获率增加 45%以上，整形修剪用工节省 50%以上，果实的品质显著提升。

选育出披碱草、鹅观草新品种。培育新品系 4 个，审定新品种 2 个。新品种是我国北方生态修复和人工栽培的优质牧草种质资源。

培育出燕麦新品种。培育中草 32 号燕麦和中草 33 号燕麦新品系 2 个，审定中草 21 号燕麦新品种 1 个。

毛木耳新品种中农耳 1 号通过田间鉴定。杂交选育出优质高产的毛木耳新菌株中农耳 1 号，通过四川省非主要农作物品种认定委员会办公室组织的田间技术鉴定。

（二）畜禽新品种和兽药

围绕鸭、牛、羊等重要畜禽动物和牧草，开展新品种培育、主要疫病检测试剂盒和疫苗研究等工作。培育出中畜长白半番鸭等畜禽新品种和优质抗逆地方草品种，研发抗原虫药物、布鲁氏菌基因缺失标记活疫苗、猪流行性腹泻病毒抗体检测试剂盒、马传染性贫血病抗体检测试剂盒、羊小反刍兽疫病毒抗体检测试纸条、口蹄疫高效疫苗、水貂阿留申病病毒抗体检测试剂盒等，为实现重要畜禽种源自主可控、防治动物疫病提供了基础保障。

中畜长白半番鸭配套系通过审定。培育的中畜长白半番鸭新品种配套系通过了国家畜禽遗传资源委员会审定鉴定。新品种的优势是生长快，产肝性能强，料肝比低，生产性能国际领先，打破了国外品种的垄断，2022 年的国内市场占有率达到 40%以上。

建立牛羊和牧草繁育体系并培育新品种。优化了大通牦牛、阿什旦牦牛四级繁育技术体系，完成大通牦牛、阿什旦牦牛种牛鉴定2 528头，推广种牛 798 头。全面开启优质高效中环肉羊新品种培育与产业化联合攻关，组建了高山美利奴羊超细品系核心群、育种群，审定登记地方草品种 1 个。

批准发布中兽医针灸国家标准《动物腧穴名称与定位　马属动物》。我国首个中兽医针灸国家标准《动物腧穴名称与定位　马属动物》（GB/T 41626—2022）获得批准，系统规定了马属动物的腧穴体表定位的方法、名称确定原则和 180 个腧穴的名称及其定位，对非标准马属动物腧穴定位及腧穴相关的临床应用、科学研究等工作具有重要指导意义。

研制出动物专用新型抗原虫药物二丙酸咪多卡。该药物对梨形虫病、边虫病、附红细胞体病等多种血液原虫病具有良好的治疗和预防作用，标志着我国在牛体内原虫病防治上迈上了一个新的台阶。

研制出布鲁氏菌基因缺失标记活疫苗及配套的鉴别诊断方法。研制的布鲁氏菌基因缺失标记活疫苗，获农业农村部Ⅲ类新兽药证书。建立了配套的鉴别诊断方法，可实现对免疫和自然感染动物有效的鉴别，为我国布鲁氏菌病的防控提供了重要的技术支撑。

研制出猪流行性腹泻病毒 ELISA 抗体检测试剂盒。研制出我国首个猪流行性腹泻病毒抗体检测试剂盒，该试剂盒性价比高，敏感性为1∶6 000，特异性为 100%，获国家二类新兽药证书。

研发了马传染性贫血病毒 cELISA 抗体检测试剂盒。马传染性贫血病毒 cELISA 抗体检测试剂盒敏感性高、特异性强、高通量快速，获二类新兽药证书。

研制出羊小反刍兽疫病毒抗体检测试纸条获。研制了羊小反刍兽疫病毒抗体检测试纸，该产品敏感性、特异性和稳定性良好，可准确检测小反刍兽疫病毒抗体，获国家一类新兽药注册证书，具有显著的经济、社会和生态效益。

创制口蹄疫高效疫苗。创制的口蹄疫反向遗传疫苗“猪口蹄疫 O 型、A 型二价灭活疫苗（Re-O/MYA98/JSCZ/2013 株+Re-A/WH/09 株）”继续推广应用，获第十二届大北农科技奖特等奖。

创制新发猪伪狂犬病灭活疫苗。新发猪伪狂犬病灭活疫苗获批国家新兽药证书，疫苗对哺乳仔猪及妊娠母猪均安全，为疫病的防控和净化提供有效的技术手段。

研制出安全、有效的鸭蛋减产综合征疫苗。研制出一种对鸭蛋减产综合征（DERS）易感鸭有较好免疫效果的灭活疫苗，以及可配套疫苗使用的高特异性、敏感性，重复性良好血清学检测方法。

创制出水貂阿留申病病毒 ELISA 抗体检测试剂盒。创制出以多肽为抗原的水貂阿留申病诊断新产品。获得了国家一类新兽药注册证书［（2022）新兽药证字 53 号］，制定了农业行业标准《水貂阿留申病诊断技术》（NY/T 4041—2021）并颁布实施。产品已经转化 3 个生产企业。

（三）农药与化肥产品

研制出吡虫啉快速检测胶体金试纸条产品。结合智能手机终端开发了用于检测吡虫啉的免疫层析方法（胶体金法），比裸眼观测灵敏度提高了 10.9 倍。该产品对吡虫啉具有较好的特异性，可满足粮食水果蔬菜等农产品中残留有效监测。

研发出一种用于防治蓟马的"诱集—侵染—传播"系统。开发出对蓟马类害虫具有明显引诱活性或协同增效作用的"植物源引诱剂"，建立了"诱集—侵染—传播"系统，为实现环境友好的蓟马绿色防控奠定基础。

研发抗病毒光活性手性纳米农药等新型绿色投入品。研制独特形貌的硫化铜手性纳米农药，该纳米农药可通过烟草叶面气孔进入细胞，靶向烟草病毒，通过光剪切杀灭烟草病毒。创制应用基于微生物种间互作的生防菌剂，创制了新型生防菌剂和耐盐促生菌剂，开发"植保宝"多功能微生物菌肥和"海益农""海乐农"及"海惠农"复合微生物菌剂。

（四）质量安全与加工产品

围绕农产品质量安全、农产品加工开展产品研究，研发了免疫层析智能快速检测技术、果实品质无损快速检测技术及装备、"两素一芘"免疫快速检测产品、农药残留速测的独立进样芯片、亚麻籽基植物乳系列产品和植物基肉制品等系列农产品质量安全风险检测产品和系列加工产品，对于保障我国农产品质量安全、推动农产品加工产业发展，支撑实现农业现代化具有重要意义。

创制基于高水分挤压的植物基肉制品。明确了豌豆、花生、大豆、小麦、大米 5 种植物蛋白高水分挤压纤维结构应用特点，创制植物基风干牛肉、植物灯影牛肉丝、植物基牛肚、植物基蟹味棒等新产品 10 余个，实现了由纤维结构形成机理研究到关键技术装备突破与重大产品创制，推动了高水分挤压技术产业化应用。

智能识别快速检测产品实现产业化。改进了 4 套试纸条多通道搭载平台，筛选了最优条形码标记方法，制备的试纸条在茶叶、韭菜、油菜等多残留检测中取得良好示范应用效果。免疫层析智能快速检测技术实现科技成果转化2 000万元。

构建膜芯片技术平台。构建了 6 种致病微生物膜芯片检测技术、配套增菌试剂及膜芯片产品，实现饲料及原料中厌氧菌与微需氧菌的同步、高灵敏、高通量检测，提升了饲料质量安全检测效率及应对潜在生物风险能力。

"QuSEL 化学物质特征数据库"平台成功上线运行。平台整合 100 多个行业体系单位提供的 12.3 万个化学物，可实现结构和质谱信息快速查询，支持快速构建筛查及定量确证方法，与山东、青海等地绿色和地理标志代表性产品对接，为地区乡村振兴提供技术支撑。

创制出食用油主要危害因子“两素一芘”的免疫快速检测产品。自主研发出“两素一芘”单检及多合一快检卡、快检试剂盒、手持式智能检测仪等食用油安全科技成果，实现了食用油主要危害物、地沟油标志物一步式快速检测。

创制具有清洁标签、高活性、风味良好、适合多场景的亚麻籽基植物乳系列产品。首创了功能型亚麻籽全籽植物乳加工技术，无须添加任何外源稳定剂、抗氧化剂。提出利用富含大分子胶体多糖的干法脱胶粉和亚麻籽进行重组绿色制备植物乳，突破油料及其饼粕高效酶解等提质加工技术，实现清洁标签的营养型亚麻籽—火麻仁、亚麻籽—芝麻、亚麻籽—核桃等系列亚麻籽基植物乳的创制。

研发了果实品质无损快速检测技术及装备。集成研发了“呵福式”水果智能高效分级分选系统，开发了吹扫、重量分选、视觉分选、内部品质分选及物流分拣全程自动控制工程技术体系，建立了优新品种采后智能快速分选与保鲜处理操作规范，实现高端分选装备的进口替代与产业化应用，推动水果采后智能分级分选的普及发展和优化升级，助力企业减损增效。

开发适用于酶抑制法农药残留速测的独立进样芯片。开发出适用于酶抑制法农药残留速测的独立进样芯片，实现了基于进样芯片的有机溶剂中农药成分的快速检测。应用该芯片成功对 8 种茶园中常见有机磷和氨基甲酸酯类农药进行了快速检测，检测灵敏度完全可满足后续茶样中农残筛查需求。

（五）农业机械装备

围绕农业播种、灌溉、收获、养殖、水产饲料、加工过程中所需的农业机械装备开展研究，研发了智能收获机械、田间管理机器人、柔性钵苗移栽末端执行器等，为提高我国农业机械化水平、提升农业生产效率提供重要支撑。

实现了稻田智能灌溉和机器换人。基于水稻不同生育阶段的水分需求，构建水稻长势—灌溉同步模型，研发基于稻田土壤液位和水稻冠层长势的双相传感器（长势、液位）及其配套的灌溉装备、控制软件，集成稻田智能精准灌溉系统，实现水稻全生育灌溉“机器换人”，较常规灌溉节水 20%~30%，节省劳动成本 30~50 元。

创制高性能收获关键部件及智能收获机械。重点突破了低损脱粒、高效清选、智能控制关键技术，创制了底盘、脱粒、清选参数可调的关键部件，研发了智能控制系统，实现作业信息实时感知、参数在线控制、辅助导航等功能，解决国产收获装备作业性能和效率严重依赖操纵人员经验、关键核心零部件依赖进口问题，为高性能收获提供技术支撑。

创制出多功能田间管理机器人技术与装备。自主设计多功能电驱动田间管理机器人平台，开发基于标准化的通信协议，模块化配置喷药、除草、信息探测等，自主研发基于激光雷达、卫星定位系统、机器视觉多传感器组合导航，实现移动机器人平台在未知环境中的自主导航和可靠避障。

创制出大田作业全程“无人化”技术与智能装备。构建以气象、土壤、病虫草害、苗情长势等信息决策驱动的大田“无人化”生产模式，突破异构装备数据、指令、控制、动作交互协同关键技术，实现多机协同高效作业，以三维数字模型为底座，搭建融合立体信息感知、装备智能控制、农机自主作业管控的可视化管理平台，让农场管理从田间走向云端，为实现大田全程高质高效生产提供重要的技术装备和系统支撑。

研发奶牛场高浓度污水高效处理装备。在国内率先研制出以膜生物反应器为核心的奶牛场高浓度污水两步处理工艺及其一体化专用处理设备，该设备无需土建、占地面积小、自动运行且便于管理，对化学需氧量浓度20 000~30 000 毫克/升的高浓度污水进行处理后出水用于农田灌溉，为奶牛场乃至畜禽养殖场高浓度污水的污染防治提供了强有力的技术支撑。

研发了数字化水产饲料加工管理系统与智能盒子。针对系统研发出智能盒子设备，经过数据库完善和系统升级，“原料加工特性及饲料加工技术参数软件系统”可提供更多操作模块并更加精准预测特定膨化机工艺参数窗口，后续在珠海恒兴及江门澳华等水产饲料工厂膨化机系统上安装升级后，将为水产膨化饲料的数字化生产管理与精细加工提供重要的技术支撑。

设计创制出柔性钵苗移栽末端执行器。基于 EDEM 离散元技术对移栽爪钢针和基质互作机理进行研究，并对其进行结构优化设计，最终实现钵苗的柔性抓取、移动和释放等动作。该末端执行器取苗基质完整率达到 89.10%，优于同类设计且对钵苗零损伤。

四、软科学研究

围绕农业产业、农村社会发展和农业资源、生态保护等开展相关研究，取得了系列重要成果。农业减排固碳技术路径、海外农业战略研究等系列调研报告获中央和部门领导批示，在生物育种产业化试点效益评估、农业绿色高质量发展、厕所革命等方面开展持续研究并发布系列报告，为国家农业农村政策制定提供了决策参考。

生猪价格持续回升，养殖开始扭亏为盈获重要批示。研判生猪养殖盈利情况和生产经营风险，作出“猪价筑底回升，已进入上行通道，养殖场（户）资金压力得到一定缓解”的判断，分析了猪价上涨对 CPI 的潜在影响，获副国级领导同志肯定性批示。

研究碳中和目标下中国种植业减排固碳技术路径。构建了种植业减排固碳综合评估框架，估算了中国农田温室气体排放及土壤固碳量。从农业废弃物循环利用、氮肥利用率提高、水分优化管理和控制氮盈余 4 个角度提出农田减排固碳可行的技术路径。为粮食安全、碳中和双重目标约束下的农业减排固碳和绿色低碳转型提供科学参考。

探索哈尼梯田世界文化遗产保护发展规律与实现路径。揭示中国古代先民“顺应自然、天地合一”的生存智慧，探索活态的世界山地农耕文明的未来发展基本图景，实现哈尼梯田世界文化遗产从森林、村寨、梯田、水系到市场、科技、人文、政策的社会经济体系新“四素同构”的转型。

明晰农产品电商全供应链收益分配机制及优化路径。构建了基于成本系数修正的Shapley 值法收益分配模型，并根据模型仿真模拟供应链各相关主体的收益分配优化方案；提出根据各参与主体对总收益的贡献程度来优化的收益分配机制及实现路径，从而为促进农产品电商供应链持续健康发展提供有益探索。

持续开展全球农业热点前沿与科技竞争力分析方法及关键技术优化研究。首次在论文和专利两类数据源间形成了统一的知识组织映射，实现了百万量级农业论文数据的长期保存与自动分类标注；提出了基于共被引理论和语义聚类相结合的农业领域研究热点前沿自动探测与标引方法；完善了农业科技竞争力分析方法体系。形成一批快报产品和农业农村发展战略研究报告，全面提升了中国农业科学院农业科技高端智库品牌的影响力。

研究基于图模型的农业领域多源知识迁移方法。研究提出了一种农业文献的数据约简、特征选择和特征融合方法，构建了一种农业多载体知识获取与信息反馈调整框架模型，搭建了一个农业知识迁移验证系统，为后续使用更多资源提供知识服务提供了新思路。

发布《中国农业展望报告（2022—2031）》。报告预测了我国粮食、玉米、大豆、油料、肉类等 18 种主要农产品未来十年生产、消费、贸易、价格走势。当天累计超过332 万人次实时在线观看直播，社会关注度不断创新高。

海外农业战略研究支撑国家科学决策。紧密围绕乌克兰危机、粮食主权、食物自给率下滑、粮食金融化、北半球旱情等突发和热点事件进行战略应对研究，获中共中央常委领导肯定性批示 3 份，为国家科学决策提供智库支撑。

完成生物育种产业化试点效益评估。实行科学抽样，实现“试点—对照”精准效益评估，开展长期驻点与入户调研工作。利用一手获得的真实信息开发了信息化工具，实时监测农事环节数据，进行了评估分析，完成了效益评估报告与相关政策简报，为生物育种产业化应用提供数据支撑。

监测脱贫地区乡村产业发展风险。实地调研 8 省（区）20 个县，分析 54 个样本县23 764个项目运行风险监测数据，指出脱贫地区乡村产业发展面临的主要风险，提出了防范化解脱贫地区乡村产业发展风险的对策建议，为国家提供重要决策支撑。

研究农业保险政策优化和大灾风险分散体系建设。系统总结三大粮食作物完全成本和种植收入保险扩大试点的新情况、新问题，撰写调研报告。研究完善农业保险大灾风险分散体系建设情况。

出版发行《中国果业高质量发展战略研究》。系统分析了世界及我国主要果树生产与贸易概况、果树科技发展动态与趋势，提出了今后我国果业高质量发展的内涵与路径、战略性思考与建议。

完成农村厕所革命研究报告。获得农村厕所革命监测第一手数据，形成关于农村厕所革命进展、现状及评价、整治提升研究及对策建议研究报告。报告指出当前全国厕所革命政策执行较好，农民普遍受益，但需警惕区域间和区域内不平衡问题扩大化。

中国农业科学院 2022 年获奖成果表

一、获省部级奖成果

序号	项目名称	第一完成人	第一完成单位	奖励类别	奖励等级
1	亚洲棉的生物学贡献及其在我国的传播途径	李付广	棉花所	河南省自然科学奖	一等奖
2	治疗仔腹泻新兽药的创制与推广示范	王胜义	兰牧药	甘肃省科技进步奖	一等奖
3	奶牛场水污染全过程控制关键技术创建及应用	张克强	环保所	天津市科技进步奖	一等奖
4	猪用重组口蹄疫 O 型、A 型二价灭活疫苗的创制与应用	郑海学	兰兽研	甘肃省技术发明奖	一等奖
5	猪口蹄疫病毒 O 型广谱多表位重组抗原及其应用	常惠芸	兰兽研	甘肃省专利奖	一等奖
6	玉米密植高产水肥精准调控技术研发与推广应用	李少昆	作科所	全国农牧渔业丰收奖农业技术推广成果奖	一等奖
7	植物免疫诱抗剂阿泰灵应用技术体系的构建及推广应用	陈昶	植保所	全国农牧渔业丰收奖农业技术推广成果奖	一等奖
8	“中椒”系列甜辣椒新品种的选育及推广	王立浩	蔬菜所	全国农牧渔业丰收奖农业技术推广成果奖	一等奖
9	畜禽产品重点危害因子快速精准检测关键技术及应用	邱静	质标所	全国农牧渔业丰收奖农业技术推广成果奖	一等奖

（续表）

序号	项目名称	第一完成人	第一完成单位	奖励类别	奖励等级
10	重金属污染耕地安全利用技术集成、示范与推广	林大松	环保所	全国农牧渔业丰收奖农业技术推广成果奖	一等奖
11	—	吴存祥	作科所	全国农牧渔业丰收奖	农业技术推广贡献奖
12	—	张宏福	牧医所	全国农牧渔业丰收奖	农业技术推广贡献奖
13	畜禽粪污处理利用技术模式集成与推广应用	董红敏	环发所	全国农牧渔业丰收奖	农业技术推广合作奖
14	丹江口水源涵养区绿色高效农业技术创新集成与推广应用	杨殿林	环保所	全国农牧渔业丰收奖	农业技术推广合作奖
15	设施蔬菜高效基质无土栽培关键技术创建与应用	蒋卫杰	蔬菜所	北京市科学技术进步奖	二等奖
16	数据与场景驱动的农业科技知识精准服务关键技术创制及应用	赵瑞雪	信息所	北京市科学技术进步奖	二等奖
17	优质青贮饲料质量提升和应用提效关键技术集成与推广	卜登攀	牧医所	北京市农业技术推广奖	二等奖
18	几种重要新发蜱媒人畜共患病原菌的发现、鉴定与溯源研究	杨吉飞	兰兽研	甘肃省自然科学奖	二等奖
19	绿肉猕猴桃优质高抗新品种选育与应用	齐秀娟	郑果所	河南省科技进步奖	二等奖
20	苹果园农药减量控害技术建立与应用	仇贵生	果树所	辽宁省科技进步奖	二等奖
21	农业有机废弃物高效厌氧发酵技术及安全利用	冉　毅	沼科所	四川省科技进步奖	二等奖
22	林下参新品种培育及配套生产技术研究与应用	张　浩	特产所	吉林省科技进步奖	二等奖

（续表）

序号	项目名称	第一完成人	第一完成单位	奖励类别	奖励等级
23	软枣猕猴桃种质创新及产业化关键技术推广应用	秦红艳	特产所	吉林省科技进步奖	二等奖
24	西藏高寒牧区饲草补给与高效利用关键技术及应用	高清竹	环发所	西藏自治区科学技术奖	二等奖
25	基于突变技术的烟草种质资源创制与特色香气品种培育	刘贯山	烟草所	中国烟草总公司科学技术进步奖	二等奖
26	苹果化肥减施增效技术创新与应用	赵德英	果树所	全国农牧渔业丰收奖农业技术推广成果奖	二等奖
27	良种蜂王扩繁和优质蜂蜜高产技术的示范与推广	赵亚周	蜜蜂所	北京市农业技术推广奖	三等奖
28	智慧蜂业关键技术及应用	刘升平	信息所	北京市农业技术推广奖	三等奖
29	阿司匹林丁香酚酯降血脂、预防血栓和抗氧化应激的调控机制	李剑勇	兰牧药	甘肃省自然科学奖	三等奖
30	水稻品种分子鉴定技术与应用	魏兴华	水稻所	浙江省省科技进步奖	三等奖
31	稻田生态服务功能与补偿机制构建	方福平	水稻所	浙江省省科技进步奖	三等奖
32	精准高效滴灌水肥一体化关键装备的创制与技术集成应用	韩启彪	灌溉所	河南省科技进步奖	三等奖
33	寒旱区玫瑰产业化关键技术研究与示范	苗保河	都市所	甘肃省科技进步奖	三等奖
34	重离子辐照获得高产苦马豆素工业菌及产业化	梁剑平	兰牧药	甘肃省技术发明奖	三等奖
35	盐碱地牧草丰产栽培和种子生产关键技术创新与应用	林克剑	草原所	全国农牧渔业丰收奖农业技术推广成果奖	三等奖

二、获中国农业科学院科学技术成果奖成果

序号	成果名称	第一完成单位	第一完成人	奖励类型
1	土传病害关键防控技术的创新与应用	植保所	曹坳程	杰出科技创新奖
2	蔬菜轻简高效嫁接育苗技术创新与应用	蔬菜所	尚庆茂	杰出科技创新奖
3	广明 2 号白羽肉鸡新种源创制与育种技术体系构建	牧医所	文　杰	杰出科技创新奖
4	玉米收储真菌毒素防控与分级利用关键技术创新及应用	加工所	邢福国	杰出科技创新奖
5	水稻磷素养分高效利用核心调控网络构建	资划所	易可可	杰出科技创新奖
6	中国农产品监测预警模型系统创建与应用	信息所	许世卫	杰出科技创新奖
7	水稻重要农艺性状调控基因的挖掘利用与分子解析	水稻所	王跃星	杰出科技创新奖
8	油料绿色高效提质加工关键技术及应用	油料所	李文林	杰出科技创新奖
9	禽白血病综合防控关键技术创制与应用	哈兽研	高玉龙	杰出科技创新奖
10	病毒样颗粒关键技术平台建立及疫苗创制	兰兽医	郭慧琛	杰出科技创新奖
11	稻瘟菌与水稻互作分子机制解析	植保所	宁约瑟	青年科技创新奖
12	小菜蛾对 Bt 杀虫蛋白产生抗性的分子机制	蔬菜所	郭兆将	青年科技创新奖
13	耕地利用遥感监测机理与方法	资划所	余强毅	青年科技创新奖
14	畜禽产品中典型持久性有机污染物防控关键技术	质标所	程　劼	青年科技创新奖

（续表）

序号	成果名称	第一完成单位	第一完成人	奖励类型
15	单碱基编辑器脱靶检测技术及高保真碱基编辑器开发	基因组所	左二伟	青年科技创新奖

三、获中国农业科学院重大科技产出成果

序号	项目名称	完成单位	牵头完成人	成果类型
1	“玉米密植滴灌技术”大幅促进主产区玉米增产增效	作科所	李少昆	重大技术突破
2	“一加两提”飞防施药技术为农田有害生物防控增添新动力	植保所	袁会珠	重大技术突破
3	“田间变秆为粒技术”为秸秆高效还田提供全新解决方案	资划所	逄焕成	重大技术突破
4	“智能精准识别技术”助力农产品安全检测驶入高速路	质标所	王　静	重大技术突破
5	高产优质强筋新品种中麦 578 助力主产麦区品质提升	作科所	何中虎	重大产品创制
6	“中畜长白半番鸭”填补国内番鸭育种领域的空白	牧医所	侯水生	重大产品创制
7	中蟠桃 11 号引领蟠桃产业高质量发展	郑果所	王力荣	重大产品创制
8	“猪伪狂犬病灭活疫苗”有力保障生猪产业健康发展	上兽研	童光志	重大产品创制
9	“系列国家标准物质”有效支撑农业精准检测需求	环保所	张艳伟	重大产品创制
10	破解“无人种地”难题助力粮食安全战略	农经所	谢玲红	重大智库报告
11	几丁质定向生物合成的结构基础	植保所	陈　威 杨　青	重大科学发现

（续表）

序号	项目名称	完成单位	牵头完成人	成果类型
12	图泛基因组捕捉番茄缺失的遗传力并为育种赋能	基因组所	周　姚 黄三文	重大科学发现
13	野生和栽培马铃薯的基因组进化与多样性	基因组所	唐　蝶 黄三文	重大科学发现
14	转录因子 OsDREB1C 可协同实现水稻高产和早熟	作科所	魏少博 周文彬	重大科学发现
15	高质量豌豆参考基因组和泛基因组揭示基因组结构和进化特征	作科所	杨　涛 宗绪晓	重大科学发现
16	甘蓝型油菜产量持续提升的遗传基础	油料所	胡继宏 伍晓明	重大科学发现
17	H7N9 禽流感病毒对人致死性感染的分子机制	哈兽研	万晓朋 陈化兰	重大科学发现
18	磷铁养分信号拮抗互作调控分子模块	资划所	阮文渊 易可可	重大科学发现
19	畜禽养殖业综合减排措施可以实现正的环境健康效益	环发所	朱志平 董红敏	重大科学发现
20	针对 Landsat 数据的高分辨率深度学习水稻制图网络	资划所	夏　浪 孙　晓	重大科学发现

中国农业科学院2022年省部级奖励

一、省部级一等奖

1. 亚洲棉的生物学贡献及其在我国的传播途径

主要完成单位 中国农业科学院棉花研究所

主要完成人员 李付广，杜雄明，何守朴，杨召恩

起止时间 2005年1月—2019年12月

获奖情况 2022年河南省自然科学奖一等奖

内容提要 亚洲棉在我国已有近2 000年的种植史。亚洲棉具有天然抗病、耐旱等优点，但其进化地位和传播历程在学术上一直存在争议，优异性状的遗传基础也尚未明确。本研究以亚洲棉种质资源为对象，采用基因组学、群体遗传学和分子生物学等手段，在亚洲棉基因组演化和重要性状遗传解析方面取得了新的科学发现，研究成果发表在 *Nature Genetics* 和 *Nature Communications* 等顶尖学术期刊。研究团队在其前期二倍体棉花A、D基因组和四倍体棉花AD基因组研究基础上，进一步深化和系统研究，从基因组水平佐证了二倍体A基因组亚洲棉是四倍体AD基因组陆地棉的供体种和纤维的主要贡献者，证实了亚洲棉与草棉（二倍体D基因组）为“兄弟”关系，从基因型演化角度揭示了亚洲棉在我国是“自南向北”传播的特点。同时还首次发现亚洲棉抗病性相关位点是受强烈地理选择的位点。该项目解决了棉花基础研究领域的一些关键科学问题，为棉属的进化和基因组学研究提供了参考，提升了我国棉花基础研究在世界上的地位。

2. 治疗仔腹泻新兽药的创制与推广示范

主要完成单位 中国农业科学院兰州畜牧与兽药研究所，成都中牧生物药业有限公司，郑州百瑞动物药业有限公司，山东德州神牛药业有限公司

主要完成人员 王胜义，刘永明，齐志明，荔霞，刘世祥，崔东安，王慧，严作廷，王海军，夏鑫超，李胜坤，黄美州，妥鑫，吕亚楠

起止时间 2006年1月—2020年12月

获奖情况 2022年甘肃省科技进步奖一等奖

内容提要 腹泻是危害仔畜健康的重大疫病之一，严重困扰畜牧业健康发展。抗生素疗法是目前治疗仔畜腹泻的常规方法，但由于致病因素众多，针对性不强，临床治疗效果往往不够理想，严重危害公共卫生安全。本项目充分发挥传统中兽医学的优势和特色，针对犊牛腹泻等研究共性临床证候特征和证候辨证要素及其变化规律，研制了

治疗犊牛湿热型腹泻的有效方剂黄白双花口服液等 4 种新兽药。该项目授权发明专利 3 件，获得国家新兽药证书 3 项。黄白双花口服液、苍朴口服液和乌锦颗粒均已实现成果转化并获得兽药生产批准文号，批量投产和上市销售，成果转化经费 320 万元。黄白双花口服液和苍朴口服液已成为临床治疗犊牛腹泻的主要产品和企业获得市场效益的主打产品。2018—2020 年，黄白双花口服液、苍朴口服液和乌锦颗粒通过成果转化和上市销售，新增销售额 1. 509 亿元。截至 2020 年，共推广应用犊牛 18. 62 万头（次）、羔羊 86. 46 万头，实现间接经济效益 5. 46 亿元。

3. 奶牛场水污染全过程控制关键技术创建及应用

主要完成单位 农业农村部环境保护科研监测所，天津市农业发展服务中心，山东省农业科学院，天津嘉立荷牧业集团有限公司，河北乐源牧业有限公司，北京国科诚泰农牧设备有限公司

主要完成人员 张克强，杨鹏，王鸿英，赵润，王风，杜连柱，王艳芹，杜会英，翟中葳，高文萱，支苏丽，于海霞

起 止 时 间 2006 年 1 月—2021 年 8 月

获 奖 情 况 2022 年天津市科技进步奖一等奖

内 容 提 要 奶牛场水污染控制对奶业发展至关重要。张克强研究员团队历经 15 年，提出了“场内节水、场外循环”的全过程控制方案，创制了节水减排、循环利用的技术装备和标准，解决了技术难题。项目创新思路和技术，授权专利 57 件，制修订标准 18 项，登记软著 19 件，发表论文 70 篇，编撰著作 11 部。项目成果在天津市 90%以上的奶牛场推广应用，总节水 8 011. 16万吨、节肥 136. 54 万吨，连续 4 次通过了中央生态环境保护督查，为京津冀地区的稳产保供作出了贡献。项目成果也在全国奶牛养殖的优势产区、龙头企业进行了大面积的应用推广，覆盖的养殖量近 700 万头，增收节支 32 亿元，为奶业的绿色转型提供了技术支撑。

4. 猪用重组口蹄疫 O 型、A 型二价灭活疫苗的创制与应用

主要完成单位 中国农业科学院兰州兽医研究所

主要完成人员 郑海学，杨帆，何继军，朱紫祥，刘学荣，赵丽霞

起 止 时 间 2018 年 6 月—2022 年 6 月

获 奖 情 况 2022 年甘肃省技术发明奖一等奖

内 容 提 要 项目团队以国家口蹄疫防疫需求为导向，发明了口蹄疫疫苗种毒的构建方法，创制了国际首例猪用口蹄疫反向遗传疫苗猪口蹄疫 O 型、A 型二价灭活疫苗，获国家一类新兽药证书，技术国际领先，实现产业化生产和应用，解决了无猪用 A 型口蹄疫疫苗的问题，有力支撑了国家防控需求。项目成果获得国际/国家授权发明专利 5 件，制定标准 2 项，获兽药生产批准文号批件 3 项，发表论文 33 篇，获得多项奖励。该疫苗全国推广应用，有效控制了我国口蹄疫大流行，2018 年报告发生疫情 27

次，2021年仅发生3次，应用效果显著。成果转化后，该疫苗即成为我国口蹄疫防控的主导产品。2018—2021年累计销售212 170.969万毫升，总计收入346 538.46万元，新增利润136 665.43万元，实现利税166 924.76万元；成果应用产生间接经济效益超300亿元，经济和社会效益显著。

5. 猪口蹄疫病毒O型广谱多表位重组抗原及其应用

主要完成单位 中国农业科学院兰州兽医研究所

主要完成人员 常惠芸，邵军军，丛国正，林彤，高闪电，独军政

起止时间 2018年6月—2022年6月

获奖情况 2022年甘肃省专利奖一等奖

内容提要 发明专利从基因水平出发、采用反向疫苗学技术设计了涵盖我国O型口蹄疫病毒三个谱系的中广谱多表位抗原，解决了表位抗原谱单一、效价不足的技术瓶颈；利用“抗原抗体化”理论，实现了抗原表位的完全抗原化和靶向递呈，解决了抗原表位免疫原性弱、半衰期短、抗原递呈效率低、外源载体蛋白免疫副反应的瓶颈；以病毒核酸序列为元件设计抗原、无须操作活病毒、解决了疫苗研发的生物安全性问题；利用大肠杆菌表达系统生产重组抗原，可低成本、快速产业化生产疫苗；研制的疫苗产品不仅解决了O型口蹄疫防控缺乏广谱、可鉴别诊断新型疫苗的困境，而且实现了生产一种重组抗原即可防控多个毒株感染的目标。本发明专利通过技术创新、理论创新、最终实现了产品的创新。建立的疫苗设计技术平台、理论体系，将为我国净化和根除动物疫病提供重要技术示范效应。

6. 玉米密植高产水肥精准调控技术研发与推广应用

主要完成单位 中国农业科学院作物科学研究所，新疆生产建设兵团农业技术推广总站，宁夏农林科学院农作物研究所，九圣禾种业股份有限公司，联合惠农农资（北京）有限公司，新疆生产建设兵团第六师奇台农场，新疆生产建设兵团第四师七十一团，通辽市科尔沁左翼中旗农业技术推广中心

主要完成人员 李少昆，王林，王永宏，梁晓玲，侯鹏，张万旭，刘智卓，白沙如拉，杜树海，黄立新，王锐，吴清亮，陈永生，张洪亮，姚振兴，国秀玲，李志伟，李博，徐喜俊，吴晓琴，马忠臣，李静，李中华，盛铁雍，黄东明

起止时间 2010年1月—2020年12月

获奖情况 2019—2021年度全国农牧渔业丰收奖农业技术推广成果奖一等奖

内容提要 针对我国玉米生产存在的种植密度低、产量不高，管理粗放、水肥利用效率低的问题，开展玉米密植高产水肥精准调控关键技术的创新、模式集成与示范推广。通过定量匹配玉米群体与区域光温资源，明确玉米增密增产潜力，提出各产区实现产量突破的适宜密度；揭示高产玉米群体特征，构建1 500千克/亩高产玉米理想株型；创新密植群体抗倒、防衰、高整齐度关键技术；构建高压鉴选平台，筛选出一批耐

密品种；明确了玉米高产群体水肥需求规律；分区域构建密植高产水肥精准调控技术模式。连续 7 次刷新全国高产纪录（2020 年亩产1 663. 25 千克），提升我国玉米产量潜力 566. 95 千克/亩，同时创全国及主产省大面积高产纪录。近 3 年在新疆、甘肃、宁夏①、内蒙古、辽宁等地累计推广4 183万亩，增收玉米 443 万吨，新增经济效益 57. 87 亿元，水肥利用效率平均提高 21. 6%，引领了我国玉米现代生产技术的发展。

7. 植物免疫诱抗剂阿泰灵应用技术体系的构建及推广应用

主要完成单位 中国农业科学院植物保护研究所，北京中保绿农科技集团有限公司等

主要完成人员 陈昶，曾洪梅，赵宜君，李广悦等

起 止 时 间 2011 年 1 月—2021 年 12 月

获 奖 情 况 2019—2021 年度全国农牧渔业丰收奖农业技术推广成果奖一等奖

内 容 提 要 植物免疫诱抗剂是一种新型生物农药，不直接杀死致病菌，而是通过激活植物自身免疫力促进植物健康，预防和减少病害，提高作物产量。该制剂于 2014 年获得农业部②临时农药登记证，2017 年获得正式登记，目前已经登记作物和防治对象为柑橘树溃疡病、水稻病毒病等，实现了在真菌病害、细菌病害和病毒病全覆盖的应用登记，获得有机生产投入品认证，自 2014 年上市销售后，在全国范围进行了大面积推广应用，构建了植物免疫诱抗剂的应用技术体系。通过剂型升级和创新应用模式，开创了“阿泰灵+”的新局面。该制剂获得国际/国家授权发明专利 5 件，制定标准 2 项，获兽药生产批准文号批件 3 项，发表论文 33 篇，获得多项奖励。该制剂有效控制了我国口蹄疫大流行，2018 年报告发生疫情 27 次，2021 年仅发生 3 次，应用效果显著。成果转化后，该制剂即成为我国口蹄疫防控的主导产品。2018—2021 年累计销售212 170. 969万毫升，总计收入346 538. 46万元，新增利润136 665. 43万元，实现利税166 924. 76万元。成果应用产生间接经济效益超 300 亿元，经济和社会效益显著。

8. “中椒”系列甜辣椒新品种的选育及推广

主要完成单位 中国农业科学院蔬菜花卉研究所

主要完成人员 王立浩，张宝玺，张正海，曹亚从，于海龙，冯锡刚，黄建新等

起 止 时 间 2001 年 1 月—2021 年 12 月

获 奖 情 况 2019—2021 年度全国农牧渔丰收奖农业技术推广成果奖一等奖

内 容 提 要 辣椒在我国年播种面积3 200 万亩，占世界辣椒面积的 38. 6%，产值约2 500亿元。近些年随着气候变化、设施农业快速发展，辣椒轻斑驳病毒病、番茄

---

① 宁夏回族自治区，全书简称宁夏。

② 中华人民共和国农业部，全书简称农业部。2018 年国务院机构改革，将农业部的职责整合，组建中华人民共和国农业农村部。

斑点萎蔫病毒病等新型流行病害严重威胁产业发展，原主栽品种品质和丰产性不能满足生产者和消费者的需求。针对上述问题，通过引进和挖掘优异种质资源、利用分子育种技术，育成具创新性的9个不同类型新一代“中椒”系列甜椒、辣椒新品种。良种良法配套，在推广过程中建立起“品种—区域”高效栽培技术规范。创新推广模式，建立起以市场为导向、公司和推广部门相结合的“育—繁—试验—示范—推广—服务”叠进式推广模式。经过推广，集成和熟化出新型科研成果推广模式。经过推广，中椒105号和中椒107号被农业农村部推为主导品种。推广品种占南菜北运甜椒面积80%，占华中高山蔬菜微辣椒面积70%，占华北早春和秋延设施甜椒面积60%，累计推广800万亩，实现增产350多万吨，新增社会经济效益26.03亿元，为保障“菜篮子”供应、乡村振兴作出贡献。

9. 畜禽产品重点危害因子快速精准检测关键技术及应用

主要完成单位 中国农业科学院农业质量标准与检测技术研究所，北京市农产品质量安全中心，山东省畜产品质量安全中心，江西省农业科学院农产品质量安全与标准研究所，厦门海荭兴科技股份有限公司，山东新希望六和集团有限公司，宁都山凤凰禽业有限责任公司

主要完成人员 邱静，周剑，孙志文，张芸，杨德辉，钱永忠，李楠，向建军，荣佳，蔡庆国，林金开，何清华，王伟，杨雍，张学春，田福利，刘香香，韩子军，郭称红，吴晓景，张功林，莫灵娜，张桂林，赵宇光，罗正义

起止时间 2015年1月—2021年12月

获奖情况 2019—2021年度全国农牧渔业丰收奖农业技术推广成果奖一等奖

内容提要 为了提高畜禽产品质量安全水平，解决重点危害因子检测和标准物质缺乏等问题，开展了以下工作：一是研发了畜禽产品中重点危害因子的快速精准检测技术和产品，形成了102种快检产品和设备，26项技术方法标准。二是攻克了基体标准物质制备和定值技术，研制了11种国家一级标准物质，52种二级标准物质。三是技术成果广泛应用于畜禽产品质量安全风险监测、风险评估、监管执法、企业自检等领域，近3年完成50余万件样品抽检，国家例行监测畜禽产品合格率保持在98%以上。四是实现直接成果转让金额1 045万元，产品设备销售收入9 300万元，新增社会经济效益67.83亿元。

10. 重金属污染耕地安全利用技术集成、示范与推广

主要完成单位 农业农村部环境保护科研监测所，农业农村部农业生态与资源保护总站，云南省农业环境保护监测站，贵州省农业生态与资源保护站，河池市农业生态与资源保护站，佛山市植宝生态科技有限公司，山东迈科珍生物科技有限公司，南京宁粮生物工程有限公司

主要完成人员 林大松，王瑞刚，倪润祥，马艳兰，王萍，陈惠清，徐如林，李锐

明，周前艳，蒋盛先，蓝慧，程革林，郭勇军，梁晓辉，刘雪峰，罗春锦，覃帅，李会忠，韦炳祥，张君，陶运强，王云，黄煅隆，金梅才

起止时间 2012 年 3 月—2021 年 12 月

获奖情况 2019—2021 年度全国农牧渔业丰收奖农业技术推广成果奖一等奖

内容提要 针对我国重金属污染耕地面积大和安全利用技术缺乏等问题，组建“筛选—评测—验证”三级联动研发平台；自主筛选出低积累品种 50 个，开发出获产品登记证的叶面阻控剂 3 个和土壤调理剂 7 个，获授权专利 23 件，发表论文 39 篇。集成作物阻隔、叶面阻控、土壤降活、深翻减量 4 项核心技术，形成“南方 Cd 污染稻田 GTP+安全利用技术模式”“南方 Cd、As 复合污染稻田安全利用技术模式”“南方地质高背景区 Cd、Pb 污染安全利用技术模式”“北方弱碱性小麦田 Cd 污染安全利用技术模式”“南方旱地 Cd、Pb 污染安全利用技术模式”“北方旱地 Cd、Pb 污染安全利用技术模式”6 套技术模式，可涵盖我国 90%以上耕地重金属污染类型；编制行业标准 3 项和地方标准 6 项。建立“一站四区多点”示范区 46 个，形成以联盟为纽带的“研、产、政、用一体化合作”“试点突破、重点示范、分类分区推进”“政府监督+第三方服务+基层协助”“集中培训+自主实施+第三方评估”四大技术推广模式。2019—2021 年累计推广 1 918万亩，培训 50 万人，产品销售和技术服务累计 2. 10 亿元，受污染耕地安全利用率平均提高 11%，产生经济效益 69. 01 亿元。

11. 农业技术推广贡献奖

主要完成单位 中国农业科学院作物科学研究所

主要完成人员 吴存祥

起止时间 2000 年 7 月至今

获奖情况 2019—2021 年度全国农牧渔业丰收奖农业技术推广贡献奖

内容提要 吴存祥研究员长期从事大豆栽培技术研发与推广工作。自 2000 年以来，坚持深入一线，每年保证 6 个月以上时间在基层，调研大豆生产技术需求、试验示范相应技术解决方案、科普关键生产技术要点、解决突发的生产问题等。先后研发集成麦茬夏大豆节本栽培技术，黄淮海夏大豆麦茬免耕覆秸精量播种技术，大豆与马铃薯、西瓜等经济作物套作种植技术，大豆机械化生产技术，黄淮海夏大豆免耕覆秸机械化生产技术等农业农村部主推技术，技术模式累计推广 2 000余万亩，节本增效 20 多亿元。同时，结合线上技术讲解与培训、电视科教节目录制等传播方式，全面提升了一线科技人才、种植大户等经营主体等对技术的认知水平，提高了他们的专业知识理论水平和实地操作水平，形成一批“带不走的”技术力量。

12. 农业技术推广贡献奖

主要完成单位 中国农业科学院北京畜牧兽医研究所

主要完成人员 张宏福

起止时间 2001年1月—2022年8月

获奖情况 2019—2021年度全国农牧渔业丰收奖农业技术推广贡献奖

内容提要 张宏福研究员以“保障动物自身免疫健康”为核心，研发应用无抗高效饲料、环境参数、养殖工艺、数智化控制技术，集成立体养殖提质增效模式，建立“研—推—用”一体的队伍，历经21年联合攻关和推广，使白羽肉鸡立体养殖提质增效模式覆盖全国80%以上养殖场，养殖成绩达欧指（欧洲效益指数）400以上，跃至国际领先水平。他系统研发集成养殖环节碎片化技术成果，形成可复制的养殖链一体化技术模式示范应用；深入一线，组织贯通研究—示范推广—生产应用结点的人才队伍；高效组织多种形式的推广活动，使白羽肉鸡立体高效养殖模式迅速推广至全行业，颠覆性创新应用取得重大经济社会效益；积极投身面向消费者科普宣传，助力我国“节粮、低碳、营养”肉类鸡肉消费；不忘初心，热爱“三农”，心系“国之大者”，以农业科技工作国家队的责任担当为农牧企业产业化、脱贫攻坚、乡村振兴作贡献。

13. 畜禽粪污处理利用技术模式集成与推广应用

主要完成单位 中国农业科学院农业环境与可持续发展研究所，重庆市畜牧科学院，全国畜牧总站

主要完成人员 董红敏，龙定彪，刘桂珍，朱志平，王文国，侯世忠，王红，廖新俤，周元清，许斌星，邓良伟，蒲施桦，郑灿财，姜树林，朱曲波，孙亮华，魏永，马金平，马瑞强，尹福斌，李翔宏，姚慧娇，杨帆，付菁菁，李戎遐，罗璋，袁莎莎，耿琰，闫丙建，杨阳

起止时间 2016年1月—2021年12月

获奖情况 2019—2021年度全国农牧渔业丰收奖农业技术推广合作奖

内容提要 该成果主要针对我国畜禽粪污处理利用技术单一、模式缺乏，资源浪费、污染严重等突出问题，以实现粪污资源化利用与污染减排协同为目标，由中国农业科学院农业环境与可持续发展研究所牵头，联合重庆市畜牧科学院、全国畜牧总站等单位，发挥“国家农业废弃物循环利用科技创新联盟”“国家生猪技术创新中心”“中荷农业废弃物循环利用研究中心”等平台优势，形成了科研院所出技术、企业示范建样板、畜牧站组织培训推广的“三位一体”合作机制，构建了关键技术研发—模式集成—示范熟化—培训观摩—大县应用—区域推进的“金字塔”推广模式。创建畜禽粪污资源化利用土地承载力测算方法，构建了11项全链条减排增效关键技术体系，集成创建了畜禽粪污全量收集利用、专业化能源利用等7种典型模式，成果在全国500余个畜牧大县推广应用，为全国畜禽粪污综合利用率达到75%、污染物排放强度下降50%奠定了坚实的科技基础，环境和社会效益显著。

14. 丹江口水源涵养区绿色高效农业技术创新集成与推广应用

主要完成单位 农业农村部环境保护科研监测所，中国农业科学院农业资源与农业区划研究所，中国农业科学院植物保护研究所，中国农业科学院郑州果树研究所，十堰市农业科学技术研究推广中心，安康市农业科学研究院，中国农业科学院麻类研究所，农业农村部南京农业机械化研究所，农业农村部沼气科学研究所，中国农业科学院茶叶研究所，中国农业科学院蔬菜花卉研究所，安康市富硒产品研发中心，石泉县农业技术推广站，十堰市郧阳区农业技术推广中心

主要完成人员 杨殿林，赵建宁，李虎，刘新刚，张艳军，杜连柱，王慧，齐秀娟，肖能武，刘红梅，郭邦利，唐蜻，吴爱兵，葛一洪，石元值，陈晅圳，王少丽，黄治平，张军，张海芳，钟云鹏，郭荣君，颜鹏，龚世飞，张文慧，谭炳昌，马标，肖涛，魏珞宇，唐晓东，杨柳，覃剑锋，贺博，刘大彦，李嘉伟

起止时间 2012 年 1 月—2021 年 12 月

获奖情况 2019—2021 年度全国农牧渔业丰收奖农业技术推广合作奖

内容提要 丹江口水源涵养区是南水北调中线工程核心水源区、国家级生态示范区和鄂西北国家级重点生态功能保障区，也是秦巴山集中连片特困地区。项目以中国农业科学院科技创新工程协同创新任务、国家重点研发项目和国际交流与合作等项目为依托。创新集成水源涵养区农业生物多样性保育与生态田园构建、中低产田改土培肥、农业废弃物资源化利用、作物病虫害绿色高效防控和农业面源污染生态治理等关键技术，建立富硒茶、猕猴桃、魔芋、桑全产业链绿色高效技术体系。制定了区域绿色高效生态农业清单，创设了丹江口水源涵养区绿色高效生态农业协同创新机制。研发绿色高效农业关键技术标准 10 项，授权国家专利 43 项，培育和支持相关企业 45 家，发表论文 42 篇，著作 6 部，培训农业技术人员 5 200人次。为保障南水北调中线水质安全和推动区域农业绿色高质量发展提供了有效的技术支撑和示范样板。

二、省部级二等奖

15. 设施蔬菜高效基质无土栽培关键技术创建与应用

主要完成单位 中国农业科学院蔬菜花卉研究所

主要完成人员 蒋卫杰，余宏军，李强，李新旭，王娟娟，雷喜红，禹宙，沙爱国，石称华，李红岑，董瑞芳，蔡忠，路涛

起止时间 2012 年 1 月—2020 年 12 月

获奖情况 2022 年北京市科技进步奖二等奖

内容提要 针对基质成本高、基质栽培营养管理不科学等突出问题，以作物秸秆基质化技术、基质栽培有机和无机营养管理为研究重点，创建了作物秸秆基质化技术，解决了我国低成本无土栽培基质来源问题；研制出基于有机肥的设施蔬菜基质栽培有机、无机营养配方，创建了化学营养液减量无土栽培技术；创建了适合

不同生态区的设施蔬菜简易高效无土栽培技术体系，使无土栽培作物的丰产期较常规延长1个多月，较土壤滴灌节肥15%、节水35%、增收20%。获授权发明专利8项，出版专著1部，被农业农村部列为主推技术2次。2012年以来，累计应用778.6万亩，近3年累计推广295.3万亩，占全国无土栽培总面积超60%，增产620.1万吨，节本增效130.2亿元。

16. 数据与场景驱动的农业科技知识精准服务关键技术创制及应用

主要完成单位 中国农业科学院农业信息研究所，北京市农林科学院，中国农业科学院作物科学研究所，中国农业科学院农业经济与发展研究所

主要完成人员 赵瑞雪，刘旭，孙素芬，朱亮，王秀东，寇远涛，鲜国建，赵静娟，叶飒，孙媛

起止时间 2011年4月—2019年12月

获奖情况 2022年北京市科学技术进步奖二等奖

内容提要 本成果针对农业科技知识服务的需求和难点，开展了关键技术研究和产品创制，主要创新如下：创建了“数据+场景”驱动的多场景精准知识服务模型，突破了农业知识智能搜索、知识自动抽取和重构、情境感知的知识获取、个性化服务定制等技术，实现了从海量数据中发现和获取高质量农业知识的能力；建成了农业领域最大的综合性农业科技大数据知识库；建立了24类元数据规范，整合了10亿余条农业科技知识资源，建成了2 000多万条的农业科技语料知识库，构建了本体和知识图谱驱动的多维农业科技知识语义网络，实现了农业科技知识的有效治理和可持续供给；构建了首个基于大数据的多场景农业专业知识服务系统，建立了网站、多终端、微信等融媒体知识传播与获取通道，实现了农业科技信息服务向精准知识服务的跨越升级。该成果获软件著作权98项，发表论文132篇，出版专著10部，获发明专利1项，获省部级及以上领导批示近20项。成果应用面广，年均服务量1 200多万人次，在促进行业进步、“三农”发展方面成效显著。

17. 优质青贮饲料质量提升和应用提效关键技术集成与推广

主要完成单位 中国农业科学院北京畜牧兽医研究所，北京市兽药饲料监测中心，北京市农林科学院畜牧兽医研究所，北京三元种业科技股份有限公司，全国畜牧总站，北京中地畜牧科技有限公司，现代牧业（集团）有限公司，北京优博维尼科技有限公司

主要完成人员 卜登攀，赵连生，马露，姚婷，王加亭，李竞前，冯涛，陈雅坤，张晓峰，刘佳，王桂英，刘金霞，赵勐，崔彪，吴娟

起止时间 2019年7月—2022年6月

获奖情况 2022年北京市农业技术推广奖二等奖

内容提要 本成果针对北京优质青贮饲料的产业难题，创制并集成了关键技术

体系，主要创新如下：青贮饲料品质提升关键技术，提高了全株玉米和苜蓿青贮的品质指数，降低了青贮损失。该成果使全株玉米青贮 CSQS 平均提高 7.9%，苜蓿青贮 AHQS 平均提高 9.8%，泌乳牛单产提高 10%，乳脂率和乳蛋白率分别达到 3.6%和 3.3%。突破多元化青贮日粮生产技术，优化了日粮配方和饲喂方式，提高了泌乳牛的单产和乳品质。该成果创新了“双循环驱动”协同创新的合作推广机制，创建了“建体系—搭平台—以赛促推”多元支撑的技术推广新模式。整合了国际和国内的资源和平台，引入了国际技术专家和前沿技术及成果，与奶牛产业技术体系北京市创新团队和京津冀协同创新平台衔接，并推广应用。2019 年以来，在京津冀地区累计推广优质全株玉米青贮饲料2 500万吨、苜蓿青贮饲料 150 万吨，覆盖奶牛群体 523 万头，累计获得经济效益 4.76 亿元。

18. 几种重要新发蜱媒人畜共患病原菌的发现、鉴定与溯源研究

主要完成单位　中国农业科学院兰州兽医研究所

主要完成人员　杨吉飞，牛庆丽，刘志杰，殷宏，关贵全

起 止 时 间　2018 年 6 月—2022 年 6 月

获 奖 情 况　2022 年甘肃省自然科学奖二等奖

内 容 提 要　研究团队针对蜱媒人畜共患传染病，重点开展了新发蜱媒病原菌的识别、鉴定、种类厘定与溯源的研究。研究结果发现和鉴定了两种新型斑点热群立克次氏体；揭示了我国嗜吞噬细胞无形体的多态性、自然疫源性循环及生态分布特征；明确了山羊无形体在自然界中存在不同病原特性的两种基因型；分离鉴定了我国流行的伯氏疏螺旋体主要基因型 *B. garinii* 菌株，通过实验动物模型，明确了 *B. garinii* 具有很强的致病力，并揭示了相关致病因子。拓展了 4 种新发蜱媒人畜共患病原菌的媒介生物和宿主谱，解析了菌株多态性与宿主嗜性和媒介生物之间的关系，为自然疫源地的发现和确立提供了病原学证据。研究结果填补了国内外多项空白，在 *Emerging Microbes & Infections*、*Emerging Infectious Diseases* 和 *Applied and Environmental Microbiology* 等学科主流刊物共发表 SCI 论文 20 篇，为新发蜱媒人畜共患病的防控奠定了基础，具有重要的学术影响。

19. 绿肉猕猴桃优质高抗新品种选育与应用

主要完成单位　中国农业科学院郑州果树研究所，湖北省农业科学院果树茶叶研究所

主要完成人员　齐秀娟，陈庆红，方金豹，钟云鹏，张蕾，顾红，孙雷明，林苗苗，李玉阔，陈锦永

起 止 时 间　1991—2021 年

获 奖 情 况　2022 年河南省科学技术进步奖二等奖

内 容 提 要　该项目组针对我国本土猕猴桃种质资源鉴定评价技术缺乏、育种手

段落后及高效生产技术短缺等问题开展了研究，对猕猴桃资源建立了分子身份证并首次进行抗性系统评价，挖掘出核心种质和功能基因。结合分子辅助育种技术，育成抗性强、品质优、产量高的新品种2个，优化了产业绿肉猕猴桃品种结构。明确了花粉直感效应，建立了猕猴桃标准化绿色生产技术体系，实现了良种良法配套。该成果授权国际植物新品种权1件、国家植物新品种权2件，通过国家品种审定1个、省级品种审定2个；制定国家标准1项、农业行业标准2项、绿色食品标准1项、省级标准1项；授权国家发明专利6项，软件著作权3项；发表论文34篇（其中SCI论文18篇）；编著书籍4部。新品种、新技术近3年在我国累计推广应用40余万亩，占河南省50%、全国10%的猕猴桃种植面积，脱贫攻坚中发挥作用显著。

20. 苹果园农药减量控害技术建立与应用

主要完成单位 中国农业科学院果树研究所，辽宁省农业发展服务中心，中捷四方生物科技股份有限公司，吉林省八达农药有限公司

主要完成人员 仇贵生，闫文涛，林文忠，佟晔，岳强，曲智，张怀江，王昭，孙丽娜

起止时间 2010年1月—2018年3月

获奖情况 2022年辽宁省科技进步奖二等奖

内容提要 苹果占辽宁省水果总面积和总产量的38%和42%，是助力乡村振兴、农民脱贫的支柱产业。针对辽宁省化学农药防治病虫害过程中存在的病虫诊断不准确、调查监测不科学，药剂种类难选择，防治适期难把握，生防应用不合理等现状，中国农业科学院果树研究所自2010年起，组织省内管理、推广、研发企业等优势单位协同攻关，系统开展了苹果病虫害诊断、测报、防治适期、药剂选用等研究，创建了精准诊断、精准监测、精准时期、精准药剂、精准生防于一体的全链条苹果园农药减量应用技术体系，并在辽宁省大连、鞍山、锦州、营口、葫芦岛等地苹果主产区累计推广应用200余万亩，综合防效达到75%以上，取得总经济效益5.78亿元，农药使用量减少可达35%以上，累计节约农药1 600吨，惠及果农10余万人，经济、社会、生态效益显著。

21. 农业有机废弃物高效厌氧发酵技术及安全利用

主要完成单位 农业农村部沼气科学研究所、四川省农村能源发展中心、华中农业大学、四川中沼生物能源检测有限责任公司、德阳好韵复合材料有限公司

主要完成人员 冉毅，罗涛，黄如一，艾平，席江，曾文俊，陈子爱，孔垂雪，王超，梅自力

起止时间 2008年7月—2021年12月

获奖情况 2022年四川省科技进步奖二等奖

内容提要 针对第二代农村沼气设施的技术缺陷，研发了玻璃纤维增强塑料

（玻璃钢）沼气池及模压工艺，沼气工程循环流化、螺旋管增温技术，沼气脱硫、安全使用、处置技术，检测技术与装置，沼肥高值化利用技术及风险评估系统等。通过制（修）定一系列行业和地方标准，建立起一套建造、运行、检测及安全使用规范体系，构建了以工业化生产和产业化发展为主要特征的第三代沼气技术体系，保障了农业有机废弃物高效厌氧发酵及安全利用。成果推广的户用沼气池和沼气工程可年产沼气 2.8 亿立方米，折合 2 亿吨标煤，为农户直接创造能源收益折合 6.4 亿元/年，年产沼肥 560 万吨，年减排 104.4 万吨 COD 和 211.0 万吨 CO_2 当量。同时，检测技术及装置应用于 260 个玻璃钢沼气池和 280 座沼气工程的委托检测，创收 915 万元；企业出厂检验商品化沼气池 24.02 万套，商品化小沼工程 63 座，节约检测成本 962.06 万元，销售收入 4.93 亿元。该成果在农业绿色发展和碳减排中发挥了重要作用，经济、环保、生态和社会效益显著。

22. 林下参新品种培育及配套生产技术研究与应用

主要完成单位　中国农业科学院特产研究所

主要完成人员　张浩，许世泉，马友德，周春元，杨丽娜，雷秀娟，逄世峰，朴向民，汪庭瑞，宋娟，金银萍，杨鹤，高旭

起止时间　2000 年 1 月—2021 年 12 月

获奖情况　2022 年吉林省科技进步奖二等奖

内容提要　培育首个林下参品种，收集世界各国人参种质资源 5 000余份，培育林下参新品种“中大林下参”，解决了林下参生产无良种的问题。创建种子快速催芽技术体系，使种子催芽时间缩短 100 天以上，提高种子催芽安全性。研发土壤诊断技术在，填补了林下参选址土壤诊断技术空白。建立病害生物防治方法，可将五种林下参主要病害发病率降低至 10%以下。研制年龄鉴定抗体芯片，率先建立了林下参年龄客观鉴定方法。项目实施期间累计在 15 个县（市）、11 个林下参生产单位、278 个种植农户推广应用林下参新品种和配套生产技术，建设林下参基地 2.4 万亩，生产良种 69 843 千克，产值 1.03 亿元，利润 2 183.20万元。

23. 软枣猕猴桃种质创新及产业化关键技术推广应用

主要完成单位　中国农业科学院特产研究所

主要完成人员　秦红艳，张宝香，杨义明，范书田，王月，许培磊，刘迎雪，舒楠，王衍莉，李嘉琪，赵滢，韩先焱，李昌禹，艾军，路文鹏

起止时间　1993 年 1 月—2021 年 12 月

获奖情况　2022 年吉林省科技进步奖二等奖

内容提要　针对软枣猕猴桃的种质创新、质量提升和应用提效选育出“佳绿”“绿宝”等优良品种，丰富了我国产业的品种多样性。建立了胚培养和花药培养技术，获得了不同倍性的株系材料，收集保存种质资源 150 余份，建立了异地保存库和超低温

保存技术。筛选出了一批优异资源，为种质高效利用奠定了基础。研发的软枣猕猴桃工厂化开放式组培生根技术，降低了育苗成本，并制定地方标准。制定整形修剪、人工辅助授粉和病虫害防控地方标准，建立了最佳贮藏方法，研制了中试产品。该成果创新了“双循环驱动”协同创新的合作推广机制，创建了“建体系—搭平台—以赛促推”多元支撑的技术推广新模式。2019 年以来，在京津冀地区累计推广优质青贮饲料 2 500万吨、苜蓿青贮饲料 150 万吨，覆盖奶牛群体 523 万头，累计获得经济效益 4.76 亿元。项目成果已在吉林、辽宁、河北、江苏、陕西、贵州等地区进行示范推广，不完全统计，推广应用面积8 000余亩，累计繁殖苗木 100 余万株，创造直接经济价值达 1.69 亿元以上。培训果农1 000余人次，带动大量农村人口就业。

24. 西藏高寒牧区饲草补给与高效利用关键技术及应用

主要完成单位 中国农业科学院农业环境与可持续发展研究所，西藏自治区农牧科学院草业科学研究所，西藏自治区农牧科学院农业资源与环境研究所，国家气候中心，中国科学院地理科学与资源研究所，那曲市草原站，西南林业大学

主要完成人员 高清竹，参木友，干珠扎布，胡国铮，鲍宇红，张勇，许红梅，金涛，田波，孙维，万运帆，谢文栋，高雪，何世丞，谭海运

起止时间 2005 年 1 月—2017 年 12 月

获奖情况 2022 年西藏自治区科学技术奖二等奖

内容提要 揭示高寒牧区牧草短缺关键制约因素，提升饲草供给能力及其利用效率是保障高寒牧区草牧业发展的关键。该项目阐明了牧草减产机制，揭示了高寒牧区牧草短缺加剧的风险。阐明了升温和季节性干旱导致高寒草地优良牧草减产 22.9%，毒杂草比例增加 12.6%，土壤碳氮含量降低约 9%；明确了过度放牧使草地生产力降低 31.4%；揭示了草地退化的机理。研发了优质饲草生产技术体系，实现了高寒牧区饲草多源供给。筛选确定了垂穗披碱草、多叶老芒麦和燕麦等抗寒抗旱牧草品种，研发了休眠燕麦补播、光伏智能喷灌等技术，创建了水肥稳定供给的高寒草地生态修复技术体系、高寒牧区“冬圈夏草”技术和低海拔农区优质饲草种植技术，解决了高寒牧区土壤贫瘠、水热不匹配的问题。构建了高寒牧区“长周期、低频率”轮牧技术，草地利用率提高 4.5 个百分点；明确了家畜营养需求季节动态，研发了饲草料贮存和加工技术，育肥牦牛产肉量增加 29.6%、产奶量增加 46.6%；集成创新了“低草高牧”模式，修复退化高寒草地1 200余万亩，种植人工饲草 100 余万亩，生态、社会效益显著。项目有效解决了西藏[①]高寒牧区牧草供给与高效利用关键技术难题。

25. 基于突变技术的烟草种质资源创制与特色香气品种培育

主要完成单位 中国农业科学院烟草研究所

① 西藏自治区，全书简称西藏。

主要完成人员　刘贯山，吴新儒，王大伟，王元英，苏建东，孙玉合，蒲文宣，曹鹏云，晁江涛，巫升鑫，高加明，陈广晴，刘江，陈海清，舒俊生，张玉芹，王绍美，王倩，曹建敏，蔡长春，李正风，王燃，易建华，郭永峰，吴金霞，王家民，姚学峰，霍光，王德勋，王卫锋

起止时间　2008 年 1 月—2020 年 12 月

获奖情况　2022 年中国烟草总公司科学技术进步奖二等奖

内容提要　创制全球最大烟草饱和突变体库，收集271 139份突变种质。建立11 种不同类型突变体的高通量规模化筛选鉴定方法，获得 654 份遗传性状稳定、有重要研究价值的烟草突变种质。构建烟草突变资源信息库平台，提供给行业单位 4. 8 万余份突变资源，涵盖品质等 20 类性状。对种质资源的遗传多样性等进行鉴定评价，筛选出一批优异资源。创立烟草特色香气育种技术体系，选育 13 个特征香韵系列烤烟新品系，成功开发出 3 款卷烟试制配方。阐明 3 个模块的香气性状、致香成分、相关基因和代谢网络。明确鲜烟叶 β-罗勒烯、烤后烟叶大马酮类等成分是中烟特香 301 特征香韵的代谢和物质基础。该项目贯通了从突变体到特色品种培育、再到特色卷烟产品开发的创新和应用链条，为烟草品种培育提供了重要育种资源，为科技创新和产业发展提供了范例。出版专著 1 部，授权专利 16 项，发表学术论文 100 篇，培养研究生 39 名。

26. 苹果化肥减施增效技术创新与应用

主要完成单位　中国农业科学院果树研究所，绥中县农业事物服务中心，葫芦岛农垦集团有限公司

主要完成人员　赵德英，李燕青，周江涛，李壮，陈艳辉，刘钟，张艳平，栾其琛，王晓娜，贾凤松等

起止时间　2019 年 1 月—2021 年 12 月

获奖情况　2019—2021 年度全国农牧渔业丰收奖农业技术推广成果奖二等奖

内容提要　针对辽宁省苹果产业存在的化肥减施技术缺乏、化肥过量施用、土壤质量下降严重、技术集成低等问题，基于大样本调研和化肥减施、果园地力提升、障碍性土壤与营养亏缺矫正等关键技术研发，集成了区域性苹果化肥减施增效技术模式，并利用政府主导型、示范基地主导型、企业主导型、合作社主导型和科技特派团主导型 5 种推广服务体系开展综合技术模式的推广应用。该成果破解了苹果产区化肥投入过量、利用效率偏低的技术难题，解析了果园土壤肥力变化，挖掘出苹果施肥限制因子，探明了树体养分吸收运转规律，研发了“两减，两提，三矫正”7 项核心技术，构建了以营养诊断为基础、以精准施用和有机替代为核心的苹果化肥减施增效技术体系，示范推广面积 270 万亩，亩均节本增收1 500元。在项目实施地区，通过技术应用大幅度降低了化肥投入量，肥料利用率提高 29%，优质果率提升 15%以上，技术的应用降低了果园生态环境污染压力，为果业生产可持续发展奠定了良好的基础，培养了一批基层技术能手，经济、生态、社会效益显著。

三、省部级三等奖

27. 良种蜂王扩繁和优质蜂蜜高产技术的示范与推广

主要完成单位 中国农业科学院蜜蜂研究所

主要完成人员 赵亚周，韩胜明

起止时间 2019年1月—2021年12月

获奖情况 2022年北京市农业技术推广奖

内容提要 建立了400群规模的蜜蜂良种蜂王扩繁场，规模化生产和推广良种蜂王16 000只，使北京地区良种覆盖率提高至80%以上，达到国内先进水平，彻底改观北京地区用种混乱的现象；创建“巢继箱双王繁殖”“单新王强群生产”相结合的关键核心技术，实现42.5波美度以上的优质蜂蜜增产47.01%；建立200群规模的高标准示范蜂场5个，辐射带动北京及周边地区的蜂产业高质量发展，发表科技论文7篇、授权国家发明专利8项。创建科研院所—企业—合作社—蜂农利益联动模式，积极发挥“良种良法”的示范引领作用，有力推动北京乃至全国的蜂产业由“高产”到“优质+高产”的升级发展。2019—2022年，团队累计推广良种蜂王1.6万余头；相比于普通蜂场，示范蜂场经济收益实现46.96%的增长；举办常态化的技术培训班15期，累计培训养蜂户1 500余人次；成果的技术覆盖率在北京市密云区达到了52.55%，新增销售额1.573 9亿元，新增利润5 378.52万元。

28. 智慧蜂业关键技术及应用

主要完成单位 中国农业科学院农业信息研究所，北京市蜂业有限公司，北京京纯养蜂专业合作社

主要完成人员 刘升平，诸叶平，王星，王唯伊，张杰，钟耀富，郭秀明，岳慧丽，杨丽鹤，杜鸣竹，吕纯阳，吕传军，石艳丽，胡梓涵，张建红

起止时间 2016年1月—2022年6月

获奖情况 2022年北京市农业技术推广奖

内容提要 智慧蜂业关键技术成果集智慧蜂场建设、智能装备研发、蜂产品质量安全控制、蜂产业大数据分析与智能决策、蜂业公共服务平台、蜂业文旅服务于一体，针对蜂产业信息化水平低、管理低效、行业信息不对称、产品质量缺乏保障等痛点，在蜂业信息采集、智能管控、质量追溯、辅助决策等方面实现关键技术创新及智能装备研制，实现了蜂业全产业链信息采集、智能管控、辅助决策及数字化服务，提出了基于数据驱动与智能服务的“AI+物联网+蜂产业链”的技术服务模式，形成了“蜂农+企业+现代农业产业体系”的推广服务模式。成果面向全国推广示范，已在北京、

新疆、湖北、广东、广西[①]等 13 个省（区、市）应用并取得显著效果，覆盖全国 13 家蜂场及合作社，10 万群蜂。2019 年以来服务北京市 1.99 万群蜂，为北京养蜂专业合作社累计增加收益1 207.5万元，增加利润 772 万元。团队成员诸叶平研究员提出的“发展北京市养蜂业”提案被评为优秀提案。

29. 阿司匹林丁香酚酯降血脂、预防血栓和抗氧化应激的调控机制

主要完成单位　中国农业科学院兰州畜牧与兽药研究所

主要完成人员　李剑勇，杨亚军，刘希望，马宁，黄美州

起 止 时 间　2006 年 1 月—2020 年 12 月

获 奖 情 况　2022 年甘肃省自然科学奖三等奖

内 容 提 要　项目属于创新药物研发的基础研究领域，以实验动物和细胞病理模型明确了阿司匹林丁香酚酯（AEE）降血脂、预防血栓形成、抗氧化应激等活性作用，采用系统生物学等技术手段，系统地阐明了 AEE 的降血脂、预防血栓形成和抗氧化应激的调控机理。AEE 能够显著改善血栓和血瘀模型大鼠的全血和血浆黏度等血液流变学参数，可抑制体内外不同激动剂诱导的血小板聚集，与其对 PI3K/Akt、MAPK 和 Sirt 1/CD40L 等通路的调节有关；通过调节补体和凝血级联反应及血小板激活等通路相关蛋白的表达，调节内源性代谢物生成，产生预防血栓的作用。AEE 可增强血管内皮细胞（HUVEC）的抗氧化能力，实现对 H_2O_2 诱导的 HUVEC 氧化损伤保护作用。AEE 的降血脂、预防血栓形成和抗氧化应激的调控机制研究，处于国内外领先水平，理论基础扎实，研究系统深入，显示出较高的学术水平。项目研制防治心血管疾病候选药物 1 个，授权发明专利 6 项，出版专著 2 部；发表 AEE 相关科技论文 80 余篇，其中，SCI 收录论文 29 篇，总影响因子 92.85，总引用次数为 275 次，其中他引 127 次，发表中文核心期刊论文 30 余篇；培养研究生 16 名。

30. 水稻品种分子鉴定技术与应用

主要完成单位　中国水稻研究所

主要完成人员　魏兴华，徐群，严见方，杨窑龙，章孟臣，堵苑苑，陈小央，王珊，孙水荣

起 止 时 间　2008 年 1 月—2020 年 12 月

获 奖 情 况　2022 年浙江省科技进步奖三等奖

内 容 提 要　该成果针对水稻品种多而杂乱的突出问题，建立了以分子标记为技术支撑的品种快速鉴定方法，分别制定出基于 SSR 和 SNP 标记的水稻品种分子鉴定国家行业标准，填补了水稻品种 DNA 指纹鉴定 SNP 鉴定技术标准的空白，作为水稻品种管理唯一的行业规范管理文件应用，并构建了6 126份国家水稻审定品种 DNA 指纹数据

① 广西壮族自治区，全书简称广西。

库，为6 466分水稻新品种审定和管理提供了强有力的技术保障；国际上首次创建出水稻全基因组拷贝数变异（CNV）图谱，发现2 886个适用于品种鉴别的 CNVs 标记，为品种特异性鉴定提供多样化技术方法；研发出 *BB/CC* 基因组、农艺性状、抗性等重要经济性状特异性分子标记，为水稻品种鉴定提供精准技术。该成果提升了我国水稻品种技术鉴定水平，促进了水稻品种的原始创新。该成果发表论文 16 篇，其中，SCI 论文 15 篇，获授权发明专利 3 件，制定行业标准 2 件，技术培训1 200余人次，技术支撑的审定品种累计推广57 182万亩，间接经济效益 2. 86 亿元，应用于品种司法维权案例 26 件，挽回直接经济损失2 842. 19万元，社会效益和经济效益显著。

31. 稻田生态服务功能与补偿机制构建

主要完成单位　中国水稻研究所

主要完成人员　方福平，周锡跃，李凤博，徐春春，冯金飞，纪龙，陈中督

起 止 时 间　2010 年 1 月—2018 年 12 月

获 奖 情 况　2022 年浙江省科技进步奖三等奖

内 容 提 要　该成果围绕水稻生态功能与可持续发展这一战略性问题，持续开展了稻田生态功能与服务价值评估、历史变化与影响因素、补偿政策、绿色技术体系构建等系统性研究。量化评估了我国主要稻区不同类型稻田核心生态功能及其服务价值，确定了不同类型稻田的生态补偿标准。揭示了稻田生态服务价值对稻作技术发展和气候变化的响应，提出了生态稻作技术选择和应对气候变化的补贴措施。2010—2019 年，向浙江省委省政府、农业农村部提交了“关于进一步挖掘稻田生态系统价值，实施水稻生态补偿政策建议”等研究报告 16 份，获省部级以上领导批示 28 次。“建立浙江省水稻生态补偿机制”的建议获得浙江省政府采纳，并于 2012 年开始对浙江省粮食功能区水稻种植进行生态补贴，累计补贴 4. 6 亿元。“水稻综合保险增设高温干旱责任”建议于 2014 年获采纳列入浙江省种植业保险名录；“水稻绿色发展政策建议”获采纳并提升至绿色农业立法领域列入浙江省人大立法调研项目库。这些成果对制定水稻生态补偿政策、保障稻农利益和口粮安全、促进水稻绿色发展发挥了积极作用。

32. 精准高效滴灌水肥一体化关键装备的创制与技术集成应用

主要完成单位　中国农业科学院农田灌溉研究所

主要完成人员　韩启彪，李金山，冯绍元，孙浩，李浩，冯俊杰，王婧

起 止 时 间　2011 年 1 月—2021 年 12 月

获 奖 情 况　2022 年河南省科技进步奖三等奖

内 容 提 要　施肥和过滤装置是滴灌水肥一体化系统的关键装备，但水力性能差、工作效率低、精准化程度不高等问题一直存在，制约着水肥一体化技术的推广应用。该成果以解决上述突出问题为目标，针对滴灌水肥一体化技术应用的关键环节和实际问题，在滴灌水肥一体化技术理论、关键装备创制和技术集成等方面取得了突破，创

新了滴灌水肥一体化关键装备的水力学机理，创制了压差施肥装置、水肥一体机及精准管控平台、复合网式过滤装置等 4 种新产品，提出了精准高效滴灌水肥一体化技术应用模式，重点解决了压差施肥装置无法实现精准控制，过滤装置体积大、运行效率低等技术难题，为精准高效滴灌水肥一体化技术的大面积应用提供了技术与装备支撑。项目共获得授权发明专利 5 项（其中美国发明专利 1 项），软件著作权 3 项，公开发表文章 14 篇（其中 EI 论文 2 篇，核心期刊论文 12 篇）。已分别在河南、河北、山东、山西、新疆、内蒙古等地推广应用，1 项发明专利实现了技术转让，1 项技术入选了水利先进实用技术重点推广指导目录，技术示范应用效果好，促进了农业节水节肥，具有显著的社会和经济效益。

33. 寒旱区玫瑰产业化关键技术研究与示范

主要完成单位 中国农业科学院都市农业研究所

主要完成人员 苗保河，赖玉章，王建康，赵欣欣，刘蓉，程浩

起 止 时 间 2012 年 1 月—2019 年 10 月

获 奖 情 况 2022 年甘肃省科技进步奖三等奖

内 容 提 要 本成果针对甘肃、北京和四川等省（市）寒旱区玫瑰产业发展存在的共性问题，主要开展了玫瑰生产种植、梯次利用加工、功能特性挖掘、新产品开发、特色生态旅游产业构建等产业化关键技术研发与推广应用，筛选嫁接改良玫瑰优良品种 6 个，研发配套抗逆优质高产栽培技术体系 3 套、梯次利用加工技术体系 32 套，开发加工新产品 32 种；发明玫瑰提早、延迟开花技术 2 项，玫瑰花期由 20 余天延长至 130 余天，开辟特色生态旅游线路 4 条；研发成果申报科技专利 15 项、获授权专利 4 项、获软件著作权 3 项；该成果已推广应用 8.22 万亩，增收节支 4 900万元以上，南北纵跨 10 个纬度、东西横穿 15 个经度，占全国玫瑰种植总面积的 20.81%，其中在甘肃省已推广应用 6.67 万亩，占全省玫瑰种植面积的 39.24%，已成为甘肃省巩固拓展脱贫攻坚成果同乡村振兴有效衔接的主导特色产业，经济社会生态效益显著。

34. 重离子辐照获得高产苦马豆素工业菌及产业化

主要完成单位 中国农业科学院兰州畜牧与兽药研究所，甘肃亚兰药业有限公司

主要完成人员 梁剑平，郝宝成，刘宇，王学红，尚若锋，李尚玮，梁妍，周德顺，宋向东

起 止 时 间 2011 年 1 月—2020 年 12 月

获 奖 情 况 2022 年甘肃省技术发明奖三等奖

内 容 提 要 通过对西部疯草内生菌的分离鉴定获得产苦马豆素菌种，在实验室驯化、培养及优化的过程中，得到了发酵培养该菌种的工艺。该成果对原始菌株与突变菌株生物合成苦马豆素机制进行研究，利用突变株与原始菌株转录组学与代谢组学等技术，找出苦马豆素生物合成与生长稳定性的关键基因，在分子生物学水平上对菌株再次

改造，实现疯草内生真菌中苦马豆素合理利用开发。为了进一步开发利用该菌种，研究团队通过中国科学院近代物理研究所国家实验室—兰州重离子加速器12C6+重离子辐照该菌，选定10个辐照剂量，诱变完成后对诱变后菌株复苏、培养，根据突变株形态学及生长情况分离突变菌株，将突变菌株进行发酵培养提取，检测计算突变菌株较原始菌株苦马豆含量的差异、突变株生长特性，并进行苦马豆素产量的稳定性测试，最终完成了菌株的筛选，在国内外首次成功培育出高产疯草内生真菌（CCTCC M 2019540 H100-3）。获得国家发明专利授权，菌株被中国典型培养物保藏中心（CCTCC）保藏，并在甘肃亚兰药业有限公司进行产业化推广。

35. 盐碱地牧草丰产栽培和种子生产关键技术创新与应用

主要完成单位 中国农业科学院草原研究所，东北农业大学，黑龙江飞鹤乳业有限公司，内蒙古伊利实业集团股份有限公司

主要完成人员 林克剑，陶雅，孙雨坤，李峰，那亚，徐博，高婷，李雪，韩吉雨，李建忠，韩春燕，郝林凤，李俊良，张彩霞，王皓，姜永成，韩跃林，李晶洁，白红杰，王众，张仲鹃，乌仁曹，苗秀丽，金彩霞，荆鹏达

起 止 时 间 2002年6月—2121年12月

获 奖 情 况 2019—2021年度全国农牧渔业丰收奖农业技术推广成果奖三等奖

内 容 提 要 从耐盐牧草资源挖掘、新品种培育和生产性能评价入手，筛选适应不同类型盐碱地的草种（品种）和牧草混播组合，系统研究不同生态区域盐碱地牧草丰产栽培和种子生产技术体系，集成应用牧草建植改良盐碱地和盐碱地牧草产业技术模式。经过近20年的研究推广，该技术成果在盐碱地生物改良方面取得了可喜的进展。首先是筛选出适宜不同生态区盐碱地的11种耐盐碱牧草，有效地提高了耐盐牧草的使用率及盐碱地的改良利用率。核心推广区牧草地建植成功率由原来的不足50%提高到85%，幼苗保苗率由原来的65%提高到88%以上；试验核心区和推广区产草量实现了翻倍，草地可维持3~5年的高产期。牧草改良盐碱地的生态效益效果显著，4~5年后牧草（如苜蓿）地表层土壤含盐量下降58.13%~72.12%；耕层全氮、全磷、全钾含量比对照分别增加19.44%、14.92%和21.64%；土壤团粒等明显改善，盐碱地土壤肥力提高明显，后茬作物增产效果显著。项目建立科研单位+推广单位+种植企业+农户推广模式。推广面积31.01万公顷，带动1 242农户增收，新增纯收益4 006元/公顷，年经济效益7 799万元，总经济效益77 992万元，投资年均纯收益率577%。

中国农业科学院 2022 年科学技术成果奖

1. 土传病害关键防控技术的创新与应用

主要完成单位　中国农业科学院植物保护研究所，安丘市供销农业生产资料有限责任公司，安徽春晖生态环境科技有限公司，保定学院，北京捷西农业科技有限责任公司，南通施壮化工有限公司，江苏利民土壤修复有限公司，文山七麟三七科技有限公司，龙口市化工厂，安丘市农业技术推广中心

主要完成人员　曹坳程，王秋霞，颜冬冬，李园，方文生，赵奇龙，仇耀康，王桢委，靳茜，郭建明，谢春龙，王麟猛，王跃进，宋兆欣，孙洪全

起 止 时 间　2018 年 1 月—2021 年 12 月

获 奖 情 况　2022 年中国农业科学院杰出科技创新奖

内 容 提 要　项目解决了土传病害防控的难题，实现了理论、技术、装备、产品、标准创新并产业化。研发了适用于我国的土壤熏蒸剂新产品和新用途，制定了土壤消毒技术和产品标准，一次应用可有效防控土传病害。创新研发了系列土壤消毒装备，大幅度提升了土壤消毒效率、效果与稳定性，研发的小型广角电喷式注射消毒机，作业效率 2~3 亩/小时，施药效率为同类进口装备的 2~4 倍。构建了以土壤消毒技术为核心的土传病害防控体系及土壤消毒社会化服务模式，解决了多种作物不能重茬种植的难题。该项目成果已广泛推广应用，累计处理土壤 213. 2 万亩，间接经济效益达 175. 6 亿元。项目还成功淘汰了 890 吨溴甲烷在我国农业上的使用，实现了中国政府的国际环境公约履约目标。项目发表论文 137 篇，获得授权专利 28 项，制定行业标准 6 项。

2. 蔬菜轻简高效嫁接育苗技术创新与应用

主要完成单位　中国农业科学院蔬菜花卉研究所，华南农业大学

主要完成人员　尚庆茂，辜松，王娟娟，张志刚，夏红梅，董春娟，秦宇轩，张焕欣，王红飞，崔青青

起 止 时 间　2013 年 1 月—2020 年 12 月

获 奖 情 况　2022 年中国农业科学院杰出科技创新奖

内 容 提 要　聚焦蔬菜嫁接育苗工序多、成本高、风险大等产业瓶颈问题，综合应用生物学与工程学原理，明确了蔬菜下胚轴（嫁接位点）生长和髓腔发育规律，嫁接愈合期细胞学特征及关联基因时空表达模式，幼苗茎基不定根诱导机制，潮汐灌溉循环利用营养液细菌、真菌菌群演替规律，发明了蔬菜幼苗下胚轴零子叶套管贴接法、接穗弥雾保鲜盒、嫁接苗自动传送装置、营养液等离子体消毒方法等，与功能性基质配制

技术、愈合期精准管理技术、嫁接后残体扦插或侧芽促生高效再利用技术等集成配套，创建了贯穿整个蔬菜嫁接苗生产链、农机农艺高度融合的规范化生产技术体系。

替代传统嫁接方法，简化嫁接工序1/3；适于小苗龄嫁接，缩短砧木和接穗育苗天数1/2，实现了砧穗切削角度100%一致。技术成果入选2021年度农业农村部重大引领性技术。有力支撑了蔬菜嫁接育苗规模化发展和嫁接栽培技术推广普及。

3. 广明2号白羽肉鸡新种源创制与育种技术体系构建

主要完成单位：中国农业科学院北京畜牧兽医研究所，佛山市高明区新广农牧有限公司，山东民和牧业股份有限公司，北京康普森农业科技有限公司，北京挑战生物技术有限公司

主要完成人员 文杰，梁尚根，赵桂苹，冯甫荣，孙宪法，刘冉冉，刘大伟，朱丹，营凡，郑麦青，李庆贺，崔焕先，张广民，刘继强，王巧

起止时间 2009年1月—2021年12月

获奖情况 2022年中国农业科学院杰出科技创新奖

内容提要 作为全球三大白羽肉鸡生产国之一，我国白羽肉鸡种源长期依赖进口被“卡脖子”，高通量表型精准测定、智能化基因组育种技术研发应用滞后，严重限制了产业健康可持续发展。该项目通过科企联合历经13年攻关，构建了白羽肉鸡自主育种技术体系，培育出广明2号白羽肉鸡新品种，取得突破性成果。发明了国内首款肉鸡55K SNP芯片“京芯一号”，为实施基因组育种提供了核心技术。构建了白羽肉鸡从表型精准测定到智能化、大数据基因组遗传评估体系，遗传选育进展提高1倍以上，选育时间节省2~3个世代，有效地缩短了国产白羽肉鸡品种的培育进程。创制出白羽肉鸡新素材，培育出广明2号白羽肉鸡新品种，实现了白羽肉鸡种源0到1的突破。建立了科企深度融合的“育种企业主体+科研单位支撑+养殖企业推广”的联合创新体系，已在山东和广东中试饲养和推广应用1 000万只以上，生产性能达到或超过同批饲养的国际白羽肉鸡品种水平，欧洲效益指数达到377~410，胸肌木质肉发生率比国际品种低42%，具有显著的经济效益优势。

4. 玉米收储真菌毒素防控与分级利用关键技术创新及应用

主要完成单位 中国农业科学院农产品加工研究所，农业农村部南京农业机械化研究所，安徽中科光电色选机械有限公司，中粮营养健康研究院有限公司，青岛农业大学，佛山科学技术学院，山东三星玉米产业科技有限公司，江苏奥迈生物科技有限公司

主要完成人员 邢福国，刘阳，王刚，颜建春，郭维，郜博文，刘晓萌，魏海，杨庆利，李旭，靳婧，李清政，赵月菊，王月华，汪成飞

起止时间 2011年1月—2021年12月

获奖情况 2022年中国农业科学院杰出科技创新奖

内容提要 玉米在种植和收储阶段易受到多种真菌毒素的污染，三大粮食作物

中玉米受毒素污染也最为严重，项目系统研发了玉米收储真菌毒素防控与分级利用关键技术体系，创新换向通风干燥技术，控制霉菌生长和毒素合成，解决了传统干燥不均匀、能量浪费问题。降低不均匀度 60%，耗能降低 75%~85%。创造塔式混流通风干燥机，干燥效率、均匀性和能效显著提高，不均匀度降低 50%，耗能降低 75%~80%。创新玉米仓储真菌毒素绿色防控技术，探明了真菌生长和毒素合成的调控机制，创制了复合植物源防霉剂和专用雾化熏蒸设备，水分减量和防虫霉剂用量大幅下降，保持新粮品质。

发明了智能激光分选机和基于益生菌的高效脱毒菌制剂，实现了对毒素污染玉米的精准识别和高效分级分选，脱毒菌制剂脱除率超过 95%。创制了多层链板传送自动化固态好氧发酵装置，实现脱毒、增值、替抗三重效果，毒素降解率达到 97.8%，蛋白和小肽提高，氨基酸平衡。

5. 水稻磷素养分高效利用核心调控网络构建

主要完成人员 中国农业科学院农业资源与农业区划研究所，浙江大学，浙江省农业科学院，丽水市农林科学研究院

主要完成人员 易可可，吴忠长，阮文渊，王俊敏，徐磊，周洁，吕群丹，吴平

起 止 时 间 2001 年 1 月—2021 年 1 月

获 奖 情 况 2022 年中国农业科学院杰出科技创新奖

内 容 提 要 成果针对我国重要粮食作物磷肥利用率低，磷养分高效利用调控因子不清楚，磷素核心调控网络尚未构建等瓶颈问题，开展系统研究。挖掘了一批参与磷素养分调控的基因，明确了磷素养分信号的核心正负调控因子，有效推动了不同作物磷养分调控关键基因的功能解析。构建了基于磷素养分核心调控因子的信号转导调控网络，奠定了学界对磷素养分感知和调控网络的认识。解析了磷素核心调控网络调控生长并实现磷素养分高效吸收利用的机理，为磷养分高效农作物的筛选和培育提供了潜在的靶基因位点。成果发表 SCI 论文 40 余篇，其中 10 篇代表性论文分别发表在 *Nature Plants*、*Molecular Plant*、*Plant Cell* 等权威期刊，论文他引 1 271次，SCI 他引 984 次；2 篇为 ESI 高被引论文。基于该成果理论选育的耐密植磷高效水稻品种浙辐粳 83，近 3 年连续作为浙江省主导品种推广应用，累计推广面积 36.42 万亩。该成果在植物营养领域创造了多个首次，相关研究结果受到了领域内外普遍关注，有效推动了学科理论的发展。

6. 中国农产品监测预警模型系统创建与应用

主要完成单位 中国农业科学院农业信息研究所，中国农业科学院农业资源与农业区划研究所

主要完成人员 许世卫，吴文斌，李干琼，张永恩，庄家煜，王盛威，邸佳颖，李灯华，王东杰，刘佳佳，王禹，喻闻，陈威，熊露，周涵

起止时间 2006年1月—2020年12月

获奖情况 2022年中国农业科学院杰出科技创新奖

内容提要 准确地进行农产品信息实时监测与早期预警，对确保粮食安全与重要农产品供给具有极端重要性。开展了多学科融合建模理论体系，创建了农产品分析集群建模方法，建立了多品种多类型监测预警集群建模技术。创建了系列化农产品预测分析建模关键技术，包括产量、消费量和价格等分析预测模型。实现了中国农产品监测预警模型系统的业务化应用，为国内外了解农产品供需信息提供了重要窗口和风向标。项目获专利授权69项（发明专利33项）、软件著作权85项；制定国家、行业标准9项；发表论文182篇，出版专著17部。获中央领导同志批示15份，得到习近平总书记圈阅2份。项目成果先后在29个省（区、市）推广应用。

7. 水稻重要农艺性状调控基因的挖掘利用与分子解析

主要完成单位 中国水稻研究所，中国科学院遗传与发育生物学研究所，南京农业大学

主要完成人员 王跃星，钱前，段朋根，李云海，胡江，熊国胜，朱旭东，余泓，倪深，毛一剑，陈红旗，李三峰

起止时间 2011年10月—2020年12月

获奖情况 2022年度中国农业科学院杰出科技创新奖

内容提要 本成果面向高产优质水稻新品种选育这一国家重大需求，利用图位克隆、基因组重测序、基因编辑等方法，持续开展了重要农艺性状关键调控基因的克隆和功能分析，从遗传资源与核心种质资源中挖掘出粒型、株型、品质关键调控基因*GL7*、*GS2*、*HTD1HZ*、*GSE5*和MAPK途径相关基因，并深入解析了其作用机理，鉴定了水稻产量与品质协同调控关键基因*GL7*，解析了OsmiR396-GS2-OsGIFs途径调控水稻籽粒大小的新机制，完成水稻株型调控的分子机制研究，克隆了水稻“绿色革命”伴侣基因*HTD1HZ*，解析现代水稻育种历史，阐明了籼粳亚种间和籼稻品种间粒宽差异的分子遗传机制，揭示了MAPK信号转导途径调控水稻粒型的分子机理。相关研究结果发表在*Nature Genetics*、*Molecular Plant*、*Nature Plants*和*Plant Journal*等国内外顶级期刊上，为高产优质水稻品种分子设计育种提供了重要的指导意义和基因资源。

8. 油料绿色高效提质加工关键技术及应用

主要完成单位 中国农业科学院油料作物研究所，中国农业科学院油料作物研究所，河南工业大学，农业农村部规划设计研究院，国粮武汉科学研究设计院有限公司，湖北邦之德牧业科技有限公司，嘉必优生物技术（武汉）股份有限公司

主要完成人员 李文林，万霞，刘昌盛，汪学德，李翔宇，吴晓峰，龚任，师建芳，黄凤洪，黄庆德，龚阳敏，万楚筠，郑畅，周琦，陈文超

起止时间 2010年1月—2021年12月

获 奖 情 况　2022 年中国农业科学院杰出科技创新奖

内 容 提 要　针对我国油料产后损失严重、过度加工导致油脂和饼粕质量差、资源利用率和效益低等产业技术瓶颈，研究突破了油料绿色高效提质加工关键技术，有力支撑了产业高质量发展。创建广适高效混流式油料产地干燥和提质预处理技术装备，亚麻、芝麻干法脱皮技术，比浸泡湿法技术水耗降低 95%以上，时间减少 90%以上。创建微波提质、低残油低温压榨和物理精炼技术装备，建立高效联产新型工艺，低温压榨残油率降低 33%以上，油脂营养成分保留率提高 2 倍以上，精炼损失率降低 60%以上，饼粕氮溶解指数较浸出技术提高 20%以上。创建高效酶菌协同发酵和精深加工技术，开发系列高值化产品，与现行发酵技术相比分别提高 17.1 倍和 8.3 倍，产品安全指标均优于美国联邦标准和欧盟标准。项目成果在 46 家企业转化应用，新增产值 70 多亿元。项目成果为我国油料绿色高质高效产业化提供了关键技术支撑。

9. 禽白血病综合防控关键技术创制与应用

主要完成单位　中国农业科学院哈尔滨兽医研究所，哈尔滨国生生物科技股份有限公司，哈尔滨潍科生物技术有限公司

主要完成人员　高玉龙，王笑梅，祁小乐，张艳萍，王牟平，高宏雷，刘长军，王永强，董明奇，李凯，崔红玉，高立，潘青，刘爱晶，王素艳

起 止 时 间　2010 年 1 月—2020 年 12 月

获 奖 情 况　2022 年度中国农业科学院杰出科技创新奖

内 容 提 要　禽白血病是严重危害家禽养殖业健康的肿瘤病和种源性垂直传播病，是家禽育种必须净化的疫病。禽白血病主要依靠种群净化来控制，然而由于国产检测试剂研发起步晚，稳定性差，该病净化所需的检测试剂主要依赖进口，不仅净化成本高，且易被“卡脖子”。本项目经 10 余年科技攻关，系统阐明了我国禽白血病病毒（ALV）的遗传演化特征，成功研制了自主知识产权的系列检测试剂，建立了禽白血病净化技术体系，形成了以下创新成果：一是系统揭示了我国 ALV 优势流行毒株的遗传演化特征，阐明了其致病性增强的分子机制。二是创制了系列自主知识产权的禽白血病检测技术与产品，打破了进口垄断，填补了禽白血病快速检测的国际空白。三是创立了科学高效的禽白血病净化技术体系，为我国白羽肉鸡新品种培育提供了技术保障。

10. 病毒样颗粒关键技术平台建立及疫苗创制

主要完成单位　中国农业科学院兰州兽医研究所

主要完成人员　郭慧琛，孙世琪，吴金恩，白满元，董虎，张韵，靳野，翟国元，田波，吕律，郑雪花，杜平，尹双辉，黄银君，刘湘涛

起 止 时 间　2010 年 1 月—2021 年 12 月

获 奖 情 况　2022 年中国农业科学院杰出科技创新奖

内 容 提 要　成果针对口蹄疫传统疫苗存在的生物安全风险等缺陷，开展了安全

有效、利于鉴别净化到的新型替代疫苗研究。通过高效融合标签的选择、多质粒共转化、多抗性筛选等自主创新的关键技术，攻克了口蹄疫病毒多种衣壳蛋白在原核表达系统中存在的技术瓶颈。创建了口蹄疫病毒多种衣壳蛋白在原核表达细胞中同水平、可溶性、高效表达的技术策略，实现了广谱性疫苗分子设计和多价口蹄疫病毒样颗粒疫苗的构建。以核心技术平台获得的病毒样颗粒疫苗及相关耐热病毒样颗粒产品、配套诊断产品等获国家一类新兽药注册证书 2 件、中国专利奖优秀奖 1 项、甘肃省专利奖一等奖 1 项、甘肃省专利奖发明人奖 1 项、大北农科技奖创新奖 1 项，并获中国农业科学院成果转化奖 1 项。基于该技术开发获得的一系列动物病毒样颗粒产品获得国家创新性评价等多个部门的肯定，未来经济效益和社会效益显著。

11. 稻瘟菌与水稻互作分子机制解析

主要完成单位 中国农业科学院植物保护研究所

主要完成人员 宁约瑟，刘文德，王旭丽，康厚祥，王如意，范江波，刘金灵，何峰

起止时间 2012 年 1 月—2020 年 12 月

获奖情况 2022 年中国农业科学院青年科技创新奖

内容提要 由稻瘟菌侵染引起的稻瘟病是水稻生产中最严重的真菌病害，被国际植物病理学界列为十大真菌病害之首。选育和推广抗病品种被认为是防控稻瘟病最经济有效和环保的策略。然而由于稻瘟菌群体复杂易变，导致水稻品种抗病性容易丧失。因此，深入揭示稻瘟菌与水稻互作分子机制对进一步开发新的病害防控策略显得尤为迫切。本项目以稻瘟菌和水稻为研究对象，从稻瘟菌侵染水稻和水稻对稻瘟菌的抗病反应入手解析稻瘟菌与水稻互作的分子机制，主要取得了以下 3 个方面的进展：一是揭示效应蛋白促进稻瘟菌侵染水稻的致病新机制。二是揭示水稻细胞膜受体蛋白激酶对稻瘟菌的基础抗病新机制。三是揭示水稻细胞质受体抗病蛋白对稻瘟菌的特异抗病新机制。该项目以第一单位发表相关 SCI 论文 30 余篇。在 *Cell Host Microbe*、*Science Advances* 等国际著名期刊发表 10 篇代表性论文，累计 SCI 影响因子 100. 73，均属于 Q1 分区。“稻瘟菌致病性和水稻抗病性新机制”研究入选“中国农业科学院 2018 年十大科技进展”。

12. 小菜蛾对 Bt 杀虫蛋白产生抗性的分子机制

主要完成单位 中国农业科学院蔬菜花卉研究所

主要完成人员 郭兆将，张友军，吴青君，王少丽，谢文，徐宝云，杨鑫，朱勋

起止时间 2005 年 1 月—2020 年 12 月

获奖情况 2022 年中国农业科学院青年科技创新奖

内容提要 *Bt* 生物杀虫剂和转 *Bt* 基因抗虫作物对化学杀虫剂减施和农产品安全作出了巨大贡献，但昆虫抗性威胁着可持续应用，抗性机制的阐明是监测预警和制定治理策略的基础。利用多种技术方法研究小菜蛾对 Bt Cry1Ac 杀虫蛋白抗性的分子机

制，发现多个中肠受体基因表达下调是直接原因，MAPK 信号途径是调控开关，激素含量升高是上游信号，为制定抗性治理策略提供了重要理论支持。揭示了抗性分子机制，研发了基于关键抗性基因的田间分子检测和治理技术，对我国田间重大农业害虫的 *Bt* 抗性监测预警、治理以及 *Bt* 生物技术产品的可持续利用具有重要意义。研究成果发表于 *Nature Communications* 等 10 篇代表性论文被 SCI 论文他引 331 次，并获得了国家发明专利 8 项，被评为“里程碑式研究成果”，入选“中国农业科学院 2020 年十大科技进展”和“2021 中国农业科学十项重大进展”。第一完成人获评国家优青和青年科学家项目主持人，并入选农业农村部农业科研杰出人才培养计划。

13. 耕地利用遥感监测机理与方法

主要完成单位 中国农业科学院农业资源与农业区划研究所

主要完成人员 余强毅，陆苗，孙晶，吴文斌

起 止 时 间 2011 年 1 月—2020 年 12 月

获 奖 情 况 2022 年中国农业科学院青年科技创新奖

内 容 提 要 成果针对传统遥感监测存在数据获取手段单一、作物识别精度不高等问题，率先提出了以“作物格局—集约利用”为核心的多尺度、跨学科耕地监测与评估理论框架，突破了耕地利用监测数据获取共性关键技术；解析了作物遥感识别与变化检测机理，突破了作物空间分布制图关键技术，创制了最新一期全球高精度作物空间分布数据产品；开创了耕地集约利用研究体系，揭示了全球贸易影响下耕地集约利用的环境效应。取得了一批具有国际影响力的原创性科研成果，发表于 *PNAS* 等权威刊物，多次被 *Science* 等期刊正面引用，为耕地利用监测与可持续评估提供了理论、方法与数据支撑。

14. 畜禽产品中典型持久性有机污染物防控关键技术

主要完成单位 中国农业科学院农业质量标准与检测技术研究所，国家食品安全风险评估中心

主要完成人员 程劼，董姝君，张磊，王瑞国，张维，王石，李桐，李晓敏，王培龙

起 止 时 间 2012 年 1 月—2021 年 12 月

获 奖 情 况 2022 年中国农业科学院青年科技创新奖

内 容 提 要 POPs 是一类持久性有机污染物，具有毒性大、生物累积性强等特点，对食品安全及人民健康带来长期威胁。该项目历经 10 年攻关，系统研究了二噁英等典型 POPs 的污染特征、迁移蓄积机制和防控技术手段，项目取得了系列原创性重大突破，为我国畜禽产品 POPs 污染防控提供了关键科学依据和技术支撑。成果授权国家专利 13 项，技术转让金额 330 万元，2017—2021 年新增直接经济效益 2 500余万元；制定国家标准 3 项；研制国家标准物质 4 个；发表论文 36 篇。项目成果在 2018 年供台大

闸蟹 POPs 污染事件处理中发挥重要作用，连续多年应用于农业农村部开展的“饲料中环境污染物风险预警监测”和“畜禽水产品 POPs 污染应急评估”，为我国开展食用农产品 POPs 污染防控提供了重要技术支撑，社会经济效益显著。

15. 单碱基编辑器脱靶检测技术及高保真碱基编辑器开发

主要完成单位 中国农业科学院农业基因组研究所，中国科学院脑科学与智能技术卓越创新中心，中国科学院上海营养与健康研究所

主要完成人员 左二伟，杨辉，李亦学，孙怡迪，魏武，袁堂龙，周昌阳，贺冰冰

起止时间 2018 年 9 月—2020 年 5 月

获奖情况 2022 年中国农业科学院青年科技创新奖

内容提要 CRISPR/Cas9 的基因组编辑技术在保证全球粮食安全、人类健康等方面有着巨大的应用潜力。然而关于 CRISPR/Cas9 及其衍生工具的真实脱靶率一直存在争议，其安全性受到了质疑，极大阻碍了该技术应用。因此一种能够突破之前限制的脱靶检测技术，将会成为 CRISPR/Cas9 及其衍生工具是否能最终走上临床的关键。新型 GOTI 脱靶检测技术发现基因编辑技术可能导致大量无法预测的脱靶，促使科研人员开发更精准、更安全的基因编辑工具，入选“2019 中国生命科学十大进展”和“2019 中国医学重大进展”。完成人基于 GOTI 技术研发了高保真碱基编辑器 YE1-BE3-FNLS，通过氨基酸突变降低 DNA 脱靶并提高编辑效率，应用于转基因育种、遗传疾病治疗等领域，入选“2020 中国农业科学院重大科学发现”。截至 2020 年 5 月，研究成果以完成人为第一作者（含共同通讯）分别发表在 *Science*、*Nature Methods*、*Nature Protocols* 期刊各一篇。

中国农业科学院 2022 年重大科技产出成果简介

1. “玉米密植滴灌技术”大幅促进主产区玉米增产增效

研究团队　作物科学研究所李少昆研究团队

内容提要　作科所将密植高质量群体调控的栽培学理论与滴灌水肥一体化的农业工程技术相结合，集成创新了玉米密植滴灌技术模式，破解密植群体倒伏、整齐度差、植株早衰等难题，在全国各主产区累计推广 4 000万亩，连续 7 次创全国玉米高产纪录，最高单产达到 1 663.25 千克/亩，东北、西北产区万亩连片产量达到 1 000 千克/亩以上，被遴选为全国主推技术和农业农村十大新技术。该项技术显著提升玉米产量潜力和水肥资源利用效率，探索出了一条具有中国特色的玉米高产之路。

2. “一加两提”飞防施药技术为农田有害生物防控增添新动力

研究团队　植物保护研究所智慧植保创新团队

内容提要　针对植保无人飞机施药技术中药剂沉积量低、雾滴飘移风险大的技术难点，研发了在植保无人飞机施药过程中添加飞防助剂、提高农药利用率、提高防治效果的“一加两提”飞防施药技术，使农药利用率提高 10%～20%，防治效果提高 20%～30%，在促进植保无人飞机行业快速发展的同时保护了生态环境。该技术已大面积示范应用，核心专利荣获 2021 年中国专利优秀奖，并入选 2022 年农业农村部粮油生产主推技术。

3. “田间变秆为粒技术”为秸秆高效还田提供全新解决方案

研究团队　农业资源与农业区划研究所逄焕成研究团队

内容提要　针对秸秆体大量多、还田后腐解慢、易导致减产、农民还田积极性差等问题，研制出秸秆田间就地原位快速制作颗粒机。通过变秆为粒，使秸秆体积大幅缩小、密度大幅增加，解决了秸秆体大量多的“卡脖子”难题。该技术具有还田质量好、还田量大、当年腐解、作物增产显著等突出优势，是充分利用秸秆快速提升土壤有机质、提高土壤微生物活性的有效技术。该技术已在东北、华北地区示范应用，荣获 2021 年度“科创中国”农业“卡脖子”技术。

4. “智能精准识别技术”助力农产品安全检测驶入高速路

研究团队　农业质量标准与检测技术研究所王静研究团队

内容提要 团队通过构建胶体金试纸显色精准调控计量化学模型、发明多通道光源平衡阵列托盘、独创环境光条件下免疫层析图像识别算法，结合条形码标记、云计算和微信小程序拍照，可在5分钟内完成对多种污染物的定性/半定量判读，同时实现现场实时测、多目标物同时测、去仪器化，满足政府监管、企业自查、消费者居家自检等多方需求。目前系列检测产品已覆盖100余种污染物并广泛应用，并荣获第二十四届中国国际高新技术成果交易会“优秀产品奖”。

5. 高产优质强筋新品种中麦578助力主产麦区品质提升

研究团队 作物科学研究所何中虎研究团队

内容提要 作物科学所与棉花研究所合作，育成首个可在黄淮地区和南疆种植的优质强筋小麦新品种中麦578，最新推广面积553万亩，入选农业农村部2022年主导品种。面包品质与进口优质加麦相当，创造优质强筋麦全国高产纪录亩产841.5千克，万亩区抽样实收亩产740千克；抗寒抗倒、耐高温、耐穗发芽、早熟，综合抗病性好，节本增效优势明显；是国内大面积实现订单生产与优质优价的少数品种之一，为提升小麦产业竞争力作出重要贡献。

6. “中畜长白半番鸭”填补国内番鸭育种领域的空白

研究团队 北京畜牧兽医研究所侯水生研究团队

内容提要 肥肝是健康营养食品，国际市场上95%左右的肥肝为鸭肥肝。作为新兴产业，我国用于鸭肥肝生产的半番鸭品种长期依赖进口，制约了产业的健康发展。历经10年攻关，团队创建了后裔测定、超声波测定、基因组选择等育种新技术，育成了“中畜长白半番鸭”新品种，并通过国家审定。新品种半番鸭的肥肝重量达到670克/只，料肝比16.3∶1，种鸭66周龄产蛋235个，主要生产性能指标国际领先，年出栏量超过2 000万只，在国内肥肝市场的占比迅速提高到40%左右。

7. 中蟠桃11号引领蟠桃产业高质量发展

研究团队 郑州果树研究所王力荣研究团队

内容提要 蟠桃自古以来收到人们喜爱，然而蟠桃品种裂果重、不耐贮运成为产业发展的瓶颈问题。郑州果树研究所将我国地方品种与国外种质经过2代杂交，利用胚挽救技术手段，历时15年培育出中熟黄肉不溶质蟠桃品种中蟠桃11号，并通过国家林业局林木品种审定。该品种的推广，掀起了我国蟠桃热，引领我国桃高质量发展，该品种已经成为我国蟠桃第一大栽培品种，在我国黄河流域广泛种植，取得了巨大的经济和社会效益。

8. “猪伪狂犬病灭活疫苗”有力保障生猪产业健康发展

研究团队　上海兽医研究所童光志研究团队

内容提要　历经多年的科技攻关，团队自主研发的猪伪狂犬病灭活疫苗（JS-2012-△gI/gE 株）成功获得农业农村部批准上市。该疫苗采用了基因工程技术，删除了毒力相关的 *gE* 和 *gI* 基因，研制出新型猪伪狂犬病基因缺失灭活疫苗，有效率达100%。该疫苗的成功研制，突破了临床中因病毒变异而导致现有疫苗保护效力不足的现实问题，为我国伪狂犬病毒变异株的防控与净化提供强有力的技术支持，保障我国生猪产业健康发展。

9. “系列国家标准物质”有效支撑农业精准检测需求

研究团队　农业农村部环境保护科研监测所环境危害因子风险评估创新团队张艳伟研究小组

内容提要　团队创新性地应用高分辨质谱痕量杂质分析技术和超吨级基体标准物质研磨制备技术，研制并获批农药纯度国家一级标准物质 1 项，耕地土壤和农产品中重金属有效态、有机氯农药等基体标准物质 19 项。系列标准物质在特征量值不确定度、指标覆盖度等方面具有明显的行业优势，广泛应用于“第三次全国土壤普查”和农业行业检测能力验证等工作中，在保障普查结果的准确性和溯源性方面发挥着重要作用。

10. 破解“无人种地”难题助力粮食安全战略

研究团队　农业经济与发展研究所谢玲红研究团队

内容提要　粮食安全是“国之大者”，“无人种地”给农业发展带来巨大挑战，未来“谁来种地”成为粮食安全的必答题。成果深入剖析全国及各地“无人种地”现象，系统总结“无人种地”具体表现形式，量化分析不同区域、不同地形的耕地撂荒程度及其对粮食安全的影响，从经济学视角揭示“无人种地”背后的深层原因，提出防范“无人种地”重大风险隐患的关键举措和政策建议，为调动农民种粮积极性、保障粮食安全、端好中国饭碗提供前瞻性决策支撑。

11. 几丁质定向生物合成的结构基础

文章题目　Structural basis for directional chitin biosynthesis

主要作者　植保所　陈威（第一作者），杨青（通讯作者）

发表期刊　*Nature*

学术影响　影响因子：69.504　学科排名：1/74

内容提要　几丁质生物合成对农业病虫害的生存和繁殖至关重要，其关键反应由几丁质合成酶催化完成。该研究以大豆疫霉菌的几丁质合成酶 PsChs1 为研究对象，揭示了“门锁”控制的底物结合、几丁质链的延伸、转运和释放的定向合成过程，以及几丁质合成酶被天然产物尼克霉素抑制的机制。该研究首次从原子尺度阐明了从寒武纪开始就已经存在的几丁质生物合成机制，为靶向几丁质合成酶的绿色农药开发提供了基础性、关键性信息，具有重要的理论和应用价值。

12. 图泛基因组捕捉番茄缺失的遗传力并为育种赋能

文章题目 Graph pangenome captures missing heritability and empowers tomato breeding

主要作者 基因组所 周姚（第一作者），黄三文（通讯作者）

发表期刊 *Nature*

学术影响 影响因子：69.504 学科排名：1/74

内容提要 “遗传力丢失”是指通过遗传标记估计的遗传力以及通过全基因组关联分析发现的所有相关基因所贡献的遗传力总和低于通过家系估计的实际遗传力。该研究利用番茄为模式生物，结合图泛基因组和新开发的基于多组学的关联分析流程，从不完全连锁、等位基因异质性和位点异质性3个方面找回“丢失的遗传力”。研究进一步证明，找回“丢失的遗传力”，可从分子标记辅助选择和基因组选择等方面促进番茄风味育种。

13. 野生与栽培马铃薯的基因组进化与多样性

文章题目 Genome evolution and diversity of wild and cultivated potatoes

主要作者 基因组所 唐蝶（第一作者），黄三文（通讯作者）

发表期刊 *Nature*

学术影响 影响因子：69.504 学科排名：1/74

内容提要 该研究解析了栽培和野生马铃薯的遗传多样性和复杂演化史。发现与依赖种子繁殖的近源物种相比，依赖薯块无性繁殖的马铃薯抗病基因数量显著扩张；通过多组学比较分析，发现了在调控马铃薯块茎发育过程中发挥核心功能的薯块身份基因*IT*1；构建了马铃薯倒位图谱，为育种过程中排除连锁累赘提供了思路。

14. 转录因子 OsDREB1C 可协同实现水稻高产和早熟

文章题目 A transcriptional regulator that boosts grain yields and shortens the growth duration of rice

主要作者 作科所 魏少博（第一作者），周文彬（通讯作者）

发表期刊 *Science*

学术影响 影响因子：63.832 学科排名：2/120

内容提要 该研究鉴定到一个受光和低氮诱导的转录因子 OsDREB1C，可协同调控光合作用效率、氮素利用效率及抽穗期等生理过程；增强该基因表达可实现水稻田间产量提高30%以上，同时缩短生长周期；此外，OsDREB1C 在小麦等不同物种中均具有高产早熟的保守性功能。该研究通过单一基因对多个重要生理途径的聚合调控实现产量的突破，为未来作物育种以及作物生产方式变革、实现作物大幅度增产以及资源高效利用提供了重要的基因资源，创新了作物高产理论，对保障国家粮食和生态安全具有重要意义。

15. 高质量豌豆参考基因组和泛基因组揭示基因组结构和进化特征

文章题目 Improved pea reference genome and pan-genome highlight genomic features and evolutionary characteristics

主要作者 作科所　杨涛（第一作者），宗绪晓（通讯作者）

发表期刊 *Nature Genetics*

学术影响 影响因子：41. 307　学科排名：2/175

内容提要 该研究组装并解析了中国豌豆主栽品种中豌 6 号的基因组，解决了长期以来豌豆基因组精细物理图谱组装难题。揭示了豌豆基因组结构和进化的独特特征，发掘了一批与粒型、株高等孟德尔性状和重要农艺性状相关的位点和基因，构建了栽培和野生豌豆泛基因组，展示了豌豆近缘野生种和地方品种作为未来豌豆育种改良资源的巨大潜力。高质量的参考基因组和泛基因组为豌豆起源驯化、基因挖掘、种质创新和育种改良以及豆科植物比较基因组学研究提供了重要借鉴和宝贵资源。

16. 甘蓝型油菜产量持续提升的遗传基础

文章题目 Genetic basis underpins continuous yield increasing in rapeseed

主要作者 油料所　胡继宏（第一作者），伍晓明（通讯作者）

发表期刊 *Nature Genetics*

学术影响 影响因子：41. 376　学科排名：2/175

内容提要 油菜是我国最主要油料作物，单产近 70 年提升了近 4 倍。该研究首次发现我国甘蓝型油菜基因组经历了适应性和高产优质选择两个过程，通过对控制发育节律、株型、光合作用、产量和抗逆等有益基因的多方位和持续性选择，推动了适应性和产量的提升；同时发掘出控制 56 个育种性状的遗传位点或基因 628 个，包括功能得到验证的粒重新基因 *BnRRF*。研究揭示了油菜产量持续提升的遗传基础，为进一步提升油菜产能奠定了重要的理论、技术和基因资源基础。

17. H7N9 禽流感病毒对人致死性感染的分子机制

文章题目 H7N9 virus infection triggers lethal cytokine storm by activating gasdermin E-mediated pyroptosis of lung alveolar epithelial cells

主要作者 哈兽研　万晓朋（第一作者），陈化兰（通讯作者）

发表期刊 *National Science Review*

学术影响 影响因子：23. 178　学科排名：4/73

内容提要 该研究发现，H7N9 病毒在肺脏高效复制时可活化肺泡上皮细胞内

caspase-3，使其高效剪切肺泡上皮细胞内大量存在的 GSDME 分子，剪切后的 GSDME 分子 N 段结构域对肺泡上皮细胞膜打孔，使其发生“焦亡”，进而引发细胞因子风暴；并发现 GSDME 敲除小鼠可抵抗 H7N9 病毒的致死性感染而全部存活。研究揭示了 GSDME 介导的肺上皮细胞焦亡是 H7N9 病毒诱发肺细胞因子风暴导致死亡的独特机制，提示可通过阻断 GSDME 分子切割的策略治疗 H7N9 病毒感染，为 H7N9 病毒感染高效治疗药物研发提供了全新思路。

18. 磷铁养分信号拮抗互作调控分子模块

文章题目 A reciprocal inhibitory module for Pi and iron signaling

主要作者 资划所 阮文渊（第一作者），易可可（通讯作者）

发表期刊 *Molecular Plant*

学术影响 影响因子：21.949 学科排名：3/239

内容提要 我国大面积黄红壤磷铁养分不均衡，易造成作物缺磷及铁毒害的双重风险；而磷铁养分的相互拮抗进一步制约了作物的优质高产，危及国家粮食安全。该研究首次发现磷养分信号中心调控因子 PHRs 和铁养分信号核心调控因子 HRZs 共同介导了磷铁养分信号的拮抗互作过程，从而适应土壤不同的磷铁养分状况，以保证作物正常的磷铁养分需求。对磷铁养分信号拮抗转导机制的解析，为通过分子育种手段解决我国黄红壤耕地磷铁养分不均衡问题提供了新思路。

19. 畜禽养殖业综合减排措施可以实现正的环境健康效益

文章题目 Integrated livestock sector nitrogen pollution abatement measures could generate net benefits for human and ecosystem health in China

主要作者 环发所 朱志平（第一作者），董红敏（通讯作者）

发表期刊 *Nature Food*

学术影响 影响因子：20.961 学科排名：1/144

内容提要 该研究首次构建了畜禽养殖业环境污染核算方法，建立了高分辨率的养殖布局和畜禽养殖污染状况分布图，探明了我国畜禽养殖污染产生和排放的时间和空间变化特征；并提出通过养殖业的空间布局优化、废弃物利用政策实施、提升畜牧业系统氮素利用效率、提高畜禽废弃物循环利用率等，可驱动区域农业养分循环，显著降低环境污染和养分损失。相关技术和政策的投入产出比可达 1∶5，有效改善生态环境和人的健康，实现正的经济和生态效益。

20. 融合多分辨率特征的深度学习网络可实现高精度水稻制图

文章题目 A full resolution deep learning network for paddy rice mapping using Landsat data

主要作者 资划所 夏浪（第一作者），孙晓（通讯作者）

发表期刊　*Journal of Photogrammetry and Remote Sensing*

学术影响　影响因子：11.774　学科排名：1/50

内容提要　及时准确获取大区域尺度水稻时空分布信息对确保国家粮食安全意义重大。该研究构建了覆盖我国东北水稻产区的大规模高质量训练数据集，提出了新的融合多分辨率特征的深度学习网络，深度解析了 Landsat 影像数据的空间语义信息，有效克服了以往深度学习模型边界分割不清晰的缺陷，显著提升了大区域尺度水稻遥感识别精度。本研究将为我国水稻时空分布信息的高精度、高时效、智能监测提供新的途径和思路，具有重要的理论和应用价值。

中国农业科学院2022年科技平台建设运行工作进展

2022年，围绕院党组重点任务，对接农业农村部、科技部，统筹全院各级各类科研平台和基地，服务中国农业科学院“国之大者”重点创新领域，着力推进重大平台谋划、平台基地体系运行、工作效能提升等工作，取得了较好成效。

一、重大平台建设谋划

有序组织开展全国重点实验室重组工作。一是受科技部委托组织开展农业领域全国重点实验室体系布局研究，围绕国家战略需求梳理科学技术问题、谋划任务方向，形成布局建议并获得科技部认可。二是根据实验室体系布局，充分结合我院在重点学科领域优势地位，牵头编制农业领域全国重点实验室布局指南，为中国农业科学院在全国重点实验室重组中抢占先机。三是根据《科技部办公厅关于组织推荐信息、农业、制造领域全国重点实验室的通知》，组织中国农业科学院相关研究所申报全国重点实验室，共牵头申报植物病虫害综合治理等11个全国重点实验室，参与申报园艺作物种质创新与利用等10个全国重点实验室。获批牵头建设8个全国重点实验室，参与建设7个全国重点实验室。

积极参与崖州湾国家实验室建设。一是按照农业农村部张桃林副部长关于《崖州湾国家实验室建设情况报告》的批示，对农业农村部参与崖州湾国家实验室建设进行了研究讨论，统筹考虑我国育种产业特点、育种科技创新要求和整体布局，就建立“三方”（农业农村部、科技部、海南省）共建共管机制等形成了《农业农村部参与崖州湾国家实验室建设运行管理的建议》报告。二是围绕中国农业科学院参与崖州湾国家实验室建设及南繁院运行管理进行了研讨，统筹考虑崖州湾国家实验室建设进展、中国农业科学院与国家实验室关系与应对策略，形成《关于种业国家实验室建设进展报告》《中国农业科学院积极稳妥参与崖州湾国家实验室建设、统筹南繁院运行管理的研究报告》等文件。三是按照农业农村部科教司要求，在科学问题、关键技术、生物育种3个维度，组织作物育种与畜禽育种领域专家，研究提出了农业生物重要性状形成机理与环境应答机制、智能设计育种技术、超高产农作物种质创新与应用等17项国家实验室研究任务清单。四是组织起草了《三亚市人民政府　中国农业科学院合作备忘录》《崖州湾国家实验室　中国农业科学院战略合作协议》，为中国农业科学院与三亚市、国家实验室接续合作明确基本框架，奠定协议基础。

获批建设国家盐碱地综合利用技术创新中心。2022 年 12 月，国家盐碱地综合利用技术创新中心获得科技部批复，由山东省人民政府和中国农业科学院共同组织，联合国内 21 家科研机构、高校和企业共建，重点围绕盐碱地生物育种、产能提升和生态化利用三大领域，开展关键核心技术攻关与产业化。

二、整体科技平台基地运行管理

大型仪器开放共享考核工作顺利完成。一是针对 2021 年考核存在的问题，推动研究所制定整改提升工作方案。组织专家对研究所进行“一对一”现场指导。二是组织自评报告评议工作。克服新冠疫情影响，召开科研仪器开放共享自评估视频会议，邀请有关专家对研究所自评报告进行了咨询评议，指导研究所进一步修改完善自评报告。配合科技部做好现场核查工作。三是科研设施和仪器开放共享工作再创佳绩。中国农业科学院参加 2022 年度重大科研基础设施和大型科研仪器开放共享评价考核的 31 个研究所，全部获得合格及以上成绩，其中 10 个研究所考核结果为优秀，17 个研究所考核结果为良好，4 个研究所考核结果为合格，考核结果优良率达 87. 1%，比 2021 年有明显提升，优秀研究所增加 7 个，占全国考核结果优秀单位的 20%，获得后补助资金2 645万元，创历史新高。

编制完成院创新条件能力规划。组织十大学科集群进一步系统梳理全院创新条件能力基础，谋划未来创新条件体系构架和重点建设任务，整合形成全院设施实验室一张图、基地台站一张网、基建修购一张表，在充分吸收研究所意见基础上，完善形成《中国农业科学院创新条件能力中长期建设发展规划（2021—2035 年）（送审稿）》，于 11 月呈报中国农业科学院主要领导。

推进试验基地开放共享运行。召开了中国农业科学院试验基地工作研讨会，按照院主要领导“推动我院试验基地共享共用”的指示精神，梳理全院试验基地情况，组织编制了中国农业科学院试验基地手册，设计完成中国农业科学院试验基地网站，制定了中国农业科学院加强试验基地统筹管理与利用工作方案，为推动中国农业科学院试验基地开放共享打下坚实基础。

2 个国家野外台站通过评估。组织寿阳、大理 2 个新建的国家野外台站准备相关材料，通过科技部评估，分别获得优秀和良好的成绩。

三、生物安全工作及实验室、质检中心安全生产管理推进

推进生物安全研究中心揭牌建设。在上海举行中国农业科学院生物安全研究中心揭牌仪式，以学科、项目、平台等为重点，谋划农业生物安全保障能力和科技创新能力建设。

支撑主管部门生物安全管理决策。分别向国家生物安全工作协调机制办公室、中共中央办公厅提交农业转基因技术的风险分析与防范、外来入侵生物治理政策建议等报

告。支撑科技部《国家中长期生物安全科技发展规划》编制。

开展生物安全发展成就与知识技能宣传。全民国家安全教育日期间，组织院属相关单位开展成果宣传、研讨培训、科普教育等形式的活动，宣传生物安全科技成就、宣贯生物安全法。

附件：中国农业科学院平台目录

附件

中国农业科学院平台目录

国家重大科技基础设施

序号	设施名称	依托单位
1	农作物基因资源与基因改良国家重大科学工程	作科所、生物所
2	国家农业生物安全科学中心	植保所

全国重点实验室（略）

省部共建国家重点实验室

序号	实验室名称	依托单位
1	省部共建特种经济动物分子生物学国家重点实验室	特产所

农业农村部综合性重点实验室

序号	实验室名称	依托单位
1	农业农村部作物基因资源与种质创制重点实验室	作科所
2	农业农村部麦类生物学与遗传育种重点实验室	作科所
3	农业农村部作物有害生物综合治理重点实验室	植保所
4	农业农村部园艺作物生物学与种质创制（蔬菜）重点实验室	蔬菜所
5	农业农村部薯类作物生物学与遗传育种重点实验室	蔬菜所
6	农业农村部农业环境重点实验室	环发所
7	农业农村部动物营养与饲料学重点实验室	牧医所
8	农业农村部农产品加工重点实验室	加工所
9	农业农村部农业基因组学重点实验室（北京）	生物所
10	农业农村部植物营养与肥料重点实验室	资划所
11	农业农村部农产品质量安全重点实验室	质标所

（续表）

序号	实验室名称	依托单位
12	农业农村部水稻生物学与遗传育种重点实验室	水稻所
13	农业农村部棉花生物学与遗传育种重点实验室	棉花所
14	农业农村部油料作物生物学与遗传育种重点实验室	油料所
15	农业农村部兽用药物与诊断技术重点实验室	哈兽研
16	农业农村部动物病原生物学重点实验室	兰兽研
17	农业农村部农村可再生能源开发利用重点实验室	沼科所
18	农业农村部现代农业装备重点实验室	农机化所
19	农业农村部动物遗传育种与繁殖（家禽）重点实验室	牧医所
20	农业农村部特种经济动植物生物学与遗传育种重点实验室	茶叶所
21	农业农村部产地环境污染防控重点实验室	环保所
22	农业农村部农业遥感重点实验室	资划所

农业农村部专业性（区域性）重点实验室

序号	实验室名称	依托单位
1	农业农村部作物生理生态重点实验室	作科所
2	农业农村部北京大豆生物学重点实验室	作科所
3	农业农村部旱作节水农业重点实验室	环发所
4	农业农村部设施农业节能与废弃物处理重点实验室	环发所
5	农业农村部授粉昆虫生物学重点实验室	蜜蜂所
6	农业农村部饲料生物技术重点实验室	饲料所
7	农业农村部农业微生物资源收集与保藏重点实验室	资划所
8	农业农村部面源污染控制重点实验室	资划所
9	农业农村部农业信息服务技术重点实验室	信息所
10	农业农村部作物需水与调控重点实验室	灌溉所

（续表）

序号	实验室名称	依托单位
11	农业农村部生物毒素检测重点实验室	油料所
12	农业农村部麻类生物学与加工重点实验室	麻类所
13	农业农村部园艺作物种质资源利用重点实验室	果树所
14	农业农村部果树育种技术重点实验室	郑果所
15	农业农村部兽用药物创制重点实验室	兰牧药
16	农业农村部动物寄生虫学重点实验室	上兽研
17	农业农村部牧草资源与利用重点实验室	草原所
18	农业农村部特种经济动物遗传育种与繁殖重点实验室	特产所
19	农业农村部烟草生物学与加工重点实验室	烟草所
20	农业农村部蚕桑遗传改良重点实验室	蚕业所
21	农业农村部农产品质量安全生物性危害因子（植物源）控制重点实验室	植保所
22	农业农村部蔬菜质量安全控制重点实验室	蔬菜所
23	农业农村部农膜污染防控重点实验室	环发所
24	农业农村部休闲农业重点实验室	环发所
25	农业农村部牧草种质资源与育种重点实验室	牧医所
26	农业农村部奶及奶制品质量安全控制重点实验室	牧医所
27	农业农村部蜂产品质量安全控制重点实验室	蜜蜂所
28	农业农村部农产品质量安全收贮运管控重点实验室	加工所
29	农业农村部农业转基因生物安全评价（分子）重点实验室	生物所
30	农业农村部草地资源监测评价与创新利用重点实验室	资划所
31	农业农村部农业大数据重点实验室	信息所
32	农业农村部节水灌溉工程重点实验室	灌溉所
33	农业农村部油料加工重点实验室	油料所

（续表）

序号	实验室名称	依托单位
34	农业农村部茶叶质量安全控制重点实验室	茶叶所
35	农业农村部兽用化学药物及制剂学重点实验室	上兽研
36	农业农村部草地与农业生态遥感重点实验室	草原所
37	农业农村部草地生态与修复治理重点实验室	草原所
38	农业农村部经济动物疫病重点实验室	特产所
39	农业农村部农产品质量安全环境因子控制重点实验室	环保所
40	农业农村部农业基因数据分析重点实验室	基因组所
41	农业农村部基因编辑创新利用重点实验室（海南）（试运行）	南繁中心
42	农业农村部合成生物学重点实验室（试运行）	基因组所，烟草所
43	农业农村部植物工厂加代育种重点实验室（试运行）	都市所，浙江大学
44	农业农村部粮食作物基因资源评价利用重点实验室（试运行）	作科所，上海农业生物基因中心
45	农业农村部园艺作物基因资源评价利用重点实验室（果树）（试运行）	郑果所
46	农业农村部农业转基因生物安全评价（环境）重点实验室（试运行）	植保所，山东农业科学院，棉花所，上海农业科学院
47	农业农村部区块链农业应用重点实验室（试运行）	信息所
48	农业农村部耕地质量监测与评价重点实验室（试运行）	资划所，扬州大学，扬州耕保站
49	农业农村部农村厕所与污水治理技术重点实验室（试运行）	环保所，农业农村部规划设计研究院，同济大学

（续表）

序号	实验室名称	依托单位
50	农业农村部外来入侵生物防控重点实验室（试运行）	植保所，农业农村部农业生态与资源保护总站，云南省农业科学院农业环境资源研究所
51	农业农村部华北平原农业绿色低碳重点实验室（试运行）	环发所，环保所
52	农业农村部畜禽资源评价利用重点实验室（牛）（试运行）	牧医所，西北农业大学，广西水牛所
53	农业农村部青藏高原畜禽遗传育种重点实验室（试运行）	兰牧药，西藏自治区农牧科学院畜牧兽医研究所，青海牧医院
54	农业农村部动物生物安全风险预警及防控重点实验室（试运行）	上兽研，兰兽研，牧医所
55	农业农村部农业微生物组学重点实验室（试运行）	生物所，广东省科学院微生物研究所，浙江省农业科学院
56	农业农村部食物资源监测与营养评价重点实验室（试运行）	营养所
57	农业农村部农产品品质评价与营养健康重点实验室（试运行）	作科所，浙江大学，唐山市农产品质检中心
58	农业农村部大豆机械化生产重点实验室（试运行）	农机化所，黑龙江八一农垦大学
59	农业农村部饲草高效生产模式创新重点实验室（试运行）	草原所，宁夏大学，山西农业大学
60	农业农村部花卉生物学与种质创制重点实验室（北方）（试运行）	蔬菜所

（续表）

序号	实验室名称	依托单位
61	农业农村部农业转基因生物溯源重点实验室（试运行）	浙江农业科学院，油料所
62	农业农村部植物检疫性有害生物监测防控重点实验室（试运行）	中国农业大学，植保所，南京农业大学
63	农业农村部农药评价重点实验室（试运行）	湖南省农业科学院，植保所，贵州大学，农业农村部农药检定所
64	农业农村部天敌昆虫重点实验室（试运行）	山东省农业科学院，北京市农林科学院，植保所
65	农业农村部畜禽生物组学重点实验室（试运行）	山东省农业科学院畜牧兽医所，基因组所，四川农业大学
66	农业农村部禽流感等家禽重大疾病防控重点实验室（试运行）	广东省农业科学院动物卫生研究所，哈兽研，中国农业大学
67	农业农村部反刍动物重大疫病防控重点实验室（西部）（试运行）	西北农业大学，兰兽研
68	农业农村部动物源细菌耐药性监测重点实验室（试运行）	中国兽医药品监察所，中国农业大学，饲料所

中国农业科学院重点开放实验室

序号	实验室名称	依托单位
1	中国农业科学院作物种质资源与生物技术重点开放实验室	作科所
2	中国农业科学院作物遗传改良与生物技术重点开放实验室	作科所

（续表）

序号	实验室名称	依托单位
3	中国农业科学院粮棉油料作物生理与栽培重点开放实验室	作科所
4	中国农业科学院植物病虫害生物学重点开放实验室	植保所
5	中国农业科学院农药化学与应用技术重点开放实验室	植保所
6	中国农业科学院生物入侵与生物防治重点开放实验室	植保所
7	中国农业科学院杂草鼠害生物学与治理重点开放实验室	植保所
8	中国农业科学院园艺作物遗传与生理重点开放实验室	蔬菜所
9	中国农业科学院农业环境与气候变化重点开放实验室	环发所
10	中国农业科学院旱作节水农业重点开放实验室	环发所
11	中国农业科学院动物营养学重点开放实验室	牧医所
12	中国农业科学院家养动物遗传资源与种质创新重点开放实验室	牧医所
13	中国农业科学院牧草遗传改良与利用重点开放实验室	牧医所
14	中国农业科学院授粉昆虫生物学重点开放实验室	蜜蜂所
15	中国农业科学院饲料生物技术重点开放实验室	饲料所
16	中国农业科学院农产品加工与质量控制重点开放实验室	加工所
17	中国农业科学院农作物分子生物学与生物技术重点开放实验室	生物所
18	中国农业科学院国家农业政策分析与决策支持系统重点开放实验室	农经所
19	中国农业科学院植物营养与养分循环重点开放实验室	资划所
20	中国农业科学院资源遥感与数字农业重点开放实验室	资划所
21	中国农业科学院土壤质量重点开放实验室	资划所
22	中国农业科学院智能化农业预警技术与系统重点开放实验室	信息所
23	中国农业科学院农产品质量与食物安全重点开放实验室	质标所

（续表）

序号	实验室名称	依托单位
24	中国农业科学院农业水资源高效安全利用重点开放实验室	灌溉所
25	中国农业科学院水稻生物学重点开放实验室	水稻所
26	中国农业科学院棉花遗传改良重点开放实验室	棉花所
27	中国农业科学院油料作物生物学重点开放实验室	油料所
28	中国农业科学院茎纤维生物质与工程微生物重点开放实验室	麻类所
29	中国农业科学院麻类遗传育种与生物加工重点开放实验室	麻类所
30	中国农业科学院果树种质资源与育种技术重点开放实验室	果树所
31	中国农业科学院果树生长发育与品质控制重点开放实验室	郑果所
32	中国农业科学院茶及饮料植物产品加工与质量控制重点开放实验室	茶叶所
33	中国农业科学院兽医生物技术重点开放实验室	哈兽研
34	中国农业科学院动物流感重点开放实验室	哈兽研
35	中国农业科学院人兽共患病重点开放实验室	哈兽研，兰兽研
36	中国农业科学院家畜疫病病原生物学重点开放实验室	兰兽研
37	中国农业科学院草食动物疫病重点开放实验室	兰兽研
38	中国农业科学院新兽药工程重点开放实验室	兰牧药
39	中国农业科学院动物寄生虫学重点开放实验室	上兽研
40	中国农业科学院兽药安全评价与兽药残留研究重点开放实验室	上兽研
41	中国农业科学院草地资源生态重点开放实验室	草原所
42	中国农业科学院特种经济动物种质资源遗传改良重点开放实验室	特产所

（续表）

序号	实验室名称	依托单位
43	中国农业科学院农业环境与农产品安全重点开放实验室	环保所
44	中国农业科学院能源微生物重点开放实验室	沼科所
45	中国农业科学院农业机械重点开放实验室	农机化所
46	中国农业科学院烟草遗传改良与生物技术重点开放实验室	烟草所
47	中国农业科学院柑桔学重点开放实验室	柑桔所
48	中国农业科学院北方糖料作物资源与利用重点开放实验室	甜菜所
49	中国农业科学院蚕桑遗传改良与生物技术重点开放实验室	蚕业所
50	中国农业科学院草地农业系统学重点开放实验室	草原生态所
51	中国农业科学院家禽遗传资源评价与繁育重点开放实验室	家禽所
52	中国农业科学院甘薯遗传改良重点开放实验室	甘薯所

农业农村部农产品质量安全风险评估实验室

序号	实验室名称	依托单位
1	农业农村部稻米产品质量安全风险评估实验室（杭州）	水稻所
2	农业农村部谷物产品质量安全风险评估实验室（北京）	作科所
3	农业农村部油料产品质量安全风险评估实验室（武汉）	油料所
4	农业农村部奶产品质量安全风险评估实验室（北京）	牧医所
5	农业农村部蔬菜产品质量安全风险评估实验室（北京）	蔬菜所
6	农业农村部果品质量安全风险评估实验室（郑州）	郑果所
7	农业农村部果品质量安全风险评估实验室（兴城）	果树所
8	农业农村部柑桔产品质量安全风险评估实验室（重庆）	柑桔所
9	农业农村部茶叶产品质量安全风险评估实验室（杭州）	茶叶所

（续表）

序号	实验室名称	依托单位
10	农业农村部蜂产品质量安全风险评估实验室（北京）	蜜蜂所
11	农业农村部农产品质量安全生物性危害因子风险评估实验室（北京）	植保所
12	农业农村部农产品质量安全环境因子风险评估实验室（天津）	环保所
13	农业农村部农产品加工质量安全风险评估实验室（北京）	加工所
14	农业农村部棉花产品质量安全风险评估实验室（安阳）	棉花所
15	农业农村部烟草质量安全风险评估实验室（青岛）	烟草所
16	农业农村部畜产品质量安全风险评估实验室（兰州）	兰牧药
17	农业农村部微生物产品质量安全风险评估实验室（北京）	资划所
18	农业农村部蚕桑产品及食用昆虫质量安全风险评估实验室（镇江）	蚕业所
19	农业农村部糖料产品质量安全风险评估实验室（哈尔滨）	甜菜所
20	农业农村部禽类产品质量安全风险评估实验室（扬州）	家禽所
21	农业农村部动物产品质量安全生物性危害因子风险评估实验室（上海）	上兽医
22	农业农村部动物产品质量安全环境因子风险评估实验室（北京）	环发所
23	农业农村部植物纤维产品质量安全风险评估实验室（长沙）	麻类所
24	农业农村部特种动植物产品质量风险评估实验室（长春）	特产所
25	农业农村部农产品质量与营养功能风险评估实验室（北京）	营养所
26	农业农村部农产品质量安全肥料源性因子风险评估实验室（北京）	资划所

（续表）

序号	实验室名称	依托单位
27	农业农村部动物产品质量安全饲料源性因子风险评估实验室（北京）	饲料所
28	农业农村部农产品质量安全水环境因子风险评估实验室(新乡)	灌溉所
29	农业农村部草产品质量安全风险评估实验室（呼和浩特)	草原所
30	农业农村部生物质发酵产品质量安全风险评估实验室	沼科所

中国农业科学院农产品质量安全风险评估研究中心

序号	研究中心名称	依托单位
1	中国农业科学院谷物产品质量安全风险评估研究中心	作科所
2	中国农业科学院农产品农药残留与生物危害风险评估研究中心	植保所
3	中国农业科学院蔬菜产品质量安全风险评估研究中心	蔬菜所
4	中国农业科学院奶产品质量安全风险评估研究中心	牧医所
5	中国农业科学院蜂产品质量安全风险评估研究中心	蜜蜂所
6	中国农业科学院农产品加工质量安全风险评估研究中心	加工所
7	中国农业科学院食用菌质量安全风险评估研究中心	资划所
8	中国农业科学院稻米产品质量安全风险评估研究中心	水稻所
9	中国农业科学院棉花质量安全风险评估研究中心	棉花所
10	中国农业科学院油料产品质量安全风险评估研究中心	油料所
11	中国农业科学院麻类产品质量安全风险评估研究中心	麻类所
12	中国农业科学院兴城果品质量安全风险评估研究中心	果树所
13	中国农业科学院郑州果品质量安全风险评估研究中心	郑果所
14	中国农业科学院茶叶质量安全风险评估研究中心	茶叶所
15	中国农业科学院兰州畜产品质量安全风险评估研究中心	兰牧药

（续表）

序号	研究中心名称	依托单位
16	中国农业科学院特种经济动植物产品质量安全风险评估研究中心	特产所
17	中国农业科学院农产品产地环境风险评估研究中心	环保所
18	中国农业科学院烟草产品质量安全风险评估研究中心	烟草所
19	中国农业科学院柑桔质量安全风险评估研究中心	柑桔所
20	中国农业科学院蚕业产品质量安全风险评估研究中心	蚕业所
21	中国农业科学院农用水质量安全风险评估研究中心	灌溉所
22	中国农业科学院沼气及发酵产品质量安全风险评估研究中心	沼科所
23	中国农业科学院动物产品质量安全饲料源性因子风险评估研究中心	饲料所
24	中国农业科学院农产品质量安全肥料源性因子风险评估研究中心	资划所
25	中国农业科学院草业产品质量安全风险评估研究中心	草原所

国家工程研究中心与国家工程实验室

序号	研究中心名称	依托单位
1	作物分子育种国家工程研究中心	作科所
2	棉花生物育种及产业技术国家工程研究中心	棉花所
3	耕地保护国家工程研究中心	资划所
4	动物用生物制品国家工程研究中心	哈兽研
5	作物细胞育种国家工程实验室	蔬菜所
6	作物高效用水与抗灾减损国家工程实验室	环发所
7	油料油脂加工技术国家地方联合工程实验室（湖北）	油料所

国家工程技术研究中心

序号	研究中心名称	依托单位
1	国家昌平综合农业工程技术研究中心	中国农业科学院
2	国家饲料工程技术研究中心	中国农业大学，饲料所
3	国家油菜工程技术研究中心	华中农业大学，油料所
4	国家茶产业工程技术研究中心	茶叶所
5	国家柑桔工程技术研究中心	柑桔所
6	国家盐碱地综合利用技术创新中心	资划所等

中国农业科学院工程技术研究中心

序号	研究中心名称	依托单位
1	中国农业科学院粮食作物育种工程技术研究中心	作科所
2	中国农业科学院生物防治工程技术研究中心	植保所
3	中国农业科学院花卉工程技术研究中心	蔬菜所
4	中国农业科学院农业环境工程技术研究中心	环发所
5	中国农业科学院家畜品种改良与繁育工程技术研究中心	牧医所
6	中国农业科学院蜂产品工程技术研究中心	蜜蜂所
7	中国农业科学院饲料安全工程技术研究中心	饲料所
8	中国农业科学院农产品加工工程技术研究中心	加工所
9	中国农业科学院作物生物技术工程技术研究中心	生物所
10	中国农业科学院新型肥料工程技术研究中心	资划所
11	中国农业科学院农业监测预警与大数据工程技术研究中心	信息所
12	中国农业科学院农产品质量安全工程技术研究中心	质标所
13	中国农业科学院双蛋白工程技术研究中心	营养所
14	中国农业科学院节水灌溉工程技术研究中心	灌溉所

（续表）

序号	研究中心名称	依托单位
15	中国农业科学院超级稻工程技术研究中心	水稻所
16	中国农业科学院棉花工程技术研究中心	棉花所
17	中国农业科学院油料作物分子育种工程技术研究中心	油料所
18	中国农业科学院麻类工程技术研究中心	麻类所
19	中国农业科学院落叶果树工程技术研究中心	果树所
20	中国农业科学院果树瓜类种苗工程技术研究中心	郑果所
21	中国农业科学院茶叶加工工程技术研究中心	茶叶所
22	中国农业科学院动物疫病诊断技术工程技术研究中心	哈兽研
23	中国农业科学院草食动物疫病防控工程技术研究中心	兰兽研
24	中国农业科学院羊育种工程技术研究中心	兰牧药
25	中国农业科学院动物热带疫病防控技术研究中心	上兽研
26	中国农业科学院草原生产力保育工程技术研究中心	草原所
27	中国农业科学院特种动物饲养与饲料工程技术研究中心	特产所
28	中国农业科学院农产品产地环境保护与修复工程技术研究中心	环保所
29	中国农业科学院沼气工程技术研究中心	沼科所
30	中国农业科学院农作物收获装备工程技术研究中心	农机化所
31	中国农业科学院烟草工程技术研究中心	烟草所
32	中国农业科学院全基因组育种设计工程技术研究中心	基因组所

国家农作物、畜禽改良中心（分中心）

序号	改良中心（分中心）名称	依托单位
1	国家小麦改良中心	作科所
2	国家大豆改良北京分中心	作科所
3	国家蔬菜改良中心	蔬菜所

（续表）

序号	改良中心（分中心）名称	依托单位
4	国家花卉改良中心	蔬菜所
5	国家马铃薯改良中心华北分中心	蔬菜所
6	国家畜禽分子育种中心	牧医所
7	国家牛奶质量改良中心	牧医所
8	国家水稻改良中心	水稻所
9	国家棉花改良中心	棉花所
10	国家油料作物改良中心	油料所
11	国家麻类作物育种中心	麻类所
12	国家苹果育种中心	果树所
13	国家桃、葡萄改良中心	郑果所
14	国家茶树改良中心	茶叶所
15	国家烟草改良中心	烟草所
16	国家柑桔品种改良中心	柑桔所
17	国家糖料改良中心	甜菜所
18	国家蚕桑育种中心	蚕业所
19	国家禽类实验动物种子中心	哈兽研
20	国家牧草改良中心	草原所
21	国家食用菌改良中心	资划所
22	国家瓜果改良中心	郑果所

现代农业产业技术体系技术研发中心

序号	产业	研发中心名称	依托单位
1	水稻	国家水稻产业技术研发中心	水稻所
2	玉米	国家玉米产业技术研发中心	作科所
3	小麦	国家小麦产业技术研发中心	作科所

（续表）

序号	产业	研发中心名称	依托单位
4	大豆	国家大豆产业技术研发中心	作科所
5	大麦青稞	国家大麦青稞产业技术研发中心	作科所
6	谷子糜子	国家谷子糜子产业技术研发中心	作科所
7	马铃薯	国家马铃薯产业技术研发中心	蔬菜所
8	油菜	国家油菜产业技术研发中心	油料所
9	棉花	国际棉花产业技术研发中心	棉花所
10	麻类	国家麻类产业技术研发中心	麻类所
11	茶叶	国家茶叶产业技术研发中心	茶叶所
12	大宗蔬菜	国家大宗蔬菜产业技术研发中心	蔬菜所
13	肉鸡	国家肉鸡产业技术研发中心	牧医所
14	水禽	国家水禽产业技术研发中心	牧医所
15	蜂	国家蜂产品技术研发中心	蜜蜂所
16	绿肥	国家绿肥技术研发中心	资划所

现代农业产业技术体系综合试验站

序号	产业	试验站名称	依托单位
1	水稻	祁阳综合试验站	资划所
2	小麦	德州综合试验站	资划所
3	棉花	皖南综合试验站	棉花所
4	麻类	沅江苎麻试验站	麻类所
5	绿肥	祁阳综合试验站	资划所
6	苹果	葫芦岛综合试验站	果树所
7	葡萄	豫西与黄土高原综合试验站	郑果所
8	桃	郑州综合试验站	郑果所
9	牧草	鄂尔多斯综合试验站	草原所

（续表）

序号	产业	试验站名称	依托单位
10	奶牛	大理综合试验站	环保所

国家农产品加工技术研发中心（分中心）

序号	研发中心（分中心）名称	依托单位
1	国家农产品加工技术研发中心	加工所
2	国家油菜籽加工技术研发专业分中心	油料所
3	国家杂粮加工技术研发专业分中心	作科所
4	国家饲料加工技术研发专业分中心	饲料所
5	国家柑橘加工技术研发专业分中心	柑桔所
6	国家茶叶加工技术研发专业分中心	茶叶所
7	国家蜂产品加工技术研发专业分中心	蜜蜂所
8	国家人参鹿茸加工技术研发专业分中心	特产所

国家科技资源共享服务平台

序号	平台名称	依托单位
1	国家作物种质资源库	作科所
2	国家菌种资源库	资划所
3	国家家养动物种质资源库	牧医所
4	国家农业科学数据中心	信息所
5	国家园艺种质资源库	郑果所
6	国家禽类实验动物资源库	哈兽研

国家级野外台站

序号	野外台站名称	依托单位
1	河南新乡农作物种质资源国家野外科学观测研究站	作科所

（续表）

序号	野外台站名称	依托单位
2	北京昌平土壤质量国家野外科学观测研究站	资划所
3	湖南祁阳农田生态系统国家野外科学观测研究站	资划所
4	内蒙古呼伦贝尔草原生态系统国家野外科学观测研究站	资划所
5	河南商丘农田生态系统国家野外科学观测研究站	灌溉所
6	山西寿阳旱地农田生态系统野外科学观测研究站	环发所
7	云南大理农田生态系统野外科学观测研究站	环保所

农业农村部野外科学观测试验站

序号	野外台站名称	依托单位
1	农业农村部迁西燕山生态环境重点野外科学观测试验站	资划所
2	农业农村部洛阳旱地农业重点野外科学观测试验站	资划所
3	农业农村部呼伦贝尔草甸草原生态环境重点野外科学观测试验站	资划所
4	农业农村部祁阳红壤生态环境重点野外科学观测试验站	资划所
5	农业农村部昌平潮褐土生态环境重点野外科学观测试验站	资划所
6	农业农村部德州农业资源与生态环境重点野外科学观测试验站	资划所
7	农业农村部长白山野生生物资源重点野外科学观测试验站	特产所
8	农业农村部杭州茶树资源重点野外科学观测试验站	茶叶所
9	农业农村部寿阳旱地农业重点野外科学观测试验站	环发所
10	农业农村部鄂尔多斯沙地草原生态环境重点野外科学观测试验站	草原所
11	农业农村部沙尔沁牧草资源重点野外科学观测试验站	草原所
12	农业农村部玉树高寒草原资源与生态环境重点野外科学观测试验站	草原所

（续表）

序号	野外台站名称	依托单位
13	农业农村部沅江麻类资源重点野外科学观测试验站	麻类所
14	农业农村部廊坊有害生物防治重点野外科学观测试验站	植保所
15	农业农村部锡林浩特草原有害生物防治重点野外科学观测试验站	植保所
16	农业农村部兴城北方落叶果树资源重点野外科学观测试验站	果树所
17	农业农村部武昌花生资源重点野外科学观测试验站	油料所
18	农业农村部商丘农业资源与生态环境重点野外科学观测试验站	灌溉所
19	农业农村部兰州黄土高原生态环境重点野外科学观测试验站	兰牧药
20	农业农村部昌平畜禽资源重点野外科学观测试验站	牧医所
21	农业农村部新乡矮败小麦重点野外科学观测试验站	作科所
22	农业农村部大理农业生态环境重点野外科学观测试验站	环保所
23	农业农村部镇江桑树资源重点野外科学观测试验站	蚕业所
24	农业农村部徐州甘薯资源重点野外科学观测试验站	甘薯所

国家农业科学观测实验站

序号	实验站名称	依托单位
1	国家土壤质量德州观测实验站	资划所
2	国家土壤质量祁阳观测实验站	资划所
3	国家土壤质量昌平观测实验站	资划所
4	国家土壤质量洛龙观测实验站	资划所
5	国家植物保护甘谷观测实验站	植保所
6	国家种质资源管城观测实验站	郑果所
7	国家农业环境寿阳观测实验站	环发所

（续表）

序号	实验站名称	依托单位
8	国家土壤质量西湖观测实验站	茶叶所
9	国家土壤质量呼伦贝尔观测实验站	资划所
10	国家农业环境商丘观测实验站	灌溉所
11	国家农业环境顺义观测实验站	环发所
12	国家农业环境那曲观测实验站	环发所
13	国家农业环境岳阳观测实验站	环发所
14	国家土壤质量玉树观测实验站	草原所
15	国家土壤质量呼和浩特观测实验站	草原所
16	国家农业微生物鄂尔多斯观测实验站	草原所
17	国家植物保护廊坊观测实验站	植保所
18	国家植物保护锡林郭勒观测实验站	植保所
19	国家植物保护桂林观测实验站	植保所
20	国家植物保护临沂观测实验站	蔬菜所
21	国家植物保护西宁观测实验站	油料所
22	国家植物保护兴城观测实验站	果树所
23	国家农业环境大理观测实验站	环保所
24	国家农业微生物双流观测实验站	沼科所
25	国家农业科学海淀观测实验站	蜜蜂所
26	国家农业科学即墨观测实验站	烟草所
27	国家农业科学沅江观测实验站	麻类所
28	国家农业科学左家观测实验站	特产所
29	国家农业科学江城观测试验站	植保所
30	国家农业科学乌拉盖观测实验站	牧医所

农业农村部科学观测实验站

序号	实验站名称	依托单位
1	农业农村部新乡小麦高效育种技术科学观测实验站	作科所
2	农业农村部核辐射农业生物科学观测实验站	作科所
3	农业农村部锡林郭勒草原有害生物科学观测实验站	植保所
4	农业农村部桂林有害生物科学观测实验站	植保所
5	农业农村部廊坊农作物有害生物科学观测实验站	廊坊基地
6	农业农村部蔬菜作物基因资源与种质创制北京科学观测实验站	蔬菜所
7	农业农村部寿阳农业环境与作物高效用水科学观测实验站	环发所
8	农业农村部兽用药物与兽医生物技术北京科学观测实验站	牧医所
9	农业农村部华北动物遗传资源与营养科学观测实验站	牧医所
10	农业农村部祁阳农业环境科学观测实验站	资划所
11	农业农村部呼伦贝尔农业环境科学观测实验站	资划所
12	农业农村部华北设施栽培与施肥科学观测实验站	德州实验站
13	农业农村部商丘农业环境科学观测实验站	灌溉所
14	农业农村部作物基因资源与种质创制浙江科学观测实验站	水稻所
15	农业农村部作物基因资源与种质创制辽宁科学观测实验站	果树所
16	农业农村部作物基因资源与种质创制河南科学观测实验站	郑果所
17	农业农村部草原畜牧业装备科学观测实验站	草原所
18	农业农村部大理农业环境科学观测实验站	环保所
19	农业农村部西南地区果树科学观测实验站	柑桔所

中国农业科学院野外科学观测试验站

序号	野外台站名称	依托单位
1	中国农业科学院祁阳红壤生态环境野外科学观测试验站	资划所
2	中国农业科学院呼伦贝尔草甸草原生态环境野外科学观测试验站	资划所
3	中国农业科学院洛阳旱地农业野外科学观测试验站	资划所
4	中国农业科学院迁西燕山生态环境野外科学观测试验站	资划所
5	中国农业科学院昌平潮褐土生态环境野外科学观测试验站	资划所
6	中国农业科学院德州农业资源与生态环境野外科学观测试验站	资划所
7	中国农业科学院长白山野生生物资源野外科学观测试验站	特产所
8	中国农业科学院杭州茶树资源野外科学观测试验站	茶叶所
9	中国农业科学院寿阳旱地农业野外科学观测试验站	环发所
10	中国农业科学院鄂尔多斯沙地草原生态环境野外科学观测试验站	草原所
11	中国农业科学院沙尔沁牧草资源野外科学观测试验站	草原所
12	中国农业科学院玉树高寒草原资源与生态环境野外科学观测试验站	草原所
13	中国农业科学院沅江麻类资源野外科学观测试验站	麻类所
14	中国农业科学院廊坊有害生物防治野外科学观测试验站	植保所
15	中国农业科学院锡林浩特草原有害生物防治野外科学观测试验站	植保所
16	中国农业科学院兴城北方落叶果树资源野外科学观测试验站	果树所
17	中国农业科学院武昌花生资源野外科学观测试验站	油料所
18	中国农业科学院商丘农业资源与生态环境野外科学观测试验站	灌溉所

（续表）

序号	野外台站名称	依托单位
19	中国农业科学院兰州黄土高原生态环境野外科学观测试验站	兰牧药
20	中国农业科学院昌平畜禽资源野外科学观测试验站	牧医所
21	中国农业科学院新乡矮败小麦野外科学观测试验站	作科所
22	中国农业科学院大理农业生态环境野外科学观测试验站	环保所
23	中国农业科学院镇江桑树资源野外科学观测试验站	蚕业所
24	中国农业科学院徐州甘薯资源野外科学观测试验站	甘薯所
25	中国农业科学院新乡有害生物防治野外科学观测试验站	植保所
26	中国农业科学院天水有害生物防治野外科学观测试验站	植保所
27	中国农业科学院桂林有害生物防治野外科学观测试验站	植保所
28	中国农业科学院廊坊数字水肥野外科学观测试验站	资划所
29	中国农业科学院密云生态农业野外科学观测试验站	资划所
30	中国农业科学院鄂托克旗牧草资源与育种野外科学观测试验站	牧医所
31	中国农业科学院杭州水稻种质资源野外科学观测试验站	水稻所
32	中国农业科学院长江中下游棉花野外科学观测试验站	棉花所
33	中国农业科学院平安油菜育种野外科学观测试验站	油料所
34	中国农业科学院进贤红壤地区油料作物野外科学观测试验站	油料所
35	中国农业科学院汉川转基因油料作物环境安全野外科学观测试验站	油料所
36	中国农业科学院武清转基因生物农田生态系统影响野外科学观测试验站	环保所
37	中国农业科学院藁城农业生态环境野外科学观测试验站	环保所
38	中国农业科学院彭州农产品产地环境野外科学观测试验站	环保所
39	中国农业科学院南京农业机械野外科学观测试验站	农机化所

（续表）

序号	野外台站名称	依托单位
40	中国农业科学院郑州果树瓜类野外科学观测试验站	郑果所
41	中国农业科学院阿克苏果树瓜类野外科学观测试验站	郑果所
42	中国农业科学院青岛烟草资源与环境野外科学观测试验站	烟草所
43	中国农业科学院张掖牧草及生态农业野外科学观测试验站	兰牧药
44	中国农业科学院苏尼特温带荒漠草原资源与生态环境野外科学观测试验站	草原所
45	中国农业科学院太仆寺旗草地资源生态监测与评价野外科学观测试验站	草原所
46	中国农业科学院葫芦岛落叶果树生理生态及有害生物野外科学观测试验站	果树所
47	中国农业科学院新乡农业水土环境野外科学观测试验站	灌溉所
48	中国农业科学院廊坊蔬菜资源野外科学观测试验站	蔬菜所
49	中国农业科学院信息农业野外科学观测试验站	信息所
50	中国农业科学院数字化文献信息服务系统野外科学观测试验站	信息所
51	中国农业科学院岳阳农业环境野外科学观测试验站	环发所
52	中国农业科学院那曲高寒草原生态与气候变化野外科学观测试验站	环发所
53	中国农业科学院密云农业环境野外科学观测试验站	环发所
54	中国农业科学院共和农业环境野外科学观测试验站	环发所
55	中国农业科学院兰州农业环境野外科学观测试验站	环发所，兰牧药
56	中国农业科学院永宁农业环境野外科学观测试验站	环发所
57	中国农业科学院大荔农业环境野外科学观测试验站	环发所
58	中国农业科学院崇明农业环境野外科学观测试验站	环发所

（续表）

序号	野外台站名称	依托单位
59	中国农业科学院东营农业环境野外科学观测试验站	环发所
60	中国农业科学院西昌烟草资源与环境野外科学观测试验站	烟草所

国家农作物种质资源库

序号	种质资源库名称	依托单位
1	国家农作物种质资源库	作科所
2	国家粮食作物种质资源中期库（北京）	作科所
3	国家蔬菜种质资源中期库（北京）	蔬菜所
4	国家水稻种质资源中期库（杭州）	水稻所
5	国家棉花种质资源中期库（安阳）	棉花所
6	国家油料作物种质资源中期库（武汉）	油料所
7	国家麻类作物种质资源中期库（长沙）	麻类所
8	国家西瓜甜瓜种质资源中期库（郑州）	郑果所
9	国家北方饲草种质资源中期库（呼和浩特）	草原所
10	国家烟草种质资源中期库（青岛）	烟草所
11	国家甜菜种质资源中期库（哈尔滨）	甜菜所
12	国家甘薯种质资源试管苗库（徐州）	甘薯所

国家农作物种质资源圃

序号	种质资源圃名称	依托单位
1	国家多年生小麦野生近缘植物种质资源圃（北京）	作科所
2	国家多年生及无性繁殖蔬菜种质资源圃（北京）	蔬菜所
3	国家多年生草本花卉种质资源圃（北京）	蔬菜所
4	国家野生棉种质资源圃（三亚）	棉花所

（续表）

序号	种质资源圃名称	依托单位
5	国家野生花生种质资源圃（武汉）	油料所
6	国家麻类作物种质资源圃（沅江）	麻类所
7	国家梨苹果种质资源圃（兴城）	果树所
8	国家葡萄桃种质资源圃（郑州）	郑果所
9	国家茶树种质资源圃（杭州）	茶叶所
10	国家多年生饲草种质资源圃（呼和浩特）	草原所
11	国家山葡萄种质资源圃（吉林）	特产所
12	国家桑树种质资源圃（镇江）	蚕业所
13	国家柑橘种质资源圃（重庆）	柑桔所

国家农业微生物种质资源库

序号	种质资源库名称	依托单位
1	国家农业微生物种质资源库	资划所
2	国家饲料微生物种质资源库（北京）	牧医所
3	国家畜禽水产微生物种质资源库（北京）	饲料所
4	国家农业环境微生物种质资源库（四川）	沼科所
5	国家农业环境微生物种质资源库（山东）	烟草所

国家质量监督检验中心

序号	质检中心名称	依托单位
1	国家饲料质量监督检验中心（北京）	质标所
2	国家化肥质量监督检验中心（北京）	资划所
3	国家植保机械质量监督检验中心	农机化所

部级产品质量监督检验测试中心

序号	质检中心名称	依托单位
1	农业农村部谷物品质监督检验测试中心	作科所
2	农业农村部农药应用评价监督检验测试中心（北京）	植保所
3	农业农村部植物生态环境安全监督检验测试中心（北京）	植保所
4	农业农村部蔬菜品质监督检验测试中心（北京）	蔬菜所
5	农业农村部畜牧环境设施设备质量监督检验测试中心（北京）	环发所
6	农业农村部奶及奶制品质量监督检验测试中心（北京）	牧医所
7	农业农村部蜂产品质量监督检验测试中心（北京）	蜜蜂所
8	农业农村部农产加工品质量监督检验测试中心	加工所
9	农业农村部微生物肥料和食用菌菌种质量监督检验测试中心	资划所
10	农业农村部农产品质量安全监督检验测试中心	质标所
11	水利部节水灌溉设备质量检测中心	灌溉所
12	农业农村部稻米及制品质量监督检验测试中心	水稻所
13	农业农村部转基因植物环境安全监督检验测试中心（杭州）	水稻所
14	农业农村部棉花品质监督检验测试中心	棉花所
15	农业农村部转基因植物环境安全监督检验测试中心（安阳）	棉花所
16	农业农村部油料及制品质量监督检验测试中心	油料所
17	农业农村部转基因植物环境安全监督检验测试中心（武汉）	油料所
18	农业农村部麻类产品质量监督检验测试中心	麻类所
19	农业农村部果品及苗木质量监督检验测试中心（兴城）	果树所
20	农业农村部果品及苗木质量监督检验测试中心（郑州）	郑果所
21	农业农村部茶叶质量监督检验测试中心	茶叶所

（续表）

序号	质检中心名称	依托单位
22	农业农村部实验动物质量监督检验测试中心（哈尔滨）	哈兽研
23	农业农村部动物毛皮及制品质量监督检验测试中心（兰州）	兰牧药
24	农业农村部特种经济动植物及产品质量监督检验测试中心	特产所
25	农业农村部环境质量监督检验测试中心	环保所
26	农业农村部植物生态环境监督检验测试中心（天津）	环保所
27	农业农村部沼气产品及设备质量监督检验测试中心	沼科所
28	农业农村部烟草产业产品质量监督检验测试中心	烟草所
29	农业农村部植物及植物用微生物生态环境安全监督检验测试中心（北京）	生物所
30	农业农村部柑桔及苗木质量监督检验测试中心	柑桔所
31	农业农村部甜菜品质监督检验测试中心	甜菜所
32	农业农村部蚕桑产业产品质量监督检验测试中心（镇江）	蚕业所

国家农业检测基准实验室

序号	实验室名称	依托单位
1	国家农业检测基准实验室（农药残留）	环保所
2	国家农业检测基准实验室（生物毒素）	油料所
3	国家农业检测基准实验室（饲料非法添加物）	质标所
4	国家农业检测基准实验室（奶及奶制品污染物）	牧医所
5	国家农业检测基准实验室（重金属）	水稻所

国家参考实验室

序号	实验室名称	依托单位
1	国家牛传染性胸膜肺炎参考实验室	哈兽研
2	国家禽流感参考实验室	哈兽研
3	国家口蹄疫参考实验室	兰兽研
4	国家动物血吸虫病参考实验室	上海所
5	国家马鼻疽参考实验室	哈兽研
6	国家马传染性贫血参考实验室	哈兽研
7	国家动物包虫病专业实验室	兰兽研
8	国家非洲猪瘟区域实验室	兰兽研
9	国家非洲猪瘟专业实验室	哈兽研

获 WOAH、FAO 认可的参考实验室、中心

序号	实验室、中心名称	依托单位
1	WOAH 禽流感参考实验室	哈兽研
2	WOAH 马传染性贫血参考实验室	哈兽研
3	WOAH 马流感 twinning 实验室	哈兽研
4	WOAH 口蹄疫参考实验室	兰兽研
5	WOAH 禽传染性法氏囊病 twinning 实验室	哈兽研
6	WOAH 人兽共患病亚太区协作中心	哈兽研
7	WOAH 羊泰勒虫病参考实验室	兰兽研
8	FAO 动物流感参考中心	哈兽研
9	FAO 沼气技术研究培训参考中心	沼科所

中国农业科学院关于公布科技创新工程全面推进期期满考评结果的通知

院机关各部门、院属各单位：

为深入贯彻落实习近平总书记贺信精神和党中央决策部署，系统总结创新工程全面推进期实施进展与成效，分析问题与不足，进一步强化国家战略科技力量，加快推进农业科技高水平自立自强，支撑乡村全面振兴，根据农业农村部与财政部有关要求和《中国农业科学院科技创新工程绩效管理办法（试行）》等规定，中国农业科学院于2021年7—11月组织开展了创新工程全面推进期期满考评工作。考评结果经中国农业科学院2022年第2次常务会审议通过，现予以公布。

农业农村部对中国农业科学院考评总体评价为优秀。按照《中国农业科学院科技创新工程绩效管理办法（试行）》要求及其实施细则第二十三条的规定，中国农业科学院对各研究所考评结果按照30%、50%和20%的比例，评出10个优秀、16个良好、7个一般，都市所不参与排名，详见附件。

各研究所要将此次考评作为推进跨越发展的重大契机，认真总结经验，深入研究现存问题，进一步明确使命定位，聚焦主责主业，系统提出一体化调整方案，加大改革创新步伐，全面提升科技创新能力，力争在跨越发展期取得更大成绩，以实际成绩彰显国家队的引领作用。

附件：科技创新工程全面推进期期满考评研究所分组考评结果

中国农业科学院

2022年1月28日

附件

科技创新工程全面推进期期满考评
研究所分组考评结果

组别	排名	研究所名称	等级
作物园艺组	1	作科所	优秀
	2	植保所	优秀
	3	蔬菜所	优秀
	4	水稻所	优秀
	4	棉花所	良好
	6	油料所	良好
	7	基因组所	良好
	8	生物所	良好
	9	茶叶所	良好
	10	郑果所	良好
	11	烟草所	一般
	12	果树所	一般
	13	麻类所	一般
畜牧兽医组	1	牧医所	优秀
	2	哈兽研	优秀
	3	兰兽研	优秀
	4	上兽研	良好
	5	饲料所	良好
	6	蜜蜂所	良好
	7	兰牧药	良好
	8	特产所	一般
	9	草原所	一般

（续表）

组别	排名	研究所名称	等级
其他专业组	1	资划所	优秀
	2	环发所	优秀
	3	加工所	优秀
	4	农机化所	良好
	5	质标所	良好
	6	农经所	良好
	7	环保所	良好
	8	信息所	良好
	9	沼科所	良好
	10	营养所	一般
	11	灌溉所	一般

中国农业科学院关于印发《中国农业科学院科技创新工程科学中心管理办法》的通知

农科院科〔2022〕119 号

院机关各部门、院属各单位：

为规范科技创新工程科学中心建设和运行管理，科技管理局研究制定了《中国农业科学院科技创新工程科学中心管理办法》。该办法已经中国农业科学院 2022 年第 12 次常务会议审议通过，现印发你们，请结合实际认真贯彻执行。

中国农业科学院

2022 年 9 月 9 日

中国农业科学院科技创新工程
科学中心管理办法

第一章 总 则

第一条 为贯彻落实党中央“加快建设科技强国，实现高水平科技自立自强”的战略部署，强化国家战略科技力量，中国农业科学院实施科技创新工程跃升计划，推动建设并形成若干科学中心。为规范科学中心的建设和运行管理，制定本办法。

第二条 科学中心是中国农业科学院面向世界农业科技前沿，组织跨研究所、跨学科、跨团队开展农业科技领域源头理论与原创技术研究，集聚高端人才的学术高地和国际一流科研平台。

第三条 科学中心以保障国家粮食安全、支撑乡村全面振兴为总目标，力争实现前瞻性基础研究、引领性原创技术等的重大突破；建成农业农村科技领域引领未来发展的国际科学高地、一流人才中心和共享创新平台，实现全院科技创新能力整体跃升，引领带动全国农业科技创新。

第四条 科学中心的主要任务：围绕农业农村重点学科领域源头理论、原创技术和共享平台需求，进行“根理论”创新、“根技术”创造和“根平台”创建等研究和探索，培养和用好农业战略人才力量，产出高水平创新成果，通过开展学术交流、技术培训及平台共享，提升农业农村科技创新基础研究能力和水平。

第五条 科学中心建设原则：

（一）坚持使命牵引。强化国家战略科技力量使命担当，聚焦种子、耕地、生物安全、农机装备、绿色低碳、乡村发展等重点领域，以使命清单为依据，建设科学中心。

（二）坚持源头创新。聚焦学科领域源头理论与原创技术，开展基础前沿科学和新兴交叉领域研究攻关，强化原始创新能力。

（三）坚持协同作战。集聚优秀科研团队，长期稳定开展跨学科、跨研究所协同攻关，构建科学研究共同体。

（四）坚持开放共享。及时发布科学中心的源头理论、原创技术等研究成果，开放共享平台资源，为农业科技创新提供支撑与服务。

第二章 组织架构

第六条 中国农业科学院统筹管理科学中心建设和资源配置。院常务会议负责审议科学中心建设与运行的重大事项：

（一）研究科学中心整体布局规划。

（二）批准科学中心建立与调整。

（三）审议绩效考评方案和考评结果。

（四）研究支持政策措施。

（五）提交审议的科学中心其他重大事项。

第七条　科技管理局负责提出科学中心建设整体布局规划建议，研究制定管理规范，组织开展绩效考评等。人事局负责组织协调相关研究所保障科学中心具有充足的科研力量开展协同攻关，在人才调配和引进等工作中优先支持科学中心的人才需求。财务局负责牵头向主管部门争取科学中心经费，审核各中心经费预算，督促经费执行，监督经费使用等。基本建设局负责统筹配置科学中心设施条件。

第八条　科学中心依托一个牵头研究所和若干参与研究所的科研团队开展重大任务联合攻关，采用理事会管理机制。理事长由一位院领导担任。理事会成员包括中心主任、牵头和参与研究所负责人及部分团队首席。理事会主要职责：审议决策科学中心任务、经费分配方案、科研团队进入和退出方案、科研任务和分工安排调整、考核评价方案、科研团队奖励方案等重要事项以及需要提交院常务会议审定的重大事项，定期召开会议交流工作进展，及时协调解决实施过程中出现的问题等。

第九条　理事长负责研究提出科学中心核心使命，统筹协调中心建设运行中所需的人、财、物等创新要素，组织召开理事会，监督中心运行管理。

第十条　科学中心主任从本院相关领域的战略科学家中遴选聘任，负责组织编制科学中心建设方案和任务书，提出经费安排方案，制定科研任务技术路线图和时间表，指导科研工作开展；组织遴选牵头和参与研究所及其科研团队，提出考核评价方案及组织考评，根据考评结果提出科研团队的奖励或退出方案，根据科学中心发展需要提出科研团队进入或新组建方案。

第十一条　科技管理局及相关业务局指定处室负责联络协调和组织，按照理事长和中心主任的指示要求组织研究所和科研团队开展工作。

第十二条　科学中心明确一个牵头研究所和若干参与研究所。与科学中心核心使命契合度高的研究所作为牵头研究所，提供主力科研团队与主要条件保障，其他相关研究所作为参与研究所，配合完成科学中心使命职责。牵头研究所和参与研究所共同承担如下职责，享有相应权利：

（一）作为理事会成员单位参与科学中心重大事项决策。

（二）提供必要的工作场所和条件保障。

（三）组织相关科研团队开展科学研究与技术攻关。

（四）落实理事会的各项决策。

（五）享有约定的知识产权等各项权利。

第十三条　从牵头研究所和参与研究所现有科研团队中遴选符合科学中心需求、综合实力强的科研团队承担科学中心科学研究任务。现有科研团队不能满足科学中心发展需要时，可由科学中心主任提出组建新的科研团队，组建方案经理事会同意后报科技管理局，经院常务会议审定后执行。

第三章 组建程序

第十四条 科技管理局根据科学中心建设整体规划明确中心组建条件和程序等。科学中心按照“严格甄选、重点支持、成熟一个启动一个”的原则建设布局，组建条件：

（一）领域方向。领域方向是国家农业农村发展急需领域或国际前沿新兴交叉方向，应具备“基础性、原创性、前瞻性、引领性、战略性”等特性。

（二）人才队伍。拥有该领域领军人物、在主要研究方向上有高水平的学术带头人。拥有创新思维活跃、组织执行能力强、知识和年龄结构合理的科研团队。

（三）成果产出。在相关领域方向已取得或有望取得重大突破，包括解决重大科学问题，突破性原创技术，开辟新的研究方向，形成先进系统解决方案等。

（四）平台条件。拥有科学研究类、技术创新类或基础支撑类科技平台，能够为本领域“根理论”与“根技术”创新提供有力支撑。

第十五条 科学中心的组建程序：

（一）提出需求。研究所或知名专家在科学中心整体规划下向科技管理局提出符合组建条件的科学中心建议书，明确建设需求，科技管理局形成书面报告提交院常务会议。

（二）编写方案。科学中心建设需求经院常务会议确认后，明确理事长和中心主任人选。科学中心主任组织编写科学中心建设方案提交科技管理局。建设方案需明确科学中心的核心使命、不超过 3 项本领域的“根理论”和“根技术”、科研任务、创新目标、牵头和参与研究所、科研团队、运行管理机制等内容。

（三）审核论证。科技管理局会同人事局、财务局、基本建设局等综合职能部门对拟建科学中心建设方案进行协调审核，科技管理局组织对拟建科学中心建设方案进行咨询论证，包括现场考察、院学术委员会咨询论证等环节，审核论证结果作为院常务会议审议决策的重要依据。

（四）审议决策。科技管理局将拟建科学中心建设方案提交院常务会议审议，审定建设方案中所含事项和支持政策等。

第十六条 中国农业科学院常务会议审议通过科学中心建设方案后，由中国农业科学院发文批复成立。

第四章 运行管理

第十七条 科学中心按照批复的建设方案，配齐创新资源要素，围绕使命职责，组织优秀科研团队开展协同攻关。

第十八条　中国农业科学院与科学中心签订以五年为周期的任务书，任务书甲方为中国农业科学院，乙方为科学中心主任。任务书中明确五年内的科研任务、研究内容、绩效指标、技术攻关路线图和时间表、任务分工、任务经费概算等内容。科学中心主任与科研团队之间签订子任务书。

第十九条　任务书签订后，科学中心应及时部署与推进相关组织实施工作。理事会应当发挥组织协调功能，定期召开会议，总结工作进展，加强具体任务之间的协调。理事长协调督促人、财、物等创新要素配置到位并监督使用；科学中心主任对任务技术路线、创新目标与产出、具体任务分工与进度安排等作出明确要求，督查具体任务实施；牵头研究所、参与研究所、科研团队应按照任务书分工安排履行各自责任和义务，协同开展科技攻关。实施过程中，如需调整任务和分工安排，须经理事会审议通过。

第二十条　对接国家实验室、全国重点实验室，围绕学科领域内共同的平台需求，整合现有资源，将科学中心建设成为满足“根理论”“根技术”创新需要的公共平台，为我国现代农业发展提供支撑服务。

第二十一条　科学中心建立共享机制，在建设方案中明确知识产权、技术方法、材料、平台、数据等共享方式。

第二十二条　院对科学中心实行稳定、兜底的经费支持机制。稳定支持与竞争性经费互相衔接，互为补充。

第二十三条　科学中心经费主要包括相关科研任务经费和稳定性科研奖励经费，由科学中心统筹管理使用，纳入相关研究所预算管理，专款专用。稳定性科研奖励经费由中心主任提议、理事会确定分配方案。

第二十四条　科学中心经费执行中国农业科学院科技创新工程经费管理办法，加强经费使用监督检查。

第二十五条　建立科学中心组织实施的责任追究机制。对在实施过程中发生的学术不端、违规使用经费以及其他违规行为，按照有关规定追究相关责任人和研究所的责任。

第五章　绩效考评

第二十六条　中国农业科学院对科学中心建立以创新质量与贡献为导向的考核评价制度。在创新质量方面，从创新成果的原创性、先进性和引领性等方面进行评价；在创新贡献方面，从学术贡献、产业贡献和社会贡献等方面进行评价，重在引导重大理论发现与关键技术突破。

第二十七条　按照年度报告、三年中期检查、五年绩效考评的方式对科学中心进行周期性考评。由科技管理局组织开展，具体考评方案在每次考评实施前印发。科学中心运行期间，中国农业科学院可结合相关工作开展专题调研或专项检查。

第二十八条 年度报告侧重对科学中心年度工作情况的了解和掌握，发挥督促作用。年度报告主要包括年度主要科研工作进展、经费分配与使用以及有关需要说明的调整和变化等情况。

第二十九条 中期检查侧重诊断、发现问题、促进提高。评议要点包括科研任务进展情况、体制机制创新情况、存在问题以及需要调整的方向和任务等。

第三十条 五年考评侧重科研产出质量、人才团队水平、科学中心发展态势。评议要点包括建设目标的完成情况、科研任务完成情况、成果产出的质量、影响和贡献、创新平台建设情况、人才团队建设情况、在国内外同领域的地位、运行管理情况等。

第三十一条 中国农业科学院根据三年中期检查和五年考评结果，对科学中心进行滚动支持或调整。科学中心考评结果分为优秀、良好、一般三个等级。优秀和良好等级适当增加支持力度，一般等级需要调整改进。

第三十二条 科学中心内部对科研团队的考评由理事会确定考评方案，明确考评内容、标准、程序、方法、考评结果等级划分等，由科学中心主任组织实施。

第三十三条 科学中心建立科研团队退出机制。根据科学中心内部对科研团队的考评结果，连续两次考评结果排名靠后（比例由科学中心自定）且不再适合中心发展需要的科研团队退出中心。科研团队退出方案由科学中心主任提出，经理事会审议通过后执行。

第三十四条 牵头研究所和参与研究所支持科学中心建设情况，纳入中国农业科学院对各研究所评价。牵头研究所和参与研究所的科研人员在科学中心工作取得的重大成果，同时视为其人事关系所在单位的重大产出。

第六章 附 则

第三十五条 科学中心命名为“中国农业科学院×××科学中心”，英文名称为“CAAS Center for Science in ×××”（英文翻译可结合相关领域翻译调整）。在牵头研究所加挂科学中心的牌子。

第三十六条 科学中心形成的各项科研成果须标注“中国农业科学院科技创新工程”资助，英文标注为“Innovation Program of Chinese Academy of Agricultural Sciences”。

第三十七条 本办法由科技管理局负责解释。

第三十八条 本办法自印发之日起实施。

中国农业科学院关于农业环境与可持续发展研究所等 6 个研究所变更科技创新工程科研团队首席科学家的批复

农科院科〔2022〕154 号

农业环境与可持续发展研究所、生物技术研究所、油料作物研究所、兰州畜牧与兽药研究所、南京农业机械化研究所、烟草研究所：

你们关于调整科技创新工程科研团队首席科学家的请示收悉。经研究，现批复如下。

同意农业环境与可持续发展研究所“种植废弃物清洁转化与高值利用”团队首席由赵立欣调整为姚宗路，“智慧气象与农业气候资源利用”团队首席由许吟隆调整为马欣。

同意生物技术研究所“高光效功能基因组”团队首席由路铁刚调整为张治国，“微生物智能设计与合成”团队首席由林敏调整为燕永亮。

同意油料作物研究所“南方大豆遗传育种”团队首席由周新安调整为陈海峰，“油料作物基因组学与抗病性改良”团队首席由刘胜毅调整为刘立江，试用期一年。

同意兰州畜牧与兽药研究所“绵羊资源与育种”团队首席由杨博辉调整为刘建斌。

同意南京农业机械化研究所“棉麻类收获机械”团队首席由石磊调整为张彬，“绿色耕作与根果类作物收获技术与装备”团队首席由胡志超调整为吴峰。

同意烟草研究所“烟草病虫害绿色防控”团队首席由王凤龙调整为杨金广。

请按照管理办法等相关文件要求，签订首席科学家聘用合同，督促做好工作交接，明确任务目标，加强团队管理，按要求对一年试用期首席做好期满考核工作，确保科技创新工程各项工作顺利实施。

特此批复。

中国农业科学院

2022 年 11 月 14 日

中国农业科学院关于西部农业研究中心科研团队组建方案的批复

农科院科〔2022〕159 号

西部农业研究中心：

《中国农业科学院西部农业研究中心（科技援疆指挥部）关于组建创新团队的请示》已收悉。依据《中国农业科学院西部农业研究中心建设运行实施方案》和《中国农业科学院科技创新工程综合管理办法（试行）》《中国农业科学院科技创新工程岗位管理办法（试行）》等有关规定，经院常务会议审议，同意你中心组建 5 个科研团队。现批复如下：

“高品质棉花生产模式与技术”科研团队，宋美珍研究员担任团队首席；“西部粮棉轮作技术”科研团队，董合林研究员担任团队首席；“棉花布局与低碳生产技术”科研团队，王占彪研究员（所聘）担任团队首席，试用期一年；“西部作物生物安全防控”科研团队，杨念婉研究员担任团队首席；“西部特色林果产业提质增效”科研团队，王力荣研究员担任团队首席。

请你中心按照科技创新工程管理办法相关规定，与首席科学家签订聘用合同及团队绩效任务书，明确任务目标，加强团队管理，按要求对一年试用期首席做好期满考核工作，确保科技创新工程各项工作顺利实施。

特此批复。

中国农业科学院

2022 年 12 月 6 日

中国农业科学院关于印发《中国农业科学院国家科技计划项目经费管理办法（试行）》的通知

农科院科〔2022〕40 号

院机关各部门、院属各单位：

为贯彻落实《国务院办公厅关于改革完善中央财政科研经费管理的若干意见》（国办发〔2021〕32 号）文件精神，推动建立符合科研规律、规范高效、监管有力、放管结合的科研经费管理机制，经中国农业科学院 2022 年第 5 次常务会议审议通过，现将《中国农业科学院国家科技计划项目经费管理办法（试行）》印发给你们，请遵照执行。《中国农业科学院科研项目经费预算调剂管理办法》《中国农业科学院科研项目间接费用管理办法》和《中国农业科学院科研项目结转和结余资金管理办法》（农科院科〔2017〕62 号）三个管理办法同时废止。

中国农业科学院

2022 年 4 月 13 日

中国农业科学院国家科技计划项目经费管理办法（试行）

第一章　总　则

第一条　为规范我院国家科技计划项目资金管理和使用，落实项目经费使用自主权，提高资金使用效益，推动建立符合科研规律、规范高效、监管有力、放管结合的科研经费管理机制，依据《国务院办公厅关于改革完善中央财政科研经费管理的若干意见》（国办发〔2021〕32 号）、《国家自然科学基金资助项目资金管理办法》（财教〔2021〕177 号）和《国家重点研发计划资金管理办法》（财教〔2021〕178 号）等文件精神，结合全院科技计划项目资金管理实际，特制定本办法。

第二条　本办法适用于院属单位主持或参与的国家自然科学基金、国家重大科技专项、国家重点研发计划等国家科技计划项目的资金管理，并对经费预算编制与调剂、间接经费和结余经费等资金的使用和管理作出规定。院属单位须在符合国家相关经费管理制度的基础上，按照本办法管理研究所国家科技计划项目资金。

第三条　根据预算管理方式不同，科技计划项目分为预算制项目和包干制项目。

第二章　管理职责

第四条　院级层面由科技管理局和财务局负责开展国家科技计划项目的任务和资金协同管理。科技管理局负责建立国家科技计划项目与院所使命清单任务协同创新机制，推动聚焦“国之大者”，体现院所主责主业；负责鼓励和引导院属各单位积极申报国家科技计划项目，建立相应的奖惩机制，避免院内无序竞争；负责建立科研进展报告制，及时跟踪院属各单位承担国家科技计划项目重大进展；财务局负责推动建立成本核算管理体系，提升国家科技计划项目资金运行效益。

第五条　院属单位是国家科技计划项目资金使用和管理的直接责任主体，负责推动国家科技计划项目在完成规定目标任务的基础上，围绕院所使命清单开展协同创新；负责在院级指导下组织科研人员有序申报国家科技计划项目，加强与院属各单位合作协作；负责建立相应的国家科技计划项目申报激励机制；负责及时上报牵头承担国家科技计划项目的重大科研进展；负责对项目资金进行管理监督，为组织实施提供条件保障，将项目资金纳入院属单位财务统一管理，单独核算，专款专用；负责探索建立成本核算体系。

第六条　项目负责人是国家科技计划项目资金使用的直接责任人，对资金使用的合规性、合理性、真实性和相关性负责。

第三章　经费预算编制与调剂

第七条　预算制项目资金由直接费用和间接费用组成。直接费用是指在项目实施过程中发生的与之直接相关的费用。间接费用是指院属单位在开展科学研究的过程中发生的无法在直接费用中列支的相关费用。

第八条　预算制项目直接费用按设备费、业务费、劳务费三大类编制预算。直接费用中除 50 万元以上的设备费外，其他费用只提供基本测算说明，不需要提供明细。

第九条　院属单位主持的项目，设备费预算调增事项由院属单位审批；院属单位参与的项目，设备费预算调增事项由项目负责人提出申请，报项目主持单位审批。除设备费外的其他费用预算调剂由项目负责人根据科研活动实际自主安排。项目间接费用预算总额不得调增，院属单位与项目负责人协商一致后可调减用于直接费用。

第十条　包干制项目不再编制项目预算，自主决定经费使用，无须履行调剂程序，项目负责人在承诺遵守科研伦理道德和作风学风诚信要求的基础上，经费全部用于与本项目研究工作相关支出。

第四章　间接费用管理

第十一条　间接费用包括院属单位为顺利开展科学研究提供的房屋占用，日常水、电、气、暖等消耗，有关管理费用的补助支出，以及激励科研人员的绩效支出等。

第十二条　预算制项目间接费用按照直接费用扣除设备购置费后的一定比例进行核定，其中，500 万元以下的部分，间接费用比例为不超过 30%，500 万 ~ 1 000万元的部分为不超过 25%，1 000万元以上的部分为不超过 20%。

第十三条　院属单位统筹安排使用间接费用，处理好分摊间接成本和对科研人员激励的关系，绩效支出安排应当与科研人员在项目工作中的实际贡献挂钩，并向创新绩效突出的团队和个人倾斜。院属单位不得在间接费用以外，再以任何名义在项目资金中重复提取、列支相关费用。

第十四条　包干制项目中对于日常水、电、气、暖等消耗，有关管理费用的补助支出，由院属单位根据实际管理需要，在充分征求项目负责人意见基础上合理确定。

第五章　项目结余资金管理

第十五条　项目完成任务目标并通过综合绩效评价后，项目结余资金留归院属单位统筹安排用于科研活动直接支出，优先考虑原项目团队科研需求。

第十六条 院属单位应加强结余资金管理，健全结余资金盘活机制，加快资金使用进度。

第十七条 因故终止执行的项目或项目未通过综合绩效评价的，院属单位应配合将项目结余资金退回原渠道。

第六章 法人责任和强化监督

第十八条 院属单位要切实强化法人责任，制定研究所内部预算制项目资金的预算调剂、间接经费和结余经费管理办法，落实项目预算调剂、间接费用统筹使用、结余资金使用等管理权限。包干制项目应根据项目主管部门要求制定管理办法。

第十九条 院属单位按照本办法和国家相关财经法规及财务管理规定，加强内控制度和监督制约机制建设、落实项目资金管理责任；动态监管资金使用并实时预警提醒，确保资金合理规范使用；加强支撑服务条件建设，提高对科研人员的服务水平，建立常态化的自查自纠机制，保证项目资金安全。

第二十条 院属单位要建立项目资金管理信息公开机制。在单位内部公示非涉密项目立项、主要研究人员、资金使用（重点是间接费用、外拨资金、结余资金使用等）、决算、大型仪器设备购置以及项目研究成果等情况，接受内部监督，并积极配合有关部门和机构的监督检查。

第七章 附 则

第二十一条 本办法由院财务局、科技管理局负责解释。

第二十二条 本办法自印发之日起实行。如遇与国家相关制度相抵触的，执行国家规定。2017 年制定的原《中国农业科学院科研项目经费预算调剂管理办法》《中国农业科学院科研项目间接费用管理办法》和《中国农业科学院科研项目结转和结余资金管理办法》（农科院科〔2017〕62 号）三个管理办法同时废止。

中国农业科学院关于印发《中国农业科学院基本科研业务费专项管理实施细则（2022 年修订版）》的通知

农科院科〔2022〕43 号

院机关各部门、院属各单位：

为贯彻落实《国务院办公厅关于改革完善中央财政科研经费管理的若干意见》（国办发〔2021〕32 号）等文件精神，进一步加大青年人员支持力度，加大科研人员激励力度，强化专项绩效管理，提高资金使用效益，经中国农业科学院 2022 年第 5 次常务会议审议通过，现将《中国农业科学院基本科研业务费专项管理实施细则（2022 年修订版）》印发给你们，请遵照执行并及时制修订本单位专项管理实施细则。《中国农业科学院基本科研业务费专项管理实施细则（修订版）》（农科院科〔2019〕158 号）同时废止。

中国农业科学院

2022 年 4 月 19 日

中国农业科学院
基本科研业务费专项管理实施细则
（2022年修订版）

第一章 总 则

第一条 为规范中国农业科学院基本科研业务费专项（以下简称专项）使用和管理，加强绩效管理，提高资金使用效益，贯彻落实中共中央、国务院关于科技领域“放管服”改革的要求，进一步激励科研人员产出高质量科技成果、为实现高水平科技自立自强作出更大贡献。根据《中央级公益性科研院所基本科研业务费专项资金管理办法》（财教〔2016〕268号）（以下简称财政部办法）、《农业部基本科研业务费专项资金管理办法》（农办财〔2016〕85号）、《国务院办公厅关于改革完善中央财政科研经费管理的若干意见》（国办发〔2021〕32号）及《财政部关于〈中央级公益性科研院所基本科研业务费专项资金管理办法〉有关问题的补充通知》（财教〔2021〕203号）等有关规定，结合我院工作实际，制定本实施细则。

第二条 专项坚持面向世界农业科技前沿、面向农业经济主战场、面向国家农业重大需求、面向人民生命健康，按照“稳定支持、长效机制；分类分档、动态调整；依托院所、突出重点；放管结合、注重绩效；专款专用、严格管理”的原则进行管理和使用，为推动形成我院持续发展、不断创新的长效机制提供稳定经费支持。

第三条 专项支持对象为我院各直属研究所、研究生院及院本级（统称院属单位）。任务负责人一般为院属单位在编人员。院属单位用于支持40岁以下青年科研人员的经费比例，一般不得低于年度预算的50%。

第四条 专项分“院级统筹”和“所级统筹”两部分，由院所两级分级管理、分级负责。

第五条 依据财政部办法规定的专项五大使用方向，结合我院实际，自主确定院所两级专项支持重点，与国家科技计划、院科技创新工程等经费有效衔接、合理区分。

（一）“院级统筹”部分。重点支持农业农村部及我院研究确定的科技支撑重点履职任务，支持青年科研人员开展创新性科研任务，支持农业农村应急性科研任务。

科技支撑重点履职任务。围绕农业农村部及我院年度重点履职工作部署攻关任务，重点支持乡村振兴科技支撑行动、国家农业科技创新联盟建设、学科力量优化布局、科技平台提质增效、重大成果提升培育、农业科技国际合作创新、农业智库建设等重点工作确定的科研任务。

青年创新科研任务。聚焦“突出原创、鼓励探索、聚焦前沿、交叉融合”，支持一批青年科研人员开展前沿性、原创性、颠覆性、非共识性的科研任务，引导和激励科研人员开展基础前沿理论与关键技术创新，在发展新理论、新方法、新技术等方面取得原始创新成果，为农业科技创新提供重要理论和技术支撑。

农业农村应急性科研任务。落实中共中央“三农”决策部署及部院党组重要批示，围绕紧急和突发的产业重大科技需求，履行我院国家队职责，发挥专项自主选题、快速决策机制优势，支持短期内国家科技计划难以资助的应急性科研任务。

（二）“所级统筹”部分。由院属单位重点落实农业农村部及我院提出的重点工作科研任务；根据各自职能定位，围绕确立的学科方向自行确定支持重点，进行自主选题；重点支持 40 岁以下青年科研人员开展符合专项使用方向的研究工作。

第二章　机构与职责

第六条　院级层面，专项建立由科技管理局和财务局共同牵头，相关业务局参与的局级联席工作机制，共同协商“院级统筹”使用与管理等事宜。

（一）科技管理局职责。负责专项科研任务管理。牵头制修订院级专项管理实施细则；组建院级专项管理咨询委员会；确定“院级统筹”年度支持重点、编制任务需求，开展任务组织立项、咨询评议、提出立项资助方案；开展“院级统筹”任务下达、任务书签订、结题验收等工作；会同财务局配合农业农村部开展全院中期绩效评价；审核汇总预算绩效目标、绩效监控和绩效自评结果等与科研任务相关的绩效管理内容；指导院属单位确定“所级统筹”支持重点，组织签订“所级统筹”法人任务书，监督任务实施与组织管理情况，配合财务局开展专项资金的监督管理。

（二）财务局职责。负责专项经费预算管理及组织预算绩效管理。配合科技管理局制修订院级专项管理实施细则；汇总提出全院专项年度预算细化分配方案；组织部门预决算管理及预算绩效管理；会同科技管理局开展专项资金的监督管理，审核“院级统筹”资助任务预算、结题财务验收经费决算；对列入院本级的“院级统筹”任务资金开展核算管理。

（三）相关业务局职责。院机关相关业务局通过局级联席工作机制参与专项的组织实施；围绕职能定位，提出“院级统筹”立项需求建议；配合科技管理局开展“院级统筹”任务组织立项、咨询评议、结题验收等工作。

第七条　院属单位是专项任务和经费管理使用的责任主体，主要责任包括：

（一）切实履行本单位专项的法人管理主体责任，院属单位法定代表人对本单位专项负有第一责任，具体管理和使用本单位专项经费，对本单位专项（包括“所级统筹”和“院级统筹”）管理和使用的规范性与合理性负责，对本单位专项的预算绩效负责。

（二）制修订本单位专项相关管理制度，组建所级专项管理咨询委员会。

（三）研究确定“所级统筹”支持重点和年度资助方案。按照与院签订的法人任务书，组织本单位专项实施，落实配套条件。编报本单位专项年度预决算（含绩效目标、绩效自评等），完成专项整体任务和绩效目标。对本单位专项任务组织实施、人才及团队建设、经费使用、检查监督、结题验收和绩效评价等履行管理职责。

第八条 院级专项管理咨询委员会依托院学术委员会成立，应包括农业农村部科技教育司和计划财务司相关负责人、院法定代表人、分管科研和财务工作的副院长、学术委员会学部主任委员等，主要负责对“院级统筹”年度支持重点和立项方案进行咨询评议，对合作经费确需外拨事宜进行咨询等。所级专项管理咨询委员会由院属单位按照专项管理办法规定组建，人员组成与职责参照院级专项管理咨询委员会。院所两级管理咨询委员会根据实际工作需要定期或不定期调整。

第九条 任务负责人是专项任务和经费使用管理的直接责任人，负责根据任务书约定开展科研工作，对任务经费使用的真实性、相关性、合规性和合理性负责，对任务预算绩效负责。除应急性任务外，每位科研人员承担的院所两级在研任务不得超过1项。

第三章 任务管理

第十条 “院级统筹”设一般任务和重大任务，资助期限为1~3年不等。重大任务指年度经费60万元（含）以上，或执行期内总经费100万元（含）以上的任务。“所级统筹”可参照执行，自行确定。

第十一条 “院级统筹”采取定向择优委托与竞争立项相结合的方式，确定科研任务及其承担单位和任务负责人。

科技管理局牵头组织相关业务局在战略研究基础上提出“院级统筹”任务建议和立项需求，形成年度立项安排建议方案报院常务会审议。根据审议通过的年度立项安排建议方案，定向择优委托任务需经集体研究提出科研任务、确定任务绩效目标、拟承担单位与任务负责人等，经分管院领导审核后报科技管理局；竞争立项任务面向全院进行选题征集，经组织函评、会评等评审环节，确定科研任务、任务承担单位和任务负责人，经分管院领导审核后报科技管理局。

第十二条 科技管理局组织开展“院级统筹”立项工作，组织编制任务书、开展任务书咨询评议，根据年度预算“一下”控制数，形成“院级统筹”任务建议清单及预算建议方案，报院级管理咨询委员会咨询、报院常务会审定。审定通过后在单位内部公示不少于5个工作日（涉密任务除外）。公示无异议后，由科技管理局向院属单位下达立项通知，签订任务书。任务负责人应根据咨询评议意见对工作任务书进行修改完善，任务书填写及修改不到位的任务将撤销立项，相应已安排经费由科技管理局协调院属单位再行统筹安排。

第十三条 相关业务局或院属单位根据实际情况提出农业农村应急性科研任务立项需求。科技管理局汇总应急任务需求（含经费拨付计划），按需报院常务会审定。审定通过的应急任务由科技管理局组织咨询评议、签订任务书并组织实施，执行期原则上为

1 年。审定的应急任务经费由科技管理局会同财务局在任务书签订后 30 日内，将经费拨付至任务承担单位，参照国家科技计划项目管理专业机构的拨付要求执行。

第十四条 “院级统筹”由科技管理局与任务负责人签订任务书。立项时签订一次性任务书，后续年度如涉及经费变化，以正式下达数为准。重大任务各承担单位（包括任务牵头单位和课题承担单位）应根据任务书确定的目标和分工，履行各自责任和义务，共同完成任务总体目标。任务负责人可自行与课题承担单位签订课题任务书。课题承担单位及课题负责人应积极配合任务负责人开展工作，及时报告研究进展、经费使用情况、重大事项等。

第十五条 使用专项经费联合院（所）外单位共同开展研究工作，合作研究经费一般不能拨至院外单位。确需外拨时，应按经费预算管理主体，经院或所级管理咨询委员会咨询论证，并签订科研任务合同。

“院级统筹”任务中须院属单位之间开展联合研究工作的，相关单位的经费应根据任务书约定在预算“一下”时细化到相应单位，院属单位间不得拨付合作研究经费。

第十六条 任务实施过程中，如需变更任务负责人、改变研究方向与内容、调整任务绩效目标的，由任务负责人或其所在单位提出变更申请。任务因故撤销或终止的，承担与参与单位应当及时清理账目与资产，编制财务决算及资产清单，对重大任务及时进行审计或审查，审计、检查等发现的违规资金应及时退回，涉及已购物资、材料及仪器设备处置收入，按照国家有关规定执行。“院级统筹”任务变更申请经任务承担单位科研管理部门审核并加盖法人章后，由科技管理局审批并出具意见。“所级统筹”任务变更申请由院属单位自行审批。

第十七条 任务负责人可在研究方向不变、考核指标不降低的前提下，自主调整研究方案和技术路线。实施周期在 3 年（含）以下的“院级统筹”任务以承担单位自我管理为主，一般不单独开展过程检查。“所级统筹”任务由院属单位负责实施管理。

第十八条 院法人与所级法人签订年度法人工作任务书，明确“所级统筹”支持方向、重点工作、绩效目标、经费预算等，绩效目标应与部门预算“二上”中设定的绩效目标有效衔接。年度法人工作任务书由中国农业科学院法人签章。

第十九条 “所级统筹”由院属各单位参照“院级统筹”管理环节和要求进行组织实施。

第四章 经费管理

第二十条 财务局会同科技管理局，根据全院年度专项预算规模、“院级统筹”工作需求、院属各单位上年度正式在编科研人员数量和中期绩效评价结果，结合预算执行情况和科研信用记录，提出全院专项年度预算分配方案，经院常务会审议后，核定院属各单位专项年度预算。

第二十一条 院属单位根据核定的年度预算编制专项预算“一上”建议方案或

"二上"草案。财务局会同科技管理局组织审核、汇总后，按部门预算程序上报农业农村部。

第二十二条 财务局根据部门预算"二下"批复情况，批转下达院属单位专项年度预算。

第二十三条 专项经费应纳入院所财务统一管理，按任务（课题）单独核算，专款专用。

第二十四条 专项经费由直接费用和奖励经费组成。

（一）直接费用指在任务（课题）实施过程（包括研究、中间试验试制等阶段）中发生的与之直接相关的费用。直接费用不得开支本单位在职在编有工资性收入的人员工资、奖金、津补贴和福利支出，不得分摊本单位科研用房占用费、管理费用、与任务执行无关的水电暖消耗费用等公共管理和运行费用，不得开支罚款、捐赠、赞助、投资等，不得用于按照国家规定不得列支的其他支出，不得开支与任务执行无关的支出。

设备费：是指任务（课题）实施过程中购置或试制专用仪器设备，对现有仪器设备进行升级改造，以及租赁外单位仪器设备而发生的费用。计算类仪器设备和软件工具可在设备费科目列支。院属单位应当严格控制设备购置，鼓励共享、试制、租赁专用仪器设备以及对现有仪器设备进行升级改造，避免重复购置。

业务费：是指任务（课题）实施过程中，消耗的各种材料、辅助材料等低值易耗品的采购、运输、装卸、整理等费用，发生的测试化验加工、燃料动力、出版/文献/信息传播/知识产权事务、会议/差旅/国际合作交流等费用，以及其他相关支出（如重大任务审计费用）。会议费、差旅费、国际合作交流费等有国家规定标准的，严格按国家有关规定执行。

劳务费：是指在任务（课题）实施过程中支付给参与研究的研究生、博士后、访问学者和任务（课题）聘用的研究人员、科研辅助人员等的劳务性费用，以及支付给临时聘请的咨询专家的费用等。项目聘用人员劳务费开支标准，参照当地科学研究和技术服务业从业人员平均工资水平，根据其在项目研究中承担的工作任务确定，其由单位缴纳的社会保险补助、住房公积金等纳入劳务费科目开支。支付给临时聘请的咨询专家的费用标准，严格按照国家有关规定执行，不得支付给对本单位专项具有相关管理权责的人员、参与任务（课题）研究和管理的相关人员。

（二）奖励经费指专项中提取的主要用于科研人才激励和科技奖励的经费，严格按照《中国农业科学院关于稳定性科研专项奖励经费管理的指导意见》和本单位研究制定报院审定后实施的奖励经费管理办法规定执行，实行统一提取、统筹管理、单独核算，原则上按核定到各单位的年度专项预算20%提取，在部门预算"一下"阶段核定到院属单位。应急性科研任务的奖励经费在年中立项时核定、从院本级调整至任务（课题）承担单位。奖励经费编入指定科目，纳入单位绩效工资总额管理。

院属单位要按照办大事、保重点的原则，在核定的单位绩效工资总额内统筹用好奖励经费，不得以平均主义和大锅饭等方式搞人人有份，不按经费规模核定到项目、团队、任务（课题），不得在核定的奖励经费以外再以任何名义在任务（课题）资金中重复提取、列支相关费用。

第二十五条 任务负责人编制任务书：

（一）确定研究内容和实施方案，设定绩效目标和考核指标。

（二）依据资金开支范围，科学、合理、真实地编制任务书预算，对设备费、业务费、劳务费预算不得简单按比例编制。

（三）直接费用除 50 万元以上设备费预算需提供主要用途和理由等测算明细外，其他费用预算只提供基本测算说明，不需要提供明细。

第二十六条 院属单位强化主体责任，加强本单位专项预算执行管理。奖励经费严格预算控制和使用管理，于当年执行完毕，不得结转以后年度使用。

建立院属单位专项预算细化安排与执行进度挂钩制度，根据农业农村部有关预算执行要求，挂钩调整院属单位年度专项“所级统筹”预算细化安排。

第二十七条 院属单位确需增减本单位专项年度预算总额等的预算调剂，应按部门预算调剂程序于每年 7 月 31 日前报财务局，经审核后按程序报农业农村部审核，最终报财政部批准。

院属单位专项年度预算总额不变，任务（课题）预算需要调剂的，按照以下调剂范围和权限，履行相关程序：

（一）任务（课题）预算调剂，由院属单位履行决策程序后进行审批，办理任务（课题）预算增减调剂手续。“院级统筹”任务（课题）预算发生调剂情况，应及时报科技管理局和财务局备案。

（二）任务（课题）预算不变，任务（课题）参与单位之间预算调剂的，由项目牵头单位审批，报科技管理局和财务局备案。

（三）任务（课题）预算不变，设备费预算确需调剂的，任务负责人根据科研活动需要提出申请，院属单位应统筹考虑单位现有设备配置情况、任务（课题）实施实际需求等进行审批，办理调剂手续。业务费和劳务费预算确需调剂的，由任务（课题）负责人根据任务（课题）科研活动实际需要自主安排。

（四）院本级承担的任务（课题）预算确需调剂的，应报科技管理局和财务局审批。

承担任务（课题）预算不变，设备费、业务费和劳务费预算确需调剂的，由承担部门商财务局有关政府采购预算后自行审批，报科技管理局和财务局备案。

（五）涉及直接费用预算调剂的情况，任务负责人应在结题验收报告中说明。

第二十八条 专项支出属于政府采购范围的，应当按照《中华人民共和国政府采购法》及政府采购的有关规定执行。使用专项形成的固定资产、无形资产等属于国有资产，应当按照国家国有资产管理有关规定进行管理。

第二十九条 专项资金管理使用不得存在以下行为：

（一）编报虚假预算。

（二）未对专项任务（课题）资金单独核算（含农业农村应急性科研任务资金）。

（三）列支与本任务（课题）无关的支出、应当由个人负担的有关费用等。

（四）未按规定执行预算和调剂预算、违反规定转拨专项资金。

（五）通过虚假合同、虚假票据、虚构事项、虚报人员等弄虚作假，转移、套取、报销专项资金。

（六）截留、挤占、挪用专项资金。

（七）设置账外账、随意调账变动支出、随意修改记账凭证、提供虚假财务会计资料等。

（八）将农业农村应急性科研任务资金作为横向课题资金管理使用，未严格按照专项使用范围、部门预算财政拨款有关规定、执行期规范使用。

（九）其他违反国家财经纪律的行为。

第三十条 年度结束后，院属单位应将专项收支情况纳入年度决算统一编报。

第三十一条 院属单位未执行完的专项经费直接费用可结转下一年度，按原任务用途继续使用。

（一）单位年度专项预算批复后，连续两年未用完的直接费用，按财政结余资金规定办理。

（二）任务（课题）直接费用结余资金，由院属单位统筹安排用于科研活动直接支出，需重新组织立项并签订任务书。通过验收任务（课题）的结余资金，可优先用于满足原任务负责人的科研需求；未通过验收任务（课题）的结余资金，不得用于继续资助原任务负责人。

（三）院属单位应加强直接费用结余资金管理，健全结余资金盘活机制，加快资金使用进度。

第五章 综合绩效评价

第三十二条 专项经费应建立完善全过程预算绩效管理机制，按规定开展任务（课题）立项资助事前绩效评估，科学合理设定本单位专项绩效目标，做好绩效监控、绩效自评，配合开展自评结果抽查核验、部门评价等，强化绩效结果运用，做好绩效信息公开。

第三十三条 根据评价主体的不同，综合绩效评价分为两种：对任务的验收评价、对院属单位专项的绩效评价。

第三十四条 任务验收评价指对执行到期任务的任务完成情况和经费使用情况开展一次性综合验收评价工作，应在任务执行期满后半年内完成。

第三十五条 “院级统筹”任务验收评价由院组织、院属单位配合开展。

（一）任务负责人按照任务书约定，及时清理账目和资产，如实编制并提交验收报告（含经费决算）及技术报告、论文论著、专利、财务账等相关基础材料和证明材料。院属单位科研管理部门会同财务部门共同审查后在单位内部统一公示 5 个工作日。公示有异议的，院属单位应进行核查。公示无异议后，院属单位将验收报告及相关证明材料统一提交科技管理局。

（二）一般任务由院属单位负责进行结题验收，由科技管理局会同财务局对结题验收情况进行抽查，抽查不合格的任务视为不通过验收。

（三）重大任务由科技管理局会同财务局组织一次性会议验收。会议验收前，由任务牵头单位自主选择有资质的会计师事务所，以任务整体为单元统一进行财务审计。审计指出问题的，须整改完成后方可进行会议验收。结题财务审计报告是重大任务会议验收的重要依据。

第三十六条 验收结论分为通过验收和不通过验收两档。

通过验收的“院级统筹”任务，科技管理局在验收报告上加盖局章，反馈院属单位。任务负责人应在验收通过之日的 3 个月内办理完毕财务结账手续。

不通过验收的“院级统筹”任务，相应任务负责人纳入院科研诚信系统，且自下年度起 3 年内不能承担专项“院级统筹”任务；在细化安排下一年度任务预算时，核减相应承担单位预算额度。

第三十七条 不能按期组织验收的“院级统筹”任务，应由任务负责人提出申请并说明理由，经任务承担单位科研管理部门审核同意并盖单位法人章后，报科技管理局备案。原则上每项任务只能申请 1 次延期，延期时间不超过 1 年。无故不验收或逾期未验收的，按不通过验收处理。

第三十八条 “院级统筹”任务完成验收后，相关业务局、任务承担单位和任务负责人对任务书、验收报告及相关技术文件进行归档管理。

第三十九条 院属单位组织开展“所级统筹”任务结题验收工作，做好结题验收材料归档管理。可参照“院级统筹”任务要求执行。

第四十条 院属单位专项的绩效评价是以提升科研创新能力和促进科研成果产出为导向，对院属单位专项的组织管理、绩效指标完成情况、科研进展与成效、经费使用与管理情况等进行综合评价。

第四十一条 院属单位专项的绩效评价包括年度监测和中期绩效评价。

（一）年度监测主要结合年度预算绩效自评开展，以绩效自评表和自评报告的方式体现。院属单位原则上在 1 月 31 日前，向科技管理局提交上一年度绩效自评报告，科技管理局会同财务局汇总后形成全院年度专项使用情况报告，提交农业农村部。

（二）中期绩效评价一般每 3 年开展一次，由科技管理局会同财务局配合农业农村部开展，重点对院属单位专项管理和使用绩效、支持形成有益于持续发展和不断创新的长效机制、科研信用情况、经费使用与管理情况等进行评价。

第四十二条 建立专项分档支持标准，按照约 30%、50%和 20%的比例，将院属单位专项评价结果分为优秀、良好、一般 3 档。依据中期绩效评价结果对院属单位下一次中期绩效评价前的“所级统筹”年度预算进行动态调整，优秀的单位按“所级统筹”年度测算基数的5%增加预算，“一般”的按5%减少预算。

第六章 监督检查

第四十三条 专项纳入院所科研经费信息公开内容，在一定范围内及时公开预算安排和执行情况、任务资助情况、结题验收情况等，接受监督。

第四十四条 院及院属单位应加强内部控制，明确相关部门职责权限，履行科研管理部门任务和绩效监督职责，强化财务监督职能，在任务安排、经费分配、经费使用等方面建立管理与监督机制，运用财务信息化等手段，进行常态化的自查自纠。

第四十五条 院所科研管理、财务审计和纪检监督部门对专项实施监督和管理。专项使用中如发现弄虚作假、截留、挪用、挤占等违反财经纪律的行为，视具体情况给予通报批评，责令限期整改，或调整相应院属单位有关年度预算；对情节严重的单位和人员，按有关规定严肃处理并追究责任。

第七章 附 则

第四十六条 专项工作形成的科学数据、自然科技资源等，按照国家规定开放共享并提交科技报告。

第四十七条 专项工作形成的论文和专著等科研成果须标注“中央级公益性科研院所基本科研业务费专项（任务编号）资助”字样，英文标注为“Central Public-interest Scientific Institution Basal Research Fund（No.）”。

第四十八条 院属单位应根据“放管服”改革政策措施、财政部和农业农村部办法规定以及修订后的本实施细则，制修订本单位的专项管理细则，及时报科技管理局、财务局备案。实施细则应落实预算调剂、奖励经费管理、劳务费管理、结余资金使用等“放管服”改革相关管理要求。

第四十九条 本实施细则由科技管理局、财务局负责解释。

第五十条 本实施细则自印发之日起施行。《中国农业科学院基本科研业务费专项管理实施细则（修订版）》（农科院科〔2019〕158号）同时废止。

中国农业科学院关于印发《中国农业科学院青年创新专项实施办法》的通知

农科院科〔2022〕129 号

院机关各部门、院属各单位：

为进一步调动全院青年科研人员积极投身农业科研事业，推动更多青年人员勇闯“无人区”，在“前沿性、原创性、颠覆性、非共识性”基础理论与关键技术方面深入研究，对青年创新专项申报和遴选机制进行了完善优化。经中国农业科学院 2022 年第 14 次常务会议审议通过，现将修订后的《中国农业科学院青年创新专项实施办法》印发给你们，请遵照执行。

中国农业科学院

2022 年 10 月 20 日

中国农业科学院青年创新专项实施办法

（中国农业科学院2022年第14次常务会议修订）

第一章　总　则

第一条　为加强青年人才队伍建设，激发青年科研人员创新活力，特设立“青年创新专项”资助（以下简称青创专项），推动我院青年人才快速成长，培养造就一批有望进入世界农业科技前沿的优秀青年科学家。

第二条　青创专项坚持面向世界农业科技前沿、面向国家重大需求、面向现代农业建设主战场和面向人民生命健康，聚焦“突出原创、鼓励探索、聚焦前沿、交叉融合”，支持一批具有前沿性、原创性、颠覆性、非共识性的科研任务，引导和激励青年科研人员开展基础前沿理论与关键技术创新，在发展新理论、新方法、新技术方面取得原始创新成果，为农业科技创新提供重要理论和技术支撑。

第三条　专项实行任务制管理方式，由中国农业科学院科技管理局负责组织实施和日常管理。

第四条　科技管理局在专项管理过程中履行以下职责：

（一）制定并发布年度申报通知。

（二）受理任务申请。

（三）组织专家进行评审。

（四）批准资助任务。

（五）管理和监督资助任务实施。

第五条　任务经费的管理和使用必须符合国家、中国农业科学院、研究所有关经费管理和财务制度。

第六条　任务的立项、遴选和管理工作遵循“公开评选、不拘一格、大胆放手”原则和“平等竞争、科学民主、激励创新”的运行机制，破除“唯论文、唯帽子、唯职称、唯学历、唯奖项”的“五唯”标准，执行回避和保密的有关规定。

第二章　申　请

第七条　科技管理局在广泛听取意见和专家评审组论证的基础上制定年度专项申报方案，每年9月发布申报通知，10月接收申请。

第八条　申请人应当具备以下条件：

（一）拥护中国共产党的领导。

（二）中国农业科学院正式在编职工。

（三）申请当年 1 月 1 日（含）未满 35 周岁。

（四）具有博士学位。

（五）以第一（含共同第一）作者发表 JCR 一区论文至少 3 篇，或单篇论文当年影响因子不小于 10。

（六）具备良好科学道德，自觉践行新时代科学家精神。

第九条　为避免重复支持，以下人员不得申请：

（一）院农科英才支持计划经费支持期内的。

（二）作为负责人正在承担青创专项的。

第十条　申请人按照年度申报通知要求提出书面申请，并对其提交申请材料的真实性负责。

第三章　遴选与立项

第十一条　遴选机制。任务立项采用院所两级遴选，研究所根据本单位实际情况进行遴选推荐，院级采用通讯评审和会议汇报咨询评审相结合的方式进行遴选。

第十二条　推荐名额。各研究所推荐名额根据上年度中国农业科学院研究所评价结果实行限额推荐。综合实力排名前十位的研究所推荐不超过 3 项，排名后十位的研究所推荐不超过 1 项，其他研究所推荐不超过 2 项。

第十三条　科技管理局负责牵头组建专项评审专家库并开展院级遴选。

第十四条　任务遴选重点考虑以下内容：

（一）近 5 年取得的科研业绩。

（二）提出创新思路和开展创新研究的潜力。

（三）对本学科领域或者相关学科领域发展的推动作用。

（四）拟开展研究工作的创新性构思、研究方向、研究内容和研究方案等。

第十五条　同行专家库原则上由院外专家构成，重点选择 45 周岁以下，近 5 年在前沿热点领域有突出贡献的科学家。

第十六条　通讯评审。科技管理局根据上报的任务申请书内容，从同行专家库中随机抽取 5 位专家进行通讯评审。对内容相近的任务选择同一组专家评审。原则上通讯评审结果排名前 2/3 的任务进入会议汇报咨询评审环节。

第十七条　会议评审。科技管理局统一组织，按照相近学科或领域进行分组，每组 7~9 位评审专家，评审专家根据任务负责人答辩情况进行现场打分。

第十八条　综合评议。按照通讯评审结果和会议评审结果分别占 60% 和 40% 的权重计算综合评议得分，依据综合评议得分排序择优立项。此外，在确保申报任务质量的基础上，对符合研究所职责使命的申报任务，且会议评审同意票数超过 60% 的，可综合考虑是否纳入资助范围。原则上年度资助数量 30 项。

第十九条 结果公示。评议结果在全院范围内公示，科技管理局负责受理公示期质疑，并进行调查和复议。

第二十条 审议发文公布。经公示无异议的拟资助任务，报院常务会议审议通过，最终由科技管理局发文公布。

第四章 实施与管理

第二十一条 每个任务资助经费为 150 万元，资助期限为 3 年，每年 50 万元。任务负责人在资助期内若获得农科英才经费支持的，科技管理局会同人事局商议后续支持事宜。

第二十二条 科技管理局与任务承担单位、负责人正式签订任务书，明确研究内容、实施方案、总体目标、绩效考核指标、参加人员和年度经费预算数（含科目预算），按财政年度管理，建立长期稳定支持与动态调整相结合的管理机制。

第二十三条 任务执行期内研究所给予任务负责人以下支持：

（一）优先保障研究生招生指标。

（二）配备科研助理。

（三）独立的签字权。

（四）给予开展研究的工作条件。

（五）配备合作指导导师。

（六）符合高级职称评审条件的，参加职称评审的可优先考虑。

第二十四条 任务负责人应切实履行责任，在任务书中明确工作方案，确定实施具体方式，全面把握实施进展情况。

第二十五条 任务执行过程中负责人可在研究方向不变、不降低考核指标的前提下，自主调整研究方案和技术路线，鼓励任务负责人赴国际一流科研院所等开展学术访问交流。

第二十六条 任务实施过程中，负责人不得变更。有下列情形之一的，研究所应当及时向科技管理局提出终止任务实施的申请，报科技管理局批准；科技管理局也可以直接作出终止任务实施的决定：

（一）违反党纪政纪、法律法规有关规定的。

（二）不再是中国农业科学院在编职工的。

（三）不能继续开展研究工作的。

（四）有剽窃他人科学研究成果或者在科学研究中有弄虚作假等行为的。

（五）无正当理由不按照要求开展相关考核的。

（六）支持期内未按时报送年度报告的。

第二十七条 任务实施期间，按照院统一部署，实行“年度报告和期满考核”绩效管理。

第二十八条　任务年度报告以简报的形式对任务研究进展和阶段性成果进行总结梳理，包括成果产出情况和社会影响方面等内容，每年 1 月底前提交科技管理局。对未按时提交和进展较差的，并视情节进行动态调整。

第二十九条　任务期满考核采用通讯评审和会议评审的形式进行，任务负责人按要求填写期满考核报告，科技管理局组织同行专家进行评审。

第三十条　任务执行期满，根据评审专家的意见，对取得创新突破、较大应用前景、考核为优秀的任务实行滚动支持，滚动支持期限不超过 1 期（3 年）。

第三十一条　专项经费纳入院所财务统一管理，单独核算，专款专用。入选者须严格执行安排青创专项资金的相应专项管理办法规定，资助经费用于开展青年创新任务相关工作开支，任何团队、个人不得克扣或挪用。

第五章　附　则

第三十二条　任务形成的科研成果必须以任务负责人为第一完成人，承担单位为第一完成单位。

第三十三条　每年资助任务数量可依据经费情况进行调整。

第三十四条　本实施办法由科技管理局负责解释。

第三十五条　本实施办法自印发之日起施行。2021 年 11 月 26 日印发的《中国农业科学院青年创新专项实施办法》（农科院科〔2021〕138 号）同时废止。

中国农业科学院关于成立
中国农业科学院成都中心的通知

农科院科〔2022〕78号

院机关各部门、院属各单位：

为深入贯彻落实党中央加快推进高水平科技自立自强、建设国家战略科技力量决策部署，充分发挥中国农业科学院国家队作用，坚持“四中心一智库”建设，加快推动农业区域战略布局，经2022年第5次院常务会研究，同意成立中国农业科学院成都中心非法人机构，与成都农业科技中心合署办公、一体化运行。

中国农业科学院成都中心作为统筹推进国家成都农业科技中心建设运行的专职机构，承担与成都市政府及相关部门对接沟通，加强院市共建合作的顶层设计和协调落实；重点组织协调沼气科学研究所、都市农业研究所、兰州兽医研究所等单位支持成都国家现代农业产业科技创新中心建设，优化在蓉科技力量布局；组织开展全院面向西南农业农村现代化的科技支撑、产业支撑、人才支撑等重要工作。

院机关各部门、院属相关单位应给予必要支持，充分发挥中心战略支撑作用。

中国农业科学院

2022年5月20日

中国农业科学院关于公布 2022 年度青年创新专项入选者名单的通知

农科院科〔2022〕39 号

院机关各部门、院属各单位：

根据《中国农业科学院青年创新专项实施办法》（农科院科〔2021〕138 号）有关规定，经个人申报、研究所推荐、形式审查、通讯评审、会议评审、院网公示、院常务会议审议等程序，共有 41 人入选 2022 年度青年创新专项，具体名单见附件。

请有关部门和入选者所在单位给予相应的配套支持，加强基础研究和青年后备人才培育，加快推进自主创新和原始创新。

附件：2022 年度青年创新专项入选者名单

中国农业科学院

2022 年 4 月 13 日

附件

2022 年度青年创新专项入选者名单

作物科学研究所　纪志远　张凯旋
植物保护研究所　严　芳　吴小虎
蔬菜花卉研究所　李　仁　赵建龙
农业环境与可持续发展研究所　王　悦
北京畜牧兽医研究所　涂　涛　汤超华
蜜蜂研究所　王　凯
饲料研究所　马　涛
农产品加工研究所　石爱民　李敏敏
生物技术研究所　崔学安　王　辰
农业资源与农业区划研究所　徐　磊　刘云鹏　余强毅
农业信息研究所　张　凝
农业质量标准与检测技术研究所　穆希岩
中国水稻研究所　陈　颖　刘朝雷
棉花研究所　杨召恩
油料作物研究所　彭登峰　郑　明　李　慧
郑州果树研究所　李　勇
茶叶研究所　张相春　边　磊
哈尔滨兽医研究所　尹　鑫　李　凯
兰州兽医研究所　王　帅　许　健
兰州畜牧与兽药研究所　尚小飞
上海兽医研究所　孔　宁
草原研究所　李西良
环境保护科研监测所　申　锋
沼气科学研究所　王　兰
烟草研究所　张　鹏
农业基因组研究所　徐　炜
都市农业研究所　谢秀兰

中国农业科学院关于科技创新工程全面推进期期满考评科研团队调整结果的通知

农科院科〔2022〕27 号

院属各单位：

为深入贯彻落实习近平总书记贺信精神，促进全院科研团队围绕“国之大者”、聚焦职责使命、坚守主责主业开展科技创新，按照创新工程绩效管理办法和“使命牵引、总量平衡、结构优化”总体原则，我院于 2021 年组织对 34 个研究所、307 个科研团队开展了创新工程全面推进期期满考评，考评结果和团队优化调整方案已分别经 2022 年第 2 次、第 3 次院常务会议审议通过。根据院常务会议关于优化调整学科方向和科研团队的部署要求，现将团队优化调整情况与有关事项通知如下。

团队布局调整。本次调整重点是对现有团队进行优化。植保所、水稻所、麻类所、哈兽研、环保所在退出 6 个团队的基础上组建 6 个团队，国家南繁研究院组建 7 个团队，加工所和上兽研各组建 1 个团队，其他研究所暂不新增团队。

团队首席调整。对符合首席岗位条件的拟聘首席均予以批准，对职称为所聘研究员的拟聘首席设置 1 年试用期。首席长期不在岗、空缺或满 58 周岁的团队，研究所须在本通知印发后半年内完成首席遴选，未完成首席遴选的团队核减翌年度创新工程预算经费。

团队名称调整。为进一步督促研究所聚焦职责使命和主责主业，明确团队研究方向和重点，同意研究所提出的团队名称调整申请。

强化整改监督。对本次研究所考评排名最后且尚未进行整改的团队，研究所须在本通知印发后 2 个月内研究提出团队整改计划，并报送至科技局发展规划处，审核通过后，半年内完成整改。

请各研究所按照科研团队和首席调整结果，登录“数字农科院”平台系统，于 3 月 26 日前完成科研团队相关信息填报。

中国农业科学院

2022 年 3 月 7 日

中国农业科学院关于成立中国农业科学院生物产业前沿技术创新中心的通知

农科院科〔2022〕22 号

院机关各部门、院属各单位：

为深入贯彻落实中共中央加快推进高水平科技自立自强、建设国家战略科技力量、支撑经济社会高质量发展决策部署，充分发挥中国农业科学院国家队作用，加快生物产业前沿技术创新，努力抢占生物技术研发制高点，把握生物产业经济发展主动权，经2022 年第 1 次院常务会研究，同意成立中国农业科学院生物产业前沿技术创新中心，依托单位为中国农业科学院南繁育种研究中心。

生物产业前沿技术创新中心负责全院植物生物技术研究的顶层设计和统筹协调；研判生物产业发展趋势；构建院所联动的生物技术研发与推广应用链条式推进新格局；开展基因编辑技术、生物育种、生物农药、生物肥料、生物安全评价等领域技术创新，搭建技术研发、中试孵化、自主转化平台体系，加快中国农业科学院生物产业前沿技术创新与产业化应用步伐，支撑农业农村高质量发展。

生物产业前沿技术创新中心为非法人机构的学术型科研协作组织，不设人员编制，所需办公场所、人员、经费均由依托单位内部调剂解决。依托单位应履行法人责任，积极争取中央和地方资源，提供必要的科研条件和基本保障，加强对中心的监督和管理。院机关各部门、院属相关单位应给予必要支持，着力发挥好中心作用。

中国农业科学院

2022 年 2 月 9 日

农业农村部办公厅关于认定第三批国家农业科技创新联盟的通知

农办科〔2022〕6 号

国家农业科技创新联盟成员单位，各省、自治区、直辖市农业农村（农牧）厅（局、委），新疆生产建设兵团农业农村局，中国农业科学院、中国水产科学研究院、中国热带农业科学院，有关农业大学，各省级农业科学院：

为促进国家农业科技创新联盟（以下简称联盟）健康发展，保障联盟高质量运行，营造联盟高标准建设的良好环境，按照《农业农村部办公厅关于国家农业科技创新联盟的指导意见》（农办科〔2020〕12 号）有关要求，联盟秘书处委托中国科学院科技战略咨询研究院第三方评估研究中心，对试运行到期的 12 个联盟开展了第三方评估。本次评估重点聚焦联盟内部协作互补的机制创新、联合解决重大问题时发挥的引领作用，以及对行业或产业发展作出的贡献。根据评估结果，认定联盟 9 个，其中标杆联盟 2 个，现将名单（见附件）予以公布。未经认定的联盟（在整改的除外），不得以国家农业科技创新联盟名义开展活动。

希望各联盟借鉴好经验好做法，坚持问题导向，凝练攻关重点，整合优势资源，着力创新机制，在促进产学研深度融合上做出新成绩，为全面推进乡村振兴、加快农业农村现代化作出新贡献。各地农业农村部门和有关单位要强化对认定联盟建设的监督、指导和支持。

附件：国家农业科技创新联盟第三批认定名单

农业农村部办公厅

2022 年 2 月 11 日

附件

国家农业科技创新联盟第三批认定名单

一、产业联盟（5个）

动物健康与食品安全创新联盟*
生物炭科技创新联盟
特种经济动物科技创新联盟
蔬菜质量标准化创新联盟
山药产业科技创新联盟

二、专业联盟（1个）

灌溉农业绿色发展联盟

三、区域联盟（3个）

广西农业科技创新联盟*
福建省农业科技创新联盟
内蒙古农牧业科技创新联盟

注：带*标识的为标杆联盟

三、科技支撑乡村振兴

中国农业科学院2022年产业发展工作概况

2022年，深入贯彻“四个面向”重要指示，全面落实“两大基石”战略布局，紧紧围绕农业农村部党组、中国农业科学院党组中心工作，加强制度创设，明确目标定位，切实推进所办企业发展，加强所办企业监管，持续推进企业改革工作，保持全院所办企业稳步发展。

一、加强服务所办企业能力建设

一是深入贯彻习近平总书记“四个面向”重要指示精神，根据中国农业科学院所办企业发展实际，研究制定了《中国农业科学院服务所办企业工作方案》，以加大服务所办企业力度，激发所办企业内生动力，充分发挥所办企业在中国农业科学院科技事业和成果转化中的重要作用为目标，提出了十大重点任务和相关保障措施。

二是召开所办企业发展专题研讨会，围绕提升所办企业发展能力展开充分讨论交流。会议讨论分析了具有代表性的6个研究所和所办企业经营发展现状、成果转化和中试孵化情况、现阶段主要瓶颈问题、亟待从院所层面获得支持和工作建议等情况，明确要科学准确地认识和把握发展所办企业的重要意义，坚持以发展为第一要务，加强院所对企业发展的服务，强化“守住底线、不踩红线”的风险防控意识。

三是举办所办企业发展论坛。根据当前中国农业科学院所办企业发展实际，采取线上与线下相结合的方式，挑选3个所办企业负责人就进一步发展所办企业做了交流发言，邀请了大北农集团和中国农业发展集团等有关企业专家点评，并就提升所办企业能力进行了交流互动。

二、持续推进所办企业改革

按照中共中央和农业农村部企业改革有关文件要求，根据中国农业科学院企业改革工作任务，加快推进中国农业科学院所办企业3项改革工作。

一是加强督导调度全院所办企业改革推进情况，督促院属有关单位进一步夯实工作责任，按月重点调度所办企业市场化处置、脱钩划转、全民所有制企业公司制改制和“僵尸企业”清理工作推进情况，按所一对一开展专项工作调度会。

二是加大指导帮助，进一步加强和各单位企业改革工作具体负责人的沟通协调，就资产评估备案、股权转让等相关环节提供指导帮助，督导有关工作。

三是制定部分保留企业国有股权集中划转工作方案，明确了中国农业科学院部分保留所办企业下一阶段改革方向和治理目标，并正式启动了院本级和院属有关单位部分保留所办企业国有股权划转工作。

截至目前，中国农业科学院共完成 15 家所办企业市场化处置工作，完成了全部“僵尸企业”清理工作。

三、所办企业经营发展保持稳定

按照财政部企业会计决算数据统计，2022 年中国农业科学院全资和控股所办企业年末职工人数2 589人，资产总额总计 46. 6 亿元，所有者权益总计 29. 3 亿元，年末国有资本总量总计 25. 4 亿元。2022 年全年营业总收入总计 16. 7 亿元，缴纳税费总计8 580万元，劳动生产总值合计 3. 89 亿元，社会贡献总额合计 4. 2 亿元。

截至 2022 年，中国农业科学院全资和控股所办企业全资和控股所办企业拥有研发人员合计 251 人，拥有有效专利数合计 114 件，2022 年全年研发经费投入合计7 746万元，其中日常性研发支出合计6 956万元。

中国农业科学院2022年度知识产权分析报告

2022年，中国农业科学院知识产权管理工作聚焦知识产权高质量发展，在政策引导、项目带动、人才培养、精准服务等方面持续用力，取得了显著效果。全院共获得国内专利授权2 080件，其中发明专利占比超过80%；共获得植物新品种权授权214件，较2021年显著提升；全院知识产权转化率达到25%，知识产权转化收入为5.21亿元。此报告中，除知识产权转化部分涉及所有知识产权类型，其他部分均主要针对专利权和植物新品种权进行统计分析。

一、知识产权创造情况

（一）授权专利数量与质量情况

1. 发明专利授权数量持续增长

2022年，中国农业科学院获得国内发明专利授权数量为1 721件，连续11年保持增长态势，较2021年增长20.27%。实用新型专利授权量继续保持下降趋势，2022年授权量为340件，较2021年下降29.13%。2018—2022年，中国农业科学院每年发明专利授权数量以平均24.22%的速度增长，实用新型专利授权数量以平均38.01%的速度下降，充分反映了专利创造质量逐步提高。

2. 国外授权专利情况

2022年，中国农业科学院9个研究所获得经国外实质审查的授权发明专利15件，其中南京农业机械化研究所获得4件，烟草研究所获得3件，蜜蜂研究所获得2件。从地域分布看，中国农业科学院在日本获得授权的专利数量最多，共6件；其次是美国，获得5件。

3. 国内公开及授权专利质量情况

（1）发明专利申请公开的权利要求数量有上升趋势。权利要求的数量可以在一定程度上反映专利的撰写质量以及技术的创新水平。2022年院属研究所公开的发明专利，平均权利要求数量为6.91个，与2021年的6.76个基本持平，权利要求数量相对稳定略有提升。

（2）权利要求数量为1~2个的授权专利数量有所降低。此类专利数量占比较2020年、2021年均有所降低，说明质量较低的授权专利数量逐渐减少。

（3）授权发明专利的权利要求技术特征数量比较。院属研究所2022年授权发明专利的权利要求平均技术特征数量较多，部分平均技术特征大于 50 个，限制了保护范围，容易被规避，使专利难以发挥作用，应予以重视。

（二）获得植物新品种权情况

2022 年，中国农业科学院共获得 199 件农业植物新品种权授权和 15 件林业植物新品种权授权。其中，作物科学研究所获得授权的植物新品种最多，独立授权 54 件，联合授权 15 件；其次为中国水稻研究所，独立授权 32 件，联合授权 12 件；第三为蔬菜花卉研究所，独立授权 24 件，联合授权 8 件。截至 2022 年年底，中国农业科学院共有 16 个研究所累计获得 45 种农业植物新品种权 927 件，其中独立授权 673 件，联合授权 254 件；共有 2 个研究所获得林业植物新品种权授权 90 件。

按照类别划分，2022 年中国农业科学院获得的植物新品种权共涉及 25 个种类，显著高于 2021 年的 16 个种类。农业农村部授权的大宗农作物类中，水稻植物新品种权最多，为 56 件；大豆次之，为 27 件；玉米第三，为 21 件。果品蔬菜类中，普通西瓜新品种权最多，为 14 件。

二、专利保护情况

（一）专利保护维持期限情况

截至 2022 年 12 月 31 日，院属研究所有效发明专利平均维持期限为 66. 16 个月（约 5. 5 年），较 2021 年缩短了 3 个月；实用新型专利平均维持期限为 43. 13 个月（约 3. 6 年），较 2021 年延长了 1. 7 个月。

（二）高价值发明专利情况

1. 在海外有同族专利权的发明专利

2022 年，院属研究所获得授权的发明专利中，进入其他国家或地区的数量大于等于 3 个（即同族数量大于等于 3 个）的授权有效专利共 10 件。同族数量最多的专利是哈尔滨兽医研究所的授权发明专利“ANP32 蛋白在宿主体内维持流感病毒聚合酶活性中的应用”（专利号：ZL201810177710. X），至少进入了 5 个国家或地区申请保护。

2. 维持期限超过 10 年的发明专利

截至 2022 年 12 月 31 日，中国农业科学院共有 24 个研究所拥有 199 件维持期限超过 10 年的有效发明专利，较 2021 年增加了 3 个研究所、62 件有效发明专利。其中饲料研究所数量最多，其次为兰州兽医研究所、植物保护研究所、哈尔滨兽医研究所、生物技术研究所等。

3. 实现质押融资的发明专利

根据国家知识产权局公开数据，2022 年，院属研究所作为申请人的授权专利中，新增质押融资的发明专利 1 项。该专利原始申请人为生物技术研究所，于 2012 年 2 月 22 日授予专利权，于 2017 年 12 月 29 日转让至绵阳禾本生物工程有限公司。2022 年 8 月 26 日，专利权人将该专利质押给成都中小企业融资担保有限责任公司。

4. 获得中国专利奖的发明专利

2022 年，中国农业科学院有 3 项专利获得第 23 届中国专利奖优秀奖，分别为兰州兽医研究所的“口蹄疫病毒样颗粒及制备方法和用途”、北京畜牧兽医研究所的“一种与猪出生窝重和胎重相关的分子标记鉴定方法及应用” 和南京农业机械化研究所的“一种四行花生联合收获机”。与 2021 年和 2020 年相比，中国农业科学院获得中国专利奖的数量有所下降。中国专利奖竞争日趋激烈，需进一步加强高价值专利培育。

三、知识产权运用情况

在全球经济形势下滑和新冠疫情影响下，中国农业科学院 2022 年（2021 年 12 月 16 日至 2022 年 12 月 15 日）成果转化收入实现逆境增长，达到 13.78 亿元。其中有 30 个研究所实现了知识产权转化，转化收入为 5.21 亿元，较 2021 年的 4.51 亿元，增加了 0.7 亿元，增长率达到 15.52%。知识产权转化收入占成果转化总收入的 37.81%，比 2021 年的 34.59%提高了 3.22 个百分点，说明知识产权在全院科技创新和成果转化中的作用继续提升。

实现转化的知识产权共计 835 件，较 2021 年的 764 件增加了 71 件。合同金额大于 1 000万元的有 15 件，其中兰州兽医研究所的商业秘密“口蹄疫 O 型和 A 型二价灭活疫苗研制” 转让金额超6 000万元。合同金额 500 万～1 000万元的有 20 件，占 2.39%；50 万～500 万元的有 262 件，占 31.38%；小于 50 万元的有 538 件，占 64.43%，较 2021 年的 76.96%有较大幅度的下降，说明中国农业科学院知识产权平均价值有所提升。

四、主要问题及建议

根据以上数据统计分析，2022 年中国农业科学院在知识产权创造保护运用等方面均取得一定进展与成效，如授权发明专利数量占比持续提升、维持期限超过 10 年的发明专利数量逐渐增多等。但也存在以下几点突出问题：一是撰写水平较高的授权发明专利数量较上年度减少，部分科研人员对专利授权质量的认知不足。与中国科学院、中国农业大学等国内一流院校相比，院属研究所极少委托全国顶级高端代理机构进行专利申请，一定程度上导致专利质量存在差距。二是基础前沿技术和关键核心技术领域专利申请质量不高，对高质量的知识产权保护布局不够。尤其是即将发表在国际顶级学术期刊的科研成果，由于缺少谋划知识产权保护布局的专业人员介入和专项资金支持，部分顶级科研成果仍采用一般专利代理方式，导致部分成果没能及时获得最恰当的保护。三是部分研究所仍热衷在国外申请非实质审查专利，如卢森堡、荷兰、比利时、澳大利亚等国家非实质审查的授权专利，说明科研人员缺乏对国外授权专利的正确认识，研究所存在申请前把关不严、考核制度导向不明确等问题，造成时间和经费浪费。

针对上述问题，为提高我院知识产权创造保护运用及管理水平，提出以下建议。

1. 组织研究所开展知识产权贯标工作

从国家需求和院所发展出发，以贯彻实施《科研组织知识产权管理规范》国家标准为抓手，形成“系统谋划、整体部署，领导重视、全员参与，贯标赋能、持续提升”的工作格局，推动研究所建立系统、科学、规范的知识产权管理体系，全面提升中国农业科学院知识产权创造、运用、保护和管理水平，激发创新活力、增强创新能力，为促进科技成果转化和现代院所建设奠定坚实基础。

2. 围绕重大任务开展知识产权全过程管理

推动重大任务实行知识产权全过程管理，鼓励承担重大任务的创新团队设置专职知识产权专员岗位，通过在任务立项、实施、验收等阶段，对重大任务相关领域国内外知识产权保护情况、产生知识产权的运用前景、市场和行业发展情况等进行跟踪和分析，提高知识产权创造质量和保护水平、提升知识产权转化运用效能。围绕国家重大专项、关键核心技术攻关、院级重大任务、全国重点实验室等打造适应跨所跨院合作机制的知识产权管理模式，形成根据各方实质性贡献和资金投入情况等确定知识产权归属的良性合作模式。

3. 完善以质量和运用为导向的知识产权考核评价机制

在现代院所评价体系分别取消了实用新型专利数量、发明专利数量、非实质审查国外授权专利数量加分的基础上，加快建立以高价值、高质量知识产权及转化绩效为重要指标的科技创新考评体系，逐步建立知识产权分类分级评价机制，以知识产权转化率、实际转化收益等为指标的成果转化运用导向评价机制，促进高质量、高价值知识产权创造和运用，实现人才、项目和成果考核评价机制的有效衔接。

4. 逐步建立发明披露和申请前预评估制度

建议院属研究所建立发明披露和申请前预评估制度，并制定配套保密制度。可利用单位知识产权专员、委托第三方专业机构人员或兼职聘用人员等，开展发明披露和申请前预评估工作。对评估为基础前沿技术和关键核心技术，设置专项资金开展相关知识产权保护布局；对评估为技术改进较小、替代性较强、授权前景较低的成果，建议放弃申请专利，提高中国农业科学院整体专利质量；对于尚需继续完善试验数据的成果，可暂缓申请专利，为后续培育更高质量的专利做充分准备。

5. 提升全院知识产权保护意识

将提升知识产权保护意识的培训纳入中国农业科学院及院属各单位的培训体系，推动全院科研和管理人员的知识产权保护意识和知识产权管理水平整体再上新台阶。持续开展知识产权专员培训和进阶培训，以知识产权创造保护运用全程全域全链管理为主线，结合农业知识产权特点以及实际工作需求，有针对性地开展培训，确保学习成果运用到实际工作中。

6. 持续推进知识产权转化

制定更有利于知识产权类成果转化的政策制度，包括利益分配比例、奖励报酬制度、考核评价制度等。鼓励院属研究所以专利许可方式进行转化，充分利用普通许可、独占许可、排他许可、开放许可等多种类型，拓展不同的实施转化形式，征集第二批开放专利向社会公布，将专利开放许可与农业技术推广和乡村振兴有机融合，最大限度将财政支持的科研成果回馈社会公众，造福人民。借助国家知识产权局和省市专利转化专项项目，全面提升中国农业科学院知识产权创造保护运用和管理水平。

中国农业科学院关于印发《中国农业科学院科企融合发展工作方案》的通知

农科院转化〔2022〕72 号

院机关各部门、院属各单位：

为加快推进我院与企业的融合发展，更好地服务乡村振兴和农业农村现代化，我院研究制定了《中国农业科学院科企融合发展工作方案》，并于 2022 年 4 月 2 日经第 5 次院常务会审议通过，现印发给你们，请认真贯彻执行。

中国农业科学院

2022 年 6 月 8 日

中国农业科学院科企融合发展工作方案

为加快推进我院与企业的融合发展，建立以市场为导向、产学研用协同的技术创新体系，整合资源，优势互补，形成合力，推动我院科技成果转化，促进企业创新能力提升，更好地服务乡村振兴和农业农村现代化，制定本方案。

一、目的意义

企业是技术创新的主体，是社会财富的主要创造者，也是科技成果转化应用的关键。农业科技自立自强，既需要科研机构提高基础性、公益性、原创性和引领性科技创新能力，也需要企业发挥市场运营、资金投入、人才团队和资源整合等方面的作用。科研机构与企业融合发展，有助于科研机构增加面向市场的有效科技成果供给，提升企业创新能力，提高农业科技创新整体效能，有效支撑乡村振兴和农业农村现代化。

二、发展目标

通过完善制度体系，开放科技资源，整合创新要素，加快推进从“研学产”线性创新转变为“产学研”体系创新，实现我院与企业融合发展。“十四五”期间，院所分别建立科企融合发展联合体，健全科企交流对接机制，院层面与10~15家大中型企业建立稳定战略合作伙伴关系，为创新团队与企业合作搭建平台。打造创新创造创业“三创”协同样板，使创新团队与企业紧密合作，形成科技研发与市场需求的良性互动，共同支撑乡村振兴与农业农村现代化。

三、基本原则

立足国家需求。针对国家粮食安全、乡村振兴和人民生命健康等方面的重大产业发展需求，挖掘科技创新关键点，协同攻关，破解难题。

坚持市场导向。充分发挥市场在资源配置中的决定性作用，自主选择、自愿结合，履行合同、遵守合约，建立符合市场规律的融合发展机制。

促进优势互补。积极挖掘合作各方在人才、成果、设施、市场、资金、渠道等方面的潜力，发挥科研院所的研发优势和企业的市场经营及资本运作优势，形成合力。

强化合作共赢。按照公平公正的原则，根据合作各方的性质及定位，制定切实可行的合作目标，减少科研成果的不确定性和市场风险带来的损失，坚持开放合作、利益共享。

四、主要合作方式

（一）技术成果转化运用

基于市场需求，根据学科团队优势、现有技术储备和技术熟化程度，通过科技成果转让、许可及技术开发、技术咨询、技术服务等，推动合作企业转化运用技术成果。

（二）重大任务联合攻关

面向国家重大需求和重点领域战略部署，聚焦颠覆性重大产品创制、关键核心技术等前瞻性研究，统筹使用各方资源，积极争取国家与社会多元化投入，联合开展科研攻关。

（三）共建科技创新平台

共建联合实验室、中试孵化基地、创新研究院等科技创新平台，开展技术熟化、生产技术创制、创业孵化等协同创新工作，提高技术就绪度。

（四）共建未来农业示范园

按照政府产业发展规划，带动或辅佐合作企业承建地方未来农业产业示范园，集科技创新、示范推广、转移转化功能为一体，促进区域经济发展。

（五）服务区域农业发展

针对区域农业发展需求，协同开展区域性特色种植、养殖品种和特色农产品的研发、生产及销售等，共同服务区域产业经济目标，助推区域产业健康发展。

（六）打造优质农产品品牌

为满足广大消费者的营养和健康需求，通过提升、改造、挖掘农产品的特异性、功能性和针对性，提高产品科技含量和附加值，制定产品标准，打造知名农产品品牌。

（七）推广优质健康农产品

面向人民生命健康，加大优质绿色营养农产品的科普宣传与推广，灵活运用多点多形式全天候宣传途径，举办重大或颠覆性新产品新技术发布会，搭建优质高效产销对接平台。

（八）拓展海外农业市场

积极响应国家“一带一路”倡议，通过在“一带一路”共建国家建立联合实验室等，形成海外农业研究能力，与合作企业抱团出海，推动中国农业“走出去”。

（九）建立企业教育培训体系

充分利用我院人才培养能力及教育培训资源，协助企业设立高端人才工作站、博士后工作站、创新基地等，打造企业教育培训课程体系，强化复合型人才培养。

（十）为企业发展提供战略咨询

充分利用我院相关研究所规划咨询等智库资源，为企业战略发展和管理创新出谋划策。

五、优化科企融合发展机制

（一）院所面向企业开放科技创新资源

按照国家法律法规和市场规则，对企业有序开放科技创新资源，强化挖掘利用，促进协同创新。

种质资源。按照惠益分享机制向企业开放共享国家作物、畜禽、微生物优异种质资源和关键育种材料。

科研平台。充分利用国家重点实验室、改良研究中心、创新实验室、精准鉴定和检验检测等平台和研发能力，服务企业发展。

知识产权。强化知识产权保护，根据市场需求，统筹安排专利、植物新品种权申请，提高知识产权质量、品牌科技含量，并优先向合作企业转移转化。

科技人才。优化激励机制，选派优秀科研人员去企业兼职、挂职、任职，开展人才互动互挂，共同培养复合型人才，在提升企业研发能力的同时，为我院打造“三创”

团队。

创新空间。按照相关规定和整体规划，院属创新空间优先向战略合作伙伴企业开放，共同建设产业集群和企业孵化器，形成农业科技创新高地。

（二）完善科企协同研发机制

把脉企业需求。以我院主责主业为基础，统筹产业创新资源，将关键共性技术纳入我院科研任务选题。支持科研人员与企业共同研究、梳理、解决实际生产问题。

定期沟通交流。以解决企业实际问题、增加企业收益为目标，创新团队与企业建立定期沟通交流机制，定期反馈科研进展和成果应用成效，共同制定研发目标和工作计划。

持续更新迭代。明确承担具体项目专家及团队的责任和任务，建立长期负责制和长效合作机制，强化战略咨询、技术指导、联合攻关等，接续推进技术与产品的升级换代。

六、保障措施

建立科企融合联合体。我院联合不同规模、性质和类型的企业，以俱乐部形式，牵头组织院级所级科企融合联合体，不定期开展对接沟通活动。

优化选人派人机制。根据国家相关规定，研究起草《派驻企业人员管理办法》，建立业务骨干派驻企业相关制度，参考挂职、外派干部形式，推动智力输送。

加强协调联动。从全院“一盘棋”发展和争取最大支持的角度出发，广泛宣传科技融合发展目标，确保政产学研企各方了解情况，并建立院内外、院所间、企业间沟通及联动机制。

争取多元化资源。科企融合发展项目经费以企业投入为主。我院在人力、物力及成果等方面给予大力支持，并积极争取国家任务、政府和社会资源等。

明确国有资产归属。按照我院和企业的性质及定位，本着友好协商、产权清晰的原则，针对各自投入的资产制定所有权归属和使用方案。

知识产权保护和权益分配。以公平公正为原则，制定知识产权相关协议模板和建议条款，根据各方人员实质性贡献和资金投入情况等确定知识产权归属，明确权益分配机制。

风险防范。建立责任约束监督等风险防范机制，提高合同签署和履约能力。把企业委托项目的完成情况纳入院所及团队考核范围。系统评估科企融合发展成效，对于无故不履行合同、拖欠合作经费的企业，列入不友好名单管理。

中国农业科学院服务所办企业工作方案

为深入贯彻习近平总书记“四个面向”重要指示精神，进一步落实《关于推进企业发展加强企业监管的指导意见》，加大服务院和院属单位投资举办的企业（以下简称为所办企业）的力度，激发所办企业内生动力，充分发挥所办企业在中国农业科学院科技事业发展和成果转化中的重要作用，根据院所和所办企业实际，制定本工作方案。

一、重要意义

长期以来，所办企业作为中国农业科学院成果转化的重要平台，承担了技术研发、中试熟化、产品创制、生产工艺革新和市场推广等方面的工作，通过将科技成果产品化、规模化、品牌化，在支撑中国农业科学院科技事业稳步发展、确保重大平台运转和保障科研人员薪资水平等方面发挥了重要作用。院所共同努力，采取针对性措施，全面服务所办企业，提升所办企业竞争力，每个研究所至少打造一个高水平发展的科技企业，并在全院范围内打造一批符合国家战略科技力量要求的高科技企业，是中国农业科学院“四中心一智库”建设的根本要求，对新时期加快推进科技创新与经济社会发展深度融合具有重要意义。

二、工作思路和目标

坚持以习近平新时代中国特色社会主义思想为指导，全面贯彻落实党的十九大和十九届历次全会精神，以实现中国农业科学院“三创”协同发展为出发点，通过加强政策研究创设、加大支持力度、实施法律财税金融服务等工作，激发所办企业内生动力，提升所办企业管理水平和治理能力，切实推动所办企业健康发展。每年重点帮助3~5家所办企业走上目标清晰、管理科学、运转顺畅、盈利能力明显提升的良性发展轨道。通过持续努力，到“十四五”末，全院所办企业管理运行效率明显提高，一半以上所办企业支撑保障院所发展、高效转化科技成果的能力显著提升，在重点领域发展一批高科技企业，成为国家战略科技力量的重要组成部分。

三、重点任务

（一）加强所办企业管理制度建设

（1）制定发布所办企业治理权责清单，进一步明确院和院属单位对所办企业治理的权责边界，加强对所办企业管理的制度建设。

（2）持续推进所办企业管理机制改革，规范治理体系，不断完善所办企业市场化经营机制，建立健全所办企业董事会、监事会、经理层成员任期制和契约化管理制度。

（3）健全所办企业经营业绩激励机制，调动企业职工的积极性，参照国有科技型企业分红激励相关政策规定，试点探索超额利润分红、重点员工持股等激励机制。

（二）加大对所办企业的扶持力度

（1）完善创新团队与企业协同发展机制。院属单位加大对所办企业的高质量科技成果供给，通过提供新技术，形成新工艺，催生新产品，不断畅通关键核心技术的产业化通道。

（2）协调全院种质资源、科研平台等各类资源，按照国家有关规定，进一步向所办企业开放共享。

（3）把所办企业的发展与院属单位的人才集聚优势紧密结合，调动院属单位技术人员服务企业的积极性。根据所办企业需要提供相关技术服务支持，探索互惠共赢的发展模式。

（三）鼓励所办企业参与科技创新

（1）鼓励院属单位联合所办企业进行中试熟化和二次开发工作，鼓励同行业所办企业联合开展共性技术的开发创制、技术集成和产业化应用，提升所办企业中试熟化能力和产品研发水平。

（2）推动所办企业参与中国农业科学院与地方政府的合作，强强联合，优势互补，通过共建联合实验室、产业技术创新中心、新型研发机构和中试研发基地等合作，提升所办企业服务社会、服务产业能力。

（3）支持院属单位联合所办企业共同对外开展技术转让、技术开发、技术服务、技术咨询等工作，进一步发挥好所办企业的支撑保障作用。

（4）加强信息平台建设。推进所办企业之间、各院属单位与各所办企业之间的沟通交流，促进合作，实现共赢。

（四）开展法务咨询服务

协助所办企业建立法务服务的常态化机制，帮助业务量小的所办企业建立公共服务平台。

（1）为有需求的所办企业提供合同审查、财务风险排查、市场隐患预警等常规法务服务。

（2）为所办企业提供维权打假以及法律诉讼等专项服务，切实提高所办企业法律风险处置能力。

（3）定期组织法务知识培训，加强法治宣传，提高所办企业各级人员牢固的风险防范意识。

（五）开展财税金融服务

（1）协助所办企业建立高效的财务管理制度，完善财务管理体系。对所办企业预算管理、成本控制、内部审计、财务团队建设等环节进行指导。

（2）开展国家税务政策指导，帮助所办企业了解办税流程和优惠政策，充分运用国家政策降低财务成本。开展涉农专项税务咨询，组织税收筹划咨询、税务代理业务和涉税审核服务，提高所办企业涉税办事能力。

（3）根据所办企业需求，加强和银行、投资公司等金融机构的沟通联系，提供贷款、质押、投资、理财等服务，畅通融资渠道，提高资金使用效能。

（六）开展品牌建设服务

（1）搭建所办企业对外宣传公共平台，通过院网、展会、公众号等渠道宣传所办企业，推广主营产品。

（2）加强和知名互联网新媒体战略合作，通过新媒体平台宣传推广所办企业产品，扩大企业品牌社会影响力，提升所办企业品牌价值。

（七）加强运营监测分析

（1）汇总分析财政部企业会计决算和企业月度快报有关数据，系统分析所办企业经营情况，定期发布所办企业年度经营情况报告。

（2）通过院运行监测系统，实时监测所办企业整体运营和风险控制情况，跟踪监测资产负债率、主营业务收入同比增长率等主要指标，提示风险，加强监管。

（八）加快人才队伍建设

（1）以中国农业科学院科企融合发展联合体为平台，与各大知名企业建立长期代培合作机制，在全院范围内选派企业管理人员进行中短期实训交流。

（2）根据所办企业实际，组织企业管理培训班，通过聘请知名专家专题授课，提升企业人员经营管理能力。

（3）完善编制内职工到所办企业兼职、任职或离岗创业的管理机制，拓宽所办企业汇集人才资源的渠道。打通派驻企业人员在专业技术职称和管理岗位的晋升空间。

（九）加强所办企业党建

（1）坚持和加强党对所办企业的全面领导，把所办企业党的建设纳入本单位整体工作部署和党的建设总体规划，把企业党建工作融入公司治理之中，充分发挥党组织把方向、管大局、保落实的作用，进一步明确党组织在企业决策、执行和监督等各环节的权责和工作方式，落实全面从严治党主体责任。

（2）按照“党组织应建尽建、党员组织关系应转尽转、党建指导员应派尽派”的原则。各级党组织要严格执行党的组织生活制度，组织好“三会一课”等党的组织生活，组织党员阅读党刊和党内文件、听取党内报告，严肃认真开展党内政治生活。

（3）所办企业党组织要维护企业职工群众合法权益，切实担负起直接教育、管理、监督、服务党员和组织、宣传、凝聚、服务群众职责，不断提高院所办企业的向心力和凝聚力。

（十）进一步激发所办企业活力

（1）在全院所办企业范围内组织开展评先评优活动，评选企业优秀员工，树立典型，加强宣传，激发所办企业广大管理人员和职工的干事创业热情。

（2）以培优做强所办企业为专题，每年至少组织一次研讨，通过典型引领、专家点评、互动交流等形式，分享所办企业发展的成功经验，相互借鉴，相互促进。

（3）加强所办企业工会组织建设。支持所办企业依据《中华人民共和国工会法》建立基层工会组织。各工会组织应按要求开展有关活动，提升工作质量，维护职工合法权益，增强企业职工的认同感和归属感。

四、保障措施

（一）加强组织领导

按照服务内容要求，院和院属单位加强统筹协调，明确重点任务分工、负责部门和主要负责人。院层面重点开展政策创设、企业发展论坛、经营管理培训、运营监测分析、评选先进典型等共性化服务工作；院属单位有针对性地提供成果平台人才扶持、联合开展技术创新和成果转化、组织法律财税金融服务等个性化服务工作。

（二）强化专业服务

按照所办企业实际需求，遴选法务、财税、金融等专业机构，面向所办企业提供系统化、专业化的优质服务。

（三）加强经费保障

统筹社会捐赠等资源，用于支撑保障各项工作开展。具体经费测算在咨询相关律所、咨询机构等外部机构拟定服务范围和服务事项后确定。

（四）坚持动态管理

建立信息反馈机制和服务内容动态调整机制。根据工作成效，以及院属单位和所办企业的新需求，动态调整服务内容和方式方法，提高服务所办企业的工作效能。

中国农业科学院动植物新品种命名规则（试行）

一、范　围

本文件规定了中国农业科学院院属研究所动植物品种命名的规则。

本文件适用于中国农业科学院院属研究所申请农作物品种审定、品种登记和农业植物新品种权的农业植物品种及其直接应用的亲本的命名，以及申请畜禽新品种（配套系）审定的动物品种的命名。

二、规范性引用文件

下列文件中的内容通过文中的规范性引用而构成本文件必不可少的条款。其中，注日期的引用文件，仅该日期对应的版本适用于本文件；不注日期的引用文件，其最新版本（包括所有的修改单）适用于本文件。

国际植物新品种保护联盟公约

国际栽培植物命名法规

国际动物命名法规

中华人民共和国种子法

中华人民共和国畜牧法

植物新品种保护条例

农业植物品种命名规定

畜禽新品种配套系和畜禽遗传资源命名规则

GB/T 16448　烟草种子　品种命名原则

GB/T 30394　草品种命名规则

三、命名原则

动植物新品种命名应符合《国际植物新品种保护联盟公约》《国际栽培植物命名法规》《国际动物命名法规》《中华人民共和国种子法》《中华人民共和国畜牧法》《植物新品种保护条例》《农业植物品种命名规定》《畜禽新品种配套系和畜禽遗传资源命名规则》等的规定，草品种的命名应符合 GB/T 30394 的规定，烟草种子的命名应符合 GB/T 16448 的规定。动植物品种名称应简明、易懂和便于记忆，体现科学性、系统性、单义性。

四、命名规则

自本文件发布之日起，除本文件中有特殊说明外，中国农业科学院院属研究所的动植物品种类职务科技成果均应按以下规则命名：中（+合作单位）+ 种属简称+特性描述+数字。具体如下。

（1）“中”代表中国农业科学院。研究所间重复的品种，可在“中”后加一个代表研究所的字以示区别。

（2）与其他单位联合培育的品种，可在“中”后加1~2字代表，如与新希望六和集团联合培育即可为“中新”。

（3）“种属简称”代表品种类型，如麦、稻、玉、棉、桃、鸡等。

（4）“特性描述”可以为选育方法、亲本来源、地域和品种类型，可以为对品种外观、口感的描述，也可以为对特性的艺术化描述。特性描述可使用汉字、字母或数字，须符合以下要求：一是体现行业规则。如水稻品种中，常规稻命名方法可依据亲本来源、地域和品种类型等；杂交稻命名依据其不育系和恢复系，且名称中通常有“优”字。二是大田作物和蔬菜品种尽可能体现遗传组成、生育期（早晚分级、生育日数、积温分级等）、抗性（生物或非生物逆境）、籽粒颜色类型、用途、转基因标注等科学技术、商业标示及技术禁忌等相关信息。三是水果花卉类品种要体现美感。四是不得出现“易使公众误认为只有该品种具有某种特性或特征，但同属或者同种内的其他品种同样具有该特性或特征”的情形；不得使用“已有畜禽名称或者已注册商标名称命名”“名称含有比较级、最高级词语或者类似修饰性词语来夸大宣传”；不得出现“除地名简称和培育单位简称以外使用县级以上行政区划的地名或者公众知晓的山川、河流、湖泊等名称，以及使用申请人名称”等情形。

（5）“数字”为品种推出顺序号或者田间种植编号，且保证不泄露技术秘密。

注：已注册商标且形成影响力的品种名称系列，可沿袭使用。主要包括甜瓜“众天”系列、茄子“圆杂”“长杂”系列、菠菜“蔬菠”系列等；由企业出资、中国农业科学院研究所提供技术支撑培育出的品种，充分尊重出资企业的意愿，按照合作约定命名。

（一）小　麦

中麦+（航/轮选/普冰）+数字。

棉花研究所的小麦品种可以“中育麦”开头。

（二）稻

采用我国稻品种命名约定俗成的命名规则。中+特性描述+数字（或寓意文字）。

1. 常规稻

常规稻命名依据亲本来源、地域和品种类型等，中+特性描述+数字（或寓意文字），如中早 39、中嘉早 17、中晚粳 18。

2. 三系不育系

中+特性描述+A，如中丰 A、中香 A。

3. 两系不育系

中+特征描述+S，如中抗 S、中粳 2S。

4. 恢复系

依据亲本来源、地域、特征描述、排序数字或美好寓意文字进行命名。

5. 杂交稻

杂交稻命名依据其不育系简称+恢复系简称，且名称中通常加“优”字。

（三）玉　米

中玉+（甜/糯/贮/爆）+数字。

棉花研究所的玉米品种可以“中选/研”开头；生物技术研究所的玉米品种可以“中生玉”开头；作物科学研究所的玉米品种可沿袭使用“中单”系列名称。

（四）棉　花

中棉所+数字序号。

生物技术研究所的棉花品种可以“中生棉”开头。

（五）大　豆

示例：黄豆品种名称以“中黄”开头。

（六）杂　粮

示例：谷子品种名称以“中谷”开头，食用豆品种名称以“中绿”“中红”“中芸”“中豌”开头，燕麦品种名称以“中燕”开头。

(七) 油料作物

示例：油菜品种名称以“中油”开头，花生品种名称以“中花”开头，芝麻品种名称以“中芝”开头。

油菜常规种沿袭使用“中双”系列名称。

(八) 蔬　菜

示例：甘蓝品种名称以“中甘”开头，白菜品种名称以“中白”开头，甜椒、辣椒品种名称以“中椒”开头，平菇品种名称以“中平”开头。

黄瓜品种沿袭使用“中农”系列名称。

(九) 果　树

示例：苹果品种名称以“中苹”开头，葡萄品种名称以“中葡”开头，猕猴桃品种名称以“中猕”开头，无花果品种名称以“中斐戈”开头。

(十) 花　卉

体现美感，可参照院统一命名规则进行命名，也可采取单纯以特性描述命名的方式。同一种或同一类型花卉品种应逐步形成规范统一的命名方式，以利于区分和宣传。

(十一) 麻　类

示例：“中纤亚”“中油亚”“中纤红”“中杂红”分别代表纤维亚麻、油用亚麻、纤维红麻、杂交品种。

(十二) 茶　叶

中茶+（合作单位1~2字）+（特性描述）+数字。数字编号命名体系中，体现适制性原则。每个字段赋予不同的适制性，如“1”打头的是适制绿茶品种，“2”打头的是适制红茶品种，“3”打头的是红绿兼制型品种，其余数字打头的为其他品种；特性描述命名体系中，体现特色原则，如选育方法、亲本来源、特异形状等。

（十三）烟　草

按照《烟草种子　品种命名原则》命名。

（十四）畜禽新品种（配套系）

中（+合作单位）+种属（或通用名）+特性描述。“种属（或通用名）”代表品种类型，如猪、黄鸡、肉鸭、蜂等；“特性描述”也可放在“种属（或通用名）”前。

由兰州畜牧与兽药研究所自主培育的品种名称可以“中兰”开头。

牛、羊等大动物品种的命名，应具备通俗易传播、有特色易记忆等特点，兼顾中国农业科学院成果名称特征。

（十五）特种经济动植物

中特（+合作单位）+种属简称+特性描述。“种属简称”代表品种类型，如貂、鹿、参等。

（十六）牧　草

兰州畜牧与兽药研究所的牧草品种可以“中兰”开头，或沿袭使用“中天”系列名称；草原研究所的牧草品种可以“中草”开头。

中国农业科学院　河南省人民政府
共建中原研究中心协议

甲方：中国农业科学院
乙方：河南省人民政府

为深入贯彻党的二十大精神以及习近平总书记“四个面向”重要指示和视察河南重要讲话精神，把科技自立自强作为河南全面推进乡村振兴的战略支撑，推动中国农业科学院（以下简称甲方）与河南省人民政府（以下简称乙方）战略合作框架协议高效实施，以高水平科技创新支撑农业农村高质量发展，甲乙双方经友好协商，按照“错位布局、优势互补、共建共享、互利共赢”的原则，决定共建中原研究中心（以下简称中原中心），开展全方位科技合作，并达成如下协议。

一、共建宗旨

服务国家战略需要，聚焦河南发展需求，坚持扬优势、强弱项、补短板，与河南建设国家农业科技创新高地大局相得益彰、互惠互利。甲方充分发挥科技积累、创新能力、人才团队以及科技成果、科研平台等优势，紧密结合河南省的创新布局、自然生态、区域环境以及产业发展、农业农村政策等优势条件，把“强种、沃田、增粮”三大科技行动的创新资源布局到河南，深入落实“藏粮于地、藏粮于技”战略，与河南“中原农谷”、神农种业实验室、国家生物育种产业创新中心、周口国家农业高新技术产业示范区深度融合，与河南有关涉农科研院所和高等院校深入协同，与河南有关省辖市和县政府广泛合作，与政府部门、科教单位、生产经营组织、高科技企业形成合力，围绕破解河南农业及产业链“卡脖子”问题，开展全方位协同创新，推动科研成果转移转化，助力河南省打造粮食生产核心区、建设现代农业强省，为河南农业农村高质量发展提供强有力的科技支撑。

二、共建目标

聚焦基础研究、应用基础研究、应用研究、关键核心技术研究、科技成果产业化等科技创新全链条，通过集聚科技创新资源，共建共享重大科技创新平台，建设科技成果示范应用基地，把中原中心建设成为具有国内一流水平的科技创新高地、人才集聚高地、科教融合高地、成果转化高地，成为中原乃至全国农业农村科技创新的示范者、引领者。

以 5 年为建设周期，立足 1 年打基础、3 年见成效、5 年成规模，力争通过第一轮建设周期，打造 8~10 支种质创新、品种培育、农产品加工、现代农机、数字农业、循环农业等专业领域的国内一流创新团队；打造高层次人才 20 名以上、常驻团队 100 人左右稳定的多层次人才队伍，确保科研工作高效开展；支持搭建 3~5 个国家级、省部级科技创新平台，孵化培育 2~3 家农业科技创新企业，打造 2~3 个乡村振兴示范县样板。

2023 年建设目标：完成中原中心基本组织架构建设，组建基本管理团队和 3~4 支基础研发团队，完善基本科研条件，开展实体化运作。

2025 年建设目标：完成 8~10 支一流创新团队的建设，其中引进高层次人才 10 名以上，全职、全时科研人员达 50 人以上。新建 2~3 个国家级或省部级科技创新平台，科技创新活动高效开展，并取得阶段性成果。

2027 年建设目标：完成第一个建设周期的建设目标，组建高层次人才 20 名以上，全职、全时 100 人左右稳定的多层次研发队伍。搭建 3~5 个省部级以上科技创新平台，其中国家级平台 1 个以上。科技创新活动取得突破性进展，科技成果得到转化和推广应用，孵化 2~3 家农业科技创新企业，为 2~3 个乡村振兴示范县提供核心科技支撑。

三、共建内容与重点任务

甲乙双方携手，选址新乡市平原示范区推进中原中心建设，通过搭平台、组队伍、聚资源、建基地，力争通过 5 年努力，初步建成集农业科研、成果转化、产业孵化、人才培养于一体的现代农业科技创新中心和农业科技成果转移转化中心。

中原中心深度融入“中原农谷”建设，围绕把“中原农谷”建成世界一流的农业科技基础设施集群、科研试验示范基地集群和全球粮食科技创新高地的目标，积极参与“中原农谷”五大重点任务的实施推进，助力“中原农谷”的“四大中心、两个示范区”建设。

中原中心与神农种业实验室、国家生物育种产业创新中心错位发展、优势互补，开展育种基础理论研究、新种质新基因挖掘、农业绿色生产、农产品加工、智能装备、农村人居环境及数字乡村建设等重大科技行动，有力支撑河南粮食生产核心区和现代农业强省建设。

中原中心支持周口国家农业高新技术产业示范区打造农业高新技术产业示范基地，以黄淮平原高质高效农业为主题，以小麦为主导产业，努力建设小麦产业创新发展引领区、黄淮平原现代农业示范区、科技支撑乡村振兴典范区，在小麦全产业链创新发展、传统农区农业提质增效、粮食生产核心区一二三产业深度融合、农村新产业新业态新模式培育等方面进行探索示范，努力创造出可复制、可推广的经验。

中原中心采取事业法人新型研发机构模式，内设若干综合管理机构和研究功能机构。

综合协调管理部。组织开展中原中心综合发展战略研究，牵头制定中原中心与河南地方政府合作规划；负责中原中心科技工作的统筹、协调和管理工作；负责中原中心学科建设、管理与协同创新工作；负责中原中心人力资源、财务、印章管理、保密、安全生产、档案管理、绩效考核评价等工作；承担中原中心学术委员会日常工作。

现代种业科学部。聚焦河南省粮食生产功能区高质量发展需求，凝练种业重大科学问题，探索农作物种质资源表型与基因型精准鉴定与新种质创制、功能基因挖掘、基因编辑技术等基础前沿理论研究和高新技术创新研究。以任务为牵引，建设主要农作物基因编辑、分子设计育种、表型精准鉴定、单倍体育种、加速育种、育种智能化、合成生物学等技术体系。现代种业科学部深度融入神农种业实验室运行，积极参与其研究任务，共享其仪器设备和科研设施。

智慧农业研究部。开展农业物联网、现代农业智能装备、互联网+农业等方面的科技创新工作。基于物联网传感技术基础，以农业生产和农业决策支持为应用方向，打造从感知、传输、应用到决策的信息化整体解决方案；聚焦小麦、玉米、花生等主要农作物智慧生产需求和网络信息技术前沿，开展前沿基础研究和智慧耕种、智慧水肥管理、智慧植保等关键技术与智能装备研发，推进前沿基础研究和应用技术研究的有机互动和深度融合，为河南省传统农业产业提质增效提供科技支撑。

农业资源保护利用研究部。开展土壤质量监测和治理研究，建立耕地地力、耕地管理模式、种植方式与化肥养分利用效率关系的大数据平台；开展河南农田地力提升的化肥减施增效模式和途径研究，探索河南省粮食功能区耕地土壤—作物—微生物互作机理，土壤耕层合理构建技术、精量施肥和深耕装备应用。建设放射性同位素示踪平台，开展农药等吸收迁移、代谢转化等规律研究，为农用化学品的安全评价、农业面源污染风险评估等提供新技术。开展新型肥料增产的作用机理研究和高效减量施用技术研究，开发资源高效和生态友好型新型肥料。重点开展河南省不同生态类型区域水资源高效利用规划及技术研究，提出河南省科学节水节肥的区域发展模式、新技术、新产品和规模化经营途径，提出具有作物和区域特色的水肥资源高效利用技术体系。以农业副产物（秸秆、畜禽粪便等）资源化利用为目标，开发规模化种植、养殖相结合的生态循环农业模式。

农产品加工与质量安全研究部。开展农产品加工装备数字化设计与先进制造、智能控制与过程检测、质量控制与安全卫生关键共性技术研究，制定相应标准与规程，开发相关技术装备；开展农产品质量安全风险评估技术研究，构建农产品质量安全风险预警的大数据系统；开展重要农产品与产地环境之间污染相关性研究，建立产地环境安全性评价技术标准体系和质量安全分级管理制度；研究种养环境中危害因子和废弃物对环境影响评价研究，构建农产品种养环境污染综合防控技术体系。

成果转移转化部。以产业需求为导向，搭建农业科技创新体系与科技成果应用推广体系联合协作平台，优化科技成果供给，强化知识产权管理，深化科企科产融合发展，加快重大技术成果推广应用，促进中国农业科学院及中原中心科技成果在河南省转移转化。推进全国农业科技成果转移服务中心、国家种业科技成果产权交易中心和中国农业科学院技术转移中心 3 个中心的河南分中心建设，打造区域主导产业技术服务中心，布局建设特色产业科技创新与集成示范基地，建设中原中心产业孵化基地，打造满足多元化需求的全产业总部经济基地。

四、运营机制

（一）采用地方事业法人新型研发机构模式

双方共建中原中心地方事业法人新型研发机构，经河南省政府批准，由河南省事业单位登记管理局登记注册（注册地：平原示范区），实行实体化运作模式；中原中心不定行政级别，不设人员编制，建立适应新型研发机构的绩效监督考评机制，机构正式成立后由河南省科技厅归口管理、指导并认定；甲方授予中原中心“中国农业科学院中原研究中心”牌子。

（二）实行理事会领导下的主任负责制

理事会为中原中心最高决策机构，由甲乙双方组织有关单位代表共同组建理事会，理事会 7 人，其中甲方提名理事长、副理事长各 1 名，理事 2 名。主任由甲方按相关规定选派人员担任并依法取得法定代表人资格。根据法律法规和本协议制定章程，依照章程管理运行。

（三）采取二级管理运营模式

坚持“政府推动、项目牵引、市场运营、共建共享”的原则，建立“中原中心、示范基地”两级运营模式，鼓励探索“事业法人+企业孵化”等体制机制创新。中原中心内设机构及组建与孵化的企业，均接受中原中心统一管理，具体承担中原中心的科技创新和成果转化任务。

五、保障措施

甲乙双方为中原中心机构筹建以及人才引进、团队建设、平台搭建和科研工作等高效顺利开展创造必要保障条件。在乙方保障措施完备的情况下，甲方应当按照协议要求完成各项目标任务；否则，乙方相应减少经费支持。

（一）组织保障

为保证中原中心顺利筹建，机构正式注册成立前，举办单位联合成立领导小组，领导小组下设办公室及工作专班，共同推进筹建前期有关工作。

领导小组是临时决策机构，由举办单位相关负责人牵头，各参与单位和部门主要负责人组成，负责重大事项研究决策和工作协调。领导小组办公室负责组织落实领导小组决策，指导工作专班开展工作，由中国农业科学院及其成果转化局、郑州果树研究所，河南省农业农村厅与科技厅、河南省农业科学院、新乡市人民政府、新乡市平原示范区管委会等单位与部门相关负责人组成。

工作专班是临时执行机构，由参与共建的双方有关部门及单位工作人员组成，负责推进落实具体工作，组织落实各项筹建任务等，包括编制建设方案、起草机构章程，有效推进机构注册、理事会构建、设施建设、经费协调、人才团队遴选与入驻等。

（二）经费保障

中原中心的下设机构建设及运营资金，按照甲乙双方双边协议精神，共同争取中央、河南省及各级政府财政资金，农业农村部及中国农业科学院项目经费和社会资本。

合作期内，乙方提供中原中心每年不低于3 000万元的运行经费，经费由中原中心集中管理、统筹使用，主要用于机构开办、整体运营、人才引进、设备配套与维护等支出；经中原中心学术委员会评议、理事会审定引进的团队，领衔人员应符合河南省认定高层次人才C类及以上标准，乙方依照省相关政策给予团队不少于300万元的一次性启动经费支持，由团队根据发展计划和需要按照有关规定自行支配。

甲乙双方对中原中心各项目视建设进度、成果贡献等，开展支持资金绩效评价。

（三）人才保障

甲方负责全球范围内遴选专家，着重从河南省外招强引强，用新增量组建新团队，在豫“双跨”人员不计入团队建设指标。同时，强化人才引进培养、使用评价、交流激励等体制机制创新，形成自身发展壮大的内生动力。

乙方协调落实中原中心来豫工作专家优先享受河南省相应的人才待遇政策；为异地工作、入驻专家及家属，就近提供便利的食宿、就医、子女入学等保障，按需配置免租住房或人才公寓。

（四）条件保障

甲方提出中原中心总体建设方案和重点建设内容，经理事会批准后实施。

乙方协调新乡平原示范区管委会根据中原中心发展需要，落实不少于10 000平方米独立且集中成片的办公与科研用房，满足中原中心办公、科研试验、展览展示与中试集成等基本功能和条件需求，并在中原中心存续期内免除房屋租金及物业费；支持中原中心与国家生物育种产业创新中心、神农种业实验室共享科研设施和仪器设备；支持并协调落实中原中心试验所需高标准农田示范区、新品种示范区等农业用地；协调环保、消防等部门以及房屋产权方、物业等单位，协助办理科研实验场所的设计改造施工手续。

六、附　则

本协议合作项目中具体事宜将由本协议双方当事人或者双方当事人指定的单位另行签订项目合作合同予以明确，本协议与正式项目合同约定内容不一致的，以正式项目合同约定为准。

本协议未尽事宜及纠纷，双方本着友好协商原则解决。对本协议条款的任何修改、变更或增减，须经双方一致同意并以书面形式作出。

本协议涉及的知识产权与成果归属根据承担任务来源由中原中心按照任务下达机构的相关规定执行，任务执行前另有约定的从其约定。

甲乙双方均负有为本协议、涉及本协议事项的保密义务。除非法律或者相关政府监管部门要求进行披露，否则，双方均不得在未取得对方书面同意前，在任何时间以任何方式予以泄露。

本协议的任何附件、补充文件、修改文件作为本协议的一部分与本协议具有同等的法律效力。当文件条款有冲突时，以修改后的文件条款优先适用；前后修改文件有冲突时，以后修改的文件优先适用；后订立的协议优先适用。

本协议有效期五年，一式六份，双方各执三份，具有同等法律效力，自双方签字盖章之日起生效。期满后双方可协商续签。

中国农业科学院	河南省人民政府
法定代表人/授权代表（签字）：	法定代表人/授权代表（签字）：
2022 年 11 月 18 日	2022 年 11 月 18 日

中国农业科学院　淄博市人民政府共建中国农业科学院数字农业农村研究院（淄博）合作框架协议

甲方：中国农业科学院
乙方：淄博市人民政府

为深入贯彻落实党的十九大精神、习近平总书记视察考察山东重要讲话精神、致中国农业科学院贺信精神以及关于科技创新和“三农”工作重要论述，抢抓淄博建设国家农村改革试验区、国家城乡融合发展试验区等重要机遇，全面实施乡村振兴战略，按照“全面深入、优势互补、资源共享、互利共赢”的原则，中国农业科学院与淄博市人民政府（以下简称双方）经友好协商，决定共建中国农业科学院数字农业农村研究院（淄博）（以下简称中农数院），并达成如下协议。

一、合作宗旨

发挥中国农业科学院人才集聚、研发创新、技术储备等优势，以及淄博市资源环境、特色产业、区位交通等有利条件，按照“面向世界农业科技前沿、面向现代农业建设主战场、面向国家重大需求、面向人民生命健康”的要求，双方共建新型研发机构。数字赋能农业发展全链条、农村治理各领域、农民生活各方面，将淄博打造成为全国数字农业农村的样板，科技赋能富锶产业，打造“世界锶源”“中国锶乡”系列品牌，推进农业全面升级、农村全面进步、农民全面发展，满足人民对美好生活的需要，为华北地区乃至全国农业农村现代化提供“淄博”经验、作出“淄博”贡献。

二、合作目标

立足淄博富锶资源优势，聚焦数字农业农村领域，通过数字赋能、科技赋能，力争通过5~10年努力，打造2~3支国际一流创新团队和8~10支数字农业、富锶产业等专业领域的国内一流创新团队，人员规模300人左右，其中高层次人才150人左右；孵化培育10~15家农业高新技术企业；搭建3~5个国家级、省部级科技创新平台。将中农数院建设成为具有国内一流水平的国家级数字农业农村创新中心、富锶产业创新中心、农业智能装备和农产品加工研发中心，成为华北地区乃至全国数字农业农村与特色产业科技创新的示范者、引领者，成为涵盖政、产、学、研、用、金、服务个领域和要素集聚、功能健全、装备先进、绿色高效的“农业硅谷”。

三、合作内容

（一）研发总部

中农数院研发总部选址淄博市高新区科学城，近期总体框架按照“三院二中心一园区”设置，主要建设数字农业研究院、数字乡村研究院、富锶产业研究院、农业智能装备研发中心、农产品加工研发中心、数字农业创新应用园区。后期根据发展情况，可增加相应工作内容。

1. 数字农业研究院

主要依托中国农业科学院牵头的国家农业大数据、智慧农业联盟和信息服务创新联盟，联合淄博市数字农业农村发展中心、淄博市农业科学研究院及相关科研院所、产业单位，按照“产业链+创新链+资本链”融合的方式，建成数字农业多功能总部，重点建设数字农业农村大数据中心、数字种植研发平台、数字养殖研发平台和产业分析预警平台。

（1）数字农业农村大数据中心。围绕华北地区数字农业发展需求，构建农业数据分析模型，研发农业发展态势和产业风险智能监测大数据产品，搭建数据汇聚治理和分析决策平台，推动数据、系统、资源有效整合，促进数字技术与现代农业深度融合。建立数据治理体系，完善农业农村数据资源储备。

（2）数字种植研发平台。围绕小麦、玉米等作物，融合数字化技术与分子育种技术，建立智慧育种平台系统，开展地方种质资源高产、优质、高抗、广适新品种数字化选育。开展天地空一体化遥感监测、信息自动获取和智能感知、作物模拟模型、生产过程智能管控等关键技术创新、产品研发与集成应用。

（3）数字养殖研发平台。紧抓“国家数字畜牧业创新中心示范基地”机遇，围绕高青黑牛等肉牛、奶牛产业，研发繁殖育种数字管理系统和智慧育种公共服务平台；研发工厂化养殖环境智能系统、畜禽精准饲喂技术、重大畜禽疫病预警预报系统、废弃物监测与循环利用关键技术及养殖大数据平台。

（4）产业分析预警平台。建设粮食、蔬菜、林果、畜牧等农产品全产业链大数据分析应用中心，开展生产、价格、贸易等动态监测与分析预警。开展农产品品牌舆情监测、农业科技情报智能监测等产品研发，打造资源发现与获取以及数据服务、情报服务、专题服务于一体的产业知识服务平台。

2. 数字乡村研究院

主要依托农业农村部大数据重点实验室和农业信息服务技术重点实验室，联合淄博市农村改革发展中心及相关科研院所、金融保险单位，重点建设数字乡村治理创新平台、数字乡村金融创新平台、数字乡村产业服务平台、数字乡村合作交流平台，探索大数据科学辅助决策和乡村治理机制，提升政府决策科学化、乡村治理精准化、公共服务高效化水平。

（1）数字乡村治理创新平台。重点围绕农村党务、政务、村务及乡村公共服务等各领域信息共享性、实用性、便利性等方面存在的问题，以数字化建设水平较高的村庄（社区）为重点，开展大数据信息技术融合应用研究和产品开发，开展数字乡村治理机制研究。

（2）数字乡村金融创新平台。开展金融创新应用研究和数字普惠金融技术产品研发，研究支持新型经营主体发展的数字信贷政策。研发农业保险产品和“农业保险+”风险管理工具，开发适合多元化保险产品。

（3）数字乡村产业服务平台。从标准化生产、农产品精深加工、农产品组织化与品牌化服务三个层面，分别搭建农产品标准化生产与农产品质量控制平台、国内外农产品精深加工信息服务平台，对接第三方农产品品牌推广服务平台，试点建立具有当地特色的农村产业融合模式并实现信息化支撑。

（4）数字乡村合作交流平台。搭建政府、科研院所、企业和新农村交流合作平台，培育数字农业农村生态圈，推进乡村信息基础设施提升、乡村数字经济培育、乡村信息惠民服务、乡村治理数字化建设，让广大农民共享数字科技发展成果。

3. 富锶产业研究院

依托农业农村部食物与营养发展研究所和中国农业科学院相关研究所，联合淄博市农业科学研究院及相关科研院所、产业单位，重点建设锶人体功效研究平台、富锶产业技术研发平台、富锶产品营销与品牌建设研究平台，打造集科研、检测、展示、推广于一体的国家级富锶产业科创平台，助力淄博市（沂源县）打造“中国锶乡”品牌。

（1）锶人体功效研究平台。围绕“锶与人类健康”主题，开展锶的营养健康功效研究，包括评价锶的营养功能、评估锶的摄入风险、研究锶的营养毒理学效应，构建不同人群锶精准营养方案、评价方法及人群数据库。开展人体对不同来源、不同类别富锶动植物食物富集锶的能力及机制研究。

（2）锶产业技术研发平台。开展聚锶作物资源发掘、富锶作物新品种选育以及富锶矿泉水、富锶新饲料资源开发。开展富锶食物资源调查、营养品质评价、分等分级研究。开展富锶营养检测分析，创新检测分析技术、建立新方法体系，开展富锶苹果、富锶牛奶等功能食物从种植养殖到加工、储藏等各环节的关键技术研发和标准制定。

（3）富锶产品营销与品牌建设研究平台。研发适于不同人群、不同区域的富锶初级农产品、深加工农产品、功能性食品、矿泉水产品以及保健食品、药品。构建具有国际影响力的品牌和科普宣传平台，规划产业发展路径，打造区域品牌和重点产品。搭建共享学习交流培训平台，开展情景式交流培训，拓宽视野、提升技能，为乡村产业振兴提供人才支撑。

4. 农业智能装备研发中心

依托中国农业科学院相关研究所，围绕耕、种、管、收各环节和设施农业突出问题，重点开展复杂农业场景感知与机器人智能“大脑”技术研发，开展系列化农业机器人末端执行器和高性能机械臂设计，开展适应不同场景自动避障、自主行走的作业机器人研发。开展大田、设施农业、畜禽舍环境下的农业高精尖传感器、环境智能管控系统、智能作业装备的研发与应用以及农机智能化、信息化改造升级等。

5. 农产品加工研发中心

依托中国农业科学院农产品加工研究所，围绕牛肉、乳品、食用菌等特色农产品加工需求，打造农产品初加工、精深加工、关键酶制剂及配料、功能因子挖掘与利用、农产品及副产物综合利用、冷链保鲜物流技术研发与综合服务平台，聚焦农产品加工业系统化、智能化、高值化、无人化等发展方向，推进农产品多元化开发、多层次利用、多环节增值，助推优势农产品加工企业技术升级和人才培养。

（二）数字农业创新应用园区

数字农业创新应用园区选址淄博市高新区及相关区县，为中农数院提供试验示范、技术集成、场景展示的场所，是中农数院试验示范基地、产业孵化基地、高新技术企业聚集高地的综合性示范园区，打造满足多元化需求的农文旅融合新业态，成为汇聚种养加于一体、全方位展现当今数字农业示范园成果转化、示范、应用的窗口。

1. 试验示范区

主要打造数字田园、数字菜园、数字果园、数字牧场、设施农业等数字农业典型应用场景，重点开展种质创新、设施装备、技术集成、数字采集、场景应用等技术的试验、应用、模拟、示范，开展智慧种植、智慧养殖，打造现代化“物联农场”“物联牧场”新典范，为数字农业科研创新成果转化应用提供可靠的技术保障。

2. 产业孵化区

主要打造中农数院孵化创建的农业高新技术企业和引进的数字农业龙头企业、富锶产业龙头企业的集聚高地，涵盖产、学、研各领域，充分发挥现代农业产业示范园区在科研创新、成果展示、场景再现、人才培训、文旅融合、宣传引领等方面的带动作用。

四、合作机制

坚持“政府推动、项目牵引、市场运营、共建共享”的原则，建立“中农数院—研究院（研发中心）”两级运营模式。

（一）中农数院采用新型研发机构模式

中农数院由甲乙双方共同举办，淄博市农业科学研究院、淄博市农业发展集团有限公司等参与建设，系投资主体多元化、管理制度现代化、运行机制市场化、用人机制灵活的独立法人机构，由淄博市人民政府注册为不定行政级别、不设人员编制的地方科研事业单位并负责设置为新型研发机构。中国农业科学院授予“中国农业科学院数字农业农村研究院（淄博）”牌子并积极争取设立中央事业单位。中农数院的理事会为决策机构，实行理事会领导下的院长负责制。由双方组织有关单位代表共同组建理事会，理事长由中国农业科学院提名，院长由中国农业科学院按相关规定选派人员担任并依法取得法定代表人资格。根据法律法规和本协议制定章程，依照章程管理运行。

（二）研究院（研发中心）采用多样化运行形式

“三院二中心一园区”原则上为中农数院的所属机构，具体承担中农数院的科技研发和成果转化孵化任务，可为内设机构、也可登记为事业法人或企业法人等，鼓励探索实行“事业单位+平台公司”等体制机制模式创新。各所属法人机构均可成立高新技术企业或与当地企业合作，推动中农数院研发成果的孵化转化及淄博特色产业工作。“中农数院”及各机构研发团队人员可为参与单位派驻，也可面向社会招聘组建。科技研发和成果转化孵化的主要经费来源市场化，由政府购买服务（公益类研究）、政策支持、项目经费、企业购买服务、成果转化收益及成果孵化企业投资等构成，所有经费投入的收益分红按照章程规定或有关协议约定进行。

（三）中农数院实行“三创一体”新机制

坚持以发展高产量、高附加值、高科技含量、高转化率的“四高”农业为导向，建设先进的科研中试熟化平台和成果孵化转化平台，从理论创新、技术和产品创造、成果转化和产业化进行全创新链布局，实现产业链、创新链、人才链、资金链深度融合，开展将社会财富转化为新科学技术、将新科技转化为更多社会新财富的创新创业创造“三创”活动，实现高水平科技自主创新，为社会和大众提供新业态、新产品和新服务，打通从科技强到产业强、经济强的通道。

五、保障措施

（一）成立领导小组

由甲乙双方成立战略合作领导小组，双方主要负责同志任组长，分管负责同志任副组长，成员由中国农业科学院成果转化局、淄博市农业农村局、淄博市科学技术局、淄川区人民政府、沂源县人民政府、高新区管委会、淄博市数字农业农村发展中心、淄博市农村改革发展中心、淄博市农业科学研究院、山东理工大学、山东农业工程学院、淄博市农业发展集团有限公司等有关部门和单位负责人组成。领导小组下设办公室，由中国农业科学院成果转化局和淄博市农业农村局分别安排专人组成，负责中农数院组建方案的制定及推进落实。

（二）资金保障

由淄博市人民政府直接或协调其他主体（包括但不限于国资平台及淄博市有关区县）负责资金筹措，5 年培育期提供资金总额约 8 亿元，主要用于项目运营、配套设施、人才引进、仪器设备、开办资金等支出。其中，研发总部科研办公楼和基础设施建设投资约 2 亿元；数字农业创新应用园区基础设施建设投资约 2 亿元；大中型仪器设备购置、特定实验环境和设施装置建设等投资约 1.5 亿元；每年提供不少于2 000万元的项目研发经费；每年提供不少于1 000万元的机构运转、设施运维等经费；经领导小组评定后，每个入驻团队给予不少于 300 万元的一次性启动经费。

（三）人才保障

针对数字农业、数字乡村、富锶产业、农业智能装备、农产品加工等核心领域，中国农业科学院遴选专家，对接重点企业，构建科技创新研发团队，共同开展科研创新和成果转化工作；同时强化人才引进培养交流，形成自身发展壮大的内生动力。对中农数院引进的符合条件的高层次人才，享受淄博市“人才金政 37 条”对应待遇。

（四）基础保障

淄博市人民政府根据中农数院的实际需求，在淄博高新区科学城新规划约 100 亩建设用地，用于研发总部科研创新、科技服务设施及生活性服务设施建设，或者在高新区科学城现有三期工程中直接建设中农数院的研发总部。规划约 400 亩设施用地，用于数字农业和富锶产业应用场景的产业孵化区建设。规划约3 200亩农业用地，用于设施农业、数字田园、数字菜园、数字果园、数字牧场等数字农业典型应用场景建设。由中国农业科学院提出中农数院总体方案、重点建设内容和建设方案，由淄博市人民政府筹资建设，交中农数院无偿使用。淄博市人民政府根据中农数院实际需求，在淄博高新区科学城科创中心先行提供不少于5万平方米场地作为过渡办公场所。

六、附　则

本协议合作项目中具体事宜将由本协议双方当事人或者双方当事人指定的单位另行签订正式合同予以明确，本协议与正式合同约定内容不一致的，以正式合同约定为准。

本协议未尽事宜及纠纷，甲乙双方本着友好协商原则解决。对本协议条款的任何修改、变更或增减，须经双方一致同意并以书面形式作出。

本协议甲乙双方均负有为本合作意向书、涉及本合作意向书事项的保密义务。除非法律或者相关政府监管部门要求进行披露，否则，双方均不得在未取得对方书面同意前，在任何时间以任何方式予以泄露。

本协议的任何附件、补充文件、修改文件作为本协议的一部分与本协议具有同等的法律效力。当文件条款有冲突时，以修改后的文件条款优先适用；前后修改文件有冲突时，以后修改的文件优先适用；后订立的协议优先适用。

本协议有效期五年，一式四份，双方各执两份，具有同等法律效力，自双方签字盖章之日起生效。期满后双方可协商续签。

中国农业科学院	淄博市人民政府
法定代表人/授权代表（签字）：	法定代表人/授权代表（签字）：
2022年11月17日	2022年11月17日

重庆市人民政府
中国农业科学院战略合作框架协议

为深入贯彻党的十九大和十九届历次全会精神，深化落实习近平总书记关于“三农”工作重要论述和对重庆的系列重要指示要求，加快建设具有全国影响力的科技创新中心，强化现代山地特色高效农业关键核心技术攻关，为全面推进乡村振兴、加快实现农业农村现代化提供坚实的科技支撑，重庆市人民政府与中国农业科学院共同决定建立农业科技合作长效机制，实现优势互补、资源共享、合作共赢，达成本协议。

一、合作宗旨

按照发挥优势、互利互惠，由点及面、稳步推进的原则，充分发挥中国农业科学院人才、科技优势和重庆市资源、政策优势，双方建立长期稳定的农业科技合作关系，构建运转高效的农业科技协同创新体系，加快建设创新平台，切实强化人才支撑，着力解决制约重庆市现代山地特色高效农业发展的“卡脖子”技术问题，推动科技与产业深度融合，促进农业农村高质量发展。

二、合作内容

（一）共同开展农业农村重大战略研究

双方围绕现代山地特色高效农业发展、农业科技现代化、农业减碳增汇等重大战略问题，共同组织有关专家，不定期开展政策研讨和咨询活动。中国农业科学院积极参与重庆市农业产业政策、农业农村发展规划、农业科技教育规划的研究制定、战略咨询等。

（二）共同打造农业科技创新重大平台

中国农业科学院支持成渝现代高效特色农业带建设，重点在国家生猪技术创新中心、全国农业科技现代化先行县、国家农业高新技术产业示范区、西部农业人工智能技术创新中心、区域性畜禽基因库、畜牧科技城、国家级重庆（荣昌）生猪大数据中心等平台建设上提供科技支撑。在具备条件的前提下，在重庆布局建设国家级或区域性的农业科技创新重大基础设施和科研项目。与重庆市共同建设长江上游种质创制科学设施、特种经济作物国家级种质资源圃，共同组建蚕桑生物学与资源创新利用、长江上游健康土壤与绿色农业等国家重点实验室。依托重庆市农业科学院共建山地农业科技创新基地。建设中国农业科学院牡丹芍药中心垫江分中心、中国农业科学院蔬菜花卉研究所西南研究中心。

（三）联合申报国家重大科研项目

围绕实施乡村振兴战略和创新驱动发展战略，双方组织专家联合开展科技攻关。中国农业科学院每年派出相关领域专家到重庆工作，重庆市人民政府积极组织涉农科研、教学、企业等单位参与科技合作，利用双方各自优势，共同组织申报国家重大科研项目。双方提供优惠合作政策，保证重大科技合作项目顺利实施、落地见效。

（四）开展现代山地特色高效农业重大技术协同攻关

针对重庆亟须解决的关键核心技术瓶颈问题，组成联合团队，开展协同攻关。重点在现代种业振兴、耕地保育、山地农机研发、提升农业灌溉水平、农产品加工增值、农产品质量安全与品牌建设、绿色高效种养、冷链保鲜、动植物重大疫病防控、资源利用与生态农业、“智慧农业·数字乡村”建设等领域，开展技术创新合作研究。

（五）共同推动农业科技成果转移转化

中国农业科学院的科技成果优先在重庆市示范转化。尚未定型成果优先安排在重庆市进行区试和熟化，重庆市提供必要保障条件，并协助组织实施。推动中国农业科学院成果和双方合作成果在重庆市落地生根、转化应用，将重庆市打造成为全国现代农业科技创新示范样板。

（六）共同实施科技人才培育计划

中国农业科学院推荐优秀科技和管理干部到重庆区县挂职，将最新科研成果安排在重庆转化落地。重庆市聘请中国农业科学院有关院士、专家为全市农业科技创新专家咨询委员会成员；选派科技人员、管理人员、博士硕士中高级人才到中国农业科学院开展合作研究；重庆市组建的农业产业技术体系，与中国农业科学院优势学科对接；深入推进西南大学与中国农业科学院联合培养研究生工作。中国农业科学院与重庆市有关方面共同组建农业科技创新联盟。通过深度合作，将重庆市打造成为中国农业科学院人才培养重要基地。

三、保障措施

（一）成立战略合作领导小组

重庆市人民政府与中国农业科学院成立由双方主要领导、分管领导和有关负责同志组成的领导小组。领导小组下设办公室，分别设在重庆市农业农村委员会和中国农业科学院成果转化局，具体负责双方农业科技合作的组织、协调、跟踪和督办等工作。成员单位为重庆市农业农村委员会、重庆市发展和改革委员会、重庆市财政局、重庆市科技局、西南大学、重庆市农业科学院、重庆市畜牧科学院等，中国农业科学院成果转化局、科技管理局、研究生院等相关单位。

（二）适时开展专题会商

建立工作会商制度，定期或根据一方提议召开联席会议，研究解决科研工作中的实际问题，并形成会议纪要。中国农业科学院不定期组织专家到重庆市调研指导农业科技创新工作。

（三）建立项目资金投入机制

中国农业科学院根据双方需求，每年在重庆市布局实施一批科研项目。重庆市根据农业科技合作项目，市财政每年安排专项协同创新经费。逐个项目签署专项协议或形成合作实施方案，有计划有步骤推进。

（四）落实合作保障条件

围绕具体合作内容，双方在人才团队、平台基地、科研立项、成果转化、政策保障等方面给予优先支持，加大科技资源投入，加强协同创新团队建设，建立稳定、持续和行之有效的保障机制，共同推进深度合作，确保取得实效。

四、附　则

协议中未尽事宜，由战略合作领导小组研究商定。

本协议有效期为五年，签字盖章后生效。期满后，双方可协商续约。

本协议一式四份，双方各执两份。

重庆市人民政府　　　　　　　　　　中国农业科学院

法定代表人/授权代表（签字）：　　　法定代表人/授权代表（签字）：

2022 年 8 月 16 日　　　　　　　　2022 年 8 月 16 日

内蒙古自治区人民政府　中国农业科学院
全面合作协议

甲方：内蒙古自治区人民政府
乙方：中国农业科学院

为深入贯彻习近平新时代中国特色社会主义思想和党的十九大精神，贯彻落实习近平总书记对内蒙古重要讲话重要指示批示精神，聚焦支撑保障国家粮食安全和农牧业高质量发展“国之大者”，聚焦科技支撑内蒙古传统农牧业向现代农牧业转型、北方草原生态保护建设和乡村振兴，统筹农牧业领域国家战略科技力量，全面深化内蒙古自治区与中国农业科学院的战略合作，深度推进“科技兴蒙”行动，内蒙古自治区人民政府与中国农业科学院经双方友好协商，决定开展新一轮全面战略合作，达成如下协议。

一、合作宗旨

围绕国家和内蒙古“十四五”时期农牧业高质量发展面临的新挑战、新要求，紧扣内蒙古自治区建设“两个屏障”“两个基地”和“一个桥头堡”的战略定位，按照“优势互补、协同创新、合作共赢、务求实效”的原则，促进中国农业科学院的科技、人才、平台等优势与内蒙古自治区的资源、产业优势有效对接，持续深化院区合作，打造北方农牧业和农村牧区高质量发展样板，助力内蒙古自治区走好生态优先、绿色发展为导向的高质量发展新路子和中国农业科学院踏上“四个面向”“两个一流”新征程。

二、合作主要内容

（一）统筹布局农牧业战略科技力量

立足内蒙古共建中国农业科学院北方农牧业技术创新中心，坚持国家农业科技战略力量落地内蒙古、北方农牧业科技创新核心区、疏解非首都功能综合科研设施平台、科教科产科企协同创新平台的战略定位，聚焦内蒙古为代表的现代农牧业高质量发展和农村牧区乡村振兴创新需求，以及呼和浩特建设“中国乳都”战略需要，优化整合中国农业科学院相关创新资源，打造涵盖政产学研用金服务各个领域和要素集聚、功能健全、装备先进、绿色高效的“农牧业创新高地”，打造内蒙古农牧业现代化和乡村振兴的示范者和引领者，加强内蒙古草业与草原研究院建设，依托中国农业科学院草原研究所，联合国内创新力量，推动北方草原保护生态学国家重点实验室落地内蒙古。

（二）共同推进农畜产品生产基地建设

围绕草（种）业、牛羊、玉米大豆、冷凉蔬菜花卉、小麦燕麦、马铃薯、生物安全（病虫鼠害）、草原生态、牧区现代化、智慧农业、都市农业等内蒙古特色优势产业和农业农村牧区现代化重点领域，以特色应用场景为牵引，集聚中国农业科学院研发力量，联合内蒙古科教单位、龙头企业和新型经营主体，协同开展新技术、新品种推广应用和“卡脖子”技术攻关，实现产业全链条、区域全方位覆盖，推动创新链、产业链深度融合，促进农牧业提质增效、农村牧区振兴和农村牧民致富。

围绕内蒙古农牧业延链、补链、强链需求，共同推动内蒙古、中国农业科学院联合与农牧业龙头企业深入对接，创新产学研用金服协作模式，推动大型农牧业企业在内蒙古投资兴业。

（三）共建共享创新资源

支持中国农业科学院向内蒙古疏解非首都功能的综合科研设施，所有创新平台向内蒙古农牧业相关高等院校、科研院所、企业全方位开放共享。内蒙古各盟市、旗县积极营造良好创新环境和落地条件，优先支持中国农业科学院调用使用相关资源和基地建设，开展集成创新和推广应用。

共同探索建立为内蒙古刚性或柔性引才、用才机制，开展战略咨询、技能培训、人才招聘、挂职服务、任职兼职、访问研修、定向招录选调生等多形式人才合作。拓展高级科技人才和农村牧区实用人才教育培训领域合作，多方式联合培养研究生，探索建立中国农业科学院研究生院内蒙古分院。

建立中国农业科学院与内蒙古科技成果对接机制，支持中国农业科学院联合内蒙古科技大市场，定期向内蒙古发布面向优势主产区和主导产业紧密相关的科研创新成果，采取“揭榜挂帅”“赛马制”等项目组织形式，与农牧业龙头企业组建创新联合体，促进成果转化落地。

（四）共同实施种业创新工程

在农作物方面，联合培育综合性状优良的耐寒、耐旱、耐盐碱农作物新品种，提升内蒙古粮食供种保障潜力；针对向日葵、大豆、玉米等优势特色品种，支持开展分子育种、生物育种，提升自主知识产权品种比重。共同建设好国家级马铃薯良种繁育基地，针对种薯繁育过程中土传病害这一“卡脖子”问题，开展联合攻关。

在畜禽方面，联合实施奶牛、肉牛、肉羊、肉鸭等动物育种创新工程，持续开展新品种选育提升，依托蒙古牛、蒙古羊、蒙古马等畜禽资源优势，推进内蒙古与种质资源富集的省份和地区的合作与交流，联合开展育种创新，将内蒙古打造为全国重要的畜禽遗传资源输出基地。

三、责任义务

（一）甲　方

（1）督促各盟市、相关部门、高等院校、科研院所、企业积极加强与中国农业科学院合作交流，引进人才、孵化落地项目，制定并落实相关优惠政策，加大对中国农业科学院与内蒙古合作项目及人才引进的支持力度。

（2）每年安排4 000万元财政专项经费（自治区科技厅和呼和浩特市政府 1：1 出资），支持北方农牧业技术创新中心在全区范围内开展科研技术攻关、科技成果转移转化、科技咨询、综合科技服务等。

（二）乙　方

（1）聚焦内蒙古优势主导产业技术需求，平均每年为内蒙古产业或企业提供技术支撑服务并实际解决问题不低于 30 项。积极服务内蒙古科技人才培育工作，平均每年为甲方政府机关、企事业单位培养应用型人才，组织学术交流、学科带头人培育、外国专家咨询服务等 300 人次以上。合作期内孵化一批科技型企业。

（2）加快向内蒙古疏解转移重大综合科研设施平台，针对有关盟市产业特点和企业需求，共建各类“新型研发机构”“联合研发中心”“联合工程中心”“创新中心”等。

四、合作机制

双方共同成立内蒙古自治区人民政府、中国农业科学院院地合作指导委员会（以下简称指导委员会）。指导委员会负责统筹把握合作方向，谋划确定年度合作要点，系统推进重大合作事项，梳理汇集创新合作成果，制定双方支持政策，研究解决双方合作中的重大问题。指导委员会采取席位制，组成成员由双方商议确定。指导委员会每半年轮值召开一次工作会议，办公室分别设在内蒙古自治区科学技术厅和中国农业科学院北方农牧业技术创新中心，代表双方组织协调各项合作事宜。

创新财政专项经费投入与考核机制。双方本着相互信任、真诚合作的态度，围绕每年为北方农牧业技术创新中心提供的财政专项经费确定的重点方向、重点领域、重点任务范围，由项目团队自主确定研究课题，自主选聘科研团队，自主安排科研经费使用；尝试采用与国际接轨的治理结构和市场化运行机制，探索实行负面清单管理，围绕科研投入、创新产出质量、成果转化、原创价值、实际贡献、人才集聚和培养等方面组织开展绩效评价，评价结果由指导委员会综合运用。

双方充分考虑科技创新和体制机制创新的长期性、探索性、专业性和前沿性等规律特征，积极探索建立合法合规的容错纠错机制。

五、附　则

本协议为双方合作的框架协议，协议中未尽事宜由双方另行商定，重要事项可采取一事一议的办法另行签署相关协议。双方根据协议条款制定或签署补充协议，落实本协议内容，补充协议与本协议具有同等法律效力。

本协议有效期为五年（2022—2026 年），自双方签字并加盖公章之日起生效。本协议期满后，可经双方协商重新续订。

本协议一式六份，双方各执三份，具有同等法律效力。

内蒙古自治区人民政府

法定代表人/授权代表（签字）：

2022 年 9 月 1 日

中国农业科学院

法定代表人/授权代表（签字）：

2022 年 9 月 1 日

中国农业科学院　新疆喀什地区行署 关于深化农业科技合作　助力农村 经济高质量发展的协议

为瞄准现代农业科技前沿，全面落实《中国农业科学院新疆维吾尔自治区人民政府农业科技合作协议》，加快喀什农村经济高质量发展，夯实乡村产业振兴基础，中国农业科学院与喀什行政公署本着“优势互补、互利共赢、友好协商、共同发展”的原则，就深化双方农业科技合作，达成如下协议。

一、合作推进喀什林果产业高质量发展

支持中国农业科学院郑州果树研究所等单位与喀什地区行署深化农业科技合作，为喀什昆仑仙果产业研究院提供科技支撑，建设鲜果产业示范园，示范推广新品种、新技术、新模式、新业态；开展优质林果新品种培育与推广、林果绿色标准化栽培技术推广、林果全程机械化技术集成示范、果品加工与贮运、保鲜、果品质量控制与质量安全检测攻关，推进喀什 150 万亩鲜果产业高质量发展。开展巴旦姆高产技术攻关、“三品一标”生产，推进 582 万亩特色林果业提质增效，努力把喀什打造成为全国著名的鲜果供应基地。

二、合作推进喀什蔬菜产业高质量发展

支持中国农业科学院蔬菜研究所等科研机构与喀什地区行署深化农业科技合作，为喀什昆仑蔬菜产业研究院提供科技支撑，建设蔬菜产业示范园区，利用组培技术育种，开展新技术、新品种、新机具试验示范；瞄准北京、上海、广州、深圳等高端市场，示范推广羊角蜜、贝贝瓜等高质高效品种，加快推进喀什 150 万亩蔬菜产业高质量发展，逐步把喀什建设成为新疆重要的蔬菜供应基地。

三、合作推进现代畜牧业高质量发展

支持和推动中国农业科学院北京畜牧兽医研究所、兰州畜牧与兽药研究所、上海兽医研究所等科研机构深化与喀什行署合作，为喀什昆仑肉羊肉牛产业研究院提供科技支

撑，深化特色畜禽遗传资源保护与挖掘利用、畜禽良种繁育与推广、牛羊等基础养殖牲畜快速扩繁、畜禽疫病监测与防控、畜禽高效健康养殖技术集成推广、现代奶业发展、饲草料高效种植与多渠道开发利用，开展高原牦牛品种选育，加快提升现代畜牧业科技水平，加快推进喀什 150 万只肉羊、80 万头肉牛、1.5 亿只家禽产业高质量发展。

四、合作推进喀什现代种业高质量发展

依托国家作物种质库、国家农作物种质保存中心等国家级科研平台，支持和推动中国农业科学院作物科学研究所、棉花研究所、蔬菜花卉研究所等相关研究所及西部农业研究中心等科技力量，瞄准喀什林果、瓜菜、牛羊及家禽等优势产业，引进大型育繁推一体化种业企业，开展现代种业攻关，破解“卡脖子”难题，做大做强喀什现代种业。

五、合作推进喀什农产品加工业发展

支持中国农业科学院农产品加工研究所等相关研究所等科研机构与喀什行署合作，为喀什昆仑农产品精深加工产业研究院提供科技支撑，加强林果、蔬菜、瓜果、畜产品等特色农产品加工研究，研发精深加工新技术、新工艺、新产品，开展分拣清洗、预冷包装、仓储保鲜、冷链运输、精深加工及农副产品综合利用等方面开展联合攻关，加快破解喀什特色农产品加工增值和绿色综合利用的瓶颈技术，引导农产品加工企业改进加工工艺、改造加工设备、提升加工水平；发挥中国农业科学院优势，引导国内外大型农产品精深加工企业落户喀什，实现补链延链强链，加快全产业链发展。

六、合作推进农业科技队伍建设

支持和推动中国农业科学院研究生院、相关专业研究所等科研机构，采取短期专题进修、共建研究团队、定期学术交流等方式，帮助喀什培养急需农业科技人才。依托各类产业研究院专家“传帮带”，加强喀什农业科技行业带头人、业务骨干队伍培养，为喀什农村经济高质量发展，提供坚强的人才支撑和智力支持。

七、建立健全合作机制

（一）成立合作专班

成立中国农业科学院成果转化局、西部农业研究中心有关负责同志，喀什行政公署主要负责同志、分管负责同志，以及地委农办、财政、农业农村、林草、畜牧兽医等有关行业部门主要负责同志组成的工作专班，具体负责落实双方合作事项。

（二）强化合作保障

由中国农业科学院发挥农业科技优势，组织行业专家牵头开展相应科技攻关。喀什地区行署保障相关工作经费、耕地供给、后勤服务，确保合作事项有序推进。合作双方可联合申报国家、自治区有关农业科技项目，合作期间取得科技成果由合作双方共同拥有，喀什地区优先转化利用。

（三）建立会商机制

每年年末，由合作双方就当年双方确定的合作事项完成情况进行总结和评估，并共同研究确定下一年合作工作计划。年度会商结束后，双方共同研究起草会商纪要，明确会商议定事项，会商纪要经双方履行必要审批手续后联合印发执行。

本协议未尽事宜由双方另行协商决定，本协议自签字盖章之日起生效，有效期五年。本协议一式四份，双方各执两份。

中国农业科学院　　　　新疆喀什地区行署

法定代表人/授权代表（签字）：　　　　法定代表人/授权代表（签字）：

2022 年 2 月 27 日　　　　2022 年 2 月 27 日

新乡市人民政府　中国农业科学院
战略合作协议

为提高科技对现代农业发展的支撑和引领作用，提升新乡市农业科技创新能力和现代农业产业发展水平，新乡市人民政府与中国农业科学院决定建立全面、长期、稳定的战略合作关系，经平等协商达成如下协议。

一、合作背景

新乡市是郑洛新国家自主创新示范区和国家农村改革试验区，是全国重要的商品粮基地和优质小麦生产基地，农业科研基础积淀深厚，区位优势得天独厚，产业优势日益凸显。中国农业科学院是国家级综合性农业科研机构，具有人才、技术和成果等优势，在解决中国农业及农村经济发展中基础性、方向性、全局性、关键性的重大科技问题方面发挥着引领和支撑作用。

中国农业科学院与新乡市科技合作历史悠久，共建的中国农业科学院新乡综合试验基地在支撑农业科技创新和服务地方发展方面发挥了重要作用。

二、合作宗旨

本着“优势互补、互利共赢、共建共享、持续发展”的原则，充分发挥中国农业科学院科技、人才、成果以及新乡市区域、资源、政策等优势，通过合作推进农业科技创新和成果转化，将中国农业科学院的科技优势转化为新乡市的农业发展优势，为新乡市现代农业和农村经济发展提供强有力支撑。

三、合作内容

（一）开展农业农村现代化战略研究与规划

双方围绕粮食安全、乡村振兴、城乡共同富裕、科技支撑现代农业发展等重大战略问题，共同组织相关专家，不定期开展政策研讨和咨询活动。中国农业科学院组织战略规划专家，积极参与新乡市农业产业政策、农业科技规划、乡村振兴规划等相关规划编制，为新乡市发展提供智力支撑。

（二）承接中原研究中心建设

新乡市政府积极承接中国农业科学院与河南省政府共建的中原研究中心“四中心三基地”中基础前沿研究中心、科教中心和新乡产业示范基地建设。制定相关优惠政策，统筹协调土地资金项目等建设所需资源，推动中原研究中心早日落地，打造高水平农业科技创新的新高地、高层次农业科技人才汇聚的新高峰、高质量农业农村发展的新高原，引领河南粮食生产核心区建设走在全国前列，有力支撑河南省和新乡市农业农村现代化和乡村振兴。

（三）建设中国农业科学院郑州果树所国家特色果树种质资源圃

建成世界一流的特色果树种质资源保存中心和创新利用中心，支撑我国果树科学研究和种业高质量发展。包括国家葡萄、桃资源圃的优化与升级，国家西瓜甜瓜中期库提质与扩容，特色果树种质资源保护与评价。新乡市政府加强与郑州果树所合作，重点帮助协调解决项目落地等问题。

（四）建设中国农业科学院农田灌溉研究所节水灌溉装备产业园

推进中国农业科学院农田灌溉研究所成果转化，打造中国农业科学院农田灌溉研究所先进科技成果及先进节水灌溉装备研发及产业平台。新乡市政府加强政策引导，统筹相关资源，推动中国农业科学院农田灌溉研究所节水灌溉装备产业园的组织与实施，做好成果展示与推广应用，提升新乡市农业科技水平。

（五）推进新乡县乡村振兴示范县建设

实施科技支撑乡村振兴示范县建设行动，共同支持新乡县打造乡村振兴示范县豫北样板，以产业兴旺为重点，整合科技资源，建立示范基地，集成应用现代高新科技，加快农业科技成果转化与应用，打造河南省乡村振兴的示范县样板，辐射带动全省乡村振兴和产业兴旺。

（六）推进人员挂职交流

中国农业科学院按照有关程序要求选派优秀人才到新乡市挂职。切实推动双方开展挂职锻炼，搭建工作平台，实施精准培养，提升干部人才整体工作能力。

四、合作机制

（一）成立合作工作领导小组

（1）领导小组组长由中国农业科学院主要领导担任，常务副组长由新乡市人民政府主要领导担任，副组长由双方主管领导担任，成员由新乡市各县（市、区）人民政府、各有关政府部门、各有关单位和中国农业科学院有关研究所、各有关局（办）组成。

（2）领导小组办公室设在中国农业科学院成果转化局和中国农业科学院新乡试验基地领导小组办公室（管理委员会），分别负责新乡市政府与中国农业科学院双方合作的日常事务管理与工作协调。

（二）建立高效运行机制

（1）会议机制。每年召开一次领导小组工作会议，总结当年的工作，研究部署下一年工作。

（2）交流机制。中国农业科学院不定期组织专家到新乡市考察调研，指导农业科技创新和产业发展工作；新乡市组织有关技术人员和企事业单位负责人到中国农业科学院学习进修。

五、附　则

本协议未尽事宜由双方另行协商决定。

协议有效期三年，自双方签字、盖章之日起生效，期满后双方可协商续签。

本协议一式六份，双方各执三份。

新乡市人民政府	中国农业科学院
法定代表人/授权代表（签字）：	法定代表人/授权代表（签字）：
2022年4月29日	2022年4月29日

中国农业科学院　兰考县人民政府
共建中原研究中心乡村振兴中心协议

深入贯彻习近平新时代中国特色社会主义思想、习近平总书记视察河南重要讲话精神和习近平总书记致中国农业科学院建院 60 周年贺信精神，落实中国农业科学院与河南省人民政府战略合作协议，中国农业科学院与兰考县人民政府决定共建中原研究中心乡村振兴中心，大力实施乡村振兴和创新驱动发展战略，打造全国重要粮食生产核心区和乡村振兴示范县，框架协议如下。

一、合作目标

坚持“优势互补、互利共赢、共建共享、持续发展”的基本原则，以中原研究中心乡村振兴中心为平台和载体，深入落实“藏粮于地、藏粮于技”战略，紧紧围绕打造全国重要粮食生产核心区和特色农产品优势区为目标，重点开展高新技术创新与成果转化应用，助力粮食生产核心区建成一流平台支撑高地、科教融合高地，科技赋能支撑兰考产业振兴，打造现代农业强县和乡村全面振兴示范县。

二、合作内容

（一）开展农业农村现代化战略研究与规划

兰考县聘请中国农业科学院相关领导专家作为兰考县发展特别顾问。双方围绕农业供给侧结构性改革、粮食安全、乡村振兴、城乡共同富裕、科技支撑现代农业发展等重大战略问题，共同组织相关专家，不定期开展政策研讨和咨询活动。中国农业科学院组织战略规划专家，积极参与兰考县农业产业政策、农业科技规划、乡村振兴规划等相关规划的编制，为兰考农业科技高质量发展提供智力支撑。

（二）强化科技支撑兰考主导产业振兴

在兰考依托兰考三农职业学院和中国农业科学院兰考综合试验站等共建乡村振兴中心，整合中国农业科学院育种、植保、土肥、果蔬、农田灌溉、畜牧、农产品加工等相关领域的专家，开展农业新技术、新成果转化，解决兰考主导产业中的瓶颈问题，科技赋能，为兰考主导产业振兴提供科技支撑。

（三）推进中国农业科学院科技成果转移转化

围绕兰考乡村振兴和建设现代农业强县的科技需求，以中原研究中心乡村振兴中心为平台和载体，积极推动中国农业科学院优先向兰考县转移转化农业科技成果，探索构建具有兰考农业区域特色的农业科技成果转移转化机制。以“兰考新三宝”（蜜瓜、甘薯和花生）、肉制品和乳制品加工为基础延伸产业链，加快推进乡村产业融合发展。

（四）持续推进乡村振兴示范县建设

充分发挥兰考县政府属地优势，持续推进科技支撑兰考乡村振兴示范县建设行动，大力支持中国农业科学院兰考综合试验试验基地（郑果所牵头）建设，新建中国农业科学院兰考综合实验楼。依托基地集成应用现代高新科技，加快农业科技成果转化与应用，通过乡村绿色发展、高质量发展和模式创建，共同打造全省乡村振兴示范县样板，辐射带动全省乡村振兴和产业兴旺。

（五）建立人才交流培育长效机制

进一步加强人才交流与合作，兰考县选派科技人员、管理人员、硕士博士中高级人才到中国农业科学院相关单位开展进（研）修和合作研究，中国农业科学院推荐优秀科技和管理干部到兰考县相关部门挂职，充分发挥挂职干部的“纽带”和“桥梁”作用，将中国农业科学院最新的科研成果转化落地，解决兰考县农业产业发展的热点难点问题。依托中原研究中心乡村振兴中心，加强兰考三农职业学院与中国农业科学院研究生院合作，开展高端农业科技人才培养、高素质农民培训等，为兰考乡村振兴提供人才支撑。

三、保障措施

（一）建立领导机制

中国农业科学院与兰考县人民政府建立由双方主要领导和有关部门负责人组成的领导小组，领导小组下设办公室，分别设在中国农业科学院成果转化局和兰考县农业农村局，具体负责双方合作的组织、协调、跟踪和督办等工作。

（二）建立联络机制

中国农业科学院明确一名副院长，兰考县人民政府明确一名副县长作为双方联络员。各成员单位分别明确一名分管领导负责推进合作内容各项任务落实。

（三）健全推进机制

定期报告合作内容推进情况，遇重大问题及时报告合作双方，由联络员召集相关单位共同协商解决，确保合作内容早日落地见效。

（四）强化保障支持

针对合作内容保障优先，不断完善资金和支持政策。兰考县人民政府提供农业用地600余亩，建设用地26亩，用于建设中原研究中心乡村振兴中心主载体——中国农业科学院兰考综合实验楼，综合实验楼落成前，为支持中国农业科学院专家科研和办公，兰考县提供兰考三农职业学院一栋楼（面积4 000平方米）作为中原研究中心乡村振兴中心临时驻地（中国农业科学院兰考综合实验楼投入使用后，如需要，还可长期使用兰考三农职业学院办公楼），兰考县负责大楼的装修并提供水、电、物业等基本运行保障，还提供日常的办公、实验等相关设备，支持乡村振兴中心建设和运行。

兰考县还为中国农业科学院在兰考科研人员免费提供交通和食宿，在兰考高铁南站享受快速通道，建立健康服务档案，每年免费为科研人员在三甲医院进行一次健康体检、办理开封旅游年票和兰考县城区城市公交卡，在县内享受就医就诊绿色通道。

四、附　则

本协议是指导双方合作的战略框架协议，本协议未尽事宜，双方可共同协商，签订补充协议。

本协议有效期五年，自签字盖章之日起生效，期满后双方协商续签。

本协议一式四份，双方各执两份。

中国农业科学院	兰考县人民政府
法定代表人/授权代表（签字）：	法定代表人/授权代表（签字）：
2022 年 4 月 29 日	2022 年 4 月 29 日

内蒙古自治区科技厅　呼和浩特市人民政府
中国农业科学院
共建北方农牧业技术创新中心合作协议

为深入贯彻落实党的十九大和十九届历次会议精神、习近平总书记对内蒙古、中国农业科学院重要讲话重要指示批示精神，围绕内蒙古建设“两个屏障”“两个基地”“一个桥头堡”战略定位，以及呼和浩特市打造区域科技创新中心战略布局，推进农牧业高质量发展，根据《内蒙古自治区人民政府中国农业科学院科技合作协议》，内蒙古自治区科技厅、呼和浩特市人民政府和中国农业科学院经友好协商，三方决定共建中国农业科学院北方农牧业技术创新中心（以下简称北方中心），并达成如下协议。

一、合作宗旨

按照“全面深入、优势互补、资源共享、互利共赢”的原则，发挥中国农业科学院人才集聚、研发创新、技术储备等优势，结合内蒙古资源环境、绿色优质农畜产品生产加工等优势，以及呼和浩特市“中国乳都”战略、特色草牧业、区位交通等有利条件，坚持“四个面向”，共同打造新型研发机构，共同建设北方农牧业先进技术研发与产业孵化高地，共同推动呼和浩特市区域科技创新中心建设，为推进自治区农牧业全面升级，实现北方草原牧区乃至全国农牧业和农村牧区现代化提供典型样板和先进示范。

二、合作目标

聚焦内蒙古现代农牧业高质量发展创新需求，以及呼和浩特中国乳都建设需求，通过优质草畜种源、优质草畜种养关键核心技术、优质草畜产品营养强化等重点方向的技术攻关和成果转化，经5年努力，集聚10支以上国内一流创新团队和200人以上高层次农牧业科技人才，孵化培育、支撑服务15家农牧业高新技术企业，搭建3~5个国家级科技创新平台，争取2~3项国家级科研项目，以呼和浩特市为北方农牧业科技创新策源地，辐射支撑巴彦淖尔农业高新技术产业示范区等内蒙古农牧业科技园区高质量发展，将北方中心建设成为具有国内一流水平的国家级农牧科技创新中心，成为内蒙古农牧业现代化和乡村振兴的示范者和引领者，成为涵盖政产学研用金服各个领域和要素集聚、功能健全、装备先进、绿色高效的“农牧业创新高地”。

三、合作内容

依托中国农业科学院草原研究所农牧交错区试验示范基地，北方中心坚持“立足呼和浩特市、辐射内蒙古、面向全国”的战略规划，以“一区 *N* 基地”为主体进行建设和布局，统筹“科技供给、产业培育、服务支撑”三个功能，构筑以高新科技应用和智慧农牧业引领为特色优势的现代农牧业科技创新“大本营”。

（一）现代农牧业技术创新核心区（一区）

规划面积 500 亩。选址位于中国农业科学院草原研究所农牧交错区试验示范基地。建设北方中心科研大楼和专家公寓、研究生公寓等基础设施，积极引入中国农业科学院等国内外各方面高端农牧业领域创新资源，引导集聚内蒙古农牧业科技力量，打造创新能力强劲、引领功能显著的农牧业技术创新中心核心区。

1. 三大共性技术研发平台

主要依托中国农业科学院拥有的农作物基因资源与基因改良国家重大科学工程、国家牧草改良中心、国家种业创新中心、国家农业生物安全科学中心等重大基础科学设施，按照“创新驱动+技术引领+产业振兴”的组建思路，重点打造生物育种技术平台、智慧农牧业技术平台和农畜产品质量安全技术平台。

（1）生物育种技术平台。围绕牧草、牛、羊等生物育种重大需求，研究和建立大规模、高通量的新基因发掘及分子标记技术，研制多基因聚合技术、细胞工程染色体工程与诱变技术、杂种优势利用技术，集成应用现代生物技术与常规育种技术，构筑现代高效生物育种技术体系和平台，建成生物育种技术创新公共实验室 2~3 个。

（2）智慧农牧业技术平台。集成星—空—地遥感观测技术、卫星导航技术、人工智能算法等关键技术，建立基于物联网+与大数据应用技术的区域农牧业监测网络，实现全要素气象指标、多维干旱指标与遥感生产力监测，初步建成农牧业大数据综合监测平台和决策系统，进一步做强农业农村部农业遥感中心呼和浩特分中心。

（3）农畜产品质量安全技术平台。重点加强农畜产品质量检测，产品质量标准和质量风险管控等重点领域关键环节的关键技术和标准研究，初步构建农畜产品质量标准和溯源体系。进一步做强农业农村部农产品质量安全风险评估实验室，加强内蒙古优质特质农畜产品品鉴工作和科学解析，助力自治区做强农畜产品“蒙字号”品牌。

2. 七大产业技术平台

主要依托中国农业科学院草原研究所、作物科学研究所、北京畜牧兽医研究所、蔬菜花卉研究所、农产品加工研究所、都市农业研究所等优势创新团队，联合内蒙古科学技术研究院、内蒙古农牧科学院、内蒙古农业大学等区域创新力量和龙头企业，按照“产业链+创新链+资金链”融合的方式，重点建设草（种）业技术平台、农畜产品加工技术平台、奶牛产业技术平台、肉牛肉羊产业技术平台、冷凉蔬菜产业技术平台、“两麦一薯”产业技术平台和都市农业技术平台。

（1）草（种）业技术平台。依托国家种质牧草中期库和国家种质多年生牧草圃，广泛收集和深度挖掘利用自治区重要牧草种质资源，重点培育一批羊草、扁蓿豆、苜蓿、燕麦、冰草等重要牧草新品种，大力推进内蒙古草种业科技自立自强。重点开展牧草优质高产栽培、有害生物防控、精深加工利用技术与装备、配方草饲料产品研发、草产品质量控制等重要领域的关键技术研发和标准体系研制。开展优质高产粮饲兼用型玉米品种筛选以及玉米优质高产创建等模式研究。

（2）农畜产品加工技术平台。发挥中国农业科学院农产品加工研究所的科技、人才和成果优势，重点开展内蒙古特色农畜产品品质调控、精深加工与资源梯次利用、加工过程质量与安全控制、功能食品智能制造与工程化装备等研究研发、集成示范和转化应用。

（3）奶牛产业技术平台。发挥中国农业科学院北京畜牧兽医研究所的科技、人才和成果优势，重点开展奶牛繁殖与育种、奶牛饲料与营养、奶牛疾病防控与健康养殖等重要领域的关键技术研发。

（4）肉羊肉牛产业技术平台。发挥中国农业科学院北京畜牧兽医研究所和兰州畜牧兽药研究所的科技、人才和成果优势，重点开展肉羊肉牛繁殖与育种、肉羊肉牛饲料与营养、肉羊肉牛疾病防控与健康养殖等重要领域的关键技术研发，集成创新肉羊肉牛绿色提质增效技术模式。

（5）冷凉蔬菜产业技术平台。发挥中国农业科学院蔬菜花卉研究所和方智远院士工作站的科技、人才和成果优势，重点开展优质、抗病、适应性强的冷凉蔬菜新品种选育、引进及示范，研发冷凉蔬菜规模化生产及高品质栽培关键技术，集成冷凉蔬菜机械栽培模式及配套农艺措施，构建冷凉蔬菜产业技术支撑体系。

（6）“两麦一薯”产业技术平台。发挥中国农业科学院作物科学研究所和蔬菜花卉研究所的科技、人才和成果优势，重点开展优质、抗病、适应性强的燕麦、藜麦、马铃薯新品种选育、引进及示范工作，研发燕麦、藜麦、马铃薯的规模化生产及高品质栽培关键技术，集成机械化栽培模式及配套农艺措施。

（7）都市农业产业技术平台。发挥中国农业科学院都市农业研究所和农业环境可持续发展研究所的科技、人才和成果优势，重点开展设施作物品种筛选、设施农业技术与装备研发等协同创新，开展设施蔬菜、花卉、果树等高质高效生产技术研发。

（二）科研试验示范基地（*N* 基地）

1. 呼和浩特市基地（现代农牧业高新技术示范区）

规划面积 2 000 亩。主要依托中国农业科学院草原研究所农牧交错区试验示范基地，融合呼和浩特现代农牧业科技创新园区、国家草原自然公园等建设工程，打造农牧科教文旅一体化和科研、转化、示范、服务、融创一条龙的现代农牧业高新技术示范区。主要打造科技支撑引领农牧业高质量发展的典型应用场景，重点开展种质资源收集保存、种质创新、设施装备、技术集成、场景应用等技术的试验、应用、示范，为加快农牧业科研创新和成果转化应用提供科学试验和典型示范。

2. 辐射盟市/旗县基地

统筹内蒙古重要主导产业的区位优势和科技需求，主要打造呼和浩特冷凉花卉、乌拉盖种牛、鄂托克旗苜蓿制种、巴彦淖尔肉羊、苏尼特肉羊、武川马铃薯、乌兰察布冷凉蔬菜、宁城肉鸭、通辽玉米、兴安盟玉米大豆、呼伦贝尔生态恢复、锡林浩特生态修复、陈旗牧区现代化等专业性试验示范基地，为加快农牧业、农村牧区科研创新和成果转化应用提供科学试验和典型示范。

北方中心围绕“一区 *N* 基地”，主要打造面向全区农牧业高质量发展需要的技术创新主力军和成果供给主渠道，大力推进科技支撑牧区现代化，实现“一盟一旗一园区”，大力推进农牧业企业科技创新能力提升，实现“一旗一品一企业”的科产科企融合发展新模式。着力打造北方中心孵化培育、支撑服务农牧业高新技术企业的集聚高地。

四、运营机制

坚持“政府推动、项目牵引、市场运营、共建共享”的原则，中国农业科学院发挥中国农业科学院草原研究所的立地优势，提供人才团队、平台基地（中国农业科学院草原研究所农牧交错区试验示范基地自有土地5 080亩）、技术成果储备等物化投入和创新工程稳定经费支持，内蒙古自治区科技厅和呼和浩特市人民政府前期提供科研项目经费支持，力争建成投资主体多元化、管理制度现代化、运行机制市场化、用人机制灵活的新型科研机构。

（一）北方中心采用新型研发机构模式

由中国农业科学院授予“中国农业科学院北方农牧业技术创新中心”牌子，将内蒙古草业与草原研究院纳入北方中心管理体系，由中国农业科学院选派人员担任机构法定代表人。北方中心实行理事会决策机制和中心主任负责制，理事会为决策机构，理事会成员采用“席位制”，由中国农业科学院、内蒙古自治区科技厅、内蒙古自治区农牧厅、呼和浩特市人民政府等有关单位代表共同组建。名誉主任由中国农业科学院分管副院长兼任，中国农业科学院草原所所长任主任，履行第一法人职责。根据法律法规和本协议制定章程，依照章程管理运行。北方中心理事会下设理事会秘书处、学术咨询委员会等职能机构。秘书处负责管理北方中心日常办公事务。学术咨询委员会负责学科规划、科研项目、平台发展、人才引进、成果产出等的咨询把关。

北方中心以创新团队为管理单元，实行团队首席科学家负责制，积极探索“揭榜挂帅”“赛马”等新型项目管理方式和年薪制等多元化薪酬方式，着力营造鼓励创新、激励转化、奖励应用的创新生态。

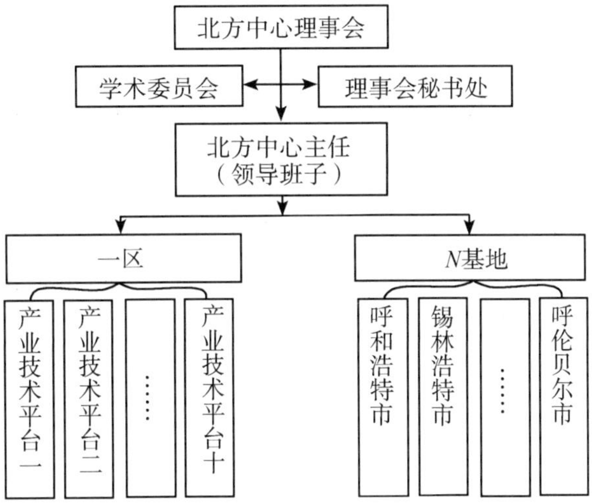

北方中心组织架构图

（二）“北方中心”实行三创一体运行机制

1. 以解决产业问题为导向的任务形成机制

突出产业问题和市场需求导向，重点聚焦重大产业问题和“卡脖子”难题，建立使命任务清单，实行揭榜挂帅制度，支持开展高水平原始创新和精准靶向创新。

2. 以协同创新为导向的联合攻关机制

建立首席科学家+专家+高校院所+企业的“集团军式”联合攻关机制，组建跨学科、跨团队、跨单位、跨行业、跨部门的重大任务协同创新团队，实现产业问题导向、企业需求导航和中心创新驱动发展。

3. 以稳定自主为导向的科研管理机制

建立“稳定科研任务—稳定创新团队—稳定经费支持—放活创新要素”的自主创新自主管理机制，做大做强共性技术平台和公共实验室，促进科研人员向聚焦“找问题、建团队、做研究”转变，为科研人员潜心创新研究营造良好的环境。

4. 以成果转化为导向的绩效激励机制

建立“企业出题出资、院所答题攻关、企业评判阅卷、专家终身服务”的科研创新和成果转化组织模式，探索建立注重创新质量、凸显转化效果、反映绩效贡献的新型激励约束机制。

五、保障措施

（一）成立筹建工作领导小组

由三方成立筹建工作领导小组，三方主要负责同志任组长，分管负责同志任副组长，成员由中国农业科学院成果转化局和草原所、内蒙古自治区科技厅、内蒙古自治区农牧厅、内蒙古自治区林草局、呼和浩特市组织部、呼和浩特市科技局、呼和浩特市农牧局、呼和浩特市林草局、和林县人民政府、土左旗人民政府等有关部门和单位负责人组成。领导小组下设办公室，由中国农业科学院成果转化局和草原所、内蒙古自治区科技厅、内蒙古自治区农牧厅、呼和浩特市科技局、呼和浩特市农牧局分别安排专人组成，负责北方中心组建方案的制定及推进落实。

（二）资金支持

由内蒙古自治区科技厅和呼和浩特市人民政府共同筹措稳定支持资金，每年各提供不少于2 000万元的经费，用于北方中心研发、转化和运行，稳定培育支持3年，后续2年根据绩效情况给予支持，内蒙古自治区经费主要用于科技研发与成果转化等科研项目。呼和浩特市经费依据《呼和浩特市吸引人才政策10条（试行）》予以支持。落实国家科研项目、科技平台的配套奖励支持政策，采取“一事一议”方式协商解决。

（三）人才政策

根据内蒙古自治区“科技兴蒙”30条和呼和浩特市人才10条等政策，制定完善优惠政策，大力引进高素质、高层次、高水平人才到北方中心创业就业。各类高层次人才享受内蒙古自治区和呼和浩特市现有人才同城政策，未涉及的人才政策事项采取“一事一议”方式协商解决。

（四）用地保障

在《和林格尔县国土空间总体规划（2021—2035年）》中，充分考虑北方中心的用地需求，在中国农业科学院草原研究所农牧交错区试验示范基地内规划落实不少于500亩的建设用地，呼和浩特市政府支持优先办好建设用地使用证，用于建设北方中心的科研大楼、专家公寓、研究生公寓等基础设施。*N*基地所在相关盟市（旗县）用好土地政策，优先支持基地设施建设和科研试验示范。

六、附　则

本协议合作项目中具体事宜将由本协议三方当事人或三方当事人指定的单位另行签订正式合同予以明确，本协议与正式合同约定内容不一致的，以正式合同约定为准。

本协议未尽事宜及纠纷，三方本着友好协商原则解决。对本协议条款的任何修改、变更或增减，须经三方一致同意并以书面形式作出。

本协议三方均负有为本合作意见书、涉及本合作意见书事项的保密义务。除非法律或者相关政府监管部门要求进行披露，否则，三方均不得在未取得对方书面同意前，在任何时间以任何方式予以泄露。

本协议的任何附件、补充文件、修改文件作为本协议的一部分与本协议具有同等的法律效力。当文件条款有冲突时，以修改后的文件条款优先适用；前后修改文件有冲突时，以后修改的文件优先适用；后订立的协议优先适用。

本协议有效期五年，一式六份，三方各执两份，具有同等法律效力，自三方签字盖章之日起生效。期满后三方可协商续签。

内蒙古自治区科技厅

法定代表人/授权代表（签字）：

2022 年 5 月 19 日

呼和浩特市人民政府

法定代表人/授权代表（签字）：

2022 年 5 月 19 日

中国农业科学院

法定代表人/授权代表（签字）：

2022 年 5 月 19 日

中国农业科学院　商丘市人民政府
特色产业示范基地建设合作协议

甲　方：中国农业科学院

乙　方：商丘市人民政府

根据中国农业科学院与河南省人民政府战略合作框架协议，商丘市人民政府与中国农业科学院开展全方位科技合作，推动商丘现代农业快速转型发展，本着“诚实守信、互惠互利、合作共赢”原则，中国农业科学院与商丘市人民政府决定在商丘市建设特色产业示范基地，协议内容如下。

一、合作目标

双方将紧紧围绕商丘特色产业示范基地建设需求，通过培育优势产业，打造优势产业品牌，突出优势产业特色，培育农作物新品种，做好新技术新模式的试验、示范和推广，推动商丘特色产业示范基地建设，为商丘农业农村高质量发展打下坚实基础。

二、合作内容

（一）特色产业示范基地建设

在商丘市国营民权农场建设中原研究中心商丘特色产业示范基地2 000亩，包括特色农产品研发中心、新品种展示中心、农业高新技术展示中心、产地环境及农产品质量检测中心、青少年科普区等；围绕永城市富硒小麦、夏邑县 8424 西瓜、虞城县荠菜、梁园区草莓、睢阳区土豆、柘城县辣椒、宁陵县酥梨、睢县芦笋和民权县花生（葡萄）等产业，各县（市、区）分别建设特色农产品基地1 000亩，开展新品种新技术试验、示范和推广，形成育、繁、推一体化特色产业发展格局，进一步提升商丘特色农产品质量和竞争力。

（二）科技成果在商丘集聚转化

甲乙双方深度合作、协同攻关、错位布局，甲方把相关科技资源布局到商丘，加强科技创新、科研人才和科技成果在商丘集聚，搭平台、建基地、做示范，助力商丘建成一流的农业科技创新高地、人才聚焦高地、平台支撑高地、科教融合高地。

（三）支持商丘良种繁育基地建设

甲方支持商丘市国营民权农场（国家级原种场）和永城市、夏邑县、虞城县、宁陵县等县（市、区）良种繁育基地建设；在农产品绿色种植、精深加工、营养健康新产品研发、产品综合利用等方面促进成果转化利用；建设商丘现代农业产业技术体系，在商丘不定期召开全国性的高端农业产业学术交流会议。把商丘建设成为中国农业科学院全天候、全产业链、全生态、全业态的农业科研“主战场”“试验田”，为商丘产业振兴提供科技支撑。

（四）支持商丘综合实验站提质升级

乙方支持中国农业科学院农田灌溉研究所商丘综合实验站（以下简称商丘综合实验站）提质升级，支持商丘综合实验站进一步完善基础设施，依据《农业农村部直属单位中长期基本条件能力建设规划（2017—2025）》，加快落实商丘综合实验站“十四五”项目建设用地，打造成为国内一流，现代化、国际化的综合实验站；新增入驻研究所（植保所、蔬菜所、郑果所、资划所、作科所等）5~6 家，主要在商丘综合实验站李庄基地开展各类科研试验研究，并辐射各县（市、区）进行产业化示范推广，其中各研究所、团队开展试验研究所需 200 亩农田的水、电、路等配套设施由乙方提供；共同推进商丘综合实验站建设为黄淮海区域的长期野外科学观测与试验研究基地、科学技术普及与试验示范基地、多层次人才培养基地、农业科技交流和创新平台、数字农业综合管理服务平台等。

乙方在政策上支持商丘综合实验站新购置 30 亩建设用地，用于专家楼及大型农业科研设施建设；以商丘综合实验站和商丘市农业综合试验检验中心项目为依托，成立综合性农产品质量检测机构，开展农产品产地环境检测、营养成分检测，塑造农产品品牌。

三、保障措施

（一）建立领导小组

中国农业科学院与商丘市人民政府建立由双方有关领导和相关部门负责人组成的领导小组，领导组下设办公室，分别设在中国农业科学院成果转化局和商丘市农业农村局，具体负责双方合作的组织、协调、跟踪和督办工作，统筹协调解决特色产业示范基地建设相关工作。

（二）建立协同推进机制

甲乙双方各明确一名联络员，负责合作内容各项任务落实的沟通协调，定期报告合作内容推进情况，遇重大问题及时报告合作双方，共同协商解决，确保合作内容早日落地见效。

（三）建立人才交流机制

甲方落实相关的科技创新团队来商开展工作，加大科技资源向商丘倾斜，支撑商丘乡村产业全面振兴，推动农业农村高质量发展。乙方协调落实国家最新科创政策，落实来商丘工作专家享受商丘市相应的人才待遇政策。

（四）经费与条件保障

商丘市各级财政部门按照事权责任划分对特色产业示范基地提供必要的资金支持；自然资源和规划部门负责落实商丘综合实验站建设用地；发展改革部门将相关项目建设纳入重点项目库；农业农村和乡村振兴部门统筹布局高标准农田建设和巩固拓展脱贫攻坚成果产业项目，对特色产业示范基地建设给予倾斜。

四、附　则

本协议为指导双方合作的战略协议，协议未尽事宜，双方可共同协商，签订补充协议。

本协议经双方法定代表人或授权代理人签字盖章之日起生效，有效期五年。本协议一式四份，甲乙双方各执两份。

中国农业科学院 商丘市人民政府

法定代表人/授权代理人（签字）： 法定代表人/授权代理人（签字）：

2022 年 7 月 6 日 2022 年 7 月 6 日

中国农业科学院　郑州大学
合作框架协议

甲方：中国农业科学院
乙方：郑州大学

为深入贯彻乡村振兴战略，建设全国重要粮食生产核心区，打造中原农业科技硅谷，加快推动河南农业农村高质量发展，根据中国农业科学院与河南省人民政府签署合作协议的有关内容，本着优势互补、互利共赢、共建共享、持续发展的原则，双方决定，在郑州大学农学院前期建设基础上，进一步深化科教融合，充分利用河南省、郑州市引进国家级大院大所优惠政策，加强在一流学科建设、创新平台共享、人才培养等方面的紧密合作。双方达成如下协议。

一、合作目标

聚焦“四个面向”“两个一流”，进一步推进务实合作，创建服务国家战略、代表国家水平的农业科技力量，打造“学科建设、科学研究、人才培养”三位一体的创新型、研究型人才培养新模式，推动一流高层次农业科技战略人才培养与创新平台建设，服务乡村振兴和地方经济社会发展。

二、合作内容

（一）推动中国农业科学院科研院所与郑州大学深化合作

围绕郑州大学农科、医科一流学科建设需求，在中国农业科学院棉花研究所与郑州大学共建农学院现有建设基础上，进一步深化合作，结合郑州大学一流学科的优势与特色，推动中国农业科学院河南三所（棉花研究所、郑州果树研究所、农田灌溉研究所）及其他相关研究所，参与到郑州大学一流大学建设中，探索构建“科学院+大学”科教融合的新发展模式。

（二）共建共享“棉花生物学”国家重点实验室平台

中国农业科学院支持郑州大学作为参建单位，加入中国农业科学院棉花研究所棉花生物学国家重点实验室（简称棉花国重），利用科技部国家重点实验室重组，拓宽棉花国重研究领域，引入郑州大学优势特色农业科技力量，在学术交流、团队建设、科研平台、人才培养等方面强化协同创新和共建共享，提升棉花国重平台功能，充分发挥棉花国重辐射带动作用，促进郑州大学农学一流学科建设。

（三）建设科教融合协同育人中心

根据国家和河南农业战略发展需求，以现有郑州大学农学院为基础，联合建设科教融合协同育人中心（简称育人中心），引进中国农业科学院相关单位（郑州果树研究所、农田灌溉研究所、油料作物研究所、麻类研究所、都市农业研究所等）作为育人中心共建单位。中国农业科学院加大科技资源向育人中心倾斜，支持高端人才、优势科研创新团队与郑州大学开展交流与合作；郑州大学为育人中心提供人才培养、科学研究、学科建设等方面属地化支持。前期将郑州大学农学院校区综合实验基地作为育人中心教学、办公、学术研究等建设地点，由中国农业科学院棉花研究所统一提供后勤保障；后期根据发展需要，育人中心将建设在郑州大学生命科学创新港。双方积极争取河南省引进大院大所入驻郑州的优惠政策和其他当地政府的支持，专门用于育人中心教学楼及附属设施建设。

三、保障措施

（一）合作机制

中国农业科学院与郑州大学建立由双方主要领导和有关部门负责人组成的领导小组，领导小组下设办公室，分别设在中国农业科学院成果转化局和郑州大学发展规划处，具体负责双方合作的组织、协调、跟踪和督办等工作；成员单位有中国农业科学院棉花研究所、郑州果树研究所、农田灌溉研究所、油料作物研究所、麻类研究所、都市农业研究所与郑州大学发展规划处、学科与重点建设处、研究生院、财务处、农学院等。

中国农业科学院明确一名副院长，郑州大学明确一名副校长作为双方联络员；各成员单位分别明确一名分管负责人推进合作内容各项具体任务的落实。

双方定期报告合作内容推进情况，遇到重大问题，由联络员召集相关单位共同协商解决，确保合作落地见效。

（二）保障条件

围绕具体合作内容，双方在人才团队、平台基地、经费投入、土地投入等方面给予优先保障和支持，完善资金配套和相关支持政策，加大科技资源投入，建立固定和行之有效的保障机制，共同推进实施合作任务。

四、附　则

本协议是指导合作的框架协议，双方就提及的合作事宜将进一步研究和协商具体方案，由相关部门和单位另行签署合作项目实施协议。合作项目实施协议是本协议的有效附件。

本协议有效期五年，自签字盖章之日起生效，期满后双方协商续签。

本协议正式文本一式四份，双方各执两份，具有同等效力。

中国农业科学院	郑州大学
法定代表人/授权代表（签字）：	法定代表人/授权代表（签字）：
2022 年 7 月 8 日	2022 年 7 月 8 日

中国农业科学院　河南大学合作协议

为深入贯彻落实习近平总书记视察河南期间的重要讲话精神，围绕国家粮食安全、乡村振兴、黄河流域生态保护和高质量发展战略以及河南经济社会发展要求，以中国农业科学院中原研究中心科教融合中心、乡村振兴中心建设为契机，进一步巩固双方在科学研究、平台建设、学术交流以及人才培养等方面的紧密合作，中国农业科学院（以下简称甲方）与河南大学（以下简称乙方）经充分协商，达成以下协议。

第一条　合作目标

本着“优势互补、资源共享、协同创新”的原则，充分发挥中国农业科学院在基地、品种、现代农业产业技术体系以及河南大学生物学一流学科及综合性大学学科门类齐全的优势，共同建立战略合作机制，在作物遗传改良与逆境适应、生物固氮和豆科生物学、植物光能高效利用、作物病虫害发生机制与绿色防控、动植物种质资源创制与优良新品种培育、智慧农业和设施农业、农产品加工等领域加强平台建设、人才培养与社会服务领域的合作，深化开展重点领域协同攻关，促进双方的共同发展，为高质量建设现代化河南提供支持。

第二条　合作内容

（一）开展战略咨询与智力资源交流

选派中国农业科学院相关学科及领域专家对河南大学生物学一流学科、作物学学位点建设和发展规划提供战略咨询和人员支撑，参加河南大学重大科技专项的规划论证和技术指导。通过共建实验室、对口选派教授（教师）等形式，加速和带动河南大学师资力量的培养和整体水平的提升，支持河南大学高层次人才引育工作。河南大学聘请中国农业科学院相关专家、学者担任讲座或兼职教授、研究生导师和学术委员会成员，双方相关领域科研人员定期开展学术交流及专业培训；建立青年学者间学术交流与合作机制。

（二）联合培养创新人才

借助中国农业科学院优秀的科研团队、广泛的实验基地网络，探索建立新农科人才合作培养模式。创新研究生培养模式，双方联合招收、培养研究生，知识产权共享。通过实施双导师制深化新型人才培养合作，充分发挥高校和科研院所双主体协同育人作用，共建生物育种和智慧农业专业“神农英才”本硕博一体化班，培养适应现代化、智能化、专业化需求的高素质涉农方向专家型、科研型人才，创立优质科研院所与高校联合培养创新人才的新模式，支持乙方作物学博士学位点申报。

（三）共建高水平科研与社会服务平台

聚焦国家战略目标及区域重大战略需求，在国家实验室创建、国家重点实验室重组、国家基础科学研究中心、智慧农业信息及服务平台建设等方面深化合作共建，共同打造一流科研创新平台（基地）。甲方将乙方纳入中原研究中心科教融合中心建设整体布局；支持乙方提升河南大学棉花生物学国家重点实验室、省部共建作物逆境适应与改良国家重点实验室的科技创新能力，支持和帮助乙方在棉花生物学国家重点实验室重组中跻身入列；支持乙方三亚研究院建设，共建共享现代南繁科研创新育种基地，成为种业领域国家实验室的重要组成部分或分支机构；支持乙方国家自然科学基金委基础科学中心项目建设；共建智慧农业重大服务平台，建设农业资源大数据支撑、管理与服务中心，实现空天地数据采集、部门信息交换、资源共享和业务协作，构建大田作物基因型—环境—表型预测模型，开发适合大田作物的水肥、病虫精准管理关键技术和种植管理系统，提高农业生产的标准化、集约化和自动化，实现农业生产的高效和高质量发展。

（四）开展重点领域协同创新

主动对接“双一流”建设目标，加强重点领域协同攻关，联合申报国家重大科研项目，双方互设开放课题开展合作研究。在此基础上，共享农业科技创新平台，互通有无，优势互补，提高平台的使用效率和高水平科研成果的产出效率，为双方可持续发展和核心竞争力提升提供支撑。

（五）建立科技成果转化合作机制

共建农业科技成果推广与转化基地，联合开展基因组学技术、现代生物育种技术、农作物高效栽培技术、农作物新品种等领域科技成果综合集成与示范推广工作，推动农业核心装备研发、技术产品组装、集成和示范、重大产品中试和生产等，加快农业科技成果的转化，提升双方的社会服务功能。

（六）共建兰考乡村振兴示范县

乙方作为共建单位参与中国农业科学院和兰考县人民政府共建的中原研究中心乡村振兴中心建设，发挥综合性大学优势，与甲方在兰考大力共同推动实施乡村振兴和创新驱动发展战略，加快现代高新科技应用，通过乡村绿色发展、高质量发展和模式创建，共同打造全省乡村振兴示范县样板，辐射带动全省乡村振兴和产业兴旺。

第三条　双方责任

（一）甲方责任

（1）为乙方提供咨询、指导，支持乙方平台建设。
（2）根据乙方人才需求规划，为乙方高层次人才引育提供支持。
（3）为双方科研合作、学生培养提供实验、实习场地等条件。
（4）根据合作需要，与乙方共享农业科技创新平台等创新资源。

（二）乙方责任

（1）充分保障科研合作、人才培养等方面的资源投入，落实合作共建项目。
（2）聘请甲方相关专家、学者担任兼职教授、研究生导师和学术委员会成员等，充分发挥甲方专家的作用，并为专家开展工作提供条件。
（3）遴选参与合作的本科生、研究生；根据合作需求，安排不同层次的优秀学生到甲方见习、实习，扩大人才交流规模，培养高端人才队伍。

第四条　合作机制

建立长效合作机制，共同成立工作组，定期开展研讨交流，商洽具体合作事宜，协调解决合作中遇到的实际问题。

第五条　其　他

本协议为双方战略合作的指导性文件。后续合作内容，可由双方根据发展需要，在平等互利基础上商讨确定。

本协议有效期五年，一式四份，甲乙双方各执两份。经签名并加盖公章后生效。

中国农业科学院　　河南大学

法定代表人/授权代表（签字）：　　法定代表人/授权代表（签字）：

2022 年 7 月 7 日　　2022 年 7 月 7 日

中国农业科学院　河南农业大学战略合作协议

为深入贯彻习近平新时代中国特色社会主义思想，大力实施乡村振兴和创新驱动发展战略，保障国家粮食安全和实现黄河流域高质量发展，落实中国农业科学院与河南省人民政府战略框架协议，进一步巩固中国农业科学院（以下简称甲方）与河南农业大学（以下简称乙方）在科学研究、人才培养、学术交流、创新平台与科研基地建设等方面的紧密合作，经双方充分协商，达成以下协议。

第一条　合作目标

本着“优势互补、共享共建、协同创新、共同发展”的原则，充分发挥甲方在科学研究、高层次人才、高端平台、基地建设和现代农业产业技术体系等方面的优势，以及乙方在学科齐全、人才培养体系完整、服务地方经济特色突出等方面的优势，双方共同建立战略合作机制，在作物学、兽医学、畜牧学、可再生能源工程、植物保护和农业资源与环境等领域开展全方位合作，助力乙方创建中国特色世界一流农业大学，为河南建设国家创新高地和重要人才中心，打造现代农业强省提供强有力支撑。

第二条　合作内容

（一）加快科教深度融合

充分发挥甲方在全国农业科研领域的领军作用和智库优势，全面参与乙方中国特色世界一流农业大学建设。选派相关学科及领域专家，为乙方作物学、兽医学一流学科创建提供咨询指导；合作开展新农科专业建设、课程建设、教材建设和教学实践，助力乙方新型农林人才培养体系构建；助推乙方进一步深度融入国家现代农业产业技术体系；乙方发挥地方农业高校区位优势，助推甲方一流科研成果在河南省农业领域的推广应用与转化落地，促进院校合作、科教深度融合。

（二）共建高水平科技创新平台

聚焦国家战略目标及区域重大战略需求，在国家实验室创建、国家重点实验室重组、河南省实验室建设等方面深化合作，共同打造一流科研创新平台，建立仪器、设备、平台共享共建机制。甲方将乙方纳入中国农业科学院中原研究中心建设的整体布局，在乙方设立国家农业生物安全科学中心华中分中心等国家级平台分部等；助力乙方省部共建小麦玉米作物学国家重点实验室、中原农村信息港和新农村发展研究院建设水平提升；助推乙方国家小麦工程技术研究中心转建国家小麦技术创新中心，生物安全三级实验室（P3）和省部共建动物免疫学国家重点实验室筹建等工作；支持乙方与河南省农科院共同牵头的神农种业实验室、乙方与郑州大学共同牵头的龙湖现代免疫实验室建设。

（三）开展国家级项目成果协同创新

双方在国家级科技计划项目顶层设计、凝练推荐、申报立项和一流成果形成等方面开展深度合作。双方牵头申报的国家重大科技专项、国家重点研发计划、国家自然科学基金、河南省重大专项等项目，优先将对方纳入项目主要参与单位。互相为对方项目实施提供必要的应用场景，共同培育一流成果。

（四）推进所（研究所）院（学院）深度合作

利用双方优势资源，推进中国农业科学院作物科学研究所等科研院所与河南农业大学农学院等涉农二级学院及其所属重点学科建立合作关系，特别在动植物基础与应用研究、种质资源创制与优良新品种培育、动物疫病防控与生物制品研制、植物病虫害发生与绿色防控、智慧农业和设施农业、农产品加工与食品安全、农村可再生能源与循环农业等领域开展深度合作。

（五）建立高层次人才联合培养和交流机制

通过互派科教人员、国内访学以及柔性引进等形式，开展相关领域科研人员的定期学术交流及专业培训活动，建立青年学者间学术交流与合作机制；甲方选派优秀高层次人才到乙方任职，推进乙方人才培养和科技创新能力提升；共同举办高端学术论坛，开展年度学术研讨；借助甲方国际合作优势，提升乙方国际交流水平；依托甲方优秀的科研团队、广泛的实验基地网络，结合乙方良好的教育、生源资源，共同探索新农科人才合作培养模式，成为甲方优质研究生生源基地；利用双方优势资源，充分发挥高校和科研院所双主体协同育人作用，创新研究生培养模式，双方导师以共建科研平台和共同承担的科研项目为载体联合招收、培养研究生 300 名/年（招生指标由乙方提供），共同提高研究生培养质量。

（六）探索建立科研基地共享开放机制

乙方中原农谷原阳国家“2011 计划”现代农业科技研究实验基地、国家小麦技术创新中心平原示范区试验示范基地，以及海南南繁基地等基地资源积极融入甲方试验基地网络，双方共享共建科研基地，共同提升基地建设水平，充分发挥科研基地在科学研究、示范推广和技术转移中的示范和引领作用，促进双方的共同发展。

第三条　双方责任

（一）甲方责任

（1）为乙方提供咨询和指导，为乙方高层次人才培养提供支持。

（2）为乙方平台建设提供支持，根据合作需要，与乙方共建共享国家级农业科技创新平台等新型研发机构。

（3）为乙方前往交流的科研人员和学生提供实验、实习场地等条件。

（二）乙方责任

（1）充分保障科研合作、人才培养等方面的资源投入，共建共享相关创新性资源，落实合作共建项目。

（2）采用柔性引进的政策，充分发挥甲方专家的作用，为甲方专家开展工作和挂职提供条件。

（3）根据合作需求，遴选优秀青年科研人员到甲方访问交流。

（4）遴选优秀研究生，实行硕博贯通式共同培养。

第四条　合作机制

建立长效合作机制，双方共同成立工作小组，定期开展研讨交流，商洽具体合作事宜，协调解决合作中遇到的实际问题。

第五条　其　他

本协议为双方战略合作的指导性文件。后续合作内容，可由双方根据发展需要，在平等互利基础上商讨确定。

本协议有效期五年，一式四份，甲乙双方各执两份。经签名并加盖公章后生效。

中国农业科学院

法定代表人/授权代表（签字）：

2022 年 7 月 6 日

河南农业大学

法定代表人/授权代表（签字）：

2022 年 7 月 6 日

中国农业科学院　神农种业实验室
战略合作框架协议

甲方：中国农业科学院
乙方：神农种业实验室

为进一步落实《河南省人民政府　中国农业科学院战略合作框架协议》，经友好协商，甲乙双方决定聚焦国家种业发展重大需求，共建种业国家创新平台，充分发挥各自优势，在种业科技创新领域开展深度合作。

一、合作目标

按照“优势互补、互利共赢、共建共享、持续发展”的基本原则，双方围绕“四个面向”，聚焦种业发展重大科技问题，共同建设世界一流种业创新高地。破解一批重大育种科学难题、攻克一批关键核心技术、选育一批突破性品种，聚集一批一流种业人才，支持乙方成为国家种业实验室体系的重要组成部分，助力甲方“两个一流”建设。

二、合作内容

（一）共同开展种业基础前沿研究

围绕种业重大基础科学问题、种质资源创新、突破性新品种培育等重大任务，双方共同开展种业前沿技术和重大理论创新，力争实现我国种业基础研究从0到1的重大突破。

（二）协同开展种业核心技术攻关

聚焦种业领域“卡脖子”技术难题，坚持目标导向和问题导向，双方开展协同攻关，力争突破一批具有自主知识产权的生物育种关键核心技术，抢占国际种业科技制高点。

（三）合作开展重大新品种培育

以确保“口粮绝对安全”底线和保障饲料粮有效供给需求为目标导向，双方共同培育一批动植物重大战略新品种。

（四）联合开展种业领军人才培养

双方可联合培养研究生，乙方提供研究生在实验室期间所需的科研与生活条件，促进乙方基础研究创新能力水平提升；双方设立高层次人才交流计划，互派优秀博士后、客座研究员到对方开展合作研究和交流学习，合作培养一批面向产业需求的种业领域领军人才和青年科研骨干。

三、保障措施

（一）加强组织领导

双方联合成立工作指导小组，组长由双方负责人担任，双方各确定一名联络员，负责沟通联络工作。指导小组办公室设在乙方，负责日常工作。每年召开一次联席会议，不定期开展工作会商。

（二）强化条件保障

甲方加强对乙方相关规划编制及重大项目建设的指导。乙方负责做好规划编制、项目设置并出台相应的支持措施，优先保障科技合作工作经费。

（三）确保任务落实

加强统筹协调，落实责任分工。鼓励双方科研团队联合申报国家级和河南省各类科研项目。甲方相关科研团队参与乙方种业科技研发，相关条件和经费由实验室解决。

四、附　则

（一）本协议是指导双方合作的战略框架协议，具体合作事宜由双方在本框架协议下另行签订协议。

（二）知识产权和技术成果的归属，以双方另行签订的相应协议约定内容为准。

（三）本协议自双方签字盖章之日起生效，有效期五年，期满后双方可协商续签，续签应采取书面方式。

（四）本协议一式四份，双方各执两份。

中国农业科学院　　　　　　　　　神农种业实验室

法定代表人/授权代表（签字）：　　法定代表人/授权代表（签字）：

2022 年 7 月 6 日　　　　　　　　2022 年 7 月 6 日

中国农业科学院　国家生物育种产业创新中心战略合作框架协议

甲方：中国农业科学院

乙方：国家生物育种产业创新中心（河南生物育种中心有限公司）

为进一步落实《河南省人民政府　中国农业科学院战略合作框架协议》，甲方（中国农业科学院）和乙方（国家生物育种产业创新中心，河南生物育种中心有限公司为其运行实体）经协商，决定聚焦国家种业发展重大需求，充分发挥各自优势，在种业科技创新领域开展深度合作。

一、合作目标

按照“优势互补、互利共赢”的原则，双方聚焦种业科技创新，共建共享种业重大科技创新平台，合作攻克一批关键核心技术、选育一批突破性农作物品种、培养一批一流种业创新人才，加速种业科技成果转移转化，为我国种业科技自立自强、种源自主可控提供有力支撑。

二、合作内容

（一）共建共享国家生物育种产业创新中心

甲方发挥国家级科研机构的人才和技术优势，通过合作建立共性技术研发体系、科研团队入驻、承接“定制研发”任务等形式，支持并参与乙方的建设和运行。乙方为甲方入驻的团队、科研人员（包括研究生）提供工作和生活便利。

（二）共同承担种业领域国家重大科技任务

双方发挥各自优势，共同承担生物育种专项等种业领域国家重大科技计划项目；聚焦种业领域“卡脖子”技术难题，开展协同攻关，共同攻克一批具有自主知识产权的育种关键核心技术；合作共建现代育种技术体系，联合培育突破性农作物新品种。

（三）联合举办种业高端学术论坛

双方合作并与国内外学术组织联合，定期或不定期在河南举办种业高端学术论坛、学术会议、技术培训活动等。

（四）共同打造种业科技成果转移转化平台

甲方支持乙方建设国家种业科技成果产权交易中心河南分中心，为促进黄淮区域种业科技成果转移转化，加速成果推广应用提供平台支撑。乙方支持甲方种业科技成果在河南及周边地区转移转化。

（五）支持河南省加强作物种质资源保护利用

甲方支持乙方河南省农作物种质资源保护利用中心的建设，通过人员培训、信息互通和资源共享，提升种质资源保护利用能力和水平。

三、附　则

本协议是指导双方合作的战略框架协议，具体合作事宜由双方在本框架协议下另行签订协议。

知识产权和技术成果的归属，双方另行签订相应协议进行约定。

本协议自双方签字盖章之日起生效，有效期五年，期满后双方可协商续签，续签应采取书面方式。

本协议一式四份，甲乙双方各执两份。

中国农业科学院	国家生物育种产业创新中心 （河南生物育种中心有限公司）
法定代表人/授权代表（签字）：	法定代表人/授权代表（签字）：
2022 年 7 月 6 日	2022 年 7 月 6 日

中国农业科学院关于表彰 2022 年夺夏粮丰收专项行动先进个人的决定

农科院转化〔2022〕103 号

院机关各部门、院属各单位：

自 2022 年夺夏粮丰收专项行动开展以来，我院广大科技工作者和干部职工时刻牢记农业科研国家队使命，以服务现代农业主战场和保障国家粮食安全为己任，充分发挥专业优势，克服疫情、交通等困难，扎实工作，奔赴一线，开展技术服务指导工作，为今年夏粮丰收、全年粮食稳产增产提供了强有力的科技支撑。

为进一步总结在这次专项行动中的先进经验，树立典型，激励全院科技工作者和干部职工更好奋进新征程、建功新时代，构建科技支撑稳产保供长效机制，根据评选表彰工作的整体安排，经各专家组申报、会议研究，决定授予刘录祥等 22 名同志“中国农业科学院 2022 年夺夏粮丰收专项行动先进个人”荣誉称号。

希望获奖个人珍惜荣誉，继续努力，再创佳绩。全院广大科技工作者和干部职工要以获奖人员为榜样，充分发挥国家战略科技力量作用，进一步增强保障国家粮食安全和重要农产品供给的责任感和使命感，为服务产业重大科技需求，加快农业农村现代化，保障粮食安全“国之大者”作出新的更大贡献，以实际行动迎接党的二十大胜利召开！

附件：中国农业科学院 2022 年夺夏粮丰收专项行动先进个人名单

2022 年 8 月 25 日

附件

中国农业科学院 2022 年夺夏粮丰收专项行动先进个人名单

刘录祥 作物科学研究所研究员
毛新国 作物科学研究所研究员
常旭虹 作物科学研究所研究员
刘宏伟 作物科学研究所副研究员
肖永贵 作物科学研究所副研究员
谢永盾 作物科学研究所副研究员
刘希伟 作物科学研究所助理研究员
刘太国 植物保护研究所研究员
闫晓静 植物保护研究所研究员
张云慧 植物保护研究所副研究员
唐小康 植物保护研究所（中保绿农科技公司）经理
李 磊 蔬菜花卉研究所副研究员
高 阳 农田灌溉研究所研究员
王 峰 农田灌溉研究所副研究员
李 浩 农田灌溉研究所副研究员
闫素红 棉花研究所研究员
李 伟 棉花研究所副研究员
徐开杰 棉花研究所副研究员
王新发 油料作物研究所研究员
秦 璐 油料作物研究所副研究员
涂洪涛 郑州果树研究所副研究员
甘炳成 都市农业研究所研究员

中国农业科学院关于 2022 年度
中国农业科学院成果转化奖励授奖的决定

农科院转化〔2022〕169 号

院机关各部门、院属各单位：

为深入贯彻落实党的二十大精神，提高农业科技成果转化和产业化水平，表彰我院创新创造创业一体化发展并为社会和产业进步作出突出贡献的团队及个人，树立科技成果转化先进典型，推动全院成果转化工作高质量发展，加快实现农业科技自立自强，根据《中国农业科学院成果转化奖励办法（试行）》及《中国农业科学院成果转化奖励评审细则（试行）》，我院组织开展了 2022 年度中国农业科学院成果转化奖励评审工作。

经过研究所推荐、院成果转化局组织评审和拟授奖结果公示，并经院 2022 年第 18 次常务会议审议，决定授予北京畜牧兽医研究所饲用酶工程创新团队等 14 个团队 2022 年度中国农业科学院成果转化优秀团队奖，授予油料作物研究所商业秘密“与抗锈病相关的蛋白及编码基因与应用”2022 年度中国农业科学院知识产权转化奖（授奖名单见附件）。

希望全院广大科技工作者以受表彰的创新团队、知识产权所有人和发明人为榜样，不忘初心、牢记使命，锐意进取、开拓创新，为促进农业科技创新与成果转化，全面推进乡村振兴，加快建设农业强国作出新的更大贡献。

附件：2022 年度中国农业科学院成果转化奖励授奖名单

中国农业科学院
2022 年 12 月 26 日

附件

2022年度中国农业科学院成果转化奖励授奖名单

成果转化优秀团队奖

北京畜牧兽医研究所　饲用酶工程创新团队
蔬菜花卉研究所　叶菜类蔬菜遗传育种团队
植物保护研究所　智慧植保团队
农业质量标准与检测技术研究所　农业标准物质团队
烟草研究所　烟草功能成分与生物合成团队
农业农村部环境保护科研监测所　乡村环境规划与评价创新团队
郑州果树研究所　猕猴桃资源与育种团队
油料作物研究所　油料品质化学与加工利用创新团队
蔬菜花卉研究所　蔬菜病害防控团队
农产品加工研究所　食品营养与功能因子利用创新团队
农业经济与发展研究所　国际农业经济与贸易创新团队
哈尔滨兽医研究所　禽免疫抑制病创新团队
茶叶研究所　茶深加工与多元化利用团队
农业信息研究所　农业农村资源数字化管理创新团队

知识产权转化奖

油料作物研究所　商业秘密：与抗锈病相关的蛋白及编码基因与应用

中国农业科学院关于印发《中国农业科学院小麦产业专家团组建方案》的通知

农科院转化〔2022〕125 号

院机关各部门、院属各单位：

《中国农业科学院小麦产业专家团组建方案》已经中国农业科学院 2022 年第 13 次常务会议审议通过，现印发给你们，请结合实际，认真贯彻落实。

中国农业科学院

2022 年 10 月 11 日

中国农业科学院
小麦产业专家团组建方案

为深入贯彻落实习近平总书记“四个面向”重要指示精神，将科技支撑小麦丰收和重要农产品供给作为政治任务，通过组建小麦产业专家团，组织全院科技力量，持续探索科技支撑产业发展新模式，切实夯实小麦主产区稳产保供基础，为国家粮食安全作出应有的贡献。

一、背景意义

小麦是我国重要的粮食作物、口粮消费作物、国家主要商品粮以及重要战略物资储备品种，也是全球约40%人口的主粮。小麦生产对于保障国家粮食安全、维护社会稳定具有十分重要的战略意义。

（一）小麦生产事关粮食安全和国家安全

小麦稳产保供意义重大。2021年我国小麦总产量1.37亿吨，总消费量为1.49亿吨，消费总量占全球的18.9%，进口小麦977万吨。目前，小麦生产正面临种植面积趋降、极端天气和主要病虫害频发、主产区干旱缺水加剧、国际病害入侵形势严峻等综合因素的严重威胁，迫切需要科技支撑保障小麦生产。

（二）实现小麦稳产保供必须依靠科技支撑

科技支撑是实现小麦稳产保供的根本保障。长期以来，我院组织全院精锐力量，围绕小麦全产业链开展了“藏粮于技”重大科研任务及绿色高产高效技术集成模式应用示范，培育出中麦578、鲁原502、中麦175等大面积推广应用品种以及“航麦”“轮选”“普冰”系列品种，并在栽培、植保、耕地质量提升、防灾减灾、收储加工、行业形势预警研判方面取得显著成绩，为保证小麦稳产、高产发挥了重要作用。过去10年，小麦单产增幅达18.7%，主要依靠科技力量，其中品种贡献率为58%。

（三）常态化农业科技支撑服务体系亟待建立

我院现有以作科所为主的10个研究所、30个研究团队开展小麦研究相关工作，主产区分布 60 多个试验点，有力服务小麦产业发展和农业结构调整。2021 年以来，组织专家先后深入农业生产一线开展抗灾夺丰收、“三秋”抢收抢种、夺夏粮丰收等大规模、应急性科技支撑专项行动，有力支撑我国小麦产业发展。但院内资源整合力度不够，各所协同科技支撑意识不强，长期稳定的稳产保供科技服务保障机制还未最终形成，科技成果应用和服务产业一线“最后一公里”存在的问题仍然比较突出，需要稳定一支常态化技术攻关与稳产保供科技队伍，更好服务政府、服务企业、服务农民、服务科研。

二、总体思路

认真贯彻习近平总书记“藏粮于地、藏粮于技”指示精神，组建小麦产业专家团，以科技支撑小麦产业发展为手段，以服务政府、服务企业、服务农民、服务科研为目的，遵循“平时布局、战时实用”保障模式，面向黄淮海、长江中下游、西南西北三大小麦生产功能区，建立专家工作站，按照“专业到边、服务到底、全院一盘棋”的总体要求，结合“专家团—专家站—田间课堂”的服务格局，整合我院良种培育、栽培耕作、地力提升、植保减灾、收储加工等方面科技力量，开展小麦产业科技支撑工作。集成示范一批关键技术产品，打造一批产业示范服务网络平台，锻炼一批农业科技实用人才队伍。

三、发展目标

每年根据小麦产业发展需求、种业企业需求、农户需求、服务科技创新本身需求，以及生产应急服务需求，开展产业技术指导，强化年度主导品种种植布局，制定地力保护及提升技术方案，集成示范小麦绿色丰产增效技术，鉴选推荐一批高产、优质、多抗重大品种，加大推进重大病虫害防控和气象灾害预警，推广机械收储减损、加工节能、质量调优技术，解决小麦生产科技问题，培养一批“一懂两爱”新农人。

依托我院科技服务力量组建一支 35 人左右固定人员与 70 人左右长期合作人员相结合、稳定的小麦产业科技支撑队伍，有重大应急服务任务时调得来、派得出、用得上。建立长效机制，与地方政府、生产企业、种植大户合作，在黄淮海小麦生产功能区的河南新乡、周口、安阳，河北石家庄，山东德州等，长江中下游小麦生产功能区的江苏扬州、湖北襄阳等，西南西北小麦生产功能区的四川广汉、内蒙古巴盟、新疆昌吉等区域，建设 10 个小麦产业专家工作站，作为开展科技服务的重要抓手和前沿阵地。培训带动 100 名左右新农人，核心服务区小麦单产提升 5%。

2035 年，健全小麦产业专家工作站，推进我国小麦生产功能区单产提高 8%，通过“田间课堂”培训新农人 1 000名左右。区域专家工作站小麦和下茬作物周年总产量达“吨半粮”，小麦平均亩产达 650~700 千克。

四、组织架构

小麦产业专家团是一个整合全院不同研究所相关专业科技力量形成的服务型组织，是履行我院服务小麦产业稳产保供职能使命的松散型机制，设团长1名、副团长2名，分设10个专家工作站，详见下图，每个工作站由育种、栽培、植保、加工、农机、信息等方面专家组成。各站任务由作科所、植保所、资划所、环发所、加工所、农经所、棉花所、灌溉所、信息所责任创新团队牵头，并联合院外相关科教推广单位及生产一线专家共同组织完成。结合小麦全产业链发展的技术需求，进行重点任务分工与协作。

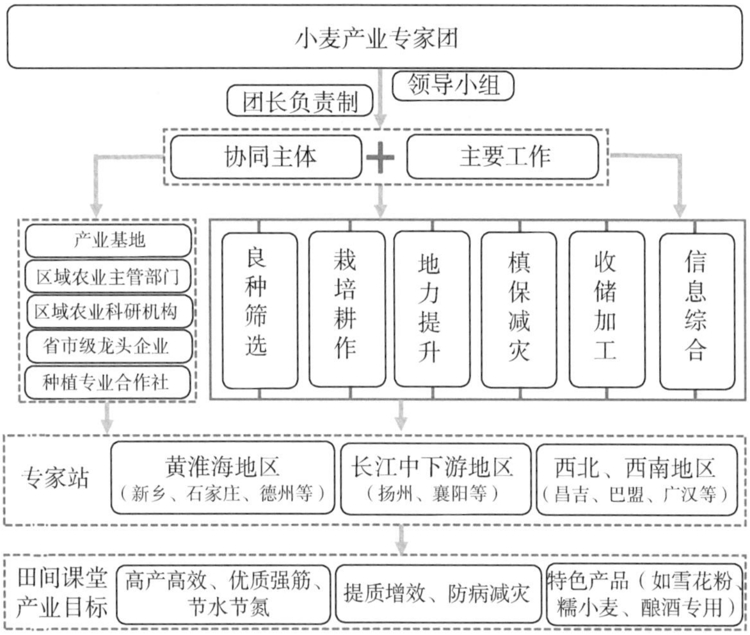

小麦产业专家团架构

（1）良种筛选，重点开展小麦新品种测试、筛选、展示、示范与应用。作科所牵头，棉花所、植保所、加工所等研究所参加。

（2）栽培耕作，重点开展绿色高产高效技术集成示范与应用、灾害性天气生产能力提升科技支撑。作科所牵头，资划所、灌溉所等研究所参加。

（3）地力提升，重点开展土壤改良、地力培肥、保水保肥、化肥农药控施技术示范与应用。资划所牵头，作科所、环发所等研究所参加。

（4）植保减灾，重点开展主要病虫害全程绿色防控技术集成示范，防灾减灾预警研判、应急方案拟定、技术实施与培训。植保所牵头，环发所、资划所等研究所参加。

（5）收储加工，重点开展小麦生产功能区质量鉴定与评价，机收作业质量提升，机收、加工减损节能技术示范。加工所牵头，作科所、农机化所等研究所参加。

(6) 产业信息，重点开展组织小麦产业发展年会，建立小麦全产业链大数据监测预警服务平台，构建适合小麦产业特点的供给均衡和价格预测分析模型，为政府决策提供及时有效支撑。作科所牵头，农经所、信息所等研究所参加。

五、重点任务

小麦产业专家团扎根产业一线，服务于产业发展，服务于政府部门，服务于相关企业，服务于我院科技创新。

（一）开展产业政策研究，为政府决策提供咨询服务

研判国内外产业发展趋势，提出阶段性、区域性、长期性战略与政策研究，充分发挥高端科技智库服务，为产业发展提供决策咨询。向农业农村管理部门等上级部门递交咨询报告，在国家制定粮食安全保障政策、农业科技政策等方面提供重要的决策依据。

（二）凝练重大攻关目标，开展新品种新技术集成示范

凝练科技研发任务和产业优化布局建议，加强品种区域种植布局，鉴选示范优良品种，提升小麦生产功能区的产业竞争力。集成示范小麦高产优质潜力提升技术，推进地力提升及应急土肥水管理技术推广应用。统筹生态控制、生物防治、理化诱控、科学用药等绿色防控技术，强化灾害预警研判。加强机械收储减损、加工节能、质量调优技术模式应用。

（三）提供产业应急技术支撑，保障区域生产安全

监测分析作物病虫害、气候因素导致的灾情等变化，开展应急服务等工作。统筹做好农业防灾减灾，加强自然灾害综合风险会商研判。强化信息管理，加强灾情调度会商，及时报送灾情预测报告。

（四）开展田间课堂培训，提供技术培训和指导服务

开展技术综合集成与试验示范，培训技术推广人员和农业生产经营主体。结合田间课堂，培训“一懂两爱”新农人。培育新型农业经营主体带头人带动产业发展；实施高素质农民培育计划，面向家庭农场主、农民合作社带头人开展全产业链培训。分层分类开展新型农业经营主体带头人培训，分级建立带头人人才库，加强对青年农场主的

培养。

（五）形成协同研讨交流机制，建立健全服务平台

调查、收集并及时提交生产实际问题与技术需求信息报告。开展小麦及下茬作物技术衔接，协调各运行单元开展调研，组织产业发展年会。建立小麦全产业链大数据服务平台，为政府决策提供及时有效支撑。构建适合小麦产业特点的供给均衡和价格预测分析模型。

六、保障措施

（一）加强组织领导

成立领导小组，由一名副院长担任组长，成果转化局局长担任副组长，成员由院机关相关部门和院属有关单位主要负责人组成。领导小组办公室设在成果转化局科技推广处，负责日常组织协调工作。

（二）加强协同创新

一是与国家任务协同，包括农业农村部《“十四五”全国种植业发展规划》等文件明确的国家重点任务，履行产业服务使命；二是与区域内力量协同，与地方科研、推广力量联合开展工作；三是与国家体系、农技推广部门、联盟协同，建立协同产业技术网络，构建机制，形成工作合力，提高小麦专家组工作成效。

（三）强化资金保障

充分利用院创新工程、院地合作、科企合作等平台多渠道筹措资金。整合研究所承担的应用类研究、科技推广、成果转化、示范展示等项目资金，拓展资金投入渠道；积极申请国家和地方项目，筹集工作资金；积极吸纳社会资金的投入，促进产业技术和金融结合，形成多元化投入体系。

（四）完善评价机制

制定专家站激励方案，专家进入和退出实施动态管理，探索建立一套重视“到田间去”的评价指标体系。自科类团队侧重田间地头工作时间、成果推广面积、成果效益等指标；社科类侧重基层调研次数、访谈群体数量等指标。把各团队发挥的作用作为

对小麦产业专家组评价的重要导向，作为职称评定和人才选拔的硬标准。建成有标准、有监督的评价体系，助力常态化全天候服务目标实现。

（五）做好宣传表彰

充分发挥媒体的宣传和舆论的引导作用，积极宣传小麦专家组工作取得的新进展、新经验和新成效。各运行单元要及时总结和大力宣传小麦专家组工作的突出成效、典型案例，表彰小麦产业专家团先进人物，发挥先进典型的引领作用。

中国农业科学院关于印发《中国农业科学院水稻产业专家团组建方案》的通知

农科院转化〔2022〕162号

院机关各部门、院属各单位：

《中国农业科学院水稻产业专家团组建方案》已经中国农业科学院2022年第17次常务会议审议通过，现印发给你们，请结合实际，认真贯彻落实。

中国农业科学院

2022年12月20日

中国农业科学院
水稻产业专家团组建方案

为深入贯彻落实习近平总书记“四个面向”重要指示精神，围绕农业农村部全力抓好粮食和农业生产，保障粮食等重要农产品有效供给的工作部署，通过组织全院水稻科技力量、协同院外合作伙伴组建水稻产业专家团，开展水稻全产业链技术服务，为我国水稻稳产保供和国家口粮绝对安全提供科技支撑，特制定本方案。

一、背景意义

（一）水稻生产对国家粮食安全至关重要

水稻是我国最重要的粮食作物。85%以上的水稻作为口粮消费，60%的人口以大米为主食，因此水稻生产安全对我国口粮有效供给发挥着极其重要的作用。2021 年我国水稻总产量 2.13 亿吨，总消费量为 2.23 亿吨，消费总量占全球的 30%，进口稻米 496 万吨。近年来，随着全球气候变化，自然灾害频发，对我国农业生产影响巨大，特别是 2022 年俄乌冲突导致的全球能源成本增加、农药化肥价格不断攀升、全球粮食安全遭受严重挑战，相关国家陆续出台限制粮食出口、提高稻米出口价格等政策，因此迫切需要通过科技支撑应对这些风险，进一步提升我国水稻生产的保障能力。

（二）科技支撑对水稻稳产保供发挥巨大作用

目前，我国粮食产量已经连续 7 年超过 6.5 亿吨、人均年占有量超过 470 千克，库存消费比远高于世界平均水平。这一良好局面的形成得益于农业科技的有效支撑，中国完全有能力端牢自己的饭碗。长期以来，我院围绕水稻全产业链开展了“藏粮于技”重大科研任务及绿色增产增效技术集成模式应用示范，培育出中嘉早 17、中早 39、中组 143、国稻 6 号、天优华占、中浙优 1 号、华浙优 71 号等一大批超级稻品种并在生产上大面积推广应用，多项技术入选农业农村部农业主推技术，为保证我国水稻高产稳产和提质增效发挥了巨大作用。

（三）技术服务对科技成果推广提供有力支持

我院以水稻所为主联合全国各主要水稻相关研究机构和大学，在全国水稻主产区建立了50多个综合试验站，500多个示范基地，覆盖200余个县市，通过集成技术示范和人员培训，将一大批科技成果迅速推向生产第一线，有效带动科研成果的转化落地。对于水稻而言，生态区域分布广，耕作模式类型多，进一步挖掘提升科研成果的实用性和应用率是解决当前水稻生产的长期性问题，因此开展体系化的技术服务将极大推动科技成果的转化效率。为此，我院作为国家战略科技力量，将协同地方农业科研机构，组建一支水稻产业专家团，按生态区建立专家工作站，根据当地水稻产业发展需求，加快最新科技成果推广应用，第一时间解决各地水稻生产遇到的难题，提供强有力的科技支撑。

二、总体思路

深入贯彻习近平总书记“藏粮于地、藏粮于技”指示精神和部院重要决策部署，协同院内外全国水稻科研机构和农业推广部门，组建水稻产业专家团，在全国五大水稻主产生态区建立专家工作站，结合“专家团—专家站—地方农业部门—涉农实体”的服务格局，筛选适宜不同生态区的绿色、优质、高产、高效等性状的水稻品种，集成优质丰产高效农机农艺融合技术，开展品种技术集成示范，构建适宜不同生态区的稻作轮作模式（单改双、稻稻油等），加快中低产田、非农化非粮化田块、重金属污染田块的改造和地力提升水平，推进农业机械智能装备化和综合服务体系模式的打造，开展水稻全产业链技术服务，不断提升我国水稻生产的科技支撑能力和应急保障能力。通过水稻产业专家团的构建，创出一个机制，科研创新覆盖水稻全产业链；实践一套模式，科研选题来源水稻生产一线；拉出一支队伍，关键时刻能服务水稻生产需求；打通一条渠道，科研院所能直通田间地头；践行一种精神，培育一懂两爱科技人才。

三、发展目标

依托全院相关科技服务力量组建一支40人左右固定人员与80人左右长期合作人员相结合、稳定的水稻产业科技支撑队伍，与各级地方政府、涉农企业、专业合作社、种粮大户开展紧密联动，打造长期、稳定、高效的服务合作模式。在华南双季稻区的广东江门、广西南宁，西南高原单季稻区贵州贵阳，华中单双季稻区Ⅰ区四川绵阳、湖南常德、湖北荆州，华中单双季稻区Ⅱ区江西萍乡、安徽合肥、浙江金华、江苏连云港，北方单季稻区黑龙江佳木斯、吉林长春等区域建设12个水稻产业专家工作站，作为科技服务的区域辐射中心，培训农业专业技术人员200名以上，核心服务区水稻单产提升5%（新增25千克/亩）。未来10年，将根据实际水稻产业发展需求，新建3~5个水稻产业专家工作站，培训农业专业技术人才1 000名以上，核心服务区水稻单产提升8%（新增40千克/亩），辐射面积5 000万亩以上。

四、组织架构

水稻产业专家团是履行我院服务水稻产业稳产保供职能使命的常设性支撑队伍，设团长 1 名、副团长 4 名（牵头不同生态区的研究所各 1 名），分设 12 个专家工作站，详见下图，每个工作站由水稻育种、栽培与土肥、病虫害防控、机械化、加工和产业经济等方面专家组成，工作站牵头负责人由院内相关研究所创新团队专家担任，组织院内相关研究所产业专家，会同院外科研机构、地方政府推广部门专家共同开展科技支撑服务工作。

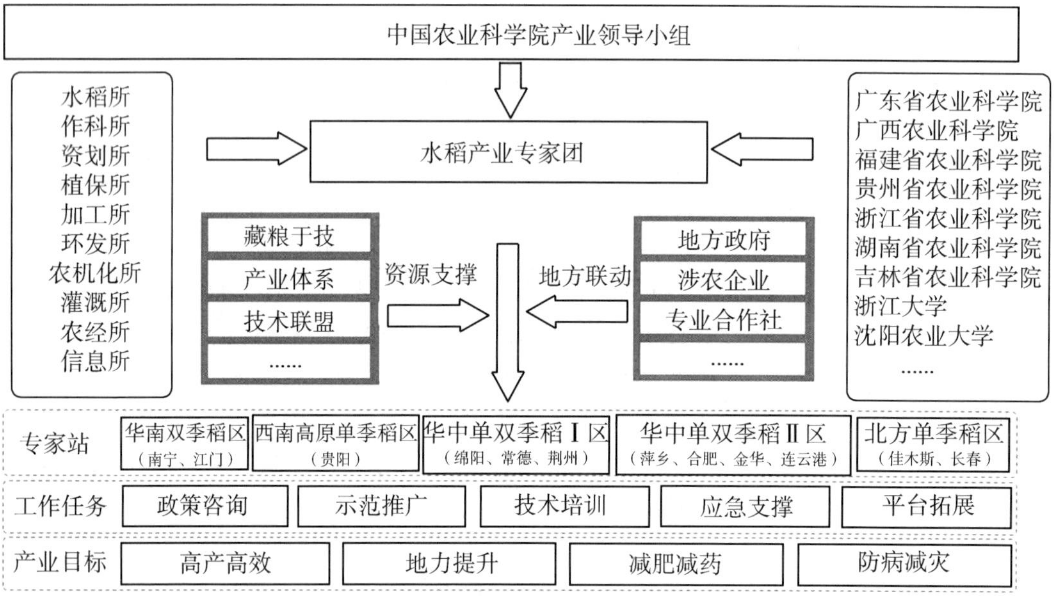

水稻产业专家团架构

（1）华南双季稻区（广东江门、广西南宁）：植保所牵头，作科所、水稻所、农机化所、加工所、信息所、广东省农业科学院、广西农业科学院、福建省农业科学院、海南省农业科学院、华南农业大学等单位参加。

（2）西南高原单季稻区（贵州贵阳）：资划所牵头，作科所、植保所、灌溉所、农经所、加工所、云南省农业科学院、贵州省农业科学院等单位参加。

（3）华中单双季稻区Ⅰ区（四川绵阳、湖南常德、湖北荆州）：水稻所牵头，资划所、农机化所、环发所、灌溉所、信息所、四川省农业科学院、湖南省农业科学院、湖南农业大学、湖北省农业科学院、华中农业大学、武汉大学等单位参加。

（4）华中单双季稻区Ⅱ区（江西萍乡、安徽合肥、浙江金华、江苏连云港）：水稻所牵头，资划所、农机化所、环发所、农经所、植保所、江西省农业科学院、安徽省农业科学院、江苏省农业科学院、浙江省农业科学院、浙江大学、浙江理工大学、扬州大学等单位参加。

(5) 东北单季稻区（黑龙江佳木斯、吉林长春）：作科所牵头，水稻所、资划所、植保所、加工所、黑龙江省农业科学院、吉林省农业科学院、辽宁省农业科学院、沈阳农业大学、东北农业大学等单位参加。

五、重点任务

（一）分析产业发展形势、提供政策咨询服务

研判稻谷（米）国内外供求格局、竞争力提升、保供能力提升、产业转型升级、支持政策体系完善等信息，及时向农业农村管理部门提交咨询报告；挖掘水稻全产业链大数据，根据各地水稻产业发展情况，做好水稻产业信息监测预警，为国家制定粮食安全保障政策、农业科技政策等提供智库信息。

（二）加强实用新品种新技术供给、推动成果转化落地

依托水稻“藏粮于技”、绿色增产增效协同创新联盟等项目或平台，根据不同生态区水稻生产环节中存在的技术瓶颈和关键问题，协助各级农技部门开展水稻新品种、新技术、新产品、新装备的筛选、集成技术示范和应用推广以及种植模式创新，遴选推广主导品种和主推技术。通过专家工作站的工作，以点带面、点面结合，加大科技成果的辐射带动作用，促进主产区水稻产业的快速提升。

（三）强化技术培训和技术指导、提升水稻科技贡献率

依托各类科技支撑和科技服务项目，协同地方农技部门和涉农经营主体，组织各种形式的现场观摩会、技术培训班、田间技术讲堂等，普及先进适用技术知识，提升基层农技人员、种粮大户和涉农企业、专业合作社等新型农业经营主体应用最新科技成果的能力，提高新品种普及率、新技术到位率。

（四）研判水稻产业风险形势、做好应急技术支撑

监测分析水稻病虫害动态变化和高温、涝渍、干旱等极端气候条件导致的灾情变化，与地方农业部门保持常态化联络机制，做好各类风险的应急处置技术预案，出现风险时，第一时间与地方政府部门进行风险会商，及时向院领导小组和上级部门报送风险预测信息和应对处置建议，协调组织优势资源开展应急服务。

（五）拓展服务平台网络、提升科技支撑服务能力

构建水稻全产业链大数据网络服务平台。根据我国水稻产业发展情况，一方面继续在水稻其他产区建立水稻产业专家工作站；另一方面，结合不同生态区域水稻生产特点，推动更多合作伙伴专家加入专家团队，从而建立更大范围的区域化、网络化的科技支撑技术服务体系。

六、保障措施

（一）加强组织领导

成立领导小组，由一名副院长担任组长，成果转化局局长担任副组长，成员由院机关相关部门和院属有关单位主要负责人组成。领导小组办公室设在成果转化局科技推广处，负责日常组织协调工作。专家团的具体工作由水稻所牵头负责，组织制定实施方案，做好技术指导、技术培训、产业政策研究、信息报送等各项工作。

（二）注重多方联动

一是共享各方优势资源，推动院内外相关研究机构联动，实现品种、技术、项目、人才等方面全方位合作；二是与地方政府、涉农企业、专业合作社保持互动，形成、扩大区域合作网络；三是与上级主管部门保持紧密互通，及时上报各地水稻产业需求现状和工作情况，做好上级部门发布的相关政策宣传和解读。

（三）增加资金保障

一方面充分利用院创新工程、院地合作、科企合作等渠道资金保障科技支撑服务工作，另一方面研究所加大自有资金的投入，加快科技成果孵化与推广转化，从而实现科技转化和科技服务互利双赢，此外，积极争取国家和地方政府各类科技推广、科技服务和乡村振兴等项目，增加产业专家团的经费保障力度。

（四）优化评价体系

建立院级科技服务考评和激励机制，推动更多的研究所、更多的专家深入生产一线，将论文写在大地上；推动各所建立相关科技服务绩效评价体系，建立科研业绩能与科技服务有效衔接，引导专家结合实际生产需求开展相关科学研究。

(五)扩大宣传引导

对专家团的相关工作进展、取得的成效及时跟踪报道,利用多种媒体、多方平台进行宣传或发布,加快科技成果的推广应用,提升地方农业部门、广大种植户对专家团的认知度,方便更好地开展科技服务;对在科技服务中作出突出贡献的专家、工作团给予表彰,宣传相关经验和做法,培养更多一线科技服务专家,全面提升我院科技服务支撑能力。

中国农业科学院关于印发《中国农业科学院玉米产业专家团组建方案》的通知

农科院转化〔2022〕163 号

院机关各部门、院属各单位：

《中国农业科学院玉米产业专家团组建方案》已经中国农业科学院 2022 年第 17 次常务会议审议通过，现印发给你们，请结合实际，认真贯彻落实。

中国农业科学院

2022 年 12 月 20 日

中国农业科学院
玉米产业专家团组建方案

为深入贯彻落实习近平总书记“四个面向”重要指示精神，将科技支撑玉米丰收和重要农产品供给作为政治任务，通过协同院内外相关科研和推广力量组建玉米产业专家团，持续探索科技支撑产业发展新模式，切实夯实玉米主产区稳产保供基础，为保障国家粮食安全作出贡献。

一、背景意义

（一）提升玉米产能事关国家粮食安全

玉米是我国第一大作物，在粮食总产量中占比近 40%。2021 年我国玉米总产量 2.73 亿吨，总消费量为 2.91 亿吨，近年因饲用消费和加工消费增加，产需缺口有所扩大，2021 年进口玉米2 836万吨。目前，玉米生产正面临极端天气和主要病虫害频发、主产区干旱渍涝并存、国际病害入侵形势严峻等综合因素的严重威胁，“十四五”期间，通过挖潜扩面、提升产能、优化结构，实现玉米稳产保供，对保障粮食安全意义重大。

（二）提升玉米产能必须依靠科技支撑

近年，我国玉米种植面积稳定在 6 亿亩以上，但平均单产 420 千克/亩，仅相当于美国的 60%。在玉米种植面积难以扩大的情况下，提高单产水平是解决我国玉米供给的有效路径。当前，玉米高产耐密多抗品种相对缺乏、种植密度偏低、水肥施用及田间管理粗放、阶段性逆境灾害频发，导致产量不高不稳、肥水利用效率较低等问题，迫切需要科技支撑玉米增产增收和提质增效。

（三）组建玉米专家团体现国家队使命担当

我院以作科所为主的相关研究所联合全国各生态区的高校和科研院所，通过实施玉米“藏粮于技”重大科研任务，在全国主产区建立了 100 余个示范基地开展新品种及绿色高产高效技术的集成示范，推动培育出中单 909、中单 808、中单 111、中单 685、中玉 303 等品种，并大面积推广应用，研发出玉米密植滴灌、抗逆延衰、籽粒收获等农业主推技术，为保证玉米高产稳产提供技术支撑和模式储备。在当前形势下，坚持国家战略科技力量定位，强化对全国玉米产业链优势科技资源的统筹，组建一支玉米产业专家团队，积极配合各级政府和推广部门为玉米增产增收和提质增效提供强有力的科技支撑。

二、总体思路

认真贯彻习近平总书记“藏粮于地、藏粮于技”指示精神，根据部院领导重要决策部署，整合院内外全国玉米科研和示范推广等主要科技力量，组建玉米产业专家团，面向东北、黄淮海、西南、西北四大玉米主产区，建立专家工作站，结合“专家团—专家站—田间课堂”的服务格局，鉴选适宜不同产区高产广适、耐密多抗、适于机械化生产的重大品种，集成示范玉米绿色增产增效关键生产技术、装备和产品，推进耕地生产力提升与保护、重大病虫害绿色防控，加强气象灾害预警、机械收储减损和加工增值技术集成示范，构建适宜不同产区玉米机械化丰产绿色增效技术模式，开展全产业链技术服务和科技防灾减灾，助推我国玉米增产保供和高质量发展。通过玉米产业专家团的建设，创出一个机制，科研创新覆盖玉米全产业链；实践一套模式，科研选题来源玉米生产一线；拉出一支队伍，关键时刻能服务玉米生产需求；打通一条渠道，科研院所能直通田间地头；践行一种精神，培育“一懂两爱”科技人才。

三、发展目标

面向我国玉米主产区生产需求，以提升玉米综合生产能力为主要目标。依托我院相关研究所创新团队和相关科技力量，组建一支由 40 人左右固定人员和 80 人左右长期合作人员相结合的玉米产业科技支撑队伍，建立与地方政府、农业企业、种植大户的长效沟通合作机制。在东北玉米产区的黑龙江哈尔滨、吉林公主岭、内蒙古通辽、辽宁沈阳，黄淮海玉米产区的山东德州，河南漯河、新乡和安阳，河北石家庄，西南玉米产区的四川绵阳、云南曲靖，西北玉米产区的内蒙古包头、新疆昌吉等区域，建设 13 个玉米产业专家工作站，作为开展科技服务的重要抓手和前沿阵地。“十四五”末，培训专业技术人才 300 名以上，核心服务区玉米单产提高 8%以上。到 2030 年，健全玉米产业专家工作站，通过“田间课堂”培训高水平专业技术人才 1 000名左右；区域专家工作站核心服务区玉米单产提高 15%以上，辐射面积1 000万亩以上。

四、组织架构

玉米产业专家团是一个整合全院不同研究所相关专业科技力量形成的服务型组织，是履行我院服务玉米稳产保供和防灾减灾职能使命的体系化机制，设团长 1 名、副团长 2 名，分设 13 个专家工作站，详见下图，每个工作站由育种、栽培、植保、加工、农机、信息等方面专家组成。各站任务由作科所、植保所、资划所、环发所、灌溉所、农机化所、生物所、棉花所、加工所、农经所、信息所责任创新团队牵头，并联合院外相关科教推广单位及生产一线专家共同组织完成。结合玉米全产业链发展的技术需求，进行重点任务分工与协作。

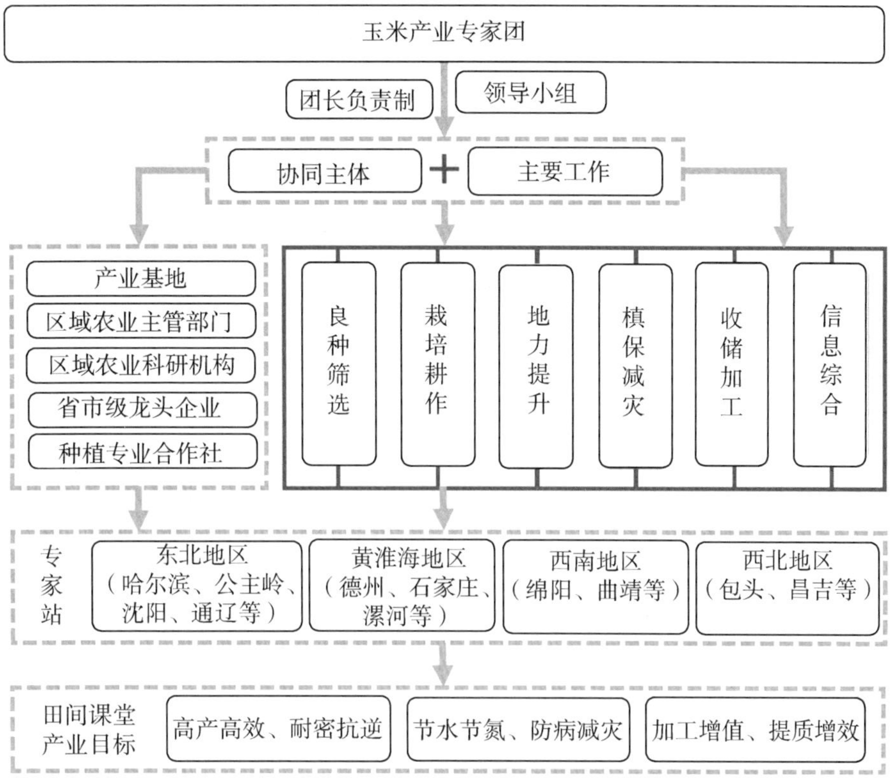

玉米产业专家团架构

（1）良种筛选。重点开展玉米新品种测试、高产多抗宜机收品种筛选、优良品种展示、示范与应用。作科所牵头，棉花所、植保所、生物所等研究所参加。

（2）栽培耕作。重点开展绿色高产高效技术集成示范与应用、灾害性天气生产能力提升科技支撑。作科所牵头，资划所、环发所、灌溉所等研究所参加。

（3）地力提升。重点开展土壤改良、地力培肥、化肥农药控施技术示范与应用。资划所牵头，作科所、环发所、灌溉所等研究所参加。

（4）植保减灾。重点开展主要病虫害全程绿色防控技术集成示范，防灾减灾预警研判、应急方案拟定、技术实施与培训。植保所牵头，环发所、资划所等研究所参加。

（5）收储加工。重点开展玉米质量安全鉴定与评价，机收作业质量提升，机收、储藏与加工减损技术示范。加工所牵头，作科所、农机化所等研究所参加。

（6）信息综合。重点开展组织玉米产业发展年会，建立玉米全产业链大数据监测预警服务平台，构建适合玉米产业特点的供给均衡和价格预测分析模型，为政府决策提供及时有效支撑。农经所牵头，作科所、信息所等研究所参加。

五、重点任务

（一）开展产业发展预测，为政府决策提供咨询

围绕国家粮食安全发展战略，研判国内外玉米产业发展趋势，开展阶段性、区域性、长期性战略与政策研究，向农业农村管理部门递交咨询报告，在国家制定粮食安全保障政策、农业科技政策等方面提供重要决策依据。

（二）凝练重大攻关目标，开展全产业链技术集成示范

面向我国玉米增粮保供需求，从生产中凝练科研选题和优化产业布局，鉴选示范优良多抗宜机收新品种，集成示范玉米绿色丰产增效关键技术，推进地力提升及耕地保育技术应用，加强绿色防控、机械收储减损、加工增值技术的示范，遴选推广主导品种和主推技术。解决产业共性技术瓶颈问题，提升玉米生产区的产业竞争力。

（三）提供产业应急技术支撑，保障玉米生产安全

监测分析玉米病虫害和高温、涝渍、干旱等极端气候导致的灾情变化，加强自然灾害综合风险会商研判。强化信息管理和灾情调度会商，及时报送灾情预测报告，统筹做好应急技术服务和农业防灾减灾。

（四）开展田间课堂培训，提供技术指导服务

构建由“专家团+专家站+带头人”组成的服务体系，在玉米生产关键时期下沉一线开展科技服务。结合“田间课堂”，实施高素质农民培育计划，面向家庭农场主、农民合作社带头人和农技推广人员等开展技术指导和人员培训，提升农民生产技术水平。

（五）建立协同高效运行机制，构建信息化服务平台

通过玉米主产区调查、收集并及时提交生产实际问题，按时编制上报工作简报和专报。开展玉米播前生产调研及中期观摩指导，协调各运行单元开展技术服务。组织产业发展年会，建立玉米全产业链大数据服务平台，为政府决策提供参考咨询。

六、保障措施

（一）加强组织领导

成立领导小组，由一名副院长担任组长，成果转化局局长担任副组长，成员由院机关相关部门和院属有关单位主要负责人组成。领导小组办公室设在成果转化局科技推广处，负责日常组织协调工作。专家团的具体工作由作科所牵头负责，组织制定实施方案，做好技术指导、技术培训、产业政策研究、信息报送等各项工作。

（二）注重统筹协调

全面承接农业农村部《“十四五”全国种植业发展规划》等决策部署和中国农业科学院玉米“藏粮于技”重大科研任务，加强统筹布局和系统分工，加大与地方政府、推广部门、学会协会和产业联盟的协同力度，构建与国家体系、农技推广部门、联盟协同产业技术网络，形成工作合力，提高工作成效。

（三）强化资金保障

充分整合利用院创新工程、院地合作、科企合作等多渠道筹措资金，积极申请国家和地方项目成果转化和技术推广类项目经费，积极吸纳来自学会协会、产业联盟和企业等渠道的社会资金投入，形成可持续的长效投入体系。

（四）完善评价机制

建立以激励为导向的考核方案和评价指标体系，将田间地头工时、技术培训成效、成果推广面积效益和决策咨询报告质量等纳入考评指标范畴，考评结果作为院内单位职称评定和人才选拔的重要参考。依据专家团运行情况不断优化完善考评方案，建成有标准、有监督的评价体系，助力常态化全天候服务目标实现。

（五）做好宣传引导

充分发挥媒体的宣传和舆论的引导作用，积极宣传玉米专家团工作取得的新进展、新经验和新成效。通过树立先进典型、推广成功案例、总结工作成效等形式及时进行总结报道，大力弘扬科学家精神，营造崇尚科学尊重科学、服务“三农”的良好社会氛围，扩大专家团的社会影响力。

中国农业科学院关于印发《中国农业科学院大豆产业专家团组建方案》的通知

农科院转化〔2022〕164 号

院机关各部门、院属各单位：

《中国农业科学院大豆产业专家团组建方案》已经中国农业科学院 2022 年第 17 次常务会议审议通过，现印发给你们，请结合实际，认真贯彻落实。

中国农业科学院

2022 年 12 月 20 日

中国农业科学院
大豆产业专家团组建方案

为深入贯彻落实习近平总书记“四个面向”重要指示精神和中央一号文件要求，将科技支撑大豆有效供给作为政治任务，通过组建大豆产业专家团，组织全院科技力量，全力推动大豆产能提升，为国家粮食安全做出应有的贡献。

一、背景意义

（一）大豆产能提升事关国家战略安全

大豆是我国重要的粮食作物、油料作物和饲料作物。2021 年我国大豆总产量1 640万吨，进口大豆9 652万吨，总消费量为 1. 13 亿吨，自给率仅为 14. 5%；消费总量占全球的 30. 9%。大豆是对外依存度最高、产业风险最大的大宗农产品。大豆产能的提升，对于保障国家安全、维护社会稳定具有十分重要的战略意义。

（二）科技支撑是实现大豆产能提升的根本保障

受资源禀赋的限制，我国大豆面积拓展空间有限，并且单产提升速度较世界其他主产国的差距逐渐拉大，提高单产是提升大豆产能的重要途径。长期以来，我院组织全院精锐力量，围绕大豆产能提升开展了“藏粮于技”重大科研任务，培育出中黄 301、中黄 901、中豆 63 等大面积推广应用品种以及“中黄”“中豆”“天隆”系列品种，并在栽培、植保、耕地质量提升、防灾减灾、收储加工、行业形势预警研判等方面取得显著成绩，创造了一系列的高产典型，为我国大豆产能提升提供了示范带动作用和技术支撑。

（三）组建产业专家团体现战略科技力量的使命担当

中国农业科学院为国家粮食安全的战略科技力量，现有以作科所为主的 8 个研究所、13 个研究团队开展大豆研究相关工作，主产区分布 30 多个试验点，有力服务大豆产业发展和农业结构调整。作为农业科研国家队，扛好大豆科技支撑稳产保供政治责任，院所联动、多所协同，构建“集团军式”大联合、大协作的科技服务网络体系，扎根主战场、奉献主战场、服务主战场、建功主战场，为大豆产能提升提供强有力的科技支撑。

二、总体思路

认真贯彻习近平总书记“提高大豆产能”的重要指示精神，围绕部院党组战略部署，按照“专业到边、服务到底、全院一盘棋”的总体要求，整合我院良种培育、栽培耕作、地力提升、植保减灾、收储加工等方面科技力量，组建大豆产业专家团，面向东北地区、黄淮海地区、南方地区三大大豆主产区，建立专家工作站，结合“专家团—专家站—田间课堂”的服务格局，开展大豆产业科技支撑工作。鉴选各主产区高产稳产重大品种，研发关键核心技术，优化集成绿色增产增效生产技术模式，助推我国大豆产能提升和高质量发展。

三、发展目标

按照“关键时刻服务生产需求，科研创新覆盖全产业链，国家院所直通田间地头，科研选题来源基层一线，培育一懂两爱科学人才”的任务要求，依托我院科技服务力量，组建一支25人左右固定人员与50人左右长期合作人员相结合、稳定的大豆产业科技支撑队伍，与地方政府、生产企业、种植大户合作，在东北主产区的黑龙江黑河、内蒙古呼伦贝尔，黄淮海主产区的河北石家庄、河南新乡、河南漯河、山东济宁、安徽宿州、江苏徐州，南方主产区的湖北荆州、四川南充，建设10个大豆产业专家工作站，作为开展科技服务的重要抓手和前沿阵地。培训带动100名左右新农人，核心服务区大豆单产提升5%。到2035年，健全大豆产业专家工作站，推进我国大豆生产保护区单产提高8%，通过“田间课堂”培训新农人1 000名左右。区域专家工作站大豆平均亩产达170千克。

四、组织架构

大豆产业专家团是一个整合全院不同研究所大豆相关专业科技力量形成的服务型组织，是履行我院服务大豆产业稳产保供职能使命的松散型机构。设团长1名、副团长2名，分设10个专家工作站，详见下图，每个工作站由育种、栽培、植保、加工、农机、信息等方面专家组成。各站任务由作科所、油料所、植保所、资划所、环发所、农机化所、加工所、信息所责任创新团队牵头，并联合院外相关科教推广单位及生产一线专家共同组织实施。结合大豆全产业链发展的技术需求，进行重点任务分工与协作。

（1）良种筛选。重点开展大豆新品种测试、筛选、展示、示范与应用。作科所牵头，油料所、植保所、加工所等研究所参加。

（2）栽培耕作。重点开展大豆绿色高产高效技术集成示范与应用、灾害性天气生产能力提升科技支撑。作科所牵头，油料所、资划所、植保所、农机化所等研究所参加。

（3）地力提升。重点开展大豆前茬作物秸秆还田、土壤改良、地力培肥、保水保肥、化肥农药控施技术示范与应用。资划所牵头，作科所、油料所、植保所等研究所参加。

（4）植保减灾。重点开展大豆主要病虫害全程绿色防控技术集成示范，防灾减灾预警研判、应急方案拟定、技术实施与培训。植保所牵头，作科所、油料所、环发所等研究所参加。

（5）收储加工。重点开展大豆质量鉴定与评价，机收作业质量提升，机收、加工减损节能技术示范。加工所牵头，农机化所、作科所、油料所等研究所参加。

（6）信息综合。重点建立大豆全产业链大数据监测预警服务平台，构建适合大豆产业特点的供给均衡和价格预测分析模型，为政府决策提供及时有效支撑。信息所牵头，作科所、油料所等研究所参加。

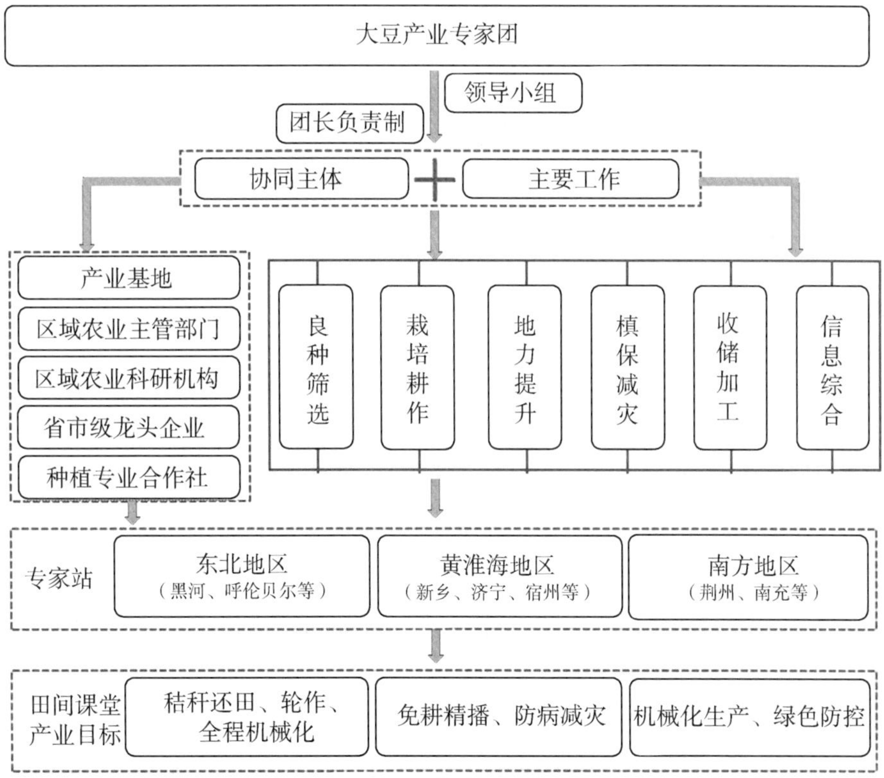

大豆产业专家团架构

五、重点任务

（一）开展产业政策研究，为政府决策提供咨询服务

研判国内外大豆产业发展趋势，开展阶段性、区域性、长期性战略与政策研究，向农业农村部等上级管理部门递交咨询报告，为国家制定粮食安全保障政策、农业科技政策等方面提供重要的决策依据。

（二）凝练重大攻关目标，开展新品种新技术集成示范

根据大豆生产重要技术瓶颈凝练重大科技研发任务，鉴选示范优良品种，集成示范大豆高产潜力提升技术，推进地力提升及绿色防控技术、高质低损收获技术应用，遴选推广主导品种和主推技术，强化灾害预警研判。

（三）提供产业应急技术支撑，保障区域大豆生产安全

统筹做好农业防灾减灾，监测分析作物病虫害、气候因素导致的灾情等变化，加强旱涝等自然灾害综合风险会商研判，开展应急服务等工作。强化信息管理，加强灾情调度会商，及时报送灾情预测报告，制定技术处置方案。

（四）开展田间课堂培训，提供技术培训和指导服务

开展技术综合集成与试验示范，结合“田间课堂”，面向家庭农场主、农民合作社带头人和农技推广人员等开展技术指导和人员培训，提升农民生产技术水平。构建由“专家团+专家站+带头人”组成的服务体系，在大豆生产关键时期下沉一线开展科技服务。

（五）构建高效协同运行机制，健全信息化服务平台

建立大豆全产业链大数据服务平台，为政府决策提供及时有效支撑。构建适合大豆产业特点的供给均衡和价格预测分析模型。依托大豆全产业链大数据服务平台，调查、分析并及时提交生产实际问题与技术需求信息报告，为政府决策提供参考咨询。

六、保障措施

（一）加强组织领导

成立领导小组，由一名副院长担任组长，成果转化局局长担任副组长，成员由院机关相关部门和院属有关单位主要负责人组成。领导小组办公室设在成果转化局科技推广处，负责日常组织协调工作。专家团的具体工作由作科所牵头负责，组织制定实施方案，做好技术指导、技术培训、产业政策研究、信息报送等各项工作。

（二）注重协同创新

与国家任务协同，履行产业服务使命；区域内力量协同，与地方科研、推广力量联合开展工作；与国家体系、农技推广部门、联盟协同，建立协同产业技术网络，构建机制，形成工作合力，提高大豆专家团工作成效。

（三）强化资金保障

充分利用院创新工程、院地合作、科企合作等平台多渠道筹措资金，积极申请国家和地方项目，积极吸纳社会资金的投入，促进产业技术和金融结合，形成多元化投入体系。

（四）完善评价机制

建立以激励为导向的考核方案和评价指标体系，把各团队发挥的作用作为对大豆产业专家团评价的重要导向，作为职称评定和人才选拔的硬标准。建成有标准、有监督的评价体系，助力常态化全天候服务目标实现。

（五）做好宣传表彰

及时总结专家团工作取得的新进展、新经验和新成效，充分发挥媒体的宣传和舆论的引导作用，大力弘扬科学家精神，营造崇尚科学尊重科学、服务“三农”的良好社会氛围，进一步扩大专家团的社会影响力。

中国农业科学院关于印发《中国农业科学院油菜产业专家团组建方案》的通知

农科院转化〔2022〕165 号

院机关各部门、院属各单位：

《中国农业科学院油菜产业专家团组建方案》已经中国农业科学院 2022 年第 17 次常务会议审议通过，现印发给你们，请结合实际，认真贯彻落实。

中国农业科学院

2022 年 12 月 20 日

中国农业科学院
油菜产业专家团组建方案

为深入贯彻落实习近平总书记重要指示精神和中央一号文件要求，全力推动油料产能提升，通过协同院内外相关科研和推广力量组建油菜产业专家团，为油菜扩面增产和保障国家食用植物油供给安全提供科技支撑。

一、背景意义

（一）提升油菜产能是国家战略需求

2021 年我国植物油消费量4 254.5 万吨，国产植物油供给量1 224.8万吨，自给率仅为 28.7%。在当前大国博弈日益激烈、国际环境错综复杂的背景下，油料进口的不确定性剧增，已严重危及国家食用油安全。为此，习近平总书记和党中央高度重视油料生产，2022 年中央一号文件明确提出大力实施大豆和油料产能提升工程。因此，发展油菜生产对提高我国食用植物油自给率、保障国家粮油安全、维护社会稳定和人民生命健康、全面实现乡村振兴等具有十分重要的战略意义。

（二）提升油菜产能必须依靠科技支撑

当前，扩大油菜种植面积和提高单产是提升我国油菜产能的重要途径。在扩种方面，我国还有较大面积的南方冬闲田和北方盐碱地可供开发利用，但适合冬闲田和盐碱地种植的品种及配套技术较为缺乏；在单产提升方面，我国油菜产业经历了 3 次重大跨越后，面临单产徘徊不前和效益不高等问题，迫切需要科技支撑油菜产业扩面增产、提质增效。

（三）组建专家团体现了国家队的使命担当

我院以油料所为主的相关研究所联合全国各主产区的高校和科研院所，通过实施油菜产业绿色科技革命行动等举措，在全国油菜主产区建立了 100 余个示范基地开展新品种新技术的集成示范，推动了油菜“三全高效”等技术模式的研究应用，有效促进了油菜产业高质量发展。在当前形势下，坚持国家战略科技力量定位，强化对全国油菜优势科技资源的统筹，组建一支油菜产业专家团队，建立长效机制，积极配合各级政府和推广部门为油菜扩面增产提供强有力的科技支撑。

二、总体思路

深入贯彻落实习近平总书记“扩种大豆油料”的重要指示和2022年中央一号文件精神，积极配合落实农业农村部扩种1 000万亩油菜推进行动，根据部院重要决策部署，充分发挥举院办大事的制度优势，整合院内外全国油菜科研和示范推广等主要科技力量，组建油菜产业专家团，在全国六大油菜主产生态区建立专家工作站，以区域油菜产业技术需求为导向，结合“专家团—工作站—田间课堂”服务格局，鉴选适宜不同产区的高产、高油、多抗、宜机收等性状重大品种，集成油菜全产业链关键生产技术、装备和产品，强化机械收储减损、加工增值和质量调优等集成示范，构建适宜不同产区的绿色高质高效轮作模式，推进地力提升和化肥农药减施，开展全链条产业技术服务，助推我国油菜扩面增产保供和产业高质量发展。通过油菜产业专家团的建设，创出一个机制，科研创新覆盖油菜全产业链；实践一套模式，科研选题来源油菜生产一线；拉出一支队伍，关键时刻能服务油菜生产需求；打通一条渠道，科研院所能直通田间地头；践行一种精神，培育“一懂两爱”科技人才。

三、发展目标

依托我院相关研究所创新团队和相关科技力量，组建一支由40人左右固定人员和80人左右长期合作人员相结合的油菜产业科技支撑队伍，建立与地方政府、企业、种植大户的长效沟通合作机制。在长江上游产区的四川成都、云南腾冲、贵州贵阳，长江中游产区的湖北黄冈、湖南长沙、江西九江，长江下游产区的安徽马鞍山、江苏东台，南方三熟制产区的湖南衡阳、江西吉安，黄淮及北方冬油菜轮作休耕区的陕西杨凌、山东东营、河北衡水，西北春油菜产区的甘肃张掖、内蒙古呼伦贝尔、青海西宁等区域，建设16个油菜产业专家工作站，作为开展科技服务的重要抓手和前沿阵地。“十四五”末，培训专业技术人才200名以上，核心服务区油菜单产提高8%以上。至2030年，健全油菜产业专家工作站，培训高水平专业技术人才1 000名左右，油菜主产区单产提高15%以上，辐射面积1 000万亩以上。

四、组织架构

油菜产业专家团是一个服务型组织，主要任务是围绕国家大豆和油料产能提升工程，服务油菜产业扩面增产保供需求和防灾减灾等。专家团设团长1名、副团长6名，分设16个专家工作站，详见下图，每个工作站由育种、栽培、植保、机械、加工等方面专家组成。各站任务由油料所、农机化所、植保所、蜜蜂所、资划所、灌溉所、农经所、信息所等院内相关创新团队及院外相关科教单位和主产区农业推广部门等共同组织承担。结合油菜全产业链技术需求，进行如下重点任务分工与协作。

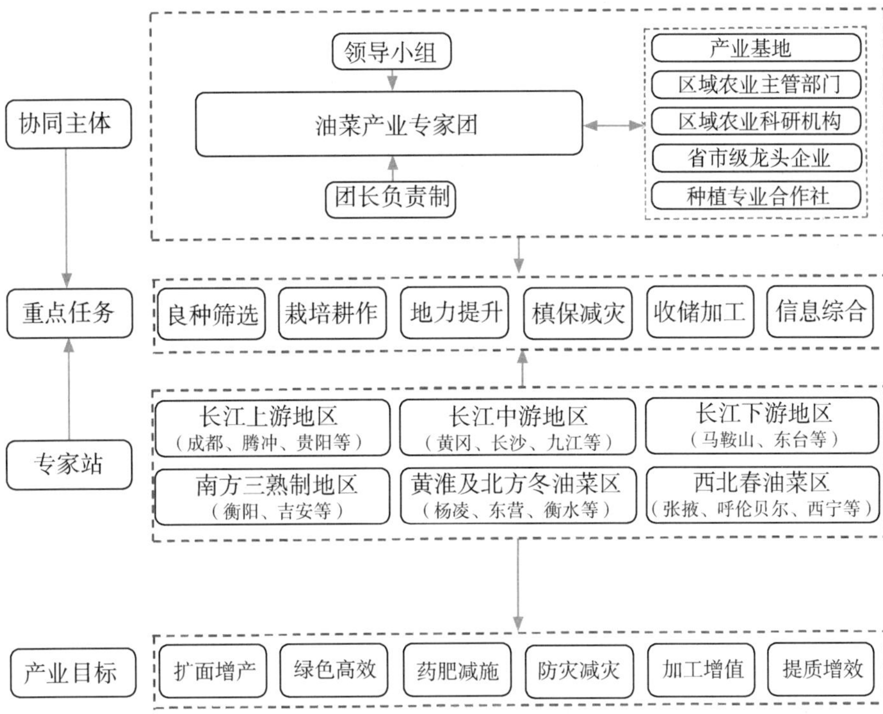

油菜产业专家团架构

（1）良种筛选，重点开展不同主产区优势油菜新品种筛选、展示、示范与应用。油料所牵头，植保所、蜜蜂所、华中农业大学、湖南农业大学、四川省农业科学院、湖南省农业科学院、青海大学、陕西省杂交油菜研究中心、江苏省农业科学院等单位参加。

（2）栽培耕作，重点开展不同主产区油菜绿色高质高效生产技术集成示范与应用、灾害性天气生产能力提升科技支撑。油料所牵头，农机化所、资划所、灌溉所、华中农业大学、湖南农业大学、湖南省农业科学院、江西省农业科学院等单位参加。

（3）地力提升，重点开展油菜土壤培肥、保水保肥、化肥农药减施等技术示范与应用。资划所牵头，油料所、植保所、灌溉所、华中农业大学、山东省农业科学院等单位参加。

（4）植保减灾，重点开展不同主产区油菜主要病虫草害全程绿色高效防控技术集成示范，防灾减灾预警研判、应急方案拟定与实施。植保所牵头，油料所、农机化所、资划所、华中农业大学、安徽省农业科学院、沈阳农业大学等单位参加。

（5）收储加工，重点开展油菜籽收获、干燥储存减损节能，菜籽油绿色加工、质量控制等技术示范。农机化所牵头，油料所、华中农业大学、江苏大学等单位参加。

（6）信息综合，重点开展油菜全产业链大数据监测预警服务平台建设，构建油菜籽和菜籽油供给均衡和价格预测分析模型，为政府决策提供支撑。农经所牵头，油料所、信息所、华中农业大学等单位参加。

五、重点任务

（一）开展产业发展预测、政策研究与决策咨询

围绕党和国家重大发展战略，研判国内外油菜产业发展趋势，开展阶段性、区域性、长期性战略与政策研究，向农业农村管理部门等递交咨询报告，为国家制定油料安全保障政策、农业科技政策等提供重要依据。

（二）凝练重大攻关目标，开展全产业链技术集成示范

坚持“四个面向”，聚焦油菜产业发展中的关键共性技术问题，凝练重大科技攻关目标，开展单项品种或技术研发和全产业链技术集成示范，构建不同生态区域油菜绿色高质高效生产技术，示范推广“三全高效”等技术模式，推动我国油菜产能提升和产业高质量发展。

（三）提供产业应急性、突发性事件技术支撑

监测分析油菜病虫草害动态变化和高温、涝渍、干旱等极端气候导致的灾情变化，加强综合风险会商研判，及时报送灾情预测报告，制定技术处置方案，开展应急服务。

（四）开展关键节点技术指导和人员培训

构建由“专家团+专家站+带头人”组成的服务体系，丰富技术指导和人员培训渠道，分层分类面向家庭农场主、农民合作社带头人和农技推广人员等开展技术指导和人员培训，增强服务的针对性和有效性。

（五）构建信息化服务平台和高效运行机制

依托油菜全产业链大数据服务平台，开展产业数据调查分析，编制上报工作简报和专报。开展油菜轮作周年作物技术衔接，协调各专家站开展技术服务。组织产业发展年会，建立油菜产业监测预警服务平台、油菜籽和菜籽油供给均衡和价格预测分析模型，为政府决策提供参考咨询。

六、保障措施

（一）加强组织领导

成立领导小组，由一名副院长担任组长，成果转化局局长担任副组长，成员由院机关相关部门和院属有关单位主要负责人组成。领导小组办公室设在成果转化局科技推广处，负责日常组织协调工作。专家团的具体工作由油料所牵头负责，组织制定实施方案，做好产业政策研究、技术指导、技术培训、信息报送等各项工作。

（二）注重统筹协调

全面承接中央各项重大决策部署和农业农村部"油菜大豆（大豆油料）产能提升工程""油菜产业绿色科技革命行动"等重点任务，加强统筹布局和系统分工，加大与地方政府、推广部门、学会协会和产业联盟的协同力度，形成工作合力，不断提高工作成效。

（三）强化资金保障

充分整合利用院创新工程、科企合作等经费渠道确保资金筹措足额到位；积极申请国家和地方成果转化和技术推广类项目，筹集工作经费；积极吸纳来自学会协会、产业联盟和企业等渠道的社会资金投入，形成可持续的长效投入体系。

（四）优化考核评价

强化使命担当和科学家精神，建立以激励为导向的考核方案和评价指标体系，将田间地头工时、技术培训成效、成果推广面积效益和决策咨询报告质量等纳入考评指标范畴，考评结果作为院内单位职称评定和人才选拔的重要参考标准。同时，依据专家团运行情况不断优化完善考评方案。

（五）强化宣传引导

对专家团工作取得的新进展、新经验和新成效及时进行总结报道，充分发挥新闻媒体的正向宣传和引导作用，通过树立先进典型、推广成功案例、总结工作成效等形式，大力弘扬科学家精神，营造崇尚科学尊重科学、服务"三农"的良好社会氛围，进一步扩大专家团的社会影响力。

中国农业科学院关于印发《中国农业科学院蔬菜产业专家团组建方案》的通知

农科院转化〔2022〕166 号

院机关各部门、院属各单位：

《中国农业科学院蔬菜产业专家团组建方案》已经中国农业科学院 2022 年第 17 次常务会议审议通过，现印发给你们，请结合实际，认真贯彻落实。

中国农业科学院

2022 年 12 月 20 日

中国农业科学院
蔬菜产业专家团组建方案

蔬菜是关系国计民生的重要农产品。习近平总书记在2021年中央农村工作会议指出要“确保猪肉、蔬菜等农副产品供给安全”，在2022年全国政协农业界、社会福利和社会保障界联组讨论会上再次强调“保障肉类、蔬菜等各类食物有效供给”。2022年中央一号文件重点提出要“保障‘菜篮子’产品供给”，反映了党中央对于蔬菜“保民生、保供给”问题的高度关切和重视。党的二十大报告特别强调要树立大食物观。因此，蔬菜稳产保供是“国之大者”，大力发展蔬菜产业是落实习近平总书记重要指示精神的政治要求。

一、背景意义

为深入贯彻落实习近平总书记重要指示精神和党中央决策部署，按照“四个面向”总要求，做好科技支撑蔬菜产业提质增效和健康发展，亟须组建一支“关键时刻能站出来、重要时刻能冲上去”的蔬菜产业专家服务团队。通过组建蔬菜产业专家团，汇集全院科技力量，创新组织模式和建设机制，持续探索科技支撑产业发展的新思路、新做法，夯实蔬菜主产区稳产保供智力和技术基础，切实践行大食物观，为保障国家粮食安全和重要农产品供给，满足人民对美好生活的向往作出新贡献。

（一）蔬菜稳产保供对国家食物安全意义重大

蔬菜产业是农业农村的重要产业，对促进农民增收、乡村振兴发挥着重要作用。蔬菜不仅种类多、形色多样，而且营养丰富，是我国城乡居民健康饮食的首选，蔬菜消费量占人民食物总量的41%，蔬菜的周年安全有效供应和菜价的稳定直接关系到国计民生，对于社会稳定意义重大。现在我国蔬菜总产量、人均消耗量和种类多样性均列居世界第一，基本保障了“菜篮子”周年供应，提升了人民群众的幸福感。蔬菜产业稳产增产、可持续发展，成为保障国家粮食安全和重要农产品供给、社会稳定和促进乡村振兴的重要抓手。

（二）实现蔬菜稳产保供必须依靠科技支撑

随着社会经济高速发展，劳动力成本上升不断压缩菜农收益空间，加之极端气候和重大病虫害频发，严重威胁着蔬菜的安全生产和周年供应。科技支撑是实现稳产保供的根本保障。长期以来，我院组织全院精锐力量，围绕蔬菜全产业链开展蔬菜品种国产化、蔬菜绿色高产高效技术集成模式应用与示范等行动，培育出“中甘”系列甘蓝、“中农”系列黄瓜、“中椒”系列辣椒、“中薯”系列马铃薯等优良品种，并在高效栽培、绿色植保、加工增值、防灾减灾、蔬菜产业经济等方面取得显著成绩，为保证蔬菜稳产、高产发挥了重要作用，农业科技进步贡献率达到 75%。因此必须依靠科技创新和科技支撑，提升蔬菜稳产保供能力。

（三）常态化协同化的农业科技支撑服务体系亟待建立

我院现有以蔬菜所为主的 10 个研究所（蔬菜所、植保所、农机化所、资划所、环发所、农经所、加工所、灌溉所、麻类所、基因组所），约 20 个研究团队开展蔬菜产业相关研究，有效服务蔬菜产业发展和农业结构调整。2021 年以来，组织蔬菜方面的专家先后深入农业生产一线开展抗灾夺丰收、“三秋”抢收抢种、长江中下游夏季防高温等大规模、应急性科技支撑专项行动，有力支撑我国蔬菜产业发展。但院内资源整合力度不够，各所协同科技支撑意识不强，长期稳定的稳产保供科技服务保障机制还未最终形成，科技成果应用和服务产业一线“最后一公里”存在的问题仍然比较突出，需要稳定一支常态化技术攻关与稳产保供科技队伍，更好服务农业、服务农村、服务农民。

二、总体思路

按照“四个面向”总要求，立足蔬菜主产区，围绕全局共性、区域特性产业问题，组建中国农业科学院蔬菜产业专家团，遵循“超前布局、战时实用”的模式，面向东北地区、西北地区、黄淮海与环渤海地区、长江中下游地区、南方地区五大蔬菜主产区，建立专家工作站，按照“专业到边、服务到底、全院一盘棋”工作要求，结合“专家团—专家站—田间课堂”的服务模式，通过“拉出一支队伍，关键时刻服务生产需求；创出一个机制，科研创新覆盖全产业链；打通一条渠道，国家院所直通田间地头；实践一套模式，科研选题来源基层一线；践行一种精神，培育一懂两爱科学人才”的任务要求，全方位、成建制、常态化全力支撑蔬菜供给。

三、发展目标

依托我院现有蔬菜科技服务力量，组建一支 40 人左右的固定人员、80 人左右的长期合作人员相结合、稳定的蔬菜产业科技支撑队伍，有重大应急服务任务时能够调得来、派得出、用得上、打得好。建立长效机制，与主产区政府、生产企业、种植大户合作，在东北地区的辽宁凌源、内蒙古赤峰，西北地区的甘肃肃州、宁夏贺兰，黄淮海与环渤海地区的山东寿光、河北藁城，长江中下游地区的湖南南岳、浙江苍南，南方地区的贵州毕节、广西百色等主产区，逐步建设 10 个蔬菜产业专家工作站，作为开展科技服务的重要抓手和前沿阵地，在当地培训带动一批“一懂两爱”新农人。

总目标：设施蔬菜基本实现现代化。物质技术装备条件持续改善，规模化种植、机械化作业、标准化生产、智能化管理、社会化服务水平显著提高，基本构建产前产中产后相协调、一二三产业相融合的现代蔬菜全产业链体系。

2022—2025 年，蔬菜单产比 2021 年提高 5 个百分点，机械化率提高 5 个百分点，人均管理面积达到 3 亩，生产效率提高 10%，培养带动新农人 1 000名左右。2025—2035 年，蔬菜单产提高 20%以上，综合机械化率达到 70%，人均管理面积达到 10 亩以上，培养带动新农人10 000名左右。

四、组织架构

蔬菜产业专家团是一个以蔬菜所为主、整合全院研究所相关专业科技力量形成的服务型组织，采取灵活机制，履行我院服务蔬菜产业稳产保供职能使命。设团长 1 名、副团长 2 名，分设 10 个专家工作站，详见下图，每个工作站由育种、栽培、植保、加工、农机、信息等方面专家组成。各站任务由蔬菜所、农机化所、资划所、环发所、加工所、农经所创新团队牵头，联合院外相关科教推广单位及生产一线专家共同组织完成。结合蔬菜全产业链发展的技术需求，进行重点任务分工与协作。

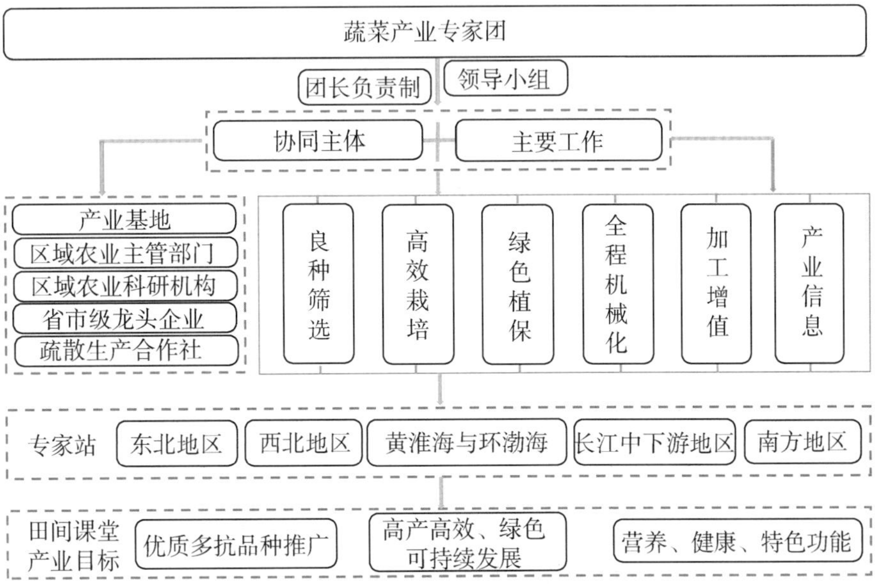

蔬菜产业专家团架构

1. 良种筛选

重点开展蔬菜新品种测试、筛选、展示、示范与应用。蔬菜所牵头，麻类所、基因组所、加工所等研究所参加。

2. 高效栽培

重点开展集约化育苗、高产高效栽培、设施蔬菜生产等技术研发、绿色高产高效技术集成示范与应用、灾害性天气生产能力提升科技支撑。蔬菜所牵头，资划所、环发所、灌溉所、农机化所等研究所参加。

3. 绿色植保

重点开展主要病虫害全程绿色防控技术集成示范，防灾减灾预警研判、应急方案拟定、技术实施与培训。蔬菜所牵头，植保所、农机化所等研究所参加。

4. 全程机械化

重点开展基肥施用、耕整地、播种、移栽、田间管理、采收、废弃物处理等全程机械化农机农艺融合、装备配置选型等。农机化所牵头，蔬菜所参加。

5. 加工增值

重点开展蔬菜采后保鲜、加工增值等技术研发和示范。加工所牵头，蔬菜所、农机化所等研究所参加。

6. 产业信息

重点建立蔬菜全产业链大数据监测预警服务平台，构建适合蔬菜产业特点的供给均衡和价格预测分析模型，为政府决策提供及时有效支撑。蔬菜所牵头，农经所参加。

五、重点任务

蔬菜产业专家团扎根产业一线，全力做好服务政府、服务企业、服务农民、服务科研工作。

（一）开展蔬菜产业政策研究，为政府决策提供咨询服务

研判国内外蔬菜产业发展趋势，提出阶段性、区域性、长期性战略与政策建议，充分发挥高端科技智库作用，为产业发展提供决策咨询。向农业农村管理部门等上级部门提出咨询报告，为国家制定蔬菜产业发展、蔬菜科技政策等提供重要的决策依据。

（二）凝练重大攻关目标，开展蔬菜新品种新技术集成示范

凝练科技研发任务和产业优化布局建议，加强重大优良品种筛选与示范，集成示范设施蔬菜、露地蔬菜高产优质栽培技术，遴选推广主导品种和主推技术。统筹生态控制、生物防治、理化诱控、科学用药等绿色防控技术，加强机械化生产模式示范，提升

全程机械化生产能力，强化灾害预警研判，加强采后减损和加工增值技术应用。

（三）提供产业应急技术支撑，保障蔬菜生产安全

监测分析作物病虫害、气候因素导致的灾情等变化，开展应急服务等工作。统筹做好蔬菜防灾减灾，加强自然灾害综合风险会商研判。强化信息管理，加强灾情调度会商，及时报送灾情预测报告。

（四）开展田间课堂培训，提供技术培训和指导服务

开展技术综合集成与试验示范，培训技术推广人员和农业生产经营主体。结合田间课堂，培训“一懂两爱”新农人。培育新型农业经营主体带头人带动产业发展；实施高素质农民培育计划，面向家庭农场主、农民合作社带头人开展全产业链培训。分层分类开展新型农业经营主体带头人培训，分级建立带头人人才库，加强对青年农场主的培养。

（五）形成协同研讨交流机制，建立健全服务平台

调查、收集并及时提交生产实际问题与技术需求信息报告。协调各运行单元开展调研，组织产业发展年会。建立蔬菜全产业链大数据服务平台，为政府决策提供及时有效支撑。构建适合蔬菜产业特点的供给均衡和价格预测分析模型。

六、保障措施

（一）加强组织领导

成立领导小组，由一名副院长担任组长，成果转化局局长担任副组长，成员由院机关相关部门和院属有关单位主要负责人组成。领导小组办公室设在成果转化局科技推广处，负责日常组织协调工作。专家团的具体工作由蔬菜所牵头负责，组织制定实施方案，做好技术指导、技术培训、产业政策研究、信息报送等各项工作。

（二）加强协同创新

一是与国家任务协同，包括农业农村部《“十四五”全国种植业发展规划》等文件明确的国家重点任务，履行产业服务使命；二是与区域内力量协同，与地方科研、推广力量联合开展工作；三是与国家大宗蔬菜产业技术体系、特色蔬菜产业技术体系和西甜

瓜产业技术体系、农技推广体系、创新联盟协同，建立协同产业技术网络，构建机制，形成合力，提高蔬菜产业专家团工作成效。

（三）强化资金保障

充分利用院创新工程、院地合作、科企合作等平台多渠道筹措资金。整合研究所承担的应用类研究、科技推广、成果转化、示范展示等项目资金，拓展资金投入渠道；积极申请国家和地方项目，筹集工作资金；积极吸纳社会资金的投入，促进产业技术和金融结合，形成多元化投入体系。

（四）完善评价机制

制定专家站激励方案，专家进入和退出实施动态管理，探索建立一套重视“到田间去”的评价指标体系。自科类团队侧重田间地头工作时间、成果推广面积、成果效益等指标；社科类侧重基层调研次数、访谈群体数量等指标。把各团队发挥的作用作为对蔬菜产业专家团评价的重要导向。建成有标准、有监督的评价体系，助力常态化协同化全天候服务目标实现。

（五）做好宣传表彰

对专家团工作取得的新进展、新经验和新成效及时进行总结报道，充分发挥新闻媒体的正向宣传和引导作用，通过树立先进典型、推广成功案例、总结工作成效等形式，大力弘扬科学家精神，营造崇尚科学尊重科学、服务“三农”的良好社会氛围，进一步扩大专家团的社会影响力。

四、国际合作与交流

中国农业科学院2022年国际合作与交流工作概况

2022年，中国农业科学院国际合作与交流工作围绕“国之大者”，全力抓主抓重，按照“四中心一智库”发展目标，着力推动“国家农业科技交流中心”建设发展，高质量促进农业科技创新开放合作，在国际农业科技治理中积极发挥牵头作用，不断提升国际影响力。

一、国际大科学计划申报稳步推进

聚焦“种业振兴”的战略需求，抓紧开展“农作物基因资源阐析”（G2P）国际大科学计划的组织申报工作。积极对接科技部大科学计划专班，成功把农业基因资源阐析列入国家颁布的《积极牵头组织国际大科学计划和大科学工程方案》重点领域和优先方向；组建成立了G2P国际大科学计划技术专家组，按照发起国际大科学计划的程序要求，研究设计G2P国际大科学计划的实施方案、路线图和任务分工，完成G2P国际大科学计划的中英文概念书和项目申报书；利用全球小麦大会等平台向国际社会进行广泛宣传，与19家国际合作伙伴签署合作意向书，并开展了多轮工作磋商，就主要关切达成一致；积极向农业农村部汇报争取行业部门的推荐，同时商请浙江和海南省人民政府给予配套支持，并取得了良好进展。

二、全球创新合作布局日渐完整

“全球农业科技创新联盟”通过科协初步论证。面向国家需求，首次发起中国农业科学院牵头的在华国际科技组织。在前期调研的基础上，提出工作方案；形成联盟概念书，确定组织架构，争取大北农集团出资500万元作为注册资金，申报材料已通过中国科协①初步论证，为联盟正式获批成立奠定扎实基础。目前已有55家国内外单位（21家国外机构和34家国内机构）响应加入联盟。

“联合国粮食及农业组织（FAO）—中国农业科学院创新平台”被纳入全球发展倡议七大举措。与FAO签署协议正式成立“FAO—中国农业科学院创新平台”，进一步深化了双方在科学、技术和创新的合作，将打造成辐射亚太、面向全球的粮农科技治理平

① 中国科学技术协会，全书简称中国科协。

台。该创新平台协议是中国农业科学院主动落实全球发展倡议的具体行动，被纳入在联合国总部召开的“全球发展倡议之友小组”部长级会议上中国宣布落实全球发展倡议七大举措。

农业科技“走出去”被列为联合国南南合作良好案例。牵头筹建中非农业科技创新联盟，研究制定建设方案，经农业农村部审议批准，并获得科技部同意作为指导单位的正式支持；与非洲科学院同步推进联盟筹备工作，致力构建中非科技创新、成果转化、人才培养长效合作机制。沼科所与萨摩亚政府联合国开发计划署联合执行的全球环境基金项目入选联合国《可持续发展南南合作与三方合作良好做法案例集》和《南南合作与三方合作促进小岛屿发展中国家可持续发展良好案例》。

“一带一路”联合实验室建设进展顺利。中国—哈萨克斯坦农业科学“一带一路”联合实验室完成了 ISO17025 认定，成为哈萨克斯坦农业高校中唯一通过 ISO17025 认证的动物传染病检测实验室；中国—罗马尼亚农业科学“一带一路”联合实验室完成在布加勒斯特的植物工厂主体建造工程，即将投入研究及生产使用；中国—乌拉圭大豆研究与创新“一带一路”联合实验室正式获批建设，以务实行动扎实服务“一带一路”倡议实施。

全球性区域性合作机制持续夯实。新建云南—CABI 跨境有害生物综合防控联合实验室等国际联合实验室 11 个，其中在海内外双挂牌的有 5 个，牵头建立了 C4 光合联盟等国际性专业合作网络，充分发挥利用国际创新优势，助力保障粮食安全、生物安全和生态安全。

三、新时期国际合作发展思路突破创新

梳理凝练新时期国际合作发展路径。制定印发《中国农业科学院关于贯彻落实“两个一流”指标体系的指导意见》，形成深入贯彻落实贺信精神，指导“两个一流”建设的具体指标体系。围绕“十四五”发展定位，编制落实“国家农业科技交流中心”建设的专题报告。

加快研究沿边国际合作体系建设工作思路。研究形成《沿边农业科技国际合作行动方案》，与越南、老挝、柬埔寨等国家签署中国—东南亚植物保护合作行动方案，并在全国农业科技“走出去”联盟会议上进行宣传推介。组织起草依托西部中心建设《“中亚研究中心”工作方案》，参与编制《中国农业科学院黑河大豆研究中心建设推进方案》，推动搭建面向中亚、对俄合作的枢纽平台。

持续强化种业对外合作支撑。研究形成“中国农业科学院南繁国际种业创新中心建设方案（草案）”，推动中国农业科学院与国际水稻研究所（IRRI）、国际小麦玉米改良中心（CIMMYT）签署合作意向书，共建“中国农业科学院—IRRI 三亚国际水稻育种中心”和“中国农业科学院—CIMMYT 三亚育种中心”，推动建设国际种业创新高地。引进大豆、小麦、饲草等作物和微生物类种质资源4 700余份，进一步拓宽了育种

的遗传基础。在完成加快作物种质资源引进工作方案的基础上，进一步补充完善动物、微生物种质资源引进的内容。

四、支撑科技创新能力不断加强

国际合作项目数量和经费显著提升。从指南谋划、申报服务等方面狠下功夫，全院竞争性国际合作项目数量和质量显著提升。截至 2022 年 12 月，全院新增各类国际合作项目 121 项，是 2021 年的 1.5 倍；合同经费超过9 920万元人民币，同比增长 52.6%。其中申报国家重点研发计划政府间和战略性合作专项共计63 项，同比增长 110%，获批 16 项，是2021 年的3.2 倍，获批项目覆盖三大洲 10 个国家，部分国别项目申报成功率超过 80%；获批 3 项科技援外项目、7 项亚洲合作资金项目。

牵头中欧农业科技合作项目设计。受科技部委派，牵头组建由 5 位院士及 23 位知名科学家组成的中欧食品、农业和生物技术（简称 FAB）旗舰项目中方专家组，征集对欧合作建议 8 类 32 项，经与欧主管部门磋商，形成了 4 个 2023—2024 阶段中欧 FAB 旗舰项目征集主题内容，为双方农业合作重点提供了有力指导。组织申报 2022 年度科技部政府间国际科技创新合作欧盟项目，4 项获得立项。

积极谋划政府合作框架下的项目支持。与巴基斯坦农业研究理事会和驻巴使馆共同争取中巴经济走廊项目，承办中国—巴基斯坦农业联合工作组第三次会议，植保和棉花合作纳入政府间议题。参与落实习近平主席在中非合作论坛第八届部长级会议上提出的“九项工程”，支持作科所、资划所共建“中埃伙伴研究所”。

稳步推进国际农业科学计划项目实施。继续围绕基因挖掘和精准育种，跨境重大有害生物防控、农田参数遥感快速获取、畜禽废弃物处理等领域开展国际协同创新研究。在分子育种数据平台、作物产量预测和作物水分生产力遥感产品、全生命周期碳氮评估方法和模型方法、协同减控气体排放技术、雷达反演识别生物学参数等多个方面取得进展和突破。

五、全球农业科技影响力显著提升

分享中国方案提升国际影响力。116 名专家在国际重大倡议、国际学术组织和国际治理机制中兼任高级管理职务，358 名专家在 710 份国际知名期刊兼任编辑，其中 360 份期刊为一区；参加 FAO 首届“国际植物健康日”活动、世界粮食论坛农业首席科学家圆桌会议等，介绍我国增强农业科技创新、强化绿色防控等方面的成功经验，提出促进农业科技发展的有关建议。参加国家团组赴德国和埃及开展气候变化谈判，有力维护了国家发展权益，提升我农业科技话语权。发挥中国农业科学院技术支撑优势，承办俄语国家援外培训、诱变技术育种、再生能源等综合性及专业领域国际培训班 19 场。

举办高水平国际学术会议。全院主办国际会议 57 场，全球通过线上线下等形式参会的人数约 1.5 万人。与国际农业研究磋商组织（CGIAR）联合主办了第二届国际小麦大会，大会的成功召开有效推动了小麦产业的技术进步和整体实力的提升。举办中国—东南亚跨境有害生物联防联控国际研讨会等具有重要影响的国际会议，聚焦行业热点，促进全球科技创新与高质量合作。

密切跟踪 CGIAR 转型改革及合作发展。参加 CGIAR 第 15 次、16 次、17 次体系理事会会议，组织研究所参与新一轮 CGIAR 科学倡议，本年度新增 1 项，共 4 项；开展 CGIAR 与中国战略合作研究，积极探索适于双方的合作发展模式。

积极参与多边机制的磋商研讨。与 CABI 联合召开第 14 届“农业农村部—CABI 生物安全联合实验室指导委员会”，参加 G20 首席科学会议气候变化研讨会、第 26 届 APEC 农业技术合作工作组全体会议、中国—FAO 南南合作第十次年度磋商会、CABI“植物智慧”捐赠方年度论坛等管理议事机制，就有关议题发言，提出深化合作建议，积极发出中国声音。

认真做好第七届“国际农科院院长高层研讨会”（GLAST）筹备。GLAST 是中国农业科学院主导的具有较大国际影响的高级别全球农业科技定期对话机制，为加强对国际农业科技政策引导，经征集国内外专家意见，形成“科技引领全球粮食系统转型”的会议主题。制定会议实施方案和日程草案，争取 FAO、CGIAR 和国际原子能机构（IAEA）同意再次作为大会共同主办方。

六、国际人才队伍建设稳中求进

继续强化国际人才项目申报。充分利用国家项目和自主支持培养和建设高水平国际化科研队伍，形成具有国际竞争力的人员和技术储备。成功申报国家留学基金各类项目（包括乡村振兴人才培养专项，国家公派高级研究学者、访问学者、博士后项目，国家建设高水平大学公派研究生项目等）77 项，已批复经费约2 025万元。继 2021 年国家留学基金管理委员会畜牧学科创新型人才国际合作培养项目获批后，再次获批植物健康领域项目，总规模 42 人，执行期 3 年。组织申报外国专家类项目 20 项，获批国家引才引智示范基地 4 个。全院通过各类途径选派赴国外合作研究的人员累计 58 批次，平均年龄 31 岁，引进中长期来院工作及在线合作的外国专家 109 批次。

完善国际人才项目管理机制。制定《中国农业科学院 2022 年国家公派出国留学项目申报指南》，完善项目申报实施细则以及推进时间表。针对国家留学基金委创新型人才国际合作培养项目（畜牧学科），制订专项管理办法，提供政策指导，顺利完成 2022 年第一轮人员选派。大力推荐中国农业科学院国家公派出国留学评审专家，从 34 名增补至 75 名。

着力加强国际教育学院建设。牵头组织起草了《中国农业科学院南繁学院、西部中心国际招生与海外引智工作方案（2022—2026）》，争取“十四五”期间促进南繁学院、西部中心留学生规模达到300人。

积极培养输送外派干部。积极推动中国农业科学院专家参与农业外交官的选派和国际组织岗位竞聘，中国农业科学院2人成功竞聘FAO高级管理岗位，两人分别拟派驻菲律宾和日本使馆。配合完成国际马铃薯中心亚太中心主任职位应聘推动工作。

中国农业科学院关于贯彻落实“两个一流”指标体系的指导意见

农科院国合〔2022〕80 号

院机关各部门、院属各单位：

中国农业科学院建院60周年之际，习近平总书记在致我院贺信中提出，中国农业科学院作为农业科研国家队，要面向世界农业科技前沿、面向国家重大需求、面向现代农业建设主战场，加快建设世界一流学科和一流科研院所（以下简称“两个一流”）。为深入贯彻落实习近平总书记贺信精神，履行国家战略科技力量职责使命，我院组织专家针对国际一流院所开展了典型特征研究分析和国内外一流科研院所评价指标体系比较研究，构建了体现“两个一流”内涵且合理可行的“多维多元”评价指标体系，旨在发挥对“两个一流”建设的指导作用，增强“两个一流”发展意识，引导“两个一流”发展方向。

现就贯彻落实“两个一流”指标体系提出以下指导意见。

一、总体要求

（一）指导思想

以习近平新时代中国特色社会主义思想为指导，深入贯彻党的十九大和十九届历次全会精神，全面落实习近平总书记贺信精神，坚持“四个面向”，胸怀“国之大者”，明确战略定位，增强创新能力，把“两个一流”建设作为强化国家战略科技力量的重要任务，突出培养一流人才、服务国家战略需求、争创世界一流的高质量发展导向，进一步提升我院综合发展实力和国际影响力，为助力实现高水平科技自立自强提供有力支撑。

（二）总体目标

围绕国家重大战略需求，充分发挥评价指标体系的“标尺”和“指挥棒”作用，科学引导全院建设一批具有国际竞争力的人才队伍，提升高水平的科研创新能力，取得一批国际领先的科研成果，推动实现一批关键核心技术自主可控，为产业发展提供更加有力的服务供给。实施高质量的对外开放合作，提高我院和我院科学家的国际声誉和学术影响力，推动一批学科进入世界一流行列，在国际前沿发挥引领作用。

二、指标评价

学科和机构评价的标准既要体现学术性维度，也要强调实践性维度；在评价指标的制订中，参考国际现有评价指标，确定了定性、定量以及两者相结合的评价指标。

（一）评价原则

一是评价指标坚持客观可比、兼顾特色原则。采用国际通用指标，体现国家级农业科研院所的特征属性。评价指标要多维度、综合性、可获取、可操作，数据口径规范、易于收集。

二是评价指标体现定量与定性相结合原则。定量指标侧重评价的客观性与横向可比，凸显“世界一流”的取向；定性指标侧重院所和学科建设的多元特色，强调社会需求，凸显“中国特色”的内涵。

三是评价工作坚持“以评促建”原则。以国际一流学科或机构为参照系，通过全方位“诊断式”评价和横向可比的对标分析，了解院所和学科发展现状与相应的国际地位，明确存在的差距、问题和发展瓶颈，找准未来发展的突破点和发力点。

四是精确对标原则。为实现学科在国际学术可比指标上与世界一流进行对标，在综合分析国际通用 ESI 学科分类、我国教育部学科分类等的基础上，按照“四个面向”要求，结合我院九大学科群，确定了 54 个农业核心学科方向，各学科方向与我院现有九大学科的对应关系以及各研究方向的内容界定。

（二）评价方法

一是采用“定标比超”方法。基于文献计量等方法，对国际一流学科和机构进行对比分析，发现优势、找出差距与不足，明晰院所和学科自身的发展状况和国际地位。

二是采用定量评价和定性评价相结合方法。采用定性方法评价机构发展战略、学科发展布局规划、科研平台条件、管理体制机制等；以定量方法评估科研成果、人才队伍、国际影响力等。

（三）评价指标

一是一流学科评价指标。综合世界三大一流学科排名体系和我国农业学科发展实际，遵循重视中国特色、借鉴国际经验的原则，国际一流学科的标准体现在一流的学者队伍、一流的科学研究和成果创造力、一流的学术影响力和声誉、一流的学科发展支撑条件，以及明确的学科发展规划和制度。具体的一流学科评价指标体系包含 6 个一级指标和 22 个二级指标。其中一级指标分别为学科发展规划的明确合理性、学科体系的目标导向性、学科高水平学者、学科学术成果创造力、学科学术和社会影响力及学科科研平台建设水平。二级指标按照基础学科、应用学科和管理学科三类设置了不同的指标标准。

二是一流科研机构评价指标。综合国际一流对标机构的定性分析结果，明确一流机构基本特征和构成要素的基础上，参考国际现有评价指标体系和方法，初步确定了一流机构的定性和定量评价指标，包括 9 个一级指标和 38 个二级指标。其中一级指标主要包括：机构定位和战略目标、承担国家重大战略任务、科研成果的卓越性、一流人才队伍、国际影响力、科研平台建设水平、国家科学思想库、成果转化水平和管理体制机制。其中定位和战略目标、管理体制机制、国家科学思想库等为定性指标；高水平的人才队伍、承担国家战略任务、国际影响力、成果转化水平等为定性定量相结合指标；科研成果卓越性等为定量评价指标。

三、实施要求

（一）健全完善分类评价体系

各单位要结合自身特点，在本指标体系的基础上，明确所在学科领域及本单位在国际和国内的发展定位，研究制定与国家重大战略需求和重点科研任务相适应的特色指标，细化完善相关指标标准。鼓励基础研究成果采用同行评议特别是国际“小同行”评议，应用研究成果以产业支撑和服务对象评价为主，合理评价成果研发过程性贡献。

（二）推动评价结果的指导应用

各单位要切实增强“两个一流”发展意识，突出问题导向，以“两个一流”指标体系为指引，抓主抓重、科学谋划、协调指挥。要适时考虑将“两个一流”评价结果纳入各级考核；对于评价中发现的突出问题进行跟踪督办、限时整改，推动相关部门落实主体责任。

（三）探索建立第三方评价机制

根据自身“两个一流”建设目标和方案，建立第三方评价机制，依托行业协会、学会、研究会、相关专业化评估机构以及通过专家评议等方式开展定量和定性的评价工作，明确资质、专业水平等要求，发挥评价的价值导向、过程监测、问题诊断作用和功能。

四、保障措施

院属各单位应充分发挥法人主体作用，聚焦各类优势资源，为“两个一流”建设提供保障。

一是加强组织领导。坚持和加强党的领导，发挥党组织在“两个一流”建设中统领全局的组织领导作用。各部门各单位主要负责同志要履职尽责、主动作为，建立健全本部门本单位扎实推进“两个一流”建设的协调推进机制。

二是完善体制机制。进一步完善院所两级决策运行机制，把各项措施有机组合，形成合力，努力破解体制机制性障碍，建立健全有利于“两个一流”建设的制度体系，最大程度释放研究所的发展活力。

三是有效配置资源。围绕“两个一流”建设目标，积极布局和高质量完成一批国际国内的重大科技计划项目，争取将院所两级重大科研任务纳入国家级重大国际科研计划，以“两个一流”建设目标作为推动和指导国家级平台谋划和建设的重要出发点。

附件：中国农业科学院“两个一流”建设指标体系

中国农业科学院

2022 年 6 月 23 日

附件

中国农业科学院“两个一流”建设指标体系

一、一流学科评价指标

一流学科是建设一流研究机构的基础，只有拥有一流学科才能成为一流的研究机构。学科评价的标准一是要体现学术性维度，即学科必须拥有一流科研，产出一流学术成果，又要有一流的人才队伍，其评价标准是客观的，是国际可比的；二是要强调实践性维度，即学科建设必须满足国家和产业的需要，其评价标准是主观的，需要定性分析其对社会产生的实际影响。综合世界三大一流学科排名体系和我国农业学科发展实际，遵循重视中国特色、借鉴国际经验的原则，制定一流学科的标准包括一流的学者队伍、一流的科学研究和成果创造力、一流的学术影响力和声誉、一流的学科发展支撑条件，以及明确的学科发展规划和制度。具体如下表所示。

一流学科评价指标体系简表

一级指标	二级指标（基础学科）	二级指标（应用学科）	二级指标（管理学科）	评价目的
A1. 学科发展规划的明确合理性	有相应的学科总体规划及制度，重点体现在：学科发展目标和方向明确，学科建设重点突出，聚焦重大使命清单；学科有良好的学术生态和组织模式；有管理、检查、考核、评估等制度环节对学科发展和结果进行把控；有及时调整规划布局的机制			由专家定性调研与分析，从 3 方面对机构学科发展规划的明确合理性进行综合等级划分
A2. 学科体系的目标导向性	学科建设按照“四个面向”要求，突出发展目标与经济社会发展实际需求相匹配的导向性。 （1）致力于构建高峰学科，提供高层次人才支撑 （2）致力于不断提升学科自主创新能力，提供高素质专业化人才支撑 （3）致力于提升学科特色建设，提供专业行业人才支撑			由专家定性调研与分析，从 3 方面对机构学科体系的目标导向性进行综合等级划分

（续表）

<table>
<tr><th>一级指标</th><th>二级指标（基础学科）</th><th>二级指标（应用学科）</th><th>二级指标（管理学科）</th><th>评价目的</th></tr>
<tr><td rowspan="2">A3. 学科高水平学者</td><td>（1）H 指数 >8 专家数量</td><td>（1）H 指数 >6 专家数量；发明专利 >5 的专家数量</td><td>（1）H 指数 >4 专家数量</td><td rowspan="2">定量评价学科一流人才队伍情况</td></tr>
<tr><td colspan="3">（2）国家战略科学家数量
（3）在相关学科国际组织任职数量
（4）获得相关学科国际奖项数量
（5）在相关学科国际会议任职数量
（6）在相关学科国际顶级期刊任职数量</td></tr>
<tr><td>A4. 学科学术成果创造力</td><td>（1）SCI 发文量
（2）高水平论文数量
（3）热点论文数量</td><td>（1）SCI 发文量；专利申请量；专利授权量
（2）高水平论文数量；专利平均被引频次
（3）热点论文数量专利强度</td><td>（1）SCI/SSCI 发文量
（2）论文被引率
（3）热点论文数量</td><td>从质、量、价值三方面考察学科成果的创造力和产出力。（注：论文相关计量指标均以第一作者或通讯作者身份发表的论文数量为基础）</td></tr>
<tr><td>A5. 学科学术和社会影响力</td><td colspan="3">（1）国家级重大成果奖励
（2）国家级重大项目
（3）领域机构 CNCI 值
（4）学科发展和行业贡献</td><td>考察在解决外部国家与社会发展重大问题，以及内部学科理论和关键研究问题方面所发挥的对接性支撑作用</td></tr>
<tr><td rowspan="2">A6. 学科科研平台建设水平</td><td colspan="3">（1）重大科技基础设施
（2）国家级平台及运行管理</td><td rowspan="2">用于评价机构开展科学活动的基础支撑</td></tr>
<tr><td colspan="2">（3）国际认证实验室</td><td>（3）高端智库建设平台</td></tr>
</table>

指标说明

A1. 学科发展规划的明确合理性

本项指标是实践性维度指标，从主观上评价学科发展是否满足国家经济社会发展的实际需求，是否具有保障一流学科发展的规划和相应的配套制度。重点体现学科发展方向明确、重点突出；具有利于学科长期可持续发展的良好学术生态和学科体系组织模式；有管理、检查、考核、评估等制度环节对学科发展和结果进行把控和及时调整规划布局的机制。

A2. 学科体系的目标导向性

按照“四个面向”的基本要求，突出体现各学科发展目标与经济社会发展的实际需求的匹配性，根据不同学科特色参考以下 3 个方面定性评价其导向性。

（1）致力于构建高峰学科，提供高层次战略科技人才支撑和基础性前瞻性科学研究保障。

（2）致力于不断提升学科自主创新能力，提供高素质专业化人才支撑和关键技术研究保障。

（3）致力于提升学科特色建设，提供专业行业人才支撑和行业发展科技支撑。

A3. 学科高水平学者

本项指标是学术性维度指标，从以下 6 个方面综合定量评价各个学科一流人才队伍情况。

（1）*H* 指数（*H* index）是一个混合量化指标，可用于评估研究人员的学术产出数量与学术产出水平。针对不同类型学科的性质特色制定相应的具体指标。①基础学科。*H* 指数＞8 专家数量：指 *H* 指数大于 8 的专家数量。②应用学科。*H* 指数＞6 专家数量：指 *H* 指数大于 6 的专家数量；发明专利>5 的专家数量：申请发明专利数量大于 5 项的专家数量。③管理学科。*H* 指数＞4 专家数量：指 *H* 指数大于 4 的专家数量。

（2）国家战略科学家数量：指本学科领域拥有的国家战略科学家数量。

（3）在相关学科国际组织任职：在相关学科国际机构（国际性或区域性政府间国际机构或学术性国际机构、国际性协会、联盟等）担任（或连任）主席、理事长、理事、委员、评审组长等职务数量。

（4）获得相关学科国际奖：获得国际重大奖项。

（5）在相关学科国际会议任职：在学科国际同行公认的国际会议上任职数量。

（6）在相关学科国际顶级期刊任职数：在 *Science*、*Nature*、*Cell* 三个期刊/该学科顶尖 SCI 期刊（影响因子＞20）（或经学科领域国际同行认可的期刊）担任主编、副主编、客座主编和编委等数量。

A4. 学科学术成果创造力

本项指标是学术性维度指标，体现客观性及与“世界一流”横向可比性。主要从一流学科的科研生产力（论文发表数量）、科研影响力（论文被引用次数和高水平论文数）、科研创新力（专利数和热点论文数）等方面定量评价学科学术成果创造力。针对不同类型学科的性质特色制定相应的具体指标。

（1）基础学科。①SCI 发文量：SCI 收录的论文数量。②高水平论文数：在 ESI 收录时间范围内，被引频次位于该学科所有论文的前 1%的论文数；③热点论文数：近 2 年发表的论文且在近 2 个月内被引频次排在相应学科领域全球前 1%以内的论文数。

（2）应用学科。①SCI 发文量：SCI 收录的论文数量。②专利申请量：指专利机构受理技术发明申请专利的数量，是发明专利申请量。③专利授权量：指报告期内由专利行政部门授予专利权的件数，是发明专利授权数。④高水平论文数：在 ESI 收录时间范围内，被引频次位于该学科所有论文的前 1%的论文数。⑤专利平均被引频次：指专利被引用的次数，专利平均被引频次可以衡量一个国家专利的质量水平。⑥热点论文数：近 2 年发表的论文且在近 2 个月内被引频次排在相应学科领域全球前 1%以内的论文数。⑦专利强度：指具有高价值的核心专利，代表专利文献利用的前沿方向。

（3）管理学科。①SCI/SSCI 发文量：SCI/SSCI 收录的论文数量。②论文引用率：指科学论文对文献的引用次数。论文引用率是衡量一个国家科研文献被其他国家或机构的认可度的标志。③热点论文数：近 2 年发表的论文且在近 2 个月内被引频次排在相应学科领域全球前 1%以内的论文数。

A5. 学科学术和社会影响力

（1）国家级成果奖励：包括国家最高科学技术奖、国家级特等奖、包括国家自然科学奖、发明奖、科技进步奖等。

（2）国家级重大项目：指当年新增主持的国家重点研发计划项目，国家科技重大专项项目（课题），国家社科基金重大项目和国家自然科学基金重大项目［创新研究群体、杰青、优青、重大研究计划、重点支持项目和集成项目、重大项目、重点项目、重点国际（地区）合作研究与交流项目、组织间国际（地区）合作交流项目、国家重大科研仪器研制项目、基金委的基础研究中心项目］。

（3）领域机构 CNCI 值：指学科规范化的引文影响力，它是通过计算单篇论文的实际被引次数除以同文献类型、同出版年、同学科领域的期望被引次数获得的，指可直接反映科研机构的科研成果产出能力的大小。

（4）学科发展和行业重大贡献：相关学科在理论和技术方面的重大进步以及促进行业发展中作出的重大贡献。

A6. 学科科研平台建设水平

（1）基础学科和应用学科。①重大科技基础设施：由国家和国际重点布局建设的科技基础设施。②国家级平台及运行管理：经授牌或批准的国家级重点实验室、工程技术研究中心、大科学工程（科学中心）、工程实验室/技术中心、野外台站、基础条件平台、质检中心、国际参考实验室建设及运行管理。③国际认证实验室：符合国家认可认证的权威机构实验室，获得资质，是对实验室实力的一种佐证。检测结果实现国际互认。

（2）管理学科。①重大科技基础设施：由国家重点布局建设的科技基础设施。

②国家级平台及运行管理：经授牌或批准的国家级重点实验室、基础条件平台建设及运行管理。③高端智库建设平台：支撑智库建设与咨询政策研究的大数据和信息平台。

二、国际一流科研机构评价指标

综合国际一流对标机构的定性分析结果，明确一流机构基本特征和构成要素的基础上，参考国际现有评价指标体系和方法，初步确定了一流机构的定性和定量评价指标。主要包括定位和战略目标、管理体制机制、国家科学思想库等定性指标，高水平的人才队伍、承担国家战略任务、国际影响力、成果转化水平等定性定量相结合指标，科研成果卓越性等定量评价指标。具体如下表所示。

一流科研机构评价指标体系简表

一级指标	二级指标	评价目的
A1. 机构定位和战略目标	（1）战略定位科学性 （2）战略规划前瞻性 （3）发展方案可行性 （4）学科体系合理性	用于评价机构的定位和战略目标是否明确。由专家定性评价，从 4 个方面对机构是否具备明确定位及战略目标进行综合等级划分，例如，是否制定中长期发展规划，发展规划方案的可行性、发展规划的前瞻性，学科体系布局是否满足社会需求及发展特色等
A2. 承担国家重大战略任务	（1）国家级重大项目数量 （2）解决领域重大技术问题	用于评价机构承担国家重大战略任务情况
A3. 科研成果的卓越性	（1）高水平论文数 （2）国家级奖项获奖数 （3）国际知名奖项获奖数	用于评价机构科研成果的卓越性
A4. 一流人才队伍	（1）*H* 指数（≥15 专家数量） （2）高层次人才 （3）国际组织任职 （4）国际奖获奖 （5）国际会议任职 （6）国际顶级期刊任职	用于评价人才队伍中高水平人才情况

（续表）

一级指标	二级指标	评价目的
A5. 国际影响力	（1）通讯作者国际合作论文数 （2）牵头发起国际合作议题数 （3）国际组织任职数 （4）国际奖获奖数 （5）国际会议任职数 （6）国际顶级期刊任职数 （7）牵头政府间/国际组织等合作议题 （8）吸引全球优秀科学家参与研究情况	用于评价机构的国际影响力
A6. 科研平台建设水平	（1）重大科技基础设施 （2）国家级平台及运行管理 （3）国际认证实验室 （4）设施条件及装备水平	用于评价机构开展科学活动的基础支撑
A7. 国家科学思想库	（1）国家发展重大问题的建议 （2）国家、地方经济社会发展需求的决策咨询 （3）战略情报研究服务体系 （4）弘扬科学精神，传播科学知识	用于评价机构在我国科技及经济社会发展的重大战略决策支撑作用
A8. 成果转化水平	（1）产品数量 （2）服务数量 （3）知识产权转移数量 （4）成果经济效益	用于评价机构的成果转化能力和水平
A9. 管理体制机制	（1）科研组织管理的有效性 （2）人才队伍建设和用人制度对机构发展促进的作用和效率 （3）成果转化体制机制的目标导向性及合理性 （4）绩效评估体系的目标导向性及合理性 （5）重大科研设施运行机制	用于评价机构治理现代化管理体制机制的合理化的水平。由专家定性调研与分析，从5个方面对机构治理现代化水平进行综合等级划分

指标说明

A1. 机构定位和战略目标

（1）战略定位科学性：具备清晰明确的战略目标及战略计划安排，有阶段性对计划进行调整的机制，设有专门的目标或战略管理机构或部门。

（2）战略规划前瞻性：战略规划对引领科学技术进步、对国内相关产业发展具有提质增效作用，有较明确的战略解决方案，了解机构战略制定的重要性，有专人或专岗管理和统筹相关事宜。从对科学技术的引领性、对国内产业发展的提质增效性、对国内高层次人才培养能力等方面开展科研战略计划评价工作。

（3）发展方案可行性：具备清楚的机构定位与战略规划，能够制定相关战略并可以对反馈结果进行及时调整，有其他管理人员兼任相关职责。

（4）学科体系合理性：从对国内高层次人才培养、科技创新战略任务支撑等方面考虑学科体系设置的合理性，学科布局的科学性与导向性。

A2. 承担国家重大战略任务

（1）国家级重大任务：指当年新增主持的国家重点研发计划项目，国家科技重大专项项目（课题），国家社科基金重大项目和国家自然科学基金重大项目。

（2）解决领域重大技术问题：解决了领域核心技术、前沿技术、“卡脖子”技术等关键技术问题，并通过定性评价，得到同行专家认可。

A3. 科研成果的卓越性

（1）高水平论文数：在 ESI 收录时间范围内，被引频次位于该学科所有论文的前 1%的论文数；或在国际顶级期刊（影响因子≥20）发表的论文数。

（2）国家级奖项获奖数：包括国家自然科学奖、发明奖、科技进步奖等。

（3）国际知名奖项获奖数：指农业领域相关国际奖项的数量。

A4. 一流人才

（1）H 指数≥15 专家数量：指 H 指数大于等于 15 的专家数量。H 指数（H index）是一个混合量化指标，可用于评估研究人员的学术产出数量与学术产出水平。

（2）高层次人才：院士、国家海外高层次人才引进计划、国家高层次人才特殊支持计划、中国科学院“百人计划”、人力资源社会保障部“百千万人才工程国家级人选”、科技部“创新人才推进计划”、农业农村部“神农计划”、国家自然科学基金委员会“杰出/优秀青年科学基金”、国家自然科学基金委“创新研究群体”等高层次人才。

（3）国际组织任职：在国际机构（国际性或区域性政府间国际机构或学术性国际机构、国际性协会或联盟等）担任（或连任）主席、理事长、理事、委员、评审组长、组训专家等职务。

（4）国际奖获奖：获得国际重大奖项。

（5）国际会议任职：在国际同行公认的国际会议上任职。

（6）国际顶级期刊任职数：在 *Science*、*Nature*、*Cell* 三个期刊/其他顶尖 SCI 期刊（影响因子＞20）担任主编、副主编、客座主编和编委等数量。

A5. 国际影响力

（1）通讯作者国际合作论文数：以通讯作者身份发表的国际合作论文的数量。

（2）牵头发起国际合作议题数：组织、牵头发起国际合作议题数量。

（3）国际组织任职数：在国际机构（国际性或区域性政府间国际机构或学术性国际机构、国际性协会、联盟等）担任（或连任）主席、理事长、理事、委员、评审组长、组训专家等职务的数量。

（4）国际奖获奖数：国际重大奖项数量。

（5）国际会议任职数：在国际同行公认的国际会议上任职的数量。

（6）国际顶级期刊任职数：在 *Science*、*Nature*、*Cell* 三个期刊/其他顶尖 SCI 期刊（影响因子＞20）担任主编、副主编、客座主编和编委等数量。

（7）牵头政府间/国际组织合作议题：受国家相关部委或国际组织委托，牵头政府间/国际组织合作框架下多双边农业科技合作议题。

（8）吸引全球国际一流人才参与我院科研工作的数量：吸引国际顶尖人才（至少 6 个月/年）的数量。

A6. 科研平台建设水平

（1）重大科技基础设施：包括国际和国家建设的重大科技基础设施。

（2）国家级平台及运行管理：经授牌或批准的国家级重点实验室、工程技术研究中心、大科学工程（科学中心）、工程实验室/技术中心、野外台站、基础条件平台、质检中心、国际参考实验室建设及运行管理。

（3）国际认证实验室：由政府间国际组织（如联合国粮食及农业组织、世界动物卫生组织等）认证的参考实验室。

（4）设施条件及装备水平：先进水平。

A7. 国家科学思想库

（1）国家发展重大问题的建议：牵头组织实施解决国家农业发展重大问题的研究，咨询报告及政策建议获副国级以上领导肯定性批示。

（2）国家、地方经济社会发展需求的决策咨询：牵头组织实施国家、地方经济社会发展需求的决策咨询，咨询报告及政策建议获省部级领导肯定性批示。

（3）战略情报研究体系：牵头组织实施农业学科领域战略情报研究，咨询报告及政策建议获省部级领导肯定性批示。

（4）弘扬科学精神，传播科学知识：牵头组织实施科学知识、优秀传统文化传播工作，对弘扬科学精神、传承创新民族文化作出积极贡献。

A8. 成果转化水平

（1）产品数量：作为商品提供给市场，被人们使用和消费，包括有形的物品、无形的服务、组织、观念或它们的组合。同一种产品销售多次，只能算作 1 次。

（2）服务数量：为客户提供技术服务等技术合同的，开具地税服务发票的，同一种类技术服务合同只能算作 1 次。

（3）知识产权转移数量：单位有偿转化的专利权、软件著作权、植物新品种权以及新品种（系）、新农药、新肥料、新兽药等技术秘密类的知识产权科技成果。

（4）成果经济效益：指各单位通过技术转让、技术许可、技术服务、技术咨询、技术开发和作价入股等科技成果转化方式获得的现金收入，包括知识产权类科技成果经转让、许可、作价入股分红或因侵权赔偿所获得的现金收入；转化获得行政许可的品种、兽药、疫苗、农药、肥料等科技成果，转化亲本材料、菌株、毒株等物化形式的科技成果，以及运用检测、试验、咨询、评估、规划等科技能力所获得的现金收入等。

A9. 管理体制机制

（1）科研组织管理的有效性：具有能够保障重点科研计划稳定实施的稳定经费来源和途径的机制。机构的科研组织管理应有助于集中国内外创新要素优势，提升解决重大科学问题和实现重大科研成果产出实力。

（2）人才队伍建设和用人制度对机构发展促进的作用和效率：立足面向科技前沿和国家战略需求，骨干队伍规模适度，研究与工程技术人员并重，稳定保障，用人制度开放多元。

（3）成果转化体制机制的目标导向性及合理性：构建产学研深度合作机制，增强服务社会经济发展的高质量科技供给能力，在服务国家经济社会发展方面取得积极成效。

（4）绩效评估体系的目标导向性及合理性：突出问题导向，尊重科研内在规律，强化评估评价专业化组织建设，完善分类评价制度建设，形成中国农业科学院特色科技评价体系，提升评价的科学化和专业化水平，确保机构和人员良性循环的发展活力。

（5）重大科研设施运行机制：创新发挥重大科研设施效率的运行管理机制。

中国农业科学院关于表彰2022年度国际合作先进单位和先进个人的通知

农科院国合〔2022〕170号

院属各单位：

为深入贯彻落实习近平总书记致我院贺信精神，进一步打造高素质国际合作队伍，经院主要领导批准，我院组织开展了2022年度国际合作先进单位和先进个人评选活动。经各单位推荐，专家组评审，共评选出院级2022年度国际合作先进单位5家、院级2022年度国际合作先进个人10名，名单详见附件。

希望获奖单位和个人把荣誉作为新的起点，再接再厉，再创佳绩。希望院属各单位要以先进单位和先进个人为榜样，积极谋划落实我院农业科技国际合作重点任务，为贯彻落实党的二十大精神，加快推进“两个一流”建设作出更大贡献。

附件：中国农业科学院2022年度国际合作先进单位和先进个人获奖名单

中国农业科学院

2022年12月28日

附件

中国农业科学院 2022 年度
国际合作先进单位和先进个人获奖名单

一、国际合作先进单位

作物科学研究所
植物保护研究所
农业资源与农业区划研究所
研究生院
农业农村部沼气科学研究所

二、国际合作先进个人（按姓氏笔画排序）

卢　嘉（农产品加工研究所）
田　芳（植物保护研究所）
仝宇欣（农业环境与可持续发展研究所）
李元恒（草原研究所）
余强毅（农业资源与农业区划研究所）
陈秧分（农业经济与发展研究所）
陈新荷（农田灌溉研究所）
姜纯子（作物科学研究所）
徐建龙（作物科学研究所）
韩　娟（农业农村部食物与营养发展研究所）

中国农业科学院 2022 年合作谅解备忘录、协议签署清单

序号	合作谅解备忘录/协议名称（中文）	合作谅解备忘录/协议名称（外文）	中方签署单位名称	外方签署单位名称（中文）	外方签署单位名称（外文）	外方所在国家	签署时间	有效截止时间
1	联合国粮食及农业组织和中国农业科学院关于建立一个创新平台作为在区域和全球层面落实支持可持续发展目标的联合行动的共同协作机制的执行协议	Implementation Agreement between the Food and Agriculture Organization of the United Nations (FAO) and the Chinese Academy of Agricultural Sciences (CAAS) on the Establishment of an Innovation Platform as a Joint Collaborative Mechanism to Implement Joint Activities at Regional and Global Levels on Innovation to Support the Sustainable Development Goals (SDGs)	中国农业科学院	联合国粮食及农业组织	Food and Agriculture Organization of the United Nations(FAO)	意大利	2022 年 12 月	2027 年 12 月

（续表）

序号	合作谅解备忘录/协议名称（中文）	合作谅解备忘录/协议名称（外文）	中方签署单位名称	外方签署单位名称（中文）	外方签署单位名称（外文）	外方所在国家	签署时间	有效截止时间
2	中古水稻与菜豆主要病毒病害防控新策略的合作研究协议	Research Agreement for New Strategies of Integrated Control of Main Virus Disease of Rice and Beans in China and Cuba	中国农业科学院植物保护研究所	哈瓦那农业大学	Agrarian University of Havana（UNAH）	古巴	2022 年 6 月	2025 年 12 月
3	关于建立云南—国际应用生物科学中心（CABI）跨境有害生物综合防控联合实验室的谅解备忘录	MoU on the Establishment of the Joint Laboratory for Integrated Trans－Boundary Pest Management between CABI and Yunnan Agricultural University	云南农业大学、中国农业科学院植物保护研究所	国际应用生物科学中心	CABI	英国	2022 年 11 月	2027 年 9 月
4	联合研究协议	Collaborative Research Agreement	中国农业科学院作物科学研究所	乌拉圭国家农牧业研究院	Institute of National Investigation Agriculture（INIA）	乌拉圭	2022 年 9 月	2027 年 9 月
5	中国农业科学院中日农业技术研究发展中心与日本国际协力机构中国事务所就在关于农业农村领域开展合作的备忘录		中国农业科学院农业环境与可持续发展研究所	日本国际协力机构中国事务所	Beijing Office of the Japan International Cooperation Agency	日本	2022 年 1 月	2025 年 1 月

（续表）

序号	合作谅解备忘录/协议名称（中文）	合作谅解备忘录/协议名称（外文）	中方签署单位名称	外方签署单位名称（中文）	外方签署单位名称（外文）	外方所在国家	签署时间	有效截止时间
6	美国大豆出口协会水产养殖试验讲解备忘录	Memorandum of Understanding Aquaculture Feeding Demonstration	中国农业科学院饲料研究所	美国大豆出口协会	U. S. Soybean Export Council	美国	2022年5月	
7	比利时根特大学与中国农业科学院生物技术研究所合作协议	Cooperation Agreement Between Biotechnology Research Institute Chinese Academy of Agricultural Sciences and Ghent University Faculty of Sciences	中国农业科学院生物技术研究所	比利时根特大学	Ghent University	比利时	2022年9月	2025年9月
8	中国农业科学院生物技术研究所与新疆晶华公司和巴基斯坦木尔坦农业大学三方合作谅解备忘录	Agreement of Cooperation (AoC) among MNS University of Agriculture, Multan, Pakistan and Xinjiang Jinghua Seed Industry Co., Ltd., China and Biotechnology Research Institute, Chinese Academy of Agricultural Sciences, Beijing, China	中国农业科学院生物技术研究所，新疆晶华公司	巴基斯坦木尔坦农业大学	MNS University of Agriculture, Multan, Pakistan	巴基斯坦	2022年1月	2025年10月

（续表）

序号	合作谅解备忘录/协议名称（中文）	合作谅解备忘录/协议名称（外文）	中方签署单位名称	外方签署单位名称（中文）	外方签署单位名称（外文）	外方所在国家	签署时间	有效截止时间
9	中国农业科学院农业资源与农业区划研究所和乌兹别克斯坦共和国农业部土壤成分和储存库及质量分析中心研究合作意向书	Letter of Intent Between Institute of Agricultural Resources and Regional Planning of the Chinese Academy of Agricultural Sciences and Soil Composition and Repository，Quality Analysis Center under the Ministry of Agriculture of the Republic of Uzbekistan for Furthering Scientific Cooperation	中国农业科学院农业资源与农业区划研究所	乌兹别克斯坦共和国农业部土壤成分和储存库及质量分析中心	Soil Composition and Repository， Quality Analysis Center under the Ministry of Agriculture of the Republic of Uzbekistan	乌兹别克斯坦	2022 年 9 月	2027 年 9 月
10	中国农业科学院农业资源与农业区划研究所和匈牙利赛德格生物研究中心材料转让协议	Material Transfer Agreement Between Institute of Agricultural Resources and Regional Planning of the Chinese Academy of Agricultural Sciences and the Biological Research Center Szeged，Hungary	中国农业科学院农业资源与农业区划研究所	匈牙利赛德格生物研究中心	Biological Research Center Szeged，Hungary	匈牙利	2022 年 8 月	2024 年 8 月

（续表）

序号	合作谅解备忘录/协议名称（中文）	合作谅解备忘录/协议名称（外文）	中方签署单位名称	外方签署单位名称（中文）	外方签署单位名称（外文）	外方所在国家	签署时间	有效截止时间
11	中国农业科学院海外农业研究中心与国际农业发展基金合作意向书	Letter of Intent Between The Center for International Agricultural Research, Chinese Academy of Agricultural Sciences And The International Fund for Agricultural Development	中国农业科学院海外农业研究中心	国际农业发展基金	The International Fund for Agricultural Development	意大利	2022 年 6 月	
12	中国农业科学院海外农业研究中心与乌兹别克斯坦农业部土壤成分和储存库与质量分析中心科技合作意向书	Letter of Intent Between Center for International Agricultural Research of the Chinese Academy of Agricultural Sciences and Soil Composition and Repository, Quality Analysis Center under the Ministry of Agriculture of the Republic of Uzbekistan For Furthering Scientific Cooperation	中国农业科学院海外农业研究中心	乌兹别克斯坦共和国农业部土壤成分和储存库及质量分析中心	Soil Composition and Repository, Quality Analysis Center under the Ministry of Agriculture of the Republic of Uzbekistan（SUE）	乌兹别克斯坦	2022 年 7 月	2025 年 7 月

（续表）

序号	合作谅解备忘录/协议名称（中文）	合作谅解备忘录/协议名称（外文）	中方签署单位名称	外方签署单位名称（中文）	外方签署单位名称（外文）	外方所在国家	签署时间	有效截止时间
13	农业农村部食物与营养发展研究所与丹麦食品兽医管理局合作备忘录	Agreement of Cooperation between Institute of Food and Nutrition Development, Ministry of Agriculture and Rural Affairs and Danish Veterinary and Food Administration	农业农村部食物与营养发展研究所	丹麦食品兽医管理局	Danish Veterinary and Food Authority	丹麦	2022年9月	2025年
14	中国农业科学院农田灌溉研究所与阿布巴卡尔·塔法瓦·巴莱瓦大学合作备忘录	Memorandum of Agreement between Institute of Farmland Irrigation, Chinese Academy of Agricultural Sciences and Abubakar Tafawa Balewa University	中国农业科学院农田灌溉研究所	阿布巴卡尔·塔法瓦·巴莱瓦大学	Abubakar Tafawa Balewa University	尼日利亚	2022年9月	2027年9月
15	中国水稻研究所、巴基斯坦拉合尔女子大学学院合作意向书	Letter of Intent Between China National Rice Research Institute, Hangzhou, China and Lahore College Women University, Pakistan	中国水稻研究所	巴基斯坦拉合尔女子大学学院	Lahore College Women University	巴基斯坦	2022年5月	2027年5月

（续表）

序号	合作谅解备忘录/协议名称（中文）	合作谅解备忘录/协议名称（外文）	中方签署单位名称	外方签署单位名称（中文）	外方签署单位名称（外文）	外方所在国家	签署时间	有效截止时间
16	中国水稻研究所、孟加拉国核农业研究所协议备忘录	Memorandum of Agreement Between China National Rice Research Institute and Bangladesh Institute of Nuclear Agriculture	中国水稻研究所	孟加拉国核农业研究所	Bangladesh Institute of Nuclear Agriculture	孟加拉国	2022 年 5 月	2027 年 5 月
17	关于加强两国水稻种植科技合作的行动计划	Action Plan on Deepening Scientific Cooperation in the Field of Rice Cultivation between Uzbekistan and China	中国水稻研究所	乌兹别克斯坦水稻研究所	Rice Research Institute of the Republic of Uzbekistan	乌兹别克斯坦	2022 年 8 月	2024 年 12 月
18	乌兹别克斯坦棉花研究所联合研究协议	Agreement on Joint Research	中国农业科学院西部农业研究中心，中国农业科学院棉花研究所	乌兹别克斯坦棉花育种、种子生产和农业技术研究所，农业知识与创新体系（AKIS）中心	The Research Institute of Cotton Breeding, Seed Production and Agrotechnologies of the Republic of Uzbekistan, Agricultural Knowledge and Innovation Systems（AKIS）Center	乌兹别克斯坦	2022 年 7 月	2025 年 12 月

（续表）

序号	合作谅解备忘录/协议名称（中文）	合作谅解备忘录/协议名称（外文）	中方签署单位名称	外方签署单位名称（中文）	外方签署单位名称（外文）	外方所在国家	签署时间	有效截止时间
19	中国农业科学院棉花研究所与塔吉克斯坦农业大学农业科技合作谅解备忘录	Institute of Cotton Research of Chinese Academy of Agricultural Sciences（ICR, CAAS）and Tajik Agrarian University Named after Shirinsho Shotemur Memorandum of Understanding on Agricultural Science and Technology Cooperation	中国农业科学院棉花研究所	塔吉克斯坦农业大学	Tajik Agrarian University Named after Shirinsho Shotemur	塔吉克斯坦	2022 年 6 月	2027 年 6 月
20	中哈科技领域合作协议	Agreement on Cooperation in the Field of Education and Science	中国农业科学院麻类研究所	哈萨克斯坦赛福林农业技术大学	Saken Seifullin Kazakh Agrotechnical University	哈萨克斯坦	2022 年 9 月	2027 年 9 月
21	中国农业科学院麻类研究所—滑铁卢大学功能胶体和可持续纳米材料实验室天然纤维复合材料联合实验室共建协议	Agreement between Institute of Bast Fiber Crops, CAAS and Laboratory for Functional Colloids and Sustainable Nanomaterials（University of Waterloo）with Regards to the Establishment of the Joint Laboratory for Natural Fiber Composite Materials	中国农业科学院麻类研究所	滑铁卢大学功能胶体和可持续纳米材料实验室	Laboratory for Functional Colloids and Sustainable nanomaterials, University of Waterloo	加拿大	2022 年 9 月	2027 年 9 月

（续表）

序号	合作谅解备忘录/协议名称（中文）	合作谅解备忘录/协议名称（外文）	中方签署单位名称	外方签署单位名称（中文）	外方签署单位名称（外文）	外方所在国家	签署时间	有效截止时间
22	共建植物活性益生因子食饲用研究国际联合实验室协议		中国农业科学院麻类研究所	日本国立鹿儿岛大学农学部	Kagoshima University	日本	2022 年 9 月	2027 年 8 月
23	合作研究谅解备忘录	Memmorandum of Understanding for Research Collaboration	中国农业科学院郑州果树研究所	新植物农业联合体公司，乌迪内大学	New Plant，University of Udine	意大利	2022 年 2 月	2027 年 2 月
24	巴基斯坦拉合尔高等大学与中国农业科学院郑州果树研究所谅解备忘录	Proposal for Memorandum of Understanding Between The Superior University，Lahore，Pakistan and The Zhengzhou Fruit Research Institute，CAAS	中国农业科学院郑州果树研究所	拉合尔高等大学	The Superior University，Lahore	巴基斯坦	2022 年 9 月	2027 年 9 月
25	联合研究协议	Joint Research Agreement	中国农业科学院郑州果树研究所	艾资哈尔大学	Al-Azhar University	埃及	2022 年 5 月	2025 年 12 月
26	联合研究协议	Joint Research Agreement	中国农业科学院郑州果树研究所	埃及农业研究中心园艺研究所	Horticultural Research Institute（HRI），Agriculture Research Center（ARC）	埃及	2022 年 10 月	2027 年 10 月

（续表）

序号	合作谅解备忘录/协议名称（中文）	合作谅解备忘录/协议名称（外文）	中方签署单位名称	外方签署单位名称（中文）	外方签署单位名称（外文）	外方所在国家	签署时间	有效截止时间
27	2022—2026 年红梨合作育种协议	Memorandum of Agreement on Breeding of Red Pears (2022—2026)	中国农业科学院郑州果树研究所	新西兰皇家植物与食品研究所	The New Zealand Institute for Plant and Food Research Limited	新西兰	2022 年 10 月	2026 年 12 月
28	肯尼亚农业与畜牧研究组织与中国农业科学院茶叶研究所关于未来合作的谅解备忘录	Memorandum of Understanding between Kenya Agriculture and Livestock Research Organization and the Tea Research Institute of Chinese Academy of Agricultural Sciences on Future Cooperation	中国农业科学院茶叶研究所	肯尼亚农业与畜牧业研究组织	Kenya Agriculture and Livestock Research Organization (KALRO)	肯尼亚	2022 年 11 月	2027 年 11 月
29	波兰国家兽医研究所—中国农业科学院兰州兽医研究所共建动物疫病防控联合实验室续签合作协议	Letter of Agreement between the Lanzhou Veterinary Research Institute (LVRI), Chinese Academy of Agricultural Sciences and the National Veterinary Research Institute (PIWet-PIB), Poland on Establishment of LVRI-PIWet-PIB Joint Laboratory for Animal Disease Control	中国农业科学院兰州兽医研究所	波兰国家兽医研究所	National Veterinary Research Institute (PIWet-PIB), Poland	波兰	2022 年 8 月	2025 年 8 月

（续表）

序号	合作谅解备忘录/协议名称（中文）	合作谅解备忘录/协议名称（外文）	中方签署单位名称	外方签署单位名称（中文）	外方签署单位名称（外文）	外方所在国家	签署时间	有效截止时间
30	中国农业科学院兰州畜牧与兽药研究所与沙希德—贝娜齐尔布托兽医动物科学大学（巴基斯坦）合作意向书	Memorandum of Intent on Joint Programme Between Shaheed Benazir Bhutto University of Veterinary and Animal Sciences（Pakistan）and Lanzhou Institute of Husbandry And Pharmaceutical Sciences of CAAS China	中国农业科学院兰州畜牧与兽药研究所	沙希德—贝娜齐尔布托兽医动物科学大学	Shaheed Benazir Bhutto University of Veterinary and Animal Sciences	巴基斯坦	2022 年 10 月	2024 年 10 月
31	项目合作开展承诺书	Letter of Commitment for Collaborative Project Development	中国农业科学院兰州畜牧与兽药研究所	国际山地综合发展中心	International Centre for Integrated Mountain Development（ICIMOD）	尼泊尔	2022 年 9 月	2024 年 9 月
32	项目合作意向书	Memorandum of Intent on Joint Programme Between NARC（Nepal）and Lanzhou Institute of Husbandry and Pharmaceutical Sciences of CAAS China	中国农业科学院兰州畜牧与兽药研究所	尼泊尔农业研究理事会	Nepal Agricultural Research Council（NARC）	尼泊尔	2022 年 8 月	2024 年 8 月
33	中国农业科学院特产研究所和西班牙卡斯拉曼查大学合作协议		中国农业科学院特产研究所	西班牙卡斯拉曼查大学		西班牙	2022 年 11 月	2027 年 11 月

（续表）

序号	合作谅解备忘录/协议名称（中文）	合作谅解备忘录/协议名称（外文）	中方签署单位名称	外方签署单位名称（中文）	外方签署单位名称（外文）	外方所在国家	签署时间	有效截止时间
34	中蒙农业环境多源监测与时空演变联合实验室 多方合作协议书	China－Mongolia Joint Laboratory for Multi－source Monitoring and Spatiotemporal Succession of Agricultural Environment Multi-party Cooperation Agreement	农业农村部环境保护科研监测所，南开大学，中国农业大学，三峡大学	蒙古科学院地理与生态地质研究所	Institute of Geography and Geoecology，Mongolian Academy of Sciences	蒙古国	2022 年 10 月	2027 年 10 月
35	中泰“农业固废循环利用联合研究中心”谅解备忘录	Memorandum of Understanding：Joint Technology Centre	农业农村部环境保护科研监测所	泰国玛希隆大学	Mahidol University	泰国	2022 年 10 月	2027 年 10 月
36	科技合作协议	Agreement on Scientific Cooperation	农业农村部沼气科学研究所	阿根廷农业技术研究院	Instituto Ncional de Tecnología Agropecuaria（INTA）	阿根廷	2022 年 9 月	2022 年 12 月
37	中国农业科学院烟草研究所中俄人文合作发展中心合作框架协议		中国农业科学院烟草研究所	中俄人文合作发展中心	Центр русско-китайского гуманитарного сотрудничества и развития（АНО）	俄罗斯	2022 年 6 月	长期有效

（续表）

序号	合作谅解备忘录/协议名称（中文）	合作谅解备忘录/协议名称（外文）	中方签署单位名称	外方签署单位名称（中文）	外方签署单位名称（外文）	外方所在国家	签署时间	有效截止时间
38	青岛中俄未来农业研究院合作建设意向书	Соглашение о намерениях создания《Китайско－Российского научно－исследовательского института будущего сельского хозяйства（г. Циндао，КНР)》	中国农业科学院烟草研究所	中俄人文合作发展中心，米丘林国立农业大学，顿河国立农业大学，俄罗斯科学院植物研究所，全俄烟草及烟草制品研究所，俄罗斯科学院德拉科夫采夫院士团队	Всероссийский научно－исследовательский институт табака，махорки и табачных изделий（ФГБНУ）	俄罗斯	2022 年 10 月	长期有效
39	中国和马来西亚国际科技合作项目协议	China and Malaysia International Science and Technology Innovation Cooperation Project	中国农业科学院都市农业研究所	马来西亚大学医学院分子医学系	Department of Molecular Medicine，Faculty of Medicine，University of Malaya	马来西亚	2022 年 8 月	2024 年 12 月

（续表）

序号	合作谅解备忘录/协议名称（中文）	合作谅解备忘录/协议名称（外文）	中方签署单位名称	外方签署单位名称（中文）	外方签署单位名称（外文）	外方所在国家	签署时间	有效截止时间
40	科研项目合作谅解备忘录	Memorandum of Understanding for Collaboration in Scientific Research	中国农业科学院都市农业研究所	美国奥本大学作物，土壤及环境科学系	Department of Crop, Soil and Environmental Sciences, Auburn University	美国	2022 年 8 月	2024 年 12 月
41	中埃国际合作研究协议	Chinese - Egyptian Joint Research Agreement	中国农业科学院都市农业研究所	埃及扎加齐克大学农学院	Biochemistry Department, Faculty of Agriculture, Zagazig University	埃及	2021 年 12 月	2025 年 12 月
42	合作协议	Joint Research Agreement between ISRIC - UCAS - AGIS-NIOO	中国农业科学院深圳农业基因组研究所，中国科学院大学	世界土壤信息中心，荷兰皇家生态研究所	ISRIC，NIOO	荷兰	2022 年 8 月	
43	孟德尔合作协议	Mendel-Seq Collaboration Agreement	中国农业科学院农业基因组研究所	约翰英纳斯中心	John Innes Centre	英国	2022 年 3 月	2028 年 3 月

中国农业科学院 2022 年新建国际合作平台清单

一、2022 年境外新建合作平台

序号	国际合作平台名称（中文）	国际合作平台名称（外文）	中方承担单位	外方承担单位（中文）	外方承担单位（外文）	所在地点	建立时间
1	老挝—中国植物保护联合实验室	Lao PDR-China Joint Laboratory for Plant Protection	中国农业科学院植物保护研究所	老挝农林部种植业司植保中心	Plant Protection Center, Department of Agriculture, Ministry of Agriculture and Forestry	老挝万象	2022 年 11 月
2	中非花生品质评价与加工利用合作研究中心	China-Africa Cooperative Research Center for Quality Evaluation, Processing and Utilization of Peanuts	中国农业科学院农产品加工研究所	尼日利亚农业委员会	ARCN	尼日利亚	2022 年 4 月
3	中丹奶业联合中心	China-Denmark sustainable dairy center	农业农村部食物与营养发展研究所	丹麦食品兽医局	Danish Veterinary and Food Authority	丹麦	2022 年 9 月

（续表）

序号	国际合作平台名称（中文）	国际合作平台名称（外文）	中方承担单位	外方承担单位（中文）	外方承担单位（外文）	所在地点	建立时间
4	中非花生品质评价与加工利用合作研究中心	China-Africa Cooperative Research Center for Quality Evaluation, Processing and Utilization of Peanuts	中国农业科学院农产品加工研究所	尼日利亚农业委员会	ARCN	尼日利亚	2022 年 4 月
5	植物活性益生因子食饲用研究国际联合实验室		中国农业科学院麻类研究所	日本国立鹿儿岛大学	Kagoshima University	日本鹿儿岛	2022 年 9 月

二、2022 年境内新建合作平台

序号	国际合作平台名称（中文）	国际合作平台名称（外文）	中方承担单位	外方承担单位（中文）	外方承担单位（外文）	所在地点	建立时间
1	中国农业科学院—联合国粮食及农业组织创新平台	CAAS-FAO Innovation Platform	中国农业科学院	联合国粮食及农业组织	FAO	北京	2022 年 12 月
2	中国—老挝植物保护联合实验室	Lao PDR-China Joint Laboratory for Plant Protection	中国农业科学院植物保护研究所	老挝农林部种植业司植保中心	Plant Protection Center, Department of Agriculture, Ministry of Agriculture and Forestry	云南普洱	2022 年 11 月

（续表）

序号	国际合作平台名称（中文）	国际合作平台名称（外文）	中方承担单位	外方承担单位（中文）	外方承担单位（外文）	所在地点	建立时间
3	云南－CABI 跨境有害生物综合防控联合实验室	Yunnan－CABI Joint Laboratory for Integrated Prevention and Control of Trans－boundary Pests	云南农业大学，中国农业科学院植物保护研究所	国际应用生物科学中心	CAB International	云南昆明	2022 年 11 月
4	农业应对气候变化与减排固碳国际联合研究中心	International Joint Research Center for Climate Change and Carbon Sequestration and mitigation in Agriculture	中国农业科学院农业环境与可持续发展研究所			北京	2022 年 5 月
5	中丹奶业联合中心	China－Denmark Sustainable Dairy Center	农业农村部食物与营养发展研究所	丹麦食品兽医局	Danish Veterinary and Food Authority	北京	2022 年 9 月
6	功能胶体和可持续纳米材料实验室天然纤维复合材料联合实验室	The Joint Laboratory for Natural Fiber Composite Materials	中国农业科学院麻类研究所	加拿大滑铁卢大学	University of Waterloo	湖南长沙	2022 年 9 月
7	中阿安格斯种肉牛繁育中心		中国农业科学院特产研究所，吉林国联集团	英素德集团		吉林长春	2022 年 2 月

（续表）

序号	国际合作平台名称（中文）	国际合作平台名称（外文）	中方承担单位	外方承担单位（中文）	外方承担单位（外文）	所在地点	建立时间
8	青岛中俄未来农业研究院	Китайско–Российского научно–исследовательского института будущего сельского хозяйства（г. Циндао，КНР）	中国农业科学院烟草研究所	中俄人文合作发展中心，米丘林国立农业大学，顿河国立农业大学，俄罗斯科学院植物研究所，全俄烟草及烟草制品研究所，俄罗斯科学院	Центр русско–китайского гуманитарного сотрудничества и развития（АНО），Научно–исследовательский институт сельского хозяйства Северного Зауралья（ФГБНУ），Донской государственный аграрный университет（ФГБОУ ВО），Мичуринский государственный аграрный университет（ФГБОУ ВО），Ботанический институт им. В. Л. Комарова Российской академии наук（ФГБУН），Всероссийский научно–исследовательский институт табака，махорки и табачных изделий（ФГБНУ）	山东青岛	2022 年 10 月

中国农业科学院 2022 年在国内举办国际会议、双边会议、国际培训班清单

序号	活动类型	活动名称	中方主办单位	中方承办单位	外方主办或承办单位	会议方式	线下地点	时间
1	国际会议	2022 年农业领域国际杰青研讨会	中国科学技术交流中心	中国农业科学院国际合作局		线下主会场 线上分会场	北京	2022 年 7 月 27 日
2	双边会议	中国—巴基斯坦农业联合工作组第三次会议	农业农村部国际合作司	中国农业科学院国际合作局	巴基斯坦伊斯兰共和国国家粮食安全与研究部	线下主会场 线上分会场	北京	2022 年 9 月 20 日
3	国际会议	重大新发入侵物种番茄潜叶蛾绿色防控国际研讨会	中国农业科学院，中国科学技术协会	中国农业科学院植物保护研究所，中国植保学会	法国国家农业食品与环境研究院，国际生物防治组织（IOBC）	线下主会场 线上分会场	北京	2022 年 6 月 28—29 日
4	双边会议	Sinograin 两年度总结会	中国农业科学院植物保护研究所	中国农业科学院植物保护研究所	挪威经济作物研究所	线上视频会	挪威	2022 年 9 月 6—7 日
5	国际会议	农药对土壤和环境的影响学术交流会	中国农业科学院植物保护研究所	中国农业科学院植物保护研究所	多学科数字出版机构（MDPI）	线上视频会		2022 年 10 月 11 日

（续表）

序号	活动类型	活动名称	中方主办单位	中方承办单位	外方主办或承办单位	会议方式	线下地点	时间
6	国际会议	中国—东南亚跨境有害生物联防联控国际研讨会	中国农业科学院	中国农业科学院国际合作局，植物保护研究所		线下主会场 线上分会场	云南 昆明	2022 年 11 月 7—9 日
7	国际会议	第二届“一带一路”国际线虫会	中国农业科学院植物保护研究所	陕西省科学院		线下主会场 线上分会场	陕西	2022 年 11 月中旬
8	双边会议	降低农药环境负面影响学术交流会	中国农业科学院植物保护研究所	中国农业科学院植物保护研究所	挪威生物经济研究所	线下主会场 线上分会场	挪威 奥斯陆	2022 年 12 月 8 日
9	国际会议	第十四届“中国农业农村部—CABI 生物安全联合实验室”指导委员会年会	中国农业科学院植物保护研究所	中国农业科学院植物保护研究所	CABI 东亚及东南亚中心， CABI 瑞士中心	线下主会场 线上分会场	北京	2022 年 3 月 23 日
10	培训班	全球重大迁飞性害虫综合防治国际培训会	中国农业科学院植物保护研究所	中国农业科学院植物保护研究所	联合国粮食及农业组织（FAO）、肯尼亚内罗毕大学	线上视频会		2022 年 6 月 9 日
11	国际会议	第二届国际小麦大会	中国农业科学院	中国作物学会，中国农业科学院作物科学研究所	国际农业研究磋商组织（主办），国际玉米小麦改良中心（承办）	线下主会场 线上分会场	北京	2022 年 9 月 12—15 日

（续表）

序号	活动类型	活动名称	中方主办单位	中方承办单位	外方主办或承办单位	会议方式	线下地点	时间
12	培训班	加倍单倍体快速诱变技术改良作物品种	中国农业科学院作物科学研究所		国际原子能机构 IAEA	线上视频会	北京	2022 年 3 月 14—15 日
13	双边会议	中澳国际合作项目视频研讨会	中国农业科学院作物科学研究所		澳大利亚联邦科工组织（CSIRO）	线上视频会	北京	2022 年 11 月 7 日
14	双边会议	中乌科技合作会议	中国农业科学院作物科学研究所		乌拉圭国家农牧业研究院	线上视频会	北京	2022 年 8 月 16 日
15	双边会议	中欧合作项目总结会	中国农业科学院作物科学研究所		欧洲多瑙河大豆协会	线上视频会	北京	2022 年 7 月 26 日
16	国际会议	谷物科学与技术国际研讨会	中国农业科学院农产品加工研究所			线上视频会		2022 年 7 月 13—15 日
17	国际会议	第五届国际肉品质量与加工技术研讨会	中国农业科学院农产品加工研究所，国家肉羊产业技术体系加工研究室，农业农村部农产品质量安全收贮运管控重点实验室	《肉类产业资讯》杂志社		线下主会场 线上分会场	北京	2022 年 6 月 23 日

（续表）

序号	活动类型	活动名称	中方主办单位	中方承办单位	外方主办或承办单位	会议方式	线下地点	时间
18	国际会议	2022 年中国—葡语国家药食资源研究应用国际会议暨国家药食同源产业科技创新联盟葛根产业专业委员会成立大会及广西中医药学会药膳食疗专业委员会学术会议	中国农业科学院农产品加工研究所	广西中医药大学	葡萄牙米尼奥大学	线下+线上	广西南宁	2022 年 11 月 25—27 日
19	国际会议	第十二届可持续畜牧业全球议程多方平台会议东亚及东南亚区域会议	国家畜牧科技创新联盟，中国农业科学院北京畜牧兽医研究所	北京博亚和讯文化传媒有限公司	联合国粮食及农业组织可持续畜牧业全球议程（GASL FAO）	线上视频会		2022 年 8 月 25—26 日
20	国际会议	第七届“奶牛营养与牛奶质量”国际研讨会	中国农业科学院北京畜牧兽医研究所，农业农村部食物与营养发展研究所，中国奶业协会	福建长富乳品有限公司和北京金诺浩洋文化会展服务有限责任公司	美国奶业科学学会，新西兰初级产业部和丹麦兽医与食品管理局	线下主会场 线上分会场	福建福州	2022 年 11 月 25—27 日

（续表）

序号	活动类型	活动名称	中方主办单位	中方承办单位	外方主办或承办单位	会议方式	线下地点	时间
21	国际会议	第六届国际饲料加工技术研讨会暨中国饲料生产技术创新高峰论坛	中国农业科学院饲料研究所	北京英惠尔生物技术有限公司		线下主会场 线上分会场	广东 深圳	2021年12月18—20日
22	国际会议	第十五届国际乳铁蛋白结构、功能与应用会议	中国农业科学院饲料研究所			线上视频会		2021年12月6—10日
23	国际会议	China - Pakistan Academic Forum on Crop Water Saving and Stress Tolerance	中国农业科学院生物技术研究所	中国农业科学院生物技术研究所	巴基斯坦穆罕默德·纳瓦兹·谢里夫农业大学（MNSUAM）	线下主会场 线上分会场	北京	2022年3月20日
24	国际会议	第十八届中美碳联盟（USCCC）年会	中国农业科学院	中国农业科学院农业资源与农业区划研究所	中美碳联盟（USCCC）	线下主会场 线上分会场	湖北 武汉	2022年10月29—30日
25	培训班	第十八届中美碳联盟（USCCC）培训班	中国农业科学院	中国农业科学院农业资源与农业区划研究所	中美碳联盟（USCCC）	线下主会场 线上分会场	湖北 武汉	2022年10月28日

（续表）

序号	活动类型	活动名称	中方主办单位	中方承办单位	外方主办或承办单位	会议方式	线下地点	时间
26	国际会议	APEC促进绿色农业和粮食生产力的农业技术合作研讨会	中国农业科学院	中国农业科学院农业资源与农业区划研究所		线下主会场 线上分会场	北京	2022年11月24—25日
27	培训班	中非农业遥感监测培训班	中国农业科学院	中国农业科学院农业资源与农业区划研究所	埃及国家遥感和空间科学局（NARSS）	线下主会场 线上分会场	北京	2022年11月19—20日
28	国际会议	中非农业绿色发展研讨会	中国农业科学院	中国农业科学院农业资源与农业区划研究所	埃及国家遥感和空间科学局（NARSS）	线下主会场 线上分会场	北京	2022年12月20—22日
29	国际会议	第六届海外农业研究大会	中国农业科学院海外中心、中国农业科学院国际合作局	中国农业科学院农业信息研究所		线下主会场 线上分会场	北京	2022年12月15日
30	双边会议	2022农业生物技术青年科学家论坛	《生物技术通报》& *aBIOTECH*联合编辑部			线上视频会		2022年7月28—29日
31	双边会议	*aBIOTECH*国际学术研讨会—英国专场	《生物技术通报》& *aBIOTECH*联合编辑部			线上视频会		2022年11月18日

（续表）

序号	活动类型	活动名称	中方主办单位	中方承办单位	外方主办或承办单位	会议方式	线下地点	时间
32	培训班	俄语国家规模化现代化农业开发与管理培训班	商务部	商务部国际商务官员研修学院，中国农业科学院农业信息所，中国农业科学院海外中心		线上视频会	北京	2022年7月4—24日
33	国际会议	An Introductory Meeting between Institute of Food and Nutrition Development, the Danish Veterinary and Food Administration, the Chinese Academy of Agricultural Sciences, and the Embassy of the Kingdom of Denmark in Beijing	农业农村部食物与营养发展研究所	农业农村部食物与营养发展研究所	丹麦食品兽医局	线下主会场 线上分会场	北京	2022年4月21日

（续表）

序号	活动类型	活动名称	中方主办单位	中方承办单位	外方主办或承办单位	会议方式	线下地点	时间
34	国际会议	The Meeting Between Chinese and Danish Partners' Collaboration within the Agriculture Sector	农业农村部食物与营养发展研究所	农业农村部食物与营养发展研究所	丹麦食品兽医局	线下主会场 线上分会场	北京	2022 年 7 月 5 日
35	培训班	2022 年国际蜂疗技术高级研修班	世界中医药学会联合会蜂疗专委会，农业农村部食物与营养发展研究所健康科学指导中心	39 蜂疗网（北京生命十字信息技术有限公司）		线下主会场 线上分会场	北京	2022 年 8 月 17—20 日
36	国际会议	中丹乳制品价值链生产实践、监管框架和标准技术国际研讨会	农业农村部食物与营养发展研究所	农业农村部食物与营养发展研究所	丹麦食品兽医局	线下主会场 线上分会场	北京	2022 年 9 月 19 日
37	双边会议	中国—全球蛋白创新系列对话：全球与中国细胞培养肉产业发展与展望	农业农村部食物与营养发展研究所，永续未来前沿技术促进中心	农业农村部食物与营养发展研究所，永续未来前沿技术促进中心		线上视频会		2022 年 9 月 27 日

（续表）

序号	活动类型	活动名称	中方主办单位	中方承办单位	外方主办或承办单位	会议方式	线下地点	时间
38	双边会议	2022 乳制品营养线上研讨会	农业农村部食物与营养发展研究所	农业农村部食物与营养发展研究所	美国乳品出口协会	线上视频会		2022 年 11 月 17 日
39	培训班	中国水稻种子质量控制与保障体系线上研修班		中国水稻研究所	东盟秘书处	线上视频会		2022 年 2 月 22—25 日
40	双边会议	中国—塔吉克斯坦棉花技术合作座谈会	中国农业科学院棉花研究所	中国农业科学院棉花研究所	塔吉克斯坦农业大学	线上视频会	河南安阳	2022 年 10 月 20 日
41	国际会议	第六届国际脂质科学与健康研讨会·2022	中国农业科学院油料作物研究所	中国农业科学院油料作物研究所，西北农林科技大学，中国作物学会油料作物专业委员会，国家健康油脂产业科技创新联盟，嘉必优生物技术（武汉）股份有限公司		线上视频会		2022 年 11 月 11—13 日
42	培训班	代谢组—生物信息学—化学计量学国际培训班	中国农业科学院油料作物研究所	武汉迈特维尔生物科技有限公司，SCIEX 中国	美国加州大学洛杉矶分校	线下主会场 线上分会场	湖北武汉	2022 年 12 月

（续表）

序号	活动类型	活动名称	中方主办单位	中方承办单位	外方主办或承办单位	会议方式	线下地点	时间
43	国际会议	国际天然纤维组织工作协调会	中国农业科学院麻类研究所	中国农业科学院麻类研究所	国际天然纤维组织	线上		2022 年 3 月 24 日
44	国际会议	国际天然纤维组织硬质纤维政府间工作组行动计划工作交流汇报会	中国农业科学院麻类研究所	中国农业科学院麻类研究所	国际天然纤维组织	线上		2022 年 6 月 28 日
45	国际会议	国际天然纤维组织研发组协调会	中国农业科学院麻类研究所	中国农业科学院麻类研究所	国际天然纤维组织	线上		2022 年 8 月 31 日
46	双边会议	国际联合实验室共建商讨会议	中国农业科学院麻类研究所	中国农业科学院麻类研究所	加拿大滑铁卢大学	线下主会场线上分会场	湖南长沙	2022 年 9 月 16 日
47	双边会议	植物活性益生因子的食饲用研究国际研讨会	中国农业科学院麻类研究所	中国农业科学院麻类研究所	日本国立鹿儿岛大学	线下+线上	湖南长沙	2022 年 9 月
48	双边会议	植物活性益生因子的食饲用研究国际研讨会	中国农业科学院麻类研究所	中国农业科学院麻类研究所	日本国立鹿儿岛大学	线下+线上	湖南长沙	2022 年 10 月
49	双边会议	工业大麻分子育种技术交流会	中国农业科学院麻类研究所	中国农业科学院麻类研究所，浙江农林大学	澳大利亚乐卓博大学	线下+线上	湖南长沙	2022 年 8 月

（续表）

序号	活动类型	活动名称	中方主办单位	中方承办单位	外方主办或承办单位	会议方式	线下地点	时间
50	国际会议	第四届国际茶学院所长会议	中国农业科学院茶叶研究所			线下主会场 线上分会场	浙江 杭州	2022年11月23—25日
51	双边会议	第一届中哈联合实验室研究生学术论坛	中国农业科学院哈尔滨兽医研究所		斯·赛福林哈萨克农业技术大学	线上视频会	黑龙江 哈尔滨	2022年5月28日
52	双边会议	中埃禽病毒病防控技术研讨会	中国农业科学院哈尔滨兽医研究所		埃及开罗大学兽医学院	线上视频会	黑龙江 哈尔滨	2022年11月6日
53	双边会议	兰州兽医研究所与波兰国家兽医研究所举办联合实验室合作协议续签暨学术交流会	中国农业科学院兰州兽医研究所		波兰国家兽医研究所	线上视频会	甘肃 兰州	2022年8月3日
54	国际会议	STAR－IDAZ执行委员会网络工作会议	中国农业科学院兰州兽医研究所		英国农业部 STAR-IDAZ 秘书处	线上视频会	甘肃 兰州	2022年6月22日
55	国际会议	STAR－IDAZ亚洲和大洋洲区域工作会议	中国农业科学院兰州兽医研究所		英国农业部 STAR-IDAZ 秘书处	线上视频会	甘肃 兰州	2022年7月26日

（续表）

序号	活动类型	活动名称	中方主办单位	中方承办单位	外方主办或承办单位	会议方式	线下地点	时间
56	双边会议	吉林省科技厅外国专家引进项目暨中俄生物技术科技中心线上交流会	中国农业科学院特产所		俄罗斯科学院远东分院东亚陆地生物多样性中心			2022年11月6日
57	国际会议	首届农业固废高值转化利用国际研讨会	农业农村部环境保护科研监测所	农业农村部环境保护科研监测所		线下主会场 线上分会场	天津	2022年10月29日
58	双边会议	阿根廷沼气技术培训班	农业农村部	农业农村部沼气科学研究所	阿根廷国家农业技术研究院	线上视频会		2022年10月20—28日
59	双边会议	菲律宾沼气设备安装操作培训班	联合国工业发展组织中国南南工业合作中心	农业农村部沼气科学研究所	联合国工业发展组织，菲律宾畜业局，菲律宾农业渔业工程局，菲律宾福林工程服务公司	线下主会场 线上分会场	菲律宾奎松市	2022年10月24—26日
60	双边会议	柬埔寨沼气标准修订项目技术委员会第一次会议		农业农村部沼气科学研究所	联合国工业发展组织，柬埔寨皇家农业大学，柬埔寨农业部动物生产与健康署	线上视频会		2022年9月6日

（续表）

序号	活动类型	活动名称	中方主办单位	中方承办单位	外方主办或承办单位	会议方式	线下地点	时间
61	培训班	西语国家生态治理与生态旅游开发官员研修班	商务部	农业农村部沼气科学研究所		线上视频会		2022 年 3 月 21 日至 4 月 8 日
62	培训班	发展中国家农业废弃物沼气化处理利用技术培训班	商务部	农业农村部沼气科学研究所		线上视频会		2022 年 4 月 6 日至 5 月 5 日
63	培训班	发展中国家村镇污水处理技术培训班	商务部	农业农村部沼气科学研究所		线上视频会		2022 年 5 月 9 日至 6 月 6 日
64	培训班	孟加拉国可再生能源开发与管理研修班	商务部	农业农村部沼气科学研究所		线上视频会		2022 年 6 月 1—20 日
65	培训班	发展中国家沼气技术与农村能源、环境保护培训班	商务部	农业农村部沼气科学研究所		线上视频会		2022 年 6 月 7 日至 7 月 6 日
66	培训班	非洲法语国家沼气技术培训班	商务部	农业农村部沼气科学研究所		线上视频会		2022 年 7 月 18 日至 8 月 16 日
67	培训班	发展中国家生物质能源改良与利用官员研修班	商务部	农业农村部沼气科学研究所		线上视频会		2022 年 7 月 21 日至 8 月 10 日

（续表）

序号	活动类型	活动名称	中方主办单位	中方承办单位	外方主办或承办单位	会议方式	线下地点	时间
68	培训班	巴拿马可再生能源研修班	商务部	农业农村部沼气科学研究所		线上视频会		2022年8月18日至9月7日
69	培训班	发展中国家新型肥料应用技术培训班	商务部	农业农村部沼气科学研究所		线上视频会		2022年9月9—29日
70	培训班	“一带一路”国家生态循环农业研修班	商务部	农业农村部沼气科学研究所		线上视频会		2022年10月11—30日
71	培训班	菲律宾沼气与循环农业技术培训班	商务部	农业农村部沼气科学研究所		线上视频会		2022年10月12日至11月1日
72	国际会议	第十届国际精准农业航空会议	农业农村部南京农业机械化研究所、国际精准农业航空学会、华南农业大学国家精准农业航空施药技术国际联合研究中心、山东理工大学	华南农业大学、深圳市无人机行业协会		线下主会场 线上分会场	广东深圳	2022年7月24日

（续表）

序号	活动类型	活动名称	中方主办单位	中方承办单位	外方主办或承办单位	会议方式	线下地点	时间
73	国际会议	中国农业科学院烟草研究所与俄罗斯高校及科研机构合作交流视频会	中国农业科学院烟草研究所	中国农业科学院烟草研究所	中俄人文合作发展中心	线下主会场 线上分会场	山东 青岛	2022年10月26日
74	国际会议	第一届世界植物工厂光环境产业论坛	中国农业科学院都市农业研究所	深圳市照明与显示行业协会		线下主会场 线上分会场	广东 深圳	2022年5月13日
75	国际会议	中德农业合作交流论坛	中国农业科学院农业基因组研究所	中国农业科学院农业基因组研究所	中德农业中心	线上		2022年4月11日
76	国际会议	第一届Plant Genomes Online国际大会	中国农业科学院农业基因组研究所	中国农业科学院农业基因组研究所	美国孟菲斯大学圣地亚哥分校，加州大学戴维斯分校，夏威夷大学马诺阿分校，高原州立大学，澳大利亚国立大学	线上视频会		2022年4月27日

中国农业科学院专家 2022 年在国际机构、知名国际期刊兼职清单

一、国际期刊兼职

序号	专家姓名	所在单位	期刊英文名称	期刊中文名称	担任职务	任职起止时间	期刊分区
1	何中虎	作科所	*The Plant Genome*	植物基因组	编委	2022 年至今	SCI 一区
2	叶兴国	作科所	*BMC Genomics*	BMC 基因组学	编委	2020 年至今	SCI 一区
3	叶兴国	作科所	*BMC Plant Biology*	BMC 植物生物学	编委	2019 年至今	SCI 一区
4	王　轲	作科所	*Frontiers in Plant Science*	植物科学前沿	编委	2022 年至今	SCI 一区
5	叶兴国	作科所	*Frontiers in Plant Science*	植物科学前沿	编委	2022 年至今	SCI 一区
6	辛　霞	作科所	*Frontiers in Plant Science*	植物科学前沿	副主编及客座主编	2022 年至今	SCI 一区
7	付俊杰	作科所	*Frontiers in Genomic Assay Technology*	前沿基因组分析技术	编委	2011 年至今	SCI 一区
8	童红宁	作科所	*Frontiers in Plant Science*	植物科学前沿	副主编及客座主编	2022 年至今	SCI 一区

（续表）

序号	专家姓名	所在单位	期刊英文名称	期刊中文名称	担任职务	任职起止时间	期刊分区
9	武　晶	作科所	*Life-Basel*	生命基础	副主编及客座主编	2022 年至今	SCI 二区
10	任贵兴	作科所	*Foods*	食物	编委	2022 年至今	SCI 二区
11	任贵兴	作科所	*Foods*	食物	副主编及客座主编	2022 年至今	SCI 二区
12	金秀良	作科所	*Frontiers in Plant Science*	植物科学前沿	副主编及客座主编	2022 年至今	SCI 一区
13	周美亮	作科所	*BMC Plant Biology*	BMC 植物生物学	编委	2022 年至今	SCI 二区
14	谢瑞芝	作科所	*Plants*	植物	副主编及客座主编	2022 年至今	SCI 二区
15	明　博	作科所	*Sustainability*	可持续性	副主编及客座主编	2022 年至今	SCI 二区
16	谢瑞芝	作科所	*Agriculture*	农业	编委	2022 年至今	SCI 一区
17	周美亮	作科所	*Frontiers in Plant Science*	植物科学前沿	副主编及客座主编	2022 年至今	SCI 一区
18	周美亮	作科所	*Frontiers in Sustainable Food Systems*	前沿可持续的食物系统	副主编及客座主编	2022 年至今	SCI 二区
19	周美亮	作科所	*International Journal of Molecular Sciences*	国际分子科学杂志	副主编及客座主编	2022 年至今	SCI 二区

（续表）

序号	专家姓名	所在单位	期刊英文名称	期刊中文名称	担任职务	任职起止时间	期刊分区
20	薛　军	作科所	*Agriculture*	农业	副主编及客座主编	2022 年至今	SCI 一区
21	李少昆	作科所	*Agriculture*	农业	编委	2021 年至今	SCI 一区
22	李少昆	作科所	*Agriculture*	农业	副主编及客座主编	2021 年至今	SCI 一区
23	张立超	作科所	*Frontiers in Plant Science*	植物科学前沿	编委	2022 年至今	SCI 一区
24	孔秀英	作科所	*Plants*	植物	编委	2021 年至今	SCI 一区
25	张增艳	作科所	*Frontiers in Plant Science*	植物科学前沿	副主编及客座主编	2022 年至今	SCI 一区
26	张增艳	作科所	*International Journal of Molecular Sciences*	国际分子科学杂志	副主编及客座主编	2022 年至今	SCI 二区
27	付俊杰	作科所	*Frontier in Plant Science*	植物科学前沿	编委	2022 年至今	SCI 一区
28	付俊杰	作科所	*Agriculture*	农业	编委	2022 年至今	SCI 一区
29	杨　平	作科所	*Frontiers in Microbiology*	微生物学前沿	编委	2020 年至今	SCI 一区
30	张红伟	作科所	*Frontiers in Plant Science*	植物科学前沿	编委	2022 年至今	SCI 一区
31	张红伟	作科所	*Agronomy*	农学	副主编及客座主编	2022 年至今	SCI 一区
32	杨　平	作科所	*Frontiers in Plant Science*	植物科学前沿	编委	2022 年至今	SCI 一区

（续表）

序号	专家姓名	所在单位	期刊英文名称	期刊中文名称	担任职务	任职起止时间	期刊分区
33	金秀良	作科所	*Agronomy Journal*	农学期刊	副主编及客座主编	2022 年至今	SCI 二区
34	李慧慧	作科所	*Frontier in Plant Science*	植物科学前沿	主编	2022 年至今	SCI 一区
35	李慧慧	作科所	*Theoretical and Applied Genetics*	理论和应用遗传学	编委	2020 年至今	SCI 一区
36	李慧慧	作科所	*Frontiers in Genetics*	遗传学前沿	编委	2020 年至今	SCI 三区
37	李慧慧	作科所	*Journal of Integrative Agriculture*	综合农业杂志	编委	2022 年至今	SCI 二区
38	刘　斌	作科所	*International Journal of Molecular Sciences*	国际分子科学杂志	副主编及客座主编	2022 年至今	SCI 二区
39	张　帆	作科所	*Life*	生活	副主编及客座主编	2022 年至今	SCI 二区
40	张增艳	作科所	*International Journal of Molecular Sciences*	国际分子科学杂志	编委	2022 年至今	SCI 二区
41	秦培友	作科所	*Life-Basel*	生命基础	副主编及客座主编	2022 年至今	SCI 三区
42	秦培友	作科所	*Frontiers in Nutrition*	前沿的营养	副主编及客座主编	2022 年至今	SCI 一区
43	金秀良	作科所	*Scientific Reports*	科学报告	编委	2018 年至今	SCI 二区
44	金秀良	作科所	*The Crop Journal*	作物日报	副主编及客座主编	2020 年至今	SCI 一区

（续表）

序号	专家姓名	所在单位	期刊英文名称	期刊中文名称	担任职务	任职起止时间	期刊分区
45	徐云碧	作科所	*in Silico Plants*	在硅片的植物	编委	2019 年至今	SCI 三区
46	徐云碧	作科所	*Crop Design*	作物设计	编委	2021 年至今	SCI 三区
47	徐云碧	作科所	*Theoretical and Applied Genetics*	理论和应用遗传学	编委	2007 年至今	SCI 一区
48	熊宏春	作科所	*Frontiers in Plant Science*	植物科学前沿	编委	2022 年至今	SCI 一区
49	何中虎	作科所	*Plant Production Science*	植物生产科学	编委	2016 年至今	SCI 三区
50	何中虎	作科所	*Molecular Breeding*	分子育种	编委	2018 年至今	SCI 一区
51	何中虎	作科所	*Journal of Cereal Science*	谷物科学杂志	编委	2004 年至今	SCI 二区
52	何中虎	作科所	*The Crop Journal*	作物日报	副主编及客座主编	2017 年至今	SCI 一区
53	李文学	作科所	*International Journal of Molecular Science*	国际分子科学杂志	编委	2022 年至今	SCI 二区
54	夏先春	作科所	*The Crop Journal*	作物日报	副主编及客座主编	2014 年至今	SCI 一区
55	李少昆	作科所	*Journal of Integrative Agriculture*	综合农业杂志	副主编及客座主编	2019 年至今	SCI 一区
56	李文学	作科所	*The Crop Journal*	作物日报	编委	2022 年至今	SCI 一区
57	夏先春	作科所	*Theoretical and Applied Genetics*	理论和应用遗传学	编委	2007 年至今	SCI 一区

（续表）

序号	专家姓名	所在单位	期刊英文名称	期刊中文名称	担任职务	任职起止时间	期刊分区
58	何中虎	作科所	*Frontiers of Agricultural Science and Engineering*	农业科学和工程的前沿领域	编委	2019 年至今	SCI 三区
59	侯　鹏	作科所	*Frontiers in Plant Science*	植物科学前沿	副主编及客座主编	2022 年至今	SCI 一区
60	郝元峰	作科所	*Frontiers in Genetics*	遗传学前沿	编委	2021 年至今	SCI 二区
61	侯　鹏	作科所	*Scientific Reports*	科学报告	编委	2019 年至今	SCI 一区
62	侯　鹏	作科所	*Scientific Data*	科学数据	编委	2021 年至今	SCI 一区
63	侯　鹏	作科所	*Agriculture-Basel*	农业基础	副主编及客座主编	2021 年至今	SCI 一区
64	侯　鹏	作科所	*Crop Science*	作物科学	副主编及客座主编	2022 年至今	SCI 一区
65	侯　鹏	作科所	*Agriculture-Basel*	农业基础	编委	2021 年至今	SCI 一区
66	傅彬英	作科所	*PLoS One*	公共科学图书馆·综合	编委	2014 年至今	SCI 三区
67	金秀良	作科所	*Remote Sensing*	遥感	副主编及客座主编	2022 年至今	SCI 一区
68	王文生	作科所	*Frontiers in Plant Science*	植物科学前沿	副主编及客座主编	2022 年至今	SCI 一区
69	王文生	作科所	*Agriculture*	农业	编委	2022 年至今	SCI 一区

（续表）

序号	专家姓名	所在单位	期刊英文名称	期刊中文名称	担任职务	任职起止时间	期刊分区
70	金秀良	作科所	*Frontiers in Plant Science*	植物科学前沿	副主编及客座主编	2022 年至今	SCI 一区
71	金秀良	作科所	*Agriculture*	农业	编委	2022 年至今	SCI 一区
72	张　勇	作科所	*Frontiers in Plant Science*	植物科学前沿	编委	2019 年至今	SCI 一区
73	傅彬英	作科所	*BMC Plant Biology*	BMC 植物生物学	编委	2021 年至今	SCI 二区
74	傅彬英	作科所	*Frontiers in Plant Science*	植物科学前沿	编委	2022 年至今	SCI 一区
75	宋振伟	作科所	*Frontiers in Plant Science*	植物科学前沿	编委	2022 年至今	SCI 一区
76	乔卫华	作科所	*Agronomy*	农学	副主编及客座主编	2022 年至今	SCI 三区
77	乔卫华	作科所	*Frontiers in Plant Science*	植物科学前沿	编委	2022 年至今	SCI 一区
78	徐建龙	作科所	*The Crop Journal*	作物日报	副主编	2013 年至今	SCI 一区
79	徐建龙	作科所	*Frontiers in Plant Science*	植物科学前沿	副主编	2022 年至今	SCI 一区
80	徐建龙	作科所	*Biology*	生物学	客座编辑	2022 年至今	SCI 二区
81	郑天清	作科所	*Agronomy*	农学	编委	2022 年至今	SCI 一区
82	郑天清	作科所	*Frontiers in Plant Science*	植物科学前沿	前沿成员	2011 年至今	SCI 一区
83	毛新国	作科所	*Frontiers in Plant Science*	植物科学前沿	编委	2022 年至今	SCI 一区
84	刘金栋	作科所	*Plants*	植物	客座主编	2022 年至今	SCI 二区

（续表）

序号	专家姓名	所在单位	期刊英文名称	期刊中文名称	担任职务	任职起止时间	期刊分区
85	田文斐	作科所	*Journal of Food Processing and Preservation*	食品加工和保存	副主编	2022 年至今	SCI 三区
86	童红宁	作科所	*Scientific Reports*	科学报告	编委	2022 年至今	SCI 三区
87	童红宁	作科所	*Crop Journal*	作物杂志	编委	2021 年至今	SCI 一区
88	金秀良	作科所	*The Journal of Agricultural Science*	农业科学	副主编	2017 年至今	SCI 二区
89	殷大萌	作科所	*Remote Sensing*	遥感	客座主编	2022 年至今	SCI 一区
90	刘春明	作科所	*Frontiers in Plant Science*	植物科学前沿	主编	2022 年至今	SCI 一区
91	刘春明	作科所	*The Crop Journal*	作物日报	编委	2017 年至今	SCI 一区
92	刘春明	作科所	*Plant Molecular Biology Reporter*	植物分子生物学	副主编	2009 年至今	SCI 三区
93	刘春明	作科所	*Food and Energy Security*	粮食和能源安全	副主编	2010 年至今	SCI 二区
94	毛　龙	作科所	*The Crop Journal*	作物日报	副主编及 客座主编	2022 年至今	SCI 一区
95	毛　龙	作科所	*Journal of Integrative Plant Biology*	综合植物生物学杂志	编委	2022 年至今	SCI 一区
96	毛　龙	作科所	*Genomics, Proteomics & Bioinformatics*	基因组学、蛋白质组学	编委	2022 年至今	SCI 一区
97	毛　龙	作科所	*ACS Agricultural Science and Technology*	ACS 农业科学和技术	编委	2022 年至今	SCI 一区

（续表）

序号	专家姓名	所在单位	期刊英文名称	期刊中文名称	担任职务	任职起止时间	期刊分区
98	李学勇	作科所	*Frontiers in Plant Science*	植物科学前沿	副主编及客座主编	2022 年至今	SCI 二区
99	李英慧	作科所	*Agriculture*	农业	编委	2021 年至今	SCI 一区
100	李英慧	作科所	*International Journal of Molecular Science*	国际分子科学杂志	专题咨询小组成员/客座主编	2021 年至今	SCI 一区
101	邱丽娟	作科所	*Journal of Integrative Agriculture*	综合农业杂志	编委	2017 年至今	SCI 一区
102	邱丽娟	作科所	*The Crop Journal*	作物日报	编委	2021 年至今	SCI 一区
103	邱丽娟	作科所	*Plant Genome*	植物基因组	编委	2022 年至今	SCI 一区
104	邱丽娟	作科所	*Theoretical and Applied Genetics*	理论和应用遗传学	编委	2022 年至今	SCI 一区
105	蒋炳军	作科所	*MDPI Plants*	MDPI 植物	客座编辑	2021 年至今	SCI 三区
106	赵开军	作科所	*Frontiers in Plant Science*	植物科学前沿	副主编	2022 年至今	SCI 一区
107	纪志远	作科所	*Frontiers in Plant Science*	植物科学前沿	编委	2022 年至今	SCI 一区
108	纪志远	作科所	*The Crop Journal*	作物日报	编委	2022 年至今	SCI 一区
109	纪志远	作科所	*International Journal of Molecular Sciences*	国际分子科学杂志	编委	2022 年至今	SCI 一区
110	纪志远	作科所	*Frontier in Bioscience-Landmark*	生物科学前沿	编委	2022 年至今	SCI 三区
111	周美亮	作科所	*BMC Biology*	BMC 生物学	编委	2021 年至今	SCI 一区
112	张金梅	作科所	*Horticulturae*	园艺	客座主编	2022 年至今	SCI 一区

（续表）

序号	专家姓名	所在单位	期刊英文名称	期刊中文名称	担任职务	任职起止时间	期刊分区
113	陈晓玲	作科所	*Horticulturae*	园艺	客座编辑	2022 年至今	SCI 一区
114	陈　明	作科所	*Agriculture*	农业	编委	2022 年至今	SCI 一区
115	陈　明	作科所	*Journal of Integrative Agriculture*	综合农业杂志	编委	2022 年至今	SCI 二区
116	王建康	作科所	*Theoretical and Applied Genetics*	理论和应用遗传学	编委	2010 年至今	SCI 一区
117	王建康	作科所	*The Crop Journal*	作物日报	技术主编	2013 年至今	SCI 一区
118	王建康	作科所	*Euphytica*	植物育种	编委	2016 年至今	SCI 三区
119	曹坳程	植保所	*Agriculture*	农业科学	编委	2021 年至今	SCI 三区
120	陈华民	植保所	*Frontiers in Plant Science*	植物科学前沿	编委	2021—2023 年	SCI 二区
121	陈华民	植保所	*Crop Protection*	作物保护	副主编及 客座主编	2020—2024 年	SCI 二区
122	陈捷胤	植保所	*Journal of Phytopathology*	植物病理学学报	编委	2021 年至今	SCI 一区
123	陈捷胤	植保所	*Phytopathology*	植物病理学	编委	2021 年至今	SCI 一区
124	陈捷胤	植保所	*Frontiers in Plant Science*	植物科学前沿	编委	2022 年至今	SCI 一区
125	陈捷胤	植保所	*Frontiers in Fungal Biology*	真菌生物学前沿	编委	2022 年至今	SCI 一区
126	孔志强	植保所	*Agrochemicals*	农用化学品	编委	2022 年至今	SCI 三区
127	陈巨莲	植保所	*Plants-Basel*	植物—巴塞尔	客座主编	2022 年至今	SCI 一区
128	陈巨莲	植保所	*Frontiers in Plant Science*	植物科学前沿	客座主编	2022 年至今	SCI 一区

（续表）

序号	专家姓名	所在单位	期刊英文名称	期刊中文名称	担任职务	任职起止时间	期刊分区
129	陈巨莲	植保所	*Frontiers in Plant Pathogen Interactions*	植物与病原互作前沿	客座副主编	2022年至今	SCI 一区
130	陈巨莲	植保所	*Frontiers in Sustainable and Intelligent Phytoprotection*	可持续和智能植物保护前沿	客座副主编	2022年至今	SCI 一区
131	陈巨莲	植保所	*Frontiers in Invertebrate Physiology*	无脊椎动物生理学前沿	编委	2022年至今	SCI 一区
132	陈巨莲	植保所	*Frontiers in Ecology and Evolution*	生态学与进化前沿	编委	2022年至今	SCI 一区
133	张　勇	植保所	*Plants-Basel*	植物—巴塞尔	客座主编	2022年至今	SCI 一区
134	范　佳	植保所	*Frontiers in Phisology*	生理学前沿	编委及客座主编	2021年至今	SCI 一区
135	高　利	植保所	*BMC Microbiology*	BMC 微生物学	编委	2020年至今	SCI 三区
136	高　利	植保所	*BMC Plant Biology*	BMC 植物生物学	编委	2021年至今	SCI 一区
137	高　利	植保所	*Frontiers in Plant Science*	植物科学前沿	编委	2021年至今	SCI 三区
138	高玉林	植保所	*Entomologia Generalis*	普通昆虫学	编委	2021—2026年	SCI 一区
139	高玉林	植保所	*Journal of Economic Entomology*	经济昆虫学报	编委	2019—2025年	SCI 二区
140	高玉林	植保所	*Environmental Entomology*	环境昆虫学	编委	2019—2025年	SCI 二区
141	高玉林	植保所	*Journal of Pest Science*	害虫科学学报	副主编及客座主编	2021—2026年	SCI 一区

（续表）

序号	专家姓名	所在单位	期刊英文名称	期刊中文名称	担任职务	任职起止时间	期刊分区
142	高玉林	植保所	*Pest Management Science*	害虫管理科学	副主编及客座主编	2018—2025 年	SCI 一区
143	郭立华	植保所	*Frontiers in Microbiology*	微生物学前沿	编委	2021 年至今	SCI 一区
144	何康来	植保所	*Scientific Reports*	科学报告	副主编及客座主编	2021 年至今	SCI 一区
145	侯茂林	植保所	*Biocontrol*	生物防治	编委	2021 年至今	SCI 三区
146	黄文坤	植保所	*Physiological and Molecular Plant Pathology*	生理和分子植物病理学	编委	2021 年至今	SCI 一区
147	黄文坤	植保所	*Pesticide Biochemistry and Physiology*	农药生物化学和生理学	编委	2021 年至今	SCI 一区
148	黄文坤	植保所	*BMC Plant Biology*	BMC 植物生物学	编委	2021 年至今	SCI 一区
149	江幸福	植保所	*Plant Protection News*	植物保护新闻	编委	2021 年至今	SCI 一区
150	江幸福	植保所	*Insects*	昆虫	客座主编	2022 年至今	SCI 三区
151	康厚祥	植保所	*Frontiers in Microbiology*	微生物学前沿	编委	2021 年至今	SCI 二区
152	康厚祥	植保所	*Frontiers in Plant Science*	植物科学前沿	编委	2022 年至今	SCI 二区
153	李方方	植保所	*Frontiers in Plant Science*	植物科学前沿	编委	2021 年至今	SCI 一区
154	李方方	植保所	*Frontiers in Genome Editing*	基因组编辑前沿	编委	2020 年至今	SCI 三区
155	李方方	植保所	*Frontiers in Microbiology*	微生物学前沿	编委	2019 年至今	SCI 三区

（续表）

序号	专家姓名	所在单位	期刊英文名称	期刊中文名称	担任职务	任职起止时间	期刊分区
156	李世访	植保所	*Canadian Journal of Plant Pathology*	加拿大植物病理学报	编委	2021—2023年	SCI三区
157	李世访	植保所	*Virology Journal*	病毒学学报	编委	2021年至今	SCI一区
158	李云河	植保所	*Plants-Basel*	植物—巴塞尔	编委	2015年至今	SCI三区
159	李云河	植保所	*Journal of Integrative Agriculture*	中国农业科学	编委	2022—2026年	SCI二区
160	刘世名	植保所	*Plants*	植物	编委	2021年至今	SCI一区
161	刘万学	植保所	*Insects*	昆虫	编委	2021年至今	SCI一区
162	刘文德	植保所	*Bio-Protocol*	生物协议	编委	2021年至今	SCI一区
163	刘文德	植保所	*aBIOTECH*	农业生物技术	编委	2021年至今	SCI二区
164	刘文德	植保所	*Advances in Crop Science and Technology*	作物科学与技术进展	副主编及客座主编	2021年至今	SCI二区
165	刘文文	植保所	*Frontiers in Microbiology*	微生物学前沿	副主编及客座主编	2021年至今	SCI一区
166	刘新刚	植保所	*Agriculture-Basel*	农业—巴塞尔	副主编及客座主编	2021年至今	SCI二区
167	刘新刚	植保所	*Applied Sciences-Basel-special issue*	应用科学—巴塞尔—专刊	副主编及客座主编	2021—2022年	SCI二区
168	刘新刚	植保所	*Agriculture-Basel-Special Issue*	农业—巴塞尔专刊	编委	2021—2022年	SCI二区

（续表）

序号	专家姓名	所在单位	期刊英文名称	期刊中文名称	担任职务	任职起止时间	期刊分区
169	刘新刚	植保所	*Moleculars-Special Issue*	分子—专刊	副主编及客座主编	2021—2023 年	SCI 二区
170	马春森	植保所	*Current Research in Insect Science*	昆虫科学研究现状	编委	2020—2023 年	SCI 一区
171	马春森	植保所	*PLoS Climate*	美国科学公共图书馆：气候	编委	2016—2023 年	SCI 三区
172	毛连纲	植保所	*Frontiers in Environmental Science*-专刊	环境科学前沿—专刊	编委	2013 年至今	SCI 二区
173	毛连纲	植保所	*Frontiers in Environmental Science*	环境科学前沿	编委	2015 年至今	SCI 一区
174	毛连纲	植保所	*Applied Sciences-Basel-Special issue*	应用科学—巴塞尔—专刊	编委	2020 年至今	SCI 一区
175	宁约瑟	植保所	*Frontiers in Physiology*	生理学前沿	编委	2021 年至今	SCI 二区
176	宁约瑟	植保所	*Frontiers in Plant Science*	植物科学前沿	编委	2021 年至今	SCI 二区
177	彭　焕	植保所	*Molecular Biology Reports*	分子生物学报告	编委	2015 年至今	SCI 一区
178	王桂荣	植保所	*Frontiers in Plant Science*	植物科学前沿	编委	2013 年至今	SCI 二区
179	王桂荣	植保所	*Journal of Integrative Agriculture*	中国农业科学	副主编及客座主编	2012 年至今	SCI 一区
180	王桂荣	植保所	*Frontiers in Ecology and Evolution*	生态学与进化前沿	编委	2021 年至今	SCI 三区

（续表）

序号	专家姓名	所在单位	期刊英文名称	期刊中文名称	担任职务	任职起止时间	期刊分区
181	王桂荣	植保所	*Scientific Reports*	科学报告	编委	2021—2023年	SCI 一区
182	王锡锋	植保所	*JoVE-Journal of Visualized Experiments*	可视化实验学报	编委	2020年至今	SCI 三区
183	王锡锋	植保所	*Viruses-Basel*	病毒—巴塞尔	编委	2020年至今	SCI 二区
184	王锡锋	植保所	*Frontiers in Microbiology*	微生物学前沿	编委	2020年至今	SCI 二区
185	刘文德	植保所	*PLoS Genetics*	美国科学公共图书馆：遗传学	副主编及客座主编	2022年至今	SCI 一区
186	王锡锋	植保所	*Plant Pathology Journal*	植物病理学报	副主编及客座主编	2020年至今	SCI 三区
187	王锡锋	植保所	*Scientific Reports*	科学报告	编委	2018年至今	SCI 三区
188	王振营	植保所	*Insects*	昆虫	编委	2016年至今	SCI 三区
189	吴蓓蕾	植保所	*Agricultural Research & Technology*	农业研究与技术	编委	2020年至今	SCI 三区
190	吴孔明	植保所	*aBIOTECH*	农业生物技术	编委	2019—2024年	SCI 三区
191	吴孔明	植保所	*Frontiers of Agricultural Science and Engineering*	农业科学与工程前沿	编委	2013—2024年	SCI 三区
192	吴孔明	植保所	*Journal of Cotton Research*	棉花研究学报	编委	2019—2024年	SCI 二区
193	吴孔明	植保所	*Entomologia Generalis*	普通昆虫学	副主编及客座主编	2018—2024年	SCI 一区

（续表）

序号	专家姓名	所在单位	期刊英文名称	期刊中文名称	担任职务	任职起止时间	期刊分区
194	吴孔明	植保所	*Entomologia Experimentalis et Applicata*	昆虫学实验与应用	编委	2019—2024 年	SCI 三区
195	吴孔明	植保所	*Journal of Integrative Agriculture*	中国农业科学	主编	2019—2024 年	SCI 二区
196	徐学农	植保所	*Systematic and Applied Acarology*	系统与应用蜱螨学	编委	2016 年至今	SCI 三区
197	杨　斌	植保所	*Frontiers in Physiology*	生理学前沿	主编	2017 年至今	SCI 一区
198	杨凤环	植保所	*Frontiers in Plant Science*	植物科学前沿	编委	2020 年至今	SCI 三区
199	杨念婉	植保所	*CABI Agriculture and Bioscience*	CABI 农业和生物科学	编委	2020 年至今	SCI 一区
200	杨念婉	植保所	*Frontiers in Molecular Biosciences*	分子生物科学前沿	编委	2018—2023 年	SCI 三区
201	杨念婉	植保所	*Frontiers in Genetics*	遗传学前沿	编委	2018 年至今	SCI 三区
202	杨　青	植保所	*Current Pharmaceutical Design*	当前药物设计	编委	2018 年至今	SCI 三区
203	杨　青	植保所	*Biofuels, Bioproducts and Biorefining*	生物燃料、生物制品和生物精炼	编委	2013 年至今	SCI 三区
204	杨晓伟	植保所	*Frontiers in Plant Science*	植物科学前沿	编委	2018—2022 年	SCI 一区
205	杨秀玲	植保所	*Frontiers in Plant Science*	植物科学前沿	编委	2016 年至今	SCI 三区
206	杨秀玲	植保所	*Frontiers in Genome Editing*	基因组编辑前沿	编委	2004 年至今	SCI 三区
207	杨秀玲	植保所	*Frontiers in Microbiology*	微生物学前沿	编委	2020 年至今	SCI 三区
208	战斌慧	植保所	*Frontiers in Microbiology*	微生物学前沿	编委	2017 年至今	SCI 一区

（续表）

序号	专家姓名	所在单位	期刊英文名称	期刊中文名称	担任职务	任职起止时间	期刊分区
209	张　昊	植保所	*Tropical Plant Pathology*	热带植物病理学	编委	2020 年至今	SCI 一区
210	张　昊	植保所	*World Mycotoxin Journal*	世界真菌毒素学报	编委	2020 年至今	SCI 二区
211	张　杰	植保所	*Scientific Reports*	科学报告	编委	2020 年至今	SCI 一区
212	张　杰	植保所	*Archives of Insect Biochemistry and Physiology*	昆虫生物化学和生理学档案	编委	2020 年至今	SCI 二区
213	张　兰	植保所	*Insects*	昆虫	编委	2017 年至今	SCI 二区
214	张　兰	植保所	*Agriculture-Basel*	农业—巴塞尔	编委	2017 年至今	SCI 二区
215	张　兰	植保所	*Agriculture-Basel-special issue*	农业—巴塞尔—专刊	编委	2020 年至今	SCI 一区
216	张礼生	植保所	*Frontiers in Physiology*	生理学前沿	编委	2017 年至今	SCI 一区
217	张天涛	植保所	*Frontiers in Physiology*	生理学前沿	编委	2020 年至今	SCI 二区
218	张志想	植保所	*Frontiers in Microbiology*	微生物学前沿	副主编及客座主编	2020 年至今	SCI 一区
219	郑永权	植保所	*Journal of Integrative Agriculture*	中国农业科学	主编	2018 年至今	SCI 二区
220	周焕斌	植保所	*Frontiers in Genome Editing*	基因组编辑前沿	副主编及客座主编	2020 年至今	SCI 三区
221	周焕斌	植保所	*BMC Plant Biology*	BMC 植物生物学	副主编及客座主编	2015 年至今	SCI 三区
222	周雪平	植保所	*Fundamental Research*	基础研究	编委	2010 年至今	SCI 二区

（续表）

序号	专家姓名	所在单位	期刊英文名称	期刊中文名称	担任职务	任职起止时间	期刊分区
223	周雪平	植保所	*Frontiers in Microbiology*	微生物学前沿	编委	2020 年至今	SCI 一区
224	周雪平	植保所	*Stress Biology*	应激生物学	编委	2018 年至今	SCI 一区
225	周雪平	植保所	*Phytopathology Research*	植物病理学研究	编委	2016 年至今	SCI 一区
226	周雪平	植保所	*Journal of Cotton Research*	棉花研究学报	编委	2016 年至今	SCI 一区
227	周雪平	植保所	*Virology*	病毒	编委	2017 年至今	SCI 一区
228	周雪平	植保所	*Science China-Life Sciences*	科学中国—生命科学	编委	2020 年至今	SCI 二区
229	周雪平	植保所	*Plant Protection Science*	植物保护科学	编委	2020—2024 年	SCI 二区
230	周雪平	植保所	*Journal of Zhejiang University Science B*	浙江大学学报：科学 B	编委	2020—2024 年	SCI 二区
231	周雪平	植保所	*Journal of Integrative Agriculture*	中国农业科学	编委	2020—2024 年	SCI 一区
232	周益林	植保所	*Plant Pathology*	植物病理学	编委	2017 年至今	SCI 一区
233	朱　勋	植保所	*Agriculture*	农业	编委	2019—2022 年	SCI 二区
234	陆宴辉	植保所	*Plants*	植物	编委	2022 年至今	SCI 二区
235	徐学农	植保所	*Frontiers in Arachnid Sciences*	蛛形科学前沿	评审编辑	2022 年至今	
236	李远播	植保所	*Environmental Toxicology and Chemistry*	环境毒理与化学	副主编	2022 年至今	SCI 二区
237	高　利	植保所	*Microbiology Spectrum*	微生物学光谱	编委	2022 年至今	SCI 一区

（续表）

序号	专家姓名	所在单位	期刊英文名称	期刊中文名称	担任职务	任职起止时间	期刊分区
238	高　利	植保所	*Biology*	生物学	编委及咨询委员会委员	2022 年至今	SCI 一区
239	李　园	植保所	*Agriculture*	农业科学	编委	2022 年至今	SCI 三区
240	吴蓓蕾	植保所	*Frontiers in Microbiology*	微生物学前沿	客座副主编	2021 年至今	SCI 一区
241	王秋霞	植保所	*Applied Sciences*	应用科学杂志	编委	2022 年至今	SCI 三区
242	张友军	蔬菜所	*Entomologia Generalis*	普通昆虫学	副主编	2021 年至今	JCR 一区
243	张友军	蔬菜所	*Pest Management Science*	害虫管理科学	副主编	2021 年至今	JCR 一区
244	郭兆将	蔬菜所	*Frontiers in Insect Scinence*	昆虫科学前沿	编委	2021 年至今	JCR 一区
245	王少丽	蔬菜所	*Entomologia Experimentalis et Applicata*	实验与应用昆虫学	编委	2021 年至今	
246	谢　文	蔬菜所	*Frontiers in Physiology*	生理学前沿	编委	2021 年至今	JCR 一区
247	张圣平	蔬菜所	*Genes*	基因	客座编辑	2022 年至今	JCR 二区
248	官健涛	蔬菜所	*Frontiers in Genetics*	遗传学前沿	客座副主编	2022—2023 年	JCR 二区
249	官健涛	蔬菜所	*Frontiers in Plant Science*	植物科学前沿	审稿编辑	2022 年至今	JCR 一区
250	张扬勇	蔬菜所	*International Journal of Molecular Sciences*	国际分子科学杂志	客座编辑	2021 年至今	SCI
251	张扬勇	蔬菜所	*PLANTS*	植物	客座编辑	2021 年至今	SCI
252	张扬勇	蔬菜所	*Horticulturae*	园艺	客座编辑	2021 年至今	SCI

（续表）

序号	专家姓名	所在单位	期刊英文名称	期刊中文名称	担任职务	任职起止时间	期刊分区
253	吕红豪	蔬菜所	*Frontiers in Plant Science*	植物科学前沿	副主编	2021 年至今	SCI
254	吕红豪	蔬菜所	*Horticulturae*	园艺	编委	2021 年至今	SCI
255	吕红豪	蔬菜所	*Vegetable Research*	蔬菜研究	编委	2021 年至今	
256	李占省	蔬菜所	*Frontiers in Plant Science*	植物科学前沿	编委	2021 年至今	SCI
257	李占省	蔬菜所	*PLANTS*	植物	客座编辑	2021 年至今	SCI
258	李占省	蔬菜所	*Applied Sciences*	应用科学	客座编辑	2021 年至今	SCI
259	韩风庆	蔬菜所	*PLANTS*	植物	客座编辑	2021 年至今	SCI
260	王凤忠	加工所	*Molecules – Bioactive Substances from Food*	食物来源的生物活性物质	客座编辑	2022 年至今	JCR 二区
261	王　强	加工所	*Journal of Integrative Agriculture* (*JIA*)	中国农业科学	食品栏目执行主编	2019 年至今	JCR 一区
262	王　强	加工所	*NPJ Science of food*	*Nature* 伙伴杂志：食品科学	编委	2017 年至今	JCR 一区
263	王　强	加工所	*Foods*	食品	专刊客座主编	2021 年至今	JCR 一区
264	石爱民	加工所	*Frontiers in Nutrition*	营养前沿	副主编	2022 年至今	JCR 一区
265	石爱民	加工所	*Foods*	食品	编委	2022 年至今	JCR 一区
266	石爱民	加工所	*Polymers*	聚合物	专刊客座主编	2021 年至今	JCR 一区
267	石爱民	加工所	*Nanomaterials*	纳米材料	专刊客座主编	2021 年至今	JCR 一区

（续表）

序号	专家姓名	所在单位	期刊英文名称	期刊中文名称	担任职务	任职起止时间	期刊分区
268	刘红芝	加工所	*Molecules*	分子	专刊客座主编	2021 年至今	JCR 二区
269	刘红芝	加工所	*Frontiers in Nutrition*	营养前沿	专刊客座主编	2021 年至今	JCR 一区
270	郭　芹	加工所	*Foods*	食品	专刊客座主编	2022 年至今	JCR 一区
271	焦　博	加工所	*Polymers*	聚合物	专刊客座主编	2021 年至今	JCR 一区
272	张金闯	加工所	*Gels*	胶体	专刊客座主编	2022 年至今	JCR 一区
273	张德权	加工所	*Food Science and Human Wellness*	食品科学与人类健康	编委	2021 年至今	JCR 一区
274	张德权	加工所	*Foods*	食品	编委	2022 年至今	JCR 一区
275	张德权	加工所	*Foods*	食品	客座编辑	2021—2023 年	JCR 一区
276	侯成立	加工所	*Bioengineering*	生物工程	客座编辑	2022—2023 年	JCR 二区
277	李　欣	加工所	*Life*	生命	客座编辑	2022 年	JCR 二区
278	毕金峰	加工所	*Exploration of Foods and Foodomics*	食品与食品组学探索	编委	2022 年至今	
279	木泰华	加工所	*Foods*	食品	客座编辑	2022 年	JCR 一区
280	孙红男	加工所	*Foods*	食品	客座编辑	2022 年	JCR 一区
281	王　琼	加工所	*Frontiers in Psychiatry*	精神病学前沿（*Frontiers* 专刊）	特邀主编	2022 年	JCR 二区
282	刘丽娅	加工所	*Moleculars*	分子	特刊主编	2022 年	JCR 二区

（续表）

序号	专家姓名	所在单位	期刊英文名称	期刊中文名称	担任职务	任职起止时间	期刊分区
283	李敏敏	加工所	*Advances in Pesticide Discovery and Application*	农药发现与应用进展（*Agronomy*）特刊	特邀主编	2022 年	JCR 二区
284	佟立涛	加工所	*Moleculars*	分子	特刊主编	2022 年	JCR 二区
285	王丽丽	加工所	*Moleculars*	分子	特刊主编	2022 年	JCR 二区
286	卢　聪	加工所	*Frontiers in Behavioral Neuroscience-Individual and Social Behaviors*	行为神经科学前沿—个体和社会行为	特邀主编	2022 年	JCR 二区
287	李敏敏	加工所	*Frontiers in Plant Science*	植物科学前沿	特邀主编	2022 年	JCR 二区
288	邢福国	加工所	*Toxins*	毒素	客座主编	2022 年至今	JCR 一区
289	邢福国	加工所	*Toxins*	毒素	编委	2021—2022 年	JCR 一区
290	邢福国	加工所	*Frontiers in Microbiology*	微生物学前沿	编委	2019—2022 年	JCR 一区
291	邢福国	加工所	*Frontiers in Nutrition*	营养学前沿	编委	2019—2022 年	JCR 一区
292	郭　维	加工所	*Frontiers in Microbiology*	微生物学前沿	编委	2022 年	JCR 一区
293	郭　维	加工所	*Separations*	分离	编委	2022 年	JCR 二区
294	邢福国	加工所	*Frontiers in Fungal Physiology and Metabolism*	真菌生理学和代谢前沿	编委	2022 年	
295	杨术鹏	加工所	*Toxins*	毒素	客座编辑	2022—2023 年	JCR 一区
296	段玉权	加工所	*Frontiers in Plant Science*	植物科学前沿	特约客座主编	2022—2023 年	JCR 一区

（续表）

序号	专家姓名	所在单位	期刊英文名称	期刊中文名称	担任职务	任职起止时间	期刊分区
297	林　琼	加工所	*Quality Changes and Regulation of Horticultural Products in Cold Chains*	冷链中产品质量变化及黄曲霉控制（*Frontiers in Plant Science* 专刊）	特邀客座主编	2022年至今	JCR一区
298	武建双	环发所	*Frontiers in Ecology and Evolution*	生态学与进化前沿	客座主编	2020—2022年	SCI一区
299	武建双	环发所	*Frontiers in Plant Science*	植物科学前沿	编委	2021—2022年	SCI一区
300	武建双	环发所	*Journal of Mountain Science*	山地科学学报	编委	2020—2024年	SCI三区
301	张晴雯	环发所	*International Soil and Water Conservation Research*	国际水土保持研究	副主编	2018年至今	SCI一区
302	秦晓波	环发所	*International Journal of Environmental Research and Public Health*	国际环境研究与公共健康期刊	客座主编	2021—2022年	SCI二区
303	王耀生	环发所	*Archives of Agronomy and Soil Science*	农艺学与土壤科学档案	副主编	2018年至今	SCI一区
304	刘家磊	环发所	*Mini-Reviews in Organic Chemistry*	有机化学小评	编委	2018年至今	SCI二区
305	贺　勇	环发所	*Plants*	植物	编委	2020年至今	SCI三区
306	刘恩科	环发所	*Plants Basel*	植物—巴塞尔	客座主编	2021—2022年	SCI一区
307	蔡岸冬	环发所	*Agronomy*	农学	客座主编	2021年至今	SCI一区

（续表）

序号	专家姓名	所在单位	期刊英文名称	期刊中文名称	担任职务	任职起止时间	期刊分区
308	龚道枝	环发所	*Agronomy*	农学	编委	2021 年至今	SCI 一区
309	庞永珍	牧医所	*Frionttiers in Plant Science*	植物科学前沿	副编辑	2022 年至今	
310	张宏福	牧医所	*Frontiers in Cellular and Infection Microbiology*	细胞与感染微生物学前沿	客座副主编	2022 年至今	
311	孙　鹏	牧医所	*Animal Nutrition*	动物营养	副主编	2022 年至今	
312	陈继兰	牧医所	*Agriculture*	农业	编委	2022 年至今	
313	储明星	牧医所	*Biology*	生物学	编委	2022 年至今	
314	陈　林	牧医所	*Frontiers in Plant science*	植物科学前沿	客座编辑	2022 年至今	
315	陈　亮	牧医所	*Animals*	动物	客座主编	2022 年至今	
316	卜登攀	牧医所	*Animal Nutrition*	动物营养	副主编	2022 年至今	
317	狄　冉	牧医所	*Biology*	生物学	编委	2022 年至今	
318	陈　林	牧医所	*International Journal of Molecular Sciences*	国际分子科学杂志	客座编辑	2022 年至今	
319	苏小运	牧医所	*Frontiers in Fungal Biology*	真菌生物学前沿	副编辑	2022 年至今	
320	陈　亮	牧医所	*Frontiers in Veterinary Science*	兽医学前沿	编委	2022 年至今	
321	苏小运	牧医所	*Toxins*	毒物	客座编辑	2022 年至今	
322	贺小云	牧医所	*Frontiers in Genetics*	遗传学前沿	编委	2022 年至今	

（续表）

序号	专家姓名	所在单位	期刊英文名称	期刊中文名称	担任职务	任职起止时间	期刊分区
323	贺小云	牧医所	*Frontiers in Veterinary Science*	兽医学前沿	编委	2022 年至今	
324	赵圣国	牧医所	*Frontiers in Microbiology*	微生物学前沿	副编委	2022 年至今	
325	王立刚	牧医所	*Agriculture*	农业	编辑	2022 年至今	
326	王立刚	牧医所	*Veterinary Sciences*	兽医科学	客座编辑	2022 年至今	
327	王　凯	蜜蜂所	*Journal of Food Biochemistry*	食品生物化学杂志	编辑	2022 年至今	JCR 一区
328	王　凯	蜜蜂所	*Journal of Food Processing and Preservation*	食品加工与保鲜杂志	编辑	2022 年至今	JCR 一区
329	王　凯	蜜蜂所	*Frontiers In Nutrition*	营养前沿	副主编	2019 年至今	JCR 一区
330	王　凯	蜜蜂所	*BMC Complementary and Alternative Medicine*	补充和替代医疗	副主编	2019 年至今	JCR 一区
331	王　凯	蜜蜂所	*Nutrients*	营养	编委	2020 年至今	JCR 一区
332	王　凯	蜜蜂所	*Oxidative Medicine and Cellular Longevity*	氧化药物与细胞寿命	编委	2021 年至今	JCR 二区
333	齐广海	饲料所	*Poultry Science*	家禽科学	副编辑	2020—2025 年	SCIE 一区
334	张海军	饲料所	*Italian Journal of Animal Science*	意大利动物科学	编委	2020—2025 年	SCIE 二区
335	薛　敏	饲料所	*Frontiers in Physiology*	生理学前沿	评审编辑	2022 年	JCR 一区

（续表）

序号	专家姓名	所在单位	期刊英文名称	期刊中文名称	担任职务	任职起止时间	期刊分区
336	梁晓芳	饲料所	*Frontiers in Physiology*	生理学前沿	评审编辑	2022 年	JCR 一区
337	薛　敏	饲料所	*Antioxidants*	抗氧化剂	客座编辑	2022 年	JCR 一区
338	王　杰	饲料所	*Antioxidants*	抗氧化剂	客座编辑	2022 年	JCR 一区
339	王建华	饲料所	*Frontiers in Microbiology*	微生物学前沿	抗菌肽专刊主编	2020 年至今	SCI 二区
340	王建华	饲料所	*BioMetals*	生物金属	特邀主编	2021 年至今	SCI 三区
341	王建华	饲料所	*Biochimica et Biophysica Acta-Biomembranes*	生物膜	编委	2020 年至今	SCI 三区
342	王建华	饲料所	*Membranes*	细胞膜	编委	2020 年至今	SCI 三区
343	张乃锋	饲料所	*Animal Nutrition*	动物营养	副主编	2022 年至今	SCI 一区
344	杨培龙	饲料所	*Foods*	食物	编委	2022 年至今	JCR 一区
345	周志刚	饲料所	*Aquaculture*	水产养殖	编辑	2019 年至今	SCI
346	周志刚	饲料所	*Frontiers in Microbiology*	微生物学前沿	编辑	2018 年至今	SCI
347	周志刚	饲料所	*Frontiers in Marine Science*	海洋科学前沿	编辑	2018 年至今	SCI
348	周志刚	饲料所	*Engineering*	工程学	农业学科青年通讯专家	2020 年至今	SCI
349	周志刚	饲料所	*Antibiotics*	抗生素杂志		现任	
350	李习龙	饲料所	*Amino Acids*	氨基酸	编委	2021—2023 年	SCI

（续表）

序号	专家姓名	所在单位	期刊英文名称	期刊中文名称	担任职务	任职起止时间	期刊分区
351	梁　哲	生物所	*Frontiers in Plant Science*	植物科学前言	客座副主编	2021—2022年	SCI
352	梁　哲	生物所	*International Journal of Molecular Science*	国际分子科学杂志	客座编辑	2022年	SCI
353	谢钰容	生物所	*Plants-Basel*	植物—巴塞尔	客座编辑	2022年至今	SCI
354	徐妙云	生物所	*Plants-Basel*	植物—巴塞尔	客座编辑	2022年至今	SCI
355	王海洋	生物所	*aBIOTECH*	生物技术通报	编委	2020年至今	
356	王海洋	生物所	*Frontiers in Plant Science*	植物科学前言	编委	2021年至今	SCI
357	谷晓峰	生物所	*plant Growth Regulation*	植物生长调控	编委	2016年至今	SCI
358	林　浩	生物所	*Grass Research*	草业研究	副主编	2022年至今	
359	张春义	生物所	*Frontiers in Plant Science*	植物科学前言	编委	2022—2027年	SCI
360	路铁刚	生物所	*Frontiers in Genetics*	遗传学前沿	副主编	2017年至今	SCI
361	张治国	生物所	*Frontiers in Genetics*	遗传学前沿	编委	2017年至今	SCI
362	唐华俊	资划所	*Journal of Sustainable Agriculture*	可持续农业杂志	编委	2000年至今	SCI 一区
363	李召良	资划所	*IEEE Transactions on Geoscience and Remote Sensing*	IEEE 地球科学与遥感汇刊	副主编	2014年至今	SCI 一区
364	李召良	资划所	*Remote Sensing*	遥感	副主编	2016年至今	SCI 二区

（续表）

序号	专家姓名	所在单位	期刊英文名称	期刊中文名称	担任职务	任职起止时间	期刊分区
365	李召良	资划所	*ISPRS Journal of Photogrammetry and Remote Sensing*	摄影测量与遥感杂志	编委	2021 年至今	SCI 一区
366	李召良	资划所	*International Journal of Applied Earth Observation and Geoinformation*	国际应用地球观测和地球信息杂志	编委	2021 年至今	SCI 一区
367	李兆君	资划所	*International Journal of Chemistry*	国际化学杂志	编委	2011 年至今	SCI 二区
368	李兆君	资划所	*Journal of Integrative Agriculture*	农业综合杂志	编委	2017 年至今	SCI 一区
369	李兆君	资划所	*Science of the Total Environment*	全环境科学	编委	2020 年至今	SCI 一区
370	吴文斌	资划所	*Journal of Integrative Agriculture*	农业综合杂志	编委	2017 年至今	SCI 一区
371	吴文斌	资划所	*CABI Agriculture and Bioscience*	农业和生物科学	主编	2020 年至今	SCI 一区
372	张瑞福	资划所	*Journal of Integrative Agriculture*	农业综合杂志	编委	2017 年至今	SCI 一区
373	张瑞福	资划所	*International Biodeterioration & Biodegradation*	国际生物退化与生物降解	编委	2018 年至今	SCI 二区
374	魏海雷	资划所	*Frontiers in Microbiology*	微生物学前沿	副主编	2020 年至今	SCI 一区
375	魏海雷	资划所	*Frontiers in Plant Science*	植物科学前沿	副主编	2016 年至今	SCI 一区
376	魏海雷	资划所	*Engineering*	工程学	编委	2020 年至今	SCI 一区
377	魏海雷	资划所	*BMC Plant Biology*	BMC 植物生物学	副主编	2019 年至今	SCI 一区

（续表）

序号	专家姓名	所在单位	期刊英文名称	期刊中文名称	担任职务	任职起止时间	期刊分区
378	吴庆钰	资划所	*Frontiers in Plant Science*	植物科学前沿	副主编	2020 年至今	SCI 一区
379	吴庆钰	资划所	*BMC Plant Biology*	BMC 植物生物学	编委	2021 年至今	SCI 一区
380	吴庆钰	资划所	*PLoS One*	公共科学图书馆 · 综合	主编	2022 年	SCI 二区
381	何　萍	资划所	*Scientific Reports*	科技报告	编委	2019—2024 年	SCI 一区
382	何　萍	资划所	*Soil Science and Plant Nutrition*	土壤科学与植物营养	编委	2019 年至今	SCI 三区
383	何　萍	资划所	*Soil*	土壤	编委	2021 年至今	SCI 一区
384	孙　晶	资划所	*Journal of Land Use Science*	土地利用科学杂志	编委	2020—2023 年	SCI 二区
385	庚　强	资划所	*Climate Change Ecology*	气候变化	编委	2020 年至今	SCI 三区
386	孙　亮	资划所	*Remote Sensing*	遥感	客座主编	2021 年至今	SCI 一区
387	范分良	资划所	*Agronomy-Basel*	农学—巴塞尔	编委	2021 年至今	SCI 二区
388	邵长亮	资划所	*Ecological Processes*	生态过程	客座副主编	2021—2023 年	SCI 二区
389	庚　强	资划所	*PLANTS*	植物	编委	2021—2022 年	SCI 二区
390	宋阿琳	资划所	*Agronomy-Soil Microbiome and Agriculture Management*	农学—土壤微生物组与农业管理	编委	2021—2022 年	SCI 二区
391	宋阿琳	资划所	*Sustainability - Desertification Control and Sustainable Land Management*	可持续性—荒漠化防治和可持续土地管理专刊	编委	2022 年	SCI 二区

（续表）

序号	专家姓名	所在单位	期刊英文名称	期刊中文名称	担任职务	任职起止时间	期刊分区
392	宋阿琳	资划所	*Soil Science Society of America Journal*	美国土壤科学学会杂志	编委	2022 年至今	SCI 三区
393	冷　佩	资划所	*Remote Sensing*	遥感	编委	2021 年至今	SCI 二区
394	周清波	信息所	*Journal of Integrative Agriculture*	农业科学学报	主编	2020 年至今	SCI 一区
395	诸叶平	信息所	*Journal of Integrative Agriculture*	农业科学学报	编委	2017 年至今	SCI 一区
396	金茂俊	质标所	*Frontiers in Nutrition*	营养学研究进展	副主编	2022—2025 年	SCI 一区
397	穆希岩	质标所	*Bulletin of Environmental Contamination and Toxicology*	环境污染与毒理学公报	青年编委	2021—2022 年	SCI 三区
398	徐贞贞	质标所	*Journal of Food Processing and Preservation*	食品加工与保存	编委	2020 年至今	SCI 三区
399	李　会	质标所	*Frontiers in Microbiology*	微生物学前沿	评审编辑	2018 年至今	SCI 一区
400	陈爱亮	质标所	*Frontiers in Microbiology*	微生物学前沿	评审编辑	2022 年至今	SCI 一区
401	陈爱亮	质标所	*Frontiers in Bioengineering and Biotechnology*	生物工程与生物技术前沿	评审编辑	2022 年至今	SCI 一区
402	王培龙	质标所	*Agriculture*	农业	客座编辑	2022—2023 年	SCI 二区
403	董姝君	质标所	*International Journal of Environmental Research and Public Health*	环境研究和公共卫生国际期刊	客座编辑	2022—2023 年	SCI 二区

（续表）

序号	专家姓名	所在单位	期刊英文名称	期刊中文名称	担任职务	任职起止时间	期刊分区
404	樊　霞	质标所	*Frontiers in Molecular Biosciences*	分子生物科学前沿	客座编辑	2022—2023 年	SCI 一区
405	肖志明	质标所	*Molecules*	分子学	客座编辑	2022 年	SCI 二区
406	王加启	营养所	*Journal of Dairy Sciences*	乳业科学杂志	编辑	2018 年至今	
407	韩　娟	营养所	*Agriculture*	农业	客座编辑	2021—2022 年	SCI，JCR 一区
408	李京虎	营养所	*Journal of Agricultural Economics*	农业经济研究	编辑委员	2016 年至今	JCR 二区
409	李京虎	营养所		韩国农业经营政策研究	编辑委员	2018 年至今	
410	齐学斌	灌溉所	*Biology*	生物学	客座编辑	现任	JCR 一区
411	张祖麟	灌溉所	*Biology*	生物学	客座编辑	现任	JCR 一区
412	李　平	灌溉所	*Biology*	生物学	客座编辑	现任	JCR 一区
413	王景雷	灌溉所	*Water*	水	客座编辑	现任	JCR 一区
414	孙景生	灌溉所	*Agronomy*	农学	客座编辑	现任	JCR 一区
415	孙景生	灌溉所	*Agriculture*	农业	客座编辑	现任	JCR 一区
416	王广帅	灌溉所	*Agronomy*	农学	客座编辑	现任	JCR 一区
417	王广帅	灌溉所	*Agriculture*	农业	客座编辑	现任	JCR 一区

（续表）

序号	专家姓名	所在单位	期刊英文名称	期刊中文名称	担任职务	任职起止时间	期刊分区
418	刘 浩	灌溉所	*Plants*	植物	客座编辑	现任	JCR 一区
419	段爱旺	灌溉所	*Plants*	植物	客座编辑	现任	JCR 一区
420	高 阳	灌溉所	*Agronomy*	农学	客座编辑	现任	JCR 一区
421	高 阳	灌溉所	*Frontiers in Plant Science*	植物科学前沿	客座编辑	现任	JCR 一区
422	高 阳	灌溉所	*Plants*	植物	客座编辑	现任	JCR 一区
423	胡培松	水稻所	*Rice Science*	水稻科学	主编	2021 年至今	SCI 一区
424	程式华	水稻所	*Rice Science*	水稻科学	荣誉主编	2021 年至今	SCI 一区
425	阮刘青	水稻所	*Rice Science*	水稻科学	执行主编	2021 年至今	SCI 一区
426	钱 前	水稻所	*Rice Science*	水稻科学	编委	2003 年至今	SCI 一区
427	王 磊	水稻所	*Rice Science*	水稻科学	编委	2003 年至今	SCI 一区
428	朱智伟	水稻所	*Rice Science*	水稻科学	编委	2003 年至今	SCI 一区
429	杨长登	水稻所	*Rice Science*	水稻科学	编委	2018 年至今	SCI 一区
430	庄杰云	水稻所	*Rice Science*	水稻科学	编委	2018 年至今	SCI 一区
431	曹立勇	水稻所	*Rice Science*	水稻科学	编委	2018 年至今	SCI 一区
432	方福平	水稻所	*Rice Science*	水稻科学	编委	2021 年至今	SCI 一区
433	钱 前	水稻所	*Rice*	水稻	编委	现任	SCI 一区
434	钱 前	水稻所	*Breeding Science*	水稻科学	编委	现任	SCI 二区

（续表）

序号	专家姓名	所在单位	期刊英文名称	期刊中文名称	担任职务	任职起止时间	期刊分区
435	张　健	水稻所	*BMC Developmental Biology*	BMC 发育生物学	副主编及客座主编	现任	SCI 二区
436	张　健	水稻所	*PloS One*		编委	现任	SCI 二区
437	万品俊	水稻所	*Frontiers in Physiology*	生理学前沿	编委	现任	SCI 二区
438	钱　前	水稻所	*PLoS One*		编委	现任	SCI 二区
439	王克剑	水稻所	*Abiotech*	生物技术	编委	现任	SCI 一区
440	钱　前	水稻所	*Journal of Getitics and Genomes*	遗传学和基因组学杂志	副主编及客座主编	现任	SCI 二区
441	张　健	水稻所	*Journal of Plant Research*	植物研究杂志	编委	现任	SCI 二区
442	寇艳君	水稻所	*BMC Plant Biology*	BMC 植物生理	副主编及客座主编	现任	SCI 一区
443	寇艳君	水稻所	*BMC Microbiology*	BMC 微生物学	副主编及客座主编	现任	SCI 二区
444	寇艳君	水稻所	*Frontiers in Plant Science*	植物科学前沿	编委	现任	SCI 一区
445	寇艳君	水稻所	*Frontiers in Microbiology*	微生物学前沿	编委	现任	SCI 一区
446	寇艳君	水稻所	*Agronomy*	农学	副主编及客座主编	现任	SCI 一区
447	冯国忠	水稻所	*BMC Microbiology*	BMC 微生物学	副主编及客座主编	现任	SCI 二区

（续表）

序号	专家姓名	所在单位	期刊英文名称	期刊中文名称	担任职务	任职起止时间	期刊分区
448	冯国忠	水稻所	*PloS One*		编委	现任	SCI 二区
449	陈国庆	水稻所	*BMC Microbiology*	BMC 微生物学	副主编及客座主编	现任	SCI 二区
450	任德勇	水稻所	*Frontiers in Plant Science*	植物科学前沿	编委	现任	SCI 一区
451	任德勇	水稻所	*BMC Plant Biology*	BMC 植物生物学	副主编及客座主编	现任	SCI 一区
452	任德勇	水稻所	*Agriculture-basel*	农业—巴塞尔	副主编及客座主编	现任	SCI 一区
453	任德勇	水稻所	*Frontiers in Bioscience - Landmark*	生物科学前沿—里程碑	编委	现任	SCI 二区
454	张均华	水稻所	*Life-Basel*	生命—巴塞尔	副主编及客座主编	现任	SCI 二区
455	高振宇	水稻所	*Agriculture*	农业	副主编及客座主编	2021—2022 年	SCI 一区
456	冯金飞	水稻所	*Agriculture, Ecosystems & Environment*	农业、生态系统和环境	副主编及客座主编	2022 年	SCI 一区
457	王克剑	水稻所	*Journal of Integrative Plant Biology*	植物学报	编委	2020—2022 年	SCI 一区
458	曹小闯	水稻所	*Agronomy Journal*	农学杂志	副主编及客座主编	现任	SCI 一区

（续表）

序号	专家姓名	所在单位	期刊英文名称	期刊中文名称	担任职务	任职起止时间	期刊分区
459	王克剑	水稻所	*Genes*	基因	编委	现任	SCI 二区
460	王克剑	水稻所	*Frontiers in Genome editing*	基因组编辑前沿	副主编及客座主编	现任	SCI 一区
461	王克剑	水稻所	*Frontiers in Plant Science*	植物科学前沿	副主编及客座主编	现任	SCI 一区
462	郭龙彪	水稻所	*Frontiers Plant Science*	植物科学前沿	编委	现任	SCI 一区
463	郭龙彪	水稻所	*PLoS One*		编委	现任	SCI 二区
464	郭龙彪	水稻所	*Plants-Basel*	植物—巴塞尔	编委	现任	SCI 二区
465	郭龙彪	水稻所	*frontiers in Genetics*	遗传学前沿	编委	现任	SCI 三区
466	郭龙彪	水稻所	*BMC Genetics*	BMC 遗传学	编委	现任	SCI 三区
467	侯雨萱	水稻所	*Frontiers in Microbiology*	微生物前沿	编委	现任	SCI 一区
468	侯雨萱	水稻所	*Frontiers in Plant Science*	植物科学前沿	编委	现任	SCI 一区
469	侯雨萱	水稻所	*Plant Signaling and Behavior*	植物信号与行为	副主编及客座主编	现任	SCI 二区
470	王以锋	水稻所	*Frontiers in Plant Science*	植物科学前沿	编委	现任	SCI 一区
471	侯雨萱	水稻所	*PLoS One*		编委	现任	SCI 二区
472	王克剑	水稻所	*BMC Plant Biology*	BMC 植物生物学	副主编及客座主编	现任	SCI 一区

（续表）

序号	专家姓名	所在单位	期刊英文名称	期刊中文名称	担任职务	任职起止时间	期刊分区
473	张光恒	水稻所	*BMC Plant Biology*	BMC 植物生物学	副主编及客座主编	现任	SCI 一区
474	张光恒	水稻所	*PloS One*		编委	现任	SCI 二区
475	曾大力	水稻所	*Plant Growth Regulation*	植物生长调节	编委	现任	SCI 一区
476	曾大力	水稻所	*Phyton*		副主编及客座主编	现任	SCI 三区
477	曾大力	水稻所	*Frontiers in Bioscience - Landmark*	生物科学前沿—里程碑	编委	现任	SCI 二区
478	曾大力	水稻所	*BMC Plant Biology*	BMC 植物生物学	副主编及客座主编	现任	SCI 一区
479	曾大力	水稻所	*PLoS One*		编委	现任	SCI 二区
480	曾大力	水稻所	*Frontiers in Plant Science*	植物科学前沿	编委	现任	SCI 一区
481	魏兴华	水稻所	*Agronomy*	农学	副主编及客座主编	现任	SCI 一区
482	胡　江	水稻所	*Phyton*		编委	现任	SCI 三区
483	郭龙彪	水稻所	*Plant Growth Regulation*	植物生长调节	编委	现任	SCI 一区
484	钱　前	水稻所	*Journal of Integrative Plant Biology*	植物学报	编委	现任	SCI 一区
485	钱　前	水稻所	*Crop Journal*	作物学报	编委	现任	SCI 一区

（续表）

序号	专家姓名	所在单位	期刊英文名称	期刊中文名称	担任职务	任职起止时间	期刊分区
486	胡　江	水稻所	*BMC Plant Biology*	BMC 植物生物学	副主编及客座主编	现任	SCI 一区
487	冯国忠	水稻所	*BMC Genomic Data*	BMC 基因组数据	副主编及客座主编	现任	SCI 二区
488	应杰政	水稻所	*Life-Basel*	生命—巴塞尔	副主编及客座主编	现任	SCI 二区
489	应杰政	水稻所	*Frontiers in Plant Science*	植物科学前沿	编委	现任	SCI 一区
490	任德勇	水稻所	*Plant Signaling & Behavior*	植物信号与行为	副主编及客座主编	现任	SCI 二区
491	张　健	水稻所	*Frontiers in Plant Science*	植物科学前沿	副主编及客座主编	现任	SCI 一区
492	张　健	水稻所	*Life-Basel*	生命—巴塞尔	副主编及客座主编	现任	SCI 二区
493	张　健	水稻所	*BMC Plant Biology*	BMC 植物生物学	副主编及客座主编	现任	SCI 一区
494	张　健	水稻所	*BMC Molecular and Cell Biology*	BMC 分子与细胞生物学	副主编及客座主编	现任	SCI 一区
495	方福平	水稻所	*Rice Science*	水稻	编委	现任	SCI 一区
496	邱结华	水稻所	*BMC Plant Biology*	BMC 植物生物学	编委	现任	SCI 一区
497	庄杰云	水稻所	*Crop Journal*	作物学报	编委	现任	SCI 一区

（续表）

序号	专家姓名	所在单位	期刊英文名称	期刊中文名称	担任职务	任职起止时间	期刊分区
498	邱结华	水稻所	*BMC Microbiology*	BMC 微生物学	编委	现任	SCI 二区
499	巩万奎	棉花所	*Plants*	作物	客座编辑	2022—2023 年	JCR 3 区
500	巩万奎	棉花所	*Frontiers in Plant Science*	植物科学前沿	副编辑	2021 年至今	JCR 2 区
501	袁有禄	棉花所	*Genes*	基因	学术编辑	2022 年至今	JCR 3 区
502	叶武威	棉花所	*Industrial Crops and Products*	工业作物和产品	编辑	2020—2022 年	二区
503	蔡光勤	油料所	*Frontiers in Plant Science*	植物科学前沿	客座副主编	2022 年至今	SCI 一区
504	廖伯寿	油料所	*Frontiers in Plant Science*	植物科学前沿	编委	2017 年至今	SCI 一区
505	魏　芳	油料所	*Foods*	食品	客座主编	2022 年	SCI 一区
506	郑明明	油料所	*Foods*	食品	客座主编	2022 年	SCI 一区
507	张良晓	油料所	*Foods*	食品	客座主编	2022 年至今	JCR 一区
508	王秀嫔	油料所	*Foods*	食品	客座主编	2022—2023 年	JCR 一区
509	郑明明	油料所	*Food Safety and Health*	食品安全与健康	编委	2022 年至今	
510	魏　芳	油料所	*Human Nutrition & Metabolism*	人体营养与代谢	副主编	2022 年至今	
511	张兆威	油料所	*Frontier in Chemistry*	化学前沿	编委	2018 年至今	SCI 二区
512	李　慧	油料所	*Frontiers in Chemistry*	化学前沿	编委	2022 年至今	JCR 二区
513	李培武	油料所	*World Mycotoxin Journal*	世界霉菌毒素杂志	编委	2017 年至今	SCI 二区
514	张　奇	油料所	*World Mycotoxin Journal*	世界霉菌毒素杂志	编委	2018 年至今	SCI 二区

（续表）

序号	专家姓名	所在单位	期刊英文名称	期刊中文名称	担任职务	任职起止时间	期刊分区
515	吴　刚	油料所	*Scientific Report*	科学报告	编委	2015年至今	SCI一区
516	李培武	油料所	*Food Additives & Contaminants: Part A*	食品添加剂与污染物（A）	编委	2020年至今	SCI一区
517	李培武	油料所	*Journal of Integrative Agriculture*	农业科学学报	编委	2017年至今	SCI二区
518	李培武	油料所	*Toxins*	毒素	副主编或客座主编	2020年至今	SCI一区
519	张　奇	油料所	*Toxins*	毒素	副主编或客座主编	2020年至今	SCI一区
520	李培武	油料所	*Mycotoxin Research*	霉菌毒素研究	编委	2017年至今	SCI二区
521	刘胜毅	油料所	*The Crop Journal*	作物学报	编委	2014年至今	SCI二区
522	张良晓	油料所	*Frontier in Chemistry*	化学前沿	编委	2019年至今	SCI二区
523	张　奇	油料所	*Biosensors*	生物传感器	编委	2020年至今	SCI二区
524	张兆威	油料所	*Biosensors*	生物传感器	编委	2020年至今	SCI一区
525	张兆威	油料所	*Biosensors*	生物传感器	编委及客座主编	2022年至今	SCI一区
526	唐晓倩	油料所	*Biosensors*	生物传感器	编委	2022年至今	JCR一区
527	毛　劲	油料所	*Frontiers in Microbiology*	微生物学前沿	副主编或客座主编	2020年至今	SCI一区

（续表）

序号	专家姓名	所在单位	期刊英文名称	期刊中文名称	担任职务	任职起止时间	期刊分区
528	毛　劲	油料所	*Frontiers in Nutrition*	营养学前沿	副主编或客座主编	2020 年至今	SCI 一区
529	张良晓	油料所	*Quality Assurance and Safety of Crops & Foods*	作物和食品的质量保证和安全	编委	2022 年至今	JCR 四区
530	唐晓倩	油料所	*Agriculture*	农业	编委	2021 年至今	JCR 三区
531	谭志坚	麻类所	*Molecules*	分子	客座主编	2022—2023 年	JCR 二区
532	谭志坚	麻类所	*Foods*	食品	客座主编	2022—2023 年	JCR 一区
533	谭志坚	麻类所	*Molecules*	分子	客座主编	2022 年	JCR 二区
534	谭志坚	麻类所	*Molecules*	分子	编委	2022 年至今	JCR 二区
535	谭志坚	麻类所	*Frontiers in Sustainable Food Systems*	可持续食品系统前沿	评审编委	2022 年至今	JCR 二区
536	谭志坚	麻类所	*Frontiers in Nutrition*	营养前沿	客座主编	2022 年	JCR 二区
537	侯春生	麻类所	*Foods*	食品	客座主编	2022—2023 年	SCI 一区
538	侯春生	麻类所	*Frontiers in Physiology*	生理学前沿	客座主编	2022—2023 年	SCI 一区
539	杨修仕	麻类所	*Life*	生命	客座主编	2022—2023 年	SCI 二区
540	王玉富	麻类所	*Journal of Natural Fibers*	天然纤维学报	编委	长期	JCR 一区
541	Xu Jianping	麻类所	*Fungal Diversity*	真菌多样性	副主编	长期	SCI 一区
542	Xu Jianping	麻类所	*Genome*	基因组	副主编	2016 年至今	SCI 三区

（续表）

序号	专家姓名	所在单位	期刊英文名称	期刊中文名称	担任职务	任职起止时间	期刊分区
543	Xu Jianping	麻类所	*Mycology*	真菌学	副主编	2009 至今	SCI 三区
544	Xu Jianping	麻类所	*Mycopathologia*	真菌病理	副主编	2011 至今	SCI 三区
545	Xu Jianping	麻类所	*Mycoses*	真菌	副主编	2012 至今	SCI 二区
546	肖建波	麻类所	*Phytochemical Analysis*	植物化学分析	副主编	2017 年至今	SCI 三区
547	肖建波	麻类所	*International Journal of Molecular Science*	分子科学国际	编委	2017 年至今	SCI 三区
548	肖建波	麻类所	*Current Drug Metabolism*	当今药物代谢	编委	2017 年至今	SCI 三区
549	肖建波	麻类所	*Phytomedicine*	植物医学	编委	2017 年至今	SCI 二区
550	肖建波	麻类所	*Industrial Crops and Products*	工业作物和产品	编委	2017 年至今	SCI 一区
551	肖建波	麻类所	*Anti-Cancer Agents in Med Chemistry*	药物化学中的抗癌剂	编委	2017 年至今	SCI 三区
552	石鹏君	麻类所	*Microorganisms*	微生物	编委	2022—2025 年	SCI
553	石鹏君	麻类所	*BioMed Research International*	国际生物医学研究	编委	2015—2025 年	SCI
554	王满生	麻类所	*Molecules*	分子	客座主编	2022—2023 年	SCI
555	石鹏君	麻类所	*Molecules*	分子	客座主编	2022—2023 年	SCI
556	张利义	果树所	*Frontiers in Plant Science*	植物科学前沿	编委	2020 年至今	JCR 一区
557	姜建福	郑果所	*Frontiers in Plant Science*	植物科学前沿	客座主编	2022 年至今	JCR 一区

（续表）

序号	专家姓名	所在单位	期刊英文名称	期刊中文名称	担任职务	任职起止时间	期刊分区
558	阮建云	茶叶所	*Horticulturae*	园艺	编委	2021 年至今	SCI，JCR 一区
559	阮建云	茶叶所	*Frontiers in Plant Science*	植物科学前沿	专刊主编	2022—2023 年	SCI，JCR 一区
560	韩文炎	茶叶所	*Frontiers in Plant Science*	植物科学前沿	副主编	2021—2023 年	JCR 一区
561	李　鑫	茶叶所	*Frontiers in Plant Science*	植物科学前沿	编委	2021 年至今	JCR 一区
562	李　鑫	茶叶所	*BMC Plant Biology*	英国医学委员会植物生物学	编委	2021—2023 年	JCR 一区
563	许勇泉	茶叶所	*Foods*	食物	客座编辑	2021—2022 年	JCR 一区
564	韦　康	茶叶所	*Frontiers in Plant Science*	植物科学前沿	评审编辑	2021 年至今	SCI，JCR 一区
565	韦　康	茶叶所	*Plants*	植物	专刊主编	2022 年	SCI，JCR 一区
566	王丽鸳	茶叶所	*Plants*	植物	专刊编辑	2022 年	SCI，JCR 一区
567	王　璐	茶叶所	*Frontiers in Plant Science*	植物科学前沿	评审编辑	2021 年至今	SCI，JCR 一区
568	孙晓玲	茶叶所	*Plants*	植物	审稿人	2021 年至今	SCI，JCR 一区

（续表）

序号	专家姓名	所在单位	期刊英文名称	期刊中文名称	担任职务	任职起止时间	期刊分区
569	孙晓玲	茶叶所	*Frontiers in Ecology and Evolution*	生态学与进化学前沿	评审编辑	2018 年至今	SCI 一区
570	陈　亮	茶叶所	*Horticulture Research*	园艺研究	副编辑	2020 年至今	JCR 一区
571	陈　亮	茶叶所	*Agriculture*	农业	编委	2022 年至今	SCI 一区
572	陈　亮	茶叶所	*Turkish Journal of Agriculture and Forestry*	土耳其农林科学	编委	2021 年至今	SCI 二区
573	陈　亮	茶叶所	*Beverage Plant Research*	饮料植物研究	执行编辑	2021 年至今	
574	王新超	茶叶所	*Frontiers in Plant Science*	植物科学前沿	客座副编辑，评审编辑	2021—2022 年	SCI，JCR 一区
575	王新超	茶叶所	*Horticulturae*	园艺	客座编辑	2021 年至今	SCI，JCR 一区
576	王新超	茶叶所	*Agronomy*	农学	客座编辑	2022 年至今	SCI，JCR 一区
577	王新超	茶叶所	*Tree Physiology*	树木生理学	评审委员	2019 年至今	SCI，JCR 一区
578	叶　萌	茶叶所	*Modern Agriculture*	现代农业	副编委	2022—2023 年	新刊
579	郝心愿	茶叶所	*Horticulturae*	园艺	客座编辑	2021 年至今	SCI，JCR 一区
580	陈化兰	哈兽研	*Virology Journal*	病毒学杂志	主编	2018—2023 年	SCI 三区

（续表）

序号	专家姓名	所在单位	期刊英文名称	期刊中文名称	担任职务	任职起止时间	期刊分区
581	汤艳东	哈兽研	*Frontiers in Microbiology*	微生物学前沿	编委	2022—2027 年	SCI 二区
582	汤艳东	哈兽研	*Frontiers in Immunology*	免疫学前沿	编委	2022—2027 年	SCI 二区
583	陈化兰	哈兽研	*Journal of Integrative Agriculture*	农业科学学报	主编	2017—2023 年	SCI 三区
584	陈化兰	哈兽研	*Virology*	病毒学	编委	2017—2023 年	SCI 三区
585	陈化兰	哈兽研	*Science China：Life Sciences*	中国科学：生命科学	主编	2018—2023 年	SCI 三区
586	王玉娥	哈兽研	*Archives of Virology*	病毒学档案	编委	2018—2023 年	SCI 三区
587	李呈军	哈兽研	*Virology Journal*	病毒学杂志	副主编	2018—2023 年	SCI 三区
588	李　凯	哈兽研	*Frontiers in Microbiology*	微生物学前沿	编委	2019—2024 年	SCI 二区
589	张万江	哈兽研	*Frontiers in Cellular and Infection Microbiology*	细胞与感染微生物学前沿	编委	2020—2025 年	SCI 二区
590	贾洪林	哈兽研	*Frontiers in Cell and Developmental Biology*	细胞与发育生物学前沿	编委	2022—2027 年	SCI 二区
591	薛　美	哈兽研	*Frontiers in Microbiology*	微生物学前沿	编委	2022—2027 年	SCI 二区
592	高玉龙	哈兽研	*Frontiers in Veterinary Science*	兽医科学前沿	编委	2021—2026 年	SCI 二区
593	高玉龙	哈兽研	*Veterinary Science*	兽医科学	编委	2021—2026 年	SCI 三区
594	汤艳东	哈兽研	*Viruses*	病毒	编委	2021—2026 年	SCI 二区
595	汤艳东	哈兽研	*Archives of Virology*	病毒学档案	编委	2021—2026 年	SCI 三区

（续表）

序号	专家姓名	所在单位	期刊英文名称	期刊中文名称	担任职务	任职起止时间	期刊分区
596	李　凯	哈兽研	*Frontiers in Immunology*	免疫学前沿	编委	2021—2026年	SCI二区
597	王晓钧	哈兽研	*Frontiers in Microbiology*	微生物学前沿	编委	2020—2025年	SCI二区
598	尹　鑫	哈兽研	*Frontier in Microbiology*	微生物学前沿	编委	2021—2026年	SCI二区
599	陈化兰	哈兽研	*Viruses*	病毒	编委	2021—2026年	SCI二区
600	刘光亮	兰兽研	*Molecular Biology Reports*	分子生物学报告	编委	2021年至今	SCI三区
601	张克山	兰兽研	*Veterinary Medicine and Sciences*	兽医学与科学	编委	2021年至今	SCI三区
602	张　杰	兰兽研	*Journal of Veterinary Research*	兽医研究杂志	编委	2016年至今	SCI二区
603	朱启运	兰兽研	*Infection Genetics and Evolution*	感染遗传学和进化	编委	2021年至今	SCI三区
604	李志勇	兰兽研	*Frontiers in Microbiology*	微生物学前沿	编委	2021年至今	SCI一区
605	李维克	兰兽研	*Frontiers in Immunology*	免疫学前沿	编委	2021年至今	SCI一区
606	李维克	兰兽研	*Frontiers in Microbiology*	微生物学前沿	编委	2020年至今	SCI一区
607	独军政	兰兽研	*BMC Veterinary Research*	BMC兽医研究	编委	2020年至今	SCI一区
608	独军政	兰兽研	*Frontier in Veterinary Science*	兽医科学前沿	编委	2019年至今	SCI二区
609	王　帅	兰兽研	*Frontiers in Cellular and Infection Microbiology*	细胞与感染微生物学前沿	编委	2019年至今	SCI二区
610	郑海学	兰兽研	*Animal Diseases*	动物疾病	编委	2021年至今	SCI三区
611	郭慧琛	兰兽研	*Frontiers in Microbiology*	微生物学前沿	编委	2021年至今	SCI一区

（续表）

序号	专家姓名	所在单位	期刊英文名称	期刊中文名称	担任职务	任职起止时间	期刊分区
612	郭慧琛	兰兽研	*Journal of Molecular Pharmaceutics and Organic Process Research*	分子药学与有机过程研究杂志	编委	2016 年至今	SCI 三区
613	尚小飞	兰牧药	*Frontiers in Veterinary Sciences*	兽医科学前沿	副编辑	2021 年至今	SCI 二区
614	尚小飞	兰牧药	*BMC Veterinary Research*	BMC 兽医研究	编委	2021 年至今	SCI 三区
615	尚小飞	兰牧药	*Evidence – Based Complementary and Alternative Medicine*	循证补充替代医学	编委	2021 年至今	SCI 四区
616	丁　铲	上兽研	*Frontiers in Cellular Infection Microbiology*	细胞与感染微生物学前沿	客座编辑	长期	SCI，JCR 二区
617	丁　铲	上兽研	*Animal Disease*	动物疾病	客座编辑	长期	SCI，JCR 二区
618	丁　铲	上兽研	*Viruses*	病毒	客座编辑	长期	SCI，JCR 二区
619	丁　铲	上兽研	*Virology*	病毒学	客座编辑	长期	SCI，JCR 二区
620	廖　瑛	上兽研	*Frontiers in Veterinary Science*	兽医学前沿	客座编委及特邀客座主编	长期	SCI，JCR 二区
621	廖　瑛	上兽研	*Frontiers in Microbiology*	微生物前沿	特邀客座主编	长期	SCI，JCR 二区

（续表）

序号	专家姓名	所在单位	期刊英文名称	期刊中文名称	担任职务	任职起止时间	期刊分区
622	孙英杰	上兽研	*Microbiology*	微生物学	客座编辑	长期	SCI，JCR 二区
623	孙英杰	上兽研	*Infectious Diseases*	感染性疾病	客座编辑	长期	SCI，JCR 二区
624	孙英杰	上兽研	*Comparative Immunology*	比较免疫学	客座编辑	长期	SCI，JCR 二区
625	仇旭升	上兽研	*Frontiers in Microbiology*	微生物前沿	客座编辑	长期	SCI，JCR 二区
626	王少辉	上兽研	*BMC Microbiology*	BMC 微生物学	副主编	2021 年至今	SCI，JCR 二区
627	王少辉	上兽研	*BMC Veterinary Research*	BMC 兽医研究	编委	2021 年至今	SCI，JCR 一区
628	王少辉	上兽研	*Frontiers in Veterinary Science*	兽医科学前沿	编委	2021 年至今	SCI，JCR 一区
629	王少辉	上兽研	*Veterinary Sciences*	兽医科学	客座主编	2022—2023 年	SCI，JCR 二区
630	王少辉	上兽研	*Frontiers in Cellular and Infection Microbiology*	细胞与感染微生物学前沿	客座副主编	2022 年	SCI，JCR 一区
631	于圣青	上兽研	*Frontiers in Veterinary Science*	兽医学前沿	客座副主编	2022—2023 年	SCI，JCR 一区

（续表）

序号	专家姓名	所在单位	期刊英文名称	期刊中文名称	担任职务	任职起止时间	期刊分区
632	田明星	上兽研	*Frontiers in Cellular and Infection Microbiology*	细胞与感染微生物学前沿	客座副主编	2022年	SCI，JCR一区
633	周　文	上兽研	*Veterinary Sciences*	兽医学	编委	2021年至今	SCI，JCR一区
634	周　文	上兽研	*Frontiers in Pharmacology*	药理学前言	编委	2019年至今	SCI，JCR一区
635	于　海	上兽研	*Veterinary Sciences*	兽医科学	客座编辑	2021—2025年	SCI，JCR一区
636	刘长龙	上兽研	*Frontiers in Microbiology*	微生物前沿	客座编辑	2021—2025年	SCI，JCR二区
637	姜一峰	上兽研	*Frontiers in Microbiology*	微生物前沿	客座编辑	2021—2025年	SCI，JCR二区
638	高　飞	上兽研	*Frontiers in Veterinary Science*	兽医科学前沿	客座编辑	2021—2025年	SCI，JCR二区
639	高　飞	上兽研	*BMC Veterinary Research*	BMC兽医研究	客座编辑	2021—2025年	SCI，JCR二区
640	单同领	上兽研	*Viruses*	病毒	客座编辑	2021—2025年	SCI，JCR二区
641	单同领	上兽研	*Frontiers in Veterinary Science*	兽医科学前沿	客座编辑	2021—2025年	SCI，JCR二区

（续表）

序号	专家姓名	所在单位	期刊英文名称	期刊中文名称	担任职务	任职起止时间	期刊分区
642	单同领	上兽研	*BMC Veterinary Research*	BMC 兽医研究	客座编辑	2021—2025 年	SCI，JCR 二区
643	马志永	上兽研	*Viruses*	病毒	客座主编	2022 年	SCI，JCR 二区
644	马志永	上兽研	*Veterinary Vaccine*	兽医疫苗	顾问编辑	2022—2025 年	SCI，JCR 二区
645	邱亚峰	上兽研	*Veterinary Sciences*	兽医科学	编委	2022 年至今	SCI，JCR 三区
646	邱亚峰	上兽研	*Veterinary Sciences*	兽医科学	客座主编	2022—2023 年	SCI，JCR 三区
647	邱亚峰	上兽研	*Frontiers in Cellular and Infection Microbiology*	细胞与感染微生物学前沿	审稿编辑	2022 年至今	SCI，JCR 二区
648	李蓓蓓	上兽研	*Veterinary Sciences*	兽医科学	客座主编	2022—2023 年	SCI，JCR 三区
649	魏建超	上兽研	*Viruses*	病毒	专题顾问	2022 年至今	SCI，JCR 二区
650	周金林	上兽研	*Ticks and Tick-borne Diseases*	蜱和蜱传疾病	编委		SCI，JCR 三区
651	李　涛	上兽研	*Frontier in Microbiology*	微生物前沿	客座主编	2022 年至今	SCI，JCR 二区

（续表）

序号	专家姓名	所在单位	期刊英文名称	期刊中文名称	担任职务	任职起止时间	期刊分区
652	魏建超	上兽研	*Viruses*	病毒	客座主编	2022 年	SCI，JCR 三区
653	周金林	上兽研	*Zoonoses*	人兽共患病	编委	现任	SCI，JCR 三区
654	韩文军	草原所	*Research for Tropical Agriculture*（日文期刊），*Tropical Agriculture and Development*（英文期刊）	日本热带农学会学术期刊	编委	2014 年至今	
655	郭海心	环保所	*Biochar*	生物炭	青年编委	2021—2025 年	SCI，JCR 一区
656	申　锋	环保所	*Biochar*	生物炭	青年编委	2021—2025 年	SCI，JCR 一区
657	李晓晶	环保所	*Frontiers in Microbiology*	微生物前沿	编委、客座编辑	2020 年至今	SCI，JCR 一区
658	李晓晶	环保所	*Sustainability*	可持续发展	客座编辑	2021—2022 年	SCI，JCR 一区
659	赵丽霞	环保所	*Frontiers in Environmental Chemistry*	环境化学前沿	客座编辑	2021 年至今	SCI，JCR 一区
660	杨　鹏	环保所	*International Journal of Environmental Research and Public Health*	国际环境研究与公共卫生杂志	编委	2021 年至今	SCI，JCR 一区

（续表）

序号	专家姓名	所在单位	期刊英文名称	期刊中文名称	担任职务	任职起止时间	期刊分区
661	杨　鹏	环保所	*International Journal of Environmental Research and Public Health*	国际环境研究与公共卫生杂志	客座编辑	2021—2022年	SCI，JCR一区
662	支苏丽	环保所	*International Journal of Environmental Research and Public Health*	国际环境研究与公共卫生杂志	客座编辑	2022年	SCI，JCR一区
663	杨凤霞	环保所	*Frontiers in Microbiology*	微生物学前沿	评审编辑	2022年至今	SCI，JCR一区
664	杨凤霞	环保所	*International Journal of Environmental Research and Public Health*	国际环境研究与公共卫生杂志	客座编辑	2021—2022年	SCI，JCR一区
665	杨凤霞	环保所	*Frontiers in Environmental Microbiolog*	环境微生物前沿	编委	2022—2024年	
666	丁永祯	环保所	*International Journal of Environmental Research and Public Health*	国际环境研究与公共卫生杂志	编委	2021年至今	SCI，JCR一区
667	丁永祯	环保所	*International Journal of Environmental Research and Public Health*	国际环境研究与公共卫生杂志	客座编辑	2021—2022年	SCI，JCR一区
668	丁永祯	环保所	*Biology*	生物学	客座编辑	2022年	SCI，JCR一区

（续表）

序号	专家姓名	所在单位	期刊英文名称	期刊中文名称	担任职务	任职起止时间	期刊分区
669	何明雄	沼科所	*Biotechnology for Biofuels*	生物燃料生物技术	审稿专家	长期	JCR 一区
670	薛新宇	农机化所	*Computer and Electronics in Agriculture*	计算机电子农业	审稿专家	2012 年至今	JCR 三区
671	薛新宇	农机化所	*International Journal of Agricultural and Biological Engineering*	国际农业与生物工程学报	审稿专家	2012 年至今	JCR 二区
672	张　鹏	烟草所	*Frontiers in Microbiology*	微生物学前沿	副主编	2022 年	JCR Top 25%
673	黄　斌	烟草所	*Frontiers in Microbiology*	微生物学前沿	客座主编	2022 年	JCR Top 25%
674	任茂智	都市所	*Frontiers in Plant Science*	植物科学前沿	编委	2017 年至今	SCI 一区
675	任茂智	都市所	*Frontiers in Cell and Developmental Biology*	细胞和发育生物学前沿	编委	2017 年至今	SCI 一区
676	费书朗	都市所	*Frontiers in Nutrition*	营养学前沿	客座编辑	2022 年至今	一区
677	刘宏艳	都市所	*Frontiers in Nutrition*	营养学前沿	评审编辑	2022 年至今	JCR 一区
678	刘宏艳	都市所	*Antioxidants*	抗氧化剂	客座编辑	2022 年	JCR 一区
679	刘宏艳	都市所	*Foods*	食物	客座编辑	2022 年	JCR 一区
680	杨　睿	都市所	*Horticulturae*	园艺	客座编辑	2022 年至今	JCR 一区
681	杨　睿	都市所	*Agriculture*	农业	客座编辑	2022 年至今	JCR 一区

（续表）

序号	专家姓名	所在单位	期刊英文名称	期刊中文名称	担任职务	任职起止时间	期刊分区
682	杨　睿	都市所	*International Journal of Environmental Research and Public Health*	国际环境研究与公共健康期刊	客座编辑	2021年至今	JCR一区
683	张冬冬	都市所	*International Journal of Environmental Research and Public Health*	国际环境研究与公共健康期刊	客座编辑	2021年至今	JCR一区
684	陶秀萍	都市所	*International Journal of Environmental Research and Public Health*	国际环境研究与公共健康期刊	客座编辑	2021年至今	JCR一区
685	王　峥	都市所	*Horticulturae*	园艺	客座编辑	2022年至今	JCR一区
686	王　峥	都市所	*Agriculture*	农业	客座编辑	2022年至今	JCR一区
687	李　奎	基因组所	*Frontier in Genetics*	遗传学前沿	副主编	2021年至今	JCR一区
688	李　奎	基因组所	*BioMed Research International*	国际生物医学研究	编委	2021年至今	三区
689	李　奎	基因组所	*Journal of Animal Science and Biotechnology*	动物科学与生物技术杂志	编委	2021年至今	一区
690	李　奎	基因组所	*American Journal of Animal and Veterinary Sciences*	美国动物兽医科学杂志	编委	2021年至今	SCI
691	叶国友	基因组所	*Frontiers in Plant Sceince*	植物科学	编委	2021—2025年	SCI一区
692	叶国友	基因组所	*BMC genomics*	BMC基因组学	编委	2021—2025年	SCI二区
693	叶国友	基因组所	*Rice Science*	水稻科学	编委	2015年至今	JCR一区

（续表）

序号	专家姓名	所在单位	期刊英文名称	期刊中文名称	担任职务	任职起止时间	期刊分区
694	程　旭	基因组所	*Frontiers in Bioengineering and Biotechnology*	生物工程与生物技术前沿	专刊编委	2022 年至今	JCR 二区
695	程　旭	基因组所	*iMeta*		青年编委	2022 年至今	SCI
696	黄三文	基因组所	*Cell*	细胞	学术顾问委员会及委员	2020 年至今	一区
697	程时锋	基因组所	*Elsevier*：*Protist*	爱思唯尔：原生生物	编委	2019 年至今	SCI
698	徐建龙	基因组所	*The Crop Journal*	作物学报	执行副主编	2013 年至今	一区
699	黎志康	基因组所	*Plant Breeding*	植物育种	编委	2014 年至今	SCI
700	黎志康	基因组所	*AfricaSeeds*	非洲种业	理事	2017 年至今	
701	周永锋	基因组所	*Horticulture Research*	园艺研究	副主编	2021—2025 年	SCI 一区
702	周永锋	基因组所	*Horticulturae*	园艺杂志	编委	2021—2025 年	SCI 一区
703	周永锋	基因组所	*Frontiers in Plant Science*	植物科学前沿	编委	2021 年至今	SCI 二区
704	周永锋	基因组所	*Journal of Plant Sciences-EB*	植物科学杂志—EB	编委	2021—2026 年	SCI 三区
705	周永锋	基因组所	*Journal of Fruit Science*	果树学报	编委	2022—2024 年	
706	周永锋	基因组所	*Journal of Integrative Agriculture*	农业学报	编委	2022—2026 年	JCR 一区
707	杨　青	基因组所	*Insect Biochemistry and Molecular Biology*	昆虫生物化学与分子生物学	编委	2019 年至今	JCR 一区
708	杨　青	基因组所	*Frontiers in Insect Sciences*	昆虫科学前沿	编委	2019 年至今	二区

（续表）

序号	专家姓名	所在单位	期刊英文名称	期刊中文名称	担任职务	任职起止时间	期刊分区
709	杨　青	基因组所	*Current Pharmaceutical Design*	当前药物设计	编委	2009 年至今	三区
710	杨　青	基因组所	*Biofuels, Bioproducts and Biorefining*	生物燃料、生物产品与生物精炼	编委	2010 年至今	二区

二、国际机构兼职

序号	专家姓名	所在单位	国际组织、机构、机制英文名称	国际组织、机构、机制中文名称	担任职务	任职起止时间
1	陈晓玲	作科所		国际低温生物学会会员资格审查委员会	委员	2022 年 1—10 月
2	马小定	作科所	RDA	韩国农村振兴厅	咨询专家	2022 年 1 月—2024 年 12 月
3	韩龙植	作科所	RDA	韩国农村振兴厅	咨询专家	2022 年 1 月—2024 年 12 月
4	韩龙植	作科所	The North Agricultural Research Institute（The Republic of Korea）	北方农业研究所（韩国）	咨询专家	2018 年 1 月—2027 年 12 月
5	金秀良	作科所	The Swiss National Natural Science Foundation	瑞士国家自然基金委	咨询专家	2021 年 2 月—2025 年 12 月
6	金秀良	作科所	Austrian National Natural Science Foundation	奥地利国家自然基金委	咨询专家	2020 年 2 月—2025 年 12 月
7	徐云碧	作科所	International Maize and Wheat Improvement Center	国际玉米小麦改良中心	咨询专家	2010 年 1 月—2023 年 12 月
8	郑晓明	作科所	The International Rice Research Institute in China Office	国际水稻研究所驻中国办事处	主席	2020 年 1 月—2022 年 12 月
9	郭会君	作科所	The International Atomic Energy Agency	国际原子能机构	咨询专家	2022 年 9 月—2022 年 10 月

（续表）

序号	专家姓名	所在单位	国际组织、机构、机制英文名称	国际组织、机构、机制中文名称	担任职务	任职起止时间
10	夏先春	作科所	Wheat Genetic Directory Board	小麦基因目录编委会	委员	2009 年 1 月—2023 年 10 月
11	何中虎	作科所	The Republic of Korea's Rural Revitalization of the Hall	韩国农村振兴厅	咨询专家	2019 年 11 月—2028 年 9 月
12	何中虎	作科所	The International Coordinating Committee of Wheat	国际小麦协调委员会	委员	2012 年 1 月—2028 年 9 月
13	何中虎	作科所	The National Institute of Crops	美国作物学会	咨询专家	2015 年 8 月—2023 年 8 月
14	何中虎	作科所	The National Institute of Crops	美国作物学会	委员	2009 年 1 月—2028 年 9 月
15	何中虎	作科所	The American Society	美国农学会	委员	2013 年 1 月—2028 年 9 月
16	何中虎	作科所	The International Coordinating Committee of Wheat	国际小麦协调委员会	委员	2012 年 1 月—2028 年 9 月
17	何中虎	作科所	International Maize and Wheat Improvement Center	国际玉米小麦改良中心（CIMMYT）	理事长	1997 年 1 月—2028 年 7 月
18	何中虎	作科所	The Fourth Session of the Organizing Committee of the International Seminar on Gluten	第四届国际谷蛋白研讨会组委会	委员	2022 年 5 月—2023 年 6 月

（续表）

序号	专家姓名	所在单位	国际组织、机构、机制英文名称	国际组织、机构、机制中文名称	担任职务	任职起止时间
19	赵开军	作科所	Malaysian Palm Oil Board	马来西亚棕榈油理事会	咨询专家	2022 年 1 月—2023 年 12 月
20	殷大萌	作科所	The Association of American Geographers Professional Remote Sensing	美国地理学家协会遥感专业组	理事	2021 年 4 月—2023 年 4 月
21	郑晓明	作科所	The International Rice Research Institute in China Office	国际水稻研究所驻中国办事处	主席	2020 年 1 月—2022 年 12 月
22	刘录祥	作科所	International Agricultural Research Consultation Organization	国际农业研究磋商组织	咨询专家	2021 年 1 月—2023 年 3 月
23	周美亮	作科所	The European Union Marie Curie Foundation	欧盟玛丽居里基金委	咨询专家	2019 年 1 月—2023 年 12 月
24	周美亮	作科所	The European Association of Buckwheat Academic Committee	欧洲荞麦协会学术委员会	委员	2021 年 1 月—2023 年 12 月
25	周美亮	作科所	The International Association of Buckwheat	国际荞麦协会	理事	2019 年 1 月—2022 年 12 月
26	孙君明	作科所	The Eu Framework Programme	欧盟框架计划	咨询专家	2017 年 7 月—2022 年 12 月
27	刘　旭	作科所	The 2nd International Conference on Wheat Local Organizing Committee	第二届国际小麦大会地方组委会	主席	2019 年 7 月—2025 年 12 月

（续表）

序号	专家姓名	所在单位	国际组织、机构、机制英文名称	国际组织、机构、机制中文名称	担任职务	任职起止时间
28	刘录祥	作科所	The Plant Mutation Breeding Registries	亚太植物诱变育种协作网	主席	2019年7月—2023年12月
29	张宗文	作科所	The International Center for Biological Diversity of East Asia Office	国际生物多样性中心东亚办事处	主席	2003年1月—2030年12月
30	万建民	作科所	International Society for Crops	国际作物学会	主席	2016年1月—2023年12月
31	贾继增	作科所	The International Organization for Wheat Genome Sequencing	国际小麦基因组测序组织	委员	2013年1月—2023年12月
32	韩龙植	作科所	North Korean Agricultural Research Institute	韩国北方农业研究所	委员	2018年1月—2023年12月
33	刘录祥	作科所	The International Atomic Energy Agency（Iaea）Nuclear Cooperation Project Steering Committee	国际原子能机构核技术合作项目指导委员会	委员	2017年1月—2025年12月
34	郑晓明	作科所	The World Conservation Union	世界自然保护联盟	委员	2022年1月—2025年12月
35	任贵兴	作科所	International Research Center for Quinoa（Bolivia）	国际藜麦研究中心（玻利维亚）	委员	2019年1月—2023年12月
36	曹坳程	植保所	United Nations Environment Programme Methyl Bromide Technical Options Committee	联合国环境规划署甲基溴技术选择委员会	主席	2005年9月—2025年9月

（续表）

序号	专家姓名	所在单位	国际组织、机构、机制英文名称	国际组织、机构、机制中文名称	担任职务	任职起止时间
37	高玉林	植保所	International Awards Committee of the American Entomological Society	美国昆虫学会国际奖励委员会	主席	2021 年 1 月—2022 年 6 月
38	高玉林	植保所	International Biological Control Organization-Asia Pacific Regions	国际生物防治组织—亚太地区	副主席	2018 年 12 月—2022 年 8 月
39	高玉林	植保所	International Biological Control Organization	国际生物防治组织	副主席	2020 年 1 月—2024 年 12 月
40	高玉林	植保所	International Working Group on Biological Control of Pests in Solanaceous Crops（Potatoes）	马铃薯等茄科作物害虫生物防治国际工作组	委员	2021 年 11 月—2022 年 11 月
41	李世访	植保所	International Council for the Study of Virus and other Graft Transmissible Diseases of Fruit Crops	国际果树作物病毒和其他嫁接传染病研究理事会	主席	2014 年 11 月—2028 年 12 月
42	李香菊	植保所	Asia Pacific Weed Society	亚太杂草学会	委员	2018 年 1 月—2023 年 12 月
43	刘万学	植保所	Intergovernmental Science policy Platform on Biodiversity and Ecosystem Services	生物多样性和生态系统服务政府间科学政策平台	委员	2017 年 5 月—2022 年 12 月
44	刘新刚	植保所	Pacifichem Congress	环太平洋国际化学大会	组织主席	2019 年 10 月—2021 年 12 月

（续表）

序号	专家姓名	所在单位	国际组织、机构、机制英文名称	国际组织、机构、机制中文名称	担任职务	任职起止时间
45	刘新刚	植保所	International LowImpact final seminar between Norway and China	中挪国际降低农药环境影响学术交流研讨会	副主席	2020 年 12 月—2022 年 12 月
46	刘新刚	植保所	Impacts of Pesticides on Soil and Environment seminar	农药对土壤和环境的影响学术交流会	组织主席	2021 年 12 月—2022 年 12 月
47	毛连纲	植保所	International LowImpact final seminar between Norway and China	中挪国际降低农药环境影响学术交流研讨会	委员	2020 年 12 月—2022 年 12 月
48	彭德良	植保所	International Federation of Nematology Societies	国际线虫学会	委员	2009 年 12 月—2022 年 12 月
49	王桂荣	植保所	Asia – Pacific Association of Chemical Ecologists	亚太国际化学生态学会	主席	2019 年 12 月—2023 年 12 月
50	王锡锋	植保所	International Committee on Taxonomy of Viruses（ICTV）Luteovirus Working Group	国际病毒分类委员会黄症病毒工作组	咨询专家	2013 年 4 月—2023 年 12 月
51	王锡锋	植保所	International Society for Plant Pathology	国际植物病理学会	委员	2017 年 11 月—2022 年 12 月
52	王振营	植保所	IWGO-IOBC	国际生防组织国际玉米螟及其他玉米害虫研究协作组	主席	2020 年 9 月—2025 年 12 月
53	王振营	植保所	ASEAN Action Plan on Fall Armyworm	东盟草地贪夜蛾行动计划	委员	2017 年 12 月—2022 年 12 月

（续表）

序号	专家姓名	所在单位	国际组织、机构、机制英文名称	国际组织、机构、机制中文名称	担任职务	任职起止时间
54	王振营	植保所	Technical Committee for the Global Action for Fall Armyworm Control-FAO	联合国粮食及农业组织草地贪夜蛾行动计划技术委员会	委员	2015 年 5 月—2025 年 12 月
55	吴孔明	植保所	Technical Committee for the Global Action for Fall Armyworm Control-FAO	联合国粮食及农业组织草地贪夜蛾行动计划技术委员会	委员	2015 年 5 月—2025 年 12 月
56	吴孔明	植保所	Global Action for Fall Armyworm Control Steering Committee Membership List	联合国粮食及农业组织草地贪夜蛾防控指导委员会	咨询专家	2018 年 7 月—2024 年 12 月
57	徐学农	植保所	Predatory Mites as Biological control Agents Working Group, Internaitional Organization of Biological Control, Asia and the Pacific Regional Section	国际生物防治组织亚太区生物防治物捕食螨工作组	协调人	2017 年 7 月至今
58	杨念婉	植保所	International Biological Invasion Commission	国际生物入侵委员会	委员	2019 年 1 月—2024 年 12 月
59	袁会珠	植保所	International Precision Agriculture Aviation Association	国际精准农业航空协会	理事	2015 年 5 月—2025 年 12 月
60	袁会珠	植保所	International Commission on Agriculture and Biological Engineering	国际农业与生物工程委员会	理事	2014 年 6 月—2025 年 12 月

（续表）

序号	专家姓名	所在单位	国际组织、机构、机制英文名称	国际组织、机构、机制中文名称	担任职务	任职起止时间
61	张　杰	植保所	IOBC-BiCoSol	马铃薯等茄科作物害虫生物防治国际工作组	委员	2020 年 12 月—2022 年 12 月
62	张礼生	植保所	2nd International Congress of Biological Control	第二届国际生物防治大会	委员	2004 年 12 月—2022 年 12 月
63	张礼生	植保所	ASEAN Action Plan on Fall Armyworm	东盟草地贪夜蛾行动计划	委员	2017 年 8 月—2025 年 12 月
64	周雪平	植保所	IAPPS	国际植物保护科学学会	主席	2019 年 9 月—2024 年 12 月
65	周雪平	植保所	Tenuivirus Study Group	国际病毒分类委员会	委员	2020 年 1 月—2024 年 12 月
66	周益林	植保所	Agri-Tech in China：Newton Network+	中国农业科技：牛顿网络+	咨询专家	2020 年 5 月—2024 年 12 月
67	周益林	植保所	Subject Matter Committee on Biotic Constraints to Food and Fiber Production	食品和纤维生产的生物限制主题委员会	委员	2019 年 3 月—2024 年 12 月
68	万方浩	植保所	Expert Committee of the International Plant Protection Convention	国际植物保护公约专家委员会	委员	2011 年 9 月至今
69	万方浩	植保所	Intergovernmental Science Policy Platform Multidisciplinary Expert Committee on Biodiversity and Ecosystem Services	生物多样性与生态系统服务政府间科学—政策平台多学科专家委员会	专家	2014 年至今

（续表）

序号	专家姓名	所在单位	国际组织、机构、机制英文名称	国际组织、机构、机制中文名称	担任职务	任职起止时间
70	万方浩	植保所	Invasive Species Specialist Group (ISSG), IUCN Species Survival Commission	入侵物种专家组 IUCN 物种生存委员会	委员	2009 年至今
71	万方浩	植保所	Expert Committee of International Congress of Biological Invasions	国际生物入侵大会专家委员会	专家	2010 年至今
72	万方浩	植保所	Global Invasive Species Information Network	全球入侵物种信息网	执行委员会委员	2005 年至今
73	朱丽珍	植保所	International LowImpact final seminar between Norway and China	中挪国际降低农药环境影响学术交流研讨会	委员	2013 年 1 月—2023 年 12 月
74	董丰收	植保所	Pacifichem Congress	环太平洋国际化学大会	组织主席	2019 年 10 月—2021 年 12 月
75	陈巨莲	植保所	CIMMYT－Expert Working Group of Wheat Initiative	国际玉米和小麦改良中心小麦倡议专家工作组	委员	2022 年 7 月至今
76	张　勇	植保所	CIMMYT－Expert Working Group of Wheat Initiative	国际玉米和小麦改良中心小麦倡议专家工作组	委员	2022 年 7 月至今
77	张友军	蔬菜所	IOBC–BiCoSol	马铃薯等茄科作物害虫生物防治国际工作组	学术咨询专家	2021 年 2 月至今
78	顾兴芳	蔬菜所	Chair of ISHS–Cucurbitaceae	国际园艺学会葫芦科分会	主席	2019—2023 年
79	姚宗路	环发所	GIZ	德国国际合作机构	咨询专家	2021—2023 年
80	赵立欣	环发所	GIZ	德国国际合作机构	咨询专家	2021—2023 年

（续表）

序号	专家姓名	所在单位	国际组织、机构、机制英文名称	国际组织、机构、机制中文名称	担任职务	任职起止时间
81	高清竹	环发所	IPCC	政府间气候变化委员会	第二工作组第六次评估报告委员	2018—2022年
82	刘　硕	环发所	United Nations Framework Convention on Climate Change	《联合国气候变化框架公约》适应委员会	委员	2022年
83	严昌荣	环发所	International Committee for Plastics in agriculture	国际农膜学会	主席	2018—2025年
84	贺　勇	环发所	Exper Working Group (Adaptation of Wheat to Abiotic Stress)	全球小麦计划非生物胁迫专家工作组	委员	2012—2022年
85	顾峰雪	环发所	AsiaFlux Science Steering Committee	亚洲能量协作网科学委员会	委员	2021—2024年
86	董红敏	环发所	IPCC EFDB Editorial Board Members	IPCC 排放因子数据库	委员	2021—2023年
87	丁家波	牧医所	World Organization for Animal Health	世界动物卫生组织布鲁氏菌病参考实验室	首席专家	2019年5月至今
88	丁家波	牧医所	Food and Agriculture Organization of the United Nations	联合国粮农组织布病参考中心	主任	2021年11月至今
89	石　巍	蜜蜂所		欧盟蜜蜂消失项目	委员	长期

（续表）

序号	专家姓名	所在单位	国际组织、机构、机制英文名称	国际组织、机构、机制中文名称	担任职务	任职起止时间
90	安建东	蜜蜂所		国际自然保护联盟—熊蜂专家组东亚地区协调人（主席）	理事	2017 年至今
91	安建东	蜜蜂所		国际植物—传粉者互作研究委员会	理事	2012 年至今
92	吴　杰	蜜蜂所		AAA 经济专委会	主席	2020 年至今
93	吴　杰	蜜蜂所		国际标准化组织食品技术委员会蜂产品分委员会	委员	2020 年至今
94	周志刚	饲料所	International Fish Microbiota Workshop	国际鱼类肠道菌群学术研讨会	当然委员	2019 年 10 月至今
95	周志刚	饲料所	International Research Consortium on Gastrointestinal Microbiota in Aquatic Animals	国际水产动物消化道微生物研究联盟	副主席	2018 年 8 月至今
96	周志刚	饲料所		中国—挪威鱼类消化道微生物联合实验室	中方主任	2015 年 9 月至今
97	周志刚	饲料所	The Netherlands Organization for Scientific Research	荷兰科学研究组织	特邀评审专家	2019 年 2 月至今
98	周志刚	饲料所	PEW Marine Fellows Program	美国皮尤海洋学者项目	提名专家	2019 年 1 月至今

（续表）

序号	专家姓名	所在单位	国际组织、机构、机制英文名称	国际组织、机构、机制中文名称	担任职务	任职起止时间
99	蒋显仁	饲料所	University of Milan	意大利米兰大学	客座教授	2020 年 1 月至今
100	张春义	生物所	International Service for Acquisition of Agri-Biotech Applications	国际农业生物技术应用服务组织	中国区域负责人	2016 年 3 月至今
101	李先德	农经所		联合国粮食及农业组织全球重要农业文化遗产科学委员会	委员副主席	2021 年 12 月—2023 年 12 月
102	白可喻	资划所	The Alliance of Bioversity International and CIAT	国际生物多样性中心和国际热带农业中心联盟	评审专家	2022 年 1—12 月
103	何　萍	资划所	The International Scientific Center for Fertilizers	国际肥料科学中心	主席	2016 年 8 月至今
104	张　斌	资划所	Global Soil Partnership Secretariat Openness Working Group	全球土壤伙伴关系秘书处开放性工作组	委员	2016 年 2 月至今
105	高　巍	资划所	International Mushroom Association	国际蘑菇学会	委员	2015 年 4 月至今
106	邵长亮	资划所	US-China Carbon Consortium	中美碳联盟	主席	2021 年 7 月—2024 年 7 月
107	辛晓平	资划所	US-China Carbon Consortium	中美碳联盟	委员	2022 年 1 月—2023 年 12 月

（续表）

序号	专家姓名	所在单位	国际组织、机构、机制英文名称	国际组织、机构、机制中文名称	担任职务	任职起止时间
108	庚　强	资划所	Drought-Net	旱地网络指导委员会	委员	2019年1月—2024年12月
109	庚　强	资划所	Nutrient-Network	营养网络指导委员会	委员	2018年2月—2023年12月
110	吴红慧	资划所	NPK Drought Network	氮磷钾干旱网	委员	2020年1月—2025年12月
111	姚艳敏	资划所	ISO/TC 211/WG1	国际标准化组织地理信息技术委员会第一工作组	委员	2022年1—12月
112	吴红慧	资划所	Disturbance and Resources Across Global Grasslands Network	全球草地干扰和资源网络	委员	2021年1月—2026年12月
113	王培龙	质标所	Vebleo	国际科学组织	协会会士	2022年4月至今
114	穆希岩	质标所	National Science Center，Poland	波兰国家科学中心	科研基金函评专家	2022年9月至今
115	刘　锐	营养所	Chinese Catering Industrialization Committee，World Federation of Chinese Catering Industry	世界中餐业联合会中餐工业化专业委员会	副主席	2021年12月—2022年12月
116	刘　锐	营养所	International Association for Cereal Chemistry	国际谷物科技协会	委员	2020年至今

（续表）

序号	专家姓名	所在单位	国际组织、机构、机制英文名称	国际组织、机构、机制中文名称	担任职务	任职起止时间
117	齐学斌	灌溉所	International Commission on Irrigation and Drainage	国际灌溉排水委员会灌区节水工作组和非传统水源灌溉工作组	委员	2021 年 11 月—2024 年 11 月
118	胡培松	水稻所	International Rice Commission	国际水稻委员会	中国代表	2019 年至今
119	胡培松	水稻所	The Council for Partnerships on Rice Research in Asia	亚洲水稻研究合作委员会	中国代表	2019 年至今
120	胡培松	水稻所	Hybrid Rice Development Consortium	国际杂交稻联盟	专家委员会委员	现任
121	王丹英	水稻所	International Rice Commission	国际直播稻联盟	咨询专家	2018 年至今
122	罗　炬	水稻所	International Rice Commission	国际水稻委员会	中国副代表	现任
123	罗　炬	水稻所	The Council for Partnerships on Rice Research in Asia	亚洲水稻研究合作委员会	中国副代表	现任
124	金千瑜	水稻所		国际（长沙）农田生态种养发展论坛第一届理事会	常务理事	2019—2023 年
125	朱德峰	水稻所	Republic of Korea Rural Development Administration	韩国农业振兴厅	荣誉科学家和顾问	2021—2023 年
126	叶武威	棉花所	International Cotton Genome Initiative	国际棉花基因组委员会	联合主席	2019 年 1 月—2022 年 12 月
127	袁有禄	棉花所	International Cotton Genome Initiative	国际棉花基因组委员会	联合主席	2019 年 1 月—2022 年 12 月

（续表）

序号	专家姓名	所在单位	国际组织、机构、机制英文名称	国际组织、机构、机制中文名称	担任职务	任职起止时间
128	刘胜毅	油料所	Global Council for Innovation in Rapeseed and Canola	国际油菜咨询委员会	委员	2019—2024 年
129	廖伯寿	油料所	Groundnut Bacterial Wilt Working Group	国际花生青枯病工作网（国际半干旱研究所）	技术协调员（首席专家）	1997 年至今
130	李培武	油料所	Global Council for Innovation in Rapeseed and Canola	国际油菜咨询委员会	咨询专家	2007 年至今
131	李培武	油料所	ISM	国际真菌毒素学会	咨询专家	2017 年至今
132	李培武	油料所	JECFA	联合国粮食及农业组织和世界卫生组织—食品添加剂联合专家委员会	评审专家	2015 年至今
133	王汉中	油料所	Global Council for Innovation in Rapeseed and Canola	国际油菜咨询委员会	理事	2003 年至今
134	邓乾春	油料所	CNAOCS	美国油脂化学家中国	委员	2022 年 1 月—2022 年 12 月
135	张良晓	油料所	Global Council for Innovation in Rapeseed and Canola	国际油菜咨询委员会	理事	2022—2026 年
136	杨永坤	麻类所	International Natural Fiber Organization	国际天然纤维组织	主席	2019 年 9 月—2024 年 9 月

（续表）

序号	专家姓名	所在单位	国际组织、机构、机制英文名称	国际组织、机构、机制中文名称	担任职务	任职起止时间
137	王玉富	麻类所	European Cooperative Research Network on Flax and Other Bast Plants	联合国粮食及农业组织欧洲亚麻及其他韧皮纤维植物协作组织	代表	2017 年至今
138	方金豹	郑果所	International Cultivar Registration Authority for Actinidia	国际园艺学会命名与登录委员会	猕猴桃属新品种的国际登录权威	2019 年 10 月至今
139	阮建云	茶叶所	FAO-IGG-Tea	联合国粮食及农业组织茶叶政府间工作组	副主席	2022—2023 年
140	孙晓玲	茶叶所		亚太地区化学生态学学会	理事	2020—2023 年
141	李　鑫	茶叶所	Asia Association of Plant Scientists	亚洲植物科学家协会	执行委员会委员	2020 年 6 月至今
142	李雁冰	哈兽研	WHO/WOAH OFFLU	OIE－FAO 动物流感专家组 OFFLU	执委	2021 年 6 月—2024 年 6 月
143	付宝权	兰兽研		国际旋毛虫病委员会	委员	2018 年至今
144	刘湘涛	兰兽研	OIE/China National Foot－and－Mouth Disease Reference Laboratory	世界动物卫生组织中国国家口蹄疫参考实验室主任	主任	2014 年至今
145	殷　宏	兰兽研	OIE Ovine Theileriosis Reference Laboratory	世界动物卫生组织羊泰勒虫参考实验室主任	主任	2016 年至今

（续表）

序号	专家姓名	所在单位	国际组织、机构、机制英文名称	国际组织、机构、机制中文名称	担任职务	任职起止时间
146	骆学农	兰兽研	OIE Reference Laboratory for Cysticercosis	世界动物卫生组织囊尾蚴病参考实验室	主任	2020 年至今
147	殷　宏	兰兽研	STAR_IDAZ International Research Consortium on Animal Health	动物与人畜共患主要传染疾病研究统筹协调全球战略促进协调机构	执行主席	2019 年至今
148	金　轲	草原所	Intergovernmental Technical Panel on Soils	联合国粮农组织全球土壤合作伙伴关系政府间高级专家组	专家	2022—2025 年
149	李　平	草原所	International Society of Environmental and Rural Development	国际环境与农村发展学会	国家/地区副主席	2019 年 1 月—2024 年 1 月
150	刘　刈	沼科所		ISO 国际标准化组织沼气技术委员会	委员	长期
151	龙　燕	沼科所	Asia Biogas Association	亚太沼气联盟	委员	长期
152	薛新宇	农机化所	International Commission of Agricultural Engineering	国际农业工程学会精准农业航空工作委员会	副主任	2013 年 9 月至今
153	郭永峰	烟草所	CORESTA	烟草科学研究合作中心	工作组召集人	2017 年 10 月至今
154	杨其长	都市所		国际半导体照明联盟农业照明专业委员会	主席	2022 年 1 月至今

（续表）

序号	专家姓名	所在单位	国际组织、机构、机制英文名称	国际组织、机构、机制中文名称	担任职务	任职起止时间
155	杨其长	都市所		国际园艺学会设施植物生产系统智能化专业委员会	主席	2018 年 8 月至今
156	费书朗	都市所	FAO	联合国粮食及农业组织	顾问	2022 年 5 月—12 月
157	费书朗	都市所	WFF	世界粮食论坛	青年科学家小组委员	2022 年 5 月—2023 年 5 月
158	费书朗	都市所	WFF	世界粮食论坛	TRC 国际竞赛评委	2022 年 7 月—10 月
159	王　韧	基因组所	International Organizational for Biological Control	国际生物防治组织	终身荣誉会员	终身
160	王　韧	基因组所	International Centre of Biosaline Agriculture	国际生物盐碱农业中心	理事会理事学术与计划委员会主席	2019—2024 年
161	叶国友	基因组所	International Rice Research Institute	国际水稻研究所	高级科学家	2017 年 1 月至今
162	程　旭	基因组所	Wageningen for the University	荷兰瓦赫宁根大学	客座科学家、植物科学研究生院合作博士生导师	2020 年 6 月—2022 年 5 月

（续表）

序号	专家姓名	所在单位	国际组织、机构、机制英文名称	国际组织、机构、机制中文名称	担任职务	任职起止时间
163	万方浩	基因组所	IUCN Species Survival Commission	国际自然保护联盟物种生存委员会	会员	2021 年 1 月—2025 年 12 月
164	程时锋	基因组所	Designing Future Wheat	未来小麦联盟	参与人	2021 年 1 月至今
165	程时锋	基因组所		国际种业科学家联合体	执行委员会副主任	2021 年 12 月至今
166	周永锋	基因组所	Plant Genomes Online	第一届 PGO 国际大会	亚洲区负责人	2022 年 4—12 月
167	王桂荣	基因组所		亚太国际化学生态学会	主席	

五、人事管理与人才建设

中国农业科学院2022年人事人才工作概况

2022年12月

2022年，在中国农业科学院党组坚强领导下，人事局坚持以习近平新时代中国特色社会主义思想为指导，全面贯彻党的二十大精神，全面贯彻党的二十大精神，深入实施人才强院战略，深度融入“举院抓大事”发展大局，持续深化人才发展体制机制改革，大力推进领导班子和干部人才队伍建设，各项工作取得新进展。

一、锐意进取，人事人才工作取得新成效

（一）坚持人才强院，高层次人才引领作用日益凸显

一是人才发展体制机制改革持续深化。编制国家农业战略人才力量建设规划，对标国家新时代人才强国战略实施总体部署，提出到2035年建成人才高地的发展目标、学科和区域布局以及五大行动、20项举措。深化职称制度改革，进一步优化程序、加大研究所评价自主权，研究起草农科英才管理办法等6项制度，积极推动资划所、基因组所纳入中央深改委科技人才评价试点，人才发展制度体系进一步健全完善。首次创设院级人才奖项，首批评选10名杰出人才和30名优秀青年人才，进一步健全全院科技、转化、人才三位一体的院级奖励体系。

二是高层次人才队伍不断壮大。深入实施农科英才支持政策，新增入选国家人才计划69人次，精准引进急需紧缺人才26人，全年增补农科英才15人，新遴选青年英才59人，总数达422人；团队式引进朱健康院士团队，牵头实施农业关键核心技术攻关项目，挂牌成立基因编辑创新利用重点实验室（海南），加快推进基因编辑工具发掘及相关技术攻关；首次开展农科英才期满考核，87名人才启动新一轮特殊稳定支持，实现院级人才动态管理。新晋升正高级职称144人，平均43岁，副高级职称279人，平均37岁，骨干人才结构进一步优化。

三是博士后队伍实现量质双升。全年进站博士后300人，较2021年增长近28%，在站博士后首次突破800人，达817人。博士后基金项目资助再创新高，通过组织专家进行一对一指导，有效提升申报质量，63人获博士后科学基金项目资助，12人入选博士后人才项目，经费达1 163万元，同比增长20%。兰牧药、草原所、南繁研究院获批博士后工作站，基因组所鲲鹏现代农业研究院获批广东省博士后创新实践基地，为充分

利用地方资源和社会资助奠定基础。

四是专家管理服务周到细致。指导植保所举办李光博院士诞辰 100 周年学术思想研讨会，做细做实新冠疫情期间院士防疫服务；落实高层次人才待遇保障，累计发放农科英才各项经费 2. 29 亿元，政府特殊津贴 345 万元。千方百计解决人才住房问题，升级改建人才公寓 82 间。做好“西部之光”访问学者、少数民族特培工作，承接中组部[①]“组团式”试点，培养 45 名优秀人才。举办种业创新专家创新大讲堂，全国 65 家单位千余名专家学者参加。

（二）聚焦德才兼备，领导班子和干部队伍建设扎实有力

一是加强领导班子和干部队伍建设。高质高效完成中央候补委员推荐考察、两会代表推荐人选考察。选优配强党政正职，选好用好班子副职，任免干部 81 人次（任职 43 人次）。加快“推年轻”工作步伐，全院 29 个班子实现 45 岁左右副职配备，推动 14 家单位实现 40 岁左右的处长、35 岁左右的副处长分别达到处级干部总数 15%的目标。强化任期制落地落实，累计推动 19 名所局级干部稳妥退出班子。

二是强化干部专业训练和实践锻炼。用足用好上级调训，累计选派 82 人，同比增长近 2 倍。着力拓宽培训渠道，组织千余人参加部网上专题班，积极争取上级部门关于党的二十大精神专题轮训参训资格，将实现我院干部职工全覆盖。推动干部在基层一线锻炼成长，选派 4 人执行第十批援藏任务，13 人参与南繁研究院、西部中心建设运行，院层面选派 32 名优秀干部执行定点帮扶、科技副职等挂职任务，定期调度援派挂职干部工作生活情况，传递组织关怀温暖。

三是全方位加强干部管理监督。印发《贯彻落实〈中共中央关于加强对“一把手”和领导班子监督的意见〉实施办法》，建立监督管理长效机制。做实做细日常管理监督，历时 3 年实现我院干部人事档案专项审核全覆盖。发挥“一报告两评议”监督作用，约谈排名靠后单位主要负责同志并督促整改落实。围绕“一把手”和领导班子、年轻干部、领导干部“八小时之外”等管理监督开展专题研究并形成报告。

四是用好机构编制资源。成功推动我院纳入中央编办[②]编制备案管理试点，通过用好用活存量资源，推动研究生院编制调整，研究生教育事业发展的瓶颈取得历史性突破。围绕“举院抓大事”强化院部职能优化调整研究，稳妥推动监察局更名及直属机关纪委职责划转落地，筹备成立种子科技创新机构，组建“重大任务工作专班”，加快推进农业农村部和中国农业科学院“抓主抓重”管理体制机制落地。推动区域性创新中心建设取得新成效，成立中国农业科学院援疆指挥部，稳妥推进南繁院规范性设置，加强南繁研究院、西部中心、战略中心班子配备，推动成立国家作物种质资源库、国家畜禽种质资源

---

① 中国共产党中央委员会组织部，全书简称中组部。

② 中央机构编制委员会办公室，全书简称中央编办。

库、国家耕地科学中心3个非法人机构，为建设“国之重器”强化机构和人员保障。

（三）着眼长远谋划，院所体制机制改革不断深化

一是着力推动中国农业科学院科研力量布局优化调整。围绕九大学科领域进行科研力量布局，开展国家战略科技力量衡量标准、一流团队建设标准等研究工作，形成近20份调研报告和1份综合性研究报告，为中国农业科学院科研力量布局优化调整打下良好基础。

二是逐步完善中国农业科学院拟转企所改革工作方案。将拟转企所作为全院科研力量布局优化调整的切入口，按照回归一批、调整一批、合并一批、新建一批的总体思路，夯实拟转企所基础性公益性定位，系统谋划改革方案，做好研究支撑。

三是研究构建科技创新新型举院攻关体制。谋划设计“管所和管大事相结合”的举院攻关改革框架，探索使命任务牵引机制和“双总制”运行管理模式，研究提出中国农业科学院重大任务指挥管理机构的建设方案。加强举院体制调研，推动构建体系化创新、专业化集成、集团化作战的创新格局。

四是凝练提出中国农业科学院十大标志性改革举措。深入总结中国农业科学院近10年改革做法和成效，系统梳理改革的新路径新方法新模式，凝练形成破除科研“小散弱”、支部建在团队上、构建重大任务制、举院之力抓大事等十大标志性改革举措。

五是积极呼吁加强农业科技创新体系建设。针对农业科研院校合并等观点和思潮，深入分析我国农业科技创新体系的显著优势，形成我国农业科研机构和涉农高校的合并之路不该走、走不通等观点，提出农科教体系只能加强、不能削弱等建议。

六是推动解决院所改革面临的重点问题。针对管理队伍破题要求，科研人员兼职兼薪、离岗创业等改革政策，开展研究并形成专项报告、改革试点方案；针对统筹把握院士等著名科学家兼职事宜，研究形成“多引进、不调离、善共享”原则等；针对改革试验田总结要求，协调配合基因组所形成现代院所改革经验汇编材料。

（四）夯实业务基础，劳资调配等工作取得突破进展

一是人员调配工作取得新突破。人员调配在人力资源社会保障部单独立户，实现了指标保障充分、使用调剂自主、申报审批直通，建立人才引进“快速通道”，年度京外调干、解决夫妻两地分居数量再创新高，比“十三五”期间翻两番。预支应届生公开招聘指标，提前启动锁定优质生源，2022年招聘各类人员312人，接收军转干1人。高质量完成2022年新入职人员岗前培训。组织修订《公开招聘管理办法》、调配工作规范，提升招聘工作规范化水平。

二是收入分配管理取得新进展。全面梳理近4年绩效工资执行情况，积极向上级部门争取调整绩效工资总量。积极向人力资源社会保障部和农业农村部争取，把中国农业

科学院纳入高层次人才绩效工资总量单列范围和绩效工资动态调整试点范围。协调解决困扰研究生院超编参保问题。多次与上级部门沟通反映情况，推动解决 15 名副所级老干部参保待遇问题。做好职工优抚等各项福利政策落实，及时调整退休人员养老金标准，切实维护好职工的切身利益。组织开展 2021 年度人事劳动统计，为决策提供基础数据支撑。

（五）坚持精准服务，离退休管理工作水平不断提升

一是不断强化离退休党总支建设。以学习贯彻党的二十大精神为主线，开展宣讲辅导、知识自测、交流研讨等活动。扎实开展“学查改”专项工作，总支、支部书记讲专题党课，组织收看专题报告 5 场。加强微信群等意识形态阵地管理，开展职工思想状况调查研判，有效开展思想引导、人文关怀和心理疏导。组织中国农业科学院 208 人参加部离退休党务干部培训班，全面提升离退休党组织的组织力。

二是大力提升服务管理水平。积极做好疫情防控严峻形势下“三老”人群对接，建立“一对一”台账和联络服务机制，解答咨询、发放防疫物资，为打赢疫情阻击战提供有力支撑。坚持重大节日走访慰问、高龄职工登门祝寿、生病住院及时探望，累计慰问 970 余人次，救助困难职工 29 人。协调完成马连洼院区老干部活动站装修改造方案及经费优化调整工作。推进与海淀医院合作共建，发放医疗服务绿卡 1 699张，实现京区单位全覆盖。高标准完成院机关离退休职工及京区享受高干医疗人员体检。为 80 岁以上老院士、老领导举行学术思想研讨会、农科思想交流会，形成制度性安排。印发院《离退休职工治丧工作暂行办法》和《离退休院所级领导和院士等高级专家去世后信息发布管理办法》。

三是大力开展增添正能量活动。开展“畅谈新时代 · 喜迎二十大”系列活动，组织座谈会 35 场、宣讲活动 16 次、线上文艺汇演 1 次，创作各类文艺作品 589 部，26 部在部获奖或展示。中国农业科学院获部离退休职工文艺汇演优秀组织奖。举办“庆祝建院六十五周年”诗歌摄影书画作品线上展览，编印诗歌作品集，组织参加各类演出 6 次。依托中国农业科学院老科技工作者协会开展咨询服务、建言献策，乡村振兴志愿服务队开展活动 200 余人次。

（六）强化组工队伍建设，党建和精神文明建设亮点纷呈

一是全院组织人事干部队伍建设再上新台阶。采取线上线下相结合的方式，举办组织人事干部能力建设专题培训，切实打造高素质专业化组织人事干部队伍。召开全院人事人才重点工作部署会，统筹谋划年度人事人才工作思路和重点任务，深入推进各项重点举措落实。面向全院组织人事干部开展廉政警示教育讲座，引导树牢政治意识、廉政意识、底线意识、红线意识。召开局专题会议，聚焦“国之大者”，围绕人事人才工作，研讨交流落实“举院办大事”思路举措。对党的十八大以来的有关规章制度进行

整理，编印《人事工作制度选编》，不断夯实人事人才工作基础。

二是支部党建工作取得新成绩。抓理论武装，深入学习贯彻党的二十大精神，积极组织原文领学领读、专题学习研讨，引导党员干部自觉用习近平新时代中国特色社会主义思想武装头脑、指导实践、推动工作。抓政治建设，扎实推进“学查改”专项工作，与中国工程院办公厅、环发所第一党支部开展主题联学。人事局班子、支部委员和处级干部带头查找短板不足，建立工作台账，逐一制定措施，推进整改落实。抓作风建设，严格落实“一岗双责”，加大廉政教育力度，及时通报传达中央国家机关和农业农村部院违规违纪案例，教育党员牢固树立红线意识和底线意识，增强全面从严治党的思想自觉和行动自觉。抓组织建设，严格执行“三会一课”制度，夯实党支部自身建设，增补支部委员1人。持续做强“组工讲堂”学习品牌，开展读书分享活动，组织开展妇女节、干部荣退仪式等特色主题活动，营造和谐文化氛围。

一年来，人事局各项工作得到了上级部门和领导的支持、认可，各方面工作都取得了一定成绩，人事局党支部获中央国家机关和农业农村部“四强党支部”称号，人事局获院抗击疫情先进集体称号；赵锡海获院“十佳青年”称号，谢志强、裴越、蒋洪涛获院抗击新冠疫情先进个人称号，纪媛、杨兆亮、张宇获抗击新冠疫情优秀志愿者称号。纪媛获院“奋进新征程　建功新时代”征文活动一等奖。裴越获农科二十四节气系列摄影活动三等奖。

二、开拓创新，谋划2023年人事人才重点工作

2023年，人事局将在中国农业科学院党组的坚强领导下，以习近平新时代中国特色社会主义思想为指导，深入学习贯彻党的二十大精神，全面贯彻落实中央经济工作会议、中央农村工作会议精神，锚定建设农业强国职责使命，落实建设科技强国重大任务，推进建设人才强国在农业农村领域落实落地，聚焦事业发展加强领导班子和干部队伍建设，围绕深入实施“农科英才”工程优化推进“四横四纵”人才体系布局，统筹推进高层次人才、高素质干部队伍建设和高效能体系改革、高质量服务保障，锐意改革创新，狠抓工作落实，为强化国家战略科技力量提供坚强的组织保证。

（一）加快打造国家农业创新人才高地

一是深入实施人才强院战略，夯实“四横四纵”人才体系，完善“农科英才”、职称评审等人事人才管理制度，推进农科职级试点工作，促进人才持续梯次发展。二是聚焦6个重点领域，实行更加开放的引才政策，引进一批高质量优秀人才。三是举办首席科学家研修班，提高团队首席把方向、谋大局、抓重点、促落实能力。四是优化完善人才战略布局，发现培养农业战略科学家，稳步扩大院士队伍规模。优中选优选拔一批领军人才、支撑英才、转化英才，持续推进青年人才和后备人才力量建设，把“四横四

纵”人才体系做大做优做强。继续开展农科英才期满考核工作，建立常态化考核机制。

（二）不断强化高素质领导班子和干部队伍建设

一是着眼院所事业高质量发展选干部、配班子，抓好所局级优秀年轻干部选配、处级干部选配预审制度执行，强化任期制落实，推动形成能者上、优者奖、庸者下、劣者汰的良好局面。二是紧抓纳入编制备案管理试点契机，盘活用好机构编制资源，围绕重大使命任务优化机构设置，提升院部学术领导能力和管理效能。三是强化干部教育培训，统筹用好上级调训、自主培训和院所各类优质培训资源。积极选派优秀年轻干部参加挂职等重大任务。加强干部全方位管理和经常性监督。

（三）稳步推进院所体制机制改革

一是着力解决拟转企历史遗留问题，逐步明确改革时间表和路线图。加强沟通汇报，推动相关研究所加快回归公益性定位。二是加快推进中国农业科学院科研力量布局优化调整，逐步明确学科布局、机构布局、区域布局的优化策略和路径。深化科研机构改革，支撑新型举院攻关体制建设，提升中国农业科学院科技创新体系整体效能。三是聚焦院所改革最迫切、科研人员反映最强烈的问题，研究谋划改革举措，协调推动政策创设，营造良好科技创新生态。四是围绕院所科技治理模式、体系化建制化科研攻关、高效化专业化运行管理等，开展战略研究，为上级提供决策参考。

（四）持续优化综合劳资调配等基础工作

一是探索建立绩效工资动态调整机制，争取把我院纳入绩效工资动态调整、高层次人才绩效工资总量单列范围。二是着力提升公开招聘制度化规范化水平，及时印发管理办法与人员调配规范，优化升级公开招聘管理系统。充分发挥中国农业科学院调配单独立户优势，积极争取解决夫妻两地分居、京外调干指标，合理规划年度办理批次与办理数量。三是以学习贯彻党的二十大精神为统领，深化拓展“组工讲堂”品牌功能，不断强化人事局自身建设，引导推动全院组织人事干部能力建设。

（五）扎实做好离退休老同志服务工作

一是强化理论武装，深入学习宣传贯彻党的二十大精神。二是落实意识形态工作责任制，做深做实思想政治工作。三是深化拓展“增添正能量”系列活动，深入开展“乡村振兴志愿行活动”，组织引导为院所发展和党的事业献智出力。四是以保健康为目标，做好“三老”人群的关心关注关爱。

中国农业科学院组织机构图

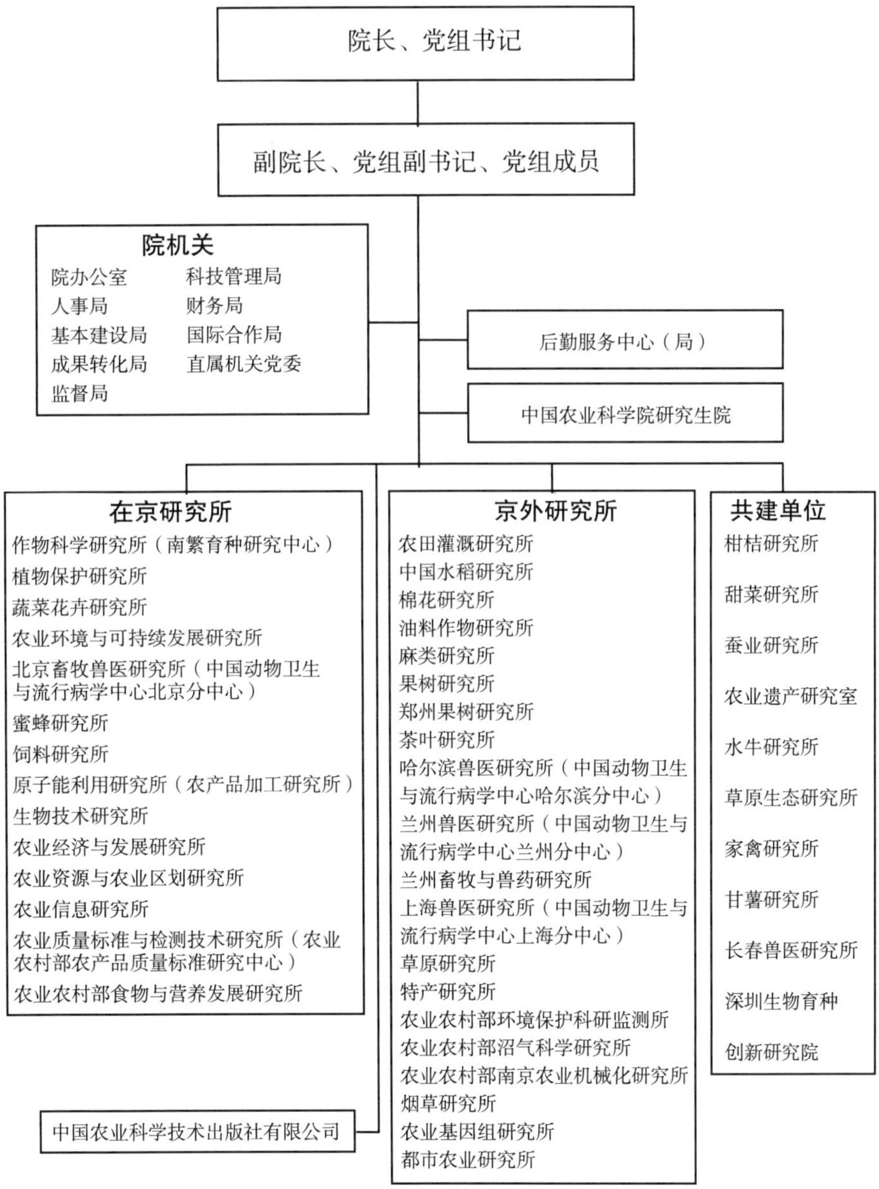

中国农业科学院及院直属单位（部门）领导人员名单

截至 2022 年 12 月底

院长、党组副书记：吴孔明
党组书记：张合成
副院长：冯忠武　王汉中　梅旭荣　孙　坦　刘现武
纪律检查组组长：李杰人
党组成员：张合成　吴孔明　冯忠武　李杰人　王汉中　梅旭荣　孙　坦
　　　　　刘现武　陈华宁

农业农村部巡视组

组　长：陈金强（正局级）

院办公室

主　任：孙　研
副主任：韩　进　张庆忠

科技管理局

局　长：杨　鹏
副局长：张军民　周文彬

人事局

局　长：陈华宁（兼）
副局长：吴京凯　季　勇　薛鹏飞

财务局

局　长：范　静（女）
副局长：韩小玲（女）　梁富昌　张士安

基本建设局

局　长：夏耀西
副局长：王　欣（女）　于　辉

国际合作局

局　长：金　轲
副局长：钱　钰（女）　翟　琳（女）

成果转化局

局　长：赵玉林
副局长：张国良　王宇鸿（女）　刘　洁（女）　张　熠（女）

直属机关党委

书　记：吴孔明（兼）
常务副书记：舒文华
副书记、纪委书记：姜梅林（女）（兼）
副书记、纪委副书记：柯小华（女）
副书记：苗水清

监督局

局　长：姜梅林（女）
副局长：李延青　吴限忠（女）

后勤服务中心（局）

党委书记、副主任：孙君茂
副主任：李建国　张树清　周　亮
党委副书记、纪委书记：李滋睿

研究生院

院　长：吴孔明（兼）
党委书记：贾广东
副院长：方海洋
副院长、纪委书记：李哲敏（副局级）（女）

作物科学研究所

所　长：钱　前
党委书记、副所长：刘录祥
党委副书记、纪委书记：赵长军
副所长：张春义（海南挂职）　马有志　王文生

植物保护研究所

所长、党委副书记：陆宴辉
党委书记、副所长：罗长富
副所长：张　杰　陈　昶　刘蓉蓉（女）

蔬菜花卉研究所

所长、党委副书记：张友军
副所长：张圣平　张扬勇　翟研宁（女）
副所长、纪委书记：卢林纲

农业环境与可持续发展研究所

所　长：赵立欣（女）

党委书记、副所长：郝志强
副所长：郝卫平　高清竹

北京畜牧兽医研究所（中国动物卫生与流行病学中心北京分中心）

所长（主任）、党委副书记：秦玉昌
党委书记、副所长（副主任）：张明富
纪委书记：王　勇
副所长（副主任）：卓俊成　李俊雅　周正奎

蜜蜂研究所

所长、党委副书记：彭文君
党委书记：谢双红（女）
副所长：徐　欢　吴黎明　刘振虎
纪委书记：李海芬（女）

饲料研究所

所长、党委副书记：马　莹（女）
党委书记、副所长：陆建中
副所长、纪委书记：吴子林
副所长：杨培龙　李秀波（女）

原子能利用研究所（农产品加工研究所）

所长、党委副书记：王凤忠
党委书记、副所长：康　威
副所长：张德权　王海峰
党委副书记、纪委书记：邓红亮

生物技术研究所

所长、党委副书记：李新海

党委书记、副所长：李红康（女）
副所长：谷晓峰
副所长、纪委书记：郭静利

农业经济与发展研究所

所长、党委副书记：袁龙江
党委书记、副所长：毛世平
副所长、纪委书记：孙东升
副所长：朱铁辉　胡向东

农业资源与农业区划研究所

所长、党委副书记：吴文斌
党委书记、副所长：王秀芳（女）
副所长：张继宗　张帼俊（女）　易可可

农业信息研究所

所长、党委副书记：周清波
党委书记、副所长：刘继芳
党委副书记、纪委书记：张蕙杰（女）
副所长：聂凤英（女）　赵瑞雪（女）

农业质量标准与检测技术研究所（农业农村部农产品质量标准研究中心）

所长（主任）、党委副书记：钱永忠
党委书记、副所长（副主任）：汪飞杰
副所长（副主任）：杜清海　金　芬（女）　郑床木
纪委书记：朱　捷

农业农村部食物与营养发展研究所

所长、党委副书记：王加启
党委书记、副所长：王晓举

副所长、纪委书记：王晓红
副所长：王济民

中国农业科学技术出版社有限公司

党委书记、执行董事、经理、社长：李祥洲（副所级）
总编辑：沈银书（副所级）
党委副书记、纪委书记、专职监事：李志平（副所级）（女）

农田灌溉研究所

所长、党委副书记：周国民
党委副书记、纪委书记：邓　祥
副所长：王景雷

中国水稻研究所

所　长：胡培松
党委书记、副所长：高士军
副所长：钱　前（兼）　李国荣　王克剑

棉花研究所

所长、党委副书记：李付广
党委书记、副所长：高　雷（新疆挂职）
党委副书记、纪委书记：宋国立
副所长：张西岭　马雄风　彭　军

油料作物研究所

所长、党委副书记：黄凤洪
党委书记、副所长：马秀勇
副所长：张　毅　张银波

麻类研究所

所长、党委副书记：杨永坤
党委书记、副所长：邱化蛟
副所长：吕江南　朱爱国

果树研究所

所长、党委副书记：曹永生
党委书记、副所长：丛佩华
副所长：程存刚　王海波　仇贵生
党委副书记、纪委书记：李建才

郑州果树研究所

所长、党委副书记：方金豹
党委书记、副所长：赵红梅（女）
副所长：王力荣（女）刘崇怀　曹　珂
党委副书记、纪委书记：高养杰

茶叶研究所

所长、党委副书记：姜仁华
党委书记、副所长、纪委书记：江用文
副所长：阮建云　王新超

哈尔滨兽医研究所（中国动物卫生与流行病学中心哈尔滨分中心）

所长（主任）、党委副书记：步志高
党委副书记、纪委书记：夏长友
副所长（副主任）：刘胜旺　孙百明

兰州兽医研究所
（中国动物卫生与流行病学中心兰州分中心）

所长（主任）、党委副书记：郑海学
党委书记、副所长（副主任）：罗建勋
副所长（副主任）：朱启运
纪委书记：申拥军

兰州畜牧与兽药研究所

所长、党委书记：张继瑜
副所长：阎 萍（女） 李建喜
纪委书记：杨振刚

上海兽医研究所
（中国动物卫生与流行病学中心上海分中心）

所长（主任）、党委副书记：马志永
党委书记、副所长（副主任）：韩雪松
党委副书记、纪委书记：王香平（女）
副所长（副主任）：李泽君 张礼生

草原研究所

所长、党委副书记：林克剑
党委书记、副所长：张应禄
纪委书记：彭 卓
副所长：王 川

特产研究所

所长、党委副书记：孙长伟
党委书记、副所长：梁 波
党委副书记、纪委书记：田 欣
副所长：孔繁涛 刘志杰

农业农村部环境保护科研监测所

所长、党委副书记：熊明民
副所长：周其文　张克强
党委副书记、纪委书记：胡　梅（女）

农业农村部成都沼气科学研究所

所长、党委副书记：王登山
副所长、纪委书记：胡国全
副所长：邓　宇　王　超

农业农村部南京农业机械化研究所

所长、党委副书记：陈巧敏
副所长：曹光乔
党委副书记、纪委书记：肖体琼（女）

烟草研究所

所长、党委副书记：张忠锋
党委书记、副所长：严定春
党委副书记、纪委书记：吴　洁
副所长：戴培刚

农业基因组研究所

党委书记、副所长：崔泽民
副所长：王桂荣（主持工作）
副所长、纪委书记：饶敏杰
副所长、党委副书记：钱万强

都市农业研究所

所　长：刘现武（兼）

党委书记、副所长：杨其长

副所长：孙长伟（兼）　胡永松　甘炳成　刘　爽

党委副书记、纪委书记：段成立

中共中国农业科学院党组关于印发《贯彻落实〈中共中央关于加强对“一把手”和领导班子监督的意见〉实施办法》的通知

农科院党组发〔2022〕30 号

院机关各部门、院属各单位：

《贯彻落实〈中共中央关于加强对“一把手”和领导班子监督的意见〉实施办法》已经中共中国农业科学院党组 2022 年第 5 次会议审议通过，现印发给你们，请结合实际认真遵照执行。

中共中国农业科学院党组

2022 年 4 月 18 日

贯彻落实《中共中央关于加强对“一把手”和领导班子监督的意见》实施办法

加强对主要领导干部和领导班子的监督，是新时代坚持和加强党的全面领导，提高党的建设质量，推动全面从严治党向纵深发展的必然要求。为深入贯彻落实《中共中央关于加强对“一把手”和领导班子监督的意见》（以下简称中央《意见》）精神，推动构建农业科研特色监督体系，使院系统“一把手”和领导班子切实担起自觉接受监督、主动开展监督的责任，着力打造“五个过硬”的高素质干部人才队伍，努力营造风清气正、干事创业良好政治生态，根据《农业农村部党组关于贯彻落实〈中共中央关于加强对“一把手”和领导班子监督的意见〉的实施办法》等有关规定，结合我院实际制定如下实施办法。

一、提高政治站位，深刻领会和准确把握中央《意见》精神

要深入学习、深刻把握习近平总书记关于加强对“一把手”和领导班子监督的重要论述，自觉担当“三农”和农业科技创新事业发展的领头雁阵，深刻认识“两个确立”的决定性意义，在增强“四个意识”、坚定“四个自信”、做到“两个维护”上作表率、打头阵。

要充分认识院系统“一把手”和领导班子自觉接受监督、主动开展监督的极端重要性和现实紧迫性，高度自觉地接受党中央集中统一领导和农业农村部党组、驻农业农村部纪检监察组等上级有关部门的监督，做实做细同级监督，加强向下监督，补上对下级“一把手”和领导班子监督的短板弱项，推动党员领导干部增强政治意识，不断提高政治判断力、政治领悟力、政治执行力，自觉践行忠诚干净担当，确保院系统各级党组织和全体党员步调一致向前进。

院系统“一把手”和领导班子自觉接受监督、主动开展监督，必须坚持以习近平新时代中国特色社会主义思想为指导，坚持和加强党的全面领导，落实管党治党政治责任，健全完善具有农业科研特色的从严管理监督体系，促进自觉接受监督、主动开展监督，形成一级抓一级、层层抓落实的监督工作格局，不断增强党的自我净化、自我完善、自我革新、自我提高能力，推动监督制度优势更好转化为治理效能，为落实“四个面向”、建设“两个一流”、强化国家战略科技力量，支撑引领乡村全面振兴和农业农村现代化提供坚强组织保障。

院系统“一把手”和领导班子自觉接受监督、主动开展监督，要全面落实党内监督制度，突出政治监督，按照中央《意见》要求，结合农业科研院所实际，明确监督

重点，压实监督责任，细化监督措施，健全制度机制，做到真管真严、敢管敢严、长管长严。聚焦“理论功底”，强化对“一把手”和领导班子对党忠诚，践行党的性质宗旨情况的监督，强化对贯彻落实党的路线方针政策、党中央重大决策部署以及习近平总书记重要论述和致我院贺信重要指示精神，践行“两个维护”情况的监督；聚焦“主责主业”，强化对立足新发展阶段、贯彻新发展理念、构建新发展格局，推动高水平农业科技自立自强和院所高质量发展情况的监督；聚焦“两个责任”，强化对落实全面从严治党主体责任和监督责任情况的监督；聚焦“民主集中制”，强化对执行院所长负责制、“三重一大”决策制度、集体领导与分工负责、维护班子团结、重大事项请示报告等情况的监督；聚焦“表率作用”，强化对依规依纪依法履职用权、担当作为、廉洁自律等情况的监督；聚焦“八小时之外”，强化对社交圈、生活圈、朋友圈等的监督。

各级领导干部要从政治上认识领导职责中包含监督职责，增强监督意识，履行监督责任；正确对待党组织和群众的监督，勇于纠正错误，切实改进工作；习惯在受监督和约束的环境中工作生活，主动接受监督，决不能拒绝监督、逃避监督。“一把手”要自觉置身党组织和群众监督之下，强化责任担当，加强对领导班子其他成员和下级领导干部的监督。

二、院党组落实主体责任

（一）履行管党治党政治责任

坚持党要管党、全面从严治党，认真贯彻落实党中央、农业农村部党组关于全面从严治党各项决策部署，切实履行《中国农业科学院党组落实全面从严治党主体责任清单》各项职责任务。制定院系统落实全面从严治党主体责任的年度任务安排并分解工作任务，至少每半年召开 1 次院党组会议专题研究全面从严治党工作，每年召开院全面从严治党工作会议，分析研判形势，研究解决院系统影响全面从严治党的突出问题，每年年初向农业农村部党组书面报告上一年度落实全面从严治党主体责任情况。加强对院机关各部门、院属各单位（以下简称各部门各单位）党政主要负责同志和领导班子的监督，以有效监督把“关键少数”管住用好。加强对问责工作的领导，追究失职失责党组织和党员领导干部的责任。

（二）坚持集体领导制度

贯彻执行民主集中制，坚持集体领导和个人分工负责相结合，充分发挥院党组把方向、管大局、保落实重要作用。贯彻落实《中国农业科学院工作规则》《中国农业科学院党组工作规则》《中国农业科学院“三重一大”决策制度实施办法》，健全完善决策机制，凡属“三重一大”事项，按照个别酝酿、会议决定的原则，由院党组会、院常务会、院务会集体研究决定，坚决防止以传阅、会签和个别征求意见等方式代替以上会议作出决策，坚决防止以集体决策名义集体违规。

（三）严肃党内政治生活

全面履行加强和规范党内政治生活的领导责任，建立健全相关制度。履行组织开好民主生活会的领导责任，坚持“团结—批评—团结”原则，用好批评与自我批评武器，切实提高院党组民主生活会质量。认真落实双重组织生活制度，每位党员领导班子成员编入党的一个支部，积极履行党员义务，自觉以普通党员身份参加党的组织生活，接受党内外群众监督。

（四）突出政治标准选人用人

坚持党管干部原则，落实好干部标准，严把政治关、品行关、能力关、作风关、廉洁关，树立正确选人用人导向。强化对各部门各单位领导班子成员特别是党政主要负责同志拟任人选的把关，压实分析研判和动议、民主推荐、考察、讨论决定等各环节的领导责任，全面了解掌握干部的政治表现。实行分级分类考核，把党政主要负责同志和班子副职区分开来、单独排序，考核结果作为选拔任用、实绩评价、激励约束的重要依据。

（五）全面落实各项监督制度

紧紧围绕加强对党政主要负责同志的监督、同级领导班子监督、对下级领导班子的监督，全面落实各项监督制度，坚持用制度管权管事管人，营造风清气正的政治生态。院党组及领导班子成员带头执行各项监督制度，不搞以权谋私、暗箱操作和利益输送，管住管好自己的家属亲友、身边工作人员，决不允许他们利用本人职权敛财谋利，防止居心不良者对他们进行“围猎”。

三、院长、院党组书记落实第一责任人责任

（一）以身作则带头示范

旗帜鲜明讲政治，带头做到“两个维护”，带头落实党内监督各项制度，在履行管党治党责任、严格自律上当标杆、作表率，既要自觉接受监督，又要敢于担当作为。带头遵守政治纪律和政治规矩，主动向农业农村部党组请示报告工作，严格落实中央八项规定及其实施细则精神，廉洁治家，自觉反对特权思想、特权现象，带头落实“亲”

“清”要求，管住管好自己的家属亲友、身边工作人员，始终保持共产党人清正廉洁的政治本色。严格贯彻执行民主集中制，积极发扬民主，广泛听取意见。过好双重组织生活，带头开展批评与自我批评。

（二）管好班子带好队伍

经常开展谈心谈话，切实履行好教育、管理、监督责任，对领导班子成员所作的函询说明签署意见时，同时进行谈心谈话、教育提醒，防止“一签了之”。督促领导班子成员履行“一岗双责”，抓好职责范围内管党治党工作，定期听取院党组领导班子成员履行管党治党责任情况汇报，发现责任落实不到位的及时约谈。

（三）抓好下级“一把手”

落实上级“一把手”必须抓好下级“一把手”要求，相关情况作为年度述职重点内容。对新任职“一把手”开展任职谈话，同下级“一把手”开展监督谈话，发现有苗头性、倾向性问题或者轻微违纪问题，及时进行提醒谈话、批评教育、诫勉谈话等。认真落实对各部门各单位“一把手”的函询回复说明材料签字背书要求，及时与当事人谈话，切实发挥教育警示作用，使红脸出汗成为常态。

四、院党组领导班子其他成员落实职责范围内的监督责任

（一）严格执行制度规定

认真参加院党组民主生活会和所在党支部组织生活会，按规定对个人有关事项以及群众反映、巡视反馈、组织约谈函询的问题实事求是作出说明。坚持党员领导干部讲党课制度，每年至少为分管部门或分工联系单位党员讲 1 次党课。自觉遵守《中国农业科学院工作规则》《中国农业科学院党组工作规则》，在讨论和决定重大事项时充分发表意见，在院党组作出决策决定后坚决贯彻执行。严格按规则和程序办事，不得将分管工作、分管领域变成不受集体领导和监督的“私人领地”。

（二）强化同级相互监督

积极发挥领导班子近距离常态化监督优势，领导班子成员本着对自己、对同志、对班子、对党高度负责的态度，相互提醒、相互督促，增强领导班子凝聚力战斗力。领导班子成员之间经常交换意见，发现问题坦诚向对方提出，发现有违纪违法问题的，及时如实按程序向党组织反映和报告。

（三）认真履行“一岗双责”

严格执行《关于院领导同志落实“一岗双责”的若干规定》，每年至少听取 1 次分工联系单位全面从严治党工作情况汇报，至少与分管部门、分工联系单位党政主要负责同志进行 1 次谈心谈话，督促履行全面从严治党责任、做到廉洁自律，发现问题及时教育提醒。对分管部门、分工联系单位领导班子成员的函询材料要认真审阅，及时了解情况，做到抓早抓小，强化日常管理监督。加强党建工作检查指导，每年至少参加 1 个单位领导班子民主生活会，至少到党支部工作联系点调研指导 1 次。

五、加强对各部门各单位“一把手”和领导班子的监督

（一）突出强化领导干部任前把关

前移干部监督工作关口，进一步加强和改进考察工作，突出针对性、增强灵活性、提高有效性。做深做实干部政治素质考察，探索实行政治素质专项测评，围绕干部政治表现开展正反双向测评，提高政治素质考察的科学性、精准度。采取专项调查、延伸考察、实地走访等办法，广泛深入了解干部，确保考察结果全面、客观、准确。强化审核措施，做到干部档案“凡提必审”，个人有关事项报告“凡提必核”，纪检监察机关意见“凡提必听”，反映违规违纪问题线索具体、有可查性的信访举报“凡提必查”。前移审核关口，做到动议即审，该核早核。对发现问题影响使用的，及时中止选拔任用程序；疑点没有排除、问题没有查清的，不得提交会议讨论或任用。

（二）健全完善谈心谈话制度

规范任前谈话，对决定任用的所局级领导干部，区分不同情况，由院长、院党组书记、分管或分工联系院领导、纪检组长，同本人分别进行任职谈话、政治谈话、工作谈话、廉政谈话。实行所局级领导干部试用期满正式任职谈话制度，通过谈话，肯定成绩，指出不足，提出要求和需要注意的问题。进一步加强政治监督谈话，把握重要节点、重大任务、重点对象，院党组组织对院属单位党政主要负责同志做政治监督谈话，围绕践行“两个维护”、贯彻“四个面向”、推动重大任务落实、落实全面从严治党政治责任、加强作风建设等方面，指出问题不足、提出整改要求。

（三）紧盯“一把手”开展巡视巡察

建立健全中央巡视整改落实机制，强化整改责任、强化整改督查、强化成效检验、

强化成果运用、用好问责手段，进一步增强中央巡视整改权威性、政治性，充分发挥中央巡视整改标本兼治战略作用。加强和改进院内巡察，坚持 5 年内完成院属单位巡察全覆盖。坚持“发现问题、形成震慑，推动改革、促进发展”工作方针，坚守巡视巡察的政治定位，查找纠正政治偏差。巡察时把“一把手”作为监督重点，巡察组进驻前向人事、纪检、审计、信访等部门深入了解“一把手”有关情况，巡察谈话时将“一把手”工作、生活情况作为必谈内容，撰写巡察报告时将“一把手”履行第一责任人职责和廉洁自律情况单独列出，提出明确意见和整改要求。加强对巡视巡察反馈问题整改情况的监督检查，压实主体责任，督促整改落实到位。

（四）抓好“一把手”经济责任审计

落实《农业农村部部属单位主要领导干部经济责任审计规定》等有关文件精神，结合我院实际，进一步健全完善工作机制，强化审计监督力度，推动经济责任审计由离任审计向任职期间审计转变，探索实行“党政同责、同责同审”新模式，做到应审尽审、凡审必严，督促“一把手”履职尽责、担当作为。切实将经济责任审计结果与“一把手”选拔任用和领导班子建设相结合，更好满足干部管理监督需要。

（五）加强对“一把手”和领导班子的日常监督

通过巡视巡察、干部考察、日常调研、督导检查、督导民主生活会以及党内集中学习教育等多渠道了解干部群众反映，全面掌握各部门各单位党政主要负责同志思想、工作、作风、生活状况。建立健全分析研判机制，加强对各部门各单位领导班子运行、政治生态状况和信访举报发现问题的分析研判，督促信访举报比较集中的单位查找分析原因，对群众反映较多的领导干部及时提醒，对发现的普遍性问题研究提出针对性措施。

（六）建立健全院属单位定期汇报制度

进一步健全完善院领导班子成员联系研究所制度，把分工联系院领导听取院属单位党政主要负责同志工作汇报，作为加强管理监督、督促指导工作、帮助解决困难等重要举措。坚持重大事项及时汇报，工作情况每月简要汇报、每季度重点汇报、每半年全面汇报，汇报内容包括单位运行情况、重点任务进展、存在问题困难以及下步工作打算等。简要汇报可采取口头汇报形式，重点汇报、全面汇报应以书面形式报分工联系院领导。

（七）加强对全面从严治党责任制度执行情况的监督检查

通过抓好组织实施、督促检查、提出建议等方式，督促各部门各单位党政主要负责同志切实履行第一责任人职责，对落实责任不到位、问题比较突出的及时约谈。建立健全院系统落实全面从严治党主体责任考核制度，定期通报院系统落实全面从严治党主体责任情况，组织开展各部门各单位党组织书记抓党建工作述职评议考核和基层党组织纪委书记述职考核。

（八）加强对贯彻执行民主集中制情况的监督检查

坚持把民主集中制作为理论学习中心组学习、领导干部教育培训等的重要主题、重点内容，经常学、反复学，推动各部门各单位党政主要负责同志和领导班子成员进一步增强贯彻执行民主集中制的思想自觉、政治自觉、行动自觉。把各部门各单位贯彻执行民主集中制和“三重一大”决策制度情况作为巡视巡察、审计监督、专项督查的重要内容，防止出现“一把手”搞一言堂甚至家长制的情况。督促各部门各单位制定完善工作规则、议事规则、“三重一大”决策制度，促进科学决策、民主决策、依法决策。

（九）加强对干部选拔任用工作的监督检查

结合巡视巡察开展选人用人工作检查，加强对坚持党管干部原则、树立正确用人导向、执行选拔任用工作规定、匡正选人用人风气、促进干部担当作为等情况的监督。认真开展院属单位选人用人工作“一报告两评议”，对测评结果排名靠后的院属单位发文提醒、督促整改，新提拔干部不认同率超过5%的，对“一把手”和干部本人进行提醒；不认同率超过10%的，倒查干部选用过程，存在违规情形的要进行追责处理。

（十）加强对请示请假报告制度执行情况的监督检查

严格落实《中国农业科学院党组重大事项请示报告实施办法》，进一步加强和规范重大事项请示报告工作，凡是重大问题、重要事项、重要工作进展等，都必须及时、按程序向院党组请示报告。严格执行请假报告制度，所局级领导干部离开单位所在省（区、市），须提前3天请假，返回后及时销假，其中，各部门各单位党政主要负责同志向分管或分工联系院领导请销假，并向院主要负责同志报备；领导班子成员向所在单位党政主要负责同志请销假。建立健全院系统重大事项请示报告工作督查机制，将执行请示报告制度情况纳入对各部门各单位日常监督和巡察范围，作为履行全面从严治党政治责任重要内容，对各部门各单位党政主要负责同志进行考核评价。

（十一）加强对领导班子民主生活会的指导监督

派出督导组对各部门各单位领导班子民主生活会进行督促检查和指导，重点检查党政主要负责同志开展批评和自我批评是否态度鲜明，民主生活会是否真正红脸出汗。对不按规定召开的严肃指出并纠正，对走过场的责令重新召开。对发生重要或普遍性问题或经纪检监督、巡视巡察等发现重要问题的，督促召开专题民主生活会，及时剖析整改。

（十二）加强对领导干部廉洁从政情况的监督检查

认真执行领导干部报告个人有关事项制度，按要求推进“一把手”个人有关事项在领导班子中公开工作。持续加强领导干部因私出国（境）管理、企业及社团兼职管理。贯彻落实领导干部配偶、子女及其配偶经商办企业行为工作要求和禁业规定，严格规范各部门各单位领导干部家属从业行为。贯彻落实《农业农村部领导干部插手干预重大事项记录报告有关规定（试行）》，发现存在违规问题的，依规依纪严肃处理。加强对构建“亲”“清”政商关系情况的监督检查，督促各级领导干部与企业人员交往守住底线、把好分寸。

（十三）更好发挥考核对“一把手”和领导班子的督促监督作用

加强领导班子任期、届中考核，新一届领导班子组建 3 个月内研究制定任期目标，在 5 年任期届满、2~3 年任期届中组织开展考核，重点考核领导班子履职尽责、班子运行、任期目标完成等情况，注意了解干部职工对领导班子的认可度、满意度。改进领导干部试用期考核，对院属单位党政主要负责同志试用期考核结果，由人事局综合考虑试用期考核和平时掌握情况，研究提出正式任职有关建议，经院党组审定后，报农业农村部党组审批。强化领导干部平时考核，重点了解各部门各单位领导班子成员特别是党政主要负责同志的政治态度、担当精神、工作思路、工作进展。

（十四）探索建立“一把手”考核与薪酬挂钩机制

进一步树立优者奖、劣者罚鲜明导向，强化管理监督手段，积极探索实行院属单位党政主要负责同志薪酬调控机制。强化薪酬激励约束功能，在明确岗位职责和任期目标，并进行严格考核基础上，使其年薪与绩效考核结果紧密关联。健全完善管理运行体系，坚持统一管理、分级负责，加大调控力度，规范分配秩序，强化监督检查，实现薪酬发放的科学化和规范化。坚持试点先行，先在部分单位试行，及时总结经验，逐步推开，确保平稳有序实施。

（十五）加强对领导班子成员收入的管理监督

健全完善领导班子成员工资分配和绩效考核办法，合理调控领导班子成员与本单位其他人员的收入分配关系。严格按照有关规定程序制定领导班子成员工资分配办法，不得随意调整变更。领导班子成员不得在本单位直属企业领取工资，也不得在我院或院外其他企事业单位领取工资。同时聘用在管理和科研岗位上工作的，不得同时在两类岗位领取绩效工资。作为科技成果的主要完成人或者对科技成果转化作出重要贡献的，领导班子成员可按照有关规定获得现金奖励或股权激励，其中，担任法人代表的正职原则上不得获取股权激励。因岗位变动调离的，应及时转移工资社保关系。专家咨询费、劳务费等非工资性收入要严格执行有关政策规定。

六、强化组织领导，提高监督实效

（一）加强对监督工作的领导

院党组加强对院系统党内监督工作的组织领导，把对“一把手”和领导班子监督摆在管党治党突出位置，通过抓好“关键少数”带动“绝大多数”。加强督促检查，抓好中央《意见》和部、院党组实施办法落实情况的监督检查，确保对“一把手”和领导班子的各项监督措施有的放矢、靶向施策。

（二）贯通各类监督形成合力

院党组纪检组、院办公室、人事局、财务局、机关党委、监察局等监督职能部门要立足本职、主动作为、加强协调，认真履行监督职责，把“一把手”和领导班子作为开展日常监督、专项督查等的重点，同时，按照干部管理权限，就“一把手”监督中发现的重要问题，及时向农业农村部党组、驻部纪检监察组、审计署及有关司局报告，积极主动争取监督指导，统筹各类监督资源、形成合力，构建上下贯通、齐抓共管的工作格局。

（三）发挥纪检监督专责作用

院党组纪检组、监察局、直属机关纪委和各部门各单位纪检组织要积极履行监督职责，重点加强对贯彻落实习近平总书记致我院贺信重要指示精神和党中央重大决策部署的监督检查。要做实做细日常监督，精准有效运用“四种形态”，切实增强监督实效。

要牢固树立报告问题是本职、该报告不报告是失职的意识，如实报告监督对象履职尽责和廉洁自律情况。

（四）形成一级抓一级工作格局

各部门各单位要对照院党组实施办法，结合实际制定责任明晰、主体明确的具体办法，提出有效管用的措施，要突出“抓学习”，不断强化理论武装；突出“办培训”，补齐能力素质短板；突出“压责任”，确保“一岗双责”到边、到底、到位；突出“带好头”，发挥好“关键少数”示范带头作用；突出“抓早小”，让咬耳扯袖、红脸出汗成为常态。院属各单位党委书记、党委委员要切实履行职责，把自己管住管好，把自己的“责任田”管住管好，加强对处室负责人、创新团队首席、党支部书记的监督管理，形成整体联动、统筹推进的立体化工作格局。

中国农业科学院2022年院属各单位人员情况统计表

（单位：人）

序号	单位	从业人员	编制内职工总数	专业技术人员						管理人员							工勤技能人员					编制外职工	直属企业职工
				小计	其中在管理岗位上工作人员	正高级	副高级	中级	初级及以下	小计	相当副部	正司局级	副司局级	正处级	副处级	科级及以下	小计	技工一级	技工二级	技工三级	技工四级及以下		
汇总	全院合计	11 391	6 792	6 191	1 510	1 500	2 180	2 203	308	1 601	7	11	79	552	455	497	510	22	112	322	54	4 534	
	京内合计	4 875	2 953	2 834	774	822	1 023	887	102	815	7	9	42	281	225	251	78	8	35	21	14	1 857	
	京外合计	6 516	3 839	3 357	736	678	1 157	1 316	206	786		2	37	271	230	246	432	14	77	301	40	2 677	
1	院机关	175	175	173	172	38	52	74	9	174	7	5	10	56	36	60							
2	后勤中心	336	116	69	62	7	6	46	10	75			2	15	8	50	34	2	17	8	7	220	
3	研究生院	127	69	64	43	16	21	25	2	48		2	1	11	11	23						58	
4	作科所	730	371	360	65	112	138	91	19	68			3	19	30	16	8	2	3	3		359	
5	植保所	340	249	241	50	88	111	40	2	54			2	18	12	22	4	1	3			91	
6	蔬菜所	368	205	197	33	59	73	63	2	34			1	21	6	6	7	1	3	2	1	163	

（续表）

序号	单位	从业人员	编制内职工总数	专业技术人员						管理人员							工勤技能人员					编制外职工	直属企业职工
				小计	其中在管理岗位上工作人员	正高级	副高级	中级	初级及以下	小计	相当副部	正司局级	副司局级	正处级	副处级	科级及以下	小计	技工一级	技工二级	技工三级	技工四级及以下		
7	环发所	287	196	193	27	63	65	59	6	27			2	16	8	1	3		1		2	91	
8	牧医所	404	225	221	43	70	69	79	3	45			2	17	11	15	2		1	1		179	
9	蜜蜂所	137	103	99	25	26	38	31	4	25			2	11	9	3	4	1	3			34	
10	饲料所	191	120	115	18	33	45	33	4	20			2	9	6	3	3			2	1	71	
11	加工所	252	179	178	47	32	51	78	17	47			2	13	13	19	1		1			73	
12	生物所	196	136	133	25	51	48	31	3	28			2	11	10	5						60	
13	农经所	133	120	120	33	40	45	32	3	33			2	17	6	8						13	
14	资划所	480	275	269	47	96	112	52	9	52			3	16	21	12	1				1	205	
15	信息所	454	296	284	44	54	91	131	8	45			2	16	25	2	11	1	3	5	2	158	
16	质标所	142	86	86	26	25	40	20	1	26			2	9	9	6						56	
17	营养所	58	32	32	14	12	18	2		14		2	2	6	4							26	
18	出版社	65																					65

（续表）

序号	单位	从业人员	编制内职工总数	专业技术人员						管理人员							工勤技能人员					编制外职工	直属企业职工
				小计	其中在管理岗位上工作人员	正高级	副高级	中级	初级及以下	小计	相当副部	正司局级	副司局级	正处级	副处级	科级及以下	小计	技工一级	技工二级	技工三级	技工四级及以下		
19	灌溉所	253	161	141	42	21	40	70	10	48			1	13	13	21	14		3	10	1	92	
20	水稻所	572	325	255	43	58	94	92	11	48		2	2	12	25	7	65	2	13	50		247	
21	棉花所	734	438	347	107	59	81	157	50	108			3	28	24	53	90		9	81		296	
22	油料所	396	265	235	42	48	71	113	3	42			2	17	12	11	30	1	4	19	6	131	
23	麻类所	180	168	126	30	26	50	44	6	36			2	14	16	4	36		1	33	2	12	
24	果树所	332	172	130	48	23	39	54	14	53			2	19	13	19	37		4	31	2	160	
25	郑果所	302	190	179	50	36	61	76	6	50			2	13	13	22	11		7	3	1	112	
26	茶叶所	254	169	151	26	35	68	44	4	31			2	14	11	4	13		4	6	3	85	
27	哈兽研	554	309	275	41	67	112	88	8	41			1	17	10	13	34		4	30		245	
28	兰兽研	455	183	167	27	47	76	42	2	28			3	11	7	7	15		10	3	2	272	
29	兰牧药	245	151	140	29	26	55	52	7	29			2	12	12	3	11		9		2	94	
30	上兽研	139	91	89	22	38	38	13		24			2	12	7	3						48	

（续表）

序号	单位	从业人员	编制内职工总数	专业技术人员						管理人员							工勤技能人员					编制外职工	直属企业职工
				小计	其中在管理岗位上工作人员	正高级	副高级	中级	初级及以下	小计	相当副部	正司局级	副司局级	正处级	副处级	科级及以下	小计	技工一级	技工二级	技工三级	技工四级及以下		
31	草原所	198	170	152	33	21	53	66	12	33			2	15	9	7	18	9	2	3	4	28	
32	特产所	408	268	234	42	26	61	98	49	42			2	18	9	13	34			18	16	140	
33	环保所	219	133	132	22	29	61	37	5	23			1	5	5	12						86	
34	沼科所	173	111	102	22	18	35	43	6	27			1	12	9	5	4		1	2	1	62	
35	农机化所	247	237	228	36	35	70	120	3	36			2	14	14	6	9	2	6	1		10	
36	烟草所	276	206	195	51	36	76	75	8	51			3	13	14	21	11			11		70	
37	基因组所	521	34	34	17	19	4	11		17			1	7	3	6						487	
38	都市所	58	58	45	6	10	12	21	2	19			1	5	4	9							

注：从业人员包含编制内职工和编制外职工。

中国农业科学院 2022 年院属各单位专业技术人员情况统计表

（单位：人）

序号	单位	科技人员总数	职称情况				学历情况			学位情况		年龄情况						专家情况				
			正高级	副高级	中级	初级及以下	研究生	大学	大专及以下	博士	硕士	35岁及以下	36~40岁	41~45岁	46~50岁	51~54岁	55岁及以上	两院院士	国家级专家	部级专家	政府特贴	百千万人才
汇总	全院总计	6 195	1 501	2 182	2 205	307	4 699	1 068	180	3 269	1 709	1 519	1 365	1 094	752	523	765	16	333	215	127	69
	京内合计	2 838	823	1 025	889	101	2211	402	48	1 802	537	612	626	456	346	252	369	11	227	144	87	49
	京外合计	3 357	678	1 157	1 316	206	2 488	666	132	1 467	1 172	907	739	638	406	271	396	5	106	71	39	20
	机关小计	177	39	54	76	8	128	46	3	48	96	43	38	35	14	21	26	6	24	10	8	4
1	院办公室	30	13	5	12		26	3	1	12	14	9	4	2	2	3	10	6	24	10	8	4
2	科技局	20	4	9	7		17	2	1	13	5	4	4	7	3	1	1					
3	人事局	22	3	8	10	1	15	7		6	12	7	3	8	1	2	1					
4	财务局	28	4	8	14	2	14	14		2	14	9	6	3	2	3	5					
5	基建局	15	2	4	8	1	11	4		1	12	4	4	4	1	1	1					
6	国合局	21	2	6	11	2	15	6		8	10	3	6	6	1	4	1					
7	转化局	17	5	4	7	1	10	6	1	2	12	4	4		3	3	3					

（续表）

序号	单位	科技人员总数	职称情况				学历情况			学位情况		年龄情况						专家情况				
			正高级	副高级	中级	初级及以下	研究生	大学	大专及以下	博士	硕士	35岁及以下	36~40岁	41~45岁	46~50岁	51~54岁	55岁及以上	两院院士	国家级专家	部级专家	政府特贴	百千万人才
8	机关党委	12	2	7	2	1	11	1		3	9	2	3	3	1	1	2					
9	监察局	12	4	3	5		9	3		1	8	1	4	2		3	2					
10	后勤中心	69	7	6	46	10	20	38	11	5	19	14	9	9	7	21	9					
11	研究生院	64	16	21	25	2	48	17	1	18	29	13	11	12	12	6	10		1	1	1	
12	作科所	360	112	138	91	19	301	48	11	270	52	70	80	56	44	32	78	1	44	30	20	10
13	植保所	241	88	111	40	2	213	27	1	194	23	35	57	52	32	24	41		35	19	8	4
14	蔬菜所	197	59	73	63	2	154	39	4	131	32	46	42	32	31	25	21		23	13	11	5
15	环发所	193	63	65	59	6	178	13	2	153	30	51	56	31	21	14	20		14	9	6	5
16	牧医所	221	70	69	79	3	194	26	1	168	40	64	47	45	27	10	28	2	27	16	11	6
17	蜜蜂所	99	26	38	31	4	68	31		55	22	22	29	19	13	5	11		2	1	1	
18	饲料所	115	33	45	33	4	98	15	2	75	27	23	19	17	25	16	15		8	5	4	2
19	加工所	178	32	51	78	17	155	22	1	109	51	79	42	23	14	9	11		5	5	2	1
20	生物所	133	51	48	31	3	117	13	3	108	13	24	28	24	21	17	19	1	18	10	7	6
21	农经所	120	40	45	32	3	110	9	1	96	16	28	37	18	13	11	13		1		1	

（续表）

序号	单位	科技人员总数	职称情况				学历情况			学位情况		年龄情况						专家情况				
			正高级	副高级	中级	初级及以下	研究生	大学	大专及以下	博士	硕士	35岁及以下	36~40岁	41~45岁	46~50岁	51~54岁	55岁及以上	两院院士	国家级专家	部级专家	政府特贴	百千万人才
22	资划所	269	96	112	52	9	234	32	3	199	43	36	46	60	44	33	50		21	18	4	5
23	信息所	284	54	91	131	8	230	48	6	139	112	85	86	39	25	23	26		1	2	1	
24	质标所	86	25	40	20	1	64	21	1	54	16	18	25	15	13	5	10		1	2	1	
25	营养所	32	12	18	2		29	3		23	7	4	12	4	4	1	7		1	2	1	1
26	灌溉所	141	21	40	70	10	107	6	8	58	58	53	26	22	13	8	19		1			
27	水稻所	255	58	94	92	11	191	51	13	150	58	55	61	41	35	17	46	1	12	9	3	3
28	棉花所	347	59	81	157	50	234	104	9	106	151	156	73	35	17	29	37	1	18	12	7	5
29	油料所	235	48	71	113	3	206	21	8	137	71	66	72	37	20	12	28	1	8	8	2	2
30	麻类所	126	26	50	44	6	95	27	4	61	41	39	29	28	10	4	16			2		
31	果树所	130	23	39	54	14	111	16	3	33	78	46	29	24	12	11	8		1		1	
32	郑果所	179	36	61	76	6	123	50	6	68	64	48	36	36	23	8	28		3	2	1	1
33	茶叶所	151	35	68	44	4	98	46	7	73	46	35	37	22	22	19	16	1	2	1	1	
34	哈兽研	275	67	112	88	8	211	7	7	109	52	11	59	85	61	38	21	1	19	10	5	3
35	兰兽研	167	47	76	42	2	124	36	7	106	36	13	27	30	43	22	32		4	2	2	

（续表）

序号	单位	科技人员总数	职称情况				学历情况			学位情况		年龄情况						专家情况				
			正高级	副高级	中级	初级及以下	研究生	大学	大专及以下	博士	硕士	35岁及以下	36~40岁	41~45岁	46~50岁	51~54岁	55岁及以上	两院院士	国家级专家	部级专家	政府特贴	百千万人才
36	兰牧药	140	26	55	52	7	109	23	8	56	52	27	25	31	23	13	21		8	6	6	3
37	上兽研	89	38	38	13		63	23	2	57	15	4	17	28	12	19	9		4	4	2	1
38	草原所	152	21	53	66	12	123	27	2	88	43	57	37	32	5	6	15					
39	特产所	234	26	61	98	49	147	71	16	48	119	56	44	57	23	24	30		2	2	1	
40	环保所	132	29	61	37	5	109	21	2	88	22	20	35	42	17	4	14		4	2	2	
41	沼科所	102	18	35	43	6	74	24	4	37	36	36	25	16	12	7	6			2		
42	农机化所	228	35	70	120	3	143	72	13	30	147	95	49	25	24	12	23		2		2	
43	烟草所	195	36	76	75	8	148	34	13	107	63	62	41	29	29	14	20		1		1	
44	基因组所	34	19	4	11		27	7		19	11	6	9	11	2	1	5		15	7	1	1
45	都市所	45	10	12	21	2	45			36	9	22	8	7	3	3	2		2	2	1	1

注：1. 本表数据以人员统计口径为准，即具有专业技术职务的全部人员。

2. 本表数据不含出版社。

中国农业科学院2001—2022年全院离退休人员变化情况统计表

（单位：人）

年份	离退休人员情况							中共党员	高级专业技术职务	
	小计	离休干部	退休干部	工人	退养	退职	街道代管		正高级	副高级
2001	5 567	436	3 062	1 878	84	53	63			
2002	5 653	416	3 123	1 907	85	62	60	2 021	823	1 230
2003	5 728	400	3 201	1 933	73	61	60	2 080	871	1 276
2004	5 866	389	3 299	1 980	72	73	53	2079	873	1 285
2005	5 901	375	3 314	2 034	73	64	41	2 228	870	1 279
2006	5 363	331	3 054	1 810	71	56	41	2 028	771	1 164
2007	5 453	318	3 104	1 872	66	55	38	1 937	770	1 169
2008	5 486	300	3 141	1 879	65	64	37	1 875	821	1 221
2009	5 563	282	3 209	1 915	66	57	34	1 919	830	1 200
2010	5 647	268	3 281	1 955	56	56	31	2 084	829	1 225
2011	5 729	250	3 359	1 969	54	62	35	2 121	839	1 249

（续表）

年份	离退休人员情况							中共党员	高级专业技术职务	
	小计	离休干部	退休干部	工人	退养	退职	街道代管		正高级	副高级
2012	5 813	232	3 437	1 989	60	61	34	2 159	834	1 263
2013	5 970	222	3 532	2 067	53	61	35	2 183	839	1 281
2014	6 036	198	3 608	2 080	51	58	41	2 242	830	1 296
2015	6 131	177	3 690	2 117	48	55	44	2 247	859	1 306
2016	6 189	162	3 723	2 186	42	35	41	2 202	882	1 336
2017	6 298	143	3 816	2 230	37	36	36	2 235	886	1 318
2018	6 365	120	3 872	2 266	37	32	38	2 256	916	1 298
2019	6 413	98	3 904	2 310	32	32	37	2 345	926	1 270
2020	6 480	86	3 926	2399	27	30	12	2 347	929	1 272
2021	6 469	70	3 904	2 428	25	31	11	2 290	952	1 233
2022	6 450	56	3 901	2 431	24	30	8	2 339	988	1 200

中国农业科学院 2022 年院属各单位离退休人员情况统计表

（单位：人）

序号	单位	离退休人员数							中共党员	高级职称人数	
		合计	离休	退干	工人	退养	退职	街道代管		正高级	副高级
汇总	全院总计	6 450	56	3 901	2 431	24	30	8	2 339	988	1 200
	京内合计	2 422	35	1 864	486	24	5	8	1 085	556	607
	京外合计	4 028	21	2 036	1 946	0	25	0	1 254	432	593
1	院机关	473	10	314	134	11	2	2	271	60	80
2	研究生院	64	3	45	13	1	2		38	17	8
3	作科所	372	6	290	75	1			147	100	105
4	植保所	172		126	41	2		3	48	38	37
5	蔬菜所	194	5	139	49			1	88	52	43
6	环发所	89	1	85	3				38	19	28
7	牧医所	174	2	130	37	4		1	65	37	44
8	蜜蜂所	94		72	21			1	39	23	24

（续表）

序号	单位	离退休人员数							中共党员	高级职称人数	
		合计	离休	退干	工人	退养	退职	街道代管		正高级	副高级
9	饲料所	28		27	1				12	10	4
10	加工所	144		109	34		1		69	25	44
11	生物所	49		41	8				21	15	6
12	农经所	74		71	3				41	36	18
13	资划所	216	6	191	15	4			82	56	84
14	信息所	225	2	174	48	1			98	48	68
15	质标所	30		27	3				15	10	9
16	营养所	3		3					2	2	1
17	出版社	21		20	1				11	8	4
18	灌溉所	117	2	80	35				42	19	30
19	水稻所	725	1	166	541		17		140	36	37
20	棉花所	414	3	153	257		1		97	24	25
21	油料所	220	3	120	97				71	29	39
22	麻类所	137		58	79				54	16	12
23	果树所	221	1	104	116				73	14	25

（续表）

序号	单位	离退休人员数							中共党员	高级职称人数	
		合计	离休	退干	工人	退养	退职	街道代管		正高级	副高级
24	郑果所	166	3	98	64		1		45	21	29
25	茶叶所	117	1	80	32		4		46	25	25
26	哈兽研	341	1	169	171				82	34	42
27	兰兽研	162		113	48		1		48	33	38
28	兰牧药	178	1	138	39				70	32	47
29	上兽研	73		52	21				31	19	13
30	草原所	158		113	45				72	31	41
31	特产所	402	4	185	213				133	21	38
32	环保所	87	1	69	16		1		38	15	28
33	沼科所	109		95	14				60	17	31
34	农机化所	248		174	74				104	27	75
35	烟草所	153		69	84				48	19	18

中国农业科学院专家
2022 年获得各类奖项、荣誉称号

序号	单位	姓名	人才称号
1	作科所	任玉龙	中国青年科技奖获得者
2	牧医所	黄火清	中国青年科技奖获得者

中国农业科学院关于公布2021年度晋升高级专业技术职务任职资格人员名单的通知

农科院人〔2022〕139号

院机关有关部门、院属各单位：

我院2021年度晋升高级专业技术职务任职资格人员已经农业农村部人事司备案通过，现将人员名单予以公布（见附件）。

2021年度晋升高级专业技术职务人员的任职资格时间自2022年1月1日起计算。请你单位接通知后，按照岗位需要和有关规定办理相关聘任手续。

附件：中国农业科学院2021年度晋升高级专业技术职务任职资格人员名单

中国农业科学院

2022年10月28日

附件

中国农业科学院 2021 年度
晋升高级专业技术职务任职资格人员名单

院机关（9 人）

研 究 员： 季　勇　刘　洁　丁　麟　李延青　高　毅
副研究员： 王　萌　王　贺　姜成钢　马　骁

作物科学研究所（24 人）

研 究 员： 张　帆　黎　亮　郭会君　王丽侠　林启冰　翁建峰　王木桂　马秀勇
副研究员： 李超男　徐彩龙　韩海明　郭　林　李　霞　程溪柳　周志强　李　静　马少康　杨光明　卫　斐　董劲松　肖薪龙　李少雅　祁显涛　李　鸣

植物保护研究所（19 人）

研 究 员： 张　博　李珊珊　李远播　魏守辉　闫晓静　李　梅　邹亚飞
副研究员： 严　芳　程云霞　范洁茹　关　巍　吴瀚翔　冼晓青　方文生　朱丽珍　宁　云　耿　亭　单　双　李　迁

蔬菜花卉研究所（17 人）

研 究 员： 杨　鑫　钱　伟　吕红豪　薄凯亮　闫书鹏　庄飞云　茆振川　柴立平　张　莉
副研究员： 赵　鑫　赵建龙　王　勇　徐雷锋　张正海　王　宏　刘中笑　万岩然

农业环境与可持续发展研究所（12 人）

研 究 员： 李　涛　张　义　霍丽丽　赵解春

副研究员：蔡岸冬　詹深山　高丽丽　李　真　张　洋　赵海根　郭　莹
李贵春

北京畜牧兽医研究所（17人）

研　究　员：王立刚　陈　亮　郑麦青　唐湘方　张龙超　饶正华
副研究员：唐　静　王冰源　马　琳　刘志国　周　荣　秦　星　鑫　婷
袁维峰　浦亚斌　刘雪雪　吴浩铭

蜜蜂研究所（8人）

研　究　员：丁桂玲　刘振虎
副研究员：汤　娇　王秀红　武江利　孟丽峰　高　晶　张　婷

饲料研究所（8人）

研　究　员：王　晶　冉　超　刘义明　谷　旭　于庆龙
副研究员：邱　凯　陈孝杰　范润梅

农产品加工研究所（12人）

研　究　员：易建勇　陈芹芹　司智陟
副研究员：卢　聪　张金闯　孙　晶　李　明　郑晓春　温博婷　贾金龙
焦　博　赵垚垚

生物技术研究所（11人）

研　究　员：柳小庆　梁　哲　谢钰容　蔡晶晶
副研究员：刘婷婷　刘晓青　王维轩　梁秋菊　于大伟　冯　丹　孙　晶

农业经济与发展研究所（9人）

研　究　员：钱静斐　陈学渊　杨敬华
编　　　审：方　静
副研究员：石自忠　张永勋　臧良震　张　琳　张　姝

农业资源与农业区划研究所（16 人）

研 究 员：陆　苗　袁　亮　闫瑞瑞　郭淑敏　张怀志　信　军
副研究员：徐大伟　方琳娜　保万魁　查　燕　吴国胜　邓　辉　李国景
张　莉　王丽伟　黄亚萍

农业信息研究所（15 人）

研 究 员：张建华　张学彪　李　娴　喻　闻　黄永文
副研究员：任育锋　张　晶　梁晓贺　罗婷婷　李建政　孙　媛　孔晔晗
王一方　陈　莉　王　晶

农业质量标准与检测技术研究所（5 人）

研 究 员：毛雪飞　赵　燕　杜清海
副研究员：郭孝萱　贾　琪

农业农村部食物与营养发展研究所（4 人）

研 究 员：韩　娟
副研究员：杨祯妮　胡铁华　李婷婷

研究生院（5 人）

研 究 员：张明军
副研究员：高宝军　柳　萌　陈黎明　任　超

中国农业科学技术出版社（4 人）

编　　审：褚　怡
副 编 审：周　朋　张志花　徐定娜

农田灌溉研究所（7 人）

研 究 员：刘战东　乔冬梅　陈智芳

副研究员: 陈　震　胡　超　韩其晟　李　峰

中国水稻研究所（13 人）

研 究 员: 胡时开　焦桂爱　任德勇　李春生

副研究员: 杨永杰　张华丽　刘群恩　朱玉君　王亚梁　褚　光　纪　龙　俞其明　高爱华

棉花研究所（14 人）

研 究 员: 何守朴　赵云雷　马　磊　郑鈜爽

副研究员: 徐开杰　石建斌　耿晓丽　左东云　王　晔　王力娜　周克海　马建江　张　杰　高雪珂

油料作物研究所（13 人）

研 究 员: 喻　理　陈海峰　谢立华　赵长军

副研究员: 高鸿飞　郭　葳　黄军艳　李　超　岳晓凤　罗军玲　汪雪芳　付桂萍　许　鲲

麻类研究所（8 人）

研 究 员: 郭　媛　戴志刚

副研究员: 杨修仕　向　伟　张小雨　余　旺　潘　根　刘志远

果树研究所（7 人）

研 究 员: 王孝娣　李建才

副研究员: 韩晓蕾　史祥宾　杨　玲　周江涛　吕　鑫

郑州果树研究所（13 人）

研 究 员: 鲁振华　方伟超　徐小军　薛华柏　涂洪涛　高养杰

副研究员: 黄振宇　周　喆　李　明　李　勇　刘　丽　崔国朝　徐倩倩

茶叶研究所（14 人）

研 究 员： 李　鑫　叶　萌　王　璐　李　强　陈红平
副研究员： 张相春　张建勇　杨　梅　施　江　伊晓云　薛　晨　蔺松波　刘　畅　陈根生

哈尔滨兽医研究所（17 人）

研 究 员： 李　凯　曾显营　张艳萍　黄　丽　田　进
副研究员： 蔡文通　李　芳　孙　超　崔鹏飞　刘恒贵　于海波　武嘉男　董　梅　张洪亮　党光辉　崔子寅　张国权

兰州兽医研究所（19 人）

研 究 员： 李　丹　牛庆丽　刘军龙　何继军
副研究员： 徐　帅　李　坤　李　立　陈佳宁　秦晓东　申拥军　茹　毅　刘会胜　张中旺　白　刚　赵　鑫　张心怡　曹小安　陈　妍　杨亚民

兰州畜牧与兽药研究所（8 人）

研 究 员： 牛春娥　辛蕊华　荔　霞
副研究员： 吴晓云　王春梅　席　斌　贺洞杰　张小甫

上海兽医研究所（10 人）

研 究 员： 高　飞　蒋　蔚　顾惠明
副研究员： 刘静宜　史永红　王亚楠　张　艳　胡　海　朱　杰　李宗杰

草原研究所（12 人）

研 究 员： 王　珍　张福顺　彭　卓
副研究员： 孙世贤　张　勇　李　芳　焦　巍　韩海斌　李　鹏　郭茂伟　贾丽娟　撒多文

特产研究所（10 人）

研 究 员：彭英华　李忠宽　刘志杰
副研究员：刘政波　冯二凯　刘汇涛　李海涛　张海玲　邵　财　李彩虹

农业农村部环境保护科研监测所（9 人）

研 究 员：贺泽英　黄永春　周　莉
副研究员：郭海心　保琼莉　姜红新　秦　旭　张春雪　朱晓昱

农业农村部沼气科学研究所（9 人）

研 究 员：代立春　贺　莉
副研究员：杨　暖　黄　艳　黎　霞　罗惜民　李　红　茶桂宏　葛一洪

农业农村部南京农业机械化研究所（11 人）

研 究 员：陈有庆　沐森林　伍国林
副研究员：崔龙飞　孙勇飞　王申莹　赵　映　管春松　崔思远　张进龙
江　帆

烟草研究所（11 人）

研 究 员：王　倩　程立锐　许立峰
副研究员：郑艳芬　马斯琦　于卫松　孟　晨　孟　霖　张增林　谭家能
佟　英

农业基因组研究所（16 人）

研 究 员：周永锋　张翠军　王　丽　武志强　李　伟韩春丽
副研究员：杜　然　王碎抗　刘万飞　周　姚　贺　炳　闫娜娜　刘馨怡
荀君波　任　斌　黄　聪

都市农业研究所（7 人）

研 究 员：段成立　李清明

副研究员：罗秀媚　卞中华　李林宣　张冬冬　王　宇

中国农业科学院关于公布“青年英才计划”第四批培育工程和第八批引进工程院级入选者名单的通知

农科院人〔2022〕33号

院机关各部门、院属各单位：

根据《中国农业科学院“青年英才计划”管理办法》（农科院党组发〔2017〕67号）有关规定，经个人申报、单位推荐、资格审查、院级评审、公示公告，作物科学研究所张立超等43人成为我院“青年英才计划”第四批培育工程院级入选者，作物科学研究所路则府等16人成为我院“青年英才计划”第八批引进工程院级入选者，现将名单予以公布。特殊支持期自2022年3月起计算。

请院机关有关部门和人才所在单位及时落实好各项配套支持政策。人才所在单位与人才签订《中国农业科学院农科英才管理协议》，并于1个月内报院人才工作领导小组办公室备案。

附件：1. 中国农业科学院“青年英才计划”第四批培育工程院级入选者名单
2. 中国农业科学院“青年英才计划”第八批引进工程院级入选者名单

中国农业科学院
2022年3月24日

附件 1

中国农业科学院“青年英才计划”第四批培育工程院级入选者名单

作物科学研究所　张立超　武　晶
植物保护研究所　杨秀玲　王　冰
蔬菜花卉研究所　钱　伟　刘广洋
农业环境与可持续发展研究所　李　涛
北京畜牧兽医研究所　涂　涛　陶　聪
蜜蜂研究所　陈　超　田文礼
饲料研究所　王　晶
农产品加工研究所　佟立涛
生物技术研究所　崔学安
农业经济与发展研究所　王国刚　郭君平
农业资源与农业区划研究所　阮文渊　潘君廷
农业信息研究所　张建华　张学彪
农业质量标准与检测技术研究所　毛雪飞
食物与营养发展研究所　朱大洲
农田灌溉研究所　刘　源
中国水稻研究所　胡时开
棉花研究所　杨召恩
油料作物研究所　罗怀勇　毛　劲
麻类研究所　谢纯良
果树研究所　高　源
郑州果树研究所　李　娜
茶叶研究所　戴伟东　韦　康
哈尔滨兽医研究所　王金良
兰州兽医研究所　牛庆丽　王　帅
兰州畜牧与兽药研究所　尚小飞　王胜义
上海兽医研究所　王少辉
沼气科学研究所　王文国　代立春
南京农业机械化研究所　祁　兵
烟草研究所　王秀国
都市农业研究所　郑胤建

附件 2

中国农业科学院“青年英才计划”第八批引进工程院级入选者名单

作物科学研究所　路则府
蔬菜花卉研究所　秦宇轩　范腾飞
北京畜牧兽医研究所　赵　勇
农业资源与农业区划研究所　钱建平
油料作物研究所　彭登峰
茶叶研究所　龙俐至
哈尔滨兽医研究所　尹　鑫
兰州兽医研究所　李维克
上海兽医研究所　刘长龙
草原研究所　李　飞
烟草研究所　杨长青
深圳农业基因组研究所　易国强　张兴坦　贾耿介　武志强

关于公布 2021 年度第二批博士后“优农计划”和优秀博士后获选名单的通知

农科博管办〔2022〕2 号

院属各单位：

根据《中国农业科学院关于加强博士后队伍建设的实施意见》（农科院党组发〔2020〕30 号），经个人申报、资格审查、专家评审，植物保护研究所许春丽等 22 人入选 2021 年度第二批博士后“优农计划”，作物科学研究所于太飞等 21 人入选第二批优秀博士后，现将名单予以公布。“优农计划”资助期自进站起计算，资助两年。

请院属各单位依据《中国农业科学院博士后“优农计划”实施细则》《中国农业科学院优秀博士后评审奖励实施细则》及时落实好各项配套支持政策。院属单位请在 3 月 4 日前与“优农计划”入选者签订《中国农业科学院博士后优农计划管理协议》，报院博管办备案，电子版发送至 boshihou@ caas. cn。

附件：1. 2021 年度第二批博士后“优农计划”入选名单

2. 2021 年度第二批优秀博士后入选名单

中国农业科学院博士后管理委员会办公室

2022 年 2 月 28 日

附件 1

2021 年度第二批博士后"优农计划"入选名单

类别	序号	姓名	培养单位
特别资助项目	1	许春丽	植物保护研究所
	2	马俊怡	农业环境与可持续发展研究所
	3	张晓音	北京畜牧兽医研究所
	4	乔继月	中国水稻研究所
	5	曲志远	哈尔滨兽医研究所
	6	苏陈禹	烟草研究所
	7	廖振阳	农业基因组研究所
重点资助项目	8	许　鑫	作物科学研究所
	9	龚　攀	植物保护研究所
	10	郑　丽	植物保护研究所
	11	张　岳	农业环境与可持续发展研究所
	12	曹素梅	饲料研究所
	13	胡蒙蒙	农业资源与农业区划研究所
	14	王　军	农业资源与农业区划研究所
	15	熊　杰	中国水稻研究所
	16	王素艳	哈尔滨兽医研究所
	17	张　钟	农业基因组研究所
	18	陈　洁	农业基因组研究所
	19	王鹏杰	农业基因组研究所
	20	许　东	农业基因组研究所
	21	刘航玮	农业基因组研究所
专门资助项目	22	许立鹤	沼气科学研究所

附件 2

2021 年度第二批优秀博士后入选名单

序号	姓　名	培养单位
1	于太飞	作物科学研究所
2	李如男	植物保护研究所
3	Adel Khashaveh	植物保护研究所
4	王　丹	植物保护研究所
5	孙　帅	蔬菜花卉研究所
6	孙　丹	蔬菜花卉研究所
7	张玉琪	农业环境与可持续发展研究所
8	姜菁秋	农业环境与可持续发展研究所
9	刘玉芳	北京畜牧兽医研究所
10	李少博	农产品加工研究所
11	冯　丹	生物技术研究所
12	Muhammad Ali Abid	生物技术研究所
13	王　龙	农业资源与农业区划研究所
14	温艳茹	农业资源与农业区划研究所
15	刘向阳	农业资源与农业区划研究所
16	冯智慧	茶叶研究所
17	崔子寅	哈尔滨兽医研究所
18	胡　海	上海兽医研究所
19	王亚楠	上海兽医研究所
20	贾丽娟	草原研究所
21	彭艳玲	农业基因组研究所

关于公布 2022 年度第一批博士后“优农计划”和优秀博士后获选名单的通知

农科博管办〔2022〕7 号

院属各单位：

根据《中国农业科学院关于加强博士后队伍建设的实施意见》（农科院党组发〔2020〕30 号），经个人申报、资格审查、专家评审，作物科学研究所马帅等 18 人入选 2022 年度第一批博士后“优农计划”，作物科学研究所唐文思等 18 人入选第一批优秀博士后，现将名单予以公布。“优农计划”资助期自进站起计算，资助两年。

请院属各单位依据《中国农业科学院博士后“优农计划”实施细则》《中国农业科学院优秀博士后评审奖励实施细则》及时落实好各项配套支持政策。院属单位请在 8 月 31 日前与“优农计划”入选者签订《中国农业科学院博士后优农计划管理协议》，报院博管办备案，电子版发送至 boshihou@ caas. cn。

附件：1. 2022 年度第一批博士后“优农计划”入选名单

2. 2022 年度第一批优秀博士后入选名单

中国农业科学院博士后管理委员会办公室

2022 年 8 月 25 日

附件 1

2022 年度第一批博士后“优农计划”入选名单

类别	序号	姓名	培养单位
特别资助项目	1	马　帅	作物科学研究所
	2	陶　辉	植物保护研究所
	3	汤善龙	北京畜牧兽医研究所
	4	王　涛	哈尔滨兽医研究所
	5	陈凯园	农业基因组研究所
	6	程　红	农业基因组研究所
重点资助项目	7	李　飞	作物科学研究所
	8	田志强	植物保护研究所
	9	郭　乐	蔬菜花卉研究所
	10	王丹丹	北京畜牧兽医研究所
	11	问锦尚	农业经济与发展研究所
	12	范玲玲	农业资源与农业区划研究所
	13	孙琦鑫	农业信息研究所
	14	邹金鹏	中国水稻研究所
	15	Senouwa Segla Kof Dossou	油料作物研究所
	16	滕志东	兰州兽医研究所
	17	姚　陆	烟草研究所
	18	魏　华	农业基因组研究所

附件 2

2022 年度第一批优秀博士后入选名单

序号	姓名	培养单位
1	唐文思	作物科学研究所
2	张　帆	植物保护研究所
3	高毓晗	植物保护研究所
4	蔡　旭	蔬菜花卉研究所
5	韩　辉	农业环境与可持续发展研究所
6	王　杰	饲料研究所
7	贾贤卿	农业资源与农业区划研究所
8	王希全	农业资源与农业区划研究所
9	李生平	农业资源与农业区划研究所
10	李福夺	农业资源与农业区划研究所
11	代丽萍	中国水稻研究所
12	王永鑫	茶叶研究所
13	江丰伟	哈尔滨兽医研究所
14	陈鹏飞	上海兽医研究所
15	谭　璐	农业农村部环境保护科研监测所
16	徐松松	农业基因组研究所
17	徐　奎	农业基因组研究所
18	赵　波	农业基因组研究所

坚守初心　牢记使命
以青春之力扛起农业科技创新之责

——张合成书记在中国农业科学院 2022 年新入职人员岗前培训班上的讲话

2022 年 12 月 14 日

同志们，上午好！欢迎你们加入中国农业科学院大家庭，投身农业科技创新伟大事业！受新冠疫情的影响大家不能见面了，虽然改变了见面形式，但没有减退我对大家的热情期待。此次培训人事局安排了丰富的内容，有来自上级机关的领导给大家介绍行业进展，也有院里的局长们给大家介绍院内情况，还有院士给大家现身说法。我认为培训班有 4 个方面的目标和任务。

第一，传承农科精神。任何一个单位都有文化和精神，我们从跨入单位开始就要适应单位的文化，去传承单位的文化，去弘扬单位的文化。做到守正创新，只有守正才能创新，守正的前提是继承。要继承就得学习，新入职人员岗前培训班这一课，就是进入中国农业科学院的基础课，是基础中的基础。传承农科精神，从学习什么是中国农业科学院、中国农业科学院有什么、我在中国农业科学院怎么干开始，这是同志们的第一个任务。第二，把握使命任务。中国农业科学院是干什么的？我来干什么？国家为什么要设立这个单位？我到这个单位来干什么？这就是使命任务。中国农业科学院有十大使命、几十项任务，都是对照中共中央给中国农业科学院的核心职责梳理出来的。这些使命、任务就是每位同志的使命、任务。第三，规划职业生涯。到单位来了解单位的概貌，把握单位的任务，熟悉单位的文化，接下来就要规划自己怎么奋斗、怎么成长、怎么奉献、怎么服务。通过奋斗来实现国家目标、单位目标和个人目标，这就是我们说的国家利益、集体利益、个人利益是一体的，不矛盾的。到中国农业科学院来必须具有当院士的雄心壮志，但它是基于努力奋斗、团结奉献和服务大众来实现的，所以要求你们对职业生涯作出规划，对人生作出规划、思考、研究，进一步谋划自己的人生发展。第四，严明纪律规矩。任何一个团队、机构都有它的规矩、纪律、边界、底线，你们一定要明确这个规矩、底线。

总之，这次培训班的目的就是帮助大家定好位、起好步、走好路，帮助大家提振干事创业精气神，用奋发有为的状态、敢闯敢试的斗志、开拓进取的精神，为“三农”事业发展贡献更大的力量。下面，我和大家交流 3 个方面内容。

一、中国农业科学院的基本情况与重要贡献

（一）基本情况

1949 年，国家成立了七大区域研究所，分属于七大中央局。1953 年，中央研究把七大区域所合并，成立中国农业科学院，由中国农业科学院来统领全国农业科研工作。1957 年，中央批准正式成立中国农业科学院（副部级规格）。中国农业科学院是由党中央批准成立的国家级农业科研机构。中国农业科学院自成立之初就是一个整体，虽然几经下放调整，但是中国农业科学院的系统性和整体性是完整的，这是它的总体定位。中国农业科学院是农业农村部直属的副部级机构，成立之初，毛主席、周总理就很关心其学科设置、学术委员会设置。成立之后，中国农业科学院的职责就是领导全国农业科研工作。中国农业科学院是全国综合性农业科学研究的最高学术机构，农业及农业科学技术战略咨询机构，“三农”领域国家战略科技力量，担负全国农业基础与应用基础研究、应用研究和高新技术研究任务，致力于解决我国农业及农村经济发展中公益性、基础性、全局性、战略性、前瞻性的重大科技与技术问题。这是中国农业科学院的“四个研究”和“五性”，也是区别于地方农科院、其他农业科研单位最重要的特征。现有 10 个职能部门、下设 34 个直属研究所，以及研究生院和出版社，共 46 个部门和单位。另外还与地方共建 9 个研究所。

1. 学科体系

中国农业科学院拥有九大学科集群，研究范围涵盖农业科学主要学科领域，从种质资源创新、新品种培育、病虫害防控、种养管理、农业机械、产后加工到农产品质量安全、资源环境、产业经济政策等。面向世界农业科技前沿、国家重大需求、现代农业建设主战场和人民生命健康，确立了以作物、园艺、畜牧、兽医、植保、资源与环境、机械与工程、质量与加工、信息与经济九大学科集群，57 个学科领域，316 个研究方向为基本构架的三级学科体系。作物、植保、畜牧、兽医四大学科在全国高校第四次学科评估中，被评为 A+，数量与北京航空航天大学等高校并列全国第十二名。当前，九大学科集群正在做调整，其一是增加基础学科，其二是研究增加微生物学科，其三是谋划设立乡村发展学科集群，加快从“一农”向“三农”的拓展。按照 316 个研究方向设置团队，团队是中国农业科学院最基层的作战单元，支部设在团队，工作在团队，创新在团队，我们一切保障服务都是为了团队的建设。

2. 人才队伍

截至 2021 年年底，我院从业人员共 11 171 人，正式编制人员 6 849 人，其中，专业技术人员 6 167 人，占 90%。专业技术人员中，博士学位 3 263 人，占 53%；研究生以上学历 4 686 人，占 76%；年龄 45 岁及以下 4 066 人，占 66%。两院院士 17 人，国家高层次人才计划入选者 113 人，国家杰青和优青 48 人，“百千万人才工程”国家级人选、

创新人才推进计划、享受政府特贴专家、农业产业技术体系首席、农业科研杰出人才等高层次人才 330 余人，农科英才 359 人。

3. 科研条件

科技平台总数达 569 个，其中国家级 47 个、部级 353 个、院级 169 个。建有全球最大的大动物生物安全四级实验室单体设施、亚洲最大的大动物生物安全三级实验室集群；建有 2 个国家重大科技基础设施、6 个国家重点实验室、5 个国家工程技术研究中心、4 个国家工程研究中心。建有 11 个国家农作物种质资源库、12 个国家农作物种质资源圃，长期保存作物品种资源超过 52 万份，居世界第二位；2021 年新建成世界上单体最大、原生资源最多的国家作物种质库。拥有农业专业书刊馆藏亚洲第一、世界第三的国家农业图书馆。还有 103 块试验基地，大田面积是 10 万亩，在新乡就有3 000亩的试验基地，安阳棉花所的试验基地是5 000亩，草原所也有近5 000亩试验基地。海南有1 000多亩试验基地，有 10 多个所在那里开展工作。

4. 国际合作与交流

与 330 多个外国政府部门、科研教学机构以及近 50 个国际组织、基金会和跨国公司等建立了合作关系，合作伙伴遍布五大洲 85 个国家，初步构建了与发达国家强强联合、与“一带一路”合作伙伴共商共建、与国际组织协同治理的全球创新合作三级布局体系。10 个国际机构在我院设立驻华代表处；建立了 120 多个国际合作平台，其中海外平台 20 余个；联合国粮食及农业组织、世界动物卫生组织认定的国际参考实验室 9 个。近年来，成功接待多位外国元首和 30 多位外国正部级以上官员来访，彰显了国家队地位，扩大了国际影响力，已经成为国家外交、元首外交的一个窗口。朝鲜劳动党委员长金正恩到中国农业科学院来访问，了解了中国是怎么用占世界 6%的耕地解决了 21%人口的吃饭问题。前英国首相特蕾莎 · 梅等都曾到我院访问。

（二）重要贡献

建院以来，中国农业科学院为国家、为农业农村作出了重要的贡献，为粮食安全提供了重要的科技支撑。习近平总书记给中国农业科学院的贺信里指出，中国农业科学院为我国“三农”事业发展作出重要贡献。新中国成立初期我国粮食单产水平是 68 千克/亩，现在是 386. 8 千克/亩；新中国成立初期我国人均消费鸡蛋 2. 7 千克/年，现在是 24 千克/年；新中国成立初期我国人均消费肉类 4 千克/年，现在是 54 千克/年。这些重大的变化，离不开我院农业科技创新的有力支撑。65 年来，全院共获得各类科技成果6 000多项，其中获奖成果3 681项，国家科技奖励成果 351 项。实现了杂交稻、超级稻、杂交玉米、转基因抗虫棉、矮败小麦、杂交油菜选育等一系列重大核心技术的突破；取得了中低产田改造、重大病虫害综合防治等一大批科研成果；建立了瘦肉猪、蛋鸡、奶牛、肉羊等良种繁育体系，研究出优质高效配合饲料和集约化养殖技术，创制了牛瘟、马传贫、口蹄疫、禽流感等重大疫病高效疫苗；创立了水稻、小麦品种光温反应特性理论，发现了蝗虫、黏虫、小麦条锈病等重大病虫害流行规律和防治技术体系。这些具有国际先进水平的自主创新成果在生产上推广运用，为保障国家粮食安全、促进农业农村现代化发展作出了重要贡献。

党的十八大以来，进入新时代的中国农业科学院全面贯彻落实习近平总书记关于“三农”工作和科技创新工作重要论述，强化战略科技力量担当，以服务“国之大者”为己任，开创了各项事业发展的新局面。

十年来，我院全力支撑“藏粮于地、藏粮于技”战略实施，有效支撑保障我国粮食产量实现“十九连丰”（其中，2022 年 13 731亿斤①再创新高）。一是口粮与谷物高产优质技术攻关取得重大突破。水稻育种实现品质大幅提升，华浙优 261 大幅提高了超级稻食味优质化率，中嘉早 17 年应用面积稳居南方稻区第一位、米粉加工品质优良。小麦育种突破高产优质兼容瓶颈，优质强筋小麦中麦 895 累计推广 5 100多万亩，灌浆速率、耐热性居黄淮麦区主栽品种首位。中麦 578 高产示范田平均亩产 841. 5 千克，面包品质达到进口优质小麦水平。玉米密植技术连创高产纪录，亩产最高达 1 663. 25千克。大豆品种高产广适支撑大面积扩种，中黄 13 累计推广超过 1 亿亩，稳居全国推广面积之首，“中黄”系列品种黑龙江千亩方亩产超 250 千克，中豆 63 创南方大豆高产新纪录。二是耕地质量保护和用途管控能力大幅提升。科技支撑东北黑土地、北方旱地、南方水田、南方旱地、盐碱地、设施农地和后备耕地等“七块地”质量保护与地力提升。集成典型红壤农田酸化综合防控技术，六省大面积示范，实现粮食增产 12%以上；创建南方低产水稻土改良与地力提升技术体系，示范区水稻亩均增产 100 千克以上；建立主要粮食产区农田土壤有机质提升关键技术，示范区土壤有机质含量提升12%以上，增产 5%以上。全面建成全域高精度数字化土壤监测系统，实现农田利用“天上看、网上查、地上管”，为高标准农田用途管控提供科学依据。三是畜禽育种关键技术攻关取得显著成效。白羽肉鸡育种取得零的突破，广明 2 号白羽肉鸡生产性能达到国际水平，肉鸡基因芯片育种技术领跑全球；白羽肉鸭品种打破国外垄断，实现瘦肉率和饲料转化率“双高”，国产肉鸭品种出栏量占据国内市场 40%；大动物育种突破“卡脖子”制约，自主育成我国首个具有国际竞争力的肉牛新品种华西牛、肉用牦牛新品种阿什旦牦牛、细毛羊新品种高山美利奴羊，综合品质国际领先。四是农业农村现代化决策支撑取得明显进展。形成完善智库平台体系，逐步建立了“一个顾问团——农业经济与政策顾问团”“一个学术平台——农经观察会商会”“三个学术机构——海外农业研究中心、战略研究中心、乡村振兴学院”“六大智库报告——《中国农业展望报告》《中国农业产业发展报告》《中国农业科技进展报告》《中国农业绿色发展报告》《中国农村人居环境发展报告》《中国食物与营养发展报告》”，智库品牌影响力不断提升。

十年来，我院全面落实“四个面向”指示精神，取得历史性成就。一是面向世界

① 1 斤=0. 5 千克，全书同。

农业科技前沿，基础与前沿领域研究取得多项新突破。发表论文 5.5 万篇，其中 SCI 论文 1.7 万篇，《自然（*Nature*）》《科学（*Science*）》《细胞（*Cell*）》等国际顶级期刊论文 99 篇，取得一批重大科学发现。二是面向国家重大需求，关键核心技术取得多项新突破。获得各类科技奖励成果 976 项，其中国家级科技奖励 63 项，占农业领域获奖数量的 23%。审定农作物品种1 933项，其中国家审定品种 908 项，获得新兽药证书 101 个。多领域突破种子要害，中油杂 501 刷新了国内油菜籽单产和含油量纪录；中甘 21 甘蓝成为“高原夏菜”重大品牌，市场占有率 60%；玉米籽粒直收技术打通了玉米全程机械化生产的最后瓶颈；水稻育插秧技术与装备破解了双季稻、稻麦稻油轮作季节茬口矛盾；油菜毯状苗移栽机首次解决了油菜高效高密移栽难题；开展草地贪夜蛾、盲蝽象全链条防控体系建设，构建监测预警与应急防控技术体系，有效支撑“虫口夺粮”攻坚战。三是面向现代农业建设主战场，科技支撑乡村振兴取得多项新突破。中国农业科学院总动员助力打赢脱贫攻坚战，派出 700 多个专家团队、1.2 万人次科技人员，辐射带动 40 多万贫困人口增收。推进共建科技支撑乡村振兴示范县。创新开展“田间课堂”，形成科技助农“桦川模式”。有针对性地派出一流专家，被老百姓称为“土豆姐姐”的金黎平、“蘑菇姑姑”的张金霞两位科学家被授予全国脱贫攻坚先进个人称号，一批帮扶专家被誉为“林果县长”“牦牛妈妈”“桃花皇后”“茶叶博士”。建立全天候常态化农业科技服务体系，17 个研究所 100 多位专家多次奔赴农业生产一线提供抗灾和抢收抢种技术服务。推动科产科企融合发展，与大北农集团、中国农业发展集团、中国海洋石油集团等建立战略合作关系，与内蒙古、成都、苏州、河南共建农业科技中心，提升我国农业产业竞争力。四是面向人民生命健康，保障农业生物安全与食物营养健康取得多项新突破。接续编制国家食物与营养发展纲要，有力支撑居民膳食结构优化和健康中国战略实施；高效 H5/H7 禽流感疫苗成功阻断 H7N9 型禽流感向人传播；研发出同步检测 300 多种化学污染物的快检技术；破解黄曲霉毒素高灵敏快速准确定量检测技术难题，打破了发达国家的技术垄断；“日晒高温覆膜”技术有效解决了“毒韭菜”顽疾，等等。

从人才建设的角度讲，从为国家培养人才的角度讲，中国农业科学院也作出巨大贡献。

这其中，有矢志科学救国的拓荒者。我国现代稻作科学主要奠基人、我院首任院长、我国第一个稻作专业研究机构的创立者丁颖院士，被周恩来总理誉为“中国人民优秀的农业科学家”。现今水稻研究的一些基本框架就是由丁颖院士创造的，他高中毕业后就树立了科学救国的远大目标，曾 3 次赴日研修，学成后毅然归国，投身水稻研究。出任我院第一任院长后，严谨治学，晚年罹患肝癌，仍坚持下田试验。我院第二任院长金善宝院士，是我国现代小麦科学主要奠基人，他留美归国后，抗战期间仍坚持科研，筛选出最好的小麦品种支援延安革命事业。新中国成立后金善宝先生又育成了多个高产小麦品种，为中国的农业生产作出了巨大贡献。我国著名红色农学家、我院首任党组书记陈凤桐院士，一生矢志农业科技创新，在漫长的革命实践、科研实践和管理实践中凝练出“没有调查研究就没有科研实验权”这一论述，成为农业科研工作最重要的方法论。

有立志科学兴国的引领者。作科所庄巧生院士在推动数量遗传学和计算机在中国作物育种中的应用研究以及倡导改良小麦加工品质等方面作出了重要贡献；蔬菜所方智远院士育成了我国第一个甘蓝一代杂交品种；牧医所张子仪院士是我国动物营养与饲料科学界有口皆碑的铺路人，临去世前还在主持上千万字的大部头著作；生物所范云六院士，是我院生物技术领域早期的带头人，带领团队实现了将植酸酶基因转入玉米并获得稳定遗传的转基因玉米纯合体；茶叶所陈宗懋院士先后提出的 18 项标准被采纳为国家标准，主导茶叶农残检测标准制定。

有致力科学强国的奋斗者。现任院长吴孔明院士，是重大农业害虫生物学、监测预警与控制技术领域专家，在监测和防控草地贪夜蛾入侵等方面发挥了重大作用。2020 年 9 月 29 日，在习近平总书记主持的中央政治局第三十三次集体学习上，吴孔明院士专门就加强我国生物安全建设问题进行讲解，提出“人病兽防”，把整个生物界动物、植物、人的生物安全关口前移。前任院长唐华俊院士，通过卫星遥感技术应用，实现对农业生产的天、空、地一体化精准管理和数字化管理，带领团队组织完成了高分六号卫星工程需求与任务分析，能够分辨作物品种，监视农业作物的长势，有效扭转长期依赖国外同类卫星数据的局面。前任老院长李家洋院士是植物遗传发育领域的顶级科学家，国家科技一等奖的得主，目前担任刚刚成立的生物育种国家实验室的主任。还有副院长王汉中院士、原副院长刘旭院士、万建民院士，以及喻树迅、陈化兰、钱前、胡培松、李培武、姚斌、周卫、侯水生等院士都为我国“三农”事业发展作出了重大贡献。

此外，党的十九大代表、全国先进工作者何中虎研究员，带领团队在分子育种技术研发与优质节水小麦新品种培育方面取得重要进展，育成的小麦新品种累计推广 1 亿多亩；长期扎根国家级贫困县河北阜平的郑果所专家刘继伟同志，走遍全县定规划，手把手地传授果树栽培技术，为当地林果产业发展和脱贫攻坚作出贡献；扎根乡村、牧场的牧医所青年干部周波，长期深入西藏山南、甘肃平凉、宁夏固原等地进行科技帮扶，2022 年被共青团中央评为 10 名首届“全国乡村振兴青年先锋”标兵之一；棉花所、资划所祁阳站的优秀科技工作者们，长期扎根基层、历尽艰辛，孕育出了伟大的中棉所精神、祁阳站精神。

今天，你们加入中国农业科学院这个光荣集体，就要以他们为榜样，继承发扬热爱祖国、对党忠诚的政治品格，恪尽职守、无私奉献的家国情怀，勇于进取、求实创新的科学精神，严谨治学、淡泊名利的优良学风，坚守科技报国的“初心”努力在各自的岗位上建功立业、贡献力量。

二、中国农业科学院的职责定位和使命担当

在座的青年才俊是支撑农业科技创新、服务“三农”事业发展的新生力量。大家

来到中国农业科学院，走上农业科技创新的工作岗位，首先要想明白，为什么从事农业科研、为谁从事农业科研，只有认清职责使命，才能知道去往何方、路如何走。

（一）深刻领会我国“三农”发展的历史性成就

回首党的百年征程，在革命、建设、改革各个历史时期，党领导亿万农民实现了翻身解放、解决温饱、摆脱贫困、全面小康的历史性跨越，为中国人民站起来、富起来、强起来提供了有力支撑。经济的关键在农业，农业稳天下就稳，粮食稳天下就稳，这是我国作为一个“三农”大国的地位所决定的。有 3 组数据变化极具代表性和说服力。

一是粮食产量从3 000亿斤到 1.3 万亿斤。3 000亿斤是 1936 年中国的粮食产量，这是新中国成立前粮食产量最高的年份，到 1949 年降到2 263.6亿斤，人均 209 千克。2015 年以来，粮食产量连续 8 年稳定在 1.3 万亿斤以上，2021 年产量达到13 657亿斤，人均粮食占有量达到 483 千克，远高于国际公认的 400 千克粮食安全线，做到了谷物基本自给、口粮绝对安全。2022 年粮食产量达到13 390亿斤，再度增产丰收。我们用占世界 9%的耕地、6.4%的淡水资源，解决了占世界近 20%人口的吃饭问题。

二是农民年人均收入从 44 元到17 131元。根据联合国统计，1949 年中国人均国民收入 27 美元，不足印度 57 美元的一半，绝大多数人都处于绝对贫困状态。当时我国农民年人均纯收入是 44 元，1978 年增加到 134 元，进入 21 世纪特别是党的十八大以来，农民年人均收入增速连续快于城镇居民，2021 年达到18 931元，城乡居民收入比为 2.5∶1，比 2012 年下降 0.38，城乡居民收入相对差距持续缩小。尤其是现行标准下9 899 万名农村贫困人口全部脱贫，832 个贫困县全部摘帽，12.8 万个贫困村全部出列，打赢了人类历史上规模最大的脱贫攻坚战，历史性地解决了绝对贫困问题。完成脱贫攻坚、全面建成小康社会的历史任务，实现第一个百年奋斗目标，也作为新时代十年的三件大事之一写入党的二十大报告。

三是恩格尔系数从 90%到 32.7%。1949 年我国农民的恩格尔系数是 90%，现在已降至 32.7%。按照联合国标准，中国农民已经从贫穷迈进了相对富裕阶段。同期，农村基础设施和公共服务也得到极大改善，从 20 世纪五六十年代农村流行的现代化就是“楼上楼下、电灯电话”“干活不用牛、点灯不用油”，到具备条件的建制村全部通电、通光纤和 4G/5G 网络，从曾经高达 80%的文盲比例到义务教育全面普及，从缺医少药到城乡居民基本医疗保险全覆盖，这可不是小事情，2020 年以前，美国有2 800万人没有任何医疗保险。

（二）深刻认识我国“三农”发展面临的风险与挑战

农业作为第一产业、基础产业，是国民经济社会发展的“压舱石”和“稳定器”，具有全局性、战略性意义。当今世界正经历百年未有之大变局，国内外环境不断发生深刻复杂变化，我国“三农”发展也面临不少矛盾和挑战。

一是新冠疫情与国际市场波动叠加，农业稳产保供压力大。百年变局和新冠疫情交织，地区冲突和局部战争不断，我国发展环境的复杂性、严峻性、不确定性上升。上半年，乌克兰危机引发全球大宗商品价格飙升、多国限制粮食出口，有钱也买不到粮食，教训十分惨痛。我国 14 亿多人，每天要消费掉 70 万吨粮、9.8 万吨油、192 万吨菜、23 万吨肉。2021 年我国累计进口粮食 1.6 亿吨，相当于我国产量的 24%，大豆、玉米进口量大且严重依赖美国等少数国家，确保农产品供给安全必须要有充足备手。

二是自然灾害风险与经济下行压力碰头，稳住“三农”基本盘责任重。全球气候变化给农业生产带来了巨大不确定性和困难，极端气候频繁发生。去年夏秋之交，历史罕见的特大暴雨导致 1.1 亿亩冬小麦晚播；去冬今春拉尼娜事件造成阶段性强降温、强降雪对蔬菜生产运输产生较大影响，对 1.1 亿亩晚播麦更是雪上加霜；今年夏天，南方又经历了历史罕见的长时间高温干旱，对秋粮生产造成极大影响。同时，我国是动植物有害生物发生最严重的国家之一，农作物病虫害常年发生1 700余种，发生面积超过 4 亿公顷次，潜在产量损失超过 30%；动物疫病种类多、病因复杂，年直接经济损失超 1 000亿元。近年来非洲猪瘟和草地贪夜蛾等先后侵入我国，构成了重大威胁。

三是推进农业农村高质量发展，“大国小农”的制约不断凸显。高质量发展的本质是依靠技术进步、改善管理和提高劳动者素质的集约型增长。我国农业资源总量大，但人均占有量不足，“人多、地少、水缺、分散”问题严重。我国耕地总面积有 19.18 亿亩，但人均仅 1.36 亩，约为世界平均水平的 40%，人多地少导致耕地长期高强度、超负荷利用，造成地力下降、退化、污染等十分严重。我国淡水资源总量为28 000亿立方米，占全球 6%，但人均只有2 200立方米，仅为世界平均水平的 1/4，且水资源空间分布极不均衡，淮河以北地区耕地占全国的 65%，而水资源仅占全国的 19%。此外，我国小农户占农业经营主体 98%以上，小农户经营耕地面积占总耕地面积 70%，抵御自然风险和市场风险能力弱，农户经营性收入对农民增收的支撑不足。

四是国际科技竞争空前激烈，加快实现高水平农业科技自立自强更加迫切。科技创新是当今国际战略博弈的主战场，围绕科技制高点的竞争空前激烈，全球创新格局面临深度重构。据有关专业机构统计，我国农业领域技术仅 19%处于国际领跑地位、17%处于并跑阶段，其余 64%处于跟跑阶段，一些重要赋能技术（如转基因技术、基因编辑技术）核心专利多被欧美国家把持。关键核心技术是要不来、买不来、讨不来的。中央已经印发了农业关键核心技术攻关方案，聚焦长期制约我国实现农业农村现代化的关键问题，组织动员科研机构和企业，全力以赴摆脱关键核心技术受制于人的被动局面。

（三）深刻理解全面推进乡村振兴的任务部署

不论是新同志还是老同志到中国农业科学院来，首先要落实一项任务，就是学习好党的二十大关于农业科技领域的决策部署。要重点把握好几个要点：第一是把握好一个主题，就是全面推进乡村振兴，主题是“全面推进”四个字，党的二十大提的“全面推进乡村振兴”，这是新时代、新征程“三农”工作的总抓手。第二是要把握一个重大判断，现代化国家的建设最艰巨、最繁重的任务仍然在农村，这是一个重大判断，通过这个重大判断来提高认识，落实工作。第三是坚持一个总方针，就是农业农村优先发展。农业农村优先发展是党的十九大提出来的，习近平总书记进行了系统的谋划，有 4 个方面需要优先发展。从现在的情况看，要真正实现优先任务还很重，要通过全面推进来落实下去。第四是明确两个目标，即 2035 年基本实现农业现代化，农村基本具备现代生活条件的“两个基本”。要守住“两条底线”，即全方位夯实粮食安全根基和巩固拓展脱贫攻坚成果，增强脱贫地区和脱贫群众内生发展动力。五是落实两项重大任务，即加快建设农业强国和建设宜居宜业和美乡村。党的二十大关于农业农村现代化建设还有一系列重要部署，科技工作者需要认真掌握、认真把握。

（四）深刻把握新时代农业科研国家队的职责使命

2017 年 5 月 26 日，习近平总书记给中国农业科学院建院 60 周年发来贺信，对中国农业科学院的成绩和贡献给予了充分肯定。习近平总书记指出：“60 年来，中国农业科学院牢记使命、勇于担当，以解决我国农业发展重大科技问题为己任，取得一大批具有国际先进水平的重大原创成果，培养造就了一大批农业科技领军人才，为我国‘三农’事业发展作出重要贡献。”习近平总书记强调：“中国是农业大国，有着悠久农耕历史和灿烂农耕文化。农业现代化关键在科技进步和创新。要立足我国国情，遵循农业科技规律，加快创新步伐，努力抢占世界农业科技竞争制高点，牢牢掌握我国农业科技发展主动权，为我国由农业大国走向农业强国提供坚实科技支撑。”习近平总书记进一步要求，“作为农业科研国家队，中国农业科学院要面向世界农业科技前沿、面向国家重大需求、面向现代农业建设主战场，加快建设世界一流学科和一流科研院所，勇攀高峰，率先跨越，推动我国农业科技整体跃升，为实现‘两个一百年’奋斗目标、实现中华民族伟大复兴的中国梦作出新的更大的贡献。”习近平总书记的贺信为我们加快农业科技创新、实现跨越发展提供了根本遵循和行动指南。

同志们，习近平总书记的贺信要求是中国农业科学院总方向、总目标、总任务、总要求，我们要通过学习贯彻党的二十大精神，持续把习近平总书记的贺信精神落实好。同志们可以从以下几方面把握：

一是毫不动摇执行国家意志。党的二十大报告多处部署“三农”和科技创新工作，要把这些决策部署体现在实际行动中。要面向世界农业科技前沿，改变或减少跟踪性研究，加快向开创型、引领型研究转变，在战略必争的农业基础科学和前沿技术领域实现跨越；要面向国家重大需求，加大关键核心技术、共性技术和战略性技术创新力度，催生引领性、革命性、颠覆性重大成果；要面向现代农业建设主战场，注重农业应用技术创新、成果转让、示范转化，创新科技与产业联动融合的发展模式，把论文写在大地上；要面向人民生命健康，聚焦动植物疫病与人类健康，研制防控技术产品，管控动植物疫情，为食物安全、动植物生物安全和公共卫生安全提供有力保障。

二是毫无争议代表国家水平。创新能力上要代表国家最高水平，科研成果上要代表国家最高水平，人才质量上也要代表国家最高水平。习近平总书记强调，世界科技强国竞争，比拼的是国家战略科技力量。我院作为国家农业战略科技力量，要全方位支撑乡村振兴新部署，举院抓好种子、耕地、生物安全、农机装备、绿色低碳、农村发展6件大事；要全链条支撑创新驱动发展战略新部署，按照农业科技的规律和特点来加快农业科技创新，强化全产业链布局，强化人财物协同、强化联合攻关，加大院级统筹推进力度；要多层次支撑人才强国战略新部署，统筹做好战略科学家、领军人才和青年科技人才的阶梯式培养与使用，打造国家战略人才力量；要高标准支撑办好人民满意的教育，贯彻立德树人根本任务，加强学科建设，加强师德师风建设。

三是责无旁贷展现国家风貌。中国农业科学院作为国家队所展现出来的风貌要达到标杆水平，发挥榜样作用。科研诚信方面，要严格执行我院制定的“红八条”，严格执行负面清单，坚决杜绝12种科研失信行为，坚决不踩“红线”、不闯“雷区”。学术道德方面，要带头弘扬优良学术道德，带头树立求真务实的作风，带头保持农业科研的纯洁性，坚决杜绝一切学术失范问题发生。弘扬科学家精神方面，要做胸怀祖国、服务人民的表率，做追求真理、勇攀高峰的表率，做坚守学术道德、严谨治学的表率，做甘为人梯、奖掖后学的表率。

四是义不容辞参与国际竞争。作为国家队，就理应代表国家与国际同行打擂台并取得胜利。要坚持“请进来”和“走出去”相结合，构建开放的创新生态，成为农业科技合作交流的战略中坚力量。要突出重点推进对外合作。牵头组建国际组织，配套品牌学术会议作为沟通交流和成果发布的平台，有效拓展我院和我国农业科技对外合作的深度和广度，凸显国际担当和国际贡献。持续推动G2P国际大科学计划、全球农业科技创新联盟和GLAST品牌会议等重点工作的落实落地。要加快推动农业科技“引进来”。充分利用我院在留学生培养、科技部“一带一路”联合实验室、创新工程国际农业科学计划、深圳基因组所成功探索等方面的优势基础，加大国际化建设力度，积极引进国际人才来院长期工作。近期重点推动南繁院国际育种研究中心、西部中心中亚研究中心的组建运行，尽快完成三亚国际学院和中亚国际学院的组建运行。要着力推动农业经验、人才、技术“走出去”。依托我院“一带一路”联合实验室、驻法国办事处、援建的哈萨克斯坦动物疫病防控实验室等，推动全院农业科技“走出去”和开展海外农业调查研究。以牵头组建国际农业科技创新联盟为契机和依托，联合有意愿的企业筹建“走出去”基金，支撑国际合作项目落地，支撑海外机构布局。

三、做讲政治、守规矩、有情怀的农科青年

习近平总书记在党的二十大上强调，“广大青年要坚定不移听党话、跟党走，怀抱

梦想又脚踏实地，敢想敢为又善作善成，立志做有理想、敢担当、能吃苦、肯奋斗的新时代好青年，让青春在全面建设社会主义现代化国家的火热实践中绽放绚丽之花。”这是习近平总书记对青年的嘱托和要求，也是新时代青年的使命和职责。青年科技人员要努力提升政治素质、品德修养和道德操守，继承优良传统，涵养“三农”情怀，砥砺品行，开拓进取。

（一）全面学习领会党的二十大精神

学习贯彻党的二十大精神是当前和今后一个时期全党全国的首要政治任务，也是大家提高政治能力的重要契机。今天晚上安排了集中学习，各班班长要组织大家领读领学报告原文。在学习过程中，一要深刻理解把握大会的主题，深刻认识新时代新征程举什么旗、走什么路、以什么样的精神状态、朝着什么样的目标继续前进等重大问题，自觉在全局大局中找准新时代新征程农业科技创新工作的方位定位。二要深刻理解把握过去五年工作和新时代十年伟大变革，深刻认识“两个确立”是党在新时代取得的重大政治成果，是推动党和国家事业取得历史性成就、发生历史性变革的决定性因素。三要深刻理解把握习近平新时代中国特色社会主义思想的世界观和方法论，认真领会“六个坚持”，做到知其言更知其义、知其然更知其所以然，全面吸收、转化运用。四要深刻理解把握新时代新征程中国共产党的使命任务，紧密结合农业科技创新工作实际，系统领会、准确把握“中国式现代化”的丰富内涵，聚焦主责主业，服务“国之大者”。五要深刻理解把握“坚定不移全面从严治党，深入推进新时代党的建设新的伟大工程”的重要要求，把握新时代党的建设伟大工程的要求，有两个“永远在路上”，即全面从严治党永远在路上、自我革命永远在路上。全面落实加强党的全面领导，认真学习领会“两个确立”的决定性意义，拥护中央领导集体，爱戴党的领袖。六要深刻领会《中国共产党章程》修正案的内容和意义，党员要自觉学习党章、遵守党章、贯彻党章、维护党章。同时，要深刻理解把握团结奋斗的时代要求，努力汇聚起做好新时代新征程农业科技创新工作的强大力量。

（二）准确认识把握农业科技规律

习近平总书记致我院贺信中就明确要求，要遵循农业科技规律。2022 年 8 月，全国农业科技创新工作会议在南京召开，李克强总理（时任）作出重要批示，胡春华副总理（时任）出席会议并讲话，讲话的第三部分就是“坚持按照农业科技规律推进农业科技创新”。我想，大家走上农业科技工作岗位后，必须准确认识、把握和运用农业科技规律，坚持做到按客观规律办事。

一是农业生产的生命周期性。农业生产的过程，与生物生长的过程是同步的，因此科研进度就要遵循生物的生长发育规律，而培育一个作物新品种、畜禽新品种，至少得

5代，一代有的需要1年、有的需要好几年，所以任何科研计划一定要是长远的规划。要充分认识到农业科研是研究生命的，而生命的繁衍受遗传规律制约、受自然条件制约，必须有丰富的种质资源和长期的定位监测。遵循生命周期规律，就要从生物生长的需要出发，高度重视种质资源的收集保存鉴定以及光温水土气的长期观测监测，建立健全农业基础数据库；同时，要长期坚持、久久为功，绝不轻言放弃。

二是农业生产的区域差异性。农业生产的地域性很强，各个地方有各个不同品种，同一个品种在不同地方的要求也不一样，这就决定了农业科技攻关各个地方都要做。新中国成立以来，组建了一大批独立的农业高校，逐步建立了中央、省、地市三级农业科学院，与县级农业技术推广机构一起构成了有中国特色的、适应我国农情区情的农业科研和技术推广体系，发挥了巨大的作用。近些年来，有些地方在机构改革中采取了合并农业大学、合并农科院、撤销地市农科所的做法，造成农业学科萎缩、科技服务弱化，实质上削弱了农业科技创新力量，长期来看肯定会对当地的农业特色研究和技术成果熟化转化带来非常不利的影响。农业生产的区域差异性决定了不可能依靠一家单位“包打天下”，不同区域的农业生产问题只有在当地探索才能解决。我们重点发挥学科体系健全、高水平人才聚集、研究水平高的优势，在共性技术和底盘技术研究上下功夫，同时要注重帮助和依托地方农业科研和农技推广机构，充分利用他们熟悉区域特点、贴近农业一线的优势，联合开展适合区域农业发展需要的应用研究和技术熟化推广。

三是农业生产的系统复杂性。农业生产面对的是一个有机生物系统，科技创新需要系统集成，品种、肥料、农药、机械、耕作技术等要配套起来才能有效推广。长期以来，由于配套技术不足，单一品种或者单一技术转化难、推广难的问题十分突出，究其原因，是在组织农业科技攻关时没有充分认识农业生产的系统复杂性，单打独斗或者单学科单领域开展研究多，跨学科跨领域围绕产业链各个环节组织集团作战少。我们要更加注重加强跨学科、跨领域的大联合、大协作，努力形成促进农业生产发展的综合效应。

四是农业生产经营主体的科研和应用能力不足。这是胡春华同志直截了当指出的，小农户、家庭农场没有一个可以搞科技创新的，即便是在科技应用方面，合作社也仅仅是“最后一公里”的应用。这个问题其实不仅仅存在于小农户、家庭农场等农业生产经营主体，即便是农业企业，也普遍存在科技研发投入少、创新实力弱的问题。应对这个问题，从中国农业科学院的职责定位出发，要做好两方面的支撑服务。一方面要支撑服务农业生产一线，派专家、送技术、出主意、做示范、搞培训，提供全产业链、全过程技术指导服务的同时，努力提高农业主体的技术应用能力；另一方面要支撑服务农业企业创新发展，推动资源、平台、知识产权、人才“四个开放”计划落实落地，助力涉农企业提升技术研发能力。推动“企业出题判卷”机制建立健全，彻底扭转成果“躺在”实验室、人才待在“象牙塔”的局面，让真正为企业和生产一线提供好成果、好技术、好产品的科技人员名利双收，在与企业合作中实现共同壮大、合作共赢。

（三）自觉规范言行，做严守纪律的规矩人

要强化自我约束，自觉规范言行，这里我重点提一些要求，大家不要轻视，一定要牢记于心。一是发表言论守底线。不要散布违背党和国家路线方针政策的言论；不要制造、传播丑化党和国家形象的言论；不要发表偏离“两个维护”的言论，搞任何形式的“低级红”“高级黑”；不要利用掌握的信息散布所谓“内部”消息、小道消息；不要擅自接受媒体特别是国（境）外媒体采访。二是网络行为须谨慎。不要发表、转发、点赞妄议党中央大政方针或者破坏党和国家集中统一的言论、文章、图片、音视频等；不要组织、参加反对党的基本理论、基本路线、基本方略的网络论坛、群组、直播等；不要擅自浏览、访问非法或反动网站；不要在微博、微信、论坛社区等网络平台上制造、传播政治谣言或者其他不实信息。三是表里如一见忠诚。不要人前一套、背后一套，公开场合表态高调、私下里对党的路线方针政策和党中央决策部署说三道四；不要违背社会公序良俗，在公共场所“雷言雷语”、恣意妄为。四是参加活动讲规矩。不要参加反对党的理论和路线方针政策的集会、游行、示威等活动；不要搞封建迷信、参与邪教，或利用这些活动反对党的路线方针政策；不要收听、收看国（境）外反动电台和电视节目；不要携带、收藏反动书籍、刊物、音像制品、电子读物等。五是社会交往有原则。不要以老乡、校友、同学等关系拉帮结派；不要组织、参加自发成立的老乡会、校友会、同学会等。六是严管严教正家风。不要对亲属和身边人员的错误言行听之任之。

（四）坚守科研诚信，做端正学风的实干者

要坚守诚信底线，绝不触碰科研“红线”。一是深入了解科研诚信相关政策和要求。2018 年 5 月，中共中央办公厅、国务院办公厅印发了《关于进一步加强科研诚信建设的若干意见》，建立起科研诚信信息系统和终身追究制度，列出了 11 项具体的惩戒措施。近年来，我院先后出台了《科研道德规范》《科研诚信与信用管理暂行办法》《学术道德与学术纠纷问题调查认定办法》和《科研人员重点纪律红线》（简称“红八条”）等规章制度，从预防、管理、惩治、保障等多个环节，对全院科研诚信建设作出具体要求，并采用负面清单方式，列出了 12 种具体的科研失信行为。大家要认真了解这些政策和要求，不踩“红线”、不闯“雷区”。二是深刻认识我院对违背科研诚信“零容忍”的坚决态度。我院对于违背科研诚信的行为是“零容忍”的，发现一起处理一起，绝不袒护、绝不手软。尽管我院三令五申，但近年来在科研学术领域仍然出现了一些问题，例如，有两名副研究员伪造职称证件，骗取政府项目扶持资金和相关补贴，被判处有期徒刑；个别科研人员论文抄袭，被予以政纪处分、停止项目资格等。出现这些问题，说明有些科研人员恪守学术道德还不到位，我院对科研学术领域的风险防控还

没有彻底扎紧扎牢制度的笼子。这里我再次强调，我院态度非常明确，无论是谁、职务多高、学术成就多大，只要触碰了科研诚信、学术道德等红线底线，一经查实一律严肃处理，不留情面、不搞例外。三是恪守学术道德和学术规范。学术失范问题一旦发生，纵向影响非常深远、横向传播非常迅速，对科研单位软实力的杀伤非常强大。要高度重视，珍惜多年来不断积累的学术成果和学术地位。对于个人来讲，不要因一时糊涂而让一切努力付诸东流，不要把一辈子积累的学术成果和学术地位断送掉。

（五）赓续农科精神，做新时代新征程的奋斗者

希望大家主动担负起时代赋予的使命责任，自觉践行和弘扬新时代科学家精神，传承好农科精神。

要做新时代科学家精神的践行者。中央明确提出了以“爱国、创新、求实、奉献、协同、育人”为内涵的新时代科学家精神，这是中央对科学家精神的全面概括，也是一代代科技工作者在长期科学实践中积累的宝贵精神财富。爱国就是胸怀祖国、服务人民。创新就是勇攀高峰、敢为人先。求实就是追求真理、严谨治学。协同就是集智攻关、团结协作。育人就是甘为人梯、奖掖后学。

要做农科精神的传承者。我院院训是“求真笃行，敬农致用”，这是一代代农业科学家接续奋斗中形成的农科精神。求真，就是追求事物发展的真理所在和寻找事物发展的客观规律，在科学的理论与方法的指导下不断地认识事物的本质，把握事物的规律。笃行，就必须树立潜心科研、攻坚克难、笃定不悔的科学精神。敬农，就应情系“三农”、以农为本，以高尚的学术道德和品行修养肩负服务“三农”的历史使命。致用，就要坚持科技报国，面向农业科技前沿、面向国家重大需求、面向现代农业建设主战场、面向人民生命健康，努力做到学以致用。

要敢为天下先，勇于挑战最前沿、最困难的科学问题。要勇闯无人区，做科技创新的“探险家”，敢于在科技创新无人区里探索，努力实现从 0 到 1 的突破。要勇挑不可能，敢于走前人没走过、甚至失败过的路。只要国家有需要、产业有需求，就要敢于攻坚克难、善于寻求突破，努力实现从不可能到可能的突破。要勇攀最高峰，不能只满足于做站着就能够得着的研究，要去挑战跳起来才可能够得着的研究。只有“会当凌绝顶”，才能“一览众山小”。

同志们，我今天介绍了院情、“三农”领域的一些形势、任务和科技方面的要求，特别是着重强调了到中国农业科学院来以后学好党的二十大精神、掌握农业科技规律、明确做人做事的底线、坚持好农科精神这方面的要求，供同志们在今后工作生活中参考。进入中国农业科学院，我希望同志们能够做一生的规划，做终身的目标，中国农业科学院一定能够成就同志们的理想和目标。

同志们，加油！谢谢同志们！

扎实贯彻新时代党的组织路线

中国农业科学院党组书记　张合成

2022 年 12 月 14 日

同志们：

今天，中国农业科学院组织人事干部能力建设培训班正式开班。这是院党组非常重视的班次，是近 5 年来面向全院组织人事干部举办的规模最大的一期综合性业务培训班，也是为适应我院新发展阶段需要举办的一次非常重要的培训班。

当前，我们正处于中国农业科学院发展历史上最好的时期。党的十八大以来，中国农业科学院的创新和发展取得了历史性成就，发生了历史性变化。去年，我国全面建成小康社会，中国农业科学院发展也进入了新征程，开展大规模的干部培训工作，是适应新形势、新任务、新要求的迫切需要。举办这次培训，就是要以“增强党性修养、强化责任担当、提高履职能力”为目标，深入学习贯彻习近平总书记关于组织人事工作的重要论述，深入分析当前组织人事工作面临的新形势新任务，深入解读干部人才工作的政策制度和业务知识，建设高素质专业化组织人事干部队伍，为打造国家农业战略科技力量提供坚强的组织保障和人才支撑。

习近平总书记在 2013 年全国组织工作会议上指出，“要努力把各级组织部门建设成为讲政治、重公道、业务精、作风好的模范部门”。这是习近平总书记对组织部门提出的殷切希望，是组织部门作为模范部门的标准和要求，是组织人事干部的座右铭，也是组织人事工作务必要坚持好的原则。要做好我院组织人事工作，为全院科技创新提供坚强的支撑保障，就要建好建强全院组织人事干部队伍，这既是有力的抓手，也是不可忽视的、重要的基础工作。为此，人事局对这次培训班作了精心组织筹备，下了很大功夫，培训班内容非常丰富，授课的专家有国际关系学院的教授，也有人力资源社会保障部、农业农村部的领导和专家，还有人事局的一些业务骨干，每节课都有很好的针对性、实效性、可操作性，我希望各单位分管负责同志和组织人事部门的负责人，一定要提高政治站位，充分认识这次培训的重要意义，深刻理解院党组的良苦用心，认真利用这次培训机会，提升自身的政治素养、管理水平和履职能力。

培训班的开班第一课，我和大家交流的题目是《扎实贯彻新时代党的组织路线》。作为中国农业科学院的组织人事干部，不仅要在深入学习习近平总书记关于“三农”工作、科技创新重要论述上下功夫，还要深入学习习近平总书记关于组织人事工作的重要论述，特别是学习贯彻新时代党的组织路线。

2018 年 7 月，习近平总书记在全国组织工作会议上明确提出新时代党的组织路线，“全面贯彻习近平新时代中国特色社会主义思想，以组织体系建设为重点，着力培养忠诚干净担当的高素质干部，着力集聚爱国奉献的各方面优秀人才，坚持德才兼备、以德为先、任人唯贤，为坚持和加强党的全面领导、坚持和发展中国特色社会主义提供坚强组织保证。”其中，“全面贯彻习近平新时代中国特色社会主义思想”，明确了组织建设的指导思想和首要任务；“以组织体系建设为重点”，突出了组织的基础性地位和体系化建设要求；“着力培养忠诚干净担当的高素质干部”，这是干部培养的指标，揭示了选贤任能的本质要求；“着力集聚爱国奉献的各方面优秀人才”，凸显了人才引领发展的战略地位，明确聚集人才，条件就是爱国奉献；“坚持德才兼备、以德为先、任人唯贤”，这是干部选拔，特别是领导干部选拔的总标准、总要求，体现了选人用人方针的守正创新；“为坚持和加强党的全面领导、坚持和发展中国特色社会主义提供坚强组织保证”，指明了组织建设的出发点和落脚点。

新时代党的组织路线是党的理论创新和实践创新的又一重大成果，是加强新时代党的建设和做好组织工作的根本遵循。2020 年 6 月 29 日，中央政治局就“深入学习领会和贯彻落实新时代党的组织路线”举行第二十一次集体学习。习近平总书记主持集体学习并发表重要讲话，围绕贯彻落实新时代党的组织路线，提出“五个抓好”的基本要求。

一是“抓好坚持和完善党的领导、坚持和发展中国特色社会主义”。这是贯彻新时代党的组织路线的根本目的，是最基本的政治要求。中国特色社会主义最本质的特征是中国共产党领导，中国特色社会主义制度的最大优势是中国共产党领导，党是最高政治领导力量。

二是“抓好用党的科学理论武装全党”。这是贯彻新时代党的组织路线的首要任务。只有不断用党的创新理论武装头脑，才能不断提升想问题、作决策、抓工作的政治能力、战略眼光和专业水平。对于我们科研单位，学习理论知识特别是科学家学习理论知识，需要重点研究怎么把单位时间内的学习效率提高，如何采取喜闻乐见的方式，让大家把党的理论知识学习好，这是需要我们考虑的问题。有些院属单位的党支部创新了领学的方式，采取每人解读一段的方式，解读以后很有收获，学完以后很有感受，达到了很好的效果。

三是“抓好党的组织体系建设”。这是贯彻新时代党的组织路线的突出重点。严密的组织体系，是马克思主义政党的优势所在、力量所在。习近平总书记强调，中央和国家机关是贯彻落实党中央决策部署的“最初一公里”，不能出现“拦路虎”；地方党委是贯彻落实党中央决策部署的“中间段”，不能出现“中梗阻”；基层党组织是贯彻落实党中央决策部署的“最后一公里”，不能出现“断头路”。中国农业科学院是中央国家机关的重要组成部分，在这里“最初一公里”更不能出现“拦路虎”，要第一时间贯彻落实好党的组织体系建设。对于组织人事干部，处理好体制机制的问题是最重要的工作内容。

四是“抓好执政骨干队伍和人才队伍建设”。这是贯彻新时代党的组织路线的关键所在。千秋基业，干部为要，人才为先。习近平总书记强调，“干部工作也好，人才工作也好，本质上都是用人问题。我们要应变局、育新机、开新局、谋复兴，关键是要把党的各级领导班子和干部队伍建设好、建设强。”近年来，我院在领导班子和干部队伍建设、团队建设上，任务完成得很好。在干部年轻化和结构优化方面，一些老的副所长做了很好的表率，离开了领导岗位，对领导干部队伍年轻化发挥了很好的作用；在人才队伍方面，通过绿色通道、不拘一格通道，选拔了一批 35 岁左右的正高级职称人员和 35 岁以下的副高级职称人员，大大激发了年轻人干事创业的精气神。同时，我们在领导班子和干部队伍建设过程中，也明显地感觉到管理能力提升是一个严重的短板。我院一直以来坚持专家治所原则，领导干部如何处理好科学研究和管理服务工作的关系，如何分配时间和精力，需要从增强党性修养、强化责任担当和提升履职能力上，深入思考、准确把握。

五是“抓好党的组织制度建设”。这是贯彻新时代党的组织路线的重要保证。民主集中制是我们党的根本组织原则和领导制度，是马克思主义政党区别于其他政党的重要标志。关于贯彻执行民主集中制，我曾多次提到要严格执行有关制度、严守纪律规矩。这里，我再着重强调一下。要贯彻执行五项制度，即贯彻落实所长负责制，加强党的全面领导，扎实落实组织生活制度，认真执行批评和自我批评，严格落实理论学习中心组制度。要严格遵守十项规矩，做到四个服从、请示报告、集体领导、分工负责、发扬民主、正确集中、个别酝酿、会议决定、坚决执行、组织授权。

下面，围绕学习贯彻总书记提出的“讲政治、重公道、业务精、作风好”12 个字 4 个方面的要求，与大家作一交流。

一、坚持讲政治，全力落实中共中央重要决策部署

（一）深入领会新时代“讲政治”的核心要义

习近平总书记指出，旗帜鲜明讲政治是我们党作为马克思主义政党的根本要求，是我们党一以贯之的政治优势。讲政治最根本就是要讲党性。党的政治建设的首要任务，就是保证全党服从中央，坚持党中央权威和集中统一领导，绝不能有丝毫含糊和动摇。习近平总书记强调，讲政治，是我们党补钙壮骨、强身健体的根本保证，是我们党培养自我革命勇气、增强自我净化能力、提高排毒杀菌政治免疫力的根本途径。对组工干部来说，第一位的就是政治上绝对可靠、对党绝对忠诚。坚持把旗帜鲜明讲政治贯穿组织工作始终，把增强“四个意识”、坚定“四个自信”、做到“两个维护”落实到行动上，践行在组织工作实践中，体现在履职尽责、做好本职工作的实效上，体现到提高组织工作质量上。

第一，要坚定政治信仰。一是对党绝对忠诚。习近平总书记指出，衡量干部是否有

理想信念，关键看是否对党忠诚。对党忠诚是党员、干部的首要政治品质，也是坚定政治信仰的前提。组工干部要牢记自己的第一身份是共产党员，第一职责是为党工作，做到忠诚于组织，任何时候都与党同心同德。二是坚定执行党的政治路线。作为管党治党的政治部门，组工部门在研究推进重大战略、重大任务、重大工作时，要紧紧围绕党的政治路线来进行。在制定执行政策制度，确定工作思路、工作部署、工作措施时，要自觉同党的政治路线对标对表、及时校准偏差。三是坚决站稳政治立场。作为组工干部，要坚持全心全意为人民服务的根本宗旨，树立真挚的人民情怀，想问题、作决策、办事情都从人民利益出发，着力解决人民群众最关心最直接最现实的利益问题，努力让人民群众有更多获得感、幸福感、安全感。

第二，要坚持党的政治领导。一是坚决做到“两个维护”。要在思想上政治上行动上同以习近平同志为核心的党中央保持高度一致。认真落实习近平总书记关于“选拔任用党和人民需要的好干部”等重要指示，突出政治标准，注重在新时代激励干部新担当新作为。全面贯彻习近平总书记“择天下英才而用之”等重要指示，强化政治引领和政治吸纳，大力实施人才强国战略，推进人才体制机制改革创新。二是牢牢坚持党总揽全局、协调各方的领导核心地位。要深入学习习近平总书记关于坚持党对一切工作的领导的重要论述，深刻理解健全总揽全局、协调各方的党的领导制度体系的科学内涵和实践要求，坚决把党的全面领导落实到各项工作全过程。三是在实践中完善领导方式。要坚持民主集中制，善于运用民主的办法汇集意见，多听基层干部、科研专家的意见，善于通过协商的方式增进共识、凝聚力量；善于集中、敢于担责，防止议而不决、决而不行。

第三，要坚定不移加强党的政治建设。一是增强组织的政治功能。政治属性是党组织的根本属性，政治功能是党组织的基本功能。组工部门要发挥好参谋助手作用，提高履职尽责的政治性和有效性，更好服务党委决策、抓好决策落实。强化党的意识和组织观念，自觉做到思想上认同组织、政治上依靠组织、工作上服从组织、感情上信赖组织。二是建设政治机关。要提高政治站位，把准政治方向，注重政治效果，积极主动将党的领导主张和重大决策部署转化为重大政策和措施，转化为部署安排和工作活动，转化为体制机制和管理创新的方式方法，转化成推动事业发展的实际效果。三是提高组工干部政治能力。要加强政治能力训练和政治实践历练，切实提高把握方向、把握大势、把握全局的能力和辨别政治是非、保持政治定力、驾驭政治局面、防范政治风险的能力。作为组工部门，更要自觉在大局下想问题、做工作，做到一切服从大局、一切服务大局。

（二）我院加强政治建设的主要做法和成效

近年来，我院组织人事部门坚持以政治建设为统领，把政治标准和政治要求贯穿思想建设、组织建设、作风建设、纪律建设以及制度建设始终，从政治上推动组织人事工作高质量发展。

第一，坚持以习近平新时代中国特色社会主义思想武装头脑。深入学习领会习近平新时代中国特色社会主义思想的核心要义和科学内涵，坚持第一时间、第一议题学习习近平总书记重要讲话和重要指示批示精神，认真学习贯彻习近平总书记关于"三农"、科技创新、人才工作等重要论述，持续深入学习习近平总书记贺信精神，切实把"两个维护"落到实处，在实践中捍卫"两个确立"，为促进农业发展、农村繁荣、农民富裕提供强有力的人才支撑。

第二，坚决落实中央重大决策部署。认真学习贯彻新时代党的组织路线，着力加强组织体系建设，将党支部建在创新团队上，发挥党支部的战斗堡垒作用和党员的先锋模范作用，确保科研事业发展符合国家重大战略需求。贯彻落实中央人才工作会议精神，组织召开院人才工作会议，研究部署落实方案并组织实施。贯彻落实中央全面深化改革重大决策部署，成立院深化改革办公室，负责院改革的总体设计、统筹协调、整体推进、督促落实。贯彻落实党中央《关于加强对"一把手"和领导班子监督的意见》，迅速出台我院实施办法，确保对"一把手"和领导班子的监督落实落地。

第三，坚持把讲政治贯穿于各项人事人才工作实践中。在全院范围开展为期一年的党的民主集中制学习活动，聚焦民主集中制专题成功举办首期所局级干部任职培训班，坚持问题导向、目标导向、结果导向，重点强化领导干部贯彻执行民主集中制的意识和本领，不断增强创造力、凝聚力、战斗力，各级领导干部特别是领导班子党的民主集中制建设质量和水平不断提高。从讲政治的高度做好服务基层一线工作，通过援疆、援藏、博士服务团、科技副职等形式，组织优秀人才到脱贫攻坚和乡村振兴一线挂职锻炼，先后派出援疆干部 7 批次 19 人、援藏干部 8 批次 21 人，选派 20 名科研骨干组成农业技术服务团赴藏开展科技帮扶，协助中组部开展好舟曲、台江帮扶，组建工作专班，提供全方位科技支撑。

（三）深入分析我院组工部门政治建设存在的问题

从中央巡视和部、院全面从严治党会提出的问题来看，组工部门政治建设主要问题表现在以下 3 个方面。

一是理论与实践结合紧密度不够。对习近平总书记重要论述以及贺信精神学用结合、融会贯通上有差距，尤其是在面对我院人事人才工作体制机制等深层次改革时，灵活运用理论指导实践、推动工作的能力还有不小的差距。个别组工干部还满足于当前一般性的业务工作，填填表格、打打电话、接接电话，上不接天线、下不接地气，对中央和农业农村部的政策了解得不透，掌握得不及时，一些工作上干部群众还有意见，也就是理论武装有差距。

二是胸怀"国之大者"不够。理解和把握"国之大者"不够，没有理解其中的政治立场、政治观点和政治意义。有些同志仅仅关注眼前研究所、所内的干部专家的那点事，对中央在关心什么、强调什么，什么是党和国家最重要的利益、什么是最需要坚定维护的立场、什么是“三农”工作最急迫的需求，关注不够。

三是贯彻落实党中央决策部署还存在“最后一公里”问题。有些干部政治敏锐性和政治鉴别力不足，还不能做到从一般事务中发现政治问题，从倾向性、苗头性问题中发现政治端倪，从错综复杂的矛盾关系中把握政治逻辑。这些年来组织人事政策法规密集出台，但在推动落实中，各个研究所还不平衡。一些单位学得不及时，落实得不及时，甚至有的单位还存在“等、靠”思想。

（四）做旗帜鲜明讲政治的组工干部

一是夯实思想理论根基。理论上清醒，政治上才能坚定。要建设学习型机关，坚持不懈用习近平新时代中国特色社会主义思想武装头脑、指导实践、推动工作，这样才能建好机构、抓好队伍、助推事业，真正让党中央放心、让人民群众满意。在学习贯彻习近平新时代中国特色社会主义思想上，组织人事部门要坚持更高标准、更严要求，推进理论武装不能满足于一般化、大众化水准，必须走在前、作表率。

二是始终牢记责任和使命。必须紧握政治建设这一“定海神针”，把政治站位与职责定位深度融合，引导组工干部在贯彻落实新时代党的组织路线、落实中央人才工作会议精神等重大决策部署中，始终做到心怀“国之大者”，不断提高政治判断力、政治领悟力、政治执行力。强化“抓好落实就是本职、就是讲政治”的意识，练就真抓实干、攻坚克难的本领，落实好中央和部院党组部署要求，解决好当前组织人事工作中的短板问题，在关键要害处出实招，在细节点滴上精研磨，奋力推动组织工作高质量发展。

三是当好讲政治的排头兵。组工干部承担着管机构、管干部、管人才的重任，要站在支撑保障“三农”工作的政治高度，当好讲政治的“排头兵”。要坚持正确政治方向，在思想上、行动上和中央保持高度一致，积极响应党的号召，严格按党的政策办事、按规章制度办事、按组织程序办事。要把本单位组织人事工作放在院所改革发展大局中来定位，做到对部院党组的战略部署、决策意图理解得更深更透，把握得更准更全，执行得更有力更到位。要树立正确的政绩观，把人民群众拥不拥护、满不满意、答不答应作为开展工作的标准，切实解决好一线科研人员的操心事、烦心事、揪心事。

二、坚持“重公道”，强力支撑保障全院中心工作

（一）准确把握“重公道”的时代特征

习近平总书记指出，组工干部要把公道正派作为立身之本，以实际行动让干部群众感受到组织上的公道、公平、公正。《关于新形势下党内政治生活的若干准则》明确提出，把公道正派作为干部工作核心理念贯穿选人用人全过程，做到公道对待干部、公平

评价干部、公正使用干部。《关于进一步激励广大干部新时代新担当新作为的意见》要求，弘扬忠诚老实、公道正派、实事求是、清正廉洁等价值观，不断增强政治定力、纪律定力、道德定力、抵腐定力。党的十九大报告中，首次将“公道正派”这个概念上升到讲政治的高度，并明确落实到判断干部好坏的标准之中。

组工干部作为新时代党的组织路线的带头践行者和具体执行者，必须把党的事业作为公道之本，落实到工作的每个环节。重公道，要做到坚持原则、不徇私情、不谋私利，这是对干部自身最基本的要求，后面还要具体讲。这里，我重点要强调新发展阶段我院组织人事工作的为公之道，就是“大公”“大道”。既要着眼当下、落实工作，又要谋划长远、布局将来；既要将日常小事做好、做实，更要将大事要事盯紧、抓紧。要在具体实践中把握好“两公”“两不公”。

第一，“国之大者”是公道、核心职责是公道。作为国家队的组工干部，要站在更高的维度、更深的层次、更广的角度去看待公道二字。把党的事业作为公道之本，就是要聚焦“国之大者”，贯彻落实好党中央决策部署，紧盯中心大局、主动担当作为，把工作重点、工作重心落到支撑国家队履行好使命职责上，落实到强化国家战略科技力量上。

第二，农业科研规律是公道、人才成长规律是公道。做好组织工作，必须把握规律、运用规律，不断改进工作思路和方法。要遵循农业科研的基础性、长期性规律，尊重科学研究灵感瞬间性、方式随意性、路径不确定性的特点。组工干部是人才政策的制定者、推动者和执行者，只有了解农业科研和人才成长规律，才能公平公正、公道正派地开展工作。

第三，平均主义是不公、“大锅饭”是不公。公道不是平均主义。公平侧重于平等、不偏不倚，强调无差别。而公道侧重于合理、讲道理，强调的是道。如果把“重公道”理解成平均主义，工作中搞没有差别的“大锅饭”，对于拥有更多知识能力、承担更多核心任务，并付出更多精力、创造更多价值、作出更多贡献的职工群众来说，就是不公，会扼杀他们的积极性。

第四，论资排辈是不公、求全责备是不公。打破论资排辈，就是要破除“干和不干一个样、干多干少一个样、干好干坏一个样”。骏马能历险，犁田不如牛；坚车能载重，渡河不如舟。做好组织工作，就是让那些在大事要事、关键时刻豁得出来、顶得上去的，那些主动融入农业科技事业发展、服务院所中心职责的干部人才，能够脱颖而出。

（二）深刻领会举院抓大事的总体思路

《中国农业科学院“十四五”发展总体规划》明确，我院的战略定位是“四中心一智库”，就是在“十四五”期间，把我院建成国家农业科技创新中心、国家农业技术转移中心、国家农业科技创新人才中心、国家农业科技合作交流中心、国家农业高端智库。这“四中心一智库”都与组织人事工作密切相关。

围绕这个战略定位，聚焦“国之大者”、履行好核心职责，院党组提出“举院抓大事”的工作思路，明确了“六件大事”。第一是种子科技。种子，涉及作物、畜禽、微生物，涉及种业创新，打好种业翻身仗，是当前农业科技的重大任务，要在这上面论公道，要在这上面论长短，要在这个领域论英雄。第二是耕地科技创新。习近平总书记提出大食物观，拓展食物生产的空间是一个很重要的方向，就是如何通过科技创新来拓展耕地空间，缓解耕地资源的瓶颈约束。黄三文同志研究杂交马铃薯的重大突破，除了马铃薯本身种子化，一个重要的贡献就是每年可以为国家节约400万亩耕地。杨其长同志的智能植物工厂技术把钱前院士的矮化水稻放到冰箱里种，由原来单位面积1亩的产量扩展到将来的单位面积10亩甚至更多，生产空间扩大到10倍。要按照“人在干、天在看”的要求，研究“七块地”怎么尽快提高质量，耕地、基本农田和高标准农田三大管理空间实行不同的管理方式、不同的用途管制，实施严格的用途管控。第三是生物安全。要将传统的植保、兽医这两大领域统一在生物安全的旗帜下。要在生物安全这个学科的创新和发展上牵好头，把优势发挥出来。第四是绿色发展。农业领域的“双碳”工作，特别是减排工作，政策方向、技术措施、实现路径还有待明确，中国农业科学院在这些重大领域、重大任务上，都要进一步加强。第五是农机装备。如何用机器替代人工劳动，是当前重要的任务。这方面我们是有短板的，要尽快跟上。第六是乡村发展。中国农业科学院在硬件技术上比较强，在软科学领域需要进一步加强。在乡村领域、农村领域，乡村产业、乡村建设、乡村发展、乡村文化、乡村治理等方面，我们研究的基础比较薄弱。因此，我院提出“一农”向“三农”转变，加强学科建设，建设中国“三农”的国家智囊机构。

什么是公？抓好“六件大事”就是公。小文章、小绩效、过过小日子，那是小，那是私。抓好“六件大事”，各所也有重点任务，要凝聚到这些大事上来，人事部门要围绕这些大事，布局队伍，布局机构，建组织、引人才、涨待遇。

（三）深入分析举院抓大事推进中面临的困难

一是举院抓大事的配套政策和体制机制还不完善。总首席、总指挥在统筹科技资源配置、支撑保障任务运行、调度科技攻坚队伍等方面的权力和责任等还不明确。如何完善“院管院事、所管所事、各负其责、协同一致”的管理机制，如何激发研究所和团队的动力活力，如何厘清院、所、团队的权力、责任和义务，如何实现科研的专业化运转、学术的集成化管理、转化的产业链布局、人才的一体化考评等，都需进一步深入研究，保障举院抓大事战略部署落地实施。

二是举院抓大事的干部人才队伍还须进一步配强。以种子领域为例，相关研究所的领导班子还一定程度存在年轻干部偏少、经历结构单一等问题，整体功能有待增强。例如，高级职称比例低，为43%，低于其他领域9个百分点；科研队伍老龄化，研究员平均年龄最高，目前为 50 岁，未来 3 年退休数量最多，达 108 名；人才力量不均衡，粮食作物、经济作物团队规模大，但高级职称人员比例低于畜牧业团队近 10 个百分点；经济作物高端人才和后备力量相对薄弱。

三是举院抓大事的科研绩效评价体系尚未构建。当前，我院不同层面的评价导向和标准未实现有机统一，未真正成为引导科技创新效率提升的指挥棒。分类定位、区别化评价机制缺失，容易造成研究所或团队定位不清、主业不明。人才分类有待完善，不同类型人才等效评价机制缺失，容易造成科研人员发展方向不清，“东打一枪、西开一炮”等问题。

（四）以新阶段为公之道引领保障全院中心工作

组工干部要紧紧围绕全院中心和重点，主动入位，自觉融入举院抓大事工作中，坚持问题导向，谋划改革举措。

一是按职责配资源，统筹推动机构编制、职务职称、工资绩效等一体化保障。举院抓大事切实落地，机构编制、职务职称、工资绩效等必须配套跟上，这是组工干部要重点考虑的问题。优化机构编制设置，健全“抓大事”专项管理职能，用好机构编制资源，按照“成熟一个、启动一个、推进一个”原则，逐步推进成立“抓大事”相关内设机构，要将编制资源向六大重点领域倾斜，保障重大科技攻关高质高效开展。选配优秀干部，提供“抓大事”组织保障，围绕举院抓大事相关领域，培养使用懂科研的管理者和会管理的科学家，将举院抓大事作为培养锻炼干部人才的重要平台。建强人才队伍，强化“抓大事”智力支撑，强化重点领域人才力量，开设引才育才绿色通道，立足全球视野引进人才，人才资源配置向重点领域和大事要事倾斜，在职称评审、岗位聘用、人才选拔、评奖评优中优先考虑。优化薪酬绩效，激发“抓大事”工作活力，优先保障重点领域应届毕业生招聘、京外调干指标，提高相关人员薪酬待遇，绩效工资总量向重点领域人才倾斜，探索攻关团队首席年薪制、协议工资，完善攻关队伍在成果转化收益方面的分享机制，适度提高转化奖励比例等。

二是以贡献定业绩，统筹推进研究所、团队、人才的一体化评价。加快推进科技绩效评价改革，厘清和捋顺研究所、团队、人才评价间的关系，聚焦举院抓大事，聚焦成果产出、创新价值、能力贡献等，构建目标统一、上下联动、各有侧重的科研评价体系。优化科技、人事、财务等协同性评价管理，避免单独单项的简单评价，强化科研项目评价和成果转化评价相结合、科研产出数量与经费使用效益评价相结合、人才评价与团队评价相结合、短期评价与中长期评价相结合等。完善科研、管理、支撑、转化人才分类评价机制，按照“干什么评什么”的原则，构建以创新能力、质量、实效、贡献为导向的人才分类评价机制，明确不同类型人才评价要素，构建等效评价指标体系，建立科研进展、代表性成果、业绩附加等相结合的多维度综合评价方式等。

三是向改革要效率，持续优化简政放权、松绑减负的科技创新环境。统筹推动

“放管服”改革，逐步探索项目立项、项目评价、人才引进、人才评价、资源配给等事权让渡，确保“双总”重大任务创新体系充分自主权，让总首席掌握本领域发展方向和人才成长进步的“生杀大权”，让研究所有权自主用人、科研团队有权自主创新、科研人员有权自主用钱。积极为人才松绑，让科学家从填表格、报材料的繁文缛节中解放出来，保障科研创新活动时间，赋予科学家更大技术路线决定权、更大经费支配权、更大资源调度权。建立以信任为前提的科研管理机制和监管机制等。此外，要进一步深化体制机制改革，推进实施全员聘用制改革，破除身份壁垒。我院已制定了方案，并在基因组所进行了试点，下一步要继续扩大试点范围。推进实施农科职级改革，我院现有4 300余名编外聘用人员，占全院职工的40%。要进一步推进编内、外聘用人员同考核、同分配、同报酬的实现。深入实施全成本核算改革，我院2020年制定了全成本核算改革试点方案，要总结经验，加强科研资源配置引导，提高科技资源使用效益等。

三、坚持“业务精”，着力打造国家农业战略人才高地

（一）深刻感悟“业务精”的丰富内涵

习近平总书记指出，组织工作是一门科学，专业性很强，要有过硬的专业能力、专业精神。组工干部是管党员的党员、管干部的干部、管人才的人才，肩负着重要的使命和责任。对于国家队的组工干部，“业务精”要做到“安”“专”“迷”，既有干事的才干，又有研究问题、谋划工作、狠抓落实的能力。

一要安于岗位职责，成为行家里手。要深刻领会新时代党的组织路线，学懂弄通中央、部委、院所关于人事人才工作的总体部署、发展规划、重点任务，作为本职工作的根本准则；对中央人才工作会议精神要了然于胸，作为履职尽责的行动指南；对部、院、所人事人才政策要运用自如，作为服务一线的工作规范；要扎实做好选干部、聚人才的工作，努力成为人事人才工作的“政策通”“活字典”。

二要专于科技创新，当好科研帮手。作为国家级农业科研单位的组织人事干部，不仅要熟悉人事人才工作，还要了解农业科技工作、掌握科研规律。要充分了解农业科技的发展形势、前沿热点、关键问题，全面了解科技创新与成果转化的政策文件、制度规定、重点领域、卡点堵点，对服务科研和转化这两大基石做到内化于心、外化于行，这样才能让组织人事部门做到为政有方、谋事有据、落实有效。

三要迷于事业发展，做好参谋助手。痴迷于工作、迷恋于事业，这是更高层次的要求。一方面要修身，多学政治理论强“正气”，提高政治素养；多学业务知识增“才气”，提高管理水平；多读文学书籍养“灵气”，提高履职能力；做到开口能说、提笔能写、遇事能办。另一方面要钻研，对全院事业发展要有深刻认识，对院党组、所党委决策部署要有独到见解，对改革发展问题研究要全面系统，能够按照规律办事，能够创新性地推动全院人事人才工作，取得开拓性进展。

（二）总结运用我院干部人才工作的新做法新成效

近年来，在全院广大职工和各级干部共同努力下，我院深入实施人才强院战略，人才质量不断提升，创新环境日益优化，人才活力有效释放。

一是党管干部、党管人才的工作格局不断完善。连续 5 年召开院人才工作会议，调整优化人才工作领导小组，发布“十四五”人才发展规划，构建“四横四纵”体系，横向建立以科研人才为主体、管理人才为保障、支撑人才和转化人才为辅助的“四横”布局，纵向构建以战略科学家为核心、领军人才为中坚、青年人才为支撑、博士后和研究生为后备的“四纵”布局。实施农科英才工程，近 5 年院所累计投入近 20 亿元给予人才支持，5 年来新增 10 位两院院士，培养 170 余名国家级人才，农科英才总数达到 417 名。

二是国家战略人才力量不断强化。培养引进战略科学家，聘任万建民、周卫两位院士担任总首席，引进美国科学院院士朱健康教授、中国科学院院士舒红兵教授。打造一流领军人才，新选拔 96 名优秀人才担任创新团队首席，45 周岁以下首席占总量的 1/3。组建 7 个团队进驻海南开展南繁育种攻关，正在组建 9 个团队扎根西部农业农村主战场。扶壮青年人才队伍，构建从 30 岁到 40 岁阶梯式培养机制，分别实施青年启航计划、青年创新专项和青年英才计划，实施职称评审青年绿色通道。夯实后备人才力量储备，实行博士后资助政策，扩大博士后在站规模，实施优质研究生培养计划。

三是领导干部队伍结构不断优化。选优配强领导班子，坚持事业为上、以事择人、人事相宜，着眼事业发展需要和院属单位领导班子建设实际，有针对性地选配不同类型、不同特点领导干部，选优配强党政正职，选好用好班子副职，提升班子整体功能，建强“领头雁阵”。加快“推年轻”步伐，出台培养选拔优秀年轻干部的实施意见及配套制度，打通专业技术人员直接提任领导人员通道，大力建设以“70 后”为主体的所级班子、“80 后”为主体的处级队伍，一大批优秀年轻干部脱颖而出。

四是人才发展的保障机制不断健全。健全人才分配激励机制，实施青年人才保障计划，对新入职青年人员进行为期 5 年的普惠性保障。加强高层次人才激励，形成顶端人才、领军人才和青年英才 3 个层次的收入分配倾斜政策。探索同工同酬机制，发挥编外人才的支撑作用。解决人才发展后顾之忧，专技岗位紧缺问题取得较大突破，获得二级研究员审批权限；人员调配单独立户获人力资源社会保障部批复，开辟了公开招聘和解决人才夫妻两地分居“快车道”；开辟老同志和专家看病就医绿色通道，为离退休职工办实事解难题。构建农科教育体系，组织高层次专家常态化研修。

（三）深刻认识干部人才队伍建设存在的短板

在中央巡视、选人用人专项检查、院内巡察、民主集中制学习教育以及我们日常工作中发现，当前我院干部人才队伍建设与贯彻落实新时代党的组织路线和中央人才工作会议要求相比，还存在一定差距与不足。首先，从干部人才队伍建设情况看，干部年轻化进程仍需加快，全院处级干部平均年龄 47 岁，40 岁以下的正处级干部、35 岁以下的副处级干部占比不高；优秀年轻干部人选储备仍需加强，复合型后备干部紧缺，具有国际化视野的领军型科研管理人才更加稀缺；人才梯次结构仍需优化，优秀尖端人才、关键领域的后备力量上还要进一步加强。其次，从组织人事与科技创新融合情况看，人事结合不够紧密，我院实施的重大科研攻关任务中，参加的农科英才仅占 6.4%，87.4%的青年英才未参与到任务当中；重点领域力量不够均衡，农机装备、乡村发展领域高层次人才数量偏少，引进人才不够，农机装备领域老龄化问题突出。最后，从组工干部自身业务能力看，有的单位对机构调整研究不够充分，调整研究部门未充分听取学术委员会意见，有的短时间内多次调整内设机构，有的研究部门设置与创新团队建设、“抓大事”要求的协调衔接不够；有的单位对职称评聘接权用权不够到位，个别单位存在政策掌握不准确、执行不严谨、解释不到位、标准把握不严格等问题，以创新价值、能力、贡献为核心的导向还不够鲜明；有的单位对收入分配机制探索不够，年薪制等灵活分配方式未能有效落实，人才收入稳定保障不足，很大比例需要人才创收解决。

上述这些问题的存在，既有客观条件制约，也有主观因素影响，特别是主体作用发挥还不够充分，具体表现为“四多四少”，向院里提困难的多、主动想办法的少，向院里要资源的多、向院里要政策的少，按部就班落实的多、结合实际创新的少，引小才育小才的多、引大才育大才的少。

（四）以高质量组工业务推动高素质人才队伍建设

全院组工部门要深入贯彻新时代人才强国战略部署，加强人事人才工作的战略研究、政策创设和制度创新，推动我院当好关键核心技术攻关的先锋队、国家农业战略科技的动力源、农业科技体制机制创新的领头羊。

一是抢抓机遇，打造世界农业人才中心。《国家“十四五”期间人才发展规划》提出，梯次推进“3+N”人才高地和人才平台建设。到 2025 年，北京、上海、粤港澳大湾区分别制定实施高水平人才高地建设方案，完成总体布局。中央各部门将在政策供给、资源配置等方面提供重点支持。选择部分高校、科研院所和企业开展人才发展体制机制综合改革试点。国家实验室、全国重点实验室、国家科研机构等率先承担相关任务。中国农业科学院在三地均有科研力量布局，相关研究所要抢先占位，加强与地方政府部门的汇报沟通，争取将我院纳入人才高地建设总体布局，获得更有力度、更有含金量的“政策包”，营造更加良好的人才发展环境。

二是深耕笃行，抓一流人才。首先，锻造战略科学家。着力培养前瞻性判断力、跨学科理解力、组织领导力强的战略科学家。其次，强化团队建设，打造领军人才。实施“强种”“沃田”“增粮”重大行动，以稳定支持、任务牵引、协同作战打造卓越团队。

实施农科英才计划，以引进、培养、使用、激励等措施叠加培养领军人才。最后，培养转化英才。面向企业实行资源、平台、专利、人才“四个开放”，建立“企业出题判卷”科研机制，提升农业企业研发能力，培养善于解决实际问题的人才。

三是固本培元，抓基础基本。首先，大力支持基础理论人才。开展基础科研强化行动，提出原创科学理论、科学发现。其次，及时支持新兴交叉领域人才。及时支持科研人才在基因编辑、合成生物、人工智能、纳米技术等领域的新想法新探索。最后，稳定加强支撑保障力量。持续强化种质资源、自然资源、实验动物、科研数据、经济信息、乡村变迁等长期因子观测、收集、跟踪研究的人才力量。

四、坚持“作风好”，努力营造风清气正的创新生态

（一）深刻理解“作风好”的内涵要义

作风建设永远在路上，任何时候都不能松懈。习近平总书记要求，“组织部门作为管党治党的重要职能部门，必须带头改进作风，继承发扬组织部门优良传统和作风，树立和维护组织部门良好形象。”当前，我院正处于改革发展的关键时期，组织部门作为管党治党的骨干力量，必须在改进作风、狠抓落实中走在前作表率，在忠诚践行新时代党的组织路线上实现新作为，服务全院中心工作大局，聚焦主责主业，不断推动全院科学研究、基层党建、干部人才等各项工作取得新成效，为推进我院高质量发展提供坚强组织保证。今天在座的都是全院组工干部队伍的骨干力量，践行好的作风，关键在各位，重点在于把习近平总书记有关重要论述学习贯彻好，做到学深、悟透、做实。

一要牢记职责使命。习近平总书记指出，管干部用干部的干部，要有“瞻山识璞、临川知珠”的识人慧眼，要有“劝君参透短长理，自有人才涌似云”的用人之道，要有“众里寻他千百度”的爱才之心，要有“铁肩担道义”的忠诚公道。作为组工干部，要时刻牢记肩负光荣使命，在作风建设上作表率，时刻校准思想之标、调整行为之舵、紧绷作风之弦。

二要坚守公道正派。我在前面已经讲过公道，那是中国农业科学院的大公、大道。具体到组工干部，关键是要践行好 3 个“坚守住”。坚守住工作原则，严格按制度办事、按程序办事、按规矩办事，凡事讲求实事求是、有理有据、不偏不倚，客观公正地反映情况、评价干部。坚守住不徇私情，正确对待“上情”“恩情”“友情”和“亲情”，不掺杂个人私心杂念和恩怨好恶，一碗水端平，一把尺量准。坚守住不谋私利，锁好“欲望关”、筑牢“防火墙”，不以私利废公，不存非分之想，不超雷池半步，坚决守住法律、纪律、道德底线，树立组工干部可靠、可信、可敬的良好形象。

三要始终甘为人梯。组织部门工作辛苦，事务繁多，加班加点是常态。我也是从组织部门出来的干部，对大家的辛劳非常清楚。组工干部的工作职责和特殊身份，决定了工作内容更多的是为别人成长铺路搭桥，扮演的是把别人推向前台的“幕后英雄”。这

就要求大家要甘于做伯乐，愿“为他人作嫁衣裳”，甘当人梯终不悔。要把为党和人民选贤任能看作一件幸事，把选好选准干部作为最大的快乐，切忌看到别人进步、提拔，就患上“红眼病”。要以豁达的胸怀、平和的心态对待自己的得失，先人后己，顾全大局，不争名图利。

四要强化服务意识。组织部门作为干部之家、党员之家，要求组工干部要当好“服务员”，成为干部、党员的贴心人。要树立强烈的工作责任感、严谨细致的工作态度，以服务意识强、责任意识强、争先意识强为导向，敢于担当、勇于负责，真抓实干、务求高效，日常工作不盛气凌人，不拖拉推诿，多一些关怀，少一些抱怨，多用法规政策说话、多用道理说话、多用感情说话，以理服人；关键时刻顶得住困难、经得住考验，攻坚克难，敢打硬仗。

（二）总结运用我院作风建设的经验做法

近年来，在总书记贺信精神指引下，在院党组坚强领导下，全院组织工作紧紧围绕服务农业科研实际，着力提升服务全院广大科研人员、服务职工群众的能力和质量，组工作风建设取得了积极进展和显著成效。

一是“关键少数”监督从严从紧。立足农业科研院所实际，聚焦“理论功底、主责主业、民主集中制、两个责任、表率作用、八小时之外”6项监督重点，抓好“抓学习、办培训、压责任、带好头、抓早小”5个关键环节，制定出台院党组《贯彻落实〈中共中央关于加强对“一把手”和领导班子监督的意见〉实施办法》，建立健全了院属单位党政主要负责同志和领导班子监督管理长效机制。

二是日常教育监督务实有效。抓紧经常性纪律教育，按照任职谈话、政治谈话、工作谈话、廉政谈话4个层面，规范改进任前谈话制度，对新入职职工、新晋升高级职称人员、新晋升导师、新提任所局级领导干部集体廉政谈话，系好职业职称职务晋升后的“第一粒扣子”。不断规范干部监督，开展纠“四风”、效率建设等专题活动，从领导班子成员抓起，以身作则、率先垂范，带动全院党员干部切实改进工作作风，有效杜绝“推拖等”现象发生。

三是弘扬农科精神深入人心。弘扬以“求真笃行，敬农致用”为核心的农科精神，实施“灯塔”“谱系”“铸魂”“强基”四大行动，为丁颖、金善宝、陈凤桐等知名科学家塑铜像挂画像，举办邱式邦、李光博等老科学家学术思想研讨会，建设院新乡精神展馆，深化拓展“祁阳站精神”“中棉所精神”“新乡精神”。加强院所史研究和事迹挖掘，凝练一批符合时代特征、独具特色的新时代农科精神典型代表，以身边楷模影响身边人、辐射身边人、带动身边人，为锻造对党忠诚、造福人民的农业科研国家队提供有力的思想保障。

（三）充分认清组工作风建设存在的差距不足

尽管我院组织工作作风建设取得了很好成效，但与党中央赋予的职责使命相比，与“两个一流”建设目标相比，仍存在差距。特别是对照中央巡视反馈意见要求，在选人用人等方面还存在薄弱环节，需要不断改进提高。首先，从中央巡视反馈意见看，选人用人工作还有差距，有的单位领导班子之间不团结，领军人才数量偏少、队伍老化、个别单位中层干部作风拖沓等问题；形式主义、官僚主义问题比较突出，还有个别领导干部在日常工作中存在服务群众意识差，不主动了解群众真正的需求，对群众反映的问题长期不解决，或者推诿扯皮拖而不办等问题。其次，从近年来院内巡视巡察情况看，主要是作风建设持续发力不足。例如，部分领导干部在同一岗位任职时间过长，缺乏干事创业积极性，个别年龄较大的处级干部、首席科学家工作作风拖沓；个别临近退休干部有歇一歇的想法，工作积极性不高，主动性不强等。从工作中就发现，有个别所的人事处长因工作拖延，对人才的安家费补贴申请，拖了很长时间不研究、不上报；对职称政策理解不到位，导致符合条件的科研人员职称评审被耽搁。最后，从近期人事局组织的管理队伍调研结果看，服务意识不强，1/3 的科研人员认为，管理工作行政化色彩较浓，只当二传手，管理人员不了解科研实际和一线情况；工作动力不足，半数管理人员认为自身缺乏战略谋划和创新，常陷于日常工作；上升通道狭窄，且职务职称数量有限，缺乏工作干劲；队伍建设不足，人员数量少，与履职尽责的任务量不匹配等问题严重制约管理队伍发展；参与培训次数普遍较少，有半数管理人员平均每年培训不足一次。这些问题是我院组织工作的瓶颈，要引起大家的高度重视，院机关各部门、院属各单位也应当继续深入加以研究。

（四）以新时代干部作风建设展现新担当新作为

组工干部往往被群众“高看一眼”“厚爱一层”，在树立良好作风方面更要身先士卒、作好表率，自觉以高标准要求自己，时刻严防形式主义、官僚主义、享乐主义和奢靡之风的侵袭，坚持做到激情干事、为民干事、务实干事、清廉干事。把组织人事队伍建设为作风过硬的队伍。

一是要深入调研知实情。陈凤桐同志曾说过，“没有调查研究，就没有科研试验权。”调查研究是我们做好工作的基本功。组织工作对精准谋划和精准施策有很高要求，要求组工干部对单位、对人员都要有全面把握。一方面，要胸怀全局，做单位情况的“活账本”。全面掌握本单位发展状况、干部成长情况、专家人才情况，做到底数清、情况明，及时发现优秀干部、青年人才，才能为选贤任能提供有力支撑。另一方面，要了解实情，做向下扎根的“勤快人”。多深入科研一线，带着感情与科研人员交流，拜科研人员为师，与他们做知心朋友。创设政策、出台制度、推进工作过程中，要多听科研人员的意见。只有这样，我们的工作才能真正立足于院情所情，推动工作落实才能有力有序、有质有效，取得实实在在的效果。

二是要弘扬传承好文化。习近平总书记指出，要注重加强党内政治文化建设，不断培厚良好政治生态的土壤。一方面，传承好科学家精神。用好党史学习教育常态化制度化成果，深入学习院史院情，既把组织部门政治坚定、公道正派、业务精湛等优良传统传承好、发扬好，也把老一辈科学家潜心科研、求真笃行、敬农致用、矢志报国的精神传承好、发扬好。另一方面，打造好组工文化。大力培育好互帮互爱、团结和谐的组工文化，树立“大家庭”理念，单位主要领导和分管领导要从工作上关心、身心上关爱、成长上关注、政治上关怀，引导组工干部相互信任、相互关心、相互帮助，营造心齐气顺的工作环境，让同志们切实感受到组织的温暖，充分调动干事创业的积极性、主动性、创造性。

三是要持之以恒正风纪。党赋予了组织部门神圣的职责，赋予了组工干部特殊的使命，组工干部必须时刻知敬畏、存戒惧、守底线。一方面，做执行纪律的表率。各单位领导班子特别是主要负责同志，要带头严格遵守政治纪律和组织纪律，践行好民主集中制，带头接受监督，带动廉洁纪律、群众纪律、工作纪律、生活纪律严起来，努力涵养正作风、高境界、大格局。广大组工干部，要争做遵规守纪“带头人”，把纪律挺在前面，坚持讲规矩话、做规矩人、办规矩事，时时处处保持严谨细致的工作态度，把党的路线方针政策和组织工作的基本要求落实到工作的方方面面。另一方面，做无私奉献的榜样。要树牢宗旨意识，多为群众着想，重视“柴米油盐”的困难、“琴棋书画”的需求、急难愁盼的诉求，对职工群众的切身利益问题，要及时反应、及时研究、及时反馈，在为民服务中强化服务意识，以优良的作风和过硬的本领，为群众排忧、请群众评议、让群众认可，把“人民至上”落实到组织工作的点点滴滴，彰显组工干部良好形象。

以上我按照习近平总书记对组工部门要求的 12 个字，从组工工作、组工部门、组工干部角度与大家作一交流，供同志们在工作中进行思考。当前我院进入了特殊的发展时期，特别进入新征程之后，中央对科技创新工作的重视程度更高，国家对种子、耕地及生物育种等重大科研的支持力度更大，对人才建设的支持力度更大，对创新转化的支持政策更好。在这样的背景下，各位组织人事工作的同志们唯有继续保持和发扬好中国农业科学院的好作风和优良传统，才能真正把习近平总书记的重要指示精神落实好，尽快实现我院“两个一流”的目标。

昨天，在我院理论学习中心组学习会上总结了 2022 年上半年的形势，新冠疫情影响很大，但是，我院运行监测的形势还不错，上半年的成果转化也好于预期，2022 年的总体形势很好。下半年同志们重点是继续克服新冠疫情的影响，把科研、转化、人才三大目标实实在在落下去，以这次学习为新的起点，更加坚定理想信念，更加提振精神作风，不断提升能力水平，扛牢抓实国家战略科技力量的职责使命，为加快推动高水平农业科技自立自强、科技支撑乡村振兴、促进农业农村现代化作出新的贡献，以实际的行动、优异的成绩迎接党的二十大胜利召开！

六、计划财务管理与条件建设

中国农业科学院2022年财务管理工作概况

2022年，财务局以习近平新时代中国特色社会主义思想为指导，以习近平总书记致中国农业科学院贺信精神为指引，学习贯彻党的十九届历次全会和党的二十大、二十届一中全会精神，落实举院抓大事总要求，以建设“四中心一智库”为主线，以“四优八提升”为标准，积极统筹资源，主动防范风险，持续推进改革创新，大力强化队伍建设，全面提升财务工作水平，为实现高水平农业科技自立自强提供有力支撑。

一、统筹财务资源，全力保障重点工作开展

一是多方努力实现全院财政资金规模持续增长。2022年全院财政预算收入38.34亿元，超过2021年全年37.71亿元的水平，这在中央财政收支矛盾突出的大背景下，非常不容易。其中院统筹科研经费规模达到12.9亿元（创新工程10.9亿元、基本科研业务费2亿元），占财政拨款总规模的33.75%。

二是围绕“国之大者”谋划项目。突出院统筹科研经费的引领作用，聚焦推进农业科技高水平自立自强谋划争取创新工程增量9 000万元，用于支持启动实施跃升计划；聚焦种业发展战略实施，研究并指导院属单位申报开放式项目，10个种质资源库圃运行费获得支持立项，入库金额2 068万元；立足强化科研基础支撑，积极谋划申报国家农业农村长期因子综合观测网络建设项目经费。

三是统筹资源保障重点工作。统筹自有资金5 000多万元用于安排人才经费、海外中心建设和援派挂职干部补助等；积极反映个别研究所实际困难，争取主管部门重点支持，农机化所养老保险经费纳入预算。

四是探索推进京区房产统筹使用。组织开展房产统筹调研，研究制定我院房产统筹使用工作方案，推动科研用房回归科研属性；探索京区科研用房统筹使用机制，优化我院房产资源配置，促进科技创新和成果转化。

二、强化责任担当，管控各类财务风险

一是严格国库支付管理。按照财政国库监管有关要求，强调严格规范国库集中支付业务管理，落实审核把关责任、严格规范操作流程，特别是规范创新工程经费支出管理，在安全规范的前提下加快预算执行，保证花好钱、不出事。截至2022年11月底，全院总体预算执行进度84.73%，在部系统排名第二十一位。

二是落实巡视巡察整改。梳理巡视整改清单，组织 6 家单位立行立改，针对典型和共性问题，印发《中国农业科学院办公室关于财政经费管理使用和房屋出租出借管理专项检查重点抽查阶段发现问题情况的通报》，促进全院举一反三，防范系统风险；加强源头治理，研究制定《中国农业科学院规范房产出租出借管理工作方案》，进一步规范全院房产出租出借管理；根据巡察反馈的院党组整改问题分工，对出版社房屋出租、生物所赤字运转问题制定整改工作方案，化解管理风险和隐患；强化运行监测结果运用，对特产所、生物所、饲料所赤字运行单位专题调研，起草分析报告，为院所治理提供参考。

三是强化内部审计监督。完成 6 家单位现场审计，6 家单位审计报告上会审议和 4 家单位审计结果当面反馈暨审计谈话等工作。落实内部审计整改，对“十三五”内部审计整改台账中 411 个问题逐一分析认定，组织 16 家未整改到位的单位开展“回头看”和风险再排查，进一步巩固审计整改成效。

四是做实做细内控建设。定期开展内部控制自评、单位内部风险评估、内控报告编制等工作，以评促建，以建促防，推动强化内部控制意识，夯实内部控制基础，指导防控单位管理风险。对出纳定期轮岗、合同登记管理、货币资金日常管理、会议及培训收支管理、检测中心收支管理、房屋出租出借事项管理等重点业务，提出风险清单，压实法人和部门责任，促进内控落到实处，取得实效。

三、落实科研“放管服”，各项改革顺利推进

一是顺利启动预算管理一体化建设。按照财政部和农业农村部部署，全面启用中央部门预算管理一体化系统，推进预算编制、资金支付、资产管理、政府采购和绩效评价等工作一体化运行。及时向院属单位传达改革精神和要求，先后组织院属单位财务人员参加了 3 次专题业务培训，组织完成了基础信息录入维护、系统压力测试、资产系统数据迁移和 2023 年“一上”预算编制，以及预算执行业务上线准备等工作；主动谋划新形势下院本级财务、资产和政采管理方式转变；坚持问题导向，分析研判预算一体化运行后可能遇到的问题，组织赴中国科学院、中国社会科学院和中国林业科学研究院开展预算管理一体化使用情况调研，主动与上级主管部门和财政部门沟通，提出落实解决院所重点问题的工作方案。

二是落实 32 号文为科研活动减负赋能。坚持制度先行，完成 5 个院级配套管理办法的制修订，基本完成创新工程经费管理办法修订，待征求完上级部门的意见后印发，基于信任、信用的科研经费管理制度体系更加完善。一方面，落实放权减负，科研项目预算编制不再需要提供明细测算说明，各单位推行线上报销加快了审批流程，减轻了科研人员事务性工作负担，积极与上级部门沟通，推进解决简化预算编制、下放预算调剂权限等改革举措落实落地。另一方面，管好用好奖励经费，出台稳定性科研专项奖励经费管理指导意见，允许研究所从创新工程、基本科研业务费等稳定支持科研经费中提取

不超过20%作为奖励经费，用于人才激励和科技奖励，指导研究所制定管理办法，强化研究所主体责任，推进统筹奖励经费和间接费用、科研成果转化激励等经费，绩效和奖励分配进一步向从事基础研究和做出突出贡献的科研人员倾斜，让科研人员“名”“利”双收，让奖励性经费真正激发科研活力。

三是圆满完成京内单位养老保险清算。根据农业农村部统一部署，组织完成京内16家事业单位养老保险清算。在各单位的全力配合支持下，目前向中央财政补缴清算款工作已基本完成，11家院属单位可获得财政补贴，待财政部批复后返还给各单位。

四是推动预算绩效管理提质拓展，印发《中国农业科学院项目支出绩效管理实施办法（试行)》，建立符合农业科研实际的全方位、全过程、全覆盖绩效管理体系，把绩效深度融入预算编制、执行、监督全过程，完善事前事中事后绩效管理闭环系统；发挥绩效管理指挥棒作用，构建我院研究生培养补助等10个二级项目指标库，完善项目绩效指标体系；坚持质量、绩效、贡献为核心的评价导向，优化科研经费绩效考评，对纳入2021年部门预算的所有566个二级项目实施绩效自评，强化绩效激励约束作用。

五是特事特办，为研究所解决急难愁盼。积极协调科技部、农业农村部和中关村海关，为有关单位重新办理进口免税进口产品税收优惠资格认定，解决科研院所机构改革遗留问题；积极协调主管部门，确保畜禽种质资源库等项目采购活动顺利实施，提高采购效率；组织完成全院2023年全院新增大型仪器设备评议，优化大型科研仪器设备配置，提高财政资金使用效益。

四、加强队伍能力建设，财务管理能力进一步提升

一是队伍建设成绩显著。加强财务队伍和财务助理队伍建设，促进两支队伍协作配合，为科研活动提供有力支撑。2022年我院财务人员中，3人入选中央国家机关会计领军人才培养工程、2人入选农业农村部特聘审计员、6人晋升高级会计师、6位青年业务骨干走上处级岗位，3人晋级农业农村部财务系统知识竞赛决赛，12篇调研论文获农业农村部奖励，3篇青年学习交流论文获院奖励，多人次在部院预决算管理、评审检查、制度建设和业务研究等工作中发挥重要作用，出色完成本职工作的同时主动承担抗疫工作任务，展现了良好的业务素养和精神风貌。组织举办全院财务业务培训6次，开展所级培训，培训5 000余人次，持续提升两支队伍业务能力，增强财务服务专业化水平。

二是院财务信息化建设全面推进。核算系统正式上线运行，实现全院核算科目设置和运行规则统一，组织开展多轮次调研，协调久其公司立足基层财务操作需求，不断优化会计科目和辅助项目标准、提升核算系统功能，财务使用便利化和服务科研有效化程度持续提升；将核算系统升级为多级架构，满足院所对内设机构的多级管理诉求，已有31家单位企业、学会、党费、工会、农场等在核算系统运行，财务管理实现向边向底延伸。结合财务信息化建设需要，与农行协商建设院银企直联系统、加强资金监管，为实现与预算管理一体化有效对接，打下了坚实基础。

中国农业科学院2022年公共预算财政拨款收入支出决算表

（单位：万元）

项目		年初结转和结余金额	本年收入金额			本年支出金额			年末结转和结余金额
支出功能分类科目编码	科目名称		合计	基本支出	项目支出	合计	基本支出	项目支出	
类 款 项	合计	36 348.71	383 955.29	127 189.45	256 765.84	392 088.03	129 907.56	262 180.47	28 215.97
202	外交支出	0.00	191.00	0.00	191.00	191.00	0.00	191.00	0.00
20205	对外合作与交流	0.00	0.00	0.00	0.00	0.00	0.00	0.00	0.00
2020599	其他对外合作与交流支出	0.00	0.00	0.00	0.00	0.00	0.00	0.00	0.00
20299	其他外交支出	0.00	191.00	0.00	191.00	191.00	0.00	191.00	0.00
2029999	其他外交支出	0.00	191.00	0.00	191.00	191.00	0.00	191.00	0.00
205	教育支出	47.71	49.62	0.00	49.62	72.49	0.00	72.49	24.84
20508	进修及培训	47.71	49.62	0.00	49.62	72.49	0.00	72.49	24.84
2050803	培训支出	47.71	49.62	0.00	49.62	72.49	0.00	72.49	24.84
206	科学技术支出	15 596.62	306 570.18	80 622.60	225 947.58	310 263.95	82 646.38	227 617.57	11 902.86

（续表）

项目		年初结转和结余金额	本年收入金额			本年支出金额			年末结转和结余金额
支出功能分类科目编码	科目名称		合计	基本支出	项目支出	合计	基本支出	项目支出	
类 款 项	合计	36 348.71	383 955.29	127 189.45	256 765.84	392 088.03	129 907.56	262 180.47	28 215.97
20602	基础研究	3 903.37	94 396.32	641.06	93 755.26	93 406.84	641.06	92 765.78	4 892.84
2060201	机构运行	0.00	641.06	641.06	0.00	641.06	641.06	0.00	0.00
2060204	实验室及相关设施	3 898.37	25 430.00	0.00	25 430.00	25 030.49	0.00	25 030.49	4 297.88
2060208	科技人才队伍建设	0.00	12 842.26	0.00	12 842.26	12 840.26	0.00	12 840.26	2.00
2060299	其他基础研究支出	5.00	55 483.00	0.00	55 483.00	54 895.04	0.00	54 895.04	592.96
20603	应用研究	8 871.13	192 049.04	79 981.54	112 067.50	196 359.09	82 005.32	114 353.76	4 561.08
2060301	机构运行	2 862.11	79 981.54	79 981.54	0.00	82 005.32	82 005.32	0.00	838.33
2060302	社会公益研究	6 008.16	111 043.50	0.00	111 043.50	113 378.16	0.00	113 378.16	3 673.50
2060303	高技术研究	0.85	1 024.00	0.00	1 024.00	975.60	0.00	975.60	49.25
20605	科技条件与服务	1 909.18	17 619.82	0.00	17 619.82	18 256.64	0.00	18 256.64	1 272.36
2060503	科技条件专项	1 909.18	17 619.82	0.00	17 619.82	18 256.64	0.00	18 256.64	1 272.36
20609	科技重大项目	121.41	2 505.00	0.00	2 505.00	1 537.71	0.00	1 537.71	1 088.71
2060901	科技重大专项	121.41	2 505.00	0.00	2 505.00	1 537.71	0.00	1 537.71	1 088.71
20699	其他科学技术支出	791.54	0.00	0.00	0.00	703.68	0.00	703.68	87.87

（续表）

项目		年初结转和结余金额	本年收入金额			本年支出金额			年末结转和结余金额
支出功能分类科目编码	科目名称		合计	基本支出	项目支出	合计	基本支出	项目支出	
类 款 项	合计	36 348.71	383 955.29	127 189.45	256 765.84	392 088.03	129 907.56	262 180.47	28 215.97
2069999	其他科学技术支出	791.54	0.00	0.00	0.00	703.68	0.00	703.68	87.87
207	文化旅游体育与传媒支出	59.86	98.86	98.86	0.00	98.86	98.86	0.00	59.86
20701	文化和旅游	59.86	0.00	0.00	0.00	0.00	0.00	0.00	59.86
2070104	图书馆	59.86	0.00	0.00	0.00	0.00	0.00	0.00	59.86
20706	新闻出版电影	0.00	98.86	98.86	0.00	98.86	98.86	0.00	0.00
2070605	出版发行	0.00	98.86	98.86	0.00	98.86	98.86	0.00	0.00
208	社会保障和就业支出	3 920.86	17 807.94	17 807.94	0.00	18 113.12	18 113.12	0.00	3 615.67
20805	行政事业单位养老支出	3 920.86	17 807.94	17 807.94	0.00	18 113.12	18 113.12	0.00	3 615.67
2080502	事业单位离退休	0.00	182.28	182.28	0.00	182.28	182.28	0.00	0.00
2080505	机关事业单位基本养老保险缴费支出	2 870.55	11 750.43	11 750.43	0.00	11 786.62	11 786.62	0.00	2 834.36
2080506	机关事业单位职业年金缴费支出	1 050.31	5 875.23	5 875.23	0.00	6 144.22	6 144.22	0.00	781.32
211	节能环保支出	0.00	215.61	0.00	215.61	215.61	0.00	215.61	0.00
21103	污染防治	0.00	0.00	0.00	0.00	0.00	0.00	0.00	0.00

（续表）

项目		年初结转和结余金额	本年收入金额			本年支出金额			年末结转和结余金额
支出功能分类科目编码	科目名称		合计	基本支出	项目支出	合计	基本支出	项目支出	
类 款 项	合计	36 348.71	383 955.29	127 189.45	256 765.84	392 088.03	129 907.56	262 180.47	28 215.97
2110399	其他污染防治支出	0.00	0.00	0.00	0.00	0.00	0.00	0.00	0.00
21104	自然生态保护	0.00	215.61	0.00	215.61	215.61	0.00	215.61	0.00
2110402	农村环境保护	0.00	215.61	0.00	215.61	215.61	0.00	215.61	0.00
213	农林水支出	16 511.79	38 342.52	7 980.49	30 362.03	42 266.13	8 182.33	34 083.81	12 588.18
21301	农业农村	16 511.79	38 342.52	7 980.49	30 362.03	42 266.13	8 182.33	34 083.81	12 588.18
2130102	一般行政管理事务	0.00	0.00	0.00	0.00	0.00	0.00	0.00	0.00
2130104	事业运行	30.29	9 440.97	7 980.49	1 460.48	9 465.69	8 010.78	1 454.91	5.57
2130106	科技转化与推广服务	2 236.98	3 598.00	0.00	3 598.00	4 726.32	0.00	4 726.32	1 108.67
2130108	病虫害控制	40.11	242.17	0.00	242.17	260.03	0.00	260.03	22.25
2130109	农产品质量安全	0.00	1 549.82	0.00	1 549.82	1 549.82	0.00	1 549.82	0.00
2130111	统计监测与信息服务	0.00	35.00	0.00	35.00	35.00	0.00	35.00	0.00
2130112	行业业务管理	0.00	395.81	0.00	395.81	282.79	0.00	282.79	113.02
2130114	对外交流与合作	0.00	83.64	0.00	83.64	83.64	0.00	83.64	0.00
2130122	农业生产发展	0.00	200.00	0.00	200.00	200.00	0.00	200.00	0.00

（续表）

项目		年初结转和结余金额	本年收入金额			本年支出金额			年末结转和结余金额
支出功能分类科目编码	科目名称		合计	基本支出	项目支出	合计	基本支出	项目支出	
类 款 项	合计	36 348. 71	383 955. 29	127 189. 45	256 765. 84	392 088. 03	129 907. 56	262 180. 47	28 215. 97
2130126	农村社会事业	0. 00	60. 00	0. 00	60. 00	60. 00	0. 00	60. 00	0. 00
2130135	农业资源保护修复与利用	6 601. 76	2 394. 11	0. 00	2 394. 11	6 185. 03	0. 00	6 185. 03	2 810. 84
2130199	其他农业农村支出	7 602. 64	20 343. 00	0. 00	20 343. 00	19 417. 80	171. 54	19 246. 26	8 527. 84
221	住房保障支出	211. 87	20 679. 56	20 679. 56	0. 00	20 866. 87	20 866. 87	0. 00	24. 56
22102	住房改革支出	211. 87	20 679. 56	20 679. 56	0. 00	20 866. 87	20 866. 87	0. 00	24. 56
2210201	住房公积金	159. 78	15 105. 47	15 105. 47	0. 00	15 265. 25	15 265. 25	0. 00	0. 00
2210202	提租补贴	26. 99	611. 55	611. 55	0. 00	613. 98	613. 98	0. 00	24. 56
2210203	购房补贴	25. 10	4 962. 54	4 962. 54	0. 00	4 987. 64	4 987. 64	0. 00	0. 00

中国农业科学院2022年项目收入支出决算表

（单位：万元）

项目		资金来源金额					支出金额			年末结转和结余金额	
支出功能分类科目编码	科目名称（项目）	合计	年初结转和结余		财政拨款	其他资金	合计	财政拨款	其他资金	合计	其中，财政拨款结转和结余
			小计	其中，财政拨款结转和结余							
类 款 项	合计	897 519.61	361 462.77	29 113.23	256 765.84	279 291.00	456 646.25	262 180.47	194 465.78	426 958.45	23 698.60
202	外交支出	191.00	0.00	0.00	191.00	0.00	191.00	191.00	0.00	0.00	0.00
20299	其他外交支出	191.00	0.00	0.00	191.00	0.00	191.00	191.00	0.00	0.00	0.00
2029999	其他外交支出	191.00	0.00	0.00	191.00	0.00	191.00	191.00	0.00	0.00	0.00
205	教育支出	97.33	47.71	47.71	49.62	0.00	72.49	72.49	0.00	24.84	24.84
20508	进修及培训	97.33	47.71	47.71	49.62	0.00	72.49	72.49	0.00	24.84	24.84
2050803	培训支出	97.33	47.71	47.71	49.62	0.00	72.49	72.49	0.00	24.84	24.84
206	科学技术支出	825 922.47	331 766.16	12 734.51	225 947.58	268 208.73	411 346.74	227 617.57	183 729.18	401 078.34	11 064.53

（续表）

项目		资金来源金额					支出金额			年末结转和结余金额	
支出功能分类科目编码	科目名称（项目）	合计	年初结转和结余		财政拨款	其他资金	合计	财政拨款	其他资金	合计	其中，财政拨款结转和结余
			小计	其中，财政拨款结转和结余							
类 款 项	合计	897 519. 61	361 462. 77	29 113. 23	256 765. 84	279 291. 00	456 646. 25	262 180. 47	194 465. 78	426 958. 45	23 698. 60
20602	基础研究	164 251. 42	48 462. 48	3 903. 37	93 755. 26	22 033. 68	113 712. 85	92 765. 78	20 947. 07	49 153. 07	4 892. 84
2060203	自然科学基金	66 219. 75	44 204. 46	0. 00	0. 00	22 015. 29	20 794. 45	0. 00	20 794. 45	44 039. 81	0. 00
2060204	实验室及相关设施	29 339. 75	3 898. 37	3 898. 37	25 430. 00	11. 38	25 041. 87	25 030. 49	11. 38	4 297. 88	4 297. 88
2060208	科技人才队伍建设	12 842. 26	0. 00	0. 00	12 842. 26	0. 00	12 840. 26	12 840. 26	0. 00	2. 00	2. 00
2060299	其他基础研究支出	55 849. 66	359. 66	5. 00	55 483. 00	7. 00	55 036. 28	54 895. 04	141. 24	813. 38	592. 96
20603	应用研究	526 508. 67	242 753. 02	6 009. 01	112 067. 50	171 688. 16	242 028. 66	114 353. 76	127 674. 89	275 072. 99	3 722. 75
2060302	社会公益研究	525 483. 82	242 752. 17	6 008. 16	111 043. 50	171 688. 16	241 053. 05	113 378. 16	127 674. 89	275 023. 75	3 673. 50
2060303	高技术研究	1 024. 85	0. 85	0. 85	1 024. 00	0. 00	975. 60	975. 60	0. 00	49. 25	49. 25
20605	科技条件与服务	19 529. 00	1 909. 18	1 909. 18	17 619. 82	0. 00	18 256. 64	18 256. 64	0. 00	1 272. 36	1 272. 36
2060503	科技条件专项	19 529. 00	1 909. 18	1 909. 18	17 619. 82	0. 00	18 256. 64	18 256. 64	0. 00	1 272. 36	1 272. 36
20609	科技重大项目	114 841. 84	37 849. 94	121. 41	2 505. 00	74 486. 90	36 644. 92	1 537. 71	35 107. 22	75 492. 05	1 088. 71

（续表）

项目		资金来源金额					支出金额			年末结转和结余金额	
支出功能分类科目编码	科目名称（项目）	合计	年初结转和结余		财政拨款	其他资金	合计	财政拨款	其他资金	合计	其中，财政拨款结转和结余
			小计	其中，财政拨款结转和结余							
类 款 项	合计	897 519.61	361 462.77	29 113.23	256 765.84	279 291.00	456 646.25	262 180.47	194 465.78	426 958.45	23 698.60
2060901	科技重大专项	12 091.19	3 952.61	121.41	2 505.00	5 633.58	4 036.74	1 537.71	2 499.04	7 947.67	1 088.71
2060902	重点研发计划	102 750.65	33 897.33	0.00	0.00	68 853.32	32 608.18	0.00	32 608.18	67 544.38	0.00
20699	其他科学技术支出	791.54	791.54	791.54	0.00	0.00	703.68	703.68	0.00	87.87	87.87
2069999	其他科学技术支出	791.54	791.54	791.54	0.00	0.00	703.68	703.68	0.00	87.87	87.87
207	文化旅游体育与传媒支出	59.86	59.86	59.86	0.00	0.00	0.00	0.00	0.00	59.86	59.86
20701	文化和旅游	59.86	59.86	59.86	0.00	0.00	0.00	0.00	0.00	59.86	59.86
2070104	图书馆	59.86	59.86	59.86	0.00	0.00	0.00	0.00	0.00	59.86	59.86
211	节能环保支出	215.61	0.00	0.00	215.61	0.00	215.61	215.61	0.00	0.00	0.00
21104	自然生态保护	215.61	0.00	0.00	215.61	0.00	215.61	215.61	0.00	0.00	0.00
2110402	农村环境保护	215.61	0.00	0.00	215.61	0.00	215.61	215.61	0.00	0.00	0.00
213	农林水支出	59 823.49	18 505.74	16 271.15	30 362.03	10 955.71	44 332.71	34 083.81	10 248.90	15 073.25	12 549.37

（续表）

项目		资金来源金额					支出金额			年末结转和结余金额	
支出功能分类科目编码	科目名称（项目）	合计	年初结转和结余		财政拨款	其他资金	合计	财政拨款	其他资金	合计	其中，财政拨款结转和结余
			小计	其中，财政拨款结转和结余							
类 款 项	合计	897 519.61	361 462.77	29 113.23	256 765.84	279 291.00	456 646.25	262 180.47	194 465.78	426 958.45	23 698.60
21301	农业农村	59 823.49	18 505.74	16 271.15	30 362.03	10 955.71	44 332.71	34 083.81	10 248.90	15 073.25	12 549.37
2130104	事业运行	1 460.48	0.00	0.00	1 460.48	0.00	1 454.91	1 454.91	0.00	5.57	5.57
2130106	科技转化与推广服务	5 834.98	2 236.98	2 236.98	3 598.00	0.00	4 726.32	4 726.32	0.00	1 108.67	1 108.67
2130108	病虫害控制	282.28	40.11	40.11	242.17	0.00	260.03	260.03	0.00	22.25	22.25
2130109	农产品质量安全	1 549.82	0.00	0.00	1 549.82	0.00	1 549.82	1 549.82	0.00	0.00	0.00
2130111	统计监测与信息服务	35.00	0.00	0.00	35.00	0.00	35.00	35.00	0.00	0.00	0.00
2130112	行业业务管理	395.81	0.00	0.00	395.81	0.00	282.79	282.79	0.00	113.02	113.02
2130114	对外交流与合作	83.64	0.00	0.00	83.64	0.00	83.64	83.64	0.00	0.00	0.00
2130122	农业生产发展	200.00	0.00	0.00	200.00	0.00	200.00	200.00	0.00	0.00	0.00
2130126	农村社会事业	60.00	0.00	0.00	60.00	0.00	60.00	60.00	0.00	0.00	0.00
2130135	农业资源保护修复与利用	8 995.87	6 601.76	6 601.76	2 394.11	0.00	6 185.03	6 185.03	0.00	2 810.84	2 810.84

（续表）

项目		资金来源金额					支出金额			年末结转和结余金额	
支出功能分类科目编码	科目名称（项目）	合计	年初结转和结余		财政拨款	其他资金	合计	财政拨款	其他资金	合计	其中，财政拨款结转和结余
			小计	其中，财政拨款结转和结余							
类 款 项	合计	897 519.61	361 462.77	29 113.23	256 765.84	279 291.00	456 646.25	262 180.47	194 465.78	426 958.45	23 698.60
2130199	其他农业农村支出	40 925.60	9 626.89	7 392.29	20 343.00	10 955.71	29 495.16	19 246.26	10 248.90	11 012.92	8 489.03
221	住房保障支出	11 209.86	11 083.30	0.00	0.00	126.56	487.70	0.00	487.70	10 722.15	0.00
22102	住房改革支出	1 441.15	1 425.88	0.00	0.00	15.27	194.78	0.00	194.78	1 246.38	0.00
2210203	购房补贴	1 441.15	1 425.88	0.00	0.00	15.27	194.78	0.00	194.78	1 246.38	0.00
22103	城乡社区住宅	9 768.70	9 657.42	0.00	0.00	111.29	292.93	0.00	292.93	9 475.77	0.00
2210399	其他城乡社区住宅支出	9 768.70	9 657.42	0.00	0.00	111.29	292.93	0.00	292.93	9 475.77	0.00

中国农业科学院 2022 年度行政事业单位国有资产概况

根据《中国农业科学院 2022 年度行政事业单位国有资产报表》，全院 2022 年年底资产总额达到 198.24 亿元，其中流动资产 79.28 亿元、固定资产（净值）76.51 亿元、在建工程 19.24 亿元、长期投资 20.05 亿元、无形资产（净值）2.86 亿元、其他资产 0.30 亿元，分别占资产总额的 39.99%、38.60%、9.71%、10.11%、1.44%、0.15%，如下图所示。全院共有 27 个单位资产总量超过 2 亿元，其中 12 个单位资产总量超过 5 亿元，4 家单位资产总量超过 10 亿元，如下表所示。全院国有资产规模持续扩大，为我院“三个面向、两个一流”建设提供了坚实的物质基础支撑。

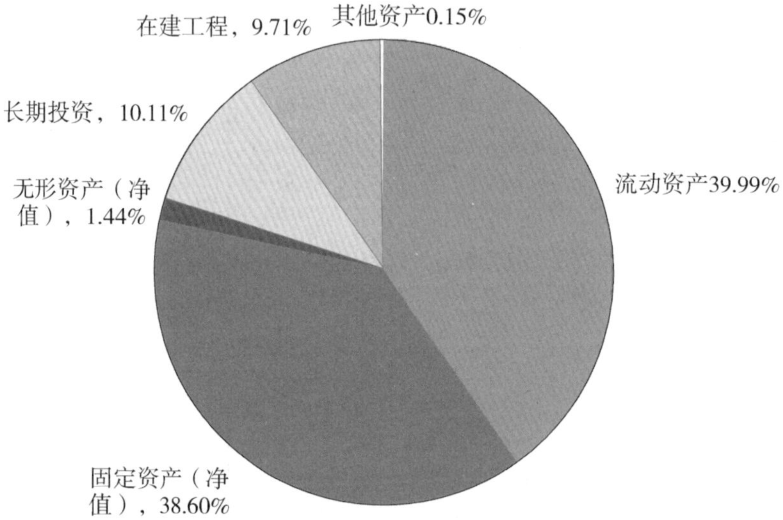

中国农业科学院 2022 年年底行政事业单位国有资产构成图

（数据来源：中国农业科学院 2022 年度行政事业单位国有资产报表）

中国农业科学院2022年年末资产状况一览表

（单位：万元）

序号	单位	资产合计期末数	流动资产期末数	固定资产净值期末数	无形资产净值期末数	长期股权投资期末数	在建工程期末数
	全院合计	1 982 391.06	792 765.23	765 103.80	28 584.01	200 507.84	192 378.12
1	中国农业科学院本级	229 393.91	54 447.15	73 281.55	2 955.60	39 743.63	57 413.78
2	农业农村部沼气科学研究所	15 751.53	6 215.95	5 246.84	532.97	670.95	3 084.82
3	农业农村部环境保护科研监测所	33 320.74	20 786.03	9 947.72	232.75	175.35	2 178.90
4	中国农业科学院研究生院	26 683.49	17 819.76	8 154.87	81.42	84.62	542.82
5	中国农业科学院农业经济与发展研究所	12 137.15	8 988.36	2 048.68	1 100.11	0.00	0.00
6	中国农业科学院农业质量标准与检测技术研究所	15 427.89	11 991.70	2 870.78	397.41	150.00	18.00
7	中国农业科学院农业信息研究所	108 081.15	20 343.55	47 540.75	4 291.51	312.64	35 592.70
8	中国农业科学院作物科学研究所	99 127.66	51 851.93	29 446.83	648.79	4 472.16	12 707.94
9	中国农业科学院蔬菜花卉研究所	51 358.33	31 194.44	12 793.58	42.06	4 802.22	2 526.02

（续表）

序号	单位	资产合计期末数	流动资产期末数	固定资产净值期末数	无形资产净值期末数	长期股权投资期末数	在建工程期末数
10	中国农业科学院农业环境与可持续发展研究所	44 225. 61	14 165. 31	25 903. 68	1 974. 94	566. 29	1 615. 39
11	中国农业科学院农业资源与农业区划研究所	74 574. 83	42 772. 12	22 261. 91	1 797. 80	868. 10	6 874. 90
12	中国农业科学院植物保护研究所	80 617. 22	31 674. 79	35 287. 61	884. 63	6 983. 18	5 298. 06
13	中国农业科学院农产品加工研究所	47 753. 93	23 818. 82	16 302. 99	155. 18	4 495. 60	2 956. 00
14	中国农业科学院棉花研究所	46 158. 77	14 365. 31	22 524. 04	2 443. 64	5 066. 62	1 759. 16
15	中国农业科学院油料作物研究所	56 886. 80	16 693. 91	29 502. 65	3 218. 02	3 248. 50	4 223. 72
16	中国农业科学院果树研究所	12 861. 10	5 858. 23	5 938. 33	365. 35	151. 46	501. 33
17	中国农业科学院郑州果树研究所	25 175. 31	14 082. 08	9 999. 50	37. 26	0. 00	1 056. 47
18	中国农业科学院茶叶研究所	33 337. 25	18 596. 15	10 016. 19	1 609. 07	3 115. 84	0. 00

（续表）

序号	单位	资产合计期末数	流动资产期末数	固定资产净值期末数	无形资产净值期末数	长期股权投资期末数	在建工程期末数
19	中国农业科学院烟草研究所	25 760. 13	11 502. 16	10 943. 75	1 237. 63	1 868. 59	208. 00
20	中国农业科学院麻类研究所	21 256. 73	7 918. 71	9 541. 93	485. 71	182. 58	3 127. 81
21	中国农业科学院农田灌溉研究所	10 323. 30	2 114. 39	7 075. 59	222. 13	911. 18	0. 00
22	中国农业科学院北京畜牧兽医研究所	98 029. 63	42 457. 02	51 378. 75	510. 97	70. 90	3 579. 37
23	中国农业科学院蜜蜂研究所	16 513. 57	5 833. 76	7 748. 64	11. 12	2 263. 82	647. 44
24	中国农业科学院哈尔滨兽医研究所	257 915. 90	65 206. 01	147 521. 26	80. 95	41 130. 98	3 976. 70
25	中国农业科学院兰州兽医研究所	222 896. 85	109 559. 26	45 980. 82	362. 60	62 123. 38	4 751. 18
26	中国农业科学院兰州畜牧与兽药研究所	22 788. 19	8 665. 38	11 653. 17	21. 13	162. 00	2 286. 52
27	中国农业科学院草原研究所	26 625. 67	15 437. 28	5 688. 12	307. 72	253. 25	4 216. 16
28	中国农业科学院特产研究所	55 782. 74	20 210. 72	19 483. 12	757. 97	6 357. 56	8 973. 38

（续表）

序号	单位	资产合计期末数	流动资产期末数	固定资产净值期末数	无形资产净值期末数	长期股权投资期末数	在建工程期末数
29	中国农业科学院上海兽医研究所	32 206. 44	14 896. 85	14 836. 77	417. 33	2 033. 91	21. 57
30	中国水稻研究所	81 038. 37	38 050. 82	26 860. 00	865. 67	3 868. 17	11 393. 71
31	农业农村部南京农业机械化研究所	23 450. 23	9 200. 21	11 268. 51	77. 87	1 808. 15	1 095. 48
32	中国农业科学院饲料研究所	16 058. 44	7 289. 55	8 369. 36	15. 62	383. 91	0. 00
33	中国农业科学院生物技术研究所	23 971. 17	11 056. 02	9 482. 80	384. 60	2 182. 30	865. 45
34	农业农村部食物与营养发展研究所	1 539. 39	1 213. 08	321. 53	4. 78	0. 00	0. 00
35	中国农业科学院农业基因组研究所	29 159. 90	14 840. 57	5 382. 56	51. 43	0. 00	8 885. 35
36	中国农业科学院都市农业研究所	4 201. 74	1 647. 84	2 498. 64	0. 26	0. 00	0. 00

数据来源：中国农业科学院 2022 年度行政事业单位国有资产报表。

中国农业科学院2022年度政府采购情况

一、2022年政府采购工作开展情况

2022年，中国农业科学院认真组织完成了政府采购预算、计划、执行情况和信息统计的填报，政府采购进口产品集中论证和备案工作，批量转协议供货审核以及政府采购预算调剂申请等各项政府采购日常管理工作。

（一）加强政府采购进口产品集中论证，确保科研仪器设备采购顺利及时

组织完成全院22个院属单位2022年政府采购进口产品专家集中论证工作。22个单位申报政府采购进口产品557台/套，涉及金额1 5192.31万元。通过优化院内组织和加强审核，缩短了申报和审核时限，确保各单位能及时完成进口产品采购。

（二）落实科研财政“放管服”政策，办理政府采购调剂，确保重大和应急项目顺利实施

一是办理牧医所种质资源库建设项目政府采购预算调剂申请，确保重大项目关键设备及时采购。二是积极联系协调科技部、农业农村部和中关村海关，为加工所重新办理进口免税进口产品税收优惠资格认定，解决科研院所机构改革遗留问题。三是为蔬菜所、水稻所追加申请新增资产配置预算，确保大型仪器设备政府采购顺利实施。

（三）加强业务培训，提升政府采购队伍能力

进一步加强政府采购队伍能力建设，中国农业科学院组织举办了《政府采购业务培训班》，培训内容安排坚持问题导向，重点聚焦当前的重点工作、日常管理中的难点问题和实务操作，涵盖预算管理一体化资产管理模块操作实务、一体化系统中新增资产配置和政府采购预算编制操作、科研单位无形资产管理、工程招标采购政策法规及操作实务和政府采购进口产品备案等。全院37个单位和西部中心、南繁研究院资产和政采管理人员以及科研财务助理等140余人参加了培训。通过学习，学员们对政府采购的新制度理解更加全面、深刻，对实务操作的认识更加清晰。为进一步提高中国农业科学院

政府采购管理水平和业务能力奠定了基础。

（四）加强新制度新办法宣贯，提高经办人员政策把握水平

随着政府采购制度改革不断深化，《政府采购需求管理办法》等新制度新办法陆续印发。通过院线上办公（OA）系统、QQ 工作群和培训班等形式，宣传《关于进一步加大政府采购支持中小企业力度的通知》（财库〔2022〕19 号）等新制度新要求，组织院属单位政采管理人员认真学习农业农村部组织的预算一体化管理培训，重点学习政府采购预算编报、预算执行等新业务流程，通过加强政策培训和宣贯，提高经办人员政策把握水平，推进新政策的实施和落地，更快适应 2023 年预算管理一体化系统实施的新形势。

通过全院上下的共同努力，各单位对政府采购管理工作的重视程度不断提高，院财务局通过加强预算指标、采购计划等报表审核、宣传培训、监督检查等强化对院属单位的业务指导和监督，各单位进一步落实采购人主体责任，加强内控管理建设，规范采购业务流程，进一步提升政府采购管理水平，保证了全院政府采购工作依法、合规、高效开展。

二、政府采购执行情况分析

（一）政府采购预算、计划、执行总体情况

2022 年，中国农业科学院严格落实“过紧日子”要求和按照“无预算不采购、无计划不执行采购”的要求，强化预算约束，严格按程序执行政府采购，认真编制了政府采购预算、计划和执行情况报表，确保了全院计划不超预算，执行不超计划。经统计，全院 2022 年政府采购计划金额 62 688. 42万元，实际采购金额 51 375. 16万元，较 2021 年（60 355. 55万元）减少 8 980. 39万元，降幅 14. 88%。实际采购相对计划节约资金总额 11 313. 26万元，总节约率 18. 05%。

（二）按采购资金构成分析

2022 年实际采购金额中，货物类采购金额 27 647. 93 万元，工程类采购金额 25 234. 96万元，服务类采购金额 9 805. 52 万元，分别占采购总金额的 44. 10%、40. 25%和 15. 64%。

（三）按组织形式分析

2022年，全院实际采购金额中，集中采购金额2 425.09万元，分散采购金额48 950.07万元，分别占总采购金额的4.72%和95.28%。

（四）按采购方式分析

2022年全院实际采购金额中，公开招标采购金额48 013.33万元，竞争性谈判采购金额518.45万元，竞争性磋商采购金额1 861.33万元，询价采购金额1.1万元，协议供货采购金额272.51万元，定点采购金额299.55万元，电子卖场采购金额408.89万元，分别占采购总金额的93.46%、1.01%、3.62%、0.0021%、0.53%、0.58%、0.80%。从以上数据来看，公开招标是中国农业科学院政府采购的主要采购方式，与《中华人民共和国政府采购法》的管理要求相吻合。

（五）合同授予情况

2022年中国农业科学院实际采购金额中，授予国内厂商43 696.81万元，授予国外厂商7 678.35万元，分别占总采购总额的85.05%和14.95%。其中，授予国外厂商的全部为货物类采购。

（六）按政府采购品目分析

货物类采购方面，2022年全院共采购通用设备1 763台（套）、金额15 217.18万元（含汽车3辆，60.99万元），专用设备361台（套）、金额6 512.29万元，家具用具296台（套）、金额249.17万元；工程类采购金额23 640.70万元；服务类采购金额3 265.61万元。

（七）节能节水和环保产品分析

全院2022年实际采购节能节水产品270.90万元，占同类产品采购总金额的69.89%。

中国农业科学院办公室关于印发《中国农业科学院关于稳定性科研专项奖励经费管理的指导意见》的通知

农科办财〔2022〕2 号

院机关各部门、院属各单位：

为贯彻落实《国务院办公厅关于改革完善中央财政科研经费管理的若干意见》（国办发〔2021〕32 号）精神，加强对研究所落实改革政策的指导，我院研究制定了《中国农业科学院关于稳定性科研专项奖励经费管理的指导意见》（以下称指导意见），已经 2021 年第 18 次院常务会审议通过，现予印发，请遵照落实。有关事项通知如下。

（一）各研究所要按指导意见要求，尽快研究细化本所奖励经费管理办法，并于 2022 年 2 月底前报院，待院审核批复后执行。

（二）各研究所要高度重视，在办法制定过程中充分发扬民主、凝聚共识，准确把握稳定性科研经费的定位和管理要求，把好政策落实好。

（三）2022 年为指导意见试行期，各研究所在执行过程中如有问题或建议，请及时向院财务局反馈。

中国农业科学院办公室

2022 年 1 月 10 日

中国农业科学院
关于稳定性科研专项奖励经费管理的指导意见

为贯彻落实《国务院办公厅关于改革完善中央财政科研经费管理的若干意见》（国办发〔2021〕32号）和中央人才工作会议精神，建立稳定性科研专项资金激励引导机制，激发科研人员创新活力，激励科研人员产出高质量科技成果，在科技创新工程和基本科研业务费管理办法的基础上，结合我院实际，就稳定性科研专项提取奖励经费有关事项提出如下指导意见。

（一）稳定性科研专项奖励经费（以下简称奖励经费）是指从我院科技创新工程和基本科研业务费提取的用于奖励的经费。除特定院级任务（包括文献资源购置、运行保障经费等非科研性质任务）外，原则上按核定到研究所的基本科研业务费和创新工程经费规模的20%提取。

（二）奖励经费主要用于科研人才激励和科技奖励。奖励经费分配应坚持绩效导向，适当向承担基础研究类科研任务和从事基础性工作的科研团队和科研人员倾斜。研究所要贯彻落实中国农业科学院农科英才特殊支持政策，切实保障领军人才岗位补助和青年英才岗位补助所级承担部分。

（三）奖励经费在部门预算“一下”阶段核定到研究所，编入指定科目，实行研究所统一提取、统筹管理、单独核算。要按照办大事、保重点的原则，统筹用好奖励经费，不得简单以平均主义和大锅饭等方式搞人人有份。应区别于竞争性项目间接经费管理方式，不按经费规模核定到项目、到团队。

（四）研究所应根据本指导意见制定本单位奖励管理办法，细化奖励经费使用范围和标准，并在单位内部公示，研究所奖励经费管理办法报院审定后印发实施。各研究所在制度制订和奖励经费使用过程中应广泛征求科研人员的意见，统一思想，形成共识。

（五）奖励经费通过零余额账户核算管理，执行财政国库管理有关规定。奖励经费应于当年执行完毕，不得结转以后年度使用。

（六）奖励经费支出纳入单位绩效工资总量管理，各研究所应在核定的单位绩效工资总量内统筹使用奖励经费。

（七）严格奖励经费监管。院机关相关部门应加强奖励经费使用管理的指导和监督，将奖励经费使用管理情况作为院巡察、审计、检查等工作的重要内容，相关检查结果可作为下一年度经费核定安排的参考依据。研究所应履行“三重一大”决策程序，建立内部监督制度，明确职责权限，严格奖励经费预算控制，做好内部信息公开。对超预算使用奖励经费的，要追究相关人员的责任，并核减下年度奖励经费预算。

中国农业科学院关于印发《中国农业科学院基本建设财务管理办法》的通知

农科院财〔2022〕81 号

院机关各部门、院属各单位：

为进一步规范和加强我院基本建设财务行为，提高建设资金使用效益，我院研究修订了《中国农业科学院基本建设财务管理办法》，已经 2022 年第 9 次院常务会议审议通过，现印发给你们，请遵照执行。

中国农业科学院

2022 年 6 月 23 日

中国农业科学院
基本建设财务管理办法

第一章 总 则

第一条 为进一步规范中国农业科学院基本建设财务行为，加强基本建设财务管理与监督，提高投资效益，保障资金安全，根据财政部《基本建设财务规则》（财政部令第81号）《基本建设项目竣工财务决算管理暂行办法》（财建〔2016〕503号）《基本建设项目建设成本管理规定》（财建〔2016〕504号）等文件以及农业农村部有关规定，结合中国农业科学院实际，制定本办法。

第二条 本办法适用于中国农业科学院本级和院属单位（以下统称项目建设单位）的基本建设财务行为。

基本建设是指以新增工程效益或者扩大生产能力为主要目的的新建、改扩建、迁建、大型维修改造工程及相关工作。

第三条 基本建设财务管理应当严格执行国家有关法律、法规和财务规章制度，坚持勤俭节约、量力而行、讲求实效，正确处理资金使用效益与资金供给的关系。

第四条 基本建设财务管理的主要任务是：

（一）依法筹集和使用基本建设项目（以下简称项目）建设资金，防范财务风险。

（二）合理编制项目资金预算及绩效目标，加强预算审核，严格预算执行。

（三）加强项目核算管理，规范和控制建设成本。

（四）及时准确编制项目竣工财务决算，全面反映基本建设财务状况。

（五）加强对基本建设活动的财务控制和监督，实施绩效评价。

第五条 财务局负责全院基本建设财务活动的管理监督，指导和督促项目建设单位做好基本建设财务管理工作。基本建设局履行项目支出绩效归口管理职责，指导项目建设单位提高项目建设资金运行绩效。

第六条 项目建设单位应当做好以下基本建设财务管理工作：

（一）贯彻执行国家有关法律、法规和上级部门规章制度，制定并实施本单位基本建设财务管理制度和内部控制制度。

（二）依法设置会计账目，按项目单独核算，按照规定将核算情况纳入单位账簿和财务报表。

（三）按照规定编制项目资金预算和预算绩效目标，根据批准的项目概（预）算做好核算管理，做好预算绩效监控和绩效评价，及时掌握项目建设进度，定期进行财产物资清查，做好核算资料档案管理。

（四）根据投资计划和工程进度编报用款计划，支付工程款，及时自查项目建设资金使用情况。

（五）及时办理工程价款结算，编报项目竣工财务决算，办理资产交付使用等手续。

（六）上级部门和院要求的其他工作。

第七条 项目建设单位应按规定由专人负责基本建设财务工作，并保持人员的相对稳定。

第二章　建设资金预算与使用管理

第八条 项目建设资金按照来源分为财政资金和自有资金。项目建设资金遵循专款专用原则，严格按照批准的项目预算执行，不得挤占挪用。

第九条 项目建设资金均应纳入单位预算，实行单独核算。项目应按规定纳入农业农村部部门预算项目库管理，未申报入库的项目一律不安排预算。

第十条 项目建设单位编制项目预算应当以农业农村部批复的概算为依据（未批概算的项目，以立项批复的总投资为依据，下同），按照项目实际建设资金需求编制，并控制在批准的概算总投资规模、范围和标准以内。

第十一条 项目建设单位应当细化项目预算，分解建设期间各年度预算和财政资金需求，并按照部门预算管理的要求编制年度资金预算，涉及政府采购预算和新增资产配置预算的，按规定编制相关预算。项目预算经法定程序批复后执行。

第十二条 项目建设单位应当强化预算约束，不得超过经核定的投资概算。对发生停建、缓建、迁移、合并、分立、重大设计变更等变动事项和其他特殊情况，投资变动超过批准概算 10%的，按程序报项目主管部门申请调整项目资金预算。

第十三条 项目建设单位应严格按照基本建设程序、支出预算、年度投资计划及工程进度支付资金。财政资金拨付按照国库集中支付管理有关规定执行。没有下达投资计划及不符合法律、法规及政策规定的财务支出事项，不得支付资金。

第十四条 使用项目建设资金采购中央预算单位政府集中采购目录内及分散采购限额标准以上的货物、工程和服务的，必须按《中华人民共和国政府采购法》和《中华人民共和国招标投标法》有关规定执行。

第十五条 项目收到的社会捐赠，有捐赠协议或者捐赠者有指定要求的，按照协议或者要求处理；无协议和要求的，按照国家财务、会计制度的有关规定处理。

第三章　建设成本管理

第十六条 建设成本是指按照批准的建设内容由项目建设资金安排的各项支出，包括建筑安装工程投资支出、设备投资支出、待摊投资支出和其他投资支出。

（一）建筑安装工程投资支出是指项目建设单位按照批准的建设内容发生的建筑工程和安装工程的实际成本，其中不包括被安装设备本身的价值，以及按照合同规定支付给施工单位的预付备料款和预付工程款。

（二）设备投资支出是指项目建设单位按照批准的建设内容发生的各种设备的实际成本（不包括工程抵扣的增值税进项税额），包括需要安装设备、不需要安装设备和为生产准备的不够固定资产标准的工具、器具的实际成本。

（三）待摊投资支出是指项目建设单位按照批准的建设内容发生的，应当分摊计入相关资产价值的各项费用和税金支出，主要包括项目建设管理费、前期工作经费、土地征用及补偿或租用等费用、按规定应缴纳的各种税费、检验检测费用，以及固定资产损失、器材处理亏损或报废工程净损失等。

项目单项工程报废净损失，经有关部门或专业机构鉴定，并报项目竣工财务决算批复部门审核批准后，计入待摊投资。

（四）其他投资支出是指项目建设单位按照批准的项目建设内容发生的土地、房屋购置支出，基本畜禽、林木等的购置、饲养、培育支出，办公生活用家具、器具购置支出，软件研发和不能计入设备投资的软件购置等支出。

第十七条 项目建设管理费是指项目建设单位从项目筹建之日起至办理竣工财务决算之日止发生的管理性质的支出，包括不在原单位发工资的工作人员工资及相关费用、办公费、办公场地租用费、差旅交通费、劳动保护费、工具用具使用费、固定资产使用费、招募生产工人费、技术图书资料费（含软件）、业务招待费、施工现场津贴、竣工验收费和其他管理性质的开支。

项目建设管理费实行总额控制，分年度据实列支。总额控制数以项目审批部门批准的项目总投资（经批准的动态投资，不含项目建设管理费）扣除土地征用、迁移补偿等为取得或租用土地使用权而发生的费用为基础分档计算，具体计算方法见附表1。

建设地点分散、点多面广、建设工期长以及使用新技术、新工艺等的项目，项目建设管理费确需超过上述开支标准的，应当事前报项目主管部门审核批准，并报财政部备案。未经批准、备案的，超标准发生的项目建设管理费由项目建设单位用自有资金弥补。

施工现场管理人员津贴标准比照当地财政部门制定的差旅费标准执行；一般不得发生业务招待费，确需列支的，应当严格按照国家有关规定执行，并不得超过项目建设管理费的5%。

实行代建制管理的项目，一般不得同时列支代建管理费和项目建设管理费，确需同时发生的，两项费用之和不得高于本条规定的项目建设管理费限额。

项目建设单位应当严格执行《党政机关厉行节约反对浪费条例》，严格控制项目建设管理费。

第十八条 项目建设单位应当严格控制建设成本支出范围，以下支出不得列入项目建设成本：

（一）超过批准建设内容发生的支出。

（二）不符合合同或协议约定的支出。

（三）非法收费和摊派。

（四）无发票或者发票项目不齐全、无审批手续、无责任人员签字的支出。

（五）因设计单位、施工单位、供货单位等原因造成的工程报废等损失，以及未按照规定报经批准的损失。

（六）项目符合规定的验收（初验）条件之日起 3 个月后发生的支出。

（七）其他不属于本项目应当负担的支出。

第十九条　财政资金用于项目前期工作经费的部分，在项目批准建设后，列入项目建设成本。未获批准或批准后又取消的项目，财政资金如有结余全部缴回国库。

第四章　工程价款结算管理

第二十条　工程价款结算是指依据基本建设工程发承包合同等进行的工程预付款、进度款、竣工价款等结算活动。项目建设单位应当严格执行工程价款结算的制度规定，坚持按照规范的工程价款结算程序支付资金。项目建设单位与施工单位的施工合同中确定的工程价款结算方式要符合财政支出预算管理的有关规定。

第二十一条　工程预付款应按合同约定拨付，原则上不高于合同金额的 30%。凡没有签订合同或不具备施工条件的工程，不得预付工程款。

第二十二条　项目建设单位必须严格按照合同约定的支付方式和工程进度支付工程进度款。工程建设过程中发生的变更洽商，经项目建设单位确认后，相应调整工程合同总价，并根据工程进度支付相应进度款。工程进度款的支付，不得高于工程价款的 90%，并按合同约定扣回预付款。

第二十三条　工程完工后，根据约定的合同价款和调整内容等，进行工程竣工价款结算。项目建设单位收到施工单位递交的竣工价款结算报告及完整资料后，应按规定完成竣工价款结算审核，可委托具有资质的社会中介机构进行审核，以书面形式进行确认或者提出修改意见。项目竣工结算审核由项目建设单位基建部门负责委托。竣工价款结算一般应当在项目五方验收后 2 个月内完成，大型项目（总投资在 3 000万元及以上的项目，下同）一般不得超过 3 个月。

第二十四条　项目建设单位可与施工单位在合同中约定按照不超过工程竣工价款结算总额的 3%预留工程质量保证金，待工程交付使用缺陷责任期满后清算。资信好的施工单位可以用银行保函替代工程质量保证金，保函金额不得高于工程竣工价款结算总额的 3%。

第二十五条　凡实行监理的项目，工程竣工价款结算过程中涉及监理工程师签证事项，应按工程监理合同约定执行。

第五章　竣工财务决算管理

第二十六条　项目竣工财务决算是正确核定项目资产价值、反映竣工项目建设成果的文件，是办理资产移交和产权登记的依据。项目竣工财务决算应当数据准确、内容完整。

第二十七条　项目建设单位应在项目完工可投入使用或者试运行合格后3个月内编制竣工财务决算，特殊情况确需延长的，中小型项目（总投资在3 000万元以内的项目，下同）不得超过2个月、大型项目不得超过6个月。

项目竣工财务决算由项目建设单位财务部门组织编制，需委托具有资质的社会中介机构审计并出具审核意见和审核表。

第二十八条　项目建设单位在编制项目竣工财务决算前，应当完成各项财务处理、财产物资的盘点核实、档案资料归集整理等，做到账账、账证、账实、账表相符。应逐项盘点核实、填列各种材料、设备、工具、器具等清单并妥善保管，需变价处理的库存设备、材料以及应处理的自用固定资产等要公开变价处理，不得侵占、挪用。

第二十九条　编制项目竣工财务决算时，应当按照规定将待摊投资按合理比例分摊计入交付资产价值、转出投资价值和待核销基建支出。

第三十条　项目竣工财务决算需按规定报院审批。需报送的材料包括项目竣工财务决算报表、竣工财务决算说明书、竣工财务决（结）算审核情况及相关资料。

（一）建设项目竣工财务决算报表主要有封面、项目概况表、竣工财务决算表、资金情况明细表、交付使用资产总表、交付使用资产明细表、待摊投资明细表、待核销基建支出明细表、转出投资明细表，格式见附表2。

（二）竣工财务决算说明书主要包括：项目概况；会计账务处理、财产物资清理及债权债务的清偿情况；项目建设资金计划及到位情况，财政资金支出预算、投资计划及到位情况；项目建设资金使用、项目结余资金分配情况；项目概（预）算执行情况及分析，竣工实际完成投资与概算差异及原因分析；尾工工程情况；历次审计、检查、审核、稽察意见及整改落实情况；主要技术经济指标的分析、计算情况；项目管理经验、主要问题和建议；预备费动用情况；项目建设管理制度执行情况、政府采购情况、合同履行情况；征地拆迁补偿情况、移民安置情况；需要说明的其他事项。

（三）项目竣工决（结）算审核情况，包括完整的审核报告及审核表（格式见附表3），审核报告内容应当翔实，主要包括审核说明、审核依据、审核结果、意见、建议。

（四）相关资料主要包括项目立项、可行性研究报告、初步设计报告及概算、概算调整批复文件的复印件，项目历年投资计划及财政资金预算下达文件的复印件，审计、检查意见或文件的复印件；其他与项目决算相关的材料。

第三十一条　项目竣工财务决算审批事项由财务局承办。

（一）院本级使用财政资金建设的项目，竣工财务决算由财务局审核后报农业农村部审批。

（二）院本级使用自有资金建设的项目、院属单位全部项目，竣工财务决算由财务局审核批复。

由财务局批复的项目竣工财务决算，实行“先审核后批复”，审核工作可委托具有专业能力的社会中介机构进行。

第三十二条　建设周期长、建设内容多的大型项目，单项工程竣工具备交付使用条件的，可以编报单项工程竣工财务决算，项目全部竣工后编报竣工财务总决算。单项工程结余资金在整个项目竣工财务总决算中一并处理。

第三十三条　项目建设内容以设备购置、房屋及其他建筑物购置为主且附有部分建筑安装工程的，可以简化竣工财务决算编报内容、报表格式和批复手续；仅为设备购置、房屋及其他建筑物购置的，不用单独编报项目竣工财务决算。

第三十四条　项目竣工财务决算审核批复环节审减的概算内投资，按投资来源比例归还投资者。

第三十五条　项目建设单位应根据批复的项目竣工财务决算，及时调整有关账务，办理资产产权登记。

第六章　资产交付管理

第三十六条　项目建设过程中，基建（或工程）管理部门及时收集资产登记信息，包括：资产名称、数量、技术参数、规格型号、价值及安装位置等，编制建设内容执行对照表。对建设周期长、建设内容多的大型项目，应加强过程管理，单项工程或阶段施工完成后，及时对单项工程或阶段施工形成的资产进行整理，及时做好资产交付准备。

第三十七条　项目完工可投入使用或者试运行合格后，对达到交付使用条件的资产，基建（工程）管理部门应向资产管理部门提交资产登记的相关资料，并协助资产管理部门办理资产登记手续。

办理资产交付手续，可由资产管理部门牵头，会同基建（工程）管理、财务管理和资产使用部门成立联合工作组。基建管理部门负责提供交付使用资产明细表等资产明细和价值凭证和资产交付，以及办理不动产权证书所需的完整材料；财务部门负责项目资产的价值核算与账务登记；资产使用部门负责资产的盘点和接收；资产管理部门负责资产核实和登记入账。资产交付时，基建（工程）管理、资产使用部门和资产管理部门三方须同时到场。

资产交付时尚未办理竣工财务决算手续的，形成的资产按照估计价值登记入账，待项目竣工财务决算批复后依据批复数据进行相关账务调整。估计价值应当根据“在建工程”科目相关明细科目的账面余额确定，以项目工程结算书、各项费用归集表或交付使用资产明细表等作为原始凭证。项目竣工财务决算批复后涉及固定资产或无形资产账面价值账务调整的，只调整资产账面原值，已计提的累计折旧或累计摊销不进行调整。

第三十八条 项目建设单位经批准使用项目建设资金购买的办公设备等自用固定资产，项目完工时按以下情况进行账务处理：

资产直接交付使用单位的，按设备投资转入交付使用。其中计提累计折旧的固定资产，按照购置成本扣除已计提累计折旧后的金额转入交付使用，项目建设期间已计提的累计折旧作为待摊投资分摊到相关资产价值；不计提累计折旧的固定资产，按固定资产购置成本转入交付使用。

资产在交付使用前公开变价处置的，项目建设期间已计提的累计折旧和固定资产清理净损益（即公开变价金额与扣除所提折旧后设备净值之间的差额）计入待摊投资；不计提累计折旧的，按公开变价金额与购置成本之间的差额作为待摊投资支出分摊到相关资产价值。

第三十九条 项目发生的不能形成资产的支出，作为待核销基建支出处理；形成资产产权不归属项目建设单位的，作为转出投资处理。

第四十条 资产交付后，资产管理部门应会同相关部门及时办理不动产权证书，证书复印件交资产管理部门，原件交归口部门妥善保管。

第七章　基建收入与结余资金管理

第四十一条 项目建设过程中形成的各项工程建设副产品变价收入和试运行收入等基建收入，扣除相关费用并依法纳税后的净收入；以及项目发生的各项索赔、违约金等收入，弥补工程损失后的结余部分，按照国家财务、会计制度的有关规定处理。

第四十二条 项目竣工结余的建设资金（不包括工程抵扣的增值税进项税额），按资金来源属于财政资金的部分，应当在项目竣工验收合格后 3 个月内，按照预算管理制度有关规定交回财政。

第四十三条 项目终止、报废或者未按照批准的建设内容建设形成的剩余建设资金，按照项目实际资金来源确认的财政资金应当交回财政。

第八章　绩效管理

第四十四条 项目建设单位应强化绩效意识，根据项目建设目标合理设定绩效目标，重点从成本、产出、效益和满意度等方面对项目资金预算实施绩效管理。

第四十五条 项目建设单位应当加强项目资金预算绩效管理基础工作，在报送项目立项申报材料时明确与项目资金绩效目标相关的内容，并根据批复的绩效目标科学细化设置年度绩效目标。在预算执行中按照年度绩效目标和建设进度合理使用资金，并加强资金运行绩效动态监管和年度绩效自评。

第四十六条 项目执行过程中，如发生停建、缓建、迁移、合并、分立、重大设计变更等变动事项和其他特殊情况，需调整项目建设目标和投资概算的，应相应调整项目绩效目标。

第九章　监督管理

第四十七条　项目建设单位应当建立、健全内部控制和项目财务信息报告制度，明确项目建设财务管理各项工作程序和要求，运用信息化手段加强项目支出动态监管和实时预警，并依法接受上级财务和项目管理部门的财务监督管理。

第四十八条　院财务局和基本建设局应通过日常监督或开展专项检查审核等，加强对基本建设财务行为、项目支出绩效及项目形成资产的监督管理。

第四十九条　对基本建设财务管理过程中，发现的违反财经纪律的行为，视具体情况给予通报批评，责令限期整改，对情节严重的单位和人员，按国家有关规定依法追究行政或法律责任。

第十章　附　则

第五十条　对具备条件的项目，在开展院级竣工验收时，院财务局可根据竣工验收组织部门要求，委托评审机构参加现场审核，就财务相关内容确认提出专业建议。

第五十一条　本办法由财务局负责解释，未尽事宜按国家现行有关规定执行。

第五十二条　本办法自印发之日起实施，原《中国农业科学院基本建设财务管理办法》（农科办计财〔2006〕78 号）和《中国农业科学院基本建设项目审计监督管理办法》（农科办财〔2010〕104 号）同时废止。

附表：1. 项目建设管理费总额控制数费率表

2. 基本建设项目竣工财务决算报表（略）

3. 基本建设项目竣工财务决算审核表（略）

附表 1

项目建设管理费总额控制数费率表 （单位：万元）

工程总概算	费率（%）	算例	
		工程总概算	项目建设管理费
≤1 000	2.0	1 000	1 000×2%＝20
1 000～5 000（含）	1.5	5 000	20+（5 000−1 000）×1.5%＝80
5 000～10 000（含）	1.2	10 000	80+（10 000−5 000）×1.2%＝140
10 000～50 000（含）	1.0	50 000	140+（50 000−10 000）×1%＝540
50 000～100 000（含）	0.8	100 000	540+（100 000−50 000）×0.8%＝940
＞100 000	0.4	200 000	940+（200 000−100 000）×0.4%＝1 340

中国农业科学院关于印发《中国农业科学院项目支出绩效管理实施办法（试行）》的通知

农科院财〔2022〕66 号

院机关各部门、院属各单位：

为贯彻落实《中共中央　国务院关于全面实施预算绩效管理的意见》等文件精神，进一步规范和加强我院项目支出绩效管理，推动项目预算资金聚力增效，我院研究制定了《中国农业科学院项目支出绩效管理实施办法（试行）》，已经 2022 年第 7 次院常务会议审议通过，现印发给你们，请遵照执行。在实施过程中，各部门、各单位要加强与科技“放管服”改革衔接，及时制定本单位的实施细则，明确内部职能部门的职责分工，要充分发挥职能部门和科研财务助理的作用，加强数据信息共享，减少科研人员负担。

中国农业科学院

2022 年 5 月 9 日

中国农业科学院项目支出绩效管理实施办法（试行）

第一章　总　则

第一条　为进一步规范和加强我院项目支出绩效管理，推动项目预算资金聚力增效，根据财政部和农业农村部有关规定，结合我院实际，制定本办法。

第二条　院本级及院属各单位（简称各单位）根据上级部门的部署和我院工作需要组织开展的项目支出绩效管理工作，适用本办法。

第三条　本办法所称项目支出绩效管理，是指对纳入部门预算的所有项目，在预算编制、执行、监督过程中实施的事前绩效评估、绩效目标设置、绩效监控、绩效评价及结果应用等预算绩效管理。

第四条　项目支出绩效管理遵循以下原则：全面覆盖、权责对等；统筹推进、突出重点；科学规范、公开透明；结果导向、激励约束。

第二章　职责分工

第五条　在院党组领导下，建立健全分级管理、部门联动、上下协调、层层抓落实的工作责任制。

财务局负责牵头组织协调。院机关部门按“谁管理、谁负责”实行归口管理。各单位是项目支出绩效管理的责任主体，单位主要负责人对本单位项目支出绩效负责。项目负责人对具体项目支出绩效直接负责。

第六条　财务局的主要职责：

（一）组织开展全院项目支出绩效管理相关制度建设，组织构建全院项目支出核心绩效指标和标准体系。

（二）组织和指导开展项目支出绩效管理工作。

（三）组织完成上级部门要求的部门评价、绩效自评抽查验证、预算绩效监督检查等项目支出绩效管理工作。

（四）组织落实全院项目支出绩效评价结果及整改要求。

第七条　院机关部门主要管理职责：

（一）构建归口管理项目支出的核心绩效指标和标准体系。

（二）组织开展归口管理项目支出绩效管理工作，包括事前绩效评估，对绩效目标设置、绩效监控、绩效自评等材料进行审核汇总。

（三）会同财务局做好上级部门要求的部门评价、绩效自评抽查验证、预算绩效监督检查等归口管理项目支出绩效管理工作。

（四）组织落实归口管理项目支出绩效评价结果及整改要求。

（五）开展本部门承担项目支出的绩效管理具体工作。

第八条　院机关部门归口管理项目范围：

（一）院办公室负责各单位的重大信息平台运行维护专项经费等信息化建设项目。

（二）科技管理局负责各单位的科技创新工程、基本科研业务费、国家重点实验室专项的基本科研和开放运行经费、科研设施专项运行维护费、共享服务平台等科研类和运转类项目。

（三）财务局负责各单位的社会公益类科研机构改革专项、研究生教育经费等保障类项目。

（四）基本建设局负责各单位的基本建设投资、改善科研条件专项、国家重点实验室专项的科研仪器设备经费等科研条件建设类项目。

（五）国际合作局负责各单位的国际合作类项目。

（六）项目涉及多个部门参与管理的，由归口管理部门协调相关部门开展项目支出绩效管理。

第九条　各单位的主要职责：

（一）开展本单位项目预算绩效管理制度建设，健全内部管理流程，明确内部具体职责分工，加强计划财务与业务工作的紧密衔接。

（二）构建本单位及相关业务领域项目支出的核心绩效指标和标准体系。

（三）开展本单位项目支出绩效管理工作，有效管理相关数据材料，确保真实、完整、合规。

（四）完成上级部门要求的部门评价、绩效自评抽查验证、预算绩效监督检查等项目支出绩效管理工作。

（五）组织和指导项目负责人开展具体项目支出绩效管理工作。

第十条　项目负责人按要求实施具体项目支出绩效管理，对提供数据材料的真实性、准确性负责，对绩效结果负责。

第三章　事前评估和绩效目标管理

第十一条　各单位应建立健全事前绩效评估机制。对新增重大项目，应结合可行性研究、预算评审、项目审批等，开展事前绩效评估，重点论证立项必要性、绩效目标合理性等，评估结果作为申请预算的重要依据。

第十二条　项目支出绩效目标，是指各单位项目支出在一定期限内的成本控制要求以及预期达到产出和效果，以绩效指标及其指标值和分值权重细化、量化描述。

第十三条　各单位应按照“谁申请资金，谁设置目标”的原则设置项目支出绩效目标，在项目纳入农业农村部部门预算项目库之前编制，与部门预算同步申报、同步审核和同步批复。

未按要求设定绩效目标的项目，不纳入部门预算项目库管理。

第十四条 各单位设置项目支出绩效目标，应确定项目支出总体绩效目标后，逐步分解设置绩效指标及其指标值和分值权重。

总体绩效目标包括总体政策目标、重点工作任务、需要解决的主要问题、要实现的政策意图。

第十五条 各单位确定总体绩效目标后，应进行分解细化，选择设置一级、二级、三级（末级）绩效指标，填报《绩效目标申报表》，确保绩效指标高度关联、重点突出、量化易评、合理可行，不同层级的绩效指标相互衔接、协调配套。

（一）一级绩效指标包括成本指标、产出指标、效益指标和满意度指标4类，每一类细分为若干二级指标、三级指标。工程基建类项目和大型修缮及购置项目等应设置成本指标，其他项目可以根据实际情况决定是否设置。原则上所有项目均应设置产出指标和效益指标。满意度指标根据实际需要选用，开展满意度调查等工作。

（二）二级指标细分为10类。成本指标细分为经济成本指标、社会成本指标和生态环境成本指标等三类二级指标，单位成本无法拆分核算的，可设定分项成本控制数。产出指标细分为数量指标、质量指标和时效指标等三类二级指标，数量指标和质量指标原则上均需设置，时效指标根据项目实际设置、不作强制要求。效益指标细分为经济效益指标、社会效益指标、生态效益指标等三类二级指标，具备条件的社会效益指标和生态效益指标，应尽可能货币化转列为经济效益指标。满意度指标不细分二级指标。

（三）三级指标（末级指标）据实设置若干，体现项目主要产出和核心效果。指标名称应简洁明确，通俗易懂，如“发表论文数”“验收合格率”等。量化指标数量占比原则上不少于50%。

第十六条 各单位根据管理需要和项目实际，在一级指标、二级指标框架要求下，科学提炼和设置三级绩效指标。

（一）归口管理部门根据院党组决策、项目实际和管理需要，研究提出相关项目支出预期的代表性成果等核心绩效指标，下达并指导各单位设定三级绩效指标。

（二）通过政策文件，日常工作的统计指标、管理（考核）指标、工作计划和实施方案，社会机构评比、新闻媒体报道等，提炼和设置三级指标。

（三）根据年度项目支出的政策目标、主体内容等，从已构建好的绩效指标体系中选取三级指标设置。

第十七条 各单位设置绩效指标后，应参考相关历史数据、行业标准、计划标准等，科学设定指标值，通常用绝对值和相对值表示。

（一）指标值要在考虑可实现性的基础上，尽量从严、从高设定，以充分发挥绩效目标对预算编制执行的引导约束和控制作用，避免选用难以确定具体指标值、标准不明确或缺乏约束力的指标。

（二）农业农村部对项目支出绩效指标及指标值或指标值范围作出限定的，财务局会同归口管理部门研究作出限定。

第十八条　各单位设置绩效指标后，应根据项目实际情况和指标的重要程度，合理设置各绩效指标的分值权重，在预算批复中予以明确，在设立后原则上不得调整。

（一）原则上一级指标分值权重统一按以下方式设置，合计 90%。

设置成本指标的项目，成本指标 20%、产出指标 40%、效益指标 20%、满意度指标 10%。其中不需要设置满意度指标的，成本指标 20%、产出指标 40%、效益指标 30%。

未设置成本指标的项目，产出指标 50%、效益指标 30%、满意度指标 10%。其中不需要设置满意度指标的，产出指标 50%、效益指标 40%。

（二）其余 10%的分值权重为预算执行率指标，在编制预算时暂不设置，单位开展自评时使用。

（三）二级指标、三级指标（末级指标）的分值权重，要对应一级指标合理设置。

第十九条　项目支出绩效目标报送和审核汇总，按照以下程序开展。

（一）各单位编制的《绩效目标申报表》，经本单位项目管理部门和财务部门审核后，随同本单位部门预算材料一并报院财务局。

（二）属于归口管理范围的项目支出，各单位将绩效目标材料单独报送归口管理部门。归口管理部门对绩效目标的完整性、相关性、适当性和可行性审核汇总后，报院财务局。

属于农业农村部司局细化任务的项目，各单位将绩效目标报送相应主管司局审核合格后，报送财务局。

（三）院机关部门将本部门承担项目支出绩效目标，按本条第（二）款规定报送审核汇总。

（四）由多个单位联合承担的项目，由牵头单位组织各参与单位共同编制绩效目标，按本条第（二）款规定报送审核汇总。

（五）审核过程中发现不符合要求的，各单位应及时调整、修改。审核符合要求后，方可进入部门预算项目库和下一步预算编审流程。

（六）财务局将审定的项目支出绩效目标，随同部门预算一并报送农业农村部计划财务司。

第二十条　财务局收到农业农村部随预算一并批复的项目支出绩效目标后，在规定时间内随预算批复分解下达各单位。

（一）属于归口管理范围的项目支出绩效目标，归口管理部门分解，财务局下达各单位。

其他项目支出绩效目标，由财务局分解下达各单位。

院本级的项目支出绩效目标，由财务局分解下达院机关部门。

（二）各单位按照批复将项目支出绩效目标分解下达给项目负责人。

（三）经批复确认的项目支出绩效目标，一般不予调整。各单位应严格组织实施，加强监控管理；实际执行中因特殊原因确需调整绩效目标的，应按绩效目标管理要求和部门预算调整程序报批。

第四章 绩效运行监控

第二十一条 项目预算绩效监控，是指在预算执行过程中，对批复确定的项目支出绩效目标实现程度和预算执行进度开展监督、控制和管理，发现问题及时纠正，确保绩效目标如期保质保量完成。

第二十二条 各单位按照“谁支出、谁负责”的原则，对本单位项目支出开展日常监控，定期分析、填报绩效监控信息。

对科技创新工程、基本科研业务费、基本建设项目等重大项目，以及巡视巡察、审计、监督检查和日常管理中发现问题较多、绩效水平不高、管理薄弱的项目应实行重点监控。

绩效监控内容包括绩效目标完成情况、预算资金执行情况。必要时，可对重大项目的具体任务开展、发展趋势、实施计划调整等情况延伸监控，包括政府采购、工程招标、监理和验收、信息公示、资产管理以及会计核算等。

绩效监控包括及时性、合规性和有效性监控。及时性监控重点关注上年结转资金较大、当年新增预算且前期准备不充分，以及预算执行环境发生重大变化等情况。合规性监控重点关注相关预算管理制度落实情况、无预算开支、超预算开支、挤占挪用预算资金、超标准配置资产等情况。有效性监控重点关注项目执行是否与绩效目标一致、执行效果能否达到预期等。

第二十三条 每年 8 月，各单位要集中对 1—7 月预算执行情况和绩效目标实现程度开展一次绩效监控汇总分析，填报《项目支出绩效目标执行监控表》和绩效监控报告。

绩效监控材料报送和审核汇总，按照本办法第十九条规定执行。

第二十四条 各单位通过绩效监控信息深入分析预算执行进度慢、绩效水平不高的具体原因，对发现的绩效目标执行偏差和管理漏洞，应及时采取措施予以纠正。

对好的做法和经验及时总结交流，发挥示范带动作用。重要情况及时报告。

第五章 绩效评价

第二十五条 项目支出绩效评价，是指根据批复确定的项目支出绩效目标，对项目支出进行分析和评判，分为单位自评、部门评价和财政评价 3 种方式。

（一）单位自评是各单位对本单位项目支出进行自我评价，即“谁支出、谁自评”。

（二）部门评价和财政评价，是在单位自评的基础上，农业农村部、财政部分别选取重点项目开展的评价。其中部门评价原则上以 5 年为周期实现重点项目全覆盖。

（三）我院根据管理需要，可参照部门评价规定要求，对各单位项目支出开展相关评价。

第二十六条　预算年度终了，财务局根据农业农村部计划财务司统一部署，组织开展项目支出绩效自评工作。

第二十七条　各单位按照要求对项目支出全面开展绩效自评，主要通过《项目支出绩效自评表》和自评报告反映自评结果，并对自评结果的真实性和准确性负责。自评结果应做到内容完整、权重合理、数据真实、结果客观。自评报告还应依据充分、分析透彻、逻辑清晰、客观公正。

第二十八条　各单位填报绩效自评表应按照绩效指标不同类型进行打分，满分 100 分。各项指标得分汇总形成总分。

（一）直接打分。进行“是”或“否”判断的单一评判指标。符合要求得满分，不符合要求不得分或扣减相应分数。

（二）定量指标设置及格门槛，按照完成比例打分。

预算执行率按区间打分。其他定量指标按比例打分，指标完成值高于设定值较多的，各单位应分析原因，若是设定值明显偏低的，应按偏离度调减打分。

（三）按评判等级打分。适用于情况说明类的定性指标，分为基本达成目标、部分实现目标、实现目标程度较低 3 个档次，分别对应分值区间 80%～100%（含）、60%～80%（含）、0%～60%合理打分。

（四）满意度打分，适用于服务对象、受益群体的满意程度询问调查，一般按照区间进行打分。

第二十九条　单位绩效自评结果材料报送审核汇总，参照本办法第十九条规定执行。

第三十条　在完成自评的基础上，财务局根据农业农村部计划财务司统一部署，组织和指导各单位完成绩效自评结果抽查验证。

抽查验证材料报送和审核汇总，按照本办法第十九条规定执行。

第三十一条　根据农业农村部有关重点项目部门评价年度工作安排，财务局组织协调归口管理部门、各单位配合开展部门评价。

（一）归口部门对接和协调相应第三方机构，组织和指导各单位配合完成部门评价。

（二）各单位按要求提供部门评价所需材料，配合第三方机构开展非现场评价和现场评价等。

（三）部门评价所需材料的报送和审核汇总，按照本办法第十九条规定执行。

第三十二条　各单位要将绩效评价结果作为完善制度和改进管理的重要依据，采取措施及时整改单位自评发现的问题，执行评价结果与政策调整、改进管理、资金安排等挂钩的要求，按时整改落实并反馈整改情况。

第六章 委托第三方评价要求

第三十三条 各单位可以委托第三方机构参与项目预算绩效管理。

（一）委托开展工作范围包括：事前绩效评估和绩效目标审核，绩效评价或评价结果复核，绩效指标和标准体系制定，预算绩效管理相关课题研究。

（二）不得委托承担事项包括：对本部门自身绩效管理工作开展评价；开展绩效目标设定、绩效监控、绩效自评等属于单位内部管理的事项，确需第三方机构协助的，仅限于协助完成部分事务性工作，还要严格限定各方责任，不得以第三方机构名义代替对外出具相关报告和结论；开展涉密项目的预算绩效评价。

第三十四条 各单位应选取专业能力突出、机构管理规范、执业信誉较好的第三方机构。

第三十五条 各单位委托第三方机构参与项目支出绩效管理，必须明确相关方的权责，严格执行利益冲突回避制度，支持配合第三方机构且不得干预其独立、公正开展工作。

第三十六条 各单位应遵循“谁委托、谁付费”的原则，合理确定委托费用。所需经费原则上通过项目支出或公用经费解决。经费支付应符合政府采购等有关规定，按协议支付。

第七章 监督检查

第三十七条 根据农业农村部规定要求，各单位做好部门预决算中有关绩效信息的公开工作。

第三十八条 各部门、各单位应将项目预算绩效管理情况作为项目监管、工作考核等内部监督，以及开展财务检查、内部审计的重要内容，积极支持配合上级部门开展的绩效管理情况监督检查、审计监督等，认真做好监督检查发现问题的整改落实工作。

第三十九条 使用财政资金严重低效无效并造成重大损失的责任人，对预算绩效管理过程中发现的单位和个人的财政违法行为，应按照相关规定追责问责；发现违纪违法问题线索的，应当及时移送纪检监察部门。

对重大项目的责任人实行绩效终身责任追究制。

第八章 附 则

第四十条 本办法由财务局负责解释。各单位应根据本办法，结合实际制定本单位预算绩效管理实施细则。

第四十一条 本办法自印发之日起施行。

未尽事宜，按照财政部和农业农村部相关规定和要求执行。

有关项目管理办法对事前绩效评估、事中绩效管理、事后绩效评价等有规定要求的，按相关规定执行。

中国农业科学院2022年基本建设概况

2022年，基本建设局始终以习近平新时代中国特色社会主义思想为指导，深入学习贯彻党的二十大精神，紧紧围绕“四中心一智库”发展目标，认真落实“优布局、强统筹、重保障”工作要求，充分发挥党建引领作用，主动应对中央财政大幅压缩部门基建投资的不利局面，积极克服修购专项职能增加而人员不变的现实困难，努力降低新冠疫情对项目建设的重大影响，勠力同心，狠抓落实，推动全院条件建设取得明显成效，为“两个一流”建设提供了有力保障。

一、党建工作情况

坚持以党的政治建设为统领，以学习贯彻党的二十大精神为重点，积极发挥党支部战斗堡垒作用，推进党建与业务深度融合，为各项工作开展提供了坚强保证。

（一）坚持不懈抓好理论武装，强化支部政治功能

一是认真抓好党的二十大精神学习贯彻。原原本本学，局领导领学，全体党员原汁原味、逐字逐句学习党的二十大报告、新党章。深入思考学，重点学习党的二十大对“三农”工作和农业科技创新的部署要求。联系实际学，结合条件建设实际，围绕“举院抓大事”机制，研讨发展思路和举措。二是坚持理论学习与业务开展互促互融。精心组织“三会一课”、理论学习中心组学习、读书班及主题党日活动，深入学习《论“三农”工作》《总体国家安全观》等指定书目；组织“践行总体国家安全观 扛稳粮食安全重任”“走好第一方阵　我为二十大做贡献”等专题党课，激励党员走好“第一方阵”排头兵；坚持“三个摆进去”，召开“学查改”专题组织生活会，引导党员肩负起建设农业强国的使命担当。三是积极开展联学共建。赴南口基地、顺义基地现场调研，与环发所、饲料所条件建设管理人员座谈交流，分享学习体会、工作经验，指导解决研究所在科研用房、仪器设备购置、项目验收等方面存在的问题。

（二）持续用力建强党员队伍，提高支部履职能力

一是提高队伍专业能力。开展需求摸底，有针对性地开展年度业务培训；举办“基建大讲堂”，开展“十四五”规划解读、重大项目谋划申报、条件专项项目评审等

5 次全系统业务培训；组织开展科研条件统筹等多个课题研究，围绕实际问题深钻细研，全方位提高业务能力。二是搭建党员健康成长平台。认真开展谈心谈话和思想状况调查，及时了解党员思想动态，引导树立正确价值观，建立“敬业、专业、致远、包容”团队精神；尽力解决职工在工作、生活、个人发展等方面的困难和诉求，减轻疫情带来的负面压力；组织开展“喜迎二十大”健步走、“好书推荐”等活动，举办“条件建设发展与成就”座谈会等，提高党员使命感荣誉感。三是强化廉洁自律防线。面向全局党员，落实全面从严治党要求，组织签订廉政公开承诺、赴廉政教育基地参观、观看警示教育纪录片、编印《纪检文件选编》等，做实做细廉政教育和日常监督。面向全院条件建设管理队伍，结合项目监管，加强廉政警示教育，严把合同签订、招投标领域等廉政风险防控，筑牢廉政“防火墙”，营造风清气正良好氛围。四是推进党建与业务共融互促。抓牢党建业务“一盘棋”，统筹推动党建业务同谋划同部署同落实，班子成员和支委形成合力，制定党建业务工作目标任务清单，积极谋划条件建设发展思路；研究部署条件建设三年攻坚行动，支部号召，党员行动，同向发力，重点解决院所发展和职工群众“急难愁盼”等问题。

在全体党员共同努力下，2022 年，基建局党支部荣获农业农村部直属机关和中国农业科学院直属机关“四强”党支部，按程序完成党支部换届选举工作，1 名预备党员按期转正，2 名党员被评为中国农业科学院新冠疫情防控优秀志愿者，1 名青年荣获院“奋进新征程　建功新时代”青年学习交流活动征文二等奖。

二、部门职责和主要业务情况

在院党组的坚强领导下，全局同志团结奋进、攻坚克难、务实担当，条件建设取得新成就。全年多渠道争取到条件建设资金 12.9 亿元；3 个重大项目获得地方政府立项支持，总投资 8.6 亿元；2 个重大项目已报部审批，2 个重大项目已完成谋划；全年获批 23 个基建项目，储备项目 56 个，“十四五”规划任务全面启动。积极克服新冠疫情以及年度预算下达较晚等不利影响，全力推动全院 32 个项目开工建设，38 个项目投入使用，形成了“十四五”开局好、起步稳、建设快的良好态势。

（一）坚持“举院抓大事”，加强条件资源统筹

一是强化战略研究。紧抓土地、科研用房、大型仪器设备等主要条件资源配置不均衡、发展不充分矛盾，逐项开展研究，形成《全院土地情况的报告》《院种业创新条件平台建设情况报告》《京区土地权属“共有共用”路径分析报告》等一批针对性、指导性、实操性强的研究成果，为优化全院土地资源配置、梯次谋划种业平台建设、破解建设主体与土地权属不一致问题等提供了思路和依据。二是强化资金统筹。整体谋划和利用中央预算内基本建设资金、改善科研条件专项资金、京区老旧小区综合整治专项资

金，支持和鼓励项目单位争取地方政府投资、筹措自有资金加强条件建设，按照建设内容及轻重缓急统筹构建多元化资金保障新格局。三是强化规划牵引。高质量完成《国家未来农业中心暨昌平院区总体规划》编制及协调工作，为系统破解京区建设用地紧张、重大科研设施难以落地、人才住房保障不足等瓶颈夯实了基础；着眼全局编制了《中国农业科学院安阳试验基地建设规划》《北方农牧技术创新中心发展规划》，推进中国农业科学院区域资源整体统筹和高效利用。

（二）聚焦“国之大者”，加速重大科研设施谋划建设

围绕种子、耕地和生物安全等关键核心领域，有重点、分梯次推进一批“国之重器”立项建设。国家作物种质库投入使用；北方水稻中心、海外农业中心、国家南繁表型研究设施基本建成，种业创新中心和农业基因组学中心加快建设；国家畜禽种质库初步设计方案即将获国家发改委①批复，深圳国际农业食品创新中心、作物基因编辑与表型鉴定创新中心、茶产业技术创新中心等项目成功立项；国家农业微生物库、国家农产品产地环境样品库项目报农业农村部审批；植物生物安全资源保藏利用国家重大科学研究设施可研报告通过院常务会审议；完成农业农村科研协同创新平台可行性研究和全球动植物种质资源引进中转与生物安全重大科技基础设施可行性预研究。

（三）突出院所区建设，整体提升公共保障能力

一是拓展院部发展空间。着眼“第二个百年”院区定位，实施条件建设三年攻坚行动，全力推动昌平院区重大科研设施项目落地，办理“多规合一”手续，完成自建人才住房可行性研究；大力落实与昌平区战略合作协议，强化院地合作，为昌平院区建设创造良好条件。二是提升院部及所部基础设施条件。坚持系统治理、精准施策，编制《院区综合整治工作方案》，整体谋划院区规划建设；率先实施《中关村院区综合改造提升方案》，东区改造已基本完成，西区改造项目获得批复并完成了开工准备；办好民生工程，整体部署京区 24.3 万平方米老旧小区综合整治工作，先期启动 2023 年 13.1 万平方米改造任务，争取到 6 480万元专项资金支持；推进果树所、郑果所、哈兽研、兰兽研、上兽研、环保所等所区基础设施改造；想尽办法，强力协调，积极争取海淀、昌平、门头沟等地方人才房资源，部分房源已基本落实，逐步改善京区人才住房保障条件。

（四）紧跟科研布局，加快区域中心规划建设

一是针对南繁研究院，会同专班协调三亚市政府启动划拨中国农业科学院 30 亩建

① 中华人民共和国国家发展和改革委员会，全书简称国家发改委。

设用地工作，协调哈兽研出资支持建设南繁国际合作交流中心，组织完成高等级生物安全实验室等 3 个项目可行性研究，同步推动其中 2 个项目列入国家有关规划。二是针对成都中心，核心区一期土建工程全面建成，使用权顺利移交我院，改善科研条件专项支持的 1.73 亿元设备资金全部落实，“3+2+N”学科布局、“1+8”平台体系初步搭建，都市所全面入驻、高能级科创企业、创新团队等陆续进驻，核心区二期空间规划和“十四五”重点建设项目扎实推进。三是针对西部中心，督导棉花所完成昌吉试验基地可研申报、西部中心加快综合实验楼可研报告修订，指导棉花所提升改善科研条件专项加强科研仪器设备和农机具配置，督促都市所和植保所启动喀什基地和巴州①试验基地前期工作，推进国家农业生物安全科学中心西北中心共建项目落地。

（五）统筹资金争取，确保基建投资持续高位

积极克服财政严峻形势，采取加强谋划储备、抓实重大项目、利用多元资金、密切沟通衔接等有效举措，确保全院基建投资持续保持高位水平。2022 年新争取中央预算内基建投资 4.2 亿元，占部直属单位投资总额的 49.2%，其中部门自身能力建设资金占农业农村部相应投资比重近七成，2021 年提高了 26%。积极推动条件建设多元化投资，探索、总结并推广运用不同类型投资范式。2022 年地方政府、社会资本、自有资金、科研经费等渠道累计用于条件建设投入达 6.9 亿元，其中地方政府投资近 5 亿元，其中种业创新中心资金 1.9 亿元、作物基因编辑与表型鉴定创新中心资金 1.1 亿元，为打赢种业翻身仗提供有力支持。

（六）统筹疫情防控和项目建设，执行进度创历史新高

一是抓稳新冠疫情防控。严格执行疫情防控要求，从严督导全院 60 个在建项目落实落细疫情防控措施，启动京外项目月调度、京区项目日调度机制，开展重大活动、重要会议期间京区在建项目疫情防控大检查，协调解决中关村院区在建项目封闭管理车辆、材料进场难等问题，保障全院在建项目施工现场零疫情。二是抓实执行进度。积极应对疫情对建筑行业的严重影响，提前部署超前储备，努力克服缺材料、缺人手等困难，缓解疫情反复对项目执行的不利影响；利用院条件建设信息化系统，加强对项目申报、实施、验收等全过程动态监测，跟踪年度预算超 500 万项目，分析预判，预警约谈，指导优化执行方案。实现了 2020—2022 年度全院在建项目数量“三连降”，年度预算执行“三连升”，基建项目年度预算执行率首次突破 70%，条件专项年度预算执行率连续保持 90%以上。

---

① 新疆巴音郭楞蒙古自治州，全书简称巴州。

（七）筑牢生产安全与廉政安全基石，规范管理能力大幅提升

一是夯实制度基础。编制印发《进一步贯彻农业农村部有关基本建设项目管理制度的指导意见》《农业建设项目管理问答》《农业建设项目视频验收指南》等7项规章制度，推广标准化样本，促进规范管理。二是抓牢安全生产。强化院级监管职责，加强案例警示教育，开展安全管理培训和安全生产督导，指导编制在建项目安全生产管理方案，坚持在建项目安全生产月调度，做好施工风险点以及防火、防汛隐患大检查，确保在建项目年度安全稳定。三是严格风险管控。加强全院重大项目、重点项目招标文件和施工合同审核，组织工程结算经验交流，扎实做好招投标、合同签订、工程结算阶段的风险防控。四是强化能力建设。打造“基建大讲堂”品牌，采取基础理论课、专题讲座、案例剖析、经验分享等方式，提高条件建设管理队伍的业务能力。

2022年，全院条件建设取得的成绩，得益于部院党组的坚强领导，院机关、院属各单位的大力支持和配合；得益于不断强化党建引领，始终坚持“四个面向”，推动党建与业务同部署同落实；得益于坚决落实“举院办大事”机制，聚焦重点任务，强化统筹协调；得益于不断加强自身能力建设，努力打造政治强、作风硬、业务精的条件建设管理队伍。与此同时，在研究能力提升、加快京区建设、拓展队伍规模等方面还存在一定差距，需要在今后工作中加以解决。

三、2023年工作思路与重点任务

2023年是贯彻落实党的二十大精神的开局之年，是落实“十四五”规划的关键之年。基本建设局将深入学习贯彻党的二十大精神，坚持以党建为引领，以自身能力建设为基础，统筹发展与安全，统筹各渠道资金，统筹资源配置，坚决打好条件建设三年攻坚战，切实规范项目执行，守牢安全底线，全力推进中国农业科学院条件建设高质量发展，为强化国家农业科技战略力量和现代化科研院所建设提供有力支撑。

（一）贯彻“举院抓大事”要求，不断统筹优化资源配置

坚持“全院一盘棋”，编制《院土地统筹利用发展规划》和土地资源平台构建，系统强化全院土地资源科学配置和高效利用；深化基地台站、数字设施等8个条件专项研究，编制《院条件能力发展报告》，系统评估我院事业发展条件建设和运行状况，谋划建设发展方向和统筹优化重点。

（二）聚焦重大科研设施建设，全面推进“十四五”规划落地

围绕耕地、种子和生物安全等重大需求，有重点分阶段推进重大项目立项和投资争

取，主动谋划跨所重大科研设施项目。加快农业基因组学中心、种业创新中心和国家畜禽种质库建设；推进产地环境样品库、农业微生物库、植物生物安全资源保存设施、农业农村科研协同创新平台等立项审批；加快推进科技创新条件能力、现代种业提升工程、数字农业农村等专项规划项目落地。

（三）着力推动昌平院区建设，推进院所区高质量发展

加快推进昌平院区科研基础设施项目立项，完成市政基础设施可行性研究，推进自建人才房前期工作；继续协调深化院地合作，推动共建协议落地见效，为昌平院区建设创造条件。加强院所区综合整治和条件能力提升，加快实施中关村院区东区、西区改造，老旧小区综合整治，以及蔬菜所南区、哈兽研所区等院所区基础设施改造等项目，启动编制《马连洼院区综合改造提升方案》，打造和美院区。

（四）大力推进区域中心及沿边基地建设，服务国家战略

加强南繁研究院重大科研设施及实体化建设，加快 30 亩建设用地划拨和先导项目启动；加快西部中心重大科研设施谋划及昌吉基地立项；推进成都中心二期土地征用和总体规划申报审批；进一步完善北方农牧技术创新中心发展规划，系统谋划共性平台及试验示范基地建设；加快推进黑龙江黑河、云南江城及新疆喀什等基地建设。

（五）进一步强化项目管理，推动科研条件能力快速形成

压实建设单位主体责任和院级监督责任，持续开展安全管理培训和安全生产督导，做好施工现场安全隐患及重大危险源大检查。不断强化廉政警示教育，有效防范廉政风险。充分利用全院条件建设信息化系统，结合农业建设项目管理平台、院所运行监测系统，进一步强化全过程动态监测和督导，加快推进年度预算执行和项目验收，加速形成科研条件能力。

（六）持续加强党建引领，凝聚事业发展动力

全面贯彻党的二十大精神，持续深化红旗党支部建设，深度推进党建业务融合发展，推动党的二十大精神落地生根。全面加强自身能力建设，通过外部引进、内部培养以及举办“基建大讲堂”、开展业务培训、组织先进单位和个人评选、组建专业咨询委员会等方式，不断提高管理队伍履职尽责能力。

中国农业科学院2022年基本建设项目立项情况

2022年批复立项的基本建设项目共12个，批复总投资2 0734万元，全部为中央预算内投资。

中国农业科学院2022年基本建设项目立项清单

序号	项目名称	建设年限	项目单位	总投资（万元）
1	中国农业科学院兰州畜牧与兽药研究所研究生宿舍建设项目	2年	中国农业科学院兰州畜牧与兽药研究所	2 696
2	中国农业科学院中关村院区西区基础设施改造建设项目	2年	中国农业科学院	2 300
3	中国水稻研究所国家数字种植业（水稻）创新分中心建设项目	2年	中国水稻研究所	1 712
4	中国农业科学院蔬菜花卉研究所国家数字种植业（蔬菜）创新分中心建设项目	2年	中国农业科学院蔬菜花卉研究所	1 834
5	中国农业科学院郑州果树研究所国家数字种植业（果园）创新分中心建设项目	2年	中国农业科学院郑州果树研究所	1 895
6	农业农村部南京农业机械化研究所国家数字农业装备（智能农机南方）创新分中心建设项目	2年	农业农村部南京农业机械化研究所	1 850
7	中国农业科学院农业信息研究所国家数字农业农村（农业监测预警）创新分中心建设项目	2年	中国农业科学院农业信息研究所	1 967
8	中国农业科学院中关村南大街12号院高1号、高2号、高3号、高4号楼综合整治项目	2年	中国农业科学院	2 914

（续表）

序号	项目名称	建设年限	项目单位	总投资（万元）
9	中国农业科学院双榆树东里北圃场小区27号、28号、30号楼综合整治项目	2年	中国农业科学院	1 378
10	中国农业科学院蜜蜂研究所香山一棵松53号院综合整治项目	2年	中国农业科学院蜜蜂研究所	186
11	中国农业科学院植物保护研究所圆明园西路2号院综合整治项目	2年	中国农业科学院植物保护研究所	1 116
12	中国农业科学院北京畜牧兽医研究所圆明园西路2号院综合整治项目	2年	中国农业科学院北京畜牧兽医研究所	886

中国农业科学院2022年基本建设投资计划概况

2022年中央预算内基本建设投资共下达3批计划，累计为41 532万元。

中国农业科学院 2022 年建成项目一览表

序号	建设单位	项目名称	实际完成总投资（万元）	完成情况	产生的效益
1	中国农业科学院本级	中国农业科学院中关村院区安全监控系统升级改造项目（条件专项）	255	购置红外筒型摄像机、红外球型摄像机、核心交换机及相关配件、LCD 拼接电视墙、操作台、30 千伏安不间断电源、配套蓄电池、网络机柜、机房专用 5P 空调、配电柜等硬件；六位一体管理平台、视频管理服务器、磁盘阵列、NTP 校时服务器等软件；装修改造监控室	建设智能化控制管理平台，提档升级，基本实现了网络化统一控制管理，大幅度提升了院区基础设施保障能力，满足了新安全保卫形势下的安全管理和维稳需要。对原有模拟安防系统升级改造为数字高清安防系统。具有良好的经济效益和良好的社会效益，为院区提升科技创新能力和现代农业科研院所建设打下了的基础
2	中国农业科学院本级	中国农业科学院新乡综合试验基地公共基础设施升级改造项目（2 年）（条件专项）	2 305	改造围栏、安防设施、消防管网及其他地下管网	有效解决了试验区和科研区安全保障问题，有效保障入住研究所的科研试验任务的顺利完成，大幅度提高了新乡基地安全管理水平，提高基地试验材料、科研人员的安全保障水平，提高了基地电力设施、灌溉设备、温网室及实验室仪器设备等科研设施的安全运行水平，提高了新乡基地科研实验信息化水平

（续表）

序号	建设单位	项目名称	实际完成总投资（万元）	完成情况	产生的效益
3	研究生院	基础生物学实验室及兽医学院分子生物学实验室教学设备购置项目（条件专项）	110	购置气相色谱仪、多参数生化分析仪、电泳系统、台式大容量低温离心机、台式高速冷冻离心机、三槽 PCR 仪等仪器设备	保障实验课程教学的顺利实施，增强教学效果，提高培养质量，有效提高了研究生的实验操作能力、创新性实践能力，为“建设世界一流农业科研院所”培养大批高素质的创新型人才，加快推进了一流学科和一流研究生院建设
4	植物保护研究所	中国农业科学院植物保护研究所库尔勒试验基地建设项目（基建）	2 875	新征土地，新建实验室、科研温室、挂藏室，建设晒场及相关配套设施；完成购置自动气象站、农药喷洒无人机、联合整地机等农机具和物联网系统，完成试验台购置安装	保障棉花、玉米、小麦等主要作物有害生物发生种类与危害情况监测并获取有害生物基础数据，有助于明确库尔勒及其周边区域农田生态系统中有害生物种类和分布，提高新疆农作物有害生物种类、种群和发生规律动态监测与预警能力，以及重大危险性有害生物评估能力
5	农业环境与可持续发展研究所	中国农业科学院成都农业科技中心环境生物学公共实验室仪器设备购置（条件专项）	3 220	购置植物生态监测系统、植物冠层图像分析系统、手持式激光叶面积仪等仪器设备	为成都农业科技中心环境生物学公共实验室在光生物学研究、植物环境互作研究、生物环境控制研究三个方向系统配置了光温水气等环境要素与植物互作机制的仪器设备和实验条件，形成可满足光温水气等环境要素对特色蔬菜和花卉、药用和观赏植物影响机制、植物光—温—气环境互作条件下的生理生化机制与相关分子机制研究以及设施环境智能化管控系统研究的基础科研平台，为都市型现代农业发展提供科技支撑

（续表）

序号	建设单位	项目名称	实际完成总投资（万元）	完成情况	产生的效益
6	北京畜牧兽医研究所	中国农业科学院北京畜牧兽医研究所国家数字农业奶牛专业创新分中心建设项目（基建）	1 061	购置奶牛生命体信息智能感知专用传感器、动物可穿戴式生理信号遥测系统、散养家畜（奶牛）数据采集终端等及数据集成	形成了奶牛养殖数字化智能感知、精准饲喂和环境控制解决方案，支撑了奶牛养殖关键技术研发、检验检测、集成推广应用，研制了具有典型物联网特征的奶牛智能精准饲喂设备
7	北京畜牧兽医研究所	中国农业科学院北京畜牧兽医研究所北京鸭种质资源保护建设项目（基建）	1 143	改造鸭舍、鸭孵化厅、综合用房、污水中转蓄水池等设施；购置生长鸭测定鸭笼、产蛋鸭测定鸭笼、饮水线、湿帘风机系统、鸭饲料转化率自动测定等设备；购置饲料箱与饲料自动输送控制系统、鸭行为学观测系统、饲料分装机、鸭排泄物收集系统等	改善了北京鸭保种场的基础条件，有效提高了保种能力，提高了北京鸭个体产蛋性能测定能力、选种效率及选种的准确性
8		牧草资源与育种提质增效仪器设备购置项目(条件专项)	235	购置微波消解仪、化学杂交泵、全自动固相萃取仪等仪器设备	为牧草优良品种的选育提供了重要的数据支撑；实现了对牧草中的粗蛋白质含量、粗脂肪、矿物质等成分的准确测定，有效提升了牧草品质性状的分析效率；为培育优质、高产、抗逆牧草品种提供了重要的研究平台和技术支撑
9		中国农业科学院优质猪创制培育基地基础设施改造（条件专项）	600	改造场区道路、人员消毒间、物资熏蒸间、猪舍、围墙；新建车辆消毒通道、铁艺门；更换路灯；购置料线系统、采食测定系统、猪消化代谢饲料配置系统	建成优质猪创制培育基地，实现生猪精准饲养、环境生理、营养模型等精密实验研究，建立先进的母仔猪一体化实验、人才培训和交流共享基地。提升我国生猪科学领域品种创制、环境生理、健康饲养、精准营养创新能力

（续表）

序号	建设单位	项目名称	实际完成总投资（万元）	完成情况	产生的效益
10	饲料研究所	中国农业科学院饲料研究所功能饲料与营养调控重点实验室建设项目（基建）	1 569	购置高速全自动氨基酸分析仪、杜马斯全自动定氮仪、味觉指纹分析仪（电子舌）、全景组织细胞解析仪等科研仪器设备	开展了饲料资源开发及高效利用、饲料与养殖动物代谢调控机制研究、新型功能饲料开发与评价、饲料加工工艺和技术研究与功能性养殖产品评价等工作，提升了饲料研究所在功能饲料和功能产品方面的科研水平和实力
11	农产品加工研究所	肉品品质形成与调控研究仪器设备购置项目（条件专项）	454	购置红外热像仪、低场核磁小动物体成分分析仪、体外模拟消化系统、空气处理设备等仪器设备	大幅提升了肉品加工过程中营养分子间扩散度的信号响应、营养大分子相互作用、微观颗粒形貌特征变化、蛋白质构想变化等方面的研究能力，实现了活体小型动物脂肪分布的智能化呈现，为动物模型试验的开展提供了坚实基础。为引进青年英才顺利开展科研工作提供了条件保障
12	生物技术研究所	公共实验室研究平台仪器设备购置项目（条件专项）	425	购置生物膜干涉仪、荧光体式显微镜、蛋白质稳定性分析仪等仪器设备	进一步改善了农业生物技术平台的科研条件，提升了农用蛋白智能设计、固氮微生物创制、农业生物多组学安全评价等学科科研条件支撑能力
13		国家成都农业科技中心作物营养强化与分子设计育种开放实验室仪器设备购置项目（条件专项）	710	购置多角度粒度高灵敏 Zeta 分析仪、谷物品质分析仪、实时定量 PCR 仪等仪器设备	支撑了西南地区特色种质资源收集、筛选和新材料创制以及符合西南地区农业生产特点的营养强化新品种培育工作，为西南地区作物营养强化与代谢调控、抗逆分子育种研究等学科发展提供了有效支撑

（续表）

序号	建设单位	项目名称	实际完成总投资（万元）	完成情况	产生的效益
14	生物技术研究所	中国农业科学院成都农业科技中心植物分子生物学公共实验室仪器设备购置项目（条件专项）	1 150	购置轻便型表型成像分析系统、全自动氨基酸分析仪、高通量冷冻研磨仪等仪器设备	加快了西南地区作物营养强化与分子设计育种中心建设，为西南地区作物分子设计育种、植物代谢调控、西南作物资源开发及综合利用等理论研究和应用研究提供了基础保障和必要条件
15	农业资源与农业区划研究所	国家数字农业创新中心建设试点项目（基建）	1 332	购置自组网式农情感知物联网系统、车载式应急系留无人机系统、便携式农业资源调查智能终端、网络安全设备等硬件设备；购置车载式应急系留无人机系统、履带机器人底盘控制、自动驾驶等软件系统，开发自组网式农情感知物联网、便携式农业资源调查智能终端、智能环境巡查与作物监测等应用软件，并进行系统集成	基于国家数字农业基础平台，开发了相关应用项目，包括农村宅基地基础信息调查管理系统、农业绿色发展数据展示与服务系统、成都天府智慧农场，取得了明显效果

（续表）

序号	建设单位	项目名称	实际完成总投资（万元）	完成情况	产生的效益
16	农业资源与农业区划研究所	国家土壤肥力与肥料效益监测站网数据库房屋修缮（条件专项）	85	拆除现有地面、踢脚、墙面、吊顶并新做；新装防盗门；新做卫生间防水地面、墙面砖、隔断板、外墙涂料、配电导线；敷设网线、室内采暖管道、钢制散热器、截止阀、卫生间设施、热镀锌金属桥架；更换灯具、照明导线	有效改善了科研办公、土壤标本室等使用功能和环境，显著改善了数据库房屋的整体环境，为科研办公、土壤标本室建设奠定坚实基础
17		资源所土肥楼电路基础设施改造（条件专项）	160	更新配电系统，更换照明系统、排风扇、吊顶；内墙粉刷	有效改善了土肥楼配电和照明条件，优化了土肥楼电路，保障实验仪器稳定供电
18		国家土壤肥力与肥料效益监测站网仪器设备购置（条件专项）	360	购置仪器信号传输设备、一体式小型气象站、智能土壤监测系统、视频设备监控系统、智慧农业云平台软件等5类设备	实现了国家土壤肥力与肥料效益监测站网关键气象数据的统一标准和连续稳定记录，提高了数据获取能力和共享率
19		农业遥感与野外监测仪器设备购置（条件专项）	550	购置微波闪烁仪、微波辐射计、超高分辨率地物光谱仪等仪器设备	有效改善了资划所农业遥感和野外监测的仪器设备条件，可获得连续完整的年份区域潜热和显热通量数据，为开展区域水循环通量监测和关键参数遥感反演研究提供了数据支持，提升了国家站观测能力

（续表）

序号	建设单位	项目名称	实际完成总投资（万元）	完成情况	产生的效益
20	农业资源与农业区划研究所	中国农业科学院成都农业科技中心智慧农业公共实验室仪器设备购置（条件专项）	225	购置高性能存储设备，高性能计算服务器设备、光纤存储交换机设备、高性能工作站计算设备以及数据库、备份和计算应用服务器等仪器设备	存储遥感影像 18.5 Tb、无人机数据、农业农村大数据等农业农村基础数据，为团队开展智慧农业技术服务，在 11 个农业绿色发展试验站点、88 个试点县土壤三普数据存储和处理方面提供了重要支撑
21		祁阳和冷水滩试验基地基础设施改造（条件专项）	150	修缮围墙，安装欧式防护栏杆，机械匀地	完善了围墙及安全防护栏建设，完成了土地平整，有效提升了祁阳和冷水滩试验基地的科研条件与保障能力
22	中国水稻研究所	中国农业科学院中国水稻研究所综合实验室（基建）	2 992	新建综合实验室，建设场区道路及停车坪（含停车棚）、绿化、室外综合管线、室外消防水池，以及变配电等其他配套工程，购置实验台	缓解了水稻所实验室面积不足的状况，改善了基因编辑与无融合生殖、水稻产业经济信息、生态环境及其他综合性应用技术等方面的实验条件，更好地发挥所公共实验平台的作用，有效提升了研究所的科研创新能力，为早日建成世界一流研究所提供条件支撑
23	中国水稻研究所	中国水稻研究所水稻全产业链大数据建设项目（基建）	1 323	改造中心机房；购置图像接入系统、存储系统和数据采集终端等硬件设备；购置和开发面积监测预测系统、产量监测预测系统、品质评价系统等软件	首次建成了面向水稻产业种植、加工、流通、消费等环节的全国水稻面积、产量、品质评价、消费、价格监测全覆盖的水稻全产业链大数据平台，形成了水稻全产业链大数据采集治理系统、大数据分析挖掘系统、大数据应用系统和决策与服务系统、水稻全产业链大数据一张图系统等，具备了数据采集、分析和发布能力，形成了水稻相关指数发布平台，有利于为全国水稻产业绿色高质量发展提供数据支撑和决策支持

（续表）

序号	建设单位	项目名称	实际完成总投资（万元）	完成情况	产生的效益
24	棉花研究所	高品质棉花全产业链大数据建设试点项目（基建）	1 200	改造中控室，购置物联网监测主杆、物联网监测辅杆、服务器等硬件设备，购置 ArcGis 软件、大屏控制软件系统；开发数据采集、大数据分析、预测预警系统等应用软件，并完成系统集成	构建了棉花生产、加工、流通、纺织、服装、销售等各业务环节的信息采集平台和分析系统，集合了棉花全产业链功能需求、实现了全过程可追溯，对全面把握棉花产业年度运行规律、产业政策制定、指导科学决策可以起到支撑作用
25	棉花研究所	中国农业科学院西部农业研究中心农产品检测设备购置项目（条件专项）	380	购置气相色谱质谱联用仪、气相色谱仪、液相色谱分析仪等仪器设备	为进一步提高新疆农产品市场竞争力和占有率，促进新疆果蔬农产品高质量发展、推进农业标准化和生产方式转变具有深远意义，有效缓解了新疆果蔬农产品质量安全检测、植物激素、小分子代谢物、农药残留检查等方面的问题；切实提高西部中心作为国家级综合性农业研究机构的服务能力和水平，更好地发挥西部中心在新疆农产品检测的引领作用
26	油料作物研究所	中国农业科学院油料作物研究所武昌试验基地建设项目（基建）	2 710	完成新建连栋玻璃温室、改造温室准备间、新建隔离网室，建设排灌沟渠、灌溉管网、田埂、挡土墙、机耕道路、基地绿化（含植草砖铺装）、广场路面、蓄水池、机械爬坡道、泵房等田间工程，平整土地，配套建设田间信息化系统及配电增容，购置农机具	重新构建了排灌系统，解决了多年来水患影响田间试验的问题；减少了水土流失，保护了生态环境；改善了田间试验条件，保障了田间重要油料作物种质资源的安全性；提升了研究所科研创新能力，打造了环境友好型的基地环境条件

（续表）

序号	建设单位	项目名称	实际完成总投资（万元）	完成情况	产生的效益
27	油料作物研究所	油料脂质营养功能发掘与提质增效技术研发平台仪器设备购置（条件专项）	830	购置中央纯水制备系统、全自动核酸提取仪、种子活力测定仪等仪器设备	为脂质合成环境调控理论和油料作物营养高效机理的研究，为油料脂质营养功能发掘与提质增效技术研发，为油料作物植株组织、细胞和土壤中微量营养元素的高通量精准测定，为氮高效转基因材料光合速率等生理指标测定提供条件支撑
28		多功能油料品种选育与复合生产技术研发平台仪器设备购置（条件专项）	710	购置超分辨共聚焦显微镜系统、多模式读板酶标仪、总有机碳/总氮分析仪等仪器设备	提高了快速获取高质量超分辨细胞图像科研能力，提升了植物功能基因组学研究水平；进一步提升了抗病、耐逆、养分高效等特性鉴定科研工作条件，为应用核心种质、创新种质和优异亲本开展油料作物产量、株型、品质等表型精准鉴定研究奠定了坚实基础
29	麻类研究所	中国农业科学院麻类研究所农业农村部麻类生物学与加工重点实验室建设项目（基建）	1 406	购置数字 PCR 仪、活细胞动态观察系统、高速动态分析仪及分析系统等仪器设备	改善了麻类分子生物学、分子育种技术、基因组学等科学研究的基本条件，提升了麻类所的科研创新能力，有利于优秀麻业科技人才凝聚培养，有利于麻类生物学与加工学科重大共性关键问题解决，有利于推动我国麻类产业发展

（续表）

序号	建设单位	项目名称	实际完成总投资（万元）	完成情况	产生的效益
30	麻类研究所	南方经济作物与微生物加工实验室仪器设备购置项目（条件专项）	120	购置仪器全自动间断化学分析仪、基因枪、百万分之一天平、二氧化碳培养箱等仪器设备	有效缓解研究所科研基础条件存量不足、科研领域的拓展与现有条件不匹配以及研究的深度与现有科研条件不匹配等问题；对果实、土壤中总氮、总磷、氨氮、硝酸盐检测，以及转基因和基因编辑、微生物培养等实验提升了科研支撑能力
31	果树研究所	苹果高质量发展实验室（烟台）仪器设备购置项目（条件专项）	640	购置高效液相色谱—串联质谱仪、电感耦合等离子体质谱仪、气相色谱—质谱联用仪等仪器设备	建立了集苹果资源与育种、栽培和植保、果品质量安全等科技创新为一体的苹果高质量发展实验室，为苹果种质资源利用与品种选育、栽培生理、病虫害防控、果品质量安全、果品营养功能评价等科技创新提供了必要的仪器设备条件；通过科研与产业的紧密结合，强力支撑苹果产业转型升级，全面助推果业高质量发展
32	郑州果树研究所	所区10千伏安供配电改造（条件专项）	652	完成供电工程、配电工程、基地原250千伏安变压器增容改造、中心配房屋修缮	解决了研究所的用电问题，保证科研的顺利进行，仪器设备的正常运转得到了保证，同时，为“建设国际一流的现代化科研院所”的总体目标提供硬件支撑
33	郑州果树研究所	所区试验地田间基础设施改造（条件专项）	725	完成田间作业道改造；田间灌溉工程、护栏及大门完善；玻璃温室、日光温室、防虫网室修缮	提升了所区试验地在水、电、路等各方面基础设施条件水平，充分发挥了温室、网室作用，促使所区试验地硬件设施条件达到国内一流水平，增强在果树新品种、新技术科研创新和试验示范的平台支撑能力，为“建设国际一流的现代化科研院所”的总体目标提供硬件支撑

（续表）

序号	建设单位	项目名称	实际完成总投资（万元）	完成情况	产生的效益
34	哈尔滨兽医研究所	动物疫病诊断与防控研究平台仪器设备购置（条件专项）	1 315	购置活细胞激光共聚焦显微镜、多参数流式细胞分析仪、动物饲养负压隔离笼等仪器设备	从源头上有针对性地控制疫病进一步扩散，对可能危害动物养殖的疫病作出迅速的预警、避免灾害发生具有重要意义；对动物疫病诊断与防控研究平台在有效减少和控制动物疫病暴发方面起到了关键的支撑作用，使之成为国家重大动物疫病防控体系中的重要力量
35		兽医基因工程疫苗研究平台仪器设备购置（条件专项）	894	购置高通量活细胞分析系统、正置荧光显微镜等仪器设备	对兽医基因工程疫苗研究平台在有效减少和控制动物疫病暴发方面起到了关键的支撑作用，使之成为国家重大动物疫病防控体系中的重要力量；该平台的进一步完善，对研发安全高效的新型疫苗具有重要意义；与国际先进的类似实验室进行技术交流开展相互合作，共同推动兽医基因工程疫苗研究作出贡献
36	兰州畜牧与兽药研究所	科苑西楼电梯更换及水暖管网改造修缮项目（条件专项）	185	更换采暖管道及散热器、污水排水管道及吊顶；修补墙面、地面，刷白处理；更换电梯及监控系统	基本工作环境和科研条件得到极大的改善，满足了科研管理人员的基本安全和工作需求

（续表）

序号	建设单位	项目名称	实际完成总投资（万元）	完成情况	产生的效益
37	农业农村部成都沼气科学研究所	中国农业科学院成都农业科技中心生物质资源挖掘科研创新平台仪器设备购置项目（条件专项）	1 160	购置MMC微生物微滴恒化器、微型生物反应器、全自动毛细管电泳仪等仪器设备	完善了成都农业科技中心生物质资源挖掘科研创新平台仪器设备系统性配置，构建了生物质资源培育、鉴定和挖掘体系，提升了生物质资源的利用水平，拓展了生物质资源挖掘相关的研究方向
38		中国农业科学院成都农业科技中心农业废弃物资源化利用公共实验室仪器设备购置项目（条件专项）	1 395	购置荧光定量PCR仪、油脂氧化分析仪、多功能微孔读板机等仪器设备	完善了农业废弃物资源化利用公共实验平台仪器设备系统性配置，满足了开展废弃物表征与分析，遗传转化以及生长发育研究需求；增强了厌氧微生物种质资源筛选分离、收集和功能挖掘能力，提升了生物质发酵产品实时监控及相关机理探索的研究能力
39	农业基因组研究所	中国农业科学院农业基因组研究所研究生宿舍建设项目（基建）	2 793	新建研究生宿舍及相关配套设施	可满足320名博士、硕士研究生的住宿及生活需求，为基因组所科技创新人才队伍的建设提供了条件保障，贯彻实施人才优先发展战略、培养农业基因组学领域高端人才

中国农业科学院 2022 年改善科研条件专项项目清单

序号	单位	项目名称	项目类型	总投资（万元）
	合计			17 620
1	作科所	中国农作物基因资源与基因改良重大科学工程楼修缮项目	房屋修缮	1 010
2	植保所	植保所廊坊基地房屋修缮项目	房屋修缮	259
3	蜜蜂所	蜜蜂研究所南口试验基地房屋修缮项目	房屋修缮	657
4	资划所	农业资源与农业区划研究所实验楼房屋修缮项目	房屋修缮	442
5	油料所	所区科研用房修缮	房屋修缮	633
6	哈兽研	所区房屋修缮项目	房屋修缮	1 128
7	特产所	生物安全实验室标准化应急改造	房屋修缮	100
8	院本级（后勤中心）	中国农业科学院南口试验基地护坡安全加固维修项目	基础设施改造	942
9	蔬菜所	蔬菜花卉研究所所区基础设施改造项目	基础设施改造	903
10	牧医所	牧医所乌拉盖试验基地基础设施改造项目	基础设施改造	750
11	生物所	河北廊坊试验基地生物育种能力提升基础设施改造项目	基础设施改造	500
12	水稻所	北方水稻研究中心田间基础设施改造项目	基础设施改造	756

（续表）

序号	单位	项目名称	项目类型	总投资（万元）
13	麻类所	中国农业科学院南方经济作物研究中心特色水果试验示范基地基础设施综合改造项目	基础设施改造	672
14	果树所	果树所所区管网升级改造项目	基础设施改造	543
15	郑果所	中国农业科学院郑州果树研究所围墙改造工程	基础设施改造	223
16	环保所	环保所庆云试验基础设施改造项目	基础设施改造	1 085
17	沼科所	科研楼消防设施及电梯改造项目	基础设施改造	497
18	烟草所	烟草所宣城试验基地基础设施改造项目	基础设施改造	208
19	饲料所	饲料蛋白资源综合开发与评价利用平台设备购置	仪器设备购置	1 388
20	资划所	成都中心西南食药同源植物资源利用平台仪器设备购置项目	仪器设备购置	884
21	信息所	农业科学文献购置项目	仪器设备购置	130
22	郑果所	瓜果品质防控与种质保存平台建设购置项目	仪器设备购置	230
23	兰兽研	成都中心西南重大动物疫病防控基础理论与技术研发科创平台建设	仪器设备购置	1 561
24	上兽研	动物疾病诊疗技术研究实验室仪器设备购置	仪器设备购置	597
25	草原所	农业农村部草产品安全风险评估实验室仪器设备购置	仪器设备购置	642
26	沼科所	成都中心农村人居环境治理关键技术创新平台仪器设备购置项目	仪器设备购置	880

七、研究生教育与管理

中国农业科学院关于印发《中国农业科学院推进研究生教育高质量发展的若干意见》的通知

农科院研生〔2022〕24 号

院机关各部门、院属各研究所：

为深入贯彻落实党的十九届六中全会、中央人才工作会议和全国研究生教育会议精神，围绕“四个面向”“两个一流”的战略目标，加快推进我院研究生教育高质量发展，经中国农业科学院 2022 年第 3 次常务会审议通过，现将《中国农业科学院推进研究生教育高质量发展的若干意见》予以印发，请遵照执行。

中国农业科学院

2022 年 3 月 2 日

中国农业科学院推进研究生教育高质量发展的若干意见

研究生教育肩负着高层次人才培养和创新创造的重要使命，是国家发展、社会进步的重要基石，是国家农业战略人才的后备力量，是中国农业科学院科研与创新的有力支撑。为深入贯彻党的十九届六中全会、中央人才工作会议和全国研究生教育会议精神，围绕“四个面向”“两个一流”的战略目标，根据中国农业科学院研究生教育工作会议、人才工作会议要求，结合《中国农业科学院“十四五”研究生教育发展规划》，现就加快新时代中国农业科学院研究生教育高质量发展提出以下意见。

一、总体要求

（一）指导思想

以习近平新时代中国特色社会主义思想为指导，坚持社会主义办学方向，加强党对研究生教育工作的全面领导，全面贯彻党的教育方针，牢固树立新时代人才工作理念，以立德树人为根本，以强农兴农为己任，以提升研究生培养质量为核心，遵循高等教育规律、人才成长规律、科研工作规律、科教融合发展规律，服务科技创新，推动内涵发展，促进产学研深度融合，为新时代农业科技创新、农业农村现代化建设和乡村振兴战略实施，培养德智体美劳全面发展的社会主义建设者和接班人。

（二）基本原则

坚持党的全面领导。增强“四个意识”、坚定“四个自信”、做到“两个维护”，把正确政治方向和价值导向贯穿研究生培养全过程。

坚持立德树人。将新时代的政治原则、理想信念、社会主义核心价值观与优秀传统道德文化有机结合，使之成为学生的思想品德、精神支柱、行为追求。

坚持科教融合。遵循研究生培养规律和农业科研规律，推进科教互融互促，将科技优势转化为人才培养优势，全面提升研究生理论应用、科技创新和实践能力。

坚持特色办学。巩固传统优势学科，锚定“新农科”发展方向，充分发挥“两段式”培养优势，走特色化人才培养道路。

坚持质量为先。把质量作为研究生教育的生命线和中心任务，健全完善培养体系，注重激发内生动力，推进研究生教育高质量发展。

坚持统筹发展。举全院之力办研究生教育，统筹研究生院和研究所两种资源，充分调动各方积极性，确保研究生教育健康可持续发展。

（三）发展目标

构建立足“四个面向”“两个一流”、科教深度融合、创新型特色化学科布局和人才培养体系，培养理想信念坚定、理论功底扎实、创新思维活跃、实践技能过硬、具有“一懂两爱”情怀、勇担兴农报国使命、为实现农业农村现代化和乡村振兴矢志奋斗的新型高层次人才。

二、主要内容

（一）坚持立德树人，加强思想政治教育

1. 加强思政工作队伍建设

把立德树人和思想政治教育作为思政工作队伍、师资队伍和管理队伍建设的重要内容，形成思想政治工作育人合力。研究生院要定期开展党政干部和共青团干部、思想政治理论课教师、辅导员（班主任）和心理咨询师、导师教师、管理人员等思政工作队伍培训；开展优秀辅导员（班主任)、思想政治理论课教师、研究生导师先进事迹宣传和表彰。研究所要按照院党组的要求，加强思政工作队伍建设，制定工作规则和奖惩办法，每年至少举办 1 次以导师为主的思政工作人员培训。

2. 加强研究生党建工作

健全师生党建分类指导、齐抓共管、一体推进的运行机制，强化研究生院和各研究所党组织的信息联动，形成全院研究生党建工作“一盘棋”。研究生院党委要按照要求落实集中学习阶段研究生党建各项任务；督导指导回所阶段的研究生党建工作；建设“党旗飘飘”学生党员培训教育系统、党员和积极分子管理信息系统，形成“互联网+”研究生党员教育模式。研究所党委要优化研究生党组织设置，建立横向到边、纵向到底的研究生党组织体系；条件成熟的研究所设立研究生党总支；规范做好党员发展工作，做好研究生党员档案及组织关系接收，加强研究生党支部建设和研究生党员教育管理，凝练打造学习品牌和支部工作法。

3. 加强课程育人

深入推动习近平新时代中国特色社会主义思想进教材、进课堂、进头脑，办好思想政治理论课，全面推进所有学科课程思政建设，实现德育教育与智育教育有机统一。研究生院要按照“八个相统一”要求，扎实推进思想政治理论课建设思路创优、师资创优、教法创优；建立院党组书记讲授思政第一课、研究生院领导班子成员进思政课堂的长效机制；聘请名师参与思想政治理论课讲授；组织“课程思政”主题培训；将课程

思政纳入课程教学评价指标体系；统筹课程思政与思政课程建设。研究所要组织教师根据专业课内容精心设计课程思政，将思想政治教育元素融入每一门专业课程教学中，作为课件、讲义、教材的必备内容、课堂教学的必讲内容和课程考核的必看内容。

4. 加强科研育人

把思想教育、价值引领贯穿研究生科研工作全过程，在提升研究能力的同时，培养科研诚信、团队协作、开拓创新意识和科学家精神。研究生院要进一步提升“科研诚信与学术道德”公共学位课程建设水平；增加学术名家进课堂数量；强化学位论文学术不端行为预防与纠错机制；完善学位论文、学术成果的评价标准和办法。研究所要引导导师把思想政治教育贯穿科研工作全过程；加强研究生科研记录检查和思想动态研判，评选优秀科研记录本，把科研育人工作纳入导师年度考核内容。

5. 加强组织育人

把组织建设与教育引领结合起来，发挥党组织和群团组织的育人作用，把思想政治教育贯穿各项工作和活动之中。研究生院要发挥党团组织、工青妇及研究生会等群团组织育人作用，通过开展评选表彰师生先进基层党组织、优秀共产党员、优秀党务工作者及文明社团、文明班级、文明宿舍等工作，寓教育于活动之中。研究所要加强本所研究生会、学生社团等学生组织建设，每个研究所至少成立 1 个学生社团，支持学生团学活动。

6. 加强实践育人

坚持理论教育与实践养成相结合，把思想政治教育融入社会实践、志愿服务、实习实训等活动中，教育引导研究生增强社会责任感、树立家国情怀。研究生院要整合各类实践资源，拓展实践平台，丰富实践内容，创新实践形式，完善支持机制；健全社会实践和志愿服务制度，组织开展好志愿服务及暑期社会实践活动。研究所要支持研究生参加社会实践和志愿服务活动，回所研究生原则上每年要参加至少 1 次活动，创办至少 1 个独具特色的实践活动品牌。

7. 加强心理育人

建立研究生院和研究所联动的心理育人机制，坚持育心育德相结合，促进心理健康、思想道德、科学文化等综合素质协调发展。研究生院要加强心理健康教育课程建设，引进应用在线课程；建立以心理咨询中心为主阵地、心理健康教育为二课堂主渠道、心理筛查为主抓手的心理健康教育工作体系；制定具体可行的心理育人工作制度；将心理健康教育作为导师培训及班主任业务培训的主要内容；指导研究所做好心理健康教育。研究所要建立回所研究生心理评价与疏导机制，组织开展回所研究生心理健康教育，定期开展回所研究生心理测评，及时发现问题解决问题；制定具体可行的心理育人工作制度。

8. 加强文化育人

加强校风教风学风建设，营造弘扬新时代“大国三农”情怀和“农科精神”的良好校园文化氛围。研究生院要开展历史传统、红色基因等主题教育；将树人讲堂、3MT

论文演讲、学术节、弘扬农业科学家精神主题教育等打造成校园文化品牌活动。研究所要加强对研究生的所情所史教育，使研究生充分了解研究所、融入研究所；结合本所文化建设特色，充分挖掘资源，凝练科学家精神，创建至少 1 个研究所文化育人活动品牌。

9. 加强网络育人

提高建网用网管网能力，开展网络安全意识、网络行为规范、网络文明方式教育，提高网络育人功能。研究生院要用好官方网站、微信公众号等网络平台，宣传先进事迹，加强正面引导，开展“清朗”网络空间建设行动、“网络文明进校园”等活动；建立网络自媒体管理和舆情应急处置工作制度。研究所要在所网站中设立“研究生教育”栏目，加强本所研究生教育动态宣传，营造良好的网络生态；开展“清朗”网络空间建设行动；做好舆情监控，加强微信公众号、微信群等信息平台管理；制定网络自媒体管理和舆情应急处置工作细则。

10. 加强服务育人

把解决实际困难和思想问题紧密结合，把履职尽责和热情服务融为一体。在帮助人、服务人中感化人、引导人，营造服务育人的良好氛围。研究生院要改进工作作风，发挥教职员工为人师表、言传身教作用，提升“窗口”部门服务水平；实施“书记、院长接待日”制度、“首问负责制”；完善“一卡通”研究生综合管理系统；实施后勤员工素质提升计划。研究所要设立“所长、书记接待日”及意见箱，指定专人负责收集、跟踪、落实学生的意见或诉求，建立学生困难台账，及时解决学生反映的各种问题。

（二）坚持“四个面向”，加强学科体系建设

1. 做好“一流学科”建设工作

以 A 类优势学科为基础，结合“新农科”和涉农新兴交叉学科建设，做好“一流学科”建设工作。研究生院要统筹制定“一流学科”建设方案，将招生指标等教育资源配置向 A 类优势学科倾斜；组织开展交叉学科专题研究，提出建设建议，做好论证工作。研究所要立足“四个面向”，认真梳理、凝练学科方向，整合学科资源，强化学科特色；加强优势学科建设，在导师招生指标、创新工程经费、科研条件等方面给予保障；加强新兴交叉学科培育和建设。

2. 做好新增博士学位授权点工作

推进新增学位授权点申报工作，力争获得食品科学与工程等学科博士学位授权。研究生院要牵头谋划、牵头部署，牵头协调相关研究所成立工作专班，做好筹备工作。研究所要明确目标任务，落实责任到人，形成主要领导挂帅、分管领导全程跟踪、研究生管理部门具体负责、学科专家通力配合的工作方案。

3. 做好以学科为基础的学院设置工作

依托研究所的学科优势，推进科教融合特色学院建设，促进学科布局优化。研究生院

要以第五轮学科评估为契机，根据教育部最新学科专业目录，及时制定学科体系优化方案以及在学院的统筹布局规划。研究所要从本所学科实际出发，提出学科和学院建设方案，制定一级学科发展规划，与研究生院共同做好以学院为载体的学科体系建设工作。

4. 做好课程及教材建设工作

建设高质量、有特色的研究生核心课程体系，组织编写“中国农业科学院研究生系列教材”。研究生院要加强各教研室的课程教学、教研教改、课程建设指导工作；建设有中国农业科学院教育特色的核心课程体系，开展中国农业科学院“十四五”规划教材专项建设。研究所要加强专业核心课程建设，编制核心课程目录、编写（修订）课程教学大纲；筹备开发建设交叉学科、生物安全、学科史教育等学科特色课程；组织教师参加教材建设。

（三）坚持“四有”标准，加强师资队伍建设

1. 强化导师队伍建设

按照“四有”要求，坚持“四个统一”原则，打造高水平导师队伍。研究生院要完善导师遴选办法，把政治可靠、师德师风好、履行第一责任人能力强作为首要条件，把参与课程教学作为优先条件，院级农科英才优先遴选为博士生导师，所级农科英才优先遴选为硕士生导师；加强新任导师岗前培训，确保“持证”上岗；强化岗位考评，将政治素质、师德师风、立德树人职责落实作为首要内容、将“正能量”“五导”作为必要条件；制定校外导师参与专业学位研究生培养的准入标准。研究所要严格把关，结合学科特点制定导师遴选办法和量化指标；制定导师管理、培训制度，定期召开导师履职尽责专题会，每年至少举办 1 期在岗导师培训班；及时掌握导师思想动态及立德树人职责落实情况，落实师德失范行为“一票否决”；加大高水平中青年导师培养力度，加强国际化导师队伍建设；遴选一批具有丰富实践经验、技术专长的专业学位校外导师。

2. 强化教师教学能力提升

加大对教师参与课程建设和教学改革的激励与支持，加强师德师风与教学能力建设。研究生院要完善教学奖励制度，加大对教师承担课程建设、教学改革、教材建设的表彰和资助力度；加强对教师的教学指导与服务，有计划地开展经验交流与教学培训。研究所要鼓励教师深化教学改革、创新教学方法，注重研讨式、启发式教学；支持教师合作开发、开设课程；推动新、老教师“结对子”，充分发挥教学经验丰富教师的传、帮、带作用；建立本所教师教学交流机制。

（四）坚持高质量发展，加强全过程管理

1. 加强招生制度改革

落实好各项招生制度改革要求，加大研究所、导师遴选高质量生源的招生自主权。

研究生院要做好招生自主权的放权与监督工作；强化自命题管理，完善招生复试全过程监督检查制度；扩大硕博连读生和直博生招收比例；推进博士生基本学制改革；建立研究所生源质量评价制度，将招生指标分配与研究所生源质量挂钩。研究所要完善招生工作规则，制定接收推免生（直博生）配套办法，合理制定招生计划，规范笔试环节命题工作，用好导师集体决策权，公开透明开展招生选拔工作；招生指标分配要向高级人才、一线导师倾斜，与导师的生源质量和育人质量挂钩；规范招生档案管理；提高优质推免生招收比例。

2. 加强精准招生宣传

采取“导师走出去”“学生请进来”的方式，瞄准重点生源，开展精准宣传。研究生院要协调组织导师深入“双一流”等高水平高校开展面对面推介宣传工作；指导研究所举办具有学科特色的“大学生暑期夏令营”以及面向西部地区、民族地区开展招生宣传活动；通过公众号等媒体途径加强线上招生宣传。研究所要组织导师走进“双一流”等高水平高校有针对性地开展招生宣讲和咨询活动；组织好大学生特色夏令营等活动，吸引更多的优质生源走进研究所，对请进来的学生建立“信息资料库”，做好跟踪“引进”工作。

3. 加强人才分类培养

通过学术学位与专业学位分类培养，提升学术学位研究生科研创新能力与专业学位研究生实践创新能力。研究生院要进一步优化完善培养方案与学位授予标准；组织开展案例教学培训；建立专业学位研究生双导师指导模式；制订《中国农业科学院研究生联合培养基地管理办法》。研究所要聘请校外行业企业导师、专家参与专业学位研究生指导培养和课程教学；开展专业学位案例教学；与行业企业等建立联合培养基地，明确基地运行管理细则，专业学位研究生实践训练不少于6个月；加强对《专业学位研究生实践训练报告》及专业学位研究生学位论文选题的审核把关。

4. 加强留学生培养“提质增效”

完善留学生培养与质量保障体系，培养“知华、友华”和具有“农科”情怀的高层次国际化人才。研究生院要依托中国农业科学院海外中心等资源，加强国际教育学院建设；完善来华留学生招生“申请—审核制”，不断优化留学生生源国别结构、学缘结构和层次结构；制订《中国农业科学院研究生院招收和培养国际学生管理办法》；实施英文课程建设提升计划；建设“中外友好班级”“留学农科”社会文化实践系列活动。研究所要加强留学生招生宣传，全面落实留学生招生“申请—审核制”；实行留学生与国内学生“趋同管理”；加强英文课程及教材建设；开展中外学生学术及文化社会实践活动；强化海外校友联系，讲好“留学农科”故事和“中国故事”。

5. 加强教育国际化

深化拓展国际合作交流，培养具有全球胜任力的高层次创新人才和未来领军人才。研究生院要优化研究生国际教育布局；拓展国际交流奖助学金渠道；积极探索中外联合培养新模式，构建研究生校际交流新机制。研究所要强化中外联合培养协同育人机制；

建立研究生出国学习交流的奖助学金和激励机制，支持研究生到世界一流大学和研究机构访学交流；博士研究生毕业前要有出国学习交流经历或至少参加 1 次国际学术会议，并积极提交会议论文、作学术报告等。

6. 加强教育教学评价

建立以质量为导向的研究生教育教学评价机制，涵盖研究所研究生教育教学评价、教学督导、学评教、导师年度绩效考核等，强化质量保障。研究生院要完善《研究所研究生教育考核评价指标体系》，中国农业科学院研究生教育领导小组将发布年度评价结果；成立教学督导委员会，建立以教学督导为主、“学评教”“教评教”为辅的课程教学及教师评价监督机制。研究所要加强教育教学评价，将课程教学工作量、课程建设项目、教学获奖、教材成果、研究生培养成效等纳入导师教师年度考核。

7. 加强学位授予工作

坚持学位论文评阅、答辩、学位授予审核等关键节点质量标准，确保学位论文质量。研究生院要强化学位授予相关制度建设，完善学位授予标准、双盲评阅制度；加强对存在问题学位论文的追踪审查和对答辩过程的监督检查。研究所要实行非涉密论文公开答辩制度，答辩人员、时间、地点、程序及答辩委员会组成人员等信息，要在答辩前通过官方网站公开；力戒答辩流于形式，博士学位论文报告时间不少于 30 分钟、提问和答辩时间不少于 30 分钟，硕士学位论文报告时间不少于 20 分钟、提问和答辩时间不少于 20 分钟；探索实施预答辩制度，抓好质量关口前移；研究所学位评定委员会要强化学术监督和学位评定责任。

8. 加强就业管理与服务

以就业需求为导向，提高管理服务水平，提升就业质量。研究生院要定期举办就业教育与职业生涯规划指导讲座，建立一批高质量用人单位库；提升毕业生“双选会”参会单位水平；建立用人单位反馈机制，针对用人单位需求优化培养环节。研究所要利用科研合作机会，建立本行业潜在用人单位库，积极推荐优秀毕业生，组织开展具有行业特色的“双选会”。

三、保障措施

1. 坚持党的全面领导

加强党对研究生教育的全面领导，牢牢掌握党对研究生教育工作的领导权，充分发挥研究生教育领导小组作用，确保研究生教育健康发展。研究生院党委要把方向、管大局、作决策、抓班子、带队伍、保落实，保证正确办学方向，形成党委统一领导、各部门齐抓共管的工作格局。研究所党委要发挥政治引领作用，推动教育改革，促进教育发展，把事关研究生培养质量的各项工作纳入重要议题范围；定期召开专题会议，研究落实有关要求，推进提升研究生培养质量工作。

2. 强化意识形态工作

建立健全意识形态工作责任制度，将意识形态工作纳入党建工作、党委重要议事日程，筑牢意识形态阵地。研究生院党委要坚持定期向院党组汇报、每月分析研判意识形态工作机制；加强意识形态阵地管理；用好课堂教学主渠道，强化课堂教学讲授的底线意识；在新生入学、师资队伍培训中强化意识形态专题辅导；组织开展好社会主义核心价值观教育。研究所党委要将意识形态工作作为党建和研究生教育管理工作的重要内容，守牢意识形态阵地、把准学生思想动态、做好课堂教学、教材选用、论著发表、学术研讨、导师言论、学生活动等各环节的意识形态工作，建立相关活动审核备案制度。

3. 加强队伍建设

配齐配强研究生教育管理队伍、专兼职辅导员队伍，提升研究生教育管理水平。研究生院要定期举办教育管理队伍业务培训班；指导、督促研究所建立健全研究生管理机构及队伍。研究所要根据《中国农业科学院关于进一步加强研究生教育管理的若干意见（试行)》要求设置研究生管理机构，配备专门管理队伍，支持教育管理人员参加业务培训，在职务晋升、年度考核中将研究生管理工作作为重要考核内容。

4. 健全管理制度

建立健全研究生院和研究所研究生管理的各项制度，保障研究生权益，规范工作流程，提升管理质量。研究生院要根据国家及北京市有关要求，及时制（修）订、废止相关制度。研究所要梳理本单位现行的研究生管理制度，及时制（修）订、废止相关制度。

5. 完善奖助体系

建立国家资助、学校奖助、社会捐助、学生自助“四位一体”的发展型资助体系，形成“解困—育人—成才—回馈”的良性循环。研究生院要完善各类奖助学金的评价指标体系；拓展现有奖学金种类及数量，推选国家奖学金获奖学生担任“学生资助宣传大使”；推选展示资助育人优秀案例和先进人物。研究所要保障研究生助研津贴按时、足额发放；积极设立所级奖助学金，健全回所研究生奖助评价体系。

6. 改进办学条件

利用好现有条件，拓宽资源渠道，为研究生培养质量提升提供有力的条件保障。研究生院要会同相关部门积极争取专项资金，改善中关村校区、马连洼校区食宿、教学等条件，在农科院统一部署下推动昌平校区建设；指导哈尔滨校区、深圳校区改善办学条件；制定实施京区研究生食宿统筹管理方案。研究所要挖掘内部资源，改善回所研究生科研学习及生活条件；积极争取地方及上级部门支持，谋划建设符合本单位实际的研究生公寓；协助谋划、参与校区建设；支持京区研究生食宿方案落实落地。

名词解释

1. 八个相统一

背景：2019 年 3 月，习近平总书记在北京主持召开学校思想政治理论课教师座谈会并发表重要讲话。习近平总书记指出，推动思想政治理论课改革创新，要坚持“八个相统一”。2020 年第 17 期《求是》杂志刊发了习近平总书记的重要文章《思政课是落实立德树人根本任务的关键课程》，文章指出，推动思政课改革创新要做到“八个相统一”。

含义：要坚持政治性和学理性相统一；坚持价值性和知识性相统一；坚持建设性和批判性相统一；坚持理论性和实践性相统一；坚持统一性和多样性相统一；坚持主导性和主体性相统一；坚持灌输性和启发性相统一；坚持显性教育和隐性教育相统一。

2. “四有”好老师

背景：2014 年 9 月，习近平总书记视察北京师范大学，发表了关于“四有”好老师的重要讲话。

含义：有理想信念、有道德情操、有扎实学识、有仁爱之心。

3. 五导

含义：导思想、导人生、导学习、导科研、导生活。

4. 四个统一

背景：2016 年 12 月，习近平总书记在全国高校思想政治工作会议提出“四个统一”。

含义：坚持教书和育人相统一，坚持言传和身教相统一，坚持潜心问道和关注社会相统一，坚持学术自由和学术规范相统一。

中国农业科学院2022年度研究生教育概况

2022年，研究生院以习近平新时代中国特色社会主义思想为指导，深入学习贯彻党的二十大精神，深刻认识“两个确立”的决定性意义，增强“四个意识”、坚定“四个自信”、做到“两个维护”，坚持和加强党对教育工作的全面领导，全面贯彻党的教育方针，在部、院党组的正确领导下，认真落实党委领导下的行政领导人负责制，围绕“四个面向”“两个一流”，聚焦“国之大者”，落实立德树人根本任务，圆满完成各项任务，推动研究生教育高质量发展。

一、以党的二十大精神为引领，加强党的全面领导

（一）以党的政治建设为统领，始终做到“两个维护”

坚决贯彻落实习近平总书记重要讲话和重要指示批示精神，认真落实党中央、部院党组决策部署，全面加强党对研究生教育工作的全面领导。坚持“两个第一”学习制度，持续深入学习贯彻习近平新时代中国特色社会主义思想以及致中国农业科学院60周年贺信精神，组织学习中央一号文件、《论“三农”工作》《习近平谈治国理政》等，不断提高政治判断力、政治领悟力、政治执行力。强化政治能力培养，开展“学习研讨、查摆问题、改进提高”专项工作。严肃党内政治生活，指导支部严格落实组织生活制度，加强学习型党组织建设。持续做好中央巡视、院巡察反馈意见、经济责任审计整改，明确整改任务，抓好整改落实，强化成果运用，以此为契机进一步强化内控制度建设，努力开创研究生院各项工作新局面。

（二）迎接服务党的二十大，统一思想、凝聚力量

高质量做好党的二十大代表推选工作。通过组织召开庆祝中国共产党成立101周年主题活动，开展“奋进新征程　建功新时代”等主题宣传活动，组织表彰宣传先进典型、讲授陈凤桐的故事、讲好青年故事、重温入党誓词、党委书记贾广东围绕“走好第一方阵　我为二十大作贡献”讲党课等活动，引导党员干部在学思践悟中坚定理想信念，在奋发有为中践行初心使命。通过组织召开干部大会、理论学习中心组学习、青年理论学习小组学习等多种形式，学习宣传贯彻党的二十大精神，切实把党员干部的思想和行动统一到党的二十大精神上来。组织教职工党员参观“奋进新时代”主题成就

展、“三农这十年——新时代农业农村发展成就展”等，引导党员干部在党的二十大精神指引下踔厉奋发、勇毅前行。

（三）用党的创新理论武装头脑，筑牢意识形态主阵地

坚持用习近平新时代中国特色社会主义思想武装头脑、指导实践、推动工作，全年召开党委（扩大）会议 51 次，认真学习习近平总书记关于“三农”、科技创新和研究生教育工作的重要论述，在学懂弄通做实上下功夫。充分发挥理论学习中心组领学促学作用，聚焦“四个面向”“两个一流”，推动研究生教育事业改革发展。全年组织召开 4 次理论学习中心组学习会，每期安排中心组成员及相关业务处室做重点交流发言，强化学习成效。注重对青年群体尤其是青年骨干的思想引领，推进实施青年理论学习提升工程，依托教工支部成立青年理论学习小组，教育引导广大青年常态化、系统性集体开展学习活动。认真落实意识形态工作责任制，按照《中国农业科学院系统党组织加强意识形态工作方案》和中国农业科学院有关制度要求，严格抓好研究生教育各领域各环节意识形态工作，坚持和完善定期向院党组汇报和分析研判意识形态工作机制，不断完善意识形态工作格局。在新生入学、导师、教师培训中强化意识形态专题辅导，筑牢意识形态阵地。做实做细思想政治工作，加强人文关怀和心理疏导。深入开展高校和科研单位干部职工思想状况调查研究，为进一步加强我院干部队伍建设、提升党建工作质量提供决策依据。

（四）着力加强领导班子和干部队伍建设，打造高素质干部队伍

认真落实院党组《贯彻落实〈中共中央关于加强对“一把手”和领导班子监督的意见〉的实施办法》，建立健全监督管理长效机制。严格落实《党政领导干部选拔任用工作条例》等制度，坚持把政治标准放在首位、贯穿始终，抓好年轻干部“重点多数”选育管用，加大处级干部选拔任用力度，掌握一批素质好、业务精、能力强、潜力大的处级干部人选，选拔任用正处级干部 1 名，副处级干部 3 名。鼓励和支持中青年教职工参加访学培训和在职攻读学位，实施兼职班主任制度，遴选第十二批班主任 45 名，强化年轻干部在教育一线锻炼成长。积极选派干部参加上级调训和挂职锻炼，加强干部人才教育培训，不断提升管理队伍职业化水平。办好“农研讲坛”，开展干部职工素质提升培训，先后邀请农业农村部办公厅翟翠霞二级巡视员、清华大学王传利教授、北京师范大学于海波教授分别围绕公文写作能力提升、加强意识形态工作、研究生教育管理者的角色与执行力等进行专题辅导报告，进一步加强研究生院教职工素质能力建设。贯彻执行部系统处级及以下党员干部日常提醒监督实施办法，落实一把手和分管领导与年轻干部、青年职工谈心谈话制度，关注年轻干部思想、工作、生活状况，对分管范围内的年轻干部管工作、管思想、管作风、管纪律，抓早抓小抓苗头，形成教育管理合力，激

励年轻干部健康成长。

（五）提高基层党组织建设质量，建强战斗堡垒

深化“红旗党支部”创建，做好基层党组织建设质量提升三年行动计划总结评估，深化党支部标准化规范化建设，持续推进党建与业务工作深度融合，组织推荐一批“四强”党支部，2个支部获中央和国家机关“四强”党支部，4个支部获农业农村部直属机关“四强”党支部，8个支部获中国农业科学院直属机关“四强”党支部。认真开展党组织清查整治突出问题规范党务工作，全面开展兼职党务工作经历有关材料归入干部人事档案工作。对教职工、学生、离退休等不同类型的党支部，通过分类指导、业务培训等措施，推动党的组织建设、党的工作落实、党员作用发挥全覆盖。积极组织教职工入党积极分子、预备党员参加部直属机关组织的培训班，推动党员教育管理常态化长效化，不断提高党员队伍素质能力。充分发挥党支部在选人用人中的监督作用，全年新发展在职教工党员1名，研究生党员91名。

（六）深化作风建设，全面从严治党和党风廉政建设纵深推进

坚持不懈纠“四风”树新风，按照《中国共产党纪律检查委员会工作条例》等要求，加强纪检组织建设。持续抓好“学重要讲话　抓《意见》落实　改突出问题　强作用发挥”活动，全面提升纪检工作质量。开展“学党史、纠‘四风’、树新风”专项工作“回头看”，加强权力运行监督制约，坚持以制度管人管事。强化经常性纪律教育，通过开展“吴志风案”“屈哲案”警示教育活动、组织观看警示教育片等方式，不断强化党员遵规守纪意识。做实做细日常监督，突出年轻干部这个“重点多数”，紧盯重要时间节点，坚持假期等重要节点反复提醒监督，及时向全体党员干部发布廉政提醒，发挥好党支部、纪检小组优势，加强近距离、常态化监督特别是工作时间之外的监督。认真贯彻落实《中国共产党问责条例》，坚持失责必问、问责必严，用“身边事”监督警示“身边人”，深化以案为鉴、以案促改、以案促治。组织参加中国农业科学院2022年全面从严治党工作会议，召开党委扩大会专题研究部署研究生院全面从严治党工作，着力提高一体推进“三不腐”的能力和水平，把贯彻落实中央八项规定及其实施细则精神和持续反对“四风”工作不断引向深入。

（七）扎实做好群团工作和文化建设，大力弘扬伟大建党精神、新时代科学家精神和农科精神

工会组织认真做好困难职工帮扶，持续开展“送温暖”活动，以及院庆65周年健步走、摄影、乒乓球、羽毛球等活动，营造凝心聚力、团结奋进的良好氛围。作为承办

单位，组织开展《一起向未来》手势舞活动，共同喜迎北京冬奥会。青委会组织全体职工收听收看习近平总书记在庆祝中国共产主义青年团成立 100 周年大会上的重要讲话，引导干部职工特别是青年职工，在深学笃行中成长为堪当民族复兴重任的时代新人。妇女组织积极参加“恒爱行动”，开展插花讲座、健步走、摄影展等活动，激励女职工以更加良好的身体素质和昂扬的精神面貌投入研究生教育事业中。大力开展院区标识文化建设、在教学楼、办公楼、研究生公寓楼等场所制作院士风采墙、展示中国农业科学院标志性成果、制作户外打卡地等，以多种方式呈现研究生教育成绩、校园文化活动、院标院训，培育具有农科特色的校园文化氛围。设计制作研究生院首任院长金善宝塑像，向为我院改革创新发展和我国农业科技事业作出重要贡献的老一辈科学家致敬，激励广大农科学子成长为党和国家需要的高层次人才。以伟大建党精神启迪思想、洗礼灵魂、淬火意志，组织全体职工收听收看纪念陈凤桐院士诞辰 125 周年的宣传片、农业农村部小麦专家赵广才的先进事迹等，号召全体干部职工学习交流借鉴，继承光荣传统，弘扬伟大建党精神、新时代科学家精神和农科精神。

（八）加强学生思想政治建设，发挥课堂育人主渠道功能

充分发挥课程教学的思想理论武装作用，将深入学习阐释习近平新时代中国特色社会主义思想作为最重要思政元素，融入专业课课程思政，张合成书记为博士研究生讲授“乡村振兴理论与实践”第一课，培养研究生“一懂两爱”的农科情怀，引导树立强农兴农梦想。为硕士研究生举办主题鲜明的“书记、院长进课堂”思政专题系列讲座，5 期专职教师课程思政展示交流活动，提高教师课程思政意识与能力，守好课堂意识形态主阵地。开展学生主题党日、主题团日系列活动，组织开展党史知识竞赛、研究生优秀共产党员、优秀党务工作者和先进基层党组织评选与表彰，举办业余党校培训班，对全院 342 名研究生积极分子进行系统培训。在马连洼学生宿舍建立中关村 10 所党员临时党支部，发挥学生党员先锋模范作用，加强防疫政策宣传，做好互助帮扶及青年志愿服务。建设学生党员培训教育系统、党员和积极分子管理信息系统，通过信息化建设与研究生培养单位学生党务管理人员形成党建工作合力，提升组织育人水平。

二、建设高质量教育体系，全面提高人才自主培养质量

（一）以提升教育质量为核心，推动治理体系能力现代化

根据中国农业科学院“十四五”研究生教育发展规划和推进研究生教育高质量发展的若干意见，推动以质量为核心的研究生教育改革。总结习近平总书记致中国农业科学院 60 周年贺信 5 年来中国农业科学院研究生教育改革创新制度性典型经验，盘点党的十八大以来的重点工作，深刻认识研究生教育发展规律，为谋划具有农科特色的教育

改革方向、全面提高人才自主培养质量奠定坚实基础。探索新时期科学研究与技术应用结合方式，创新专业学位研究生培养机制，首批申请48个“科技小院”获批国家级支持建设。推进国际教育学院实体化建设，制定《国际教育学院深化改革方案》《国际教育学院管理委员会章程（试行）》等，组织召开管理委员会一届一次会议，不断拓展国际教育学院功能。实施《中国农业科学院研究生院教学督导工作暂行办法》，成立教学督导领导小组办公室，听课新开课程、院所开设的学位课程46门、147学时，探索适合科研单位特点的教学督导工作方式方法，在课程管理中抓规范，在规范管理中求创新，促进了教学质量管理制度化、系统化。积极与相关院校对接沟通，大力推动中国农业科学院大学建设，突破发展瓶颈，探索科教融合、产教融合发展新模式。

（二）稳步扩大招生规模，生源质量显著提高

坚持服务科研，积极争取增加招生指标，实现6个“首次”。教育部下达硕士招生指标较2021年度增加100个，自2013年以来首次增加学硕指标；博士招生指标较2021年度增加45个。教育部首次下达6名“生物育种”国家急需高层次人才培养专项博士生指标，“海南专项”指标大幅增长至90名，中国热带农业科学院作为培养单位，首次进入中国农业科学院的招生简章。新设计制作录取通知书，联合相关研究生培养单位首次采用B站直播方式开展招生宣传工作，取得良好反响。加大对研究生培养单位暑期夏令营支持指导力度，首次实现了京内研究生培养单位开展暑期夏令营全覆盖。首次对接中央电视台农业农村频道，选拔推荐优秀学生和专家参与中央电视台“最炫农科生”栏目拍摄和直播，进一步扩大中国农业科学院办学影响力，吸引更多优秀生源报考中国农业科学院。2022年最终录取硕士研究生1 319名，其中本科毕业于“双一流”建设高校的有417人（2021年336人），占31.59%，较2021年（占比为27.68%）高出近4个百分点。录取博士研究生522人，其中硕士（直博生为本科生源）毕业于国内“双一流”建设高校的有129人，毕业于中国科学院、中国空间物理研究院、中国环境科学研究院等国字头科研院所的有14人，毕业于康奈尔大学、京都大学等境外全球500强高校的有9人，博士生优质生源总体占比达70%以上。

（三）加快构建多类型农林人才培养体系，教学改革持续深化

推进研究生课程体系优化，建设中国农业科学院学科核心课程，编制完成18个一级学科、交叉学科核心课程目录，新编或修订174门核心课程教学大纲、核心课程目录与教学大纲，初步形成了具有农科特色适合培养需求的新的课程体系。加强研究生课程和研究生教材建设，制定《中国农业科学院研究生教材建设与管理办法》《中国农业科学院“十四五”研究生教材建设规划》，完成11门立项课程的项目验收，审定25门课程教学大纲。完善研究生学科布局与发展，服务国家战略需求，制定了农产品质量与食

物安全等 6 个方向的研究生培养方案。开展研究生英语教学改革，提高研究生英语学术应用能力。创新课程考核方式、优化课程考评制度，组织开课 174 门（含 2 门新开课程），共计 9 950学时，全年新开课程 5 门。课程授课教师 533 人，中国农业科学院教师占比 65.7%，主讲教师共 118 人。持续加强回所课程管理，共 14 个所集中开课，开设课程 58 门。强化过程管理，开展培养环节管理时间节点调查，做好科研记录检查、中期考核、毕业资格审查等各项工作，健全高质量培养体系。

（四）丰富校园活动，研究生综合素养全面提升

开展“同心六五载，璀璨农科梦”庆祝建院六十五周年主题征文比赛及优秀作品展示，参加北京市学联工作，推荐团员代表入选北京市青马工程，指导“农科校园”微信公众号建设，入选北京学联高校微信公众号综合影响力排行榜。开展了系列品牌学生活动，打造女生节、雷锋服务月、学术节、心理节、纪念“一二·九”运动合唱比赛、校园风采大赛等经典品牌活动。新冠疫情防控期间，开展以歌声献礼党的二十大、绘制创意口罩共克时艰、为志愿者做礼物、文献分享交流学术、拍摄 Vlog 记录分享校园生活等活动丰富校园文化。指导学生申报参加国家实践创新系列赛事，推荐学生参加十八届中国研究生数学建模，喜获全国二等奖 1 项、三等奖 1 项、成功参与奖 3 项。做好客座生备案管理、暑期学生宿舍搬家、档案派发、奖助学金评选、CSC 公派出国学生申报及管理等工作。

（五）强化师德师风建设，高水平师资队伍日益扩大

成功举办 2022 年研究生导师培训班，完成对 35 个研究生培养单位 260 余名新任导师的岗前培训，张合成书记对新任导师进行集体政治谈话，强化导师政治意识、纪律意识、育人意识。实施导师招生资格动态管理，严把招生导师队伍质量，按 2022 年度招生指标 110%审核通过 1 521名导师 2023 年招生资格。组织完成 2022 年博士生导师遴选及硕士生导师备案工作，遴选博士生导师 153 人、备案硕士生导师 222 人，备案专业学位研究生校外导师 224 人。组织举办以“课程思政”和“教学方法”为主题的 2022 年第六期教师教学线上培训，授课教师、科研人员和研究生教育管理人员近 400 人参加培训，为历年人数之最，97%的与会人员认为该培训对提高教学能力或教学管理理念有很大促进作用。加强正向引导，完善教师教学奖励体系，制定《中国农业科学院教师教学奖励办法》，修订讲课费管理有关办法，评选表彰首批中国农业科学院教学突出贡献奖获奖教师 17 名，评选表彰教学名师 4 名、优秀教师 57 名、优秀教师团队 32 个；组织开展首届优秀研究生导师评选，评选中国农业科学院优秀研究生导师 65 名；评选研究生管理工作先进个人 31 名，先进集体 10 个，研究生管理工作特别荣誉奖 2 名。充分发挥先进典型的引领示范作用，营造尊师重教、教书育人的良好氛围。

（六）坚持内涵发展理念，涉农学科专业结构不断优化

深入推进“新农科”建设，完成调整新增的资源与环境硕士专业学位点申报，组织完成“农业生物智能设计”“乡村振兴理论与政策”两个新兴交叉学科的自主设置及教育部备案工作，拟于2023年开始招生，服务支撑“一农”向“三农”转变，为培养适应未来农业农村发展的高层次、创新型才搭建学科平台。认真落实《国务院学位委员会　教育部关于开展2020—2025年学位授权点周期性合格评估工作的通知》要求，组织完成16个学位授权点年度建设报告撰写、基本状态信息表填报以及研究生教育发展质量报告撰写等合格评估阶段性工作，按照找差距、补短板、强特色的思路，查找存在问题和薄弱环节，提出改进提升方案，以评促建夯实学科基础。

（七）严把教育“出口关”，精准就业服务成效显著

严格学位论文格式审查、评阅、答辩、复制比检测、学位申请材料审核等关键环节管理，实施评阅存在问题论文定点追踪、答辩督导、重点审核制度。组织全院各研究生培养单位通过线上线下相结合的方式完成学位论文答辩工作，组织召开2022年夏季学科评议组会议及院学位评定委员会十届三次会议，顺利完成上半年学位授予工作，共授予博士学位286人、硕士学位1 090人。2019—2020学年国家博士学位论文抽检全部合格，2020—2021学年北京市硕士学位论文抽检全部合格。组织完成2021年院级优秀学位论文评选，表彰优秀博士学位论文7篇、优秀硕士学位论文17篇，树立优秀标杆，带动论文质量整体提升。2名博士毕业生分别以第一作者在国际顶尖刊物*Science*、*Nature*发表高水平学术论文。1篇博士学位论文荣膺2022年北京市优秀博士学位论文、1篇获提名。

精心遴选对口单位143家，举办2场线上大型招聘会和25场专属招聘会，提供岗位1 915个，累计浏览9 605人次。开展5场中国农业科学院专属“直播带岗”，全年在就业公众号累计推送就业信息217条，覆盖全国879家企事业单位91 935个优质就业岗位，累计浏览次数98 157人次。发函至全国各省（区、市）人民政府，积极推荐中国农业科学院毕业生赴当地就业。积极与农业农村部及中国农业科学院机关沟通对接，大力推荐我院毕业生在部系统事业单位和中国农业科学院就业。2022年累计开展就业指导课18场，同比增长80%，累计8 262人次观看。新冠疫情居家办公期间，就业工作做到“24小时”不断线，实现线上预约，线下集中办理。新冠疫情影响就业的大背景下，2022届毕业生总体就业率为89.01%，与2021年同期（89.06%）持平。

（八）强化管理监督考核，教育公平公正有保障

牵头完成 2021 年研究生培养单位研究生教育考核评价工作。修订完善研究生教育评价指标体系，将“生源质量”“教学与教材”“优秀学位论文”“国家级竞赛获奖”等指标纳入全院研究生培养单位评价指标体系，体现举全院之力办研究生教育，突出以立德树人为核心、以高质量发展为目标的评价导向。

加强对各研究生培养单位博士招生“申请—考核制”实施全过程的监督指导，要求按照研究生院统一部署，周密制定工作方案和应急预案，严格遴选复试专家团队和工作人员，确保程序规范透明、公平公正，过程平稳、顺利进行。

（九）发挥“留学农科”品牌效应，教育国际影响力日益彰显

主动服务国家“一带一路”倡议和农业“走出去”，发挥“留学农科”品牌效应，培养造就知华友华的高层次国际化人才。现在校留学生 373 人，其中中国政府奖学金学生占 79.3%、学历生占 98.1%、博士生占 87.6%，涵盖 41 个专业，来自全球 54 个国家，在校博士留学生规模位于国内高校前列。2022 年注册新生 42 人，来自巴基斯坦、孟加拉国、缅甸等 16 个国家，“一带一路”合作伙伴的留学生占新生总数的 56%，生源质量稳中有升，毕业于国内知名高校或生源所在国知名大学。

完善留学生管理和服务工作。制定了《中国农业科学院研究生院招收和培养国际学生管理办法（试行）》，开设线上线下同步教学英文课程 12 门，汉语强化班留学生汉语水平三级考试通过率达到 100%，综合汉语教学改革成效明显。严格按照政策要求，组织开展境外来华留学生有序返校（所）工作，共 120 余人完成返校申请审批手续，82 名境外留学生顺利入境返校。成功组织留学生参加北京冬奥会及冬残奥会开闭幕式和云对话交流活动，北京市人民对外友好协会来函致谢。在北京市人民政府新闻办公室“我与北京在京外国留学生主题征文比赛”中，我院留学生 1 人获三等奖、1 人获优秀奖，研究生院获优秀组织奖。

毕业就业质量显著提升，2022 年毕业留学生 77 人，发表第一作者论文 120 篇（人均 1.56 篇），论文平均影响因子 3.34，单篇最高影响因子 9.297。6 名毕业留学生获得研究生院优秀毕业生荣誉，就业单位主要为高等学校、研究机构、政府组织，共有 12 名毕业生继续在华工作和学习。

（十）服务国家区域发展战略，打造区域性研究生教育高地

密切联系兽医学院、深圳研究生院和南繁学院，起草《中国农业科学院研究生院南繁学院异地研究生培养规范整改工作的请示》，做好院士团队引进协调，签订三亚崖

州湾科技城管理局三方合作协议，指导南繁学院首次开展硕士生课程教学共计 32 门。总结兽医学院办学经验，协调推动深圳研究生院快速发展，争取获得农业农村部和深圳市更多支持。各学院认真落实党的教育方针，执行研究生院各项管理制度，实现学院与总部协调发展。

（十一）深化对外开放合作，中外办学项目再上新台阶

中外合作博士学位教育项目顺利推进，与比利时列日大学成功签订第三期合作培养博士学位教育项目协议。2022 年招收中外合作博士学位教育项目博士生 45 人、课程进修生 2 人，来自双一流大学及中国农业科学院的生源占 63.8%，国外知名高校生源占 19.1%，实现了生源质量新提升。中国—比利时项目在校生 118 人，中国—荷兰项目在校生 99 人，在校生科研成果不断积累，中国—比利时项目毕业生 83 人，共发表论文 416 篇，其中第一作者 SCI 论文 271 篇，人均 3.26 篇，单篇最高影响因子 21.949；中国—荷兰项目毕业生共计 15 人，共发表论文 98 篇，其中第一作者 SCI 论文 49 篇，人均 3.26 篇，单篇最高影响因子 10.723。

2022 年 58 人成功获得国家留学基金委资助。研究生出国联合培养 12 人次、学成回国 13 人次。中外合作办学项目学生出国 36 人次，学成回国 23 人次。引进列日大学、瓦赫宁根大学和国际应用生物科学中心（CABI）网络课程共计 5 门。继续做好 2022 年国家留学基金委乡村振兴人才培养专项管理，遴选推荐 8 名学生获资助出国，成功派出 3 名学生赴外学习交流。成功申报农业绿色生产研究生联合培养项目第二期项目，国家留学基金委每年资助 5 名硕士研究生赴国外交流学习。

（十二）加强知农爱农教育，服务乡村振兴硕果累累

充分发挥全院资源优势，完善培训管理体制机制，协调区域布局。创立“乡村振兴职业经理人”标准体系，更新完善“农业农村农民职业技术技能提升培训课程体系—考评系统”，搭建中国农业科学院在线学习平台并上线运行，为“三农”领域学习者提供线上直播课程学习通道，全年新增录制农业专题课程 22 门，累计制作课程 144 门，新设立培训基地 1 个。通过各种硬件配套及软件服务，夯实培训工作基础，促进乡村振兴领域的职业经理人队伍建设，提升地方农业人才素质能力，支撑农业职业教育及培训市场服务发展。

扎实推进乡村振兴人才培训，争取部委及地方项目，拓宽服务渠道。全年完成培训任务 21 期，顺利执行农业农村部“西部之光”访问学者、少数民族特培学员研修项目累计线下培训 570 人次、线上培训 5 万人次。落实“夺夏粮小麦丰收工作”部署，配合 11 个专家组下沉一线，并完成“田间课堂”录播及宣传片制作，由中青网全程宣传，受到广泛关注。转型升级“专业技术人员继续教育培训项目”，完成技能培训

2 300人次、继续教育基地培训 1 500人次，源源不断向农村乡村输送高农技水平和综合素质劳动者。丰富培训项目来源，开辟培训市场渠道，争取人力资源社会保障部、中国科协、新疆农业科学院等 12 个部委及地方项目，并与国务院国资委职业经理研究中心、中国教育发展战略学会、人民教育科技有限公司等 9 家大型企事业单位建立战略合作关系。

（十三）凝聚校友及各界力量，基金会知名度显著增加

结合中国农业科学院 65 周年院庆，组织校友系列活动。邀请谢道昕院士和韩永文副省长两位杰出校友返校为同学们做“感恩吾师　我的研究生生涯回顾”专题讲座，整理院士校友风采展示，组织篮球友谊赛，凝聚校友力量，营造院庆浓厚氛围。

稳步推进基金会工作，获批北京市 3A 级社会组织。组织召开理事长办公会和理事会，按时完成年检年报及民政局备案，建立功能型党支部。积极拓展院内外募捐渠道，扩大基金规模，接受捐赠到账经费 2 140万元。立足基金会职责，支持科技创新及乡村振兴，执行科技局和成果转化局奖励、资助中国农业科学技术图书奖及第四届农科开放日，助力农科院夏粮丰收专项行动、北京市疫情防控工作，做好智慧育种项目的财务管理和项目监督工作。严格执行信息公开公示，加大对基金会的捐赠信息、捐赠典范、捐赠成果等方面宣传报道力度，在慈善中国、北京市民政局社会组织服务管理系统、微信公众号、官网等平台发布信息，切实提升基金会的知名度和影响力。

（十四）强化内部管理，服务效率质量双提升

优化办公效能，创新宣传媒介。完善办公自动化系统流程，确保公文行文规范，流转准确高效，新增工青妇相关审批流程 3 项，全年运转来文 242 份，处理发文 152 份，印发院长办公会议纪要 46 次，专题会议纪要 10 次，工作流 2 小时内有效办结率达 83%。优化采购审批，多重比价确保结算价格最优，改良物品出入库单，提高了采购领用效率。聚焦研究生院中心工作，提高宣传质量，完善中英文网站板块设置及页面设计，全年登载新闻 80 余篇、通知 100 余篇，中国农业科学院网站登载新闻 20 余篇，英文网站在 2022 年国合局的专项督查中获通报表扬。日常更新院内宣传栏新闻近百块，其中《中国农业科学院建院 65 周年成就展 · 研究生教育成就展》《杰出校友风采展——我们的院士校友》对研究生教育发展进行直观宣传展示。

规范人事管理，养老保险改革有序推进。启动研究生院中央国家机关事业单位养老保险改革工作，完成单位参保登记、单位信息确认、2014—2022 年度共 114 人分年度人员信息、缴费基数等共计 25 334项数据采集、计算及核对确认等工作。上报《关于申请调增中国农业科学院研究生院编制的请示》和《关于调整中国农业科学院研究生院部分内设机构与职责的请示》分别获中央编办和中国农业科学院人事局批复，修订

并印发研究生院《科技成果转化收入分配暂行办法》，制定印发研究生院《职称评审推荐办法》，完成 2021 年度职称评审工作，推荐正高级 1 人，评审副高级 4 人、中级 1 人。首次将专职教师纳入自然科学研究系列人员类别，畅通专职教师职称评审渠道。完成专业技术职务任职资格初次认定 1 人。完成 2022 年度工勤技能二级、三级岗位聘用工作，聘用技师 2 人，高级工 1 人。全年办理在编职工调入 1 人，调出 2 人，退休 3 人；招聘编外管理岗 7 人，工勤岗 2 人，续聘 9 人，退休 3 人。制作编外人员情况手册，汇总审核编外人员干部任免审批表，加强编外人员信息化管理。稳妥实施研究生院《退休“中人”退休养老金过渡方案》，维护职工利益。认真做好离退休服务，定期走访慰问，关注离退休人员身心健康，做好新冠疫情等特殊时期的关心照护。积极组织老同志参加征集廉政诗词格言警句、各类摄影展活动，丰富老同志的文化生活。

加强财务内控，提高资金使用效率。按要求做好预决算工作，随时监控各类款项资金的预算执行进度，狠抓预算执行进度。持续强化厉行节约理念，严格执行“三重一大”、授权审批规定；执行“事前审批”程序，严控“重点支出”；严格资产配置标准和政采程序，执行监督责任，通过多种方式，全程监管各项财务活动，切实降低财政风险。认真组织会计核算，做好资金保障。

（十五）加强条件建设，安全防线牢不可破

坚持师生至上、生命至上，及时全面调度重点人群各环节各领域新冠疫情防控情况，组织召开 3 次京区各培养单位研究生疫情防控视频专题会议，传达院主要领导关于研究生疫情防控工作指示精神，研究部署工作，同各培养单位共同抓实抓细抓好研究生疫情防控工作。密切关注疫情防控新政策，及时制定研究生院疫情防控封闭管理工作方案，第一时间组织教职工和学生志愿者在中关村院区南门轮班值守，把好校门安全关。随着疫情防控形势和政策的发展变化，先后发布了《关于做好端午期间及特殊敏感时期研究生疫情防控和思想政治工作的通知》《中国农业科学院研究生院 2022—2023 学年秋季学期京区学生自愿返乡工作方案》等，精准做好研究生疫情防控各项工作，全力保障师生健康安全。统筹疫情防控和教育教学，及时顺利启动线上教学、云端授课模式，严格落实英语四六级、硕士入学考试等重大事项的疫情防控，教育教学有序推进。制定了《来华留学生入境返校工作方案》《留学生入境返校工作应急预案》，做好新冠疫情背景下留学生管理服务。组织新冠疫情防控志愿服务，做到学生物资有保障，生活有温暖。

切实把“安全责任重于泰山”的理念贯穿到各项工作中，加大安全生产及保密工作力度。制定《中国农业科学院研究生院突发事件应急预案》，签订安全生产责任书，全年开展安全检查 10 余次，对安全隐患进行整改 20 余项，督促隐患整改率达 100%，购置半自动体外除颤仪，有效增强校园救护服务能力，确保院区人员及财产安全。加强安全宣教，重大节假日及时印发安全生产通知，开展避险逃生、安全防卫、消防安全、

防范电信诈骗等多主题培训，切实提升全体干部职工及学生的防范自救能力。获京区单位第三届“消防技能大比武”团体二等奖，单项奖一等奖 1 项。定期主动开展计算机保密自查，做好关键时期信息安全及舆情监测，加强网络安全管理，全年实现安全生产零事故。

加强院区条件建设，改善办学及生活环境。加强学生食堂管理服务，根据防疫需要，改造中农研招待所用于隔离防护。启用马连洼院区综合楼，完成楼宇交接及设备设施调试运行。完成马连洼院区农研食府招投标、相关区域地下空间备案，积极推进马连洼院区教室项目建设，完成中关村校区公寓楼、办公楼、教学楼及浴室修缮改造，组织开展后勤人员专业培训，提高业务能力。加强固定资产管理，完成精品教室视频改造，做好各类设备维修、维护、升级及巡检，保障教学顺利开展。积极推进研究生教育管理系统建设，完成马连洼院区网络建设，完成一卡通调试及对接，不断改善办学条件，提升信息化服务水平。

中国农业科学院研究生院国际教育学院管理委员会章程（试行）

农科办研生〔2021〕92号

第一章 总 则

第一条 为服务新时代教育对外开放大局，发挥中国农业科学院科技教育和国际合作优势，创新研究生院国际教育学院管理模式，促进国际教育高质量发展，根据《中国农业科学院研究生院章程》，设立国际教育学院管理委员会（以下简称管委会），并制定本章程。

第二条 管委会作为中国农业科学院的特设机构，承担研究生院国际教育学院、南繁学院国际教育和西部中心国际教育的管理、咨询和指导职责，研究国际教育学院改革发展等重大问题，指导协调和监督管理国际教育学院的各项业务工作，推动国际教育学院高质量发展。

第二章 组织机构

第三条 管委会设主任委员1名，副主任委员3名，办公室主任2名，委员若干名。主任委员由中国农业科学院分管国际合作的院领导担任，副主任委员由研究生院、国际合作局和信息所主要领导担任，办公室主任由研究生院国际教育处和海外农业研究中心的相关领导担任，委员由中国农业科学院相关职能部门、研究生院和培养单位的有关人员担任。

第四条 国际教育学院设立功能性党组织。

第五条 管委会办公室设在研究生院国际教育学院，是管委会的日常办事机构，行使管委会授权或委托的管理职能，完成交办工作，落实决策决定事项，做好国际教育学院教育教学、培训和日常管理等工作。

第六条 管委会委员应具有良好的政治思想素质，作风正派，办事公道，责任心强，身心健康；具有高级专业技术职务或相当的职务职称；热心国际教育，具有相关工作经验；具有参与管委会工作和履行职责的相关条件。

第七条 管委会实行任期制，每届任期4年。委员人选由管委会办公室组织提名，由研究生院、信息所、海外农业研究中心按有关程序研究后提交管委会会议审议，或根据规定报中国农业科学院常务会决定。因特殊情况需要缩短或延长任期时，须经上述会议审议决定，延长时间不超过 1 年。

第八条　管委会任期内因工作需要增补或调整委员时，须按委员产生程序办理。增补或调整的委员任期至本届管委会任期届满止。

第三章　工作职责

第九条　贯彻执行党和国家教育对外开放和国际教育工作的方针政策，组织落实中国农业科学院的决策部署，指导研究生国际教育业务工作。

第十条　负责国际教育教学及培训指导和咨询工作，包括国际教育和培训发展规划、工作计划、制度建设、教师队伍建设、教育教学培训、管理服务、质量评估等。

第十一条　指导国际教育学院组织机构建设，审议国际教育学院院长（信息所所长兼任）、副院长（研究生院、国合局、海外农业中心各增设 1 名副所级领导担任）等推荐人选，并按规定报中国农业科学院党组会议研究决定。

第十二条　监督检查国际教育学院运行情况，包括国际教育发展和培训规划、工作计划、规章制度、组织建设、条件建设和日常管理等落实情况。

第十三条　推动国际学院高质量发展，包括优化运行机制，提高经费投入，改善办学条件，促进改革发展，研究国际学院重大事项等。

第四章　议事规则

第十四条　实行管委会全体会议、主任办公会议制度。全体会议原则上每年召开一次，特殊情况，可由主任委员提议并主持召开；主任办公会议由主任委员或副主任委员根据工作需要组织召开。

第十五条　全体会议或主任办公会议，由管委会办公室负责组织、筹备；主任委员主持，或主任委员委托副主任委员主持，委员或列席人员参加。主任委员、副主任委员根据会议需要可邀请相关人员列席。列席人员没有表决权。不能出席会议人员，应事先向主任委员或办公室请假。

第十六条　会议做出决议时，须不少于 2/3 的委员到会，且经不少于到会委员人数的 2/3 同意，决议方为有效。根据表决事项，表决可采用无记名投票、记名投票或举手表决等形式进行。缺席会议的委员不得委托他人代替表决。

第十七条　会议纪要由管委会办公室负责起草；会议主持人签发，按规定发布相关内容，并存档保留。

第五章　附　则

第十八条　本章程由管委会办公室负责解释，自发布之日起实施。

中国农业科学院研究生院招收和培养国际学生管理办法（试行）

农科研生〔2022〕127 号

第一章　总　则

第一条　根据《中华人民共和国教育法》《中华人民共和国出境入境管理法》《学校招收和培养国际学生管理办法》（教育部、外交部、公安部令①第 42 号）、《来华留学生高等教育质量规范（试行）》（教外〔2018〕50 号）和《北京地区高等学校招收和培养国际学生管理办法》（京教外〔2020〕1 号）等法律法规，结合我院实际情况，制定本办法。

第二条　本办法所称国际学生，是指根据《中华人民共和国国籍法》不具有中国国籍且在中国农业科学院研究生院（以下简称研究生院）接受教育的外国学生（来华留学生），包括学历生、非学历生和培训生。

第三条　研究生院是中国政府奖学金院校，根据国家法律法规和教育主管部门的规定，依法自主开展国际学生招收、培养及培训工作，实行中外学生趋同化管理，培养知华友华和具有“农科”情怀的高层次国际化人才，维护国家主权、安全和社会公共利益，服务党和国家工作大局和农业科技创新发展。

第四条　国际学生须遵守中国法律法规，尊重中国的社会公德和风俗习惯，遵守研究生院和培养单位的规章制度，完成规定的学习或培训任务。

第二章　管理体制

第五条　研究生院国际教育实行党委领导下的行政领导人负责制，采取“院所结合、两段式培养”的管理模式，实行统一领导、归口管理、分工协作、院所协同的管理机制，由研究生院、国际教育学院和培养单位共同负责国际学生的管理。

第六条　研究生院主要职责：负责制定国际教育发展规划、国际学生管理规章制度；统筹协调全院国际学生教育管理工作；制定国际学生招生计划，组织开展国际学生

① 中华人民共和国外交部，全书简称外交部；中华人民共和国公安部，全书简称公安部。

招生宣传和录取工作；负责国际学生奖学金、签证、保险、社会文化实践、学位授予和校友等管理工作；指导和服务培养单位开展国际学生工作。

第七条　国际教育学院是研究生院国际学生业务管理部门，负责和承担国际学历教育、非学历教育及涉外培训的业务工作，接受研究生院和国际教育学院管理委员会的领导和指导。

第八条　培养单位的主要职责：制定本单位国际教育发展规划；落实本单位国际学生工作任务，开展国际学生招生宣传，制定本单位招生计划；制定本单位国际学生管理办法；负责国际学生在培养单位的课程学习、论文研究、论文答辩、社会文化实践、住宿、安全及日常管理等工作；协助国际学生的招生录取、签证、保险、学籍、安全管理和校友等工作。

第九条　研究生院由一名院级领导分管国际教育工作，国际教育处归口管理国际教育工作，负责统筹、协调和落实国际学生工作的具体事宜，其他相关部门按照职能分工协同做好国际学生的管理服务工作。国际教育学院和各培养单位应明确分管领导和国际学生管理部门，建立完善工作机制，设专人负责国际学生管理和服务工作。

第三章　招生工作

第十条　研究生院根据国家和北京市有关规定自主招收国际学生。原则上具有博士学位和硕士学位授予权的学科专业均可接收国际学生。培养单位应具备招收国际学生相应师资、教学培养、科研研究和后勤保障等条件。招收国际学生的导师须具有相应的招生资质。

第十一条　研究生院根据各培养单位的招生计划，综合考虑学科建设、培养能力、办学条件和国际合作需求确定研究生院国际学生招生计划，统一编制和发布国际学生招生简章。国际学生主要招收学历生，以博士研究生为主。

第十二条　国际学生招生实行“申请—审核”制。培养单位负责审核外国公民的入学申请材料，组织对申请者的面试或考核，按照招生标准和程序择优推荐预录取人员，研究生院负责国际学生的商请，审定预录取和录取名单，按照教育部和北京市主管部门的要求统一办理招生录取手续。

第十三条　招收录取的国际学生新生须持护照、录取通知书、国际学生来华签证申请表和体检表（原件）等材料，按规定时间到校报到注册。无法按时报到的，应事先提出申请延期报到或保留入学资格，经批准后须按要求的时间报到注册。无故逾期 2 周未报到的，视为放弃入学资格。

第十四条　研究生院在国际学生入学报到后进行新生入学资格复审，凡新生入学材料信息存在伪造做假或存在违纪违法行为的，取消其入学资格，须在入境之日起 30 日内离境。

第四章　教学培养

第十五条　国际学生教学培养工作纳入研究生院整体教学培养计划与质量保证体系，根据趋同管理的要求制定国际学生培养方案，建立教学评估和督导机制，规范培养过程管理，保证教学培养质量。

第十六条　国际学生（不含培训生）培养实行导师负责制，强化导师教书育人第一责任人作用。国际学生的教学培养纳入研究生院和培养单位的考核与评估指标体系，鼓励和支持培养单位和导师开展课程和教材建设，创新教学培养模式。

第十七条　博士基本学制 3 年，累计在学年限不超过 6 年（含休学）。硕士基本学制为 3 年，经批准可提前或延长 1 年毕业，累计在学年限不超过 4 年（含休学）。非学历生的学习年限一般不超过 1 年，最长不超过 2 年。国际学生申请提前毕业或延期的，须得到研究生院和奖学金管理部门的批准。

第十八条　国际学生的培养语言为汉语或英语。汉语和中国概况为国际学历生的必修课。以中文为专业教学语言的国际学历生，毕业时中文能力应当达到《国际汉语能力标准》五级水平；以英语为专业教学语言的国际学历生，毕业时中文能力应当至少达到《国际汉语能力标准》三级水平。

第十九条　国际学生应当按照培养方案和教学计划的要求，参加课程学习、论文研究、学术交流和社会文化实践等活动，完成课程学习和培养环节的要求。研究生院和培养单位应当如实记录国际学生考试和考核成绩、培养环节考核结果和日常表现，并作为学业考核、奖学金评审和评奖评优的重要依据。

第二十条　国际学生原则上应在中国完成学业。学历生确因学习和论文研究需要，经批准可离华进行课程学习、资料收集、课题研究和论文撰写工作，在中国累计学习时间的最低期限按照有关规定执行。

第二十一条　国际学生的论文选题应符合学习专业的研究方向，鼓励国际学生结合本国实际需求开展论文研究工作。论文内容应以学生本人完成的第一手试验、观测或调查的材料为主。

第二十二条　国际学生须在申请学位论文答辩前达到本专业培养方案的要求，并完成学位论文工作。各培养单位可结合实际情况制定不低于研究生院规定的发表论文要求。学位论文和学术论文须注明获资助的奖学金类型。

第五章　学生管理

第二十三条　研究生院国际学生归口管理部门负责统筹协调国际学生的管理服务以及校友等工作，培养单位分管国际学生的所（院）领导、管理部门须按照研究生院和属地化管理要求做好学生事务管理工作。

第二十四条 研究生院和培养单位设立国际学生辅导员（班主任）岗位，负责国际学生事务管理工作，了解国际学生的学习、生活需求，及时做好信息、咨询、文体活动等方面服务工作。国际学生辅导员配备比例不低于中国学生辅导员比例，与中国学生辅导员享有同等待遇。

第二十五条 国际学生在每学期开学时应当按规定办理注册手续。不能如期注册的，应当履行暂缓注册手续。未按学校规定缴纳学费或者有其他不符合注册条件的，不予注册。未完成注册的国际学生不具有学籍，不享有在校生的各项权利。

第二十六条 国际学生的学籍管理参照中国学生学籍管理规定执行。学生休学、复学、退学、转学、变更专业、变更导师、变更培养单位等异动，须报研究生院审核批准，按规定报教育部和北京市主管部门备案。

第二十七条 国际学生因故不能参加课程学习、论文研究或其他须参加的活动，应按规定履行请假手续。无论是学习科研活动需要还是个人原因，国际学生出境或离开居住所在城市，均须提前申请，经导师和培养单位签字同意，研究生院批准后方可离开。学生返校后应立即到国际教育处销假，重新办理住宿登记手续。未经批准离校2周或无故逾期不归的，将给予自动退学处理。

第二十八条 研究生院负责组织开展国际学生入学教育、中国法律法规、校纪校规、国情校情、中华优秀传统文化和风俗习惯等内容的教育，组织国际学生参加文体活动和社会实践。培养单位应结合本单位实际开展国际学生教育及安全培训，为国际学生学习生活、文体活动等提供便利条件。国际学生可以自愿参加公益活动、中国重大节日的庆祝活动。

第二十九条 研究生院和培养单位应当为国际学生提供食宿等必要的生活服务设施，建立健全并公布管理服务及设施使用制度。国际学生在学校宿舍外居住的，应事先得到培养单位和研究生院的批准，及时到居住地公安部门办理登记手续。

第三十条 研究生院和培养单位尊重国际学生的民族习俗和宗教信仰，但不提供宗教活动场所。严禁国际学生在研究生院和培养单位进行传教、宗教聚会等任何宗教活动。

第三十一条 经研究生院批准，国际学生可以在学校内成立国际学生联谊社团或加入学校社团组织，在中国法律、法规规定的范围内活动，并接受研究生院的指导和管理。

第三十二条 经研究生院和培养单位同意，国际学生可以在校内指定的地点和范围举行庆祝本国重要传统节日的活动，但不得有反对、攻击其他国家、民族的内容或者违反公共道德的言行，不得影响学校正常的教育教学秩序和生活秩序。

第三十三条 实行国际学生在学期间全员保险制度。国际学生必须按照国家有关规定和学校要求投保。国际学生未按照规定购买保险的，应限期投保，逾期不投保的，研究生院不予录取；对于已在校学习的，应予退学或不予注册。

第三十四条 国际学生违纪处分参照《中国农业科学院研究生院研究生违纪处分

条例（试行)》执行。处分种类包括警告、严重警告、记过、留校察看和开除学籍。研究生院对国际学生做出退学处理或者开除学籍处分的，按照规定报教育部主管部门和北京市教育行政部门备案。

第三十五条 研究生院为国际学生提供就业咨询服务，国际学生（不含培训生）在校学习期间可以参加勤工助学和校外实习活动。经国际学生书面申请、研究生院批准后，按照相关规定向签证所在地的公安机关出入境管理部门申请居留证件加注勤工助学或者实习地点、期限等信息，但不得就业、经商或从事其他经营性活动。

第三十六条 根据国家、北京市和研究生院的规定，学校对知华友华、品德优良、学业优秀、表现突出的国际学生给予表彰奖励。除另有规定的以外，国际学生的表彰奖励与国内普通全日制研究生趋同。研究生院对在团体活动及重大国际国内活动中表现突出的国际学生给予表彰奖励。

第三十七条 国际学生不得有酗酒、盗窃、打架斗殴、赌博、吸毒，传播、复制、贩卖非法书刊和音像制品等违纪违法行为，不得参与传销活动，不得从事或者参与有损国际学生形象及有悖社会公德的活动。

第三十八条 研究生院和培养单位应高度重视国际学生在华安全、权益保护及舆情管控等工作，制定可操作的应急管理预案，明确突发事件应急责任人及工作流程，确保突发事件能够得到及时有效地处置，防范和消除安全隐患。遇重大事故、突发事件等情况须及时向中国农业科学院、北京市和教育部有关部门报告。

第三十九条 国际学生入学时须按照中国卫生行政部门的规定到中国卫生检疫部门办理《外国人体格检查记录》确认手续或者进行体检。经体检确认患有《中华人民共和国出境入境管理法》规定的严重精神障碍、传染性肺结核病或者有可能对公共卫生造成重大危害的其他传染病的，由出入境管理部门依法处理。

第四十条 学校依法依规保障国际学生权益，建立完善国际学生申诉处理机制，支持和保障学生依法参与研究生院和培养单位的民主管理，维护校园学习生活秩序。

第六章 奖学金与费用管理

第四十一条 研究生院外国留学生奖学金类型包括中国政府奖学金、北京市外国留学生奖学金、研究生院奖学金、外国政府和国际组织奖学金。研究生院优先招收中国政府奖学金生，鼓励培养单位设立本单位国际学生奖学金，支持外国公民申请国际组织、外国政府、学术机构及企业奖学金或自费来我院学习。

第四十二条 研究生院负责制定国际学生奖学金管理办法，负责国际学生奖学金管理和年度评审。年度评审合格者方可获得下一学年奖学金资助。国际学生不得同时享受中国各级政府、研究生院或国外机构设立的奖学金（不含各类一次性奖励金）的资助。

第四十三条 研究生院根据国家和北京市主管部门的相关规定，制定国际学生的收费类别、标准和管理办法。国际学生的费用以人民币为计费单位，不收取其他类型的货币。

第四十四条 研究生院和培养单位应当为国际学生的教学、培养、管理和服务提供充足经费保障。国际教育经费纳入研究生院预算统一管理和收支两条线。

第四十五条 国际学生须按规定按时缴纳费用。因不可抗力或其他特殊情况暂时无法缴纳的，须提交缓缴费用的申请，经批准后须在缓缴期限内完成缴费。凡不按时缴费且经催缴后仍不缴费者，不予注册或给予其退学处理。

第四十六条 国际学生在中国境内遭遇重大疾病、意外事故等突发情况，导致身体健康和经济情况出现严重困难的，研究生院和培养单位视情况给予援助。

第七章　签证办理与管理

第四十七条 国际学生须遵守中华人民共和国出入境管理的相关规定，按时办理签证和居留许可，避免护照、签证过期等违规违法事件的发生。研究生院协助国际学生办理签证和居留许可。

第四十八条 持学习签证入境的国际学生，通过体格检查和新生入学资格复审后，研究生院协助学生办理当学年或进修期间的居留许可。需继续学习的国际学生，研究生院协助其按规定办理签证延期。

第四十九条 因护照、居住地、学习地等变更的，国际学生本人须及时办理变更手续。因学生个人原因导致非法滞留等违法违规情况的国际学生，按照有关规定进行处理。

第五十条 国际学生在校学习 6 个月后，方可申请家属来华陪读。家属在华费用自理，并不得影响、干扰学校正常的学习、生活秩序。

第八章　毕业、学位授予和校友

第五十一条 国际学生完成培养方案规定的培养环节和学位论文工作，并通过毕业资格审查后，可申请进行学位论文答辩。

第五十二条 学位论文可使用中文或英文撰写，但须有中文题目和中文摘要，论文格式要求与国内研究生一致。论文答辩语言可使用中文或英文。通过论文答辩者准予毕业，颁发毕业证书。

第五十三条 国际学历生的学位授予工作按照《国务院学位委员会关于普通高等学校授予来华国际学生我国学位试行办法》《中国农业科学院学位授予工作实施细则》和有关规定执行。经中国农业科学院学位评定委员会审核通过后，授予博士或硕士学位，颁发学位证书。

第五十四条 国际学历生未满足毕业条件的，根据有关规定分别出具结业证书、肄业证书或学业证明。接受非学历教育的国际学生学习结束后须提交学习进修报告，由研究生院出具结业证书。

第五十五条 研究生院支持建立国际学生校友联谊组织，维护更新校友基本信息系统，鼓励有条件的地区和国别设立海外校友联谊组织。研究生院和培养单位应做好校友联系和跟踪服务工作。

第九章 附 则

第五十六条 本办法自印发之日起施行，原《中国农业科学院研究生院接受和培养外国来华留学生管理规定》同时废止。

第五十七条 本办法未尽事宜，按照中外学生趋同管理的要求参照研究生院和培养单位的有关规定执行。

第五十八条 本办法由研究生院国际教育处负责解释。

中国农业科学院研究生院乡村振兴人才培养专项管理实施办法（试行）

（2022 年 12 月修订）

农科研生〔2022〕127 号

第一章　总　则

第一条　为加快培养一批服务乡村发展、乡村建设和乡村治理的乡村振兴应用型人才，提升研究生国际化人才培养能力，做好国家留学基金管理委员会（以下简称国家留学基金委）“2022 年乡村振兴人才培养专项”的管理工作，结合中国农业科学院（以下简称农科院）办学特色和人才培养实际，特制定本办法。

第二条　中国农业科学院研究生院（以下简称研究生院）乡村振兴人才培养专项（以下简称本项目），执行期为 2023—2025 年，选派类别为联合培养硕士研究生，留学期限 6~12 个月，每年选派 5 名硕士生赴比利时列日大学、澳大利亚塔斯马尼亚大学、新西兰林肯大学和加拿大阿尔伯塔大学学习。

第三条　本项目采取“先立项、后选人”的办法。项目获得国家留学基金委批准立项后，研究生院组织农科院院属研究生培养单位（研究所），根据国家留学基金委的通知要求和选派办法科学、精准选拔推荐人员，并报国家留学基金委审批确定录取人员。

第二章　申请条件

第四条　申请人应具备以下条件。

（一）具有中华人民共和国国籍，不具有国外永久居留权。热爱社会主义祖国，具有良好的思想品德和政治素质，无违法违纪记录。身体健康，心理健康。

（二）具备扎实的专业基础，较强的学习、工作和交流能力，综合素质良好，学习成绩优异或工作业绩突出，具有较强的发展潜力。

（三）攻读联合培养硕士研究生应为农科院优秀在读硕士研究生，申请时年龄不超过 35 岁。

（四）申请时需要提交拟留学单位的邀请函。

（五）攻读联合培养硕士研究生申请人在申请时应具有意向性工作单位。

（六）外语水平须符合以下条件之一。

（1）外语专业本科（含）以上毕业（专业语种应与留学目的国使用语种一致）。

（2）近10年内曾在同一语种国家留学1学年（8~12个月）或连续工作1年（含）以上。

（3）参加“全国外语水平考试”（WSK）并达到合格标准。

（4）曾在教育部指定出国留学培训部参加相关语种培训并获得结业证书（英语为高级班，其他语种为中级班）。

（5）参加雅思（学术类），托福，德语、法语、意大利语、西班牙语水平考试，成绩达到以下标准：雅思6.5分，托福95分，德语、法语、意大利语、西班牙语达到欧洲统一语言参考框架（CECRL）的B2级。

（6）通过国外拟留学单位组织的面试、考试等方式达到其语言要求（应在外方邀请信中注明或单独出具证明）。

（七）申请时须提交个人意愿承诺书，承诺学成回国后到乡村振兴一线工作，不在硕士毕业后直接攻读博士学位或在与乡村振兴一线工作无关的单位就业，申请人须提供工作意向单位的证明材料。

（八）申请时的学习专业为植物保护、食品科学与工程、农业资源与环境、畜牧学、兽医学一级学科所属专业。

第五条 暂不受理以下人员的申请。

（一）已获得国外全额奖学金资助。

（二）已获得国家公派留学资格且在有效期内。

（三）已申报国家公派出国留学项目尚未公布录取结果。

（四）曾获得国家公派留学资格，未经国家留学基金委批准擅自放弃且时间在5年以内，或经国家留学基金委批准放弃且时间在2年以内。

（五）曾享受国家留学基金资助出国留学、回国后服务尚不满2年。

第三章 人员选拔和录取程序

第六条 农科院院属各研究生培养单位按照“公开、公平、公正”的原则，把政治过硬、学业精良和具有科研潜质的优秀学生精准地选拔出来，择优推荐派出人员并将候选人员名单和相关材料报送研究生院。

第七条 研究生院根据培养单位推荐的候选人员名单，组织专家评审后提出本项目推荐人员名单并进行公示，公示时间不少于5个工作日。经公示无异议后，由研究生院相关会议讨论通过本项目推荐人员名单。

第八条 研究生院统一组织被推荐人员登录国家公派留学管理信息平台（http：//apply.csc.edu.cn）进行网上报名，按照《乡村振兴人才培养专项申请材料及说明》准备申请材料并提交研究生院，经农科院国际合作局审核后将书面公函及推荐人员名单邮寄至国家留学基金委，并通过信息平台提交申请人的电子材料。申请人书面材料由研究生院主管部门留存，留存期限为 3 年。经国家留学基金委批准后，本项目被录取人员按照国家留学基金委的规定和《中国农业科学院研究生出国（境）管理办法》办理出国手续。

第四章　人员派出和管理

第九条　本项目被录取人员一般应在被录取当年派出，最晚不迟于第二年年底。凡未按期派出者，其留学资格将自动取消。

第十条　建立研究生院、培养单位和导师三级管理机制，明确派出人员服务管理的责任分工，做好外事纪律教育、安全教育和出国期间党员管理。研究生院在留学人员派出前，对其进行行前集训，加强思想政治教育、爱国主义教育、道德诚信教育和心理健康教育，提出明确目标要求。

第十一条　留学人员出国期间应自觉接受我国驻外使（领）馆的指导和管理。研究生院、培养单位和导师应切实加强对留学人员的跟踪、指导和服务工作。强化导师第一责任人的作用，中方导师应与学生保持经常性联系，及时了解学生的思想动态、学习和生活等情况，为学生的学习生活提供必要的指导和帮助。

第十二条　留学人员应按期回国履行回国服务义务，毕业后到乡村振兴一线就业，回国之日起 1 个月内须在国家公派留学管理信息平台登记回国信息。留学人员须信守毕业后到乡村振兴一线就业的承诺，培养单位和研究生院相关职能部门要做好管理监督。留学人员应当按要求提交出国总结报告，研究生院对回国研究生进行终期评估和考核，同等条件下考核优秀者在评奖评优方面予以优先考虑。

第十三条　研究生院将留学人员毕业后到农业农村相关领域就业情况和比例作为效益评估的决定性指标，在留学人员回国后，及时对留学人员的成果、效益及问题进行总结，于每年 9 月完成项目年度工作总结，国家留学基金委组织复核后确定下一年度是否继续资助。在项目执行 3 年期满时，研究生院向国家留学基金委提交总结报告，并提出下一期执行工作计划。

第十四条　国家留学基金资助项目被录取人员一次往返国际旅费和规定期间的奖学金（包括伙食费、住宿费、注册费、交通费、电话费、书籍资料费、医疗保险费、交际费、一次性安置费、签证延长费、零用费和学术活动补助费等）。同时，中外合作院校基于合作协议/备忘录，为项目实施提供必要的联合培养条件，以保证本项目顺利完成。

第十五条　留学人员与获得资助有关的论文、研究项目或科研成果在成文、发表、公开时，应注明“本研究/成果/论文得到国家留学基金资助”。

第十六条　未经研究生院及国家留学基金委批准，不得变更已确定的留学期限、留学身份、留学国家、留学单位、留学专业和留学计划。

第十七条 如发生违反《国家公派出国留学协议书》规定、本管理办法和其他有关法律、法规和规定的，留学人员应承担相应的个人信誉和违约责任。

第十八条 本项目留学生的毕业和学位授予按中外合作院校的有关规定执行。

第五章 附 则

第十九条 本办法未尽事宜，按照国家留学基金委乡村振兴人才培养专项选派办法的有关规定和《中国农业科学院研究生出国（境）管理办法》等文件执行。

第二十条 本办法由研究生院国际教育处负责解释，自印发之日起施行。

中国农业科学院研究生院教学委员会章程（2022）

农科研生〔2022〕15 号

第一章　总　则

第一条　为深入贯彻党的教育方针，提高人才培养质量，提升教学管理水平，进一步规范中国农业科学院研究生院教学委员会工作（以下简称教学委员会），特制定本章程。

第二条　教学委员会是对中国农业科学院研究生院（以下简称研究生院）教学工作进行研究、咨询、指导、评估、审议、服务的专家组织。教学委员会对研究生院教学改革与教学管理的重大问题进行研究，并对研究生院有关教学的重大决策提供咨询。

第二章　组　织

第三条　教学委员会设主任委员 1 名、副主任委员 2~3 名，秘书长 1 名，委员若干名。主任委员由中国农业科学院研究生院院长担任，副主任委员一般由中国农业科学院分管研究生教育的院领导、研究生院党委书记、执行院长担任，秘书长一般由研究生院分管研究生培养的院领导担任。教学委员会秘书处设在研究生院培养处，负责教学委员会的日常工作。委员人选由院属研究生培养单位推荐，经研究生院院长办公会议和院党委会议审议决定。

第四条　教学委员会委员应具备以下条件。

（一）政治立场坚定，遵纪守法，师德高尚，学风端正，责任心强，办事公正。

（二）学术造诣高，具有高级专业技术职务，工作在研究生培养、教学或管理一线，熟悉研究生教育教学规律和人才培养工作，具有丰富的教育教学经验。

（三）热心研究生教育工作，身心健康，有参与教学委员会相关工作的精力。

（四）研究生院规定的其他条件。

第五条　教学委员会实行任期制，每届任期 4 年。因特殊情况需要缩短或者延长任期时，须经研究生院院长办公会议和院党委会议审议决定，延长时间最多不得超过 1 年。

第六条　教学委员会委员在任期内有以下情形之一者，经教学委员会研究，并报研究生院院长办公会议和院党委会议审议决定，不再担任委员职务。

（一）本人书面提出申请辞去委员职务。

（二）被依法追究法律责任。

（三）违反教师职业道德。

（四）怠于履行委员职责。

（五）工作调离、职务变动或其他原因不能履行职责。

第七条 任期内教学委员会因工作需要增补新委员时，须按委员产生程序及时增补，增补的委员任期至本届教学委员会任期届满止。因工作需要调整委员职务时，秘书处需报请主任委员同意后，提交研究生院院长办公会议和院党委会议审议决定进行调整。

第八条 教学委员会根据工作需要，可设置学科（专业学位类别）分委员会、专门委员会。

第三章 职 责

第九条 教学委员会对以下涉及研究生院教育教学、师资队伍建设等事项开展研究、咨询、指导、评估、审议。

（一）人才培养规划和重大教学改革政策、措施的制定和修订。

（二）研究生培养方案、课程体系和课程教学大纲的制定和修订。

（三）课程建设、教材建设、教学改革等项目的评审和推荐。

（四）教学质量评估与监控体系建设。

（五）实习实践及联合培养基地建设。

（六）师资队伍建设。

（七）教风、学风建设及重大教学事故认定和处理意见。

（八）其他有关研究生培养与教学工作的重大事宜。

第十条 除因疾病或其他特殊原因请假以外，教学委员会委员须按时参加教学委员会会议和相关活动。

第十一条 对于教学委员会会议上讨论的涉密事项，与会人员应按相关保密制度要求，严格保密。

第四章 议事规则

第十二条 教学委员会一般每学年至少召开一次全体会议，会议由主任委员或主任委员委托的副主任委员主持。仅涉及部分学科（专业学位类别）的议题或专门议题，经主任委员或副主任委员授权，可召开相关分委员会会议或专题会议。

第十三条 教学委员会需要做出决议时，须不少于2/3的委员到会，且经不少于到会委员人数的 2/3 同意，决议方为有效。根据需表决事项性质，表决可采用无记名投票、实名投票以及举手表决等形式进行。

第十四条　根据会议议题，教学委员会主任委员、副主任委员或秘书长可邀请相关人员列席。列席人员有旁听权和陈述权，但没有表决权，其意见可供教学委员会决策时参考。

第十五条　教学委员会实行回避制度。在讨论、审议或评议与委员本人及其配偶和直系亲属有关的事项时，相关委员必须回避。

第十六条　对于教学委员会做出的决议，相关单位或当事人如有异议，须在 7 个工作日内向秘书处提出书面复议请求，经 1/3 以上委员同意后方可进行复议。经复议作出的结论为最终结论。

第五章　附　则

第十七条　本章程自印发之日起施行，由教学委员会秘书处负责解释，《中国农业科学院研究生院教学委员会暂行条例（2004）》同时废止。

中国农业科学院48个科技小院获批国家级支持建设

2022年7月29日，教育部、农业农村部、中国科协联合下发《教育部办公厅 农业农村部办公厅 中国科协办公厅关于支持建设一批科技小院的通知》（教研厅函〔2022〕7号），对全国68个单位的780个科技小院予以支持建设，中国农业科学院14个研究所的48个小院获批国家级支持建设，获批数量在全国排名第二。具体名单见下表。

序号	科技小院名称	首席专家	研究院所
1	北京昌平牛羊科技小院	屠　焰	中国农业科学院饲料研究所
2	福建漳浦食用菌科技小院	黄晨阳	中国农业科学院农业资源与农业区划研究所
3	甘肃镇原肉羊科技小院	张　莉	中国农业科学院北京畜牧兽医研究所
4	甘肃舟曲食用菌科技小院	邬向丽	中国农业科学院农业资源与农业区划研究所
5	广东高明生猪科技小院	唐中林	中国农业科学院深圳农业基因组研究所
6	广东顺德马铃薯科技小院	熊兴耀	中国农业科学院深圳农业基因组研究所
7	广西巴马香猪科技小院	左二伟	中国农业科学院深圳农业基因组研究所
8	河北沧县枣科技小院	毕金峰	中国农业科学院农产品加工研究所
9	河北察北马铃薯科技小院	李广存	中国农业科学院蔬菜花卉研究所
10	河北黄骅旱碱麦科技小院	郭波莉	中国农业科学院农产品加工研究所

（续表）

序号	科技小院名称	首席专家	研究院所
11	河北廊坊水产饲料科技小院	周志刚	中国农业科学院饲料研究所
12	河北廊坊生猪科技小院	李习龙	中国农业科学院饲料研究所
13	河北平泉食用菌科技小院	高　巍	中国农业科学院农业资源与农业区划研究所
14	河北泊头桑葚科技小院	王凤忠	中国农业科学院农产品加工研究所
15	河北沽源玉米科技小院	马　玮	中国农业科学院作物科学研究所
16	河北任丘小麦科技小院	王德梅	中国农业科学院作物科学研究所
17	河北赵县小麦科技小院	常旭虹	中国农业科学院作物科学研究所
18	河北献县肉鸭科技小院	张德权	中国农业科学院农产品加工研究所
19	河北涿州蛋鸡科技小院	武书庚	中国农业科学院饲料研究所
20	河南新乡大豆科技小院	吴存祥	中国农业科学院作物科学研究所
21	河南新乡小麦科技小院	袁会珠	中国农业科学院植物保护研究所
22	黑龙江宝清水稻科技小院	曹立勇	中国水稻研究所
23	黑龙江哈尔滨民主水稻科技小院	张卫建	中国农业科学院作物科学研究所
24	黑龙江黑河大豆科技小院	孙　石	中国农业科学院作物科学研究所
25	湖北安陆蛋禽科技小院	陈继兰	中国农业科学院北京畜牧兽医研究所
26	湖北东西湖区食用菌科技小院	张瑞颖	中国农业科学院农业资源与农业区划研究所
27	湖北五峰茶叶小院	姚明哲	中国农业科学院茶叶研究所

（续表）

序号	科技小院名称	首席专家	研究院所
28	湖南龙山百合科技小院	明　军	中国农业科学院蔬菜花卉研究所
29	湖南雨湖水稻科技小院	安　毅	农业农村部环境保护科研监测所
30	吉林公主岭玉米杂粮科技小院	董志强	中国农业科学院作物科学研究所
31	江苏东台西瓜科技小院	刘文革	中国农业科学院郑州果树研究所
32	江西萍乡早稻科技小院	杨长登	中国水稻研究所
33	内蒙古察哈尔右翼前旗玉米科技小院	刘宏斌	中国农业科学院农业资源与农业区划研究所
34	内蒙古五原肉羊科技小院	马月辉	中国农业科学院北京畜牧兽医研究所
35	山东陵城小麦科技小院	赵秉强	中国农业科学院农业资源与农业区划研究所
36	山东寿光洛城设施蔬菜科技小院	张圣平	中国农业科学院蔬菜花卉研究所
37	山东寿光润宏设施蔬菜科技小院	张　义	中国农业科学院农业环境与可持续发展研究所
38	山东汶上大豆科技小院	张　斌	中国农业科学院农业资源与农业区划研究所
39	山东禹城大豆科技小院	李燕婷	中国农业科学院农业资源与农业区划研究所
40	山东滨州种养结合科技小院	张晴雯	中国农业科学院农业环境与可持续发展研究所
41	山西寿阳有机旱作科技小院	梅旭荣	中国农业科学院农业资源与农业区划研究所
42	上海金山奶牛科技小院	王加启	中国农业科学院北京畜牧兽医研究所
43	四川西昌烟草科技小院	戴培刚	中国农业科学院烟草研究所

（续表）

序号	科技小院名称	首席专家	研究院所
44	西藏那曲草业科技小院	高清竹	中国农业科学院农业环境与可持续发展研究所
45	云南会泽燕麦科技小院	徐丽君	中国农业科学院农业资源与农业区划研究所
46	浙江平湖水稻科技小院	展晓莹	中国农业科学院农业环境与可持续发展研究所
47	浙江西湖茶叶科技小院	尹军峰	中国农业科学院茶叶研究所
48	重庆璧山柑橘科技小院	王　琰	中国农业科学院农业环境与可持续发展研究所

关于印发《中国农业科学院教师教学奖励办法》的通知

农科研生〔2022〕42号

院属各研究生培养单位：

为贯彻落实中共中央、国务院《深化新时代教育评价改革总体方案》《教育部 国家发展改革委 财政部关于加快新时代研究生教育改革发展的意见》等文件精神，进一步加强我院教师队伍建设，健全教师荣誉制度，提高课程教学质量，研究生院制定了《中国农业科学院教师教学奖励办法》，经2022年第13次院长办公会议、第15次党委会议审定通过，并报中国农业科学院研究生教育领导小组批准，现予以印发，请遵照执行。

中国农业科学院研究生院

2022年6月6日

中国农业科学院教师教学奖励办法

第一章　总　则

第一条　为贯彻中共中央、国务院《深化新时代教育评价改革总体方案》《教育部　国家发展改革委　财政部关于加快新时代研究生教育改革发展的意见》等文件精神，加强教师队伍建设，调动教师从事课程教学的积极性，激发教师责任感与荣誉感，营造尊师重教氛围，表彰在中国农业科学院课程教学和教学改革工作中取得优异成绩的专兼职任课教师，不断提高研究生课程教学质量，特制定本办法。

第二条　奖项设置。教师教学奖设优秀教师奖、优秀教师团队奖、教学名师奖、教学突出贡献奖 4 类。优秀教师奖、优秀教师团队奖、教学名师奖每学年评选一次，获奖总名额一般不超过参评学年开设课程总数的 30%，其中教学名师奖不超过 10 名；教学突出贡献奖一般每 3 年评选一次，不设名额限制。

第三条　奖励方式。优秀教师奖、优秀教师团队奖、教学名师奖获得者由研究生院颁发荣誉证书，分别授予“优秀教师”“优秀教师团队”“教学名师”称号，对每位教学名师奖励 1 万元（税后）；教学突出贡献奖获得者由研究生院颁发奖杯和荣誉证书，对每位获奖者奖励 1 万元（税后）。

第四条　教师教学奖励评选坚持以立德树人为根本，以推进我院研究生教育高质量发展为目标，遵循公开、公平、公正的原则。

第二章　评选条件

第五条　基本条件

（一）忠于党和人民的教育事业，师德高尚，为人师表。模范遵守宪法、法律、法规、教师职业行为准则以及职业道德规范。

（二）承担我院课程教学任务。

（三）认真履行我院教师教学岗位职责，严格遵守教师教学纪律。

第六条　具体条件

（一）优秀教师奖、优秀教师团队奖

1. 集中教学阶段课程任课教师与回所阶段课程任课教师均可参评。

2. 优秀教师奖面向课程主讲教师（担任一门课程教学工作量 50% 及以上的教师），优秀教师团队奖面向模块化课程、专题课的任课教师团队。优秀教师团队中的主讲教师不重复参评优秀教师奖。

3. 参评学年承担我院课程教学工作，教学效果好、质量高，得到教师同行与研究生的较高评价。参评学年教育管理系统中研究生教学评价得分位于本教学单位（指学院、研究所教研室、研究生院教研室等）前60%。

4. 积极参与课程建设、教学研究和教学改革，注重科教融合，不断完善教学内容，优化教学方法手段，推进教学信息化。

（二）教学名师奖

1. 集中教学阶段课程主讲教师可参评。

2. 主讲的课程本人授课学时不低于16学时。

3. 近3学年连续承担我院课程教学工作，教学效果好、质量高，得到教师同行与研究生的高度评价。参评学年教育管理系统中研究生教学评价得分位于本教学单位前40%。

4. 积极参与课程建设、教学研究和教学改革，注重科教融合，在教学内容、教学方法手段、教材建设、教学信息化等方面取得突出成绩的主讲教师优先考虑。

5. 同等条件下，选课人数多的课程主讲教师优先考虑。

6. 近3年未获得本院教学名师奖。

（三）教学突出贡献奖

1. 教学效果好、质量高，得到教师同行与研究生的高度认可。

2. 任教年限等符合以下条件之一：

（1）承担我院课程教学工作10年及以上的中国科学院院士、中国工程院院士；

（2）承担我院课程教学工作15年及以上且获得至少3次本院教学名师奖的主讲教师。

3. 未获得过本院教学突出贡献奖。

第三章　评选程序

第七条　研究生院发布评选通知。研究生院每学年根据本办法发布优秀教师奖、优秀教师团队奖与教学名师奖评选通知。研究生院一般每3年组织评选一次教学突出贡献奖。

第八条　教学单位评审推荐

（一）教学奖励由教学单位分别组织评审推荐。

（二）推荐名额。优秀教师奖、优秀教师团队奖、教学名师奖候选人推荐总数一般不超过本单位参评学年开设课程或主讲教师总数的30%，其中教学名师奖候选人不超过1名。对于研究生院培养处、国际教育处直接管理的课程，由管理部门提出获奖候选人推荐名单，一般不超过相应课程总数的30%，其中教学名师奖候选人不超过2名。参评学年集中教学阶段开设课程不足5门的教学单位，教学名师奖候选人由培养处、国际教育处统筹提出。

（三）教学单位推荐。教学单位参考教育管理系统中研究生教学评价情况，结合教学督导、教师同行评价、研究生访谈等多种方式，综合考查课程教学效果，提出符合条件的教师和教师团队预推荐名单。相关教师填写相应奖项的推荐表，提交教学单位。

（四）教学单位评审。教学单位审核教师填报材料，经有关会议（如研究所学术委员会、学位评定委员会会议，或学院工作会议、教研室会议、教学奖评选专门会议等）评议，确定本单位获奖候选人推荐名单。公示无异议后，填写推荐意见并报送研究生院。

第九条 研究生院评审

（一）材料审核。优秀教师奖、优秀教师团队奖、教学突出贡献奖候选人推荐名单审核通过后列为建议名单；教学名师奖候选人推荐名单审核通过后，提交有关会议评审。

（二）专家会议评审。研究生院组织由教学委员会委员或院内外其他相关专家构成的专家组评审教学名师奖，一般采用无记名投票方式，按得票数多少确定教学名师建议名单 10 名。如遇票数相等且超过评选名额，应当就票数相等的候选人再次投票，以票多者入选。会议评审未列入教学名师建议名单者，列入优秀教师建议名单。

（三）公示。各项教学奖励获奖建议名单在研究生院网站公示 5 个工作日。如有异议，应在公示期内以书面形式向研究生院提出。

（四）会议审定。公示期满，无异议的获奖建议名单提交研究生院院长办公会议审议、党委会议审定。

第十条 研究生教育领导小组备案与表彰奖励

经研究生院党委会议审定通过的名单，报中国农业科学院研究生教育领导小组备案通过后，由领导小组办公室（研究生院）发文公布并表彰、奖励。

第四章　奖励应用

第十一条 获得教学奖励的教师需积极参与全院教学发展与评价工作，分享本人教学理念、方法和经验，促进全院整体教学水平的提高。

第十二条 教学奖励纳入研究所研究生教育考核评价指标体系。研究所应将本所教师获得的教学奖励纳入本所招生指标分配、导师资格评选，以及人事部门年终绩效考核、职称晋升、人才选拔等工作中。

第五章　附　则

第十三条 本办法自印发之日起施行，由研究生院培养处、国际教育处负责解释，原《中国农业科学院研究生院优秀教师评选及奖励办法》（农科研生〔2008〕16

号）及相关规定同时废止。

附表：1. 中国农业科学院 2021—2022 学年优秀教师奖推荐表（略）
2. 中国农业科学院 2021—2022 学年优秀教师团队奖推荐表（略）
3. 中国农业科学院 2021—2022 学年教学名师奖推荐表（略）
4. 中国农业科学院教学突出贡献奖推荐表（略）

关于印发《中国农业科学院研究生教材建设与管理办法》的通知

农科研生〔2022〕60 号

院属各研究生培养单位：

为贯彻中共中央、国务院关于加强和改进新形势下大中小学教材建设的意见，提高中国农业科学院研究生教材建设与管理水平，根据《普通高等学校教材管理办法》等文件精神，研究生院制定了《中国农业科学院研究生教材建设与管理办法》，经研究生院教学委员会五届一次会议、2022 年第 19 次院长办公会议审议，第 23 次党委会议审定通过，现予以印发，请遵照执行。

中国农业科学院研究生院

2022 年 7 月 1 日

中国农业科学院研究生教材建设与管理办法

第一章 总 则

第一条 为贯彻中共中央、国务院关于加强和改进新形势下大中小学教材建设的意见，提高中国农业科学院（以下简称农科院）研究生教材建设与管理水平，根据《普通高等学校教材管理办法》等文件精神，制定本办法。

第二条 本办法所称教材是指根据教学大纲为教学需要编选的供农科院教师、研究生使用的教学用书，以及作为教材内容组成部分的教学材料（教材的配套音视频资源、图册等知识信息媒介材料）。

第三条 教材建设与管理坚持以下原则：

（一）坚持正确的政治方向。以马克思主义为指导，体现党和国家意志，贯彻党的教育方针，落实立德树人根本任务，弘扬和践行社会主义核心价值观，引导学生树立正确的世界观、人生观、价值观。

（二）坚持先进的科学导向。遵循教育教学规律、人才成长规律、研究生教育改革发展规律、创新型人才培养规律、教材建设规律。

（三）坚持传承与创新相结合。立足“四个面向”，传承教材经典，转化农科院科技优势为教育优势，创新教材建设与管理思维、机制和方法，凝练特色，培育精品。

（四）坚持统筹规划分步实施。做好教材建设与管理的总体设计、整体规划，从实际出发，分类分步实施，推动各学科专业教材建设与管理循序渐进、协调发展。

第四条 本办法适用于农科院硕士研究生与博士研究生课程的教材建设与管理。

第二章 组织机构

第五条 农科院研究生教材建设指导委员会（以下简称委员会）为全院教材工作领导机构，负责贯彻落实党和国家关于教材工作的各项方针、政策；提出全院教材建设与管理的指导性意见，审定全院教材建设与管理规划；制定教材建设与管理的相关制度；协调各学院、学科牵头培养单位的教材建设与管理工作；统筹全院规划教材立项的申报评审工作；组织全院教材评估和优秀教材评奖工作等。

委员会秘书处设在农科院研究生院（以下简称研究生院）培养处，负责委员会的日常工作，推进委员会各项决议决定落实落地。

第六条 学院或学科牵头培养单位，负责组织协调本学科教材建设与管理工作；各培养单位负责本单位教材建设与管理工作。

第三章　教材建设

第七条　教材建设是指根据本院学科专业特色、教学方式方法特点和导师教师特长，有计划地编写、出版和使用教材。

第八条　建设程序

（一）委员会按照国家五年规划的时间段，提出教材建设指导性意见，制定教材建设规划，作为教材建设的依据。

（二）以优势特色学科专业为目标，依据教材建设规划，委员会秘书处组织规划教材的编写立项工作。

（三）申请编写教材者填写《中国农业科学院教材建设立项申请书》，经所在单位和委员会秘书处审核后报委员会评审决定。通过教材建设立项的项目，与委员会签订《中国农业科学院教材建设任务书》。

（四）编写完成后，经所在单位和委员会秘书处初审、委员会评审通过后，列入出版计划，组织出版。

第九条　有关要求

（一）教材建设工作一般按学制周期进行。根据党的理论创新成果、科学技术最新突破、学术研究最新进展等，及时充实新的内容，淘汰内容陈旧、缺乏特色或难以修订的教材。

（二）规划教材立项分为新编和修订两种类型，立项建设周期为两年。立项批准后一年内进行中期评审，未通过者停止经费资助，项目终止；期满后进行最终评审，评审未通过的教材，可重新修订一次后再次申报评审，未获通过则取消该立项。

（三）因故不能按时完成的，主编须向委员会提交书面说明，并申请延期或终止建设。最长可延期 1 年。

（四）教材建设项目申请者，如未完成已承担的教材编写任务，则不得申报新的教材建设项目；被取消教材建设项目者，3 年内不得申报新的教材建设项目。

（五）加强教材编写队伍建设，注重培养优秀编写人才；支持院士、知名专家、战略科学家、领军人才、学术水平高且教学经验丰富的学科带头人、教学名师、优秀教师、青年人才以及身体健康的已退休高水平专家参加教材编写工作。

第四章　教材编写

第十条　依据教材建设规划和学科专业课程教学标准，教材编写应符合以下要求：

（一）以马克思列宁主义、毛泽东思想、邓小平理论、“三个代表”重要思想、科学发展观、习近平新时代中国特色社会主义思想为指导，有机融入中华优秀传统文化、革命传统、法治意识和国家安全、民族团结以及生态文明教育，努力构建中国特色、融通中外的概念范畴、理论范式和话语体系，防范错误政治观点和思潮的影响，引导学生树立正确的世界观、人生观和价值观，努力成为德智体美劳全面发展的社会主义建设者和接班人。

（二）坚持理论联系实际，充分反映中国特色社会主义实践，反映相关学科教学和科研最新进展，反映经济社会和科技发展对人才培养提出的新要求，全面准确阐述学科专业的基本理论、基础知识、基本方法和学术体系。选文篇目内容积极向上、导向正确，选文作者历史评价正面，有良好的社会形象。

（三）遵循教育教学规律和人才培养规律，能够满足教学需要。结构严谨、逻辑性强、体系完备，能反映教学内容的内在联系、发展规律及学科专业特有的思维方式。强化科教融合、产教融合，体现创新性和学科特色，富有启发性，有利于激发学习兴趣及创新潜能。

（四）编排科学合理，符合学术规范。遵守知识产权保护等国家法律、行政法规，不得有民族、地域、性别、职业、年龄歧视等内容，不得有商业广告或变相商业广告。

第十一条 教材编写人员须经所在单位党组织审核同意并公示，应符合以下条件：

（一）政治立场坚定，拥护中国共产党的领导，认同中国特色社会主义，坚定“四个自信”，自觉践行社会主义核心价值观，具有正确的世界观、人生观、价值观，坚持正确的国家观、民族观、历史观、文化观、宗教观，没有违背党的理论和路线方针政策的言行。

（二）学术功底扎实，学术水平高，学风严谨，一般应具有高级专业技术职务。熟悉高等教育教学实际，了解人才培养规律。了解教材编写工作，文字表达能力强。有丰富的教学、科研经验，新兴学科、紧缺专业可适当放宽要求。

（三）遵纪守法，有良好的思想品德、社会形象和师德师风。

（四）有足够时间和精力从事教材编写修订工作。

第十二条 教材编写实行主编负责制。主编主持编写工作并负责统稿，负责教材质量与编写进度，承担相应的法律责任。参编人员对所编写内容负责。教师个人编写的教材，由编写者对教材质量负全责。批准立项并签订任务书后，主编原则上不得更换，确有特殊原因需要变动，须经所在单位同意后报委员会批准。

第五章 教材审核

第十三条 教材实行分类审核，坚持凡编必审。委员会负责组织审核全院规划教材；培养单位审核本单位组织编写的教材以及本单位教师个人编写的教材，审核通过后报委员会秘书处备案。

第十四条 教材审核应对照教材编写具体要求进行全面审核，严把政治关、学术关，促进教材质量提升。政治把关要重点审核教材的政治方向和价值导向，学术把关要重点审核教材内容的科学性、先进性和适用性。政治立场、政治方向、政治标准要有机融入教材内容，不能简单化、“两张皮”；政治上有错误的教材不能通过；选文篇目内容消极、导向不正确的，选文作者历史评价或社会形象负面的、有重大争议的，必须更换；教材编写人员政治立场、价值观和品德作风有问题的，必须更换。

第十五条　教材审核实行编审分离制度，遵循回避原则。一般采用会议审核的方式，经过集体充分讨论，形成书面审核意见，得出审核结论。审核结论分“通过”“重新送审”和“不予通过”3 种。教材审核实行盲审制度。

第六章　教材选用

第十六条　教材选用机构包括培养单位、研究生院培养处、国际教育处等，在委员会领导下负责管理课程的教材选用工作。

第十七条　教材选用遵循以下原则：

（一）凡选必审。选用教材必须集体决策并经过审核。

（二）质量第一。优先选用国家和省部级规划教材、精品教材，国务院学位委员会学科评议组、全国专业学位研究生教育指导委员会推荐的教材，全院规划教材，以及获得国家级、省部级、院级等奖励的优秀教材；优先选用近 3 年出版的新编教材或修订教材。

（三）适宜教学。符合人才培养方案、教学计划和教学大纲要求，符合教学规律和认知规律，便于课堂教学，有利于激发学生学习兴趣。

（四）公平公正。实事求是，客观公正，严肃选用纪律和程序，严禁违规操作。

（五）马克思主义理论研究和建设工程重点教材对应的课程，必须选用国家统一编写的教材。

（六）不得选用政治立场和价值导向有问题、内容陈旧、低水平重复、简单拼凑的教材。

第十八条　集中教学阶段，基础课程原则上应选定教材或讲义，同一门课程原则上应选用同一种教材。确因教学改革需要选用多种教材的，须由主讲（组织）教师提出申请，教材选用机构审核同意后报委员会秘书处。

第十九条　选用结果实行公示和备案制度。教材选用结果在本机构进行公示，公示无异议后报委员会备案。

第二十条　选用境外教材须严格遵守国家有关政策，严格把关。鼓励选用我国出版社翻译出版、影印出版的国外优秀教材。

第七章　支持保障

第二十一条　农科院设立教材建设专项经费，用于资助各级重点规划教材的编写、出版，以及优秀教材的评审、奖励，保障教材编写、审核、选用、研究和队伍建设、信息化建设等工作。培养单位根据人才培养和学科专业建设需要，统筹安排经费，支持保障本单位教师开展教材建设与管理工作。

第二十二条 建立优秀教材评选制度，加大对优秀教材的奖励。一般每四年组织评选一次院级优秀教材。在此基础上，择优推荐申报国家级、省部级教材建设有关奖励。

第二十三条 把教材建设作为学科专业建设、教学质量、人才培养的重要内容，纳入培养单位研究生教育考核评价指标体系。

第二十四条 建立教材编写激励保障机制，着力打造精品教材。教材编审工作以及教材建设成果、获奖纳入所在单位人事部门年终绩效考核、职务评聘、评优评先、岗位晋升、人才选拔等工作中，作为本单位招生指标分配、导师资格评选、教师教学奖励的重要指标。

第八章 质量监控

第二十五条 委员会负责教材质量监控。将教材质量纳入教学检查与评价范围，对于学生反馈有问题的教材，组织专家评估，根据评估结果提出整改意见。

第二十六条 出现不符合编写、审核、选用等规定的教材须停止使用，视情节轻重和所造成的影响，予以相应处理。

第九章 附 则

第二十七条 作为教材使用的讲义、教案和教参以及数字教材等参照本办法管理。

第二十八条 本办法自印发之日起施行，由委员会秘书处负责解释。

关于印发《中国农业科学院研究生教育管理工作先进集体和先进个人评选办法》的通知

农科研生〔2022〕140 号

院属各研究生培养单位：

新修订的《中国农业科学院研究生教育管理工作先进集体和先进个人评选办法》经研究生院 2022 年第 42 次院长办公会议审议、第 47 次党委会议审定，现予以印发，请遵照执行。

中国农业科学院研究生院

2022 年 12 月 26 日

中国农业科学院研究生教育管理工作先进集体和先进个人评选办法

为进一步加强我院研究生教育管理工作，调动院属各培养单位及其工作人员的积极性和创造性，建立健全激励机制，推进研究生教育科学化、规范化管理，提高研究生教育服务水平和教育质量，根据《教育部　国家发展改革委　财政部关于加快新时代研究生教育改革发展的意见》（教研〔2020〕9号）等文件精神，结合工作实际，制定本评选办法。

一、奖项设置

本奖励设置研究生教育管理工作先进集体、研究生教育管理工作先进个人、研究生教育管理工作特别荣誉奖3个奖项，每年评选一次。

（一）研究生教育管理工作先进集体

评选对象为院属各研究生培养单位（仅限研究所），奖励名额一般不超过培养单位总数的30%。

（二）研究生教育管理工作先进个人

评选对象为各研究生培养单位研究生教育管理工作人员。每个研究生培养单位最多可推荐1名研究生教育管理工作先进个人，奖励名额一般不超过可推荐总人数的30%，一线工作人员（处级及以下）占比一般不低于75%。

（三）研究生教育管理工作特别荣誉奖

评选对象为当年研究生教育管理工作先进个人。

二、评选依据

（一）研究生教育管理工作先进集体

在综合考察培养单位研究生教育管理工作成效的基础上，主要依据培养单位研究生教育年度考核评价结果。本单位年度研究生教育管理工作中出现重大失误，实行一票否决。

（二）研究生教育管理工作先进个人及特别荣誉奖

在综合考察研究生教育管理人员岗位工作年限、工作完成情况、工作成效等基础上，参考培养单位研究生教育年度考核评价中有关管理工作指标考核结果。对于有违纪违规等行为，或因个人原因导致在研究生教育管理工作中发生责任事故者，实行一票否决。

三、评选要求

（一）研究生教育管理工作先进集体评选要求

（1）以立德树人为根本，认真贯彻国家对研究生教育的方针政策，严格执行本院研究生教育工作各项规定，确保研究生招生就业、教学培养、思政教育、党建团学、学位管理、学科建设、师资队伍等工作科学规范、措施得力、成效显著。

（2）培养单位党委高度重视研究生教育，全面领导并具体指导研究生教育工作，加强研究生意识形态、安全健康教育，关心、关注研究生学习科研、思想健康和日常生活等，为本单位研究生营造良好的成长成才环境。

（3）拥有健全的研究生管理制度和工作机制，研究生教育工作责任明确。落实导师第一责任人责任，切实肩负起培养高层次创新人才的崇高使命，引导研究生形成学风良好、勤奋努力的精神风貌；管理人员恪尽职守、管理规范，充分发挥好本单位、研究生院、导师、教师和研究生之间融洽健康的桥梁与纽带作用。

（二）研究生教育管理工作先进个人评选要求

热爱研究生教育事业，在研究生教育管理岗位上连续工作 2 年以上；认真贯彻教育部等上级部门关于研究生教育管理的方针、政策，熟悉我院研究生教育管理政策及相关业务，严格执行和落实研究生院的有关规定；坚持管理育人、服务育人，管理规范、尽职尽责，能够及时汇报传达研究生教育工作的各项通知和要求；圆满完成各项研究生招生、培养、学位、就业及学生管理等工作。本年度对研究生教育管理工作作出重要贡献者，评选要求可适当放宽。

1. 招生工作要求

（1）认真落实中国农业科学院招生工作总体部署，按时编制并上报本单位招生专业目录和招生计划需求，制定本单位招生工作实施办法、应急预案等。

（2）认真履行招生、复试、预录取等工作中承担的职责，按规定认真审核、管理和报送招生档案及硕博连读研究生申报材料等。

（3）认真做好招生宣传和咨询工作，以本单位的学科专业特色、优势和成就，吸引优秀生源报考。

2. 培养管理工作要求

（1）认真落实农科院研究生培养工作总体要求，负责本单位相关学科研究生培养方案制（修）订工作；按规定组织本单位导师和教师开展课程教学、课程建设、教材建设、教学改革与教师队伍建设等。

（2）认真履行研究生课程教学、论文研究等工作中承担的职责，配合做好本单位承担的课程教学组织与管理工作；高质量组织研究生回所课程教学；按要求及时报送课程教学计划及其他教学材料等。

（3）认真组织本单位研究生论文开题报告、学术活动、实践训练、中期考核、科研记录等培养关键环节，制定本单位各培养环节管理与考核细则；指导、督促研究生按时完成个人课程学习与论文研究计划制定，并按时认真完成材料提交和环节审核工作，严把培养环节质量关。

3. 学位管理工作要求

（1）认真落实中国农业科学院农科院学位授予工作总体部署，按时上报本单位建议授予学位人员名单、优秀学位论文推荐名单，制定本单位学位管理工作实施细则。

（2）认真履行学位论文评阅、答辩、学位授予审核等工作中承担的职责，按规定开展学位论文格式审核、复制比检测、所级双盲评阅和常规评阅，规范组织学位论文答辩，认真审核、管理和报送研究生答辩及学位申请材料。

（3）认真组织召开本单位学位评定委员会会议，充分发挥专家的学术把关作用，确保学位论文质量。

4. 学科建设及导师队伍建设工作要求

（1）认真落实农科院研究生教育学科建设工作总体部署，制定本单位学科发展规划。认真落实中国农业科学院导师队伍建设工作总体部署，按时上报本单位硕士生导师备案名单、博士生导师遴选推荐名单及导师招生资格审核通过名单，制定本单位导师管理工作实施办法。

（2）认真履行学科建设工作职责，积极配合完成新增学位授权点申报、学科评估、专业学位水平评估、学位授权点合格评估及专项评估等工作，认真审核、管理和报送有关材料。认真履行新增导师遴选及在岗导师日常管理、教育培训、岗位考评等工作中承担的职责，认真审核、管理和报送有关材料，督促本单位导师按要求参加研究生院组织的岗前培训，定期组织开展本单位在岗导师培训。

（3）认真做好学科建设工作，组织本单位专家凝练学科方向、优化学科布局、促进学科发展。认真做好师德师风建设工作，及时掌握本单位导师立德树人职责落实情况及师生关系状况，发现问题及时协调解决。

5. 就业管理工作要求

（1）认真落实中国农业科学院研究生就业工作有关要求和部署，促进单位研究生就业工作制度化、规范化，高质量做好本单位就业管理工作。

（2）认真履行就业工作中承担的职责，按规定及时为本单位毕业生发放就业推荐表、三方协议等各种就业材料。

（3）积极拓宽本单位毕业生就业渠道，充分运用本单位专家、导师、校友等各类资源，加大向用人单位的推荐力度，促进本单位毕业生充分、高质量就业。

6. 学生管理工作要求

（1）认真开展学生工作，对学生进行有效管理；全面掌握学生思想状况，引导学生树立正确的世界观、人生观和价值观；定期开展学生安全教育，关注学生心理健康，维护校园安全和稳定，未发生学生违法违纪和群体事件。

（2）认真做好研究生学籍注册、学籍信息异动审核及各项研究生奖助学金材料审核报送等工作。

（3）认真做好研究生团学工作，指导学生党支部和班团组织建设，定期组织研究生开展高质量的党建、团学活动。

7. 国际教育管理工作要求

（1）认真落实中国农业科学院国际教育工作总体部署，按时编制并上报本单位国际教育招生专业目录和招生计划需求，制定本单位国际教育管理实施办法、应急预案等。

（2）认真履行国际学生招生宣传、材料审核、推荐录取、教学培养、学籍管理、住宿安全、奖学金、毕业和校友管理等工作中承担的职责，按规定认真审核、管理和报送学生管理档案等材料。

（3）认真组织学生参加文化社会实践活动，开展留学生法律法规和安全教育，做好信息咨询、心理健康、文体活动等方面的管理服务工作。

（4）认真做好学生出国（境）纪律和安全教育，关心学生出国期间的学习、生活和思想动态，按规定做好学生学成回国后的管理服务工作。

（三）研究生教育管理工作特别荣誉奖评选要求

截至当年 12 月底，在研究生教育管理工作岗位工作 10 年及以上，且当年被评为研究生教育管理工作先进个人。

四、评选程序

（1）各培养单位根据评选要求，按时向研究生院报送本单位研究生教育管理年度工作总结和研究生教育管理工作先进个人推荐材料。

(2) 研究生院成立评审小组，由研究生院分管招生就业、培养、学位、学生管理、国际教育等业务的院领导及相关处室主要负责人组成，并以无记名投票形式，确定研究生教育管理工作先进集体、先进个人、特别荣誉奖推荐名单。

(3) 推荐名单在研究生院网站公示5个工作日。如有异议，应在公示期内以书面形式向研究生院提出。

(4) 公示期满，推荐名单提交研究生院院长办公会议审议、院党委会议审定，由研究生院发文表彰。

五、奖励办法

(1) 授予“研究生教育管理工作先进集体”荣誉称号，在全院通报表扬，颁发证书。

(2) 授予“研究生教育管理工作先进个人”荣誉称号，在全院通报表扬，颁发证书和奖金（税前3 000元/人）。

(3) 授予“研究生教育管理工作特别荣誉奖”荣誉称号，在全院通报表扬，颁发奖杯。

六、附　则

(1) 本评选办法由研究生院培养处负责解释。

(2) 本评选办法自公布之日起执行，之前相关办法同时废止。

关于公布中国农业科学院 2022 年新增博士研究生指导教师名单的通知

农科学位〔2023〕1 号

院属各研究生培养单位（研究所）：

根据《中国农业科学院研究生指导教师工作条例》的规定，严格按照个人申报、研究所学位评定委员会初审、研究生院资格审查、研究生院组织院外同行专家通讯评议、院学科评议组复审、院学位评定委员会终审的遴选程序，经中国农业科学院第十届学位评定委员会第四次会议审议并无记名投票表决，遴选 73 人为博士研究生指导教师，认定 3 人的博士研究生指导教师资格。名单经公示无异议，现予以公布（见附件）。博士研究生指导教师资格从 2022 年 12 月 29 日起生效。

附件：中国农业科学院 2022 年新增博士研究生指导教师名单

中国农业科学院学位评定委员会

2023 年 2 月 10 日

附件

中国农业科学院 2022 年新增博士研究生指导教师名单

（按所在单位—姓名排序）

序号	所在单位	姓名	性别	出生年月	学科专业
1	草原所	王　珍	男	1981 年 5 月	草学
2	茶叶所	戴伟东	男	1987 年 2 月	茶学
3	茶叶所	李　鑫	男	1986 年 4 月	茶学
4	茶叶所	龙俐至	女	1987 年 12 月	茶学
5	灌溉所	李　平	男	1979 年 6 月	农业水土工程
6	灌溉所	刘　源	女	1988 年 12 月	农业水土工程
7	灌溉所	刘战东	男	1981 年 10 月	农业水土工程
8	哈兽研	李　凯	男	1986 年 10 月	预防兽医学
9	哈兽研	王金良	男	1988 年 4 月	预防兽医学
10	环保所	贺泽英	男	1986 年 2 月	农业环境学
11	环发所	雷添杰	男	1984 年 12 月	生态学
12	环发所	李　涛	男	1985 年 12 月	农业生物环境与能源工程
13	基因组所	程　旭	男	1983 年 4 月	生物化学与分子生物学
14	基因组所	戴俊彪	男	1974 年 4 月	生物化学与分子生物学
15	基因组所	李　成	男	1988 年 7 月	生物化学与分子生物学
16	基因组所	刘永鑫	男	1987 年 3 月	生物信息学
17	基因组所	张　江	男	1979 年 6 月	农业合成生物学
18	兰牧药	尚小飞	男	1986 年 9 月	基础兽医学
19	兰兽研	冯　涛	男	1986 年 3 月	预防兽医学
20	兰兽研	李　丹	男	1982 年 9 月	预防兽医学
21	兰兽研	牛庆丽	女	1981 年 6 月	预防兽医学

（续表）

序号	所在单位	姓名	性别	出生年月	学科专业
22	兰兽研	王　帅	男	1987 年 12 月	预防兽医学
23	兰兽研	肖书奇	男	1979 年 1 月	预防兽医学
24	兰兽研	张石磊	男	1987 年 12 月	预防兽医学
25	兰兽研	张宗德	男	1979 年 10 月	预防兽医学
26	麻类所	谢纯良	女	1984 年 10 月	微生物学
27	蜜蜂所	陈　超	男	1984 年 1 月	特种经济动物饲养
28	棉花所	何守朴	男	1984 年 9 月	作物种质资源学
29	棉花所	杨召恩	男	1987 年 9 月	生物化学与分子生物学
30	牧医所	陈　亮	男	1983 年 11 月	动物营养与饲料科学
31	牧医所	陶　聪	男	1986 年 10 月	动物遗传育种与繁殖
32	牧医所	涂　涛	男	1988 年 7 月	生物化学与分子生物学
33	牧医所	王立刚	男	1983 年 11 月	动物遗传育种与繁殖
34	牧医所	余大为	男	1986 年 5 月	动物遗传育种与繁殖
35	农机化所	张　敏	男	1979 年 10 月	农业机械化工程
36	农经所	郭君平	男	1982 年 4 月	农业经济管理
37	上兽研	高　飞	女	1981 年 7 月	预防兽医学
38	生物所	崔学安	男	1989 年 10 月	生物化学与分子生物学
39	生物所	柳小庆	男	1985 年 2 月	生物化学与分子生物学
40	蔬菜所	范腾飞	男	1986 年 7 月	植物病理学
41	蔬菜所	刘广洋	男	1987 年 4 月	蔬菜学
42	蔬菜所	吕红豪	男	1986 年 4 月	蔬菜学
43	蔬菜所	钱　伟	男	1985 年 9 月	蔬菜学
44	蔬菜所	秦宇轩	男	1989 年 1 月	蔬菜学
45	蔬菜所	孙进京	女	1984 年 3 月	蔬菜学

（续表）

序号	所在单位	姓名	性别	出生年月	学科专业
46	蔬菜所	杨树华	男	1978 年 11 月	观赏园艺
47	蔬菜所	杨　鑫	男	1985 年 12 月	农业昆虫与害虫防治
48	水稻所	胡时开	男	1983 年 1 月	作物遗传育种
49	饲料所	毕研亮	男	1985 年 9 月	动物营养与饲料科学
50	饲料所	冉　超	男	1984 年 1 月	微生物学
51	饲料所	王　晶	女	1984 年 2 月	动物营养与饲料科学
52	饲料所	徐　飞	女	1981 年 7 月	兽药学
53	信息所	张学彪	男	1982 年 3 月	农业经济管理
54	烟草所	王　倩	女	1984 年 2 月	作物遗传育种
55	烟草所	昝艳君	男	1989 年 7 月	作物遗传育种
56	油料所	罗怀勇	男	1984 年 5 月	作物种质资源学
57	油料所	彭登峰	男	1988 年 9 月	农产品加工利用
58	油料所	王秀嫔	女	1981 年 3 月	农产品质量与食物安全
59	沼科所	代立春	男	1984 年 1 月	农业生物环境与能源工程
60	郑果所	鲁振华	男	1983 年 11 月	果树学
61	郑果所	赵光伟	男	1982 年 10 月	蔬菜学
62	植保所	崔海兰	女	1976 年 2 月	杂草学
63	植保所	李珊珊	女	1984 年 2 月	生物化学与分子生物学
64	植保所	王　冰	女	1983 年 11 月	农业昆虫与害虫防治
65	植保所	张　博	女	1983 年 12 月	生物防治学
66	质标所	毛雪飞	男	1983 年 3 月	农产品质量与食物安全
67	质标所	徐贞贞	女	1985 年 8 月	农产品质量与食物安全
68	资划所	李　虎	男	1981 年 6 月	生态学
69	资划所	李文娟	女	1986 年 12 月	农业遥感

（续表）

序号	所在单位	姓名	性别	出生年月	学科专业
70	资划所	李晓彬	男	1986 年 4 月	生态学
71	资划所	刘卫星	女	1980 年 6 月	生态学
72	资划所	陆　苗	女	1984 年 5 月	农业遥感
73	资划所	阮文渊	男	1984 年 6 月	植物营养学
74	作科所	郝转芳	女	1978 年 5 月	作物遗传育种
75	作科所	和玉兵	男	1989 年 2 月	生物化学与分子生物学
76	作科所	张　帆	男	1981 年 10 月	作物遗传育种

关于授予刘天珍等 286 人博士学位、赵莹鑫等 1 090 人硕士学位的决定

农科学位〔2022〕5 号

院属各研究生培养单位：

中国农业科学院第十届学位评定委员会第三次会议于 2022 年 6 月 29 日召开，根据《中国农业科学院学位授予工作实施细则》的规定，决定授予刘天珍等 286 人博士学位（含来华留学生 53 人）；授予赵莹鑫等1 090人硕士学位，其中全日制学术学位硕士 443 人（含来华留学生 7 人），全日制专业学位硕士 350 人，非全日制专业学位硕士 297 人，授予学位日期为 2022 年 6 月 29 日。具体名单见附件。

附件：中国农业科学院 2022 年夏季授予学位人员名单

中国农业科学院学位评定委员会

2022 年 6 月 29 日

附件

中国农业科学院 2022 年夏季授予学位人员名单

一、授予博士学位人员名单（286 人）

刘天珍　柳艳霞　周桂芹　官健涛　刘峙　卫正　赵斌斌　陈天晓　胡鹏
唐婵娟　李艳妃　金济　张鹏　魏霞　晔薷罕　赵娟娟　王俊欢　刘英
唐永超　魏少博　张惠媛　郑洁　滕守振　王小婷　杨彩峰　任天婧　王宏
张彦　李晓明　赵晓燕　胡爱鹏　张惠　杨好慧　贺飞燕　许愿超　郑生宏
宋霄君　马海洋　张欣莹　邱丹　龚子文　李云卿　赵洁　俞咪娜　侯烁
宿鑫　马雪婷　李霄　蔡少伦　覃贞旺　孙立新　熊琴　邵亚会　肖栋梁
闫亚茹　钞书粉　王建　颜梦圆　孙先花　张亨　陈振华　刘肖静　马帅
张倩　周嘉豪　孙国梁　李大伟　马芬　张聪　赵运成　任蒙蒙　苏强
刘其宝　苏威　王备芳　薛炮　关红辉　李飞　李冠　孙洋洋　张伟
李敬　孙迪　崔洁芬　宋玉　颜统晶　赵圆圆　栾倩　任恒泽　都江雪
郑凤君　李金波　景建元　王雪晴　郑欠　闫振兴　梁社芳　乌云德吉
于艳茹　冯瑶　旷永洁　梅杰　吴楠　王美玉　龚成　王雪静　厉秀梅
刘凯珍　孙玲玲　汤善龙　刘楠楠　王静　王胜义　崔帅　阚先进　刘旗
卢晓娟　马晓春　唐井玉　张浩　谷文丽　王鑫鑫　薛雨佳　杨大为　张宇
李玲霞　滕志东　吴耀东　张光磊　刘婧怡　盛芳芳　王海英　刘婧　彤丽格
王振玉　郝珍珍　王倩　郑雪玲　刘淑君　杜昊澜　詹晶晶　唐蝶　张宏媛
刘春成　袁余　邹洁　董艳　李丽娜　张琪　郭存　吴磊　张立娜
滕聪　李辉　刘晓夏　宋晓　张文文　王欣然　胡小风　雷慧霞　张正海
陈琼玲　杨媚　张雨萌　王珊珊　王雁　沈友明　韩佳楠　孔枞枞　刘雨佳
龚成胜　夏星　董如茵　欧阳小雪　杨婷婷　陈洁　姜玲玲　刘秀
段丁丁　刘航　魏妍冰　赵立成　裴鹏刚　孙炳学　孙少双　王亚娇　尚宪超
朱流红　张起恺　周燕　王婵　王立　唐秀军　满彦利　朱钰晓　张燕
陈万斌　安炳星　李宏伟　张天留　张剑搏　张晓兰　陈将　周建民　张凤丽
孔富丽　谭晓冬　常美楠　李南南　张国坤　王洋　陈宗超　龚亚彬　刘英楠
李舜　贾梅玉　梁雨萌　刘宏扬　于萌萌　张晶　范峻豪　梁勤立　郭紫晶
阿比克哈莫　王宏磊　杨发誉　李振松　王运涛　朱婷　王鑫　孙琦鑫
马晓萍　魏腾达

Zaid Chachar　　Rakibul Hasan
Md Mostofa Uddin Helal　　Siffat Ullah Khan

Ayeaye Myat
Lyankhua Bayasgalankhuu
Sehrish Sarfraz
Naseer Ahmed
Shah Faisal
Yar Muhammad
Sumbal Wahid
Nosheen Kabir
Susmita Dey
Ghulam Muhae-Ud-Din
Imran Khan
Manita Aryal
Tsedale Demelash Lebssie
Hafiz Athar Hussain
Md Mosiur Rahman
Tsegaye Gemechu Legesse
Moazam Hyder
Abdul Kaium
Irshad Ahmad Khan
Md Abu Sayem Jiku
Md Yasir Arafat
Abdul Qadeer
Safia Arbab Kandhro
Md Elias Hossain
Nangial Khan
Aminu Shehu Abubakar
Joshua Seun Olajide
Md Shahariar Jaman
Yassein Mozamel Abdoelmotalab Ibrahim
Mohamed Shafey Abdelwahed Moustafa Elsharkawy
Kyukyu Thin
Nazir Ahmad
Irfan Ahmed
Suprio Ghosh
Muslim Qadir
Aye Nyein Chan
Sana Zeeshan Shirazi
Mahmoud Mohamed Abdelsattar Aboelmajd
Isaac Anane
Sunusi Amin Abubakar
Senouwa Segla Koffi Dossou
Oluwaseun Olayemi Aluko
Sajid Ur Rahman
Gebremeskel Mamu Werid
Ayodele Olaolu Oladejo
Mamadou Thiam
Shibonage Kulindwa Mashilingi
Hassan Ali Yusuf
Vincent Ninkuu

二、授予全日制学术学位硕士人员名单（443人）

赵莹鑫 赵雪梅 刘梦丽 张晓男 陈洪儒 魏 娜 李金涛 齐雨慧 张明远
周 雷 李文华 毋少宇 张周美 王佳昕 王宇恒 李家磊 尚玉婷 游灵杰
王舒心 曹明新 焦元辰 金露萍 吴 靓 张明霞 曾飞凤 樊锦瑞 高 原
何 港 李香银 梁宇航 罗莉莉 宋文仲 宋雨函 宋紫昭 谭冰兰 王梦琪
王晓蕾 王一凡 燕宝会 杨毅荣 张晓春 赵 航 周谷一 朱 睿 侯 燕
于 洁 陈杰茹 崔丹丹 何巧芸 谭婧仪 王乐文 应亚奇 郝燕鹏 丁孙家
盆桂红 赵小敏 陈梦茹 韩月月 刘汗青 杨丽鑫 骆树娟 马晓云 朱 青

李升皓　王泳浩　张欣宇　冯勃媛　王轲麟　袁文杰　张勇　童琦　王晨杨
杨恬　高金会　孙佳丽　杨祺　张乐　丁文波　何敬宇　刘岗微　刘磊
石雨欣　田勇　徐效伟　杨洪臣　耿耘　黄超　敬峰　庞婕　孙玮皓
田桂林　徐洪刚　马灿灿　马天　李扬眉　黄晓雅　李佳彬　陈晓东　张然
张雅睿　伍佩珂　薛鹏飞　曹甜甜　刘璐　陈栋凯　卢振威　赵迪　蔡英英
雍莹莹　郭玉霞　胡佳星　娇丹　李孟佳　秦婉瑜　杨忻瑞　张婷婷　赵思梦
蔡新发　马蓝　王子微　姜震阳　李嗣生　邵之晓　吴美佳　潘俊坤　张瑜
解胜男　刘静　王嘉豪　于秀婷　贺琳娟　刘宇尘　吕照慧　谢瑞彬　赵汝婷
朱永安　魏芳丽　谢惠敏　任彩君　王玉涵　赵亚　马晨怡　李浩男　陈静
余沛　宋博　刘月　王琦　马佳颖　邓帅军　朱国兵　陈燕华　李杨
李港　蒋勋　范道冉　赵若林　唐胜加　陈莹莹　冯活仪　刘丹　骆旭梅
齐春来　任凡凡　孙梦静　仝靖洋　陈丽锦　李蓓　吕娇艳　王志坚　肖泽琳
梁敏敏　刘薇　殷曼　邓智超　姜自鹏　贾慧琳　李园　邢爱双　葛天丽
邢梦　杨丽丽　郭朋霞　陈亚铎　马玉全　刘明雨　刘卓雅　陈文迪　戴卓男
付芸　胡俊玲　李珊珊　刘东让　刘泽营　梅亚杰　彭月　余道亮　张路澎
张议月　姜玥珊　李梦露　刘冰珠　苏龙璞　朱晓彤　李炫烨　刘庆帅　彭靖
矫子昕　韩浩蕾　乐婷　梁爽　彭佳堃　石亚丽　杨蕾文宣　郭宇航
宋相尚　张敏　刘迪川　秦贞涵　邹洪琴　宋瑜乾　张玥　孙明雪　徐孟泽
张宇昕　朱瑞利　郭仲英　徐亚楠　乔润猛　运翠霞　桂阳　张宁丹　田甜
杨婧　杨婉清　郭梦月　刘晏辰　卢振万　马晓宇　马子玥　石佳　索青青
王娜娜　徐晓　唐婷婷　薛绘杉　沈浙南　闫博雯　张宝东　王泉城　王季锋
燕东雪　刘晓慧　王得宝　翟杨　房宽　尹绍静　张希芬　江珊珊　刘力妥
郭娜　徐林政　陈瑞朋　董晨曦　刘晓蓓　滕东　王超　王晨蕊　易金玉
李星诺　刘柳　李慧　何丹婵　李青杰　刘红丽　吴佳佳　陈慧萍　郝风娇
张奇珍　刘佳悦　张毅笑　梁晓翠　宁晓雪　纪宇桐　王恒杰　张梁威　杨淼泠
赵玉和田　陈思　刁婉莹　丁纪强　杜丽丽　费晓娟　高翰　马钧
牛乃琪　孙嘉宏　于思梦　鲍麒　王腾飞　杨莎　陈川河　王楠　谢春嫡
高歌　孙颢轩　陈磊　郝永胜　李凯　李耀文　孙晓晓　王永丽　叶晓梦
卢猛　陈美庆　和俊豪　沃野千里　周伟　高伟欣　吴延康　高鹤轩
王斐然　李勋胜　申涵露　陶琦　曹海旭　郭晓芹　吕甜甜　王倩颖　李淑红
刘添仪　王冬雪　王慧　颜成　朱婧　陈飞　易佳敏　周改静　陈金霞
贾楠楠　齐瑜　宋影影　徐娟　朱媛媛　左东　冯书凤　姜楠　林维鹏
石照蓉　孙悦　卫东　席飞　薛梦迪　杨延　叶苗苗　张相敏　张艳慧
张媛　赵聪慧　赵改红　裴辰辰　宋相阳　王莉　严杰聪　袁冬琪　陈世钰
张薇　刘静　刘欣媛　米洁兰　王冰　魏丹丹　郑亚婷　崔亚茹　彭江玲
王灿灿　赵俊芳　赵印　朱丽珂　冯闪环　卢春慧　孙天聪　杨扬　牛栋玉

彭志苹　张靖菊　魏　楠　杨乾龙　范冰峰　李　政　阮音音　张　宁　赵丽娟
李明晖　张　聪　陈亚东　崔明姝　黎琳琳　李兵部　李亚玲　柳　磊　王庆敏
翁佩文　杨　帆　彭大庆　尉春雪　杨　帆　曹玉栋　范泽正　梁　娥　秦　越
徐　洋　阴姿琦　钟志平　范智萱　贺子康　李路华　侍　啸　曹雨晴　罗家豪
石运来　张　晨　尚惠芳　丁　琪　李鹏文　张向阳　杨慧君　吕雍琪　戚山明
夏佳钰　郑　怡　刘　爽　骆家昕　赵金璐　杜经纬　陈　雪

Elio Enrique Trujillo Marin　Sayed Alim Samim
Fanta F. Jabbi　Dosseh Jean Apotre Afayibo
Ghebremedhin Tsegay Tesfamariam　Bereket Habte Imam
Astrid Lissette Barreto Sanchez

三、授予全日制专业学位硕士人员名单（350人）

张仁旭　高博文　殷惠军　杜国铭　姜　薇　李芝萱　刘鸿飞　王　瑞　张泽洲
朱顺顺　崔佳佳　冯远航　格金月　韩舶辉　阚茗溪　匡紫垣　李玲莉　娄单敬
王登极　王艳茹　乌日尼勒　夏玉生　徐林云　寻子琦　杨宏业　张家梓
张　伟　陈亮亮　崔子倩　胡廷立　简宏亮　李磊磊　蔺　欢　牛　皓　魏亭亭
辛　玥　杨莹莹　张　宇　耿金鹏　胡美玲　贾子淇　杨　柳　张海燕　周顺馨
周王易　姜　慧　陶　杰　肖青梅　杨大为　张　静　钟意成　高　瑜　胡　依
练旺民　马刘洋　王翠丽　许华宇　杨华丽　周　亮　丁夏莉　李东徽　李增盛
刘艳芳　刘钻福　马晓刚　貊志杰　欧　全　隋　昕　郑晓霞　王丹凤　成晓丹
崔立涛　李淑培　刘希童　刘　阳　路鑫鑫　孟　庆　时雪银　王　静　王雪伟
钟晓鋆　韩小旭　侯　冲　黄海雷　沈才琦　王璐伟　王一帆　吴志勇　陈琪予
汤榕津　钟　红　李玉梅　杨冠宇　杨　祥　金忠志月　王　筱　金嘉炜
张　慧　马启铭　蒯磊鑫　李苗苗　王林洋　刘　畅　刘　江　马昊然　马文艳
张　浩　杨　灵　刘　媛　王西亚　李海涛　李佳璐　黄玉环　王炯科　杨　丹
周海琴　黄秉娜　黄艺烁　张　妍　赵正阳　周静静　段旭峰　段榆凯　范乐乐
高培文　郭小桐　刘　胜　刘小平　刘　珍　陆　芹　汪晶晶　王道通　王柳青
王雅斐　王宇航　魏一鸣　修小鉴　徐瑞瑞　徐盛良　杨　慧　张煜泓　苏　恒
袁彬乔　卢珍华　史庆雨　岳弘辰　杨慧慧　何云露　钱肖娜　俞嘉伟　张欣欣
王安琪　孙梅雪　王东坤　张万红　王佳宇　于良斌　王　浩　王晓迪　任　倩
黄伟玲　张　越　王　储　王　淼　王　震　冉　秦　王永杰　胡　菏　胡斯威
刘　凯　吕春玲　温婧玉　辛浩然　从　珅　马　荣　邢家玲　马明明　宋柏龙
张静昕　赵宇航　李　昂　刘子豪　唐文浩　杨　曼　郭　怡　郝冬梅　王荣华
张　铭　刘良基　白添友　胡智辉　王秀娟　夏博策　杨　阳　张爱馨　赵慧月
郭珊珊　王雪岩　李　儒　周　雅　杜　梅　黄　纯　吴　怡　高丽冰　王源昊

韦　娴　孙　征　邢明杰　陈丽红　郑云朵　陈永凯　葛　岳　吴仕敏　魏妙宏
林　珣　陈腊梅　陈乐寒　李娜娜　冉世前　闫洪林　冯　悦　谭天骄　吴景杰
杨　茜　李放放　史金枫　于小斐　李洪艳　胡高华　孔芳芳　李　慧　刘秀华
何晓娜　刘芯钥　李蔚然　李晓慧　李　壮　刘逸飞　商伟伟　王春慧　张　乐
范琳琳　朱家威　王　智　袁　迪　徐刘佳　曾　妍　王祺智　杨　东　张霄羽
耿无冬　刘　东　刘小明　吴　昆　崔庭源　薛鹏英　张玉琛　谢　杰　杨紫洪
李琼华　熊　慧　熊学振　张会吉　任秋鸿　森巴提·叶尔兰　田亚如　王　卫
马广旭　苗艺源　刘　衡　天　智　丛德龙　薄沁箐　张　琳　杨近鹏　余　杰
宋　丽　于　琳　张勇翔　赵　捷　缐孟瑶　刘子宁　任艳蓉　孙飞雁　杨　森
顾翠芳　郭红豆　劳梦琴　李昱昊　李壮壮　刘春草　刘曼玉　牛世奇　桑国菊
王曼茱　翟焕杰　张　涛　曹　存　曾金红　段月月　范宇琴　冯琳雅　何聆瑜
蒋成凡　李　超　林　霜　林委卫　陆　瑶　麻　琦　潘　丹　潘玉迪　史鑫琪
王飞飞　王金慧　王凌利　王亚楠　徐晓晨　张　娟　张燎原　张育源　钟　杰
蔡梦利　曹润来　曹天行　陈国梁　崔洁文　李　梅　李　硕　李　影　吕欣倩
马巧妮　申汶涛　宋雅丽　王琬凝　杨思成　殷娟斌　张高峰　张　婷　蒋　威
柯群华　莫亚男　申纪饶　唐敏嘉　张东辉　崔彦娟　范亚慧　焦喜涵　李小雨
李一开　庞溢慧

四、授予非全日制专业学位硕士人员名单（297 人）

穆佳毅　王艳平　王爱霞　王亚娟　向　灿　肖欧丽　白　怡　常艳琪　仇　琳
郭爱奎　李　展　刘　婷　刘晓丽　梅　松　牛风娟　王立宇　王　南　徐江源
严　昕　赵　红　葛玉停　王悦力　徐　楠　白雪花　冯新康　牟　攀　谭群运
王雅妮　许根成　曹跃炫　韩　聪　郝舒蕾　何　瑞　黄　晶　康凤羽　李嘉欣
李若思　刘　贺　尚美奇　王梦杰　吴龙龙　张　露　何　京　李冰洁　李晨营
刘昱彤　王玉林　杨　晴　张城蓓　张若男　吴虎平　陈雪苗　高明坤　郭慧玲
濮　丹　祁　惠　邱卓瑶　石慕坤　孙凯荣　谭　杰　谭舒心　谢　琪　闫文渊
张　蒙　张智城　赵　伟　李　博　李文清　杨东东　邹振浩　郭　瑞　李佳纯
杨　安　张云秀　郭逸飞　吴　行　息伟峰　薛琴琴　毕晶晶　盖　浩　聂彩娥
乔　丹　司知远　王　慧　严艳鸽　王立夫　杨　静　张天鹏　郑　重　王淞民
苟祁钰　侯腾飞　俞　越　宋立群　陶　敏　王书翰　陈思扬　陈智勇　侯怡然
吉美静　贾丰莲　蒋　陈　马子晴　王　贵　王亚南　张宇璐　赵斯文　贾梦圆
李　艳　王福鑫　杨　菁　于　林　葛　明　耿　丽　王慧林　郭沛霖　吴书蓓
张硕佳　陈芊如　艾　栋　柯华东　李　浩　田昊曈　杨嘉逊　程　娟　杨其琛
张丹丹　包　铮　龚　旗　黄玉洋　任东军　谭　浩　钱远超　史丽平　王宏哲
王子健　杨　扬　赵驰鹏　蔡　萌　杜永旺　高也凡　疏　泽　吴俊超　韩　博

李　彬	边世雄	冯　卉	冯　勉	刘璐璐	刘　悦	刘运辉	张　娜	张鹏飞
张亚朋	张志浩	宗云鹤	胡　潇	卢凯姝	张禾垟	郭韶珂	崔　林	杜文龙
李道君	王吉喆	张春桃	李彦军	孙英霞	王飞飞	高　程	王金铭	董如月
高　飞	李湘楠	孙小斌	强　宇	师丰丰	齐淑宁	庞　华	杨　博	邢淑娟
李晓雯	李玉洁	彭梁睿	于祥全	张书铭	高小琴	赵振羽	孙　腾	张红微
贺维朝	于江颖	杨　青	全　双	陈诗扬	姚保民	鲍国丞	胡双燕	刘志远
王　佳	赵　威	胡旭朝	江旭东	王　奇	杨　利	龙昭宇	赵　丽	周怡汶
刘晨阳	马晓君	杨玉莹	王　东	李中慧	吕鹏飞	陈柏旭	孟怡秀	杨世成
鱼　坤	任雅静	尚青松	陈　晨	刘春双	蒋亚君	李少晗	桂　祥	黄　聪
黄美珍	江雪佳	靳亚洁	李　航	李凌光	刘浩洋	刘忠媛	马晓钰	尚　政
沈　奇	魏朋华	肖　克	杨冰欢	杨　漫	张　微	郑明政	周介仪	朱　红
陈慧宇	陈　娟	崔晨晨	付　军	皇甫皓月		李欣翼	李　茵	刘　迪
刘彦玲	栾　慧	祁梦南	秦亚平	邵明珠	汤荣锋	田井满	田笑笑	王桂芳
王尚辉	王　雪	王一铭	问婉欣	杨伏春	于　冲	袁梦淇	张会会	张慧桐
张樱智	赵　琳	赵紫慧	周仕君	查晶晶	陈　娇	黄　磊	敬梦瑶	李俊慧
李玲玲	李延召	李余彬	刘东慧	刘婷婷	邱云飞	石　苗	许　凡	杨赛霞
赵丹钰	邹荣华	路宁宁	张贺超	潘智丽	岂天阳	苏良岳	汪汇涓	王　兴
张振青								

关于授予惠志明等 90 人博士学位、张艳艳等 9 人硕士学位的决定

农科学位〔2022〕8 号

院属各研究生培养单位（研究所）：

中国农业科学院第十届学位评定委员会第四次会议于 2022 年 12 月 29 日召开，根据《中国农业科学院学位授予工作实施细则》的规定，决定授予惠志明等 90 人博士学位，其中全日制学术学位博士 90 人（含来华留学生 19 人）；授予张艳艳等 9 人硕士学位，其中全日制学术学位硕士 3 人（含来华留学生 1 人），全日制专业学位硕士 1 人，非全日制专业学位硕士 5 人，授予学位日期为 2022 年 12 月 29 日。具体名单见附件。

附件：中国农业科学院 2022 年冬季授予学位人员名单

中国农业科学院学位评定委员会

2022 年 12 月 29 日

附件

中国农业科学院2022年冬季授予学位人员名单

一、授予全日制学术学位博士人员名单（90人）

惠志明　秦　星　从春生　王　栋　陈明江　亢继俊　陈　霞　吕翻洋　黄鹏辉
张　敏　韩　笑　秦京涛　胡海涛　王　晓　夏　娟　汤　庆　秦红艳　张晓静
刘希望　管　祥　杜晓莉　崔莹莹　宋浩志　李慧芳　秦　超　彭华康　张明俊
靳羽莹　白芳芳　程子祥　刘　晴　肖水平　王　莹　操瑞节　张　智　马　杰
尉　鑫　吴艳迪　雷　蕾　刘刚金　季苇芹　焦　龙　孟　飞　张浩文　代瑞熙
王　静　姚一龙　李佳铁　吴翠翠　周日金　詹俊辉　赵　辉　陈　静　叶俊华
李敏洁　吴宗远　张婷婷　王　蔚　张银杰　王　超　颜蒙蒙　高　艺　赵可菡
杨安沛　高庆涛　王帅勇　陈运通　崔行洋　房　悦　姜小鱼　许程志

Fardous Mohammad Safiul Azam
Gokul Uttamgir Gosavi
Berhane Sibhatu Gebregziabher
Francis Nosakhare Imade
Mahwish Munawar
Seyni Ndiaye
Shahbaz Ul Haq
Naila Ilyas
Mahmoud Sabry Mohamed Ahmed Hashem
Sayed Ajmal Qurishi
Pir Zada Khan
Syed Shoyeb Hossain
Aloys Hitabatuma
Zubair Iqbal
Christopher Belford
Muhammad Shahid Iqbal
Shirin Aktar
Rabiu Sani Shawai
Blaise Pascal Muvunyi

二、授予全日制学术学位硕士人员名单（3人）

张艳艳　李永锋　Ayesha Nisar

三、授予全日制专业学位硕士人员名单（1人）

宋惠敏

四、授予非全日制专业学位硕士人员名单（5 人）

杨　雪　高　昂　景　琳　王思雨　刘昊隆

关于准予路慧等 1 451 名研究生 2022 年夏季毕业的决定

农科研生〔2022〕58 号

院属各研究生培养单位：

根据《中国农业科学院研究生院学生管理规定》（2017 年 7 月修订）第四十一条“学生在学校规定最长学习年限内，修完培养计划规定内容，成绩合格，完成毕业论文且通过答辩者，准予毕业，学校发给毕业证书”的规定，2022 年 6 月 23 日研究生院召开院长办公会议，对我院 37 个研究生培养单位的 1 451名研究生进行了毕业资格审查。经会议审议，路慧等 356 名博士研究生具备博士毕业资格，其中具有中国国籍的博士研究生 305 人，来华留学博士研究生 51 人，准予毕业，颁发博士研究生毕业证书；赵莹鑫等 1 095名硕士研究生具备硕士毕业资格，其中具有中国国籍的硕士研究生 1 085人，来华留学硕士研究生 10 人，准予毕业，颁发硕士研究生毕业证书。毕业时间为 2022 年 6 月 29 日（国内联合培养博士研究生毕业时间以联培高校为准）。

附件：中国农业科学院研究生院 2022 年夏季毕业生名单

中国农业科学院研究生院
2022 年 6 月 29 日

附件

中国农业科学院研究生院 2022 年夏季毕业生名单

一、授予博士学位人员名单

路　慧　卫　正　李楚曦　从春生　赵斌斌　陈天晓　胡　鹏　唐婵娟　李艳妃
金　济　张　鹏　晔震罕　孙　尧　罗　胜　余海涛　张永兴　董志雪　陈昌文
李　志　刘　皓　赵娟娟　王俊欢　吕翻洋　黄鹏辉　解振诚　刘　英　唐永超
魏少博　郑　洁　滕守振　王小婷　杨彩峰　杨晨宇　韩　笑　任天婧　张　彦
李晓明　孙亭亭　赵晓燕　胡爱鹏　张　惠　杨好慧　郑生宏　宋霄君　王　丽
马海洋　张欣莹　邱　丹　龚子文　李云卿　赵　洁　张晓静　常　瑜　马雪婷
李　霄　蔡少伦　张灵静　孙立新　刘　鹏　邢婷婷　赵　倩　坚晋卓　李书鹏
方义生　王　琪　白培贤　倪　露　王　丽　刘　娟　郭亚璐　熊　琴　邵亚会
宋浩志　肖栋梁　闫亚茹　钞书粉　耿入丹　王　建　颜梦圆　孙先花　张　亨
陈振华　刘肖静　马　帅　张　倩　周嘉豪　靳羽莹　孙国梁　李大伟　马　芬
张　聪　赵运成　任蒙蒙　苏　强　刘其宝　苏　威　王备芳　薛　炮　严　玫
关红辉　李　飞　李　冠　孙洋洋　张　伟　马　杰　尉　鑫　马朦朦　李　敬
孙　迪　崔洁芬　宋　玉　颜统晶　赵圆圆　栾　倩　吴艳迪　雷　蕾　张姣姣
任恒泽　都江雪　郑凤君　李金波　景建元　王雪晴　郑　欠　闫振兴　梁社芳
乌云德吉　于艳茹　冯　瑶　曹步暐　何　浩　旷永洁　梅　杰　吴　楠
王美玉　龚　成　王雪静　厉秀梅　刘凯珍　孙玲玲　汤善龙　刘楠楠　王胜义
崔　帅　阚先进　刘　旗　卢晓娟　唐井玉　张　浩　谷文丽　胡玉珍　卢晓冉
王鑫鑫　薛雨佳　杨大为　张　宇　李玲霞　滕志东　吴耀东　张光磊　刘婧怡
盛芳芳　赵璐璐　屈平平　唐华丽　范桂彦　吴建新　宋大利　张　坤　刘丹丹
王　倩　谢佼昕　王芹芹　张立兰　张　帆　王佳佳　孙世航　王佳童　薛金金
孟　帅　郑帅超　张雪蕾　宋婷婷　汪　悦　韩若婵　许　笑　闫遵祥　杜培秀
田春育　赵立媛　李晓曼　折红兵　朱明钊　李　帅　刘　婧　彤丽格　王振玉
郝珍珍　王　倩　郑雪玲　刘淑君　杜昊澜　詹晶晶　唐　蝶　张宏媛　刘春成
袁　余　邹　洁　李佳铁　董　艳　李丽娜　张　琪　郭　存　吴　磊　张立娜
滕　聪　李　辉　刘晓夏　宋　晓　张文文　王欣然　胡小风　雷慧霞　张正海
陈琼玲　杨　媚　张雨萌　王珊珊　王　雁　沈友明　韩佳楠　孔枞枞　刘雨佳
宁　宇　张婷婷　龚成胜　夏　星　董如茵　欧阳小雪　杨婷婷　陈　洁
姜玲玲　刘　秀　段丁丁　刘　航　魏妍冰　赵立成　裴鹏刚　孙炳学　孙少双
王亚娇　赵可菡　尚宪超　朱流红　张起恺　周　燕　王　婵　王　立　唐秀军

满彦利　朱钰晓　张　燕　陈万斌　葛林豪　安炳星　李宏伟　张天留　张剑搏
张晓兰　陈　将　周建民　张凤丽　孔富丽　谭晓冬　常美楠　李南南　张国坤
王　洋　陈宗超　龚亚彬　刘性坡　刘英楠　李　舜　陈运通　贾梅玉　梁雨萌
刘宏扬　于萌萌　张　晶　范峻豪　梁勤立　阿比克哈莫　郭紫晶　王宏磊
杨发誉　李振松　王运涛　朱　婷　王　鑫　孙琦鑫　马晓萍　魏腾达　张　琳
周萍萍　石琳琳

Lyankhua Bayasgalankhuu　Shah Faisal
Sumbal Wahid　Nosheen Kabir
Susmita Dey　Ghulam Muhae-Ud-Din
Manita Aryal　Tsedale Demelash Lebssie
Hafiz Athar Hussain　Md Mosiur Rahman
Tsegaye Gemechu Legesse　Adigo Setargie Tsega
Moazam Hyder　Abdul Kaium
Irshad Ahmad Khan　Zubair Iqbal
Md Abu Sayem Jiku　Mahwish Munawar
Md Yasir Arafat　Abdul Qadeer
Safia Arbab Kandhro　Shah Johir Rayhan
Md Elias Hossain　Nangial Khan
Aminu Shehu Abubakar　Joshua Seun Olajide
Yassein Mozamel Abdoelmotalab Ibrahim
Htin Kyaw　Christopher Belford
Kyukyu Thin　Abdoul Aziz Sidi Ka Amar
Seyni Ndiaye　Muhammad Shahid Iqbal
Nazir Ahmad　Irfan Ahmed
Suprio Ghosh　Muslim Qadir
Aye Nyein Chan　Sana Zeeshan Shirazi
Mahmoud Mohamed Abdelsattar Aboelmajd
Isaac Anane　Sunusi Amin Abubakar
Senouwa Segla Koffi Dossou　Oluwaseun Olayemi Aluko
Sajid Ur Rahman　Gebremeskel Mamu Werid
Ayodele Olaolu Oladejo　Mamadou Thiam
Shibonage Kulindwa Mashilingi　Hassan Ali Yusuf
Vincent Ninkuu

二、授予硕士学位人员名单

赵莹鑫	赵雪梅	刘梦丽	张仁旭	高博文	殷惠军	穆佳毅	王艳平	张晓男
陈洪儒	魏　娜	李金涛	齐雨慧	张明远	周　雷	李文华	毋少宇	张周美
王佳昕	王宇恒	李家磊	尚玉婷	游灵杰	王舒心	曹明新	焦元辰	金露萍
吴　靓	张明霞	曾飞凤	樊锦瑞	高　原	何　港	李香银	梁宇航	罗莉莉
宋文仲	宋雨函	宋紫昭	谭冰兰	王梦琪	王晓蕾	王一凡	燕宝会	杨毅荣
张晓春	赵　航	周谷一	朱　睿	侯　燕	于　洁	陈杰茹	崔丹丹	何巧芸
谭婧仪	王乐文	应亚奇	郝燕鹏	丁孙家	盆桂红	赵小敏	陈梦茹	韩月月
刘汗青	杨丽鑫	骆树娟	马晓云	朱　青	李升皓	王泳浩	张欣宇	冯勃媛
王轲麟	袁文杰	张　勇	童　琦	王晨杨	杨　恬	高金会	孙佳丽	杨　祺
张　乐	丁文波	何敬宇	刘岗微	刘　磊	石雨欣	田　勇	徐效伟	杨洪臣
耿　耘	黄　超	敬　峰	庞　婕	孙玮皓	田桂林	徐洪刚	马灿灿	马　天
李扬眉	黄晓雅	李佳彬	陈晓东	张　然	张雅睿	伍佩珂	薛鹏飞	曹甜甜
刘　璐	陈栋凯	卢振威	赵　迪	蔡英英	雍莹莹	郭玉霞	胡佳星	矫　丹
李孟佳	秦婉瑜	杨忻瑞	张婷婷	赵思梦	蔡新发	马　蓝	王子微	姜震阳
李嗣生	邵之晓	吴美佳	潘俊坤	张　瑜	解胜男	刘　静	王嘉豪	于秀婷
贺琳娟	刘宇尘	吕照慧	谢瑞彬	赵汝婷	朱永安	魏芳丽	谢惠敏	任彩君
王玉涵	赵　亚	马晨怡	李浩男	陈　静	余　沛	宋　博	刘　月	王　琦
马佳颖	邓帅军	朱国兵	陈燕华	李　杨	李　港	蒋　勋	范道冉	赵若林
唐胜加	陈莹莹	冯活仪	刘　丹	骆旭梅	齐春来	任凡凡	孙梦静	仝靖洋
陈丽锦	李　蓓	吕娇艳	王志坚	肖泽琳	梁敏敏	刘　薇	殷　曼	邓智超
姜自鹏	贾慧琳	李　园	邢爱双	葛天丽	邢　梦	杨丽丽	郭朋霞	陈亚铎
马玉全	刘明雨	刘卓雅	陈文迪	戴卓男	付　芸	胡俊玲	李珊珊	刘东让
刘泽营	梅亚杰	彭　月	余道亮	张路澎	张议月	姜玥珊	李梦露	刘冰珠
苏龙璞	朱晓彤	李炫烨	刘庆帅	彭　靖	矫子昕	韩浩蕾	乐　婷	梁　爽
彭佳堃	石亚丽	杨蕾文宣		郭宇航	宋相尚	张　敏	刘迪川	秦贞涵
邹洪琴	宋瑜乾	张　玥	孙明雪	徐孟泽	张宇昕	朱瑞利	郭仲英	徐亚楠
乔润猛	运翠霞	桂　阳	张宁丹	田　甜	杨　婧	杨婉清	郭梦月	刘晏辰
卢振万	马晓宇	马子玥	石　佳	索青青	王娜娜	徐　晓	唐婷婷	薛绘杉
沈浙南	闫博雯	张宝东	王泉城	王季锋	燕东雪	刘晓慧	王得宝	翟　杨
房　宽	尹绍静	张希芬	江珊珊	刘力妥	郭　娜	徐林政	陈瑞朋	董晨曦
刘晓蓓	滕　东	王　超	王晨蕊	易金玉	李星诺	刘　柳	李　慧	何丹婵
李青杰	刘红丽	吴佳佳	陈慧萍	郝风娇	张奇珍	刘佳悦	张毅笑	梁晓翠
宁晓雪	纪宇桐	王恒杰	张梁威	杨淼泠	赵玉和田		陈　思	刁婉莹

丁纪强	杜丽丽	费晓娟	高翰	马钧	牛乃琪	孙嘉宏	于思梦	鲍麒
王腾飞	杨莎	陈川河	王楠	谢春嫡	高歌	孙颢轩	陈磊	郝永胜
李凯	李耀文	孙晓晓	王永丽	叶晓梦	卢猛	陈美庆	和俊豪	沃野千里
周伟	高伟欣	吴延康	高鹤轩	王斐然	李勋胜	申涵露	陶琦	曹海旭
郭晓芹	吕甜甜	王倩颖	李淑红	刘添仪	王冬雪	王慧	颜成	朱婧
陈飞	易佳敏	周改静	陈金霞	贾楠楠	齐瑜	宋影影	徐娟	朱媛媛
左东	冯书凤	姜楠	林维鹏	石照蓉	孙悦	卫东	席飞	薛梦迪
杨延	叶苗苗	张相敏	张艳慧	张媛	赵聪慧	赵改红	裴辰辰	宋相阳
王莉	严杰聪	袁冬琪	陈世钰	张薇	刘静	刘欣媛	米洁兰	王冰
魏丹丹	郑亚婷	崔亚茹	彭江玲	王灿灿	赵俊芳	赵印	朱丽珂	冯闪环
卢春慧	孙天聪	杨扬	牛栋玉	彭志苹	张靖菊	魏楠	杨乾龙	范冰峰
李政	阮音音	张宁	赵丽娟	李明晖	张聪	陈亚东	崔明姝	黎琳琳
李兵部	李亚玲	柳磊	王庆敏	翁佩文	杨帆	彭大庆	尉春雪	杨帆
曹玉栋	范泽正	梁娥	秦越	徐洋	阴姿琦	钟志平	范智萱	贺子康
李路华	侍啸	曹雨晴	罗家豪	石运来	张晨	尚惠芳	丁琪	李鹏文
张向阳	杨慧君	吕雍琪	戚山明	夏佳钰	郑怡	刘爽	骆家昕	赵金璐
杜经纬	陈雪	杜国铭	姜薇	李芝萱	刘鸿飞	王瑞	张泽洲	朱顺顺
崔佳佳	冯远航	格金月	韩舶辉	阚茗溪	匡紫垣	李玲莉	娄单敬	王登极
王艳茹	乌日尼勒		夏玉生	徐林云	寻子琦	杨宏业	张家梓	张伟
陈亮亮	崔子倩	胡廷立	简宏亮	李磊磊	蔺欢	牛皓	魏亭亭	辛玥
杨莹莹	张宇	耿金鹏	胡美玲	贾子淇	杨柳	张海燕	周顺馨	周王易
姜慧	陶杰	肖青梅	杨大为	张静	钟意成	高瑜	胡依	练旺民
马刘洋	王翠丽	许华宇	杨华丽	周亮	丁夏莉	李东徽	李增盛	刘艳芳
刘钻福	马晓刚	貊志杰	欧全	隋昕	郑晓霞	王丹凤	成晓丹	崔立涛
李淑培	刘希童	刘阳	路鑫鑫	孟庆	时雪银	王静	王雪伟	钟晓鋆
韩小旭	侯冲	黄海雷	沈才琦	王璐伟	王一帆	吴志勇	陈琪予	汤榕津
钟红	李玉梅	杨冠宇	杨祥	金忠志月		王筱	金嘉炜	张慧
马启铭	蒯磊鑫	李苗苗	王林洋	刘畅	刘江	马昊然	马文艳	张浩
杨灵	刘媛	王西亚	李海涛	李佳璐	黄玉环	王炯科	杨丹	周海琴
黄秉娜	黄艺烁	张妍	赵正阳	周静静	段旭峰	段榆凯	范乐乐	高培文
郭小桐	刘胜	刘小平	刘珍	陆芹	汪晶晶	王道通	王柳青	王雅斐
王宇航	魏一鸣	修小鉴	徐瑞瑞	徐盛良	杨慧	张煜泓	苏恒	袁彬乔
卢珍华	史庆雨	岳弘辰	杨慧慧	何云露	钱肖娜	俞嘉伟	张欣欣	王安琪
孙梅雪	王东坤	张万红	王佳宇	于良斌	王浩	王晓迪	任倩	黄伟玲
张越	王储	王淼	王震	冉秦	王永杰	胡菏	胡斯威	刘凯
吕春玲	温婧玉	辛浩然	从珅	马荣	邢家玲	马明明	宋柏龙	宋惠敏

张静昕 赵宇航 李昂 刘子豪 唐文浩 杨曼 郭怡 郝冬梅 王荣华
张铭 刘良基 白添友 胡智辉 王秀娟 夏博策 杨阳 张爱馨 赵慧月
郭珊珊 王雪岩 李儒 周雅 杜梅 黄纯 吴怡 高丽冰 王源昊
韦娴 孙征 邢明杰 陈丽红 郑云朵 陈永凯 葛岳 吴仕敏 魏妙宏
林珣 陈腊梅 陈乐寒 李娜娜 冉世前 闫洪林 冯悦 谭天骄 吴景杰
杨茜 李放放 史金枫 于小斐 李洪艳 胡高华 孔芳芳 李慧 刘秀华
何晓娜 刘芯钥 李蔚然 李晓慧 李壮 刘逸飞 商伟伟 王春慧 张乐
范琳琳 朱家威 王智 袁迪 徐刘佳 曾妍 王祺智 杨东 张霄羽
耿无冬 刘东 刘小明 吴昆 崔庭源 薛鹏英 张玉琛 谢杰 杨紫洪
李琼华 熊慧 熊学振 张会吉 任秋鸿 森巴提·叶尔兰 田亚如 王卫
马广旭 苗艺源 刘衡 天智 丛德龙 薄沁箐 张琳 杨近鹏 余杰
宋丽 于琳 张勇翔 赵捷 线孟瑶 刘子宁 任艳蓉 孙飞雁 杨森
顾翠芳 郭红豆 劳梦琴 李昱昊 李壮壮 刘春草 刘曼玉 牛世奇 桑国菊
王曼茱 翟焕杰 张涛 曹存 曾金红 段月月 范宇琴 冯琳雅 何聆瑜
蒋成凡 李超 林霜 林委卫 陆瑶 麻琦 潘丹 潘玉迪 史鑫琪
王飞飞 王金慧 王凌利 王亚楠 徐晓晨 张娟 张燎原 张育源 钟杰
蔡梦利 曹润来 曹天行 陈国梁 崔洁文 李梅 李硕 李影 吕欣倩
马巧妮 申汶涛 宋雅丽 王琬凝 杨思成 殷娟斌 张高峰 张婷 蒋威
柯群华 莫亚男 申纪饶 唐敏嘉 张东辉 崔彦娟 范亚慧 焦喜涵 李小雨
李一开 庞溢慧 王爱霞 王亚娟 向灿 肖欧丽 白怡 常艳琪 仇琳
郭爱奎 李展 刘婷 刘晓丽 梅松 牛风娟 王立宇 王南 徐江源
严昕 赵红 葛玉停 王悦力 徐楠 白雪花 冯新康 牟攀 谭群运
王雅妮 许根成 曹跃炫 韩聪 郝舒蕾 何瑞 黄晶 康凤羽 李嘉欣
李若思 刘贺 尚美奇 王梦杰 吴龙龙 张露 何京 李冰洁 李晨营
刘昱彤 王玉林 杨晴 张城蓓 张若男 吴虎平 陈雪苗 高明坤 郭慧玲
濮丹 祁惠 邱卓瑶 石慕坤 孙凯荣 谭杰 谭舒心 谢琪 闫文渊
张蒙 张智城 赵伟 李博 李文清 杨东东 邹振浩 郭瑞 李佳纯
杨安 张云秀 郭逸飞 吴行 息伟峰 薛琴琴 毕晶晶 盖浩 聂彩娥
乔丹 司知远 王慧 严艳鸽 王立夫 杨静 张天鹏 郑重 王淞民
苟祁钰 侯腾飞 俞越 宋立群 陶敏 王书翰 陈思扬 陈智勇 侯怡然
吉美静 贾丰莲 蒋陈 马子晴 王贵 王亚南 张宇璐 赵斯文 贾梦圆
李艳 王福鑫 杨菁 于林 葛明 耿丽 王慧林 郭沛霖 吴书蓓
张硕佳 陈芊如 艾栋 柯华东 李浩 田昊曈 杨嘉逊 程娟 杨其琛
张丹丹 包铮 龚旗 黄玉洋 任东军 谭浩 钱远超 史丽平 王宏哲
王子健 杨扬 赵驰鹏 蔡萌 杜永旺 高也凡 疏泽 吴俊超 韩博
李彬 边世雄 冯卉 冯勉 刘璐璐 刘悦 刘运辉 张娜 张鹏飞

张亚朋　张志浩　宗云鹤　胡　潇　卢凯姝　张禾垟　郭韶珂　崔　林　杜文龙
李道君　王吉喆　张春桃　李彦军　孙英霞　王飞飞　张亚波　高　程　王金铭
董如月　高　飞　李湘楠　孙小斌　强　宇　师丰丰　齐淑宁　庞　华　杨　博
邢淑娟　李晓雯　李玉洁　彭梁睿　于祥全　张书铭　高小琴　赵振羽　孙　腾
张红微　贺维朝　于江颖　杨　青　全　双　陈诗扬　姚保民　鲍国丞　胡双燕
刘志远　王　佳　赵　威　胡旭朝　江旭东　王　奇　杨　利　龙昭宇　赵　丽
周怡汶　刘晨阳　马晓君　杨玉莹　王　东　李中慧　吕鹏飞　陈柏旭　孟怡秀
杨世成　鱼　坤　任雅静　尚青松　陈　晨　刘春双　蒋亚君　李少晗　桂　祥
黄　聪　黄美珍　江雪佳　靳亚洁　李　航　李凌光　刘浩洋　刘忠媛　马晓钰
尚　政　沈　奇　魏朋华　肖　克　杨冰欢　杨　漫　张　微　郑明政　周介仪
朱　红　陈慧宇　陈　娟　崔晨晨　付　军　皇甫皓月　李欣翼　李　茵
刘　迪　刘彦玲　栾　慧　祁梦南　秦亚平　邵明珠　汤荣锋　田井满　田笑笑
王桂芳　王尚辉　王　雪　王一铭　问婉欣　杨伏春　于　冲　袁梦淇　张会会
张慧桐　张樱智　赵　琳　赵紫慧　周仕君　查晶晶　陈　娇　黄　磊　敬梦瑶
李俊慧　李玲玲　李延召　李余彬　刘东慧　刘婷婷　邱云飞　石　苗　许　凡
杨赛霞　赵丹钰　邹荣华　路宁宁　张贺超　潘智丽　岂天阳　苏良岳　汪汇涓
王　兴　张振青

Borhanudin Noori　Elio Enrique Trujillo Marin
Sayed Alim Samim　Fanta F. Jabbi
Dosseh Jean Apotre Afayibo　Ghebremedhin Tsegay Tesfamariam
Bereket Habte Imam　Habteab Goitom Gebremedhin
Astrid Lissette Barreto Sanchez　Eden Tesfamariam Haile

关于表彰中国农业科学院 2021 年度研究生管理工作先进集体和先进个人的决定

农科研生〔2022〕21 号

院属各研究生培养单位：

按照《关于评选中国农业科学院 2021 年度研究生管理工作先进集体和先进个人的通知》（农科研生〔2022〕1 号）文件精神，在各研究生培养单位申报的基础上，根据《中国农业科学院研究生院研究生管理工作先进集体和先进个人评选办法》（农科研生〔2021〕12 号），并结合 2021 年度中国农业科学院各研究所研究生教育指标体系考核评价结果，经研究生院 2022 年 3 月 24 日党委会研究决定，表彰植物保护研究所等 10 个研究所为 2021 年度研究生管理工作先进集体（附件 1）；表彰杜慧等 31 位同志为 2021 年度研究生管理工作先进个人（附件 2）；授予在研究生管理工作岗位工作 10 年以上的吕拓、徐倩倩两位同志研究生管理工作特别荣誉奖（附件 3）。

附件：1. 中国农业科学院 2021 年度研究生管理工作先进集体名单
2. 中国农业科学院 2021 年度研究生管理工作先进个人名单
3. 中国农业科学院 2021 年度研究生管理工作特别荣誉奖名单

中国农业科学院研究生院

2022 年 3 月 24 日

附件 1

中国农业科学院 2021 年度研究生管理工作先进集体名单

植物保护研究所
北京畜牧兽医研究所
农产品加工研究所
哈尔滨兽医研究所
环境保护科研监测所
农业基因组研究所
烟草研究所
农业环境与可持续发展研究所
饲料研究所
蔬菜花卉研究所

附件 2

中国农业科学院 2021 年度
研究生管理工作先进个人名单

杜　慧　植物保护研究所
王皓宇　北京畜牧兽医研究所
张笑晨　农产品加工研究所
董　梅　哈尔滨兽医研究所
周　莉　环境保护科研监测所
孙婧媛　烟草研究所
彭慧珍　农业环境与可持续发展研究所
吴万灵　饲料研究所
霍伶艳　蔬菜花卉研究所
郑　军　作物科学研究所
戚亚梅　农业质量标准与检测技术研究所
彭　睿　油料作物研究所
邱　坤　沼气科学研究所
吕　拓　麻类研究所
孙逸钊　茶叶研究所
徐倩倩　郑州果树研究所
王　艳　农业经济与发展研究所
许怡然　农业信息研究所
华　玉　中国水稻研究所
袁　媛　棉花研究所
许换平　果树研究所
王东琦　农田灌溉研究所
张　娟　兰州兽医研究所
梅　楠　上海兽医研究所
周　磊　兰州畜牧与兽药研究所
王　楠　蜜蜂研究所
周　玛　南京农业机械化研究所

康宇立　生物技术研究所
陈　曦　特产研究所
李元恒　草原研究所
李　曦　兽医学院

附件 3

中国农业科学院 2021 年度
研究生管理工作特别荣誉奖名单

吕　拓　麻类研究所

徐倩倩　郑州果树研究所

关于表彰首批中国农业科学院教学突出贡献奖获奖教师的决定

农科研生〔2022〕52 号

院属各研究生培养单位：

为加强教师队伍建设，营造尊师重教氛围，表彰长期以来在我院研究生课程教学中作出突出贡献的教师，根据《中国农业科学院教师教学奖励办法》，在中国农业科学院建院 65 周年之际，经研究决定，授予 17 位教师“中国农业科学院教学突出贡献奖”，颁发奖杯和荣誉证书，并按照有关办法给予奖励，以资鼓励。

附件：首批中国农业科学院教学突出贡献奖获奖教师名单

中国农业科学院研究生院

2022 年 6 月 29 日

附件

首批中国农业科学院教学突出贡献奖获奖教师名单

序号	姓名	职称	教授课程	所在单位
1	方智远	研究员/院士	高级蔬菜育种学	中国农业科学院 蔬菜花卉研究所
2	刘　旭	研究员/院士	农业科技进展专题 作物种质资源学专题	中国农业科学院
3	马占鸿	教授	高级植物病理学	中国农业大学
4	刘维全	教授	高级动物生物化学	中国农业大学
5	李典谟	研究员	理论生态学与生态学方法	中国科学院动物研究所
6	杨正礼	研究员	高级农业生态学	中国农业科学院 农业环境与可持续 发展研究所
7	杨其长	研究员	设施农业工程学	都市农业研究所
8	吴乃虎	研究员	基因工程原理	中国科学院遗传与 发育生物学研究所
9	罗静初	教授	实用生物信息技术	北京大学
10	郑光宇	教授	分子病毒学	北京师范大学
11	郑　行	教授	高级动物生殖生理学 经济动物生物学	中国农业大学
12	赵　明	研究员	作物高产理论与实践	中国农业科学院 作物科学研究所
13	胡英考	教授	细胞遗传学	首都师范大学
14	诸叶平	研究员	农业信息技术概论	农业信息研究所

（续表）

序号	姓名	职称	教授课程	所在单位
15	董秀媛	教授	应用数理统计 应用多元统计分析 概率论与数理统计	北京理工大学
16	鲁显生	教授	硕士生英语	军事医学科学院
17	蔡典雄	研究员	现代土壤耕作学 农业水资源利用学 土壤物理学	中国农业科学院 农业资源与农业 区划研究所

注：院士、课程主讲教师内部按姓氏笔画排序。

关于表彰中国农业科学院 2021—2022 学年教师教学奖获奖教师的决定

农科研生〔2022〕74 号

院属各研究生培养单位：

为加强我院教师队伍建设，营造尊师重教氛围，表彰爱岗敬业、为人师表、无私奉献的专（兼）职教师，按照《中国农业科学院教师教学奖励办法》，经有关教学单位评审推荐，研究生院研究决定，授予韩军等 4 位教师“教学名师”称号、徐云碧等 57 位教师“优秀教师”称号、刘录祥等 32 个教师团队“优秀教师团队”称号，颁发荣誉证书，并按照有关办法给予奖励，以资鼓励。

希望全院教师以他们为榜样，坚持立德树人，深入开展教学改革，全面提高教学质量，为培养“一懂两爱”的高层次创新型、应用型、复合型、国际型农业科技人才作出更大的贡献。

附件：1. 中国农业科学院 2021—2022 学年教学名师名单

2. 中国农业科学院 2021—2022 学年优秀教师名单

3. 中国农业科学院 2021—2022 学年优秀教师团队名单

中国农业科学院研究生院

2022 年 7 月 15 日

附件 1

中国农业科学院 2021—2022 学年教学名师名单

序号	主讲教师	职称	参评课程	推荐单位
1	韩　军	教授	高级病毒学	兽医学院
2	李少昆	研究员	作物栽培学与耕作学专题	作物科学研究所
3	闵顺耕	教授	现代仪器分析	研究生院培养处
4	曹坳程	研究员	农药学	植物保护研究所

附件2

中国农业科学院2021—2022学年优秀教师名单

序号	主讲教师	职称	参评课程	推荐单位
1	徐云碧	研究员	植物分子育种	作物科学研究所
2	王建康	研究员	数量遗传学	作物科学研究所
3	张淑香	研究员	土壤生物学	农业资源与农业区划研究所
4	王立刚	研究员	理论生态学与生态学方法	农业资源与农业区划研究所
5	孙忠富	研究员	生物环境测试与控制技术	农业环境与可持续发展研究所
6	刘布春	研究员	自然灾害与减灾	农业环境与可持续发展研究所
7	桑建利	教授	分子细胞生物学	生物技术研究所
8	张治国	研究员	分子遗传学	生物技术研究所
9	林　浩	研究员	分子遗传学	生物技术研究所
10	钱加荣	研究员	农业政策学	农业经济与发展研究所
11	赵一夫	研究员	农村社会学	农业经济与发展研究所
12	张学福	研究员	图书情报学理论与方法	农业信息研究所
13	庄家煜	副研究员	农业信息分析学	农业信息研究所
14	马晓敏	副研究馆员	信息检索利用（高阶）	农业信息研究所
15	赵廷昌	研究员	植物病原细菌学	植物保护研究所
16	黄啟良	研究员	农药制剂学	植物保护研究所
17	张　蕾	研究员	昆虫分类学	植物保护研究所
18	董丰收	研究员	农药残留与毒理学	植物保护研究所

（续表）

序号	主讲教师	职称	参评课程	推荐单位
19	李　聪	研究员	牧草、草坪草育种学	北京畜牧兽医研究所
20	王　磊	研究员	试验设计与数据分析	中国水稻研究所
21	孙　元	研究员	专题报告	哈尔滨兽医研究所
22	尹　鑫	研究员	专业英语	哈尔滨兽医研究所
23	曾显营	副研究员	博士生专业 Seminar	哈尔滨兽医研究所
24	李　伟	研究员	高级微生物遗传学	深圳研究生院
25	易国强	研究员	信息检索专题	深圳研究生院
26	阮　珏	研究员	生物信息学算法——序列比对	深圳研究生院
27	张兴坦	研究员	基因组学	深圳研究生院
28	向　勇	研究员	生物化学实验理论与操作技术	深圳研究生院
29	王加峰	研究员	分子生物学	深圳研究生院
30	程时锋	研究员	基因组学	深圳研究生院
31	许　雷	研究员	高级生物化学研究技术	研究生院生物教研室
32	齐孟文	副教授	同位素示踪技术	研究生院生物教研室
33	赵百锁	研究员	分子微生物学实验 理论与操作技术	研究生院生物教研室
34	王海胜	研究员	高级生物化学	研究生院生物教研室
35	闫艳春	教授	分子生物学	研究生院生物教研室
36	吴　巍	高级实验师	代谢组学	研究生院生物教研室
37	毛晓霞	研究员	硕士生英语 中国概况（英语）	研究生院外语教研室 研究生院国际教育处
38	鲁显生	教授	硕士生英语	研究生院外语教研室
39	王　林	教授	硕士生英语	研究生院外语教研室
40	任林静	副教授	硕士生英语	研究生院外语教研室
41	卢　鹿	研究员	博士生英语	研究生院外语教研室

（续表）

序号	主讲教师	职称	参评课程	推荐单位
42	赵铁洁	副研究员	硕士生英语	研究生院外语教研室
43	冀文涛	副教授	硕士生英语	研究生院外语教研室
44	王　桦	副研究员	硕士生英语	研究生院外语教研室
45	张蓉斌	副研究员	硕士生英语	研究生院外语教研室
46	李建科	教授	学术写作（英语）	研究生院国际教育处
47	王耀生	研究员	SSPS 统计分析（英语）	研究生院国际教育处
48	潘东芳	研究员	强化汉语	研究生院国际教育处
49	吴小梅	助理研究员	初级综合汉语	研究生院国际教育处
50	于向鸿	副研究员	高级试验设计与统计	研究生院培养处
51	方　放	副研究员	中国传统书画鉴赏与实践	研究生院培养处
52	李婉君	—	社会心理学	研究生院培养处
53	肖　阳	研究员	运筹学	研究生院培养处
54	吴升扣	副教授	健身运动	研究生院培养处
55	罗静初	教授	实用生物信息技术	研究生院培养处
56	赵　博	副教授	系统科学与工程	研究生院培养处
57	熊汉忠	—	健康心理学	研究生院培养处

注：以院网站单位顺序排序；同一单位内部以单位推荐顺序排序。

附件 3

中国农业科学院 2021—2022 学年优秀教师团队名单

序号	任课教师团队	组织教师	组织教师职称	参评课程	推荐单位
1	刘录祥、张　锐、何中虎、孙　石、李新海、王建康、马有志、徐云碧、徐建龙	刘录祥	研究员	作物育种学专题	作物科学研究所
2	武雪萍、蔡典雄	武雪萍	研究员	农业水资源利用学	农业资源与农业区划研究所
3	李菊梅、何孟常、田有国、武雪萍、李　隆、巨晓棠、马义兵、曾希柏	李菊梅	研究员	土壤学研究进展	农业资源与农业区划研究所
4	罗其友、李国景、姜文来、高明杰、何英彬、尹昌斌、李文娟、吴永常	罗其友	研究员	农业区域发展专题	农业资源与农业区划研究所
5	姚艳敏、段四波、王利民	姚艳梅	研究员	农业遥感原理与应用	农业资源与农业区划研究所
6	董红敏、朱志平、顾宪红、王朝元	董红敏	研究员	畜禽养殖环境工程进展	农业环境与可持续发展研究所
7	苏世鸣、张晴雯、姚宗路、郑向群、曾希柏、商建英、刘思金、陶玉强	苏世鸣	研究员	环境科学研究进展	农业环境与可持续发展研究所
8	曾希柏、苏世鸣、杨建军、张西美	曾希柏	研究员	土壤学进展专题	农业环境与可持续发展研究所

（续表）

序号	任课教师团队	组织教师	组织教师职称	参评课程	推荐单位
9	贺超兴、尚庆茂、曾文芳、陈锦永、赵　鲁、曹有成、杨树华、潘　雪	李衍素	研究员	现代农业发展与实践案例（园艺方向）	蔬菜花卉研究所
10	张合成、钟　钰、刘　静、陈秧分、赵一夫、李　芸、吴永常、夏　英	张合成	研究员	乡村振兴理论与实践	农业经济与发展研究所
11	王　静、戚亚梅、陈　松、邱　静、汤晓艳、王　敏、金　芬、王培龙、刘霁欣	钱永忠	研究员	农产品质量安全研究进展	农业质量标准与检测技术研究所
12	刘万学、郭建洋、杨念婉、吕志创、张桂芬、王　瑞、张毅波、冯　洁、赵梦欣、冼晓青	刘万学	研究员	入侵生物学	植物保护研究所
13	彭德良、彭　焕、孔令安、黄文坤、刘世名	彭德良	研究员	植物病原线虫学	植物保护研究所
14	刘文德、陈捷胤、赵廷昌、李方方、彭　焕	刘文德	研究员	植物病理学专题	植物保护研究所
15	张永军、雷仲仁、陈巨莲、马春森、王桂荣、王振营、侯茂林、江幸福、李云河、梁革梅	张永军	研究员	农业昆虫与害虫防治专题	植物保护研究所
16	高会江、赵福平、徐凌洋	高会江	研究员	高级动物育种学	北京畜牧兽医研究所
17	赵桂苹、马月辉、孙东晓、周正奎、张　莉、高会江、王立刚、吴桂琴、安建东	赵桂苹	研究员	动物遗传原理与育种方法	北京畜牧兽医研究所

（续表）

序号	任课教师团队	组织教师	组织教师职称	参评课程	推荐单位
18	王彦芳、蒋　琳、徐凌洋、张广智	王彦芳	研究员	硕士生专业外语	北京畜牧兽医研究所
19	卜登攀、张宏福、王加启、罗会颖、谢　明、熊本海、张敏红	卜登攀	研究员	动物营养与饲料科学专题	北京畜牧兽医研究所
20	周正奎、安　磊、杜　苗、朱志平	周正奎	研究员	经典文献阅读	北京畜牧兽医研究所
21	王　强、陈　颖、李　媛、朱　明、石爱民、周景文、周素梅、王书军、刘志刚、杜　明、郑金铠、聂少平	王　强	研究员	农产品加工与食品科学专题	农产品加工研究所
22	吴黎明、彭文君、谢双红、薛晓锋、王　凯	吴黎明	研究员	博士生专业 Seminar	蜜蜂研究所
23	安建东、代平礼、黄家兴、刘振虎、房　宇、韩　宾、陈　超	安建东	研究员	硕士生专业 Seminar	蜜蜂研究所
24	罗　炬、陈　松、黄世文、冯国忠、沈希宏、高振宇、张　健、王　春、王　磊	罗　炬	研究员	硕士生专业外语	中国水稻研究所
25	邱　军、杜咏梅、于卫松、窦玉青	邱　军	研究员	烟草质量安全	烟草研究所
26	何希君、胡守萍、张　卓	何希君	研究员	兽医病理学	兽医学院
27	刘怀然、张交儿	刘怀然	副研究员	动物实验技术	兽医学院
28	常玉晓、李　伟、程时锋、左二伟、徐　炜、向　勇	常玉晓	研究员	生命科学进展	深圳研究生院

（续表）

序号	任课教师团队	组织教师	组织教师职称	参评课程	推荐单位
29	程　旭、王　博、杜　然、李　冲、谢新强、张俊伶	程　旭	研究员	微生物学专题	深圳研究生院
30	张春芝、祝光涛、尚　铁、左二伟、李云河、董丰收、梁晋刚、武志强	张春芝	研究员	现代农业生物技术专题	深圳研究生院
31	普　莉、路铁刚、王海洋、谷晓峰、林　浩、徐玉泉、牛丽芳、周美亮、程　峰	普　莉	研究员	高级分子遗传学专题	研究生院国际教育处
32	杨从科、王　静、鲜国建	杨从科	研究员	论文写作	研究生院培养处

注：以院网站单位顺序排序；同一单位内部以单位推荐顺序排序。

关于公布中国农业科学院2022年度优秀学位论文名单的通知

农科学位〔2023〕2号

院属各研究生培养单位（研究所）：

根据《中国农业科学院优秀学位论文评选及奖励办法》的规定，严格按照个人申请、研究所学位评定委员会推荐、研究生院资格审查、院学科评议组初审、院学位评定委员会审议确定候选论文、候选论文院外同行专家通讯评议、院学科评议组复审、院学位评定委员会终审的评选程序，经中国农业科学院第十届学位评定委员会第四次会议审议并无记名投票表决，评选出中国农业科学院2022年度优秀博士学位论文10篇、优秀硕士学位论文19篇。名单经公示无异议，现予以公布（见附件）。表彰事宜另行通知。

附件：1. 中国农业科学院2022年度优秀博士学位论文名单
2. 中国农业科学院2022年度优秀硕士学位论文名单

中国农业科学院学位评定委员会
2023年2月15日

附件 1

中国农业科学院 2022 年度优秀博士学位论文名单

（按专业代码—培养单位—姓名排序）

序号	姓名	学位类别	培养单位	专业代码及名称	导师	学位论文题目
1	魏少博	理学博士	作科所	071010　生物化学与分子生物学	周文彬	OsDREB1C 调控光合作用和抽穗期促进水稻高产早熟的机理
2	唐　蝶	理学博士	基因组所	0710Z1　生物信息学	黄三文	二倍体马铃薯泛基因组图谱
3	吴　磊	农学博士	作科所	0901Z1　作物种质资源学	王述民	普通菜豆成株期抗旱基因挖掘及苗期抗旱候选基因功能验证
4	王　晓	农学博士	油料所	0901Z2　农产品质量与食物安全	李培武	芝麻典型质量安全性状的分子基础与预警检测
5	龚成胜	农学博士	郑果所	090202　蔬菜学	刘文革	西瓜果实中挥发性有机化合物的积累模式与遗传基础研究
6	颜蒙蒙	农学博士	环发所	0903Z3　农业环境学	朱昌雄	外源有机质对水稻土砷—ARGs 复合污染的影响及电动力修复机制
7	旷永洁	农学博士	植保所	090401　植物病理学	周焕斌	碱基编辑介导的内源基因定向进化技术
8	安炳星	农学博士	牧医所	090501　动物遗传育种与繁殖	高会江	整合多组学数据的肉牛基因组选择和关联分析研究
9	孟　飞	农学博士	哈兽研	090602　预防兽医学	陈化兰	2013—2018 年欧亚类禽 H1N1 亚型猪流感病毒进化及生物学特性研究
10	孙琦鑫	管理学博士	信息所	99J1　信息技术与数字农业	周国民	柑橘自动采摘机器人视觉系统关键技术研究

附件 2

中国农业科学院 2022 年度优秀硕士学位论文名单

（按专业/领域代码—培养单位—姓名排序）

序号	姓名	学位类别	培养单位	专业/领域代码及名称	导师	学位论文题目
1	王一凡	理学硕士	生物所	071010　生物化学与分子生物学	谷晓峰	基于深度学习算法构建作物全基因组表观遗传智能预测模型
2	丁孙家	理学硕士	牧医所	071010　生物化学与分子生物学	姚　斌	真菌膨胀素细胞壁蓬松活性的分子机制研究
3	黄　超	工学硕士	灌溉所	082802　农业水土工程	刘战东	水分胁迫对糯玉米生长和果穗产量、品质的影响
4	曹甜甜	工学硕士	环发所	083002　环境工程	董红敏	湿式洗涤耦合光催化技术对鸡舍臭气和微生物气溶胶去除效率研究
5	陈燕华	农学硕士	水稻所	090101　作物栽培学与耕作学	张玉屏	高温下油菜素内酯参与调控水稻颖花形成的生理机制
6	仝靖洋	农学硕士	作科所	090102　作物遗传育种	何中虎	小麦籽粒锌铁含量全基因组关联分析与液相芯片开发
7	韩浩蕾	农学硕士	茶叶所	090203　茶学	陈红平	茶叶中吡咯里西啶生物碱污染水平及污染来源分析

（续表）

序号	姓名	学位类别	培养单位	专业/领域代码及名称	导师	学位论文题目
8	房　宽	农学硕士	烟草所	090401　植物病理学	王秀国	蚯蚓—土壤微生物对手性杀菌剂氟唑菌苯胺选择性降解的协同作用机制
9	李青杰	农学硕士	植保所	090403　农药学	曹坳程	土壤熏蒸联合改良剂对土壤微生物群落结构和草莓生长的影响
10	黎琳琳	农学硕士	中国水产科学研究院	090800　水产	田永胜	利用非渗透性抗冻剂冷冻保存驼背鲈和斑石鲷胚胎及溶液损伤分子机制研究
11	高明坤	农业硕士	蔬菜所	095131　农艺与种业	徐东辉	金属有机多孔材料的制备及其化学污染物吸附识别性能研究
12	张天鹏	农业硕士	资划所	095132　资源利用与植物保护	雷秋良	洱海流域氮磷污染物入湖负荷估算模型研究
13	赵慧月	农业硕士	蜜蜂所	095133　畜牧	安建东	地熊蜂工蜂产雄蜂和蜂王产雄蜂的生殖特性比较
14	刘子豪	农业硕士	牧医所	095133　畜牧	熊本海	三硝基丙醇与维生素 B_{12} 或延胡索酸协同调控奶牛瘤胃丙酸和甲烷生成的组合效应研究
15	高　飞	农业硕士	加工所	095135　食品加工与安全	郑金铠	DNA 介导金银纳米荧光探针的构建表征及其对益生菌的体内成像研究
16	段月月	兽医硕士	哈兽研	095200　兽医	王笑梅	鸡 *p53* 基因敲除细胞系的构建及其在 J 亚群禽白血病病毒复制研究中的应用

（续表）

序号	姓名	学位类别	培养单位	专业/领域代码及名称	导师	学位论文题目
17	申汶涛	兽医硕士	兰兽研	095200 兽医	朱启运	H7N9 亚型流感病毒 HA1 蛋白单克隆抗体特性鉴定及应用
18	侍 啸	管理学硕士	信息所	120100 管理科学与工程	柴秀娟	面向复杂场景的动物身份识别方法研究
19	陈 雪	管理学硕士	农经所	1203Z5 产业经济	毛世平	苹果种植户信息技术选择行为研究

关于表彰 2022 年度优秀毕业生的决定

农科研生〔2022〕50 号

院属各研究生培养单位：

为表彰在校期间表现突出，德智体美劳全面发展的学生，根据《中国农业科学院研究生院学生奖励条例》的有关规定，经各研究生培养单位初审，研究生院评审领导小组复审及公示，确定孙国梁等 74 名研究生为 2022 年度优秀毕业生，其中博士研究生 31 人（含来华留学生 5 人），硕士研究生 43 人（含来华留学生 1 人）。经 2022 年 6 月 23 日研究生院院长办公会审议通过，授予孙国梁等 74 名研究生 2022 年度优秀毕业生荣誉称号，以上中国籍学生同时获得北京市优秀毕业生荣誉称号。

特此通报表彰，并颁发荣誉证书。

附件：中国农业科学院 2022 年度优秀毕业生名单

中国农业科学院研究生院

2022 年 6 月 24 日

附件

中国农业科学院 2022 年度优秀毕业生名单

序号	姓名	培养单位	专业名称	培养层次
1	孙国梁	作物科学研究所	生物化学与分子生物学	博士
2	颜梦圆	作物科学研究所	生物化学与分子生物学	博士
3	王备芳	中国水稻研究所	作物遗传育种	博士
4	旷永洁	植物保护研究所	植物病理学	博士
5	王　婵	植物保护研究所	农业昆虫与害虫防治	博士
6	吴　楠	植物保护研究所	植物病理学	博士
7	龚成胜	郑州果树研究所	蔬菜学	博士
8	胡小风	油料作物研究所	农产品质量与食物安全	博士
9	王俊欢	研究生院	微生物学	博士
10	尚宪超	烟草研究所	植物病理学	博士
11	周建民	饲料研究所	动物营养与饲料科学	博士
12	陈振华	生物技术研究所	生物化学与分子生物学	博士
13	龚亚彬	上海兽医研究所	预防兽医学	博士
14	王　鑫	农业经济与发展研究所	农业经济管理	博士
15	夏　星	农业环境与可持续发展研究所	土壤学	博士
16	邹　洁	农业环境与可持续发展研究所	农业生物环境与能源工程	博士
17	刘淑君	农产品加工研究所	生物化学与分子生物学	博士
18	赵圆圆	农产品加工研究所	农产品加工利用	博士
19	张　琪	棉花研究所	作物遗传育种	博士
20	张文文	蜜蜂研究所	农产品质量与食物安全	博士

（续表）

序号	姓名	培养单位	专业名称	培养层次
21	梁勤立	兰州兽医研究所	预防兽医学	博士
22	唐　蝶	基因组所	生物信息学	博士
23	杨大为	哈尔滨兽医研究所	预防兽医学	博士
24	孙先花	北京畜牧兽医研究所	生物化学与分子生物学	博士
25	谭晓冬	北京畜牧兽医研究所	动物营养与饲料科学	博士
26	汤善龙	北京畜牧兽医研究所	动物营养与饲料科学	博士
27	白　怡	作物科学研究所	农艺与种业	硕士
28	骆旭梅	作物科学研究所	作物遗传育种	硕士
29	陈燕华	中国水稻研究所	作物栽培学与耕作学	硕士
30	陈慧萍	植物保护研究所	农药学	硕士
31	李青杰	植物保护研究所	农药学	硕士
32	杨淼泠	植物保护研究所	生物防治学	硕士
33	伍佩珂	沼气科学研究所	环境科学	硕士
34	杨　灵	油料作物研究所	资源利用与植物保护	硕士
35	于秀婷	烟草研究所	食品科学	硕士
36	肖欧丽	饲料研究所	食品工程	硕士
37	黄艺烁	蔬菜花卉研究所	资源利用与植物保护	硕士
38	张　妍	蔬菜花卉研究所	资源利用与植物保护	硕士
39	苗艺源	食物与营养发展研究所	农业管理	硕士
40	韩月月	生物技术研究所	生物化学与分子生物学	硕士
41	陈金霞	上海兽医研究所	预防兽医学	硕士
42	卢春慧	上海兽医研究所	预防兽医学	硕士
43	王西亚	农业资源与农业区划研究所	资源利用与植物保护	硕士
44	薛琴琴	农业资源与农业区划研究所	资源利用与植物保护	硕士

（续表）

序号	姓名	培养单位	专业名称	培养层次
45	杨婉清	农业资源与农业区划研究所	农业遥感	硕士
46	杨紫洪	农业资源与农业区划研究所	农业管理	硕士
47	刘宇尘	农业质量标准与检测技术研究所	食品科学	硕士
48	陈　雪	农业经济与发展研究所	产业经济	硕士
49	曹甜甜	农业环境与可持续发展研究所	环境工程	硕士
50	徐洪刚	农田灌溉研究所	农业水土工程	硕士
51	秦婉瑜	农产品加工研究所	食品科学	硕士
52	鲍国丞	南京农业机械化研究所	农业工程与信息技术	硕士
53	何巧芸	麻类研究所	生物化学与分子生物学	硕士
54	王　莉	兰州兽医研究所	预防兽医学	硕士
55	易佳敏	兰州兽医研究所	预防兽医学	硕士
56	黄　纯	兰州畜牧与兽药研究所	畜牧	硕士
57	胡　菏	环境保护科研监测所	资源利用与植物保护	硕士
58	胡斯威	环境保护科研监测所	资源利用与植物保护	硕士
59	李　超	哈尔滨兽医研究所	兽医	硕士
60	田笑笑	哈尔滨兽医研究所	兽医	硕士
61	赵聪慧	哈尔滨兽医研究所	预防兽医学	硕士
62	朱　婧	哈尔滨兽医研究所	预防兽医学	硕士
63	李玉梅	果树研究所	农艺与种业	硕士
64	王丹凤	甘薯研究所	农艺与种业	硕士
65	韩浩蕾	茶叶研究所	茶学	硕士

（续表）

序号	姓名	培养单位	专业名称	培养层次
66	杨　帆	草原研究所	草学	硕士
67	杜丽丽	北京畜牧兽医研究所	动物遗传育种与繁殖	硕士
68	沃野千里	北京畜牧兽医研究所	动物营养与饲料科学	硕士
69	Senouwa Segla Koffi Dossou	油料作物研究所	作物遗传育种	博士
70	Mahmoud Mohamed Abdelsattar Aboelmajd	饲料研究所	动物营养与饲料科学	博士
71	Sajid Ur Rahman	上海兽医研究所	预防兽医学	博士
72	Sunusi Amin Abubakar	农田灌溉研究所	农业水土工程	博士
73	Yassein Mozamel Abdoelmotalab Ibrahim	哈尔滨兽医研究所	预防兽医学	博士
74	Sayed Alim Samim	农业经济与发展研究所	农业技术经济	硕士

关于表彰2022年“优秀推免生”的决定

农科研生〔2022〕78号

院属各研究生培养单位：

为加大优秀生源选拔力度，进一步提高生源质量，根据《中国农业科学院接收优秀应届本科毕业生免试攻读研究生（含直博生）工作管理办法》规定，经研究生院有关会议研究，决定对2022年我院录取的194名推免生（含23名直博生）通报表彰，并给予免除第一年学费的奖励；对黄真等13名“优秀推免生”颁发证书并给予免除基本学制内全部学费的奖励，名单附后。

附件：2022年“优秀推免生”表彰名单

中国农业科学院研究生院

2022年8月19日

附件

2022 年“优秀推免生”表彰名单

序号	姓名	性别	录取研究所	录取专业	毕业院校
1	黄　真（直博生）	男	生物技术研究所	生物化学与分子生物学	华中农业大学
2	何林彤（直博生）	女	茶叶研究所	茶学	南京农业大学
3	王晨睿（直博生）	男	农业资源与农业区划研究所	农业遥感	南京农业大学
4	王鑫源	男	北京畜牧兽医研究所	生物化学与分子生物学	中国农业大学
5	刘曦桐	女	农产品加工研究所	食品科学	华中农业大学
6	王　震	男	中国水稻研究所	作物遗传育种	南京农业大学
7	覃　旭	女	蔬菜花卉研究所	蔬菜学	南京林业大学
8	张梦雪	女	茶叶研究所	茶学	南京农业大学
9	董勃汝	女	农业环境与可持续发展研究所	农业水资源与环境	北京林业大学
10	万　倩	女	植物保护研究所	入侵生物学	北京林业大学
11	李昕怡	女	北京畜牧兽医研究所	动物遗传育种与繁殖	四川农业大学
12	黄颖然	女	哈尔滨兽医研究所	预防兽医学	华南农业大学
13	王澳雪	女	农业资源与农业区划研究所	区域发展	南京农业大学

关于表彰2022年度研究生国家奖学金获得者的决定

农科研生〔2022〕137号

院属各研究生培养单位：

根据财政部、教育部关于印发《普通高等学校研究生国家奖学金评审办法》（以下简称《办法》）的通知（教财〔2014〕1号）、《中国农业科学院研究生国家奖学金评审办法（试行）》的有关规定，我院本着奖励优秀、激励引导、提升质量的宗旨，按照程序合理、信息公开、过程公平、方法科学的原则，面向全日制在读研究生进行了研究生国家奖学金的评选。在个人申报、培养单位初审推荐的基础上，经研究生院组织专家组评审、研究生院奖助工作领导小组审定、审定结果公示等程序，最终确定高庆涛等33名博士研究生和邹佳欢等45名硕士研究生获得本年度研究生国家奖学金，获奖人员名单见附件。

根据《办法》规定，博士研究生奖励3万元，硕士研究生奖励2万元，特此通报表彰，并颁发荣誉证书。

附件：2022年度研究生国家奖学金获奖人员名单

中国农业科学院研究生院

2022年12月26日

附件

2022年度研究生国家奖学金获奖人员名单

序号	姓名	研究所	攻读学位
1	高庆涛	北京畜牧兽医研究所	博士
2	牛群皓	北京畜牧兽医研究所	博士
3	付佳雯	哈尔滨兽医研究所	博士
4	黄昕怡	哈尔滨兽医研究所	博士
5	郑娟善	兰州畜牧与兽药研究所	博士
6	汤建立	兰州兽医研究所	博士
7	许艳超	棉花研究所	博士
8	杨　柯	南京农业机械化研究所	博士
9	屈　阳	农产品加工研究所	博士
10	曹起涛	农业环境与可持续发展研究所	博士
11	张智洋	农业基因组研究所	博士
12	卢昱嘉	农业经济与发展研究所	博士
13	李厚禹	农业农村部环境保护科研监测所	博士
14	付　琳	农业农村部沼气科学研究所	博士
15	张　杰	农业信息研究所	博士
16	王　琦	农业质量标准与检测技术研究所	博士
17	张俪予	农业资源与农业区划研究所	博士
18	陈　谦	农业资源与农业区划研究所	博士
19	夏琦琦	上海兽医研究所	博士
20	侯　美	生物技术研究所	博士
21	张　斌	蔬菜花卉研究所	博士
22	戴　东	饲料研究所	博士

（续表）

序号	姓名	研究所	攻读学位
23	王　雷	油料作物研究所	博士
24	任立瑞	植物保护研究所	博士
25	张明振	植物保护研究所	博士
26	马婉君	茶叶研究所	博士
27	刘　锴	果树研究所	博士
28	赵　彤	蜜蜂研究所	博士
29	谷世超	郑州果树研究所	博士
30	胡　萍	中国水稻研究所	博士
31	张晓星	作物科学研究所	博士
32	王　筱	作物科学研究所	博士
33	邓　东	作物科学研究所	博士
34	邹佳欢	北京畜牧兽医研究所	硕士
35	宋明强	北京畜牧兽医研究所	硕士
36	王枭鸿	北京畜牧兽医研究所	硕士
37	刘新颖	都市农业研究所	硕士
38	叶光强	哈尔滨兽医研究所	硕士
39	张乃心	哈尔滨兽医研究所	硕士
40	杨光璞	哈尔滨兽医研究所	硕士
41	曹梦丽	兰州畜牧与兽药研究所	硕士
42	杨金柯	兰州兽医研究所	硕士
43	于浩源	兰州兽医研究所	硕士
44	陈家乐	棉花研究所	硕士
45	李聿尧	农业农村部南京农业机械化研究所	硕士
46	席慧涵	农产品加工研究所	硕士

（续表）

序号	姓名	研究所	攻读学位
47	虞青婷	农产品加工研究所	硕士
48	王亚丹	农田灌溉研究所	硕士
49	晋　琳	农业环境与可持续发展研究所	硕士
50	仇学峰	农业环境与可持续发展研究所	硕士
51	陈　希	农业经济与发展研究所	硕士
52	王思淇	农业农村部环境保护科研监测所	硕士
53	王　震	农业信息研究所	硕士
54	郄梦洁	农业质量标准与检测技术研究所	硕士
55	裴　玮	农业资源与农业区划研究所	硕士
56	张　楚	农业资源与农业区划研究所	硕士
57	冉金鑫	上海兽医研究所	硕士
58	刘　璐	生物技术研究所	硕士
59	黄贝珣	食物与营养发展研究所	硕士
60	赵鑫雨	蔬菜花卉研究所	硕士
61	逯永瑞	蔬菜花卉研究所	硕士
62	韩露露	饲料研究所	硕士
63	叶京飞	特产研究所	硕士
64	方建伟	烟草研究所	硕士
65	李雅丽	油料作物研究所	硕士
66	刘佳鑫	沼气科学研究所	硕士
67	王文汇	植物保护研究所	硕士
68	王思佳	植物保护研究所	硕士
69	曹　艺	植物保护研究所	硕士
70	高健健	茶叶研究所	硕士

（续表）

序号	姓名	研究所	攻读学位
71	陈薛颖	麻类研究所	硕士
72	毕延祥	蜜蜂研究所	硕士
73	董媛鑫	郑州果树研究所	硕士
74	马丽娟	中国水产科学研究院 南海水产研究所	硕士
75	谢　伟	中国水稻研究所	硕士
76	朱紫薇	作物科学研究所	硕士
77	李　雷	作物科学研究所	硕士
78	孔　铭	作物科学研究所	硕士

中国农业科学院吴孔明院长在 2022 届研究生毕业典礼上的讲话

尊敬的各位来宾、各位老师，亲爱的同学们：

大家上午好！今天，我们满怀喜悦，以一场简约而庄重的仪式，见证 2022 届毕业生开启人生新的征程。在此，我代表中国农业科学院全院师生员工，向圆满完成学业的 1 451名毕业生们致以热烈的祝贺！向为同学们成长付出心血的师长、亲人和朋友们，致以崇高的敬意！向持续关注、倾力支持中国农业科学院事业发展的各位家长、校友、社会各界人士致以衷心的感谢！

同学们，匆匆几年，你们用辛勤付出和最美好的光阴，收获了积极向上的人生态度，受用一生的知识学识，相知相伴的同窗好友，也亲历并见证了中国农业科学院历史长河中的一段时光。一路走来，母校欣喜于你们每一次成长的蜕变，铭记着你们每一个奋斗的瞬间。在学术科研中探索未知，在劳动实践中知行合一；在学科竞赛中刷新纪录，在文体赛场上超越自我；在社会调查中体味世间万象，在志愿服务中传递爱与温暖。实验室内、田间地头、基地农场都是你们青春奋斗的阵地，金黄的麦田、淡淡的稻香蕴藏着你们的青春绽放的意义。在中国农业科学院求学的几年时光里，你们迎来了改革开放 40 周年、新中国成立 70 周年、五四运动 100 周年、建党 100 周年、建团 100 周年等党和国家盛事，见证了脱贫攻坚的全面胜利，目睹了国家全面建成小康社会这一伟大奇迹，也感受了北京“双奥之城”的魅力风采。临别之际，我想与你们分享 3 点嘱托，希望能为你们成长成才提供一些思考和借鉴。

一是心怀“国之大者”，勇担时代重任。千秋伟业，时代风华。“国之大者”，事关党和国家前途命运、事关中华民族伟大复兴、事关人民幸福安康、事关社会长治久安的大事。同学们，今年是党的二十大即将召开之年，是落实“十四五”发展规划的关键之年，也是向第二个百年奋斗目标进发的重要一年。你们在此刻开启新征程，必将拥有前所未有的广阔舞台，也必将伴随艰巨的考验与未知的挑战。作为新时代青年，你们正处在人生发展的黄金时期，希望你们将个人理想前途与国家命运紧密相连，胸怀“国之大者”，坚定不移听党话、跟党走，勇担时代重任，让青春在“扎根人民、奉献国家”的使命中闪光，为实现中华民族伟大复兴的中国梦而不懈奋斗！作为中国农业科学院培养的毕业生，希望你们坚守国家粮食安全“国之大者”的使命，围绕种子、耕地、生物安全、农机装备、绿色低碳、乡村发展等“国之大者”深耕，为加快推进高水平农业科技自立自强，强化支撑乡村振兴贡献青春力量！

二是传承“农科精神”，勇攀人生高峰。赓续血脉，传承基因。今年是中国农业科学院成立65周年，建院65年以来，以丁颖、金善宝、陈凤桐等老一辈农业科学家为代表的一代代农业科技工作者艰苦奋斗、科研攻关，为我国“三农”事业发展提供了坚强有力的科技支撑，为确保粮食安全作出了历史性贡献。在广大科技工作者长期科研与生产实践中，形成了以“求真笃行，致农敬用”为核心内涵的新时代农科精神，深化拓展了“执着奋斗、求实创新、情系‘三农’、服务人民”的祁阳站精神，“艰苦奋斗、甘于奉献、不懈创新、勇攀高峰、团结协作、求真务实、牢记使命、敢于担当”的中棉所精神以及“扎根农村、潜心科研、攻坚克难、造福人民”的新乡精神。我院一代代农业科学家将祖国、人民和“三农”作为一生所爱，为我们留下宝贵的精神财富。陈凤桐院士一生对党忠诚、服务人民、勇担重任、无私奉献，他在抗日根据地领导农业工作时，白天指导农业生产，躲避敌人围剿，晚上开展研究撰写文章；植物保护专家齐兆生、土壤专家王守纯、农田水利专家贾大林、植物保护专家郭予元等老一辈农业科学家在党的坚强领导下，扎根广袤乡村，将平生所学与农业生产实际结合，将全部的青春和热情奉献给农业科技事业。同学们，希望“农科精神”能够成为你们人生路上的文化引领和精神支撑，期盼你们传承和发扬母校的“农科精神”，锤炼过硬本领，在实践中磨砺意志、增长才干，勇攀人生高峰。

三是矢志艰苦奋斗，永葆青春本色。生逢盛世，肩负重任。习近平总书记在庆祝中国共产主义青年团成立100周年大会上说：“奋斗是青春最靓丽的底色，行动是青年最有效的磨砺。”时代虽有不同，青春一脉相承。“七一勋章”获得者、“时代楷模”黄文秀，在风华正茂的年纪里，选择泥泞，告别繁华，扎根基层，反哺家乡，将30岁的生命永远定格在最美的扶贫路上；“清澈的爱，只为中国”，这是18岁的戍边战士陈祥榕烈士写下的战斗口号，这份对于祖国的守护如此纯粹，又如此炽热；“95后”女医生甘如意，在武汉新冠疫情最严峻的时候，4天3夜骑行300千米，刻不容缓地从家乡返岗抗疫。当前，国际形势复杂多变，百年变局和世纪疫情互相交织，带来了前所未有的风险挑战。特别在持续抗击新冠疫情的两年多来，同学们克服了疫情带来的冲击和挑战，疫情下的科研学习生活成为你们独特的青春记忆，时代之变和世纪疫情相互叠加的历练，磨砺了你们克服困难的勇气。面对未来，希望正直青年的你们，保持“初生牛犊不怕虎”的锐气，坚定“越是艰难越向前”的决心，用青春的能动力和创造力激荡起民族复兴的澎湃浪潮，用青春的智慧和汗水打拼出一个更加美好的中国，不负党和人民的期待，不负时代寄予的厚望。

同学们，今天，你们即将从这里出发，拥抱伟大的时代，奔向广阔的天地。无论你们走向何方，选择怎样的人生，母校都将永远关注你们、支持你们、祝福你们！中关村南大街12号，将永远是你们最坚强的后盾和最温暖的港湾。

亲爱的同学们，毕业快乐！衷心祝愿大家在未来的时光里，健康快乐，生活美满，前程锦绣，一路青云！

中国农业科学院吴孔明院长在2022级研究生开学典礼上的讲话

各位来宾，各位老师、同学们：

大家上午好！

今天，1 842名怀揣着“强农兴农”梦想的2022级新同学加入农科大家庭。我代表全院师生员工，向你们表示衷心的祝贺和热烈的欢迎！并借此机会，向长期教育培养你们的家长、老师和关心支持你们的社会各界致以亲切的问候和诚挚的感谢！受新冠疫情影响，仍有个别同学暂时不能来到校园，但无论身在何处，你们都以崭新的姿态和风貌同步成为农业科研国家队的一分子，正式开启了爱国奉献、强农兴邦、追求卓越的人生新篇章。

中国农业科学院成立于1957年，是全国规模最大、学科最全、综合研究实力最强的国家级综合性农业科研机构，担负着全国农业重大基础与应用基础研究、应用研究和高新技术研究的重要使命，致力于解决全国农业农村经济发展中基础性、方向性、全局性、关键性的重大科技问题。我院建成了以17名两院院士、一批国家重大科技任务首席科学家、国家杰出青年科学基金获得者、国家级“百千万人才工程”入选者、农业科研杰出人才为代表的高水平科技创新队伍；实现了杂交水稻、超级稻、杂交玉米、转基因抗虫棉、矮败小麦、杂交油菜等一系列重大核心技术的突破；取得了中低产田改造、重大病虫害综合防治等一大批科研成果；建立了瘦肉猪、蛋鸡、奶牛、肉羊等良种繁育体系，研究出优质高效配合饲料和集约化养殖技术，以及猪瘟、牛瘟、马传贫、口蹄疫、禽流感等重大疫病高效疫苗；创立了水稻、小麦品种光温反应特性理论，发现并建立了草地贪夜蛾、蝗虫、黏虫、小麦条锈病等重大病虫害流行规律和防治技术体系。特别是党的十八大以来，中国农业科学院以习近平总书记关于“三农”工作的重要论述为指引，以抢占制高点、把握主动权、引领现代化为核心目标，以科技创新工程为主要抓手，着力加强农业基础研究与原始创新，聚力突破农业关键核心技术，大力推动产学研深度融合，全力打造国家战略科技力量。全院共获得各类科技成果1 390项，其中获奖成果976项，国家级科技奖励成果63项。这些具有国际先进水平的自主创新成果在生产上推广运用，为推动我国农业科技进步、保障国家粮食安全、支撑脱贫攻坚和乡村振兴作出了突出贡献。

同学们，研究生阶段是不断完善自我、强化创新意识、勇于担当责任的人生黄金时期。未来几年，科研将成为你们青春绽放的主旋律，实验室、试验基地将成为你们青春奋斗的主战场，这里既有无限的知识等待你们去汲取，也有广袤的天地等待你们去探索。高水平的科研平台和高层次专业化的导师队伍将为你们的成长成才提供强大支撑。希望你们始终牢记习近平总书记的嘱托，“让青春在为祖国、为民族、为人民、为人类的不懈奋斗中绽放绚丽之花”。下面，我重点给大家提4点要求。

一是旗帜鲜明讲政治。志存高远方能登高望远，胸怀天下才可大展宏图。作为新时代的青年学子，要夯实信仰基石，把对马克思主义的信仰、对社会主义和共产主义的信念作为毕生追求，解决好世界观、人生观、价值观这个“总开关”问题，不断增强政治定力。要自觉讲政治，对“国之大者”要心中有数，关注党中央在关心什么、强调什么，深刻领会什么是党和国家最重要的利益、什么是最需要坚定维护的立场，切实把增强“四个意识”、坚定“四个自信”、做到“两个维护”落到行动上。始终坚守为中国人民谋幸福、为中华民族谋复兴的初心和使命，把人生理想融入党和人民事业之中，把为人民幸福而奋斗作为自己最大的幸福，才能拥有高尚的、充实的人生。希望同学们把爱国之心、强国之志、报国之行融入实现伟大中国梦的奋斗过程中，做到爱国力行，不负人民。

二是勇担时代重任。习近平总书记在中国共产主义青年团成立100周年大会上强调，“有责任有担当，青春才会闪光”。当前，国家正处于向第二个百年奋斗目标进军的新征程上，“三农”工作在新发展阶段的“压舱石”作用尤为凸显，农业科技工作面临着前所未有的机遇和挑战，加快实现高水平农业科技自立自强更加紧迫，保障国家粮食安全与重要农产品供给责任更加重大，科技创新支撑乡村振兴任务更加艰巨。习近平总书记在致我院建院60周年贺信中鞭策我们，要面向世界农业科技前沿、面向国家重大需求、面向现代农业建设主战场，加快建设世界一流学科和一流科研院所，勇攀高峰，率先跨越，推动我国农业科技整体跃升，为实现“两个一百年”奋斗目标、实现中华民族伟大复兴的中国梦作出新的更大的贡献。作为农科人，希望你们时刻将习近平总书记的殷殷嘱托内化于心、外化于行，立复兴志，筑强农梦，以国家战略需求为导向，着力解决重大科技问题，加快突破关键核心技术，在青春的赛道上奋力奔跑，彰显青春本色！

三是厚植“三农”情怀。做好新时代“三农”科技工作，心中要有“三农”情怀。相信大部分同学都阅读过习近平总书记关于“三农”工作的重要论述，没有读的同学建议大家用心读一读，里面不仅有做好新时期“三农”工作的认识论、实践论和方法论，也有习近平总书记对“三农”的深厚情怀。习近平总书记在梁家河村插队期间，与农民一起背过粮食种过地，一个窑里睡觉吃饭拉家常，与农民群众结下了深厚的感情。他曾深情地回忆，“我人生第一步所学到的都是在梁家河，这是有大学问的地方。”在河北正定、福建、浙江、上海等地的不同工作岗位上，习近平总书记始终高度重视、关心关注、亲力亲为抓“三农”工作，关心农民疾苦，倾听农民呼声，为农民办实事办好事。同学们，你们选择来到中国农业科学院求学深造，意味着未来你们将会与“三农”事业结下不解之缘，希望你们深刻感悟习近平总书记“知之深，爱之切”

的“三农”情怀，带着感情、饱含热情、充满激情地投入农业科研工作，把论文写在大地上，把成果送进千万家，真正成为懂农业、爱农村、爱农民的“一懂两爱”农科人！

四是锤炼品德修为。大道至简，唯德以成。我院首任院长，被周恩来总理誉为“中国最优秀的农业科学家”，为天下苍生做稻粱谋的丁颖院士身体力行地践行着矢志为民、务实求真、身教以德、敬业乐群的精神，真正实现了自己“为农夫温饱尽责尽力”的誓言。抗日战争时期，丁颖院士有一次遭遇土匪抢劫，政府给予他相应损失补偿，他分文未留，全部买了兽药帮农民防治牛瘟；丁颖院士在日常生活中，总是关心他人胜过自己，每当同事生病或遇到困难，他宁可自己节衣缩食，也要助资助药；他爱学生如子弟，总是诲之以理，导之以情，诠释着农业科学家的高尚品德。同学们，未来几年，学习科研是大家的本业，但品行历练不可偏废。希望你们以丁颖院士等老一辈农业科学家为榜样，锤炼品德，自觉树立和践行社会主义核心价值观，自觉用中华优秀传统文化培根铸魂、启智润心，加强道德修养，明辨是非曲直，实事求是，严谨治学，追求更有高度、更有境界、更有品位的人生！

道阻且长，行则将至。同学们，作为我院“四横四纵”人才体系的重要后备力量，从今天起，农科精神的接力棒交到了你们的手中，希望你们以明德力行为根本，以强农兴农为己任，在中国农业科学院这片科研沃土上开拓进取、砥砺前行，努力成为堪当民族复兴重任的时代新人！再过 5 天，就是第 38 个教师节，也是中秋佳节，在此向辛勤工作在教学、科研第一线的教师们致以诚挚的问候和崇高的敬意！并提前祝大家中秋愉快、万事如意！

谢谢大家！

八、综合政务管理

吴孔明院长在中国农业科学院建院 65 周年会议上的讲话

2022 年 3 月 1 日

尊敬的马有祥副部长，各位领导、各位嘉宾，同志们、朋友们：

大家上午好！

阳春三月、万象更新，今天我们满怀激动和喜悦之情迎来了中国农业科学院的 65 岁生日。首先，我代表中国农业科学院，向出席会议的各位领导和嘉宾表示热烈的欢迎！向长期关心、支持和帮助我院发展的有关部委及社会各界表示衷心的感谢！向为我国农业科技事业、我院创新发展作出贡献的全院广大科技人员、干部职工和离退休老同志致以崇高的敬意！

党和国家始终高度重视农业科技创新，1949 年新中国刚刚成立，就在接管原有农业科研机构的基础上，设立了 7 个大区级综合性农业科研机构和一批中央级农业专业研究机构。其中，1949 年 4 月组建成立的华北农业科学研究所是新中国成立后建立的第一所综合性农业科研机构。此后，为统一全国农业科研工作的领导，党中央、国务院决定在原大区所和一些专业所的基础上，设立中国农业科学院。1954 年 8 月，农业部党组向中央农村工作部核转中央提出《关于筹建农业科学研究院的报告》，同年 9 月，中央农村工作部批复同意农业部党组先行成立筹备小组，筹建农业科学研究院。在筹备委员会和工作协调委员会的努力下，1956 年 10 月，国务院正式批复同意成立中国农业科学院。1957 年 3 月 1 日，中国农业科学院在北京召开成立大会，宣布正式成立，标志着我国农业科研事业走上了统一部署、全面发展的新阶段。丁颖院长在成立大会上指出，中国农业科学院的基本任务是，根据国家农业生产计划、农业生产实践的客观需要和世界农业科学发展趋势，组织领导全国农业科学家进行农业生产技术和农业科学理论研究，以新的科研成果保证我国社会主义农业生产和农业科学的不断提高和发展。可以说，我院从建院之初就是一支体现国家意志、服务国家需求、代表国家水平的国家战略科技力量。回顾 65 年的发展历程，一代又一代农科人始终牢记党和国家的重托，不忘科技报国、为民兴农的初心，艰苦创业、奋发图强，建成了我国规模最大、学科最全、综合实力最强、在国际上有重要影响力的农业综合性科研机构，为农业科技进步和农业农村发展作出了历史性的重大贡献。

65 年来，我院始终坚持农业农村科研国家队定位，为农业发展、农村繁荣、农民富裕提供了强有力的科技支撑。一是选育良种支撑粮食安全和重要农产品有效供给。培育了超级稻、矮败小麦、转基因抗虫棉、双低油菜、高产大豆、优质甘蓝、大通牦牛、高山美利奴羊、北京鸭、白羽肉鸡等一批高产优质多抗动植物新品种。通过品种推广促进迭代升级，主要农作物良种基本实现全覆盖，推动粮食单产从新中国成立初期的每亩69千克增长到近400千克。二是突破关键技术促进农业产业发展。攻克了作物高效栽培、旱作节水、黄淮海中低产田改良、重大病虫害综合防治、农机装备设施等一大批关键技术。系统建立了动物疫病防控技术研发体系，为彻底消灭牛瘟、牛肺疫，有效控制猪瘟、禽流感、口蹄疫、马传贫、非洲猪瘟，防范化解畜禽养殖风险提供了有力支撑。三是广泛开展科技服务助力脱贫攻坚与乡村振兴。强化“脱贫攻坚主战场在哪里，专家团队就到哪里”的责任担当，开展主要农产品绿色增产增效技术集成研究与示范，构建了适应不同生态条件、生产环境的综合技术模式。乡村振兴战略实施后，我院主动担当、迅速入位，开展乡村振兴科技支撑行动，推广“田间课堂”科技助农新模式，推动科研布局由“一农”向“三农”拓展，科技支撑乡村振兴不断走向全面深入。四是为党和政府宏观决策提供基础支撑。研究推出农业科技进步贡献率测算方法，成为衡量科技对农业农村发展驱动作用的重要指标。建立国内唯一稳定运行超过10年的作物遥感监测系统，实现资源环境的动态监测和精准化管理。开展粮食产销区域平衡研究和中长期食物发展战略研究，明确不同阶段食物发展目标，制定系列科学标准，为优化食物结构、引导健康消费、促进居民营养均衡发挥了重要作用，为国务院颁布食物与营养发展纲要提供了重要支撑。

65年来，我院始终坚持农业农村科研国家队定位，取得了一大批具有国际先进水平的重大原创成果。全院累计获得重大科技成果6 600项左右，获国家科技奖励348项，其中，特等奖1项、一等奖19项，占农业领域高等级奖项的32%。创立了水稻、小麦品种光温反应特性理论；全球首创矮败小麦及配套育种方法、水稻“三系”配套育种方法；牵头完成全球70%以上的重要农作物基因组测序和分析工作，主导完成水稻、小麦、马铃薯、棉花、油菜五大作物的基因组测序；建立了系统的作物种质资源收集保存、鉴定评价的理论、方法和技术体系，在国际上率先构建了水稻、小麦、大豆等主要作物的核心种质；开展了全球首例在区域性尺度上对转基因作物靶标和非靶标害虫生态效应的长期监测与综合治理研究；研究发现蝗虫、黏虫、棉铃虫、草地贪夜蛾、小麦条锈病等重大病虫害流行规律，建立了综合防治技术体系；创立了以核酸序列分析为核心的分子流行病学方法，解析了禽流感病毒进化、跨种感染及致病力分子机制，揭示了口蹄疫病毒持续感染的机理。

65年来，我院始终坚持农业农村科研国家队定位，培养造就了一大批国家级农业科技人才。丁颖、金善宝等中国农业科学院的创立者也是新中国农业科技的奠基人。先后有37位两院院士在我院工作，现有19位两院院士，国家高层次人才入选者113人，国家杰青和优青48人，“百千万人才工程”国家级人选、创新人才推进计划、享受政府特贴专家、农业产业技术体系首席、农业科研杰出人才等高层次人才320余人。近年来，我院大力实施人才工程，农科英才总数达373人，新培养8位两院院士和一大批学科带头人。1979 年，我院研究生院成为首批博士和硕士学位授予单位，逐步建立了包括博士、硕士、留学生和非全日制专业学位教育在内的多层次、多类型人才培养体系，共授予博士和硕士学位近 2 万人。

65 年来，我院始终坚持农业农村科研国家队定位，建立了规模大、覆盖广、层次高、综合实力强的农业科技条件平台体系。建设了 2 个国家重大科学工程、6 个国家重点实验室、5 个国家工程技术研究中心、5 个国家工程实验室和 2 个国家工程研究中心。创建了长期库、中期库、种质圃、原生境保护点与国家基因库相结合的作物种质资源保护体系。新建成全球单体最大的国家作物种质库，总保存规模达 150 万份，种质入库处理和质量控制达到世界一流水平。建成世界最大的畜禽遗传资源体细胞库、国家动物疫病防控高级别生物安全实验室和我国体量最大的动物生物安全高级别实验室设施集群。

65 年来，我院始终坚持农业农村科研国家队定位，不断拓展国际合作交流的广度和深度，国际影响力持续提升。与 100 多个国家、近 50 个国际组织/跨国公司及基金会建立了广泛合作；与 50 多个国家的科研机构及 20 多个国际组织签署了合作协议；建立了 100 多个国际合作平台，包括 9 个国际参考实验室，在海外挂牌 23 个联合实验室或示范园区；10 多个国际机构在我院设立驻华代表处。近年来，发起组织国际农科院院长高层研讨会，牵头推进国际农业大科学计划，在国际农业科技界的影响力和话语权大幅提升。

65 年来，我院始终坚持农业农村科研国家队定位，打造了充满“三农”情怀、充分激发创新活力的农科特色文化。一代又一代农科人胸怀报国强农之志，潜心科研、勇攀高峰，形成了以“求真笃行，敬农致用”为核心的农科精神。祁阳红壤实验站始建于 1960 年，是我国建站最早、历史最久的农业实验站。祁阳站的科技工作者长期扎根野外，开展基础性科学数据监测，形成了“执着奋斗、求实创新，情系“三农”、服务人民”的祁阳站精神，谱写了“绿了红土地、白了少年头”的壮丽篇章，2006 年被中宣部①和农业部列为全国重大宣传典型，成为农业科技战线的一面旗帜。小麦种质资源与遗传改良创新团队自 20 世纪 50 年代创建以来，逐渐形成了“团结协作、严谨务实、勇于创新、服务农业”的团队文化，在种质资源保存利用、新品种培育和新技术研究等方面取得重大进展，2016 年获国家科学技术奖创新团队奖。近年来，中国农业科学院党组坚决把党的全面领导落实到科研一线，把弘扬科学家精神和加强学风建设落实到科研一线，建立了支部建在团队上的党建机制，进一步营造了活力竞相迸发的良好创新生态。

回望过去，在党中央、国务院以及部党组的坚强领导下，在全社会的大力支持下，在一代又一代农科人团结协作、不懈努力下，中国农业科学院不断发展进步，取得了辉煌业绩。这些成绩来之不易，经验弥足珍贵。展望未来，我们要更加深刻认识党中央、国务院成立中国农业科学院的高瞻远瞩和殷切期待，更加深刻认识建设农业领域国家战

---

① 中国共产党中央委员会宣传部，全书简称中宣部。

略科技力量的历史意义和时代意义，更加深刻认识新时代国家战略科技力量的崇高使命和重大责任，奋发有为、锐意进取，向着支撑、引领高水平农业科技自立自强的目标奋勇前进。

习近平总书记强调，世界科技强国的竞争，比拼的是国家战略科技力量。党中央、国务院坚持目标导向和问题导向，在“十四五”规划中部署的首个重大任务是“强化国家战略科技力量”。2021 年年底，中央经济工作会议确定今年要抓好的八项重点任务中，首位也是“强化国家战略科技力量”。2017 年 5 月 26 日，在中国农业科学院建院 60 周年之际，习近平总书记发来贺信，强调新时期农业科技创新要“努力抢占世界农业科技竞争制高点，牢牢掌握我国农业科技发展主动权，为我国由农业大国走向农业强国提供坚实科技支撑”，要求中国农业科学院“面向世界农业科技前沿、面向国家重大需求、面向现代农业建设主战场，加快建设世界一流学科和一流科研院所，勇攀高峰，率先跨越，推动我国农业科技整体跃升”。习近平总书记的重要指示，指明了新时期农业科技创新的前进方向，明确了新时代中国农业科学院的责任担当，为我们强化国家战略科技力量提供了根本遵循。今天，我们将庆祝建院 65 周年的主题定为国家战略科技力量建设研讨会，就是要坚持以贺信精神为指引，全面落实党对农业科技工作的领导，进一步统一思想、抢抓机遇，勇担使命、乘势而上，围绕“种子、耕地、生物安全、农机装备、绿色低碳、乡村发展”等“国之大者”抓主抓重，充分发挥国家战略科技力量作用，强力支撑农业农村现代化，着力打造“四中心一智库”，全面塑造中国农业科学院创新发展的新优势。

一是着力打造国家农业科技创新中心。要坚持以解决我国“三农”事业发展中的公益性、基础性、全局性、战略性、前瞻性重大科技问题为己任，加强基础研究，注重原始创新，做强优势长板，补齐短板弱项，力争突破一批具有世界一流水平的前瞻性基础研究、引领性原创前沿技术、底盘共性技术和核心关键技术，夯实建设农业强国的科技基础。

二是着力打造国家农业技术转移中心。要围绕主要农产品稳产保供和特色农产品富民兴村的产业链部署创新链，覆盖上中下游、融合一二三产业、兼顾软科学与硬技术，按照创新创业创造“三创一体”的要求打造一流创新团队，跨研究所、跨领域组织开展技术配套研发、集成创新和转移转化，强化科产科企深度融合发展，提高科技供给质量，扩大科技供给数量。

三是着力打造国家农业科技创新人才中心。要坚持人才第一资源和人才强院战略，引进和培养一批战略科学家、领军人才、青年杰出人才和后备科技力量，建强科研、管理、支撑、转化四支队伍，营造识才、爱才、敬才、用才的人才发展环境和创新生态，形成“四纵四横”全方位、立体化的人才发展体系。

四是着力打造国家农业科技合作交流中心。要坚持开放办院，努力成为农业科技合作交流的战略中坚力量。要坚持“请进来”和“走出去”相结合，主动融入全球农业科技创新网络，积极参与国际农业科技治理，持续提升国际影响力和话语权。要进一步加强与地方政府、涉农高校和科研院所合作，组织全国农业科技力量开展重大任务协同攻关，推动我国农业科技水平整体跃升。

五是着力打造国家农业高端智库。要汇聚一批高水平战略研究人才，建设一批具有重要影响力的智库平台，不断强化战略咨询能力，引领和带动全国农业农村和农业科技战略研究，努力成为国家倚重、国际知名的农业高端智库，为农业农村经济发展、政策创设和科技进步提供科学咨询和决策参考。

同志们，打造“四中心一智库”是我院作为国家战略科技力量的战略定位和目标追求。我们必须坚决执行国家意志、代表国家水平、展现国家风貌、赢得国际竞争，努力成为农业领域的世界主要科学中心、重要人才中心和创新高地。为了实现这一目标，我们必须充分发挥院部集中决策、组织动员和统筹协调作用，强化全院“一盘棋”的科技力量部署和科技资源的“一体化”配置，构建以国家战略需求为导向、集中力量办大事的组织管理模式，形成体系化创新、专业化集成、集团化作战的创新格局，不断提升中国农业科学院的整体竞争力，不断锻造不可替代的战略科技力量。

同志们，新时代呼唤新作为，新征程要有新担当，站在建院 65 周年的新起点上，我们要更加紧密团结在以习近平同志为核心的党中央周围，牢记农业科研国家队职责，强化国家战略科技力量使命，勠力同心、接续奋斗，团结带领全国农业科技力量，为实现高水平农业科技自立自强、加快农业农村现代化、全面推进乡村振兴作出新的更大的贡献！

吴孔明院长在学习贯彻习近平总书记贺信精神交流会上的讲话

2022 年 5 月 26 日

各位领导、各位嘉宾，同志们、朋友们：

2017 年 5 月 26 日，习近平总书记在我院建院 60 周年之际发来贺信，充分肯定了我院的历史性贡献，明确了我院的奋斗目标，指明了全国农业科技创新的前进方向。今天，我们隆重召开会议，就是要进一步深入学习贯彻贺信精神，研讨努力实现高水平农业科技自立自强的战略举措，在贺信精神的指引下，踔厉奋发、开创未来。下面我讲 3 点。

一、贺信精神思想深刻、内涵丰富，指引我院高质量创新发展

5 年来，中国农业科学院坚持将贺信精神作为创新发展的总方向、总目标、总任务、总要求，在贺信精神指引下，各项事业取得了显著成就。

（一）各项事业取得显著成就

第一，面向世界农业科技前沿，积极抢占科技制高点。一是在基础研究领域，实现了杂交稻种子克隆理论突破；构建了全球首个亚洲栽培稻泛基因组；牵头绘制出小麦 D 基因组精细图；破解了二倍体马铃薯自交不亲和与自交衰退机制；率先揭示了 H7N9 禽流感病毒适应哺乳动物宿主及跨种感染、传播的关键机制；首次发现了产甲烷古菌碳代谢新途径；揭示了烟粉虱为害 600 多种植物的奥秘。5 年来，在 *Cell*、*Nature*、*Science* 等顶尖期刊发表论文 67 篇，作物功能基因组、植物保护、预防兽医等基础学科处于全球领跑位置。二是在关键核心技术方面，大力推进作物种质资源鉴定与新品种培育、功能基因挖掘与分子育种设计、畜禽资源挖掘与核心种质育种、高效繁殖调控与健康养殖技术等攻关，取得各类科技成果 445 项，其中国家级科技奖励成果 29 项，占全国农业领域 1/4。

第二，面向国家重大需求，全力支撑农业稳产保供。一是在作物育种方面，自主培育了超级稻华浙优 261、优质强筋小麦中麦 895、广适高产优质大豆中黄 13、高亩产和高含油量油菜中油杂 501、“高原夏菜”甘蓝中甘 21 等一系列重大品牌。二是在畜禽育种方面，“中畜黑猪”新品种已进入第一世代选育，肉鸡基因芯片育种技术领跑全球，

中新白羽肉鸭、广明 2 号白羽肉鸡等新品种打破了国外种源的长期垄断。三是在耕地保护方面，针对东北黑土地、北方旱地、南方水田、南方旱地、盐碱地、设施农地和后备耕地等“七块地”，实施“沃田”科技行动，支撑提升地力水平。利用“天空地”一体化遥感技术和信息技术，开展高标准农田用途监测，服务国家农田用途管制。四是在农业机械装备方面，研发了玉米籽粒直收、水稻长秧龄大苗同步开沟插秧、油菜毯状苗移栽等技术装备，加快了“机械换人”的进程。五是在生物安全防控方面，首次解析了非洲猪瘟病毒三维结构，基因缺失疫苗和亚单位疫苗研发顺利推进；摸清了草地贪夜蛾迁飞为害规律，构建了监测预警与应急防控技术体系，为全国联防联控提供了重要技术支撑。

第三，面向现代农业建设主战场，科技支撑乡村振兴。一是在脱贫攻坚和乡村振兴主战场，累计派出 1.2 万人次科技人员，辐射带动 9.7 万个贫困户增收；共建 11 个乡村振兴科技支撑示范县，大力推广“田间课堂”，打造整县制科技支撑的农科模式。二是建立了全天候常态化田间科技服务体系，2021 年河南特大暴雨，组织 14 个所 70 多位专家奔赴一线提供抗灾技术服务；2021 年秋冬之交，组织 17 个所 100 多位专家奔赴 5 省 69 个受灾县开展抢收抢种技术服务；2022 年组织开展夺夏粮丰收专项行动，派出 11 个科技小分队、31 个科技工作小组到夏粮主产省，开展晚播小麦田管指导。三是构建了 11 家国家农业科技创新联盟实体，奶业联盟的“优工联”标识、棉花联盟的“CCIA”国棉品牌得到广泛认可。四是与多个地方政府和知名企业建立了战略合作关系，与成都、苏州合作共建农业科技中心，与淄博、葫芦岛共建新型研发机构。与中粮集团、先正达集团、首农食品集团等百余家知名企业组建科企联合体。与中国农业发展集团、大北农集团等龙头企业合作设立“三创协同奖”“杰出人才奖”。

第四，面向人民生命健康，保障农业生物安全与食物营养健康。研发出高效 H5/H7 二价禽流感灭活疫苗，2017 年以来全国累计应用超过 200 亿羽份，成功阻断 H7N9 病毒向人的传播。研发出同步检测 300 多种化学污染物的快速检测技术，破解了黄曲霉毒素高灵敏快速准确定量检测的技术难题，发明了蜂产品品质识别技术，创制了以“日晒高温覆膜”为核心的韭蛆绿色防控技术，为保障农产品质量安全提供了有效支撑。发挥国家食物营养咨询委员会的决策咨询作用，开展高层次决策咨询研究与食物与营养科普，推动我国食物与营养发展纲要编制与落实。

（二）不断推进一流学科与一流院所建设

五年来，我院深入学习贯彻总书记贺信精神，守正创新，锐意改革，不断推进一流学科与一流院所建设。一是坚持党对科研工作的全面领导。将支部建在创新团队上，大力弘扬新时代农科精神，探索建立农科特色监督体系，以全面加强党的建设来保障和推动高水平的科技创新。二是实施使命任务清单制度。强化国家战略科技力量定位，以“国之大者”为使命任务，牵引全院上下抓主抓重，深入实施创新工程，探索构建科研任务形成、团队组织、绩效考评、联合攻关等机制。三是优化学科体系和科研力量布局。学科从“一农”向“三农”拓展，布局西部中心、成都中心、南繁研究院、深圳食品谷、北方水稻中心等区域创新中心。四是深入实施人才强院战略。先后出台 19 项人才制度，实施以“农科英才特殊支持政策”为核心的一系列人才新政，人才优先发展理念深入人心，涌现出一批高层次创新人才，新增两院院士 8 人，农科英才总量达到 359 人。五是推动“放管服”措施落地见效。不断简政放权，赋予科研人员更大的技术路线和人财物自主权。认真落实院所长负责制和民主集中制，实施章程管理，优化院所治理体系，现代院所治理能力不断提升。

二、深刻领会总书记贺信精神，准确把握农业科技创新的新形势新挑战

我国已经进入新发展阶段，“三农”的“压舱石”作用凸显。习近平总书记在贺信中指出“农业现代化关键在科技进步和创新”，服务国家重大战略需要，农业科技自立自强任务重大而迫切，挑战和机遇前所未有。

第一，国际科技竞争空前激烈，加快实现高水平农业科技自立自强更加紧迫。当前，科技创新成为国际战略博弈的主战场，围绕科技制高点的竞争空前激烈，全球创新格局面临深度重构。习近平总书记在《求是》撰文强调“作为一个农业大国，我们绝不能落后。要坚持农业科技自立自强，加快推进农业关键核心技术攻关。”总体上看，我国农业科技基本可以自立，但是与最发达国家还有较大差距，部分前沿和交叉领域原创性引领性创新能力不足，粮食作物单产水平仍然偏低，部分重要种源和农机装备自主可控能力不强，绿色发展技术储备不足，实现高水平自立自强任务十分艰巨。

第二，保障国家粮食安全与重要农产品保供，农业科技创新责任更加重大。2021 年，我国粮食产量创历史新高，但同期粮食进口量也创了历史新高，粮食隐性自给率只有 70%。习近平总书记强调，“粮食安全是‘国之大者’。悠悠万事，吃饭为大。”“如果在吃饭问题上被‘卡脖子’，就会一剑封喉。”“在粮食安全这个问题上不能有丝毫麻痹大意，不能认为进入工业化，吃饭问题就可有可无，也不要指望依靠国际市场来解决。要未雨绸缪，始终绷紧粮食安全这根弦，始终坚持以我为主、立足国内、确保产能、适度进口、科技支撑。”在“数量保障”方面，要依靠科技进步不断提高农业生产力，提单产、减损耗，突破耕地、水资源和生态环境约束；在“质量提升”方面，要坚持绿色发展理念和大食物观理念，以基础理论突破和前沿技术创新，助力食物产出方式转变，更好满足群众日益升级的农产品消费需求。

第三，乡村振兴进入全面推进期，拓展科技创新领域任务更加艰巨。作为“三农”领域的国家战略科技力量，我院必须坚决贯彻落实总书记指示精神，切实发挥好科技战略支撑作用，加快从支撑“一农”向支撑“三农”转变。要大力集成富民产业急需的先进适用技术，加强特色优质新品种供给，巩固脱贫攻坚成果；破解农村改厕、生活污

水和垃圾治理等重点难点问题，为乡村建设提供科学有效的技术和产品；强化数字化管理技术支撑，为农村改革提供高质量的战略咨询，助力乡村治理能力大幅提升。

三、坚持以贺信精神为指引，加快推动高水平农业科技自立自强

“十四五”和今后的一个时期，中国农业科学院将不断深入践行贺信精神，坚持“四个面向”，强化国家战略科技力量，着力打造“四中心一智库”，加快建设“两个一流”，与全国农业科技系统的兄弟单位团结协作，共同推动我国农业科技整体跃升。

第一，坚持使命牵引，建设国家农业科技创新中心。一是优化学科体系和力量布局。瞄准农业科技前沿基础研究、关键核心技术攻关、乡村振兴支撑3条主线，围绕种子、耕地、生物安全、农机装备、绿色低碳、乡村发展等6个重点，以“十四五”规划和使命任务清单为统领，推动构建跨所、跨学科的重大任务联合攻关机制，加快高水平原始创新和重大成果产出。二是构建长期因子观测体系。持续开展种质资源、自然资源、实验动物、科研数据、经济信息、乡村变迁等长期因子观测、材料收集和跟踪研究，不断夯实农业科技创新基础。三是打造高水平科技平台。推进国家重点实验室重组。瞄准生物技术、信息与智能技术等前沿领域，力争新增建设一批农业农村部学科群重点实验室。加快推进基因组学中心、畜禽种质库等重大科学设施建设。

第二，坚持公益定位，建设国家农业技术转移中心。一是为稳产保供开展常态化科技服务。建立常态化科技服务工作队伍、工作机制和应急性支撑保障体系，为粮食稳产保供、农村人居环境整治等提供科技支撑。二是为乡村振兴提供全链条产业服务。与地方政府密切协作，联合大型涉农企业，建设产业技术中心、新型研发机构、未来农业产业园等区域中心，开展规划咨询、科技示范与培训等技术服务，为区域农业产业发展和乡村振兴搭建平台、提供支撑。三是加强以市场为导向的科技成果转化。深化与上中下游企业的科技合作，建立产学研用深度融合的技术创新体系，让科研成果更加符合市场需求、更能促进产业发展。

第三，坚持人才强院，建设国家农业科技创新人才中心。坚持“强领军、推年轻、活机制、抓管理”一体推进，打造科研、管理、支撑、转化四支队伍协同发展的“四横”布局，构建战略科学家为核心、领军人才为中坚、青年人才为主力、博士后/研究生为后备的“四纵”体系，持续强化人才梯队建设和结构布局。深入实施农科英才工程。启动“青10条”专项计划，持续落实青年英才计划、青年创新计划等青年人才计划项目。开展博士后奖助行动、优农计划、国际交流计划和优秀博士后评选，着力提升博士后培养质量。推进“学院制”改革，强化核心课程建设，优化教学学科体系，大力提升研究生教育水平和质量。

第四，坚持开放协作，建设国家农业科技交流中心。坚持开放办院，强化国内外科技合作与交流，提升我国农业科研机构的国际影响力。推动实施国际大科学计划，积极参与国际农业科技治理，融入全球农业科技创新网络。建强海外农业研究中心，引进国

际机构驻华办事处、国际交流协会等涉外单位，建设研究生院国际教育学院，打造国际交流合作主平台。牵头国家农业科技创新联盟建设，组织全国农业科技力量开展重大任务协同攻关，成为国内外农业科技合作与交流的战略中坚力量。

第五，坚持服务决策，建设国家高端农业智库。完善战略研究协作网络，构建软科学与硬科学结合、经济与技术结合、宏观与微观结合，开放式、大网络的协同研究体系，围绕“三农”发展、农业科技发展、院所发展等重大问题开展战略研究，为行政决策提供科学支撑。打造高水平智库平台和成果，进一步提升智库系列成果的水平和影响力，打造高端智库品牌。统筹拓展现有智库平台和发布渠道，扩大受众，提高精准服务能力。

同志们，朋友们，面向第二个百年奋斗目标，中国农业科学院将坚持以习近平新时代中国特色社会主义思想为指导，不断深入贯彻落实习近平总书记重要指示精神，健全完善全国农业科教力量大联合、大协作的有效机制，形成推进农业科技创新的强大合力，为实现高水平农业科技自立自强、全面推进乡村振兴作出新的更大的贡献！

谢谢大家！

张合成书记在学习贯彻习近平总书记贺信精神交流会上的讲话

2022 年 5 月 26 日

今天会议重温了习近平总书记致我院贺信精神及习近平总书记关于“三农”工作、关于科技创新重要论述。2022 年，习近平总书记到地方调研时，多次强调要加快推进农业科技创新，为我们努力实现高水平农业科技自立自强增强了信心、明确了方向。下一步，中国农业科学院、中国水产科学研究院、中国热带农业科学院以及各地方农科院要深入贯彻落实总书记贺信等重要指示精神，重点做好两方面的工作。

一、在实践中领悟“两个确立”的决定性意义

十九届六中全会《中共中央关于党的百年奋斗重大成就和历史经验的决议》指出：“党确立习近平同志党中央的核心、全党的核心地位，确立习近平新时代中国特色社会主义思想的指导地位，反映了全党全军全国各族人民共同心愿，对新时代党和国家事业发展、对推进中华民族伟大复兴历史进程具有决定性意义。”全国农业科研系统要认真学习领会“两个确立”的决定性意义，把深入学习贯彻习近平新时代中国特色社会主义思想作为首要政治任务，坚决贯彻落实好习近平总书记关于“三农”工作、关于科技创新的重要指示，把思想和行动统一到中央关于创新驱动发展的重大战略上，统一到实施乡村振兴战略的目标要求上。

5 月 1 日，《求是》杂志刊登了习近平总书记在 2021 年两院院士大会上的讲话《加快建设科技强国，实现高水平科技自立自强》。习近平总书记明确指出，高水平科技自立自强是广大科技工作者和国家战略科技力量的使命担当，是建设科技强国的总目标。为实现这个目标，习近平总书记强调要做好 5 方面重点工作：一是加强原创性、引领性科技攻关，坚决打赢关键核心技术攻坚战；二是强化国家战略科技力量，提升国家创新体系整体效能；三是推进科技体制改革，形成支持全面创新的基础制度；四是构建开放创新生态，参与全球科技治理；五是激发各类人才创新活力，建设全球人才高地。习近平总书记的讲话阐明了新时代科技创新的前进方向和重点任务，我们要认真学习领会，抓好贯彻落实。

二、以“四个全力”的奋斗姿态加快高水平农业科技自立自强

按照习近平总书记贺信关于抢占农业科技竞争制高点、掌握农业科技发展主动权、引领农业农村现代化的指示要求，中国农业科学院将会同全国农业科研单位，以“四个全力”的奋斗姿态致力于实现高水平农业科技自立自强。

第一，全力担当粮食安全的政治责任。习近平总书记多次强调，粮食安全是“国之大者”，稳产增产根本出路在科技。农业科研单位的第一使命就是支撑粮食安全和重要农产品稳产保供，必须时时刻刻扛在肩上、抓在手上；第一职责就是“抢占世界农业科技竞争制高点”，聚焦种子、耕地“两个要害”，以及农机装备、生物安全、绿色发展等重大使命、重要领域，强化基础科研，赶超前沿技术，自主培育重大品种；第一行动就是支撑保障粮食主产区夺丰收。中国农业科学院已率先实施“强种”“沃田”“增粮”“智机”科技行动，已建立全天候服务农业生产的保障机制，持续强化稳产保供科技支撑。

第二，全力投身国家创新体系建设大潮。习近平总书记多次强调，要完善国家创新体系，提高创新体系整体效能。新修订的《中华人民共和国科学技术进步法》将完善国家创新体系作为制度主线，进行了专门表述。我们要抓住重大历史机遇，投入这个大潮之中。一是积极呼吁建设农业领域的国家实验室。二是加强全国重点实验室体系建设。中国农业科学院将强化各研究所之间协同，加强与其他科研院所、高校、企业的合作。三是积极支持地方实验室的建设。中国农业科学院明确鼓励科学家和研究所积极支持地方实验室建设。目前，我们正在全力支持和参与海南崖州湾实验室、河南神农实验室、湖北洪山实验室、湖南岳麓山实验室、广东岭南实验室以及其他正在谋划的农业领域省实验室。希望各省农科院、农业大学等也全力支持和参与建设地方实验室。这是新中国成立以来地方政府最大规模财政支持建设重大科研设施的行动，是加强农业科技创新体系建设的绝好机会，这个实验室无论设在哪里、无论由谁牵头，我们都要全力投入、积极支持。

第三，全力创新农业科研体制机制。推进科技体制改革是习近平总书记在 2021 年两院院士大会上讲话的重要内容，是当前中央推进科研“放管服”、激发科技创新活力的重要的内容，也是刚才山东省、江苏省和黑龙江省农业科学院介绍的重要经验。在推进农业科技体制改革中，我们要认真研究如何确保改革的路径和措施更适合中国的国情农情。据统计，2017 年全国每万名农业从业人员拥有农业科技人员 32.4 人，仅相当于美国 78.2 人的 41%，这说明我们当前农业科研机构不是太多而是太少，农业科技人员不是太多而是太少，农业科技投入不是太多而是太少。过去几轮科技改革，农业科研单位都首当其冲，“脱钩、断奶、撤销、合并、转企、减编”等改革影响至今尚未消除。党的十九届五中全会强调要坚持创新在我国现代化建设全局中的核心地位，把科技自立自强作为国家发展的战略支撑。要按照这个核心地位和战略支撑，研究谋划设计农业科

技体制改革措施，要牢牢守住4个底线。一是地位上不能削弱。“农业现代化关键在科技进步和创新”，改革决不能削弱农业科技创新的核心地位，不仅不能削弱，还应增加、提高、夯实。二是定位上不能动摇。农业科研是长期积累的过程，撤并一次、下放一次、折腾一次，造成的损失无法挽回。大撤大并的思路对保护长期积累的科技资源、保护创新人才的积极性、保护科研资源是极为不利的。三是分类上不能太复杂。有些地方反映，现在农业科研单位分类极为复杂，分类方式、分类管理的部门太多，一种分类就有一套制度、就是一个壁垒。要防止复杂的分类方式影响了农业科技的协同创新和科研人员的积极性。四是农科教体系不能拆散。我国农业科技、教育、推广体系是社会主义制度设计的重要标志性安排。新中国组建中国农业科学院是由毛主席、周总理亲自部署，参照苏联模式，按照世界最优秀的农业科技创新学科和体制设置的。当前，随着形势需求的变化，有一些是需要改进的，但是有一些，如植保、兽医这种综合性防控技术体系在世界上处于领先水平。实践证明，我国农业科学研究院、农业大学、农业技术推广单位从中央到地方逐级设置的农科教体系支撑保障了70多年来中国农业取得的历史性成就，是有中国特色社会主义农业科技制度的成功经验。我们要与时俱进、深化改革，但决不能轻易否定这种制度性安排。

第四，全力推进农业科技优先发展。落实农业农村优先发展这一乡村振兴战略的总方针，首先要实现高水平农业科技自立自强，必须要优先安排农业科技创新发展。一要优先确保农业科研公益性定位。从国际上看，大部分国家都把农业科技作为关系国计民生、社会稳定、国家安全的行业来看待，把农业科研机构作为公益性机构来扶持。二要优先布局农业科技基础性研究。没有持之以恒的基础性研究就不可能有颠覆性的重大科研成果。三要优先建设农业科技长期性基础设施。对标英国洛桑实验站，建设农业科学野外观测台站和农业科学数据中心。对标美国农业信息监测预警体系，应用物联网、大数据等新兴信息技术，建立农业市场信息长期监测预警体系。四要优先支持涉农企业提升技术研发能力。科研单位要面向企业实施资源、平台、专利、人才“四个开放”，要面向企业建立“出题阅卷”机制，加强知识产权保护，彻底扭转成果“躺在”实验室、人才待在“象牙塔”的局面，让真正为企业和生产一线提供好成果、好技术、好产品的科技人员名利双收。五要优先提升农业科技投入水平。力争实现“四个追平”，即农业科技投入强度、基础科研投入占比、稳定性支持占比、企业研发投入占比到“十四五”末追平全行业平均水平，到2035年追平发达国家水平。

同志们，全面建设社会主义现代化国家新征程已经开启，向第二个百年奋斗目标进军的号角已经吹响，让我们更加紧密地团结在以习近平同志为核心的党中央周围，以实现高水平农业科技自立自强为己任，加快农业科技改革创新步伐，以优异成绩迎接党的二十大胜利召开。

吴孔明院长在 2022 年中国农业科学院机关工作会议上的讲话

2022 年 2 月 14 日

同志们：

今天，我们召开院机关工作会议，主要目的是，推动落实 2022 年院工作会议部署的重点任务，督促各部门把工作安排到位、工作责任压实。刚才，10 个机关部门、5 个专项机构对今年重点工作做了汇报，大家讲得都很好，体现了 3 个特点。一是紧紧围绕“国之大者”。各部门深入学习贯彻落实习近平总书记重要讲话特别是致我院贺信精神，认真贯彻落实中央重大决策部署，聚焦部院党组重点任务，在顶层谋划、统筹协调、综合管理、指导服务等方面抓主抓重、落细落小。二是导向明确。各部门谋划提出的重点工作，思路清晰、重点突出，针对存在的突出问题、工作短板和全院的目标任务，充分体现了问题导向、目标导向。三是措施具体。各部门针对今年院工作会议部署的 10 项重点任务，细化措施、明确重点、强化保障，整体安排全面、务实、具体，可操作性强。对于各部门的工作思路和重点安排我都同意，大家要按计划推进实施、狠抓落实。

院机关是全院的管理中枢，也是履职尽责、攻坚克难的指挥部，承担着服务院党组决策、指导促进研究所创新发展的重任，工作质量、工作效率和工作作风，直接影响全院创新发展的速度、质量和水平。院工作会上，我提出要围绕“四优八提升”做好工作安排，主要是对院机关各部门提的，展开来讲有以下 4 个方面的要求。

第一，优机制，重点就是优化使命导向机制、协同创新机制和科技服务机制。从历史来看，院部的管理和服务工作，大致可分为两个阶段。在实施创新工程之前，我院的科研经费都是竞争性的，院机关对科研任务的调控能力比较弱，抓工作的主要方式是管理研究所；实施创新工程后，稳定支持力度不断加大，再加上基本科研业务费、修购专项等稳定支持经费，可调配的资源更多了，院机关的调控能力更强了。中国农业科学院作为农业科研国家队，肩负着强化战略科技力量、引领实现高水平农业科技自立自强，推动实现农业和农村现代化的职责使命，院机关的管理机制必须由主要管理研究所，向围绕“国之大者”协调配置资源抓主抓重、牵引研究所转型创新发展与管理研究所并重转变。要加快推动使命导向机制落实落地，优化调整学科布局、任务体系和力量配置，引导、推动各研究所聚焦职责使命，做到“指哪儿打哪儿”；在聚焦国家重大战略目标任务层面，要建立跨所协同创新机制，充分发挥战略科学家领军作用，赋予总首席科学家人财物调控权，统一谋划、统一指挥，跨所统筹项目、人才、平台等资源配置，开展集团军联合科技攻关，解决研究碎片化、交叉重复的问题；在服务产业发展层面，要创新科技服务机制，增强科技应急应变能力，把全天候常态化科技服务、应急性科技支撑保障落实到研究所的职责使命中，组织各领域专家面向产业需求集成应用先进适用技术，及时有效动员科技人员到生产一线解决技术难题、保障生产安全。今年小麦夏粮生产、大豆油料扩种和大豆玉米复合带状种植是农业农村部的重点工作，我院要组织科技团队，全力发挥科技的支撑保障作用。

第二，优体系，重点是优化学科体系、平台体系和人才体系。按照产业链布局创新链，提升体系化创新能力是强化战略科技力量的必然要求。我院现在学科设置基本上是20世纪60年代形成的，有的研究所已经脱离主产区、平台基地分散不成体系、人才数量不足和质量不高等问题始终困扰着全院整体创新能力的提升。研究所布局的调整，我院要积极向上级争取，但是如果中央层面没有明确的政策或授权，我院很难在短期内有所突破。近期，农业农村部出台了关于促进部属事业单位高质量发展的意见，向我院下放了京区单位之间人员编制调剂权限，未来也可能会逐步下放机构编制调剂权限。当前，我院要在力所能及的范围内，以推动落实“十四五”规划为主要抓手，优化资源配置，尽快调整学科体系、平台体系和人才体系。一是聚焦高水平农业科技自立自强，打造若干科学中心。围绕中央明确的“种子、耕地、生物安全、农机装备、绿色低碳、乡村发展”等“国之大者”，统筹整合全院科研力量，力争建设全国重点实验室等高水平科技平台，引进海内外高层次科技人才，培养高质量的博士后和研究生后备力量，努力打造具有全球影响力的农业科学中心，解决农业科技“明天”的竞争需求和“后天”的引领目标。二是聚焦事关“三农”发展全局的重大科技问题，打造系列产业技术创新中心。围绕粮食安全与农产品保供产业链、乡村建设与发展等“三农”重大需求，按照产业链条布局“三创一体”团队，全方位配套建设科研、转化和支撑人才体系，解决农业“今天”的现实需要。三是聚焦农业农村主战场，打造一批支撑服务乡村振兴的区域中心。依托现有研究所布局，用好用活新型研发机构等政策，加强与地方政府合作共建，充分调动地方政府和研究所两个积极性，打造聚焦区域发展需求统一调度各所学科、平台、人才的区域协同模式。

第三，优环境，重点是充分下放自主权、充分激发创新活力、构建良好创新生态。提升科技创新能力、释放科技人才创造活力，要在营造良好科技创新生态环境上做文章、求突破。一是充分下放自主权。赋予科研机构、科研人员更大自主权是近些年科技管理改革的重点。上周四，推进部属事业单位高质量发展工作会议强调向科研单位放权要做到应放尽放，决不能设置隐形障碍。院机关各部门要继续梳理权责清单，特别是院所章程等制度明确赋予研究所和科研人员的自主权，要尽快按规定按程序下放到位；同时，要注重加强对研究所的监督指导，既要保证下放的权力接得稳，也要确保该赋予创新团队、科研人员的自主权放到位。二是充分保护创新能力。习近平总书记在院士大会上强调“保障时间就是保护创新能力！要建立让科研人员把主要精力放在科研上的保障机制，让科技人员把主要精力投入科技创新和研发活动”。我院2021年研究建立了科研人员工作时间保障机制，提出要优化综合政务和科研任务过程管理，优化人才团队和科研经费管理，减少检查评估等，2022 年要重点抓好落实，决不能停留在纸面上。三是营造良好创新氛围。院机关各部门要善于营造遵循农业科技创新规律的“软环境”，打造学风优良、宽容失败、环境和谐的创新生态。2022 年是中国农业科学院建院 65 周年，要抓住这个契机，把弘扬新时代科学家精神做深做实，深入梳理凝练新时代农科精神典型代表，充分发挥好院展厅和新乡展览馆的平台载体作用，组织开展好精神传承系列活动，引导广大科技人员牢固树立做人民科学家的价值理念。四是构建开放创新生态。科学技术具有世界性，是全人类共同的财富。我院建设“两个一流”，也需要全世界顶尖人才的智慧。要抓住 G2P 国际大科学计划实施等重要机遇，加强与各国科研人员合作，积极融入全球创新网络，推动农业科技引进来，增强我院引领和主导能力；要持续拓展农业科技国际合作网络，打造海外农业科技平台，推动我国农业科技走出去。

第四，优服务，重点是发挥好服务决策、服务科研一线和服务科研人员的作用。院机关各部门做到让院党组放心、让研究所满意、让科研人员点赞，关键要做好服务。一是提升服务决策能力。中国农业科学院是学术机构，院机关必须是学术机关。打造国家农业高端智库是我院“十四五”的重要目标，这不仅仅是战略研究中心的职责使命，也是机关各部门的努力目标，要为自身发展、为农业农村发展、为国家科技发展献计献策。下一步，要努力构建全院战略研究协作网，聚焦农业科技重大战略问题深入开展研究，一方面为中央及有关部门政策创设提供决策建议，另一方面要强化前瞻布局和规划引领，研究推进我院政策创设和体制机制改革，切实为院党组科学决策发挥好参谋助手作用。二是提升服务科研一线能力。机关各部门要更加积极主动适应新形势、新变化和新挑战、新要求，切实提高工作水平，决不能简单套用行政管理模式来管理科研人员、科研经费和科研活动。机关干部要多到研究所倾听一线的声音，真正产生共鸣，切实从科研一线需求和实际出发，做好服务保障。三是提升服务科研人员的能力。这里强调的重点是，要努力创造一流的学习、工作和生活条件“硬环境”。要想科研人员之所想、急科研人员之所急、忧科研人员之所忧，持续改善餐饮、门诊、幼教、物业、房屋出租等综合服务管理，持续抓好常态化疫情防控，持续建设平安院区，持续想方设法解决职工住房困难和子女入学困难，尽一切所能让科研人员心无旁骛地投身科技创新。

院机关是中国农业科学院的总部，作为农业科研国家队的核心机关，在设置和管理上跟其他机关有共性、也有区别，既要坚决贯彻落实中央关于事业单位管理的明确要求，也要充分遵循农业科技创新规律。这里，我就加强院机关自身建设、增强院机关整体功能提 4 点要求。

第一，要全面加强党的领导。院机关必须始终把加强政治建设摆在首要位置。要学深悟透习近平总书记关于“三农”工作、关于科技创新的重要论述，切实提高政治领悟力；要立足发展全局，自觉把岗位职责放到农业科技乃至“三农”工作定位的大局中，去思考、去推进、去把握，切实提高政治判断力；要不折不扣落实好习近平总书记重要指示和党中央决策部署，谋实事、见实效，切实提高政治执行力。要率先加强院部高素质干部队伍建设，提拔重用敢负责、有担当、善作为、业绩好、群众认的优秀干部，树立正确的用人导向。要率先加强院部政治监督，形成真抓实干、奋勇争先的良好氛围，全力以赴贯彻落实党中央、国务院决策部署以及部、院党组工作安排。机关干部要带头讲政治，带头加强理论学习，自觉增强“四个意识”、坚定“四个自信”、捍卫“两个确立”、做到“两个维护”。

第二，要全面强化资源统筹。组织和管理科技创新活动，开发和配置科技创新资源至关重要。我院经费渠道来源多样，要实现科技管理更精准、更有针对性，就必须善于统筹配置项目、人才、平台资源，提升科研组织效率。要发挥好好创新工程和基本科研业务费作为“调节器”的作用，坚决杜绝摊大饼、撒胡椒面，要有科学合理规划，坚决防止把创新工程当成“唐僧肉”来养“懒人”、养不符合“四个面向”要求的老学科、小学科。要积极主动作为，靠前发挥作用，综合运用监督指导、调整资源配置等手段，推动各研究所和创新团队把使命任务落到科技创新中。要统筹京内外平台条件建设与管理，在院层面统一谋划大型科学设施建设，统一管理国家重点实验室，统一调度各所各类平台基地，实现建设发展“一盘棋”、使用管理“一体化”。

第三，要全面提升管理服务效能。院机关各部门要增强工作主动性，从全局高度加强战略谋划，提升担当意识、创新意识、服务意识，充分发挥好院党组指挥部、参谋部、协调部的作用。院机关的同志要有强烈的责任感和使命感，大事不乱、要事不躲、急事不慌、难事不怕，敢担当、善作为；要善于在繁杂事务中抓住重点，提升执行力和创造力，不推、不拖、不等、不靠，促进高效运行；要注重相互协作配合，心往一处想、劲往一处使，落实好限时办结制、牵头主责制、首问主办制、及时反馈制，确保政令畅通。

第四，要全面打造一流工作作风。院机关是中国农业科学院的窗口，是全院工作水平的形象代言人。机关干部要为研究所职能部门做示范、当表率，时刻把自己的所作所为、一举一动同院机关的形象、全院的形象联系起来。机关干部要树牢规矩意识，从小事做起，严格要求自己，强化底线思维，力戒形式主义、官僚主义，毫不动摇地严格执行中央八项规定。要主动深入一线，了解科研、熟悉研究所、与科研人员交朋友，加强上下协同、形成合力，不断提升服务水平和工作质量。要狠抓效率提升，把重大决策部署的推动落实作为中心任务，建立规范高效的工作机制，着力解决个别同志服务意识和责任意识不强、制度执行和任务落实不力，不敢担当、不愿担当等问题，持续推动作风建设再上新台阶、管理效能实现新提升、服务科研取得新成效。要强化法治意识，前些年，一些单位和个人法治意识不够强，出了一些问题，在这方面的教训是深刻的。要不断强化依法办事的意识，牢记有权就一定有责，用权就必须受监督，违纪违法必定会受到追究，严格做到依法、依规、依程序办事。

下面，结合院工作会议提的“四中心一智库”目标，对机关 10 个部门的重点工作我再强调几点。院办要深入研究建设“四中心一智库”的内涵、要点、指标，明确每个中心和智库建设的牵头部门、参与部门和责任人，形成管理体系和机制，确保层层落实。科技局要围绕“四个中心”里的“科学中心”建设，理顺管理协调机制，建立科研团队、人才梯队和重点实验室平台，厘清院、所、团队三级任务和抓手，确保可操作、能评价。人事局要加强人才和干部队伍建设。要加强研究所领导班子建设，把政治素质高、理论水平强、业务水平高、管理能力强的干部放在重要位置上。要加强青年干部的培养使用。要注重战略科学家的引进培育。要增加青年科学家等后备科研人员数量。财务局要在做好常规财务管理基础上，从全院发展角度，提升财务资源配置效率和精准度，统筹创新工程、基本科研业务费和修购专项等经费，集中力量干大事。基建局要结合院里学科调整，利用好地方政府和大型涉农企业资源，加强对研究所的指导，主动谋划实施一批跨所重大项目，谋划建设一批“国之重器”。国合局要以海外中心建设为主要抓手，统筹全院科研人员、各国留学生、十几个国际组织等力量，加强全球农业科技发展、产业发展等方方面面信息的汇总分析，打造国际化的智库；同时，积极推动种子、化肥、农药等农业技术和产品走出去。要主动谋划和发起国际重大科学计划，谋划成立由我院牵头的国际组织，引领组织全球农业科技活动。转化局要重点做好 3 个方面工作。一是围绕粮食、肉、蛋、奶、果、菜、茶等重要农产品，整合全院科研团队、支撑产业发展和保障重要农产品有效供给，提升我院体系化创新能力和支撑能力；二是围绕农业农村现代化，整合蜜蜂、特产、烟草、乡村治理、乡村建设等创新团队，支撑区域农业农村发展；三是抓好知识产权转化、科技检测服务和院所办企业发展等工作。机关党委要继续推进支部建在团队上，全面推进支部建设“横向到边、纵向到底”，围绕重大临时任务建立临时党支部、围绕建设跨所研究中心建立党的组织，更好发挥党组织的战斗堡垒作用和科学家党员的先锋模范作用，更好促进党建业务深度融合，把加强党对科研工作的集中统一领导落到实处。监察局要抓好 3 个方面工作。一是监督管理要实现全院各类人员全覆盖；二是突出学风师风、依法科研、科技引领等科研特色强化监督管理；三是深入分析中国农业科学院的风险体系，实现监督关口前移。后勤中心要加强调查研究，进一步明确发展战略和路径策略，不能单纯依赖房屋出租创收。要站在提升院党组权威形象的高度，加强院区综合服务。

同志们，新的一年，希望通过大家的共同努力，全面贯彻好党中央、国务院以及部党组的重大决策部署，认真落实好院党组各项任务安排，抢抓机遇、开拓创新，不断改进工作作风，不断提升管理效能，进一步打造现代高效的服务型示范机关，为建强国家战略科技力量、加快高水平农业科技自立自强提供更加坚强可靠的管理服务保障，以优异成绩迎接党的二十大胜利召开！

中国农业科学院关于表彰 2020—2021 年度“农科新闻奖”作品的通知

农科院办〔2022〕13 号

各新闻媒体记者：

2020—2021 年，各新闻单位记者牢牢把握正确舆论导向，持续支持我院科技创新，深入讲述农科故事，采写刊播了一大批优秀的新闻作品，向社会充分展现了中国农业科学院在习近平总书记贺信精神指引下开拓创新、勇于拼搏的精神面貌，以及作为国家战略科技力量取得的丰硕成果。

为进一步鼓励和激发各新闻媒体记者的创作热情，我院组织开展了 2020—2021 年度中国农业科学院优秀新闻作品评选活动，从各媒体记者提交的作品当中评选出《方智远：50 年干好一件事》《看农业科研国家队如何实施人才强院战略》《国之大者》等 34 件 2020—2021 年度“农科新闻奖”获奖作品。希望受到表彰的各媒体记者和团队珍惜荣誉，再接再厉，为中国农业科学院加快建设一流学科和一流院所、促进高水平农业科技自立自强、科技支撑乡村振兴营造良好的舆论氛围。

附件：2020—2021 年中国农业科学院“农科新闻奖”获奖名单

中国农业科学院

2022 年 1 月 24 日

附件

2020—2021 年中国农业科学院“农科新闻奖”获奖名单

奖项	序号	作品题目	媒体	作者/团队
丰收奖	1	方智远：50 年干好一件事	人民日报	蒋建科
	2	农安天下·种业振兴 寻找野生资源　助力水稻抗病品种培育	中央广播电视总台	郭颖、马永刚、李楠
	3	18 亿亩耕地红线除了数量，还要严守什么	光明日报	杨舒
	4	如何保障食用油料供给安全——访中国工程院院士、中国农业科学院副院长王汉中	经济日报	常理
	5	追忆袁隆平：他的人生历程是一部杂交水稻发展史	科技日报	瞿剑
	6	“中国粮”里的“科技芯”	人民政协报	高志民
	7	筑牢“压舱石”：农稳粮丰天下安	中国发展观察杂志社	蒋志颖
	8	《国之大者》系列报道	湖南广播电视台	湖南广播电视台新闻中心
攀登奖	9	专家建议实施国家重大农业害虫迁飞空中监测预警与阻截防御工程	人民日报	蒋建科
	10	看农业科研国家队如何实施人才强院战略——访中国农业科学院党组书记张合成	新华社	董峻、黄垚
	11	如何实现我国种业向 4.0 时代跨越？——中国农科院副院长万建民谈打赢种业翻身仗		于文静
	12	China to promote agricultural sci-tech innovation over next five years		喻菲

（续表）

奖项	序号	作品题目	媒体	作者/团队
攀登奖	13	我国完成覆盖全域高精度“数字土壤”创建	中央广播电视总台	周伟
	14	中国农科院：马铃薯育种技术实现新突破		武立丰
	15	2021中国农业展望大会系列报道		姜恺、郑宝煜、何鹏、张晗、李楠
	16	主播说三农：揭秘植物工厂60天“速成”水稻！		郭嘉宁、马双佳、吴琨、张苏静
	17	手机拍照就能检测果蔬农药残留?！这个是真的！		朱敏
	18	Broiler breakthrough for Chinese chicken	中国日报	赵伊梦
	19	中国科学家20年磨一剑，发现动植物罕见基因转移现象——植物大战昆虫“矛”与“盾”	中国青年报	邱晨辉
	20	马铃薯杂交种子系列论文成果报道	中国科学报	李晨
	21	红壤改良，一场抑制酸化的持久战	新京报	周怀宗
	22	百炼成钢·党史上的今天 1957年3月1日中国农业科学院成立	湖南卫视	谢伦丁、李建飞
	23	什么是耕地中的“大熊猫”?	中国农业电影电视中心	高吉
助农奖	24	一图读懂中国农业绿色发展的重大进展	新华网	李楠
	25	中国农科院：104名专家赴山西等地指导抢收抢种	中央广播电视总台	赵凯
	26	中国农科院专家扎根河北阜平“量身定做”技术方案　助力林果产业提质升级		袁小琳
	27	河南安阳：奋力救灾　确保国家棉花种质资源库安全		郑宝煜、任博文
	28	农科院实地调研指导抢收抢种工作		李兆新、王林霞、胡家恒、王子豪

（续表）

奖项	序号	作品题目	媒体	作者/团队
助农奖	29	《繁星追梦》农业科学家系列短视频	光明网	宋雅娟
	30	中国农科院作科所专家在河南三县指导灾后复耕复种	工人日报	黄哲雯
	31	科普“盛宴”点燃农业科技梦想——走进中国农科院“农科开放日”活动	农民日报	李丽颖
	32	贫困在哪里，我们的团队就到哪里——中国农科院黑龙江桦川科技扶贫采访记	农村工作通讯	王琦琪
	33	李楠：奋战在疫情防控一线的普通党员	中国妇女报	杨娜
	34	河南多地农作物严重受灾，中国农科院 64 名专家紧急支援	澎湃新闻	贺梨萍

中国农业科学院关于表彰 2022 年度“农科新闻奖”作品的通知

农科院办〔2022〕167 号

各新闻媒体记者：

2022 年，各新闻媒体记者朋友们坚持以习近平新时代中国特色社会主义思想为指导，牢牢把握正确舆论导向，持续支持科技创新，合力讲好农科故事，策划采编并刊播了一批优秀且具有影响力的新闻作品，展现了我院在习近平总书记致中国农业科学院建院 60 周年贺信精神指引下，充分发挥国家战略科技力量作用，在科技创新、科技支撑农业稳产保供等方面取得的可喜成绩。

为进一步激励广大记者朋友们继续深耕“三农”领域新闻宣传工作，我院组织开展了 2022 年度中国农业科学院“农科新闻奖”作品评选活动，从征集的各位新闻媒体记者的作品中评选出《43 年坚持育成国产牛》等 28 篇新闻作品。希望受到表彰的各位记者朋友们再接再厉，为中国农业科学院加快“两个一流”的建设、促进高水平科技自立自强，为全面推进乡村振兴营造良好的舆论氛围。

附件：2022 年度中国农业科学院“农科新闻奖”获奖名单

中国农业科学院

2022 年 12 月 26 日

附件

2022 年度中国农业科学院“农科新闻奖”获奖名单

（2022 年 12 月）

奖项	序号	作品题目	媒体	作者
最佳策划	1	“种业科技自立自强”系列报道	人民日报	蒋建科
	2	“党的二十大”特刊	人民日报	常钦
	3	“党的二十大”特刊	人民日报	宦翔
	4	CCTV-1《焦点访谈》系列节目“餐桌内外看变化”	中央广播电视总台	高琦等
	5	“大国粮策”系列访谈	光明网	宋雅娟
	6	“党的二十大”特刊	经济日报	常理
	7	“建设国家战略科技力量”专题文章报道	科技日报	马爱平
	8	“峥嵘十年”系列报道	澎湃新闻	张成杰
最佳前沿关注	9	中国农科院科技支撑农业稳产保供取得重要进展	新华社	于文静
	10	Scientists find gene boosting grain yield	新华社	喻菲
	11	CCTV-1《新闻联播》“在希望的田野上——科技助力内蒙古玉米丰收”	中央广播电视总台	梁丽娟
	12	CCTV-1《新闻直播间》《中国农业展望报告》未来 10 年我国粮食综合生产能力不断提高	中央广播电视总台	周伟、李卉
	13	CCTV-2《正点财经》我国发布自主培育肉牛品种　综合品质达到国际先进水平	中央广播电视总台	武立丰
	14	CCTV-4《今日环球》中国科学家发现水稻高产基因	中央广播电视总台	赵凯

（续表）

奖项	序号	作品题目	媒体	作者
最佳前沿关注	15	《中国之声》特别节目 《中国智库报告》中国农业产业中的“喜”与“忧”	中央人民广播电台	朱敏
	16	中国农科院发布十年来十大标志性农业科技成就	光明日报	杨舒
	17	Demonstration area aims to boost crop yields on saline-alkaline soils	中国日报	赵伊梦
	18	两会面对面　万建民院士向总书记提了哪些建议？	人民政协报	高志民
	19	我国科学家突破全球几丁质农药领域近 50 年发展瓶颈	工人日报	黄哲雯
	20	43 年坚持育成国产牛	中国青年报	邱晨辉
	21	农田灌溉决策技术让农作物“喝水喝到恰好饱”	农民日报	李丽颖
	22	基因界“尖子生”：高产早熟同步实现	中国科学报	李晨
	23	CCTV-17《三农绿厅　总台发布》梅旭荣副院长解读《2022 年中国食物与营养发展报告》	中央广播电视总台	袁小琳、李楠
最佳一线报道	24	CCTV-17《中国三农报道》 中国农科院加强虫情监控　精准消灭草地螟	中央广播电视总台	王亚平、许方宜博
	25	对话钱前院士：保障粮食安全，南方旱情是挑战也是提醒	新京报	周怀宗
最佳新媒体	26	CCTV-17 “农科开放日”及“丰收节”系列直播	中央广播电视总台	谢崑等
	27	CCTV-17 麦田强行科普！全是你不知道的！	中央广播电视总台	马双佳、郭嘉宁、王悦儒
	28	总觉得猪肉不香了？这是怎么回事？	中国农业电影电视中心	王娟等

中国农业科学院办公室关于表彰 2019—2020 年度新闻宣传先进单位与优秀通讯员的通知

农科办办〔2022〕31 号

院机关各部门、院属各单位：

2019—2020 年度，我院新闻宣传工作以习近平新时代中国特色社会主义思想为指导，深化落实习近平总书记致我院贺信精神，以“四个面向”“两个一流”“一个整体跃升”为指引，按照科技支撑乡村全面振兴和农业农村现代化发展的总体要求，充分发挥新闻通讯员队伍的作用和各方面专业人才优势，主动谋划，扎实工作，取得了积极进展和明显成效，我院社会影响力和科技传播力不断增强。为激励先进、推动全院新闻宣传工作持续提升，院办公室依照《中国农业科学院信息宣传工作考核奖励办法》等文件精神，开展 2019—2020 年度新闻宣传先进单位、优秀通讯员的评选，综合考虑各单位新闻宣传绩效评分及进步程度、通讯员实际发挥的作用等因素，评选出 19 个先进单位和 19 名优秀通讯员。

希望获奖单位和个人珍惜荣誉，继续努力，再创佳绩。各单位及通讯员要以获奖单位和个人为榜样，进一步增强新闻宣传意识，加大工作力度，提升传播影响力，开创新闻宣传工作新局面，为推动世界一流院所建设，促进我国农业科技创新能力整体跃升营造良好的舆论氛围、作出更大的贡献。

附件：中国农业科学院 2019—2020 年度新闻宣传先进单位和优秀通讯员名单

中国农业科学院办公室
2022 年 3 月 21 日

附件

中国农业科学院2019—2020年度新闻宣传先进单位和优秀通讯员名单

一、中国农业科学院2019—2020年度新闻宣传先进单位名单（19个）

办公室
科技管理局
成果转化局
直属机关党委
作物科学研究所
农业资源与农业区划研究所
植物保护研究所
北京畜牧兽医研究所
农业信息研究所
农业经济与发展研究所
生物技术研究所
蔬菜花卉研究所
油料作物研究所
深圳农业基因组研究所
哈尔滨兽医研究所
农业环境与可持续发展研究所
中国水稻研究所
郑州果树研究所
茶叶研究所

二、中国农业科学院2019—2020年度优秀通讯员名单（19名）

高羽洁（院办）、官涛（科技局）、卢迪（转化局）、赵令卓（机关党委）、卫斐（作科所）、欧阳灿彬（植保所）、陈旭（蔬菜所）、王佳（环发所）、高冰清（牧医所）、杨宇晖（蜜蜂所）、崔艳（生物所）、刘晋婧（农经所）、金云翔（区划所）、梁冰（棉花所）、廖勇凤（麻类所）、赵倩（郑果所）、张璐君（茶叶所）、符金钟（兰牧药）、姚金玲（环保所）

中国农业科学院关于进一步严格依法开展科研活动的通知

农科院办〔2022〕25 号

院机关各部门、院属各单位：

我院科研活动涉及农业农村各领域，对象涵盖作物、动物、微生物等生命体，水、土、气等环境要素，化肥、农药、饲料、兽药、疫苗等重要农业投入品，以及农机装备、农业信息化等，相关法律法规 60 余部，既包括《中华人民共和国科学技术进步法》《中华人民共和国促进科技成果转化法》《中华人民共和国专利法》等综合性法律法规，也涉及《中华人民共和国种子法》《中华人民共和国畜牧法》《中华人民共和国生物安全法》等专业性法律法规。为深入推进依法治院，现就进一步加强依法开展科研活动通知如下。

一、坚持依法开展科研活动的基本原则

要坚持以习近平新时代中国特色社会主义思想为指导，深入贯彻党的十九大和十九届历次全会精神，严格遵守国家宪法和行业法律法规，坚持弘扬科学精神，秉持科学态度，遵守科学规律，根据不同领域、不同学科特点，依法依规开展科学探索和研究活动，建立健全法人负责、全过程依法监督机制，进一步营造院所两级学法、知法、懂法、守法的良好氛围，全面提升全院科研人员依法开展科研活动的意识和能力，保障我院科技创新事业健康持续发展。

二、严格依法开展科研活动

当前，我院肩负建设农业科技创新主阵地、关键核心技术主渠道、现代农业科技主力军，发挥国家战略科技力量，推动农业科技高水平自立自强的历史重任，既要聚焦主责主业开展科技创新，又要严密防范在科研学术活动过程中可能出现的法律风险，要重点加强作物、动物、生物安全、资源环境、农产品质量安全和国家重点管制等领域的科研行为管理。

作物领域。应严格遵守《中华人民共和国种子法》《中华人民共和国植物新品种保护条例》等法律法规，开展作物种质资源、育种技术、遗传育种、栽培耕作等种业相

关领域的科技创新活动。不得未经植物新品种权所有人许可，生产、繁殖或者销售该授权品种的繁殖材料；不得对应当审定未经审定、应当登记未经登记的农作物品种进行推广、销售；不得侵占、破坏种质资源，私自采集或者采伐国家重点保护的天然种质资源；不得未经主管部门批准向境外提供或者从境外引进种质资源，或者与境外机构、个人开展合作研究利用种质资源；不得私自交易育种成果；品种测试、试验和种子质量检验机构不得伪造测试、试验、检验数据或者出具虚假证明等。

动物领域。应严格遵守《中华人民共和国畜牧法》等法律法规，开展畜禽种业、动物生物技术等相关领域的科技创新工作。不得擅自处理受保护的畜禽遗传资源；未经国务院畜牧兽医行政主管部门批准，不得向境外输出畜禽遗传资源；不得与境外机构、个人利用新发现的未经鉴定的畜禽遗传资源开展合作研究；不得销售、推广未经审定或者鉴定的畜禽品种等。

生物安全领域。应严格遵守《中华人民共和国生物安全法》《农业转基因生物安全管理条例》《中华人民共和国动物防疫法》《中华人民共和国进出境动植物检疫法》《兽药管理条例》《病原微生物实验室生物安全管理条例》等法律法规，开展动植物疫病、转基因、外来生物入侵、实验动物等生物安全相关领域的科技创新活动。不得未经主管部门批准开展相关实验活动；不得从事危及公众健康、损害生物资源、破坏生态系统和生物多样性等危害生物安全的生物技术研究、开发与应用活动；不得超越国家生物技术研究开发安全管理规范从事生物技术研究、开发活动；不得在不符合生物安全等级规定的实验室开展实验活动；不得将使用后的实验动物流入市场；不得未经批准从事Ⅲ、Ⅳ级农业转基因生物研究或者进行中间试验；不得未经批准擅自从事环境释放、生产性试验；不得获得批准但不按照规定采取安全管理、防范措施或超过批准范围进行试验；不得擅自进口农业转基因生物；不得在未取得农业转基因生物安全证书前，擅自将农业转基因生物投入生产和应用；未经安全性评价和报备，不得进行新兽药临床试验等研发工作。

资源环境领域。应严格遵守《中华人民共和国环境保护法》《中华人民共和国土壤污染防治法》《中华人民共和国水污染防治法》等法律法规，依法依规开展农业土壤、农业水资源、农业生态、植物营养与肥料等资源环境相关领域的科技创新活动。不得违法排放污染物；不得生产、使用国家明令禁止生产、使用的农药；受委托从事土壤污染状况调查和土壤污染风险评估、风险管控效果评估、修复效果评估活动的单位，不得出具虚假调查报告、风险评估报告、风险管控效果评估报告、修复效果评估报告；不得未依法取得排污许可证排放水污染物等。

农产品质量安全领域。应严格遵守《中华人民共和国农产品质量安全法》《中华人民共和国食品安全法》等法律法规，开展质量安全标准与检测、风险评估与预警、质量安全过程控制、农产品加工与贮藏、保鲜与物流、营养与健康等农产品质量与加工相关领域的科技创新工作。不得伪造农产品质量安全检测结果，不得出具不实检测结果；不得向农产品产地排放或者倾倒废水、废气、固体废物或者其他有毒有害物质；不得违法从事食品生产经营活动或者食品添加剂生产活动；不得使用不符合食品安全国家标准的食品添加剂和包装材料等。

国家重点管制领域。应严格遵守《中华人民共和国刑法》《全国烟草种子管理办法》《麻醉药品和精神药品管理条例》等法律法规，依法依规开展烟草、麻类等特殊园艺作物种质资源、育种技术、遗传育种、栽培耕作相关领域的科技创新工作。未经许可，任何单位、个人不得进行麻醉药品药用原植物的种植以及麻醉药品和精神药品的实验研究、生产、经营、使用、储存、运输；不得非法种植罂粟、大麻等毒品原植物；单位或个人不准私自从国外引进烟草种质资源；不得生产、经营未经审定或审定未通过的烟草品种等。

三、进一步健全依法开展科研活动的管理机制

加强组织领导。要切实提高政治站位，加强对依法开展科研活动的统一领导和组织实施。院级层面，各有关部门要从科研活动合法性、知识产权保护、科研国际合作、科研平台建设等方面系统梳理相关法律法规，强化对依法开展科研活动的总体指导；所级层面，要严格落实研究所法人代表、团队首席主体责任，各研究所要全面梳理涉及的法律法规形成清单，编制本所依法科研活动具体实施方案，强化重点领域的风险防范，建立完善合法合规开展科研工作的监督机制，将目标任务细化落实到科研具体活动。

强化学习宣贯。各单位要大力开展法治学习宣贯工作。各级领导班子成员要带头原原本本学习法规文本和释义。要紧盯科研团队“关键群体”，把相关法律法规清单作为学习培训的重要内容，制订详尽的学习培训计划，结合不同科研领域行业特点，通过举办培训班、研讨会、专题讲座和开展警示教育等方式，围绕重要法律条款、敏感领域深入讲解和阐释，提升科研人员依法开展科研活动的意识和能力。

做好监督检查。院所两级科研管理部门和纪检监察部门要把监督工作融入科研业务工作的全过程，加强日常监管、动态监测和警示教育，对违法违规进行科研活动问题实行“零容忍”，发现一起查处一起，引导监督科研人员牢固树立依法开展工作的主动性自觉性。各单位要厘清本单位科研工作法律边界，划定科研法律红线，重点针对应报批、应报备和应遵守的法律法规执行情况定期开展自查自纠。如存在不当科研行为，要坚决做到立行立改、整改到位。

请各单位于 2022 年 4 月底前，将本单位科研领域涉及的法律法规清单及自查自纠情况报送院办公室。

中国农业科学院

2022 年 3 月 4 日

中国农业科学院关于规范行政审批中介服务工作的通知

农科院办〔2022〕156号

院机关各部门、院属各单位：

2015年国务院办公厅印发了《关于清理规范国务院部门行政审批中介服务的通知》，深入推进行政审批中介服务清理规范工作，有效释放简政放权红利，营造公平公正公开透明、竞争有序的市场环境。根据国务院的文件精神，农业农村部对农业农村领域行政审批中介服务进行了严格清理规范。中国农业科学院作为部属事业单位和农业科研国家队，要认真贯彻落实国务院以及农业农村部相关要求，不得开展农业农村部行政审批中介服务，聚焦主责主业更好推动科研事业健康可持续发展。

一、提高站位，充分认识规范行政审批中介服务的重大意义

行政审批中介服务事项是指各级政府部门开展行政审批时，要求申请人委托企业、事业单位、社会组织等机构开展的作为行政审批受理条件的有偿服务。规范行政审批中介服务是新时期全面深化改革、加快治理体系和治理能力现代化建设的重要抓手，是厘清政府、市场与社会关系的重要举措，是推进依法治国、依法行政的重要途径，是优化市场环境、建设现代市场体系的必然要求，是防范寻租腐败风险、深化事业单位改革的重要手段。作为农业科研国家队，院属各单位应当强化使命担当，顾大局，讲政治，守规矩，坚持按政策制度要求规范开展行政审批中介服务，为推动我国农业农村领域技术服务市场健康发展作出积极贡献。

二、把握原则，依法依规开展行政审批中介服务

（一）坚持依法依规

各单位应认真落实《国务院办公厅关于清理规范国务院部门行政审批中介服务的通知》精神以及农业部兽医局《关于进一步加强兽药行政许可中介服务审查工作的通知》（农医药便函〔2016〕584号）、农业部畜牧业司《关于停止开展饲料和饲料添加剂有效性及安全性评价中介服务的函》（农牧饲便函〔2016〕第177号）、农业农村部

科技教育司《关于落实转基因中介服务审计整改要求的通知》（农科（转基因）函〔2020〕187 号）等行业主管司局的具体要求，结合农业农村部行政审批事项清单，全面摸清本单位从事的行政审批中介服务业务情况。各单位不得开展农业农村部行政审批相关中介服务（其他部委或地方政府行政审批中介服务不在禁止范围）。在接受第三方委托进行各类审查、论证、评估、评价、检验、检测、鉴证、鉴定、证明、咨询、试验等有可能被应用于行政审批的中介服务业务时，应在合同中明确约定并于所出具报告中声明“报告不得用于农业农村部行政审批事项”。确需开展与农业农村部行政审批相关中介服务的单位科研团队或举办企业，应与单位脱钩。

（二）坚持防范隐形变异

要杜绝隐性“红顶”现象。院属相关单位和在编人员以技术、货币等形式控股或参股（非单位举办）从事农业农村部行政审批事项中介服务的机构，或在编人员在该类机构兼职的，应厘清法律责任关系，防范法律和政策风险，避免可能因单位的部门背景使中介服务机构在技术服务市场中取得竞争优势，导致公共利益和部门利益产生冲突。对于利用中国农业科学院品牌等无形资产和房产等有形资产开展挂牌、运营等各种形式合作并收取费用的中介服务，单位应加强审批和规范授权许可，落实院党组 2016 年中央巡视整改重点任务部署，加快房产、设备等科研资源回归科研属性，坚决杜绝为个人、为小集体谋取利益。

（三）坚持科研国家队使命定位

要立足农业科研国家队定位，坚持“四个面向”，瞄准“两个一流”，聚焦科技创新主战场，通过业务转换、探索产学研合作新模式、拓宽政府支持渠道等措施，积极主动开展农业农村部行政审批中介服务外的其他各类技术服务活动，推动本单位成果转化和科研创新。

三、聚焦重点，规范拓展其他科技支撑服务

（一）聚焦主责主业谋划创新方向

从事各类技术服务活动，要聚焦主责主业，服从院所整体战略发展方向，向重大任务和重大产出倾斜配置科技资源。要坚持有所为有所不为，对关系研究所重要科研任务的技术服务工作，要优化资源配置，统筹谋划条件平台建设、人才队伍建设，争取科研项目支持，推动重点领域 关键核心技术攻关，确保高质量高水平科技成果产出；对与研究 所主责主业关联性不大、不符合研究所科技创新规划、不符合自身定位的营利性

技术服务和相关应用研究，要适时进行业务调整转换。

（二）积极探索科技支撑服务新模式

院属相关单位要面向国家重大战略需求，强化服务意识、市场意识，在法律法规和政策框架下，利用本单位科技创新和人才团队优势，积极探索政产学研合作新模式，通过技术开发、技术转让、技术许可、技术咨询、技术服务等多种形式服务农村、服务农业、服务社会、服务市场，促进科技创新与产业发展的深度融合。

（三）努力拓宽政府资源支持渠道

院属相关单位应加快适应政府行政由事前审批向事中事后监管的转型趋势，主动对接农业农村部业务主管部门，积极承接政府购买服务和其他专项任务，为农业农村部直接提供科技服务支撑。各单位经研究认为重要但尚未列入农业农村部政府购买服务指导性目录或未开展专项任务的技术服务事项，应主动沟通汇报，积极向农业农村部业务主管部门提出建议。要结合本单位学科方向，努力拓宽资源渠道，积极争取为其他部委机关和地方政府提供相关科技服务支撑。

四、强化保障，落实落细规范行政审批中介服务工作

（一）加强组织领导

由成果转化局牵头，相关部门依据职能指导规范全院行政审批中介服务工作。院属各单位要切实履行规范行政审批中介服务工作的主体责任，形成工作机制，扎实做好资质资格条件申报与维护、财务资产人事管理等具体业务工作。要加强与院机关、农业农村部相关业务司局和其他部委相关部门的沟通汇报，全面准确理解政策信息，保证规范行政审批中介服务工作顺利开展。

（二）加强系统谋划

要准确把握行政审批中介服务工作新要求新变化，在法律政策框架下系统谋划相关技术服务业务布局，充分发挥农业科研国家队引领作用，规范开展行政审批中介服务，助推科技创新和行业产业创新竞争力加快提升。

（三）加强风险防范

要对各类院地、院企科技合作实行全过程风险管理，特别是涉及与地方政府、高校、企业共建技术转移分支机构的事项，事前要深入了解相关法律政策，结合自身科技创新定位，充分论证可行性与必要性。分支机构运行过程中，要切实防范国有资产低估、人才流失、知识产权归属不清和权责划分不公等风险发生，要通过第三方评估、签订行业竞业协议、明确知识产权权属、完善权益分配关键条款等措施维护本单位权益。

（四）加强宣传培训

各单位应面向有关部门机构和科研团队做好相关政策精神宣贯工作，专题化集中开展本行业、本领域内的法律法规政策解读和学习，形成规范开展行政审批中介服务工作的高度共识，营造规范开展行政审批中介服务工作的良好环境氛围。

中国农业科学院办公室

2022 年 11 月 22 日

九、党的建设、思想政治和党风廉政工作

中共中国农业科学院党组关于印发《中国农业科学院2022年党建工作要点》的通知

农科院党组发〔2022〕31号

院机关各部门、院属各单位：

《中国农业科学院2022年党建工作要点》已经院党组2022年第5次会议审议通过，现印发给你们，请结合实际，认真贯彻落实。

中共中国农业科学院党组

2022年4月20日

中国农业科学院2022年党建工作要点

2022年是党的第二十次全国代表大会召开之年，也是中央和国家机关党的建设“巩固深化年”。中国农业科学院党建工作的总体要求：坚持以习近平新时代中国特色社会主义思想为指导，全面贯彻党的十九大和十九届历次全会精神，增强“四个意识”、坚定“四个自信”、做到“两个维护”，当好“三个表率”，突出迎接服务党的二十大和学习宣传贯彻党的二十大精神，深入学习贯彻习近平总书记关于“三农”和科技创新工作的重要论述，持续贯彻习近平总书记致我院贺信精神，落实院“十四五”党建工作规划，加强党对科技创新事业的全面领导，大力弘扬伟大建党精神、新时代科学家精神和农科精神，强化党建和业务深度融合，为促进高水平农业科技自立自强，实现“四个面向”、建设“两个一流”提供坚强保证。

一、加强党对科技创新工作的全面领导，带头做到“两个维护”

（一）着力提升政治能力

坚持以党的政治建设为统领，巩固政治机关意识教育成果，引导党员干部深刻认识“两个确立”的决定性意义，提高党员干部政治判断力、政治领悟力、政治执行力。加强对党忠诚教育，以“对党忠诚，始于足下”为主题开展多种形式的学习教育，引导党员干部对照习近平总书记提出的和平时期对党忠诚“四个能不能”检验标准，自觉加强党性锤炼、夯实忠诚根基，严守党的政治纪律和政治规矩，永葆对党忠诚政治品格。强化政治能力培养，开展“学习研讨、查摆问题、改进提高”专项工作，将提高政治能力作为党员干部学习教育培训的重要内容，引导党员干部发扬斗争精神、增强斗争本领，提高防范化解各种风险挑战的能力。持续抓好中央巡视反馈意见整改，建立长效机制。

（二）推动党中央决策部署落地见效

认真落实农业农村部党组《关于加强和改进新时代部属科研院所党建工作的意见》，全面加强党对农业科研工作的领导。不折不扣贯彻落实习近平总书记致我院贺信精神和党中央重大决策部署，把落实“四个面向”情况作为政治监督重点，督促贯彻落实。引导党员干部始终牢记“国之大者”，从讲政治的高度看“三农”抓“三农”，把对党忠诚体现到贯彻党中央决策部署的行动上，体现到履职尽责、做好本职工作的实效上，体现到日常言行上，在服务保障粮食安全、科技支撑乡村振兴等重大任务中充分发挥基层党组织战斗堡垒作用和党员先锋模范作用。

（三）深化模范机关创建

将模范机关创建作为党的政治建设的重要抓手，与破解党建和业务难题、推进院“十四五”规划执行、推动党中央和部院党组决策部署落实落地结合起来，持续抓实抓好。深入推进新时代精神文明建设，深化群众性精神文明创建工作，强化社会主义核心价值观宣传教育，弘扬中华传统美德，以精神文明建设推动模范机关创建。

（四）严肃党内政治生活

严格执行《关于新形势下党内政治生活的若干准则》，认真贯彻《中央和国家机关严格党的组织生活制度的若干规定（试行）》，严格落实“三会一课”、民主评议党员、谈心谈话、党员领导干部双重组织生活等组织生活制度，开展经常性政治体检，用好批评和自我批评武器，进一步提高民主生活会、组织生活会质量。落实《中央和国家机关党员工作时间之外政治言行若干规定（试行）》，督促党员干部严守政治纪律和政治规矩。坚持和完善重温入党誓词以及党员过“政治生日”等政治仪式，开展党性教育，增强党员意识。

二、聚焦迎接服务党的二十大和学习宣传贯彻党的二十大精神，激发奋进动力

（一）高质量做好出席党的二十大代表推选工作

认真落实党中央部署要求和上级党组织工作安排，坚持把政治标准放在首位，严把人选政治关、廉洁关、身份关，严格资格条件，严密产生程序。加强对党的二十大代表推选工作的领导，严守政治纪律、组织纪律和选举纪律，确保代表推选工作风清气正。扎实做好我院出席中央和国家机关党代表会议代表产生工作，为出席党的二十大及中央和国家机关党代表会议代表做好服务。

（二）扎实做好宣传引导工作

围绕迎接和宣传党的二十大，开展“奋进新征程　建功新时代”等主题宣传活动，加强正面引导，开展形势宣传、成就宣传、典型宣传，引导党员干部深刻感受新时代党和国家事业取得的历史性成就、发生的历史性变革，特别是乡村振兴、科技创新的新发展新面貌新景象，用辉煌成就鼓舞人心、激发干劲。“七一”前后，围绕“走好第一方

阵　我为二十大作贡献”，各级党组织书记讲专题党课，基层党组织开展主题党日。开展向党的二十大代表和身边先进典型学习活动，引导广大党员干部鼓起奋进新征程、建功新时代的精气神。

（三）认真学习宣传贯彻党的二十大精神

党的二十大召开后，第一时间精心组织学习宣传贯彻党的二十大精神，采取理论学习中心组学习、青年理论学习小组学习、宣讲报告会、专题辅导讲座、专题培训等形式，在全院迅速掀起学习贯彻热潮，切实把党员干部的思想和行动统一到党的二十大精神上来。

三、深入学习贯彻习近平新时代中国特色社会主义思想，持续推动走深走实

（一）深化党的创新理论武装

认真学习《习近平谈治国理政》（第一卷、第二卷、第三卷、第四卷）等权威读本，重点学习习近平总书记关于“三农”和科技创新工作的重要论述，在学懂弄通做实上下功夫。坚持“两个第一”学习制度，“第一时间”“第一议题”组织院机关部门、院属单位党组织学习习近平总书记最新重要讲话和指示精神，学习贯彻党中央重要工作部署以及部、院党组重要工作要求。充分发挥理论学习中心组领学促学作用，制定印发《中国农业科学院系统党组织加强理论学习中心组学习工作方案》，加强对理论学习中心组学习的督导，强化学习成效，促进中心工作。组织举办专题报告会、“农科讲坛”，邀请有关领导、知名专家作辅导报告、形势报告。继续开展所局级干部理论文章评选。深入实施青年理论学习提升工程，组织开展青年学习交流。

（二）巩固拓展党史学习教育成果

建立常态化、长效化制度机制，持之以恒推进党史学习教育。把党史学习作为理论学习中心组、党支部、青年理论学习小组学习的重要内容，作为党员干部教育培训的必修课、常修课和入党积极分子培养的必要环节。用好红色资源，学习宣传以伟大建党精神为源头的中国共产党人精神谱系，传承红色基因，赓续红色血脉。用好“我为群众办实事”实践活动良好机制，推动全院各级党组织和党员干部积极为群众办实事、解难事。

（三）做细做实思想政治工作

认真落实农业农村部党组《关于加强和改进部系统思想政治工作的实施意见》，制定落实《中国农业科学院关于加强和改进干部职工思想政治工作的实施意见》和工作方案，组织开展干部职工思想状况调查，把握重要问题、重点人员，专题分析研究，及时采取措施。加强人文关怀和心理疏导，关注干部职工柴米油盐、琴棋书画需求，用情用力解决群众急难愁盼问题。推动各级党组织书记落实"四必谈"制度，实现与年轻干部谈心谈话全覆盖。严格落实意识形态工作责任制，制定印发《中国农业科学院系统党组织加强意识形态工作方案》，科学分析研判意识形态领域情况，旗帜鲜明反对和抵制各种错误观点。严格落实"谁主管谁负责"和"属地管理"原则，加强对网站、期刊、新媒体、会议、论坛、图书馆、学会协会、院所办企业、出版物等各类意识形态阵地的建设和管理。用好"学习强国"平台、支部工作 App 以及机关党建网等载体，为党的二十大召开及全院党建工作营造良好舆论环境。

四、巩固深化基层党组织质量提升行动成果，锻造坚强有力的基层党组织

（一）进一步强化支部建在创新团队

发扬支部建在连上光荣传统，加强创新团队党支部建设，提高支部委员业务能力，充分发挥支委会作用，引领创新团队坚持国家队定位，坚持"国之大者"责任，坚持"三创一体"方向，坚持集智攻关创新机制，提升创新团队组织力、凝聚力、战斗力。做好基层党组织建设质量提升三年行动计划总结评估，深化党支部标准化规范化建设，组织推荐一批"四强"党支部。深化"红旗党支部"创建，开展星级评定，建强战斗堡垒，在科研转化中心任务中发挥政治引领和先锋模范作用。

（二）加强分类指导

认真落实农业农村部党组《关于加强和改进部业务主管社会组织党建工作的意见》《关于加强新时代部系统离退休干部党建工作的意见》，抓好流动党员等党建工作指导文件的贯彻落实，坚持科学精准施策，增强党建工作的针对性和有效性，规范完善社会组织、企业、研究生、试验基地等领域党组织建设。加强科技下乡小分队等专项任务临时党组织建设。研究谋划科学中心、区域中心、跨所研究项目等的党组织设置和职能作用发挥，推动党的组织建设、党的工作落实、党员作用发挥全覆盖。

（三）强化党员教育管理

抓好入党积极分子培养，注重从先进模范、科研业务骨干、优秀青年中发展党员。认真落实党员教育培训工作规划，组织参加入党积极分子培训班、预备党员培训班、新党员培训班，推动党员教育管理常态化长效化。继续做好“光荣在党 50 年”纪念章颁发工作。加大对获得党内功勋荣誉表彰党员、老党员、老干部、生活困难党员和因公殉职、牺牲党员家庭的关怀帮扶力度。

五、着力推进纪检组织建设和监督执纪能力提升，深化正风肃纪反腐

（一）提升监督执纪能力

认真贯彻落实《中国共产党纪律检查委员会工作条例》、中央办公厅《关于加强中央和国家机关部门机关纪委建设的意见》以及部党组《关于加强部系统纪律检查工作的意见》，加强全院纪检组织建设。认真抓好“学重要讲话　抓《意见》落实　改突出问题　强作用发挥”活动，坚持问题导向，对排查问题实行台账管理，整改完成一个、销号一个。印发纪委书记履职清单，高质量组织开展纪委书记述职考核工作，强化考核结果运用。坚持以干代训，探索建立抽调纪检干部参与巡视巡察、监督检查、纪律审查等工作机制，以实战练兵提升业务能力。选拔学员参加部系统纪检干部业务培训班，不断提高监督执纪能力。

（二）持之以恒纠“四风”树新风

印发《中国农业科学院推进中央八项规定及其实施细则精神常态化自查自纠工作方案》，持续加固中央八项规定精神的堤坝，巩固“学党史、纠‘四风’、树新风”专项工作成果，组织开展“回头看”，防范“四风”问题新表现新变种，坚决纠治影响党中央决策部署贯彻落实、加重基层负担的形式主义、官僚主义，深入整治享乐主义、奢靡之风。引导党员干部把握好公私界限、处理好亲清关系。加强权力运行监督制约，及时梳理风险点，修订完善《三大重点领域十七个方面风险防控指南》等制度，坚持以制度管人管事，确保管出习惯、抓出成效。深入开展党的光荣传统和优良作风教育，督促党员干部严格家教家风、厉行勤俭节约，持续开展制止餐饮浪费行为监督检查。

（三）加强日常教育监督

认真贯彻落实中央办公厅《关于加强新时代廉洁文化建设的意见》，多措并举加强廉洁文化建设。强化经常性纪律教育，通过开展党章党规党纪知识竞赛、案例警示教育、参观廉政教育基地、发送廉政短信、讲廉政党课等方式，不断提升党员遵规守纪意识。做实做细日常监督，持续推动抓早抓小具体化常态化。严格执行《农业农村部系统处级及以下党员干部日常提醒监督实施办法（试行）》，突出年轻干部这个“重点多数”，坚持年节假期等重要节点反复提醒监督，发挥好党支部、党小组、纪检小组管到人头的优势，加强近距离、常态化监督特别是工作时间之外的监督。落实领导干部插手干预重大事项记录报告规定以及配偶、子女及其配偶经商办企业行为规定，督促廉洁公正用权履职。加强纪检工作与巡视巡察、组织人事、财务审计、综合信访等的有机衔接，形成监督合力。推进党员廉政档案电子化、信息化建设。

（四）严格执纪问责

深入学习贯彻习近平总书记在十九届中央纪委六次全会上的重要讲话精神，坚持严的主基调不动摇，持续保持正风肃纪反腐高压态势。加强信访举报、问题线索处置和纪律审查工作，紧盯院所办企业、项目立项评审及招投标、财政资金分配使用、国有资产监管、科研经费管理、师德师风监督教育、生物安全建设等领域强化执纪。认真贯彻落实《中国共产党问责条例》，坚持失责必问、问责必严。健全完善不敢腐、不能腐、不想腐一体推进机制，做好查办案件“后半篇文章”，深化以案为鉴、以案促改、以案促治。严格落实被谈话函询党员干部在组织生活会上进行说明或自我批评要求，做好受处分党员跟踪回访工作。

六、履行国家战略科技力量职责使命，推动党建和业务深度融合

（一）进一步强化国家战略科技力量的责任意识

深刻认识新时代国家战略科技力量的崇高使命和重大责任，围绕“种子、耕地、生物安全、农机装备、绿色低碳、乡村发展”等“国之大者”抓主抓重，全面落实“保供固安全、振兴畅循环”的“三农”工作定位，为“一农”向“三农”转变提供科技支撑。充分发挥国家战略科技力量作用，着力打造国家农业科技创新中心、国家农业技术转移中心、国家农业科技人才中心、国家农业科技合作交流中心、国家农业高端智库，努力成为农业领域的世界主要科学中心、重要人才中心和创新高地。重点围绕优机制、优体系、优环境、优服务，全面塑造中国农业科学院创新发展的新优势，加快推

动高水平农业科技自立自强，强力支撑农业农村现代化。

（二）着力加强领导班子和干部队伍建设

着眼院所事业改革发展需要选干部、配班子，突出“抓两头”，一手抓所长、书记“关键少数”选拔配备，一手抓年轻干部“重点多数”选育管用，推动班子建设提质与干部工作提速相结合。落实抓好后继有人这个根本大计，加快院属单位领导班子年轻化进程，逐步实现每个班子配有 1 名 40～45 岁的班子成员，推动所局级干部以“60 后”为主体向“70 后”为主体的代际转换。加强和改进“一把手”和领导班子日常管理监督，研究制定院党组《贯彻落实〈中共中央关于加强对“一把手”和领导班子监督的意见〉的实施办法》，建立健全监督管理长效机制。加强领导班子“源头建设”，用好优秀年轻干部调研成果，打破层级，直接掌握一批素质好、业务精、能力强、潜力大的处级干部人选，持续加强针对性锻炼培养，增强领导班子建设的精准性、科学性。加强干部人才教育培训，坚持院所联动、机关统筹，院层面办好重点培训班次，加强对机关部门各专题培训的统筹，构建全院教育培训大格局。

（三）努力打造国家农业科技战略人才力量

围绕“强领军、推年轻、活机制、抓管理”工作目标，实施“农科英才”工程，健全“四横四纵”人才体系。抓好中国农业科学院第五次人才会议精神落实，制定落实方案，强化落实进度、重点任务、重点单位督办，指导院属单位把会议精神落实落地；加强制度保障，出台农科英才工程管理办法，制定青年人才队伍建设方案。立足全球视野，结合院重大科技攻关需求，积极探索团队引进范式，精准引进战略科学家；聚焦种子、耕地、生物安全、智能机械、绿色低碳、乡村发展等重点领域，引进一批高水平领军人才和优秀青年人才。依托科研团队首席科学家、执行首席等岗位，发现、选拔、支持、使用一批领军型或具有领军潜质的人才；落实院“十四五”人才发展规划，继续开设职称青年通道、实施青年英才计划，启动青年启航计划和博士后奖助行动；择时开展支撑、转化英才遴选，协同推进四支队伍建设。组织首批农科英才期满考评，树立能上能下、动态调整的人才评价导向。深化人才发展体制机制改革，深化岗位聘用改革，用好英才岗位，试点特设岗位，探索优秀人才特聘、直聘，积极推动正高级职称评审权下放。

（四）持续强化党建与业务深度融合

制定印发《中国农业科学院解决基层党建和科研工作“两张皮”问题工作方案》，组织党建和业务融合优秀案例交流活动，建立健全党建和业务工作一起谋划、一起部署、一起落实、一起检查的运行机制。探索总结具有农业科研特色的“三会一课”和主题党日活动有效方式，推动基层党组织工作和活动方式创新，注重发现先进典型，总结先进经验。推广“田间课堂”模式，打造“一团队一课堂、一所一样板”，引导广大党员、科技人员在打造“四中心一智库”、助力乡村全面振兴中服务人民、作出贡献。加强中国农业科学院科学技术协会工作，弘扬科学精神，普及科学知识，传播科学思想，激励科研人员更好地服务农业农村主战场，把党建优势转化为推动中心工作的实际成效。

（五）大力弘扬伟大建党精神、新时代科学家精神和农科精神

以伟大建党精神滋养新时代科学家精神，开展“灯塔”“谱系”“铸魂”“强基”农科精神系列行动，大力弘扬新时代农科精神。举办陈凤桐院士、李光博院士学术思想研讨会，开展老一辈科学家精神周年传承活动，深入挖掘老一辈科学家在革命时期先进事迹，继承光荣传统，传承红色精神。以中国农业科学院新乡精神展馆开馆为契机，大力宣传“扎根乡村、潜心科研、攻坚克难、造福人民”的中国农业科学院新乡精神，擦亮祁阳站精神和中棉所精神，激励广大科技人员传承“求真笃行、敬农致用”为核心内涵的农科精神，在科技创新和乡村振兴主战场建功立业。

七、加强年轻干部和青年科技人员教育管理，抓好后继有人这个根本大计

（一）加强年轻干部和青年科技人员思想政治教育

加强理想信念教育，引导年轻干部和青年科技人员对党忠诚，信念坚定，牢记初心使命，正确对待权力，时刻自重自省，严守纪法规矩，扣好廉洁自律的“第一粒扣子”。创新思想教育方式，督促深学细悟习近平新时代中国特色社会主义思想，继承发扬伟大建党精神、新时代科学家精神和农科精神，拧紧“总开关”，绷紧纪律弦，净化朋友圈，养足浩然气，严守政治纪律和政治规矩，始终做政治上的明白人、老实人。

（二）激励年轻干部和青年科技人员健康成长

党组织切实履行主体责任，贯彻执行部系统处级及以下党员干部日常提醒监督实施办法，建立并落实一把手和分管领导与年轻干部、青年科技人员谈心谈话制度，对分管范围内的年轻干部和青年科技人员既要管工作，又要管思想、管作风、管纪律，落细落小工作责任，形成教育管理合力。坚持严管和厚爱相结合，关注年轻干部和青年科技人员思想、工作、生活状况，细节小节上多咬耳扯袖，抓早抓小抓苗头，营造年轻干部和

青年科技人员健康成长、担当作为的良好氛围，加强对年轻同志的督促教育引导。

八、扎实推进群团统战工作和文化建设，营造团结进取良好氛围

（一）坚持党建带群建

坚持党对群团工作的领导，党组织定期听取工作汇报，研究部署群团工作，加强群团组织建设，不断增强群团组织的政治性、先进性、群众性，引导广大干部职工听党话、感党恩、跟党走，立足岗位建功立业。工会组织加强自身建设，认真做好困难职工帮扶，持续开展“送温暖”活动，充分发挥文体俱乐部作用，组织参加部“喜迎二十大”职工文艺汇演活动，开展院庆 65 周年健步走、摄影、乒乓球、羽毛球等活动，活跃职工文化生活，营造团结和谐氛围。青年和团组织结合庆祝建团 100 周年，积极开展“喜迎二十大、永远跟党走、奋进新征程”主题教育实践活动和主题团日活动，强化青年实践锻炼，挖掘选树先进典型。妇女组织开展“巾帼心向党　科技报国志”主题实践活动，组织参加“乡村振兴巾帼行动”“恒爱行动”，激励女职工自立自强、建功立业。

（二）加强创新文化建设

评选表彰建院 65 周年先模人物，举办先进事迹报告会，推动形成潜心科研、勇攀高峰、精益求精、追求卓越的创新文化。举办“优化科技创新生态　形成扎实科研作风”研讨会，引导广大科技人员树立敢闯无人区、做人民科学家的价值理念，打造学风优良、宽容失败、环境和谐的创新生态。深化“书香农科”建设，用创新文化激发创新精神、推动创新实践、激励创新事业，增强干部职工的凝聚力向心力，提升获得感幸福感。

（三）深化统一战线工作

加强党外人士政治引领，鼓励支持民主党派围绕全面推进乡村振兴、加快农业农村现代化建言献策。组织参加部党外人士学习贯彻中共二十大精神专题培训班和“同心筑梦”活动。强化领导干部联系统战对象、定期通报、走访慰问等制度执行，积极培养举荐优秀党外人士参政议政、发挥作用。

九、压紧压实全面从严治党政治责任，确保党建任务落实落地

（一）严格落实“两个责任”

持续推进全院党组织党建工作责任清单和纪检组织监督责任清单有关要求落实落

地，严格督促履行全面从严治党主体责任和“一岗双责”。建立整改长效机制，制定年度整改任务清单，巩固深化中央巡视整改成果，完成2021年13个单位巡视巡察整改。突出政治巡视，组织对11个单位的巡视巡察工作，实现十九大以来巡视巡察全覆盖。落实2022年院全面从严治党工作会议和任务分工意见部署要求，督促指导院属党组织与纪检组织至少每半年专题研究1次全面从严治党工作，坚持不懈把院系统全面从严治党向纵深推进。扎实做好基层党组织书记抓党建工作述职评议考核，完善党建工作考核评价机制，强化督查及考核结果运用。

（二）强化党建制度执行

结合我院党建工作实际，督促全院党组织加强党内法规的学习宣传，营造遵规学规守规用规浓厚氛围。印发《中国农业科学院党建制度选编（2017—2022）》，坚持把制度建设贯穿到政治、思想、组织、作风和纪律建设之中，做到党建工作推进一步，制度建设跟进一步。严格制度执行，督促各级党务干部和广大党员严格落实制度要求，不断提高制度执行力。

（三）加强党务干部队伍建设

指导院机关部门、院属单位配齐配强党建工作力量。把党务工作岗位作为培养锻炼干部的重要平台，推动落实党务干部同行政、业务干部交流等中央要求，督促指导全院党组织将专兼职党务干部工作经历有关材料归入干部人事档案。加大专兼职党务群团干部教育培训力度，不断提高培训质量效果，使党务干部成为政治上的明白人、党建工作的内行人、干部职工的贴心人。

（四）深化党建研究

强化党务干部研究能力建设，组织各级党组织和党务干部围绕新时代党建理念、规律和重点难点问题，围绕加强党对农业科技创新事业的领导等主题，结合工作实际，深入开展党建课题研究。认真总结实践中的宝贵经验，努力推出一批有分量有价值的调研成果，注重成果运用，更好指导实践，为加强我院党的建设、提升党建工作质量提供理论和实践支撑。

中国农业科学院“学习研讨　查摆问题 改进提高”专项工作总结报告

“学查改”专项工作开展以来，中国农业科学院各级党组织认真贯彻落实党中央决策部署和习近平总书记重要指示精神，在院党组的坚强领导下，紧密结合工作实际，将“学查改”专项工作同深化模范机关创建、建设“四强”党支部结合起来，同贯彻落实中央一号文件精神、全国“两会”精神结合起来，同学习贯彻习近平经济思想和习近平总书记关于“三农”工作的重要论述结合起来，同谋划推进年度党建和业务重点工作结合起来，扎实推进“学查改”专项工作走向深入。

一、高度重视、组织有序，扎实完成“学查改”工作各项目标任务

（一）科学部署安排，明确工作重点

中国农业科学院直属机关党委根据实际，及时研究制定并向院机关各部门、院属各单位印发《关于印发〈中国农业科学院关于开展“学习研讨 查摆问题 改进提高”专项工作方案〉的通知》和《关于认真组织学习〈习近平经济思想学习纲要〉深入推进“学查改”专项工作的通知》，并将此项工作列入《中国农业科学院2022年党建工作要点》，要求院机关各部门、院属各单位各级党组织将“学查改”专项工作作为强化政治机关意识、践行“两个维护”的重要体现，作为加强对党忠诚教育、巩固拓展党史学习教育成果的重要内容；明确要突出农业科研单位特点，围绕“国之大者”，聚焦“使命清单”，推动贯彻落实习近平总书记“四个面向”“两个一流”重要指示精神和院党组中心工作部署的重要举措；要以组织学习《习近平经济思想纲要》和习近平《论“三农”工作》研读领学活动为契机，深入推进“学查改”专项工作落实落地、取得成效。

（二）提高政治站位，深入学习研讨

全院39个党委、628个党支部、9 553名党员，以高度的政治自觉坚持和完善“两个第一”学习机制，通过中心组学习、支部集中学、党小组专题学、青年理论小组学等方式学习习近平新时代中国特色社会主义思想特别是习近平经济思想，习近平总书记

在历次中央经济工作会、中央农村工作会议上的重要讲话精神以及全国两会等重要会议精神，系统学习习近平总书记关于“三农”和科技创新工作的重要论述，认真研学《习近平经济思想学习纲要》、习近平《论“三农”工作》《论把握新发展阶段、贯彻新发展理念、构建新发展格局》《习近平谈治国理政》（第一卷、第二卷、第三卷、第四卷）等指定学习材料，认真学习贯彻习近平总书记在省部级主要领导干部“学习习近平总书记重要讲话精神，迎接党的二十大”专题研讨班上的重要讲话精神。通过原原本本学、全面系统学、深入思考学、联系实际学、融会贯通学，广大党员深化了对习近平新时代中国特色社会主义思想特别是习近平经济思想、习近平总书记关于“三农”和科技创新工作重要论述的学习领会，加深了对新时代党的创新理论的理解，进一步提高了政治判断力、政治领悟力、政治执行力，更加自觉地用习近平经济思想指导解决实际问题，有效推动习近平总书记重要指示批示精神和党中央经济工作决策部署落实落地，为扎实推进“学查改”专项工作打牢了思想基础。

（三）聚焦难点堵点，深入自查自纠

严格按照“六对照、六看、六查”等要求，院属各单位党委在前期学习研讨的基础上召开专题会议，同习近平总书记致中国农业科学院贺信精神和党中央经济工作决策部署对标对表，同习近平总书记关于“三农”和科技创新工作的重要论述对标对表，围绕“国之大者”和“四个面向”，聚焦落实“使命清单”和“四中心一智库”建设，深刻查摆存在问题。党支部（党小组）召开专题组织生活会，围绕查摆要求，聚焦党建和业务深度融合，找准问题、剖析根源，并明确整改方向。吴孔明同志、张合成同志及其他院党组成员均以普通党员身份参加了所在党支部的专题组织生活会，院属各单位党员领导干部也参加了所在党支部的专题组织生活会。

（四）推进问题整改，改进提高工作

各级党组织针对查摆出的问题，仔细梳理汇总，深入剖析原因，按照远近结合、整体推进的原则，逐一制定整改措施，明确责任分工和完成时限，形成问题清单和工作台账，并同步扎实推进整改落实。整改工作坚持时间服从质量、进度服从效果，坚持力戒形式主义，严防工作走过场、搞花架子、装样子。各级党组织围绕“国之大者”，聚焦主责主业，贯彻落实举院抓大事理念，以查摆问题整改落实为契机，着力破解理论学习与实际工作“两张皮”、党建工作与科研转化“两张皮”等问题，有力推动中国农业科学院“四中心一智库”建设等中心工作。同时注重梳理总结各级党组织在专项工作开展以来的主要做法、取得成效、典型经验和案例，加强经验交流，促进互学互鉴，巩固扩大工作成效。

二、突出成效、担当作为，党对农业科研工作的全面领导更加坚强有力

（一）理论学习走深走实，武装头脑、指导实践、推动工作

一是充分发挥理论学习中心组领学促学作用。不断强化中心组学习“风向标”和“排头兵”作用，坚持院所同步学习，加强指导督导，强化学习成效，促进中心工作。2022 年 3 月召开本年度第一次院党组理论学习中心组（扩大）学习会，传达学习习近平总书记重要讲话和全国两会精神，深入研究贯彻中央经济工作会议、中央农村工作会议和全国两会对“三农”工作部署安排，进一步推动全院年度重点工作落实落地；6 月召开第二次院党组理论学习中心组（扩大）学习会，进一步学习贯彻习近平总书记致中国农业科学院建院 60 周年贺信精神，研究举院抓大事思路措施，加快实现高水平农业科技自立自强。二是结合实际开展特色学习研讨活动。院党组组织召开感悟习近平总书记的农科牵挂——学习贯彻《论“三农”工作》交流会。组织专家深入挖掘整理习近平总书记对中国农业科学院的农科牵挂，结合学习《论“三农”工作》等重要书目，学习习近平总书记的“三农”情怀、科技情怀，坚定促进高水平科技创新、科技支撑乡村振兴的责任感。有的研究所开展“种子与粮食安全”主题党日活动，到国家农作物种质资源库和试验田学习参观。有的党支部围绕牢牢守住保障国家粮食安全和不发生规模性返贫两条底线的要求以及保供固安全、振兴畅循环等工作，进一步明确国家战略科技力量定位，开展专题学习研讨交流。有的党支部结合稳产保供和乡村振兴开展专题学习，充分调动科研人员下沉一线开展科技支撑稳产保供，促进脱贫攻坚和乡村振兴有效衔接，为防止大规模返贫作出贡献。有的党支部通过开展“用身边事教育身边人”活动，组织开展与先进典型面对面交流探讨，充分发挥先进典型的引领带动作用。有的青年理论学习小组围绕心中有“党”、眼中有“农”、胸中有“墨”、手中有“数”开展学习活动，不断加强年轻干部思想淬炼、政治历练、实践锻炼、专业训练，切实提高年轻干部解决实际问题能力。

（二）立足新发展阶段，强化国家战略科技力量使命担当

一是深入贯彻落实“四个面向”“两个一流”重要指示精神。中国农业科学院通过举办学习贯彻习近平总书记贺信精神交流会，把强化稳产保供科技供给作为首要的职责使命，聚焦种子、耕地、农业生物安全、农机装备等重点领域，坚持协同攻关与开放创新，为农业高质量发展提供强有力的科技支撑。有的研究所通过积极谋划中国农村经济社会基础数据观测网建设，加强中国农业宏微观数据库建设，持续推进“农村发展经济学科集群”建设、“农业经济与发展”学科建设，进一步提升智库的核心竞争力。有的党支部通过结合团队研究方向，聚焦资源与育种持续攻关，提升种质资源收集水平，

加强国家种质资源圃资源安全保存和高水平利用。二是强化制度机制创新，走好高质量人才发展之路。有的部门通过制定《稳定性科研专项奖励经费管理办法》，建立稳定性科研专项资金激励引导机制，激发科研人员创新活力，激励科研人员产出高质量科技成果。有的部门选派优秀人才参加博士服务团、南繁研究院挂职借调锻炼，强化干部培养历练，全面提升队伍能力素质。有的研究所通过调整专项任务的首席专家，着力培养农业领域的战略科学家和青年领军人才。有的研究所对所重点科研任务的方案设计和组织模式进行优化调整，探索重大科技行动首席专家制，通过揭榜挂帅、赛马等制度，实现跨院所、跨团队实质性协同，形成有特色的重大科研组织模式。

（三）维护意识形态安全，为农业科技高水平自立自强提供强大精神动力

一是巩固拓展党史学习教育成果。印发中国农业科学院《推动党史学习教育常态化长效化的实施意见》，推动中国农业科学院党史学习教育常态化长效化。用好“我为群众办实事”实践活动良好机制，持续推动全院各级党组织和党员干部积极为群众办实事、解难事。二是做细做实思想政治工作和意识形态工作。结合农科特点，坚持问题导向，于 2022 年 3 月召开“意识形态工作研讨会”，进一步明确工作重点和责任，确保中国农业科学院意识形态领域绝对安全。2022 年 6 月召开了“加强思想政治和意识形态工作交流会”，并推进落实 2022 年 3 月中国农业科学院印发的《关于加强和改进干部职工思想政治工作的实施意见》，进一步要求注重政治引领、注重人文关怀、注重干部职工柴米油盐、琴棋书画和急难愁盼，注重各个群体全覆盖，提高思想政治工作的针对性、实效性。7 月开展 2022 年度“说说心里话”职工思想状况问卷调查，针对科研生态开展调研，回收有效问卷4 969份，并汇总分析调研结果。三是大力弘扬新时代农科精神。深入开展“灯塔”“谱系”“铸魂”“强基”系列传承行动。2022 年 2 月召开纪念红色农学家陈凤桐院士诞辰 125 周年暨学术思想研讨会，学习陈凤桐院士“没有调查就没有实验研究权”的严谨研究精神。6 月举行李光博院士诞辰 100 周年纪念活动，学习和传承李光博院士科技报国、服务国家需求的科研理念，勇立潮头、敢为天下先的创新精神。7 月 1 日成功举办庆祝建党 101 周年主题活动，举办陈凤桐院士塑像揭幕仪式、院新乡精神展馆云开馆仪式、红色农学家等老一辈科学家代表和建院 65 周年先进人物表彰、光荣在党 50 年纪念章颁发仪式、集体重温入党誓词等系列活动；建成中国农业科学院首个科学家精神实体化教育基地——新乡精神展览馆，于 2022 年 5 月成功入选由中国科协、教育部、科技部等 7 部门联合发布的首批科学家精神教育基地名单。8 月召开农科精神教育实践基地认定工作研讨会，积极开展“夺夏粮丰收”“同心抗疫”等系列先进事迹和工作纪实报道，大力宣传各类专项行动成果。四是切实发挥群团桥梁纽带作用。中国农业科学院群团组织积极适应新时代要求，不断增强政治性、先进性、群众性。院工会组织“喜迎二十大　奋进新征程”职工健步走摄影，建院 65 周年暨第四届“创新杯”乒乓球团体赛等活动，活跃职工文化生活，营造团结和谐氛

围。青年和团组织结合庆祝建团 100 周年，积极开展“喜迎二十大、永远跟党走、奋进新征程”主题教育实践活动和主题团日活动。推动深入学习宣传贯彻习近平总书记在庆祝中国共产主义青年团成立 100 周年大会上的重要讲话精神。妇女组织开展“巾帼心向党　科技报国志”主题实践活动，激励女职工自立自强、建功立业。五是发挥统一战线凝聚人心、汇聚力量作用。分别协助农工党北京市委和民盟农科院委员会举办第七期“新·好时政漫谈”“民盟先贤肖像巡回展”走进中国农业科学院等活动，加强党对统一战线工作的领导，汇聚团结奋斗、为全面建成社会主义现代化强国、实现中华民族伟大复兴的磅礴伟力。

（四）全面提升组织力，推动基层党组织建设更加过硬

一是从严抓好党内政治生活各项制度落实。组织指导开展 2021 年度全院民主生活会、党建工作述职评议考核等工作。首次为全院 48 个党组织发放《党组织书记述职评价考核意见》，进一步明确问题、推进整改。编辑出版并发放《党建工作制度选编（2022 年增补本）》，促进院系统各级党组织和党员领导干部进一步系统学习、熟练掌握、严格执行党内法规制度和有关规定，进一步提高党建工作能力和工作水平。二是抓紧抓实基层党组织换届。加强工作指导，顺利完成蜜蜂所、烟草所、蔬菜所“两委”和 1 个直属党支部的换届选举；完成 12 个党组织的换届调整。三是深化党支部标准化规范化建设。深入总结基层党组织建设质量提升三年行动并开展“四强党支部”评选推荐。组织评定 84 个党支部为院直属机关“四强”党支部，57 个党支部获评部直属机关“四强”党支部，29 个党支部评为中央和国家机关“四强”党支部。四是扎实做好党员发展和教育培训工作。持续加大在科研人员中发展党员工作力度，截至 2022 年 6 月 30 日，全院发展党员 215 名，党员总数达9 553名。组织 430 余人参加了入党积极分子等培训。五是积极发挥党组织在新冠疫情防控中的战斗堡垒作用。组织党员下沉社区参与核酸检测等各项工作，调度各级党组织参加属地核酸检测志愿者服务，中关村院区累计组织 21 轮次、160 余人次的志愿服务，服务社区居民 9.9 万人次，充分发挥党员先锋模范作用。六是推进党建全覆盖、加强分类指导。坚持横向到边、纵向到底，推进党的组织和党的工作有效全覆盖，97%的院所办企业、93%的试验基地建立了党组织。定期调度院所办企业、学会协会、期刊杂志、试验基地、研究生等领域党建情况，进一步规范完善 5 个领域党组织建设和分类指导。

（五）强化深度融合之要，高质量党建促进高水平科技创新的作用发挥更加充分

一是强力推进党建业务互融互促。中国农业科学院始终坚持围绕中心工作抓党建、抓好党建促业务，坚持党建工作和业务工作目标同向、部署同步、工作同力，以高质量

党建引领高质量发展。制定印发《解决基层党建和科研工作“两张皮”问题工作方案》，打造“一团队一课堂、一所一样板”的“田间课堂”科技帮扶模式，促进党建与业务深度融合。蔬菜所第二支部强化党建引领，先后突破了一系列重大关键技术，扭转了甘蓝种子依赖国外进口的被动局面，为脱贫攻坚和乡村振兴作出了重大贡献，作为党建和业务深度融合案例在《交流与参考》第13期上刊登。二是全面推进支部建在创新团队。发扬“支部建在连上”的光荣传统，把党的领导落实到创新团队和创新任务上，以“国之大者”定责、以国家队定位、以“三创一体”定向、以“两个一流”定标，在科研和转化中充分发挥党支部战斗堡垒作用、党员先锋模范作用。目前，全院共有创新团队（含所级团队）346个，支部建在创新团队上的有321个，占比93%。三是在临时专项行动中加强党的领导。全面发挥临时党组织政治引领作用，建立南繁研究院、西部中心临时党组织，在保“三秋”、保夏粮丰收、对口帮扶等科技下乡行动中建立临时党支部，加强党对重点工作的领导，充分发挥党员先锋模范作用。在甘肃舟曲和贵州台江两县科技帮扶工作组中成立临时党组织，制定《强化党建引领　做实做细舟曲台江两县科技帮扶工作的方案》，并各下拨5万元专项党费，支持开展帮扶活动，发挥党支部政治引领作用。组织撰写10篇报道，大力宣传在夺夏粮保丰收、抗击新冠疫情中涌现出来的先进人物，加大典型引领力度。中国农业科学院夺夏粮丰收专项行动专家组临时党支部工作情况等3篇文章，分别于农业农村部直属机关党委3期《交流与参考》专题刊登。

（六）筑牢作风纪律之堤，推进全面从严治党和党风廉政建设纵深发展

一是强化重点领域和关键环节的监督。强化对党中央决策部署落实情况，对形式主义、官僚主义问题纠治，强化对科研经费管理使用等重点领域、关键环节的监督，提升监督执纪能力。二是强化警示教育和日常监督。依托北京市廉政教育基地等开展警示教育活动，在全院开展“吴志凤案”警示教育活动，结合元旦春节、端午“五一”、中秋国庆等重要节点，通过邮件、微信群等及时发送廉洁过节通知、通报典型案例，实行节日期间值班和报告制度，加大日常教育监督力度。三是强化执纪能力和队伍建设。制定《直属机关纪委2022年重点工作安排》，印发《中共中国农业科学院党组关于认真学习贯彻十九届中央纪委六次全会精神的通知》并制作宣传展板，督促纪委书记带头讲廉政党课，落实监督责任。在全院布置开展学党史、纠“四风”、树新风“回头看”工作。四是加强廉洁文化建设、涵养良好政治生态。制定印发《关于学习贯彻〈关于加强新时代廉洁文化建设的意见〉的通知》，对学习宣传贯彻《关于加强新时代廉洁文化建设的意见》落实提出明确任务和要求；组织开展廉政警句格言评选，从224条征集作品中评选出优秀作品35个，将以H5等形式开展优秀作品展播。五是召开中国农业科学院2022年全面从严治党工作会议。传达学习习近平总书记在十九届中央纪委六次全会上重要讲话和全会精神、农业农村部全面从严治党工作会议精神以及驻部纪检监

察组与院党组座谈会的有关要求，部署 2022 年重点任务，通报党风廉政典型案例，推进中国农业科学院全面从严治党和党风廉政建设向纵深发展。

三、强化补短板、建机制，不断巩固拓展“学查改”专项工作成果

下一步，中国农业科学院将继续组织院属各单位党委、全院党支部深入学习贯彻习近平新时代中国特色社会主义思想，学习贯彻党的二十大精神，以党的政治建设为统领，全面贯彻新发展理念，聚焦“国之大者”强化使命担当，加快实现高水平农业科技自立自强，强力支撑农业农村现代化，助推全年目标任务高质量完成。

（一）深化理论武装，持续在学懂弄通做实习近平新时代中国特色社会主义思想上下功夫

将“学查改”专项工作作为强化政治意识、践行“两个维护”的重要体现；作为加强对党忠诚教育、巩固拓展党史学习教育成果的重要内容；坚持“两个第一”学习制度，“第一时间”“第一议题”组织院机关部门、院属单位党组织学习习近平总书记最新重要讲话和指示精神，学习贯彻党中央重要决策部署以及部、院党组工作要求。深入学习贯彻习近平新时代中国特色社会主义思想特别是习近平经济思想、习近平总书记关于“三农”和科技创新工作的重要论述，提高思想自觉政治自觉行动自觉，增强“四个意识”、坚定“四个自信”、做到“两个维护”。巩固拓展党史学习教育成果，建立常态化、长效化制度机制，用好红色资源，学习宣传以伟大建党精神为源头的中国共产党人精神谱系，传承红色基因，赓续红色血脉。压实全面从严治党“两个责任”，强化党内监督和纪律教育，充分调动全院广大干部职工的积极性、主动性、创新性，激发农业科技创新活力，引领科研人员听党话、跟党走，进一步坚定高水平科技自立自强的信心、决心。

（二）解决急难愁盼，在营造良好科技创新生态上下功夫

不断增强宗旨意识，用好“我为群众办实事”实践活动良好机制，推动全院各级党组织和党员干部积极为群众办实事、解难事。聚焦农民群众、服务对象和职工群众所急所忧所盼，主动履行农业科研国家队职责使命，加强农业科技原始创新和关键核心技术攻关，常态化抓实抓细“夺夏粮丰收”“保秋粮丰收”“抗旱夺丰收”等深入田间地头的科技帮扶活动，把技术送到农民手上，推动实现稳产保供和提质增效。加强科研作风建设，引导广大科技人员树立敢闯无人区、做人民科学家的价值理念，打造学风优良、宽容失败、环境和谐的创新生态。切实落实科研“放管服”政策，增强管理人员

服务意识，坚持开门办事，扩大职工的知情权、参与权和监督权。加强人文关怀和心理疏导，关注干部职工柴米油盐、琴棋书画需求，听民声、察民情、解民忧，将矛盾纠纷化解在基层，将和谐稳定创建在基层。

（三）激励担当作为，在履行国家战略科技力量职责使命上下功夫

将“学查改”专项工作与农业科技创新工作紧密结合起来，不忘科技报国为民的初心，立足新发展阶段、贯彻新发展理念、构建新发展格局，深刻认识新时代国家战略科技力量的崇高使命和重大责任，围绕“种子、耕地、生物安全、农机装备、绿色低碳、乡村发展”等“国之大者”抓主抓重，全面落实“保供固安全、振兴畅循环”的“三农”工作定位，充分发挥国家战略科技力量作用，着力打造国家农业科技创新中心、国家农业技术转移中心、国家农业科技人才中心、国家农业科技合作交流中心、国家农业高端智库，努力成为农业领域的世界主要科学中心、重要人才中心和创新高地。重点围绕优机制、优体系、优环境、优服务，努力做好科技“保供给、破要害、开新局”各项工作，全面塑造中国农业科学院创新发展的新优势，为夯实“三农”“压舱石”，科技支撑乡村振兴，加快农业农村现代化建设提供农科力量。为营造平稳健康的经济环境、国泰民安的社会环境、风清气正的政治环境作出农科贡献，以实际行动迎接党的二十大胜利召开。

中国农业科学院直属机关党委

2022 年 8 月 29 日

中共中国农业科学院党组关于印发《中国农业科学院系统党组织加强政治把关工作方案》的通知

农科院党组发〔2022〕9 号

院机关各部门、院属各单位：

《中国农业科学院系统党组织加强政治把关工作方案》已经院党组 2021 年第 19 次会议审议通过，现印发给你们，请结合实际，认真贯彻执行。

中共中国农业科学院党组

2022 年 1 月 21 日

中国农业科学院系统党组织加强政治把关工作方案

一、工作背景

旗帜鲜明讲政治是我党作为马克思主义政党的根本要求。党的政治建设是党的根本性建设，决定党的建设方向和效果，事关统揽推进伟大斗争、伟大工程、伟大事业、伟大梦想。中央第九巡视组向院党组反馈意见中指出，我院存在政治把关不到位的问题。院党组在落实中央巡视反馈意见整改方案中强调，要进一步强化政治意识、提高政治站位，把政治把关的责任落实到位。

为贯彻落实全面从严治党的要求，切实加强我院党的政治建设，确保政治把关工作落实落细，强化在贯彻落实习近平总书记贺信精神、科技支撑乡村振兴战略、推进科技创新工程跨越发展、打造国家战略科技力量等事业中的政治引领和保障作用，根据《中共中央关于加强党的政治建设的意见》《关于加强和改进中央和国家机关党的建设的意见》《关于加强中央和国家机关所属事业单位党的建设的意见》《中共农业农村部党组关于加强和改进部属科研院所党的建设工作的意见》《中国共产党中国农业科学院党组工作规则》《中国农业科学院院属单位党委工作规则》等有关规定，结合我院实际，制定本工作方案。

二、指导思想

一是坚持马克思列宁主义、毛泽东思想、邓小平理论、“三个代表”重要思想、科学发展观，全面贯彻习近平新时代中国特色社会主义思想，坚决贯彻落实党的基本理论、基本路线、基本方略，深入落实新时代党的建设总要求，增强“四个意识”、坚定“四个自信”、做到“两个维护”。

二是坚持以政治建设为统领，坚持和加强党对科研工作的全面领导，深入学习贯彻习近平新时代中国特色社会主义思想，把准政治方向，把牢政治原则，坚持党的政治领导，夯实政治根基，涵养政治生态，防范政治风险，永葆政治本色，不断提高政治判断力、政治领悟力、政治执行力。从讲政治的高度看“三农”、抓“三农”，对“国之大者”了然于胸、对责之重者善担于肩，把牢农业科研国家队的政治方向，确保政治和业务深度融合、高度统一，确保全院党员干部职工在思想上政治上行动上同党中央保持高度一致。

三是全面贯彻落实习近平总书记“四个面向”重要指示精神，确保党中央决策第一时间传达贯彻、久久为功见到实效，确保农业农村部党组部署得到迅速执行、见人见事见效，动员全院党员干部职工投身到建设世界一流学科和一流科研院所的事业中，打造国家战略科技力量，全面支撑农业农村现代化。

四是牢固树立一切工作到支部的鲜明导向，提升党的基层组织组织力，把支部建在科研团队，把党的领导落实到科研团队。党支部要突出政治功能、强化政治引领，要担负起直接教育党员、管理党员、监督党员和组织群众、宣传群众、凝聚群众、服务群众的职责，发挥好战斗堡垒作用。院属单位党委发挥好政治引领作用，确保党中央以及部院党组决策部署的贯彻落实。院属各级纪检组织要进一步强化监督职责，全面监督执纪问责，坚决维护党章党规党纪的严肃性和权威性。

三、工作责任与机制

责任与机制。落实各级党组织的政治把关作用，建立院党组、所党委、党支部三级联动的工作机制，坚持党组织集体把关、层层把关与班子成员按照职责分工具体把关相结合的责任机制，推动形成院党组统一领导，机关各部门协同配合，所党委（直属支部）负责实施，党支部具体落实的工作格局。党组（党委）要切实履行好“两个责任”，把政治建设与把关工作纳入领导班子和领导干部绩效考核体系，切实把党组织的政治把关作用传导落实下去。

院党组作用。切实发挥把方向、管大局、保落实的领导作用，坚决贯彻民主集中制原则，按照《中国共产党中国农业科学院党组工作规则》等规章制度规范决策，在讨论、决定、部署中国农业科学院重大事项过程中，把握好政治原则、政治立场、政治方向。院党组对中国农业科学院重大事项的政治把关工作负主体责任，院长、院党组书记作为政治把关第一责任人，院党组其他成员自觉履行“一岗双责”“党政同责”，坚决抓好政治把关工作。指导院属各级党组织落实好政治把关工作。

院属单位党委作用。按照参与决策、推动发展、监督保障的要求，切实发挥政治引领作用，加强对本单位重大事项的政治把关。院属单位党委在对本单位重大事项的政治把关工作上负有主体责任，党委书记作为政治把关第一责任人，其他党政领导班子成员自觉履行“一岗双责”“党政同责”，以高度负责、敢于担当的精神抓好政治把关工作。院属单位党委指导下属党组织落实好政治把关工作，并参照本方案中政治把关的原则范围，进一步明确细化本单位政治把关的范围、原则、流程、措施及责任落实等内容。

党支部作用。把思想政治工作和党建责任落实到支部，切实发挥党支部的战斗堡垒作用。党支部发挥政治思想引导作用，有效利用政治的、思想的、组织的各种途径，营造良好的政治生态环境，促进党支部政治功能的充分发挥，在党建与各项业务工作中具体落实政治把关工作。

四、工作任务

重大事项的把关。加强对“三重一大”、安全生产、突发应急事件等事项的政治把关，要提高政治站位，注重政治效果，考虑政治影响，把控舆情导向。确保政治立场、政治方向、政治原则、政治道路上与党中央保持一致，确保旗帜鲜明、立场坚定，确保党的路线方针政策及上级党组织的决定全面贯彻执行。

意识形态工作的把关。坚持和加强党对意识形态工作的全面领导，建立健全我院意识形态工作责任制度，把好思想、组织、宣传舆论文化三大阵地的政治关。要强化忧患意识、风险意识，增强政治敏锐性和政治鉴别力，对容易诱发政治问题特别是重大突发事件的敏感因素、苗头性倾向性问题，对意识形态领域各种错误思潮、模糊认识、不良现象，保持高度警惕，做到眼睛亮、见事早、行动快。

科研工作的把关。党委要确保本单位的学科建设、科研立项、学术委员会建设等符合“四个面向”“两个一流”的指示精神，确保论文、报告、著作及课件等材料，符合国家大政方针、国家法律法规、国家利益、国家安全等方面的规定，符合学术道德、科研伦理等方面的要求，将政治把关责任融入日常，抓在经常。党支部要将政治把关落实到具体科研工作中，确保团队科研方向、项目申报、服务社会等科研工作体现农业科研国家队的使命担当，维护好国家安全与利益。

宣传舆论工作的把关。加强对我院网站等网络平台、媒体访谈、期刊杂志、论文著作以及橱窗、宣传栏、显示屏等宣传阵地的政治把关，坚持同党中央保持高度一致，力戒形式主义。坚定宣传党的理论和路线方针政策，坚定宣传中央重大工作部署。党委要负起政治责任和领导责任，加强党对宣传思想工作的全面领导，旗帜鲜明坚持党管宣传原则。坚持正确的舆论宣传导向，完善应急处置机制，守好网络阵地。

干部队伍建设的把关。坚持党管干部原则，党组（党委）要加强高素质专业化干部队伍建设，严格执行《党政领导干部选拔任用工作条例》等有关规定，在选人用人中切实发挥领导和把关作用。坚持德才兼备、以德为先，坚持把政治标准放在首位，注重考察干部人选增强“四个意识”、坚定“四个自信”、做到“两个维护”的自觉性和主动性，注重考察政治能力，严把选人用人政治关、品行关、能力关、作风关、廉洁关。

人才队伍建设的把关。坚持党管人才原则，党委要加强人才队伍建设，在高级人才引进和培育过程中，在选聘导师、教师、高级职称人员，选拔推荐各类人才时，要通过政治审查、谈心谈话、考察现实表现等多种方式，及时准确了解相关人才的政治立场、政治态度和思想品德状况，严把政治关和师德师范关。加强对各类人才和导师、教师队伍的管理，通过培训、教育、考核等措施，强化政治意识，引导其严守政治纪律和规矩。在人才引育和管理过程中，若存在政治上错误倾向等问题，实行“一票否决制”。加强对研究生和编外聘用人员的思想政治教育，强化政治意识。

重要制度和重要文稿的把关。加强对修制定院所章程、管理办法、实施意见等各类规章制度，以及起草报告、讲话、总结、新闻稿等各类文稿的政治把关，确保在重要表述、规范用语方面与中央最新精神保持高度一致。要贯彻落实习近平总书记就进一步改进文风、提高文稿起草质量提出的“求短、求实、求新”要求，旗帜鲜明将政治标准和政治要求贯穿到修制定重要制度和起草重要文稿的过程中，要突出党对我院工作的全面领导，要体现出坚决贯彻落实习近平总书记贺信精神，要表明农业科研国家队的政治方向。

各类重要活动的把关。按照“谁主办、谁负责、谁监管”的原则，党委要加强对论坛、会议、培训、讲座、大型文体活动、科普开放日等重要活动的政治把关，严格按照要求履行活动的审批程序，在确定活动主题、选择主讲嘉宾与参会人员、起草各种文字材料等关键环节进行预审，确保活动中不传播错误政治立场、错误消极思想、错误道德倾向，不泄密、不传播敏感信息，切实管好各类思想文化阵地。

五、保障措施

一是在院党组领导下，直属机关党委指导并督促所党委（直属支部）严格执行本方案。院属单位党委要参照本方案中政治把关的目标、机制、范围、原则等，并结合本单位实际情况，不断明确细化政治把关的范围、原则、流程、措施及责任落实等内容，同时指导下属党组织落实好政治把关工作，将政治把关工作落实落细。

二是将政治把关工作执行情况，纳入巡视、研究所评价考核、党委书记党建述职评议考核和领导班子考核的重要内容，及时反馈情况、总结经验，增强政治建设、政治把关成效和能力。

三是加强政治把关工作的交流和培训。在党办主任培训班、党支部书记（委员）培训班等教育培训工作中，增加政治把关培训和经验交流环节，学习政治建设与政治把关相关党内法规，分享经验或案例，同时总结不足，进一步提升政治把关的能力。

附件：1. 政治把关重点词汇清单

2. 院级主要宣传物签发流程

附件1

政治把关重点词汇清单

正面清单	一、习近平总书记重要讲话和中央文件精神等 指导思想：坚持马克思列宁主义、毛泽东思想、邓小平理论、“三个代表”重要思想、科学发展观，全面贯彻习近平新时代中国特色社会主义思想 **重要词汇**：四个全面“全面建设社会主义现代化国家、全面深化改革、全面依法治国、全面从严治党”；四个意识“政治意识、大局意识、核心意识、看齐意识”；四个自信“道路自信、理论自信、制度自信、文化自信”；两个维护“坚决维护习近平总书记党中央的核心、全党的核心地位，坚决维护党中央权威和集中统一领导” **重要文件**：党的十九大报告；十九届五中、六中全会精神；中央经济工作会议精神；中央农村工作会议精神；中央一号文件等 **习近平总书记关于科技与“三农”重要论述**：《习近平关于科技创新论述摘编》《习近平关于“三农”工作论述摘编》《习近平谈治国理政》等	**原则**：引用习近平总书记讲话，如果用引号，必须用原文，引用中央文件精神，要采用中央文件规范表述，不得私自“创造”
正面清单	二、部党组决策部署 “保供、衔接、禁渔、建设、要害、改革”“保供给、破要害、开新局”“保供固安全、振兴畅循环” 农业农村系统领导干部五个能力：讲政治、干实事、抓要害、善协调、盯督查等	
负面清单	涉疆涉藏用语：不使用“藏区”；新疆维吾尔自治区不能写作“新疆维吾尔族自治区” **涉港澳台用语**：港澳台都是中国不可分割的一部分，不得使用中国与港澳台并列的表述，可使用大陆和台湾、内地与香港（澳门）的表述；香港、澳门、台湾与其他国家并列时后面要跟“国家和地区”，如“……主要出口美国、日本、香港等国家和地区”，不得省略“和地区”；不得自称中华人民共和国政府为“大陆政府”，也不得在中央政府所属机构前冠以“大陆”，如“大陆国家文物局”，不要把全国统计数字称为“大陆统计数字”。涉及全国重要统计数字时，如未包括台湾统计数字，应在全国统计数字之后加括号注明“未包括台湾省” **涉民族用语**：不能随意简称，如“蒙古族”不能简称为“蒙族”，“维吾尔族”不能简称为“维族”，“朝鲜族”不能简称为“鲜族”等	**原则**：不得宣传历史虚无主义；不得宣传唯心主义。 可参考学习《新华社新闻信息报道中的禁用词和慎用词》

（续表）

易错易忽视事项	出席人物：注意重要领导的职务、姓名、排序三个要素 **修饰用语**：对各级领导同志的各种活动报道，慎用“亲自”等词。除了中共中央、国务院召开的重要会议外，一般性会议不用“隆重召开”字眼。慎用“重要讲话”，除习近平总书记讲话外，一般用“讲话”。内部发言稿、请示件称呼领导时一般不加“尊敬的……” **党内称谓**：党内一律称同志 **党政表述**：不宜称“中共××省省委书记”“××市市委书记”，应称“中共××省委书记”“××市委书记”。不要将“全国人大常委会副委员长”简称作“全国人大副委员长”，也不要将“省人大常委会副主任”简称作“省人大副主任”。各级人大常委会的委员，不要简称作“人大常委” **历史表述**：一般不用“解放前（后）”或“新中国成立前（后）”提法，用“中华人民共和国成立前（后）”或“一九四九年前（后）”提法 **战略表述**：不使用“一带一路”战略，而使用“一带一路”倡议。使用“战略”一词要准确	**原　则**：严谨、准确、认真；防止形式主义，避免官话套话、假大空

注：在重要表述、规范用语方面，要确保与中央最新精神保持高度一致。

附件 2

院级主要宣传物签发流程

院网（微信公众号）新闻。院机关各部门、院属各单位报送的新闻稿，须经部门、单位领导审核签字。院办公室严格按照要求对新闻稿进行初审，不合格的退改。通过初审的新闻稿，经院办副主任审核把关，再视情况由院办主任、分管院办副院长、院党组书记、院长审签之后对外发布。

院报。院报用稿皆来自已经刊发的网站新闻。为进一步做好政治把关，坚持审校和通读，确保高质量办报。

每日要情。院机关各部门、院属各单位报送的要情，须经部门、单位领导审核。院办公室编辑初稿，经院办副主任、院办主任、分管院办的院领导审核把关后发布。

专报。院机关各部门、院属各单位提供的专报基础素材，须经部门、单位领导审核。院办公室编辑初稿，经院办副主任审核，科技局会签，再由院办主任、分管院办的院领导、院党组书记、院长审核、把关后向上呈送。

农科动态。从院网已发布的新闻中摘取编辑农科动态初稿，经院办副主任审核，科技局会签，再由院办主任、分管科研的院领导、分管院办的院领导、院党组书记、院长审核、把关后对外发送。

为促进全院宣传信息工作的规范运行，进一步加强政治把关与意识形态工作，院办公室对院机关各部门、院属各单位新闻宣传、信息报送、出版、舆情监测等工作进行定期评估分析，对表现突出的部门、单位进行通报表扬，对存在的问题予以全院通报。

中共中国农业科学院党组关于印发《中国农业科学院系统党组织加强理论学习中心组学习工作方案》的通知

农科院党组发〔2022〕10 号

院机关各部门、院属各单位：

《中国农业科学院系统党组织加强理论学习中心组学习工作方案》已经院党组 2021 年第 19 次会议审议通过，现印发给你们，请结合实际，认真贯彻执行。

中共中国农业科学院党组

2022 年 2 月 16 日

中国农业科学院系统党组织加强理论学习中心组学习工作方案

为进一步规范和加强中国农业科学院各级党组织理论学习中心组学习，切实做到学用结合、融会贯通，示范带动全院营造善于学习、勇于实践的浓厚氛围，根据党中央和农业农村部有关规定，结合我院理论学习中心组学习实际，制定本工作方案。

一、工作背景

理论学习中心组学习是一项严肃的政治任务，是领导干部在职理论学习的重要形式，是我党独具特色的一大创造。加强我院理论学习中心组学习是新形势下深化理论武装、加强思想建党的重要途径，是提升全院领导干部能力素养、锻造过硬执政骨干队伍的重要举措，是应对各种风险挑战、推进院所改革发展、推动农业科技自立自强的必然要求，理论学习中心组学习只能加强不能削弱。

近年来，中国农业科学院各级党组织按照部院党组要求，推动理论学习中心组学习取得明显成效，但同时也要清醒看到还存在不少值得注意的问题，突出体现在学习贯彻习近平新时代中国特色社会主义思想落实落细不够，对习近平总书记关于“三农”工作和科技创新的重要论述学用结合、融会贯通有差距。主要表现：一是创新方式方法尚有不足。开展专题调研、组织主题联学、运用网络平台等理论学习的新方式新方法还不够多，在推动理论学习和本单位业务工作深度融合方面还缺乏有效手段。二是落实制度要求尚有欠缺。有的单位理论学习中心组重次数、轻质量，一次性学习内容多、学习主题不聚焦，与形成高质量的学习成果还有距离。三是学习成果转化尚有差距。在坚持知行合一、学以致用，把学习成果有效转化为推动科技创新和成果转化的具体措施，支撑服务乡村振兴方面，距离党中央和院党组的要求仍有差距，影响了理论学习中心组学习的实际成效，需要切实加以解决。

理论学习中心组学习对党员干部的学习具有很强的引领性、示范性。理论学习中心组要真正成为善于学习的“示范班”，就要在学习的认识态度、目标任务、内容方式、成果成效等方面带好头、做好示范。从一定意义上说，理论学习中心组学习的实效决定着全院理论武装的效果，理论学习中心组学习的成效决定着推动农业科技创新工作的成效。抓好理论学习中心组学习，意义重大、十分必要。

二、指导思想和工作思路

（一）指导思想

坚持思想建党、理论强党，把学习贯彻习近平新时代中国特色社会主义思想作为重大政治任务，以学原著、读原文、悟原理为基础，以习近平总书记关于科技创新和“三农”工作重要论述、特别是致中国农业科学院建院 60 周年贺信精神为学习重点，建立健全常态化学习机制，深入学习领会党的十九大和十九届历次全会精神，深入学习贯彻党中央的战略部署和工作要求，在学懂弄通做实上下功夫，更好地用习近平新时代中国特色社会主义思想武装头脑、指导实践、推动工作，增强“四个意识”、坚定“四个自信”、做到“两个维护”，不断增强履职尽责的本领，为加强党对农业科技工作的全面领导，强化国家农业战略科技力量、支撑乡村全面振兴夯实思想基础。

（二）工作思路

按照《中国共产党党委（党组）理论学习中心组学习规则》《农业农村部直属机关理论学习中心组学习实施细则》《中共中国农业科学院党组贯彻落实〈中国共产党党委（党组）理论学习中心组学习规则〉实施细则》有关规定，坚持问题导向、目标导向、结果导向，进一步明确学习内容、学习任务，梳理中心组学习流程和要点，加强指导管理和督促检查，在规范性和制度化基础上，以学促思、以学提能、以学促行，实现学习目标。

三、工作目标

理论学习中心组学习以政治学习为根本，以深入学习贯彻习近平新时代中国特色社会主义思想为首要任务，坚持围绕中心、建设队伍、服务群众，坚持知行合一、学以致用，坚持问题导向、注重实效，坚持依规管理、从严治学。通过理论学习中心组学习，以理论来武装头脑，以思想来统一行动，不断发扬党组织的斗争精神，不断增强党组织的斗争本领，不断提升党组织服务农业科技创新高质量发展的能力水平，着重在科研和转化“两大基石”，人才和条件“两大支撑”，改革和党建“两大保障”方面实现如下目标。

——深刻领会党中央对科技创新的战略定位、对“三农”工作的总体部署、对农业科技创新的新要求、对“国之重器”的战略部署，瞄准国家战略需求，立足国际前沿和“卡脖子”技术、农业农村发展新形势，布大局做大事，主动服务农业农村主战场，为农业科技自立自强、提升创新水平奠定思想基础。

——深刻领会党中央、国务院对促进科技成果转移转化的一系列重大决策部署，深化对“三创一体”协同发展理念的认识，加强顶层设计，加快实现“研学产”向“产学研用”转变，破解科研经济“两张皮”难题。

——深刻领会党中央关于人才强国的重大战略部署，把增强“人才意识”任务放在首位，坚持“强领军、推年轻、活机制、抓管理”，加强人才干部队伍建设，促进“人才强院”战略取得实效，再上新台阶。

——深刻领会党中央对强化国家战略科技力量的全面部署，立足世界一流学科建设和重大科技任务实施需求，以国家实验室、国家重点实验室为引领，推动建设一批代表国际先进水平、引领未来发展、具备明确功能属性与可持续发展属性的重大条件平台。

——深刻领会党中央关于全面深化改革的战略部署，准确把握科技创新体制机制改革动向，进一步深化研究所体制机制改革，完善研究所治理体系，全面激发创新活力，加快建设世界一流科研院所。

——深刻领会党中央全面从严治党的重大决策部署，全面贯彻落实新时代党的建设总要求，增强“四个意识”，坚定“四个自信”，做到“两个维护”，加强党对农业科研工作的领导，构建符合农业科研特点的党建工作体系，以高质量党建引领高质量发展。

四、工作任务

（一）明确学习内容

各级党组织要根据中心组成员的岗位职责、工作重点、个人素养等方面的情况，进一步明确理论需求，强化理论学习，有针对性地开展学习。要坚持干什么学什么、缺什么补什么、怎么有效怎么学，特别是要紧紧围绕农业科技创新形势和任务，认真安排好集体学习专题和个人自学内容，抓紧学习开展工作亟须的各种新思想新理念、新知识新技能，掌握科学的思想方法和工作方法，提升专业思维和专业素养，努力使中心组成员成为本单位管理的行家里手和战略谋划者。

（二）明确学习形式

（1）坚持“第一时间”“第一议题”学习贯彻落实制度。院党组走在前、做表率，充分发挥带头示范作用，把“两个第一”学习贯彻落实制度作为理论学习中心组学习的基本前提，坚持并完善“第一时间”“第一议题”学习贯彻落实制度，及时传达学习习近平总书记最新重要讲话论述、重要指示批示精神以及党中央重大决策部署，对需要抓紧贯彻落实的重要精神第一时间作出部署安排。院机关各部门、院属各单位党组织同步开展学习，确保第一时间学习领会、贯彻落实。

（2）学习原著原文开展自学。根据年度学习安排和形势任务要求，结合工作需要和本人实际，明确学习重点，研读必要书目，做好学习笔记，撰写学习心得。通过参加讲坛、报告会等学习活动，运用网络学习平台、新媒体等手段，拓宽自学渠道。要在读原著、学原文、悟原理上下苦功夫、硬功夫、细功夫，全面地、系统地、持续地深入学习、潜心钻研，领会掌握贯穿其中的马克思主义立场观点方法，真正在深层次上提高思想理论水平和政治政策水平。要带着问题学，深入思考学，联系实际学，用心去体会，悉心去领悟，诚心去践行，努力做到学以致用、用以促学，不断提高发现问题、分析问题、解决问题的能力。

（3）集体学习研讨。铸造中心组学习的政治灵魂，把学习贯彻习近平新时代中国特色社会主义思想作为首要政治任务，根据形势任务要求，确定学习主题，明确学习重点，研读必要书目，保证学习时间和质量。中心组学习以集体学习研讨为主要形式，由中心组成员自己学、自己讲，做到有思考、有深度、有见地，多开展碰撞式、互动式学习，提倡民主讨论、平等交流，在解放思想中开阔思路，在深入交流中形成共识。

（4）专题调研。坚持问题导向，紧密联系本部门本单位实际，广泛深入开展调查研究，注意研究关键核心技术攻关和农业“卡脖子”技术领域，注意研究我院改革发展战略和改革发展稳定重大问题，注意研究职工群众反映强烈的热点难点等问题。坚持真调研、深调研，真正起到破解创新难题、推动科学决策的作用，形成调研报告或理论文章，在实践探索中不断深化理论学习。

（5）拓宽渠道灵活学习。积极参加党校培训、上级调训、专题讲座、辅导报告、讲党课、现场教学等学习活动，充分利用网络学习平台开展学习，丰富学习内容，注重学习深度，提升学习效果。

（三）明确学习要点

（1）院机关各部门、院属各单位党组织书记是理论学习中心组学习第一责任人，分管党建工作班子成员是直接责任人。

（2）院机关各部门党组织理论中心组成员是指党员领导班子成员，院属各单位党委理论学习中心组成员是指党委领导班子成员、党委委员。非中共党员的领导班子成员列席参加学习，与中心组成员同学习、共交流、促提升。可适当吸收支部书记、职能部门主要负责人、团队首席等参加学习。每位中心组成员每年重点发言不少于 2 次，重点发言均要提交书面材料；全年集中学习的出席率不低于 80%；每年至少撰写 1 篇高质量的理论学习文章或符合实际、切实可行的调研报告。

（3）集体学习研讨是理论学习中心组的主要形式。每次中心组成员出席人数不少于 2/3；每季度集中学习研讨不少于 1 次，年度学习研讨（含会前自学）时间不少于 12 天，每年至少举办 1 期读书班，安排 1 次党章集体学习。既要符合学习频次，但更要有质量保证，不得以简单的传达文件、讲话和会议精神代替高质量的集中学习研讨。

（4）集体学习研讨每次至少 2 名以上中心成员作重点发言，党组织书记作为主持人也须进行重点发言，不得以处级干部、团队首席及普通干部发言代替中心组成员重点发言。每次重点发言均要提交书面材料，作为学习档案存档并于每年 12 月底前报送院直属机关党委。

（5）理论学习中心组学习可结合主题适当组织专题讲座、辅导报告和讲党课，但不得以专题讲座、辅导报告和讲党课代替中心组成员的集体学习研讨和重点发言。

（6）注重学习成果转化并抓好贯彻落实，在每次理论学习中心组学习后须梳理形成本次学习对科研和转化“两大基石”、人才和条件“两大支撑”、改革和党建“两大保障”形成的规划、任务、方案、举措等方面的实质性成果（形成《年度历次理论学习中心组学习成果汇总表》），把学习成果切实转化为领导工作的本领、谋划工作的思路和推进工作的措施。

五、工作要求

在院党组的领导下，院党建工作领导小组及其办公室（直属机关党委）负责院机关各部门、院属各单位理论学习中心组学习情况的督查考核、指导服务和通报问责等工作。

（一）督查考核

督查主要采取自查、抽查、纳入巡视及党建综合督查等方式进行。督查的主要内容：理论学习中心组年度学习计划落实情况，包括执行各项学习制度情况、理论学习中心组负责人履行职责情况、理论学习中心组成员参加学习情况、学习档案建立和管理情况、学习秘书履行职责情况等；理论学习中心组成员运用理论指导实践情况，包括把学习成果转化为有效的制度措施情况、研究解决院所改革发展中重大问题的情况、推动党的建设和全面从严治党情况等。

（二）指导服务

对院机关各部门、院属各单位理论学习中心组做好针对性的指导和服务工作，视情况派员列席旁听有关单位理论学习中心组学习；汇编所局级领导干部理论论文、调研报告，加强学习成果分享，鼓励各单位之间列席旁听具有示范作用的学习会，适时开展学习秘书等工作人员培训，拓展工作思路举措，推动理论学习中心组学习提质增效、走深走实。

（三）通报问责

定期对院机关各部门、院属各单位理论学习中心组学习情况进行书面通报，学习情况和督查考核结果纳入巡视、党组织书记党建述职评议考核和领导班子考核的重要内容。对理论学习中心组学习开展不力、出现错误倾向产生恶劣影响的，按照有关规定问责。

中共中国农业科学院党组关于印发《中国农业科学院系统党组织加强意识形态工作方案》的通知

农科院党组发〔2022〕15号

院机关各部门、院属各单位：

《中国农业科学院系统党组织加强意识形态工作方案》已经院党组2021年第19次会议审议通过，现印发给你们，请结合实际，认真贯彻执行。

中共中国农业科学院党组

2022年3月3日

中国农业科学院系统党组织加强意识形态工作方案

为进一步加强和改进中国农业科学院意识形态工作，根据《中共中国农业科学院党组落实中央巡视反馈意见整改方案》要求和党中央以及农业农村部有关规定，结合我院工作实际，现制定如下方案。

一、工作背景

意识形态工作是党的一项极端重要的工作，是为国家立心、为民族立魂的工作。做好意识形态工作，事关党的前途命运，事关国家长治久安，事关民族凝聚力和向心力。加强意识形态工作，是深化理论武装、坚定理想信念的重要途径，是凝聚人心、凝聚共识、凝聚力量的重要举措，是应对各种风险挑战、推进院所改革发展、推动农业科技自立自强的必然要求。因此，加强我院意识形态工作，十分重要、十分必要。

近年来，中国农业科学院按照党中央和农业农村部党组要求，在落实意识形态工作责任制、推动意识形态工作落细落实方面取得显著成效，但仍然存在不少问题，一是对意识形态的极端重要性重视不够、认识不足，专题研究意识形态工作不够，针对重点领域、重点群体不清楚意识形态抓什么、怎么抓，分类指导不够；二是落实意识形态工作责任制不到位，没有结合实际细化相关制度；三是有的单位党委深入分析研判职工思想动态不够，未定期向院党组专题汇报意识形态工作。针对以上重点问题，院党组带头部署调研、认真开展研究，进一步明确了意识形态工作的主要任务，增强整改意识形态工作的针对性、有效性，以重点问题的突破带动巡视整改任务的全面落实。

二、工作思路

按照中共中央办公厅《党委（党组）意识形态工作责任制实施办法》以及《农业农村部系统党组织意识形态工作责任制实施细则》和《中国农业科学院系统党组织意识形态工作责任制实施细则》等有关规定，坚持问题导向、目标导向、结果导向，通过抓理论武装、抓文化建设、抓阵地建设、抓落实责任，确保我院意识形态领域绝对安全，确保农业科技创新体现意识形态要求，确保以意识形态工作夯实共同思想基础。

三、总体要求

（一）指导思想

坚持马克思列宁主义、毛泽东思想、邓小平理论、“三个代表”重要思想、科学发展观，全面贯彻习近平新时代中国特色社会主义思想，不断增强“四个意识”、坚定“四个自信”、切实做到“两个维护”，坚持以人民为中心，贯彻落实“四个面向”，加快建设“两个一流”，落细落实意识形态工作责任制，牢牢把握意识形态工作领导权、主动权、话语权。

（二）工作原则

巩固马克思主义在意识形态领域的指导地位。坚定马克思主义信仰和中国特色社会主义共同理想，坚决以习近平新时代中国特色社会主义思想理直气壮地崇尚理性、坚持真理、宣扬科学、展示价值，汇集攻坚克难、开拓前行的磅礴伟力。

坚持党对意识形态工作的全面领导。党管意识形态是做好意识形态工作的基本遵循和根本保障。党组（党委）要以政治建设为统领，肩负起意识形态工作的主体责任，加强意识形态阵地建设和管理，做到善抓善管、敢抓敢管、真抓真管、严抓狠管。

坚持以人民为中心，做到意识形态工作为了人民、依靠人民。立足于全院干部职工的所思、所想和所需，把解决干部职工的精神困惑、丰富干部职工的精神世界作为工作着力点，以干部职工喜闻乐见的方法开展意识形态工作，不断增强社会主义意识形态的凝聚力、引领力。

（三）工作目标

确保我院意识形态领域绝对安全。通过抓阵地建设、抓责任落实，牢牢守住意识形态领域的底线、红线、高压线。全面抓好宣传文化阵地，切实形成齐抓共管的工作格局和同频共振的工作合力，做到守土有责、守土负责、守土尽责。抓牢意识形态工作责任制，密切关注意识形态领域风险隐患，严格把控意识形态负面清单，教育广大干部职工坚定马克思主义立场和人民立场，注意区分政治原则问题、思想认识问题、学术观点问题，旗帜鲜明反对和抵制各种错误观点，在事关大是大非和政治原则问题上增强主动性、掌握主动权、打好主动仗，坚决遏制未能履行意识形态工作职责，造成严重后果的行为。

确保农业科技创新体现意识形态要求。通过抓理论武装，引导科研人员树立起以人民为中心的发展理念，以强有力的政治理论和精而深的业务知识武装头脑、增强本领，对标对表“四个面向”的重要指示要求，学用结合、学以致用，以理论指导科研实践。农业科研的选题在农村，农业科学的问题在生产中，农业经济和社会运行的难题在“三农”，广大农户生产经营中的难点痛点亟待解决。要引导科研人员走出实验室、走出大院大所，走进乡村农户、走进田间地头，到农业农村一线发现需求、凝练选题、解决问题，防止科研选题只凭兴趣与产业无关、科研成果只为获奖与转化无关、科研论文只求高分与应用无关，在科研和转化“两大基石”，人才和条件“两大支撑”，改革和党建“两大保障”中奋发进取、创新有为，做到意识形态工作与农业科技创新“两手抓、两手硬、两促进”。

确保以意识形态工作夯实共同思想基础。通过抓文化建设，筑牢精神之基，牢记“为了谁、依靠谁、我是谁”，树立科技创新自立自强的文化价值准则，以解决我国农业“卡脖子”技术为导向，遵循“创新创造、支撑发展、情系‘三农’、造福人民”的行为规范，推动形成制度完善、学风优良、宽容失败、环境和谐的创新文化氛围。倡导社会主义核心价值观，大力弘扬科学家精神，加强科研作风和学风建设，激励全院广大干部职工增强创新自信，甘坐“冷板凳”，勇闯“无人区”，把精锐力量整合集结到原始创新和关键核心技术攻关上来，勇立改革潮头，勇攀科技高峰，努力在科技自立自强和科技强国建设中作出更大的贡献。

四、工作任务

（一）抓理论武装是根本

建设具有强大凝聚力和引领力的社会主义意识形态，最根本的是坚持用习近平新时代中国特色社会主义思想武装全院党员干部。一是要深入学习贯彻习近平新时代中国特色社会主义思想。各级党组织要建立健全“第一时间”“第一议题”学习贯彻落实机制，第一时间学习贯彻习近平总书记最新指示精神，第一时间传达部署党中央、国务院重大决策，确保各项部署得到迅速贯彻，见人见事见效。注重从院、所、基层党支部 3 个层面加强统筹，加强和改进各单位党委理论学习中心组、青年理论学习小组等各层级学习制度，坚持用党的创新理论武装党员、教育群众。二是要不断创新理论学习方式方法，不断增强学习实效。注重线上与线下学习相结合，充分利用“学习强国”“支部工作 App”等平台上的优质学习资源，以便于传播、便于学习的形式推动理论学习入脑入心、走深走实。积极组织实地参观、联学共建等喜闻乐见的活动，组建青年理论学习小组，结合单位实际设立党员活动场所、职工书屋，在全院营造浓厚学习氛围。三是要充分结合农业科研院所实际，努力做到学用结合、学以致用。全院各级党组织要聚焦党的建设、科技创新、成果转化、人才建设等院所发展中的关键问题开展党建研究，提出方案、解决问题，为做好理论武装工作奠定坚实基础。利用“三会一课”、组织生活会、主题党日等活动，有针对性地开展革命传统教育、形势政策教育、先进典型教育以及警示教育。在全院性的集中学习中，精选专家开展辅导报告，鼓励各单位结合实际举办小型报告会、研讨会，在学习中把自己摆进去、把思想摆进去、把工作摆进去，以高质量的理论学习推动工作。

（二）抓文化建设是基础

建设具有强大凝聚力和引领力的社会主义意识形态，最基础的是要坚定对马克思主义的信仰、对社会主义和共产主义的信念，坚持以社会主义核心价值观引领全院文化建设，推动理想信念教育常态化。弘扬伟大建党精神，加强爱国主义、集体主义、社会主义教育，加强党史、新中国史、改革开放史、社会主义发展史、“三农”发展史、农业科技发展史以及院（所）史教育。加强思想引领，重点是关注四类人群，一是瞄准“关键少数”。意识形态能力是领导干部必备的一项重要能力。当前提升领导干部意识形态能力，重点应在意识形态鉴别力、意识形态处理力、意识形态领导力上下功夫。要加强马克思主义理论武装，提升领导干部意识形态鉴别力；要强化和落实领导责任，提升领导干部意识形态处理力；要加强道德人格修养，提升领导干部意识形态领导力。二是聚焦“四支队伍”。传承老一辈科学家优良传统，弘扬新时代科学家精神，锻造新时代农科精神，加强科研作风和学风建设。针对科研人才，要紧紧围绕“四个面向”，加强对科技工作者的政治思想引领，进一步弘扬科学家精神和新时代农科精神，引导广大科研人员树立科技创新自立自强、敢闯无人区、做人民科学家的价值理念；针对管理人才，要全面提升政治素质、专业素质和综合素质，加快补齐管理知识和领导能力尤其是意识形态能力的短板，当好意识形态工作的领导者、推动者、执行者；针对支撑人才，要构建符合其特点的、科学完善的分类培养体系，树立服务“三农”、服务科研意识，建成一支政治素养高、核心技能强、服务水平优的支撑人才队伍；针对转化人才，强化“三创一体”理念，加强专业知识积累，熟悉掌握市场需求和规律，加强政治理论学习，增强意识形态领域斗争本领，培养科技成果孵化、转移、转化的复合型转化人才。三是抓住青年干部和研究生群体。针对青年干部和研究生的特点开展理论学习，增强理论的思想性、理论性、针对性、亲和力，落实立德树人的根本任务，切实引导青年干部和研究生深刻认识习近平新时代中国特色社会主义思想是当代中国马克思主义、21世纪马克思主义，也是当代青年的思想旗帜；加强和改进研究生思政教育，在“贯通式”培养中，完善院所联动思政工作机制和加强研究生日常思想政治工作，加强师资队伍建设，在思政课程的淙淙灌输与课程思政的涓涓浸润中，把新时代党的创新理论注入心田。

（三）抓阵地建设是重点

建设具有强大凝聚力和引领力的社会主义意识形态，最重要的是加强对各类意识形态阵地的建设和管理。一是明确意识形态主要阵地。中国农业科学院意识形态主要阵地包括：院所两级门户网站及新媒体账号，期刊、图书、文献等各类出版物，院所主办或承办的各类会议和活动，学会、协会等社团，院所办企业，国家农业图书馆等。二是坚持党对意识形态工作的领导权。坚持党管宣传、党管阵地、党管舆论、党管媒体，落实好主管主办原则，勇于担当、敢抓敢管，勇于发声、敢于亮剑，旗帜鲜明反对错误观点，确保意识形态安全和政治安全。要准确把握“两个大局”、研判国内国际形势动态变化，构建全方位、立体化的大宣传格局，做到因势而谋、应势而动、顺势而为，更好地讲述农科故事、传播农科声音、阐释农科精神，大力营造良好思想舆论环境。三是选优配强新闻宣传干部队伍。确保意识形态工作领导权牢牢掌握在忠于党、忠于人民、忠于马克思主义的人手里；严格执行《中国共产党宣传工作条例》，严守新闻舆论工作纪律，落实新闻舆论工作职责，健全工作机制，明确主体责任，切实做好信息发布、政策解读和回应关切等工作。四是加强对网络舆论的引导监管。提升网络意识形态领域风险防范化解能力，密切关注大数据给意识形态安全带来的潜在风险，防范新技术给意识形态工作带来的现实挑战，营造风清气正的网络空间。

（四）抓落实责任是关键

建设具有强大凝聚力和引领力的社会主义意识形态，最关键的是严格落实意识形态工作责任制，牢牢掌握意识形态工作的领导权、管理权、话语权。一是明确责任分工。推动各级党组织领导班子对本部门本单位意识形态工作负全面领导责任，党组织书记是第一责任人，应当旗帜鲜明地站在意识形态工作第一线，带头抓意识形态工作，带头把方向、抓导向、管阵地、强队伍，带头批驳错误观点和错误倾向，重要工作亲自部署、重要问题亲自过问、重大事件亲自处置；分管领导是直接责任人，协助书记抓好统筹协调指导工作；领导班子其他成员根据工作分工，按照“一岗双责”要求，抓好分管部门、单位的意识形态工作，对职责范围内的意识形态工作负领导责任。二是组织处置意识形态领域重大问题。注意区分政治原则问题、思想认识问题、学术观点问题，旗帜鲜明反对和抵制各种错误思潮和言论，对本部门本单位中持有错误思想的人员，要分类开展教育转化、处置等工作，对在境内外各类媒体、互联网、出版物以及讲座论坛等公开场合发表同党中央精神相违背的言论，非议党的理论和路线方针政策以及重大决策部署，散布传播政治谣言的党员、干部，应当依规依纪严肃处理。三是建立健全意识形态工作责任制的检查考核制度。把意识形态工作作为党的建设的重要内容，纳入重要议事日程，纳入党建工作责任制，纳入领导班子、领导干部目标管理，同部署、同落实、同检查、同考核。把意识形态工作责任制落实情况列入巡视、党组织书记党建综合督察和党建述职评议考核的重要内容。考核结果作为评价党组织建设、党组织书记履行管党治党责任的重要依据；同时纳入干部考核，作为评价使用和奖惩的重要依据。在考察党政领导班子和领导干部时，应当注重了解考察对象落实意识形态工作责任制情况。纪检组织应当把落实党中央、部院党组关于意识形态工作决策部署情况，纳入执行党的纪律尤其是政治纪律和政治规矩的监督检查范围。对各级党组织领导班子、领导干部有负面清单行为的，应当按照干部管理权限，由上一级党组织依据有关规定予以问责，问责情况同时报给院纪检组织、直属机关党委和人事局备案。

五、工作要求

院机关各部门、院属各单位党组织每半年召开 1 次意识形态工作专题会议，每年年中重点分析研究干部职工思想状况，每年年底重点研究意识形态领域有关工作，并及时向院党组汇报。

院机关各部门、院属各单位党组织每年 6 月初和 12 月初向院党建领导小组办公室分别专题报送职工思想状况分析报告和意识形态工作情况报告。院党建领导小组办公室汇总后向院党组专题报告，并形成我院总体报告报送农业农村部直属机关党委。

院机关各部门、院属各单位领导班子成员把意识形态工作作为民主生活会和党建述职评议考核报告的重要内容，接受监督和评议。

附件：意识形态工作责任制负面清单

附件

意识形态工作责任制负面清单

根据中共中央办公厅关于党委（党组）意识形态工作责任制有关规定以及部院党组关于意识形态工作责任制的要求，特制定院机关各部门、院属各单位党组织领导班子、领导干部落实意识形态工作责任制负面清单如下。

（1）对党中央和上级党组织安排部署的重大宣传教育任务、重大思想舆论组织开展不力的。

（2）在处置意识形态领域重大问题上，立场不坚定、没有带头与错误观点和错误倾向作斗争的。

（3）对管辖范围内发生的意识形态领域问题处置不当、引发群体性事件的。

（4）对所管理的党员、干部公开发表违背党章、党的决定决议和政策的言论放任不管、处置不力的。

（5）对所管理的新闻宣传平台管理不力、出现严重错误导向的。

（6）管辖范围内公开发行的出版物和编写的教材等在意识形态方面有严重错误导向的。

（7）管辖范围内意识形态阵地有发表否定中国共产党领导、攻击中国特色社会主义制度等言论的。

（8）管辖范围内网络意识形态安全出现严重问题的。

（9）其他未能履行意识形态工作职责，造成严重后果的。

中共中国农业科学院党组关于印发《中国农业科学院解决基层党建和科研工作“两张皮”问题工作方案》的通知

农科院党组发〔2022〕19 号

院机关各部门、院属各单位：

《中国农业科学院解决基层党建和科研工作“两张皮”问题工作方案》已经院党组 2021 年第 19 次会议审议通过，现印发给你们，请结合实际，认真贯彻执行。

中共中国农业科学院党组

2022 年 3 月 15 日

中国农业科学院解决基层党建和科研工作“两张皮”问题工作方案

党支部是党的全部工作和战斗力的基础。充分发挥我院创新团队党支部的战斗堡垒作用，促进党建与科研工作深度融合是落实党的领导、创新党建工作、推动科技创新的重要举措，也是破解党建和业务工作“两张皮”问题的有效途径。为着力促进党建和科研工作真正融合、全面融合，制定工作方案如下。

一、工作背景

深入贯彻落实习近平总书记在中央和国家机关党的建设工作会议上的重要讲话精神和党中央《关于加强和改进中央和国家机关党的建设的意见》，围绕中心抓党建、抓好党建促发展，促进党建和科研工作一体推动、深度融合，把党中央决策部署是否落实、中心工作是否完成、党组织功能是否增强、党员干部素质是否提高、干事创业精气神是否提振、职工群众是否满意作为衡量党建成效的根本标准，进一步增强推动党建和科研工作深度融合的思想自觉、政治自觉和行动自觉。

二、工作思路

按照党中央对基层组织建设的新部署和新要求，结合国家级农业科研单位实际和科研工作特点，突出问题和目标导向，以“支部建在团队”为抓手，围绕贯彻落实党的重大决策部署、有效履行所在团队核心职责推进支部工作，把抓中心工作完成、重大任务落实作为检验支部组织力的试金石，上下联动、统筹推进，全面提升基层党组织组织力，切实打通基层党建“最后一公里”，充分发挥党支部的战斗堡垒作用，为院所科研和转化工作提供根本保证。

三、工作目标

以建设“政治功能强、支部班子强、党员队伍强、作用发挥强”的党支部为目标，推动全院党支部标准化、规范化建设提质增效升级，不断规范、完善党建和科研工作融合发展机制，提高党支部建设质量，充分发挥党支部在科研工作中的政治引领、督促落实、监督保障作用，增强基层党支部的政治功能和组织功能，将全面从严治党要求落实到每个党支部，推动党员立足本职、担当尽责，更好发挥先锋模范作用。

四、工作任务

（一）完善支部设置

（1）弘扬“支部建在连上”光荣传统，把科研党支部建在创新团队上，做到科研工作开展到哪里，党的组织和工作就覆盖到哪里。

（2）有正式党员7人以上的党支部，应当设立党支部委员会。正式党员不足7人的党支部，设1名书记，必要时可以设1名副书记。

（3）创新团队首席或执行首席是党员的原则上担任党支部书记，实现党建、科研“一肩挑”，切实履行第一责任人职责。

（二）规范议事程序

（1）明确党支部党员大会议事程序。会前准备阶段，由支委会研究确定议题和时间，准备会议预案，通知全体党员。召开会议，由党支部书记召集并主持，讲明议题和相关要求，组织党员开展讨论，进行表决并形成决议，做好会议记录。党支部书记不能参加会议的，可以委托副书记或者委员召集并主持。必要时，上级党委派人列席。议题提交表决前，应当进行充分讨论，表决必须有半数以上有表决权的党员到会方可进行，赞成人数超过应到会有表决权的党员的半数为通过。涉及选举工作的，按照选举工作有关规定执行。会后，要将会议记录整理归档，向上级党组织汇报，并抓好议定事项落实。

（2）明确党支部委员会议事程序。会前准备阶段，要确定会议议题，准备初步意见或方案，通知全体委员。团队首席不是党支部书记或支委的，列席支委会会议。涉及科研、转化等中心工作的议题，由党支部书记与团队首席充分沟通后提出，或者由其他支部委员提出建议，党支部书记与团队首席沟通后综合考虑确定。召开会议，由党支部书记召集并主持，宣布会议议题，围绕议题充分讨论，汇总归纳形成相关意见建议，做好会议记录。团队首席列席支委会的，积极建言献策。党支部书记不能参加会议的，可以委托副书记召集并主持。会后，要抓好工作落实，同时向上级党组织报送备案，必要时以适当方式向全体党员通报。

（三）明确深度融合基本任务

（1）落实重要决策部署。党支部要宣传和贯彻落实党的理论和路线方针政策，宣传和执行党中央、上级党组织及本党支部的决议，加强对重大问题重要事项的政治把关，推动党建和科研深度融合，从创新团队这一基本单元上加强政治引领，切实把握政治方向、科研方向。

（2）牢牢把握重点任务。党支部要保证监督改革发展正确方向，参与重要决策，服务人才成长，促进事业发展。讨论并参与决定本团队重要事项，充分发挥党员先锋模范作用，团结组织群众，努力完成本团队所担负的任务。

（3）发挥支委会领导作用。党支部委员会是党支部日常工作的领导机构，对党支部落实重要决策部署、牢牢把握重点任务这两项深度融合的基本任务进行讨论、作出决定等。支委会议事决策坚持民主集中制原则，一般采用会议形式，一般每月召开 1 次。

（4）细化支委会研究事项。支委会要参与本团队科研方向、选题设置和成果转化等的讨论，确保符合“四个面向”指示要求；参与本团队岗位设置方案、人员聘用条件、绩效分配原则、评优推荐人选等的讨论，确保正确选人用人导向，营造良好的团队氛围；参与本团队科研经费支出审核和使用情况监督，加强纪律宣传教育、科研道德和学风建设，创造心无旁骛的创新环境。研究涉及本团队改革发展稳定和事关党员群众切身利益的重大决策、“十四五”规划等事项。

（四）提升深度融合能力

（1）健全“两个第一”学习贯彻落实制度。支委会要把学习贯彻习近平新时代中国特色社会主义思想作为首要政治任务，“第一时间”“第一议题”学习贯彻习近平总书记关于本领域的最新重要指示批示精神和党中央重大决策部署，深刻领会核心要义，明确努力方向。

（2）着力提升政治判断力、政治领悟力、政治执行力。自觉用习近平新时代中国特色社会主义思想武装头脑、指导实践、推动工作，把理论学习与业务研讨结合起来，克服学用脱节、促进学用相长，使党的创新理论成果成为做好本团队工作的强大思想武器。支委会要提高政治站位，对“国之大者”了然于胸，对团队工作找准坐标、找准方位、找准靶心，切实提高发现、分析和解决团队实际问题的能力水平。

（3）加强党员思想政治工作。及时了解掌握、分析研判党员思想动态和工作表现，有针对性地给予鼓励鞭策、提醒帮助。支委会成员特别是支部书记、副书记要经常、主动同党员干部特别是年轻党员干部谈心谈话，尤其要把握岗位变动、组织处理、发生家庭变故、发现苗头性问题等重要节点开展谈心谈话，把解决思想问题与解决实际问题结合起来，充分调动党员干事创业、担当作为的积极性。

（4）发挥党员先锋模范作用。引导党员干部从政治上观察和处理问题，准确把握政治判断标尺，深入领悟党中央决策部署的政治意图、战略谋划和实践要求，切实做到不掉队、不走偏，不折不扣把党中央部署要求落实到位，带领党员立足本职、担当尽责，发挥好先锋模范作用。

五、保障措施

（一）完善工作机制

建立健全党建和科研工作一起谋划、一起部署、一起落实、一起检查的运行机制，年度考核、任期考核和相关考核中，对党建和科研同总结、同述职、同考核、同评价，特别要把党建推动中心工作、促进各项任务完成情况作为重要内容。评选表彰先进基层党组织、优秀党务工作者，既要看党建工作实际成效，又要看科研工作完成情况。

（二）建设高素质队伍

把党支部委员会书记、副书记和委员的岗位作为培养锻炼干部的重要平台，将党务工作经历纳入干部履历，有计划地安排业务骨干和优秀年轻干部从事党支部委员会工作，加强支委业务能力建设和培训力度，促进党务和业务能力双提升。

（三）注重典型带动

积极探索党建和科研工作同向同行、同频共振的方法途径，不断提高党支部建设质量。加强典型引路，总结推广党建和科研工作融合发展的典型，营造对标先进、学习先进、争当先进的浓厚氛围。

（四）加强督促指导

将进一步征求意见、完善方案，推动院属各研究所规范科研党支部设置、选优配齐支部委员、强化支委会职能作用。进一步加强对院属各研究所落实支部建在创新团队情况，以及支委会议事和发挥作用情况的调研，强化分类指导和督促检查，总结典型做法、提炼工作经验、研究完善举措，持续推动党建和科研工作深度融合、互相促进。每年的党建工作述职评议考核，都将推动党建和科研工作融合、解决“两张皮”问题的做法和成效作为述职考核的重要内容。

中共中国农业科学院党组关于表彰第八届中国农业科学院“十佳青年”的决定

农科院党组发〔2022〕74 号

院机关各部门、院属各单位：

今年是中国共产主义青年团成立 100 周年，也是党的二十大胜利召开之年。为展示新时代农科青年的扎实工作业绩和昂扬向上的精神风貌，凝心聚力、创先争优，引导激励广大青年在加快推进农业科技自立自强、支撑乡村全面振兴和建设农业强国中贡献力量，结合农业农村部直属机关党委相关工作安排，我院组织开展了第八届中国农业科学院“十佳青年”评选活动。

各部门、各单位党组织高度重视、精心组织。经推荐上报、审核初评、会议评选、上报公示，决定授予王宝宝等 10 名同志第八届中国农业科学院“十佳青年”荣誉称号。

希望受到表彰的同志珍惜荣誉、谦虚谨慎，把荣誉作为新的起点，全面贯彻习近平新时代中国特色社会主义思想，坚持“四个面向”，心怀“国之大者”，聚焦我院“四中心一智库”发展目标，积极投身“种子、耕地、生物安全、农机装备、绿色低碳、乡村发展”等重点领域，开拓创新、锐意进取，践行使命担当，为加快实现高水平农业科技自立自强、全面推进乡村振兴、加快建设农业强国做出新的更大贡献。

希望广大团员青年向受表彰的先进典型学习，学习他们理想信念坚定、忠于党的事业的优良品格；学习他们爱岗敬业担当、顽强拼搏奋斗的执着精神；学习他们勇于探索开拓、甘于寂寞坚守的创新勇气；学习他们扎根基层、求真务实的工作作风。坚定不移听党话、跟党走，怀抱梦想又脚踏实地，敢想敢为又善作善成，立志做有理想、敢担当、能吃苦、肯奋斗的新时代好青年，为全面建设社会主义现代化国家、全面推进中华民族伟大复兴贡献青春力量。

各部门、各单位党组织、青年组织、团组织、青年理论学习小组要以此次评选表彰活动为契机，加强思想引领，担负起“为党育人、为国育才”的光荣使命；要围绕中心、服务大局，成为组织青年建功立业的先锋力量；要服务青年、凝聚青年，成为联系青年最为牢固的桥梁纽带；要通过召开座谈会、交流会等多种形式，向优秀青年先进典型学习，弘扬新时代农科精神，营造“比学赶超、创先争优”的良好氛围。

附件：第八届中国农业科学院“十佳青年”名单

中共中国农业科学院党组
2022年11月17日

附件

第八届中国农业科学院“十佳青年”名单
（按姓氏笔画排序）

王宝宝	生物技术研究所
宁约瑟	植物保护研究所
阮　珏	农业基因组研究所
何守朴	棉花研究所
张金梅（女）	作物科学研究所
张春岭	郑州果树研究所
赵锡海	人事局
郭兆将	蔬菜花卉研究所
涂　涛	北京畜牧兽医研究所
曹小闯	中国水稻研究所（台江科技帮扶工作组）

关于“四强”党支部评定结果的通知

直党字〔2022〕24号

各直属党组织：

根据中央和国家机关工委关于评定一批政治功能强、支部班子强、党员队伍强、作用发挥强的“四强”党支部要求和农业农村部直属机关党委安排，经院直属党组织择优推荐、院直属机关党委常委会研究，确定中国农业科学院办公室党支部等84个党支部为中国农业科学院直属机关“四强”党支部，其中，57个党支部入选农业农村部直属机关“四强”党支部。

希望“四强”党支部珍惜荣誉，再接再厉，切实当好表率，示范带动更多党支部提升建设质量，更好地发挥党支部战斗堡垒作用。各单位党组织要坚持以党的政治建设为统领，坚持一切工作到支部的鲜明导向，坚持党建与中心工作深度融合，不断加强党支部标准化规范化建设，推动基层党组织全面进步、全面过硬，在科技创新、稳产保供和支撑乡村全面振兴中带领党员干部作出新的更大贡献。

附件：1. 中国农业科学院获评农业农村部直属机关“四强”党支部名单

2. 中国农业科学院直属机关“四强”党支部名单

中共中国农业科学院直属机关委员会

2022年5月9日

附件1

中国农业科学院获评农业农村部直属机关“四强”党支部名单

院办公室党支部
科技管理局党支部
人事局党支部
财务局党支部
基本建设局党支部
机关党委党支部
监察局党支部
后勤服务中心京区物业管理中心党支部
后勤服务中心生活服务处党支部
研究生院教工第一党支部
研究生院教工第二党支部
研究生院教工第三党支部
研究生院离退休党支部
作物科学研究所作物栽培与生理创新团队党支部
作物科学研究所小麦品质研究与新品种选育创新团队党支部
作物科学研究所小麦大麦优异种质资源发掘与创新利用创新团队党支部
作物科学研究所作物耕作与生态创新团队党支部
作物科学研究所水稻分子设计技术与应用创新团队党支部
作物科学研究所特色农作物优异种质资源发掘与创新利用团队党支部
作物科学研究所大豆育种技术创新与新品种选育创新团队党支部
植物保护研究所农药应用风险控制团队党支部
植物保护研究所经济作物虫害监测与防控团队党支部
植物保护研究所作物病原生物功能基因组研究团队党支部
植物保护研究所行政职能党支部
蔬菜花卉研究所第二党支部
蔬菜花卉研究所第五党支部
蔬菜花卉研究所第九党支部
蔬菜花卉研究所第十一党支部
农业环境与可持续发展研究所第一党支部
农业环境与可持续发展研究所第四党支部

农业环境与可持续发展研究所第六党支部
北京畜牧兽医研究所鸡遗传育种团队党支部
北京畜牧兽医研究所饲用酶工程团队党支部
北京畜牧兽医研究所家畜营养与调控团队党支部
北京畜牧兽医研究所行政党支部
蜜蜂研究所科研第一党支部
蜜蜂研究所科研第四党支部
饲料研究所第四党支部
农产品加工研究所第一党支部
农产品加工研究所第三党支部
农产品加工研究所第六党支部
生物技术研究所第五党支部
生物技术研究所第六党支部
生物技术研究所第七党支部
农业经济与发展研究所国际贸易党支部
农业经济与发展研究所职能部门党支部
农业资源与农业区划研究所科研第一党支部
农业资源与农业区划研究所科研第八党支部
农业资源与农业区划研究所科研第九党支部
农业资源与农业区划研究所科研第十二党支部
农业资源与农业区划研究所职能第二党支部
农业信息研究所第三党支部
农业信息研究所第七党支部
农业信息研究所学生党支部
农业质量标准与检测技术研究所科研第二党支部
农业质量标准与检测技术研究所行政党支部
中国农业科学技术出版社有限公司第一党支部

附件 2

中国农业科学院直属机关“四强”党支部名单

院办公室党支部
科技管理局党支部
人事局党支部
财务局党支部
基本建设局党支部
国际合作局党支部
成果转化局党支部
机关党委党支部
监察局党支部
后勤服务中心京区物业管理中心党支部
后勤服务中心生活服务处党支部
研究生院教工第一党支部
研究生院教工第二党支部
研究生院教工第三党支部
研究生院离退休党支部
研究生院硕士 3 班党支部
研究生院硕士 13 班党支部
研究生院硕士 18 班党支部
研究生院硕士 20 班党支部
作物科学研究所作物栽培与生理创新团队党支部
作物科学研究所小麦品质研究与新品种选育创新团队党支部
作物科学研究所小麦大麦优异种质资源发掘与创新利用创新团队党支部
作物科学研究所作物耕作与生态创新团队党支部
作物科学研究所水稻分子设计技术与应用创新团队党支部
作物科学研究所特色农作物优异种质资源发掘与创新利用团队党支部
作物科学研究所大豆育种技术创新与新品种选育创新团队党支部
作物科学研究所水稻优异种质资源发掘与创新利用创新团队党支部
作物科学研究所小麦育种技术与方法创新团队党支部
作物科学研究所管理第一党支部
植物保护研究所农药应用风险控制团队党支部
植物保护研究所经济作物虫害监测与防控团队党支部
植物保护研究所作物病原生物功能基因组研究团队党支部

植物保护研究所粮食作物害虫监测与防控团队党支部
植物保护研究所粮食作物真菌病害监测与防控团队党支部
植物保护研究所科研管理党支部
植物保护研究所行政职能党支部
蔬菜花卉研究所第二党支部
蔬菜花卉研究所第五党支部
蔬菜花卉研究所第七党支部
蔬菜花卉研究所第九党支部
蔬菜花卉研究所第十党支部
蔬菜花卉研究所第十一党支部
农业环境与可持续发展研究所第一党支部
农业环境与可持续发展研究所第四党支部
农业环境与可持续发展研究所第六党支部
农业环境与可持续发展研究所第十一党支部
农业环境与可持续发展研究所第十七党支部
北京畜牧兽医研究所鸡遗传育种团队党支部
北京畜牧兽医研究所饲用酶工程团队党支部
北京畜牧兽医研究所家畜营养与调控团队党支部
北京畜牧兽医研究所肉羊遗传育种团队党支部
北京畜牧兽医研究所行政党支部
北京畜牧兽医研究所离退休一支部
蜜蜂研究所科研第一党支部
蜜蜂研究所科研第二党支部
蜜蜂研究所科研第四党支部
饲料研究所第四党支部
饲料研究所第六党支部
农产品加工研究所第一党支部
农产品加工研究所第三党支部
农产品加工研究所第五党支部
农产品加工研究所第六党支部
生物技术研究所第五党支部
生物技术研究所第六党支部
生物技术研究所第七党支部
农业经济与发展研究所国际贸易党支部
农业经济与发展研究所职能部门党支部
农业经济与发展研究所产业经济党支部

农业资源与农业区划研究所科研第一党支部
农业资源与农业区划研究所科研第二党支部
农业资源与农业区划研究所科研第七党支部
农业资源与农业区划研究所科研第八党支部
农业资源与农业区划研究所科研第九党支部
农业资源与农业区划研究所科研第十二党支部
农业资源与农业区划研究所科研第十四党支部
农业资源与农业区划研究所职能第二党支部
农业信息研究所第三党支部
农业信息研究所第四党支部
农业信息研究所第七党支部
农业信息研究所第十二党支部
农业信息研究所学生党支部
农业质量标准与检测技术研究所科研第二党支部
农业质量标准与检测技术研究所行政党支部
中国农业科学技术出版社有限公司第一党支部

关于开展“学党史、纠‘四风’、树新风”专项工作“回头看”的通知

院机关各部门、院属各单位党组织、纪检组织：

自去年院党组部署开展“学党史、纠‘四风’、树新风”专项工作以来，各部门、各单位以党史学习教育为契机，把纠“四风”和树新风结合起来，重点整治“慵、散、慢、浮、粗、拖、奢”等方面问题，多措并举找问题、真刀真枪改问题、标本兼治建机制，梳理查摆出相关问题210多个，持续抓好整改提升，营造了求真务实、担当尽责、干事创业、清正廉洁的好风气，专项工作取得阶段性成效。为进一步巩固深化作风建设成果，根据农业农村部直属机关党委《关于开展“学党史、纠‘四风’、树新风”专项工作“回头看”的通知》要求和院全面从严治党工作安排，现就在全院组织开展“学党史、纠‘四风’、树新风”专项工作“回头看”（以下简称“回头看”工作）有关事项通知如下。

一、目标任务

作风建设永远在路上，“四风”问题具有顽固性、反复性，必须保持“严”的主基调，常抓不懈、久久为功，坚决防止问题反弹回潮。在2021年专项工作基础上组织开展“回头看”，各部门、各单位党组织要继续围绕治“慵”强能力、治“散”促担当、治“慢”提效率、治“浮”推落实、治“粗”抓精细、治“拖”优服务、治“奢”行节俭等方面，进一步推动整改老问题，对照查摆新问题、新表现，完善作风建设长效机制，锲而不舍纠“四风”、树新风，为促进农业科技高水平自立自强、推进农业农村现代化、支撑乡村全面振兴提供坚强的作风和纪律保障。

二、工作内容

“回头看”重点对照《中共中国农业科学院党组关于开展“学党史、纠‘四风’、树新风”专项工作实施方案》（农科院党组发〔2021〕30号）要求，从4个方面开展工作：一看是否已把老问题整改到位，对照2021年查摆的问题清单及整改情况，重点检查有没有反弹，整改实效怎么样；二看是否出现新问题、新表现，围绕“慵、散、慢、浮、粗、拖、奢”7个方面，结合“学查改”专项工作以及院内巡察、党建述职

评议考核、上年度民主生活会对照检查等发现的问题，继续深入对照查摆，切实抓好整改；三看是否完善长效机制，重点检查有没有找准症结、健全制度、堵塞漏洞；四看是否落实好作风建设责任，重点检查党组织主体责任、纪检组织监督责任、其他领导班子成员“一岗双责”落实效果怎么样。

三、工作要求

（一）强化主体责任

各部门、各单位党组织要切实履行作风建设主体责任，加强对“回头看”工作的组织领导，对去年专项工作查摆的问题要紧盯不放、寸步不让，整改完成一个、销号一个，对查摆出的新问题、新表现，不回避、不遮掩，逐个列清单、定措施、抓整改，确保改到位、见实效。

（二）加强监督检查

各单位纪检组织要履行好监督和协助职责，紧盯职工群众反映强烈的问题、本部门本单位存在的作风建设方面突出问题，督促党组织和党员领导干部带头查摆、带头整改，确保“回头看”工作不搞形式、不走过场，取得实实在在的效果。

（三）及时总结报告

各部门、各单位党组织要注重总结纠“四风”、树新风的好经验好做法，以制度的形式固定下来，加强总结宣传，营造风清气正良好氛围。请于 2022 年 9 月底前完成“回头看”工作，形成简短总结报告，并填写《专项工作“回头看”情况一览表》（见附件），将总结和表格电子版发送至邮箱 qgc@ caas. cn。

附件：专项工作“回头看”情况一览表（略）

中国农业科学院直属机关党委
2022 年 5 月 17 日

关于2022年度组织生活会和民主评议党员工作开展情况的报告

农业农村部直属机关党委：

按照农业农村部直属机关党委《关于召开2022年度部直属机关基层党组织组织生活会和开展民主评议党员的通知》要求，中国农业科学院直属机关党委高度重视，结合实际作出具体安排，向院直属党组织印发《关于召开2022年度院直属机关基层党组织组织生活会和开展民主评议党员的通知》，指导各直属党组织做好有关工作。

一、主要做法

一是提高政治站位，加强理论武装。会前，各党支部认真组织集中学习，专题学习党的二十大报告和党章。各位党员还通过自学、青年理论学习小组学习、参加党课辅导等多种形式，原原本本、逐字逐句学习党的二十大报告和党章，学习习近平总书记在党的二十届一中全会上的重要讲话精神，学习习近平总书记关于“三农”工作和科技创新的重要指示批示精神等。通过学习，党员干部进一步提高了思想认识和政治觉悟，切实把思想和行动统一到党的二十大精神上来，为开好组织生活会打牢了思想基础。

二是深入查摆存在问题，广泛开展谈心谈话。各党支部和党员干部根据文件要求，对照党章党规，对照习近平总书记的号召和要求，联系思想和工作实际，深入查摆存在的问题。各党支部委员之间、支部委员与党员之间、党员和党员之间普遍开展谈心谈话，诚恳听取意见建议，互相沟通思想、指出不足。党支部对生活困难党员、遭遇重大变故党员等，重点进行了谈心谈话，表达了党组织的关怀，有针对性地给予帮助和引导。

三是紧扣会议主题要求，严肃认真开展批评和自我批评。各党支部以党员大会或者党小组会形式，召开组织生活会并开展民主评议党员。党支部书记代表党支部委员会报告工作，党员对党支部委员会的工作、作风等进行评议。党员采取个人自评、党员互评的方式开展批评和自我批评。院长吴孔明同志、党组书记杨振海同志、其他院领导同志及各直属单位党员领导干部分别参加了所在党支部组织生活会，开展了批评与自我批评。

四是客观公正作出评定，做好结果运用。各党支部根据民主评议情况，综合党员日常表现，实事求是按照“优秀”“合格”“基本合格”“不合格”4个等次对党员提出评定意见。我院直属党组织共4 331名党员参加本次民主评议工作，其中1 300名党员评议为优秀，占比 30.02%；2 836名党员评议为合格，占比 65.48%；1 名党员被评议为不合格，占比 0.02%；190 名预备党员未评定等次，占比 4.39%；4 名党员未参加评议，占比 0.09%。

五是制定整改措施，认真抓好整改落实。各党支部根据查摆出的问题和党员群众的意见建议，制定了整改措施，明确党支部书记是党支部委员会整改第一责任人，党员认真查找分析问题，作出整改承诺。党委和各党支部抓好督促、检查工作。

六是加强组织指导，层层传导压力。院直属机关党委派员列席指导直属党支部的组织生活会和民主评议党员工作，同时要求各直属党委按要求列席指导下属党支部的组织生活会和民主评议党员工作，确保组织生活会和民主评议党员质量。

二、存在的共性问题

各党支部严格落实组织生活会和民主评议党员相关要求，对照规定内容做好各项工作，但也发现存在一些共性问题：一是党支部理论学习的系统性不强、学习的广度和深度不够。二是党支部学习形式有待进一步丰富和创新。三是党支部思想政治工作做得还不够细致全面。四是有的党员同志会前谈心谈话、交换意见建议还不够充分深入，个别党支部组织生活会上相互批评的辣味不足等。

三、主要整改措施

2023 年，中国农业科学院直属机关党委将认真贯彻部、院党组各项工作部署，进一步加强基层党组织建设，落实好党的组织生活各项制度，充分发挥党支部战斗堡垒作用和党员先锋模范作用。

一是加强理论武装，持续深入学习贯彻党的二十大精神。坚持以习近平新时代中国特色社会主义思想为指导，深入推进党的二十大精神学习贯彻工作，不断提高党员干部理论水平和政治素养。持续学深悟透习近平总书记关于“三农”工作和科技创新等的重要论述，胸怀“国之大者”，聚焦农业强国建设，切实增强党员干部投身科技自立自强、乡村振兴等工作的使命感与责任感，为科技强国、乡村振兴汇聚强大力量。

二是深化“四强”党支部建设，增强党组织政治功能和组织功能。持续推进党支部标准化规范化建设，深入开展政治功能强、支部班子强、党员队伍强、发挥作用强的“四强”党支部建设，扩大“四强”党支部数量。进一步规范基层党组织组织生活制度，开展经常性政治体检，提高组织生活会、“三会一课”等的质量。

三是加强分类指导，持续推进党建与科研深度融合。加强调研指导，坚持精准施策，增强党建工作的针对性和有效性。注重发掘基层党组织典型经验做法，着力打造与科技创新、成果转化深度融合的基层党建品牌。把培养选树先进典型作为一项经常性长期性工作，通过典型引路、示范带动，引导广大党员干部立足岗位创先争优，为推动农业科技高水平自立自强作贡献。

附件：2022年度民主评议党员情况汇总表

中国农业科学院直属机关党委

2023年3月20日

附件

2022 年度民主评议党员情况汇总表

直属党组织（盖章）：中国农业科学院直属机关党委

党支部数（本级党组织为党支部的此处填“1”）	276 个	党员总数（含预备党员，其值应等于以下 1 至 5 项之和）	4 331 人
1. 优秀党员人数	1 300 人		占党员总数 30.02%
2. 合格党员人数	2 836 人		占党员总数 65.48%
3. 基本合格、不合格党员人数（须附名单、主要问题及处理情况）	1 人（王仕龙，撤销党内职务，不合格）		占党员总数 0.02%
4. 未评定等次人数（预备党员参加民主评议但不评定等次）	190 人（预备党员）		占党员总数 4.39%
5. 未参加评议党员人数（须附名单及未参加评议原因）	4 人（牧医所刘岩，离职未参加民主评议；加工所闫颖、苏媛媛因出国访学未参加民主评议；资划所杨秀云，退休职工，因患精神疾病未参加民主评议）		占党员总数 0.09%

中共中国农业科学院党组印发《关于中国农业科学院深入学习贯彻习近平〈论“三农”工作〉的实施方案》的通知

农科院党组发〔2022〕51号

院机关各部门、院属各单位：

现将《关于中国农业科学院深入学习贯彻习近平〈论“三农”工作〉的实施方案》印发给你们，请结合实际，认真抓好贯彻落实。

中共中国农业科学院党组

2022年7月14日

关于中国农业科学院深入学习贯彻习近平《论“三农”工作》的实施方案

为贯彻落实中央有关部署，根据农业农村部党组《关于部系统深入学习贯彻习近平〈论“三农”工作〉的实施方案》要求，组织中国农业科学院各级党组织和广大党员干部认真研读习近平《论“三农”工作》，持续深入学习贯彻习近平总书记关于“三农”工作的重要论述，制定如下实施方案。

一、总体要求

习近平《论“三农”工作》是对党的十八大以来习近平总书记关于“三农”工作的重要论述的一次系统梳理和深刻总结。要把学习贯彻习近平《论“三农”工作》作为重要政治任务，原原本本学、全面系统学、联系实际学，与学习《习近平关于“三农”工作论述摘编》《之江新语》《摆脱贫困》等贯通起来，引导全院广大党员干部深刻理解和把握其中蕴含的理论体系、内涵要义、科学方法、人民情怀、实践要求，全面深化对“三农”工作和农业科技创新的规律性认识，不断提高分析解决“三农”实际问题的能力水平，进一步统一思想、坚定信心、真抓实干、开拓创新，全力做好新时代农业科技创新重点工作，以实际行动迎接党的二十大胜利召开。

二、工作安排

抓好理论学习中心组学习。将习近平《论“三农”工作》作为理论学习中心组重点学习内容，院党组带头开展学习，组织党员领导干部认认真真读原著、学原文、悟原理，开展集中研讨。通过安排重点发言、随机抽点发言等形式，引导党员领导干部既要学进去、更要讲出来，紧密联系思想和工作实际，交流学习体会，提出贯彻落实举措。（院办公室、机关党委负责）

参加研读领学接力活动。组织院领导班子成员以及院机关各部门、院属各单位参加部系统研读领学接力活动。通过云讲堂形式，组织有关党员干部线上收听收看，集体学习，互学互促。根据院机关各部门、院属各单位有关党员干部跟学情况，对优秀部门和单位予以通报表扬。（机关党委负责）

加强党员干部教育培训。把学习习近平《论“三农”工作》纳入党支部“三会一课”年度学习计划，分季度分月度组织党员开展经常性学习。近期，围绕学习农业科技创新和“三农”论述、“走好第一方阵”“我为二十大作贡献”，各级党组织书记讲专题党课。把学习习近平《论“三农”工作》作为领导干部和人才培训的重要内容，组织参加部系统的相关学习培训。（机关党委、院办公室、人事局负责）

抓实青年理论学习。围绕学习农业科技创新和“三农”论述、贯彻党的二十大精神，组织开展青年学习交流活动。指导院机关各部门、院属各单位党组织举办读书分享、征文演讲等特色活动。组织青年理论学习小组开展集体学习研讨。院机关各部门、院属各单位党组织主要负责同志、分管青年工作的同志和青年学习导师要积极参加青年学习活动，院团委委员列席院属单位青年学习活动，开展现场指导、领学促学。（机关党委负责）

开展理论研究辅导。结合院党组理论学习中心组学习，开展专题辅导。组织所局级干部重点围绕学习贯彻习近平《论“三农”工作》，结合中心组学习要求，认真撰写理论文章，形成一批有分量、有深度的研究成果。组织召开“学习贯彻习近平总书记关于“三农”工作的重要论述交流会”，结合农业科技创新开展主题研讨。组织开展理论文章评选，编印优秀论文集。（院办公室、机关党委负责）

三、组织保障

加强组织领导。院机关各部门、院属各单位党组织要结合实际，进一步细化学习方案，明确具体措施、时间进度、责任主体等，统筹抓好各层级各类别党员干部学习，拓展覆盖面，增强时效性，迅速兴起学习贯彻热潮。要把学习贯彻情况作为内部巡察、党建督查考核的重要内容，检验学习成效，有效传导压力，确保学习质量和效果。

创新学习方式。发挥党组织和群团组织作用，针对不同年龄不同类别的党员干部开展各具特色的学习交流活动，增强学习的针对性和吸引力。用好线上线下两种方式，灵活运用机关党建网、支部工作 App 和微信学习群等平台，及时交流学习体会，宣传推广好经验好做法，发挥典型引领作用，营造浓厚氛围。

坚持学用结合。组织党员干部结合自身业务领域和承担的重点任务开展学习调研实践，深入开展“我为群众办实事”主题实践等活动，着力提高党员干部思想认识和工作本领，推动习近平总书记重要指示批示和党中央决策部署贯彻落实到位，不断为科技创新支撑全面推进乡村振兴、加快农业农村现代化提供坚强保障。

中共中国农业科学院党组关于印发《中国农业科学院关于新时代农科精神教育实践基地管理办法》的通知

农科院党组发〔2022〕63 号

院机关各部门、院属各单位：

《中国农业科学院关于新时代农科精神教育实践基地管理办法》已经中国农业科学院党组 2022 年第 15 次会议审议通过，现印发给你们，请结合实际认真贯彻执行。

中共中国农业科学院党组

2022 年 10 月 26 日

中国农业科学院关于新时代农科精神教育实践基地管理办法

第一章 总 则

第一条 为深入贯彻落实习近平总书记关于大力弘扬科学家精神的一系列重要指示精神，弘扬新时代农科精神，深入挖掘中国农业科学院的历史积淀和科技成就，充分发挥新时代先进榜样典型示范带动作用，整合利用院所文化资源，为广大干部职工提供坚定理想信念、学习爱国奋斗创新精神的实践平台，结合我院实际，制定本办法。

第二条 本办法中的新时代农科精神教育实践基地（以下简称基地）是指由院属各单位建设，经院党组认定的，以弘扬新时代农科精神为主题的展览馆（厅、室）、野外台站、试验基地、国家重点实验室、重大科技工程纪念馆（遗迹）、科技类人物纪念馆和故居等。

第三条 基地建设要强化政治功能、政治属性和主题特色，遵循“主题突出、特色鲜明、实用管用”的目标，兼具党员干部教育、普及科技知识等功能，在全院文化建设中发挥示范带动作用。

第四条 基地实行动态管理，鼓励多个研究所、研究所与地方联合共建基地。

第二章 建设标准

第五条 基地建设要充分利用已有所史馆、展览室和现有培训资源，整合现有相关展览展品资源，开发一批高质量反映科学家精神的展项，深入挖掘和突出反映其中所蕴含的精神内涵，不断拓展功能和内容、创新传播教育方式。建设过程中要厉行勤俭节约，严禁铺张浪费。

第六条 基地应当符合下列基本条件。

（一）特色主题。要根据历史传承、现有基础、受众定位、区域特征、优势特色等确定基地特色主题。

（二）基础设施。要有现场体验教学场所，有展览陈列场所，有较为丰富的展品资源，有视频、图文等宣传材料，充分利用新媒体技术。

（三）教育内容。要包含一些固定模块，如党建专题展、科学家事迹专题展、科普专题展等，鼓励基地根据自身主题定位和实际情况开发特色内容模块。

（四）运行机制。要制定日常管理运行办法，做到内部管理规范，设施维护到位，展陈内容适时更新，人员、经费保障有力。

（五）功能发挥。要围绕基地设计特色教育活动方案，围绕党中央要求和院党组部署，围绕重大主题、重要时间节点，结合科普工作，针对不同类型群体，每年精心组织开展 1~2 次特色宣传教育和科普活动。

（六）宣传推介。建设网上基地宣传页面，有条件的单位可建设网上虚拟展馆。要善于运用多种方式加大基地宣传力度。

第三章　申报认定

第七条　基地申报每两年进行一次，坚持自下而上的原则，申报单位填写《中国农业科学院新时代农科精神教育实践基地申报表》，报院党的建设工作领导小组办公室。

第八条　基地申报根据主题、功能、内容等可分为综合教育类（展室展馆、遗迹故居等）、科研教育类（重点实验室、野外台站等）、生产示范类（试验基地等），申报单位可根据实际情况申报。

第九条　院党的建设工作领导小组办公室对申报单位的特色主题、基础设施、教育内容、运行机制等进行综合评审，必要时组织现场考察。

第十条　评审通过后，报院党组会审定，以适当形式予以经费资助。院党的建设工作领导小组办公室负责对基地进行指导，并组织授牌活动。

第十一条　已入选国家级科学家精神教育基地的单位，自动认定为中国农业科学院新时代农科精神教育基地，无须另行申报。被认定为中国农业科学院新时代农科精神教育基地的单位，优先推荐申报国家级科学家精神教育基地。

第四章　运行管理

第十二条　经认定挂牌的基地对全院免费开放，也可接受院外单位参观学习。院机关各部门、院属各单位要充分利用基地开展教育培训工作。

第十三条　基地所属单位负责基地的日常管理、运行、维护、安全等工作，对基地的建设和日常运行管理承担主体责任，党委对展陈内容进行政治审核，并积极开展宣传教育活动。

第五章　考核评价

第十四条　基地的运行与管理纳入所在单位年度党组织书记工作考核内容。每年年底将年度运行管理情况报院党建工作领导小组办公室备案。年度运行情况包括年度新增建设项目、规定动作及特色模块、日常运行、主题活动、宣传推广、社会影响等内容。

第十五条 院党建工作领导小组办公室不定期对全院的教育实践基地进行考核。考核不合格的基地限期整改，连续两次考核不合格或基地出现保障不充分、管理不规范或存在重大安全隐患等情况，报院党组会审定后，取消“基地”称号。

第六章 附 则

第十六条 本办法由院党建工作领导小组办公室（直属机关党委）负责解释。

第十七条 本办法自发布之日起实施，原《中国农业科学院关于“新时代农科精神”教育实践基地管理办法（试行）》（农科院党组发〔2021〕46号文件附件）不再执行。

中共中国农业科学院党组关于命名首批农科精神教育实践基地的决定

农科院党组发〔2022〕72号

院机关各部门、院属各单位：

根据《中共中国农业科学院党组关于弘扬新时代农科精神的实施意见》和《弘扬新时代农科精神实施方案（2021—2025年）》要求，中国农业科学院开展首批农科精神教育实践基地认定工作。经研究，中国农业科学院党组决定命名中国农业科学院祁阳红壤实验站、中国农业科学院新乡精神展馆、中国农业科学院展厅为首批农科精神教育实践基地（详见附件）。

希望被命名的农科精神教育实践基地以习近平新时代中国特色社会主义思想为指导，认真贯彻落实党的十九大和十九届历次全会精神，按照《中共中国农业科学院党组关于弘扬新时代农科精神的实施意见》和《弘扬新时代农科精神实施方案（2021—2025年）》有关管理办法，因地制宜，再接再厉，积极主动开展形式多样的农科精神宣传教育活动，不断推进新时代科学家精神和农科精神弘扬工作守正创新，在全院营造尊重知识、崇尚创新、尊重人才、热爱科学、献身科学的浓厚氛围。同时，希望院机关各部门、院属各单位深入挖掘我院历史积淀，整合利用院所资源，积极参与农科精神教育实践基地建设工作，为坚持“四个面向”、实现“两个一流”建设注入强大精神动力。

附件：2022年度中国农业科学院农科精神教育实践基地认定名单

中共中国农业科学院党组

2022年10月31日

附件

中国农业科学院首批农科精神教育实践基地认定名单

序号	基地名称	所在地
1	中国农业科学院祁阳红壤实验站	湖南省祁阳市
2	中国农业科学院新乡精神展馆	河南省新乡市
3	中国农业科学院展厅	北京市海淀区

中共中国农业科学院党组关于认真学习宣传贯彻党的二十大精神的通知

农科院党组发〔2022〕73 号

院机关各部门、院属各单位：

中国共产党第二十次全国代表大会是在全党全国各族人民迈上全面建设社会主义现代化国家新征程、向第二个百年奋斗目标进军的关键时刻召开的一次十分重要的大会，是一次高举旗帜、凝聚力量、团结奋进的大会。为引导广大党员干部全面学习、全面把握、全面落实党的二十大精神，在中国农业科学院迅速兴起学习宣传贯彻的热潮，推动党的二十大精神在全院落实落地、扎根生根，根据《中共中央关于认真学习宣传贯彻党的二十大精神的决定》《中共农业农村部党组关于认真学习宣传贯彻党的二十大精神的通知》，现就认真做好相关工作通知如下。

一、充分认识学习宣传贯彻党的二十大精神的重大意义

党的二十大高举中国特色社会主义伟大旗帜，坚持马克思列宁主义、毛泽东思想、邓小平理论、“三个代表”重要思想、科学发展观，全面贯彻习近平新时代中国特色社会主义思想，分析了国际国内形势，提出了党的二十大主题，回顾总结了过去 5 年的工作和新时代 10 年的伟大变革，阐述了开辟马克思主义中国化时代化新境界、中国式现代化的中国特色和本质要求等重大问题，对全面建设社会主义现代化国家、全面推进中华民族伟大复兴进行了战略谋划，对统筹推进“五位一体”总体布局、协调推进“四个全面”战略布局作出了全面部署。

学习宣传贯彻党的二十大精神是当前和今后一个时期全党全国的首要政治任务，事关党和国家事业继往开来，事关中国特色社会主义前途命运，事关中华民族伟大复兴，对于动员全党全国各族人民更加紧密地团结在以习近平同志为核心的党中央周围，高举中国特色社会主义伟大旗帜，坚定道路自信、理论自信、制度自信、文化自信，为全面建设社会主义现代化国家、全面推进中华民族伟大复兴而团结奋斗，具有重大现实意义和深远历史意义。

各部门各单位党组织和广大党员干部要充分认识党的二十大的重大意义，深刻领悟“两个确立”的决定性意义，增强“四个意识”、坚定“四个自信”、做到“两个维护”，认真学习宣传贯彻好党的二十大精神，坚决拥护以习近平同志为核心的党中央，切实把思想和行动统一到党的二十大精神上来，扎实有力做好新时代新征程农业科技创

新工作。

二、全面准确学习领会党的二十大精神

学习宣传贯彻党的二十大精神，既要整体把握、全面系统，又要突出重点、抓住关键。要把着力点聚焦到习近平总书记是党中央的核心、全党的核心，习近平新时代中国特色社会主义思想是党必须长期坚持的指导思想上；聚焦到党的十九大以来的重大成就和新时代10年的伟大变革上；聚焦到把握好马克思主义中国化时代化最新成果的世界观和方法论，坚持好、运用好贯穿其中的立场观点方法上；聚焦到中国式现代化在理论和实践的创新突破上；聚焦到贯彻落实党的二十大作出的重大决策部署上；聚焦到以习近平同志为核心的新一届中央领导集体是深受全党全国各族人民拥护和信赖的领导集体上；聚焦到习近平总书记是全党拥护、人民爱戴、当之无愧的党的领袖上。要原原本本、逐字逐句学习党的二十大报告和党章，学习习近平总书记在党的二十届一中全会上的重要讲话精神，完整、准确、全面领会党的二十大精神，认真领悟提出的新思想新论断、作出的新部署新要求，把握好贯穿其中的立场观点方法，深刻理解蕴含其中的历史逻辑、理论逻辑、实践逻辑，做到知其言更知其义、知其然更知其所以然。

要深刻领会党的二十大的主题，高举中国特色社会主义伟大旗帜，全面贯彻习近平新时代中国特色社会主义思想，弘扬伟大建党精神，自信自强、守正创新，踔厉奋发、勇毅前行，自觉在全局大局中找准新时代新征程“三农”工作的方位定位，努力为实现第二个百年奋斗目标作出“三农”贡献。要深刻领会过去5年的工作和新时代10年的伟大变革，是在以习近平同志为核心的党中央坚强领导下、在习近平新时代中国特色社会主义思想科学指引下取得的。必须深刻领悟“两个确立”的决定性意义，将其转化为坚决做到“两个维护”的思想自觉、政治自觉、行动自觉，始终在政治立场、政治方向、政治原则、政治道路上同以习近平同志为核心的党中央保持高度一致。要深刻领会开辟马克思主义中国化时代化新境界，坚持“两个结合”，把握好习近平新时代中国特色社会主义思想的世界观和方法论，坚持好、运用好贯穿其中的立场观点方法，切实做到坚持人民至上、坚持自信自立、坚持守正创新、坚持问题导向、坚持系统观念、坚持胸怀天下，在新时代伟大实践中不断开辟马克思主义中国化时代化新境界。要深刻领会新时代新征程中国共产党的使命任务，牢牢把握“五个坚持”重大原则，牢记“五个必由之路”，倍加珍惜、始终坚持我们党在长期实践中得出的至关紧要的规律性认识，咬定青山不放松，着力夯实“三农”工作基础，保障中国特色社会主义巍巍巨轮乘风破浪、行稳致远。要深刻领会中国式现代化的中国特色和本质要求，紧密结合农业科技创新实际，找准农业农村现代化的切入点和突破口，统筹谋划好全面推进乡村振兴和完善科技创新体系的战略战术、政策举措、工作部署，加快建设农业强国，扎实推动乡村产业、人才、文化、生态、组织振兴，主动服务、融入和支撑中国式现代化。要深刻领会社会主义经济建设、政治建设、文化建设、社会建设、生态文明建设等方面的

重大部署，完整、准确、全面贯彻新发展理念，加快构建新发展格局，着力推动高质量发展，建设现代化产业体系，全面推进乡村振兴，促进区域协调发展。坚持在发展中保障和改善民生，扎实推进共同富裕，完善分配制度，实施就业优先战略，健全社会保障体系，不断实现人民对美好生活的向往。推进美丽中国建设，加快发展方式绿色转型，深入推进环境污染防治，促进人与自然和谐共生，建设宜居宜业和美乡村。要深刻领会教育科技人才、法治建设、国家安全等方面的重大部署，坚持科技是第一生产力、人才是第一资源、创新是第一动力，找准“三农”领域和科技创新领域贯彻落实的着力点和切入口，落细落小、落到实处，以更高标准、更严要求推进高水平农业科技自立自强、农业领域国家战略科技力量建设等。要深刻领会国防和军队建设、港澳台工作、外交工作等方面的重大部署，坚持和完善“一国两制”制度体系，落实特别行政区维护国家安全的法律制度和执行机制，坚持和贯彻新时代党解决我国台湾问题的总体方略，团结广大台湾同胞共同推动两岸关系和平发展、推进祖国和平统一进程。坚持对外开放的基本国策，积极参与全球治理体系改革和建设，弘扬全人类共同价值。要深刻领会坚持党的全面领导和全面从严治党的重大部署，牢记全面从严治党永远在路上、党的自我革命永远在路上，深入推进新时代党的建设新的伟大工程，以党的自我革命引领社会革命。要落实新时代党的建设总要求，健全全面从严治党体系，坚持不懈用习近平新时代中国特色社会主义思想凝心铸魂，完善党的自我革命制度规范体系，建设堪当民族复兴重任的高素质干部队伍，增强党组织政治功能和组织功能，坚持严的基调强化正风肃纪，进一步细化工作举措，把全面从严治党落到实处。

三、准确把握党的二十大对农业科技创新的部署要求

党的二十大报告多处部署“三农”工作和科技创新工作，在第四章对全面推进乡村振兴进行集中部署，在第五章对实施科教兴国战略，强化现代化建设人才支撑作出了明确部署，为做好新时代新征程农业科技创新工作提供最根本、最核心的指引指南，要逐字逐句分析研究，逐项细化落实，全面准确把握未来的工作方向和任务。

要准确把握以中国式现代化全面推进中华民族伟大复兴的重要部署。在全面建成小康社会的新起点，要按照到 2035 年“实现高水平科技自立自强，进入创新型国家前列”“基本实现农业现代化，农村基本具备现代生活条件”，到 2050 年要“建成社会主义现代化强国”的目标，在现有基础上接续奋斗，力争到 2035 年，全院 2/3 学科领域达到世界一流水准，基本实现建设世界一流学科和世界一流科研院所的战略目标，初步成为世界主要农业科学中心、重要人才中心和创新高地，成为国家倚重、国际一流、社会信任的农业领域国家战略科技力量，引领实现高水平农业科技自立自强；到 2050 年，全面建成世界一流院所和世界一流学科，科研综合实力和国际影响力居全球领先水平。

要准确把握全面推进乡村振兴的重要部署。全面推进乡村振兴是新时代新征程“三农”工作的主题，要深刻认识“全面建设社会主义现代化国家，最艰巨最繁重的任

务仍然在农村”的重大论断，准确把握“加快建设农业强国”“建设宜居宜业和美乡村”两项重大任务，加强科技创新的引领支撑作用。要围绕“供给保障强”，落实“藏粮于地、藏粮于技”战略和“大食物观”，加快产出水稻、小麦、玉米、大豆四大作物新品种。选育北方两年三熟、南方一年两熟到三熟的多熟制农作物新品种。推动畜禽良种化进程，推动大动物品种国产化进程。高质量支撑戈壁农业发展，保障我国粮食安全和主要农产品的有效供给。要围绕“科技装备强”，全力以赴支撑玉米和大豆的转基因产业化，为粮食安全提质增效保驾护航。强化关键核心技术攻关与重大产品创制，加大短板技术攻关和自主创新力度，力争在现代种业、智能装备、设施农业和绿色发展等重点领域，实现基础性、战略性、原创性新突破，产出更多更大更高质量的动植物新品种、绿色投入品、新型农机具和农业设施装备。要围绕“经营体系强”，加强农业科技成果转移、转化、熟化和系统集成，大力集成富民产业急需的先进适用技术。立足农业农村特色资源优势，推动农业从种养环节向农产品加工流通等二三产业延伸，助力一二三产业融合发展。要加大科技推广力度，加强科技支撑乡村振兴示范县建设，巩固脱贫攻坚胜利成果，持续助力乡村振兴。要围绕“产业韧性强”，整合全院科研团队，打造涵盖粮棉油、肉蛋奶、果菜茶和特色产业的若干产业专家团，为农业生产，农产品贮藏、保鲜、加工和物流等，提供全过程全环节全产业链的科技支撑服务，增强产业韧性。要加强生产供给主动权的掌控，面向周边国家和毗邻区域，建设周边科技合作前沿阵地，在周边国家推广适用农业技术或产品，保障我国重要农产品供应链安全。

要准确把握实施科教兴国战略、人才强国战略、创新驱动发展的重要部署。党的二十大报告将教育、科技、人才工作专章部署、集中表达，体现了加强系统观念的重要要求，对推进科技自立自强、战略科技力量建设、关键核心技术攻关提出了新的更高的要求。要准确把握“教育、人才、科技”的辩证关系和发展逻辑，构建教育、人才、科技工作协同发展、相互促进的良性格局，推进院所改革创新发展。要加快推进中国农业科学院大学建设，形成从本科生到博士研究生层次完备、类别完整的培养体系。要深入实施人才强院战略，聚焦十大学科集群和六大重点领域，构建以战略科学家为核心、领军人才为中坚、青年人才为支撑、博士后/研究生为后备的“四纵”体系，以创新文化滋养创新精神、强化创新动力、激发创新活力，大力弘扬科学家精神和农科精神，涵养优良学风和作风，营造识才、爱才、敬才、用才的良好创新生态，在科技支撑乡村振兴中打造农业科技人才中心和创新高地。

要准确把握完善科技创新体系，健全新型举国体制，强化国家战略科技力量的重要部署。要充分认识创新在我国现代化全局中的核心地位，不断完善党对科技工作统一领导的体制。举院抓大事的管理体制是适应新形势新任务、遵循农业科技创新规律的必然选择和制度性安排，要以落实种子、耕地、生物安全、农机装备、绿色低碳、农村发展等6件大事为切入点，进一步统筹资源配置，协同科研力量，提高创新效率效益。要将6件大事与中央印发的《种业振兴行动方案》《农业关键核心技术攻关方案》，以及“农业生物育种重大项目”三大创新任务有效对接、推动落实，与创新工程有效衔接，加快形成和完善院部“抓主抓重”的管理体系。

要准确把握加快实施创新驱动发展战略，加快实现高水平科技自立自强的重要部署。健全完善“四个面向”的科研体系，优化学科体系和科研力量布局是我院服务“国之大者”的基础。要强化基础研究布局，处理好基础研究与关键核心技术攻关的关系。要围绕种子、耕地等重大任务，对接、依托全国重点实验室建设若干科学中心，围绕共同性、突出基础性、着眼前沿性，打造公共创新平台，聚焦本领域源头理论和原创技术需求开展研究和探索。要加快建设涵盖乡村建设、乡村特色产业、乡村治理、乡村环境、乡村能源、信息经济等方向的农业经济与农村发展学科集群，从支撑“一农”向支撑“三农”转变。要强化区域科技创新中心建设，把握好区域创新发展的新需求、新趋势，按照“一地一策、院地共建”原则，扎根农业农村现代化建设主战场，积极争取地方支持，大力推进区域性农业综合研究中心建设，加快打造新兴产业技术汇聚地，推动区域农业农村高质量发展。要推动拟转企所的转型与创新发展，对于脱离国家产业发展方向和主产区的研究所，要以乡村学科体系建设为契机，解放思想求创新，破解难题出实招，抓住机遇，找准定位，认真谋划，努力向支撑乡村产业发展或乡村生态建设的研究所转型。对于拟转企研究所，要以落实党的二十大提出的“优化国家科研机构、高水平研究型大学、科技领军企业定位和布局”为契机，加强与上级部门沟通，积极推动解决。

四、紧密联系工作实际不断把学习贯彻推向深入

学习宣传贯彻党的二十大精神，要坚持学思用贯通、知信行统一，紧密结合农业科技创新实际，切实提高解决问题、推动发展的能力，狠抓学习贯彻工作落实，不断开创现代农业科研院所建设新局面。

（一）抓好学习落实

组织开展好宣讲报告会、专家辅导讲座、全院党的二十大基层代表宣讲、理论学习中心组集中学习、“三会一课”、主题党日、青年理论学习小组交流研讨、征文演讲等系列活动，开展多形式、分层次、全覆盖的全员培训，组织全体党员干部认真学习党的二十大精神。

（二）加强战略研究

要坚持理论联系实际，紧紧围绕党的二十大报告中对农业科技创新的部署要求，以全方位夯实粮食安全根基、加快建设农业强国、建设宜居宜业和美乡村、完善科技创新体系、加快实施创新驱动发展等为重点，组织开展事关农业科技发展全局性、关键性、

战略性的重大问题研究，有针对性地拿出落实的具体方案，为谋划推动明年和今后5年全院各项重点工作打下坚实基础。

（三）全面从严治党

要始终绷紧从严从紧这根弦，推动全面从严治党向纵深发展。要全面加强党的思想建设，坚持用习近平新时代中国特色社会主义思想统一思想、统一意志、统一行动。坚持全心全意为人民服务的根本宗旨，树牢群众观点，贯彻群众路线。注重在重大斗争中磨砺干部，增强干部推动高质量发展本领、服务群众本领、防范化解风险本领，牢牢把握工作主动权。要始终把中央八项规定精神作为长期有效的铁纪律、硬杠杠严格遵守。

（四）统筹做好当前工作

全年工作已进入收官阶段，要在切实做好新冠疫情防控工作的基础上，密切关注秋收秋种需要，继续开展全天候常态化科技服务，为确保粮食安全提供科技支撑。要按照2022年院工作会议既定的工作目标，认真落实完成10项重点工作，力争圆满完成全年工作任务。同时，要对标对表党的二十大精神，尽快谋划明年的工作安排。

五、切实加强组织领导

各部门各单位党组织要把学习宣传贯彻党的二十大精神摆上作为当前和今后一个时期的首要政治任务，切实加强组织领导。

（一）切实负起领导责任。院党组成员要带头落实责任，抓好分管部门和单位党的二十大精神的学习贯彻。各部门各单位党组织要把学习贯彻党的二十大精神同学习贯彻习近平总书记关于“三农”工作和农业科技创新的重要论述和重要指示批示精神结合起来，同干部教育培训工作、加强领导班子建设和基层党组织建设结合起来，扎实有效抓好学习贯彻。纪检组织要协助抓好贯彻落实，加强督促检查。要充分发挥群团组织的优势，开展喜闻乐见的学习贯彻活动。各部门各单位党组织学习宣传贯彻情况将作为基层党建述职评议考核的重要内容。

（二）牢牢抓住“关键少数”。精心组织参加农业农村部的“两委”书记培训班和司局处级党员领导干部集中轮训，组织司局级干部理论文章评选等，不断提高党员干部的政治判断力、政治领悟力、政治执行力。理论学习中心组要制定系统学习计划，列出专题进行研讨。各级领导干部要发挥表率作用，以副处级以上党员领导干部、基层党组织负责人、首席科学家为重点，带头宣讲党的二十大精神，紧密联系广大党员干部群众思想和工作实际，把党的二十大精神讲清楚、讲明白，让大家听得懂、能领会、可落实。

（三）持续加大宣传力度。广泛开展宣传宣讲，邀请权威专家解读宣讲党的二十大精神，利用院所网站、院报、机关党建网、支部工作 App、宣传栏、展板、期刊杂志、微信公众号等宣传媒介，大力宣传党的二十大精神以及院所学习贯彻情况。策划推出一批有新意、有分量、有影响力的深度报道、评论文章等，用好院网“学习宣传党的二十大精神”专栏、“农科这十年”主题展等载体，营造浓厚的舆论氛围。要坚持团结稳定鼓劲、正面宣传为主，弘扬主旋律、传播正能量。要落实意识形态工作责任制，绝不给错误思想言论提供传播渠道。

各部门各单位要按照院党组统一部署，结合实际制定具体的学习贯彻工作方案，并将落实情况及时报院直属机关党委。

附件：中国农业科学院学习宣传贯彻党的二十大精神工作方案

中共中国农业科学院党组

2022 年 11 月 18 日

附件

中国农业科学院学习宣传贯彻党的二十大精神工作方案

按照党中央和农业农村部党组统一部署要求，结合中国农业科学院实际，全院学习宣传贯彻党的二十大精神以全面系统学习、深入交流研讨、推动贯彻落实为重点，学做结合、相互嵌入、一体推进，迅速兴起学习宣传贯彻热潮，推动党的二十大精神在部系统落实落地。具体方案如下。

一、全面系统学习（6 项）

（一）召开中国农业科学院干部大会，传达学习党的二十大精神，部署安排学习贯彻工作，带动各级党组织迅速传达学习。

牵头院领导： 陈华宁

责任分工： 机关党委

进度安排： 党的二十大闭幕后，院党组第一时间传达学习、部署安排，各部门各单位迅速组织学习贯彻。

（二）组织党员干部原原本本、逐字逐句认真研读党的二十大报告和党章，学习习近平总书记在党的二十届一中全会上的重要讲话精神等。

牵头院领导： 各分管院领导

责任分工： 院机关各部门、院属各单位

进度安排： 相关学习资料发布发行后，组织全体党员干部认真研读，及时跟进学习。

（三）组织参加中央宣讲团成员在部系统的宣讲报告。

牵头院领导： 陈华宁

责任分工： 机关党委

进度安排： 2022 年 11 月下旬。

（四）组织参观“奋进新时代”主题成就展、“三农这十年——新时代农业农村发展成就展”。

牵头院领导： 各分管院领导

责任分工： 院机关各部门、院属各单位

进度安排： 10 月中旬开始，有序组织党员干部参观学习。

（五）组织参加部系统党的二十大基层代表宣讲党的二十大精神报告活动。

牵头院领导： 陈华宁

责任分工： 机关党委、人事局

进度安排： 2022 年 11 月下旬至 12 月。

（六）运用院网、机关党建网、支部工作 App 等平台载体，及时学习宣传贯彻党的二十大精神做法成效和党员干部收获体会。

牵头院领导：冯忠武、陈华宁

责任分工：院办公室、机关党委

进度安排：持续开展。

二、深入研讨交流（10 项）

（一）院党组制定系统学习计划，召开理论学习中心组（扩大）学习会专题研讨，中心组成员和各部门各单位主要负责人结合工作实际，交流学习体会，研究谋划贯彻落实思路举措。

牵头院领导：冯忠武、陈华宁

责任分工：院办公室、机关党委

进度安排：2022 年 11 月上旬。

（二）举办全院党支部书记示范培训班。

牵头院领导：陈华宁

责任分工：机关党委

进度安排：2022 年 11 月上旬。

（三）组织党员干部参加部系统“两委”书记学习贯彻党的二十大精神专题培训班。

牵头院领导：陈华宁

责任分工：机关党委

进度安排：2022 年 11 月下旬至 12 月。

（四）组织党员干部参加部系统司处级党员领导干部学习贯彻党的二十大精神集中轮训班。

牵头院领导：陈华宁

责任分工：人事局

进度安排：2022 年 11 月下旬至 2023 年 3 月。

（五）组织人员参加部系统党外人士学习贯彻党的二十大精神专题培训班。

牵头院领导：陈华宁

责任分工：机关党委

进度安排：2022 年 12 月。

（六）各部门各单位举办各种形式覆盖到全体党员干部的培训班、读书班。

牵头院领导：各分管院领导

责任分工：院机关各部门、院属各单位

进度安排：2022 年 11 月至 2023 年 3 月。

（七）各部门各单位制定系统学习计划，通过理论学习中心组（扩大）学习会专题研讨、“三会一课”、主题党日、青年理论学习小组交流研讨等形式深入学习，各级领导干部带头宣讲党的二十大精神。

牵头院领导：各分管院领导

责任分工：院机关各部门、院属各单位

进度安排：2022 年 11 月开始，持续进行。

（八）组织所局级干部围绕学习贯彻党的二十大精神撰写理论文章并开展评选活动。

牵头院领导：陈华宁

责任分工：机关党委

进度安排：2022 年 11 月至 2023 年 3 月。

（九）组织参加部系统习近平《论“三农”工作》研读跟学活动。

牵头院领导：陈华宁

责任分工：机关党委

进度安排：持续到 2023 年 1 月，每周 3 期。

（十）组织参加部系统“奋进新征程　建功新时代”青年干部学习交流活动。

牵头院领导：陈华宁

责任分工：机关党委

进度安排：2022 年 11 月中旬至 12 月。

三、推动贯彻落实（3 项）

（一）按照党的二十大对农业科技创新的部署要求，围绕事关全局性、关键性、战略性的重大问题，开展战略研究。

牵头院领导：梅旭荣

责任分工：农经所、战略研究中心

进度安排：持续开展。

（二）围绕学习贯彻党的二十大精神，系统谋划明年和今后 5 年重点工作，细化实化贯彻落实措施。

牵头院领导：各分管院领导

责任分工：院机关各部门、院属各单位

进度安排：2022 年 11 月至 2023 年 1 月。

（三）密切关注秋收秋种需要，继续开展全天候常态化科技服务，认真落实完成 10 项重点工作，力争圆满完成全年工作任务。

牵头院领导：各分管院领导

责任分工：院机关各部门、院属各单位

进度安排：2022 年 11—12 月。

中国农业科学院关于表彰建院 65 周年先进模范人物的决定

直党字〔2022〕68 号

院机关各部门、院属各单位：

中国农业科学院建院 65 年以来，全院广大科技工作者和干部职工时刻牢记农业科研国家队使命，与科学共进，与祖国同行，以国家需求为目标，以科技兴农为己任，坚持面向世界科技前沿、面向经济主战场、面向国家重大需求、面向人民生命健康，求真笃行、敬农致用，取得了一大批重大科技成果，为解决我国农业及农村经济发展中基础性、方向性、全局性、关键性的重大科技问题，推动农业科技自立自强发挥了重要作用，为保障国家粮食安全、促进乡村振兴作出了重要贡献。

为表彰先进，树立典型，激励全院科技工作者和干部职工更好地奋进新征程、建功新时代，中国农业科学院决定，在建院 60 周年表彰一批先进模范人物的基础上，对我院近 5 年在农业科技创新事业中涌现出来的先进人物进行表彰。授予陈化兰等 10 名同志“卓越成就奖”，授予何中虎等 31 名同志“卓越奉献奖”，授予迪迪埃·勒尔克吕等 2 名外国专家“国际友人奖”。

全院广大科技工作者和干部职工要以受表彰的先进模范人物为榜样，爱岗敬业、勇于创新、顽强拼搏、砥砺前行，勇闯创新“无人区”，突破制约发展的关键核心技术，服务产业重大科技需求，解决农业生产实际问题，为建成世界科技强国、实现中华民族伟大复兴不断作出新的更大贡献。

附件：中国农业科学院建院 65 周年先进模范人物表彰名单

中国农业科学院

2022 年 5 月 25 日

附件

中国农业科学院建院65周年
先进模范人物表彰名单

一、卓越成就奖

颁发对象为5年来我院新增的中国科学院院士和中国工程院院士，名单见表1；5年来获国家级科技成果奖的第一完成人，名单见表2。

表1 5年来新增院士名单

序号	姓 名	出生年月	院士类别	当选年份	研究领域
1	陈化兰	1969年3月	中国科学院院士	2017	病毒学、兽医学
2	王汉中	1963年12月	中国工程院院士	2017	油菜遗传育种
3	钱 前	1962年3月	中国科学院院士	2019	水稻遗传育种
4	胡培松	1964年5月	中国工程院院士	2019	水稻遗传育种
5	李培武	1961年11月	中国工程院院士	2019	农产品质量安全
6	姚 斌	1967年10月	中国工程院院士	2019	饲用酶工程
7	周 卫	1966年8月	中国工程院院士	2021	耕地培肥与高效施肥研究
8	侯水生	1959年10月	中国工程院院士	2021	水禽育种与营养

表2 5年来获国家级科技成果奖第一完成人名单

序号	第一完成人	单 位	获奖年份	奖 项
1	黄三文	蔬菜所/基因组所	2018	国家自然科学二等奖
2	李召良	资划所	2019	国家自然科学二等奖
3	陈化兰	哈兽研	2019	国家自然科学二等奖

二、卓越奉献奖

颁发对象为 5 年来曾获得国务院、全国总工会、共青团中央、全国妇联、中国科协表彰的先进个人，名单见表 3。

表 3　5 年来全国先进工作者等称号获得者名单

序号	获得者	称号名称	授予单位	所在单位	获表彰年份
1	何中虎	全国创新争先奖章	人力资源社会保障部、中国科协、科技部、国务院国资委	作科所	2017
		全国先进工作者	中共中央、国务院		2020
2	李少昆	全国创新争先奖章	人力资源社会保障部、中国科协、科技部、国务院国资委	作科所	2017
3	侯水生	全国创新争先奖状	人力资源社会保障部、中国科协、科技部、国务院国资委	牧医所	2017
4	严根土	全国创新争先奖状	人力资源社会保障部、中国科协、科技部、国务院国资委	棉花所	2017
5	陈茹梅	全国三八红旗手	全国妇联	生物所	2017
6	高　利	中国青年女科学家	全国妇联、中国科协、中国联合国教科文组织全国委员会	植保所	2017
		全国三八红旗手	全国妇联		2022
7	陆宴辉	中国青年五四奖章	共青团中央、全国青联	植保所	2018
8	魏灵玲	全国三八红旗手	全国妇联	环发所	2018
9	林启冰	中国青年科技奖	中共中央组织部、人力资源社会保障部、共青团中央、中国科协	作科所	2019

（续表）

序号	获得者	称号名称	授予单位	所在单位	获表彰年份
10	程　锋	中国青年科技奖	中共中央组织部、人力资源社会保障部、共青团中央、中国科协	蔬菜所	2019
11	金黎平	全国巾帼建功标兵	全国妇联	蔬菜所	2019
		全国脱贫攻坚奖创新奖	国务院扶贫开发领导小组		2019
		全国三八红旗手	全国妇联		2020
		全国创新争先奖章	人力资源社会保障部、中国科协、科技部、国务院国资委		2020
12	苗保河	全国五一劳动奖章	中华全国总工会	都市所	2019
		全国先进工作者	中共中央、国务院		2020
13	程式华	全国先进工作者	中共中央、国务院	水稻所	2020
14	张克强	全国先进工作者	中共中央、国务院	环保所	2020
15	张金霞	全国脱贫攻坚奖创新奖	国务院扶贫开发领导小组	资划所	2020
16	黄长玲	全国创新争先奖状	人力资源社会保障部、中国科协、科技部、国务院国资委	作科所	2020
17	周雪平	全国创新争先奖状	人力资源社会保障部、中国科协、科技部、国务院国资委	植保所	2020
18	张友军	全国创新争先奖状	人力资源社会保障部、中国科协、科技部、国务院国资委	蔬菜所	2020
19	李召良	全国创新争先奖状	人力资源社会保障部、中国科协、科技部、国务院国资委	资划所	2020

（续表）

序号	获得者	称号名称	授予单位	所在单位	获表彰年份
20	杜雄明	全国创新争先奖状	人力资源社会保障部、中国科协、科技部、国务院国资委	棉花所	2020
21	郑海学	全国创新争先奖状	人力资源社会保障部、中国科协、科技部、国务院国资委	兰兽研	2020
22	黄三文	全国创新争先奖状	人力资源社会保障部、中国科协、科技部、国务院国资委	基因组所	2020
23	方智远	全国优秀共产党员	中共中央	蔬菜所	2021
24	朱　波	全国乡村振兴青年先锋标兵	共青团中央、农业农村部	牧医所	2021
25	侯成立	全国乡村振兴青年先锋	共青团中央、农业农村部	加工所	2021
26	刘　晟	全国乡村振兴青年先锋	共青团中央、农业农村部	油料所	2021
27	沈仕洲	全国乡村振兴青年先锋	共青团中央、农业农村部	环保所	2021
28	王红梅	全国乡村振兴青年先锋	共青团中央、农业农村部	基因组所	2021
29	李秀波	全国巾帼建功标兵	全国妇联	饲料所	2021
		全国三八红旗手	全国妇联		2022
30	周　卫	全国五一劳动奖章	中华全国总工会	资划所	2022
31	姜慧芳	全国三八红旗手	全国妇联	油料所	2022

三、国际友人奖

颁发对象为 5 年来曾在我院工作并获得中国政府“友谊奖”的外国专家，名单见表 4。

表4　5年来中国政府“友谊奖”获得者名单

序号	获得者	称号	授予单位	所在单位	获表彰年份
1	迪迪埃·勒尔克吕（Didier Lereclus）	中国政府“友谊奖”	中华人民共和国国家外专局	植保所	2019
2	保罗·佩罗西（Paolo Pelosi）	中国政府“友谊奖”	中华人民共和国国家外专局	植保所	2021

中国农业科学院关于表彰院“红色农学家”“祁阳站精神”“中棉所精神”“新乡精神”等老一辈科学家的决定

直党字〔2022〕68 号

院机关各部门、院属各单位：

一直以来，中国农业科学院广大农业科技工作者在党的坚强领导下，始终与人民同呼吸、共命运、心连心，在中国革命、建设、改革各个历史时期，创造了辉煌业绩，为我国“三农”事业的发展提供了坚强有力科技支撑，为确保粮食安全作出了历史性贡献。老一辈科学家求真务实、报国为民、无私奉献的爱国情怀和高尚品格，是新时代农业科技工作者攻坚克难、勇攀高峰的强大动力和精神源泉。

为进一步巩固拓展党史学习教育成果，传承弘扬科学家精神和农科精神，在建院65 周年之际，中国农业科学院决定，对我院延安时期“红色农学家”以及“祁阳站精神”“中棉所精神”“新乡精神”中作出开创性或奠基性贡献的代表人物进行表彰，授予陈凤桐等 15 名老一辈科学家“卓越成就奖”。

全院广大科技工作者和干部职工要以老一辈优秀科学家为榜样，赓续红色血脉，传承红色基因，大力弘扬践行以“爱国、创新、求实、奉献、协同、育人”为内涵的科学家精神，锻造以“求真笃行　敬农致用”为核心的新时代农科精神，不忘初心、牢记使命，为促进高水平农业科技自立自强和农业农村现代化建设作出新的更大贡献。

附件：中国农业科学院“红色农学家”“祁阳站精神”“中棉所精神”“新乡精神”代表人物名单

附件

中国农业科学院“红色农学家”“祁阳站精神”“中棉所精神”“新乡精神”代表人物名单

序号	单位	姓名	出生时间	人物类别	贡献成就
1	中国农业科学院	陈凤桐	1897—1980 年	红色农学家	著名农学家，农业科技管理专家。晋察冀边区自然科学界协会创立者，新中国农业科技事业的主要开拓者和领导者之一
2	蔬菜所	朱明凯	1911—1999 年	红色农学家	蔬菜专家，农业教育家，农业管理专家。为陕甘宁边区大生产，新中国成立后全国农业教育发展，国家级蔬菜科研机构筹建等方面作出了突出贡献
3	中国农业科学院	方悴农	1913—2013 年	红色农学家	著名农学家，为边区发展经济、开辟南泥湾等提出许多有价值的建议。新中国成立后长期从事农学研究和农业技术推广工作
4	中国农业科学院	林　山	1914—1994 年	红色农学家	农业科技专家，延安时期长期从事农业教育、农业生产和农业科研工作。新中国成立后为农业科研机构建设、农业生产和中国农业科学院图书馆的发展作出重大贡献
5	哈兽研	陈凌风	1919—2015 年	红色农学家	著名畜牧兽医专家，中国现代畜牧兽医科学研究工作的奠基人之一，为边区畜牧业发展作出了杰出贡献

（续表）

序号	单位	姓名	出生时间	人物类别	贡献成就
6	资划所	刘更另	1929—2010 年	“祁阳站精神”代表人物	土壤肥料与植物营养学家，祁阳站首任站长，扎根祁阳 28 年，从“鸭屎泥田改良”中走出的第一名院士，“祁阳站精神”奠基人
7	棉花所	张方域	1922—1986 年	“中棉所精神”代表人物	国家级一等奖第一完成人。建立健全系统管理制度和科学试验技术，准确鉴定出一大批优良品种，总结出引种规律，为育种目标提供依据
8		谭联望	1930—2011 年	“中棉所精神”代表人物	国家级一等奖第一完成人。培育出棉花新品种中棉 12，同步提高抗病性、产量和品质 3 个性状，是种植面积最大、适应性最广的品种
9		黄祯茂	1935 年 11 月	“中棉所精神”代表人物	国家级一等奖第一完成人。培育出棉花新品种中棉 16，早熟、高产、抗病、优质，在黄淮海棉区与小麦套作，解决粮棉争地矛盾，促进粮棉双丰收
10		蔡荣芳	1931 年 11 月	“中棉所精神”代表人物	国家级一等奖第一完成人。培育出棉花新品种中棉 19，具有优质多抗特点，黄淮棉区用作春棉和麦棉套种均可获高产，促进粮棉双丰收
11		田伯英	1931 年 2 月	“中棉所精神”代表人物	国家级一等奖重要贡献者。少年入党，以实干业绩奉献“三农”事业。离休后，两次向党组织交纳特殊党费 1 万元

（续表）

序号	单位	姓名	出生时间	人物类别	贡献成就
12	植保所	齐兆生	1911—1998 年	“新乡精神”代表人物	心系农业科研，为我国化学防治害虫和棉虫防治技术的提高作出了奠基性贡献，荣获“全国先进工作者”称号
13	资划所	王守纯	1918—1988 年	“新乡精神”代表人物	土壤学家，曾任河南新乡站站长，在新乡总结推广治碱经验，提出“综合治理、综合开发”的战略构想，被誉为“知识分子的楷模”
14	灌溉所	贾大林	1923—2003 年	“新乡精神”代表人物	农田水利学家，节水农业的开拓者之一，为新中国土壤改良和农田水利事业发展作出重要贡献
15	植保所	郭予元	1933—2017 年	“新乡精神”代表人物	聚焦棉花生产，提出了控制棉铃虫为害的一整套关键技术，获国家科技成果奖 4 项，2011 年当选中国工程院院士

关于表彰 2020—2021 年度中国农业科学院先进工会组织优秀工会干部和优秀工会积极分子的决定

农科工会〔2022〕11 号

院机关工会、院属各单位工会：

2020 年以来，全院各级工会组织和工会干部围绕中国农业科学院中心工作和干部职工的思想实际、现实需求，聚焦增强政治性、先进性和群众性，扎实推进工会工作创新发展，开展了一系列有声有色的活动，为弘扬社会主义核心价值观，传承新时代农科精神，加强职工思想政治工作，营造和谐向上、激励创新的环境氛围作出了积极贡献，得到院党组的高度肯定和职工群众的普遍认可。为表彰宣传先进典型，进一步激励基层工会组织和工会干部更好地发挥作用，经各基层工会组织推荐，院工会组织评选，并报院直属机关党委同意，决定授予院机关工会等 21 个集体为 2020—2021 年度中国农业科学院先进工会组织，授予马秀勇等 20 名同志为优秀工会干部，授予王扬等 59 名同志为优秀工会积极分子。

希望受表彰的集体和个人珍惜荣誉、再接再厉，在今后的工作中勤奋工作、再创佳绩，更好的发挥团结引领、竭诚服务职工群众的作用。各级工会组织和干部职工要以先进典型为榜样，开拓创新、奋发有为，切实发挥工会组织特有的作用和优势，为促进高水平农业科技自立自强、全面推进乡村振兴作出新的更大贡献。

附件：2020—2021 年度中国农业科学院先进工会组织优秀工会干部和优秀工会积极分子名单

中国农业科学院工会

2022 年 5 月 19 日

附件

2020—2021年度中国农业科学院先进工会组织优秀工会干部和优秀工会积极分子名单

一、先进工会组织（21个，排名不分先后）

院机关工会
后勤中心工会
研究生院工会
作物科学研究所工会
植物保护研究所工会
农业环境与可持续发展研究所工会
北京畜牧兽医研究所工会
农产品加工研究所工会
生物技术研究所工会
中国农业科学技术出版社工会
中国水稻研究所工会
油料作物研究所工会
果树研究所工会
郑州果树研究所工会
茶叶研究所工会
哈尔滨兽医研究所工会
兰州畜牧与兽药研究所工会
上海兽医研究所工会
草原研究所工会
特产研究所工会
环境保护科研监测所工会

二、优秀工会干部（20名，按姓氏笔画排列）

马秀勇　作物科学研究所
朱鸿英　中国水稻研究所

刘　珊　麻类研究所
刘　燕　院机关
刘之光　蜜蜂研究所
孙　勇　深圳农业基因组研究所
李滋睿　后勤服务中心
沈菊艳　农田灌溉研究所
宋国立　棉花研究所
张晓鹏　哈尔滨兽医研究所
卓俊成　北京畜牧兽医研究所
项伯纯　饲料研究所
荔　霞　兰州畜牧与兽药研究所
钟　钰　农业经济与发展研究所
侯希闻　农业信息研究所
姜慧敏　农业资源与农业区划研究所
姚晓娟　南京农业机械化研究所
贺　莉　沼气科学研究所
郭建英　植物保护研究所
冀永清　烟草研究所

三、优秀工会积极分子（59 名，按姓氏笔画排列）

王　扬　农业环境与可持续发展研究所
王　莹　后勤服务中心
王一喆　环境保护科研监测所
王山荭　作物科学研究所
王吉峰　饲料研究所
王丽鸳　茶叶研究所
王国鑫　棉花研究所
王泽建　油料作物研究所
王学红　兰州畜牧与兽药研究所
王宝坤　南京农业机械化研究所
王秋霞　植物保护研究所
王洪涛　特产研究所
牛　星　研究生院
毋永龙　果树研究所
艾红波　农业信息研究所

占　莎　麻类研究所
卢士军　食物与营养发展研究所
刘　方　棉花研究所
刘　杉　农业信息研究所
刘广洋　蔬菜花卉研究所
刘世丽　蜜蜂研究所
许　娜　烟草研究所
孙　帅　作物科学研究所
孙晓东　特产研究所
李　众　农业信息研究所
李秀全　作物科学研究所
张　蕾　植物保护研究所
李晓飞　油料作物研究所
杨　亮　北京畜牧兽医研究所
杨雅涵　沼气科学研究所
吴　东　棉花研究所
张　莹　哈尔滨兽医研究所
张　磊　深圳农业基因组研究所
张认连　农业资源与农业区划研究所
张建宇　蔬菜花卉研究所
张玲玲　哈尔滨兽医研究所
张留燕　郑州果树研究所
陈四胜　作物科学研究所
陈珏颖　农业经济与发展研究所
林　海　中国水稻研究所
官　涛　院机关
孟新宇　上海兽医研究所工会
赵　臻　农田灌溉研究所
赵小阳　农业质量标准与检测技术研究所
胡文萍　北京畜牧兽医研究所
查　燕　农业资源与农业区划研究所
战徊旭　烟草研究所
姜　英　特产研究所
徐晓慧　农业资源与农业区划研究所
高　鋆　中国农业科学技术出版社
郭惠明　生物技术研究所

盛　琴　中国水稻研究所
塔　娜　草原研究所
程幼飞　中国水稻研究所
雍振国　农产品加工研究所
蔡忠民　棉花研究所
翟中葳　环境保护科研监测所
颜　鹏　茶叶研究所
魏　海　南京农业机械化研究所

坚持不懈推进自我革命
为履行国家战略科技力量使命提供坚强保证

——张合成书记在2022年中国农业科学院全面从严治党工作会上的讲话

同志们：

今天召开我院2022年全面从严治党工作会议，主要任务是深入学习贯彻习近平总书记在十九届中央纪委六次全会上重要讲话精神和全会精神、农业农村部全面从严治党工作会议精神，总结2021年全面从严治党工作，分析研判形势，部署重点任务，为进一步强化国家战略科技力量建设，加快推动高水平农业科技自立自强提供坚强政治保证。

刚才，孔明同志传达了中纪委六次全会精神和农业农村部全面从严治党会议精神。习近平总书记在六次全会上发表重要讲话，深刻总结新时代党的自我革命成功实践，深刻阐述全面从严治党取得的历史性开创性成就、产生的全方位深层次影响，对坚持不懈把全面从严治党向纵深推进作出战略部署，具有很强的政治性、指导性、针对性，是推进新时代党的建设新的伟大工程的基本遵循，是我院做好纪检监督工作的行动指南，也是本次会议落实的主题。农业农村部全面从严治党工作会议，系统总结了2021年农业农村部系统全面从严治党工作，分析了当前形势并对2022年重点任务作出部署安排，强调要坚定不移推进全面从严治党，为做好新时代“三农”工作提供坚强政治保障。

驻部纪检监察组对我院全面从严治党工作高度重视，并给予悉心指导和大力支持。2018年以来，吴清海组长连续4年出席我院全面从严治党会并作重要讲话。我将他的4次讲话回顾梳理了一下：2018年重点强调要把政治建设摆在首位，2019年强调要提高政治站位、驰而不息纠“四风”，2020年强调要坚持全面从严治党这个自我革命的成功道路和行之有效的制度体系，2021年强调我院各级党组织和党员领导干部要坚决扛起政治责任、压实“两个责任”。今年，清海组长调整了参与方式。前不久，专门就推进全面从严治党工作跟院长和我面谈沟通，上周和前天又专程来院分别与监察局全体同志，与院党组全体成员和机关各部门主要负责人座谈交流。清海组长认真研究了我院近年来出台的《三大重点领域十七个方面风险防控指南》《“十四五”农业科研特色监督工作规划》《贯彻落实〈中共中央关于加强对“一把手”和领导班子监督的意见〉实施办法》等制度，对我们进行了面对面的悉心指导、专题辅导和严肃督导。两次座谈会上，清海组长聚焦监督工作的重中之重，突出权力的运行和监管，结合驻部组 5 年来监督执纪实践，充分肯定了我院全面从严治党取得的成绩，明确指出了院党组在履行农业科技创新主责主业的政治监督、落实“两个责任”和形成全院监督合力等方面还存在差距；指出我院全面从严治党出现的一些问题虽然大多表现在基层，但核心是权力运行的制约和监督，关键还是在院党组、院班子、院职能部门。清海组长到我院的 6 次讲话，是驻部组对我院落实中央部署和部党组要求，结合我院实际，加强战略科技力量建设，加强战略人才力量建设工作的指导。每年均以“三个摆进去”为主线，始终坚持严的主基调。我们要不断深化认识，自觉行动起来，切实把自己摆进去、把职责摆进去、把工作摆进去，主动担当作为，切实解决突出问题。

杰人同志通报的我院 2021 年以来发生的党风廉政典型案例，令人震惊、令人痛心、令人反思。震惊的是，我院的高级科技人员居然会发生诈骗、吸毒、偷盗、赌博、扰乱公共秩序等违法行为。痛心的是，我院花费了那么大精力培养的领导干部、研究员、博士，就被这些事情撂倒了。这些问题说到底还是思想底线出了问题、纪律规矩意识出了问题、政治站位出了问题，放松了对自己的要求。我们需要认真反思，一要反思教育引导缺位，有时候“婆婆嘴”不能少，只有“豆腐心”是不行的；二要反思重使用轻监管的情况，我们往往只注重才干、能力的培养，却忽视了政治素质、廉洁操守方面的教育和培养；三要反思抓早抓小不够及时、不够精准，党员干部走偏走歪时也没有得到及时提醒和有效纠正，致使小毛病发展成大问题。

刚才，8 个单位围绕“国之大者”、“一把手”监督、中央八项规定、资产出租出借、公车管理 5 个专题作典型发言。发言中既有政策梳理，也有问题分析，还有对策举措。会前，我们就有关专题组织了 5 次研讨，形成了 7 份专题调研报告，开展了监督工作 10 个课题研究。这 5 个方面，是当前我院存在的突出问题，是落实习近平总书记重要讲话的重点工作，也是 2022 年我院全面从严治党工作的主要任务，必须抓好落实、抓出实效。

下面，围绕落实习近平总书记重要讲话、中央纪委六次全会精神以及农业农村部全面从严治党会议部署要求，坚持不懈把我院全面从严治党工作向纵深推进，我讲 5 点意见。

一、深刻领悟“两个确立”的决定性意义

十九届六中全会《中共中央关于党的百年奋斗重大成就和历史经验的决议》指出：“党确立习近平同志党中央的核心、全党的核心地位，确立习近平新时代中国特色社会主义思想的指导地位，反映了全党全军全国各族人民共同心愿，对新时代党和国家事业发展、对推进中华民族伟大复兴历史进程具有决定性意义。”中国农业科学院作为农业科研国家队，必须在政治建设上走在前、做表率，深刻领悟“两个确立”的决定性意义，把深入学习贯彻习近平新时代中国特色社会主义思想作为首要政治任务，坚决贯彻

落实好习近平总书记关于“三农”工作、关于科技创新的重要指示，把思想和行动统一到中央关于创新驱动发展的重大战略上，统一到实施乡村振兴战略的目标要求上。

2021 年以来，我院坚持从讲政治的高度做好农业科技工作，在实践中捍卫“两个确立”。一是坚决贯彻落实习近平总书记重要讲话和指示精神。中国农业科学院党组坚持以习近平总书记致我院贺信精神为指引，坚持第一时间、第一议题学习贯彻总书记的重要讲话和指示精神，各部门、各单位党组织同步跟进，切实把“两个维护”落到实处。二是强化党的全面领导。扎实开展党史学习教育，强化政治教育、思想淬炼和精神洗礼。坚持科研工作开展到哪里，党的建设就跟进到哪里。深入推进支部建在创新团队，充分发挥支部战斗堡垒作用，推动党建与科研业务深度融合。三是弘扬传承新时代科学家精神和农科精神。院新乡精神展馆入选全国首批科学家精神教育基地。谋划开展“灯塔”“谱系”“铸魂”“强基”4 项行动，激励广大科研人员不断勇攀农业科技高峰。加强院所史研究和事迹挖掘，继承和发扬老一辈农业科学家精神，梳理凝练新时代农科精神典型代表。四是坚持党管干部党管人才。加大对领导干部权力运行的监督和制约，压实经责审计“一把手”整改责任，有效防止“新官不理旧账”。落实中央人才工作会议精神，深入实施人才工程，人才优先发展理念深入人心，涌现出一批高层次创新人才。五是驰而不息贯彻落实中央八项规定精神。紧紧盯住“新变种”“新表现”“新动向”，开展自查自纠工作，对隐形变异问题保持警惕、露头就打，防止成风成势。

当前，我院围绕“两个确立”组织开展政治理论学习还不够深入，全面性系统性针对性还有待提升。突出表现在，基层党委、支部学习领悟“两个确立”还停留在表面，基本还是满足于形式上过关，科研人员讲政治的能力和水平还有差距，还不能充分认识和把握讲政治是具体的，对科研人员的政治引导、政治教育、政治培训还有待加强；落实“两个维护”还不够到位，有些领导干部特别是一把手，一定程度存在“国家账算不清、小算盘打得精”、定位不准、各自为政等问题，一些单位在持续加固中央八项规定精神堤坝方面仍有短板。

2022 年，我院在捍卫“两个确立”的政治要求上，总目标是要切实教育广大党员干部、引导科学家听党话、感党恩、跟党走。重点抓好 9 件事。一要旗帜鲜明讲政治。强化政治意识，牢记政治要求，坚持政治领导，始终在政治立场、政治方向、政治原则、政治道路上同党中央保持高度一致，在“两个确立”上做到政治认同、思想认同、理论认同、情感认同。二要扎实开展思想武装和理论学习。坚持和完善“两个第一”学习贯彻落实制度、理论学习中心组学习、干部教育培训等常态化制度化机制化工作安排，勤学深悟习近平新时代中国特色社会主义思想，学习贯彻习近平总书记关于“三农”工作、科技创新的重要论述精神，从讲政治的高度持之以恒抓实抓好贺信精神学习贯彻。学习要做到见人见事、到底到位，学出信仰、学出担当、学出情怀。三要着力加强思想政治工作。进一步增强思想政治工作的针对性和实效性，从干部职工“柴米油盐”“琴棋书画”“急难愁盼”抓起，加强人文关怀和心理疏导，用心用情用力帮助解决思想问题和实际问题。要注意方式方法，送温暖要送在寒冷处，干在需要时，要多说暖心话，切实把思想政治工作干在实处。四要加强意识形态工作，掌握主动权话语权。要教育引导广大干部职工牢记自己是“国家人”，干的是“国家事”，坚决听党话、跟党走，认真贯彻执行《中央和国家机关党员工作时间以外政治言行若干规定（试行）》，坚决筑牢意识形态安全防线。强化舆情监测预警和分析研判，盯紧重要阵地、重点领域、重点群体、重点人员、重大时间节点相关动态动向，强化风险隐患排查，提高防范应对措施的精准度和有效性。五要弘扬新时代科学家精神和农科精神。要讲好科学家故事、传播科学家精神，推动我院始终成为弘扬科学家精神的高地和主阵地。今年“七一”期间，要为第一任党组书记陈凤桐院士举行铜像揭幕仪式，对为我院作出贡献的老一代的红色科学家进行表彰，对为国家作出贡献的优秀共产党员进行宣传，对参加保夏粮夺丰收的100多位长期在一线服务的科学家进行表彰。六要认真贯彻落实民主集中制。落实好民主集中制的五项制度和十条要求，进一步开展好民主集中制学习培训活动，加强落实情况的监管监督，坚决杜绝将少数服从多数原则当耳旁风，在组织面前没有底线的情况发生。七要深入落实中央八项规定精神。坚定不移纠“四风”树新风，抓在日常、严在经常，全面深入开展警示教育；加大对党员干部近距离、常态化监督，特别是“八小时之外”的监督；教育引导全体党员干部职工受警醒、知敬畏、存戒惧、守底线，坚决抵制不正之风，涵养风清气正的政治生态。八要贯彻新时代党的组织路线。深入贯彻中央人才工作会议和我院第五次人才工作会议精神，深化干部人事制度改革，健全完善选人用人机制，扎实做好选人用人工作；严格执行干部选拔任用有关规定，严格规定动作、减少自选动作，做到坚持原则不动摇、执行标准不走样、履行程序不变通、遵守纪律不放松，不断提高全院选人用人的科学性、精准度和公信力。九要坚定不移贯彻新冠疫情“动态清零”总方针。全院干部职工要坚决同一切歪曲、怀疑、否定我国防疫方针政策的言行作斗争，坚决服从地方、社区要求，做好配合，有困难、有问题及时向组织反映，各单位要积极帮助解决。

二、把握大局扛起支撑保障国家粮食安全的政治责任

习近平总书记的重要讲话指出，粮食安全是“国之大者”。他多次强调，党员领导干部要立足中华民族伟大复兴战略全局和世界百年未有之大变局，心怀“国之大者”。心怀“国之大者”，就是要做到时刻关注党中央关心什么、总书记强调什么，深刻领会什么是党和国家最重要的利益，找准自身定位，明确奋斗目标和重点任务。当前，从“两个大局”对农业科技创新的要求看，中国农业科学院作为国家战略科技力量，就是要以更高水平打造实施“藏粮于地、藏粮于技”战略的国家队、打赢种业翻身仗的主力军、确保粮食等重要农产品稳产保供的先锋队、推动高水平农业科技自立自强的顶梁柱。

一年来，我院聚焦种子、耕地两个要害，坚决把粮食安全“国之大者”扛在肩上、抓在手里，办了一系列大事，取得了很好的成绩，保持了中国农业科学院发展的最好势

头、发展的最好时期和团队的最好精神状态。一是聚焦种子实施“强种”行动。强化种质资源保护利用，国家作物种质库建成并投入使用，畜禽库、农业微生物库谋划建设有序推进。大力培育并推广高产优质、节本增效、高抗广适的突破性农作物新品种。自主培育的广明2号白羽肉鸡和华西牛通过国家审定，打破国外种源长期垄断。转基因大豆、玉米的科研试点取得了历史性成绩。二是聚焦耕地实施“沃田”行动。“七块地”联合攻关有力支撑了耕地保护和质量提升；创建了全国农田氮磷面源污染监测技术体系；首创覆盖我国全域高精度数字土壤；“天上看、网上查、地上管”技术模式全力保障高标准农田用途监测。三是聚焦农业生物安全开展了一系列重大行动。孔明院长为中央政治局讲授了生物安全的科学问题，是我院的荣誉。草地贪夜蛾相关研究成果全面支撑了“虫口夺粮”阻击战。非洲猪瘟疫苗多路径研制进展良好。4个一类新兽药填补了国内空白。四是聚焦抗灾夺丰收全力支撑稳产保供。全院380余名专家先后4次深入一线开展抗灾夺丰收、“三秋”抢收抢种、保夏粮丰收等大规模、应急性科技支撑专项行动；深入11省320个粮食生产大县，组织各类科技指导培训活动1 300余次。

我院在为粮食安全“国之大者”提供科技战略支撑方面还须进一步加强。重大品种、重大技术的产出不足，技术就绪度和集成配套程度不高，还存在科技与产业脱节、科技与企业脱节、技术成果产业化水平低、技术指导服务不主动不及时等问题。院党组多次强调粮食安全是“国之大者”，但举院抓大事的格局还没有形成，人财物等创新资源还没有做到一体化配置，还存在研究所与主产区脱节、研究所之间和所内团队任务重复等问题，院—所—团队协同发力的管理体制机制亟待建立；有些单位站位不高，还有“过小日子”“混日子”的懒惰思想，没有做到中央的要求到哪里我们的科学研究就跟进到哪里，履职尽责、担当作为的积极性主动性不够。

2022年，我们要带头全力担当粮食安全的政治责任，坚决把支撑粮食安全和重要农产品稳产保供作为“第一使命”，从6个方面强化监督。一要举院之力抓好6件大事。要扛起责任，举全院之力抓好“种子、耕地、生物安全、农机装备、绿色低碳、乡村发展”这6件“国之大者”落实落地。要创新体制，以“总首席”“总指挥”的“双总制”为核心，强化顶层设计，研究制定方案，尽快启动部署，探索建立院部统筹、跨所协同的举院体制。要统筹资源配置，强化人力资源保障、财力保障、条件平台保障、房屋资产保障、研究生资源保障及数据资源保障。要强化政治统筹，加强政治统领、党建引领、监督保障和宣传报道。二要全面落实三级任务制。深入研究“院—所—团队”三级之间的关系，既要强化院管大事的统筹力，也要强化所抓落实的执行力，激发团队创新攻关的创造力。要从过去的小项目、小作坊里走出来，从人均分钱、夫妻店的模式中走出来，落实任务制，切实抓好院级重大任务、所级任务、团队任务的落实和监督。三要全面建设团队作战的机制。充分发挥团队制这一我院实施创新工程的重大改革经验和支部建在团队上的政治优势，汇聚全院不同所不同团队力量，创新“集团作战”的科研组织模式，开展重大任务联合攻关。四要全面推进科研进展考评工作。深入推进实施创新工程，建立健全从使命清单制、任务制、团队制到科研进展报告制的系统化组织模式，把探索构建以科研进展为基础的新型综合评价体系作为改革重点。五要扎实推进规划体系的执行力度。要用好对院属各单位“十四五”规划逐一听取进展、逐一分析研讨的成果，形成制度性安排，着力解决规划任务不聚焦、“四个面向”不到位、“两个一流”缺乏设计等问题，确保院里明确的发展目标和重点任务如期保质推进落实。六要全面监督年度重点任务落地。加强对各部门各单位履职尽责、推进落实年度重点任务的政治监督，重点加大对“种子、耕地、生物安全、农机装备、绿色低碳、乡村发展”六大领域重点任务落实情况的监督力度。

三、履职尽责努力实现高水平农业科技自立自强

当今世界百年未有之大变局加速演进，新冠疫情影响深远，乌克兰危机背景下的国际环境更加错综复杂，科技创新成为国际战略博弈的主要战场，围绕科技制高点的竞争空前激烈。习近平总书记强调，要坚持创新在我国现代化建设全局中的核心地位，把科技自立自强作为国家发展的战略支撑。经过数十年努力，我国农业科技整体实力已经进入世界前列，由跟跑为主，转变为跟跑、并跑、领跑并行。科技对农业农村现代化的支撑引领能力显著提升，农业科技进步贡献率稳步提升至 60%以上，科技为保障国家粮食安全、重要农产品有效供给、促进农民增收和农业绿色发展发挥了重要作用。

2021 年以来，中国农业科学院党组以落实中央巡视整改为契机，强化对核心职责履行的监督，取得一系列成效。我院抓顶层设计，谋划重大科技项目，编制发布院所“十四五”规划，建立使命清单制，明确十大使命和 78 项重点任务；我院抓基础前沿，取得重大科技进展，在 *Nature*、*Science*、*Cell* 三大顶尖期刊发表 6 篇论文，基础领域立项获得丰收，创新工程经费再获增量；我院抓核心技术攻关，突破诸多卡点，获国家科技进步奖 7 项、省部级奖励 58 项；我院抓战略智库，全面支撑乡村振兴，加快推动支撑“一农”向“三农”转变，47 份战略咨询报告获党和国家领导人批示，其中 28 篇获中央常委批示，首次向中办直接报送 8 期信息，接续发布农业展望、农业产业发展、农业绿色发展、农业科技发展和农村人居环境发展五大智库报告。

取得的成绩与存在差距我们都要清晰地看到。与发达国家水平相比，与掌握国际竞争主动权的要求相比，我们高水平农业科技自立自强的任务还十分艰巨。当前，农业基础研究和原始创新还比较薄弱，与国际前沿的差距面临进一步拉大的风险；粮食单产与世界先进水平差距较大；畜禽核心种源严重“卡脖子”；大型农机装备和智能设备核心部件受制于人；土、肥、水等资源优先节约技术还存在瓶颈。从院所发展看，部分研究所使命定位还不够清晰，没有突出特色优势；面向“三农”的学科还不系统、不健全，新兴交叉学科谋划不足、推进不力。

我们要准确把握农业科技创新的新形势、新挑战，聚焦始终服务国家重大战略需要、努力拓展科技创新领域、切实发挥好科技战略支撑作用、践行高水平科技自立自强的使命担当等方面，突出重点、强化监督、促进履职，办好 6 件事。一要奋力抢占制高

点。大力支持应用导向的基础前沿研究和原始创新，争取提出原创科学理论，作出原创科学发现，尽快从跟跑变成并跑，力争十年左右变成领跑。二要努力降低科技对外依存度。针对农业“卡脖子”环节，打好农业关键核心技术攻坚战，催生颠覆性技术创新，加快补齐关键核心技术短板，在一些领域争取尽快实现弯道或者换道超车。三要大力提升成果转化率。现阶段我院技术服务和政府购买服务进展不错，技术转移和专利转化提升较大，但企业开发、企业转化方面还需努力。要着力解决不会办、办不成、办不好企业等问题。四要全力支持农业企业提升研发能力。深入开展科企合作，面向企业实施资源、平台、知识产权、人才“四个开放”，建立健全“企业出题判卷”科研机制，用好企业投资，全力支持企业建立研发体系、提升研发能力。五要加大战略科技力量和战略人才力量建设。积极参与国家实验室建设，全力做好全国重点实验室优化重组，强化国家战略科技力量建设。加强战略科学家的培养、青年骨干科学家的挖掘以及博士后和学生队伍的建设，抓住北京、上海、粤港澳大湾区建设高水平人才高地的重要发展机遇，打造国家战略人才力量。六要尽快提升创新活力。深入推进科研体制机制改革，进一步激发创新活力。坚决反对“躺平”“佛系”、混日子；坚决反对重复浪费，抓紧解决所内重复、尽快解决院内重复，敢于对重复的领域、团队、项目进行“断供”；坚决反对“过小子日”“拿小奖励”“发小文章”，综合采取多种举措尽快加以解决。对以上6件事，要持续加强监督，推动落实落地，作为我院加强政治建设、强化全面从严治党的重要内容。

四、以严的主基调夯实“两个责任”

全面从严治党只有进行时，没有完成时。习近平总书记强调“必须清醒认识到，腐败和反腐败较量还在激烈进行，并呈现出一些新的阶段性特征”。习近平总书记用“四个任重道远”警示全党，“要保持清醒头脑，永远吹冲锋号，牢记反腐败永远在路上。”做好新时期全面从严治党工作，必须毫不动摇把严的主基调长期坚持下去，以刀刃向内的精神自觉，以“三个摆进去”的行动自觉，切实把“两个责任”的螺栓越拧越紧，以严的制度、严的履职、严的态度，增强监督的严肃性、协同性、有效性。

2021年以来，院长和我坚持带头扛起第一责任人责任，带头落实主体责任，带头落实监督责任。我和院长都表示，凡是要求大家做到的，我们带头做到；凡是要求大家不做的，我们带头不做。我们督促党组成员落实“一岗双责”，加强对分管领域全面从严治党工作的领导、检查和督促；支持、指导和督促院属单位党委书记履行好全面从严治党责任，发现问题及时约谈；落实中央对“一把手”监督要求，制定贯彻落实的实施办法及配套制度，推进监督走深走实；严格执行“三重一大”决策制度，出台《中国农业科学院党组重大事项请示报告实施办法》及向部党组请示报告事项清单，强化重大事项请示报告；开展所局级干部试用期满集体谈话、晋升高级职称人员集体谈话等，帮助系好履新“第一粒扣子”。

对标党中央要求，院党组在履行“两个责任”上还有差距，主要问题还是责任核心压得不实。一是管党治党政治责任压得不实。“两个责任”落实还不够有力，压力传导还存在层层递减，院属单位在不同程度上存在差不多、松口气、干好了的情况。对“一把手”监督仍存在薄弱环节，选拔“一把手”坚持政治标准不够严格，个别所长对民主集中制基本方法掌握不牢。有的单位领导班子成员以及关键部门、关键岗位的领导干部，在涉及自身利益、亲属利益、人事安排等问题上自律不严。个别单位负责人不把院领导约谈当回事，约谈回去不整改、没行动、没反馈。二是重点领域风险防控仍需持续加强。中央八项规定精神执行和作风建设，包括领取差旅补助、公车管理等方面仍有短板；科研经费使用管理问题时有出现，特别是劳务费、专家咨询费发放、科研副产品处置不规范仍有发生；所办企业监管还有不少薄弱环节；以案为鉴、举一反三不到位。三是模范遵守党纪国法没有形成普遍自觉。刚刚案例通报里提到的个别党员干部党性观念、底线红线意识不强，对纪律规矩缺乏敬畏之心，甚至失守了遵守法律这条底线，教训深刻。个别领导干部还存在违规持股的问题。

2022 年要重点抓好 7 件事来夯实“两个责任”。一是严格落实“三个摆进去”。坚持严的主基调不放松，强化对权力运行的监督制约，党员干部特别是领导干部要带头讲政治，真正把自己、把职责、把工作摆进去，决不能拿着监督的手电筒只照别人不照自己。二是深化执行“一岗双责”。领导班子成员要落实好“一岗双责”，既要抓好分管领域业务工作，更要管政治、管党建、管监督；既要会表扬、善鼓励，又要敢于指出问题、严肃批评、提出要求、“红脸出汗”，把全面从严治党责任层层压实到位。三是领导干部要带头接受监督。监督已经成为常态。院长和我要以身作则，带头接受监督，带头接受中央、中纪委、部党组的监督。四是全面加强“一把手”和领导班子的监督。抓好《贯彻落实〈中共中央关于加强对“一把手”和领导班子监督的意见〉实施办法》宣传贯彻，把思想和行动统一到党中央部署和农业农村部党组要求上来，引导领导干部自觉接受监督、主动开展监督，担当推动高水平农业科技自立自强的领头雁阵。领导干部，包括处级干部，要养成在监督下工作、生活的习惯。五是加强年轻干部的教育和监督。贯彻落实中纪委、驻部纪检监察组的建议和要求及部系统年轻干部专题警示教育大会精神，重视年轻干部职工的教育、培养和监督。建立健全领导班子成员与年轻干部谈心谈话机制，做到谈心谈话全覆盖，持续推进抓早抓小常态化具体化。谈话既要谈待遇、更要谈理想信念，既要谈困难问题、更要谈奋斗精神，既要谈业务要求、更要谈作风要求。六是坚持纪律严明、环境宽松的总原则。党员干部要时刻把纪律挺在前，时时提醒自己，注重抓早抓小，发现问题及时提提领子、扯扯袖子，使红红脸、出出汗成为常态，不能任由小问题发展成大风险。坚持“四严四宽”，普通群众要做到公私分明，党员领导干部要做到先公后私，高级领导干部要做到公而忘私。要打造环境宽松的创新氛围，让科学家们心无旁骛地搞科技创新。院所机关职能部门要切实增强服务意识，了解科研人员的需求，真心实意提供优质高效的服务。七是强化用身边事身边人开展警示教育。加强纪法教育，加大警示教育的力度，用身边事教育身边人，引导党员干部知敬畏、存戒惧、守底线，筑牢拒腐防变的思想防线。院属单位特别是出了问题的单位，要及时召开警示教育大会，让自己的职工现身说法，真正发挥警示教育的实际效果。

五、全面加强我院的监督体系建设

党的十九大作出健全党和国家监督体系的战略部署，党的十九届四中全会明确提出“坚持和完善党和国家监督体系，强化对权力运行的制约和监督”。在我院，监督对于管党治院的基础性、保障性地位不可替代。加强监督工作，强化权力运行的制约与监督，对加强我院党的政治建设、落实全面从严治党政治责任、加强党对农业科研工作的领导、履行农业科技创新职责使命、促进高水平农业科技自立自强具有重要意义。

近年来，中国农业科学院党组始终将构建符合农业科研特色监督方式，作为落实全面从严治党政治责任的战略主题和政治担当，作为新形势下与时俱进推进制度创新和提高院所治理能力的有益实践，持续推动做实做细。2021 年，研究制定我院历史上首个针对监督工作的“十四五”规划；部署开展农科特色监督工作建设理论范式与实施路径研究，在全院部署抓早抓小、熟人社会等 10 个农科特色监督课题研究，着力破解监督重点难点问题；2022 年年初，又在全院部署开展聚焦“国之大者”抓主抓重等 8 个方面的调研工作。

对标党中央和部党组的要求以及“两个一流”的建设目标，农科特色监督工作仍存在一些不足，主要表现：监督主体还不够鲜明、监督责任还不够明确、监督方式还不够全面。有些领导干部对主责主业领导方面的监督责任认识不清晰，很多领域还就纪检说纪检，还以纪检监督来代替其他监督，还认为监督只是纪检组、监察局和纪委的事，没有树立全院都要抓监督、监督责任要与权力配置成正比、相协调的意识。对于全方位、全链条、全领域开展监督的落地落实研究不够，还有很多空白和盲区，全院协同联动的监督机制尚未形成。

农业农村部党组与驻部纪检监察组对我院监督体系建设进行了悉心指导和认真研究。下一步，主要抓好 5 件事。一要强化制度保障。系统落实好《中国农业科学院章程》《“十四五”农业科研特色监督工作规划》《三大重点领域十七个方面风险防控指南》《贯彻落实〈中共中央关于加强对“一把手”和领导班子监督的意见〉实施办法》，做到干好自己的活、看好自己的人、看住自己的门，监督部门要履行好“监督的再监督”职责，各职能部门要抓好各自职能监督职责的落实。二要尽快完善监督工作体系建设。重点围绕纪委书记单设、纪委职责清单执行的监督、监督力量整合、基层纪检组织监督部门履职能力提升、巡察队伍建设、审计反馈整改、干部监督、科研道德监督、导师师德监督、部门联动和协同机制建立 10 个方面，抓紧推进、抓紧落实。三要强化“末梢”的监督。加强企业、学会协会、期刊杂志、试验基地等基层党组织的建设，进一步健全完善科研团队、学生、离退休党支部，持续推动党的组织和党的工作有效覆盖，确保党的领导到位、党的建设到位、党内监督到位。四要加强监督队伍建设。落实待遇、健全条件保障机制，稳定全院纪检、巡察、审计等监督专门的工作队伍。坚持以干代训，通过组织开展业务培训，抽调参加纪检、巡察、审计等工作，以实战练兵提升业务能力，持续推动监督队伍能力提升。五要强化农科特色监督体系研究。农科特色是研究农业科研的规律性、规则性，研究特殊性问题如何解决、如何解决好，目标是要通过我院监督体系的建设，形成全院模范的行为、特色的文化、典型的案例、先进的代表。我们强调的是特色，不是特区、更不是要特权，不是不接受监督的条件和理由。我们的监督工作要有中国农业科学院的特点，已经部署的 10 个监督课题本身就是特点、特色。要认真落实好清海组长的建议和要求，进一步深化拓展 10 个农科特色监督课题研究，要完善选题、提升站位、聚焦导向、加强研讨、调整组织方式，力争年底前再拿出一批有见地、有质量、可操作的研究成果。

同志们，让我们更加紧密地团结在以习近平同志为核心的党中央周围，深入学习贯彻习近平新时代中国特色社会主义思想，树牢“四个意识”、坚定“四个自信”、捍卫“两个确立”、做到“两个维护”，胸怀“国之大者”，扛牢抓实履行国家战略科技力量的职责使命，旗帜鲜明讲政治，坚定不移推动我院全面从严治党和党风廉政建设向纵深发展，为加快推动高水平农业科技自立自强、科技支撑乡村振兴、促进农业农村现代化、夺取全面建设社会主义现代化国家新胜利作出新的贡献，以实际的行动、优异的成绩迎接党的二十大胜利召开。

张合成书记在中国农业科学院 2022年巡视巡察工作动员部署会上的讲话

2022年6月28日

同志们：

按照农业农村部党组的统一部署，今天中国农业科学院正式启动2022年巡察工作。农业农村部党组于6月15日正式启动了今年巡视巡察工作，我院的工作要确保与部党组部署紧密衔接。

刚才，杰人同志传达了习近平总书记关于巡视工作的指示要求、2022年全国巡视工作会议、农业农村部党组2022年巡视工作动员部署会主要精神。孔明同志宣布了2022年被巡察单位名单，并向巡察组组长授权。9个即将接受巡察单位的党委书记和2位巡察组组长代表作了表态发言。监察局通报了2021年被巡察单位整改情况，4个2021年被巡察单位代表就整改进展作了汇报。从以上情况看，我院巡察工作的规范性进一步增强，大多数单位主要领导对巡视巡察工作的认识进一步提高，整改成效日益凸显。

今年是十九届中央巡视最后一年，将完成全覆盖任务，我院也要完成9个单位的巡察，实现全覆盖。今年是我院接受中央巡视后持续推进整改工作的第一年，也是“十四五”规划推进实施的重要一年，下半年我们还要迎接党的二十大的召开。高质量开展好本轮巡视巡察工作十分重要，意义十分特殊。前几天，院里刚刚召开了全面从严治党工作会议，对今年全面从严治党工作的5个方面33条具体工作作出了系统部署，今天就不再重复了，但不讲不等于不重要，不等于没要求，全面从严治党会部署的任务是必须完成的硬任务。今天，我主要就做好院2022年的巡视巡察工作讲3点意见。

一、巡察组要扛起政治责任

巡察组要当好“显微镜”，做好“探照灯”，从讲政治的高度扛起责任。当好“显微镜”，就是要发现问题，不要成为“近视眼、老花眼”，近处看不清、远处也看不见；做好“探照灯”，就是要推进改革、促进发展，别打个手电筒照不远，还只照别人。要遵循“发现问题、形成震慑、推动改革、促进发展”的巡视工作方针，认真做好巡察工作。

刚才，孔明同志亲自对巡察组组长进行授权，这在我院巡视巡察工作中还是头一次，体现了院长、书记履行扛起第一责任人责任的承诺，表达了院长对同志们的政治信任和政治嘱托，也是对大家提要求。大家一定要清晰地认识到这一点，不要辜负院长和院党组的信任。每年我们组建巡察队伍，特别是在组长和副组长的选择上，政治上的考量是第一位的，今天的授权就是政治上的信任、政治上的重托。同时，院党组抽调年轻干部参加巡察，也是对年轻干部一种锻炼。从前几届同志们反馈回来的情况看，一批年轻的业务干部进入巡察组工作，感受到了政治责任，接受了政治熏陶和政治训练，提高了政治能力、领导水平以及对院情所情的把握能力。

明天上午，还将对全体巡察组成员进行专门培训，集中学习部院党组对巡察工作的具体要求，系统学习政策、工作方法，这些都是为了提升大家精准发现和推动解决问题的能力。今年新进巡察组的同志，要认真地学习，重点是学习习近平总书记关于全面从严治党和巡视工作重要讲话和指示批示、全国巡视工作会部署和部党组的要求，要逐条逐句学，不要一带而过，不要大而化之，特别是对吴清海组长今年到我院的两次座谈会讲话，要原原本本地学，9 位组长更要对吴清海组长讲话精神把准吃透。

要通过深入细致的巡察工作，查找工作死角，推动解决死角的问题。每年审计完，总能发现有些单位老毛病屡谈屡犯，这就是死角；总有个别单位在落实中央八项规定精神上要踩线冒泡，这也是死角；还有科研副产品品尝、专家咨询费领取、领导干部持股等，我们做了许多工作，但还有一些工作盲区。我们要用“探照灯”去照亮，经常性地抓早抓小、咬耳扯袖，要真正做到而不能只当成口号来喊。关于如何当好“显微镜”、做好“探照灯”，我提 5 点要求。

第一，要敢于动真碰硬。巡视巡察是党内监督的战略性制度安排，是实现自我革命的重要方式。巡视巡察不是表功的、树先进的，是要挑毛病的、找偏差的，不要怕得罪人。我院熟人社会、大院文化，人太熟了，不好意思、开不了口、下不了手，是巡察工作的难点。但巡察组是有授权的，是代表院长和书记、代表院党组的，不能因为太熟了就开不了口、下不了手、提不出问题。大家要心怀“国之大者”，站在全局和战略的高度想问题、办事情，一切工作都要以贯彻落实党中央决策部署、农业农村部院党组工作要求为前提。动真碰硬就是敢于红脸出汗、敢巡敢严、真巡真严，履行好院党组赋予的职责。

第二，要善于发现问题。巡察就是要发现问题，该发现的问题没有发现就是失职，发现问题不处理、不报告就是渎职。要发现真问题，如果发现的都是鸡毛蒜皮、隔靴搔痒的问题，巡察就成了走过场。巡察组进驻前，要积极主动与科技、成果转化、人事、党委、纪检监察、财务审计等部门沟通，了解被巡察单位科研创新、转化推广、党风廉政建设、信访举报、领导班子和干部队伍建设、党建等工作情况，提前对被巡察单位党委存在的问题进行“把脉”“预诊”，带着问题开展巡察工作，提高巡察发现问题的精确度。进驻后，巡察组要充分信任、坚决依靠被巡察单位党委开展工作，加强与党政“一把手”的沟通，通过查阅台账、实地走访、参加重要会议等方式对被巡察党委进行全方位、多角度的观察，深入了解、准确分析发现真问题大问题，把问题弄准弄透。要发挥主观能动性，强化谈话方式利用，认真听取干部职工、科研人员的意见建议，发挥好谈话发现问题的重要作用。

第三，要善于从政治上看问题。巡视是政治巡视，不是业务巡视。从政治上看问题是我党的一贯要求，是讲政治的突出特点和具体体现，也是政治巡视的内在要求。做好巡察工作必须善于从政治视角去审视发现问题，具体而言有以下视角。一是巡察组要弄清楚被巡察单位的职责使命是什么，这是对照表，在各单位章程里都明确了。二是国家队的作用是否发挥充分。三是是否认真贯彻落实总书记关于“三农”工作、关于科技创新的重要论述精神，特别是致我院贺信精神，是否把思想和行动统一到中央关于创新驱动发展的重大战略上、统一到实施乡村振兴战略的目标要求上，是否将院“十四五”规划和使命清单的各项任务落实到具体工作中，职工群众听党话、感党恩、跟党走的思想认识是否到位。要善于透过大量具体表现、归纳提炼出被巡察单位党委最为突出的问题，画准“政治画像”。

第四，要认真把关“两个报告”。这两个报告一个是被巡察单位的汇报，一个是巡察组的巡察报告。巡察组要加强对各单位党委汇报材料的把关审核。中央巡视组进驻前，院党组的工作汇报经过多次沟通、修改，我参与的大改就有 4~5 稿，一般改动更是不计其数。要把材料修改过程作为被巡察单位党委提高认识、发现问题、统一思想、促进工作的过程。巡察报告是巡察成果的最终体现，通过扎实细致的巡察，将发现的问题形成客观、真实的巡察报告，是综合运用巡察成果的基础。必须客观真实反映被巡察单位的情况，拔高或降低都会产生负面影响，直接影响院党组巡察权威。巡察报告政治站位要高，发现的主要问题要准、要有依据、要符合实际、要透过现象看本质，不能群众说啥写啥，不能只当传话筒，不能只是浓缩概括。要以改革的思维提出改进建议，建议要有针对性、可操作、可落实，一体推进揭示问题、规范管理、深化改革，有利于推动被巡察单位落实全面从严治党主体责任、履行好农业科技创新职责使命。要帮助被巡察单位解决问题，提出解决方案。特别是针对院所运行报告反映出的个别单位人员经费超支、存在财务运行风险的情况，相关巡察组要高度重视，紧盯重点单位，加强政策指导与服务。要压实主体责任，与研究所同题共答，共同商讨剖析形成原因，督促制定切实可行的工作方案，提出控制赤字和逐步消化存量赤字的具体举措和时间表，促进研究所健康发展。这些内容要作为巡察报告一部分。

第五，要严守巡察纪律。律人者先律己。巡察组是监督别人的，更要带头严守政治纪律、执行各项制度。巡察组代表的是院党组，被巡察单位在看，职工群众也在看，对巡察纪律的一点点违背，吃一点、喝一点、拿一点、抽一点，哪怕业余时间都不行，带来的都可能是对党的先进性、纯洁性的伤害。巡察期间还要考虑新冠疫情防控，要给自己加个电子围栏，加个思维围栏。巡察组要将严肃纪律贯穿于巡察工作全过程。要严格执行“两不”规定，即不干预被巡视巡察单位正常工作和科研秩序，不履行执纪审查职责。严禁跑风漏气、打探说情，更不能把小事化了、大事化小，要如实客观反映问题，严把“人情关”“友情关”。要严格遵守中央的八项规定精神，巡察组的工作条件、生活保障院里都有明确规定，各单位要按规定办。要确保巡察组的同志们吃饱、吃好，但不要违规超标，住宿也要严格遵守规定，不要过分表达不该表达的热情。同志们也要厉行节约，吃饭要注意“光盘”，坚决杜绝吃吃喝喝、拉拉扯扯的情况。

同志们，巡察组是政治部队，肩负着院党组赋予的使命，每个巡察组的成员都是院党组精心选拔的优秀干部，必须做到忠诚干净担当。组长要发挥头雁效应，带头加强学习，带头提高能力，带头严守纪律。各级党组织包括接受巡察和派出巡察人员的单位都要对巡察干部关心关爱，发挥巡视巡察的熔炉作用，在工作中发现干部、考察干部、锻炼干部、培养干部，这是中央的要求。要让勤勤恳恳、履职尽责的干部在培养、培训、提拔、晋升、奖励等方面不吃亏、有奔头，既为巡视巡察工作、也为我院的高质量发展提供坚强的干部队伍保障和组织保障。

二、被巡察单位要自觉接受政治体检

政治体检的重点是 9 个即将接受巡察单位和 13 个 2021 年被巡视巡察单位整改“后半篇文章”。主要提 3 点要求。

一要以高度的政治责任感积极主动配合巡察。做好巡察工作是巡察组和被巡察单位党组织共同的政治责任，两者的目标是一致的，要落实好同题共答、同向发力、同时发力的要求。被巡察单位领导班子特别是党政“一把手”要站在讲政治的高度，以闻过则喜的态度，切实增强接受巡察的政治自觉、思想自觉和行动自觉，全力支持配合巡察组开展工作。所长、书记同责，都是第一责任人，要对汇报材料、上报材料亲自把关。到所巡察的时间也就 1 个月，巡察组要的材料各单位要尽快准备好、及时报送、不得拖延。前两年，我们有一个研究所，在被部党组提级巡视的过程中，对巡视组要的材料推来拖去，被催了又催，还让巡视组一等再等，直到巡视工作要结束准备撤组了，才把材料报上来，这是政治站位不高、政治意识不强、不讲政治的表现。配合巡察是非常严肃的事情，巡察组交代的事情就是政治任务，要第一时间完成。

二要以发展机遇的心态自觉接受巡察。被巡察单位党委要增强接受监督的政治自觉，把接受巡视巡察当作推动重大改革、重点工作、解决难点问题的重要机遇。我院就是以这样的心态参加、接受 2020 年中央巡视的。针对中央巡视组指出的 47 个问题，院党组制定了整改方案，有些问题解决得很好，中央巡视组认为中国农业科学院党组推进改革、促进发展的效果是非常好的，其实就是院党组抓住了中央巡视这个重大机遇。大家要充分认识到，巡察组是院党组授权派出的，巡察工作提出的问题就是院长、书记提出的批评。在接受巡察过程中，所长、书记一定要注意消除群众顾虑，鼓励支持干部群众向巡察组如实反映情况、反映问题。同时，要防止紧急动员，应付巡察；也要防止借机夸大事实，激化矛盾。既要畅通言路，又要营造良好政治生态。这里我再强调一点，为确保巡察工作顺利进行，在接受巡察的期间，被巡察单位领导班子成员，包括所长和书记，出差除按原正常渠道履行请假销假手续外，还要向巡察组组长请假销假，而且要先向巡察组组长请假销假，便于巡察组把握巡察进度和安排。

三要扎实做好巡察整改“后半篇文章”。这主要是对2021年被巡视巡察的13个单位讲的，对今年被巡视巡察的9个单位也是同样要求。巡察整改“后半篇文章”其实是正文，主要的观点都在“后半篇文章”里表达，包括结论。习近平总书记强调，巡视发现问题的目的是解决问题，巡视整改不落实，就是对党不忠诚、对人民不负责；要把整改融入日常工作、融入深化改革、融入全面从严治党、融入班子队伍建设，强化巡视成果综合运用，以巡促改、以巡促建、以巡促治。2022年2月，中共中央办公厅印发《关于加强巡视整改和成果运用的意见》（以下简称《意见》）；3月的全国巡视工作会议，对贯彻落实《意见》提出“压实整改主体责任、强化系统集成整改、做实整改日常监督、综合用好巡视成果”的明确要求。从近年院属单位落实巡视巡察整改情况看，与党中央要求和群众期盼还有不小差距。刚才监察局汇报了2021年被巡察单位整改情况，提出了3个方面问题，我看问题分析得还不够到位。会议安排4个所发言，很有深意，做好巡察整改“后半篇文章”任务还很重。2021年一季度，在中央巡视整改过程中，我抽查一个大所，对该所巡视整改“后半篇文章”工作安排十分不满意。他们对中央巡视组提出的意见基本没有研究，亟须解决的一些重大问题没有深入研究，领导班子没有集中研究群众关心关注的问题。这里我再次强调，巡察组对今年9个单位提出的问题，特别是在前期交换意见中发现的问题，被巡察单位要主动认领，先改起来、先做起来，要有照单全收的心态。针对发现的问题，要先从班子成员，特别是两个“一把手”身上找根源，层层向下传导压力。要真改实改，立行立改的加快推进，长期整改的明确时间和步骤；要举一反三，同样的问题不要出现在其他领域和其他部门；要抓细抓实，做到条条有整改、件件有着落。各单位要把贯彻落实《意见》作为一项政治任务，把认真抓好整改落实作为加强党员干部党性锤炼的契机，切实推动改革发展、治理能力、管理水平都上一个新台阶。

三、院机关各部门要坚持感同身受的政治心态

今天参会的除了院巡视工作领导小组成员单位的负责人外，还包括院机关其他部门、后勤中心、研究生院的主要领导，就是要求各部门各单位作为院党组的工作机构，必须切实发挥并履行好职能监督作用。前不久，驻农业农村部纪检监察组与中国农业科学院党组召开座谈会，吴清海组长明确指出，我院全面从严治党出现的一些问题虽然大多表现在基层，但核心是权力运行的制约和监督，关键还是在院党组、院班子、院职能部门。机关各部门别光看热闹，认为巡察跟自己无关，要感同身受，不能在旁边当裁判。巡察发现各单位在哪方面出了问题，在哪些领域出问题多，就表明该领域主管部门履职尽责不够，没有真正做到把自己、把职责、把工作摆进去，主动履行职能监督、推动工作落实的责任不到位。例如，执行中央八项规定出了问题，责任首先要记在院办账上；选人用人出了问题，责任首先要记在人事局账上；财务审计监督落实不到位，财务局就要感同身受。

首先，要建立深度参与机制，形成监督合力。党的十九大以来，中央在构建巡视战略格局方面抓了两件大事，一个是纵向抓上下联动，另一个是横向抓贯通融合。后者要求加强部门协调协作，抓好与其他监督的贯通融合。这里我要特别强调，贯通融合不是简单出个办法、建个领导小组就能完成的事，而是要从思想上、责任上、机制上、组织上全方位贯通。习近平总书记强调，要让审计、财政、统计部门的专业力量深度参与巡视巡察，探索深化贯通协同的有效路径。具体到我院，要准确理解把握“深度参与”的内涵要求，院机关各部门、有关研究所，要在情况互通、工作互动、信息共享等方面要探索更加有效的贯通方式，在巡视巡察中，科技、转化、人事、财务、纪检等部门要建立健全“专业力量深度参与”的制度机制，进一步形成工作合力、提升监督质量。

其次，要提高政治站位，全力支撑保障巡察工作。巡察工作是一项政治性很强的工作，院机关各部门要提高政治站位，以接受中央巡视心态来为院巡察工作做好政策支持和服务保障，不能只当看客。对主管业务领域要做好政策支持保障；对巡察组和被巡察单位咨询问题、要求帮助解决的问题要认真对待；对问题的回答解释要一把尺子量到底，不能搞亲疏有别、薄厚有异；对帮助解决基层困难和问题要高度重视。无论巡察组还是被巡察单位，出发点落脚点是解决问题，这一点要高度重视。要坚持首问责任，巡察组问的问题不能推诿扯皮，要负责到底，不是自己领域的也要帮助协调。各局抽调的人员要认真配合好工作，保障工作时间，尽职尽责，做到两手抓两不误。院巡视工作领导小组办公室和巡视工作领导小组的各组成部门，要认真履职尽责，抓落实、抓督办、抓推进，发挥好组织协调和督导指导作用，推动监督、整改、治理有机贯通，为进一步做好我院巡视巡察整改和成果运用工作破题探路。

最后，我再强调一下防疫工作。现在各地对新冠疫情防控的要求还有不少差异，巡察组要严格执行属地疫情防控要求，不要搞特殊，也不要搞例外，要抓好巡察和防疫“两不误”，特别是涉及防疫“动态清零”的中央总方针的落实，要带头落实、认真落实，确保巡察工作稳妥落实。同时，也要督促各单位落实好防疫政策，确保防疫和科研工作“两不误”。

预祝我院今年的巡视巡察工作圆满成功！

中共中国农业科学院党组关于印发《中国农业科学院院属单位纪委书记履职清单（试行）》的通知

（农科院党组发〔2022〕28号）

《中国农业科学院院属单位纪委书记履职清单（试行）》已经院党组2022年第3次会议审议通过，现印发给你们，请结合实际，认真贯彻执行。

中共中国农业科学院党组

2022年4月1日

中国农业科学院院属单位纪委书记履职清单（试行）

为更加充分落实院属单位纪委书记全面从严治党政治责任，履行好监督执纪问责职责，根据《中国共产党纪律检查委员会工作条例》《关于加强中央和国家机关部门机关纪委建设的意见》《中共农业农村部党组关于加强部系统纪律检查工作的意见》以及《中国农业科学院纪检组织监督责任清单》等规定，结合农业科研单位实际，制定纪委书记履职清单如下。

一、必履行的职责

（1）协助党委落实全面从严治党工作。协助党委制定全面从严治党规划、计划，推动各项工作落实；协助党委认真贯彻落实上级纪检组织的决策部署和工作要求；每半年提请党委研究全面从严治党工作。推动党委落实全面从严治党，党风廉政建设和反腐败主体责任。

（2）落实纪委监督专责。加强对党委领导班子的监督，检查党委领导班子成员包括“一把手”管党治党责任落实情况，发现班子成员履职尽责、廉洁自律等方面重要问题，按照规定如实报告。

（3）突出政治监督。加强对党的路线方针政策和党中央决策部署落实情况的监督检查，加强部、院党组重大工作任务落实情况的监督检查，加强对履行科技创新核心职责使命、科技支撑乡村振兴的监督，加强对落实“四个面向”“两个一流”的监督。

（4）做实做细日常监督。加强日常检查，加强信访举报问题线索办理，按照干部管理权限，组织实施监督执纪问责工作，对违纪违法的党员研究提出处理建议。

（5）加强巡视巡察审计整改的监督和检查。对巡视巡察审计等发现问题整改情况开展监督和检查，督促落实整改责任，用好整改成果。

（6）加强干部廉政的监督。按照规定对拟提拔或进一步使用、人才推荐、评优评先等人员出具廉政意见。

（7）强化重点领域风险防控。紧盯重点领域，落实风险防控重点工作任务，督促相关部门落实管理责任。

（8）强化重大事项请示报告制度。建立健全重大事项请示报告工作督查机制，并将执行请示报告制度情况纳入日常监督范围。

（9）强化制度执行的监督。定期开展监督检查，对党风廉政建设有关制度规定的落实情况进行监督。

（10）推动纪委年度工作落实落地。组织制定本单位纪委年度工作重点任务、计划和措施，落实纪委委员分工负责制，每半年向院纪检组报告履职尽责情况。

二、必开的会议

（1）全面从严治党精神传达会。向干部职工传达部署上级部门及院党组关于全面从严治党有关会议精神。

（2）纪委工作会。听取纪委委员关于落实监督责任的工作情况汇报，掌握工作动态，研究解决问题，督促任务落实。

（3）风险分析会。认真落实风险防控责任，及时分析排查风险点，强化风险防控责任落实。

（4）问题线索专题研究会。对重点、难点问题加强分析研判。

（5）警示教育会。对干部职工加强经常性纪律教育，以案明纪，以案说法，筑牢不敢腐、不能腐、不想腐的思想防线。

三、必开展的批评

（1）针对日常监督中发现的苗头性、倾向性问题，敢于红脸出汗，及时咬耳扯袖，及时谈话提醒，及时批评教育。

（2）对信访举报，群众反映较多、反映强烈的相关部门负责人或个人及时进行谈话提醒、批评教育。

（3）对于履行自身监督职责不到位的纪委委员、支部书记、纪检小组成员，及时谈话提醒、批评教育。

四、必讲的课

（1）对党员干部、职工群众讲廉政党课。加强全面从严治党、党风廉政建设和反腐败工作的形势任务以及家风家教等宣传教育，推进廉洁文化建设，营造崇廉拒腐氛围。

（2）对纪委委员、支部书记、纪检小组成员进行专题培训。提高把握政策、监督执纪、做思想政治工作等能力，建设高素质专业化纪检干部队伍。

五、必开展的谈话

（1）对新提拔任用的干部开展纪律教育、党规党纪等方面的廉政谈话。

（2）组织开展对新晋职称、新晋导师师德师风、学术道德等方面的廉政谈话。

（3）对新任所办企业负责人、独立试验站（基地）负责人等重点领域部门主要负责人进行廉政谈话。

（4）对新入职职工进行纪律教育谈话。

中共中国农业科学院党组关于印发《中国农业科学院2022年全面从严治党工作要点及分工意见》的通知

农科院党组发〔2022〕54号

院机关各部门、院属各单位：

《中国农业科学院2022年全面从严治党工作要点及分工意见》已经院党风廉政建设工作领导小组会议审议通过，现印发执行。

各部门要压实主体责任，针对本部门牵头分工任务，认真研究制定工作方案，明确分管领导、责任处室、时限进度和措施要求，强化组织协调和督促指导，于2022年8月31日前将工作方案报院党风廉政建设工作领导小组办公室（监察局，电子邮箱jcj001@caas.cn）。各单位党组织和纪检组织要狠抓任务落实，保质保量按时完成全年重点任务。

中共中国农业科学院党组

2022年8月9日

中国农业科学院 2022 年
全面从严治党工作要点及分工意见

为深入贯彻落实党的十九届六中全会和中央纪委六次全会精神、农业农村部 2022 年全面从严治党工作任务分工意见、中国农业科学院“十四五”农业科研特色监督工作规划和全面从严治党会工作部署，根据党风廉政建设责任制的规定，结合我院实际，制定 2022 年全面从严治党工作要点及分工意见（以下简称《分工意见》）如下。

一、任务分工

（一）持之以恒强化政治建设，在思想上政治上行动上同以习近平同志为核心的党中央保持高度一致

（1）学懂弄通做实习近平新时代中国特色社会主义思想，深化政治机关意识教育，认真对照习近平总书记提出的对党忠诚“四个能不能”检验标准，认真查摆整改问题，以“对党忠诚，始于足下”为主题开展多种形式的学习教育。坚持和完善“两个第一”学习贯彻制度，扎实开展“学习研讨、查摆问题、改进提高”专项工作，为完成好年度重点工作提供有力保障。（机关党委牵头）

（2）提高政治站位，持之以恒抓实抓好贺信精神贯彻落实。系统梳理我院在落实贺信精神，推动“四个面向、两个一流、整体跃升”过程中形成的制度性成果和机制性、创新性保障措施。组织相关单位共同召开学习贯彻习近平总书记贺信精神交流会，共同研究谋划新时期加快农业科技创新、支撑全面推进乡村振兴的思路举措。（院办公室牵头）

（3）围绕迎接服务党的二十大和学习贯彻党的二十大精神这条主线，结合“三农”特别是我院科技创新实际，谋划开展形势、成就、典型宣传，用重大成就和生动案例，教育引导党员干部进一步深刻认识“两个确立”的决定性意义，增强做到“两个维护”的思想自觉、政治自觉、行动自觉。（机关党委牵头）

（4）加强意识形态工作和思想政治工作。认真贯彻执行《中央和国家机关党员工作时间以外政治言行若干规定（试行）》，坚决筑牢意识形态安全防线。进一步增强思想政治工作的针对性和实效性，加强人文关怀和心理疏导，切实把思想政治工作干在实处。以年轻干部为重点，每半年开展一次干部职工思想动态调查分析，做好深入细致的思想工作。适时了解各单位落实思想政治工作情况，督促把制度机制落到实处。（机关党委牵头）

（5）强化舆情监测预警和分析研判，盯紧重要阵地、重点领域、重点群体、重点人员、重大时间节点动态动向，强化风险隐患排查，提高防范应对措施的精准度和有效性。（院办公室牵头）

（6）认真贯彻落实民主集中制。落实好民主集中制的五项制度和十条要求，进一步开展好民主集中制学习培训交流活动，加强落实情况的调度和监督。（人事局牵头）

（7）坚持把政治监督融入日常抓在经常。围绕深刻把握“两个确立”、切实做到“两个维护”，围绕加强党的领导、心怀“国之大者”，通过院巡察和日常监督，加强政治监督，推动强化国家队职责使命，推动重大决策部署和重大任务落实落地。（监察局牵头）

（二）健全党史学习教育常态化长效化机制，巩固深化学习成果

（1）大力弘扬新时代科学家精神和农科精神，持续用好用足党史农史和农业科技史、院所史方面的研究成果，作为党员教育培训的必修课，持续巩固提升学习效果。（机关党委牵头）

（2）认真开展习近平总书记关于“三农”工作的重要论述大学习大培训，领导干部、专家群体、青年干部要奋勇当先、作好表率，带头参与学习培训、研讨交流，真正学深悟透做实。（人事局牵头）

（3）聚焦干部职工、农民群众的急难愁盼和工作难点堵点，继续用好“我为群众办实事”实践活动良好机制，推动全院各级党组织和党员干部积极为群众办实事、解难事，不断增强职工的获得感、幸福感、安全感。（机关党委牵头）

（三）胸怀“国之大者”，扛起支撑保障国家粮食安全的政治责任，履职尽责努力实现高水平农业科技自立自强

（1）紧盯习近平总书记关心的大事要事，聚焦保夏粮、扩大豆等硬任务提供科技支撑。及时督促、提醒和激励，把习近平总书记重要指示批示、中央“三农”决策和农业农村部的部署落到实处，确保不偏性、不变通、不走样。（转化局牵头）

（2）全力担当粮食安全的政治责任，坚决把支撑粮食安全和重要农产品稳产保供作为“第一使命”，强化年度重点任务落地的监督。推动举院之力抓好“种子、耕地、生物安全、农机装备、绿色低碳、乡村发展”等“国之大者”，全面落实“院—所—团队”三级任务制，全面建设团队作战机制。（科技局牵头）

（3）全面推进科研进展考评工作，扎实推进规划体系的执行力度。建立健全从使命清单制、任务制、团队制到科研进展报告制的系统化组织模式，把探索构建以科研进展为基础的新型综合评价体系作为改革重点。用好对院属各单位“十四五”规划逐一听取进展、逐一分析研讨的成果，形成制度性安排，着力解决规划任务不聚焦、“四个

面向”不到位、“两个一流”缺乏设计等问题，确保院里明确的发展目标和重点任务如期保质推进落实。(院办公室牵头)

(4) 以推动履行核心职责使命、践行高水平农业科技自立自强为重点，开展监督，促进履职。奋力抢占制高点，加快补齐农业关键核心技术短板，努力降低科技对外依存度。(科技局牵头)

(5) 深化产学研深度融合，聚焦大力提升成果转化率、全力支持农业企业提升研发能力，持续加强监督，推动出成果、出效益。(转化局牵头)

(6) 深入推进科研体制机制改革，聚焦加大战略人才力量建设、提升创新活力，持续加强监督，推动出人才、出机制。(人事局牵头)

(7) 聚焦院中心工作和年度重点任务落实，特别是“种子、耕地、生物安全、农机装备、绿色低碳、乡村发展”六大重点领域任务落实情况，通过日常监督、专项调研等加强督促，强化履职尽责意识，促进院重点工作措施的落实。(监察局牵头)

(四) 坚持不懈加强党风廉政建设，形成严管严惩的高压态势

(1) 围绕《三大重点领域十七个方面风险防控指南》落实情况，开展深入细致的清理排查，进一步梳理分析廉政风险点，健全完善廉政风险防控制度，划出清晰明确的制度纪律红线。开展公务用车和加油卡问题专项整治。加强对所办企业、学会协会、期刊杂志、试验基地、检测中心等“末梢”领域监督。(监察局牵头)

(2) 强化依法科研、依规科研，扎实做好科研保密、安全生产工作。要坚持依法依规开展科学探索和研究活动，建立健全法人负责、全过程依法监督机制。要聚焦主责主业开展科技创新，同时要严密防范在科研学术活动过程中可能出现的法律风险，重点加强作物、动物、生物安全、资源环境、农产品质量安全和国家重点管制等领域的科研行为管理。(院办公室牵头)

(3) 牢固安全科研意识。强化科研安全事故防范，加强科研人员安全知识教育；强化生物安全风险防控；加强学术道德和科研伦理监督。(科技局牵头)

(4) 科学界定成果转化收入，明晰界限、严格区分。充分考虑科技创新工作的体制机制和行业特点，准确把握领导干部持股政策界限，做好政策宣讲，持续深化所办企业廉洁风险防控。(转化局牵头)

(5) 管好用好从基本科研业务费和创新工程经费中提取的奖励经费，建立健全科研经费使用动态监管机制，盯紧风险点，确保“放得下、接得住、管得好”。加强院所房产出租出借监管，聚焦科研副产品、试剂耗材采购等强化风险防控。(财务局牵头)

(6) 聚焦出国（境）及对外交往领域，明确纪律要求，细化安全举措，强化风险防控。(国合局牵头)

(7) 加强师德师风和研究生教育管理，持续强化导师禁行行为“红十三条”宣传教育，加强导师日常管理，扎实做好研究生思想政治工作和日常管理，加大督查力度，

建立长效机制。（研究生院牵头）

（8）对一些长期在人事、财务、基建等关键岗位上负责的同志，加强交流，避免权力固化。（人事局牵头）

（9）坚持严的主基调不动摇，惩治震慑、制度约束、提高觉悟一体发力。加强纪法教育，通过廉政短信、参观廉政教育基地、案例通报等形式，加大警示教育的密度频度。院属单位特别是出了问题的单位，要及时召开警示教育大会，用身边事教育身边人，引导党员干部筑牢拒腐防变的思想防线。深入挖掘我院优秀的文化资源，涵养富有农科特色的廉洁文化。（监察局牵头）

（10）对我院干部职工及近亲属被司法机关采取措施等突发或重要情况，在第一时间以书面报告的形式报院办公室的同时，报告院监察局。院办公室和监察局及时报送农业农村部办公厅、驻农业农村部纪检监察组及直属机关纪委。（监察局牵头）

（五）锲而不舍纠治“四风”，涵养求真务实的新风正气

（1）深化落实中央八项规定及其实施细则精神，印发《中国农业科学院推进中央八项规定及其实施细则精神常态化自查自纠工作方案》，持续加固中央八项规定精神的堤坝。继续紧盯节假日等重要节点，聚焦违规接受宴请、收受礼品礼金等问题，严防严查、经常提醒，防止老问题复燃、新问题萌发。（监察局牵头）

（2）守住精文减会的硬杠杠，在严控会议、发文数量的同时，着力提升办文办会质量，引导全院形成清新务实的文风会风。督办检查工作要力戒形式主义、官僚主义，列入计划的要严督实查、确保取得实效；其他方面要更多运用大数据等信息化手段调度情况，推动工作，切实减轻基层负担。（院办公室牵头）

（3）抓在日常、严在经常，特别加大对干部职工特别是“关键少数”在“八小时之外”的监督，坚决抵制不正之风，涵养风清气正的政治生态。（人事局牵头）

（4）组织开展“学党史、纠‘四风’、树新风”专项行动“回头看”，对形式主义、官僚主义问题始终保持高度敏感性，抓好对照检查、立行立改，防止发生“表现在下边，根子在上边”的形式主义、官僚主义问题。（机关党委牵头）

（六）加强年轻干部教育管理监督，引导扣好廉洁从政“第一粒扣子”

（1）围绕“中国共产党是什么、要干什么”这个根本问题，根据年轻干部的特点需要、思维方式和语言体系，深入挖掘“三农”领域典型人物和先进事迹，有计划、有针对性地强化思想教育，引导年轻干部解决好和平年代为谁而干的深层次思想问题。（机关党委牵头）

（2）全面落实部系统年轻干部专题警示教育大会部署要求，建立健全领导班子同年轻干部谈心谈话全覆盖制度。适时了解各单位落实全覆盖谈心谈话情况，督促把制度

机制真正落到实处。(人事局牵头)

(3) 落实干部廉政谈话以及日常提醒监督工作。党支部、纪检小组加强对年轻干部近距离、常态化监督，特别是工作时间之外的监督，推动监督下沉落地。(监察局牵头)

(七) 履职尽责担当作为，全链条压实管党治党政治责任

(1) 严格落实“三个摆进去”。强化对权力运行的监督制约，党员干部特别是领导干部要带头讲政治，真正把自己、把职责、把工作摆进去，处处以身示范、以上率下，营造良好的担责干事氛围。促进领导干部，包括处级干部，要养成在监督下工作、生活的习惯。(人事局牵头)

(2) 认真贯彻落实中央《关于加强对“一把手”和领导班子监督的意见》以及部院党组实施办法，党组织履行好主体责任，党政主要负责人履行第一责任人责任，自觉接受监督，主动开展监督，担当推动高水平农业科技自立自强的领头雁阵。(人事局牵头)

(3) 班子成员落实好“一岗双责”，既要抓好分管领域业务工作，更要管思想、管作风、管纪律；既要会表扬、善鼓励，又要敢于指出问题、严肃批评、提出要求、“红脸出汗”，把全面从严治党责任层层压实到位。(机关党委牵头)

(4) 纪检组织要发挥监督专责作用，及时校准纠偏，推动规范用权，对违规违纪违法案件坚决查办处理。(监察局牵头)

(5) 认真贯彻落实中共中央办公厅《关于加强中央和国家机关部门机关纪委建设的意见》，以及部党组制定印发的《关于加强部系统纪律检查工作的意见》，把纪检干部队伍建设摆上更加重要位置，进一步选好配强纪委书记和纪检干部。(人事局牵头)

(6) 通过组织开展业务培训，抽调参加纪检、巡察、审计等工作，以干代训、以实战练兵提升业务能力，持续推动监督队伍能力提升。(监察局牵头)

(八) 全面加强我院的监督体系建设，为农业科技创新构建持续稳定健康发展的政治生态和文化氛围

(1) 强化制度保障。系统落实好《“十四五”农业科研特色监督工作规划》《三大重点领域十七个方面风险防控指南》，加强落实和发挥纪检机构的监督专责和各职能部门职能监督责任。(监察局牵头)

(2) 完善监督工作体系建设。重点围绕纪委职责清单执行的监督、监督力量整合、基层纪检组织监督部门履职能力提升、巡察队伍建设、审计反馈整改、干部监督、科研道德监督、导师师德监督、部门联动和协同机制建立等方面，抓紧推进、抓紧落实。(监察局牵头)

(3) 强化农科特色监督体系研究。进一步深化拓展10个农科特色监督课题研究，完善选题、提升站位、聚焦导向、加强研讨、调整组织方式，出一批有见地、有质量、可操作的研究成果。(监察局牵头)

二、工作要求

(一) 切实加强学习

各部门各单位要深入学习党的十九届六中全会、中央纪委六次全会精神、农业农村部全面从严治党工作会议精神，认真贯彻落实我院全面从严治党工作会议部署，认真贯彻落实《分工意见》，力戒形式主义、官僚主义，高质量推进我院党的建设，长期坚持严的主基调，推动全面从严治党向纵深发展。

(二) 加强组织领导

牵头任务部门要发挥牵总作用，确定任务参与部门，开展调查研究，制定工作方案，明确分管领导、责任处室、时限进度和措施要求，强化组织协调和督促指导，纳入本部门2022年度工作重点一体部署、一体推动、一体落实。参与部门要认真配合牵头部门，协助制定方案，抓好任务落实。各单位党组织和纪检组织要狠抓任务落实，保质保量按时完成全年重点任务。

(三) 压实主体责任

各部门各单位领导班子要扛牢抓实全面从严治党主体责任，各部门主要负责人、各单位党政一把手切实履行第一责任人职责；分管领导严格落实“一岗双责”，在分管领域做到管人、管事、管党建、管监督一体；各单位纪委要履职尽责，强化担当，协助党委落实全面从严治党任务，抓好职责范围内工作；团队首席、支部书记、纪检小组切实负起责任，确保全面从严治党工作任务在基层组织贯彻落实。

(四) 强化督促检查

院办公室、人事局、监察局、机关党委要通过绩效考核、巡察、监督检查等，对任务分工落实情况加强督促检查，扎实推动院系统全面从严治党各项任务落地见效。

（五）及时总结报告

各部门于 2022 年 12 月 15 日前，将年度任务完成情况形成书面报告，报院党风廉政建设工作领导小组办公室（监察局），由领导小组办公室形成全院党风廉政建设工作报告上报农业农村部机关党委。

各单位纪委根据《分工意见》落实纪委年度工作计划，上报纪委年度述职报告。根据农业农村部机关党委有关要求，将强化运用监督执纪“第一种形态”的情况纳入纪委书记年度书面述职报告内容，并按半年度、年度时间节点上报《运用监督执纪“第一种形态”情况汇总表》。

中共中国农业科学院党组纪检组关于报送中国农业科学院2022年全面从严治党任务落实及党风廉政建设工作总结的函

农科院党组纪检组报〔2022〕25号

农业农村部直属机关纪委：

2022年以来，中国农业科学院党组以习近平新时代中国特色社会主义思想为指导，深入贯彻落实党的二十大、十九届六中全会和中央纪委十九届六次全会精神，认真学习农业农村部全面从严治党工作会议、巡视工作领导小组会议等重要会议精神，以及吴清海组长两次来院重要讲话，深刻领悟“两个确立”的决定性意义，增强“四个意识”、坚定“四个自信”、做到“两个维护”，认真落实《农业农村部2022年全面从严治党工作任务分工意见》要求，组织召开了2022年全面从严治党工作会议，全面总结2021年以来主要工作，分析研判形势，研究部署全院全面从严治党重点工作，不断压实全面从严治党政治责任。现将重点工作情况总结报告如下。

一、全面加强政治建设，强化农业科研国家队职责使命

（一）深入学习贯彻党的二十大精神，全面加强党的政治建设

强化政治意识，深入学习贯彻党的二十大精神。第一时间、第一议题学习贯彻总书记的重要讲话和指示精神，院党组会共组织22次学习。组织开展《习近平谈治国理政》第四卷、《论“三农”工作》《干在实处 勇立潮头》等重要书目的学习贯彻，召开“感悟习近平总书记的农科牵挂——学习贯彻《论“三农”工作》”交流会。深入学习宣传贯彻党的二十大精神，第一时间组织全院党员干部收看党的二十大开幕式盛况，第一时间召开传达学习党的二十大精神干部大会、院党组理论学习中心组学习会等。吴孔明院长以“深入学习贯彻党的二十大精神 加快建设农业强国”为题讲专题党课；组织院士、历届党代表、全国三八红旗手等结合农业科技创新工作实际，分享交流党的二十大精神学习体会；举办全院党支部书记示范培训班，就党的二十大报告、《中国共产党章程》以及总体国家安全观、“三农”工作等的重要论述和部署进行深入学习。加强理论研究和成果宣传，在全国党建研究会科研院所

专委会2021年度课题成果交流评选中，我院荣获一等奖1篇、二等奖2篇，2篇文章在《中国党政干部论坛》和《旗帜》杂志发表。

提高政治站位，持之以恒抓实抓好贺信精神贯彻落实。系统梳理5年来我院在落实总书记贺信精神，推动“四个面向、两个一流、整体跃升”过程中形成的制度性成果，编印《改革创新制度性成果与典型经验汇编》。发起并联合中国水产科学研究院、中国热带农业科学院和各省（区、市）农业科学院共同组织召开了学习贯彻习近平总书记贺信精神交流会，集体重温了习近平总书记致我院建院60周年贺信，立足国家农业科技战略力量定位，切实履行好高水平科技自立自强使命担当，共同研究谋划新时期加快农业科技创新、支撑全面推进乡村振兴的思路举措。

突出政治引领，大力弘扬新时代科学家精神和农科精神。坚持把党的领导贯穿于科技创新全过程，提升基层党组织建设质量，57个党支部获评农业农村部直属机关“四强”党支部，29个党支部获评中央和国家机关“四强”党支部。推动党史学习教育常态化长效化，印发《推动党史学习教育常态化长效化的实施意见》。传承弘扬科学家精神和新时代农科精神，开展“灯塔”“谱系”“铸魂”“强基”系列行动。印发《弘扬新时代农科精神实施方案（2021—2025年）》。召开纪念陈凤桐院士诞辰125周年暨学术思想研讨会，组织开展红色农学家等老一辈科学家代表和建院65周年先进人物评选表彰。建成全院第一个农科精神教育实践基地——新乡精神展馆，并入选首批科学家精神教育基地。举办庆祝建党101周年主题活动，为陈凤桐院士塑像揭幕，为新乡精神展馆云开馆，为光荣在党50年老党员颁发纪念章。

强化思想引领，做细做实思想政治和意识形态工作。压紧压实思想政治工作责任，印发《关于加强和改进思想政治工作的实施意见》《中国农业科学院系统党组织加强意识形态工作方案》。形成中国农业科学院2021年度意识形态专项报告和“说说心里话”职工思想状况专项报告。开展走访慰问工作，筹措资金117.2万元，慰问老党员、老干部、老归侨以及生活困难职工252人。积极发挥党组织在新冠疫情防控中的战斗堡垒作用，组织各党组织选派160余人次志愿者累计服务社区居民9.9万人次。划拨党费38.5万元、工会专项资金36万元支持抗击新冠疫情。

（二）切实扛起支撑保障国家粮食安全的政治责任，履职尽责努力实现高水平农业科技自立自强

紧盯习近平总书记关心的大事要事，全力奋战夺夏粮丰收，积极做好大豆、油菜科技支撑工作。2022年年初组织210余名专家11个专家组，设立11个临时党支部，赴11个主产省开展技术指导培训，我院获全国学雷锋志愿服务“四个100”先进典型表彰，3名专家获评“全国粮食生产先进个人”。组织评选院2022年夺夏粮丰收专项行动先进个人22人。组织制定油菜、花生等高产高效技术集成示范项目工作方案，协助农业农村部科教司制定落实大豆油菜科技工作权责清单和年度任务，筹建大豆精深加工科

技创新联盟。

全力担当粮食安全的政治责任。举院之力抓好“种子、耕地、生物安全、农机装备、绿色低碳、乡村发展”等“国之大者”。坚决把支撑粮食安全和重要农产品稳产保供作为“第一使命”，建立“双总制”使命任务推进机制，实施“增粮科技行动”，编制“智机”科技行动方案，全力支撑转基因产业化试点工作，谋划建设粮棉油肉蛋奶等产业技术中心。成立种子科技创新工作专班及种子科技管理机构，形成“举院抓种子”机制。组建了小麦产业专家团，制定了水稻、玉米、大豆、油菜、蔬菜等产业专家团组建方案，通过形成“专家团—专家站—田间课堂”的服务格局，构建“集团军式”的科技服务体系。

履行核心职责使命，践行高水平农业科技自立自强使命。加强基础研究，突破前沿技术。推动实施“生物育种”科技行动，成立“中国农业科学院生物产业科技创新中心”，构建院所联动的生物技术研发与产业化链条式推进新格局。抓好重点领域项目申报。牵头申报农业领域重点研发计划专项项目数量占总项目数的32.5%。国家自然科学基金项目申报数量同比增长4.3%，国家社科基金申报项目同比增长64%。支撑国家决策的影响力进一步提升。接续发布农业产业发展、农业科技进展、农业绿色发展、农业展望等报告，多份政策咨询建议报告获得党和国家领导人重要批示。加强成果转化宣传推广，推进科企合作、科产融合。举办第二届全国农业科技成果转化大会，展示100项重大农业科技成果。出台《中国农业科学院科企融合发展工作方案》，与中国农业发展集团合作实现到账7 142万元。与大北农集团签约金额1.14亿元，获捐赠金额近1.59亿。加快推进北方中心、中原研究中心等共建落地实施，推进华东农业科技创新中心、淄博数字农业农村研究院等新型研发机构建设。巩固脱贫攻坚成果，确保乡村振兴战略有效实施。积极推动11个乡村振兴示范县建设，组织编制《乡村振兴科技支撑示范县建设的评价指标体系》。落实农业农村部乡村振兴先行县推进动员会精神，组织制定山东寿光、江西婺源全年重点工作方案。加大战略科技力量和战略人才力量建设，推进科技体制机制改革。系统谋划我院国家重点实验室重组工作，推进崖州湾国家实验室、国家技术创新中心、国家工程研究中心、国家畜禽种质资源库等建设。实施青年创新专项，完善科技人才评价，启动实施创新工程“跃升计划”，优化调整学科体系。

二、强化政治监督和日常监督，全链条压实管党治党政治责任

（一）深化巡视整改，压紧压实全面从严治党主体责任

巩固深化中央巡视整改成果。围绕强化中央巡视整改的43项长效机制建设、中央纪委审核评估意见落实，结合我院2021年巡察发现的共性问题，制定中央巡视整改年度重点任务，探索建立落实巡视整改长效机制。落实《关于报送巡视整改进展情况报

告的通知》要求，调度巡视整改年度情况，形成《关于中央巡视整改进展情况的报告》，上报中央巡视办和中央纪委国家监委相关部门。组织召开 2022 年全面从严治党工作会议，研究部署全面从严治党重点工作，下发《中国农业科学院 2022 年全面从严治党工作要点及分工意见》。

（二）坚持政治巡察方向，高质量推进巡察全覆盖

组织召开 2022 年巡视巡察动员部署暨 2021 年巡察整改工作推进会，部署 2022 年巡察工作，通报 2021 年被巡察单位整改情况。围绕巡视巡察工作方法、选人用人检查、巡视巡察工作安排以及财务审计监督重点等内容召开巡察干部业务培训，编发巡察工作手册。突出政治巡视巡察定位，对标中央及农业农村部巡视工作要求，聚焦“国之大者”，立足核心使命，组织完成对牧医所、加工所等 9 个单位的巡察工作，实现了十九大以来巡察全覆盖。创新方式方法，根据发现问题程度，按照“红区、黄区、绿区”分类开展巡察反馈。

加强巡察成果综合运用。对巡察发现需要中国农业科学院党组牵头整改的事项，组织召开院长办公会协调牵头部门的责任落实。对农业农村部党组关注的我院巡察工作中 4 个重点问题，部署相关单位研究制定专项整改方案。落实《关于加强巡视整改和成果运用的意见》，探索建立巡察整改监督评估机制，创新巡察整改监督的方式方法，开展 2021 年巡察整改工作专项调研，督促被巡察单位认真落实整改意见，确保取得整改实效。

（三）加强“一把手”监督，强化年轻干部教育管理

加强对“一把手”和领导班子监督。印发《贯彻落实〈中共中央关于加强对“一把手”和领导班子监督的意见〉实施办法》，召开宣贯会解读，切实推动制度落地。聚焦“一把手”和领导班子、年轻干部、领导干部“八小时之外”管理监督等关键领域，开展专题研究并形成报告，为从严从实加强干部监督工作提供理论储备。在选拔任用干部方面严格执行“凡提四必”。围绕“国之大者”“一把手”监督等组织召开 5 次专题研讨，院主要领导参加，各领域分管院领导主持，针对每个领域分析薄弱环节，研究改进措施，共同推动全院政治生态持续向上向好。组织开展领导干部持股情况摸底分析，形成摸底工作报告。

加强年轻干部警示教育，引导扣好廉洁从政“第一粒扣子”。在全院范围组织收看部系统年轻干部专题警示教育大会视频，确保会议精神传达到底到边。在全面从严治党会上通报我院日常监督中发现的违纪违法 9 个方面典型案例，用身边事教育身边人。制定《科研人员重点纪律红线》宣讲工作方案，选取“不得违背科研诚信和学术道德”“不得违背科研伦理”两个方面，结合依法科研相关内容部署全院范围开展警示教育，

敦促全院科研人员，尤其是年轻科研人员严格遵守党规党纪和国家法律法规，走好干事创业第一步。组织中国农业科学院2021年度新晋高级职称人员集体谈话，帮助青年科研骨干提升政治意识、学术意识、廉政意识，扣好职业晋升后开展科技创新工作的“第一粒扣子”。

落实处级及以下日常监督提醒办法。把落实处级及以下日常监督提醒办法作为全面从严治党工作一项任务进行部署，推动各单位党组织抓好落实。持续抓好党员干部提拔、晋升、入职、入学、导师上岗等重要节点谈心谈话、提醒监督机制。根据部系统党员干部日常提醒监督要求，紧盯党员干部政治言行、岗位职责、会议培训、执行公务、出国（境）、个人事项报告、节日休假等关键方面加强日常监督提醒，实施经常性教育4 100余次，谈心谈话2 900余次，督促检查1 700余次，执纪审查90余次，探索建立干部纪律作风纪实台账。同时，紧盯重要时间、重要节点，转载5期典型案例通报，提醒教育全体党员干部牢固树立底线思维，认真反思、汲取教训。

三、坚持不懈加强党风廉政建设，形成严管严惩的高压态势

（一）强化重点领域风险防控

抓好财政经费管理使用和房屋出租管理整改。梳理6家重点抽查单位问题整改清单，督促指导相关单位认真整改。制定印发《进一步贯彻农业农村部有关基本建设项目管理制度的指导意见》，提高项目管理规范化水平。印发《关于财政经费管理使用和房屋出租出借管理专项检查重点抽查阶段发现问题情况的通报》，促进全院举一反三，防范系统风险。加强源头治理，出台《中国农业科学院规范房产出租出借管理工作方案》，推进全院房产一体化管理。

开展公务用车和加油卡问题专项整治。研究制定专项整治方案，明晰监督检查工作清单，采取单位自查自纠立行立改、巡察组重点检查、检查组随机抽查的方式，推动公车及加油卡问题“见底清零”。

强化新冠疫情防控监督。根据中央防疫要求和我院疫情防控方针调整变化，加强对院属单位纪委履行疫情防控监督责任的调度检查，全年共调度抽查4次，有效推动了全院38个单位纪委靠前监督、主动作为。及时总结各单位的工作做法，分析存在的问题，提出工作建议，并将落实情况向部纪委、驻部组进行专报。

（二）坚持“四严四宽”和标本兼治，一体推进不敢腐、不能腐、不想腐

依规依纪做好信访监督。截至2022年12月1日，共受理信访举报66件（去除重复件、业务范围外），按照干部管理权限，径送农业农村部纪委13件，监察局办理53

件。坚持集体研判，召开 9 次问题线索专题办公会议，研究处置方案 42 件，了结 36 件。依据信访举报、问题线索情况，严格廉政意见出具范围和程序，为拟提拔任用干部出具廉政意见函 23 人次，提出评先选优等工作建议 20 份。

灵活运用监督执纪“四种形态”。坚持“三个区分开来”“四严四宽”，保护党员干部、科研人员干事创业的积极性。强化“第一种形态”运用，在全院开展运用“第一种形态”监督执纪工作。截至 2022 年 12 月底，运用“第一种形态”，对院属单位院所管理的干部予以提醒谈话 8 人，警示谈话 1 人，工作约谈 1 人，批评教育 6 人，口头检查 1 人，诫勉 3 人，综合运用批评教育、书面检查 4 人，综合运用批评教育、限期整改 1 人。同时坚持“二三四种形态”不放松。立案 3 件，予以党纪政务处分 5 人。

坚持“一案双查”，把监督融入院所治理中。针对问题线索核实发现的问题，通过研提工作建议、制发纪检监督意见，进一步压实研究所对所办企业等重点领域的监管责任，健全内控制度，加强廉洁风险防控。对相关责任人采取批评教育、岗位调整、扣除绩效、责令检查、集体约谈等方式，抓早抓小，防微杜渐。

坚持以案促治、以案促改。在全院范围内开展吴志凤案、屈哲案专题警示教育活动。

加强廉洁文化建设。落实加强新时代廉洁文化建设的意见，印发《关于认真学习贯彻〈关于加强新时代廉洁文化建设的意见〉的通知》，开展廉政诗词格言警句征集评选，推动我院廉洁文化建设实起来、强起来。

四、锲而不舍纠治“四风”，涵养求真务实的新风正气

加固中央八项规定精神堤坝。围绕贯彻落实中央八项规定精神的易发多发风险点，建立自查和整改长效机制，向全院印发《中国农业科学院推进中央八项规定及其实施细则精神常态化自查自纠工作方案》，持续加固中央八项规定精神的堤坝。组织开展“学党史、纠‘四风’、树新风”专项工作“回头看”，坚决防止“四风”反弹回潮。

严守精文减会硬杠杠。严格执行《关于进一步贯彻落实中央八项规定精神加强作风建设的实施办法》，加强文件审核把关责任，优化文件报送、签批、修改、运转流程。严格落实会议审批报备制度，控制会议数量和规模，按照只减不增原则，2022 年院本级会议计划批复数量仅为 19 个，做到与 2021 年度持平。

强化学风建设和师德师风建设。开展农业科研诚信风险排查，组织研究生院和各研究所对 2018 年以来论文中的学术不端问题和无实质学术贡献的挂名现象开展了自查和清理工作，着力提升科研人员、研究生群体思想认识，加强科研诚信的宣传教育和内控制度的贯彻执行。进一步完善我院农业科技伦理体系，形成《中国农业科学院科技伦理报告》，组建中国农业科学院科技伦理委员会，起草方案和章程。不断加强师德师风

建设，严把导师遴选及招生资格审核“入口关”，强化导师岗前培训，对新任导师进行集体政治谈话，强化导师禁行行为“红十三条”宣传教育，对全院2 500余名导师立德树人职责落实情况进行了考核。

五、深化监督工作理论研究和实践探索，加强监督体系建设

强化各类监督主体的责任意识。从强化职能部门监督责任的角度出发，聚焦驻部纪检监察组关注、院党组关心的8个方面，牵头组织有关职能部门专题研究，强化主动入位、统筹监管的意识。指导院属单位纪委全面履职尽责，印发《中国农业科学院属单位纪委书记履职清单（试行）》，明晰必履行的职责、必开的会议等5个方面24项责任清单，为纪委书记正确履职尽责提供具体行动指南。组织各单位纪委认真学习《中共农业农村部党组关于加强部系统纪律检查工作的意见》，研究制定院党组学习贯彻落实工作方案，下发《中国农业科学院党组关于贯彻落实〈中共农业农村部党组关于加强部系统纪律检查工作的意见〉的通知》，明确下一步工作目标和要求。

深化“农科特色”监督工作课题研究。从加强纪检监督能力建设的角度出发，组织各单位纪委开展抓早抓小、咬耳扯袖、信任和监督等监督工作10个课题研究，取得阶段性成果。先后组织召开监督工作课题研究交流会、驻部纪检监察组与院党组专题座谈会，驻部纪检监察组组长吴清海到会指导。从坚持和完善党和国家监督体系的战略高度，结合我院实际分析监督工作的特点，围绕权力制约这个核心，给出了什么是“农科特色”的标准答案。会后，组织在院党组会、全面从严治党会、巡视巡察工作会上传达学习吴清海组长两次讲话要求，要求各级党组织深入学习领会精神实质，提高政治站位，把准目标方向，确保农科特色监督工作与中央保持一致、在中国农业科学院落地见效。

从严从实加强队伍建设，提升监督保障能力。印发《中国农业科学院纪检机构监督执纪能力提升方案》，编制《监督执纪工作程序与规范》，建立以干代训长效机制，组建165人的巡视巡察、监督执纪人员库，建好带好用好监督力量，全面提升监督执纪能力水平。坚持“四边”工作法，邀请专家作专题讲座，聚焦政治监督专项破题，主动对接中国科学院监审局，围绕巡视巡察工作、巡视整改和成果运用、科技伦理和科研道德监督等方面开展调研，学习借鉴监督工作的思路理念和方法路径，在调查研究中深化学习、提升本领。

2023年，中国农业科学院将坚持以习近平新时代中国特色社会主义思想为指导，深入贯彻落实党的二十大和二十届中央纪委二次全会精神，认真落实农业农村部党组工作部署，持续深入推进我院全面从严治党和党风廉政建设各项工作。重点抓好党的二十大精神学习贯彻，切实把党员干部的思想和行动统一到党的二十大精神上来；推进政治监督具体化精准化常态化，启动新一轮巡察工作，深化巡视巡察整改；坚持以严的基调强化正风肃纪，持续加固中央八项规定堤坝；深化农科特色监督体系建设，强化统筹各

类监督有机贯通、相互协调的工作机制，构建大监督格局，以高质量监督护航全院高质量发展。

附件：运用监督执纪“第一种形态”情况汇总表（略）

中共中国农业科学院党组纪检组

2022 年 12 月 30 日

十、人物介绍

脚踏实地三十载　科技沃田再出发

——记中国工程院院士、全国五一劳动奖章获得者周卫

习近平总书记指出：新时代是奋斗者的时代，只有奋斗的人生才称得上幸福的人生。中国工程院院士、中国农业科学院农业资源与农业区划所周卫研究员就是这样一位奋斗者。“耰锄不惮勤，常恐地力瘦。”土壤是农业生产的基础，“如何才能让土壤更肥沃”是周卫长期钻研的课题。30多年来，他带领团队以土壤养分资源高效利用为核心，成功攻克作物硫素和钙素缺乏、低产稻田改良、养分资源高效利用关键技术等难题，为落实“藏粮于地、藏粮于技”战略，解决“耕地”要害提供了坚强的科技支撑，2022年获得全国五一劳动奖章。

在多年的科研生涯中，周卫主持过9个国家自然科学基金，也是国家基金委的评审专家，他最看重的就是一项研究的意义。“只有符合国家需求的研究才是最有意义的，只有有意义的研究才能说服自己全身心地投入，才能得到同行们的支持。”周卫介绍说。2010年，周卫作为国家农业行业专项首席专家，组织实施了“南方低产水稻土改良技术研究”的科研专项，组织全国12个优势单位，围绕理论、技术、产品及模式在10个省份开展科技攻关。

“北麦南稻”是我国粮食种植的主要格局，南方常年种植水稻面积高达3.76亿亩，占全国水稻总面积的82.7%，但其中约1/3为低产水稻土，产量不足高产田的一半。通过长期的观测试验，周卫带领专家们把低产田分为5个类型，分别是黄泥田、白土、潜育化水稻土、反酸田、冷泥田，对应的特点分别是瘦、板、烂、酸、冷。“黄泥田‘瘦’，有机质低、团聚体稳定性也低；白土‘板’，耕层浅薄、表土层黏粒含量低；潜育化水稻土‘烂’，因其氧化还原电位低；反酸田顾名思义是‘酸’，微生物活性差；冷泥田的‘冷’则多源自长期淹水引起的金属离子毒害。”周卫如数家珍地介绍说，“根据不同类型土壤的低产成因，我们创建了涵盖土壤酶、微生物等生物肥力指标的质量评价指标体系，并发现西南稻区大面积缺磷，东南稻区土壤酸化明显，速效钾和有效硅含量低。”

为了组织众多科研单位协同攻关，周卫不仅承担大量的顶层设计工作，还要安排大量的时间赴全国的示范基地考察会商。多年的科研历练使周卫养成了言简意赅、雷厉风行的工作风格。“周卫做事喜欢亲力亲为，任务重的时候通宵达旦是常有的事，办公室就放着折叠床和洗漱用品，他的工作质量和工作效率都很高，考虑事情很全面，我们都很钦佩。”周卫多年的同事好友梁国庆介绍说，“周卫白天公务多，想要找他最好的时间是晚上9—10时，只要不出差都在办公室里。”

经过多年的努力，周卫带领团队创建了涵盖生物肥力的质量评价体系，为不同类型水稻土肥力评价提供关键参数，并组织兄弟单位开发了一系列有针对性的低产水稻土改良关键技术：黄泥田有机熟化、白土厚沃耕层、潜育化水稻土排水氧化、反酸田与酸性田酸性消减、冷泥田厢垄除障等。有了这些技术的保障，经过示范应用显示，农田地力在 3 年里至少提升了 1 个等级，水稻平均增产超过 100 千克/亩，比改良前节约氮磷钾肥 10%～15%。研究成果在南方 11 个省份规模化应用，大幅度提升了低产水稻土的地力水平，产生了良好的经济效益与社会效益。2016 年，周卫主持的这项“南方低产水稻土改良与地力提升关键技术”成果荣获国家科技进步奖二等奖。

土壤培肥、化肥减施，是耕地保护的两大技术难题。作为植物营养学领域的领军专家，周卫习惯站在更宏观的战略角度去思考问题，熟悉周卫的同事都认为他是一位战略型科学家。早在博士研究生时期，周卫就勇于挑战具有超前性的创新难题。“博士开题的时候，我有两个选择，一是基础雄厚的长期定位施肥研究，二是国内刚刚起步的中量营养元素研究。当时我选择在老师的指导下开展花生的钙营养研究，后来证明这个大胆的选择是正确的。”

“肥料利用率”从 20 世纪 80 年代开始成为一个让专家和农民都面临重大压力的问题，周卫很早就将自己的研究聚焦到这一问题。“养分资源高效利用直接关系到我国粮食安全和生态环境安全。与发达国家环境优先相比，我国高投入、高产出的集约化生产体系要协同高产、高效、环境保护等多重目标，因此，这一命题在我国更具特殊性和挑战性。”周卫的同事何萍研究员介绍说。

通过多年的定位试验，周卫带领团队用大量数据证明长期配施有机肥能够修复施用化肥所改变的微生物群落结构，并通过数据分析建立了一套针对水稻、小麦和玉米的“推荐施肥”新方法，特别是有效解决了农民在不具备土壤测试条件下，难以确定氮肥施用量的重大难题。这项研究成果已在全国 7 个省份推广应用，在保证产量前提下可减少水稻、小麦、玉米等主要农作物的化学氮肥用量 10%～30%，提高氮素利用率 10 个百分点以上。此项研究于 2020 年荣获国家科学技术进步奖二等奖，这也是周卫收获的第三个国家科技进步奖二等奖。

“目前我们正在全力做好‘养分专家’系统的推广和使用，农民通过我们这个小程序，只需要提供往年产量、施肥量等，就可以免费获得科学的施肥建议，目前这项技术已经入选农业农村部主推技术。”周卫介绍说。“几年来，这套系统已经在 14 个省份得到广泛应用，有效提高了肥料利用率，为我国土壤有机质提升、测土配方施肥及化肥零增长等重大行动计划提供了有力支撑。”

“60 年前，毛泽东同志提出了农业八字宪法，其中把‘土’‘和肥’排在前两位，所以当年我对土壤学很感兴趣。”1983 年，周卫以优异成绩考入江西农业大学农学系学习。1992 年，已经获得土壤学硕士学位的周卫考入中国农业科学院，师从我国植物营养与肥料领域的权威专家林葆研究员攻读博士学位。“周卫是我们博士点的第一个博士，是大家的宝贝疙瘩，得到老中青三代专家的悉心指导，他也确实没有辜负大家的期望。”研究所退休研究员金继运介绍说。周卫在前辈的言传身教下，逐渐爱上了这项“化作春泥更护花”的事业，一干就是一辈子。

“林葆先生长期从事土壤肥料研究，曾布置了我国首批肥料长期定位试验，他为人低调、严谨，注重解决生产实际问题，从不计较名利。”周卫深情回忆自己的恩师，“那时候工作条件比较差，但先生对我们的要求很高，大家都干劲十足，不怕吃苦。”

除了科研上的追求，周卫始终致力于打造一支高水平的科研团队，通过做示范、压担子锻造青年人员的科研能力。“我们团队有个不成文的传统，每位新进的研究生第一次下田时，周老师都要全程陪同，亲自讲解田间试验的技术细节，与学生同去同回、同吃同住。”团队青年助理首席艾超介绍说。“周老师业务精湛，又非常平易近人，他对于团队的要求首先自己先做到，以身作则，对我们是一种引领和鞭策。”多年来，周卫凭借自己的身先士卒、勤奋敬业，高度凝聚老中青科研人员的力量，带领团队先后培养博士后、博士、硕士研究生 104 人，打造了一支攻坚克难、勇于创新的精英团队。

“我是一名共产党员，也是一个农民的儿子，我个人的点滴进步都是党和国家培养的，是团队协作取得的。奋斗没有终点，任何时候都可以作为一个起点。”从热血青年到著名专家，周卫始终不忘科研报国的初心，始终以奋斗者的姿态迎接新的挑战。“人不负耕地，耕地定不负人。土壤的保护和利用是新时代‘三农’工作中最为重要的课题之一。”2021 年，中国农业科学院启动了“沃田科技行动”，作为中国农业科学院耕地科技创新总首席科学家，周卫又开启了新的征程，全身心投入一场新的耕地科技创新大会战……

严守国门生物安全　保障粮食安全生产

——记 2022 年全国三八红旗手高利

生物安全关乎人民生命健康，关乎国家长治久安，是国家总体安全的重要组成部分，已成为党和国家高度关注的重大命题。我国幅员辽阔，陆地边境线、海岸线长，地形和气候条件复杂，增加了生物安全的风险和防控难度。另外，受国际交流频繁、生物技术发展等因素影响，我国防范外来生物入侵压力增加。作为一位曾获“全国三八红旗手”“全国巾帼建功标兵”“中国青年女科学家奖”等称号的农业科技工作者，一位从事外来入侵病害防控研究的科学家，中国农业科学院植物保护研究所高利研究员感到自己肩负着沉甸甸的社会责任。

面对国际重要检疫性病害迎难而上

高利研究员从事的研究对象——小麦矮腥黑穗病，是事关农业生物安全和国家粮食安全的重大病害。它是麦类黑穗病中危害最大、防治最难的检疫性病害之一，2007 年被列入《中华人民共和国进境植物检疫性有害生物名录》，包括我国在内的全球 40 多个国家将其列为重要检疫性对象。该病主要通过小麦进口跨境传播，2022 年我国小麦进口量已增长至近千万吨，小麦矮腥黑穗病菌传入风险持续升高。

小麦被该病原菌感染后会减产 75%以上，严重时甚至颗粒无收。风险分析表明，我国多个小麦主产区均为该病害潜在高风险地区。更为棘手的是，该病原菌寄主广泛，多达 80 余种；病原菌抗逆性极强，可在土壤中存活 10 余年，一旦传入，后患无穷。面对这些风险和挑战，高利迎难而上，克难而进，与病害开展了一番彰显实力的较量。

为严守国门生物安全提供关键技术手段

由于缺乏快速检测技术，小麦矮腥黑穗病菌检疫工作非常困难。高利带领团队，首次研发了多种快速、便捷、准确的检测技术，检测时间由原来冬孢子萌发所需的 1 个月缩短至仅需 2 个小时的分子检测，并且实现了单个冬孢子的精准检测，特别适合海关检疫中样品少、精准快的需求，为检疫人员提供了高效的技术手段，保障了我国小麦进出口贸易的正常进行，提高了国家政治地位与贸易竞争力。

作为高层次人才特殊支持计划的科技创新领军人才，她还牵头创制了较为完善的田间早期监测预警体系，建立了病原菌与寄主互作体系，集成了阻截防控技术，为实现小麦矮腥黑穗病的早发现、早应对作出了重要贡献。

为小麦安全生产提供科技支撑

高利长期关注小麦矮腥黑穗病潜在高中风险麦区，面对农民以麦增收、以收促稳、以稳谋兴的迫切需求，她以深沉的爱国为民情怀和强烈的使命担当，围绕该病害的致害机制及综合防控倾尽全力、久久为功，为小麦安全生产保驾护航。

自2007年博士毕业加入中国农业科学院植物保护研究所以来，每当中高风险麦区播种前，高利都会开展技术指导，反复叮嘱麦农要坚持拌种、晚种晚播、作物轮种等耕作措施进行病害预防。在小麦漫长的生育期里，她一直坚持监测和调查新疆小麦矮腥黑穗病发生情况，基于团队研发的预测预警技术，定期对全国重要麦区进行抽样监测，确保小麦安全生产。

她长期扎根新疆麦田，几乎走遍了全疆所有麦区，深入田间地头调查小麦病虫害，走访种麦农户，了解影响小麦生产的田间管理中遇到的问题，并积极帮助农户解决。小麦矮腥黑穗病的防控体系已在新疆麦区实施多年，为当地减轻经济损失提供科技支撑。

为政府决策提供理论参考

作为北京市海淀区政协委员，高利基于个人委员工作站，结合专业特长，以提案和社情民意等方式积极建言献策，履职尽责。小麦矮腥黑穗病的监测与防控技术进展，对加强入境检疫、坚决守牢国门关口、确保国内小麦安全生产和促进国内外小麦正常贸易十分重要。高利多次将这些研究结果形成书面报告报送相关部门，为政府决策提供理论参考。2022年，她执笔撰写的小麦矮腥黑穗病防控建议获国务院领导的肯定性批示。海关总署迅速设立了科技应急项目，将她建议的快速检测技术深入推广到海关、口岸等检疫部门，显著提高检测准确性与检测效率，节约检测成本和时间，大大提升了小麦通关效率。

为农户和农技人员提供专业服务

高利在小麦腥黑穗病及其他小麦病害鉴定方面拥有丰富经验，全国麦区的农户和农技人员经常送来患病小麦样品，寻求诊断结果和防治方法。多年来，她坚持第一时间义务为他们鉴定病害，还会及时推荐一些行之有效的防控技术和建议，使农民和农技人员们实实在在获益。能够发挥自身专业优势，积极投身植物病害的鉴定与防控工作，这让高利心中充满了成就感。

未来，高利将锚定国家战略需求，继续积极开展小麦重大病害监测、预防、绿色防控等理论方法研究和技术产品研发，不断攻克小麦病害防控中的技术卡点，为严守国家农业生物安全、保障国家粮食安全生产贡献“她力量”。

创新驱动谋发展　巾帼建功谱新篇

——记 2022 年全国三八红旗手李秀波

李秀波，中国农业科学院饲料研究所副所长，入选国家新世纪百千万人才工程、首批“神农英才”领军人才，获“国家有突出贡献中青年专家”“全国巾帼建功标兵”“全国三八红旗手”等荣誉称号，享受国务院政府特殊津贴。她致力于奶牛乳房炎等高发病这一世界性难题，潜心研究、开拓创新、攻坚克难，在奶牛疾病防治领域取得重大突破，部分研究成果达到国际领先水平，其研发的新兽药实现了养殖产业链“全覆盖”及传统药物“全替代”，为我国奶业高质量发展和国家食物安全提供了坚实支撑。

找准方向　面向国家重大需求

奶业是健康中国、强壮民族不可或缺的产业。然而，奶牛乳房炎等高发病严重制约了我国奶业健康发展。为了解决这一世界性难题，李秀波带领团队奔赴我国 28 个省（区、市）奶牛主产区，二十年如一日地开展奶牛重要细菌性病原的分离、培养、鉴定、收集和保藏工作，建立了奶牛重要细菌性病原库及病原信息数据库。在病原信息数据基础上，李秀波团队阐明了引起我国奶牛乳房炎、子宫内膜炎等高发疾病的病原种类及流行规律。为奶牛细菌性疾病防治和药物创制提供了重要的研究基础和科学依据。

在奶牛高发病主要致病菌研究的基础上，李秀波带领团队以防控奶牛疾病和保障奶产品质量安全为目标，开发出了系列具有我国自主知识产权的奶牛专用安全高效新兽药。针对奶牛生理特征和发病特点，李秀波创制了奶牛局部专用新兽药，与全身注射相比，药物释放缓速，能够避免血—乳屏障等因素对药物的影响；发明高分子溶剂系统，极大地减少了药物在牛奶中残留，盐酸头孢噻呋乳房注入剂、硫酸头孢喹肟乳房注入剂实现了“零弃奶”；发明靶向呈递给药系统，实现了药物定向精准给药，显著提高了药效。

辛苦耕耘换来了累累硕果，李秀波带领团队创制的安全高效系列新兽药，实现了从理论创新、技术创新、方法创新到产品创新的全面突破，填补了多项技术空白。牵头完成的“奶牛高发病防治系列新兽药创制与应用”荣获 2020 年国家科技进步奖二等奖。近年来，李秀波团队的成果已在河北、黑龙江、内蒙古等省（区、市）大规模推广应用，产品远销德国、日本、巴西等国家，3 年累计覆盖牛群达 1 260万头次。团队还为本行业培训相关技术人员 52 万人次，新增经济效益 32.6 亿元，为奶业高质量发展作出了重要贡献。

服务基层　为脱贫攻坚做贡献

李秀波始终以“更好服务‘三农’、助力乡村振兴”为己任，带领团队创建了“产—学—研—推”四位一体协同联动产业模式，加快了成果转化，实现了新兽药产业化率和转化率双100%。

为了让新技术、新产品快速惠及广大养殖者，李秀波和团队成员经常深入基层，针对“不同季节、重点环节以及养殖中的顽疾”，开展有针对性地“及时提醒”“精细指导”“精准施策”，坚持“有求必应、有问必答、有需必到、有难必帮”。在“京津冀精准服务牧场行”活动中，李秀波1个月时间奔赴京郊6区、天津武清区、河北廊坊市等地的多家牧场，开展精准化的技术指导。受她指导的牧场奶牛发病率大幅下降，养殖者都亲切称呼她“奶牛保姆”。

心系灾区　帮扶纾困共谋发展

2023年7月底至8月初，北京遭遇百年不遇水灾，门头沟、房山等地区受灾严重，很多养殖场受灾。在灾情期间，李秀波时刻关注京郊养殖场的受灾情况，与基层兽医工作人员和部分灾情比较重的养殖场保持联系，紧急安排货源为灾区提供消毒药品，灾情期间共向昌平、房山、延庆等养殖量较大受灾较重的5个区的乡镇兽医站、养殖场捐赠了消毒药品2吨、乳房炎防治药物2 000支等价值十余万元的畜禽用药品，并指导基层开展养殖场和环境的消杀工作，为防止“大灾之后有大疫”，加快恢复生产作出突出贡献。

让油瓶里飘溢“中国味”

——记 2022 年全国三八红旗手姜慧芳

花生是我国重要的油料作物和经济作物，种植面积、总消费量均居世界前列。但是长期以来，国内花生品种含油量低，仅在 50%左右，并且高产不能与高油协同。作为油料消费大国，培育高油高产的花生新品种，对增强我国油料自给率意义重大。

为了让油瓶里飘溢“中国味”，中国农业科学院油料作物研究所姜慧芳研究员扎根花生种质资源研究，研究建立了我国花生种质资源性状鉴定技术标准，创建完善了花生抗病性和品质鉴定技术。姜慧芳团队还成功培育出目前国内审定品种中含油量和产油量最高的中花 16 等 4 个花生新品种，累计在全国推广 3 100多万亩，产生效益近 50 亿元，其中中花 16 含油量高达 58. 67%，亩产油 154 千克，显著推动了我国花生品种的升级换代，对增强我国油料自给率意义重大。

立足科研一线需要　扎根花生育种研究

我国食用油自给率不足一直备受关注，而花生是我国重要的油料作物，如何培育高油、高产、抗病等优良性状的花生新品种，一直是花生育种界共同关注的课题。从华中农业大学作物遗传育种专业毕业后，姜慧芳一直在油料所从事花生种质资源和育种研究。

35 年来，姜慧芳研究建立了我国花生种质资源性状鉴定技术标准《花生种质资源描述规范和数据标准》和《花生种质资源保存和鉴定技术规程》，加强了花生种质资源研究的技术平台。通过国内外引进和收集，将我国花生种质资源扩展到10 000多份，野生花生种质资源圃的规模居世界前列，构建了花生核心种质并进行了系统鉴定，使所在机构成为国际公认的花生遗传多样性保存和研究中心之一。

姜慧芳最宝贝的东西就是10 000多份花生种质资源材料。她耗费半生心血让种质资源实现安全保藏、繁殖更新、鉴定评价和分发利用，一项项烦琐而单调的工作，需要长期坚持不懈和付出艰苦劳动。为了解决国内花生品种遗传基础狭窄、高油材料和多抗材料缺乏的问题，姜慧芳带领团队有针对性地从国外引进了赤道型、秘鲁型材料以及一批优异花生种质资源，填补了我国在珍稀资源类型及若干抗病虫、抗逆境、特异品质等种质资源的空白。

2022 年春节假期，武汉地区突降大雪，厚厚的积雪把位于阳逻基地的野生花生圃的网棚压塌了。姜慧芳记挂花生圃里养育的野生种质材料，心急如焚，她不顾风大路滑，叫上同事毅然冒雪驱车前往阳逻基地，组织人力奋力清理积雪。在那天的抢险中，她几次滑倒在地，划伤了手掌，棚顶滑下的积雪不断顺着衣领哗哗掉进她的衣服内，冰凉难忍，但她顾不上这些，她心里的无价之宝是那些靠营养体保存的野生材料，她只有一个念头："绝不能让这些无价之宝被压受损。"在她和同事们的奋力抢救下，风险终于被排除了。59 岁的姜慧芳浑身都是雪水，但花生种质却安然无恙，她也松了一口气。

围绕国家产业需求　推动我国花生品种升级换代

长期以来，我国花生品种含油量低，仅在 50%左右。2001 年起，姜慧芳所在的油料所花生遗传育种创新团队对代表全球花生遗传多样性的7 640份资源进行测定评价。历时近 20 年科研攻关，发掘出育种急需的高油种质 31 份，还首次发现花生野生种的特异高油位点，创建了高效的高油分子标记辅助选择技术，创制出高油又高产等优良性状新种质 13 份。在此基础上，团队先后培育出适用于湖北、湖南、四川等长江流域种植的中花 15、中花 16，以及适用于河南、河北种植的漯花 4011、冀花 10 号，实现了在全国花生主产区的适应大面积种植。

同时，姜慧芳创建完善了花生抗病性和品质鉴定技术，发掘出 200 多份优异种质提供育种利用，包括集多种抗性（抗青枯病、黄曲霉、锈病、早斑病、晚斑病、网斑病等）于一体的种质以及迄今含油量和含铁量最高的种质，推动了花生育种的开展。近年来，获国家发明专利 12 件，获省部级以上科技成果奖励 8 项，其中国家科技进步奖二等奖 3 项、湖北省科技进步奖一等奖 2 项。

此外，姜慧芳还促成建立花生黄曲霉防控国际联合实验室，组织召开多次国际学术会议，有力提升了中国农业科学院油料所在相关领域的国际影响，巩固了我国在国际花生黄曲霉和青枯病研究领域的学术地位，为"一带一路"国际合作倡议提供了农业领域的科技支撑。

2023 年 2 月，姜慧芳办理了退休手续，但是她心里仍然放不下那些宝贵的种质资源，每天依旧很早就到种子库清理花生材料。同时，姜慧芳还始终关怀着团队的发展，在她的精心指导下，2023 年 5 月国家野生花生种质资源圃（武汉）获农业农村部授牌，花生产业体系种质资源收集与评价岗位顺利完成交接，花生遗传育种团队 2023 年获得国家自然科学基金国际组织合作项目 1 项、生物育种研究青年专项 1 项。

只为早日攻克植物“癌症”

——记 2022 年全国青年岗位能手标兵李方方

1988 年出生的李方方，已经和植物“癌症”——病毒病打了 14 年交道。每天清晨走进中国农业科学院植物保护研究所的实验室，她总是充满期待：自己对病毒病多一分了解、多一点发现，就意味着离攻克它、利用它更近了一步。

研究和攻克病毒病，是李方方从事的职业，也是她追求的目标。作为一名绿色植保的践行者，短短几年时间，她已经发表 SCI 论文 30 余篇，以第一发明人获国家发明专利 7 件，2022 年被评为第 21 届“全国青年岗位能手标兵”，是中央和国家机关唯一获此称号的青年干部。

初心：坚定选择绿色植保

李方方的家乡是安徽蒙城，那里土壤肥沃，盛产粮食。跟其他村民一样，李方方家里也种着几十亩地，由于劳动力少，她从小就跟着家人干农活。庄稼人最怕的就是作物生病，即使打了药，产量也会有损失。在李方方儿时的印象里，只要作物得病，父母就会忙得不可开交，自己也要冒着酷暑一起帮忙到田里打药。每每看到父母的衣衫被汗水与药水浸透，她心里就特别难受。

当李方方第一次从电视新闻里听到袁隆平的名字，知道他培育出高产水稻品种时，内心一下子被击中了。她萌生了一个梦想，希望自己也能像袁隆平院士一样，培育出既高产又抗病的好品种，这样父母就不用为庄稼生病发愁，不用干打药这种苦活累活了。

高中毕业时，李方方坚定地选择了南京农业大学植物保护专业，之后进入浙江大学学习植物病理学。在不断学习调研的过程中，她深刻体会到我国农作物病害问题的严重性，也为农民们面对病害时的束手无策感到痛心。她希望能通过自己的研究，帮助农民从根本上解决问题，为此毅然选择了难以防治的病毒病作为深入研究的方向。

2015 年，李方方申请进入加拿大农业与农业食品部深造。“加拿大的农业比国内先进很多，农民们使用的都是抗病的作物品种，你很少看到有人在打药，基本实现了绿色植保。这也让我感到责任很大，我们的研究和应用还有很大差距，必须迎头赶上。”三年半的国外经历，给了李方方很大触动，也更加坚定了她研究作物抗病材料、开发绿色植保防控产品、支撑农民丰产增收和农业可持续发展的信心和决心。

突破：让研究成果服务产业

病毒病被称为植物“癌症”，植物一旦感染病毒，就会出现畸形症状，还会出现长不高、不结果等情况，每年都对我国和世界的重要农作物生产造成严重损失。目前全世界已知的植物病毒病种类约1 600种，由于化学药剂难以防治、抗病毒产品有限、病毒致病机制复杂等原因，植物病毒病防治一直是全世界面临的挑战与难题。

2018 年，李方方进入中国农业科学院植保所植物病虫害生物学国家重点实验室植物与病毒互作组工作。她每天的主要任务，就是与各种各样的作物病毒打交道。“要想创制和培育抗病毒新品种，必须要通过科学研究，明确病毒的致病机理，鉴定重要的抗病作物基因。”李方方解释说，弄清楚病毒机理只是第一步，最难的是要鉴定找出理想的抗病基因，这种基因不仅能够抗多种病毒甚至多种病原物，还不会影响作物产量甚至能帮助作物增产。“一个优秀的基因可以改变一个产业，找到它，是我努力的动力。”

日复一日的实验和付出终于得到回报。如今，李方方的病毒病研究取得了重大突破，成功克隆和鉴定了多个高效抗病毒的基因，揭示了多个重要病毒致病和抗病基因的分子机理。“过去，国内的病毒病研究水平还比较落后，最近 10 年，通过大家的努力，我们已经达到了国际领先水平。”李方方话锋一转，“但是在应用方面，我们与先进国家相比还有很大差距。”

科研要服务产业，李方方深知这一点，她也努力将农业生产中的难点作为实验室研究的重点。她所在的团队长期监测与预警我国重要病毒病害的发生与危害，并与其他团队合作研制了病毒的快速检测技术与产品，为有效预防控制番茄黄化曲叶病毒、黄瓜绿斑驳病毒等外来入侵的植物病毒、守护农业安全生产提供了技术保障。同时。她作为骨干成员开发的防控作物病毒的基因编辑载体和抗病毒育种新技术，能够快速获得抗病毒种质材料，该技术不仅在病毒病防控中具有重要应用前景，也为其他病原物抗性育种提供了借鉴。

传承：培养更多植保主力

从高考填报志愿选择植保专业的那一刻起，李方方就再没改变过心中的热爱。每天早上走进实验室，到晚上离开，有时甚至会工作到凌晨，但她从不觉得辛苦和疲惫。

“读书的时候，大家喜欢喊我劳模，觉得我无时无刻不在做实验或工作。做喜欢的实验加上渴望突破一些难题，其实是不会感觉疲惫的，我享受科研的未知和挑战，也不害怕失败。”李方方说，“我希望在科研上，自己能做一个引领者，而不是模仿者。”

中国青年女科学家奖、中国农业科学院青年科技创新奖……面对一项项成绩和荣誉，李方方表示“自己只是站在了前辈的肩膀上”，她庆幸遇到了一个适合青年成长成才的平台环境，“好的平台可以成就好的团队，也更容易成就个体。我，只是其中的一名代表”。

现在，李方方带领着一个 10 余人的研究小组，除了做科研，还承担着实验室管理、学生培养等任务，她深感责任更重，压力更大了。“科研是一种传承，绿色植保需要源源不断的青年加入，需要他们尽快成长起来。”让李方方引以为傲的是她培养的第一个博士研究生，取得的科研成果已经超过了自己当年攻读博士学位时的科研水平。她说，那是和文章发表、科研取得突破不一样的成就感。

长期全身心投入工作，必然会牺牲许多陪伴家人的时间。李方方自言不是好母亲、好妻子、好女儿，她也特别感谢家人的理解支持。“我父亲常对我说，你有这么好的平台环境，从事的又是这么有意义的工作，就应该努力作出成绩。年轻人，要不怕辛苦，要全力以赴。”

谈到今后的目标，李方方说，希望能取得理论上的新突破，研发出重要的抗病毒绿色技术。“如果非要说得大一点、远一些，那我希望自己有一天，也可以取得世界级的重要发现或成果，像袁隆平院士那样。”说完这话，她爽朗大笑。她知道，只要努力下去，儿时种下的那个梦想，终会有开花结果的那一天。

（文章来源：《旗帜》2023 年第 3 期）

以科技力量酿造首都“甜蜜事业”

——记2021—2022年度首都精神文明建设奖获得者吴黎明

每年繁花盛开的季节，在北京密云的山林间总能见到一位儒雅睿智的“养蜂人”，他就是中国农业科学院蜜蜂研究所蜂产品质量与风险评估创新团队首席科学家吴黎明研究员。与蜜蜂结缘31年来，他潜心钻研，荣获国家技术发明奖二等奖，倾情服务首都农业农村发展，研发推广一系列科学养蜂先进技术，在绿水青山中酿造“甜蜜事业”。

情系“三农”　支撑密云蜂业发展

仲夏8月，北京神农之乡养蜂专业合作社的年轻农民刘金良迎来丰收的喜悦，他把蜂箱里酝酿成熟的蜂蜜送到千家万户，这种小复式般的新型蜂箱产出的蜂蜜是传统蜂箱的两倍之多。“我们从2018年开始与蜜蜂所合作，吴老师他们的新技术节省人工，以前1个人最多养一两百群蜂，现在我们3个人养上千群蜂，人均收入是过去的2倍多。”

2012年，密云作为首都保水护水的重要生态屏障，在密云水库周边实施退耕禁种、禽畜禁养等措施，并决定依托生态优势大力发展蜂产业。吴黎明先后承担起北京市科学技术委员“密云蜂业全产业链提升关键技术研究与示范”等5项研究课题，深入挖掘当地蜂蜜活性成分含量高，花香浓郁等品质特点，因地制宜地研发出绿色高效的先进生产技术，并建立详细的品质评价标准。

10年来，吴黎明在做好科技创新的同时，作为核心成员全面参与密云养蜂业的各项工作。他带领团队翻山越岭，熟悉密云所有主要蜂场，与政府部门和企业家结下深厚友谊，更成为广大蜂农的贴心人。刘金良的父亲刘云忠是有30年经验的老蜂农，“以前我儿子一直在外打工，不愿意回来，是吴老师他们实实在在的技术成果让他看到致富的希望，决定回家创业。”

2022年，在科技创新的强力支撑下，密云养殖蜂群达12.35万群，占全市蜂群总量的45.2%，原料蜂蜜年产值超过1.4亿元，数百户低收入农户通过养蜂致富。密云蜂业作为“两山”理论的生动实践，逐步实现特色产业、标志产业和富民产业的目标定位，将小蜜蜂做成大文章。

2021年，全国成熟蜂蜜高效生产现场观摩会在密云区穆家峪镇召开，新华社等20余家主流媒体广泛报道。大家在交流技术的同时也讲述了密云蜂业的发展故事，“科技是第一生产力，因为有了蜜蜂所吴老师这样一群无私奉献的科学家，我们依靠创新破解了技术革新、人才接续等一系列产业难题，把密云的绿水青山变成了乡亲们的金山银山，打造了乡村振兴的‘密云样板’。”密云区主管蜂产业的区委常委蒋学甫介绍说。

刻苦攻关　突破养蜂技术瓶颈

蜂产品营养丰富，富含维生素、蛋白质、有机酸、酶类等多种营养成分。我国作为世界养蜂第一大国，蜂产品生产与出口量均居世界首位。但是，由于长期存在生产效率低、传统加工技术落后、质量检测技术缺乏等瓶颈，我国蜂产业的健康发展和产品提档升级受到严重制约。

针对产业中的一系列痛点，吴黎明带领团队数十年如一日潜心钻研，逐渐攻克了多个技术难关：成功实现一个蜂群饲养多只蜂王，解决蜂王浆生产幼虫供应难问题，通过子脾补群大幅提高蜂群群势，减少病害发生和兽药使用量；研发气体射流等先进工艺，降低了蜂蜜加工温度和时间，加工后的蜂蜜不结晶、不发酵，附加值和安全性大幅提升；攻克蜂胶高温下黏性大、难以粉碎的技术难题，用食用油替代聚乙二醇等分散剂，大大提高了蜂胶食用安全性；此外，吴黎明还发明了 10 种蜂产品品质评价技术，为蜂产品质量安全控制与保障提供技术支撑。

2017 年，吴黎明牵头完成的“优质蜂产品安全生产加工及质量控制技术”获国家技术发明奖二等奖，这是我国蜂业界时隔 22 年再次获得国家级奖项。获奖后的吴黎明没有丝毫懈怠，又针对蜂农们“勤取蜜、取稀蜜”导致蜂蜜产量低、质量差的问题，带领团队成功创建“强群多箱体成熟蜜高效生产技术”体系，产量达传统养蜂模式的两倍，并大幅提升蜂蜜质量，填补国内技术空白，为蜂产业来一场“甜蜜蝶变”。

多年来，吴黎明带领团队先后荣获国家和省部级成果奖 6 项，发表 SCI 论文 35 篇，获国家发明专利 26 项，制修订国家及行业标准 8 项，以高水平蜂业科技自立自强支撑我国“甜蜜事业”健康快速发展。

心有大我　模范践行科学家精神

吴黎明经常对自己团队成员说：“我们农业科研工作者就是要把科技创新的论文写在祖国乡村振兴的大地上，只要能让乡村美起来、农民富起来，付出再多辛苦也是值得的。”他是这样说，也是这样做的。

从大学时代起，吴黎明就培养了吃苦耐劳的品质，成为百花丛中最辛勤的养蜂人。他踏平原、进大棚、钻山沟，经常住在深山密林的蜂场帐篷，一待十几天，练就一身野外生存的本领。为了更好观察蜜蜂，经常不穿防护服查看蜂箱，偶尔遇到“犯脾气”的蜜蜂，会被蜇出几个大包。“吴老师做事喜欢亲力亲为，虽然工作质量和效率很高，但加班加点依然是他的常态，我们都很钦佩他的勤奋敬业。”吴黎明的学生张文文介绍说。2016 年和 2018 年，吴黎明两次被评为农业农村部优秀共产党员。

在长达 27 年的研究生涯中，吴黎明始终注重“人和”的力量。“团队的力量是项目成功的最大因素。”谈到自己获得的国家奖，吴黎明常常说，“成果是大家共同努力的结果。”为了培养人才，吴黎明经常与大家谈心，手把手指导工作，团队所有青年均获国家基金资助，1 人荣获北京市科技新星，他指导的研究生中，3 人次获国家奖学金，6 人次获评优秀毕业生等奖项，他本人被评为中国农业科学院首届研究生优秀导师，他带领的团队被评为中国农业科学院先进集体。

“党的二十大报告作出了建设宜居宜业和美乡村的新部署，首次将教育、科技、人才工作一体部署，展现了新征程赋予我们科技工作者的新要求。”党的二十大召开后，吴黎明第一时间带领团队学习大会精神，“我们要积极践行科学家精神，以科技力量做好小蜜蜂的大文章，为实现乡村全面振兴，推进中国式农业农村现代化作出更大贡献。”

十一、大事记

中国农业科学院2022年大事记

1月

1月2日 由中国小康建设研究会主办的第二届乡村振兴暨产业发展峰会在京召开。第十二届全国政协副主席马培华出席会议并致辞。全国人大农业与农村委员会副主任委员、中国供销合作经济学会会长李春生，农业农村部乡村振兴专家咨询委员会委员、农业部原常务副部长、中国小康建设研究会高级专家尹成杰，中国农业科学院党组书记张合成，农业农村部总畜牧师、农村合作经济指导司司长张天佐出席会议并作报告。

1月5日 中国农业科学院领导班子传达贯彻农业农村部党组会议精神。吴孔明院长主持召开院领导班子工作例会，传达学习农业农村部党组2022年第1次会议精神，贯彻落实部党组关于学习领会习近平总书记新年贺词，抓好春季粮食生产、大豆油料扩种、种子耕地农机支撑、巩固脱贫攻坚成果、深化农村改革、菜篮子产品稳产保供等重点工作部署。

1月12日 中国农业科学院2022年工作会议在京召开。农业农村部科技教育司司长周云龙出席会议并致辞。会议要求，2022年的总体工作要紧紧围绕“国之大者”，坚决贯彻“四个面向”，全面落实“保供固安全、振兴畅循环”的“三农”工作定位，以建设“四中心一智库”为主线，以完善学科、人才、平台和项目资源“四个体系”为重点，围绕农业“今天”的现实需要加强技术集成应用，围绕“明天”的竞争需求加强高新技术研究和关键核心技术攻关，围绕“后天”的引领目标加强基础研究和原始创新，不断强化党建和改革引领，夯实人才和条件基础，着力提升综合实力和影响力，加快推动高水平农业科技自立自强。

1月12日 中国农业科学院2022年工作会议上，张合成书记发布了院《“十四五”发展总体规划》。聚焦落实习近平总书记要求中国农业科学院抢占农业科技制高点、掌握科技发展主动权、引领农业农村现代化的指示精神，中国农业科学院“十四五”的总体发展思路是：顶天立地、率先跨越、引领发展、追求卓越。

1月12日 中国农业科学院2022年工作会议开幕式上举行了捐赠仪式，大北农集团董事长邵根伙博士以个人名义向中国农业科学院捐赠人民币1亿元，于2022—2026年期间，以每年2 000万元设立“中国农业科学院—大北农三创协同奖”等奖项，助力中国农业科学院“三创”事业发展。

1 月 12—13 日　农业农村部科教司副司长张振华一行考察调研崖州湾科技城，参观考察了崖州湾种子实验室及国家作物表型设施等平台建设情况，观摩了国家南繁生物育种专区，并就如何建立部省市联动机制、推动崖州湾种子实验室建设等进行座谈交流。

1 月 13 日　科技部副部长邵新宇调研中国农业科学院，吴孔明院长会见调研组。调研组先后考察了国家农业生物安全科学中心、植物病虫害生物学国家重点实验室、动物营养学国家重点实验室、粮油加工综合利用技术集成实验室。邵新宇详细询问了农作物重大病虫害防控、生物育种产业化应用、重要畜禽品种培育、农产品加工增值等创新工作进展，充分肯定科学家们推动科技创新、支撑产业发展的突出贡献，勉励科研人员要牢记“国之大者”，进一步聚焦“四个面向”持续开展科研攻关，充分发挥国家战略科技力量作用，努力突破科学前沿和关键核心技术。

1 月 14 日　中国农业科学院党史学习教育总结会议在京召开，吴孔明院长主持会议，张合成书记作总结报告，农业农村部党史学习教育第八巡回指导组组长黄伟忠到会指导。会议指出，在农业农村部党组坚强领导和部第八巡回指导组悉心指导下，中国农业科学院各级党组织认真贯彻落实党中央决策部署和习近平总书记重要指示精神，把党史学习教育作为重大政治任务，精心组织实施、有力有序推进，落实落细“学党史、悟思想、办实事、开新局”，做到学史明理、学史增信、学史崇德、学史力行，取得了预期成效。

1 月 14 日　吴孔明院长会见了到访中国农业科学院的青岛农业大学校长刘新民一行，双方就院校合作事宜展开交流，并达成共识。

1 月 17 日　中央政治局委员、国务院副总理胡春华调研中国农业科学院蔬菜花卉研究所寿光蔬菜研发中心。胡春华实地参观了研发中心建设运行情况，观看研发中心宣传片，认真听取“蔬菜稳产保供”情况汇报，充分肯定研发中心在“通过分子生物、细胞工程等手段缩短育种进程、提高育种效率”等方面作出的主动探索和积极实践。

1 月 17 日　中国农业科学院国际合作展厅落成开展。吴孔明院长、张合成书记、刘现武副院长现场参观。吴孔明强调，国际合作展厅体现了中国农业科学院在党领导下履行国家队使命、持续提升国际影响力的光辉历程。中国农业科学院要坚持“四个面向”，聚焦“两个一流”，深入落实习近平总书记贺信精神，开放创新，推动开展更高水平的国际合作。

1 月 17 日　中国农业科学院与淄博市人民政府举办共建中国农业科学院数字农业农村研究院签约活动。中国农业科学院副院长王汉中、孙坦，农业农村部政策与改革发展司副司长王宾，中共淄博市委副书记赵庆文、山东省农业农村厅一级巡视员林国华出席签约活动。

1 月 17 日　民盟中国农业科学院委员会召开换届大会暨 2021 年总结表彰大会。会议回顾了近 5 年来民盟中国农业科学院委员会在加强思想建设、凝聚政治共识、积极投身抗疫、高效参政履职、助力“三农”发展等方面的工作和成绩。民盟北京市专职副主委、一级巡视员张振军参会。

1月18日 由中国科学院院士和中国工程院院士投票评选的2021年中国十大科技进展新闻、世界十大科技进展新闻在京揭晓。李家洋院士团队的成果“异源四倍体野生稻快速从头驯化获得新突破”、蔬菜花卉所张友军研究员团队的成果“植物到动物的功能基因转移首获证实”入选2021年中国十大科技进展新闻。

1月19日 中国农业科学院召开科研力量布局调研启动会，吴孔明、张合成、唐华俊、陈萌山、孙坦、陈华宁出席会议。会议围绕中国农业科学院创新发展的战略定位、“国之大者”的核心要求、科研布局的系统设计、实施路径及政策边界等方面进行研讨交流，聚焦重点、难点、关注点等问题，研究部署了下一步工作。全国政协委员、中央编办原副主任牛占华，中央编办四局三处处长谢秋朝，农业农村部人事司副司长、一级巡视员陆红出席会议。

1月20日 中国与国际农业研究磋商组织合作战略研讨会召开。国合局以线上线下相结合的形式举办中国与国际农业研究磋商组织（CGIAR）合作战略研讨会。研讨会邀请国内有关专家、CGIAR各中心驻华代表等，就如何利用CGIAR一体化改革机会，共同探索中国与CGIAR合作未来战略方向及合作模式转变的可能性，对一体化改革中区域和国家层面变革提出了意见。中国农业科学院院长吴孔明出席会议并提出，希望抓住此次改革机遇，谋求双方新的合作切入点，为解决全球粮食安全挑战、促进全球粮食系统转型作出贡献。孙坦出席会议并致开幕词。

1月26日 中国科协党组成员罗晖来中国农业科学院调研在华国际组织建设工作。吴孔明院长出席座谈会，孙坦副院长陪同调研并主持会议。罗晖表示，在当前国际新形势下，须进一步推进在华国际组织合作，发展一批“新兴空白”“我有优势”“民心相通”的国际科技组织，并积极推动我国科学家在国际组织履职任职，希望中国农业科学院能积极给予支撑，为科技对外合作拓展新渠道。罗晖一行参观了中国农业科学院展厅，考察了国家种质资源库新库。

1月26日 中国农业科学院院长吴孔明会见先正达集团中国总裁覃衡德一行。双方就进一步加强战略合作进行研讨，将通过强化顶层设计和融合发展机制，在国家生物安全、粮食安全等领域扩大合作规模，优化知识产权保护，推动南繁种业及植保等领域发展，助力农业“走出去”。孙坦主持会议。

1月27日 科技部副部长张广军一行到中国农业科学院就国际大科学计划培育工作进行调研。吴孔明院长、张合成书记参加座谈，王汉中副院长主持座谈会。张广军在听取中国农业科学院及项目参与单位交流汇报后，对项目执行情况给予肯定，提出要充分认识牵头组织国际大科学计划的重要意义，并建议进一步做好发起农业领域国际大科学计划的培育工作，要将为全球提供公共产品为目标，把项目成果设计好、路径规划好、任务分工好、协议签署好、机构组织好。科技部国际合作司司长戴钢、交流中心主任高翔、评估中心主任聂飙、农村科技司副司长蒋丹平、合作司副司长陈霖豪、赵静，农业农村部科技教育司司长周云龙、国际合作司副司长韦正林，中国农业大学校长孙其信，中国科学院遗传发育研究所所长杨维才，华中农业大学副校长严建兵等发言提出各自建议，中国农业科学院副院长孙坦参加座谈会。

1 月 28 日　中国工程院党组书记、院长李晓红一行到南繁研究院调研作物表型研究中心及国家作物表型设施项目，听取国家作物表型设施、生物产业前沿技术创新中心及南繁研究院有关情况汇报。他强调，要充分发挥资源、政策等优势，紧盯科技前沿，加强多学科协同，着力汇聚顶尖人才，加快种业科技创新，加速科技成果应用转化，助力国家打好种业"翻身仗"。要加强科学伦理建设，确保科技活动风险可控。朱健康院士，海南省委书记沈晓明、省委常委孙大海和周红波、副省长王路、科技厅厅长谢京、农业厅厅长何琼妹，三亚市副市长罗东参加调研。

1 月 29 日　中国农业科学院院长吴孔明、书记张合成、副院长冯忠武、纪检组组长李杰人等一行先后到中国农业科学院机关办公楼值勤岗、职工食堂、幼儿园、综合服务大厅、东热力站、院办公室值班室，看望慰问春节期间坚守工作岗位的一线职工，向他们致以新春祝福和亲切问候。

2 月

2 月 9 日　中国农业科学院党组集中学习 2022 年中央一号文件精神。会议强调，中国农业科学院作为农业科研国家队，要紧紧围绕抓好粮食生产和重要农产品供给、强化现代农业基础支撑、坚决守住不发生规模性返贫底线、聚焦产业促进乡村发展、扎实稳妥推进乡村建设等重点任务，主动扛起贯彻落实中央一号文件科技支撑保障的责任。会议要求，院机关各部门、院属各单位领导班子要对标对表中央一号文件提出的任务目标、工作思路和重点举措，抓主抓重、落细落小，结合 2022 年院工作会议要求，谋划部署好本年度和"十四五"时期的各项工作。

2 月 9 日　中国农业科学院党组集中学习《"十四五"推进农业农村现代化规划》。会议强调，要认真学习领会"十四五"农业农村现代化发展特征、战略导向、总体要求、主要目标、重点任务、重大工程、政策措施等。会议要求，中国农业科学院要根据《"十四五"推进农业农村现代化规划》明确的"三个提升、三个建设、一个衔接"等 7 个方面重点任务要求，在落实院"十四五"规划中做好衔接、抓好落实。要聚焦"国之大者"，围绕实现高水平农业科技自立自强，加快构建覆盖"三农"的科技创新体系，强化原始创新和关键核心技术攻关，强化科企科产融合发展，为全面推进乡村振兴提供强有力的科技支撑。

2 月 11 日　中国农业科学院领导调研国家农业科技创新园建设。吴孔明院长、张合成书记一行察看了创新园垂直农场、协同创新实验室、园艺创新中心等重点区域建设进展，听取了环发所、中环易达公司有关园区布局规划、建设安排及运行管理方面的总体汇报。刘现武副院长主持调研座谈会，院机关有关部门参加调研。

2 月 11 日　农业农村部种业管理司司长张兴旺带队到牧医所调研座谈，听取研究所关于白羽肉鸡新品种持续选育及市场推广、平凉红牛育种进展、国家畜禽种质资源库项目推进情况等方面的汇报。张兴旺强调，要继续发挥国家战略科技力量作用，坚持“四个面向”，按照《种业振兴行动方案》部署，加快推进国家畜禽种质资源库项目建设，加紧推进种业关键共性技术和种源核心技术攻关，为畜禽种业振兴提供科技支撑。

2月14日 中国农业科学院召开2022年机关工作会议。吴孔明院长出席会议并讲话，张合成主持会议并讲话。会议强调，中国农业科学院机关要围绕“四优八提升”的要求做好工作安排，优机制，优化使命导向机制、协同创新机制和科技服务机制；优体系，优化学科体系、平台体系和人才体系；优环境，充分下放自主权、充分激发创新活力、构建良好创新生态；优服务，发挥好服务决策、服务科研一线和服务科研人员的作用，提升服务能力。中国农业科学院机关要全面加强党的领导，全面强化资源统筹，全面提升管理服务效能，全面打造一流工作作风。

2月14日 根据农业农村部科教司部署，中国农业科学院副院长孙坦带领成果转化局、作科所、植保所、环发所、蜜蜂所、资划所等单位专家赴山东禹城，参加农业农村部2022年“三下乡”集中示范暨冬小麦“科技壮苗”和大豆玉米带状复合种植技术服务活动，并参加集中示范活动启动仪式。国家小麦产业技术体系首席专家刘录祥在大会作代表发言，其他专家与地方有关部门和相关产业体系进行了对接，并开展下点指导服务、现场科技咨询、捐赠物资书籍等活动。中国农业科学院捐赠小麦叶面肥、飞防助剂、农通达等农用物资、挂图、书籍资料价值共计10万余元。

2月16日 中国农业科学院围绕贯彻落实中央八项规定精神召开专题研讨会。张合成书记出席会议并讲话。冯忠武副院长主持会议。院纪检组组长李杰人、农业农村部直属机关党委二级巡视员王治国出席会议。会议要求，要进一步提高政治站位，坚持违反中央八项规定问题无小事，正风肃纪无禁区；要坚决克服懈怠厌战情绪，作风建设是一场攻坚战、持久战；要防止和纠正隐形变异的违反中央八项规定和“四风”问题，始终保持“零容忍”态度，对苗头性问题露头就打，决不允许旧弊未除、新弊又生；要严防违反中央八项规定和“四风”问题反弹回潮，聚焦重点领域、重点对象和关键环节，系统施治、破立并举，驰而不息纠“四风”；要着力消除监督盲点，强化主体责任落实、干部职工教育、违规问题查处问责、领导干部带头表率，筑牢拒腐防变的坚固堤坝。

2月16日 中国农业科学院牵头的中法农业科技合作机制纳入元首外交成果。习近平主席同法国总统马克龙通电话时表示：“2021年首届人工智能研讨会和农业科技合作研讨会先后举行，首份联合实验室项目征集指南如期发布，这些都具有开创意义。”中国农业科学院于2021年6月承办了农业科技合作研讨会，并作为合作机制牵头单位参与设计与推动的中法首份联合实验室项目征集指南成功发布，为中法农业科技合作奠定基础。

2月17日 内蒙古自治区党委副书记、包头市委书记孟凡利一行到中国农业科学院调研座谈。吴孔明院长、张合成书记出席座谈会，孙坦副院长主持会议。双方就深入落实“科技兴蒙”行动，进一步推进“北方农牧业技术创新中心”共建，科技支撑保障内蒙古农业农村现代化和特色主导产业发展等问题进行深入交流，达成广泛共识。刘现武参加座谈。

3月

3月21日　农业农村部全面从严治党工作会通报了2021年度绩效考核结果，经过单位考核自评、考核小组审核复评、职能司局评价打分、部绩效管理领导小组研究等程序，中国农业科学院以总分97.32分（满分100分）位列事业单位组第一名，这是中国农业科学院自2017年参与农业农村部绩效管理考核以来首次获得总分第一名。

3月25日　科技部副部长张雨东一行到中国农业科学院就打造生物育种国家战略科技力量专题调研。吴孔明院长、万建民副院长、钱前院士、侯水生院士、周卫院士出席座谈会，王汉中副院长主持会议。张雨东一行参观了国家作物种质资源库，调研了中国农业科学院作物育种的代表性成果，听取了专题汇报，围绕落实国家粮食安全战略，把握“国之大者”，打造国家战略科技力量，实现生物育种科技自立自强等进行了座谈交流。

3月25日　中国农业科学院组织召开“戈壁生态农业”研讨会，传达贯彻农业农村部关于甘肃“戈壁生态农业”的批示精神，吴孔明院长出席会议并讲话，梅旭荣副院长主持会议。与会专家就戈壁的资源禀赋、戈壁农业发展现状、制约问题及前景展望进行了充分研讨。会议要求由中国农业科学院战略研究中心牵头，成立专家组，全面评估戈壁农业发展的重要性、必要性及可行性，尽快形成评估方案。中国农业科学院机关相关部门负责人、相关研究所科研人员参加会议。

3月28日　国家原子能机构在首届季度论坛上发布了2021年中国核领域十件大事，作科所小麦育种新技术与应用创新团队在2021年获得的2项植物诱变育种国际奖励“卓越成就奖”和“女性成就奖”成功入选。国家原子能机构科技委副主任张建华为入选事件颁发证书。国家原子能机构副主任董保同出席论坛并致辞。

3月29日　中国农业科学院党组召开第4次专题会议，集中学习李克强总理（时任）考察农业农村部并主持召开座谈会时的重要讲话精神及部党组会议精神，研究贯彻落实工作。吴孔明院长主持会议并讲话。会议要求，要认真贯彻李克强总理重要讲话精神和农业农村部党组部署，切实扛起农业科研国家队担子责任，加强和提高全院当前科技创新工作，逐项梳理要求，抓好落实落地。

3月30日　中国农业科学院院长吴孔明出席“促进戈壁生态农业有序健康发展”座谈会并强调，促进戈壁生态农业健康发展是落实习近平总书记关于树立大食物观重要指示的重要举措，要加强科学评估、支撑科学决策，要从生态环境、经济市场、技术条件等多个角度深入研究戈壁生态农业发展的潜力和路径，促进食物资源的全方位、多途径开发与利用。梅旭荣出席会议。

4月

4月6日 中国农业科学院院长吴孔明出席中组部定点帮扶县农业产业发展碰头会。中组部副部长曾一春在舟曲、台江两县农业产业发展碰头会上，充分肯定中国农业科学院前期工作，希望中国农业科学院继续在农业产业发展、乡村振兴中发挥更大作用，确保定点帮扶各项工作稳妥推进。吴孔明汇报交流了两县规划编制、近期重点工作、发展农业产业面临的主要问题与解决方案等，与会领导对中国农业科学院组织编写的两县农业产业发展规划进行了研讨。孙坦参加会议。

4月8日 中央党校第74期省部级经济班成立了粮食安全课题组，课题组召开研讨会专题研究“提高农民和基层政府种粮积极性政策建议”。中国农业科学院党组书记张合成出席会议并介绍了选题背景、研究方向、研究内容和预期成果。为深入贯彻落实习近平总书记重要指示精神和中央一号文件要求，该课题聚焦提高农民种粮和基层政府抓粮“两个积极性”难题，系统分析全国务农种粮和河南省18个产粮大县种粮的价格、成本、收益情况，形成相应政策建议报告。会议由河南省副省长武国定主持。山西省政协副主席李晓波、辽宁省委常委副省长王健、安徽省副省长杨光荣、国家自然科学基金委副主任党组成员侯增谦院士、中国海洋石油集团有限公司副总经理党组成员霍健、中国联合网络通讯集团有限公司副总经理党组成员梁宝俊出席会议。中央党校经济学部、国家统计局河南调查总队相关负责同志，农经所相关科研团队参加会议。

4月8日 湖南省副省长陈飞一行到麻类所调研座谈，就麻类产业转型升级和科技合作等工作进行调研，参观了麻类种质资源中期库、麻类科学文化馆和展览室等，并听取工作汇报。陈飞要求，麻类所要重点围绕人民对美好生活的需求，充分发挥麻类作物的功能作用，在高端原料生产等方面加强与企业合作，为湖南经济社会发展作出新的贡献。

4月12日 全国土壤普查技术规程规范与样点布设方案审议会在中国农业科学院资划所召开。农业农村部副部长张桃林详细听取唐华俊等院士专家对方案提出的意见建议，充分肯定土壤三普技术规程规范、调查样点布设方案、数据库与工作平台构建等工作进展。会议要求，在国家层面组建技术专家组，加强顶层设计和重大问题研究，通过试点不断完善规程规范，加强技术培训和信息化建设，扎实有序推进土壤三普工作。农业农村部农田建设管理司司长郭永田、一级巡视员陈章全，刘现武出席会议。

4月13日 全国政协副主席、民建中央常务副主席辜胜阻到中国农业科学院开展“三农”政策问题专题调研，考察了国家农作物种质资源库，与院士专家代表进行座谈交流。吴孔明院长介绍了中国农业科学院整体情况和贯彻落实习近平总书记贺信精神部署与重要科研成果。辜胜阻充分肯定中国农业科学院取得的成绩，强调要深入分析当前国际形势对我国农业发展的影响，聚焦种子和耕地两个要害，加强顶层设计，加大体制机制创新，推动农业科技进步，更好地支撑农业稳产保供和农业农村高质量发展。陈萌山、梅旭荣出席会议，院办公室负责人和作科所、农经所专家代表参加会议。

4 月 13 日 浙江省副省长卢山调研中国农业科学院茶叶所。考察了国家种质杭州茶树圃、创新团队实验室、质检中心和龙冠公司，听取了研究所工作汇报。他充分肯定茶叶所围绕产业重大需求和浙江发展需要所作出的贡献，表示浙江省将全力支持茶叶所打造生物育种、数字茶业、茶叶营养健康三大科创中心，希望茶叶所加强党建引领，在巩固传统优势学科基础上，紧紧围绕浙江省三大科创高地建设需求，在助力浙江乡村全面振兴和建设共同富裕示范区中发挥积极作用。

4 月 18 日 中国农业科学院副院长黄三文带队向广东省委常委叶贞琴专题汇报杂交马铃薯工作进展、下一步计划和需要广东省支持的事项。叶贞琴指出，杂交马铃薯工作要有“历史耐心、战略定力，大胆创新、务实推进”，表示广东将大力支持杂交马铃薯创新链产业链建设，加快建立“一套方案、一个机制、一个基地”，扎实推进相关工作。

4 月 20 日 中国农业科学院党组集中学习习近平总书记在海南考察时的重要讲话精神及农业农村部党组会议精神，研究贯彻落实工作。吴孔明院长主持会议并讲话。张合成书记在中央党校学习期间对专题学习活动作出安排。会议要求，全院上下要深入学习贯彻习近平总书记考察调研时的重要讲话精神，要坚持把推动种业科技自立自强作为强化国家战略科技力量的职责使命，重点抓好优异基因资源挖掘、基础研究强化、关键核心技术突破、重大品种培育 4 项重点工作。要进一步加强中国农业科学院海南科技创新工作的统一领导，建立科学高效的管理机制，扎实推进南繁研究院实体化建设，管好用好重大科学设施，积极参与国家实验室筹建，大力推进国际合作交流，为海南农业农村现代化发展提供科技支撑。

4 月 21 日 中国农业科学院院长吴孔明出席中组部帮扶定点县农业产业发展促进会，报告中国农业科学院科技帮扶舟曲、台江两县进展情况与下一阶段帮扶工作统筹安排和具体部署。会议对中国农业科学院牵头编制的两县总体发展规划进行了研讨，与会领导专家提出了意见和建议。中组部副部长曾一春对两个规划和中国农业科学院前期工作给予了充分肯定，并提出把握好规划指导和精准施策的关系，坚持具体情况具体分析，边实施边完善。要求帮扶工作把握时间节奏，积极稳妥推进，整合力量资源，拓展规划效应。农业农村部发展规划司一级巡视员刘明国，国务院参事、中国农业大学何秀荣教授，中国农业科学院副院长王汉中、孙坦，中国农业科学院办公室、成果转化局、加工所以及甘南藏族自治州、舟曲县、黔东南苗族侗族自治州、台江县等有关人员参加会议。

4 月 22 日 中国农业科学院院长吴孔明与中国农业银行副行长崔勇一行就开展战略合作达成共识，同意签署战略合作协议，围绕政策研究、产业推广、种业联盟、种业信贷、数字化、种业项目科技支撑等方面推进务实合作。中国农业科学院梅旭荣副院长、院机关有关部门负责同志参加会谈。

4 月 24 日 湖北省副省长宁咏到中国农业科学院油料所调研，参观了国家油料种质资源库、油菜新品种培育基地、大豆新品种创制实验室等，了解油料所开展科技创新、成果转化和科技服务情况。宁咏充分肯定油料所取得的成绩和为湖北油料产业发展作出的突出贡献，希望油料所进一步聚焦关键核心技术攻关，加快科技创新平台建设，加强技术成果集成推广应用，为湖北和全国油料扩面增产保供、产业提档升级作出更大贡献。湖北省农业农村厅厅长吴祖云、省政府二级巡视员林竹青陪同调研。

4月24日 《新闻联播》报道中油杂501创高产纪录。中国农业科学院王汉中院士团队培育的油菜新品种中油杂501在湖北襄阳进行现场测产，结果显示，每亩单产达到419.95千克，刷新了我国冬油菜单产纪录。中油杂501具有耐密、高产、高油、适合机械化收获等优点，含油量高达50.38%，是国家油菜新品种试验中含油量最高的品种。同时，配套的耐密植栽培技术，使每亩油菜株数从1.5万株提高到3万株，实现了单位面积产油量倍增。

4月25日 吉林省委副书记、省长韩俊到中国农业科学院特产所调研新冠疫情防控和复工复产工作。韩俊详细了解特产所疫情防控、科研恢复、成果转化和企业生产等情况。他强调，要进一步推动员工返岗，尽快实现稳产满产。要加大科技创新力度，进一步推动更多科研成果落地转化应用，推动企业做大做强。他指出，特产所作为农业科研“国家队”，要进一步发挥科技优势，强化使命担当，助力吉林夺取疫情防控和经济社会发展双胜利。

4月25日 湖北省委副书记李荣灿到国家油料种质资源库、新品种培育基地、油料加工中试车间等科研一线了解油料科技创新进展和成果转化应用情况。李荣灿充分肯定中国农业科学院油料所科技支撑油料产业发展作出的重要贡献，希望油料所进一步强化使命担当，聚焦党中央关于大豆和油料产能提升决策部署，加快突破性新品种培育、关键核心技术研发和成果示范推广，为提高油料供给水平和全面促进乡村振兴作出更大贡献。湖北省委副秘书长张世伟、省委政研室副主任章新国参加调研。

4月25日 广西壮族自治区党委书记刘宁调研中国农业科学院基因组所巴马乡村振兴研究院，听取了基因组所在巴马开展乡村振兴有关工作的汇报。刘宁充分肯定基因组所在优薯计划、巴马香猪育种等工作上取得的成绩。他表示，支持基因组所在巴马的科技助力乡村工作，支持“稻薯猪”模式在河池逐步推广，希望巴马院能够继续发挥科技力量，全面支撑乡村振兴与巩固脱贫攻坚成果有效衔接。

4月25日 全国五一劳动奖评选结果出炉，中国农业科学院资划所周卫院士获得全国五一劳动奖章。全国总工会2022年表彰全国五一劳动奖状200个、全国五一劳动奖章966个、全国工人先锋号956个，其中，中央和国家机关荣获全国五一劳动奖章6个。

4月28日 中国农业科学院召开“青年创新”专项启动会。吴孔明院长出席会议并讲话，王汉中院士主持会议。“青年创新”专项重点支持35周岁以下青年科研人员，开展前沿性、原创性、颠覆性、非共识性基础前沿理论与关键技术创新研究，激发青年创新创造活力。陈华宁参加会议。

5 月

5 月 5 日 黑龙江省委书记、省人大常委会主任许勤到中国农业科学院作科所黑河大豆试验基地考察，听取了基地科研人员关于试验基地基本情况的介绍。他强调，要推进良种、良法、良机、良田系统组装集成，强化科研攻关，培育优良品种，推广先进耕作方式，提高单产水平，实现种业科技自立自强、种源自主可控，为保障国家粮食安全和初级农产品供给安全作出更大贡献。

5 月 12 日 中国农业科学院院长吴孔明受邀出席首届“国际植物健康日”活动，并以“绿色植物保护保障中国粮食安全”为题作学术报告。吴孔明介绍了我国作物病虫害发生情况，分享了我国绿色植物保护政策、措施以及绿色防控保障粮食安全的成功经验和案例，提出了加强跨境作物病虫害防控国际合作的建议。该活动由联合国粮食及农业组织（FAO）和国际植物保护公约秘书处联合举办，FAO 总干事屈冬玉、芬兰农林业部部长库尔维宁，以及美国、英国、阿根廷等农业部门和国际组织代表出席开幕式并作报告。

5 月 19 日 中国农业科学院召开专题学习会，围绕农业科技攻关和种业振兴，研究支持推动基因编辑技术研发应用。吴孔明院长出席会议并讲话，张合成主持会议。会议强调，全院上下要认真学习贯彻中央领导同志的重要指示批示精神，进一步聚焦粮食安全、种业振兴、基因编辑技术应用 3 个方面，加强科技攻关和支撑保障作用；要持续推进推动南繁研究院实体化运行，进一步加快人才引进、团队组建、平台搭建、学科体系建设步伐，打造国际一流的生物育种创新高地；要统筹中国农业科学院在海南省现有的各类资源，加强顶层设计，着力推进南繁院体制机制创新，构建高度协同、一体化运行的管理体系。王汉中副院长、孙坦副院长、陈华宁副院长、万建民院士、朱健康院士以及院办公室、科技局、南繁研究院负责同志参加会议。

5 月 20 日 中国农业科学院和德国莱布尼兹植物遗传与作物研究所（IPK）召开 G2P 国际大科学计划对话会。中国农业科学院副院长孙坦主持召开 G2P 国际大科学计划线上对话会，与 IPK 就 G2P 实施愿景、合作意向和下一步计划进行沟通探讨。IPK 表示对中国农业科学院邀请其共同发起 G2P 国际大科学计划非常感兴趣，并愿意积极参与实施，同时就重点作物清单、数据开放共享等提出建议。双方经过讨论，对下一步工作推进计划取得了共识，IPK 尽快提供共同发起 G2P 国际大科学计划和投入的承诺书；双方科研团队继续就作物清单和工作分工等对接交流，完善大科学计划研究内容和路线图；建议对资金投入方式、种质资源交换和数据开放共享等开展可行性研究。中国科学院遗传所、北京大学现代农学院及院国合局、中国农业科学院作科所与生物所有关领导和专家线上参会。

5 月 24 日 河南省委书记楼阳生到中国农业科学院灌溉所调研，重点考察了现代智慧灌溉科技展示园、数字化变量喷灌示范场，听取灌溉所科技创新与服务“三农”

发展的情况汇报，详细了解了我国灌溉农业科技发展瓶颈，充分肯定灌溉所扎根新乡60年所取得的成绩。楼阳生指出，灌溉所要不断发挥驻豫国家队作用，在河南省“十大战略”决策部署中，积极作为，引领发展，做好水这篇大文章，为河南高标准农田建设与高效节水灌溉示范区建设、支撑服务农业农村现代化作出新的贡献。河南省、新乡市及有关部门领导参加调研。

5月24日 中国农业科学院新乡精神展馆入选全国科学家精神教育基地公示名单。中国科协公布《关于2022年度科学家精神教育基地认定名单的公示》，中国农业科学院新乡精神展馆入选第一批140家科学家精神教育基地公示名单。

5月26日 为深入学习贯彻习近平总书记致中国农业科学院建院60周年贺信精神和习近平总书记关于农业科技创新重要指示批示，由中国农业科学院发起，与中国水产科学研究院、中国热带农业科学院和各省（区、市）农业科学院共同组织召开了学习贯彻总书记贺信精神交流会。中国农业科学院吴孔明院长出席会议并讲话，张合成书记主持会议并作总结讲话。会议要求，全国农业科技战线要把高水平科技自立自强作为国家战略科技力量的使命担当和建设科技强国的总目标，全力担当粮食安全的政治责任，全力投身国家创新体系建设大潮，全力创新农业科研体制机制，全力推进农业科技优先发展，不断加快农业科技改革创新步伐，以优异成绩迎接党的二十大胜利召开。农业农村部科教司一级巡视员张文出席会议并致辞。黑龙江省农业科学院党组书记、院长刘娣，江苏省农业科学院院长、党委书记易中懿，山东省农业科学院党委书记李长胜分别围绕改革促创新、更好发挥科技创新的战略支撑和引领作用、让农业插上科技的翅膀作大会交流，为加强全国农业科技系统兄弟单位团结协作，共同推进我国农业科技整体跃升提供了重要经验和借鉴参考。

5月26日 内蒙古自治区党委副书记、自治区主席王莉霞到通辽市开鲁县实地调研了中国农业科学院作科所科技包县的进展情况，详细了解作科所玉米密植高产精准调控技术在通辽地区节水增粮的优势和效果，并对中国农业科学院深入生产一线解决产业问题、大幅度提高粮食产量所开展的创新性工作给予高度肯定，希望作科所充分发挥基地的引领示范功能，把玉米密植高产精准调控技术从开鲁、通辽推广到内蒙古全区。

6月

6月7日 中国农业科学院召开院监督工作课题研究交流会，中央纪委国家监委驻农业农村部纪检监察组组长吴清海出席会议并讲话。吴孔明院长会见吴清海组长一行，张合成书记主持会议。吴清海强调，党内监督在党和国家监督体系中起着引领各类监督的重要作用，要从党的领导全面加强、全面体现的高度，准确把握监督的本质是制约权力，强化有权必有责、用权必监督的意识；要把“农科特色”体现在贯彻落实习近平总书记贺信精神中，围绕早出成果、多出成果、出大成果的目标，建立健全权责明确、配置科学、监督有力、运转有序的工作机制；要研究院里提出的17个方面风险点的权力运行特点，充分发挥各部门职能监督作用，实现全方位监督与日常管理相结合。驻部组副组长刘柏林，李杰人、陈华宁及院相关部门负责同志参加会议。

6月6—7日 中国农业科学院院长吴孔明在江苏召开的农业农村部“三夏”小麦机收专项指导座谈会上听取江苏省关于小麦机收以及夏种夏管情况。会议指出，要深刻认识保障全年粮食丰收的重大责任，全力以赴确保小麦颗粒归仓，压茬推进夏种夏管各项工作。指导组对收割机械的运输和能源供应情况进行了实地调研。中国农业科学院科技小分队在江苏提供全程技术指导。

6月13日 中央纪委国家监委驻农业农村部纪检监察组与中国农业科学院党组召开专题座谈会，就开展好农科特色监督工作作深入交流。驻部组组长吴清海出席会议并讲话，中国农业科学院吴孔明院长出席会议，张合成书记主持会议。驻部组副组长刘柏林、二级巡视员余艳柯，中国农业科学院全体院领导及院机关各部门、后勤中心、研究生院主要负责同志参加会议。

6月13日 农业农村部科教司司长周云龙到中国农业科学院调研科技创新和成果转化工作。吴孔明院长会见了周云龙一行，张合成书记出席座谈会，王汉中副院长主持会议。双方就强化国家队站位，坚持目标导向、问题导向和公益性定位等内容进行了深入交流。周云龙表示，科教司将一如既往支持中国农业科学院的创新发展，共同推进高水平农业科技自立自强、支撑稳粮保供、乡村全面振兴和农业农村现代化。

6月15日 中国农业科学院召开2022年全面从严治党工作会议，总结2021年以来主要工作，分析研判形势，部署2022年重点任务。会议指出，2021年以来，院党组坚持从讲政治的高度做好农业科技工作，围绕“国之大者”，聚焦种子、耕地两大要害，确保国家粮食安全和重要农产品稳产保供贡献突出；立足科技创新和成果转化，履行核心职责能力显著提升；围绕构建“五位一体”“四责协同”监督格局，监督保障执行、促进完善发展取得明显成效。会议针对2022年全面从严治党工作部署五项重点任务。农业农村部直属机关党委二级巡视员王治国，驻部纪检监察组有关同志，中国农业科学院全体院领导及院机关各部门、后勤中心主要负责同志在主会场参会。院机关各部门、院属各单位2 000余人通过视频分会场参会。

6月16日 新疆维吾尔自治区党委常委、政府副主席玉苏甫江·麦麦提到中国农业科学院西部中心调研，考察科研办公区建设用地和综合服务楼，听取西部中心总体规划布局、工作思路以及国家棉花产业联盟实施高品质棉花全产业链布局等相关情况汇报，对西部中心融入新疆共谋整体科技跃升表示高度肯定。新疆维吾尔自治区人民政府、昌吉回族自治州及园区相关部门负责同志参加调研。

6月17日 中国农业科学院和国际食物政策研究所（IFPRI）在京联合发布《中国农业产业发展报告2022》和《2022全球食物政策报告》，吴孔明院长出席会议并致辞，张合成书记出席会议，国际食物政策研究所所长Johan Swinnen致辞。国家有关部委、在京相关高校、国际机构等部门代表，中国农业科学院属相关单位负责同志现场参会。

6月25日 中国农业科学院资划所和中国农业绿色发展研究会在京联合发布《中国农业绿色发展报告2021》，中国农业绿色发展研究会理事长余欣荣出席会议并讲话。中国农业科学院院长吴孔明、农业农村部总农艺师曾衍德出席会议并致辞，中国农业科学院党组书记张合成、农业农村部总经济师魏百刚、钱前院士出席会议。

6月26日 中国农业科学院第四届农科开放日启动。吴孔明院长出席启动仪式并致辞，张合成书记出席仪式。中国科协科普部副部长庞晓东、农业农村部科教司副司长孙法军在启动仪式上致辞。冯忠武主持仪式，李杰人、梅旭荣、孙坦、陈华宁参加仪式。此次开放日以“心怀‘国之大者’ 科技服务生活”为主题，聚焦种子、耕地、生物安全、农机装备、绿色低碳、农村发展等重点领域，展出众多农业科技新成果。

6月28日 农业农村部党组成员、副部长邓小刚到中国农业科学院调研，吴孔明院长、张合成书记参加调研。邓小刚先后考察了中国农业科学院国家农业科技创新园、国家农作物种质资源库新库、国家耕地科学中心及中国农业科学院展厅，听取有关工作汇报，并同科研人员进行深入交流。梅旭荣、刘现武参加调研。

6月28日 中国农业科学院召开2022年巡视巡察工作动员部署暨2021年巡察整改工作推进会。吴孔明院长向巡察组组长授权，张合成书记出席会议并讲话，李杰人主持会议。会议传达学习习近平总书记关于巡视工作的指示、全国巡视工作会议精神和农业农村部2022年巡视巡察工作要求，部署2022年巡察工作，通报中国农业科学院2021年巡察整改情况。2022年，中国农业科学院将对牧医所等9个院属单位开展巡察，完成十九大以来巡察全覆盖任务。驻农业农村部纪检监察组副组长叶春秀，梅旭荣出席会议。

6月29日 吉林省委副书记、省长韩俊率副省长韩福春一行到中国农业科学院特产所调研指导工作，考察肉牛疫病预警与智能健康监测平台、特种动物种质资源库和人参智能栽培实验室。韩俊对特产所在区域优势特色农业科技研发、科企融合、产业模式创新给予充分肯定。他指出，特产所要积极发挥院地两级资源优势，加速推进吉林省高水平农业科技自立自强，为吉林省“人参、梅花鹿两个千亿级”产业升级提供有力支撑。吉林省政府秘书长安桂武及相关厅局负责同志陪同调研。

7月

7月1日 中国农业科学院举办庆祝中国共产党成立101周年系列主题活动。吴孔明院长、张合成书记出席并讲话，陈华宁副院长主持。主题活动中，举办了红色农学家陈凤桐塑像揭幕仪式、中国农业科学院新乡精神展馆云开馆仪式，通报了2022年中华全国总工会和全国妇联表彰的获奖者名单，宣读了红色农学家等老一辈科学家代表表彰决定、建院65周年先进模范人物表彰决定，介绍了中国农业科学院“光荣在党50年”纪念章颁发情况，并为老党员代表颁奖。张合成带领新党员代表在党旗下庄严宣誓，全体党员重温入党誓词。冯忠武、李杰人、王汉中、梅旭荣、刘现武、薛亮、陈萌山，农业农村部直属机关党委副书记王家忠出席活动。

7 月 1 日　中国农业科学院吴孔明院长和张合成书记共同为陈凤桐院士塑像揭幕，张合成书记致辞，陈华宁副院长主持仪式。张合成指出，陈凤桐院士于 1949 年 5 月 1 日组建成立中国农业科学院前身——华北农业科学研究所，并为中国农业科学院的组建和发展作出了历史性贡献，播下了农科精神的种子。张合成强调，为陈凤桐院士塑像就是要传承弘扬红色农学家的开拓精神，大力弘扬科学家精神和以“求真笃行　敬农致用”为核心的农科精神，引导全院干部职工为实现乡村全面振兴和农业农村现代化作出更大贡献，以优异成绩迎接党的二十大胜利召开。

7 月 1 日　吴孔明院长和张合成书记共同启动中国农业科学院新乡精神展馆开馆，吴孔明院长作重要讲话，陈华宁副院长主持仪式。吴孔明强调，中国农业科学院新乡精神展馆是推进党史学习教育常态化长效化、深入贯彻落实习近平总书记致中国农业科学院贺信精神的重要阵地，是中国农业科学院与新乡市深入开展院地合作、实现“四个紧密结合”的重要见证，是传承弘扬科学家精神、锻造新时代农科精神的重要载体。院机关各部门、院属各单位党组织要认真学习和传承院新乡精神，共同推动中国农业科学院成为弘扬科学家精神的高地和锻造农科精神的阵地，扛稳国家农业战略科技力量的责任担当。

7 月 4 日　中央政治局委员、中央农村工作领导小组副组长陈全国一行到中国农业科学院乡村振兴科技帮扶县——黑龙江省桦川县调研指导，现场观摩科技帮扶示范基地玉成合作社和百合浆果合作社水稻、玉米、大豆等作物田间长势，听取桦川县科技农业建设情况以及作科所桦川科技帮扶工作成效。陈全国对双方院地共建、科技支撑乡村振兴工作给予充分肯定。他指出，桦川县要牢记保障国家粮食安全的责任，在有力的科技支撑下，发挥合作社在粮食增产、农民增收以及农业增效方面的带动作用。黑龙江省委常委、副书记王志军以及相关厅局负责同志陪同调研。

7 月 4 日　全国政协副主席、民革中央常务副主席郑建邦赴中国农业科学院草原所沙尔沁基地调研，考察了国家种质多年生牧草圃和羊草新品种扩繁生产田，详细了解国家种质牧草中期库（圃）的运行现状，交流了草种质资源收集保存的标准及其基础性、长期性和公益性特点。郑建邦对草原所取得的成绩表示肯定，强调要充分发挥国家科技战略力量的作用，着力突破草种业关键技术和瓶颈问题，夯实种业发展基础，突破体制机制障碍，构建研发—生产—销售—服务全链条的产业技术体系，实现种业科技自立自强、种源自主可控。

7 月 5 日　中国农业科学院以线上线下相结合方式，举行 2022 届研究生毕业典礼暨学位授予仪式，庆祝1 451名毕业生圆满完成学业。吴孔明院长出席活动并讲话，勉励毕业生心怀“国之大者”，勇担时代重任；传承农科精神，勇攀人生高峰；矢志艰苦奋斗，永葆青春本色。典礼表彰了 2022 年到西部地区、艰苦边远地区和基层单位就业毕业生、2022 年度优秀毕业生、首届优秀研究生导师和首批教学突出贡献奖教师，并为主会场毕业生扶正流苏。梅旭荣副院长、陈华宁副院长，院机关各部门有关领导、研究生院领导班子成员、京区研究生培养单位领导及部分导师代表在国家农业图书馆报告厅主会场出席仪式。

7月5日 中国农业科学院书记张合成到云南省进行调研，现场观摩了生物育种作物田间生长情况及抗虫耐除草剂试点效果，听取地方试点负责同志情况介绍，对中国农业科学院驻点技术人员给予了高度肯定。他指出，要持续开展试点监测工作，为产业化奠定扎实的科学数据基础；要积极做好农户技术支撑，保障试点效果得到有效体现；要支撑农业农村部开展管理政策研究，为明年试点提出一个相对明晰的技术方案；要与试点地方建立全方位的长期合作关系，助力地方农业农村现代化建设。农业农村部科教司一级巡视员张文、云南省农业农村厅副厅长李国林等参加调研。

7月6日 甘肃省委常委、兰州市委书记朱天舒，广药集团党委书记、董事长李楚源一行到中国农业科学院兰牧药调研兽药研发，听取研究所基本情况和兽药、中兽医科技创新情况的介绍并展开座谈。朱天舒希望兰牧药继续发挥科技优势，加强与企业的产学研合作，兰州市委、市政府将持续做好市场对接工作，共同支撑产业发展。李楚源表示，广药集团在加大在甘投资的同时，将进一步关注兽药产业，期待与研究所在相关领域开展合作，提高产业科技附加值，助力提升陇药产业整体实力和核心竞争力。

7月6日 中国农业科学院与河南省政府举行座谈会，双方就中原农业研究中心定位、功能、布局等共建事宜进行充分沟通协商，达成一致意见。中国农业科学院院长吴孔明、河南省副省长武国定出席座谈会。座谈会上，中国农业科学院与神农种业实验室、国家生物育种产业创新中心签署战略合作协议。河南省政府办公厅、省农业农村厅、省农业科学院、新乡市有关领导，中国农业科学院副院长孙坦参加活动。

7月7日 中国农业科学院院长吴孔明分别与郑州大学校长李蓬、河南大学党委书记卢克平座谈交流，并与两校建立战略合作关系达成一致。陈化兰院士参加郑州大学的座谈，中国农业科学院副院长孙坦参加活动。

7月7日 中国农业科学院党组书记张合成带队调研台江农业产业发展并参加台江农业产业发展情况汇报会。会上，传达学习了中组部领导关于科技帮扶定点县的指导意见，听取了县专班关于各产业发展情况汇报和面临的问题与诉求，有关专家针对产业发展的现状、问题提出了意见建议。张合成从推规划、提政策、引企业、谋项目、抓试点、调进度等方面对地方专班工作提出了要求。

7月8日 中国农业科学院院长吴孔明到中国农业科学院郑果所调研，考察了国家葡萄桃种质资源圃、猕猴桃资源圃和国家西甜瓜中期库，并召开座谈会听取了研究所发展情况和科研人员的意见建议。吴孔明充分肯定郑果所近年来在精神面貌、科研创新、产业服务等方面取得的成绩，强调研究所要把握国家发展大势和政策调整机遇，在科技支撑“果树上山”方面走在前、做表率，服务产业发展；要做好人才的顶层设计，用好院人才支持政策；要以创新工程经费撬动其他渠道的资源投入；要积极参与院创新中心、技术中心和区域中心等建设；要下决心解决制约研究所改革发展的问题，推动研究所高质量发展，为农业农村现代化和乡村全面振兴提供更好的科技支撑。中国农业科学院副院长孙坦参加调研。

7月9—10日　由人力资源社会保障部、农业农村部主办，中国农业科学院承办的"提升种业创新能力　助力种业振兴发展"专家创新大讲堂在京召开。人力资源社会保障部党组成员、副部长汤涛，农业农村部党组成员、中国农业科学院院长吴孔明，农业农村部党组成员、人事司司长廖西元出席开幕式，王汉中主持开幕式。

7月9日　中国农业科学院党组书记张合成与广西壮族自治区副主席许显辉座谈，双方就加强农业农村科技支撑、谋划自治区种子实验室建设等进行交流并取得共识。张合成还调研了广西农业科学院，参观了广西农业科学院展厅、科研楼、中国农业科学院甘蔗研究中心，并就党建工作、科技创新、科技服务、成果转化等与广西农业科学院党组书记、院长邓国富及副院长张述宽等座谈，双方一致表示要加强交流、深化合作、共谋发展。

7月12日　中国农业科学院院长吴孔明率队到三亚市崖州区坝头村和国家野生稻种质资源圃调研，考察当地粮食生产，听取粮食作物种植以及野生稻保存利用等相关情况汇报，与当地有关领导就提升粮食产量、质量和推进乡村全面振兴等进行交流。吴孔明表示，中国农业科学院将加大力度支持崖州农业发展，发挥国家级科研平台和人才队伍优势，助力当地农业水平提升。农业农村部粮食生产督导组，中国农业科学院副院长孙坦、钱前院士，三亚市政府副市长罗东、海南省农业农村厅副厅长赵咏望、三亚市农业农村局局长柯用春，以及中国农业科学院办公室、研究生院、南繁研究院负责人参加调研。

7月13日　中国农业科学院院长吴孔明会见海南省委常委、三亚市委书记周红波一行，并签署了合作备忘录。双方将充分发挥科技资源优势、区位优势、政策优势，开展全面合作，助力国家"南繁硅谷"建设，推动种业振兴，科技支撑海南农业农村发展。中国农业科学院副院长孙坦与三亚市委副书记、市长陈希分别代表双方签约。中国农业科学院办公室、研究生院、作科所、南繁研究院等部门领导参加活动。

7月13日　中海油集团党组成员、集团公司副总经理兼中海炼化党委书记、董事长周立伟一行到中国农业科学院座谈交流，并签署战略合作协议，张合成书记、梅旭荣副院长出席签约仪式。"十四五"期间，中海石油炼化有限责任公司拟投入5 000万元，与中国农业科学院合作推动解决我国动物疫苗佐剂"卡脖子"技术难题，更好维护国家生物安全。中国农业科学院成果转化局、环发所、牧医所、哈兽研、兰兽研、上兽研、特产所有关领导参加会议。

7月14日　南繁研究院实体化建设系列活动在崖州湾科技城举行。其间，中国农业科学院与国际水稻研究所、国际玉米小麦改良中心签署共建国际育种中心合作意向书，开展农业农村部基因编辑创新利用重点实验室（海南）揭牌，南繁研究院创新团队入驻签约等活动。海南省副省长刘平治，省农业农村厅、科技厅，三亚市，农业农村部科教司，中国热带农业科学院等有关领导出席活动。中国农业科学院副院长孙坦、陈华宁参加活动。

7月17日 国家盐碱地农业科技创新联盟成立大会在山东省黄河三角洲农业高新技术产业示范区召开。会议审议通过《国家盐碱地农业科技创新联盟章程》及联盟第一届理事会建议名单，选举中国农业科学院资划所为联盟理事长单位，推选中国工程院院士唐华俊担任联盟理事长。联盟提出支撑盐碱地专项普查、谋划盐碱地国家重大科技项目、打造盐碱地综合利用示范工程、筹建盐碱地创新研究院、编制盐碱地农业标准规范规程、打造盐碱地农业发展高端论坛6项近期重点任务，并宣布中国农业科学院盐碱地重大联合攻关项目“盐碱地产能提升关键技术与集成示范”正式启动。刘现武参会。

7月18日 中国农业科学院院长吴孔明会见了到中国农业科学院调研的国家机关事务管理局党组成员陈佳资，保定市委常委、阜平县委书记刘靖一行，中国农业科学院副院长刘现武主持座谈会。中共阜平县委、阜平县人民政府向中国农业科学院赠送了“发挥农科优势　助力乡村振兴”锦旗，感谢中国农业科学院长期以来对阜平县脱贫攻坚和农业产业发展作出的突出贡献。吴孔明表示，中国农业科学院将继续发挥好国家队作用，为阜平县乡村振兴作出更大贡献。中国农业科学院办公室、转化局、蔬菜所、牧医所、蜜蜂所、加工所、资划所及中环易达有关负责同志参加座谈。

7月18日 农业科技援藏工作交流会在拉萨召开，西藏自治区党委常委、自治区政府党组副书记、常务副主席任维，中国农业科学院党组书记张合成、副院长陈华宁出席会议，副院长孙坦主持会议。张合成指出，要认真贯彻好习近平总书记关于做好“三农”工作、强化科技兴农的重要论述以及关于西藏工作的重要指示精神，扎实落实高原特色农业创新团队建设行动、自治区农科院跃升行动、地市农科院壮大行动等农业科技援藏“三项行动”，带头加强与西藏自治区农牧科学院以及地方政府合作，加大力度办好“派专家、送技术、出主意、做示范、搞培训”5件实事，当好国家队表率，引领带动全国农业科技力量，进一步巩固农业科技援藏成果，扎实做好“十四五”援藏工作。

7月18日 中国农业科学院党组书记张合成会见西藏自治区、天津市、山东省、辽宁省、福建省农业科学院领导，围绕加快农业科技创新、搭建科研平台、深化农业科学院体制机制改革等进行深入交流。张合成强调，中国农业科学院愿与全国省（区、市）农业科学院共同推进西藏农业科技创新，助推农业农村高质量发展，重点对口帮扶当地7个高原特色农业创新团队，扎实落实团队“双首席”制，加快提升团队农业科技创新能力。同时，希望各省（区、市）农业科学院加大在对口帮扶地区的农业技术培训，着力打造一支带不走、调不离的农业科研和农技推广人才队伍。张合成指出，农业科技改革只能加强，不能削弱，要立足我国国情农情，遵循农业发展规律和科学研究规律，加强调研，进一步推动理顺全国农业科研机构管理体制机制，确保农业科研机构公益性定位。

7月18日 中国农业科学院党组书记张合成在拉萨与西藏自治区党委副书记、常务副主席陈永奇会谈。张合成表示，中国农业科学院将切实当好国家队表率，实施好3项行动，办好5件实事，与全国农业科教力量联合协作，加快形成农业科技援藏工作的强大合力，为建设社会主义现代化新西藏贡献科技力量。陈永奇感谢中国农业科学院对西藏自治区农业科技创新的大力支持，表示将拿出专项资金稳定支持西藏自治区农牧科学院科技创新、持续提升西藏农业科技创新能力，要求西藏自治区农牧科学院尽快拿出工作方案，承接好农业科技援藏工作交流会既定的各项工作任务。农业农村部科教司副司长孙法军、农业农村部援藏办副主任缪建明、陈华宁，西藏自治区政府副秘书长李开新、西藏自治区农业农村厅厅长杜杰、西藏自治区农牧科学院院长次真参加会见。

7 月 20 日 中国农业科学院院长吴孔明调研中国农业科学院草原所，并与内蒙古自治区人民政府、呼和浩特市人民政府会商全面推进科技兴蒙合作。吴孔明到草原所调研，实地考察沙尔沁基地、研究生宿舍，与创新团队、部门负责人及青年职工进行座谈交流。其间，吴孔明分别会见内蒙古自治区党委常委、副主席黄志强，副主席李秉荣，内蒙古自治区党委常委、呼和浩特市委书记包钢，就中国农业科学院深度推进“科技兴蒙”战略及全面战略合作等事宜进行了会商，并出席“中国农业科学院北方农牧业技术创新中心”揭牌活动。

7 月 21 日 全国政协农业和农村委员会召开“树立践行‘大食物观’专家协商会”，全国政协副主席、民建中央常务副主席辜胜阻出席会议，全国政协委员陈萌山出席并作重点发言。前期经科技局组织，面向全院征稿，最终选送的由蔬菜所、农经所、营养所、草原所、烟草所提供的 6 篇稿件被大会采纳并推荐相关专家作现场发言，占会议发言专家一半以上，体现了中国农业科学院专家学者在贯彻习近平总书记重要讲话精神、树立践行“大食物观”过程中主动作为的意识和服务“国之大者”的重要支撑作用。

7 月 21 日 中国农业科学院院长吴孔明到内蒙古自治区调研并召开专题研讨会，现场考察了作物新品种抗虫耐除草剂效果等，组织技术专家组研讨生物育种产业化试点工作进展及存在问题，并研究部署下一步技术支撑工作。农业农村部科教司一级巡视员张文、农业农村部科技发展中心副主任叶纪明、农业农村部农药检定所副所长刘学、内蒙古自治区农牧厅党组成员恩和特布沁、内蒙古自治区兴安盟行署副盟长屈振年等参加调研并出席会议。中国农业科学院办公室、科技局、作科所、植保所、生物所、信息所、草原所相关领导专家参加活动。

7 月 22 日 中国农业科学院召开感悟习近平总书记的农科牵挂——学习贯彻《论“三农”工作》交流会，吴孔明院长、张合成书记出席会议并讲话，冯忠武副院长主持会议。会上，9 位专家和同志结合切身感受，深情回忆、畅谈感想，共同感悟习近平总书记的农科牵挂。吴孔明强调，要深入学习贯彻习近平总书记关于“三农”工作的重要论述，深化对农业科技创新工作重要性规律性的认识；要立足国家队定位，始终服务国家重大战略需要，充分运用“举院办大事”体制，全面推进重点任务落实落地；要注重统筹规划，围绕“国之大者”，强化新时代“三农”工作科技支撑。张合成强调，习近平总书记的农科牵挂，是中国农业科学院宝贵的精神财富和政治财富。要深刻感悟习近平总书记的农科牵挂，坚持传承农科精神的红色基因，进一步增强农科人的“三农”情怀，持续落实好习近平总书记贺信精神，坚持“四个面向”，建设“两个一流”，加快推进高水平农业科技自立自强，更好支撑全面乡村振兴和农业农村现代化。

7月25日 中国农业科学院党组召开2022年第3次理论学习中心组（扩大）学习会，深入研读习近平《论“三农”工作》，认真学习贯彻习近平总书记关于“三农”工作的重要论述，总结上半年工作，进一步研究举院抓大事思路举措，助推全年目标任务高质量完成。吴孔明院长出席会议并讲话，张合成书记主持会议并作总结讲话。会议指出，2022年上半年，全院干部职工团结一心，奋力拼搏，科技创新突出，转化收入提升，产业服务扎实，改革进展明显，党建引领出彩，各项重点任务取得积极进展。会议强调，要围绕解决“今天”“明天”“后天”的问题，继续加强创新体系顶层设计，持续推进创新工程体制机制建设；要紧盯重大科技项目立项，研究科技资源分配模式调整；要打造产业技术服务、成果转化服务、智库服务等科技支撑服务体系；要切实发挥人才作用，走出中国农业科学院自己的科教融合之路；要坚持和加强党对科研工作的全面领导，建立院党组—所党委—团队党支部的三级抓大事体系，不断提高政治判断力、政治领悟力、政治执行力，健全举院抓大事组织机制，进一步转变院部工作作风，推动事业高质量发展。

7月25日 农业农村部党组成员、人事司司长廖西元主持召开座谈会，调研中国农业科学院落实农业农村部党组《关于促进部属事业单位高质量发展的意见》和打造国家农业战略人才力量工作进展，与部分研究所主要负责同志、青年科研人员代表座谈，中国农业科学院张合成书记、万建民副院长、陈华宁副院长、钱前院士出席座谈会，农业农村部人事司副司长王欣太参加调研。廖西元充分肯定了中国农业科学院落实高质量发展意见和打造国家农业战略人才力量取得的工作成效，他指出，要坚持问题导向和目标导向，聚焦“国之大者”，牢记国家队使命，围绕6件大事打造科研创新集团军，着力解决农业生产技术“难点”“卡点”“断点”问题；要不断创新体制机制，构建重大使命引领、战略科学家领衔、重大战略平台支撑、重大机制创设一体化布局的科技攻关模式；要率先弘扬科学家精神，保持开拓创新的奋斗精神，中国农业科学院要在全国农业科研机构中走在前、做表率。张合成强调，要深入贯彻落实农业农村部党组促进事业单位高质量发展意见，按照效率高、能力强、人才旺、机制活的标准，干在实处、走在前列、勇立潮头，加快推动中国农业科学院新时期高质量发展；要建立农业科技优先发展政策体系，优先确保农业科技战略支撑地位，优先提高农业科技投入水平，优先稳住农业科技队伍，优先激发农业科技创新体系活力；要提早谋划国家战略人才力量建设，探索国家战略人才队伍体系建设新模式。会前，廖西元参观考察了作物科学科技展和水稻功能基因组学创新团队实验室。

7月26日 中国农业科学院组织人事干部能力建设培训班在农业农村部管理干部学院正式开班，中国农业科学院党组书记张合成、农业农村部管理干部学院党委书记向朝阳出席开班式，中国农业科学院副院长陈华宁主持。

7月27日 中央农村工作领导小组办公室专职副主任，农业农村部党组成员，中央农办秘书局局长吴宏耀到中国农业科学院调研，吴孔明院长、张合成书记参加调研。吴宏耀先后考察了中国农业科学院国家农业科技创新园、国家农作物种质资源库新库，听取了有关工作汇报，并同有关专家进行深入交流。吴宏耀感谢中国农业科学院长期以来对中央农办工作给予的支持，对中国农业科学院在软科学研究、国家高端智库建设等方面提出期望，强调双方要建立良好的对接沟通机制，加强对农业农村热点、焦点问题的跟踪研究，进一步为中央有关文件起草提供人才和智力支撑。中央农办秘书局副局长江文胜，中国农业科学院机关有关部门、京区有关研究所负责同志参加调研。

7月27日　中国农业科学院召开党风廉政建设工作领导小组会议，吴孔明院长、张合成书记出席会议并讲话。会议指出，中国农业科学院全面从严治党及党风廉政建设工作总体形势好、成效显，但也面临诸多风险挑战，要坚持从严抓、不懈抓，特别要抓“一把手”带头和领导班子“一岗双责”的落实。会议强调，要坚持问题导向，突出中国农业科学院工作特点和特色，针对生物安全、科研副产品、科研保密、出国出境及对外交往、安全生产、试剂耗材采购、社会化用车等方面已经发现或可能存在的风险隐患，明确工作举措，细化责任分工，强化案例指导，推动实现依法科研、规范科研、安全科研。李杰人、陈华宁和院党风廉政建设工作领导小组成员参加会议。

7月27日　新疆维吾尔自治区政协党组成员、副主席孔星隆到中国农业科学院作科所奇台玉米高产研究示范基地调研，详细了解基地开展的玉米密植高产群体调控、水肥一体化与精准调控、机械籽粒收获等研究工作。孔星隆指出，该项技术连续取得玉米高产突破，自治区和兵团要在专家的指导下，打破固有思维，大胆设想，小心求证，继续在密植、降高、抗倒伏方面下功夫，控制穗位高度，进一步提升玉米产量。新疆生产建设兵团农业农村局党组成员、副局长陈谦，第六师党委常委、副师长王际华参加调研。

8月

8月2日　河南省委书记楼阳生到中国农业科学院棉花所与安阳高新区共建的科技成果孵化基地调研，听取棉花所科技创新与成果转化、所地合作等情况汇报。楼阳生强调，棉花所要不断推动科技原始创新，融入河南省科技创新体系，深化与安阳所地合作，利用双方共建棉花全产业总部经济基地的契机，助力安阳打造纺织服装品牌。

8月12日　中国农业科学院党组书记张合成到黑龙江省黑河市爱辉区嘉兴现代农机专业合作社和瑷珲镇外四道沟村调研大豆种植和乡村振兴建设情况，梅旭荣参加调研，黑河市市长赵荣国陪同调研。在与新型经营主体充分交流后，张合成指出，当前新型经营主体需要通过科技支撑包括优良品种、先进技术、大型农机、综合模式来提高产量，在有限的土地上多打粮；要通过农业保险应对市场风险和自然灾害造成的损失，稳定收入。当天调研结束后，张合成还与黑河市委书记李锡文围绕提高农民种粮积极性、科技支撑大豆产业发展等进行了深入交流。

8月12日 内蒙古自治区科技厅党组书记冯家举一行到中国农业科学院调研考察，了解了国家农作物种质资源库的运行现状和对我国种业发展的贡献。双方深入交流了现代设施农业生产、经营、管理的技术特点及未来发展趋势。他期望中国农业科学院深度推进“科技兴蒙”战略，引领内蒙古特色农牧业的高质量发展。中国农业科学院副院长孙坦参加调研，并表示中国农业科学院将以草原所和北方农牧业技术创新中心为平台载体，聚焦内蒙古特色优势产业的关键技术问题，集聚中国农业科学院优势科研团队，强化系统性技术集成和场景化成果应用，科技支撑草原牧区的乡村振兴。

8月14日 农业农村部党组成员、副部长马有祥到中国农业科学院哈兽研调研，参观规划沙盘和所史展览馆，考察国家禽流感参考实验室和国家动物疫病防控高级别生物安全实验室，听取科技创新暨实验室建设等情况汇报，就非洲猪瘟、禽流感等重大动物疫病科技攻关进展与所领导班子座谈交流。他指出，哈兽研具有突出的科技创新能力，希望研究所充分发挥科技研发优势，在积极防御，主动治理，坚持人病兽防、关口前移，从源头前端阻断人兽共患病传播路径等方面作出更大贡献。

8月15日 宁夏回族自治区政府副主席吴秀章一行到中国农业科学院调研座谈，吴孔明院长出席会议并讲话，张合成书记会见了吴秀章一行，梅旭荣副院长主持座谈会。双方围绕科技支撑宁夏农业产业发展、共建重大科技创新平台、推动科技成果转移转化、加强人才交流培养等方面进行交流座谈并达成共识。

8月14日 中国农业科学院黑河大豆研究中心建设推进会在黑河市举行。中国农业科学院党组书记张合成出席会议并强调，黑河大豆研究中心要突破大豆单产提升、节本增效、耕地资源利用、企业研发能力提升和大豆蛋白替代五大瓶颈，围绕建成国家大豆高产品种选育中心、国家大豆全产业链科技中心、国际种质资源交流中心、国家大豆人才培养中心、国家大豆政科企产融合发展中心5个中心定位和任务目标进行，实现政府部门、科研单位、科技企业、行业协会联动，根据产业技术需求各司其职，加快大豆全产业链科研成果产出与转化应用。中国农业科学院将从科研设施与装备建设、重大科研任务布局、科研团队落地、政策保障等方面对中心建设提供支持，全方位支撑黑河大豆产业发展和农业农村现代化。梅旭荣副院长出席会议。

8月15日 吴孔明院长、张合成书记会见了到访中国农业科学院的中国热带农业科学院院长黄三文、党组书记崔鹏伟一行，冯忠武出席座谈会。双方就新形势下如何加强科技创新、成果转化、人才队伍建设和国际交流等工作进行了深入探讨，一致同意在科技创新工程、基础研究、研究生教育和党建工作等方面进一步开展务实高效合作，为加快建设南繁硅谷、保障国家粮食安全提供坚强支撑。

8月15日 吴孔明院长、张合成书记会见了到访中国农业科学院的山东省农业科学院党委书记李长胜，双方就进一步贯彻落实习近平总书记关于科技创新的一系列重要讲话精神、进一步加强交流合作、共同推动高水平农业科技自立自强进行了深入交流。

8月16日 中国农业科学院“智机科技行动”发布会在北京举行。吴孔明院长发布了“智机科技行动”目标和重点任务，刘现武副院长主持会议，农机化所对“智机科技行动”进行了解读。“智机科技行动”是中国农业科学院继“使命清单制度”“强种科技行动”“沃田科技行动”“增粮科技行动”后，开展的又一项重要行动，旨在统筹全院优势科技资源与力量，聚焦农机装备突出问题，开展高效智能绿色农机科技攻关、农机科企科产协同创新及农机创新平台建设三大行动，为加快推动农业生产机械化、智能化、绿色化发展，保障国家粮食安全与农业农村高质量发展提供坚实的装备支撑。

8 月 17 日 吴孔明院长、张合成书记会见了到中国农业科学院调研的苏州市人民政府副市长查颖冬一行。双方就依托华东农业科技中心的创新平台，在科研、人才、成果转化、平台建设等方面与苏州市开展深入合作达成共识，助力苏州打造未来农业科创谷，加快实现农业农村现代化。苏州市、昆山市人民政府有关负责人，中国农业科学院办公室、科技局、人事局、转化局、环发所、华东农业科技中心有关负责同志参加座谈。

8 月 17 日 民盟北京市委“民盟先贤肖像巡回展”活动在中国农业科学院举办，张合成书记出席活动，陈华宁副院长致辞。民盟中央副主席、北京市政协副主席、民盟北京市委主委程红等民盟领导，中共北京市委统战部崔华二级巡视员，以及来自清华大学、北京大学、人民大学、中国科学院等高校和科研院所的领导专家出席活动。

8 月 19 日 中国农业科学院党组书记张合成在兰州与甘肃省委常委、副省长张锦刚会谈。双方围绕新形势下深化院省合作进行深入交流，提出要进一步落实院省战略合作协议，开展深入务实合作，为保障国家粮食安全，助力甘肃省农业科技发展，助推甘肃省农业农村现代化建设与乡村振兴战略实施作出新的、更大的贡献。甘肃省政府秘书长徐延文、甘肃省农业农村厅厅长李旺泽、农业农村部发展规划司二级巡视员缪建明，以及兰州新区，中国农业科学院办公室、兰兽研、兰牧药负责同志参加会谈。

8 月 19 日 第 26 届 APEC 农业技术工作组全体会议线上召开，来自中国、美国、加拿大、智利、日本、韩国、泰国、菲律宾、马来西亚等 17 个经济体 50 余名代表与会。受农业农村部国际合作司委派，中国农业科学院国合局组织专家参加会议。中国农业科学院代表团与各成员经济体分享了我国在推动实现农业适应气候变化目标、促进数字农业农村建设、保障粮食安全和营养等方面的科技创新和政策举措等。

8 月 22 日 浙江省委常委、常务副省长徐文光赴中国农业科学院茶叶所主持召开国家茶产业技术创新中心建设工作专题会，听取有关情况汇报，研究部署下阶段工作，并现场见证茶叶所与西湖区政府签订茶产业技术创新中心战略合作框架协议。刘现武出席有关会议。徐文光强调，要坚决贯彻落实习近平总书记关于“要统筹做好茶文化、茶产业、茶科技这篇大文章”的重要指示精神，加快国家茶产业技术创新中心建设进度，持续推进浙江“三茶”统筹发展。陈宗懋院士，浙江省政府办公厅等省级相关部门及杭州市领导、专家作交流发言。

8 月 23 日 中国农业科学院党组书记张合成出席中国农业科学院科技帮扶舟曲乡村产业振兴座谈会。会议传达学习了中组部陈希部长视察调研舟曲抓党建促乡村振兴工作有关精神，汇报交流了中国农业科学院牵头帮扶6个特色农业产业进展情况。张合成充分肯定了舟曲特色农业产业发展取得的成效，提出要认真学习贯彻落实中组部关于产业振兴促进乡村振兴的有关精神和部署，围绕进一步完善院县专班工作机制、配套政策创设、加强示范点建设、做好公共特色品牌培育等科技帮扶和产业发展重点任务提出了相关意见建议。

8月25日 胡春华副总理（时任）在南京考察了2022全国农业高新技术成果交易活动，参观了中国农业科学院水稻育种、华西牛、智能装备等创新成果。此次成果交易活动中，经成果转化局组织推荐，中国农业科学院现代种业、智能装备、绿色低碳领域的30余项创新成果进行了展览展示，占科研单位展示总数的40%；7项成果进行现场签约，转让金额均超1 000万元；8项技术成果进行路演，充分展示了中国农业科学院作为农业科研国家队的作用和成就。吴孔明院长、王汉中副院长、梅旭荣副院长及中国农业科学院部分研究所负责人、专家出席交易活动。

8月25日 贵州省委书记、省人大常委会主任谌贻琴率贵州省党政代表团到中国农业科学院基因组所考察调研，听取基因组所建设发展情况汇报，了解杂交马铃薯、番茄育种和基因组所科技助力贵州现代山地特色高效农业工作开展情况。谌贻琴充分肯定基因组所在人才培养、科技创新等方面取得的成绩，希望进一步加强与中国农业科学院的全方位合作，推动中国农业科学院的科研成果在贵州转移转化。广东省人大常委会主任黄楚平，省委常委、政法委书记袁古洁，深圳市委副书记、市长覃伟中，深圳市政府党组成员、秘书长高圣元参加调研。

8月26日 中国农业科学院院长吴孔明、党组书记张合成分别会见中央组织部驻舟曲工作组帮扶干部，对推进科技帮扶舟曲特色农业产业发展工作进行了深入交流，共同研究了今后持续做好帮扶工作的基本思路和重点任务。中组部挂任舟曲县委副书记邓爱军同志等介绍了帮扶舟曲特色农业产业发展进展情况、面临的主要问题和下一步帮扶思路安排。吴孔明针对舟曲县人才培训培养、科技赋能支撑创新驱动、区域农产品质量检测与安全等需求进行了部署，张合成围绕加强县专班工作机制、加强重点示范点建设和完善推进落实工作机制等提出了要求。中国农业科学院副院长孙坦，中国农业科学院办公室、转化局等相关部门负责人参加会见。

8月27日 中国农业科学院院长吴孔明一行在上海会见上海市副市长彭沉雷，双方围绕稳产保供、乡村振兴、生物安全等探讨下一步院市合作重点。中国农业科学院副院长冯忠武，上海市农委、上海市农业科学院，中国农业科学院办公室、科技局、上兽研负责同志参加会见。

8月30日 中国农业科学院院长吴孔明会见江苏大学党委书记袁寿其一行，中国农业科学院副院长冯忠武主持座谈会。双方就进一步落实院省战略合作协议、开展农机设备协同创新、加强研究生联合培养等进行深入交流，达成广泛共识。

8月30日 中国农业科学院院长吴孔明会见江苏科技大学党委书记葛世伦一行，中国农业科学院副院长冯忠武主持座谈会。双方围绕学科设置、科研项目合作、国际合作、桑蚕产业发展等领域开展交流。

8 月 31 日 中国农业科学院院长吴孔明会见到中国农业科学院调研的吉林省农业科学院副院长李启云一行，中国农业科学院副院长孙坦主持座谈会。双方围绕建立新一轮战略合作关系、科技助力长春国家农高区建设和吉林“双千工程”实施等进行深入交流并达成共识。

9 月

9 月 1 日 中国农业科学院院长吴孔明、党组书记张合成会见到中国农业科学院调研的内蒙古自治区副主席包献华一行，孙坦参加座谈会。双方围绕建立新一轮全面战略合作关系、加快推动北方中心建设、科技助力内蒙古农牧业高质量发展进行深入交流，达成广泛共识，并签署了全面合作协议。

9 月 1 日 乌拉圭东岸共和国驻沪总领事马塞罗 · 马龙一行到访中国农业科学院水稻所，参观水稻所科技成就展厅、水稻试验田、水稻生物学国家重点实验室和国家水稻种质资源中期库，介绍了乌拉圭水稻产业发展情况，期待通过此次访问加强双边水稻科技合作关系。双方就水稻科技领域的合作前景进行交流与探讨。

9 月 2 日 中国农业科学院院长吴孔明与中国农业银行党委书记、董事长谷澍座谈交流，并签署全面战略合作协议。中国农业科学院副院长梅旭荣出席活动。双方将围绕“国之大者”，按照市场机制、优势互补、互利共赢的原则，在保障粮食安全、科技攻关、成果转化、智库建设和金融服务等领域开展合作，全力打造“科技+金融”合作模式，为实现农业农村现代化、科技支撑乡村振兴贡献力量。

9 月 5 日 中国农业科学院 2022 级研究生开学典礼在京举行。吴孔明院长向 2022 级研究生表示热烈欢迎并对即将开启“农科人”新征程的同学提出“旗帜鲜明讲政治”“勇担时代重任”“厚植‘三农’情怀”“锤炼品德修为”4 点要求。此次典礼以线上线下相结合的形式举办，在国家农业图书馆报告厅设主会场，同时设兽医学院、研究生院等 16 个分会场。梅旭荣参加典礼。

9 月 9 日 中国农业科学院召开生物育种产业化试点技术支撑工作研讨会，吴孔明院长、张合成书记，农业农村部科教司司长周云龙、二级巡视员窦鹏辉出席会议，王汉中副院长主持会议。会议强调，生物育种产业化试点是国家保障粮食安全的战略性举措，将构建新的农业生产体系。中国农业科学院相关单位要进一步提高政治站位，深化思想认识，加强对试点进展的科学评价和对科技问题的系统研究，走在前、作表率，持续做好试点技术支撑工作，推动生物育种产业化和相关学科发展。

9 月 9 日 全国政协委员宋建朝一行到中国农业科学院调研农药残留快速检测产品创新进展及应用情况，参观中国农业科学院建院 65 周年主题展，并召开了专题研讨会。会上，中国农业科学院质标所专家介绍了快检产品研究进展及应用情况，与会人员围绕如何更加有力推进产品研发和市场应用进行讨论。张合成参加调研，并强调农药残留速测技术已取得阶段性进展，科研人员要继续攻坚克难，不断完善、熟化技术，创新产品；要面向市场，面向大众需求，加大产品的宣传和推广力度。中国农业科学院副院长孙坦主持会议，农业农村部农产品质量安全监管司、质量安全中心，中国农业科学院科技局、成果转化局及质标所有关领导参加调研。

9月12日 由中国农业科学院和国际农业研究磋商组织主办，中国作物学会、中国农业科学院作科所和国际小麦玉米改良中心承办的第二届国际小麦大会在京开幕。十三届全国人大常委会副委员长、九三学社第十四届中央委员会主席、中国科学院院士武维华，联合国粮食及农业组织总干事屈冬玉，国际小麦大会国际组委会主席克蒂斯·波兹尼亚克，国际农业研究磋商组织执行主任克劳迪亚·萨多夫，中国科协党组成员兼国际合作部部长罗晖，中国农业科学院吴孔明、张合成、刘旭、万建民、钱前等领导专家出席大会。此次大会以“未来小麦：韧性和可持续性”为主题，采用线上线下相结合的方式，为来自世界各地的与会者搭建交流合作的平台，分享国际小麦最新进展，为未来小麦的研究、技术和应用等方面提出发展建议。

9月13日 国家卫生健康委员会科教司司长杨青到植保所专题调研农业生物安全。中国农业科学院院长吴孔明会见到植保所调研的杨青一行，共同参观了草地贪夜蛾防控科技展、国家农业生物安全科学中心，听取植保所关于国家农业生物安全科学中心及植物高等级实验室建设和运行情况、生物所关于农业领域合成生物学研发情况的汇报，并进行深入交流。

9月15日 第六届中国—东盟农业合作论坛在广西南宁开幕，中国农业科学院副院长孙坦出席会议并就“加强国际科技合作，共促中国东盟农业绿色发展”作主题发言。

9月19日 “中丹乳制品价值链生产实践、监管框架和标准技术”国际研讨会在京召开。中国农业科学院营养所与丹麦驻华大使馆、丹麦食品和兽医管理局共同举办了此次国际研讨会。中国农业科学院副院长刘现武出席会议。会上举行了中丹奶业联合中心成立签字和揭牌仪式，交流探讨了中丹部门战略合作成效、中丹乳制品价值链概况、中丹乳制品监管和标准体系、奶业绿色可持续生产实践经验，以及健康养殖、动物福利等议题。

9月20日 四川省委常委、成都市委书记施小琳和省委常委、组织部部长于立军率队考察中国农民丰收节现场筹备情况，到中国农业科学院都市所负责的都市农业现代馆，调研田园与都市室内农业研究成果。施小琳、于立军充分肯定都市所科研成果、都市场景创新产品，希望都市所心怀“国之大者”，把科研工作和四川省农业农村发展有机融合，把最新的农科技术和成都的城市现代生活有机串联，加快推进研究成果全面推广应用，提升四川科技创新支撑引领能力。

9月21日 中组部副部长曾一春、农业农村部副部长张桃林到中国农业科学院调研指导工作，中国农业科学院院长吴孔明、党组书记张合成，农业农村部人事司副司长、一级巡视员陆红，中国农业科学院副院长孙坦、陈华宁参加调研。曾一春副部长、张桃林副部长一行考察了国家作物种质库新库，参观了低温种子库、试管苗库、超低温库及部分种质和实物样品。曾一春副部长指出，种质资源是作物育种和种业振兴的源头，党和国家高度重视种质资源工作，国家种质库的建成和使用对保障国家粮食安全和绿色发展将发挥战略支撑作用。

9月23日　中国生产力学会名誉会长、九届和十届全国人大常委会副委员长蒋正华一行到中国农业科学院调研指导农业种质资源工作。中国农业科学院党组书记张合成主持座谈会并讲话，刘旭院士、农业农村部国家首席兽医师李金祥、王汉中副院长、刘现武副院长、钱前院士出席会议。蒋正华一行考察了国家作物种质库新库，详细了解了低温种子库、试管苗库和超低温库建设情况，听取了农作物种质资源普查收集与保护利用、农业种质资源学会筹备等情况。蒋正华对种质资源库新库如期高标准建成表示祝贺，指出党和国家高度重视种质资源工作，国家种质库的建成和使用对保障国家粮食安全将发挥重要战略支撑作用，并对进一步深化种质资源保护体系建设、种质资源系统收集保存研究、增强种业国际竞争力等提出意见。

9月23日　中央农办副主任，国家乡村振兴局党组书记、局长刘焕鑫，四川省委书记王晓晖、省长黄强调研都市所创新科研成果。刘焕鑫、王晓晖、黄强出席中国农民丰收节开幕式，专程到中国农业科学院都市所展位了解创新科研成果，对植物工厂水稻、小麦、玉米、大豆育种加速器以及家庭植物工厂创新产品给予高度评价，希望进一步加快成果推广步伐，为打造更高水平的“天府粮仓”、科技赋能乡村振兴作出积极贡献。

9月23日　中国农业科学院白羽肉鸡研究中心成立大会召开，中国农业科学院党组书记张合成与科技部农业农村司副司长蒋丹平共同为中心揭牌。冯忠武副院长主持会议。会上，中国农业科学院牧医所与11家创新联合体成员单位共同签订了中心创新联合体合作协议，并与2家公司分别签署了总额达1 000万元的“京芯一号”育种芯片转让和肉鸡新品种培育合作协议。

9月28日　中国农业科学院十年发展报告会以线上线下相结合的方式在京举行。中国农业科学院党组书记张合成出席会议并讲话，冯忠武副院长主持会议。会上，王汉中副院长、孙坦副院长分别发布了十大标志性科技成就和十大标志性改革举措。梅旭荣副院长、刘现武副院长、陈华宁副院长出席会议。

10月

10月8日　中国农业科学院党组专题学习2022年全国农业科技创新工作会议精神。吴孔明院长出席会议，张合成书记主持会议。会议强调，要深入贯彻落实全国农业科技创新工作会议精神，切实增强农业科技创新主人翁意识，在解决关键核心技术受制于人、粮食单产提升、绿色发展技术储备，基础性前沿性研究突破等方面，发挥好国家队作用。要主动入位，推进管理方式向举院抓大事转变、科技创新向需求导向和集成导向转变，接好种业振兴、农业关键核心技术攻关、生物育种研发应用“三大任务”，推进基础性长期性工作、基础与应用基础研究、关键核心技术攻关与重大产品创制、成果集成与转化应用“四类科技工作”，推动学科布局、资源配置、考核评价、转化机制、“放管服”“五项立新”。会前，农业农村部科教司司长周云龙作解读全国农业科技创新工作会议精神辅导报告，围绕“学什么、为什么、怎么看、干什么、怎么干”5个方面，分析了加快推进农业科技创新的重要性，阐述了我国农业科技发生的历史性变化、作出的历史性贡献、面临的阶段性特征，提出了当前农业科技创新的主要任务和实施举措。

10月12日　中国农业科学院召开小麦产业专家团启动会，吴孔明院长出席会议并讲话，张合成书记为专家团依托单位中国农业科学院作科所授牌并颁发团长聘书，农业农村部科教司司长周云龙出席会议。孙坦副院长主持会议并介绍小麦产业专家团组建方案。陈华宁副院长，农业农村部种植业司一级巡视员陈友权以及农业农村部农机化司有关领导，中国农业科学院机关有关部门主要负责同志及相关研究所党政主要负责人，媒体记者线上线下参加会议。

10月16日　中国农业科学院“农科这十年”主题展开展。展览集中展示了党的十八大以来，中国农业科学院贯彻落实习近平总书记“三农”工作重要论述和科技创新重要指示精神，牢记国家队使命、强化战略科技力量担当，以服务“国之大者”为己任，在全力支撑“藏粮于地、藏粮于技”战略实施、全面落实“四个面向”“两个一流”指示精神方面取得的历史性突破，集中宣传了十年来中国农业科学院取得的十大标志性科技成就和十大标志性改革举措。

10月21日　中国农业科学院召开《中国农业科学院国家农业战略科技力量建设规划》编制研讨会，张合成书记主持会议。会议要求，要以党的二十大报告、党的十九届五中全会报告和习近平总书记在两院院士大会上的重要讲话精神为指引，全面落实关于强化国家战略科技力量的指示要求，围绕我国进入创新型国家前列、建设科技强国的分步走目标，对标对表梳理明确中国农业科学院履行高水平科技自立自强使命的各阶段工作目标，以全国重点实验室等创新高地、人才高地建设为抓手，谋划一批大工程、大项目、大计划，推进一流学科、一流平台、一流院所建设。

10月25日　中国农业科学院召开干部大会，传达学习党的二十大精神，部署学习宣传贯彻工作。吴孔明院长全面传达党的二十大精神，分享参加党的二十大的学习体会，传达农业农村部干部大会精神，张合成书记主持会议并讲话，唐华俊院士、周卫院士分享参会和学习体会。会议强调，要把党的二十大对农业科技创新工作的决策部署体现在科技创新和成果转化工作中，深入学习全面推进乡村振兴、加快建设农业强国，实施科教兴国战略、完善科技创新体系、实施创新驱动发展战略和人才强国战略等方面的论述，特别是要主动对接农业农村部工作要求，在推进农业现代化的同时，着力加强对农村现代化的科技支撑，在全局大局中找准农业科技创新工作的方位定位。

10月27日　黑龙江省委书记、省人大常委会主任许勤到中国农业科学院哈兽研与所党政班子、陈化兰院士及科研骨干进行座谈，宣讲党的二十大精神。他充分肯定哈兽研在科技创新、成果转化、所企合作等方面取得成绩。他强调，哈兽研作为国家战略科技力量，要深入学习贯彻党的二十大精神，充分发挥科技引领作用，加快推进所企合作，通过“强强联合”“优势互补”，打造生物经济院企合作样板，走出一条自主创新的科技发展之路，为人类生命健康安全及产业健康安全提供关键科技支撑。希望广大科技工作者要继续坚持“四个面向”，不断探究未知，不断攻克难题，不断为人类创造新的发展路径，实现行业发展的伟大振兴，为中国式现代化全面推进中华民族伟大复兴贡献力量。

11 月

11 月 1 日　中国农业科学院在家院领导集体赴农展馆参观“三农这十年——新时代农业农村发展成就展”，这是院党组理论学习中心组专题学习党的二十大精神的一项重要内容。观展后，大家纷纷表示，在习近平总书记的掌舵领航下，这十年是我国农业发展最好、农村变化最大、农民得实惠最多的时期，是新时代十年伟大变革的缩影例证，也是坚持农业农村优先发展、坚持城乡融合发展的生动印证，要进一步深刻领悟“两个确立”的决定性意义，汲取团结奋进的强大力量，在新征程上努力做好农业科技创新工作，为全面推进乡村振兴、加快建设农业强国做出更大贡献！院机关各部门主要负责同志以及院机关党委干部职工共同参加活动。

11 月 1 日　甘肃省副省长张世珍一行到中国农业科学院兰兽研调研科技创新和成果转化工作，考察所办企业车间的生产和运营情况。张世珍充分肯定研究所近年来科研进步和成果转化业绩，省政府相关部门将对研究所发展给予大力支持。他希望，研究所与省政府相关部门加强沟通联系，重大事项一事一议；要发挥好“链主”引领作用，促进创新链和产业链深度融合；要推进与科技厅联合立项新机制。中农威特公司要充分发挥龙头企业作用，牵头谋划全产业链发展，搭建新型研发机构和平台，联合省内外优势资源，共同打造科教融合、产研融合、研发转化一体化的产业模式，推动我国动物生物制品产业高质量发展。甘肃省政府副秘书长王晓阳、省科技厅厅长张世荣参加调研。

11 月 4 日　中国农业科学院院长吴孔明、党组书记张合成召开专题会议，研究玉米大豆带状复合种植、完善农业科技创新体系等智库报告。会议要求，要发挥战略中心和产业技术体系优势，抓取一手数据，综合全面分析，客观反映情况。中国农业科学院副院长王汉中、梅旭荣、孙坦，办公室、科技局、战略中心领导以及有关专家参加会议。

11 月 8 日　由中国农业科学院主办，国合局与植保所承办，农业农村部科教司指导，云南农业大学等协办的中国—东南亚跨境有害生物联防联控国际研讨会在昆明召开。中国农业科学院院长吴孔明线上出席会议并致辞。大会以“携手开展跨境病虫害联防联控，共同保障东南亚农业生物安全”为主题，围绕重大作物病虫害联防联控开展学术交流。会议期间举行了老挝—中国植物保护联合实验室和云南—CABI跨境有害生物综合防控联合实验室的揭牌仪式。联合国粮食及农业组织植物生产与保护司司长夏敬源、老挝农林部种植业司司长 Bounchan Kombounyasith、云南农业大学校长李永和致辞，CABI东亚与东南亚中心主任张峰，朱有勇院士以及来自中国和东南亚各国的300余人线上线下参加会议。

11月8日 农业农村部副部长张兴旺对国家农作物种质资源引进隔离检疫北京基地建设作出批示：事关长远，要确保高质量、规范化、落地运行。该项目于2022年3月开工建设，目前主体工程已全面完成，进入装饰装修及通风空调安装阶段，仪器设备到位率超过50%，计划12月下旬项目基本完工，2023年一季度试运行并于上半年投入使用。

11月11日 中国农业科学院召开生物育种产业化试点技术指导组会议，专题研讨《生物育种产业化试点2022年度评估报告》。吴孔明院长、张合成书记出席会议，农业农村部科教司司长周云龙以及相关司局负责同志参加会议。会议要求，要深入贯彻落实党的二十大精神，进一步统一思想，充分认识生物育种产业化工作的复杂性和艰巨性，在科学评估2022年试点工作成效的基础上抓主抓重，不折不扣、全力以赴推进2023年试点工作。

11月14日 中国农业科学院党组召开重大任务工作专班启动会，吴孔明院长、张合成书记出席会议并讲话，王汉中、陈华宁副院长出席会议。会议宣布组建重大任务工作专班，杨鹏任组长，钱万强任副组长，季勇、刘涛任成员。会议强调，重大任务工作专班责任重大、使命光荣，时间紧、任务重、难度大、要求严，要讲政治，把推动重大任务管理机构建设作为落实党的二十大精神和部党组部署的政治任务；要讲创新，用创新性思维开展工作；要讲科学，统筹把握"6件大事"共性要求和个性规律；要讲学习，加强学习调研，找准工作切入点；要讲纪律，确保相关工作稳妥有序推进。

11月15日 全国妇联书记处书记、党组成员杜芮一行到中国农业科学院围绕学习宣传贯彻党的二十大精神开展座谈宣讲，并到国家作物种质资源库、国家农业科技创新园实地调研，中国农业科学院党组书记张合成全程出席活动并致辞。全国妇联执委委员、农业农村部人事司司长陆红，农业农村部直属机关党委副书记王家忠，农业农村部妇工委主任、种植业司副司长刘莉华，农业农村部妇工委副主任、农村社会事业促进司一级巡视员尹(虎虎)参加调研，中国农业科学院副院长陈华宁主持座谈会。

11月15日 农业农村部党组成员、副部长邓小刚，湖南省委常委、副省长张迎春率队到中国农业科学院郑果所永顺猕猴桃试验站调研。邓小刚表示，中国农业科学院在农业农村部定点帮扶县永顺县科技帮扶服务工作成效显著，希望郑果所继续发挥科技和人才优势，克服困难、多做示范，为全面推进乡村振兴、加快农业农村现代化提供有力支撑。农业农村部有关司局和湖南省有关部门领导参加调研。

11月17日 全国人大常委会副委员长吉炳轩率全国人大调研组到中国农业科学院茶叶所调研，听取研究所工作情况汇报，展开座谈交流。全国人大农业与农村委员会副主任委员彭清华、鹿心社、娄勤俭，浙江省人大常委会副主任史济锡、杭州市人大常委会主任李火林参加调研。

11 月 18 日　中国农业科学院与河南省人民政府举行共建中原研究中心签约仪式，中国农业科学院院长吴孔明、河南省副省长武国定出席仪式。吴孔明指出，中国农业科学院要加快推进院地全方位战略合作，按照“错位布局、优势互补、共建共享、互利共赢”的原则，把中原中心打造成为科技创新、人才聚集、科教融合、成果转化的“四位一体”融合发展高地，与省内各研发单元形成创新合力，积极探索建立新型研发机构治理体系与绩效考评机制，引领农业领域新型研发机构发展新模式。

11 月 18 日　中国农业科学院党组书记张合成拜会科技部副部长、党组成员、国家外国专家局局长李萌，汇报中国农业科学院学习宣传贯彻党的二十大精神的情况，提出了中国农业科学院深化科技体制改革的进展和建议。

11 月 18—19 日　农业与农村委员会主任陈锡文出席中国农业科学院作科所中层干部及青年人才履职能力建设培训班。作科所以“学习党的二十大精神，加快种业科技创新”为主题，面向院所中层干部及青年人才开展履职能力建设培训班。培训班邀请全国人大农业与农村委员会主任委员陈锡文就“深入贯彻落实党的二十大精神，全方位夯实粮食安全根基”作报告。农业农村部种植业司、农业农村部科技发展中心、中国常驻世界贸易组织、中国农业大学、中国科学院，以及中国农业科学院办公室和人事局的领导专家分别围绕国际粮食安全形势、农业科技创新和产业发展、干部选拔任用和监督管理、人才评价、公文写作、团队文化建设、压力管理等方面作专题讲座。作科所领导班子成员、中层干部、团队首席、执行首席、党支部书记，院所青年人才 300 余人线上线下参加培训。

11 月 23 日　中国农业科学院召开设施农业、恢复南方多熟制种植科技支撑工作方案汇报会，吴孔明院长、张合成书记出席会议并讲话。梅旭荣副院长主持会议，孙坦副院长出席会议。会议强调，科技支撑设施农业和恢复南方多熟制是中国农业科学院贯彻落实党的二十大精神的重要举措，是保障国家粮食安全的重要行动。要进一步提高政治站位，统一思想，在国家农业发展战略的大事上走在前，作表率。要整合科技力量、汇聚多方资源，形成跨学科、跨所、长时间的“举院抓大事”研究模式，确保各项工作做好做实。关于设施农业科技支撑工作，相关研究所要高度重视、加强协作，强化战略研究，多观点碰撞，多科学普及；深入专项研究，做好区划布局、设施发展、生态保护、农业方面研究；安排试验试点，理清试点主体、试点规模以及存在问题。关于恢复南方多熟制种植科技支撑工作，在试点过程中要解决品种、效益、推广难度等问题。

11 月 29 日　中国农业科学院党组书记张合成在河南省周口市参加全国政协种粮积极性专题座谈会并讲话。张合成指出，周口市粮食生产形势好，重农抓粮办法实，对国家粮食安全贡献大。研究种粮积极性，要认识到“两个积极性”是夯实粮食安全根基的根基，应把种粮支持保护政策要作为优先的优先，要算好种粮经济账与政治账、眼前账与长远账，要健全种粮农民收益保障机制和主产区利益补偿机制。提升种粮积极性的根本方向是提升种粮比较效益，要发挥市场预期的决定性，要提升政策引导的有效性，要强化社会服务的实用性。全国政协以及河南省政协，周口市委、市政府，周口市政协相关负责同志参加会议。

11月30日 中国农业科学院线上召开落实“二十条措施”新冠疫情防控工作汇报会，研究进一步做好疫情防控工作，全体院领导出席会议。

12月

12月2—5日 中国农业科学院与四川省农业农村厅、成都市人民政府在四川成都共同举办第二届全国农业科技成果转化大会，并在2日举行了全国农业科技成果转化大会高级别全体会议。中国农业科学院院长吴孔明、党组书记张合成线上出席高级别全体会议。会议发布了百项重大农业科技成果与千项优秀农业科技成果，举行了重大科技成果转化项目签约仪式，邀请中央农办秘书局副局长金三林解读党的二十大乡村振兴政策，邀请唐华俊、万建民、王汉中院士多维度剖析智慧农业发展前景，深入解读农业前沿技术，丰富三创融合发展模式。

12月5日 九三学社中国农业科学院委员会召开线上换届大会，选举产生了第四届委员会，九三学社中央副主席赖明视频讲话，九三学社中国农业科学院委员会第三届主委万建民院士作工作报告，陈华宁出席大会并致辞。九三学社北京市副主委吴明、叶培贵，海淀区委副主委赵国春、九三中国农业大学委员会主委王堃、民盟中国农业科学院委员会主委李宝聚，其他党派代表，院机关党委有关同志，以及九三学社中国农业科学院委员会社员90余人参会。

12月12日 中国农业科学院院长吴孔明与联合国粮食及农业组织（FAO）总干事屈冬玉在线签署中国农业科学院—FAO创新平台协议，中国农业科学院副院长孙坦主持签署仪式。该创新平台作为双方联合协作机制的一项重要内容，在区域和全球层面开展联合创新活动，支持全球可持续发展。双方将致力于打造辐射亚太、面向全球的粮农科技治理平台，通过创新平台不断扩大创新资源合作，将中国的良好实践经验更好地分享给区域和全世界，共同促进发展中国家农业发展，充分发挥科学、技术和创新的作用，加速区域和全球农业粮食体系转型，助力实现联合国可持续发展目标。

12月12日 由中国工程院主办，中国农业科学院作科所、中国作物学会承办的以生物育种与种业安全为主题的“第366场中国工程科技论坛”在作科所举办。中国农业科学院党组书记张合成、邓秀新院士、农业农村部科教司司长周云龙出席论坛并致辞，万建民院士主持会议。邓秀新、种康、邓兴旺、张新友、胡培松、许为钢、钱前等院士，周云龙、部种业管理司二级巡视员谢焱，以及中国农业大学校长孙其信、南京农业大学校长陈发棣、中国热带农业科学院院长黄三文、中国农业大学研究员李建生和作科所研究员邱丽娟等领导专家作专题报告。

12月15日 由中国农业科学院海外中心、国合局主办，信息所承办的第六届海外农业研究大会在线举办。中国农业科学院院长吴孔明、联合国粮食及农业组织驻华代表文康农在线出席会议并致辞。大会交流了农业科技国际合作现状及模式，分享了海外农业投资风险管理经验，发布了海外中心的最新研究成果，国际组织、科研院所和企业等各界代表300余人共商农业科技国际合作，共促全球粮食安全和农业对外投资。

12月16日　2022中国农业农村科技发展高峰论坛暨中国现代农业发展论坛线上举行，中国农业科学院院长吴孔明出席论坛并讲话。中国农业科学院副院长王汉中、梅旭荣和孙坦分别发布了《2022中国农业科学重大进展》《2022全球农业研究热点前沿》《2022中国农业科技论文与专利全球竞争力分析》报告。

12月27日　中国农业科学院与国家乡村振兴局社会帮扶司召开视频会，共同推进产业顾问组科技支撑脱贫县产业发展工作，社会帮扶司司长李富君参加会议。会议指出，国家乡村振兴局和中国科协共同成立产业顾问组，支持脱贫县产业发展。中国农业科学院作为国家战略科技力量，将全面对接、深度参与产业顾问组工作，充分利用这一新的平台和机制，科技支撑农业农村现代化和乡村产业振兴。产业顾问组将聚焦脱贫县县域要求最紧迫、发展最急需的产业，瞄准产业发展方向、布局和定位，以“一县一组”的方式，与脱贫县建立对接关系，就指导主导产业发展、提供决策咨询服务、开展技术指导服务、帮助培养本土人才、促进科研成果转化等方面开展科技服务，切实提升一二三产业融合发展水平，为脱贫县巩固拓展脱贫攻坚成果同乡村振兴有效衔接提供智力和技术支持。国家乡村振兴局社会帮扶司，中国农业科学院办公室、科技局、成果转化局有关同志参加会议。

十二、附　　录

中国农业科学院科技期刊及报纸一览表

序号	刊物名称	主办单位	主管单位	创刊年份	类别	学科	主编	编辑部主任	电话	刊号	联系人	联系人电话	电子邮件	网址	刊期
1	中国农业科学	中国农业科学院（信息所承办）	农业农村部	1960	学术类	综合	万建民	孙雷心	010-82109808	CN 11-1328/S ISSN 0578-1752	孙雷心	010-82109808	sunleixin@ caas. cn	www.ChinaAgriSci.com	半月
2	*Journal of Integrative Agriculture*	中国农业科学院（信息所承办）	农业农村部	2002	学术类	综合	万建民	张以民	010-82105098	CN 10-1039/S ISSN 2095-3119	张以民	010-82105098	zhangyimin@ caas. cn	www.ChinaAgriSci.com	月
3	农产品质量与安全	中国农业科学院（质标所承办）	农业农村部	2003	学术类	质量安全与加工	翟虎渠	钱永忠	010-82106522	CN 11-5896/S ISSN 1674-8255	李　艳	010-82106522	aqs@ caas. cn	www.iqstap.com/sites/iqt/	双月
4	农业科技通讯	中国农业科学院（信息所承办）	农业农村部	1972	技术类	综合	侯连德	刘　东	010-82109664	CN 11-2395/S ISSN 1000-6400	刘　东	010-82109664	tongxun@ caas. cn tongxuna@ 126. com	aii. caas. net. cn	月
5	中国食物与营养	中国农业科学院/国家食物与营养咨询委员会（信息所承办）	农业农村部	1995	技术类	质量安全与加工	许世卫	刘　宏	010-82109761	CN 11-3716/TS ISSN 1006-9577	刘　宏	010-82109761	foodandn@ 263. net	aii. caas. cn	月
6	作物学报	中国作物学会/作科所	中国科协	1950	学术类	作物	万建民	程维红	010-82108548	CN 11-1809/S	程维红	010-82108548	chengweihong@ caas. cn	zwxb. chinacrops. org/	月
7	*The Crop Journal*	中国作物学会/作科所/中国科技出版传媒股份有限公司	中国科协	2013	学术类	作物	万建民	程维红	010-82108548	CN 10-1112/S	程维红	010-82108548	chengweihong@ caas. cn	www.journals.elsevier.com/the-crop-journal/	双月

（续表）

序号	刊物名称	主办单位	主管单位	创刊年份	类别	学科	主编	编辑部主任	电话	刊号	联系人	联系人电话	电子邮件	网址	刊期
8	作物杂志	中国作物学会/作科所	中国科协	1985	技术类	作物	赵　明	姚　杰	010-82108790	CN 11-1808/S	姚　杰	13681491781	yaojie@ caas.cn	zwzz.cbpt.cnki.net zwzz.chinacrops.org/magas.asp?menuid=22	双月
9	中国种业	作科所/中国种子协会	农业农村部	1982	技术类	作物	王述民	陈丽娟	010-82109494	CN 11-4413/S ISSN 1671-895X	陈丽娟	13683272938	chenlijuan@ caas.cn	www.chinaseedqks.cn	月
10	植物遗传资源学报	作科所/中国农学会	农业农村部	2000	学术类	作物	刘　旭	陈丽娟	010-82109494	CN 11-4996/S ISSN 1672-1810	陈丽娟	13683272938	chenlijuan@ caas.cn	www.zwyczyxb.cn	双月
11	植物保护	中国植物保护学会/植保所	中国科协	1963	学术类	植物保护	陈万全	王　音	010-62819059	CN 11-1982/S ISSN 0529-1542	王　音	13581952263	zwbh1963@ 263.net	www.plantprotection.ac.cn	双月
12	中国蔬菜	蔬菜所	农业农村部	1981	技术类	园艺	孙日飞	龚一帆	010-82109550	CN 11-2326/S ISSN 1000-6346	龚一帆	13718787897	zgsc@ caas.cn	www.cnveg.org	月
13	园艺学报	中国园艺学会/蔬菜所	中国科协	1962	学术类	园艺	杜永臣	赵　华	010-62192388	CN 11-1924/S ISSN 0513-353X	陈　洁	010-62192388	yuanyixuebao@ 126.com	http：//www. ahs.ac.cn	月
14	*Horticultural Plant Journal*	中国园艺学会/蔬菜所/中国农业科学技术出版社	中国科协	2015	学术类	园艺	王晓武	赵　华	010-62192388	CN 10-1305/S ISSN 2095-9885	陈　洁	010-82109523	ivfyyxb@ caas.cn	网站正在建设中	双月
15	中国生物防治学报	植保所/中国植物保护学会	农业农村部	1985	学术类	植物保护	张　杰	张　莹	010-62815625	CN 11-5973/S ISSN 2095-039X	张　莹	010-62815625	bj_ zhangying @ 163.com	www.zgswfz.com.cn	双月
16	中国农业气象	环发所	农业农村部	1979	学术类	资源与环境	梅旭荣	雷水玲	010-82109774	CN 11-1999/S ISSN 1000-6362	雷水玲 高志平	010-82109774 010-82109772	leishl@ ieda.org.cn gaozhiping @ ieda.org.cn	zgnyqx.ieda.org.cn	双月

（续表）

序号	刊物名称	主办单位	主管单位	创刊年份	类别	学科	主编	编辑部主任	电话	刊号	联系人	联系人电话	电子邮件	网址	刊期
17	畜牧兽医学报	中国畜牧兽医学会	中国科协	1956	学术类	畜牧、兽医	文　杰	任　鹏	010-62815987	CN 11-1985/S ISSN 0366-6964	任　鹏	010-62815987	xmsyxb@ 263.net	www.xmsyxb.com	月
18	中国畜牧兽医	畜牧所	农业农村部	1974	技术类	畜牧、兽医	李　琍	晋大鹏	010-62816020	CN 11-4843/S ISSN 1671-7236	李　琍	010-62811226	zgxmsy@ caas.cn	www.chvm.net	月
19	中国蜂业	蜜蜂所/中国养蜂学会	农业农村部	1934	综合类	畜牧	方兵兵		010-62598244	CN 11-5358/S ISSN 0412-4367	刘世丽	010-62595931	zgyf2008@ 126.com	www.bee1934.org	月
20	中国农业科技导报	中国农村技术开发中心（生物所承办）	科技部	1999	学术类	综合	范云六	蔡晶晶	010-82109845	CN 11-3900/S ISSN 1008-0864	温小杰	010-82109848	nykjdb@ 163.com comnkdb@ caas.cn	www.nkdb.net	月
21	核农学报	中国原子能学会/原子能所	农业农村部	1987	学术类	作物	刘录祥	杨　洋	010-62811654	CN 11-2265/S	杨　洋	010-62811654	hnxb5109@ 126.com	www.hnxb.org	月
22	农业经济问题	中国农业经济学会/农经所	农业农村部	1980	学术类	信息与经济	王东阳	李玉勤	010-82108705	CN 11-1323/F	张宁宁	010-82109789	zhangningning@ caas.cn	www.iaecn.cn	月
23	农业技术经济	中国农业技术经济研究会/农经所	农业农村部	1982	学术类	信息与经济	王济民	李玉勤	010-82108705	CN 11-1883/S	张宁宁	010-82109789	zhangningning@ caas.cn	www.iaecn.cn	月
24	中国土壤与肥料	资划所/中国植物营养与肥料学会	农业农村部	1964	学术类	资源与环境	徐明岗	张　华	010-82109637	CN 11-5498/S ISSN 1673-6257	单秀枝	010-82108656	trfl@ caas.cn	chinatrfl.alljournal.net.cn	双月
25	植物营养与肥料学报	中国植物营养与肥料学会	农业农村部	1994	学术类	资源与环境	白由路	张　华	010-82109637	CN 11-3996/S ISSN 1008-505X	徐晓芹	010-82108653	zwyf@ caas.ac.cn zwyf@ chinajournal.net.cn	www.plantnutrifert.org	双月
26	中国农业资源与区划	资划所/全国农业资源区划办公室	农业农村部	1980	学术类	资源与环境	唐华俊	张　华	010-82109637	CN 11-3513/S ISSN 1005-9121	李　刚	010-82109628	quhuabjb@ caas.cn	www.cjarrp.com	月

（续表）

序号	刊物名称	主办单位	主管单位	创刊年份	类别	学科	主编	编辑部主任	电话	刊号	联系人	联系人电话	电子邮件	网址	刊期
27	中国农业信息	资划所	农业农村部	1989	技术类	信息与经济	王道龙	张　华	010-82109637	CN 11-4922/S ISSN 1672-0423	李　刚	010-82109628	zgnyxx001@ 126.com nyxxbjb@ caas.cn	www.cjarrp.com	半月
28	农业图书情报学刊	信息所	农业农村部	1984	学术类	信息与经济	贾善刚	刘　东	010-82109667	CN 11-2711/G2	孔晔晗	010-82109667	xuekan@ caas.cn	nytsqb.caas.cn	月
29	中国乳业	信息所	农业农村部	2002	技术类	畜牧	冯艳秋	赵京颐	010-82109890	CN 11-4768/S ISSN 1671-4393	聂迎利	010-82109890	zhgry@ caas.cn	www.ryzxw.com	月
30	生物技术通报	信息所	农业农村部	1985	学术类	综合	路铁刚	李　楠	010-82109903	CN 11-2396/Q ISSN 1002-5464	李　楠	010-82109903	biotech@ caas.cn linan@ caas.cn	biotech.caas.cn	月
31	农业网络信息	信息所	农业农村部	1986	技术类	信息与经济	刘世洪	赵京颐	010-82109657	CN 11-5065/TP ISSN 1672-6251	陈晓明	010-82109657	nywlxx@ caas.cn	aii.caas.net.cn/	月
32	农业展望	信息所	农业农村部	2005	技术类	信息与经济	许世卫	潘月红	010-82109913	CN 11-5343/S ISSN 1673-3908	潘月红	010-82109913	nyzy@ caas.cn	aii.caas.net.cn/	月
33	中国园艺文摘	信息所	农业农村部	1985	技术类	园艺	赵瑞雪	李文炬	010-82109897	CN 11-4921/S	李文炬	010-82109897	zgyywz@ caas.cn	aii.caas.net.cn/	月
34	中国猪业	信息所	农业农村部	2006	技术类	畜牧	冯艳秋	赵京颐 彭　华	010-82106275	CN 11-5435/S	彭　华	010-82106275	zhuye@ caas.cn	aii.caas.net.cn/	月
35	中国畜牧兽医文摘	信息所	农业农村部	1985	技术类	畜牧 兽医	刘继芳	刘　斌	010-82109897	CN 11-4919/S ISSN 1672-0857	刘　斌	010-82109924	zgxmsywz@ 126.com	zxwa. cbpt. cnki.net/WKD/Web-Publication/index.aspx? mid=zxwa	月
36	中国畜禽种业	信息所	农业农村部	2005	技术类	畜牧	孟宪学	杨　碚	010-82106255	CN 11-5342/S	张跃武	010-82106255	zgxq010@ 126.com	aii.caas.cn	月
37	农业科研经济管理	中国农学会	中国科协	1993	学术类	信息与经济	史志国	张　华	010-82109637	CN 11-3801/S ISSN 2095-3577	李　刚	010-82109628	nykygl@ 126.com	www.cjarrp.com	季

（续表）

序号	刊物名称	主办单位	主管单位	创刊年份	类别	学科	主编	编辑部主任	电话	刊号	联系人	联系人电话	电子邮件	网址	刊期
38	灌溉排水学报	灌溉所	水利部/农业农村部	1982	学术类	工程与机械	段爱旺	乔冬梅	0373-3393346	CN 41-1337/S ISSN 1672-3317	刘春成	0373-3393346	gfid@ sina.com	ggps.cbpt.cnki.net	双月
39	中国水稻科学	水稻所	农业农村部	1986	学术类	作物	程式华	阮刘青	0571-63370480	CN 33-1146/S ISSN 1001-7216	夏小东	0571-63370278	cjrs@ 263.net ruanlq@ 163.com	www.ricesci.cn	双月
40	*Rice Science*［水稻科学（英文版）］	水稻所	农业农村部	1990	学术类	作物	程式华	阮刘青	0571-63370480	CN 33-1317/S ISSN 1672-6308	李　冠	0571-63371017	li@ ricescience.org	www.ricescience.org	双月
41	中国稻米	水稻所	农业农村部	1995	技术类	作物	钱　前	庞乾林	0571-63370368	CN 33-1201/S	庞乾林	13388608073	zgdm@ 163.com	www.zgdm.net	双月
42	中国棉花	棉花所	农业农村部	1958	技术类	作物	李付广	刘全义	0372-2525362	CN 41-1451/S ISSN 2096-5044 eISSN 2523-3254	曾志平	0372-2525369	journal@ cricaas.com.cn cottonsci@ gmail.com	journal.cricaas.com.cn	月
43	棉花研究（英文）	棉花所/中国农学会	农业农村部	2017	学术类	作物	李付广	刘全义	0372-2525362	CN 41-1451/S ISSN 2096-5044 eISSN 2523-3254	曾志平	0372-2525369	journal@ cricaas.com.cn cottonsci@ gmail.com	journal.cricaas.com.cn	季
44	棉花学报	中国农学会	中国科协	1989	学术类	作物	李付广	刘全义	0372-2525362	CN 41-1163/S ISSN 1002-7807	曾志平	0372-2525369	journal@ cricaas.com.cn cottonsci@ gmail.com	journal.cricaas.com.cn	双月
45	中国油料作物学报	油料所	油料所	1979	学术类	作物	廖伯寿	肖唐华	027-86813823	CN 42-1429/S ISSN 1007-9084	吴克力	13147160655	ylxb@ oilcrops.cn	www.jouroilcrops.cn	双月
46	中国油料作物学报（英文）	油料所	油料所	2014	学术类	作物	廖伯寿	肖唐华	027-86813823	CN 42-1861/S	董彩华	18907148250	ocs@ oilcrops.cn		季

（续表）

序号	刊物名称	主办单位	主管单位	创刊年份	类别	学科	主编	编辑部主任	电话	刊号	联系人	联系人电话	电子邮件	网址	刊期
47	中国麻业科学	麻类所	农业农村部	1979	学术类	作物	熊和平		0731-88998521	CN 43-1467/S ISSN 1671-3532	黎　宇	18900710623	csibfc@ sina.com	www.chinaibfc.com/zyzz/&i=46&comContentId=46.html	双月
48	中国果树	果树所	农业农村部	1959	技术类	果树	赵进春		0429-3598131	CN 21-1165/S ISSN 1000-8047	郝红梅	0429-3598131	zggsbjb@ vip.163.com	www.zggskj.com	双月
49	果树实用技术与信息	果树所	农业农村部	1994	科普类	果树	赵进春		0429-3598131	CN 21-1342/S	郝红梅	0429-3598131	gsjsxx@ 126.com	www.zggskj.com	月
50	果树学报	郑果所	农业农村部	1984	学术类	园艺	王志强	陈新平	0371-65330928	CN 41-1308/S ISSN 1009-9980	王　珂	0371-65330927	chinagsxb@ 163.com	gskk. cbpt. cnki. net/WKA/Web-Publication/index. aspx？mid=gskk	双月
51	中国瓜菜	郑果所	农业农村部	1988	技术类	园艺	刘君璞	陈新平	0371-65330928	CN 41-1374/S	代　军	0371-65330927	zggc@ 163.com	www.zzgss.cn/Qk/QkDefault.aspx？tid=3	双月
52	果农之友	郑果所	农业农村部	2000	技术类	园艺	陈新平	陈新平	0371-65330928	CN 41-1343/S	李艳萍	0371-65330949	gnzy@ 163.com	www.zzgss.cn/Qk/QkDefault.aspx？tid=1	月
53	中国茶叶	茶叶所	农业农村部	1979	学术类	园艺	黄　飞		0571-86650375	CN 33-1117/S	黄　飞	0571-86650375	zjf@ mail.tricaas.com	http：//www.caayee.com/	月
54	茶叶科学	中国茶叶学会	中国科协	1964	学术类	园艺	朱永兴	朱永兴	0571-86651902	CN 33-1115/S	朱永兴	0571-86651902	cykx@ vip.163.com	www.tea-science.com	双月
55	生物技术进展	茶叶所/生物所	农业农村部	2011	学术类	生物	林　敏	蔡晶晶	010-82109845	CN 33-1375/Q ISSN 2095-2341	刘　莹	010-82106118-802	curr _ biotech @ 163.com prog _ biotech @ caas.cn	www.swjsjz.cn	双月
56	中国预防兽医学报	哈兽研	农业农村部	1979	学术类	兽医	步志高	赵晓岩	18946066140	CN 23-1417/S ISSN 1008-0589	赵晓岩	18946066140	zhaoxiaoyan2080@ aliyun.com	www.zgyfsyxb.com	月

（续表）

序号	刊物名称	主办单位	主管单位	创刊年份	类别	学科	主编	编辑部主任	电话	刊号	联系人	联系人电话	电子邮件	网址	刊期
57	畜牧兽医科技信息	哈兽研	农业农村部	2002	技术类	畜牧、兽医	王笑梅	秦红丽	0451-51997179	CN 23-1501/S ISSN 1671-6027	秦红丽	0451-51997179	Xmsykjxx2004@sohu.com		月
58	中国兽医科学	兰兽研	农业农村部	1971	学术类	兽医	殷　宏	张文举	0931-8342195	CN 62-1192/S ISSN 1673-4696	张文举	13919450537	zgsykx@zgsykx.com	www.zgsykx.com	月
59	中国草食动物科学	兰牧药	农业农村部	1981	学术类	畜牧	阎　萍	魏云霞	0931-2115279	CN 62-1206/Q ISSN 2095-3887	肖玉萍	0931-2115279	xumuchj@163.com	zgcsdw.periodicals.net.cn/	双月
60	中兽医医药杂志	中兽医所	农业农村部	1982	学术类	兽医	杨志强	赵四喜	0931-2115280	CN 62-1063/R ISSN 1000-6354	王华东	0931-2115280	zsyyyzz@periodicals.net.cn zhaosixi@sina.com		双月
61	中国动物传染病学报	上兽研	农业农村部	1993	学术类	兽医	童光志		021-34293142	CN 31-2031/S ISSN 1674-6422	郑海红	021-34293142	bianjibu@shvri.ac.cn	www.shvri.ac.cn/zazhi/	双月
62	中国草地学报	草原所	农业农村部	1979	学术类	作物	侯向阳	刘天明	0471-4926880	CN 15-1344/S ISSN 1673-5021	刘天明	0471-4926880	zgcdxb@126.com	www.gricaas.net/web/news.asp?nc=13.80	双月
63	特产研究	特产所/中国农学会特产学会	农业农村部	1962	技术类	综合	杨福合	刘艳环	0431-81919588	CN 22-1154/S ISSN 1001-4721		13804326623	tcyjbjb@126.com		季
64	特种经济动植物	特产所	农业农村部	1982	技术类	综合	杨福合	周淑荣	0431-81919599	CN 22-1155/S ISSN 1001-4713		15943088623	tzjjdzw@126.com		月
65	农业资源与环境学报	环保所/中国农业生态环境保护协会	农业农村部	1984	学术类	资源与环境	任天志	李无双	022-23611149	CN 12-1437/S ISSN 2095-6819	肖　洁	022-23611102	caed@vip.163.com	www.aed.org.cn	双月
66	农业环境科学学报	环保所/中国农业生态环境保护协会	农业农村部	1982	学术类	资源与环境	李文华	李无双	022-23674336	CN 12-1347/S ISSN 1672-2043	潘淑君	022-23674336	caep@vip.163.com	www.aes.org.cn	月

（续表）

序号	刊物名称	主办单位	主管单位	创刊年份	类别	学科	主编	编辑部主任	电话	刊号	联系人	联系人电话	电子邮件	网址	刊期
67	中国沼气	沼科所/中国沼气学会	农业农村部	1983	学术类	工程与机械	张凤桐	任晓斌	028-85230681	CN 51-1206/S ISSN 1000-1166	杨雅涵	13880092462	zhongguozhaoqi1983@ vip.163.com		双月
68	中国农机化学报	农机化所	农业农村部	1957	学术类	工程与机械	陈巧敏		025-84346296	CN 32-1123/S ISSN 1006-7205	凌小燕	025-84346270	jcam@ vip.163.com		双月
69	农业开发与装备	农机化所	农业农村部	1995	学术类	工程与机械	陈巧敏	胡进鑫	025-84346221	CN 32-1779/TH ISSN 1673-9205	胡进鑫	025-84346221	njjzy2189@ sina.com	www.nriam.com/njjzy	月
70	中国烟草科学	烟草所	农业农村部	1979	学术类	作物	王树声	梁晓芳	0532-88703238	CN 37-1277/S ISSN 1007-5119	梁晓芳	13515327122	liangxiaofang@caas.cn	www.zgyckx.com.cn	双月

中国农业科学院通信录

单位名称	通信地址	邮编	区号	电话	传真
院办公室	北京市海淀区中关村南大街12号	100081	010	82105101	82103005
科技管理局	北京市海淀区中关村南大街12号	100081	010	82109427	82105534
人事局	北京市海淀区中关村南大街12号	100081	010	82109437	82109431
财务局	北京市海淀区中关村南大街12号	100081	010	82105658	82105668
基本建设局	北京市海淀区中关村南大街12号	100081	010	82105586	82105581
国际合作局	北京市海淀区中关村南大街12号	100081	010	82106756	62174060
成果转化局	北京市海淀区中关村南大街12号	100081	010	82105192	82105540
直属机关党委	北京市海淀区中关村南大街12号	100081	010	82105707	82105707
监察局	北京市海淀区中关村南大街12号	100081	010	82105096	82109502
后勤服务中心	北京市海淀区中关村南大街12号	100081	010	82109668	82109668
研究生院	北京市海淀区中关村南大街12号	100081	010	82109689	82106609
作物科学研究所	北京市海淀区中关村南大街12号	100081	010	82109715	82105819
植物保护研究所	北京市海淀区圆明园西路2号	100193	010	62815905	62895365

（续表）

单位名称	通信地址	邮编	区号	电话	传真
蔬菜花卉研究所	北京市海淀区中关村南大街 12 号	100081	010	82109520	62146160
农业环境与可持续发展研究所	北京市海淀区中关村南大街 12 号	100081	010	82109567	82109567
北京畜牧兽医研究所	北京海淀区圆明园西路 2 号	100193	010	62815851	62895372
蜜蜂研究所	北京市海淀区香山北沟 1 号	100093	010	62596028	62596122
饲料研究所	北京市海淀区中关村南大街 12 号	100081	010	82109812	82106054
农产品加工研究所	北京市海淀区圆明园西路 2 号	100193	010	62815836	62895382
生物技术研究所	北京市海淀区中关村南大街 12 号	100081	010	82106405	82106405
农业经济与发展研究所	北京市海淀区中关村南大街 12 号	100081	010	82109801	62187545
农业资源与农业区划研究所	北京市海淀区中关村南大街 12 号	100081	010	82109640	82106225
农业信息研究所	北京市海淀区中关村南大街 12 号	100081	010	82109915	82103127
农业质量标准与检测技术研究所	北京市海淀区中关村南大街 12 号	100081	010	82106515	82106500
农业农村部食物与营养发展研究所	北京市海淀区中关村南大街 12 号	100081	010	82105179	82105184
中国农业科学技术出版社	北京市海淀区中关村南大街 12 号	100081	010	82109700	82109700
农田灌溉研究所	河南省新乡市牧野区宏力大道（东）380 号	453002	0373	3393354	3393344

（续表）

单位名称	通信地址	邮编	区号	电话	传真
中国水稻研究所	浙江省杭州市富阳区新桥水稻所 28 号	310006	0571	63370235	63370989
棉花研究所	河南省安阳市黄河大道西段 38 号	455000	0372	2562200	2562256
油料作物研究所	湖北省武汉市武昌区徐东二路 2 号	430062	027	86811837	86816451
麻类研究所	湖南省长沙市岳麓区咸嘉湖西路 348 号	410205	0731	88998505	88998528
果树研究所	辽宁省兴城市兴海南街 98 号	125100	0429	3598299	3598288
郑州果树研究所	河南省郑州市未来路南端	450009	0371	65330901	65330987
茶叶研究所	浙江省杭州市梅灵南路 9 号	310008	0571	86650115	86650056
哈尔滨兽医研究所	黑龙江省哈尔滨市香坊区哈平路 678 号	150069	0451	51997177	51997166
兰州兽医研究所	甘肃省兰州市城关区盐场堡徐家坪 1 号	730046	0931	8342489	8340977
兰州畜牧与兽药研究所	甘肃省兰州市七里河区硷沟沿 335 号	730050	0931	2164180	2115191
上海兽医研究所	上海市闵行区紫月路 518 号	200241	021	54082828	54081818
草原研究所	内蒙古呼和浩特市新城区乌兰察布东街 120 号	010010	0471	4961330	4961330
特产研究所	吉林省长春市净月经济开发区聚业大街 4899 号	130112	0431	81919856	81919800
环境保护科研监测所	天津市南开区复康路 31 号	300191	022	23613820	23613820
沼气科学研究所	四川省成都市人民南路四段 13 号	610041	028	85230685	85230685

（续表）

单位名称	通信地址	邮编	区号	电话	传真
南京农业机械化研究所	江苏省南京市玄武区中山门外柳营 100 号	210014	025	84346267	84432672
烟草研究所	山东省青岛市崂山区科苑经四路 11 号	266101	0532	88701806	88702056
深圳农业基因组研究所	广东省深圳市大鹏新区鹏飞路 7 号	518120	0755	23250160	23251430
都市农业研究所	四川省成都市天府新区科学城湖畔西路 99 号天府青蓉 D 区 B1 栋 2 楼	610213	028	80203183	80203191
家禽研究所	江苏省扬州市邗江区仓颉路 58 号	225125	0514	85599000	85599010
柑橘研究所	重庆市北碚区歇马镇柑橘村 15 号	400712	023	68349709	68349709
农业遗产研究室	江苏省南京市卫岗 1 号南京农业大学院内	210095	025	84396771	84396771
水牛研究所	广西南宁市邕武路 24－1 号	530001	0771	3338589	3338814
草原生态研究所	甘肃省兰州市嘉峪关西路 768 号	730020	0931	8913074	8913074
甘薯研究所	江苏省徐州市经济技术开发区徐海路高铁站北	221131	0516	82189208	82189209
蚕业研究所	江苏省镇江市四摆渡	212018	0511	85616572	85628183
军事兽医研究所	吉林省长春市净月经济开发区柳莺西路 666 号	130122	0431	86985807	86985889
中国农业科学院资产经营公司	北京市海淀区中关村南大街 12 号	100081	010	62189180	62189189
甜菜研究所	黑龙江省哈尔滨市南岗区学府路 74 号	150080	0451	86609312	86609312

各省、自治区、直辖市农（牧、林）业科学院通信录

单位名称	通信地址	邮编	区号	电话	传真
北京市农林科学院	北京市海淀区曙光中路 11 号	100097	010	51503241	51503300
天津市农业科学院	天津市南开区白堤路 268 号	300192	022	23678666	23678667
河北省农林科学院	河北省石家庄市和平西路 598 号	050051	0311	87652019	87066140
山西省农业科学院	山西省太原市龙城大街 81 号	030031	0351	7073032	7040092
内蒙古自治区农牧业科学院	内蒙古呼和浩特市玉泉区昭君路 22 号	010031	0471	5295455	5295644
辽宁省农业科学院	辽宁省沈阳市沈河区东陵路 84 号	110161	024	31027396 31023112 （一楼大厅收发室）	31027397
吉林省农业科学院	吉林省长春市生态大街 1363 号	130033	0431	87063015 87063030	87063028
黑龙江省农业科学院	黑龙江省哈尔滨市南岗区学府路 368 号	150080	0451	86662295	86662295
黑龙江省农垦科学院	黑龙江省哈尔滨市香坊区香福路 101 号	154007	0451	55399306	55399306
上海市农业科学院	上海市奉贤区金齐路 1000 号	201403	021	62200183	62201221
江苏省农业科学院	江苏省南京市孝陵卫钟灵街 50 号	210014	025	84390012	84392233

（续表）

单位名称	通信地址	邮编	区号	电话	传真
浙江省农业科学院	浙江省杭州市德胜中路 298 号	310021	0571	86404011	86400481
安徽省农业科学院	安徽省合肥市庐阳区农科南路 40 号	230031	0551	65160537	62160337
福建省农业科学院	福建省福州市五四路 247 号	350003	0591	87884606	87884262
江西省农业科学院	江西省南昌市南昌县莲塘北大道 1738 号	330200	0791	87090310	87090001
山东省农业科学院	山东省济南市工业北路 202 号	250100	0531	83179224	88604644
河南省农业科学院	河南省郑州市花园路 116 号	450002	0371	65729140 65723784	65711374
湖北省农业科学院	湖北省武汉市洪山区狮子山街南湖大道 29 号	430064	027	87389499	87389499
湖南省农业科学院	湖南省长沙市芙蓉区远大二路 892 号	410125	0731	84691212 84691327	84691624
广东省农业科学院	广东省广州市天河区金颖路 29 号	510640	020	85516501 87511099	87503358
广西壮族自治区农业科学院	广西南宁市大学东路 174 号	530007	0771	3243866 3248710	3244521
海南省农业科学院	海南省海口市兴丹路 14 号	571100	0898	65369365 65231208	65314539
四川省农业科学院	四川省成都市锦江区静居寺路 20 号	610066	028	84504011	84504198
重庆市农业科学院	重庆市九龙坡区白市驿镇农科大道	401329	023	65705208	65703532
贵州省农业科学院	贵州省贵阳市花溪区金欣社区	550006	0851	83761026	83761504

（续表）

单位名称	通信地址	邮编	区号	电话	传真
云南省农业科学院	云南省昆明市北京路2238号	650200	0871	65136637	65136633
西藏自治区农牧科学院	西藏拉萨市金珠西路130号	850000	0891	6862174	6862174
西北农林科技大学（陕西省农业科学院）	陕西省杨凌示范区	712100	029	87082809 87080678	87082810
甘肃省农业科学院	甘肃省兰州市安宁区农科院新村1号	730070	0931	7616187	7616187
青海省农林科学院	青海省西宁市城北区宁大路253号	810016	0971	5311151	5311192
宁夏农林科学院	宁夏银川市黄河东路590号	750002	0951	6886710	6886712
新疆农业科学院	新疆乌鲁木齐市南昌路403号	830091	0991	4502057 4500711	4516057
新疆畜牧科学院	新疆乌鲁木齐市经济技术开发区阿里山街468号	830011	0991	3075180	3075183
中国热带农业科学院（华南热带农业大学）	海南省海口市城西学院路4号	571101	0898	66962965 66968965	66962904

农业农村部有关司局及直属单位电话号码

单位	电话	单位	电话	单位	电话
办公厅值班室	010-59192316	渔业渔政管理局	010-59192936	中国农业电影电视中心	010-82101700
中央农办秘书局	010-59191884	农垦局	010-59192648	农民日报社	010-85834842
人事司	010-59192510	种业管理司	010-59192813	中国农业出版社	010-59195133
法规司	010-59192730	农业机械化管理司	010-59192822	中国农村杂志社	010-68250953
政策与改革司	010-59193108	农田建设管理司	010-59191293	中国农民体育协会	010-59194391
发展规划司	010-59192532	机关党委	010-59192416	管理干部学院、党校、中央农业干部教育培训中心	010-81706299 010-81708543
计划财务司	010-59191178	驻部纪检监察组	010-59192480	人力资源开发中心（农学会）	010-59194203
乡村产业发展司	010-59191899	离退休干部局	010-59192411	农村经济研究中心	010-66115901
农村社会事业促进司	010-59192668	长江流域渔政监督管理办公室	010-59193091	农产品质量安全中心	010-59198500
农村合作经济指导司	010-59193160	机关服务局	010-59192225	中国绿色食品发展中心	010-62122266
市场与信息化司	010-59193146	农业农村部信息中心	010-59192709	规划设计研究院	010-59196868

（续表）

单位	电话	单位	电话	单位	电话
国际合作司	010-59192440	农业农村部国际交流服务中心	010-59191510	工程建设服务中心	010-59193925
科技教育司	010-59193024	农林水利审计局	010-59192601	财会服务中心、中华农业科教基金会	010-59194361
农产品质量安全监管司	010-59193168	中国水产科学研究院	010-68673938	对外经济合作中心	010-59194805
种植业管理司	010-59192806	中国热带农业科学院	0898-66962965	农业贸易促进中心	010-59194627
畜牧兽医局	010-59191873	全国农业展览馆	010-65919095	中央农业广播电视学校	010-59196013
科技发展中心	010-59199373	农业机械化技术开发推广总站	010-59198610	农村社会事业发展中心	010-59199656
农业生态与资源保护总站	010-59196397	全国畜牧总站、中国饲料工业协会	010-59194609	全国水产技术推广总站	010-59195075
全国农业技术推广服务中心	010-59194544	中国动物疫病预防控制中心	010-59194743	中国水产学会	010-59199606
农药检定所	010-59194067	中国兽医药品监察所	010-62160625	华龙实业发展有限责任公司	010-59194432
农业机械试验鉴定总站	010-59199017	中国农垦经济发展中心	010-59199506		

有关单位通信录

单位	通信地址	邮编	区号	电话	电子邮件
科学技术部	北京市海淀区复兴路乙 15 号	100862	010	58881800	
国家发展和改革委员会	北京市西城区月坛南街 38 号	100824	010	68502000	bgt@ndrc.gov.cn
国家机关事务管理局	北京市西城区西安门大街 22 号	100017	010	66036447	webmaster@ggj.gov.cn
中国农业大学	北京市海淀区圆明园西路 2 号	100094	010	62736673	xbglq@cau.edu.cn
中国农学会	北京市朝阳区麦子店街 22 号	100125	010	59194203	
中国科学技术协会	北京市海淀区复兴路 3 号	100863	010	68571878	